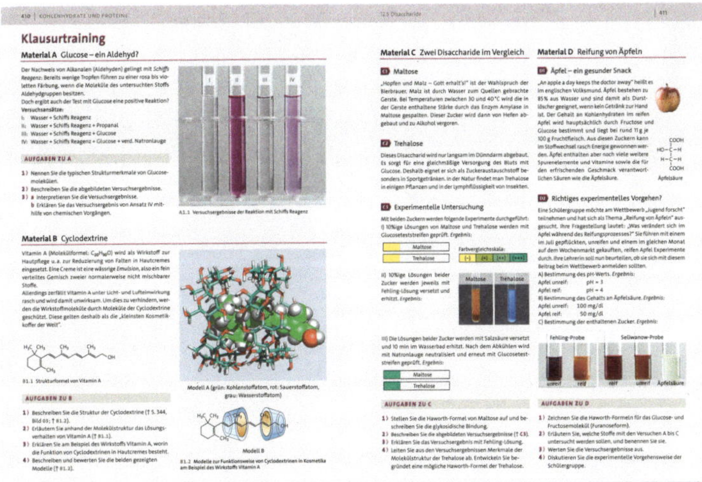

Klausurtraining

Training fürs Abitur: Ähnlich wie im Abitur werden Sie mit diesen Aufgaben herausgefordert! Beschäftigen Sie sich zuerst mit dem vorgestellten Material, damit Sie die Aufgaben lösen können.

Das Plus in der Chemie

Themen, die die Chemie lebendig machen: Energie, Umwelt, Geschichte, Gesundheit und mehr – mit Texten, Abbildungen und Aufgaben, die Sie tiefer in die Anwendungsbereiche der Chemie einsteigen lassen.

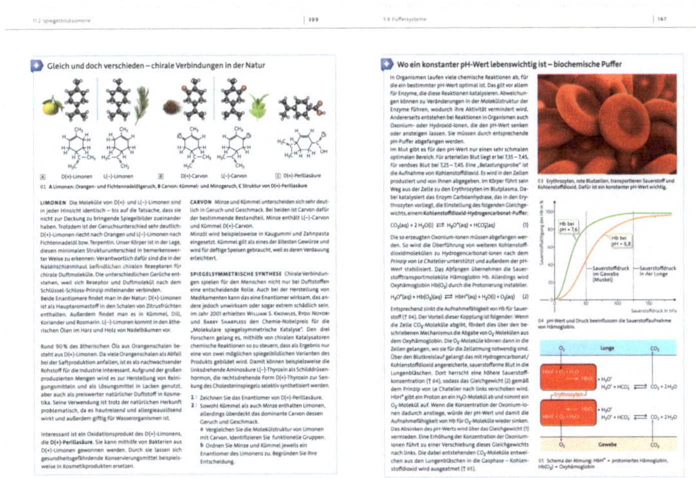

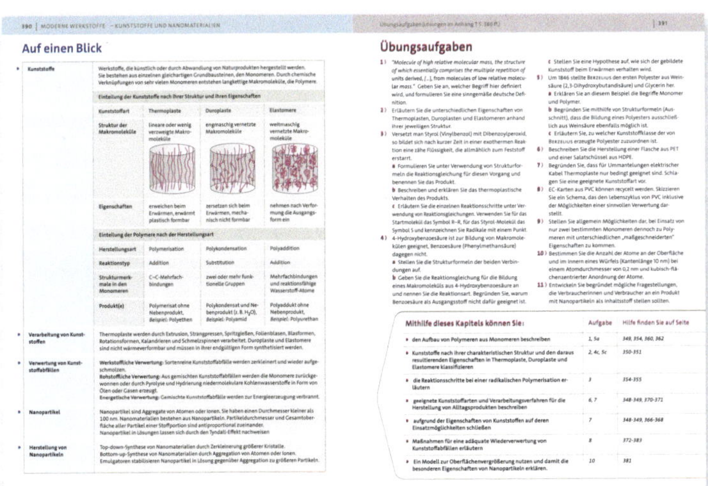

Auf einen Blick und Übungsaufgaben

Am Kapitelende finden Sie die wichtigsten Fachbegriffe *Auf einen Blick* erklärt.
Die *Übungsaufgaben* bieten zusätzliche Aufgaben zur Überprüfung des Grundwissens mit den Lösungen im Anhang.
Anhand der Kompetenzübersicht können Sie Ihr erworbenes Wissen sicher einschätzen.

Fokus Chemie

Qualifikationsphase

Erarbeitet von

Anne Doleski

Jörn Peters

Christina Schwiertz

Fokus Chemie

Qualifikationsphase

Niedersachsen

Cornelsen

Fokus Chemie
***Qualifikationsphase* | Niedersachsen**

Autorinnen und Autoren:	Anne Doleski (Wietmarschen), Jörn Peters (Papenburg), Christina Schwiertz (Emsbüren)
Herausgeber:	Jörn Peters
Autorinnen und Autoren der weiteren Ausgaben:	Arno Fischedick, Dr. Holger Fleischer, Dr. Volker Hofheinz, Annkathrien Jaek, Carsten Kinzel, Stefanie Kohl-Krug, Carina Kronabel, Franziska Lehmann-Eser, Dr. Uwe Lüttgens, Ralf Malz, Thorsten May, Jörn Peters, Dr. Marcus Rehbein, Jens Riedel, Christa Spier, Michael Stein, Dr. Reinhard Vetters
Redaktion:	Sarah Reim, Dr. Claudia Seidel
Illustration und Grafik:	Hannes von Goessel, Birgit Janisch, Tom Menzel, Oxana Rödel, Detlef Seidensticker
Layoutkonzept:	SOFAROBOTNIK GbR, Augsburg & München
Umschlaggestaltung:	Klein & Halm Grafikdesign
Technische Umsetzung:	Straive

Begleitmaterial zum Lehrwerk

Schulbuch als E-Book mit Medien	1100030160
Lösungen zum Schulbuch	978-3-06-011328-6
Unterrichtsmanager Plus mit E-Book und Begleitmaterialien	1100030165
Fokus Chemie Mysterys für SI und SII (Print)	978-3-06-015814-0
Fokus Chemie Mysterys für SI und SII (Download)	1100028668

www.cornelsen.de

Das Buch setzt die EU-Verordnung zur Einstufung und Kennzeichnung von Chemikalien um (Globally Harmonised System of Classification and Labelling of Chemicals, GHS). Experimente sind in der Regel Schüler-Experimente. Wenn sie mit einem **L** markiert sind, dürfen sie nur von der Lehrerin oder dem Lehrer durchgeführt werden.

Dieses Werk enthält Vorschläge und Anleitungen für Untersuchungen und Experimente. Vor jedem Experiment sind mögliche Gefahrenquellen zu besprechen. Beim Experimentieren sind die Richtlinien zur Sicherheit im Unterricht einzuhalten.

Soweit in diesem Lehrwerk Personen fotografisch abgebildet sind und ihnen von der Redaktion fiktive Namen, Berufe, Dialoge und Ähnliches zugeordnet oder diese Personen in bestimmte Kontexte gesetzt werden, dienen diese Zuordnungen und Darstellungen ausschließlich der Veranschaulichung und dem besseren Verständnis des Inhalts.

1. Auflage, 1. Druck 2023

Alle Drucke dieser Auflage sind inhaltlich unverändert und können im Unterricht nebeneinander verwendet werden.

Druck: Mohn Media Mohndruck, Gütersloh

ISBN 978-3-06-011327-9

Inhalt

DIGITALE ANREICHERUNG

Animationen, Videos und *3D-Moleküle* fördern das Verständnis für komplexe fachliche Inhalte oft mehr, als es das gedruckte Bild allein im Buch vermitteln kann. Über QR-Codes erhalten Sie deshalb zu zentralen Themen zusätzliche digitale Materialien, die Ihren Wissenshorizont erweitern. An geeigneten Stellen können Sie mithilfe von *interaktiven Übungen* Ihre erworbenen Kenntnisse überprüfen.

Hinter diesem QR-Code finden Sie eine Gesamtübersicht über alle digitalen Materialien zu diesem Buch:

Webcode auf www.cornelsen.de: *yanuzu*

PASSUNG ZUM KERNCURRICULUM

Das Buch enthält alle inhaltsbezogenen Kompetenzbereiche der Qualifikationsphase des Kerncurriculums Chemie für Niedersachsen (Fassung 2022). Darüber hinaus werden die im Kerncurriculum geforderten prozessbezogenen Kompetenzen vor allem in Fachmethoden angebahnt sowie in zahlreichen Aufgaben, die zur Kommunikation und Reflexion anregen.

Soweit nicht weiter gekennzeichnet, beziehen sich die Kapitel auf Kompetenzen für Kurse auf grundlegendem Anforderungsniveau (gA).

Kapitel, die *kursiv gedruckt* sind, beziehen sich ganz oder teilweise auf Kompetenzen, die im Kerncurriculum für Kurse mit erweitertem Anforderungsniveau (eA) ausgewiesen sind.

Die mit diesem Zeichen markierten Themen sowie die Themen der Rubrik **PLUS** können entsprechend der individuellen Unterrichtsplanung zur Hinführung, Erweiterung, Vertiefung, Wiederholung, Übung und Festigung genutzt werden. Steht das Zeichen vor einer Kapitelüberschrift, so gilt dies für alle Themen des Kapitels.

1.1 Aufgaben richtig verstehen – Umgang mit Operatoren

Operatoren sind *handlungsleitende Verben*, die bei einer Aufgabenstellung darüber Auskunft geben, welche Tätigkeit beispielsweise in einer Klausuraufgabe gefordert wird. Als **Signalwörter** bestimmen sie Art und Umfang der geforderten Leistung. Mithilfe von einheitlichen Standards im niedersächsischen *Kerncurriculum Chemie für das Gymnasium – gymnasiale Oberstufe, die Gesamtschule – gymnasiale Oberstufe, das Berufliche Gymnasium, das Abendgymnasium, das Kolleg* wird festgelegt, welche Tätigkeiten beim Bearbeiten der Aufgabe erwartet werden, damit eine Vergleichbarkeit der individuellen Lösung möglich wird. Das Wissen um die Bedeutung der Operatoren ist dabei hilfreich, um schon zu Beginn der Bearbeitung einer Klausuraufgabe eine *geeignete Zeiteinteilung* vorzunehmen und abschätzen zu können, in *welcher Tiefe* die Aufgabenstellung bearbeitet werden soll.

Operatoren werden durch den Kontext der Prüfungsaufgabe erst konkretisiert bzw. präzisiert: durch die Formulierung bzw. Gestaltung der Aufgabenstellung, durch den Bezug zu Textmaterialien/Abbildungen bzw. Problemstellungen sowie durch die Zuordnung zu **Anforderungsbereichen (AFB)** im Erwartungshorizont. Aufgrund dieser vielfältigen wechselseitigen Abhängigkeiten lassen sich Operatoren zumeist nicht präzise einzelnen Anforderungsbereichen zuschreiben.

ANFORDERUNGSBEREICH I umfasst das Wiedergeben von Sachverhalten und Kenntnissen im gelernten Zusammenhang, die Verständnissicherung sowie das Anwenden und Beschreiben geübter Arbeitstechniken und Verfahren.
Dies erfordert vor allem **Reproduktionsleistungen**.

ANFORDERUNGSBEREICH II umfasst das selbstständige Auswählen, Anordnen, Verarbeiten, Erklären und Darstellen bekannter Sachverhalte unter vorgegebenen Gesichtspunkten in einem durch Übung bekannten Zusammenhang sowie das selbstständige Übertragen und Anwenden des Gelernten auf vergleichbare neue Zusammenhänge und Sachverhalte.
Dies erfordert vor allem **Reorganisationsleistungen**.

ANFORDERUNGSBEREICH III umfasst das Verarbeiten komplexer Sachverhalte mit dem Ziel, zu selbstständigen Lösungen, Gestaltungen oder Deutungen, Folgerungen, Verallgemeinerungen, Begründungen und Wertungen zu gelangen. Dabei wählen die Schülerinnen und Schüler selbstständig geeignete Arbeitstechniken und Verfahren zur Bewältigung der Aufgabe, wenden sie auf eine neue Problemstellung an und reflektieren das eigene Vorgehen.
Dies erfordert vor allem **Reflexion und Transferleistungen**.

Operator	Was wird verlangt?	AFB
Ableiten	Auf der Grundlage von Erkenntnissen oder Daten sachgerechte Schlüsse ziehen.	II
Abschätzen	Durch begründete Überlegungen Größenwerte angeben.	II
Analysieren	Wichtige Bestandteile, Eigenschaften oder Zusammenhänge auf eine bestimmte Fragestellung hin herausarbeiten; einen Sachverhalt experimentell prüfen.	II–III
Angeben/Nennen	Elemente, Sachverhalte, Begriffe, Daten ohne Erläuterungen aufzählen bzw. widergeben.	I–II
Anwenden	Einen bekannten Sachverhalt oder eine bekannte Methode auf etwas Neues beziehen.	II–III
Aufbauen	Objekte und Geräte zielgerichtet anordnen und kombinieren.	I-II
Aufstellen/ Formulieren	Chemische Formeln, Gleichungen, Reaktionsgleichungen (Wort- oder Formelgleichungen), Reaktionsmechanismen entwickeln. *Hypothese aufstellen*: Eine fachlich begründete Vermutung über einen unbekannten Sachverhalt formulieren.	I–II
Auswerten	Beobachtungen, Daten, Einzelergebnisse oder Informationen in einen Zusammenhang stellen und daraus Schlussfolgerungen ziehen.	II–III, ggf. I
Begründen	Gründe oder Argumente für eine Vorgehensweise oder einen Sachverhalt nachvollziehbar darstellen.	II–III
Berechnen	Die Berechnung ist ausgehend von einem Ansatz darzustellen.	I–III
Beschreiben	Beobachtungen, Strukturen, Sachverhalte, Methoden, Verfahren oder Zusammenhänge strukturiert und unter Verwendung der Fachsprache formulieren.	I

Operator	Was wird verlangt?	AFB
Bestätigen	Die Gültigkeit einer Aussage (z. B. einer Hypothese, einer Modellvorstellung, eines Naturgesetzes) zu einem Experiment, zu vorliegenden Daten oder zu Schlussfolgerungen feststellen.	I–II
Beurteilen	Das zu fällende Sachurteil ist mit Hilfe fachlicher Kriterien zu begründen.	II–III
Bewerten	Einen Sachverhalt vor dem Hintergrund gesellschaftlicher Werte und Normen einschätzen und dadurch zu einem Werturteil gelangen	II–III
Darstellen	Strukturen, Sachverhalte oder Zusammenhänge strukturiert und unter Verwendung der Fachsprache formulieren, auch mithilfe von Zeichnungen und Tabellen	I–II
Diskutieren/ Erörtern	Argumente zu einer Aussage oder These einander gegenüberstellen und abwägen.	II–III
Durchführen	An einer Experimentieranordnung zielgerichtete Messungen und Änderungen vornehmen oder eine Experimentieranleitung umsetzen.	I
Entwickeln	Sachverhalte und Methoden zielgerichtet miteinander verknüpfen: eine Hypothese, eine Skizze, ein Experiment, ein Modell oder eine Theorie schrittweise weiterführen und ausbauen	I–II
Erklären	Einen Sachverhalt nachvollziehbar und verständlich machen, indem man ihn auf Regeln und Gesetzmäßigkeiten zurückführt	II–III, ggf. I
Erläutern	Einen Sachverhalt veranschaulichend darstellen und durch zusätzliche Informationen verständlich machen.	II–III, ggf. I
Ermitteln	ein Ergebnis oder einen Zusammenhang rechnerisch, grafisch oder experimentell bestimmen	I–II
Herleiten	Mithilfe bekannter Gesetzmäßigkeiten einen Zusammenhang zwischen chemischen bzw. physikalischen Größen herstellen.	II
Interpretieren/ Deuten	naturwissenschaftliche Ergebnisse, Beschreibungen und Annahmen vor dem Hintergrund einer Fragestellung oder Hypothese in einen nachvollziehbaren Zusammenhang bringen.	II–III
Ordnen/zuordnen	Begriffe oder Gegenstände auf der Grundlage bestimmter Merkmale systematisch einteilen.	I–II
Planen (von Experimenten)	Zu einem vorgegebenen Problem (auch experimentelle) Lösungswege entwickeln und dokumentieren.	II–III
Protokollieren	Beobachtungen oder die Durchführung von Experimenten zeichnerisch bzw. fachsprachlich richtig wiedergeben.	I–III
Prüfen/Überprüfen	Sachverhalte oder Aussagen an Fakten oder innerer Logik messen und eventuelle Widersprüche aufdecken.	II-III
Skizzieren	Sachverhalte, Prozesse, Strukturen oder Ergebnisse übersichtlich grafisch darstellen.	I–II
Untersuchen	Sachverhalte oder Phänomene mithilfe fachspezifischer Arbeitsweisen erschließen.	II–III
Vergleichen	Gemeinsamkeiten, Ähnlichkeiten und Unterschiede kriteriengeleitet herausarbeiten.	I–III
Zeichnen	Objekte grafisch exakt darstellen.	I–II
Zusammenfassen	Das Wesentliche in konzentrierter Form herausstellen.	I–II

1.2 Basiskonzepte der Chemie

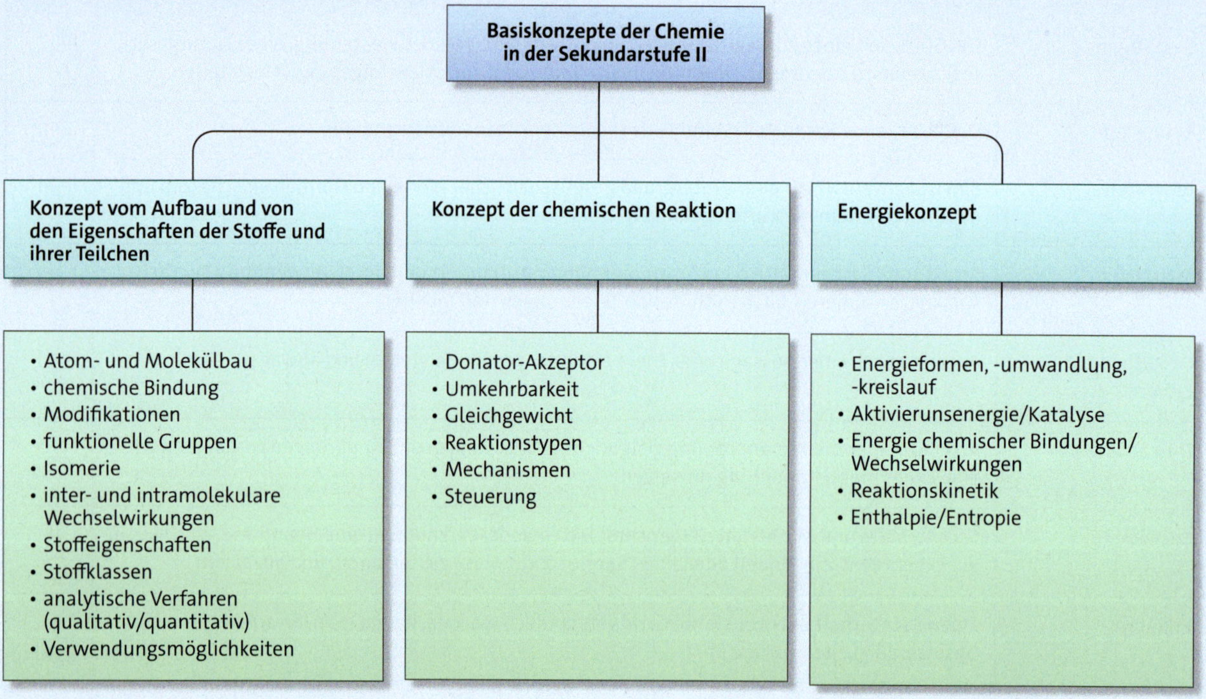

01 Basiskonzepte als Strukturierungselement im Chemieunterricht in der Sekundarstufe II

BASISKONZEPTE DER CHEMIE Jede Naturwissenschaft hat einen spezifischen Zugriff auf die Welt. So geht es bei der Physik beispielsweise um Wechselwirkungen, „Kräfte und Energien", und bei der Biologie um „lebende Organismen". Die Chemie hat eine unglaublich große, ständig wachsende Fülle von Phänomenen und Sachverhalten zu erklären. Dabei stellt sich heraus, dass dieser Vielfalt eine überschaubare Zahl grundlegender chemischer Gemeinsamkeiten und Regeln zugrunde liegt, sodass man zur Ordnung chemische Basiskonzepte formulieren konnte. Sie dienen dazu, die kaum erfassbare Vielfalt chemischen Fachwissens zu strukturieren. In der Chemie betrachtet man den Aufbau von Stoffen und ihre Eigenschaften, die Analyse und Synthese von Stoffen, sowie den Energieumsatz bei chemischen Reaktionen. Hieraus ergeben sich die die Basiskonzepte. Sie beziehen sich auf die Struktur der Stoffe, deren Umwandlungen durch chemische Reaktionen und die damit einhergehenden energetischen Prozesse.

Die Bildungsstandards im Fach Chemie für die Allgemeine Hochschulreife nennen daher drei unterschiedliche Basiskonzepte (↑ 01). Mithilfe dieser drei Basiskonzepte können chemische Phänomene und Sachverhalte aus verschiedenen Bereichen der Chemie gedanklich miteinander verknüpft werden. Die drei Basiskonzepte sind jedoch nicht als streng voneinander getrennt, sondern eng miteinander vernetzt zu verstehen (↑ 02).

KONZEPT VOM AUFBAU UND VON DEN EIGENSCHAFTEN DER STOFFE UND IHRER TEILCHEN Die Art, Anordnung und Wechselwirkung der Teilchen bestimmen die Struktur und die Eigenschaften eines Stoffes. Sie können daher durch das Basiskonzept vom Aufbau und von den Eigenschaften der Stoffe und ihrer Teilchen beschrieben werden. Insbesondere die Betrachtung sowohl auf der Stoffebene als auch auf der Teilchenebene hat dabei eine große Bedeutung und zeigt sich beispielsweise in den in ↑ 01 aufgelisteten Zusammenhängen.
Innerhalb dieses Basiskonzeptes werden Typen der chemischen Bindung, Verbindungen mit funktionellen Gruppen, Strukturen ausgewählter organischer und anorganischer Stoffe sowie Natur- und Kunststoffe betrachtet. Dabei wird auch der Zusammenhang zwischen den Eigenschaften ausgewählter Stoffe und deren Verwendung hergestellt: So können zum Beispiel Kenntnisse über inter- und intramolekulare Wechselwirkungen auf der Teilchenebene genutzt werden, um Eigenschaften von Stoffen auf der Stoffebene zu erklären.
Somit werden Phänomene auf der Stoffebene und deren Deutung auf der Teilchenebene konsequent unterschieden.
Ein Beispiel ist die Erklärung des Phänomens der Siedetemperatur (Stoffebene) mithilfe der zwischenmolekularen Wechselwirkungen (Teilchenebene). Octan hat eine niedrige Siedetemperatur und ist leicht flüchtig. Dies lässt sich dadurch erklären, dass, zwischen den unpolaren Molekülen des Octans nur die relativ schwachen London-Kräfte herrschen (↑ 02).

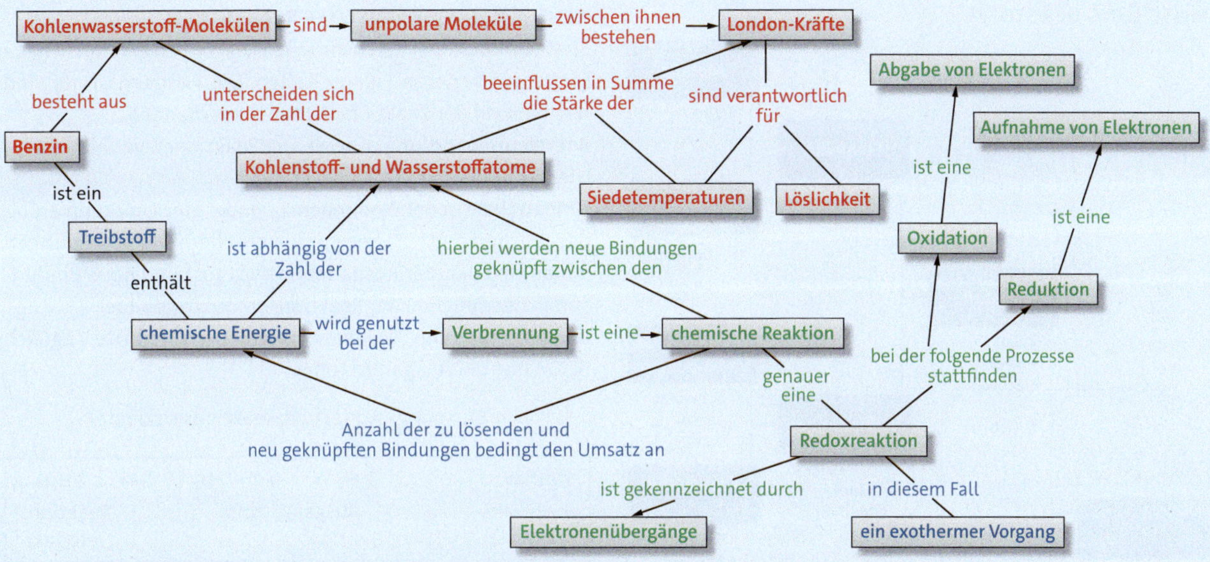

02 Vernetzung der Basiskonzepte am Beispiel des Benzins (Ausschnitt aus einer Concept-Map)

KONZEPT DER CHEMISCHEN REAKTION Die chemischen Reaktionen spielen in der Chemie eine zentrale Rolle und werden in diesem Basiskonzept in den folgenden Zusammenhängen systematisch betrachtet:

- Donator-Akzeptor-Prinzipien bei Protonen und Elektronenübergängen,
- Reaktionen und Reaktionsmechanismen in der organischen Chemie.

So können mit dem Donator-Akzeptor- Prinzip etwa Protonen- und Elektronenübergänge beschrieben werden, um so chemische Reaktionen sowohl in der anorganischen als auch in der organischen Chemie erschließen zu können. Kennzeichnend für das Donator-Akzeptor-Prinzip ist dabei der Teilchenübergang.

Beispiel: Bei der Verbrennung von Octan findet eine Redoxreaktion statt:

$$2\ C_8H_{18} + 25\ O_2 \rightarrow 16\ CO_2 + 18\ H_2O$$

Octan + Sauerstoff → Kohlenstoffdioxid + Wasser

Bei dieser Reaktion wird das Alkan von dem Sauerstoff in der Luft oxidiert. Sauerstoff wird reduziert. Dabei entstehen gasförmiges Kohlenstoffdioxid und Wasserdampf. Octan wirkt hier als Reduktions- und Sauerstoff als Oxidationsmittel
Es findet ein Teilchenübergang in Form einer Elektronenübertragung statt.

ENERGIEKONZEPT Energetische Betrachtungen spielen eine wichtige Rolle zur Beschreibung von Teilchen- und Stoffumwandlungen. In diesem Zusammenhang ist auch die Beeinflussung von Reaktionsabläufen durch die Änderung energetischer Parameter bedeutsam.

So können beispielsweise folgende Zusammenhänge betrachtet werden:

- Thermodynamische Prinzipien beim Ablauf chemischer und physikalisch-chemischer Vorgänge,
- Kinetische Prinzipien beim Ablauf chemischer Reaktionen.

Hierbei werden bei den Reaktionsverläufen auch die verschiedenen Teilschritte betrachtet.
So kann zum Beispiel die energetische Betrachtung sowohl auf chemische Reaktionen (z. B. Aktivierungsenergie) als auch auf einzelne Teilchen (z. B. Ionisierungsenergie) bezogen und zur Erklärung von Prozessen herangezogen werden (↑ **02**).
Beispiel: Mit einer Verbrennung ist in der Chemie in der Regel eine Oxidation gemeint, bei welcher Energie in Form von Wärme und Licht freigesetzt wird. Die chemische Energie der Materie wird in die anderen Energieformen (z.B. Wärme) umgewandelt. Die bei der Verbrennung von Octan freigesetzte Energie treibt zum Beispiel Autos mit einem Verbrennungsmotor an. Die chemische Energie wird in kinetische Energie umgewandelt.

ANWENDUNG DER BASISKONZEPTE Mit den Basiskonzepten wird chemisches Denken einfacher. Sie fördern das eigenständige Lernen und helfen dabei, einen Blick dafür zu entwickeln, welche Aspekte es bei einem chemischen Sachverhalt zu entdecken gibt. Ist ein grundlegendes Prinzip einmal bekannt und kommt etwas Ähnliches in neuem Kontext wieder vor, kann das Neue schneller verstanden und besser mit dem schon Bekannten verknüpft werden.
Fast jedes Thema des Chemieunterrichts lässt sich einem Basiskonzept oder mehreren Basiskonzepten zuordnen (↑ **02**). Das regelmäßige Arbeiten mit den Basiskonzepten trägt zum Aufbau strukturierten Wissens bei, verbessert den Überblick und kann dadurch das Lernen erleichtern.

1.3 Rückblick: Stoffe – Teilchen – Reaktionen

EINTEILUNG DER STOFFE

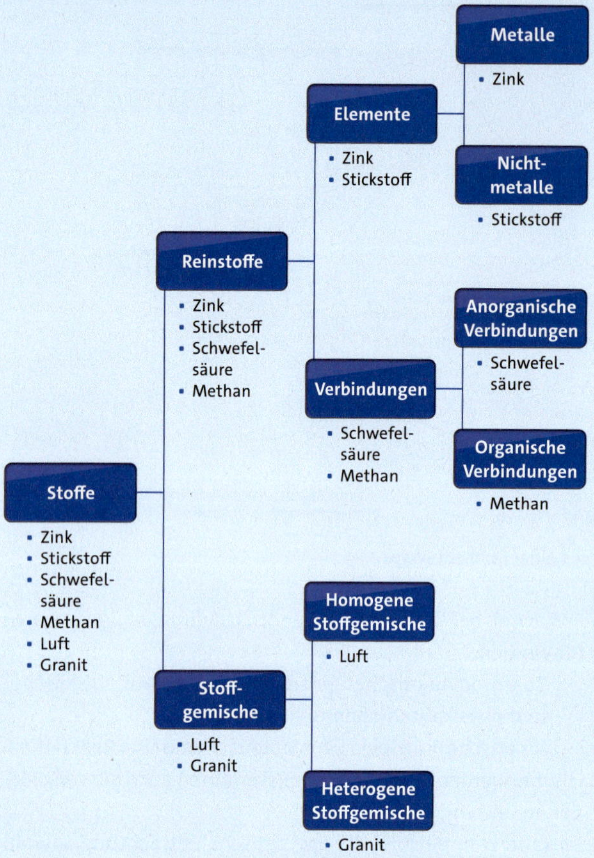

ELEMENT – VERBINDUNG – FORMEL

Element: Reinstoff, der nur aus gleichartigen Atomen besteht.

- Das Element *Kohlenstoff* besteht ausschließlich aus Kohlenstoff*atomen*. Die *Formel* von Kohlenstoff entspricht dem Elementsymbol.
  Beispiele: C, Fe, Cu, He
- Das Element *Wasserstoff* besteht ausschließlich aus Wasserstoff*molekülen*, die ihrerseits nur aus Wasserstoffatomen aufgebaut sind.
  Beispiele: H_2, Cl_2

Verbindung: Reinstoff, in dem die Atome oder Ionen mindestens zweier Elemente verbunden sind und zwischen deren Massen ein bestimmtes Verhältnis besteht

- Nichtmetall-Nichtmetall-Verbindung: In Wasser liegen Moleküle vor, die aus zwei Wasserstoffatomen und einem Sauerstoffatom aufgebaut sind. Die **Molekülformel** (Summenformel) gibt die Art und Anzahl der Atome in einem Molekül an.
  Beispiele: H_2O, CO_2
- Metall-Nichtmetall-Verbindung: In salzartigen Verbindungen wie Natriumchlorid liegen keine Moleküle, sondern Ionen vor. Das Anzahlverhältnis der Ionen wird durch **Verhältnisformeln** angegeben.
  Beispiele: NaCl, $MgBr_2$

KENNZEICHEN CHEMISCHER REAKTIONEN

Stoffumwandlung: Bei chemischen Reaktionen entstehen neue Stoffe mit anderen Eigenschaften. Die Ausgangsstoffe sind nach Ablauf der Reaktion nicht mehr vorhanden.
Energieumwandlung: Chemische Reaktionen verlaufen exotherm oder endotherm.
Umbau chemischer Bindungen: Es findet eine Umgruppierung der Teilchen statt. Dabei werden die chemischen Bindungen in den Teilchen der Ausgangsstoffe gelöst und neue Bindungen in den Teilchen der Reaktionsprodukte gebildet.
Massenerhaltung: Die Masse der Reaktionsprodukte ist gleich der Masse der Ausgangsstoffe.

$$m(\text{Ausgangsstoffe}) = m(\text{Reaktionsprodukte})$$

Stoffumwandlung	$2\ H_2$	+	O_2	⟶	$2\ H_2O$
	Ausgangsstoffe				Reaktionsprodukt
Eigenschaften	gasförmig				flüssig
Energieumwandlung	**Chemische Energie von Wasserstoff und Sauerstoff**		Wärmeabgabe	⟶	**Thermische Energie der Umgebung** / **Chemische Energie von Wasser**
Veränderung der Teilchen	2 Wasserstoffmoleküle	+	1 Sauerstoffmolekül	⟶	2 Wassermoleküle
Umbau chemischer Bindungen	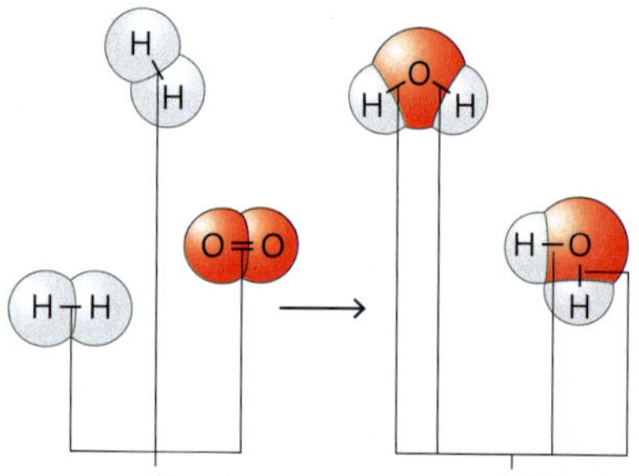 zu spaltende Bindung				neu auszubildende Bindung
Massenerhaltung	$m(H_2)$	+	$m(O_2)$	=	$m(H_2O)$
	2 g	+	16 g	=	18 g

REAKTIONSBEDINGUNGEN

Eine chemische Reaktion verläuft schneller durch:

- Temperaturerhöhung bzw. macht sie erst möglich
- Konzentrationserhöhung der Ausgangsstoffe
- größeren Zerteilungsgrad bzw. bessere Durchmischung der Ausgangsstoffe

REAKTIONSGLEICHUNG

Eine Reaktionsgleichung ist eine Beschreibung einer chemischen Reaktion durch Formeln. Die vor den Formeln stehenden Faktoren beschreiben das Verhältnis der Teilchenanzahlen. Sie enthält Aussagen über qualitative Änderungen und quantitative Verhältnisse zwischen den Reaktionsteilnehmern und schließt Aussagen zur Stoffebene und Teilchenebene ein.

Aussagen einer Reaktionsgleichung	$2\,H_2 + O_2 \longrightarrow 2\,H_2O$
Stoffebene	Wasserstoff reagiert mit Sauerstoff zu Wasser.
Teilchenebene	Zwei Moleküle Wasserstoff reagieren mit einem Molekül Sauerstoff zu zwei Molekülen Wasser.
Abgeleitete Aussagen	
• die Stoffmengen, die reagieren und nach der Reaktion vorliegen • die Massen, die reagieren und nach der Reaktion vorliegen	• 2 mol Wasserstoff reagieren mit 1 mol Sauerstoff zu 2 mol Wasser. • 4 g Wasserstoff reagieren mit 32 g Sauerstoff zu 36 g Wasser.

ENERGIEDIAGRAMM

Exotherme Reaktion: chemische Reaktion, die unter Energieabgabe verläuft. Die chemische Energie der Ausgangsstoffe ist größer als die chemische Energie der Reaktionsprodukte.

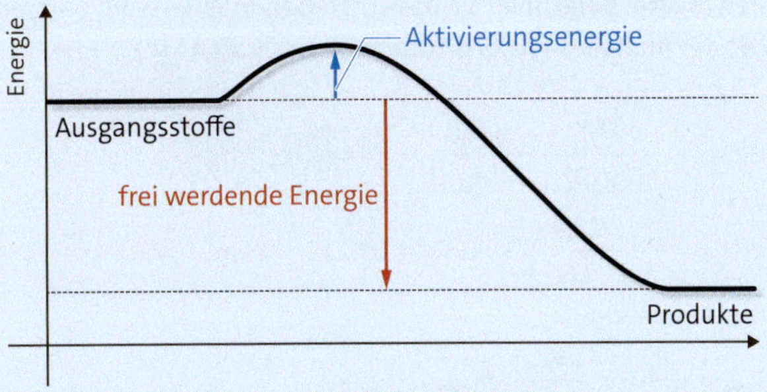

Endotherme Reaktion: chemische Reaktion, die unter Energieaufnahme verläuft. Die chemische Energie der Ausgangsstoffe ist kleiner als die chemische Energie der Reaktionsprodukte.

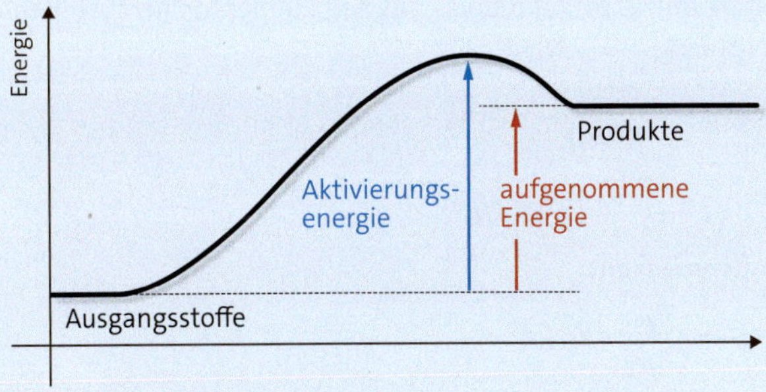

Katalysatoren: Damit eine chemische Reaktion ablaufen kann, muss sie durch Zufuhr von Energie aktiviert werden. Die dafür notwendige Energie ist die Aktivierungsenergie.
Katalysatoren setzen die Aktivierungsenergie herab und beschleunigen dadurch die Reaktion. Nach der Reaktion liegen sie wieder unverändert vor.

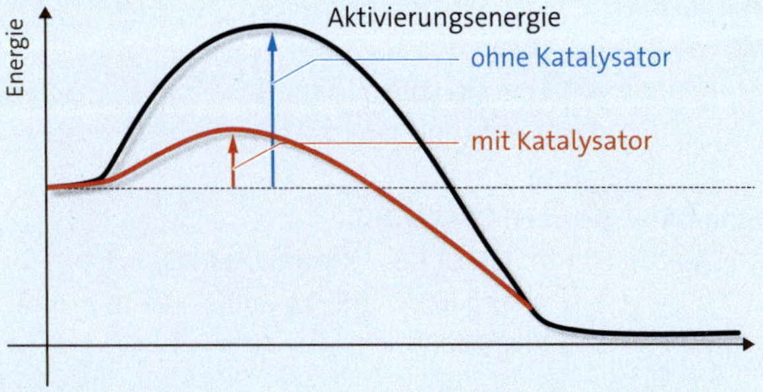

WICHTIGE GRÖSSEN IN DER CHEMIE

Stoffportion: Unter einer Stoffportion versteht man eine genau abgemessene Masse und/oder bei Gasen und Flüssigkeiten ein genau abgemessenes Volumen eines Stoffs.

Dichte: Die Dichte ϱ ist der Quotient aus der Masse und dem Volumen einer Stoffportion. Die Einheit der Dichte ist $g \cdot cm^{-3}$, $g \cdot ml^{-1}$ und bei Gasen $g \cdot l^{-1}$.

$$\varrho(\text{Stoff}) = \frac{m(\text{Stoffportion})}{V(\text{Stoffportion})} \qquad \text{Einheit: } 1\,g \cdot cm^{-3} = g \cdot ml^{-1}$$

Die Dichte ist eine Stoffkenngröße, die für jeden Stoff charakteristisch ist. Sie hängt von der Temperatur und vom Druck ab.

Stoffmenge: Eine Stoffportion mit einer Stoffmenge von $n = 1$ mol besteht aus etwa $6 \cdot 10^{23}$ gleichartigen Teilchen (Atomen, Molekülen oder Formeleinheiten). Die Einheit der Stoffmenge ist mol.

Avogadro-Konstante: Mithilfe der Avogadro-Konstante N_A können Stoffmenge n und Teilchenanzahl N ineinander umgerechnet werden. Ihr Wert $N_A = 6{,}022\,140\,857 \cdot 10^{23}\,mol^{-1}$ gibt die genaue Teilchenanzahl in einer Stoffportion mit $n = 1$ mol wieder.

$$N = N_A \cdot n$$

Molare Masse: Die molare Masse M ist der Quotient aus der Masse m und der Stoffmenge n einer Stoffportion. Die Einheit der molaren Masse ist $g \cdot mol^{-1}$.

$$M(\text{Stoff}) = \frac{m(\text{Stoffportion})}{n(\text{Stoffportion})} \qquad \text{Einheit: } 1\,g \cdot mol^{-1}$$

Die molare Masse ist eine Stoffkenngröße, die für jeden Reinstoff charakteristisch ist.

Ermitteln von molaren Massen: Für Atome findet man diese Werte im Periodensystem. Der Zahlenwert der molaren Masse (in $g \cdot mol^{-1}$) ist gleich dem Zahlenwert der Teilchenmasse (in u). Ist die Zusammensetzung (Formel) eines Stoffs bekannt, kann aus den Atommassen im Periodensystem der Elemente (PSE) die molare Masse des Stoffs berechnet werden.

Beispiele:

Wasser (Formel: H_2O)

$$\begin{aligned} M(H_2O) &= 2 \cdot M(1\,H) + M(1\,O) \\ &= 2 \cdot 1\,g \cdot mol^{-1} + 16\,g \cdot mol^{-1} \\ &= 18\,g \cdot mol^{-1} \end{aligned}$$

Butansäure (Formel: C_3H_7COOH)

$$\begin{aligned} M(C_3H_7COOH) &= 4 \cdot M(1\,C) + 8 \cdot M(1\,H) + 2 \cdot M(1\,O) \\ &= 4 \cdot 12\,g \cdot mol^{-1} + 8 \cdot 1\,g \cdot mol^{-1} + 2 \cdot 16\,g \cdot mol^{-1} \\ &= 88\,g \cdot mol^{-1} \end{aligned}$$

Satz von Avogadro: Nach dem Satz von Avogadro enthalten gleiche Volumina verschiedener Gase bei gleicher Temperatur und gleichem Druck die gleiche Anzahl an Teilchen.

Beispiel: 24,1 Liter Wasserstoff und 24,1 Liter Sauerstoff enthalten bei Raumtemperatur (20 °C) und Normdruck 1 mol Wasserstoffmoleküle bzw. 1 mol Sauerstoffmoleküle.

Molares Volumen: Das molare Volumen V_m ist der Quotient aus dem Volumen V und der Stoffmenge n einer Stoffportion. Die Einheit des molaren Volumens ist $l \cdot mol^{-1}$. Das molare Volumen ist für alle Gase gleich und beträgt unter Normbedingungen: $V_m = 22{,}4\,l \cdot mol^{-1}$

$$V_m = \frac{V(\text{Stoffportion})}{n(\text{Stoffportion})}$$

Temperatur in °C	Druck in hPa	Molares Volumen in $l \cdot mol^{-1}$
0	1013	22,4
20	1013	24,1
25	1013	24,5

BEZIEHUNGEN ZWISCHEN DEN GRÖSSEN

Zwischen der Stoffmenge, der Masse und dem Volumen von Stoffportionen bestehen proportionale Zusammenhänge.

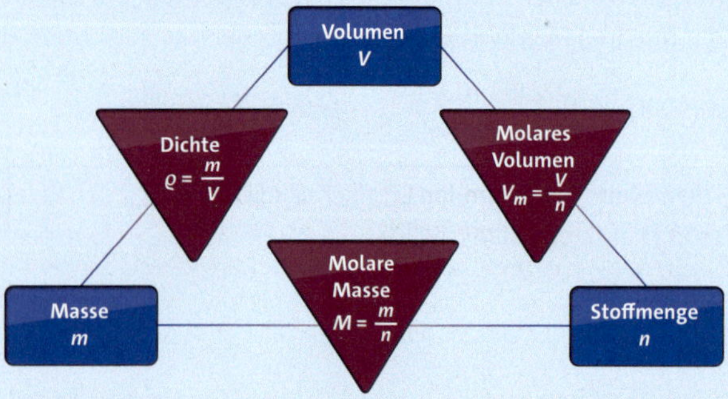

STÖCHIOMETRISCHE BERECHNUNGEN

Mithilfe der Beziehungen zwischen den Größen können stöchiometrische Berechnungen durchgeführt werden.

Berechnung einer gesuchten Masse aus einer gegebenen Masse: Berechnen Sie die Masse an Aluminium zur Herstellung von 300 g Aluminiumoxid.

$$4\,Al + 3\,O_2 \longrightarrow 2\,Al_2O_3$$

$$m(Al) = \frac{n(Al)}{n(Al_2O_3)} \cdot \frac{M(Al)}{M(Al_2O_3)} \cdot m(Al_2O_3)$$

$$m(Al) = \frac{4}{2} \cdot \frac{27\,\frac{g}{mol}}{102\,\frac{g}{mol}} \cdot 300\,g = 158{,}8\,g$$

Allgemein gilt:

$$m_{ges} = \frac{n_{ges}}{n_{geg}} \cdot \frac{M_{ges}}{M_{geg}} \cdot m_{geg}$$

Berechnung einer gesuchten Masse aus einem gegebenen Gasvolumen: Berechnen Sie die Masse an Magnesium, die in 85 l Sauerstoff vollständig verbrennt ($V_m = 22{,}4\,\frac{l}{mol}$).

$$2\,Mg + 1\,O_2 \longrightarrow 2\,MgO$$

$$m(Mg) = \frac{n(Mg)}{n(O_2)} \cdot \frac{M(Mg)}{V_m} \cdot V(O_2)$$

$$m(Mg) = \frac{2}{1} \cdot \frac{24\,\frac{g}{mol}}{22{,}4\,\frac{l}{mol}} \cdot 85\,l = 182{,}1\,g$$

Allgemein gilt:

$$m_{ges} = \frac{n_{ges}}{n_{geg}} \cdot \frac{M_{ges}}{V_m} \cdot V_{geg}$$

Berechnung eines gesuchten Gasvolumens aus einer gegebenen Masse: Berechnen Sie das entstehende Sauerstoffvolumen bei der Analyse von 0,5 g Silberoxid ($V_m = 22{,}4\,\frac{l}{mol}$).

$$2\,Ag_2O \longrightarrow 4\,Ag + 1\,O_2$$

$$V(O_2) = \frac{n(O_2)}{n(Ag_2O)} \cdot \frac{V_m}{M(Ag_2O)} \cdot m(Ag_2O)$$

$$V(O_2) = \frac{1}{2} \cdot \frac{22{,}4\,\frac{l}{mol}}{232\,\frac{g}{mol}} \cdot 0{,}5\,g = 0{,}024\,l = 24\,ml$$

Allgemein gilt:

$$V_{ges} = \frac{n_{ges}}{n_{geg}} \cdot \frac{V_m}{M_{geg}} \cdot m_{geg}$$

Berechnung eines gesuchten Gasvolumens aus einem gegebenen Gasvolumen: Berechnen Sie das Volumen an Wasserstoff, um 40 m^3 Ammoniak aus den Elementen herzustellen.

$$N_2 + 3\,H_2 \longrightarrow 2\,NH_3$$

$$V(H_2) = \frac{n(H_2)}{n(NH_3)} \cdot V(NH_3)$$

$$V(H_2) = \frac{3}{2} \cdot 40\,m^3 = 60\,m^3$$

Allgemein gilt:

$$V_{ges} = \frac{n_{ges}}{n_{geg}} \cdot V_{geg}$$

GEHALTSANGABEN BEI STOFFGEMISCHEN

Der Gehalt eines Stoffs in einem Stoffgemisch, z. B. in einer Lösung, kann durch verschiedene Gehaltsgrößen angegeben werden.

Massenanteil: Der Massenanteil *w* ist der Quotient aus der Masse der enthaltenen Stoffportion und der Masse des Stoffgemischs. Häufig erfolgt die Angabe des Massenanteils in der Einheit %.

$$w(\text{Stoff}) = \frac{m(\text{Stoffportion})}{m(\text{Gemisch})} \cdot 100\,\%$$

Für Lösungen gilt auch:

$$w(\text{Stoff}) = \frac{m(\text{Stoffportion})}{m(\text{Stoffportion}) + m(\text{Lösungsmittelportion})} \cdot 100\,\%$$

Beispiel: In einer Salzsäure mit $w = 3\,\%$ sind 3 g Chlorwasserstoff in 97 g Wasser gelöst.

Massenkonzentration: Die Massenkonzentration β ist der Quotient aus der Masse der enthaltenen Stoffportion und dem Volumen der Lösung (nicht des Lösungsmittels!). Die Einheit ist $g \cdot l^{-1}$.

$$\beta(\text{Stoff}) = \frac{m(\text{Stoffportion})}{V(\text{Lösung})} \qquad \text{Einheit: } 1\,g \cdot l^{-1}$$

Beispiel: In Cola mit $\beta(\text{Zucker}) = 110\,g \cdot l^{-1}$ sind in einem Liter Cola 110 g Zucker gelöst.

Stoffmengenkonzentration: Die Stoffmengenkonzentration *c* ist der Quotient aus der Stoffmenge des gelösten Stoffs und dem Volumen der Lösung. Die Einheit ist $mol \cdot l^{-1}$.

$$c(\text{Stoff}) = \frac{n(\text{Stoffportion})}{V(\text{Lösung})} \qquad \text{Einheit: } 1\,mol \cdot l^{-1}$$

Beispiel: In einer Salzsäure mit $c = 0{,}5\,mol \cdot l^{-1}$ sind 0,5 mol Chlorwasserstoff in 1 l Lösung enthalten.

Kombinierte Berechnungen: Massenanteil *w*, Stoffmengenkonzentration *c* und Dichte ϱ können ineinander umgewandelt werden.

$$c(\text{Stoff}) = \frac{n}{V} = \frac{m(\text{Stoffportion})}{M(\text{Stoff})} \cdot \frac{\varrho(\text{Lösung})}{m(\text{Lösung})}$$

$$= \frac{m(\text{Stoffportion})}{m(\text{Lösung})} \cdot \frac{\varrho(\text{Lösung})}{M(\text{Stoff})} = w \cdot \frac{\varrho(\text{Lösung})}{M(\text{Stoff})}$$

Beispiel: Gesucht ist die Stoffmengenkonzentration von Salzsäure ($w = 37\,\%$, $\varrho = 1185\,g \cdot l^{-1}$, $M(\text{HCl}) = 36{,}46\,g \cdot mol^{-1}$).

$$c(\text{HCl}) = w \cdot \frac{\varrho(\text{Salzsäure})}{M(\text{HCl})} = 0{,}37 \cdot \frac{1185\,\frac{g}{l}}{36{,}46\,\frac{g}{mol}} = 12{,}0\,\frac{mol}{l}$$

NACHWEISREAKTIONEN

Wichtige Nachweise für Stoffe:

Nachweis	Stoff	Beobachtung
Glimmspanprobe	Sauerstoff	Entflammen eines Glimmspans
Knallgasprobe	Wasserstoff	pfeifendes, ploppendes Geräusch
		Reaktion: $2\,H_2 + O_2 \longrightarrow 2\,H_2O$
Wassernachweis	Wasser	Blaufärbung von Kupfersulfat oder Watesmopapier
Kalkwasserprobe	Kohlenstoffdioxid	weiße Trübung von Calciumhydroxidlösung
		Reaktion: $CO_2 + Ca(OH)_2 \longrightarrow CaCO_3 + H_2O$

Wichtige Ionennachweise:

Nachweisreagenz	Ion	Beobachtung
Silbernitratlösung	Chlorid-Ion Cl^-	weißer Niederschlag
		Reaktion: $Ag^+ + Cl^- \longrightarrow AgCl\downarrow$
	Bromid-Ion Br^-	gelblicher Niederschlag
		Reaktion: $Ag^+ + Br^- \longrightarrow AgBr\downarrow$
	Iodid-Ion I^-	gelber Niederschlag
		Reaktion: $Ag^+ + I^- \longrightarrow AgI\downarrow$
Bariumchloridlösung	Sulfat-Ion SO_4^{2-}	weißer Niederschlag, beständig nach Zugabe von Salzsäure
		Reaktion: $Ba^{2+} + SO_4^{2-} \longrightarrow BaSO_4\downarrow$
Kalkwasser	Carbonat-Ion CO_3^{2-}	Das durch Austreiben mit Salzsäure entstehende Gas bildet in Kalkwasser eine weiße Trübung.
		Reaktionen: $CO_3^{2-} + 2\,HCl \longrightarrow CO_2 + H_2O + 2\,Cl^-$ $CO_2 + Ca(OH)_2 \longrightarrow CaCO_3 + H_2O$
Nachweis durch Flammenfärbung	Lithium-Ion Li^+ Natrium-Ion Na^+ Kalium-Ion K^+ Calcium-Ion Ca^{2+} Strontium-Ion Sr^{2+} Barium-Ion Ba^{2+}	dunkelrot gelb rotviolett orangerot rot grün

BAU DER ATOME

Atommodell nach Dalton:

- Jeder Stoff besteht aus kleinsten, chemisch nicht weiter zerlegbaren Teilchen, den **Atomen**.
- Atome sind kugelförmige Teilchen. Sie haben eine Masse und ein Volumen. Atome sind unvorstellbar klein.
- Die Atome eines Elements sind untereinander gleich. Sie haben die gleiche Masse und das gleiche Volumen. Damit gibt es genau so viele Atomarten wie es Elemente gibt.

Atommasse: Die Masse von Atomen ist unvorstellbar klein, deshalb wurde die **atomare Masseneinheit unit** (Einheitenzeichen **u**) eingeführt.

- 1 u entspricht in etwa der Masse eines Wasserstoffatoms.
- $1\ u = 1{,}661 \cdot 10^{-24}\ g$
- Die Atommasse wird im Periodensystem rechts über dem Symbol angegeben.

Daltons Atommodell musste aufgrund der Ergebnisse des Streuversuchs von Rutherford verändert werden. Daraus resultierte ein neues, differenziertes Atommodell, das **Kern-Hülle-Modell:** Ein Atom besteht aus einem kleinen *Atomkern* und einer viel größeren Atomhülle aus *Elektronen* in ständiger Bewegung.

Der **Atomkern** ist positiv geladen und enthält fast die gesamte Masse des Atoms. Er besteht aus elektrisch positiv geladenen **Protonen** und ungeladenen, massereichen **Neutronen**.
Aus der *Anzahl der Protonen* ergibt sich die **Kernladungszahl**. Sie stimmt mit der **Ordnungszahl** der Elemente überein. Kennt man die Kernladungszahl bzw. Ordnungszahl eines Elements, so weiß man gleichzeitig, aus wie vielen Elektronen die Atomhülle gebildet wird.
Isotope sind Atome eines Elements, die sich in ihrer *Anzahl an Neutronen* unterscheiden; sie haben unterschiedliche Atommassen.

Die **Atomhülle** (Elektronenhülle) wird durch elektrisch negativ geladene **Elektronen** gebildet. Zur Beschreibung der Atomhülle nutzt man meist zwei Modelle (↑ Kasten unten):

- Nach dem **Energiestufenmodell** werden Elektronen mit ähnlichen Energien gemeinsamen Energiestufen zugeordnet.
- Nach dem **Schalenmodell** der Atomhülle werden Elektronen mit ähnlichem Abstand zum Atomkern gemeinsamen Elektronenschalen zugeordnet.

Die Elektronen der äußeren Schale heißen **Außenelektronen** oder **Valenzelektronen**. Sie bestimmen wesentlich die chemischen Eigenschaften der Elemente.

PERIODENSYSTEM DER ELEMENTE (PSE)

Informationen über Atome, die aus den Feldern im PSE zu entnehmen sind:

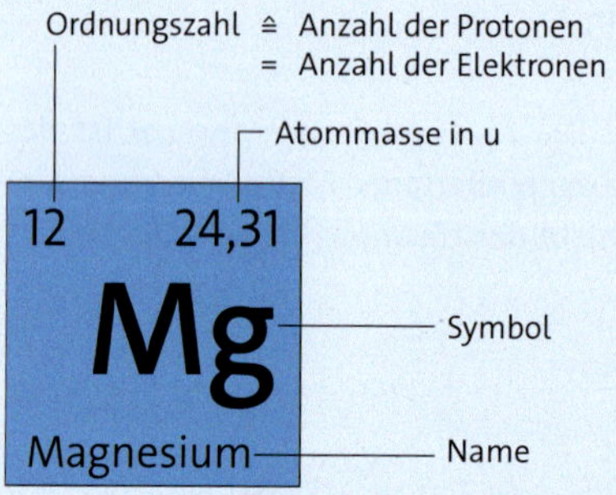

Ordnungsprinzipien im PSE:

- Die Atome im PSE sind nach steigender *Ordnungszahl* (Kernladungszahl) angeordnet.
- Die Atome der ersten 18 Elemente bilden die ersten drei **Perioden**, verteilt auf acht **Hauptgruppen**. Sie werden mit römischen Ziffern von I bis VIII gekennzeichnet.
- Die Nummer der Periode entspricht der Anzahl der Elektronenschalen in der Atomhülle.
- Die Nummer der Hauptgruppe gibt an, mit wie vielen Elektronen die Außenschale besetzt ist.
- Die Atome von Elementen einer **Elementfamilie** stehen in der gleichen Hauptgruppe und haben die gleiche Anzahl an Außenelektronen (Ausnahme: Helium). Dies ist die Ursache für chemisch ähnliche Eigenschaften innerhalb einer Elementfamilie, z. B. Alkalimetalle, Halogene.
- Die Atome der Elemente, die links und unten im PSE stehen, sind mit Ausnahme von Wasserstoff **Metalle**.
- Die Atome der Elemente, die rechts und oben im PSE stehen, sind überwiegend **Nichtmetalle**.

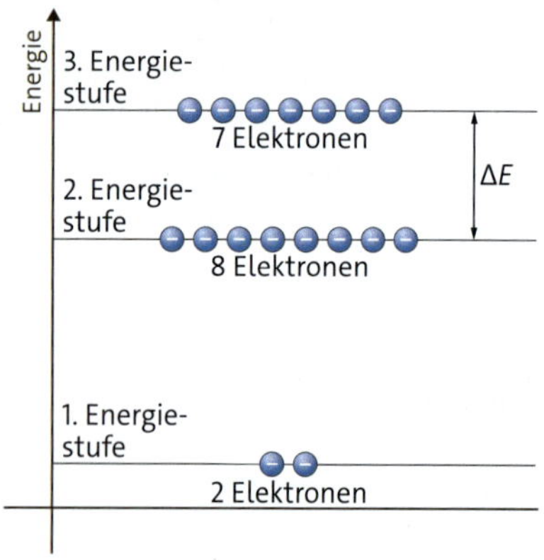

Energiestufenmodell des Chloratoms

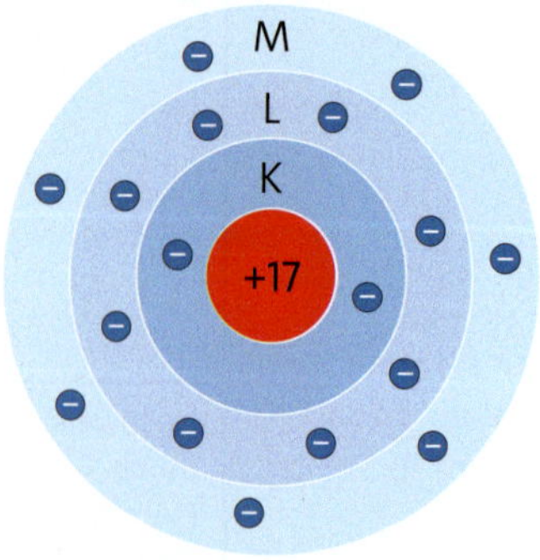

Schalenmodell des Chloratoms

SALZE UND IONEN

Salze kommen in der Natur als Kristalle oder in wässrigen Lösungen vor.
Charakteristische Stoffeigenschaften der Salze:
- Salzkristalle sind hart und spröde, sie zerbrechen unter Krafteinwirkung.
- Salze sind oft in Wasser gut löslich.
- Sie besitzen eine hohe Schmelztemperatur.
- Salze leiten nur als Schmelze und in Wasser gelöst den elektrischen Strom.
- In kristalliner Form sind sie elektrische Nichtleiter.

Beispiele: Natriumchlorid NaCl, Calciumcarbonat $CaCO_3$ (Kalk), Kupfer(II)-oxid CuO

Salze sind aus **Ionen** aufgebaut. Ionen sind positiv oder negativ elektrisch geladene Teilchen in der Größenordnung von Atomen.

Metalle und Wasserstoff bilden *positiv geladene* **Kationen**.
Beispiele: Na^+, Fe^{2+}, Mg^{2+}, H^+
Nichtmetalle bilden *negativ geladene* **Anionen** (Ausnahme: Wasserstoff).
Beispiele: Cl^-, Br^-, F^-, O^{2-}

Salze bilden **Ionenkristalle**. In diesen ist eine unvorstellbar große Anzahl von positiv und negativ geladenen Ionen in einer möglichst dichten Packung angeordnet, wobei die verschieden geladenen Ionen feste Plätze einnehmen. Die regelmäßige Anordnung der Ionen im Kristall wird **Ionengitter** genannt.

Modelle vom Bau des Natriumchlorids:

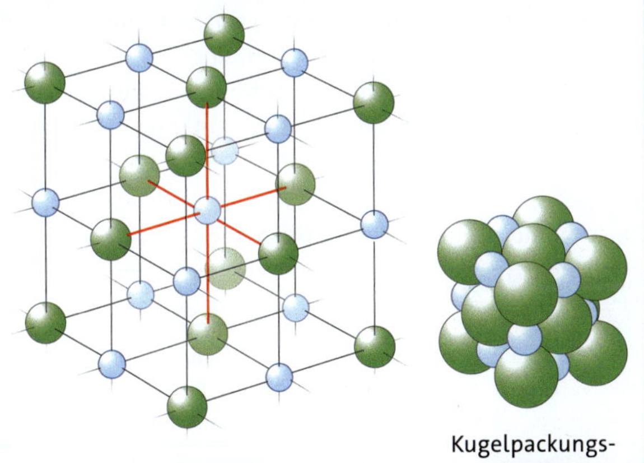

Die Ionen im Kristall werden durch **Ionenbindung** zusammengehalten. Sie ist eine Art der chemischen Bindung, die durch elektrostatische Anziehung zwischen elektrisch verschieden geladenen Ionen bewirkt wird.
Salzartige, aus Ionen aufgebaute Stoffe werden als **Ionenverbindungen** bezeichnet.

BILDUNG VON IONEN AUS ATOMEN

Vergleich	
Atom	Ion
▪ elektrisch neutral ▪ gleiche Anzahl an Protonen und Elektronen	▪ elektrisch geladen ▪ ungleiche Anzahl an Protonen und Elektronen ▪ Kationen sind kleiner, Anionen sind größer als das entsprechende Atom

Ionen bilden sich aus Atomen durch Aufnahme oder Abgabe von Elektronen. Sie besitzen eine stabile **Edelgaskonfiguration**, also die Elektronenkonfiguration des nächststehenden Edelgases.

Beispiele:
- Ein Chloratom besitzt sieben Elektronen auf seiner Außenschale. Durch *Aufnahme* eines weiteren Elektrons bildet sich ein einfach negativ geladenes Chlorid-*Ion* (Anion). Die Elektronenkonfiguration entspricht der des Edelgases Argon.
  $Cl + e^- \longrightarrow Cl^-$
- Ein Natrium*atom* besitzt nur ein Elektron auf seiner Außenschale. Durch *Abgabe* dieses Elektrons bildet sich ein einfach positiv geladenes Natrium-*Ion* (Kation). Die Elektronenkonfiguration entspricht der des Edelgases Neon.
  $Na \longrightarrow Na^+ + e^-$

Art und Anzahl der Ladungen von Ionen lassen sich aus der Stellung im Periodensystem ableiten:
- Durch Abgabe ihrer Außenelektronen erlangen die Atome der Elemente der I. bis III. Hauptgruppe Edelgaskonfiguration. Die Ladungszahl ihrer Kationen stimmt mit der Nummer der Hauptgruppe überein. Metalle der Nebengruppen bilden oft verschieden geladene Kationen.
- Atome der Elemente der V. bis VII. Hauptgruppe nehmen Elektronen auf, bis ihre Außenschale 8 Elektronen besitzt, und erlangen so Edelgaskonfiguration. Die Ladungszahl ihrer Anionen erhält man, indem die Nummer ihrer Hauptgruppe von acht abgezogen wird.

Beispiele:
- Calcium (II. Hauptgruppe) bildet Kationen. Sie besitzen die Ladungszahl 2 ⇒ Ca^{2+}-Ionen.
- Sauerstoff (VI. Hauptgruppe) bildet Anionen. Sie besitzen die Ladungszahl 2 ⇒ O^{2-}-Ionen (Regel: $8 - 6 = 2$).

Edelgasregel: Atome anderer Elemente streben die gleiche Anzahl an Elektronen an wie die der nächststehenden Edelgasatome.

MOLEKÜLVERBINDUNGEN – ELEKTRONENPAARBINDUNG

Molekülverbindungen sind Stoffe, die aus Molekülen aufgebaut sind.
Beispiele: Wasserstoff besteht aus Wasserstoffmolekülen H_2, Chlor besteht aus Chlormolekülen Cl_2, Wasser besteht Wassermolekülen H_2O.

Die zwei Wasserstoffatome im Wasserstoffmolekül erfüllen die Edelgasregel, indem sie ihre Außenelektronen gemeinsam nutzen. Das *gemeinsame* (*bindende*) *Elektronenpaar* entsteht durch die Durchdringung der Atomhüllen beider Wasserstoffatome. Daraus resultiert eine Elektronenpaarbindung (Atombindung).
⇒ Die **Elektronenpaarbindung** ist eine Art der chemischen Bindung, die durch gemeinsame Elektronenpaare zwischen Atomen bewirkt wird.

Die Bindungsverhältnisse in Molekülen werden durch **Lewis-Formeln** schematisch dargestellt:

- Das *bindende Elektronenpaar* wird als Strich zwischen die Elementsymbole gesetzt.
- Außenelektronen, die nicht an der Bindung teilnehmen, werden paarweise auch als Striche an das Elementsymbol gestellt (*nichtbindende* bzw. *freie Elektronenpaare*).

Beispiele für Lewis-Formeln:

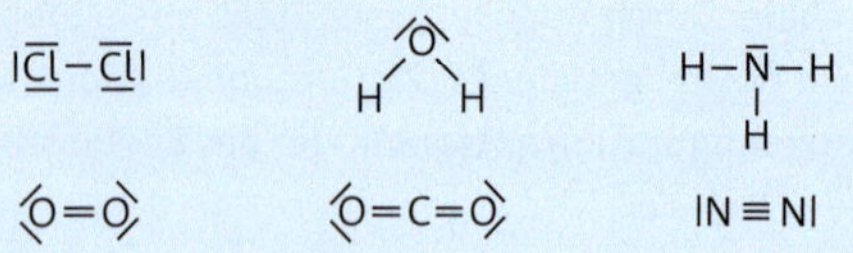

- Einfachbindung: eine durch *ein* bindendes Elektronenpaar bewirkte chemische Bindung
  Beispiele: Cl_2, H_2O, NH_3
- Zweifachbindung bzw. Doppelbindung: eine durch *zwei* bindende Elektronenpaare bewirkte chemische Bindung
  Beispiele: O_2, CO_2
- Dreifachbindung: eine durch *drei* bindende Elektronenpaare bewirkte chemische Bindung
  Beispiel: N_2

Der *räumliche Bau* von Molekülen kann durch das **Elektronenpaarabstoßungsmodell** (EPA-Modell) beschrieben werden. Das Modell beruht auf folgenden Annahmen:

- Alle Außenelektronen der Atome im Molekül werden modellhaft als Elektronenwolke dargestellt.
- Die negativ geladenen Elektronenpaare stoßen sich ab und ordnen sich im Molekül so an, dass sie den größtmöglichen Abstand zueinander einnehmen.
- Die elektrostatische Abstoßung freier Elektronenpaare ist größer als die bindender Elektronenpaare.

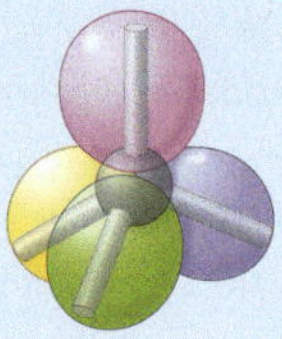

Modellhafte Darstellung der Elektronenwolken im EPA-Modell des Methanmoleküls CH_4

Stoff und Formel	Methan CH_4	Wasser H_2O
Lewis-Formel	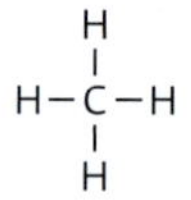	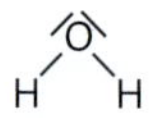
Elektronenpaare am zentralen Atom	4 bindende Elektronenpaare am C-Atom	2 bindende und 2 freie Elektronenpaare am O-Atom
Molekülmodell und räumlicher Bau	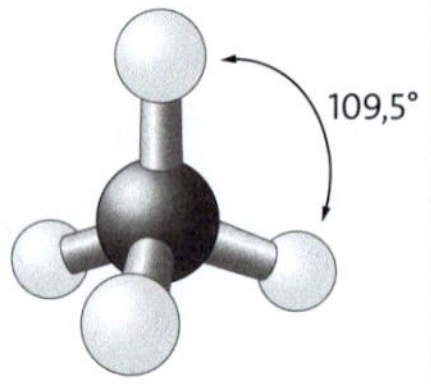	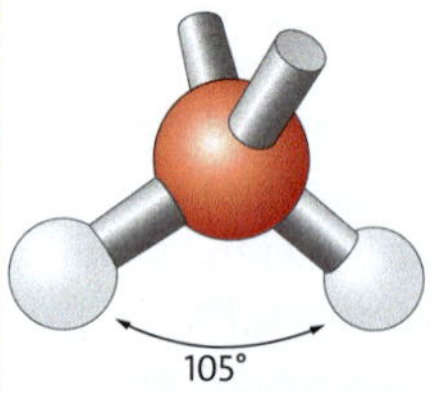

Elektronegativitätswert (EN) eines Elements: gibt an, wie stark ein Atom das bindende Elektronenpaar im Molekül anzieht
Polare Elektronenpaarbindung: beruht auf einer unsymmetrischen Elektronenverteilung zwischen den Atomen des Moleküls; daraus resultieren unterschiedliche elektrische Teilladungen δ+ bzw. δ–
Je größer die Differenz zwischen den Elektronegativitätswerten ist, desto polarer ist die Elektronenpaarbindung.
Bei einer *Elektronegativitätsdifferenz von null* handelt es sich um eine **unpolare Elektronenpaarbindung**.
Dipolmolekül: Molekül, in dem getrennte Ladungsschwerpunkte für die positive und negative elektrische Teilladung existieren. *Beispiele:* H_2O, NH_3

Zwischenmolekulare Wechselwirkungen:

Wasserstoffbrücken	starke zusätzliche Anziehungskräfte zwischen benachbarten Dipolmolekülen. Sie bilden sich zwischen positiv polarisierten Wasserstoffatomen und freien Elektronenpaaren stark elektronegativer Elemente
Ion-Dipol-Kräfte	relativ starke Anziehungskräfte zwischen Ionen und Dipolen
Dipol-Dipol-Kräfte	relativ starke Anziehungskräfte zwischen permanenten Dipolen
London-Kräfte	schwache Anziehungskräfte zwischen spontanen und induzierten Dipolen; treten zwischen Molekülen oder Edelgasatomen auf

REAKTIONEN MIT ELEKTRONENÜBERTRAGUNG

Reagieren z. B. Metalle mit Salzlösungen, so findet zwischen den *Metallatomen* und *Metall-Ionen* der reagierenden Stoffe eine **Elektronenübertragung** statt.

Die Teilreaktion der **Elektronenabgabe** wird **Oxidation** genannt.

Beispiel Oxidation: $Zn \longrightarrow Zn^{2+} + 2\,e^-$
Das Zn-Atom ist ein **Elektronendonator**.

Die Teilreaktion der **Elektronenaufnahme** wird **Reduktion** genannt.

Beispiel Reduktion: $Cu^{2+} + 2\,e^- \longrightarrow Cu$
Das Cu^{2+}-Ion ist ein **Elektronenakzeptor**.

Oxidation und *Reduktion* finden immer *gleichzeitig* statt. Solche Reaktionen mit gleichzeitiger Elektronenübertragung werden **Redoxreaktionen** genannt:

Oxidation: $Zn \longrightarrow Zn^{2+} + 2\,e^-$
Reduktion: $Cu^{2+} + 2\,e^- \longrightarrow Cu$

Redoxreaktion: $Zn + Cu^{2+} \rightarrow Zn^{2+} + Cu$

Mithilfe solcher Elektronenübertragungsreaktionen kann die chemische Energie der reagierenden Stoffe in elektrische Energie umgewandelt werden (**galvanisches Element**, **Batterie**). Die Elektronenübertragungsreaktion kann durch Zuführen von elektrischer Energie umgekehrt werden (**Elektrolyse**).

Elektronenübertragungsreaktionen können auch zwischen anderen Reaktionspartnern wie Metallen und Nichtmetallen oder Metallen und Metalloxiden stattfinden.

SÄUREN – BASEN – NEUTRALISATION

Stoffliche Betrachtung:

- **Saure Lösungen** sind wässrige Lösungen, die Oxonium-Ionen H_3O^+ enthalten.
- **Alkalische Lösungen** sind wässrige Lösungen, die Hydroxid-Ionen OH^- enthalten.

⇒ Saure und alkalische Lösungen sind wegen der in ihnen enthaltenen Ionen elektrisch leitfähig.

Teilchenmäßige Betrachtung:

- **Säuren** sind Stoffe, deren Teilchen Protonen H^+ abgeben, es sind **Protonendonatoren**.
- **Basen** sind Stoffe, deren Teilchen Protonen H^+ aufnehmen, es sind **Protonenakzeptoren**.

⇒ **Säure-Base-Reaktionen** sind **Protonenübertragungsreaktionen**.

Beispiel:

Protonenabgabe (HCl → Cl^-)

$$HCl + H_2O \longrightarrow Cl^- + H_3O^+$$

Protonenaufnahme (H_2O → H_3O^+)

Protonenübergang im Teilchenmodell:

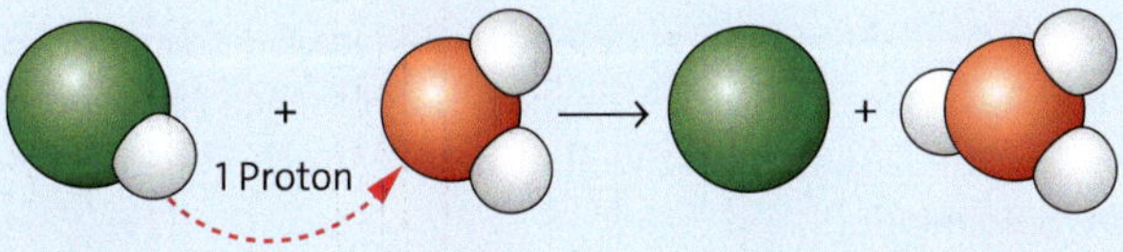

Neutralisation

Die Reaktion zwischen Oxonium-Ionen und Hydroxid-Ionen wird als **Neutralisation** bezeichnet. Es ist eine Protonenübertragungsreaktion. Sie läuft ab, wenn eine saure Lösung zu einer alkalischen Lösung gegeben wird.
Neutralisation:
$H_3O^+(aq) + OH^-(aq) \longrightarrow 2\,H_2O(l)$

Protonenübergang im Teilchenmodell:

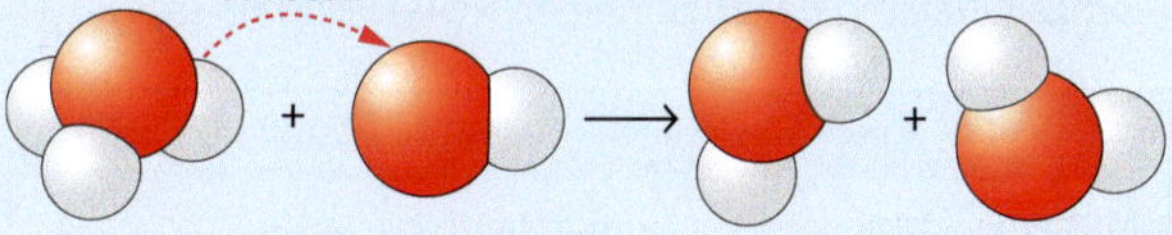

Gleichzeitig wird eine **Salzlösung** gebildet.

Beispiel:
$HCl(aq) + NaOH(aq) \longrightarrow \underbrace{H_2O(l) + Na^+(aq) + Cl^-(aq)}_{\text{Natriumchloridlösung}}$

pH-Wert

Der pH-Wert einer Lösung gibt an, wie stark sauer oder alkalisch diese Lösung ist. Er ist ein Maß für die Konzentration an Oxonium-Ionen.

Bei einer Änderung des pH-Werts um 1 ändert sich die Konzentration um den Faktor 10.

Die **pH-Wert-Skala** reicht in etwa von pH = 0 bis pH = 14:

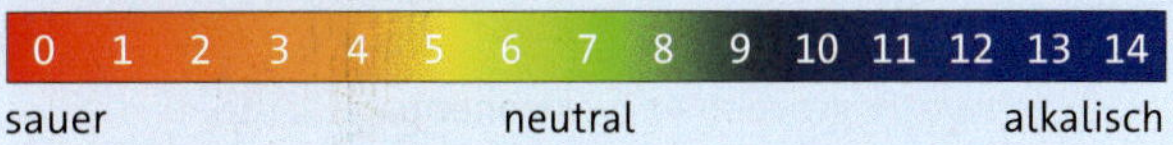

Einteilung von Lösungen nach ihrem pH-Wert
pH < 7: saure Lösung
pH = 7: neutrale Lösung
pH > 7 alkalische Lösung

1.4 Rückblick: Grundlagen der organischen Chemie

ORGANISCHE CHEMIE

Die organische Chemie beschäftigt sich mit molekularen Verbindungen, deren Moleküle auf Kohlenstoff- und Wasserstoff-Atomen basieren.

Beispiele: Methan CH_4, Ethanol C_2H_5OH

Keine organischen Verbindungen: Wasser H_2O, Kalk $CaCO_3$

Kohlenstoff-Atome können untereinander und zu anderen Nichtmetall-Atomen stabile Elektronenpaarbindungen bilden. Sie können sich zu ketten- oder ringförmigen Molekülen verbinden. Dies führt zur Vielfalt der organisch-chemischen Verbindungen.

Beispiele:

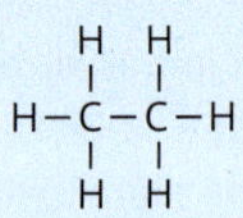

Ethan

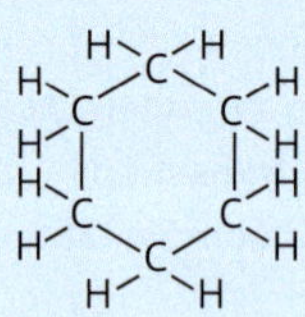

Cyclohexan

ALKANE

Alkane sind gesättigte Kohlenwasserstoffe, d. h., in ihren Molekülen liegen nur Einfachbindungen vor. Sie bilden eine **homologe Reihe** mit der allgemeinen Molekülformel C_nH_{2n+2}.

Name	Molekülformel	Name	Molekülformel
Methan	CH_4	Hexan	C_6H_{14}
Ethan	C_2H_6	Heptan	C_7H_{16}
Propan	C_3H_8	Octan	C_8H_{18}
Butan	C_4H_{10}	Nonan	C_9H_{20}
Pentan	C_5H_{12}	Decan	$C_{10}H_{22}$

Homologe Reihe der Alkane

Alkylgruppen sind die bei verzweigten Molekülen auftretenden Seitenketten, deren Name sich wie bei den Alkanen aus der Anzahl der C-Atome ergibt. Die Endung **-an** wird durch **-yl** ersetzt.

Beispiele: Methylgruppe $-CH_3$, Ethylgruppe $-C_2H_5$

ISOMERE DER ALKANE

Verbindungen, in deren Molekülen bei gleicher Molekülformel die Atome unterschiedlich verknüpft sind, nennt man **Konstitutionsisomere**.

Beispiele:

$CH_3-CH_2-CH_2-CH_3$

n-Butan

$CH_3-CH(CH_3)-CH_3$

Isobutan

DARSTELLUNGEN VON STRUKTURFORMELN

Die Strukturformeln von Molekülen können auf verschiedene Arten dargestellt werden:

n-Butan	Isobutan
Strukturformel (vollständige Lewis-Formel) Eine Strukturformel enthält alle Atome, Elektronenpaare und Bindungen eines Moleküls.	
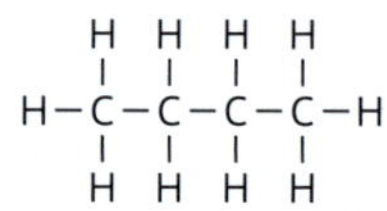	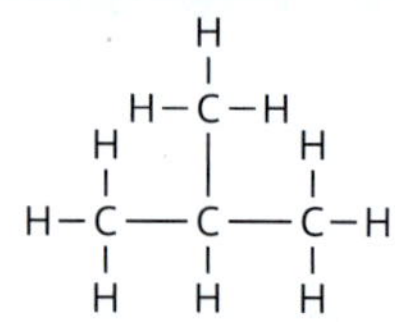
Halbstrukturformel Es werden nur die Bindungen zwischen den C-Atomen dargestellt. Die gebundenen H-Atome werden zusammengefasst.	
$CH_3-CH_2-CH_2-CH_3$	$CH_3-CH(CH_3)-CH_3$
Skelettformel Bindungen zwischen den C-Atomen werden durch Linien dargestellt. Punkte, von denen eine, zwei, drei bzw. vier Linien ausgehen, symbolisieren die CH_3-, CH_2-, CH-Gruppen bzw. C-Atome.	
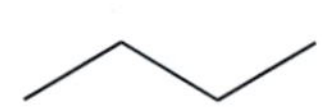	
Kugel-Stab-Modell Räumliche Darstellung von Molekülen, die die Atome mit verschiedenfarbigen Kugeln entsprechend ihrer Größenverhältnisse zeigt	
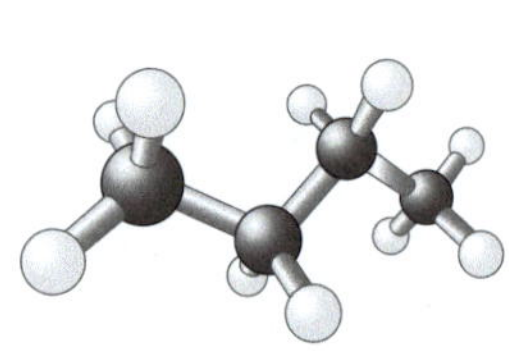	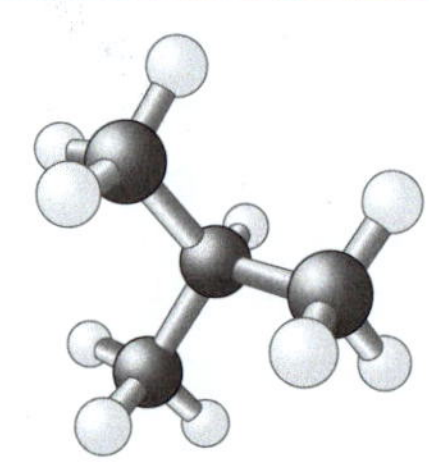
Kalottenmodell Räumliche Darstellung von Molekülen, die mittels sich durchdringender Kugeln die Raumerfüllung der Moleküle verdeutlicht.	
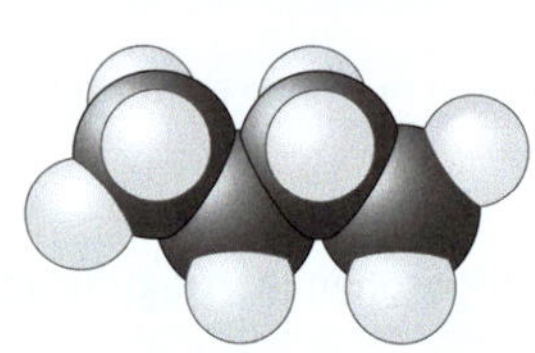	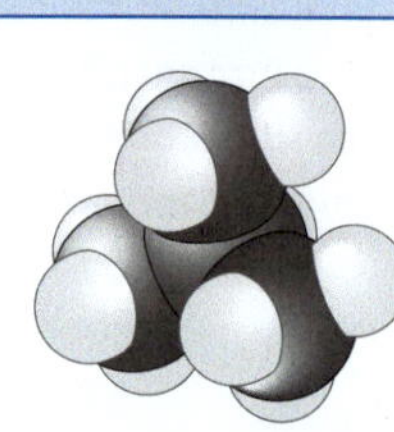

SYSTEMATISCHE BENENNUNG DER ALKANE

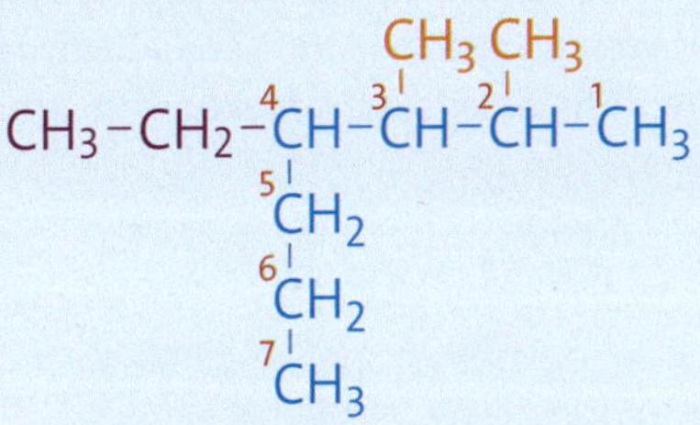

4-Ethyl-2,3-dimethylheptan

1. Bestimmen Sie die Anzahl der Kohlenstoff-Atome in der längsten Kette und benennen Sie die Hauptkette (heptan).
2. Ermitteln Sie die Verzweigungen, benennen Sie die Alkylgruppen und ordnen Sie sie alphabetisch (Ethyl, Methyl).
3. Ermitteln Sie die Anzahl gleicher Alkylgruppen und stellen Sie das entsprechende griechische Zahlwort den Namen der Alkylreste voran (Dimethyl).
4. Legen Sie die Nummern der Kohlenstoff-Atome fest, an denen Alkylgruppen gebunden sind. Die Hauptkette wird so nummeriert, dass die Verzweigungsstellen kleinstmögliche Zahlen erhalten (2, 3, 4).
5. Bilden Sie den Namen.

EIGENSCHAFTEN UND REAKTIONEN DER ALKANE

Alkane sind aufgrund ihrer unpolaren Moleküle lipophil („fettliebend") und hydrophob („wasserabweisend"). Sie lösen sich ineinander und nicht in Wasser. Die Wechselwirkungen zwischen ihren Molekülen entstehen durch temporäre und induzierte Dipole.

Oxidation: Alkane reagieren mit Sauerstoff zu Kohlenstoffdioxid und Wasser (vollständige Verbrennung). Die Zündtemperatur steigt mit der Anzahl der Kohlenstoff-Atome im Molekül.

Beispiele:

$CH_4 + 2\,O_2 \longrightarrow CO_2 + 2\,H_2O$

$2\,C_8H_{18} + 25\,O_2 \longrightarrow 16\,CO_2 + 18\,H_2O$

Radikalische Substitution: Alkane reagieren mit den Halogenen Chlor und Brom in einer radikalischen Substitution zu Halogenalkanen und Chlor- bzw. Bromwasserstoff. Die Reaktion wird durch Licht ausgelöst.

Beispiel:

$CH_4 + Cl_2 \longrightarrow CH_3{-}Cl + HCl$

ALKENE

Alkene gehören zu den ungesättigten Kohlenwasserstoffen. Ihre Moleküle enthalten eine Doppelbindung zwischen den Kohlenstoff-Atomen. Sie bilden eine **homologe Reihe** mit der allgemeinen Molekülformel C_nH_{2n}.

Name	Halbstrukturformel
Ethen	$CH_2{=}CH_2$
Propen	$CH_2{=}CH{-}CH_3$
But-1-en	$CH_2{=}CH{-}CH_2{-}CH_3$
Pent-1-en	$CH_2{=}CH{-}CH_2{-}CH_2{-}CH_3$

Homologe Reihe der Alkene

Die typische Reaktion der Alkene ist die **Addition**, bei der sich Atome oder Atomgruppen an die Doppelbindung anlagern. Die Addition von Brom dient als Nachweis ungesättigter Kohlenwasserstoffe. Die Addition von Wasserstoff wird als **Hydrierung** bezeichnet.

Beispiele:

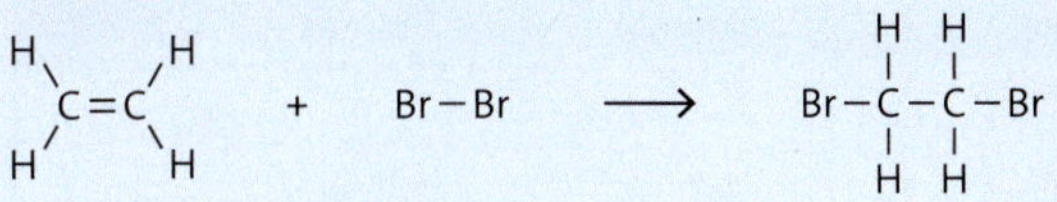

$$CH_2{=}CH_2 + H_2 \underset{\text{Dehydrierung}}{\overset{\text{Hydrierung}}{\rightleftharpoons}} CH_3{-}CH_3$$

ALKINE

Alkine gehören zu den ungesättigten Kohlenwasserstoffen. Ihre Moleküle enthalten eine Dreifachbindung zwischen den Kohlenstoff-Atomen. Ihre allgemeine Molekülformel lautet C_nH_{2n-2}.

Name	Halbstrukturformel
Ethin	$CH{\equiv}CH$
Propin	$CH{\equiv}C{-}CH_3$
But-1-in	$CH{\equiv}C{-}CH_2{-}CH_3$
Pent-1-in	$CH{\equiv}C{-}CH_2{-}CH_2{-}CH_3$

Homologe Reihe der Alkine

ALKOHOLE

Alkohole sind Verbindungen, deren Moleküle außer Kohlenstoff- und Wasserstoff-Atomen eine oder mehrere Hydroxylgruppen (OH-Gruppe; IUPAC: Hydroxygruppe) enthalten. Die Hydroxylgruppe ist die **funktionelle Gruppe** der Alkohole.

Beispiele:

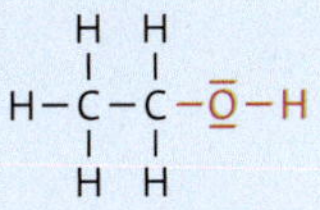

Ethanol

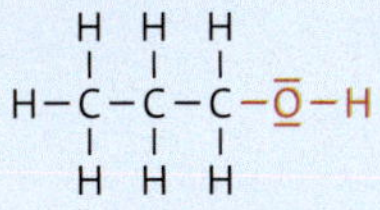

Propan-1-ol

Alkohole, die sich von den Alkanen ableiten, heißen Alkanole. Sie haben die allgemeine Molekülformel $C_nH_{2n+1}OH$ und bilden eine homologe Reihe.

Name	Halbstrukturformel
Methanol	CH_3–OH
Ethanol	CH_3–CH_2–OH
Propan-1-ol	CH_3–CH_2–CH_2–OH
Butan-1-ol	CH_3–CH_2–CH_2–CH_2–OH
Pentan-1-ol	CH_3–CH_2–CH_2–CH_2–CH_2–OH

Homologe Reihe der Alkanole

ISOMERIE UND BENENNUNG BEI ALKANOLEN

Die Moleküle der Alkanole können verzweigt sein. Die Benennung erfolgt wie bei den Alkanen, zusätzlich wird angegeben, an welches C-Atom die Hydroxylgruppe bindet. Die Einteilung der Alkanole erfolgt nach der Stellung der Hydroxylgruppe.
Beispiele:

Primär	Sekundär	Tertiär
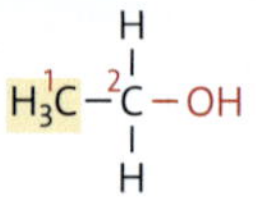	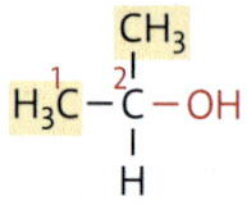	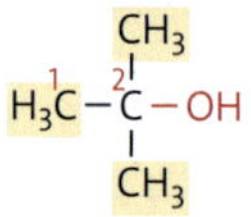
Ethanol	Propan-2-ol	2-Methylpropan-2-ol

EIGENSCHAFTEN DER ALKANOLE

Die Wasserlöslichkeit der Alkanole sinkt mit steigender Anzahl an Kohlenstoff-Atomen im Molekül.
Wie Alkane reagieren auch Alkanole mit Sauerstoff (Verbrennung) zu Kohlenstoffdioxid und Wasser.

MEHRWERTIGE ALKOHOLE

Hat ein Alkohol-Molekül mehr als eine Hydroxylgruppe, so liegt ein mehrwertiger Alkohol vor.
Beispiele:

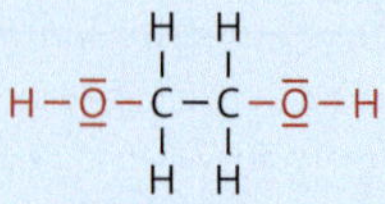

Ethan-1,2-diol
(Glykol)

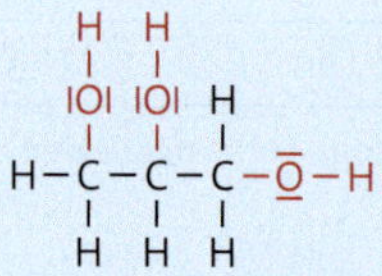

Propan-1,2,3-triol
(Glycerin)

OXIDATIONSPRODUKTE DER ALKANOLE

Primäre Alkohole können zu Aldehyden, sekundäre zu Ketonen oxidiert werden. Die Oxidation von Aldehyden führt zu Carbonsäuren. Charakteristische funktionelle Gruppen sind:

- –CHO, Aldehydgruppe
- >C=O, Ketogruppe
- –COOH, Carboxylgruppe (IUPAC: Carboxygruppe)

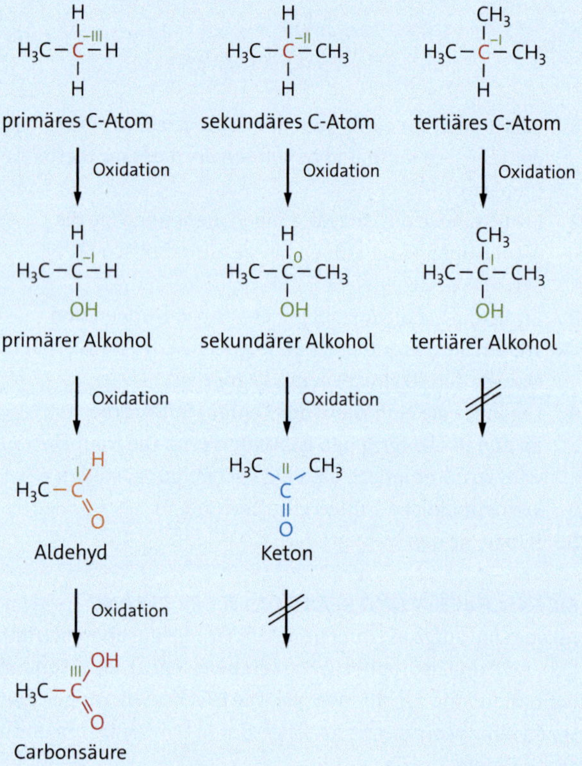

Leiten sich Aldehyde, Ketone oder Carbonsäuren von den Alkanen ab, so heißen sie Alkanale, Alkanone und Alkansäuren. Wie die Alkane bilden auch die Alkanale und Alkansäuren homologe Reihen.
Beispiele:

Alkan	Alkanol	Alkanal	Alkanon	Alkansäure
Methan	Methanol	Methanal	–	Methansäure
Ethan	Ethanol	Ethanal	–	Ethansäure
Propan	Propan-1-ol	Propanal	–	Propansäure
	Propan-2-ol	–	Propanon	–

FUNKTIONELLE GRUPPEN

Funktionelle Gruppen sind Gruppierungen von Atomen in einem Molekül, die charakteristisch für Stoffklassen sind und deren Eigenschaften und Reaktivität wesentlich mitbestimmen.
Beispiele:

Stoffklasse	Name	Struktur
Alkene	C–C-Doppelbindung	$>C=C<$
Alkine	C–C-Dreifachbindung	$-C\equiv C-$
Alkohole	Hydroxylgruppe	$-OH$
Aldehyde	Aldehydgruppe	$-C(=O)-H$
Ketone	Ketogruppe	$>C=O$
Carbonsäuren	Carboxylgruppe	$-C(=O)-OH$
Carbonsäureester	Estergruppe	$-C(=O)-O-$

NACHWEIS VON ALDEHYDEN

Aldehyde lassen sich mit der Benedict-Probe nachweisen. Dabei werden Cu^{2+}-Ionen reduziert und es entsteht ein roter Niederschlag aus Kupfer(I)-oxid.
Ketone ergeben keine positive Benedict-Probe.

CARBONSÄUREESTER

Carbonsäureester sind die Produkte der Reaktion von Carbonsäuren mit Alkoholen. *Beispiel:*

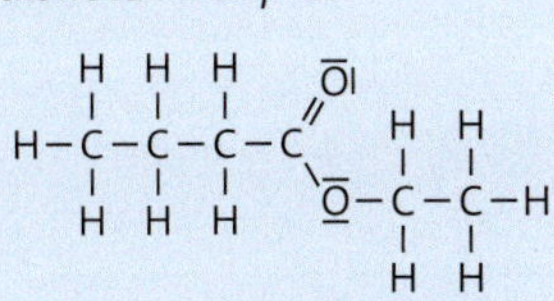

Butansäureethylester

Die Veresterung ist eine **Kondensationsreaktion**, da als Reaktionsprodukt Wasser entsteht. Sie wird durch starke Säuren katalysiert.
Carbonsäure + Alkohol ⟶ Carbonsäureester + Wasser

BENENNUNG VON CARBONSÄUREESTERN

Der Name eines Esters wird aus dem Namen der Säure, der Alkylgruppe des Alkohols und der Endung -ester gebildet.
Beispiele:

Carbonsäure	Alkohol	Ester
Methansäure	Ethanol	Methansäureethylester
Ethansäure	Ethanol	Ethansäureethylester
Ethansäure	Pentanol	Ethansäurepentylester

SPALTUNG VON CARBONSÄUREESTER

Die Esterspaltung ist eine **Hydrolyse**, da Ester-Moleküle mit Wasser-Molekülen reagieren und in ihre Ausgangsmoleküle zerfallen.
Beispiel:

$$C_3H_7-C(=O)-O-C_2H_5 + H_2O \longrightarrow C_3H_7-C(=O)-OH + HO-C_2H_5$$

Veresterung (Kondensationsreaktion) und Esterspaltung (Hydrolyse) sind umkehrbare chemische Reaktionen.

$$\text{Carbonsäure + Alkohol} \underset{\text{Esterspaltung}}{\overset{\text{Veresterung}}{\rightleftharpoons}} \text{Carbonsäureester + Wasser}$$

GASCHROMATOGRAFIE

Mit der Gaschromatografie (griech. *chroma*: Farbe, *graphein*: schreiben) lassen sich gasförmige und leicht verdampfbare Stoffgemische trennen und identifizieren. Hierfür benötigt man eine stationäre Phase und eine mobile Phase. Die Trennung beruht darauf, dass die Bestandteile des Gasgemischs unterschiedlich schnell in der mobilen Phase mitlaufen. Je stärker die Teilchen eines Stoffs mit den Teilchen der stationären Phase wechselwirken können, desto langsamer ist ihre Geschwindigkeit in der mobilen Phase. Durch Vergleich mit Gaschromatogrammen reiner Stoffe können Bestandteile von Stoffgemischen identifiziert werden.
Beispiel: Durch Vergleich mit Gaschromatogrammen von Alkanen Alkanen kann hier der erste Peak als Propan und der dritte als Butan identifiziert werden:

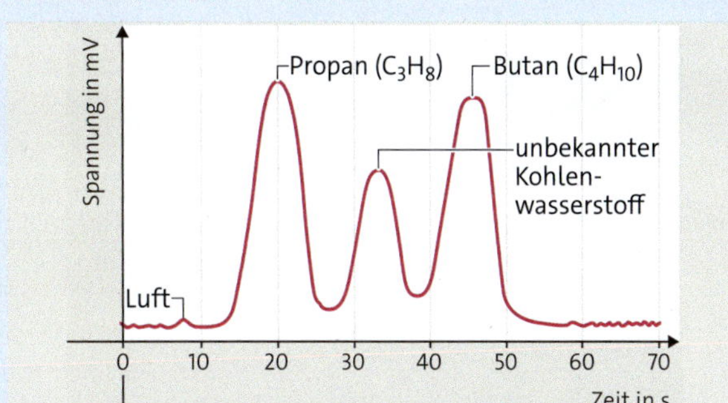

Die Annahme, dass Stoffe aus kleinsten, unteilbaren Teilchen bestehen, überdauerte 2000 Jahre und blieb lange theoretisch. Erst experimentelle Untersuchungen ab Ende des 19. Jh.s führten zu Erkenntnissen, die erweiterte Modellvorstellungen vom Bau der Atome ermöglichten. Sie sind auch Grundlage zum Verständnis der chemischen Bindungen. So lässt sich heute die unglaubliche Vielzahl an Stoffen mit ihren charakteristischen Eigenschaften auf der Basis von nur etwas über 100 Elementen erklären.

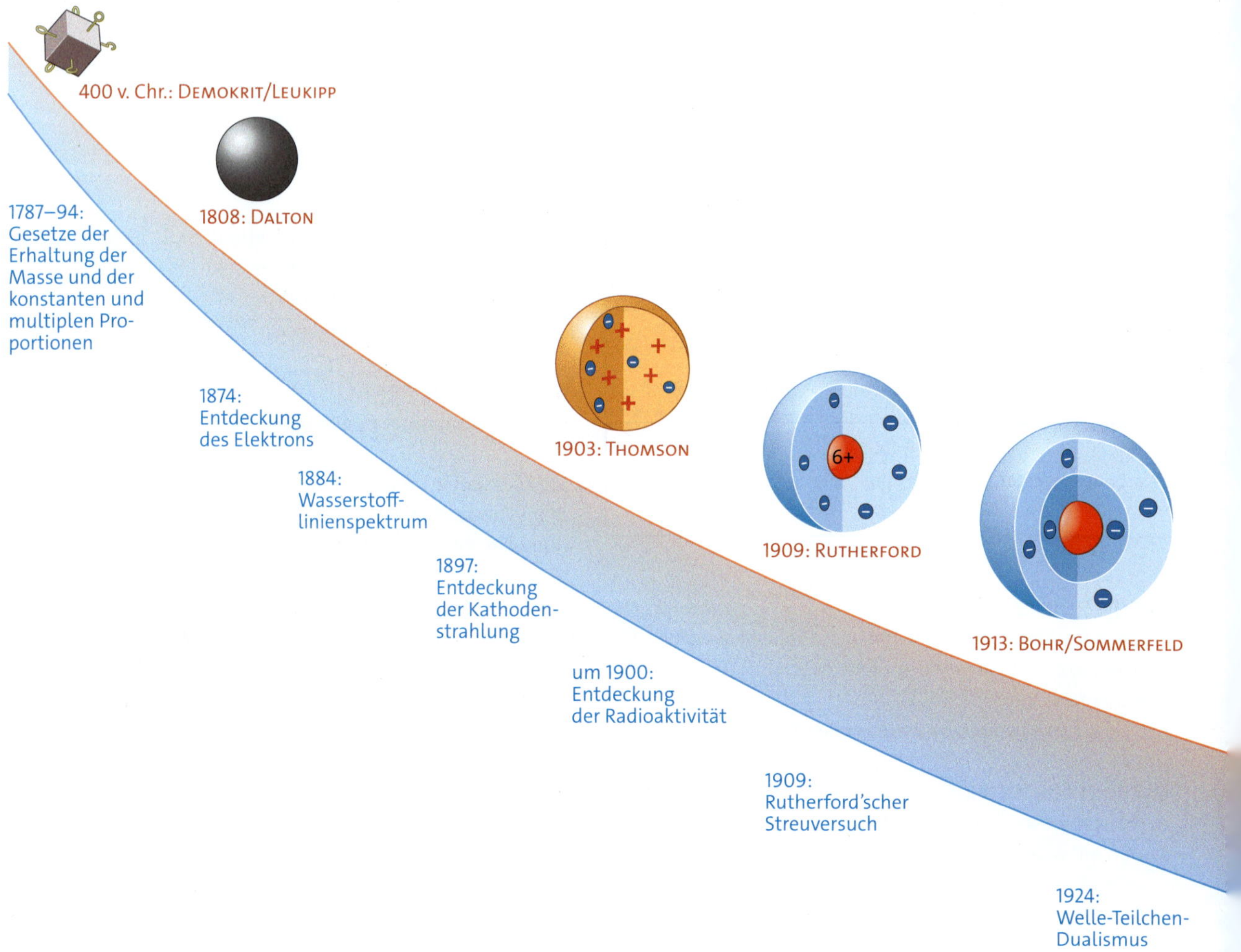

Atombau, chemische Bindungen und Wechselwirkungen 2

Von Modellvorstellungen bis zu Stoffeigenschaften

Bau der Atome

- Kern-Hülle-Modell von RUTHERFORD
- Schalenmodell von BOHR/SOMMERFELD
- Orbitalmodell

Arten chemischer Bindung

- Ionenbindung
  Metallbindung
- Elektronenpaarbindung
- koordinative Bindung

Struktur und Eigenschaften von Stoffen

- Salze
- Molekülverbindungen
- Metalle

Zwischenmolekulare Wechselwirkungen

- London-Kräfte
- Dipol-Dipol-Kräfte
- Ion-Dipol-Kräfte
- Wasserstoffbrücken

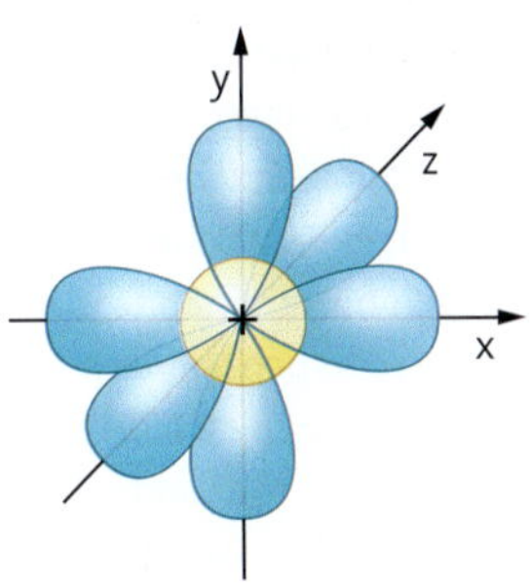

1927: Orbitalmodell

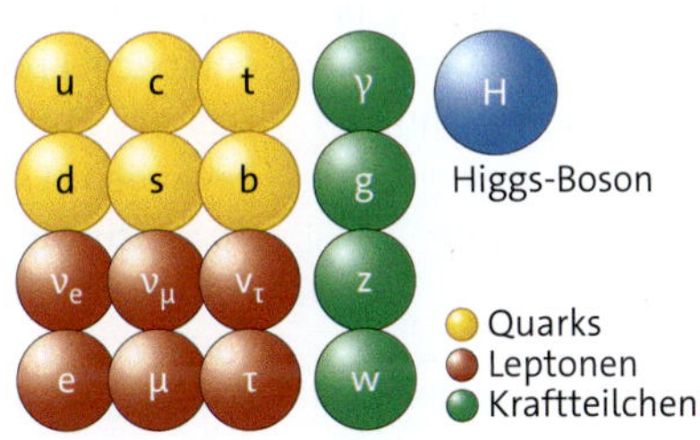

ab 1970: weitere Elementarteilchen

Entwicklung der Atommodelle

1925: Entdeckung des Elektronenspins

1927: Heisenberg'sche Unschärferelation

ab 1970: Entdeckung von Quarks, Leptonen usw.

Experimentelle Erkenntnisse

2.1 Atommodelle im Wandel der Zeit

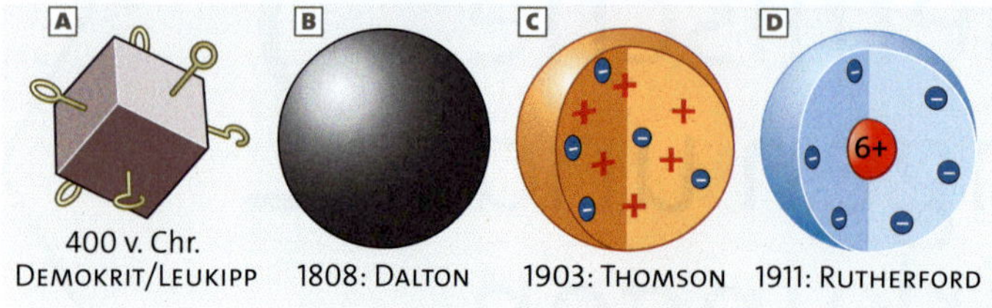

01 Atommodelle von der Antike bis ins 20. Jahrhundert

UNTEILBAR? Beim Feilen von Metall entstehen Späne, die sich zu immer kleineren Teilchen zermahlen lassen. Aber wie klein ist das kleinste, mit dem Auge nicht mehr sichtbare Körnchen Metall?

Seit der Antike stellen sich Menschen die Frage, wie die Materie aufgebaut ist. Griechische Philosophen entwickelten dazu erste Vorstellungen, die auf nicht bewiesenen Annahmen beruhten.
Demokrit und Leukipp nahmen um 400 v. Chr. an, dass Materie aus unteilbaren Bausteinen besteht, die für jeden Stoff spezifisch sind, den Atomen. Die kleinsten Teilchen (griech. *atomos:* unteilbar) sollten bereits alle Eigenschaften der Materie aufweisen. Nach ihren Vorstellungen gäbe es ein „Apfel-“, „Holz-“ oder „Metallatom“.

Erst viele Jahrhunderte später konnte die zwischenzeitlich fast in Vergessenheit geratene atomistische Sichtweise der Antike durch experimentelle Erkenntnisse untermauert werden. Ein wichtiger Wegbereiter dafür war der französische Chemiker Antoine Laurent de Lavoisier, der erstmals mit feinen Waagen arbeitete und auf diese Weise verlässliche quantitative Aussagen treffen konnte. Basierend auf seinen Arbeiten erkannte man Ende des 18. Jahrhunderts, dass chemische Elemente immer in einem festen Massenverhältnis miteinander reagieren.

Animation: Streuversuch von Rutherford

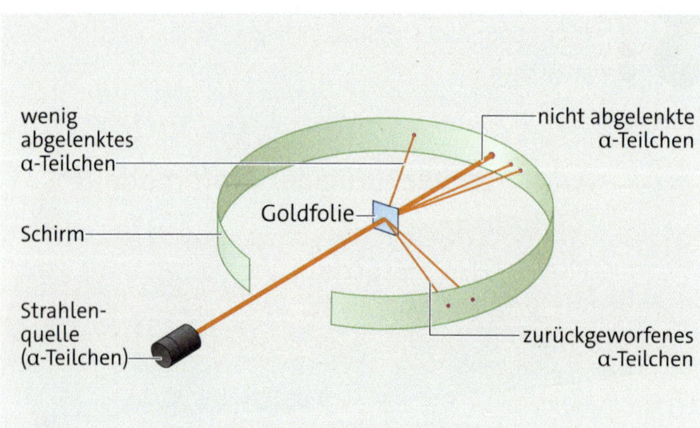

02 Streuversuch von Rutherford: Aufbau der Apparatur;

John Dalton sah diesen Befund als zwingenden Beleg für die Existenz von Atomen, die im Verlauf einer chemischen Reaktion nach bestimmten Gesetzmäßigkeiten umgruppiert werden, dabei aber insgesamt erhalten bleiben. Er dachte sich Atome als massive Kugeln mit einer für das jeweilige Element charakteristischen Masse und Größe (↑ **01B**). Dass Atome nicht unteilbar sind, kam erst knapp 100 Jahre später in den Blick, als Joseph John Thomson das Elektron entdeckte und daraufhin sein „Rosinenkuchenmodell“ entwickelte: negativ geladene, fast masselose Elektronen, eingebettet in einen positiv geladenen, massebehafteten „Teig“ (↑ **01C**).

Weitere Untersuchungen brachten neue Atommodelle hervor, die die jeweils neusten experimentellen Befunde berücksichtigten.
Beispielsweise führten die Entdeckung Ernest Rutherfords, dass fast die gesamte Masse im Atomkern konzentriert ist, ebenso wie die bahnbrechende Erkenntnis Louis de Broglies, dass ein Elektron gleichzeitig als Welle und auch als Teilchen beschrieben werden kann, zu einem radikalen Umdenken der Modellvorstellungen vom Bau der Atome.
Zukünftige wissenschaftliche Erkenntnisse werden unser heutiges Bild vom inneren Bau der Atome weiter verändern.

RUTHERFORD'SCHER STREUVERSUCH Mit seinen Mitarbeitern Hans Geiger und Ernest Marsden untersuchte der Physiker Ernest Rutherford 1909 die Streuung von positiv geladenen α-Teilchen (Heliumkerne) an einer 0,5 µm dünnen Goldfolie. Dies entspricht etwa 1000 Atomlagen hintereinander.
Das als Rutherford'scher Streuversuch berühmt gewordene Experiment wurde in einer evakuierten Apparatur durchgeführt. Von einem radioaktiven Präparat wurde ein schmales Bündel der α-Teilchen auf die Goldfolie geschickt, die von einem Leuchtschirm umgeben war. Traf ein α-Teilchen auf den Schirm, erzeugte es einen Lichtblitz, der in einem verdunkelten Raum mit dem Mikroskop beobachtet und gezählt werden konnte (↑ **02A**).

Die Versuchsbeobachtungen waren überraschend: Beim Beschuss der Folie konnten fast alle α-Teilchen die Folie durchdringen. Allerdings wurden dabei einige der α-Teilchen geringfügig um einen Winkel von bis zu 2° abgelenkt. Nur sehr, sehr wenige α-Teilchen wurden an der Goldfolie stark gestreut. Keins der bis dahin brauchbaren Atommodelle konnte diese Phänomene erklären.

RUTHERFORD schlussfolgerte daraus, dass die Masse nicht homogen im Atom verteilt und die Goldfolie nicht aus massiven Atomen aufgebaut sein konnte. Stattdessen schien das Atom weitgehend „leer“ zu sein. Die gemessene starke Ablenkung weniger Teilchen (1 von 20 000) führte er darauf zurück, dass die positive Ladung des Atoms vollständig in einem kompakten Atomkern konzentriert ist.

KERN-HÜLLE-MODELL Die Deutungen der experimentellen Beobachtungen RUTHERFORDS führten zum nach ihm benannten Rutherford'schen Atommodell oder Kern-Hülle-Modell: Danach ist fast die gesamte Masse im positiv geladenen, unvorstellbar kleinen Atomkern ($d = 10^{-14}$ m) konzentriert. Als Träger der positiven Ladung wurden später die massereichen **Protonen** ermittelt.
In der 10 000-mal größeren Atomhülle ($d = 10^{-10}$ m) bewegen sich die fast masselosen **Elektronen** um den Kern. Aufgrund ihrer negativen Ladung schirmen sie die positive Kernladung ab, sodass das Atom insgesamt elektrisch neutral ist.

Nach dem Kern-Hülle-Modell besteht ein Atom aus einem kleinen massereichen, positiv geladenen Kern und einer großen massearmen, negativ geladenen Hülle, die die positive Kernladung kompensiert.

ELEMENTARTEILCHEN Neben Protonen enthält der Atomkern auch **Neutronen**, die eine fast gleiche Masse besitzen (↑ **03**). Die Summe der Ladungen der Protonen ergibt die **Kernladungszahl *Z* (Ordnungszahl)**. Neutronen sind ungeladen und dienen als „Klebstoff“ für den Zusammenhalt der Protonen im Kern. Protonen und Neutronen werden als **Nukleonen** (lat. *nucleus:* Kern) bezeichnet. Die Anzahl der Nukleonen ist stets ganzzahlig und bestimmt die Masse des Atoms, weil die Masse der Elektronen dagegen vernachlässigbar gering ist. Die Summe der Nukleonen ergibt daher die **Massenzahl *A*** eines Atoms. Protonen, Neutronen und Elektronen sind die Bausteine der Atome und werden **Elementarteilchen** genannt.

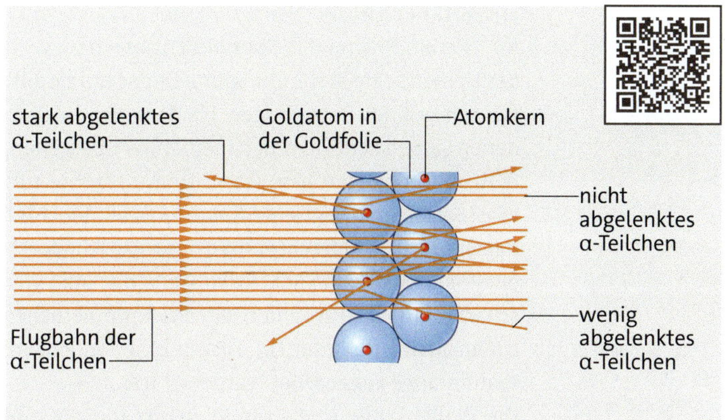

02 Streuversuch von RUTHERFORD: Flugbahnen der α-Teilchen

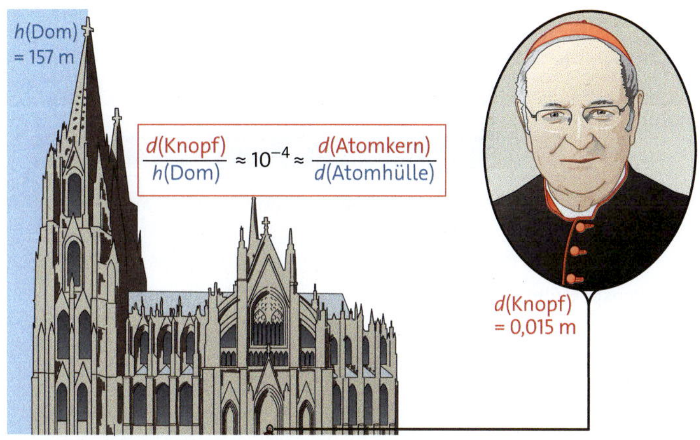

03 Veranschaulichung des Größenverhältnisses von Atomkern und Atomhülle

Teilchen	Ort	Relative Ladung	Masse
Elektron e^- bzw. ${}^{0}_{-1}e$	Atomhülle	−1 negative Elementarladung	$9{,}1094 \cdot 10^{-31}$ kg = 0,0005 u
Proton p^+ bzw. ${}^{1}_{1}p$	Atomkern	+1 positive Elementarladung	$1{,}6726 \cdot 10^{-27}$ kg = 1,0073 u
Neutron n bzw. ${}^{1}_{0}n$	Atomkern	0 neutral	$1{,}6749 \cdot 10^{-27}$ kg = 1,0087 u

03 Elementarteilchen des Atoms

1 › Geben Sie drei Beispiele für Modelle aus dem Alltag an. Nennen Sie die wichtigsten Merkmale von Modellen.

2 › Erklären Sie, welchen Grund RUTHERFORD gehabt haben könnte, eine Goldfolie für seinen Streuversuch zu verwenden.

3 › Nehmen Sie an, man könnte auf der etwa 384 000 km langen Strecke von der Erde zum Mond Atome einzeln aneinanderlegen. Berechnen Sie, wie lang die Strecke wäre, wenn anstelle der Atome nur die Atomkerne aneinandergereiht würden.

4 › Vergleichen Sie die Aussagen des Kern-Hülle-Modells nach RUTHERFORD mit denen des „Erdbeermodells“ von THOMSON. Gehen Sie jeweils auch auf die Grenzen des Modells ein.

2.2 Atommodell nach Bohr und Sommerfeld

LINIENSPEKTRUM Wenn zahlreiche Wassertropfen wie ein Prisma das Sonnenlicht brechen, wird das Licht in seine Wellenlängenbereiche aufgeteilt: Wir sehen einen Regenbogen, bei dem die verschiedenen Farben kontinuierlich ineinander übergehen. Füllt man dagegen eine Gasentladungsröhre mit Wasserstoff und legt eine Spannung an, leuchtet das Gas rötlich. Betrachtet man das rote Licht durch ein Prisma bzw. ein Spektroskop, erkennt man vier scharf umrissene Farblinien: ein diskontinuierliches **Linienspektrum**. Jeder Linie kann eine eindeutige Wellenlänge zugeordnet werden (↑ **01**).
Die Wellenlänge λ und die Frequenz ν der Welle sind zueinander umgekehrt proportional. Die Proportionalitätskonstante ist die Lichtgeschwindigkeit c. Es gilt:

$$\nu = \frac{c}{\lambda}$$

Lichtgeschwindigkeit c im Vakuum: 299 792 458 m · s⁻¹

Planck'sches Wirkungsquantum h: 6,626 · 10⁻³⁴ J · s

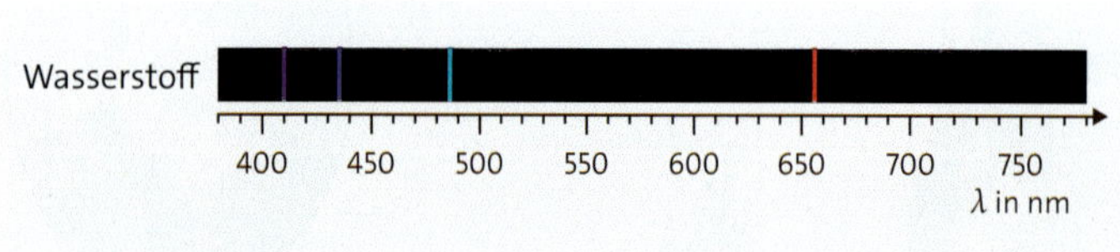

01 Linienspektrum von Wasserstoff

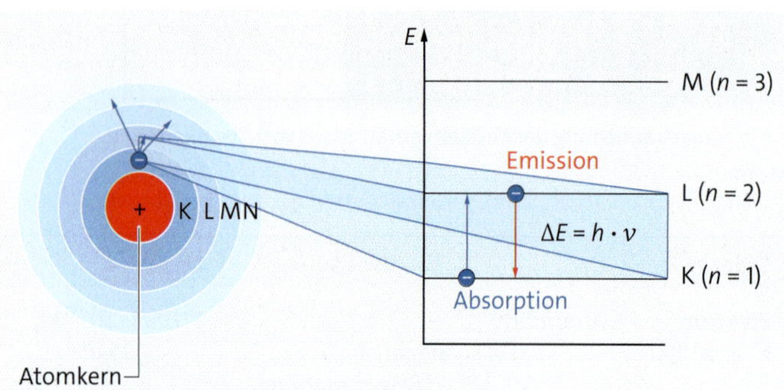

02 Ursache für das Auftreten eines Linienspektrums

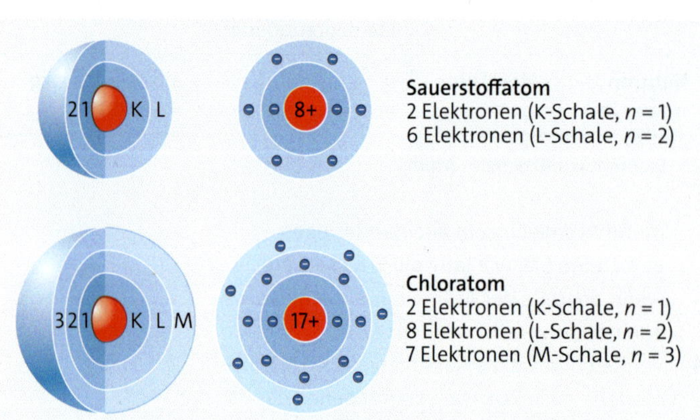

03 Sauerstoffatom und Chloratom im Schalenmodell nach Bohr

QUANTENSPRUNG Das Phänomen eines Linienspektrums lässt sich auf atomarer Ebene erklären, wenn Elektronen in der Atomhülle ganz bestimmte Energiezustände oder **Energieniveaus** besetzen. Wird einem Elektron Energie zugeführt, kann es den energetisch günstigen **Grundzustand** verlassen und in einen **angeregten Zustand** „springen". Wenig später fällt das Elektron in den Grundzustand zurück. Dabei gibt es die aufgenommene Energie in Form elektromagnetischer Strahlung, z. B. als Lichtquant, wieder ab: Wir sehen Licht einer ganz bestimmten Farbe (↑ **02**).
Für den Übergang in den angeregten Zustand ist eine genau definierte Energie erforderlich. Zwischenwerte sind wie bei einem digitalen Signal nicht möglich. Solche festen Energiebeträge hat der Physiker Max Planck „gequantelt" genannt. Das Elektron vollführt also einen Quantensprung. Weil die Energiebeträge gequantelt sind, ist beim Rückfall energetisch angeregter Elektronen kein kontinuierliches Farbspektrum zu sehen, sondern ein diskontinuierliches und für jedes Element charakteristisches Linienspektrum.
Die Frequenz ν entspricht direkt dem Energieunterschied ΔE zwischen Grundzustand und angeregtem Zustand (↑ **02**). Die Proportionalitätskonstante ist eine Naturkonstante, das Planck'sche Wirkungsquantum h:

$$\Delta E = h \cdot \nu = h \cdot \frac{c}{\lambda}$$

Elektronen können durch Energiezufuhr angeregt und auf ein höheres Energieniveau angehoben werden. Bei der Rückkehr in den Grundzustand senden sie den aufgenommenen Energiebetrag als Licht wieder ab: Durch ein Spektroskop sieht man ein elementspezifisches Linienspektrum.

GRENZEN DES KERN-HÜLLE-MODELLS Das Phänomen der Linienspektren kann durch das Kern-Hülle-Modell nicht erklärt werden, denn beliebig kreisende Elektronen ohne definierte Energieniveaus müssten unter Anwendung dieses Modells ein kontinuierliches Spektrum erzeugen.
Außerdem steht das Kern-Hülle-Modell im Widerspruch zu den bekannten Gesetzen der Physik: Die negativ geladenen Elektronen müssten durch ihre Kreisbewegung Energie verlieren und in den positiv geladenen Kern stürzen. Und wenn Elektronen den Atomkern beliebig umkreisen, müsste jedes Atom eines Elements unterschiedlich groß sein. Dies ist jedoch nicht der Fall.

SCHALENMODELL DER ATOMHÜLLE Ausgehend von diesen Widersprüchen entwickelte NIELS BOHR 1913 ein neues, leistungsfähigeres Atommodell, in dem der Aufenthaltsort der Elektronen genauer bestimmt wird. BOHR verknüpfte dazu zwei sich eigentlich ausschließende Theoriekonzepte miteinander: die klassische Mechanik von ISAAC NEWTON und die erst 1900 aufgestellte Quantentheorie von PLANCK. Dadurch konnte BOHR sein Modell zwar argumentativ nicht wirklich beweisen, aber doch kluge Annahmen, sogenannte Postulate, aufstellen.

Von der klassischen Mechanik nutzte er die Vorstellung, dass Elektronen den Kern umlaufen. Die Bewegung erfolgt strahlungsfrei, d. h. ohne Geschwindigkeits- und Energieverlust. Elektronen können nicht in den Kern stürzen, weil sich Zentrifugalkraft und Anziehungskraft des Kerns aufheben.

Von der Quantentheorie entlehnte BOHR die Idee, dass Energie nicht kontinuierlich aufgenommen bzw. abgegeben wird, sondern in „Energieportionen", die als **Quanten** bezeichnet werden. Elektronen umlaufen daher nicht beliebig den Kern, sondern nur auf bestimmten Bahnen oder **Schalen** mit einem genau definierten Energieniveau (↑ **03**). Die Schalen werden mit den Buchstaben K, L, M usw. bezeichnet. Die erste und somit kernnächste K-Schale hat das geringste Energieniveau, die letztbesetzte und kernfernste Schale in einem Atom weist das höchste Energieniveau auf.

HAUPTQUANTENZAHL Die einzelnen Schalen und damit Hauptenergieniveaus werden heute statt mit den Buchstaben K, L oder M mit der **Hauptquantenzahl *n*** benannt. Bereits BOHR postulierte, dass sich zwischen den Schalen **verbotene Zonen** befinden, auf denen sich das Elektron aufgrund der Quantenhypothese niemals aufhalten kann. Die Hauptquantenzahl n kann daher nur ganzzahlige Werte annehmen. Für die K-Schale ist $n = 1$, für die L-Schale $n = 2$ usw. Je größer der Zahlenwert für n, desto weiter liegt die Schale vom Atomkern entfernt und desto höher liegt das Energieniveau.

Die erste Schale ($n = 1$) kann maximal zwei Elektronen aufnehmen, die L-Schale ($n = 2$) acht und die M-Schale ($n = 3$) 18 Elektronen. Generell gilt: In eine Schale passen maximal $2\,n^2$ Elektronen.

> **Im Bohr'schen Schalenmodell bewegen sich Elektronen auf definierten Bahnen ohne Energieverlust um den Kern. Jede Schale steht für ein definiertes Energieniveau, das durch die Hauptquantenzahl *n* gekennzeichnet ist.**

ERWEITERUNG DES SCHALENMODELLS BOHRS Schalenmodell erlaubt zwar eine Deutung des Wasserstoff-Linienspektrums, aber die Feinstrukturen anderer Linienspektren sind mit diesem Modell nicht befriedigend zu erklären. Experimentell findet man nämlich mehr Spektrallinien, als sie durch den Sprung der Elektronen zwischen Schalen theoretisch erklärbar sind. Atome mit mehr als einem Elektron zeigen deutlich komplexere Linienspektren.

ARNOLD SOMMERFELD erweiterte daher 1915/16 das Schalenmodell um Ellipsenbahnen. Im Gegensatz zu einem Kreis mit einem festen Durchmesser müssen bei einer Ellipse eine große Hauptachse und eine kleinere Nebenachse beachtet werden. Bezogen auf das Atom kann das Hauptenergieniveau (Schale bei BOHR mit der Hauptquantenzahl n) dann in weitere Unterschalen oder **Unterenergieniveaus** aufgespalten werden. SOMMERFELD führte daher zusätzlich die **Nebenquantenzahl *l*** ein. Die **Magnetquantenzahl *m*** ist erforderlich, um die Aufspaltung der Spektrallinien im Magnetfeld erklären zu können. Zur vollständigen Beschreibung eines Elektrons wird schließlich noch die **Spinquantenzahl *s*** benötigt.

NEBENQUANTENZAHL Zur Unterscheidung der Unterschalen, in denen sich die Elektronen befinden können, griff SOMMERFELD auf gebräuchliche Kürzel aus der Spektroskopie zurück: **s** (*sharp*), **p** (*principal*), **d** (*diffuse*) und **f** (*fundamental*).

Für die K-Schale mit $n = 1$ wird wie bei BOHR nur ein einziges Energieniveau angenommen: das 1s-Niveau. Eine Nebenquantenzahl ist daher nicht erforderlich, sie hat den Wert $l = 0$.

Die L-Schale mit $n = 2$ besteht aus zwei Unterschalen und damit zwei Energieniveaus. Das Energieniveau mit $l = 0$ heißt 2s, das Energieniveau mit $l = 1$ heißt 2p.

Die M-Schale ($n = 3$) besitzt drei Energieniveaus: das 3s-Niveau, das 3p-Niveau und das 3d-Niveau (↑ **04**).

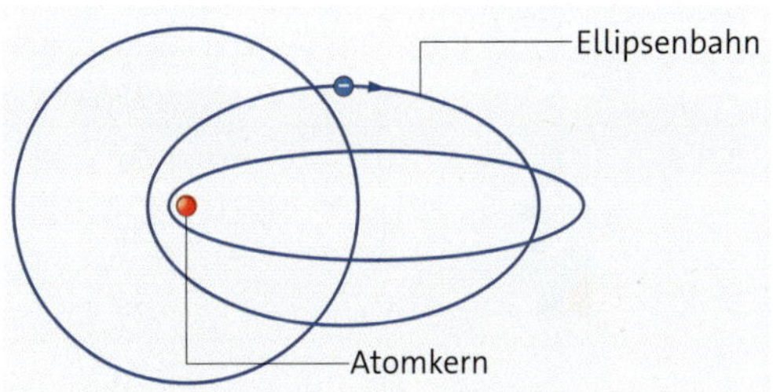

04 Erweiterung des Schalenmodells durch SOMMERFELD: Elektronen bewegen sich auf Ellipsen um den Atomkern.

Elektronenkonfiguration der Atome

6 12,01
C
Kohlenstoff
$1s^2 2s^2 2p^2$

Die Ordnungszahl eines Elements gibt die Elektronenanzahl des Atoms an. Verteilt man z. B. die sechs Elektronen des Kohlenstoffatoms auf die einzelnen Energieniveaus, so sind zwei Elektronen in der ersten (K-)Schale im 1s-Niveau. Man schreibt die Elektronenanordnung oder **Elektronenkonfiguration** als $1s^2$ (gelesen: eins-s-zwei). Die hochgestellte Ziffer gibt dabei die Anzahl an Elektronen an. Von den vier Elektronen der zweiten (L-)Schale füllen zwei das 2s-Niveau ($2s^2$) auf, die übrigen zwei Elektronen sind im 2p-Niveau ($2p^2$). Die Elektronenkonfiguration des Kohlenstoffatoms lautet daher: $1s^2\ 2s^2\ 2p^2$.

Quantenzahlen werden auch im Orbitalmodell gebraucht (↑ S. 34 f.).

MAGNETQUANTENZAHL In einem äußeren Magnetfeld werden die Spektrallinien eines Atoms aufgespalten, weil sich die Unterschalen unterschiedlich zum Magnetfeld orientieren. Jede mögliche Orientierung wird durch eine Zahl beschrieben: die Magnetquantenzahl *m*. Die maximale Anzahl an Orientierungen hängt dabei von der Nebenquantenzahl *l* ab: Das s-Niveau ($l = 0$) hat nur eine Orientierung, das p-Niveau ($l = 1$) drei und das d-Niveau ($l = 2$) fünf. Weil zu jeder Magnetquantenzahl bis zu zwei Elektronen gehören, passen in das p-Niveau maximal sechs Elektronen. Das d-Niveau mit fünf Orientierungen fasst maximal 10 Elektronen (↑ **02**).

Quantenzahl	Bedeutung
Hauptquantenzahl *n*	Schalennummer mit $\leq 2\,n^2$ Elektronen
Nebenquantenzahl *l*	Unterschalen s, p, d, f
Magnetquantenzahl *m*	räumliche Orientierung im Magnetfeld
Spinquantenzahl *s*	Eigendrehimpuls des Elektrons

01 Bedeutung der Quantenzahlen

Übung: Quantenzahlen

SPINQUANTENZAHL Man kann jeder Magnetquantenzahl zwei Spinquantenzahlen zuordnen, weil jedes Elektron einen Eigendrehimpuls hat: Man kann sich vorstellen, dass es sich wie ein mit Effet gespielter Ball um die eigene Achse dreht. Diese Drehung kann nur in zwei Richtungen erfolgen: mit der Umlaufbahn oder entgegen zur Umlaufbahn. Die Spinquantenzahl *s* kann daher nur den Wert $+\frac{1}{2}$ oder $-\frac{1}{2}$ annehmen. Wenn alle anderen Quantenzahlen zweier Elektronen eines Atoms gleich sind, beispielsweise die beiden Elektronen im 1s-Niveau des Kohlenstoffatoms, unterscheiden sie sich dennoch durch ihren Drehsinn um die eigene Achse und damit in der Spinquantenzahl.

Mithilfe des differenzierten Atommodells können nicht nur die Linienspektren der Elemente gedeutet werden. Weil sich die Elektronen in jedem Atom mindestens in einer Quantenzahl unterscheiden, kann das Modell auch den Zusammenhang zwischen dem Bau der Atomhülle und dem Periodensystem der Elemente erklären.

Durch die vier Quantenzahlen *n*, *l*, *m* und *s* ist der Zustand eines Elektrons im Atom eindeutig charakterisiert.

1 › Zeichnen Sie das Schalenmodell der Atomhülle eines Sauerstoffatoms nach BOHR.
2 › Geben Sie die Elektronenkonfiguration eines Sauerstoffatoms an.
3 › Begründen Sie, ob die Atomhülle größer oder kleiner wird, wenn ein Elektron vom Grundzustand in einen angeregten Zustand übergeht.
4 › Erklären Sie anhand des Energieniveaus der M-Schale den Unterschied zwischen den Modellen von BOHR und SOMMERFELD.

Hauptquantenzahl *n*	Schale (Hauptenergieniveau)	Nebenquantenzahl *l* (0, 1, 2, ..., *n* − 1)	Unterschale (Unterenergieniveau)	Magnetquantenzahl *m* (−*l*, ..., 0, ..., +*l*)	Spinquantenzahl *s*	Anzahl Elektronen	Maximale Besetzung in der Schale
1	K	0	1s	0	$+\frac{1}{2}, -\frac{1}{2}$	2	2
2	L	0	2s	0	$+\frac{1}{2}, -\frac{1}{2}$	2	8
		1	2p	−1, 0, +1	$+\frac{1}{2}, -\frac{1}{2}$	6	
3	M	0	3s	0	$+\frac{1}{2}, -\frac{1}{2}$	2	18
		1	3p	−1, 0, +1	$+\frac{1}{2}, -\frac{1}{2}$	6	
		2	3d	−2, −1, 0, +1, +2	$+\frac{1}{2}, -\frac{1}{2}$	10	

02 Verteilung der Elektronen auf den Energieniveaus für die Hauptquantenzahlen $n = 1, 2$ und 3

ELEKTRONENKONFIGURATION DER ATOME Die vier Quantenzahlen ermöglichen es, die Elektronenkonfiguration eines Atoms genau zu bestimmen. Ihre einzelnen Werte sind allerdings voneinander abhängig. Für jede Hauptquantenzahl ergeben sich so bestimmte Kombinationsmöglichkeiten, die jeweils die Energie des Niveaus (n, l) und seine räumliche Orientierung (m) bestimmen. In Atomen mit mehr als einem Elektron erfolgt die Besetzung der Energieniveaus nach drei Prinzipien:

- **Energieprinzip:** Die Reihenfolge der Besetzung richtet sich nach der Energie des Niveaus. Das Niveau mit der niedrigsten Energie, das 1s-Niveau, wird zuerst besetzt, dann folgen das 2s- und die drei 2p-Niveaus. Zu beachten ist, dass die energetische Reihenfolge nicht immer mit der Reihenfolge der Hauptquantenzahlen übereinstimmt, z. B. wird das 4s-Niveau mit der Hauptquantenzahl $n = 4$ vor den fünf 3d-Niveaus ($n = 3$) besetzt (↑ **03**). Mithilfe des Schachbrett-Schemas kann die Reihenfolge der Elektronenbesetzung veranschaulicht werden (↑ **03**).

- **Hund'sche Regel:** Energiegleiche Niveaus werden zunächst alle nacheinander mit jeweils einem Elektron gleichen Spins besetzt, danach erst werden die Niveaus mit dem zweiten Elektron aufgefüllt. So sind bei der Elektronenkonfiguration des Stickstoffatoms die drei energiegleichen 2p-Niveaus mit je einem Elektron einfach besetzt (↑ **04**).

- Pauli-Prinzip: Die Elektronen eines Atoms unterscheiden sich durch mindestens eine Quantenzahl. Demnach kann das gleiche Energieniveau nur mit 2 Elektronen besetzt werden, die einen entgegengesetzten Spin haben.

  richtig: [⇅]   falsch: [↑↑]

Man kann die Elektronenkonfiguration auf zweierlei Weise darstellen: In der Kästchenschreibweise wird jedes Energieniveau durch ein Kästchen dargestellt. Energiegleiche Niveaus, z. B. die drei p-Niveaus, werden dabei zusammengefasst (↑ **04**). Jedes Elektron wird durch einen Pfeil symbolisiert, dessen Richtung den Spin angibt (Spinquantenzahl).
In der *vereinfachten Schreibweise* gibt man die Anzahl der vorhandenen Elektronen durch eine hochgestellte Zahl rechts neben der Bezeichnung des Energieniveaus 1s, 2s, 2p usw. an (↑ **04**).

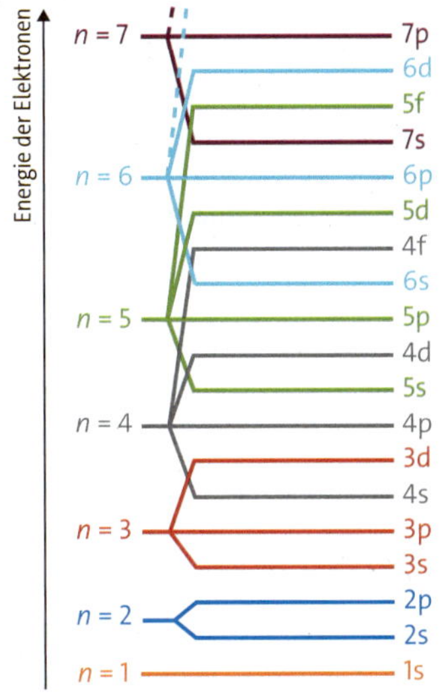

Merkhilfe Schachbrett-Schema:
Folgt man den Pfeilen auf dem Schachbrett, ergibt sich die Reihenfolge der Energieniveaus (Energieprinzip).

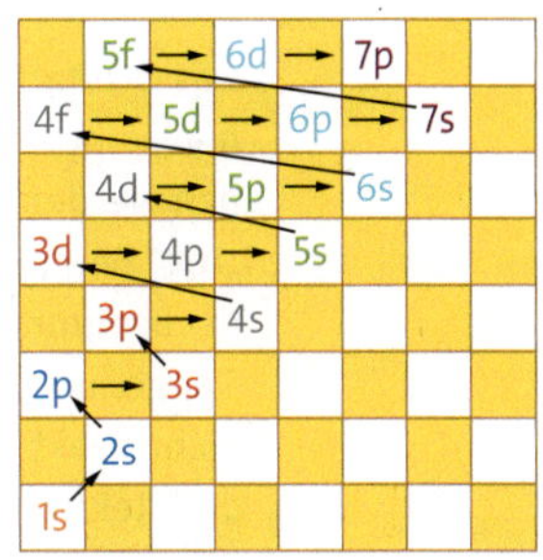

03 Energieniveauschema für Atome mit mehreren Elektronen

Atom	Energieniveau 1s	2s	2p	3s	Vereinfachte Schreibweise
H	[↑]	[ ]	[ ][ ][ ]	[ ]	$1s^1$
He	[⇅]	[ ]	[ ][ ][ ]	[ ]	$1s^2$
Li	[⇅]	[↑]	[ ][ ][ ]	[ ]	$1s^2 2s^1$
Be	[⇅]	[⇅]	[ ][ ][ ]	[ ]	$1s^2 2s^2$
B	[⇅]	[⇅]	[↑][ ][ ]	[ ]	$1s^2 2s^2 2p^1$
C	[⇅]	[⇅]	[↑][↑][ ]	[ ]	$1s^2 2s^2 2p^2$
N	[⇅]	[⇅]	[↑][↑][↑]	[ ]	$1s^2 2s^2 2p^3$
O	[⇅]	[⇅]	[⇅][↑][↑]	[ ]	$1s^2 2s^2 2p^4$
F	[⇅]	[⇅]	[⇅][⇅][↑]	[ ]	$1s^2 2s^2 2p^5$
Ne	[⇅]	[⇅]	[⇅][⇅][⇅]	[ ]	$1s^2 2s^2 2p^6$

04 Elektronenkonfiguration für die Atome der Elemente der ersten beiden Perioden im PSE in der Kästchenschreibweise

1 Geben Sie die Elektronenkonfiguration in der Kästchenschreibweise für ein Mg-Atom, Mg^{2+}-Ion, P-Atom und Sc-Atom an.

2 Geben Sie das Elementsymbol für das Atom bzw. Ion mit folgender Elektronenkonfiguration an:
a [Ne] $3s^2 3p^5$ (elektrisch neutrales Atom)
b [Ar] $3d^{10} 4s^0$ (zweifach positiv geladenes Ion)
c [Kr] $4d^{10} 5s^0$ (einfach positiv geladenes Ion)

3 Woran erkennen Sie in der vereinfachten Schreibweise der Elektronenkonfiguration, in welcher Periode ein Element steht?

Orbitalmodell

ATOMORBITALE Das Atommodell von BOHR berücksichtigt, dass Energie in kleinsten Portionen, man sagt in Form von *Quanten*, aufgenommen und abgegeben wird. Auf den Erkenntnissen der Quantentheorie wurde in den 1920er Jahren das *Orbitalmodell* entwickelt, das Vorstellungen über die Struktur der Atomhülle vermittelt.

Das Orbitalmodell berücksichtigt, dass für Elektronen keine festen Umlaufbahnen im Atom angegeben werden können. Für das Elektron ergeben sich „nur" Bereiche in der Atomhülle, in denen es mit einer bestimmten Wahrscheinlichkeit anzutreffen ist. Der genaue Ort und die Bahn des Elektrons können nicht exakt bestimmt werden. Bereiche, in denen das Elektron mit einer sehr hohen Wahrscheinlichkeit anzutreffen ist, sind mit vielen kleinen Punkten gekennzeichnet. Bildlich kann man sich z. B. eine diffuse Punktwolke ohne feste Begrenzung vorstellen (↑ 01B). Solche gedachten Aufenthaltsräume werden als **Atomorbital** (kurz: Orbital) bezeichnet. Bereiche, in denen das Elektron kaum anzutreffen ist, sind mit geringer Punktdichte dargestellt.

ORBITALE Abbildungen von Orbitalen werden meist in ein dreidimensionales Koordinatensystem eingezeichnet (↑ 01C). Elektronen sind dort mit einer Wahrscheinlichkeit von mehr als 90 % anzutreffen

QUANTENZAHLEN IM ORBITALMODELL Die erlaubten Energiezustände eines Elektrons lassen sich mit den **Quantenzahlen** ***n***, ***l*** und ***m*** beschreiben. In der Quantentheorie ergeben sie sich aus der Lösung der Schrödinger-Gleichung und entsprechen den Quantenzahlen von SOMMERFELD (↑ S. 30 f.).
Die **Hauptquantenzahl** ***n*** gibt Auskunft über die *Größe des Orbitals*. Zu einer Hauptquantenzahl n gehören maximal $2\,n^2$ Elektronen.
Mit der **Nebenquantenzahl** ***l*** wird die *Form des Orbitals* beschrieben. Wie bei SOMMERFELD werden die Abkürzungen **s**, **p**, **d** und **f** genutzt. Beide Quantenzahlen beschreiben das Energieniveau des Orbitals.

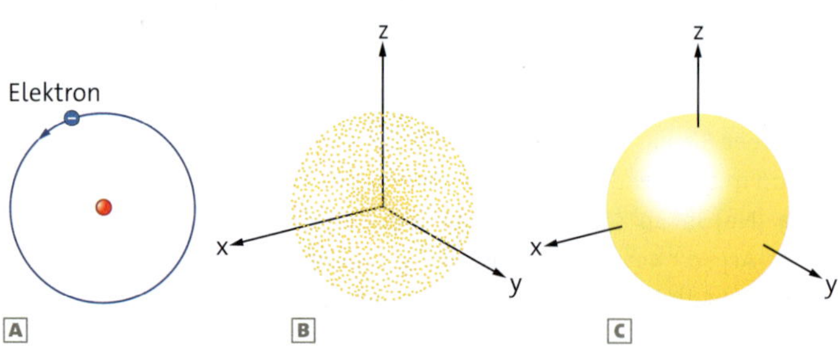

01 Verschiedene Darstellungen des Elektrons im Wasserstoffatom: **A** im Schalenmodell, **B** als Punktwolke, **C** als s-Orbital

Die **Magnetquantenzahl** ***m*** gibt die *räumliche Ausrichtung des Orbitals* im Magnetfeld an. Mit ihrer Hilfe lassen sich energiegleiche Orbitale unterscheiden.
Da sich in jedem Orbital maximal zwei Elektronen aufhalten können, ist zur Unterscheidung ein weiteres Kriterium nötig, die **Spinquantenzahl** ***s***. Sie kann nur zwei Werte annehmen: $+\frac{1}{2}$ und –

Ein Orbital ist ein Bereich um den Atomkern, in dem sich ein Elektron eines Atoms mit hoher Wahrscheinlichkeit aufhält. Das Aussehen eines Orbitals hängt von den Quantenzahlen *n*, *l* und *m* ab.

s-ORBITALE Die Elektronen eines s-Niveaus ($l = 0$) besetzen kugelförmige s-Orbitale mit dem Atomkern als Mittelpunkt. Das Orbital ist dabei umso größer, je größer die zugehörige Hauptquantenzahl n ist, je höher also das Energieniveau der Elektronen liegt. Weil sich eine Kugel im Koordinatensystem unabhängig von ihrer Größe nur auf eine Weise ausrichten lässt, gibt es für jedes n immer nur ein zugehöriges s-Orbital, gekennzeichnet durch die Orientierungsquantenzahl $m = 0$ (↑ 01).

Das Elektron im Wasserstoff-Atom ($n = 1$) z. B. hält sich mit einer Wahrscheinlichkeit von 99 % innerhalb einer Kugel mit dem Radius $r = 220$ pm auf. Diese Kugel ist das 1s-Orbital. Außerhalb der Kugel ist die Aufenthaltswahrscheinlichkeit zwar gering, aber nicht null! Rein mathematisch betrachtet kann das Elektron auch kilometerweit von seinem Atomkern entfernt mit einer bestimmten, wenn auch sehr kleinen Wahrscheinlichkeit angetroffen werden. Die größte Aufenthaltswahrscheinlichkeit hat das Elektron bei einem Kernabstand von 53 pm (↑ 02).

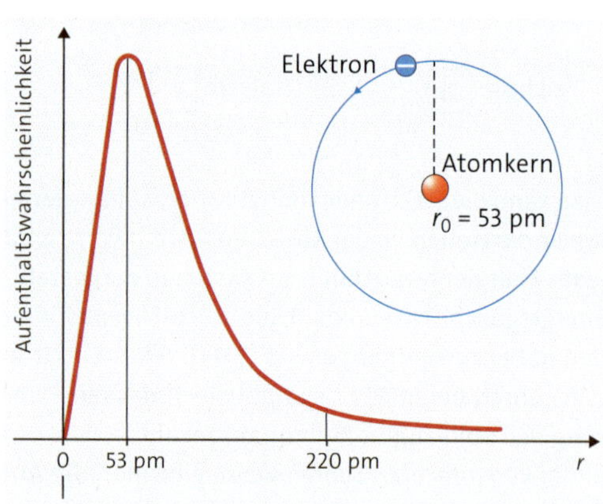

02 Aufenthaltswahrscheinlichkeit des Elektrons im 1s-Orbital des Wasserstoff-Atoms

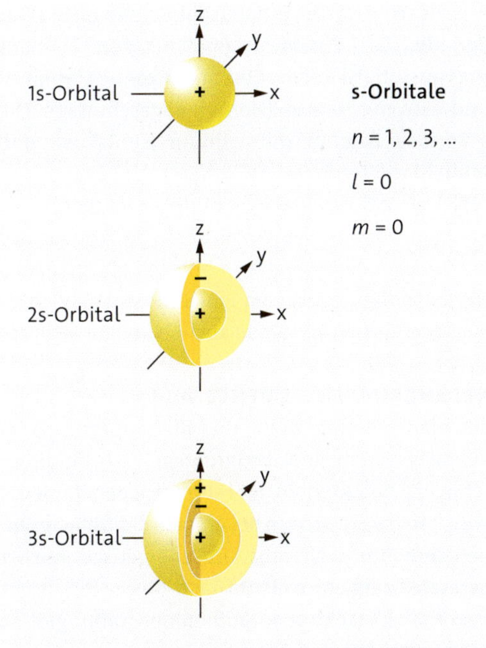

03 1s-, 2s- und 3s-Orbital

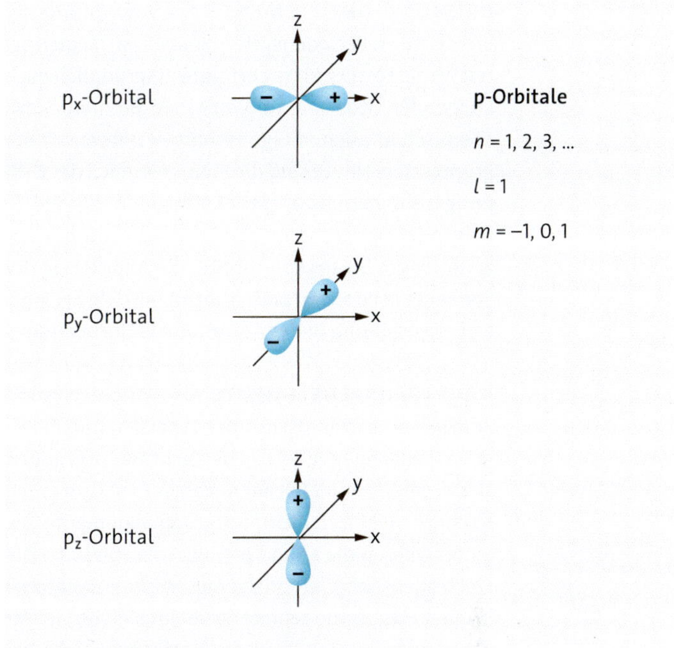

04 Die drei verschiedenen p-Orbitale

p-ORBITALE Die Elektronen eines p-Niveaus ($l = 1$) besetzen hantelförmige **p-Orbitale**. Die beiden Orbitallappen der Hantel sind umso größer, je größer n ist. Die Hanteln können sich auf drei verschiedene Arten entlang der Koordinatenachsen anordnen. Dementsprechend unterscheidet man für jedes n auch drei verschiedene p-Orbitale: das p_x-Orbital bei Orientierung entlang der x-Achse, das p_y-Orbital bei Orientierung entlang der y-Achse und das p_z-Orbital bei Orientierung entlang der z-Achse.
Die verschiedenen p-Orbitale sind durch die drei Orientierungsquantenzahlen $m = -1, 0, 1$ gekennzeichnet. In allen drei Fällen haben die beiden Orbitallappen jeweils unterschiedliche Vorzeichen (↑ 03).
P-Orbitale werden erst in der zweiten Periode ab dem Element Bor (B) mit Elektronen besetzt. Die Atome der Elemente von Wasserstoff (H) bis Beryllium (Be) besitzen dagegen nur s-Orbitale.

d-ORBITALE Die Elektronen eines d-Niveaus ($l = 2$) besetzen d-Orbitale. Man unterscheidet für jedes n je fünf verschiedene d-Orbitale ($m = -2, -1, 0, 1, 2$). Vier davon haben die Gestalt einer Doppelhantel mit jeweils unterschiedlich orientierten Orbitallappen, die Fünfte hat die Gestalt einer Einfachhantel mit einem Ring um die Mitte. Wie bei den p-Orbitalen haben die einzelnen Orbitallappen auch hier unterschiedliche Vorzeichen (↑ 04). D-Orbitale können maximal 10 Elektronen enthalten.

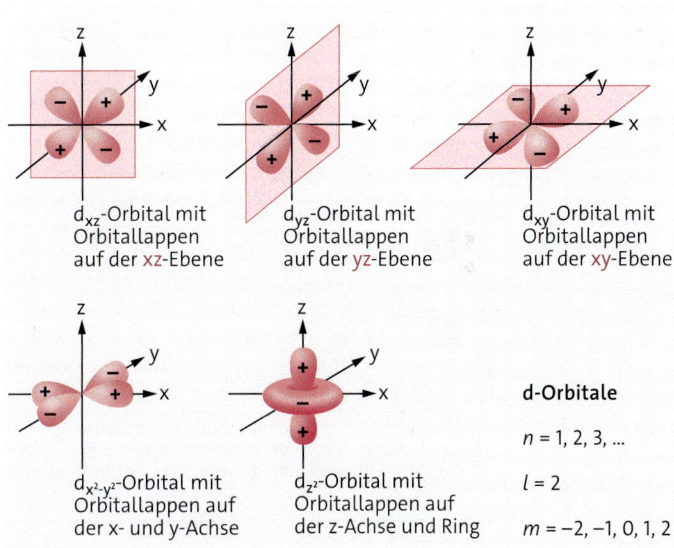

04 Die fünf verschiedenen d-Orbitale

1) Geben Sie an, welche Bedeutung n, l und m für das Aussehen eines Orbitals haben.
2) Nennen Sie die Atomorbitale, die an der Bindung im Iodmolekül und im Iodwasserstoffmolekül beteiligt sind.
3) Erläutern Sie, wodurch sich die drei möglichen p-Orbitale eines Energieniveaus unterscheiden.
4) Begründen Sie anhand des Orbitalmodells, weshalb Helium-Moleküle nicht existieren.

2.3 Aufbau des Periodensystems

ORDNUNG DER ELEMENTE Die Anordnung der Elemente im Periodensystem durch Dmitri Mendelejew und Lothar Meyer erfolgte ursprünglich nach steigender Atommasse, wobei sie Elemente mit chemisch ähnlichen Eigenschaften untereinander gruppierten. Heute sind die Elemente nach der **Ordnungszahl** (Kernladungszahl, entspricht der Protonen- oder Elektronenanzahl) sortiert. Mit den Erkenntnissen Bohrs konnte 1913 die Anordnung der Elemente in Perioden und Gruppen mithilfe der Elektronenverteilung in der Atomhülle erklärt werden.

HAUPTGRUPPENELEMENTE Das Periodensystem der Elemente ist in 18 Gruppen (Spalten) und 7 Perioden (Zeilen) gegliedert. In den acht **Hauptgruppen** sind Elemente mit gleicher Anzahl Außenelektronen zusammengefasst: die **Hauptgruppenelemente**. Bei ihnen werden die s- und p-Niveaus aufgefüllt. Die Elektronenkonfiguration der Außenschale der Atome in einer Hauptgruppe unterscheidet sich nur in der Hauptquantenzahl. So ist die Elektronenkonfiguration der Außenschale bei Atomen der VI. Hauptgruppe $n\,s^2\,n\,p^4$. Elemente, deren Atome die gleiche Anzahl an besetzten Schalen haben, stehen in einer **Periode**. Die 1. Periode beginnt mit dem Element Wasserstoff (H) mit der Elektronenkonfiguration $1s^1$ und wird mit Helium (He: $1s^2$) abgeschlossen. Die 2. Periode beginnt mit Lithium (Li: $1s^2\,2s^1$) und schließt mit Neon (Ne: $1s^2\,2s^2\,2p^6$) ab (↑ 01).
Meist werden zur Vereinfachung die vollbesetzten Energieniveaus eines Atoms durch die Angabe des entsprechenden Edelgassymbols mit gleicher Elektronenkonfiguration vorangestellt. Statt $1s^2\,2s^1$ für ein *Lithiumatom* kann man auch schreiben: [He] $2s^1$.

NEBENGRUPPENELEMENTE Ab der 4. Periode findet man zwischen der II. und III. Hauptgruppe im Periodensystem die **Nebengruppen** (↑ 02). Im Unterschied zu den Atomen der Hauptgruppenelemente besetzen die Elektronen bei Atomen der **Nebengruppenelemente** d-Niveaus als energetisch höchst besetzte Energieniveaus. Da das d-Niveau insgesamt maximal 10 Elektronen aufnehmen kann, gibt es zehn Nebengruppen. Diese Elektronenkonfiguration kommt zustande, weil das 3d-Niveau energetisch zwischen dem 4s- und dem 4p-Niveau liegt (↑ 03).

Periode	Hauptgruppe							
	I	II	III	IV	V	VI	VII	VIII
1	$Z = 1$ **H** $1s^1$							$Z = 2$ **He** $1s^2$
2	$Z = 3$ **Li** $2s^1$	$Z = 4$ **Be** $2s^2$	$Z = 5$ **B** $2s^2 2p^1$	$Z = 6$ **C** $2s^2 2p^2$	$Z = 7$ **N** $2s^2 2p^3$	$Z = 8$ **O** $2s^2 2p^4$	$Z = 9$ **F** $2s^2 2p^5$	$Z = 10$ **Ne** $2s^2 2p^6$
3	$Z = 11$ **Na** $3s^1$	$Z = 12$ **Mg** $3s^2$	$Z = 13$ **Al** $3s^2 3p^1$	$Z = 14$ **Si** $3s^2 3p^2$	$Z = 15$ **P** $3s^2 3p^3$	$Z = 16$ **S** $3s^2 3p^4$	$Z = 17$ **Cl** $3s^2 3p^5$	$Z = 18$ **Ar** $3s^2 3p^6$
	1	2	3	4	5	6	7	8
Anzahl Valenzelektronen (s-Elektronen und p-Elektronen)								

01 Valenzelektronenkonfiguration der ersten 18 Atome im PSE

Periode	Hauptgruppe							
	I	II	III	IV	V	VI	VII	VIII
4	$Z = 19$ **K** $4s^1$	$Z = 20$ **Ca** $4s^2$	$Z = 31$ **Ga** $4s^2 4p^1$	$Z = 32$ **Ge** $4s^2 4p^2$	$Z = 33$ **As** $4s^2 4p^3$	$Z = 34$ **Se** $4s^2 4p^4$	$Z = 35$ **Br** $4s^2 4p^5$	$Z = 36$ **Kr** $4s^2 4p^6$

$Z = 21$ **Sc** $3d^1 4s^2$	$Z = 22$ **Ti** $3d^2 4s^2$	$Z = 23$ **V** $3d^3 4s^2$	$Z = 24$ **Cr** $3d^5 4s^1$	$Z = 25$ **Mn** $3d^5 4s^2$	$Z = 26$ **Fe** $3d^6 4s^2$	$Z = 27$ **Co** $3d^7 4s^2$	$Z = 28$ **Ni** $3d^8 4s^2$	$Z = 29$ **Cu** $3d^{10} 4s^1$	$Z = 30$ **Zn** $3d^{10} 4s^2$
3	4	5	6	7	8	9	10	11	12
Anzahl Valenzelektronen (4s-Elektronen und 3d-Elektronen)									

02 Das Auffüllen der 3d-Orbitale führt zu einer Erweiterung der vierten Periode um 10 Nebengruppenatome; Cr, Cu: Atome mit unregelmäßiger Valenzelektronenkonfiguration.

Aufgrund des Energie-Prinzips wird bei fortlaufender Besetzung in der 4. Periode das nächste Elektron nicht – wie bei Kalium zu erwarten wäre – in das 3d-Niveau, sondern in das 4s-Niveau eingebaut. Ist das 4s-Niveau – wie bei Calcium – vollständig mit zwei Elektronen besetzt, wird bei den weiteren Elementen das 3d-Niveau in der 4. Periode nacheinander aufgefüllt (↑ **03**).

Innerhalb einer Periode unterscheiden sich die s- und d-Niveaus energetisch nur geringfügig voneinander. Deshalb können die Atome von Nebengruppenelementen Ionen mit unterschiedlicher Anzahl an positiven Ladungen bilden.

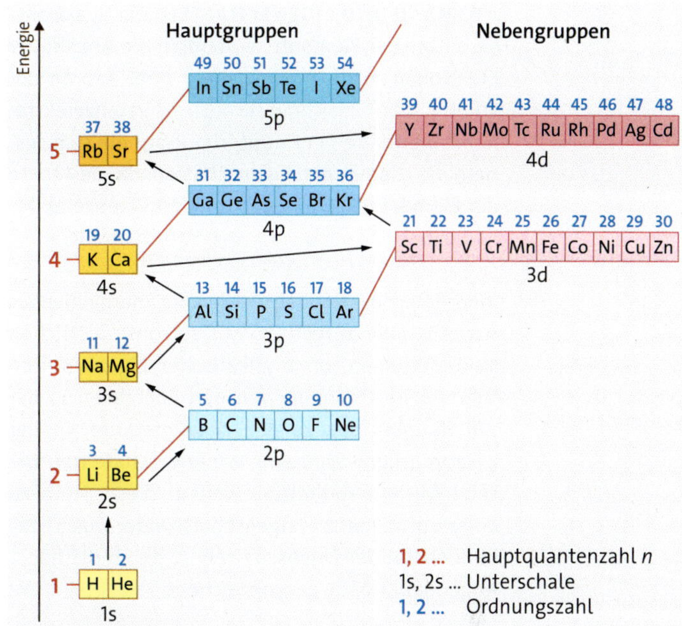

03 Die energetische Lage der Energieniveaus bestimmt die Einordnung der Elemente in das Periodensystem.

LANTHANOIDE UND ACTINOIDE Nach Besetzung des 6s-Orbitals wird zunächst wie zu erwarten ein 5d-Orbital besetzt, d. h., das Lanthan-Atom ($Z = 57$) hat die Valenzelektronenkonfiguration $5d^1 6s^2$. Danach werden aber nicht die 5d-Orbitale weiter aufgefüllt, sondern zunächst die sieben energieärmeren 4f-Orbitale (↑ Schachbrettschema, S. 33). Dementsprechend folgen auf das Lanthan-Atom zunächst 14 **Lanthanoid-Atome** ($Z = 58$ bis $Z = 71$, ↑ **04**).

Die zugehörigen Elemente, z. B. Cer (Ce), Neodym (Nd), Europium (Eu) und Thulium (Tm), sind ebenfalls Metalle. Sie heißen **Lanthanoide** und zählen zu den sogenannten *Seltenen Erden*, wenngleich ihr Name trügt: **Selbst das seltenste Lanthanoid Thulium kommt häufiger vor als Gold.** Die *Seltenen Erden* haben besondere chemische Eigenschaften und spielen eine wichtige Rolle in vielen Hightechprodukten wie Smartphones und Laptops. Auch die Produktion moderner Elektromotoren ist ohne sie nicht denkbar.

Die siebte Periode erweitert sich durch Auffüllen der 5f-Orbitale wiederum um 14 Atome, die **Actinoid-Atome** ($Z = 90$ bis $Z = 103$). Wie alle Atome mit $Z > 83$ weisen auch diese Atome instabile Kerne auf, die unter Aussendung von energiereicher Strahlung zerfallen. Die zugehörigen Elemente, die Actinoide, sind alle radioaktiv und spielen daher eine geringe praktische Rolle. Bis zum Uran sind sie natürlich auf der Erde zu finden. Neptunium und Plutonium kommen in der Natur in winzigen Spuren vor, alle Elemente jenseits davon müssen künstlich erzeugt werden.

	Hauptgruppe							
Periode	I	II	III	IV	V	VI	VII	VIII
6	$Z = 55$ **Cs** $6s^1$	$Z = 56$ **Ba** $6s^2$	$Z = 81$ **Ti** $6s^2 6p^1$	$Z = 82$ **Pb** $6s^2 6p^2$	$Z = 83$ **Bi** $6s^2 6p^3$	$Z = 84$ **Po** $6s^2 6p^4$	$Z = 85$ **At** $6s^2 6p^5$	$Z = 86$ **Rn** $6s^2 6p^6$

$Z = 57$ **La** $5d^1 6s^2$	$Z = 72$ **Hf** $5d^2 6s^2$	$Z = 73$ **Ta** $5d^3 6s^2$	$Z = 74$ **W** $5d^4 6s^2$	$Z = 75$ **Re** $5d^5 6s^2$	$Z = 76$ **Os** $5d^6 6s^2$	$Z = 77$ **Ir** $5d^7 6s^2$	$Z = 78$ **Pt** $5d^9 6s^1$	$Z = 79$ **Au** $5d^{10} 6s^1$	$Z = 80$ **Hg** $5d^{10} 6s^2$

$Z = 58$ **Ce** $4f^2 5d^0 6s^2$	$Z = 59$ **Pr** $4f^3 5d^0 6s^2$	$Z = 60$ **Nd** $4f^4 5d^0 6s^2$	$Z = 61$ **Pm** $4f^5 5d^0 6s^2$	$Z = 62$ **Sm** $4f^6 5d^0 6s^2$	$Z = 63$ **Eu** $4f^7 5d^0 6s^2$	$Z = 64$ **Gd** $4f^7 5d^1 6s^2$	$Z = 65$ **Tb** $4f^9 5d^0 6s^2$	$Z = 66$ **Dy** $4f^{10} 5d^0 6s^2$	$Z = 67$ **Ho** $4f^{11} 5d^0 6s^2$	$Z = 68$ **Er** $4f^{12} 5d^0 6s^2$	$Z = 69$ **Tm** $4f^{13} 5d^0 6s^2$	$Z = 70$ **Yb** $4f^{14} 5d^0 6s^2$	$Z = 71$ **Lu** $4f^{14} 5d^1 6s^2$
4	5	6	7	8	9	10	11	12	13	14	15	16	17
Anzahl Valenzelektronen (6s-Elektronen, 5d-Elektronen und 4f-Elektronen)													

04 Das Auffüllen der 4f-Orbitale führt zu einer Erweiterung der sechsten Periode um 14 Lanthanoid-Atome; Pt, Au, Gd: Atome mit unregelmäßiger Valenzelektronenkonfiguration.

Periodisch wiederkehrende Eigenschaften der Elemente

ATOMBAU UND EIGENSCHAFTEN Das Reaktionsverhalten der Elemente wird durch die Anzahl der Elektronen in der Außenschale ihrer Atome bestimmt. Man bezeichnet sie auch als **Valenzelektronen**. Innerhalb einer Hauptgruppe ähneln sich deshalb die chemischen Eigenschaften, da die Atome der Elemente die gleiche Anzahl an Valenzelektronen haben.

Innerhalb einer Periode werden die Energieniveaus nacheinander aufgefüllt, was zu kontinuierlichen Veränderungen von physikalischen Eigenschaften führt. Beim Übergang von den Edelgasen in der VIII. Hauptgruppe zu den Alkalimetallen in der I. Hauptgruppe wird eine weitere Schale neu besetzt. Deshalb kommt es jeweils an dieser Stelle zu einer sprunghaften Eigenschaftsänderung. Diese Periodizität der Eigenschaften ist durch die nachfolgenden Größen gekennzeichnet.

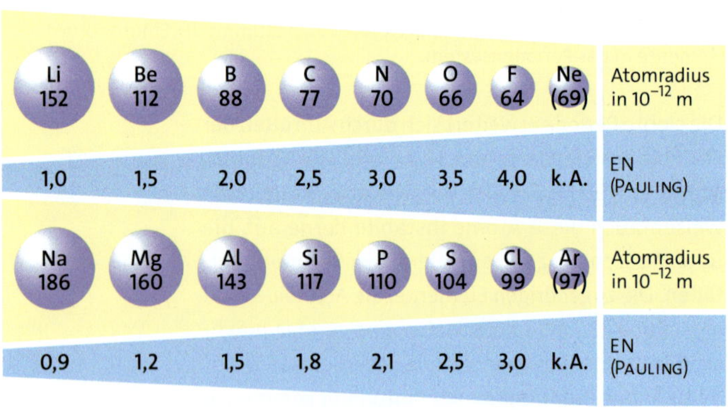

01 Vergleich der Atomradien und der Elektronegativitätswerte

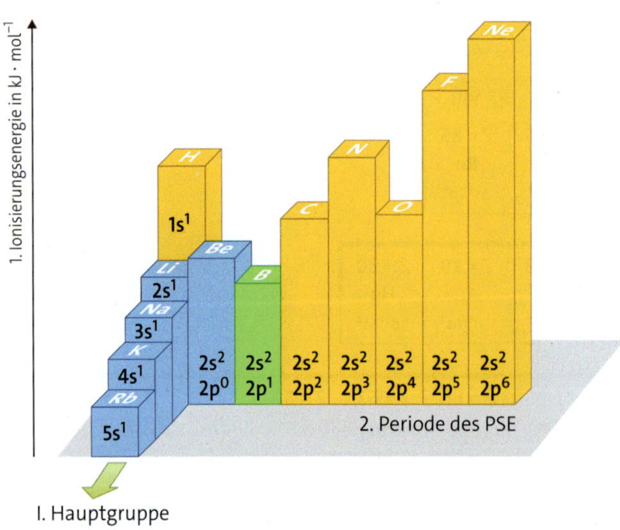

02 Periodizität der 1. Ionisierungsenergie und Elektronenkonfiguration der Valenzelektronen

ATOM- UND IONENRADIUS Als Atomradius wird der Radius der äußersten besetzten Elektronenschale bezeichnet. Er entspricht dem halben Abstand zwischen den Kernen zweier benachbarter Atome. Im Periodensystem nimmt der Atomradius in einer Hauptgruppe von oben nach unten mit der Anzahl besetzter Schalen zu. Diese Tendenz trifft auch auf die Radien von Ionen zu.

Innerhalb einer Periode nehmen die Atomradien von links nach rechts ab, da mit ansteigender Kernladung auch die Anziehung auf die größer werdende Anzahl von Elektronen auf derselben Schale zunimmt (↑ 01).

IONISIERUNGSENERGIE Durch Zufuhr von Energie kann aus der Außenschale eines Atoms ein Elektron vollständig entfernt werden. Es entsteht ein positiv geladenes Ion und ein freies Elektron, das nicht mehr der Anziehungskraft des Atomkerns unterliegt. Die Energie, die dazu erforderlich ist, nennt man **erste Ionisierungsenergie** ***I*** (Einheit: eV oder kJ · mol^{-1}; 1 eV = 96,47 kJ · mol^{-1}). Sie ist ein Maß für die Stärke, mit der das Elektron im Atom gebunden ist.

Im Periodensystem nimmt die Ionisierungsenergie innerhalb einer Gruppe von oben nach unten ab und in einer Periode von links nach rechts zu (↑ 02). Edelgasatome haben innerhalb der Periode die größte Ionisierungsenergie. Der hohe Wert belegt die energetisch besonders günstige Edelgaskonfiguration.

Werden weitere Elektronen aus der Atomhülle entfernt, spricht man von zweiter, dritter usw. Ionisierungsenergie.

> **Die Ionisierungsenergie ist die Energie, die zur vollständigen Abspaltung von Elektronen aus Atomen notwendig ist.**

ELEKTRONENAFFINITÄT Chloratome haben die Elektronenkonfiguration [Ne] 3s^2 3p^5. Durch die Aufnahme eines Elektrons können sie die energetisch besonders günstige Edelgaskonfiguration von Argonatomen erreichen. Bei der Aufnahme des Elektrons wird deshalb eine Energie von −3,62 eV freigesetzt. Die Aufnahme eines Elektrons durch ein Magnesiumatom muss hingegen erzwungen werden. Der Energieaufwand beträgt +0,2 eV.

Die Energie, die bei der Aufnahme eines Elektrons umgesetzt wird, heißt **Elektronenaffinität** E_A (Einheit: eV). Die Beispiele des Chlor- und des Magnesiumatoms zeigen, dass ihre Werte im Gegensatz zur Ionisierungsenergie sowohl positiv als auch negativ sein können.

ELEKTRONEGATIVITÄT Die **Elektronegativität** (kurz: EN) ist ein relatives Maß für die Anziehungskraft von Atomen auf die Elektronen einer Elektronenpaarbindung. Sie kennzeichnet die Polarität einer Elektronenpaarbindung.

Im Periodensystem der Elemente nimmt die Elektronegativität von links nach rechts zu und von oben nach unten ab. Grundsätzlich gilt: Je größer die Kernladungszahl eines Atoms ist, desto stärker ist auch die Anziehung auf seine Elektronen. Allerdings schirmen die auf inneren Schalen befindlichen Elektronen die Kernladung ab, sodass die Valenzelektronen eine geringere Anziehungskraft erfahren. Die Elektronegativität nimmt so mit der Anzahl besetzter Schalen ab. Das Franciumatom (7. Periode) hat mit 0,7 den niedrigsten, das Fluoratom (2. Periode) mit 4,0 den höchsten Elektronegativitätswert nach PAULING (↑ S. 50).

Edelgase gehen – bis auf wenige Ausnahmen – keine Verbindungen ein. Elektronegativitätswerte für ihre Atome werden daher nicht angegeben.

METALLE IM PERIODENSYSTEM 92 der 118 bekannten Elemente sind Metalle. Mit Ausnahme von Wasserstoff finden sich die Metalle im Periodensystem links der Diagonale von Bor nach Astat (↑ 03). Ihre Atome haben meist wenige Außenelektronen, die nur schwach gebunden sind. Metallatome bilden deshalb bevorzugt Kationen mit stabiler Edelgaskonfiguration, z. B. die einfach positiv geladenen Kationen der Alkalimetalle in der I. Hauptgruppe.

Mit Wasser reagieren die unedlen Metalle wie Natrium zu basischen Lösungen. Ihre Metalloxide bilden mit Wasser ebenfalls basische Lösungen und werden daher als basische Oxide bezeichnet.

Der metallische Charakter der Elemente nimmt innerhalb der Periode mit steigender Ordnungszahl von links nach rechts ab, innerhalb der Gruppe von oben nach unten zu.

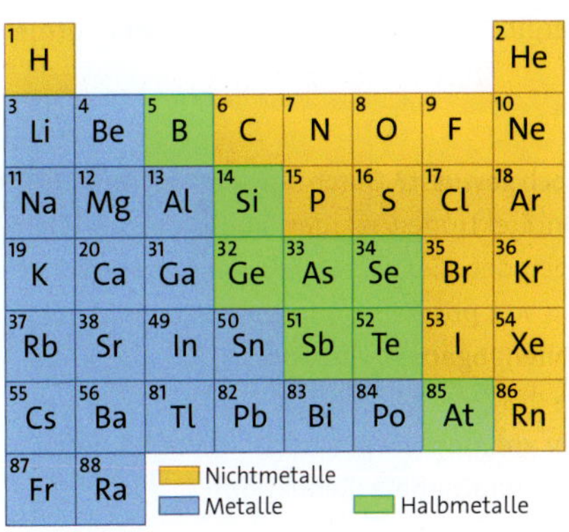

03 Metalle und Nichtmetalle im Periodensystem

NICHTMETALLE IM PERIODENSYSTEM Die Elemente rechts der Diagonale von Bor nach Astat sowie Wasserstoff sind Nichtmetalle. Typische Vertreter sind die Halogene in der VII. Hauptgruppe, Stickstoff und Sauerstoff sowie Schwefel.

Ihre Atome besitzen relativ viele Außenelektronen und nehmen deshalb bevorzugt Elektronen auf, um die Edelgaskonfiguration zu erreichen. Mit Metallen bilden Nichtmetalle deshalb Ionenverbindungen. Mit anderen Nichtmetallen bilden sie molekulare Stoffe. Durch die Ausbildung gemeinsamer Elektronenpaare erreichen sie die Edelgaskonfiguration. Nichtmetalloxide reagieren in Wasser zu sauren Lösungen und werden deshalb als saure Oxide bezeichnet.

Auch die Edelgase gehören zu den Nichtmetallen, sie kommen nur atomar vor. Aufgrund der Elektronenkonfiguration ihrer Atome sind sie sehr reaktionsträge und bilden nur wenige Verbindungen.

Ausführlichere Darstellung der Bindungsarten
↑ Ionenbindung, S. 40 f.
↑ Metallbindung, S. 43
↑ Elektronenpaarbindung, S. 44 f.

Die Eigenschaften von Metallen und Nichtmetallen werden durch den Bau ihrer Atome bestimmt.

HALBMETALLE Der Übergang zwischen Metallen und Nichtmetallen ist fließend. Elemente wie Silicium oder Germanium sind Vertreter der **Halbmetalle**. Sie liegen im PSE auf der Diagonale zwischen Bor und Astat. In ihren Eigenschaften nehmen sie eine Mittelstellung ein. Im Aussehen ähneln Halbmetalle den Metallen. So hat reines Silicium einen bläulichen Glanz. Im Gegensatz zu den Metallen sind Halbmetalle sehr schlechte elektrische Leiter. Ihre elektrische Leitfähigkeit nimmt mit steigender Temperatur aber stark zu.

04 Silicium, ein Halbmetall

Die Außenschale der Halbmetallatome ist mit drei bis sechs Elektronen besetzt, deswegen werden in Verbindungen sowohl Elektronen abgegeben als auch aufgenommen. Silicium hat die Elektronenkonfiguration [Ne] $3s^2\ 3p^2$. Mit anderen Nichtmetallen bildet es molekulare Stoffe wie Siliciumdioxid oder Silikone. In Verbindungen mit Metallen wie bei Magnesiumsilicid Mg_2Si kommt es zur Bildung von Anionen.

Die verschiedenen Bindungstypen beeinflussen die Eigenschaften der Stoffe (↑ Chemische Bindungen im Vergleich, S. 47).

1 Erklären Sie die abnehmenden metallischen Eigenschaften am Beispiel der Elemente der 3. Periode anhand der Stellung im PSE, der Elektronenkonfiguration und der Ionisierungsenergien.

2 Begründen Sie, warum Bor als Halbmetall bezeichnet wird. Erläutern Sie, warum seine elektrische Leitfähigkeit bei höherer Temperatur zunimmt.

2.4 Chemische Bindungen – Ionenbindung

01 Vier verschiedene Kristalle – zwei Bindungsarten

ÄHNLICHE EIGENSCHAFTEN, GLEICHE STRUKTUR?
Wir wissen bereits: Die unterschiedlichen Eigenschaften von Stoffen sind im Bau der Stoffe, in ihrer Struktur begründet. Aber ist der umgekehrte Schluss auch zulässig? Die Stoffbeispiele in Bild ↑ **01** zeigen, dass kristallartige Stoffe wie Kochsalz (Natriumchlorid), Quarz (Siliciumdioxid) und Diamant (eine Kohlenstoffmodifikation) sich in vielen Eigenschaften ähneln: Sie sind bei Raumtemperatur fest, glänzend und häufig lichtbrechend (↑ **01**). Und doch unterscheiden sich diese Stoffe erheblich in der Art ihrer Teilchen und im Bau ihrer Gitter.

Verhältnisformel	NaCl	$CaCl_2$	Al_2O_3
Chemischer Name	Natrium-chlorid	Calcium-chlorid	Aluminium-oxid
Trivialname	Kochsalz, Steinsalz	–	Korund, Tonerde
Dichte (20 °C)	$2{,}16\ g \cdot cm^{-3}$	$2{,}15\ g \cdot cm^{-3}$	$3{,}9\ g \cdot cm^{-3}$
Schmelz-temperatur	800 °C	772 °C	2045 °C
Siedetemperatur	1465 °C	> 1600 °C	2980 °C
Löslichkeit in Wasser (20 °C)	$359\ g \cdot l^{-1}$	$750\ g \cdot l^{-1}$	unlöslich
Härte nach MOHS	2	2–3	9
Gitterenthalpie $\Delta_G H$	$-780\ kJ \cdot mol^{-1}$	$-2231\ kJ \cdot mol^{-1}$	$-15\,000\ kJ \cdot mol^{-1}$

02 Eigenschaften von Ionenverbindungen

Ausschlaggebend ist die Art der Teilchen und die Weise, wie sie miteinander verbunden sind, ihre **chemische Bindung**. Sie begründet, ob es sich wie bei dem aus Ionen aufgebauten Kochsalz um einen in Wasser löslichen Stoff oder wie bei dem aus Riesenmolekülen bestehenden Quarz oder Diamant um nichtlösliche Stoffe handelt.
In diesem Kapitel werden Sie sich vertieft mit den drei Grenztypen der chemischer Bindung – *Ionenbindung, Metallbindung, Elektronenpaarbindung* (*Atombindung*) – beschäftigen und erfahren, dass es sich bei den Bindungsmodellen um Vereinfachungen der realen Verhältnisse handelt.

NATRIUMCHLORID, EINE IONENVERBINDUNG
Unser Kochsalz, das Natriumchlorid, ist ein typischer Vertreter der **Ionenverbindungen**. Es bildet harte und spröde Kristalle, die erst bei 800 °C schmelzen. Die Schmelze und die wässrige Lösung von Natriumchlorid leiten den elektrischen Strom. Im festen Zustand ist es dagegen ein Nichtleiter. Auch andere Ionenverbindungen, beispielsweise Calciumchlorid und Aluminiumoxid, zeigen ähnliche charakteristische Eigenschaften wie das Natriumchlorid (↑ **02**). Ihre Eigenschaften lassen sich durch Modellvorstellungen zu den Bindungsverhältnissen erklären.

STRUKTUR VON IONENVERBINDUNGEN Das Salz Natriumchlorid besteht aus einfach positiv geladenen Natrium-Ionen Na^+ und einfach negativ geladenen Chlorid-Ionen Cl^-. Die entgegengesetzt geladenen Ionen ziehen sich gegenseitig an, gleichzeitig stoßen sich die gleichartig geladenen Ionen gegenseitig ab. Diese Art der chemischen Bindung, die durch elektrostatische Kräfte zwischen Ionen bewirkt wird, heißt **Ionenbindung**. Es bildet sich ein **Ionengitter**, bei dem sich Na^+- und Cl^--Ionen in allen Raumrichtungen abwechseln und feste Plätze einnehmen (↑ **03**). Wegen des gleichen Betrags ihrer Ladungen erfolgt dies im Verhältnis 1 : 1. Für Natriumchlorid ergibt sich deshalb die Verhältnisformel NaCl.

Noch gewusst? Durch Abgabe oder Aufnahme von Elektronen werden aus Atomen elektrisch geladene Teilchen, die **Ionen**, gebildet.
Bildung von positiv geladenen Kationen durch **Elektronenabgabe (Oxidation)**:
$Na \longrightarrow Na^+ + e^-$
Bildung von negativ geladenen Anionen durch **Elektronenaufnahme (Reduktion)**:
$Cl + e^- \longrightarrow Cl^-$

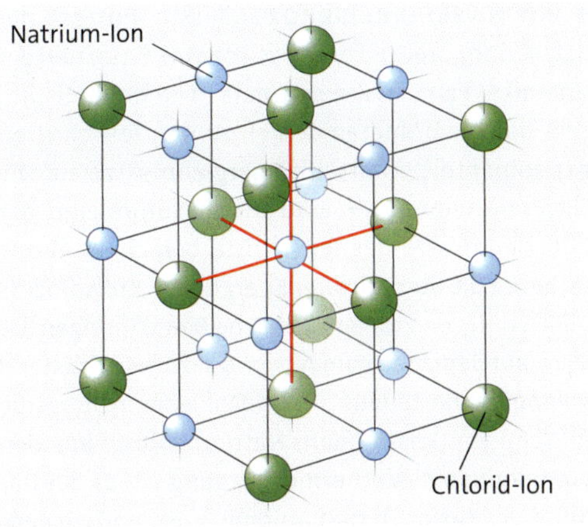

03 Modell des Ionengitters von Natriumchlorid

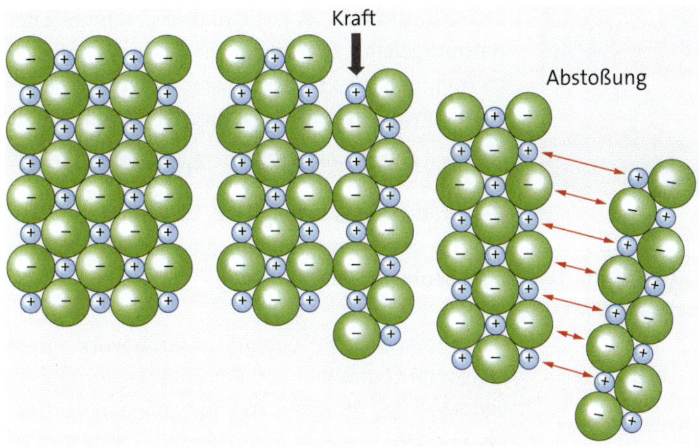

04 Zerspringen eines Ionenkristalls im Modell

EIGENSCHAFTEN VON IONENVERBINDUNGEN

Feste Ionenverbindungen zeigen keine **elektrische Leitfähigkeit**, weil ihre Ionen die Gitterplätze nicht verlassen können. Wird der Ionenverbindung jedoch Energie in Form von Wärme zugeführt, so können die elektrostatischen Kräfte zwischen den Ionen im Gitter überwunden werden. Da die Ionen ihre festen Plätze verlassen, sorgen sie als frei bewegliche Ladungsträger für die elektrische Leitfähigkeit. Auch in wässrigen Lösungen liegen frei bewegliche Ionen vor. Salzlösungen sind daher elektrische Leiter.

Salze sind hart und spröde. Wirkt auf einen Ionenkristall eine Kraft ein, so verschieben sich die Ionen entlang einer Gitterebene, sodass gleichartig geladene Ionen aneinanderliegen. Es kommt zur Abstoßung der Ionen und Spaltung des Kristalls (↑ **04**). Die **Härte** wird vom Wert der Gitterenthalpie mitbestimmt (↑ **02**; ↑ S. 42.). Je größer die Gitterenthalpie, desto mehr Kraft ist nötig, damit der Ionenkristall zerspringt.

LÖSEVORGANG Löst sich ein Salzkristall in einem polaren Lösungsmittel wie Wasser auf, dann werden die Ionen aus dem Ionengitter herausgelöst und von einer Hülle von Wassermolekülen umgeben (↑ **05**). Dieser Vorgang, bei dem hydratisierte Anionen und Kationen gebildet werden, heißt **Hydratation**. Das Lösen eines Salzkristalls kann sowohl unter Abkühlung als auch Erwärmung des Lösungsmittels erfolgen. Ist die Energie, die zum Überwinden der Anziehungskräfte im Ionengitter benötigt wird, geringer als die Energie der Hydratation der Ionen, verläuft der Lösevorgang exotherm. Im umgekehrten Fall, bei dem die Gitterenthalpie größer als die Energie der Hydratation ist, verläuft der Lösevorgang endotherm. Die Löslichkeit eines Salzes ist sowohl von der Stärke der Gitterkräfte als auch von der Stärke der Anziehungskräfte zwischen den Lösungsmittelmolekülen und hydratisierten Ionen abhängig. Salze sind dann schlecht löslich, wenn die Gitterkräfte die Anziehungskräfte zwischen Wassermolekülen und Ionen übersteigen.

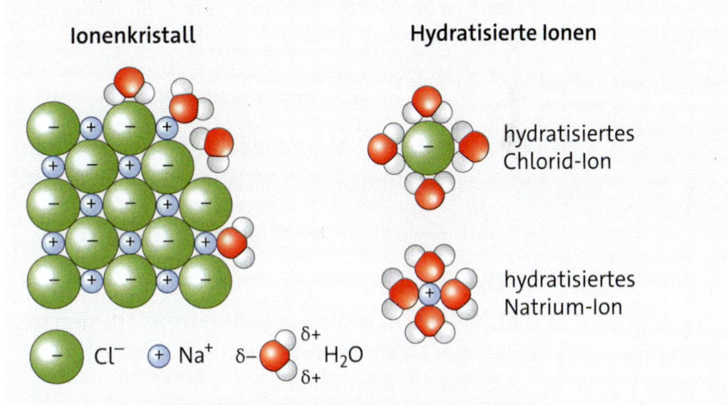

$$NaCl(s) + n\,H_2O(l) \rightarrow Na^+(aq) + Cl^-(aq)$$

05 Lösen eines Ionenkristalls im Modell

Animation: Zerspringen eines Salzkristalls

Die Ionenbindung resultiert aus ungerichteten elektrostatischen Kräften zwischen positiv und negativ geladenen Ionen. Diese bilden regelmäßige dreidimensionale Ionengitter.

1 〉 Nennen Sie Gemeinsamkeiten und Unterschiede zwischen einem Salzkristall und einer Salzschmelze.

2 〉 Vergleichen Sie die in Tabelle ↑ **02** aufgeführten Ionenverbindungen.
Begründen Sie die Unterschiede bei den Schmelztemperaturen, Siedetemperaturen, bei der Löslichkeit und der Härte.

3 〉 Begründen Sie die Verhältnisformel von Calciumchlorid ($CaCl_2$).

Bildung von Ionengittern

01 Bildung von Natriumchlorid aus den Elementen

ENERGIEUMSATZ Wird Chlor über geschmolzenes Natrium geleitet, so reagieren die Ausgangsstoffe unter Aufglühen und starker Hitzeentwicklung in einer exothermen Reaktion zu kristallinem Natriumchlorid.

$Na(s) + \frac{1}{2}Cl_2(g) \longrightarrow NaCl(s) \quad \Delta_f H = -411\ kJ \cdot mol^{-1}$

Die Bildung eines Ionengitters kann formal in Teilschritte zerlegt werden, für die die auftretenden Energieumsätze messbar sind:

1) **Sublimation:** Die Energiezufuhr bewirkt, dass festes Natrium sublimiert. Einzelne Natriumatome verlassen den Atomverband und gehen in die Gasphase über.

$Na(s) \longrightarrow Na(g)$ | Sublimationsenthalpie $\Delta_S H$

2) **Ionisierung:** Natriumatome geben ein Außenelektron ab und werden zu Na^+-Ionen.

$Na \longrightarrow Na^+ + e^-$ | Ionisierungsenergie I

3) **Dissoziation:** Chlormoleküle werden in Chloratome gespalten.

$\frac{1}{2}Cl_2(g) \longrightarrow Cl(g)$ | Dissoziationsenthalpie $\Delta_D H$

4) **Elektronenaufnahme:** Chloratome nehmen in ihre Außenschale die aus den Natriumatomen freigesetzten Elektronen auf.

$Cl + e^- \longrightarrow Cl^-$ | Elektronenaffinität E_a

5) **Gitterbildung:** Natrium- und Chlorid-Ionen lagern sich zu einem Ionengitter zusammen.

Der Born-Haber-Kreisprozess ist eine Anwendung des Satzes von Hess (↑ S. 78 f.).

$Na^+ + Cl^- \longrightarrow NaCl$ | Gitterenthalpie $\Delta_G H$

Dabei wird ein großer Energiebetrag frei, die **Gitterenthalpie** $\Delta_G H$. Sie ist zwar nicht messbar, kann jedoch rechnerisch bestimmt werden (↑ 02).

BORN-HABER-KREISPROZESS Den Prozess der Salzbildung stellten der Physiker MAX BORN und der Chemiker FRITZ HABER erstmals in einem Kreisprozess dar. Sie ordneten den einzelnen Teilschritten experimentell ermittelte Energieumsätze zu. Die Gitterenthalpie $\Delta_G H$ wird durch Summieren der Energieumsätze der Teilschritte berechnet (↑ 02). Dabei ist die Summe aller Energien im Kreisprozess gleich null, weil für energetische Berechnungen der Weg, auf dem man vom Ausgangs- zum Endzustand gelangt, ohne Bedeutung ist. Man erkennt, dass die Bildung von kristallinem Natriumchlorid aus den Elementen ein exothermer Vorgang ist, da zur Bildung der Kationen und Anionen aus den Teilchenverbänden der Elemente weniger Energie aufgewendet werden muss, als durch die Gitterbildung freigesetzt wird. Die Abfolge der Teilschritte beim Born-Haber-Kreisprozess ist rein hypothetisch. Die realen Vorgänge während der Bildung eines Ionenkristalls sind nicht genau bekannt.

BEDEUTUNG DER GITTERENTHALPIE Die Gitterenthalpie ist ein Maß für die Stärke der Bindung zwischen den Ionen im Ionengitter. Dabei gilt, dass zwischen Ionen mit größerer Ladung stärkere Anziehungskräfte wirken und der Betrag der Gitterenthalpie größer ist als bei einfach geladenen Ionen. Damit ein Salz schmilzt, müssen die Kräfte zwischen den Ionen überwunden werden, sodass sie ihre festen Gitterplätze verlassen können. Salze mit hohen Gitterenthalpien besitzen hohe Schmelztemperaturen. Auch Eigenschaften wie Härte und Löslichkeit eines Salzes sind von der Gitterenthalpie abhängig. Mithilfe der Gitter- und der Hydratisierungsenthalpie lässt sich die Löslichkeit eines Stoffs vorhersagen.

Die Gitterenthalpie kennzeichnet die Stärke der Bindung zwischen den Ionen im Ionengitter.

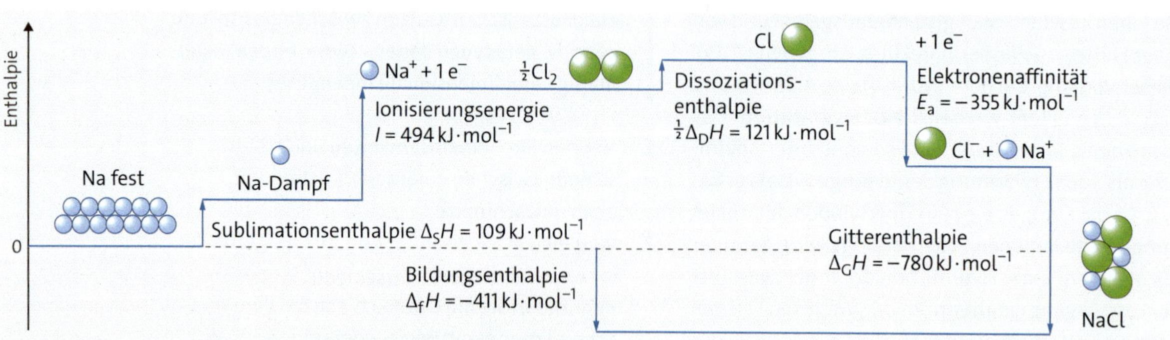

$\Delta_G H(NaCl) = \Delta_f H(NaCl) - \Delta_S H(Na) - I(Na^+) - \frac{1}{2}\Delta_D H(Cl_2) - E_a(Cl)$

$\Delta_G H(NaCl) = [-411 - 109 - 494 - 121 - (-355)]\ kJ \cdot mol^{-1} = -780\ kJ \cdot mol^{-1}$

02 Energiebilanz für die Bildung von 1 mol Natriumchlorid aus den Elementen

2.5 Metallbindung

Vier Fünftel aller Elemente im Periodensystem sind Metalle. Wir Menschen nutzen sie bereits seit Jahrtausenden als Werkstoffe, weil ihre typischen Eigenschaften sehr vielfältige Verwendungen ermöglichen. Mithilfe des Elektronengasmodells können viele Eigenschaften erklärt werden.

ELEKTRONENGASMODELL Metalle sind aus Atomen aufgebaut, die in einem Atomverband in unvorstellbar großer Anzahl regelmäßig geordnet zusammenhalten. Die Außenelektronen der Metallatome sind nur schwach gebunden. Im Metallgitter können sie sich deshalb frei bewegen und sind nicht an einzelne Atome gebunden. Eine solche Ansammlung von delokalisierten Elektronen wird als **Elektronengas** bezeichnet. Die zwischen den negativ geladenen Elektronen und positiv geladenen Metall-Kationen herrschenden elektrostatischen Anziehungskräfte bewirken die **Metallbindung** und das stabile Gitter der Metalle. Diese als Elektronengasmodell bezeichnete Theorie wurde Anfang des 20. Jahrhunderts zur Beschreibung der metallischen Bindung entwickelt.

VERFORMBARKEIT Die Metallatome lagern sich zu dicht gepackten Strukturen zusammen, weil die Bindungskräfte zwischen den Metall-Kationen und dem Elektronengas ungerichtet sind. Wirkt eine Kraft auf das Metallgitter ein, so können die Gitterebenen aneinander vorbeigleiten. Die Bindungskräfte bleiben dabei erhalten, weil die Metall-Kationen stets wieder in die gleiche Umgebung gelangen. Metalle sind daher plastisch verformbar – im Unterschied zu Salzen, bei denen sich gleichartig geladene Ionen abstoßen, wenn die Gitterebenen aneinander vorbeigleiten, sodass der Kristall zerbricht.

ELEKTRISCHE LEITFÄHIGKEIT Wird an einen Metalldraht eine Spannung angelegt, fließt ein elektrischer Strom. Die zwischen den Metall-Kationen frei beweglichen Elektronen wandern aufgrund der auf sie wirkenden elektrischen Kräfte zum positiven Pol. Mit steigender Temperatur sinkt die elektrische Leitfähigkeit, da nach dem Elektronengasmodell die Schwingungen der Metall-Kationen zunehmen. Dies bewirkt eine Störung der freien Beweglichkeit der Elektronen, sodass die Leitfähigkeit abnimmt.

GLANZ Die freien Elektronen im Elektronengas der Metalle werden durch die Energie des Lichts angeregt und strahlen das Licht sogleich wieder ab. Dies macht sich als Reflexion bemerkbar. Die Metalle erscheinen deshalb im Licht glänzend und undurchsichtig.

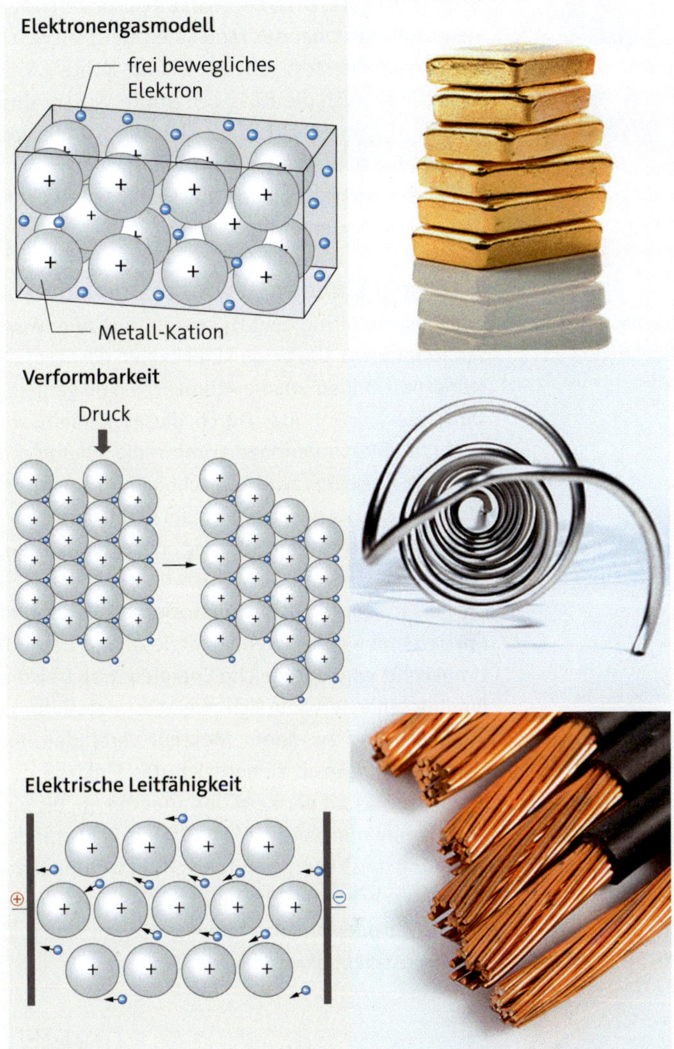

01 Modellvorstellungen zu Struktur und Eigenschaften von Metallen

Nach dem Elektronengasmodell wird der Zusammenhalt im Metallgitter durch die Anziehungskräfte zwischen Metall-Kationen und frei beweglichen Elektronen gewährleistet. Mit diesem Modell lassen sich typische Eigenschaften wie Verformbarkeit, elektrische Leitfähigkeit und Glanz erklären.

Das Elektronengasmodell hilft beim Verständnis der Vorgänge in Elektrolysezellen *↑ S. 200 f.).*

1› **a** Stellen Sie Gemeinsamkeiten und Unterschiede in der Struktur von Metallen und Salzen dar.
b Erläutern Sie die unterschiedliche Verformbarkeit der Feststoffe.

2› Erläutern Sie den Zusammenhang zwischen der niedrigen Ionisierungsenergie der Metalle und dem Elektronengasmodell der metallischen Bindung.

2.6 Elektronenpaarbindung

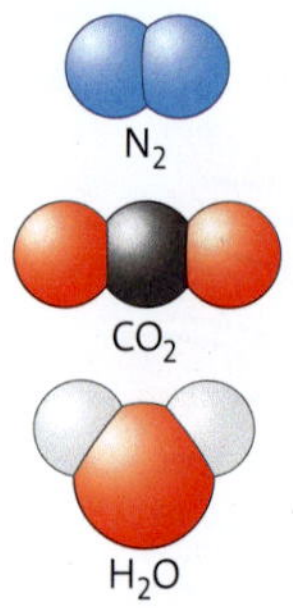

01 Modelle von Molekülen

NICHTMETALLE BILDEN MOLEKULARE STOFFE Viele Stoffe bestehen aus Molekülen, beispielsweise die Gase Sauerstoff, Stickstoff und Kohlenstoffdioxid oder auch die flüssigen Stoffe Wasser und Hexan. Allgemein gilt, dass sich die Atome von Nichtmetallen untereinander zu **Molekülen** verbinden – im Gegensatz zu den aus Metall- und Nichtmetall-Ionen aufgebauten Salzen.

CHEMISCHE BINDUNG IM WASSERSTOFFMOLEKÜL Das Wasserstoffmolekül H_2 besteht aus zwei Wasserstoffatomen. Die beiden Elektronen der Wasserstoffatome bilden um die Atomkerne eine gemeinsame Elektronenhülle. Durch dieses gemeinsam genutzte Elektronenpaar kommt die chemische Bindung zwischen zwei benachbarten Atomen in Molekülen zustande. Sie wird als **Elektronenpaarbindung** oder **kovalente Bindung** oder **Atombindung** bezeichnet.

Die beiden Atome des Wasserstoffmoleküls können nur getrennt werden, wenn Energie zugeführt wird. Umgekehrt wird der gleiche Energiebetrag frei, die **Bindungsenergie**, wenn sich zwei Wasserstoffatome annähern und zu einem Molekül verbinden. Im Wasserstoffmolekül ziehen sich das Elektron des einen Atoms und der Kern des anderen an, bis ein Energieminimum vorliegt (↑ **02**). Für jede Abstandsänderung muss Energie aufgewendet werden: Entweder wachsen die Abstoßungskräfte der Kerne deutlich an oder die Anziehungskräfte von Kern und Hülle müssen überwunden werden.

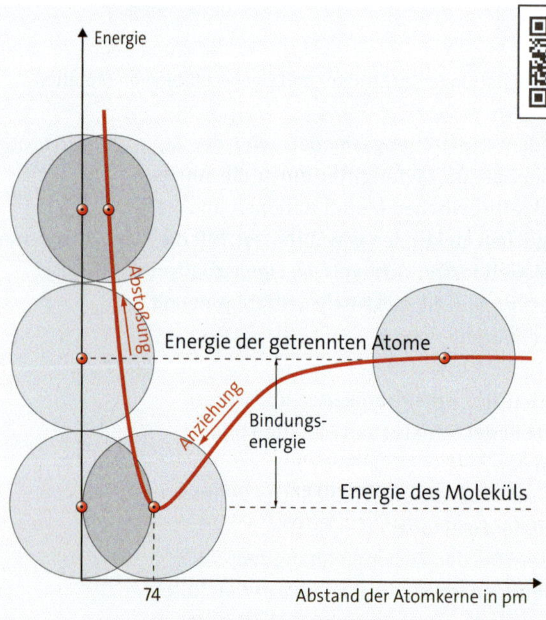

02 Die Energie der Wasserstoffatome hängt von ihrem Abstand ab.

Die Elektronenpaarbindung wirkt nur entlang der Kernverbindungsachse der gebundenen Atome. Der Abstand der Atomkerne ist die **Bindungslänge** dieser Bindung (↑ **02**).

LEWIS-KONZEPT Das bereits vor rund 100 Jahren von GILBERT NEWTON LEWIS entwickelte einfache Modell stellt die Bindungsverhältnisse innerhalb eines Moleküls durch Elektronenpaare dar: Ein Strich zwischen den Elementsymbolen steht für ein **bindendes Elektronenpaar**, bestehend aus jeweils einem Elektron aus den Außenschalen der Bindungspartner. Punkte symbolisieren einzelne Elektronen. Außenelektronen, die nicht an der Bindung beteiligt sind, heißen **freie** (nichtbindende) **Elektronenpaare** und werden ebenfalls als Striche dargestellt.

Beispiele: H••H oder H–H, H••C̤̈l: oder H–$\overline{\underline{Cl}}|$

Zwei gemeinsam genutzte Elektronenpaare wie beim Sauerstoffmolekül bilden eine **Doppelbindung** und werden durch zwei Striche zwischen den Bindungspartnern dargestellt, **Dreifachbindungen** wie im Stickstoffmolekül werden durch drei Striche symbolisiert.

Beispiele: ⟨O=O⟩ |N≡N|

Solche Formeln werden als **Lewis-Formeln** oder auch als **Valenzstrichformeln** bezeichnet.

EDELGASKONFIGURATION – OKTETTREGEL Jedes der im Wasserstoffmolekül gebundenen Wasserstoffatome erreicht durch zwei gemeinsam genutzte Elektronen die energetisch stabile **Elektronenkonfiguration** des Edelgasatoms Helium. Das bindende Elektronenpaar wird deshalb formal beiden Wasserstoffatomen zugeordnet.

Für die in der 2. Periode des PSE befindlichen Elemente Kohlenstoff, Stickstoff, Sauerstoff und Fluor gilt die **Oktettregel**: Ihre Atome verbinden sich so, dass sich ihnen eine mit **acht Elektronen** (vier Elektronenpaaren) vollbesetzte Außenschale zuordnen lässt. Sie erreichen die Elektronenkonfiguration des Edelgases Neon. Bindungselektronenpaare werden dabei immer beiden Bindungspartnern zugeordnet (↑ **03**).

Die Bindung in Molekülen erfolgt durch gemeinsame (bindende) Elektronenpaare.
Jedes Atom der Bindung erreicht durch seine Außenelektronen und die zusätzlichen Elektronen seines Bindungspartners eine stabile Edelgaskonfiguration.

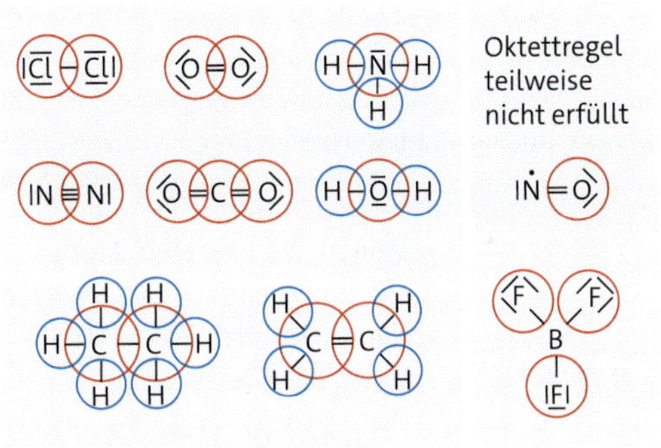

03 Lewis-Formeln und Oktettregel

Beispiel: Der Bau des Ammoniakmoleküls NH_3 ergibt sich durch die Bildung von drei Einfachbindungen zwischen dem zentralen Stickstoffatom und den drei Wasserstoffatomen. Durch die gemeinsame Nutzung jeweils beider Elektronen in den drei N–H-Bindungen ist die Oktettregel für alle Atome im Molekül erfüllt, da sich am Stickstoffatom ein freies Elektronenpaar befindet.

GRENZEN DER OKTETTREGEL Nicht bei allen Molekülen wird die Oktettregel erfüllt. Die Lewis-Formel von Bortrifluorid BF_3 zeigt ein zentrales Boratom, dem sich nur drei gemeinsame Elektronenpaare zuordnen lassen. Am Boratom ist eine **Elektronenpaarlücke** erkennbar (↑ **03**).
Moleküle wie Stickstoffmonooxid NO oder Stickstoffdioxid NO_2 besitzen eine ungerade Anzahl an Außenelektronen, sodass auch die Oktettregel für das Stickstoffatom nicht erfüllt werden kann. In Molekülen mit Atomen ab der 3. Periode können auch mehr als vier Elektronenpaare an einem Atom auftreten. Ein Beispiel ist das H_2SO_4-Molekül mit sechs bindenden Elektronenpaaren am Schwefelatom.

MESOMERIE Vom Distickstoffmonooxidmolekül N_2O und auch vom Salpetersäuremolekül HNO_3 lassen sich zwei verschiedene Lewis-Formeln zeichnen:

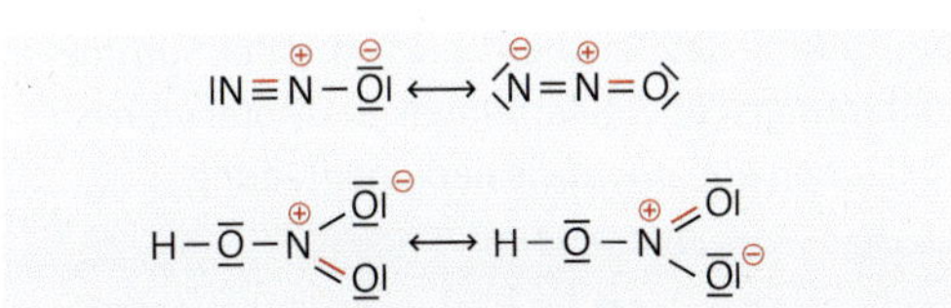

Solche Formeln werden als **mesomere Grenzformeln** bezeichnet. Die Positionen der einzelnen Atome sind jeweils in der linken und rechten Formel unverändert – ansonsten würde es sich nicht um den gleichen Stoff handeln –, allerdings verteilen sich die Elektronenpaare unterschiedlich im Molekül. Man sagt: Die Elektronen sind **delokalisiert**.

In den gezeigten mesomeren Grenzformeln werden den Atomen **Formalladungen** zugeordnet. Zur Unterscheidung von echten Ionenladungen sind sie hier rot gekennzeichnet. Formalladungen ergeben sich aus der Differenz zwischen der Anzahl der Außenelektronen entsprechend der Stellung von Stickstoff und Sauerstoff im Periodensystem und der in der Lewis-Formel zugeordneten Anzahl an Elektronen. Bei Molekül-Ionen entspricht die Summe der auftretenden Formalladungen der Ionenladung.
Keine der mesomeren Grenzformeln stellt alleine die tatsächlichen Bindungsverhältnisse im Molekül korrekt dar. Dies zeigen experimentelle Untersuchungen der Bindungslängen. So liegt beispielsweise der tatsächliche Abstand der Atome im N_2O-Molekül zwischen dem einer Doppel- und einer Dreifachbindung. Die mesomeren Grenzformeln sind also rein hypothetisch. Dieser hypothetische Zustand wird durch den **Mesomeriepfeil** ⟷ zwischen den Grenzformeln gekennzeichnet. Er darf nicht mit dem Pfeil zur Darstellung von chemischen Gleichgewichten ⇄ verwechselt werden.

Alle Moleküle, für deren Struktur sich mesomere Grenzformeln formulieren lassen, sind besonders **energiearm**, weil sich durch die Delokalisierung der Elektronen auf einen größeren Raum die Abstoßung der negativen Ladungen verringert. Man nennt solche energetisch begünstigten Moleküle auch **mesomerie**-*stabilisiert*.

Je mehr Grenzformeln sich formulieren lassen, desto stabiler ist das Molekül (↑ Mesomeriestabilisierung, S. 311, 331).

Durch mesomere Grenzformeln lassen sich Moleküle darstellen, die delokalisierte Elektronen besitzen. Die tatsächliche Elektronenverteilung kann nicht eindeutig beschrieben werden, sie liegt zwischen den hypothetischen Grenzformeln.

1) Erklären Sie, warum Edelgasatome keine Moleküle bilden.
2) Zeichnen und erläutern Sie die Lewis-Formeln für die Moleküle von Iod I_2, Ozon O_3 und Schwefelsäure H_2SO_4.
3) Zeichnen Sie die zwei mesomeren Grenzformeln des Thiocyanat-Ions SCN^-. Bestimmen Sie die Formalladungen an den Atomen jeder Grenzformel.
4) Zeigen Sie, dass vom Kohlenstoffdioxidmolekül CO_2 mesomere Grenzformeln existieren.
5) Legt man an eine Kupfersulfatlösung eine elektrische Spannung an, so werden die Cu^{2+}-Ionen am Minuspol entladen, die Sulfat-Ionen dagegen kaum. Begründen Sie, warum sich Sulfat-Ionen schwer entladen lassen.

Methode

M Entwickeln von Lewis-Formeln

AUFGABE Entwickeln Sie die Lewis-Formel des Kohlenstoffdioxidmoleküls CO_2 und des Carbonat-Ions CO_3^{2-}.

1. **Auffinden des Zentralatoms:** Häufig steht ein Atom im Molekül in zentraler Position, das entweder die meisten Bindungen eingehen kann oder zu einem möglichst symmetrischen Molekül führt. Je höher die Anzahl noch fehlender Elektronen zum Erreichen einer Edelgaskonfiguration ist, desto mehr Elektronenpaarbindungen kann ein Nichtmetallatom ausbilden (8–N-Regel).
Das Kohlenstoffatom kann vier Elektronenpaarbindungen ausbilden (IV. Hauptgruppe: 8 – 4 = 4), das Sauerstoffatom zwei (VI. Hauptgruppe: 8 – 6 = 2).
Das Kohlenstoffatom ist das Zentralatom im CO_2-Molekül und im CO_3^{2-}-Ion.

2. **Bestimmen der bindenden und freien Elektronenpaare:**
a) Vorhandene Außenelektronen ermitteln:
Für jedes Atom im Molekül (oder Ion) wird die Anzahl der Außenelektronen gemäß der Stellung des Elements im PSE bestimmt (Hauptgruppennummer = Anzahl Außenelektronen); die Anzahl der Außenelektronen wird addiert.
Bei *Anionen* wird der Betrag der Ionenladung zur Anzahl der Elektronen addiert, bei *Kationen* entsprechend subtrahiert.
b) Summe der benötigten Außenelektronen ermitteln:
für jedes Atom jeweils 8 Elektronen (Oktett), für H-Atome 2 Elektronen
c) Bindende Elektronen ermitteln:
benötigte Elektronen – vorhandene Elektronen = bindende Elektronen
bindende Elektronenpaare = bindende Elektronen : 2
d) Freie Elektronen ermitteln:
vorhandene Elektronen – bindende Elektronen = freie Elektronen

Molekül/Ion	CO_2	CO_3^{2-}
a) Kohlenstoffatom: Sauerstoffatome: Betrag der Ionenladung: Summe der vorhandenen Außenelektronen:	$1 \cdot 4\,e^-$ $+ 2 \cdot 6\,e^-$ / $= 16\,e^-$	$1 \cdot 4\,e^-$ $+ 3 \cdot 6\,e^-$ $+ 2\,e^-$ $= 24\,e^-$
b) Summe der benötigten Außenelektronen:	$3 \cdot 8\,e^- = 24\,e^-$	$4 \cdot 8\,e^- = 32\,e^-$
c) bindende Elektronen: bindende Elektronenpaare:	$24 - 16 = 8\,e^-$ 4 Paare	$32 - 24 = 8\,e^-$ 4 Paare
d) freie Elektronen: freie Elektronenpaare:	$16 - 8 = 8\,e^-$ 4 Paare	$24 - 8 = 16\,e^-$ 8 Paare

3. **Zuordnen der Elektronenpaare zu den einzelnen Atomen:**
Um das Zentralatom (C) werden die weiteren Atome symmetrisch angeordnet und durch einfach bindende Elektronenpaare miteinander verknüpft. Wasserstoffatome sind immer einbindig und daher endständig.

Weitere bindende Elektronenpaare werden für Doppel- oder Dreifachbindungen verwendet.

Freie Elektronenpaare sind so zu verteilen, dass möglichst alle Atome eine vollbesetzte Außenschale (Edelgaskonfiguration) erreichen.

Die Gesamtanzahl der Außenelektronen und die Anzahl kovalenter Bindungen wird durch Zählen aller Elektronenpaare überprüft.

4. **Ermitteln eventuell vorhandener Formalladungen:**
a) Bestimmen der Anzahl der Elektronen je Atom:
Durch formale homolytische (gleichmäßige) Bindungsspaltung ergibt sich jeweils ein Elektron je bindendes Elektronenpaar. Freie Elektronenpaare werden vollständig dem jeweiligen Atom zugeordnet.
b) Vergleichen mit der Anzahl der Elektronen entsprechend der Stellung des Elements im PSE:
Aus der Differenz zwischen der Anzahl der Außenelektronen des Atoms und der in der Lewis-Formel zugeordneten Anzahl an Elektronen wird die Formalladung der Atome im Molekül bestimmt. Die Formalladung der Atome wird über das Symbol des Elements geschrieben. Die Gesamtladung des Teilchens muss mit der Summe der Formalladungen übereinstimmen. Bei Molekülen ist sie null, bei Ionen entspricht sie der Ionenladung.

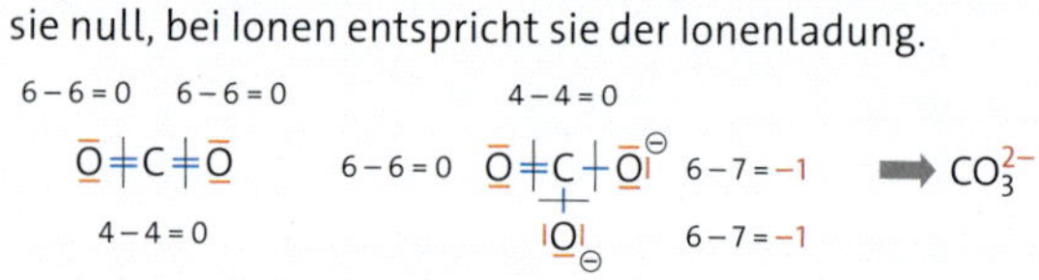

1 Entwickeln Sie schrittweise die Lewis-Formeln für Ammoniak (NH_3), Formaldehyd (H_2CO), Ammonium-Ion (NH_4^+) und Cyanid-Ion (CN^-).

2 Erläutern Sie die 8–N-Regel für Wasserstoffatome.

2.7 Chemische Bindungen im Vergleich

Die in den Stoffen enthaltenen Teilchen (Atome und Ionen) werden durch chemische Bindung zusammengehalten. Man unterscheidet zwischen Ionenbindung, Metallbindung und Elektronenpaarbindung. Der Bindungstyp bestimmt wesentlich die Eigenschaften der Stoffe. Zusätzlich werden die Stoffeigenschaften auch durch zwischenmolekulare Kräfte beeinflusst.

Chemische Bindung
Art der chemischen Bindung
Stärke der Wechselwirkung der Teilchen

▼

Struktur des Stoffs
Art und räumliche Anordnung der Teilchen (Atome, Ionen, Moleküle)

▼

Eigenschaften des Stoffs
Chemisches Reaktionsverhalten, physikalische Eigenschaften

Besonders stabil sind solche Atome und Ionen, deren Außenschale eine Edelgaskonfiguration besitzt:
Zur Bildung von Ionenverbindungen (Salzen) neigen tendenziell die Elemente der I. und II. sowie der VI. und VII. Hauptgruppe, deren Atome durch Abgabe oder Aufnahme von Elektronen bei der **Ionenbindung** eine Edelgaskonfiguration erreichen.
Die Atome der Nichtmetalle (vor allem V. bis VII. Hauptgruppe sowie Wasserstoff) erreichen durch die **Elektronenpaarbindung** ebenfalls Edelgaskonfiguration und bilden bevorzugt Moleküle.
In Metallen wird die Edelgaskonfiguration durch die **Metallbindung** erreicht, indem Metall-Kationen und die freien Elektronen, das Elektronengas, in Wechselwirkung treten.
Bei den genannten Bindungsarten handelt es sich um **Grenztypen der chemischen Bindung**. Zwischen allen Bindungsarten bestehen fließende Übergänge, sodass für viele Stoffe Anteile von zwei Bindungstypen charakteristisch sind (↑ **01**). Bei Halbmetallen beispielsweise gibt es einen Übergang zwischen der Metallbindung und der Elektronenpaarbindung.

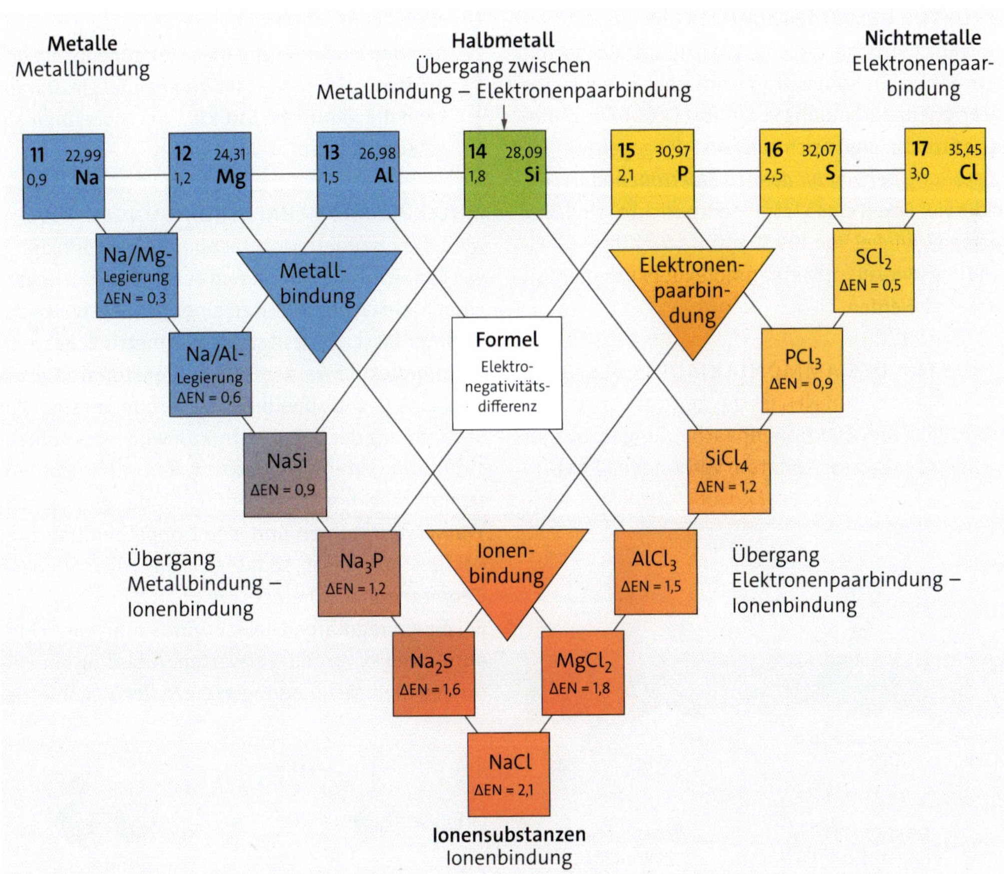

01 Möglichkeiten der chemischen Bindung zwischen Atomen der Elemente der 3. Periode

2.8 Räumlicher Bau von Molekülen

Das EPA-Modell basiert auf dem von R. Gillespie und R. Nyholm 1957 entwickelten VSEPR-Modell (engl. Valence Shell Electron Pair Repulsion).

ELEKTRONENPAARABSTOẞUNGSMODELL Lewis-Formeln (Valenzstrichformeln) geben die Bindungsverhältnisse im Molekül wieder – sie machen jedoch keine Aussagen über die räumliche Struktur von Molekülen oder Molekül-Ionen.
Ist die räumliche Struktur von Molekülen bekannt, so können einige Eigenschaften und häufig auch das Reaktionsverhalten der Stoffe erklärt oder sogar vorhergesagt werden. Deshalb entwickelten die Chemiker Ronald J. Gillespie und Ronald Nyholm ein Modell, das die Elektronenpaare der Außenschale als sich gegenseitig abstoßende Ladungswolken betrachtet. Dieses Modell heißt **Elektronenpaarabstoßungsmodell**, kurz: **EPA-Modell**. Aufgrund der elektrostatischen Abstoßung der Elektronenpaare nehmen die Ladungswolken den jeweils größtmöglichen Abstand voneinander ein. Daraus resultiert ein größtmöglicher **Bindungswinkel** zwischen benachbarten Atomen. Anhand des EPA-Modells lässt sich die Molekülstruktur voraussagen: Sie ergibt sich aus der geometrische Anordnung *aller bindenden und freien Elektronenpaare* um das Zentralatom des Moleküls.

STRUKTUR DES METHANMOLEKÜLS Im Methanmolekül CH_4 sind die vier Wasserstoffatome mit dem zentralen Kohlenstoffatom über jeweils eine Elektronenpaarbindung verknüpft (↑ **01**). Die räumliche Struktur ergibt sich aufgrund der gegenseitigen Abstoßung der vier *bindenden Elektronenpaare*, die in die vier Ecken eines Tetraeders gerichtet sind. Der **Tetraederwinkel von 109,5°** konnte für alle H–C–H-Bindungswinkel im Methanmolekül experimentell bestätigt werden.

STRUKTUR DES AMMONIAKMOLEKÜLS Beim Ammoniakmolekül NH_3 ist das zentrale Stickstoffatom über drei Elektronenpaarbindungen mit jeweils einem Wasserstoffatom verbunden (↑ **01**).

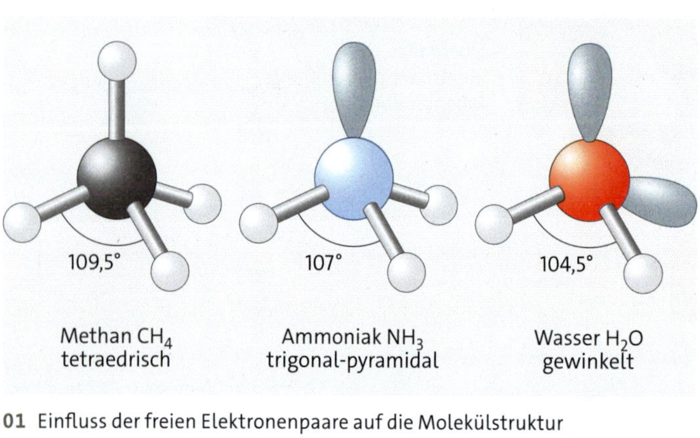

01 Einfluss der freien Elektronenpaare auf die Molekülstruktur

Zusätzlich besitzt das Stickstoffatom ein *freies Elektronenpaar*. Freie Elektronenpaare werden prinzipiell genauso behandelt wie bindende. Aufgrund der insgesamt vier Elektronenpaare leitet sich die Grundstruktur des Ammoniakmoleküls ebenfalls vom Tetraeder ab. Allerdings benötigt das freie Elektronenpaar im Vergleich zu einem bindenden Elektronenpaar mehr Raum, sodass die H–N–H-Bindung etwas zusammengedrückt wird: Der Bindungswinkel ist mit 107° daher etwas kleiner als der Tetraederwinkel im Methanmolekül.

STRUKTUR DES WASSERMOLEKÜLS Auch im Wassermolekül bestimmen vier Elektronenpaare die Molekülstruktur: zwei bindende Elektronenpaare zwischen den Wasserstoffatomen und dem zentralen Sauerstoffatom und zwei freie Elektronenpaare am Sauerstoffatom. Jedes freie Elektronenpaar drückt die bindenden Elektronenpaare etwas zusammen und verringert die Bindungswinkel. Deshalb ist der H–O–H-Bindungswinkel mit 104,5° deutlich geringer als der Tetraederwinkel im Methanmolekül und auch geringer als beim Ammoniakmolekül (↑ **01**).

Nach dem Elektronenpaarabstoßungsmodell nehmen bindende und freie Elektronenpaare den größtmöglichen Abstand zueinander ein. Daraus kann die räumliche Struktur von Molekülen abgeleitet werden.

MOLEKÜLE MIT MEHRFACHBINDUNGEN Das EPA-Modell behandelt Mehrfachbindungen prinzipiell wie Einfachbindungen, indem es die Elektronenpaare einer Mehrfachbindung zu einer Ladungswolke zusammenfasst. So besitzt das symmetrisch gebaute **Ethenmolekül** zwei zentrale Kohlenstoffatome, die über eine C=C-Doppelbindung verbunden sind. Zur Bestimmung der Molekülstruktur wird jedes Kohlenstoffatom getrennt betrachtet: Von jedem Kohlenstoffatom gehen zwei Einfachbindungen zu den Wasserstoffatomen und eine Doppelbindung zum Kohlenstoffatom ab, sodass sich eine trigonal-ebene Geometrie eines Dreiecks ergibt.
Bei einem regulären Dreieck würde man einen Bindungswinkel von 120° erwarten. Allerdings beeinflussen Mehrfachbindungen die Molekülgeometrie:

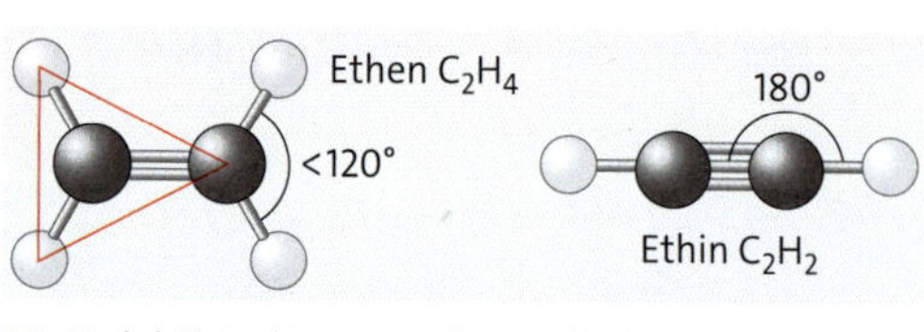

02 Molekülstruktur von Ethen und Ethin

Die beiden C–H-Einfachbindungen rücken aufgrund des erhöhten Raumbedarfs der Doppelbindung näher zusammen, sodass der H–C–H-Bindungswinkel etwas kleiner als 120° ist (↑ **02**).

Beim **Ethinmolekül** mit einer Einfachbindung zum Wasserstoffatom und einer C≡C-Dreifachbindung zum Kohlenstoffatom ergibt sich eine lineare Molekülstruktur mit C–C–H-Bindungswinkeln von 180°, weil die C≡C-Dreifachbindung und die C–H-Einfachbindung den größtmöglichen Abstand voneinander einnehmen (↑ **02**).

Während Moleküle im Bereich ihrer Einfachbindungen um die Bindungsachse frei drehbar sind, ist die freie Drehbarkeit bei Mehrfachbindungen nicht gegeben. Die Bindungen würden aufbrechen. Das EPA-Modell mit dem Konzept der zu einer Ladungswolke zusammengefassten Elektronenpaare liefert dazu keine Erklärung – wohl aber das Molekülorbitalmodell (↑ S. 62).

1 ⟩ Beschreiben Sie die räumliche Struktur des Ethanmoleküls mithilfe des EPA-Modells.

M ⟩ Molekülstrukturen erkennen

AUFGABE ⟩ Begründen Sie die räumlichen Strukturen des CO_2- und H_2O-Moleküls mithilfe des EPA-Modells.

1. Lewis-Formel (Valenzstrichformel) des Moleküls mit allen Elektronenpaaren zeichnen.

   CO_2 ⟨O=C=O⟩ H_2O 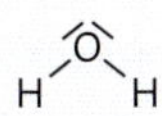

2. Anzahl bindender und freier Elektronenpaare am Zentralatom bestimmen. Mehrfachbindungen zählen wie Einfachbindungen.

   CO_2: 2 Elektronenpaare (kein freies Elektronenpaar)
   H_2O: 4 Elektronenpaare (davon 2 freie Elektronenpaare)

3. Elektronenpaare im dreidimensionalen Raum so anordnen, dass sie möglichst weit voneinander entfernt sind (↑ Tabelle).

   a) **Atome oder Atomgruppen sowie freie Elektronenpaare „besetzen" die Ecken der Raumstruktur.**

   CO_2: Die beiden C=O-Doppelbindungen nehmen den größtmöglichen Abstand voneinander ein, sie liegen sich gegenüber. Der O=C=O-Bindungswinkel beträgt 180°: Das Molekül ist linear gebaut.

   180°
   CO_2 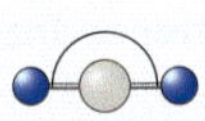

   b) **Freie Elektronenpaare haben einen größeren Raumbedarf.**

   H_2O: Die beiden bindenden und die beiden freien Elektronenpaare am zentralen Sauerstoffatom ordnen sich tetraedrisch an, um den größtmöglichen Abstand voneinander einzunehmen. Das Molekül ist gewinkelt gebaut. Da die beiden freien Elektronenpaare einen erhöhten Raumbedarf im Vergleich zu den beiden Einfachbindungen haben, ist der H–O–H-Bindungswinkel mit 104,5° etwas kleiner als der Tetraederwinkel.

   H_2O 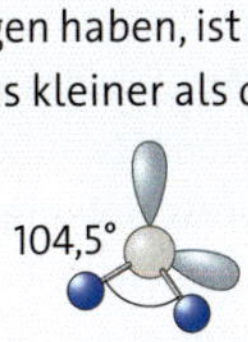

4. Zahl der Elektronenpaarbindungen beachten.

   In Molekülen mit Atomen ab der 3. Periode können auch mehr als 4 Elektronenpaare auftreten: Die 6 Elektronenpaare des SF_6-Moleküls führen zu einer oktaedrischen Anordnung.

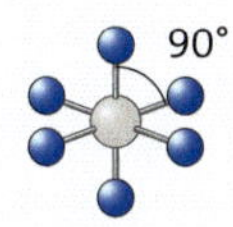

1 ⟩ Skizzieren Sie das Schwefeldioxidmolekül.

2 ⟩ Begründen Sie den gewinkelten Bau des Ozonmoleküls.

Beispiele			Raumstruktur
CO_2	⟨O=C=O⟩	2 Elektronenpaare	 linear, 180°
BF_3	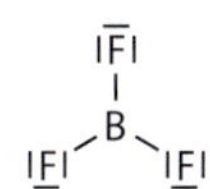	3 Elektronenpaare	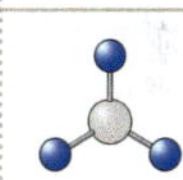 trigonal-planar, 120°
CH_4	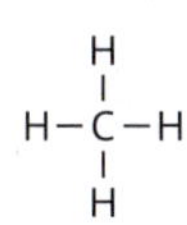	4 Elektronenpaare	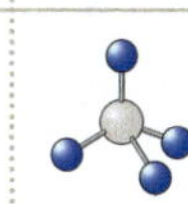 tetraedrisch, 109,5°
NH_3	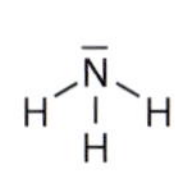	4 Elektronenpaare	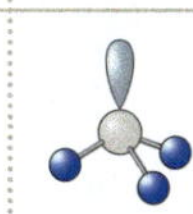 trigonal-pyramidal, 107,8°
H_2O	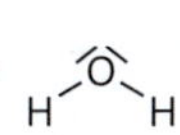	4 Elektronenpaare	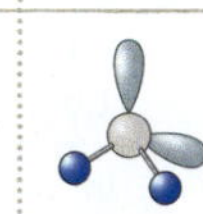 gewinkelt, 104,5°
SF_6		6 Elektronenpaare	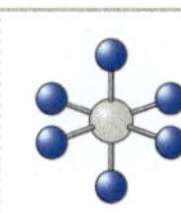 oktaedrisch, 90°

2.9 Dipolmoleküle

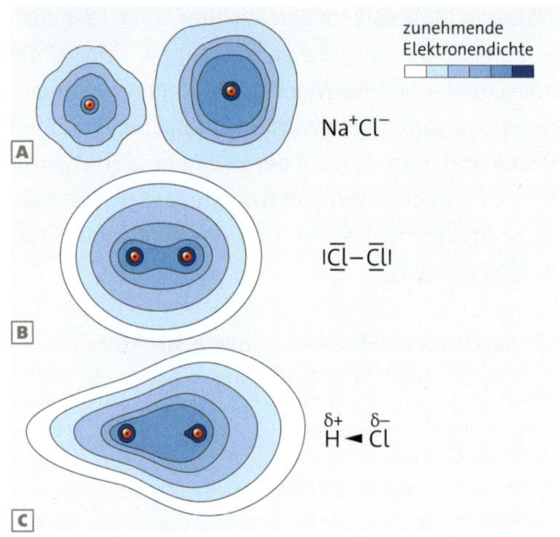

01 Elektronendichteverteilung in **A** Natriumchlorid sowie in den Molekülen von **B** Chlor und **C** Chlorwasserstoff

ELEKTRONENDICHTEVERTEILUNG Vergleicht man die Elektronendichte der Ionenverbindung Natriumchlorid mit der des aus Molekülen aufgebauten Chlors, so wird deutlich, dass sich die geringste Elektronendichte zwischen den isolierten Ionen befindet (↑ 01A). Im Chlormolekül ist dagegen die Elektronendichte zwischen beiden Atomkernen hoch. In diesem Bereich teilen sich beide Chloratome das bindende Elektronenpaar (↑ 01B). Diese Beispiele zeigen **Grenztypen der chemischen Bindung** auf, nämlich die bereits bekannte Ionenbindung und die Elektronenpaarbindung. Bei vielen Verbindungen liegen die tatsächlichen Bindungsverhältnisse zwischen diesen Grenztypen.

Periode		Hauptgruppe							
		I	II	III	IV	V	VI	VII	VIII
	1	H 2,1							He
	2	Li 1,0	Be 1,5	B 2,0	C 2,5	N 3,0	O 3,5	F 4,0	Ne
	3	Na 0,9	Mg 1,2	Al 1,5	Si 1,8	P 2,1	S 2,5	Cl 3,0	Ar
	4	K 0,8	Ca 1,0	Ga 1,6	Ge 1,8	As 2,0	Se 2,4	Br 2,8	Kr
	5	Rb 0,8	Sr 1,0	In 1,7	Sn 1,8	Sb 1,9	Te 2,1	I 2,5	Xe
	6	Cs 0,7	Ba 0,9	Tl 1,8	Pb 1,8	Bi 1,9	Po 2,0	At 2,2	Rn
	7	Fr 0,7	Ra 0,9						

02 Elektronegativitätsskala nach PAULING

POLARE ELEKTRONENPAARBINDUNG Die Ladung eines bindenden Elektronenpaars ist symmetrisch verteilt, wenn eine Bindung aus zwei gleichartigen Atomen besteht, so wie beim Chlor-, Wasserstoff- oder Sauerstoffmolekül. Eine solche Bindung ist **unpolar**, weil die Schwerpunkte der negativen und positiven Ladung jeweils zusammenfallen.
Dagegen ist bei Bindungen zwischen zwei unterschiedlichen Atomen die Ladungsverteilung nicht symmetrisch (↑ 01**C**). Einer der beiden Bindungspartner zieht das gemeinsame Elektronenpaar stärker an, weil unterschiedlich starke Kräfte von beiden an der Bindung beteiligten Atomen auf das gemeinsame Elektronenpaar wirken. So entsteht eine **polare Elektronenpaarbindung (polare Atombindung)**.

ELEKTRONEGATIVITÄT Die Polarität einer Bindung hängt von der jeweiligen Ladung der Atomkerne und der Länge der Bindung ab. Allgemein gilt: Je höher die Kernladung und je kleiner ein Atom ist, desto stärker ist die anziehende Kraft auf das gemeinsame Elektronenpaar.
Um die Ladungsverteilung in einer polaren Bindung abschätzen zu können, hat LINUS PAULING 1932 den Begriff der **Elektronegativität** (kurz: EN) eingeführt. Sie beschreibt die Fähigkeit eines Atoms, Elektronen innerhalb einer Elektronenpaarbindung an sich zu ziehen. Die Elektronegativität ist nicht messbar und wird als dimensionslose Zahl angegeben. Fluor als elektronegativstes Element wird der Wert EN = 4,0 zugeordnet. Caesium erhält den Wert EN = 0,7 (↑ 02). Die Elektronegativität ändert sich in den Perioden und Gruppen des PSE in charakteristischer Weise (↑ S. 38 f.).

Die Elektronegativität ist ein Maß für die Fähigkeit eines Atoms, Bindungselektronen anzuziehen.

DIPOLMOLEKÜLE Beim Chlorwasserstoffmolekül sind die Bindungselektronen zwischen den beiden Bindungspartnern nicht gleich verteilt (↑ 01**C**). Das elektronegativere Chloratom mit EN = 3,0 zieht die Bindungselektronen zu sich heran. Durch die Verschiebung des Elektronenpaars tritt am Chloratom eine **negative Teilladung δ–** auf. Das Wasserstoffatom mit EN = 2,1 erhält eine **positive Teilladung δ+**. Teilladungen sind schwächer als Elementarladungen, die bei Ionen auftreten. Ein Molekül, das zwei räumlich getrennte Ladungsschwerpunkte aufweist, heißt **Dipolmolekül**. Die **Ladungsverschiebung** kann man in der Lewis-Formel durch einen Keil darstellen (H◄Cl) oder durch einen auf den elektronegativeren Bindungspartner weisenden Pfeil kennzeichnen.

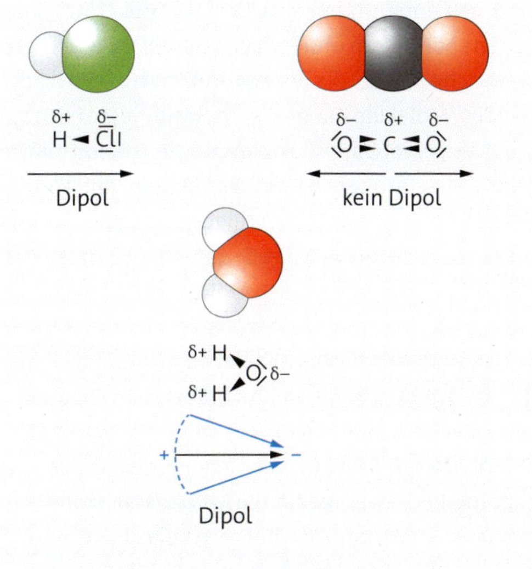

03 Ladungsverteilung in Molekülen

Der Übergang zwischen einer polaren Elektronenpaarbindung und einer Ionenbindung ist fließend. Er lässt sich jedoch anhand der Elektronegativitätsdifferenz ΔEN zwischen den Bindungspartnern abschätzen. Je größer der Wert von ΔEN, desto polarer ist die Bindung. Ab etwa ΔEN ≥ 1,8 liegt eine Ionenbindung vor.

Elektronenpaarbindungen zwischen Atomen mit unterschiedlicher Elektronegativität sind polar. Dipolmoleküle haben einen positiven und einen negativen Ladungsschwerpunkt.

MOLEKÜLE MIT MEHREREN POLAREN BINDUNGEN Das Wassermolekül besitzt aufgrund der Elektronegativitätsdifferenz zwischen dem Wasserstoff- und dem Sauerstoffatom (ΔEN = 1,4) zwei polare O–H-Bindungen. Beide Wasserstoffatome tragen jeweils eine positive Teilladung δ+, das Sauerstoffatom besitzt eine negative Teilladung δ−. Doch ist das Wassermolekül auch ein Dipol? Entscheidend ist die Molekülgeometrie: Der Schwerpunkt der beiden positiven Teilladungen befindet sich zwischen den beiden Wasserstoffatomen im gewinkelt gebauten Wassermolekül, der negative Ladungsschwerpunkt liegt beim Sauerstoffatom. Positiver und negativer Ladungsschwerpunkt fallen also nicht zusammen, sodass das Wassermolekül ein Dipolmolekül ist (↑ 03).
Dipolmoleküle üben aufgrund ihrer Teilladungen Kräfte aufeinander aus. In einem von außen einwirkenden elektrostatischen Feld (↑ Exp. 3.01) können sich Dipolmoleküle aufgrund von anziehenden und abstoßenden Kräften ausrichten (↑ 04).

P **EXP 2.01** **Strahlablenkung bei Wasser und Heptan** 2 7 8 9

Materialien Bürette, Kunststoffstab, Wasser, Heptan

Durchführung Aus einer Bürette lässt man jeweils einen dünnen Strahl der beiden Flüssigkeiten laufen, während ein durch Reibung elektrostatisch aufgeladener Kunststoffstab angenähert wird.
Entsorgung: Heptanreste (2, 7, 8, 9) in den Sammelbehälter für halogenfreie organische Abfälle geben.

Auswertung Vergleichen und deuten Sie die jeweiligen Beobachtungen.

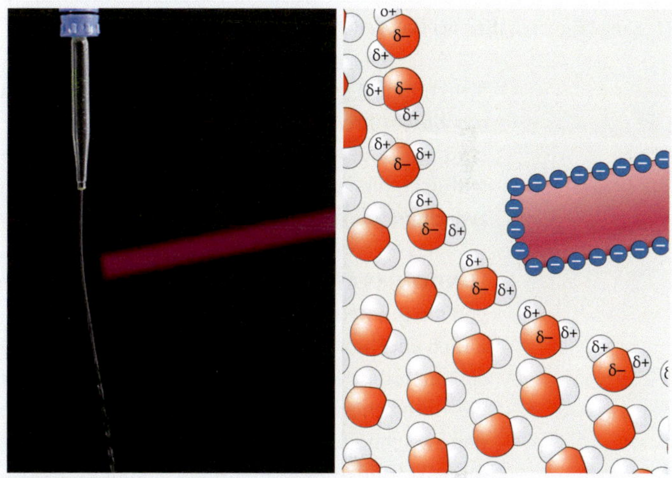

04 Wasser fließt in der Nähe eines elektrostatisch aufgeladenen Stabs.

Moleküle mit mehreren polaren Elektronenpaarbindungen sind jedoch nicht in jedem Fall Dipole. Beim symmetrisch gebauten Kohlenstoffdioxidmolekül fallen die Ladungsschwerpunkte der beiden Teilladungen in der Mitte des Moleküls zusammen. Das Kohlenstoffdioxidmolekül ist trotz seiner polaren Elektronenpaarbindungen kein Dipol (↑ 03).

Video: Ablenkung eines Wasserstrahls

1 Erläutern Sie anhand von Lewis-Formeln, warum die Moleküle von Wasserstoff, Chlor und Ethan unpolar sind.
2 Zeichnen Sie die Lewis-Formeln von Brom, Bromwasserstoff und Ammoniak. Kennzeichnen Sie Partialladungen und mögliche Dipolmoleküle.
3 Begründen Sie, dass es sich bei Kohlenstoffdioxid und Schwefelwasserstoff um Dipolmoleküle handelt.
4 Erläutern Sie, was passiert, wenn im Experiment ↑ 2.01 ein positiv geladener Kunststoffstab verwendet wird.

2.10 Zwischenmolekulare Kräfte

Fluor	Chlor	Brom	Iod
			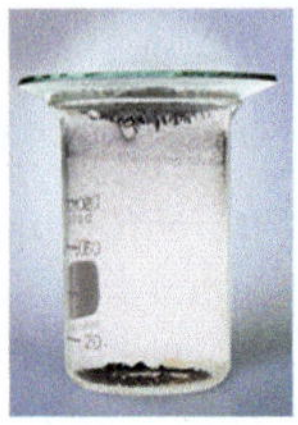
Siedetemperatur ϑ_V in °C			
−188	−34	59	184
Molare Masse M in $g \cdot mol^{-1}$			
38	70	160	254

01 Einige Eigenschaften der Halogene

Struktur und Eigenschaften der Stoffe werden nicht nur durch ihre jeweilige chemische Bindung bestimmt, sondern auch von Anziehungskräften beeinflusst, die zwischen den Teilchen wirken: den **zwischenmolekularen Kräften**.

LONDON-KRÄFTE In der Reihe der Halogene steigen die Schmelz- und Siedetemperaturen kontinuierlich an: Fluor und Chlor sind Gase, Brom ist flüssig und Iod ist ein Feststoff (↑ **01**). Die Ursache für die unterschiedlichen Aggregatzustände liegt in den zwischen diesen Molekülen wirkenden Anziehungskräften. Dies ist erstaunlich, handelt es sich doch um unpolare Moleküle. Tatsächlich ist die Ladungsverteilung in solchen Molekülen nicht jederzeit völlig gleichmäßig. Die Elektronen des Moleküls sind in ständiger Bewegung, was zu kurzzeitigen Ladungsverschiebungen führt: Spontan treten in einigen Bereichen des Moleküls negative, in anderen Bereichen positive Teilladungen auf. Ein solcher kurzzeitig entstandener, **spontaner Dipol** bewirkt (induziert) in einem benachbarten Teilchen ebenfalls eine Ladungsverschiebung. Dadurch entsteht ein **induzierter Dipol** (↑ **02**). Zwischen spontanem und induziertem Dipol herrschen schwache Kräfte, die als **London-Kräfte** bezeichnet werden. Moleküle mit großer Molekülmasse besitzen viele verschiebbare Elektronen. Die London-Kräfte sind daher größer als bei Molekülen mit kleiner Masse. So lassen sich die steigenden Schmelz- und Siedetemperaturen in der Gruppe der Halogene erklären.

London-Kräfte sind schwache Anziehungskräfte zwischen spontanen und induzierten Dipolen.

DIPOL-DIPOL-KRÄFTE Die Siedetemperatur des aus Dipolmolekülen aufgebauten Chlorwasserstoffs liegt mit ϑ_V = −85 °C deutlich höher als die des Fluors mit ϑ_V = −188 °C. Sowohl Fluor- als auch Chlorwasserstoffmoleküle besitzen 18 Elektronen. Im Fluor sind nur London-Kräfte zwischen den unpolaren Molekülen wirksam. Bei dem aus polaren Molekülen aufgebauten Chlorwasserstoff wirken zusätzlich elektrostatische Anziehungskräfte aufgrund der räumlich getrennten Ladungsschwerpunkte in den permanenten Dipolen. Diese relativ starken **Dipol-Dipol-Kräfte** sorgen für den deutlichen Anstieg der Siedetemperatur.

ION-DIPOL-KRÄFTE Beim Lösen von Salzen treten die Dipolmoleküle des Wassers mit dem Ionengitter in Wechselwirkung. Sie richten sich mit ihrem positiven Pol zu den Anionen aus, mit dem negativen Pol in Richtung der Kationen (↑ **04**; ↑ S. 51). Diese **Ion-Dipol-Kräfte** schwächen die Bindungskräfte zwischen den Ionen an der Oberfläche des Ionengitters, sodass sich einzelne Ionen aus dem Kristall ablösen. Sie werden von Wassermolekülen eingehüllt.
Ion-Dipol-Kräfte sind umso größer, je größer die Ionenladung und je kleiner der Ionenradius ist. Im Vergleich zu den Dipol-Dipol-Kräften sind sie in ihrer Wirkung stärker.

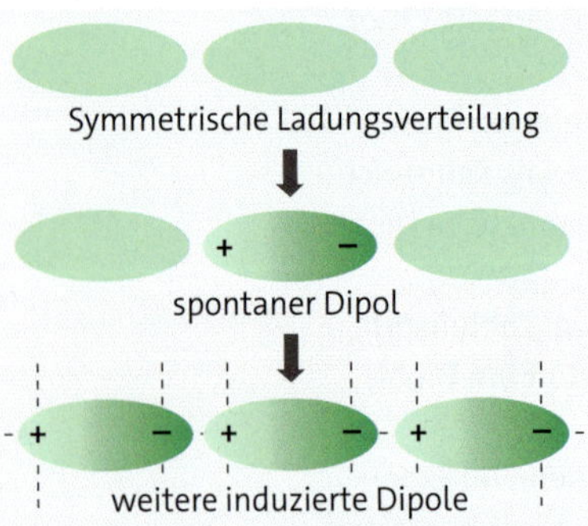

02 Induzierte Dipole – London-Kräfte

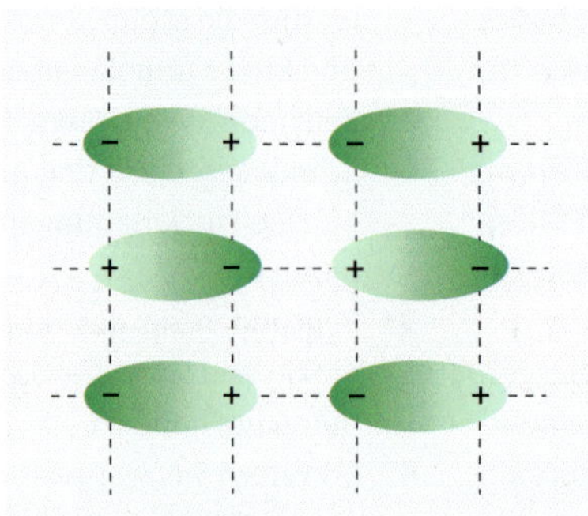

03 Dipol-Dipol-Kräfte

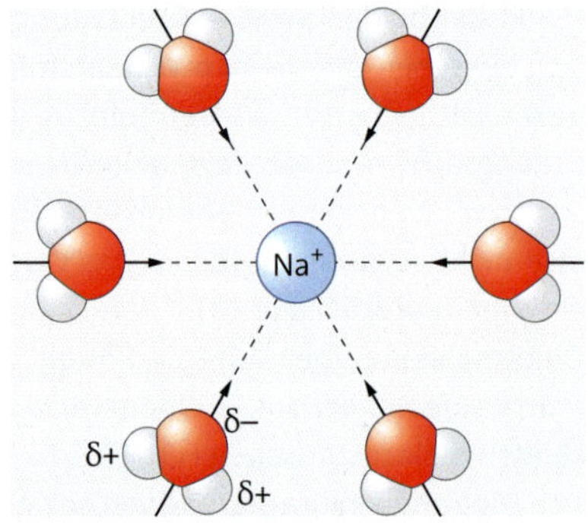

04 Ion-Dipol-Kräfte (projiziert in die Ebene)

Wasserstoffbrücken

Der Anstieg der Siedetemperaturen der Wasserstoffverbindungen der Elemente der VI. Hauptgruppe lässt sich grundsätzlich dadurch erklären, dass die London-Kräfte von Schwefelwasserstoff (H_2S) über Selenwasserstoff (H_2Se) zu Tellurwasserstoff (H_2Te) mit steigender molarer Masse größer werden (↑ **05**). Warum aber liegt Wasser (H_2O) bereits bei Raumtemperatur flüssig vor? Neben den London-Kräften wirken zusätzlich starke **Wasserstoffbrücken** zwischen den Molekülen. Sie erklären die mit 100 °C ungewöhnlich hohe Siedetemperatur von Wasser.

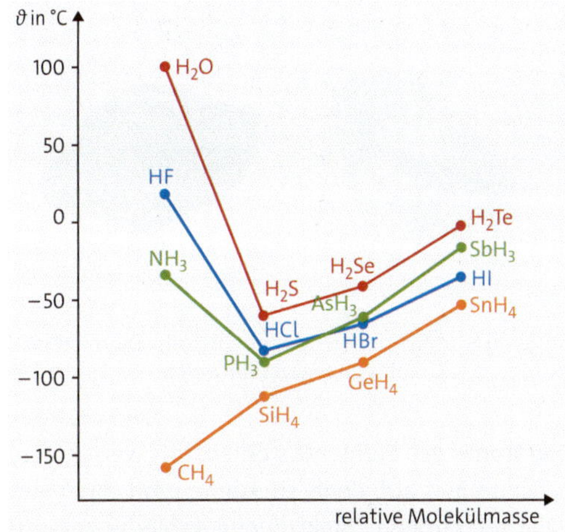

05 Siedetemperaturen der Wasserstoffverbindungen der Elemente der IV. bis VII. Hauptgruppe des PSE

Wasserstoffbrücken bilden sich zwischen Molekülen aus, in denen ein Wasserstoffatom mit einem stark elektronegativen Atom mit freiem Elektronenpaar verbunden ist. Solche Atome sind N-, O- oder F-Atome. Die Bindung beruht auf elektrostatischen Anziehungskräften zwischen dem Dipol und dem freien Elektronenpaar des elektronegativen Atoms im Nachbarmolekül. So tritt beispielsweise das stark positiv polarisierte Wasserstoffatom eines Wassermoleküls mit dem freien Elektronenpaar des Sauerstoffatoms eines benachbarten Wassermoleküls in Wechselwirkung. Ähnlich wie Elektronenpaarbindungen sind auch Wasserstoffbrücken gerichtet. Sie werden als gestrichelte Linien dargestellt.

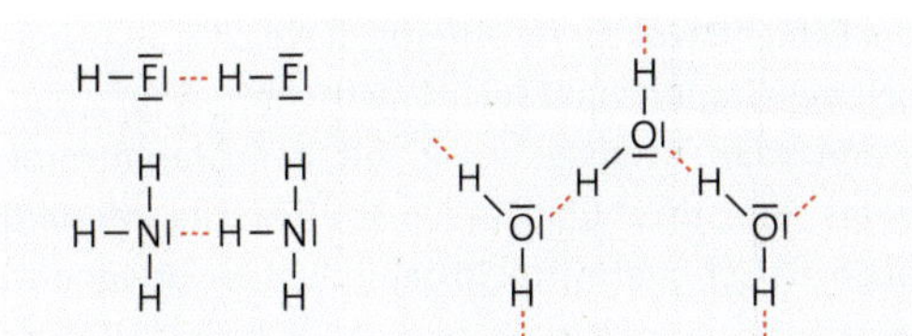

Wasserstoffbrücken bilden sich zwischen positiv polarisierten Wasserstoffatomen und freien Elektronenpaaren stark elektronegativer Atome (N, O oder F).

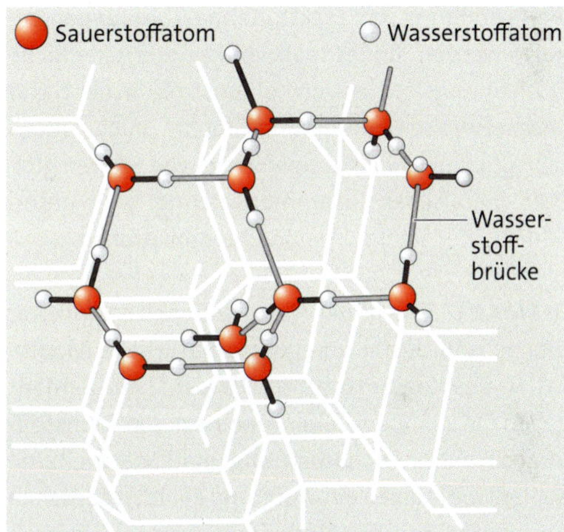

06 Gitterstruktur im Eiskristall

EIS UND FLÜSSIGES WASSER Wasserstoffbrücken beeinflussen auch den Bau fester Stoffe. Im Molekülgitter von Eis sind die Wassermoleküle mit jeweils vier weiteren Molekülen über Wasserstoffbrücken verbunden. Sie bilden eine dreidimensionale, netzartige Gitterstruktur mit vielen hexagonalen Hohlräumen (↑ **06**), die zu einer geringeren Dichte des Eises im Vergleich zum flüssigen Wasser führen. Oberhalb von 0 °C werden die ersten Wasserstoffbrücken gelöst und die starre Ordnung des Molekülgitters wird langsam aufgebrochen. Einzelne Moleküle können in Zwischenräume des aufgebrochenen Gitters eindringen. Darum nimmt während des Schmelzens die Dichte des Wassers stark zu.

Bei 4 °C erreicht Wasser seine größte Dichte, da die gesamte Gitterstruktur aufgelöst ist.
Nimmt mit weiter steigender Temperatur die Teilchenbewegung zu, so werden weitere Wasserstoffbrücken gelöst. Der wachsende Abstand zwischen den Molekülen führt zu einer erneuten Abnahme der Dichte des Wassers.

1 › Erläutern Sie die unterschiedlichen Siedetemperaturen von CH_4, NH_3, HF und H_2O im Vergleich zu SiH_4, PH_3, HCl und H_2S (↑ **05**).

2 › Begründen Sie die höheren Schmelz- und Siedetemperaturen von Ethanol, Ethansäure und Ethylamin im Vergleich zu Ethan.

3 › Erläutern Sie die Tatsache, dass Helium trotz seiner größeren Atommasse mit −269 °C eine um 17 K niedrigere Siedetemperatur als das leichteste Element Wasserstoff hat.

2.11 Modifikationen – Kohlenstoff

01 Zwei Modifikationen des Kohlenstoffs: Diamant ist extrem hart, Graphit dagegen sehr weich.

Die Atome des Elements Kohlenstoff weisen eine Besonderheit auf, denn sie können mit ihren vier Valenzelektronen Elektronenpaarbindungen zu vielen weiteren Kohlenstoffatomen eingehen und dabei **Makromoleküle** (griech. *makros:* groß) bilden. Je nachdem, ob alle vier oder nur drei Elektronen für die Ausbildung von Elektronenpaarbindungen genutzt werden, findet man völlig unterschiedliche Erscheinungsformen von Kohlenstoff – in der Natur beispielsweise Diamant und Graphit. Solche unterschiedlichen Erscheinungsformen von Stoffen gleicher chemischer Zusammensetzung, aber unterschiedlicher Struktur heißen **Modifikationen**.

DIAMANT Eine in der Natur sehr selten vorkommende und deshalb begehrte natürliche Modifikation des Kohlenstoffs ist Diamant. Im Diamant gehen die vier Valenzelektronen eines Kohlenstoffatoms Elektronenpaarbindungen mit vier weiteren Kohlenstoffatomen ein. Aufgrund der tetraedrischen Anordnung der vier Bindungen entsteht ein dreidimensionales Kristallgitter (↑ **04A**).

Diamant	Graphit	Fulleren C_{60}
farblos, durchsichtig, lichtbrechend	dunkelgrau, metallisch glänzend	braun-schwarz, metallisch glänzend
sehr hart (MOHS: 10)	sehr weich (MOHS: 1)	weich (MOHS: 3,5)
nicht leitend	elektrisch leitend	Halbleiter
Dichte $3{,}51\,g \cdot cm^{-3}$	Dichte $2{,}26\,g \cdot cm^{-3}$	Dichte $1{,}65\,g \cdot cm^{-3}$
unlöslich	unlöslich	löslich in Toluol
Strukturmerkmale: Valenzelektronen bilden vier C–C-Bindungen aus; Bindungswinkel 109°	Strukturmerkmale: Valenzelektronen bilden drei C–C-Bindungen aus; Bindungswinkel 120°	Strukturmerkmale: Valenzelektronen bilden drei C–C-Bindungen aus; unterschiedliche Bindungswinkel

02 Eigenschaften und Struktur von Diamant, Graphit und Fulleren C_{60}

Diamant leitet den elektrischen Strom nicht, weil alle Valenzelektronen in den Bindungen genutzt werden und damit **lokalisiert** sind. Die C–C-Bindungen besitzen hohe Bindungsenergien, die die außerordentliche Härte des Diamanten sowie seine extrem hohe Schmelztemperatur von 3550 °C erklären.
Diamant ist der härteste natürlich vorkommende Stoff und wird deshalb industriell für Schleif- und Bohrwerkzeuge genutzt. Geschliffene Diamanten, die Brillanten, sind wegen ihrer enormen Lichtbrechung wertvolle Schmucksteine.

GRAPHIT Die häufigste Modifikation des Kohlenstoffs ist der Graphit – ein dunkelgrauer, glänzender und sehr weicher Stoff. Seine Struktur unterscheidet sich von der des Diamanten, weil nur drei der vier Valenzelektronen Elektronenpaarbindungen zu anderen Kohlenstoffatomen ausbilden. Das Graphitgitter besteht aus ebenen, wabenartigen Schichten, die aus Sechsringen aufgebaut sind (↑ **04B**). Das vierte Valenzelektron ist ähnlich der Metallbindung zwischen den Schichten frei beweglich. Man sagt: Es ist delokalisiert. Deshalb leitet Graphit parallel zu den Schichten den elektrischen Strom.
Zwischen den Schichten wirken schwache Van-der-Waals-Kräfte. Sie liegen deshalb relativ weit auseinander und sind gegeneinander verschiebbar. Aus der Schichtstruktur resultieren die leichte Spaltbarkeit des Graphits und seine Eigenschaft abzufärben, wenn man beispielsweise mit der Graphitmine eines „Bleistifts" über Papier streicht. Graphit wird auch als Schmiermittel in der Industrie verwendet.

FULLERENE Eine weitere kristalline Modifikation des Kohlenstoffs sind die Fullerene, deren Struktur erst 1985 von ROBERT CURL, HAROLD KROTO und RICHARD SMALLEY beschrieben wurde. Im Unterschied zu Diamant und Graphit bestehen sie aus kugelförmigen Molekülen mit einer eindeutig begrenzten Anzahl an Kohlenstoffatomen (↑ **04C**).
Das bekannteste Fulleren ist das **C_{60}-Fulleren**, in dem 60 Kohlenstoffatome über Elektronenpaarbindungen in einer einzigen Schicht von Atomen verknüpft sind. Die 60 Kohlenstoffatome liegen auf der Oberfläche einer Kugel und bilden dabei 12 Fünfecke und 20 Sechsecke, was an den Aufbau eines Fußballs erinnert. Den Namen **Buckminster-Fulleren** erhielt das C_{60}-Fulleren jedoch wegen seiner Ähnlichkeit mit einem Kuppelbau aus sechseckigen und fünfeckigen Zellen des Architekten RICHARD BUCKMINSTER FULLER auf der Weltausstellung 1967 in Montreal. Neben C_{60} existieren noch weitere Fullerene, beispielsweise C_{70}, C_{84}, C_{86} oder C_{90}.

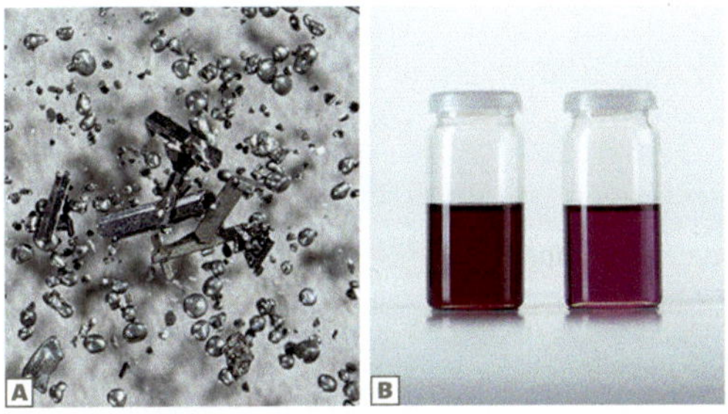

03 C_{60}-Fulleren: **A** Kristalle, **B** in Lösung

Wie beim Graphit werden nur drei der vier Valenzelektronen zur Ausbildung von Elektronenpaarbindungen genutzt. Die nicht an der Bindung beteiligten Valenzelektronen sind – anders als beim Graphit – nicht frei beweglich, sondern in den Bindungen zwischen den Sechsecken lokalisiert. Dabei wechseln sich zwischen den Kohlenstoffatomen der Sechsecke Einfach- und Doppelbindungen ab.
C_{60}-Kristalle sind Halbleiter, da die Elektronen der Doppelbindungen zwischen den C_{60}-Molekülen in Wechselwirkung treten können.
Im Fullerenkristall liegen die einzelnen Moleküle in einer *dichtesten Kugelpackung* zusammen. Dabei kommt der Zusammenhalt zwischen den Molekülen durch schwache London-Kräfte zustande. Normalerweise sind solche Kristalle hart. Weil sie aber aus komprimierbaren Hohlkugeln bestehen, sind sie ähnlich dem Graphit weich und sogar elastisch – für Kristalle eine unglaubliche Eigenschaft.
In unpolaren Lösungsmitteln wie Toluol bilden Fullerene farbige Lösungen, was eine weitere erstaunliche Eigenschaft dieser Modifikation ist (↑ 03).

Diamant, Graphit und Fullerene sind Modifikationen des Elements Kohlenstoff, die sich in ihren Eigenschaften erheblich unterscheiden. Diese Eigenschaftsunterschiede sind in ihrer andersartigen Struktur begründet.

Schon gewusst? Graphen besteht aus nur einer einzigen Lage Kohlenstoffatome, die wie beim Graphit zu Sechseringen verbunden sind. Das führt zu seinen besonderen Eigenschaften. Das Graphenmolekül besitzt delokalisierte Elektronen und zeigt deshalb eine sehr gute elektrische Leitfähigkeit. Obwohl es weniger als einen Nanometer dick ist, ist das Material um ein Vielfaches reißfester als Stahl. Dabei ist es äußerst leicht, flexibel und chemisch beständig. Graphen könnte deshalb zukünftig die Computertechnologie verändern, indem es beispielsweise in miniaturisierten Schaltkreisen eingesetzt wird.

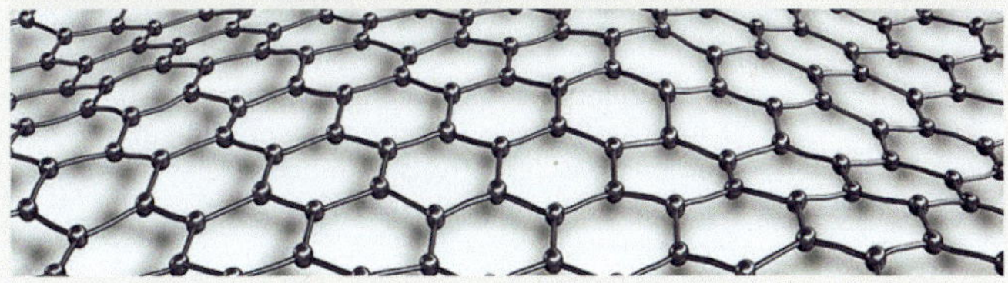

1 Vergleichen Sie die chemische Bindung in Ionenkristallen wie Natriumchlorid mit der in Atomkristallen wie im Diamant. Begründen Sie die unterschiedlichen Eigenschaften dieser Stoffe.

2 Erläutern Sie die unterschiedliche Verwendung von Diamant und Graphit in der Technik. Vergleichen Sie dazu deren Struktur.

3 Erklären Sie den Zusammenhang zwischen den Bindungsverhältnissen und der elektrischen Leitfähigkeit der drei Kohlenstoffmodifikationen.

4 Die elektrische und thermische Leitfähigkeit von Graphit ist senkrecht zu den Schichten schlechter als entlang der Schichten. Erklären Sie diese Beobachtung anhand von Bild ↑ **04B**.

5 Beschreiben Sie die Grundstruktur des C_{60}-Fullerens im Vergleich zu Graphit. Stellen Sie eine Hypothese auf, welche Reaktionsart das Fulleren C_{60} bevorzugt eingehen kann.

6 Nennen Sie Gemeinsamkeiten und Unterschiede in der Struktur von Fullerenen und von Benzol (↑ S. 63f.).

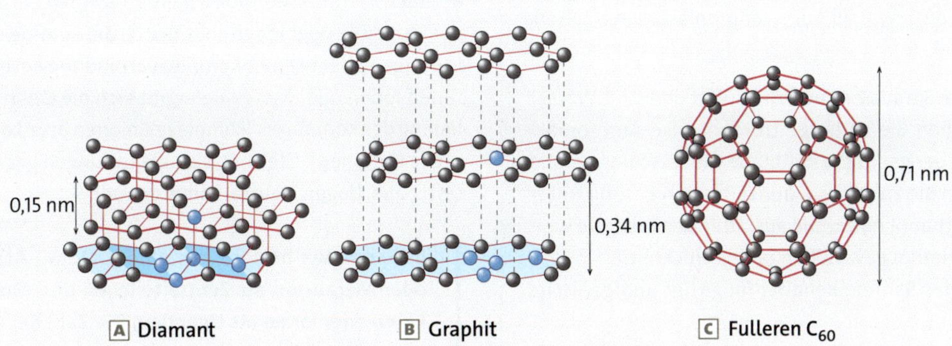

04 Struktur von **A** Diamant, **B** Graphit, **C** Fulleren C_{60} (Buckminster-Fulleren)

2.12 Komplexverbindungen

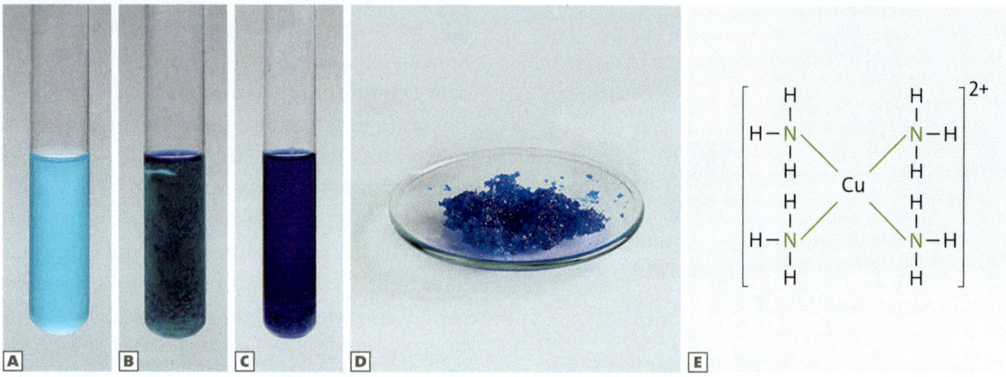

01 **A** Kupfer(II)-sulfat-Lösung, **B** Niederschlag von Kupfer(II)-hydroxid, **C** Tetraamminkupfer(II)-sulfatlösung, **D** auskristallisiertes Tetraamminkupfer(II)-sulfat, **E** Komplex mit Kupfer(II)-Ion als Zentralteilchen und vier Ammoniak-Molekülen als Liganden

Die koordinative Bindung in Komplexen darf nicht mit der Elektronenpaarbindung verwechselt werden.

In diesem Buch wird die koordinative Bindung durch grüne Linien dargestellt.

In der Literatur sind Darstellungen mit gestrichelten Linien ebenfalls gängig.

Eher zufällig entdeckte der Mitbegründer der modernen Chemie ANDREAS LIBAVIUS um das Jahr 1600 die tiefblaue Färbung eines **Kupferkomplexes**, der sich bildete, als er in einem Messinggefäß Experimente mit Ammoniak durchführte.

BILDUNG VON KOMPLEXVERBINDUNGEN Versetzt man wie im ↑ Exp. 2.02 die blaue Kupfer(II)-sulfatlösung mit Ammoniaklösung, so bildet sich zunächst ein Niederschlag aus Kupfer(II)-hydroxid (↑ **01B**). Bei weiterer Zugabe von Ammoniaklösung löst sich der Niederschlag wieder auf und die Lösung erscheint nun tiefblau (↑ **01C**).

Diese Lösung zeigt ungewöhnliche Eigenschaften: Fällt man durch Zugabe von Ethanol die tiefblauen Kristalle aus der Lösung aus und löst diese anschließend in Wasser, so lassen sich in der wässrigen Lösung weder (Kupfer(II)-Ionen noch Ammoniak-Moleküle, sondern lediglich Sulfat-Ionen nachweisen. Folglich müssen die Kupfer(II)-Ionen und die Ammoniak-Moleküle in gewisser Weise „gefangen" sein und gleichzeitig trotzdem ein zweifach positiv geladenes Gegen-Ion zu den Sulfat-Ionen darstellen. Erklären lässt sich dies durch die Bildung einer sogenannten **Komplexverbindung** (lat. *complexus*: das Umfassen, die Verknüpfung).

$$CuSO_4(aq) + 4\,NH_3(aq) \longrightarrow [Cu(NH_3)_4]SO_4(aq)$$

Kupfer(II)-sulfat: blau — Tetraamminkupfer(II)-sulfat: tiefblau

Das Salz Tetraamminkupfer(II)-sulfat besteht aus einem **Komplex-Ion** $[Cu(NH_3)_4]^{2+}$ und dem Sulfat-Ion (SO_4^{2-}) als Gegen-Ion. Beim Komplex-Ion sind um das Kupfer(II)-Ion (Cu^{2+}), das **Zentralteilchen**, vier Ammoniak-Moleküle regelmäßig als **Liganden** (lat. *ligare*: umarmen) angeordnet (↑ **01E**). Aufgrund der vier direkt am Zentralteilchen gebundenen Stickstoff-Atome besitzt das Cu^{2+}-Ion im zweifach positiv geladenen Tetraamminkupfer(II)-Komplex die **Koordinationszahl** (KZ) 4. Zur Verdeutlichung, dass ein Komplex vorliegt, wird er in der Formel in eckige Klammern gesetzt. Als Zentralteilchen kommen sowohl Metall-Atome als auch Metall-Ionen vor. Liganden können entweder Moleküle oder Ionen sein. Durch die Summe der Ladungen aller in einer Komplexverbindung enthaltenen Ionen oder Moleküle ergibt sich die Gesamtladung des Komplexes (**komplexe Anionen** bzw. **komplexe Kationen**). Gleichen sich die Ladungen gegenseitig aus, liegen **Neutralkomplexe** vor.

Ein Komplex besteht aus einem Metall-Atom oder Metall-Ion als Zentralteilchen und Molekülen oder Ionen als Liganden. Die Zahl der am Zentralteilchen gebundenen Atome wird als Koordinationszahl (KZ) bezeichnet.

P **EXP 2.02** Reaktion von Kupfer(II)-sulfat mit Ammoniaklösung

2 5 7 9

Materialien großes Reagenzglas, Reagenzglasständer, Pipette, $CuSO_4 \cdot 5\,H_2O$ (5, 7, 9), dest. Wasser, konz. Ammoniaklösung (5, 7, 9), Ethanol (2, 7)

Durchführung Stellen Sie aus 2 g Kupfer(II)-sulfat und 6 mL Wasser eine Lösung her. Geben Sie so lange tropfenweise Ammoniaklösung hinzu, bis sich der gebildete hellblaue Niederschlag gerade wieder auflöst. Fügen Sie zu der nun dunkelblauen Lösung unter Schütteln ca. 10 mL Ethanol hinzu. Die ausfallenden Kristalle werden abfiltriert, mit Ethanol gewaschen und getrocknet.
Entsorgung: Reste in den Sammelbehälter für giftige anorganische Abfälle geben.

Auswertung Beschreiben und deuten Sie die Beobachtungen.

Formel	Name des Liganden
Neutralliganden	
H_2O	aqua
NH_3	ammin
CO	carbonyl
NO	nitrosyl
Anionische Liganden	
Cl^-	chloro
F^-	fluoro
OH^-	hydroxo
O^{2-}	oxido
CN^-	cyano
SCN^-	thiocyanato

02 Einige Namen von Liganden

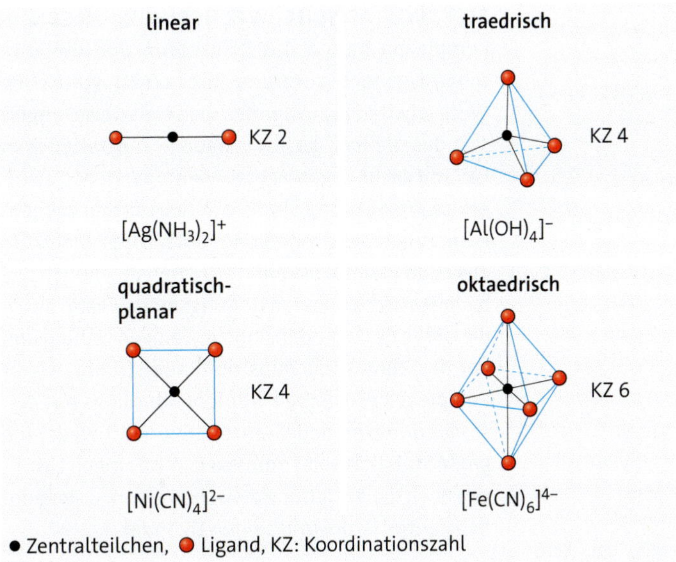

03 Struktur von Komplexteilchen

STRUKTUR VON KOMPLEXEN Die Liganden ordnen sich nicht zufällig, sondern in Form eines geometrischen Körpers um das Zentralteilchen an, und zwar so, dass die geringste Abstoßung der Liganden untereinander und die größte Anziehung durch das Zentralteilchen gewährleistet werden (↑ **03**).

NOMENKLATUR In den Namen von Komplexen stehen die Namen der Liganden in alphabetischer Reihenfolge vor dem Zentralteilchen. Die Anzahl der Liganden wird durch Zahlwörter (di, tri, tetra ...) ausgedrückt. Dann folgt der Name des Liganden. Neutrale Liganden behalten ihren Namen bei oder es existieren Eigennamen, z. B. *aqua* für Wasser (↑ **02**). Die Namen anionischer Liganden enden auf **-o**, z. B. fluoro für Fluorid. Am Schluss kommt der Name des Zentralteilchens, wobei seine Ladung in runde Klammern mit römischen Ziffern geschrieben wird. Ist der Komplex insgesamt negativ geladen, erhält das Zentral-Ion die Endung **-at** an den lateinischen Wortstamm des Elements, ansonsten verändert sich der Name nicht (↑ **04**).

1 Im Labor stehen „Rotes Blutlaugensalz" $K_3[Fe(CN)_6]$ und „gelbes Blutlaugensalz" $K_4[Fe(CN)_6]$ im Chemikalienschrank. Geben Sie die systematischen Namen an.

Komplexe Kationen

$[Cu(H_2O)_4]^{2+}$

$[Ag(NH_3)_2]^+$

Komplexe Anionen

$[AgCl_2]^-$

$[Zn(CN)_4]^{2-}$

Neutralkomplexe

$[Ni(CO)_4]$

$[Fe(CO)_5]$

05 Beispiele für komplexe Ionen und Neutralkomplexe

Komplexverbindung mit komplexem Kation: $[Cu(NH_3)_4]SO_4$				
Komplexes Kation				Anion
Anzahl der Liganden	Name des Liganden	Name des Zentral-Ions	Oxidationszahl des Zentral-Ions	Name des Anions
Tetra	ammin	kupfer	(II)	sulfat
Tetraamminkupfer(II)-sulfat				
Komplexverbindung mit komplexem Anion: $Na[Al(OH)_4]$				
Kation	Komplexes Anion			
Name des Kations	Anzahl der Liganden	Name des Liganden	Name des Zentral-Ions	Oxidationszahl des Zentral-Ions
Natrium	tetra	hydroxo	aluminat	(III)
Natrium-tetrahydroxoaluminat(III)				
Neutralkomplex: $[Ni(CO)_4]$				
Anzahl der Liganden	Name des Liganden	Zentral-Atom	Oxidationszahl des Zentralteilchens	
Tetra	carbonyl	nickel	(0)	
Tetracarbonylnickel(0)				

04 Benennung von Komplexverbindungen (Kationen stehen immer vor den Anionen)

Chemische Bindung und Reaktionen von Komplexen

ELEKTROSTATISCHE WECHSELWIRKUNGEN In Komplexen halten das Zentral-Ion und die ionischen Liganden aufgrund ihrer elektrostatischen Wechselwirkung zusammen, beispielsweise umgibt sich das dreifach positiv geladene Zentralteilchen Fe^{3+} mit sechs negativ geladenen Liganden Cl^-. Aufgrund ihrer Ladung sind sie in der Lage, entgegengesetzt geladene Ionen oder auch Dipol-Moleküle aus allen Raumrichtungen anzuziehen. Ähnlich wie beim Elektronenpaarabstoßungsmodell kann durch die Größe der Liganden, ihrer jeweiligen Ladung und der des Zentralteilchens die Raumstruktur vieler Komplexe beschrieben werden. Allerdings hat dieses Bindungsmodell Grenzen: Es erklärt weder die große Stabilität von Komplexen in wässrigen Lösungen noch die Anziehung zwischen einem ungeladenen Zentral-*Atom* und seinen Liganden.

KOORDINATIVE BINDUNG Alle Liganden enthalten freie Elektronenpaare an mindestens einem Atom. Diese stellen als **Elektronenpaardonatoren** freie Elektronenpaare für die Bindung zum Zentralteilchen zur Verfügung, das als **Elektronenpaarakzeptor** dient. Die freien Elektronenpaare der Elektronenpaardonatoren besetzen freie Energieniveaus am Zentralteilchen, wodurch eine **koordinative Bindung** ausgebildet wird (↑ **01**).

Im Unterschied zur bekannten Elektronenpaarbindung (Atombindung), bei der jeder Bindungspartner jeweils ein Valenzelektron für die Bindung bereitstellt, stammt in Komplexen das bindende Elektronenpaar ausschließlich von dem Liganden.

Mit der koordinativen Bindung können somit auch Komplexe mit Zentral-Atom und ungeladenen Liganden erklärt werden.

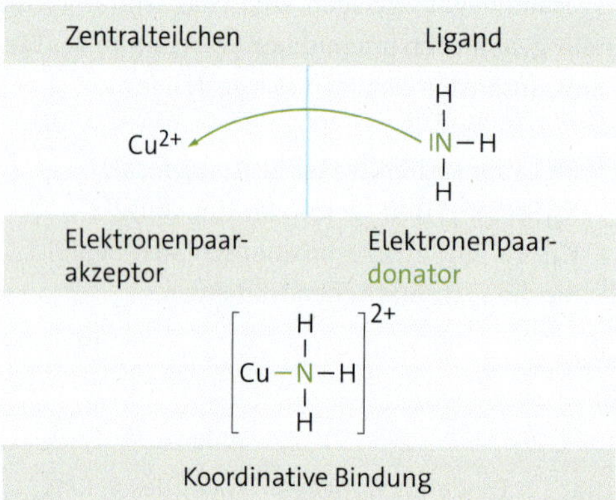

01 Donator-Akzeptor-Prinzip der koordinativen Bindung

Massenwirkungsgesetz ↑ S. 108 f.

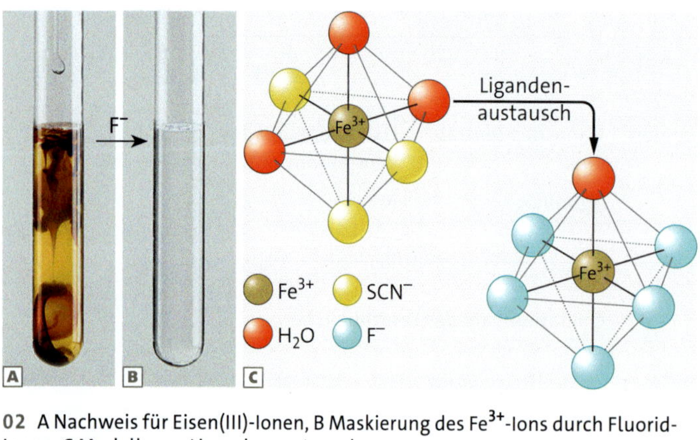

02 A Nachweis für Eisen(III)-Ionen, B Maskierung des Fe^{3+}-Ions durch Fluorid-Ionen, **C** Modell zum Ligandenaustausch

LIGANDENAUSTAUSCHREAKTIONEN UND STABILITÄT Komplexverbindungen sind in wässrigen Lösungen unterschiedlich stabil. Ein Beispiel dafür ist der Hexaaquaeisen(III)-Komplex, bei dem sich die komplexgebundenen Wasser-Moleküle schrittweise durch andere Liganden ersetzen lassen. Dies wird als **Ligandenaustausch** bezeichnet und geht oft mit einer Farbänderung einher, hier von Gelb nach Rot. Durch die Zugabe von Thiocyanat-Ionen bilden sich schrittweise unterschiedlich intensiv rot gefärbte Lösungen, die als empfindlicher Nachweis für Eisen(III)-Ionen genutzt werden können (↑ **02A**).

$$\underset{\text{gelb}}{[Fe(H_2O)_6]^{3+}} + 3\,SCN^- \longrightarrow \underset{\text{rot}}{[Fe(SCN)_3(H_2O)_3]} + 3\,H_2O$$

Werden Fluorid-Ionen zugesetzt, wird die rote Lösung farblos, weil die Thiocyanat-Ionen und die Wasser-Moleküle aus dem Komplex verdrängt worden sind (↑ **02B**, **C**).

$$\underset{\text{rot}}{[Fe(SCN)_3(H_2O)_3]} + 5\,F^- \longrightarrow \underset{\text{farblos}}{[FeF_5(H_2O)]^{2-}} + 3\,SCN^- + 2\,H_2O$$

Der gebildete Aquapentafluoroferrat(III)-Komplex $[FeF_5(H_2O)]^{2-}$ ist sehr stabil. Durch die Anwesenheit von Fluorid-Ionen werden die Eisen(III)-Ionen „maskiert" – der ansonsten empfindliche Nachweis von Eisen(III)-Ionen mit Thiocyanat-Ionen gelingt daher nicht mehr.

Bei der Bildung und dem Zerfall von Komplexen stellt sich ein *chemisches Gleichgewicht* ein (Hydratisierung bleibt unberücksichtigt):

$$Fe^{3+} + 5\,F^- \rightleftarrows [FeF_5]^{2-}$$

Es kann mit dem *Massenwirkungsgesetz* quantitativ beschrieben werden. Die Komplexstabilitätskonstante *K* für diese Reaktion ist:

$$K = \frac{c[FeF_5]^{2-}}{c(Fe^{3+}) \cdot c^5(F^-)} = 2{,}5 \cdot 10^{15}\,L^5 \cdot mol^{-5}$$

Komplexe machen Nachweisreaktionen erst möglich

Die reduzierende Wirkung von Zuckern kann durch die Reduktion von Silber-Ionen (Ag^+) oder Kupfer(II)-Ionen (Cu^{2+}) nachgewiesen werden. Die Metall-Kationen werden hierfür in wässrigen Salzlösungen bereitgestellt: Bei der Tollens-Probe in Form von gelöstem Silbernitrat ($AgNO_3$), im Benedict-Reagenz ist es gelöstes Kupfersulfat ($CuSO_4$).
Da die zugrunde liegenden Redoxreaktionen nur im Alkalischen ablaufen, werden in beiden Fällen alkalische Lösungen zugegeben. Problematisch hierbei ist, dass beide Kationen mit den zugefügten Hydroxid-Ionen schwerlösliche Hydroxide bilden, die als Niederschlag ausfallen. Umso erstaunlicher ist, dass sich diese bei weiterer Zugabe alkalischer Lösung nach und nach wieder lösen. Es bilden sich wasserlösliche Komplexe, die die Metall-Kationen im alkalischen Medium in Lösung halten.

TOLLENS-PROBE Das Tollens-Reagenz wird durch Zugabe einer wässrigen Ammoniaklösung zu einer wässrigen Lösung von Silbernitrat hergestellt. Die in der Ammoniaklösung enthaltenen Hydroxid-Ionen reagieren mit den Silber-Ionen unter Bildung von Silberhydroxid (AgOH), das in Wasser schwer löslich ist.

$$Ag^+(aq) + OH^-(aq) \rightleftharpoons AgOH(s)$$

Bei weiterer Zugabe der Ammoniaklösung bildet sich nach und nach der wasserlösliche Silberdiammin-Komplex. Sobald sämtliches Silberhydroxid in den wasserlöslichen Komplex überführt wurde, wird die Ammoniakzugabe beendet: Das Tollens-Reagenz ist für den Nachweis bereit.

$$AgOH(s) + 2\,NH_3(aq) \rightleftharpoons [Ag(NH_3)_2]^+(aq) + OH^-(aq)$$

Bei einer positiven Probe bilden die in einer Redoxreaktion entstandenen Silber-Atome einen Silberspiegel an der Glasgefäßwand.

BENEDICT-PROBE Bei einer positiven Benedict-Probe werden Cu^{2+}-Ionen im Alkalischen zu Cu^+-Ionen reduziert. Zur Herstellung einer alkalischen Lösung wird zu einer Kupfersulfatlösung Natronlauge gegeben. Auch hier fällt ein schwerlösliches Hydroxid aus – Kupferhydroxid $Cu(OH)_2$.

$$Cu^{2+}(aq) + 2\,OH^-(aq) \rightleftharpoons Cu(OH)_2(s)$$

Durch Zugabe von Natriumcitrat werden Citrat-Ionen bereitgestellt, die durch Ausbildung von jeweils drei koordinativen Bindungen zum zentralen Kupfer-Ion einen wasserlöslichen Citrat-Komplex bilden (↑ 02).

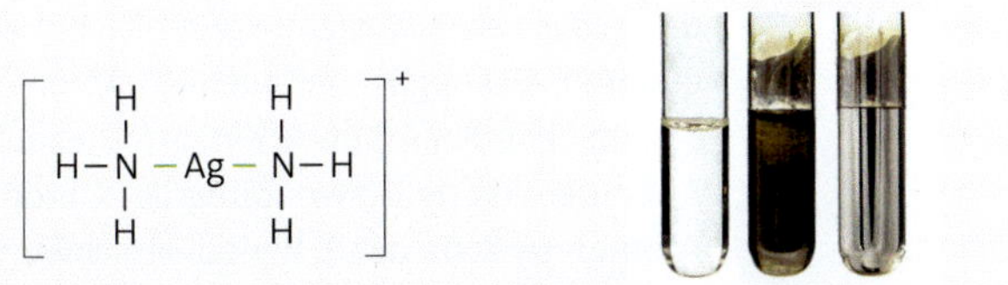

01 Farbloses Tollens-Reagenz, in dem mithilfe des dargestellten Diammin-Komplexes Ag^+-Ionen in Lösung gehalten werden, die bei positiver Probe zu einem Silberspiegel reduziert werden.

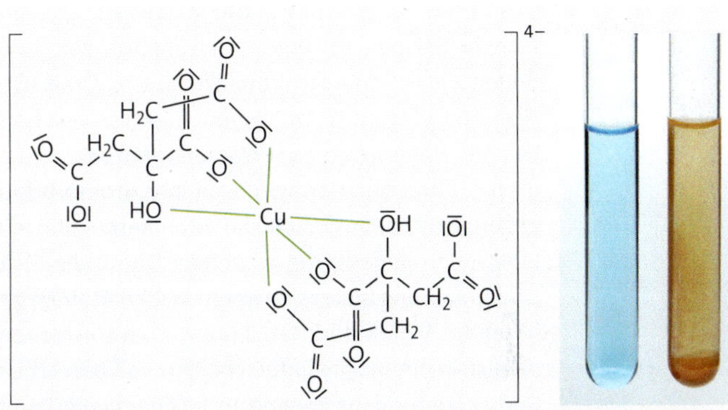

02 Von je zwei Citrat-Ionen komplexierte Cu^{2+}-Ionen sind im blauen Benedict-Reagenz enthalten. Bei positiver Probe werden diese zu Cu^+-Ionen reduziert (Bildung von rotem Kupfer(I)-oxid).

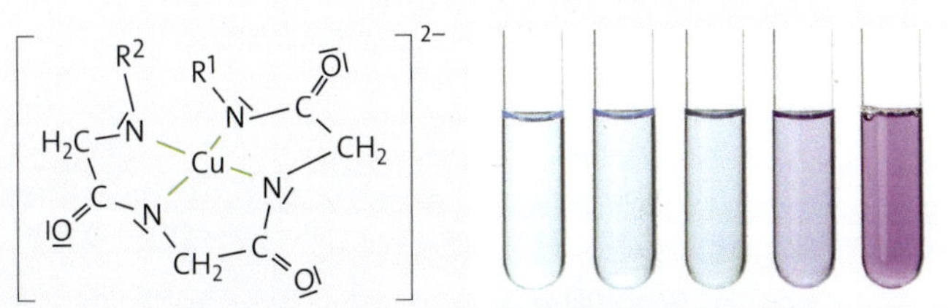

03 Bei der Biuret-Reaktion bilden Cu^{2+}-Ionen und nachzuweisende Peptidgruppen einen Chelat-Komplex, der die Lösung violett färbt.

BIURET-PROBE Die Ausbildung eines Komplexes spielt auch beim Nachweis von Peptiden und Proteinen mithilfe von Cu^{2+}-Ionen eine zentrale Rolle. Die freien Elektronenpaare der an zwei benachbarten Peptidbindungen enthaltenen Stickstoff-Atome können zum Cu^{2+}-Ion eine koordinative Bindung ausbilden. So bildet sich ein stabiler Chelatkomplex, der die Lösung violett färbt (↑ 03).

Nachweisreaktionen für Glucose und Fructose ↑ S. 404; Nachweisreaktion für Proteine ↑ S. 427

1) **a** Erläutern Sie anhand von Bild ↑ 02, wie die Gesamtladung von −4 des Komplexes zustande kommt.
b Begründen Sie, dass es sich um einen Chelatkomplex handelt.

2) Begründen Sie, weshalb die Violettfärbung bei Durchführung der Biuret-Probe mit Aminosäuren ausbleibt.

2.13 Elektronenpaarbindung im Orbitalmodell

Das bisher bekannte Modell zur Elektronenpaarbindung, das *Lewis-Konzept*, kann nicht überzeugend erklären, wie negativ geladene Elektronen den Zusammenhalt der Atome in einem Molekül bewirken. Außerdem ist die Anwendung der Oktettregel bei Atomen jenseits der 2. Periode erschwert, z. B. bei Nebengruppenelementen. Erst das *Orbitalmodell* kann diese Sachverhalte erklären und zusätzlich die räumliche Struktur von Molekülen beschreiben.

BINDUNG IM WASSERSTOFFMOLEKÜL Das einfachste Beispiel für eine Elektronenpaarbindung finden wir im Wasserstoffmolekül. Das 1s-Orbital im Wasserstoffatom ist mit einem Elektron nur halb besetzt. Nähern sich zwei Wasserstoffatome einander an, dann durchdringen sich ihre Atomorbitale gegenseitig, sodass sich die Atomkerne und die Elektronen gegenseitig anziehen. Durch die Elektronenpaarung bildet sich ein zu beiden Atomen gehörendes **Molekülorbital**, das mit zwei Elektronen, die sich in ihrem Spin unterscheiden, voll besetzt ist. Dadurch nimmt die Energie ab. Im *Energieminimum* befinden sich anziehende und abstoßende Kräfte im Gleichgewicht (↑ **01**).

Nimmt der Abstand zwischen den beiden Atomkernen weiter ab, dann überwiegen die abstoßenden Kräfte gegenüber den anziehenden Kräften.

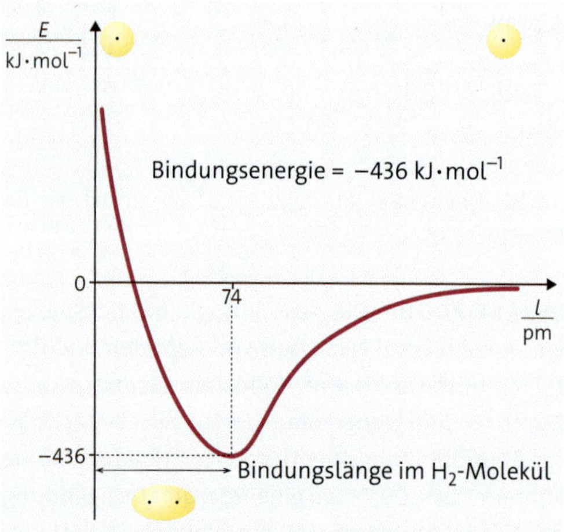

01 Energiediagramm der Bindung im Wasserstoffmolekül

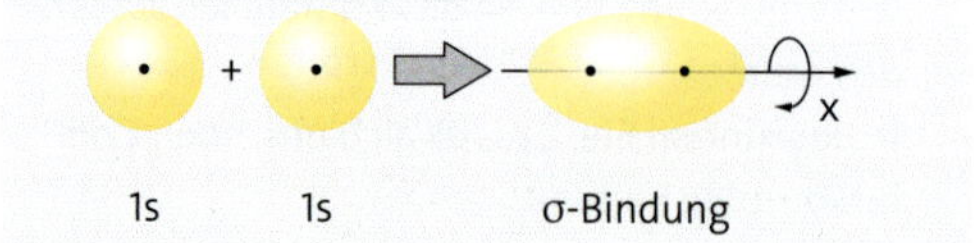

02 Überlappung der beiden 1s-Atomorbitale im Wasserstoffmolekül, Bildung einer σ-Bindung

▶ **Noch gewusst?** Atomorbitale besitzen unterschiedliche Formen: s-Orbitale sind kugelförmig, p-Orbitale hantelförmig und d-Orbitale rosettenförmig (↑ S. 35).

Das Energieminimum wird bei einem Kern-Kern-Abstand von 74 pm erreicht, was exakt der Bindungslänge im Wasserstoffmolekül entspricht. Der Wert des Minimums ist die **Bindungsenergie**. Sie beträgt für das Wasserstoffmolekül $-436\ kJ \cdot mol^{-1}$. Dies entspricht der Energie, die aufgewendet werden muss, um die beiden miteinander verbundenen Atome wieder zu trennen.

σ-BINDUNG Nach dem Orbitalmodell treten die beiden 1s-Atomorbitale der Wasserstoffatome in Wechselwirkung, sodass ein zu beiden Atomen gehörendes **Molekülorbital** durch Überlappung der beiden 1s-Atomorbitale entsteht. Die beiden Elektronen halten sich überwiegend zwischen den beiden Atomkernen auf, dort ist die Elektronendichte am größten (↑ S. 50, **01**). Die auf diese Weise gebildete **σ-Bindung** (σ – sprich: Sigma) ist rotationssymmetrisch zur Kernverbindungsachse.

Mit dem Übergang von den Atomorbitalen zum Molekülorbital wird gleichzeitig auch ein Übergang von einem energiereichen in einen energieärmeren und damit energetisch bevorzugteren Zustand erreicht.

Elektronenpaarbindungen lassen sich durch die Überlappung von Atomorbitalen erklären. Das Molekülorbital ist energieärmer als die beiden ursprünglichen Atomorbitale. Bei der σ-Bindung ist die Elektronendichte entlang der Kernverbindungsachse am höchsten.

BINDUNG IM CHLORMOLEKÜL Das Chloratom hat in der Valenzschale die Elektronenkonfiguration $3s^2\ 3p^5$. Das heißt, eines der drei p-Orbitale ist mit nur einem Elektron besetzt. Bildet sich ein Chlormolekül, dann überlappen die mit einem ungepaarten Elektron besetzten $3p_x$-Orbitale zweier Chloratome und es entsteht eine rotationssymmetrische σ-Bindung entlang der Kernverbindungsachse.

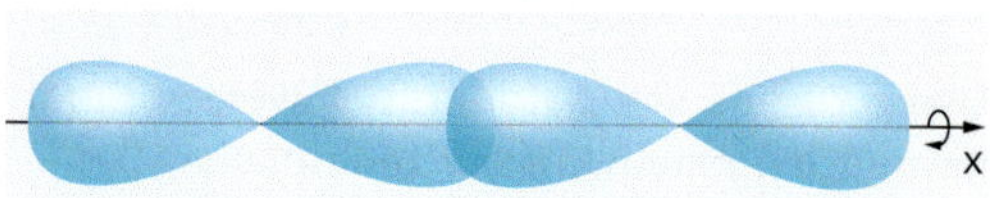

03 σ-Bindung im Chlormolekül durch Überlappung der zwei $3p_x$-Orbitale

Hybridisierung

VALENZBINDUNGSMODELL Die für das Wasserstoff- und Chlormolekül gezeigte Darstellung der Elektronenpaarbindung nennt man **Valenzbindungsmodell (VB-Modell)**. Es beschreibt die Bindungsbildung als Überlappung geeigneter Atomorbitale der Valenzschale. Das VB-Modell lässt sich auch anwenden, um die räumliche Struktur von Molekülen mit mehr als zwei Atomen zu beschreiben, die Form von Molekülorbitalen vorauszusagen sowie Bindungslängen und Bindungswinkel abzuschätzen.

BINDUNG UND STRUKTUR IM METHANMOLEKÜL Aus der Molekülformel von Methan CH_4 lässt sich die Lewis-Formel entwickeln (↑ S. 32). Die räumliche Struktur des Methanmoleküls ergibt sich durch das EPA-Modell: Die vier Wasserstoffatome ordnen sich in den vier Ecken eines Tetraeders an, das Kohlenstoffatom befindet sich in dessen Zentrum. Die Bindungswinkel betragen jeweils 109,5° (↑ **04**).

Wenn man allerdings die Elektronenkonfiguration des Kohlenstoffatoms im **Grundzustand** mit $1s^2\,2s^2\,2p^2$ betrachtet, erscheint es zunächst unerklärlich, wie vom Kohlenstoffatom vier Bindungen zu vier Wasserstoffatomen ausgehen können. Aus der Elektronenkonfiguration wird deutlich, dass nur zwei ungepaarte Elektronen in den beiden einfach besetzten p-Orbitalen vorliegen. Die Formel für Methan müsste daher CH_2 lauten, wenn aufgrund der Elektronenkonfiguration nur zwei gleichwertige Bindungen zu zwei Wasserstoffatomen aufgebaut werden können. Allerdings können nur vier gleichwertige Atomorbitale des Kohlenstoffatoms erklären, dass vier völlig gleichwertige Elektronenpaarbindungen existieren. Wie können diese entstehen?

Nimmt eines der beiden Elektronen im 2s-Niveau Energie auf, dann kann es das freie 2p-Orbital besetzen. Im *angeregten Zustand* liegen nun vier ungepaarte Elektronen im Kohlenstoffatom vor. Dadurch würden im Methanmolekül CH_4 zwei energetisch unterschiedliche Bindungen entstehen. Untersuchungen zeigen jedoch: Die vier C–H-Bindungen sind absolut gleichwertig. Dies wird dadurch erklärt, dass die an der Bindung beteiligten Atomorbitale sich energetisch und räumlich einander so angleichen, dass gleichwertige Orbitale, die **Hybridorbitale**, entstehen. Der Vorgang dieser Angleichung wird **Hybridisierung** genannt. Durch die Bildung von vier energetisch gleichwertigen Bindungen wird im Methanmolekül Energie frei. Die abgegebene Energie überwiegt die Energie, die für die Hybridisierung notwendig geworden war (↑ **05**).

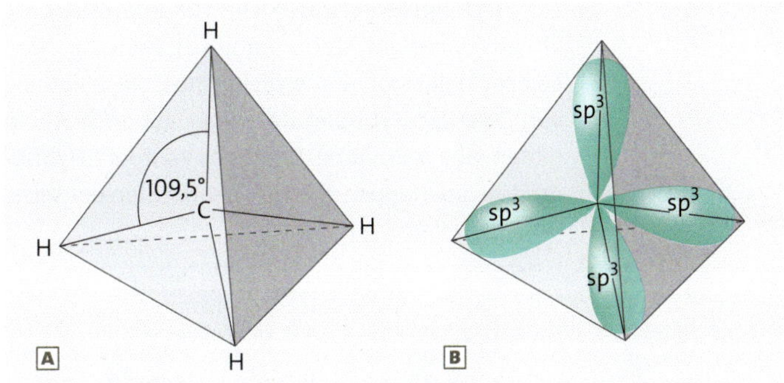

04 Modell des Methanmoleküls: **A** Bindungswinkel, **B** vier sp^3-Hybridorbitale des Kohlenstoffatoms

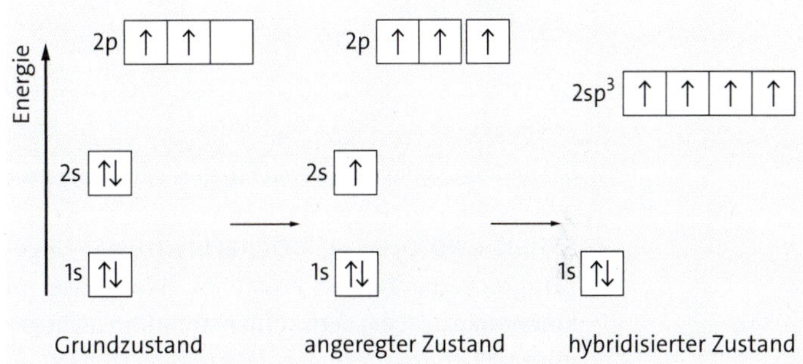

05 Energieniveauschema der sp^3-Hybridisierung beim Kohlenstoffatom

Aus dem 2s-Atomorbital und den drei 2p-Atomorbitalen im Kohlenstoffatom sind durch die Hybridisierung vier **sp^3-Hybridorbitale** entstanden, die sich zu den Ecken eines Tetraeders ausrichten. Durch Überlappung mit 1s-Orbitalen der Wasserstoffatome entstehen vier C–H-Bindungen (σ-Bindungen), die jeweils rotationssymmetrisch zur Kernverbindungsachse angeordnet sind.

Unterschiedliche Atomorbitale können zu Hybridorbitalen gleicher Energie und Form kombinieren. Das Kohlenstoffatom erreicht auf diese Weise vier gleichwertige Bindungen.

1 Erläutern Sie, wodurch sich die drei p-Orbitale eines Energieniveaus unterscheiden.

2 Stellen Sie die Bindungsverhältnisse der an Einfachbindungen beteiligten Kohlenstoffatome im Propanmolekül dar.

3 Das Stickstoffatom im Ammoniakmolekül NH_3 ist sp^3-hybridisiert. Geben Sie das Energieniveauschema für das Stickstoffatom im Grundzustand und im hybridisierten Zustand an. Zeichnen Sie das Molekül.

4 Erläutern Sie anhand einer Skizze die Bindungsverhältnisse des linear gebauten Kohlenstoffdioxidmoleküls.

Mehrfachbindungen

Die Bindungsverhältnisse im Ethanmolekül C_2H_6 ähneln denen im Methanmolekül. Zwischen den beiden Kohlenstoffatomen liegt eine Einfachbindung vor: Zwei sp^3-Hybridorbitale überlappen sich und bilden eine σ-Bindung. Die sechs weiteren Hybridorbitale überlappen mit den 1s-Orbitalen der sechs Wasserstoffatome (↑ 01).

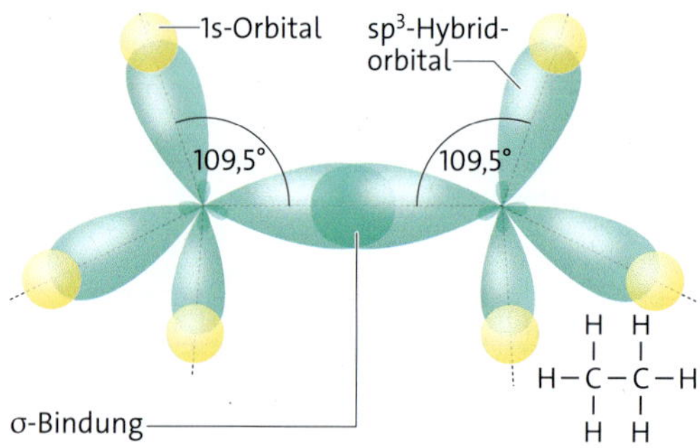

01 Anordnung der sp^3-Hybridorbitale im Ethanmolekül

ETHEN UND DIE C=C-DOPPELBINDUNG Ungesättigte Verbindungen entstehen, wenn wie im Ethenmolekül C_2H_4 dem Kohlenstoffatom nicht genügend Bindungspartner zur Verfügung stehen, um alle vier Bindungsmöglichkeiten zu nutzen.

Das Ethenmolekül ist eben (planar) gebaut, die Bindungswinkel betragen etwa 120°. Zwischen den Kohlenstoff- und den Wasserstoffatomen liegen jeweils Einfachbindungen mit gleichen Bindungsenergien vor. Die beiden Kohlenstoffatome sind durch eine Doppelbindung miteinander verknüpft. Mit dem Modell der Hybridisierung lässt sich die Bildung der C=C-Doppelbindung verstehen: Im angeregten Zustand entstehen aus einem 2s-Orbital und zwei 2p-Orbitalen je Kohlenstoffatom drei sp^2-**Hybridorbitale** (↑ 02). Sie liegen im Ethenmolekül in einer Ebene und sind zu den Ecken eines gleichseitigen Dreiecks ausgerichtet. Das dritte 2p-Orbital ist nicht in die Hybridisierung einbezogen.

Wie lassen sich nun die Bindungsverhältnisse im Ethenmolekül erklären?

Jeweils eines der drei sp^2-Orbitale überlappt zu einer σ-Bindung zwischen den beiden Kohlenstoffatomen. Die beiden anderen Hybridorbitale bilden σ-Bindungen mit den 1s-Orbitalen der Wasserstoffatome. Alle σ-Bindungen liegen rotationssymmetrisch zu den Kernverbindungsachsen. Die nicht an der Hybridisierung beteiligten $2p_z$-Orbitale der beiden Kohlenstoffatome, die senkrecht zur Ebene der sp^2-Hybridorbitale stehen, überlappen zu einem bindenden π-Molekülorbital. Die durch sie gebildete Bindung heißt π-Bindung. Die Elektronen befinden sich ober- und unterhalb der Kernverbindungsachse. Durch die π-Bindung kommt es zu einer starren Anordnung der Atome im Molekül, sodass die C=C-Doppelbindung nicht frei drehbar ist.

Experimentelle Befunde zeigen: Die Energie der C=C-Doppelbindung (molare Bindungsenergie: 614 $kJ \cdot mol^{-1}$) ist kleiner als die Summe zweier C–C-Einfachbindung (molare Bindungsenergie: 348 $kJ \cdot mol^{-1}$). Das heißt: Die π-Bindung zwischen zwei Kohlenstoffatomen ist im Vergleich zur σ-Bindung schwächer.

> **Die Doppelbindung zwischen zwei Kohlenstoffatomen wird aus einer σ- und einer π-Bindung gebildet.**

ETHIN UND DIE C≡C-DREIFACHBINDUNG Im linear gebauten Ethinmolekül C_2H_2 liegt eine C≡C-**Dreifachbindung** vor: Jeweils ein 2s-Orbital und ein 2p-Orbital hybridisieren zu zwei **sp-Hybridorbitalen**. Sie bilden die σ-Bindungen zwischen den Wasserstoff- und den Kohlenstoffatomen. Aus den zwei an der Hybridisierung nicht beteiligten 2p-Orbitalen entstehen durch Überlappung zwei π-Bindungen, die in einem 90°-Winkel zueinander stehen. Der Bindungswinkel beträgt 180° (↑ 03).

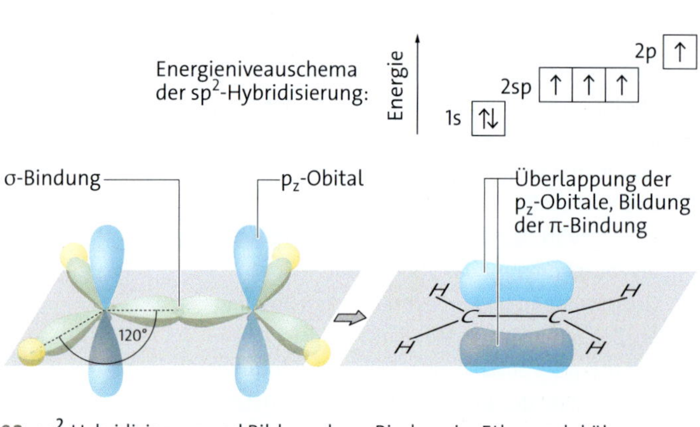

02 sp^2-Hybridisierung und Bildung der π-Bindung im Ethenmolekül

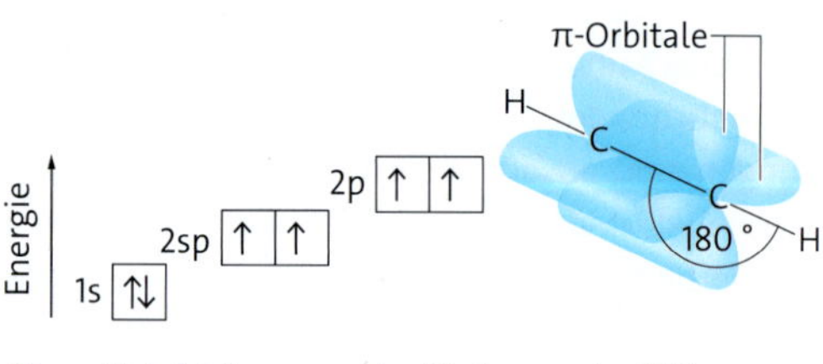

03 sp-Hybridisierung und π-Bindungen im Ethinmolekül

1 Vergleichen Sie die Bindungsverhältnisse in den Molekülen von Butan, Buta-1,3-dien und But-2-in.

Das Benzol-Molekül im Orbitalmodell

Im Benzol-Molekül (C_6H_6) sind alle sechs Kohlenstoff-Atome sp^2-hybridisiert, d. h., jedes Kohlenstoff-Atom kann insgesamt drei σ-Bindungen ausbilden, zwei zu benachbarten Kohlenstoff-Atomen und eine zu einem Wasserstoff-Atom. Das entstehende Bindungsgerüst liegt in einer Ebene, alle Bindungswinkel betragen 120° (↑ **01A**). So ist zu verstehen, dass das Benzol-Molekül als regelmäßiges Sechseck vorliegt. Jedes Kohlenstoff-Atom verfügt weiterhin über ein einfachbesetztes 2p-Orbital, das nicht an der Hybridisierung teilnimmt und das senkrecht auf der Molekülebene steht. Dabei weist jeweils ein Orbitallappen nach oben, einer nach unten. Würden die p-Orbitale paarweise überlappen, so ergäben sich drei lokalisierte π-Bindungen. Tatsächlich überlappt jedes p-Orbital gleichmäßig mit beiden benachbarten p-Orbitalen, sodass sich ein delokalisiertes π-Elektronensystem ausbildet, das aus zwei geschlossenen Ringen oberhalb und unterhalb der Molekülebene besteht (↑ **01B**).

Das Benzol-Molekül ist ein ebenes, regelmäßiges Sechseck. Die sechs C-Atome im Benzol-Molekül sind sp^2-hybridisiert. Die Überlappung der sechs p-Orbitale führt zu einem delokalisierten π-Elektronensystem.

Mit spezieller Software, die quantenmechanische Berechnungen ausführt, kann die Verteilung der Elektronendichte über ein Molekül hinweg berechnet und durch einen Farbcode dargestellt werden (↑ **02**). Im Wasser-Molekül zeigt sich eine erhöhte Elektronendichte am elektronegativen Sauerstoff-Atom, im Hepta-1,6-dien-Molekül an den beiden lokalisierten C=C-Doppelbindungen. Das Benzol-Molekül hingegen weist eine gleichmäßig erhöhte Elektronendichte zwischen allen sechs Kohlenstoff-Atome auf. Das zeigt eindrucksvoll die Delokalisierung der sechs Bindungselektronen im Ring.

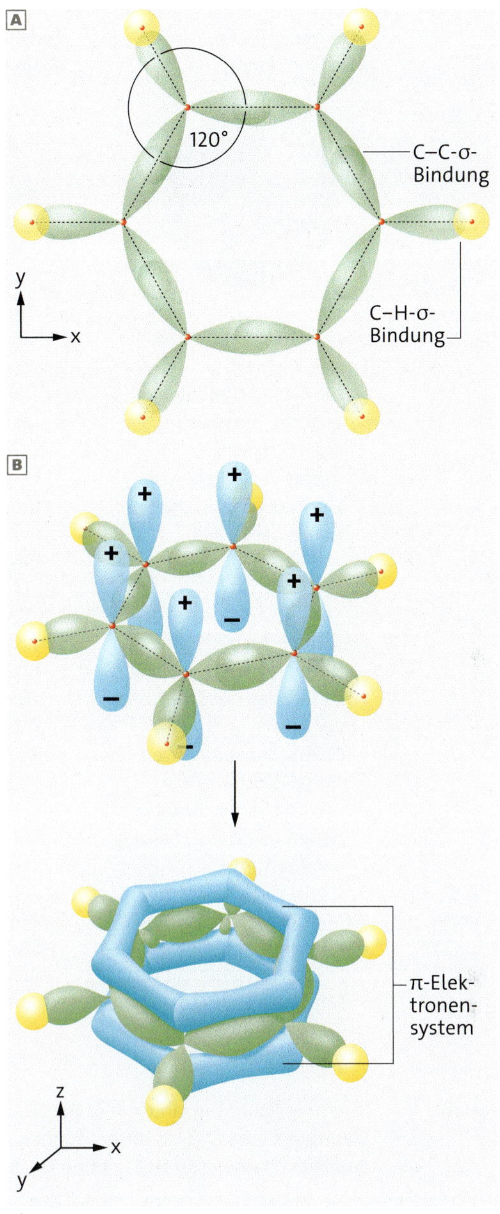

01 Benzol-Molekül im Orbitalmodell

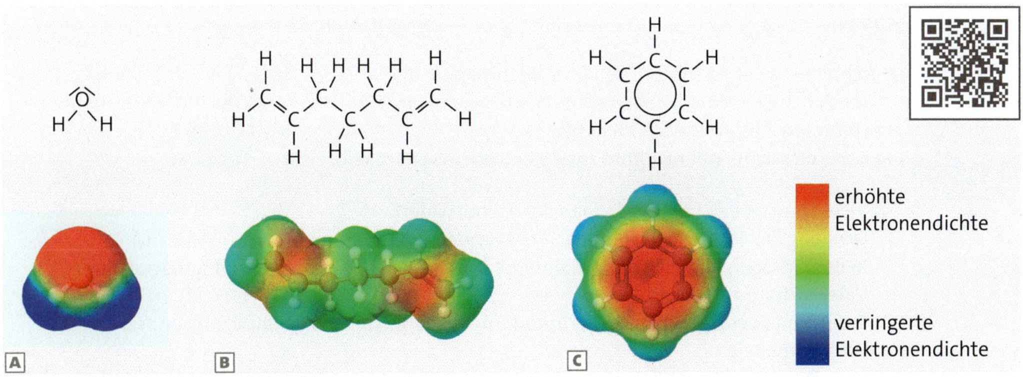

02 Strukturformel und Elektronendichteverteilung verschiedener Moleküle. **A** Wasser, **B** Hepta-1,6-dien, **C** Benzol

↑ Tipp zum QR-Code in Bild 02:
Drop-down-Menü „Jmol“, Auswahl:
„MEP surface lucent“ oder
„MEP surface opaque“
Das Molekülmodell ist freibeweglich.

Auf einen Blick

Entwicklung von Atommodellen

Atommodell (Dalton, 1808)

- Stoffe bestehen aus unteilbaren Teilchen, den Atomen.
- Die Atome eines Elements besitzen die gleiche Masse und Größe.
- Atome verschiedener Elemente unterscheiden sich in der Größe.

Erklärbare Sachverhalte:
- Lösevorgänge von Stoffen
- Gesetz von der Erhaltung der Masse
- Gesetz der konstanten Massenverhältnisse
- erklärt chemische Reaktionen als Umgruppierung von Atomen

Nicht erklärbare Sachverhalte:
- Bildung von Ionen; elektrische Leitfähigkeit von Schmelzen oder Lösungen
- Zusammenhalt zwischen den Atomen

Kern-Hülle-Modell (Rutherford, 1911)

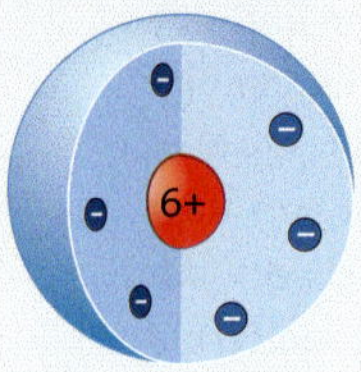

- Atome bestehen aus einem kleinen Atomkern und einer im Vergleich dazu riesigen Hülle.
- Im Kern ist fast die gesamte Masse konzentriert; er enthält positiv geladene Protonen.
- In der Hülle bewegen sich die negativ geladenen Elektronen um den Kern.

Erklärbare Sachverhalte:
- Bildung von Ionen
- Zusammenhalt zwischen Atomen bzw. Ionen
- Reihenfolge der Elemente im PSE

Nicht erklärbare Sachverhalte:
- Stabilität von Atomen
- Aufnahme oder Abgabe von Energie bei chemischen Reaktionen
- Linienspektren

Schalenmodell (Bohr und Sommerfeld, 1913/1916)

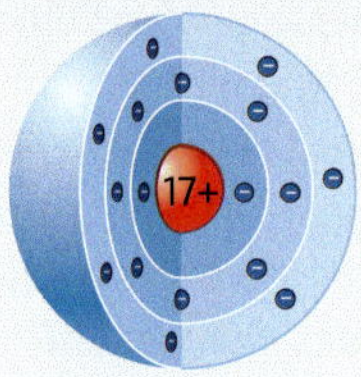

- In der Hülle bewegen sich Elektronen auf ganz bestimmten Bahnen (Schalen) ohne Energieverlust um den Kern.
- Jede Schale steht für ein definiertes Energieniveau, das durch die Hauptquantenzahl *n* gekennzeichnet ist.

Erklärbare Sachverhalte:
- Stabilität von Atomen
- Aufnahme oder Abgabe von Energie bei chemischen Reaktionen
- Ordnungsprinzipien im PSE
- Beschreibung von Redox- und Ionenreaktionen

Nicht erklärbare Sachverhalte:
- Räumliche Anordnung von Atomen in Molekülen
- Ursache der Stabilität der Edelgaskonfiguration

Elektronenkonfiguration der Atome

Durch vier Quantenzahlen wird der Zustand eines Atoms eindeutig charakterisiert.
Elektronen eines Atoms unterscheiden sich in mindestens einer Quantenzahl (Pauli-Prinzip).
Beispiele: Wasserstoff H: $1s^1$, Neon Ne: $1s^2\,2s^2\,2p^6$ bzw. [He] $2s^2\,2p^6$

Hauptquantenzahl *n*	**Nebenquantenzahl *l***	**Magnetquantenzahl *m***	**Spinquantenzahl *s***
Schalennummer mit $\leq 2n^2$ an Elektronen	Unterschalen s, p, d, f	Räumliche Orientierung im Magnetfeld	Eigendrehimpuls des Elektrons

Orbital

Beschreibung des Raums um den Atomkern, in dem die Aufenthaltswahrscheinlichkeit eines Elektrons mit einer bestimmten Energie etwa 90 % beträgt
Jedes Orbital kann mit maximal zwei Elektronen besetzt sein.

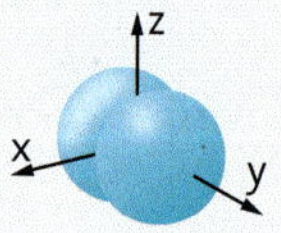

Beispiel: p_y-Orbital

Periodensystem der Elemente (PSE)

Das PSE spiegelt den inneren Aufbau der Atome wider:
- Ordnung der Elemente erfolgt nach steigender Kernladungszahl (Ordnungszahl).
- In den Gruppen des PSE stehen Elemente, die die gleiche Elektronenkonfiguration ihrer Valenzschale aufweisen.
- Die Perioden entsprechen der Hauptquantenzahl (Anzahl der Schalen) im Bohr'schen Schalenmodell.
- Viele Eigenschaften der Elemente ändern sich periodisch und wiederholen sich in den Gruppen.

Chemische Bindung

Die Ausbildung einer chemischen Bindung zwischen Teilchen führt zu einem energetisch stabilen Zustand. Meist wird dadurch eine Edelgaskonfiguration erreicht.
Es werden die drei Bindungsarten – *Ionenbindung, Elektronenpaarbindung* oder *Atombindung* und *Metallbindung* – von den zwischenmolekularen Kräften unterschieden.

Bindungsarten

Ionenbindung	Elektronenpaarbindung (kovalente Bindung, Atombindung)	Metallbindung
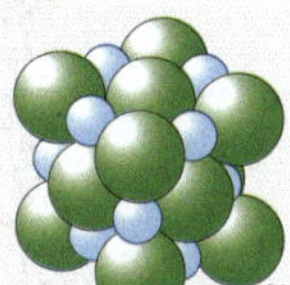 NaCl	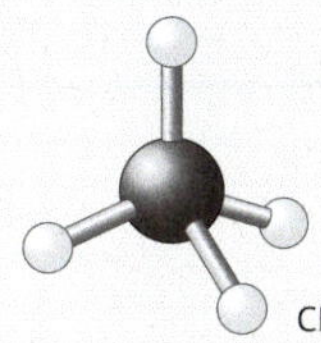 CH_4	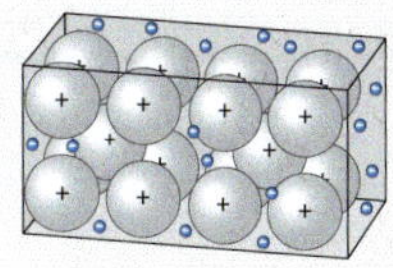
Die Ionenbindung resultiert aus den ungerichteten elektrostatischen Anziehungskräften zwischen positiv und negativ geladenen Ionen. *Beteiligte Teilchen:* Metall-Kationen und Nichtmetall-Anionen bzw. zusammengesetzte Ionen	Die chemische Bindung in Molekülen kommt durch gemeinsame Elektronenpaare zwischen den Atomen eines Moleküls zustande. *Beteiligte Teilchen:* (meist) Nichtmetallatome **Polare Elektronenpaarbindung:** Übergang zwischen der Elektronenpaarbindung und der Ionenbindung	Der Zusammenhalt im Metallgitter wird durch die Anziehungskräfte zwischen Metall-Kationen und frei beweglichen Elektronen bewirkt (Elektronengasmodell). *Beteiligte Teilchen:* Metallatome

Koordinative Bindung

Die koordinative Bindung ist eine spezielle kovalente Bindung, die bei Komplexen auftritt. Sie besteht, wenn in einer Elektronenpaarbindung die Bindungselektronen von nur einem der beiden Bindungspartner stammen, der als Elektronenpaardonator fungiert.

Elektronenpaarabstoßungs-**modell (EPA-Modell)**

beschreibt den räumlichen Bau von einfachen Molekülen, bei dem bindende und freie Elektronenpaare der Valenzschale den größtmöglichen Abstand zueinander einnehmen.

Wasser H_2O

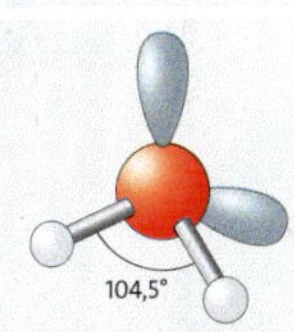

Valenzbindungsmodell (VB-Modell)

Durch Überlappung geeigneter Atomorbitale der Valenzschale werden **Hybridorbitale** gleicher Energie und gleicher Form gebildet. Das Valenzbindungsmodell kann zur Beschreibung der räumlichen Struktur von Molekülen mit mehr als zwei Atomen genutzt werden.

Methan CH_4

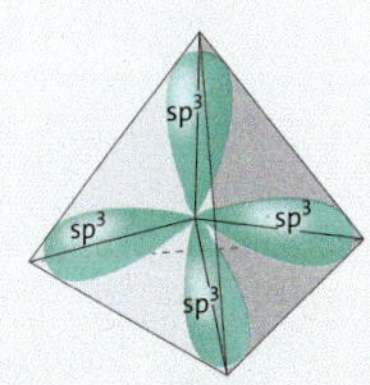

Zwischenmolekulare Kräfte

London-Kräfte	Dipol-Dipol-Kräfte	Ion-Dipol-Kräfte	Wasserstoffbrücken
schwache Anziehungskräfte zwischen spontanen und induzierten Dipolen; treten zwischen Molekülen oder Edelgasatomen auf	relativ starke Anziehungskräfte zwischen permanenten Dipolen	relativ starke Anziehungskräfte zwischen Ionen und Dipolen	starke Anziehungskräfte zwischen Molekülen, die Wasserstoffatome und elektronegative Atome mit freien Elektronenpaaren enthalten

Um einen Formel-1-Sieg einzufahren, müssen nicht nur der Motor, sondern auch Karosserie, Reifen und Benzin höchsten Ansprüchen genügen. Bei der Verbrennung der Kraftstoffe wird die chemische Energie der Kohlenwasserstoffe in Bewegungs- und Wärmeenergie umgewandelt. Auf Basis der energetischen Betrachtung bei einer chemischen Reaktion können auch Vorhersagen dazu getroffen werden, ob eine chemische Reaktion bei bestimmten Bedingungen freiwillig stattfinden kann.

Energetik 3

Energieumwandlungen bei chemischen Reaktionen

Energie

- Innere Energie
- Energieerhaltung
- Energieumwandlung
- System und Umgebung
- Reaktionswärme und Kalorimetrie

Enthalpien

- Lösungsenthalpie
- Molare Reaktionsenthalpie
- Verbrennungsenthalpie, Brennwert und Heizwert
- Satz von Hess
- Standardbildungsenthalpie

Freiwilligkeit chemischer Reaktionen

- Entropie
- Freie Reaktionsenthalpie
- Gibbs-Helmholtz-Gleichung
- Abhängigkeit der freien Reaktionsenthalpie

01 Früher mischten Chemiker für jedes Formel-1-Team spezielle Kraftstoffe.

3.1 Chemische Reaktionen und Energie

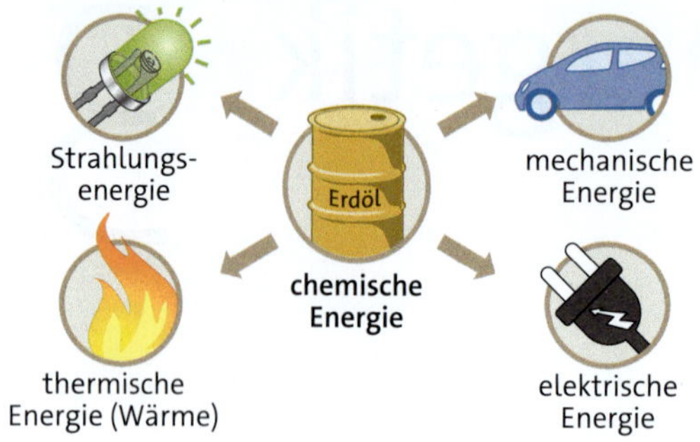

01 Umwandlung von Energieformen

ENERGIE UND ENERGIEUMWANDLUNGEN Die Begriffe „Energie", „Arbeit" und „Brennwert" kennen wir aus dem Alltag. Sie spielen auch in der Chemie eine wichtige Rolle, weil bei chemischen Reaktionen neben Stoff- auch immer Energieumwandlungen auftreten. Ein Beispiel dafür ist die Umwandlung von chemischer Energie in thermische Energie bei der Verbrennung von Erdöl (↑ **01**). Die chemische Energetik betrachtet diese Energieumwandlungen bei chemischen Reaktionen qualitativ und quantitativ, wodurch sich der Verlauf einzelner Reaktionen und ganzer Stoffkreisläufe vorhersagen lässt.

ENERGIEKETTE Laufen mehrere Vorgänge hintereinander ab, bei denen Energieumwandlungen stattfinden, können diese zu einer **Energiekette** zusammengefasst werden (↑ **02**). Viele von ihnen nehmen ihren Ursprung in der Sonne. Dort entsteht nach der berühmten Formel $E = m \cdot c^2$ durch die Verschmelzung von Wasserstoff- zu Heliumkernen in jeder Sekunde die schier unvorstellbare Energie von 382 Trilliarden Kilojoule ($3{,}82 \cdot 10^{23}$ kJ).

Nur ein Bruchteil dieser Sonnenenergie erreicht jedoch die Erde. Grüne Pflanzen wandeln bei der Fotosynthese diese Energie in chemische Energie um. Dadurch werden Cellulose und andere energiereiche Kohlenhydrate aus Kohlenstoffdioxid und Wasser aufgebaut. Essen wir Obst, Gemüse oder Brot, gelangt diese Energie zu uns Menschen. Unser Körper wandelt die in der Nahrung gespeicherte Energie durch Stoffwechselprozesse um, z. B. in Bewegungsenergie in den Muskeln oder thermische Energie zur Aufrechterhaltung der Körpertemperatur. Dabei entstehen Stoffe mit geringerer chemischer Energie.

Auch eine durch elektrischen Strom betriebene Küchenmaschine bezieht ihre Energie letztendlich zum Großteil aus der Sonne. In Kraftwerken wird bei der Verbrennung von Kohle, Erdöl und Erdgas die darin gespeicherte chemische Energie am Ende der Energiekette in elektrische Energie umgewandelt. Die fossilen Energieträger sind in Jahrmillionen durch Druck und Wärme aus abgestorbenen Pflanzen und Kleinstlebewesen entstanden. Die in ihnen enthaltenen energiereichen Verbindungen sind – genauso wie heute – erst mithilfe der Energie der Sonne entstanden.

Im Alltag ist es uns meist nicht bewusst: In fossilen Brennstoffen ist die Energie der Sonne gespeichert, die vor vielen Jahrmillionen die Erde erreichte.

INNERE ENERGIE Der Begriff **innere Energie** U (Einheit: J) bezeichnet die Summe aller in einer Stoffportion gespeicherten Energieformen. Sie setzt sich aus verschiedenen Energieformen zusammen, z. B. der Kernenergie (U_K), der **chemischen Energie** (U_{ch}), das ist die Summe aller Bindungsenergien (Elektronenpaar-, Metall- und Ionenbindungen) und zwischenmolekularen Kräften sowie der **thermischen Energie** (U_{th}),der Bewegungsenergie der ungeordneten Teilchenbewegungen: $U = U_K + U_{ch} + U_{th}$

Die innere Energie ist eine extensive Größe, die von der Stoffmenge, also der Größe der Stoffportion, abhängt. Ihr absoluter Wert ist nicht bestimmbar. Messbar ist nur die Änderung der inneren Energie ΔU infolge einer chemischen Reaktion, bei der z. B. ein Teil der inneren Energie in andere Energieformen umgewandelt wird. Die innere Energie ist daher eine wichtige Größe für die chemische Energetik.

Die innere Energie *U* eines Systems ergibt sich aus der Summe von Kernenergie, chemischer Energie und thermischer Energie des Systems.

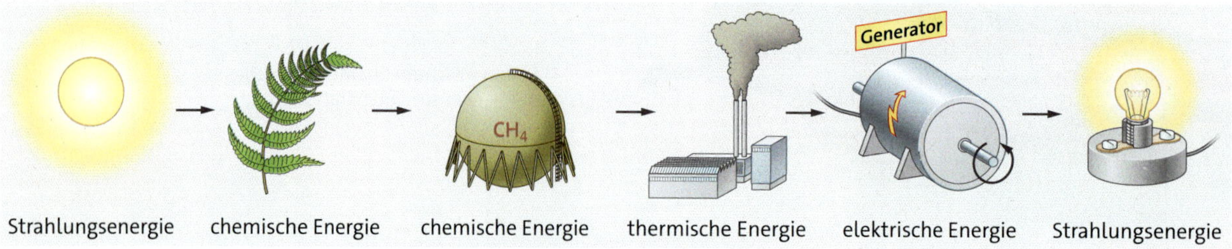

02 Energiekette: schrittweise Energieumwandlung

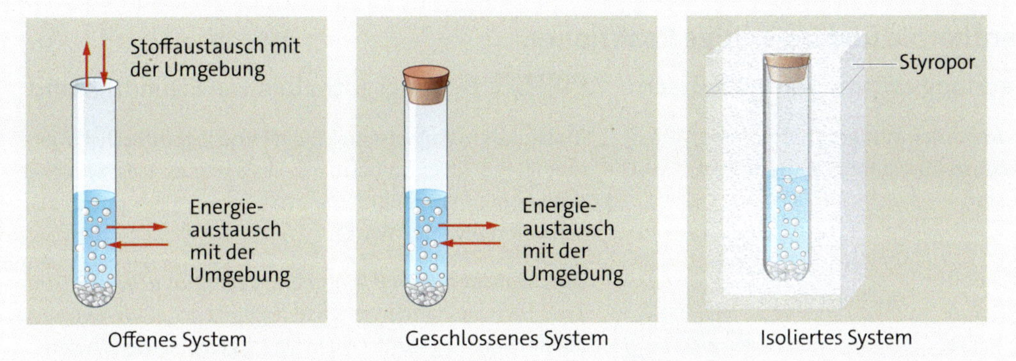

03 Systeme unterscheidet man anhand ihrer Möglichkeit, Stoffe und Energie mit der Umgebung auszutauschen.

SYSTEM UND UMGEBUNG Für die Untersuchung von Energieumwandlungen ist es notwendig, zwischen System und Umgebung zu unterscheiden. Als System bezeichnet man einen klar begrenzten Bereich, dessen Energie- und Stoffbilanz betrachtet wird. Das System ist durch eine Systemgrenze von seiner Umgebung getrennt. In der Chemie ist die Systemgrenze häufig durch die Wand eines Reaktionsgefäßes definiert.

Je nachdem, ob Stoffe und/oder Energie über die Systemgrenze ausgetauscht werden können, unterscheidet man offene, geschlossene und isolierte Systeme (↑ **03**):

Bei **offenen Systemen**, wie einem unverschlossenen Reagenzglas, können Stoffe und Energie mit der Umgebung ausgetauscht werden.

Wird das Reagenzglas mit einem Stopfen verschlossen, kann das **geschlossene System** nur noch Energie, z. B. Wärme oder Licht, über die Systemgrenze mit der Umgebung austauschen.

Wenn das verschlossene Reagenzglas in wärmedämmendes Styropor verpackt wird, kann das **isolierte System** weder Stoffe noch Energie mit der Umgebung austauschen. Da in der Praxis kein System perfekt isoliert ist, erfolgt jedoch immer ein geringfügiger Austausch von Energie mit der Umgebung. Deshalb sind isolierte Systeme idealisierte Modelle für theoretische Betrachtungen.

Bei energetischen Betrachtungen ist es hilfreich, als System immer die an einer chemischen Reaktion beteiligten Stoffe zu definieren (Reaktionssystem). Die bei einer chemischen Reaktion umgewandelte Energie wird dann grundsätzlich vollständig mit der Umgebung ausgetauscht.

Beispiel: Die bei der Neutralisation einer sauren mit einer alkalischen Lösung entstehende Wärme wird vollständig auf das Wasser übertragen, dessen Temperaturerhöhung man messen kann.

ENERGIEERHALTUNG In den Medien und im Alltag wird häufig über den „Energieverbrauch elektrischer Geräte" oder die „Energieerzeugung in Kraftwerken" gesprochen. Diese Formulierungen sind nicht korrekt. Nach dem im 19. Jahrhundert formulierten **Energieerhaltungssatz** ist die Summe aller Energien in einem System und seiner Umgebung immer konstant. Energie kann nicht erschaffen oder verbraucht werden. Durch physikalische oder chemische Prozesse lässt sich Energie nur von einer Form in eine andere umwandeln (↑ **02**). Dieser Erfahrungssatz wird auch als **1. Hauptsatz der Thermodynamik** bezeichnet. Innerhalb von Energieketten verläuft die Energieumwandlung unvollständig. So kann die im Erdgas gespeicherte chemische Energie nicht vollständig in elektrische Energie umgewandelt werden. Ein Teil geht als Wärme verloren. Diese **Energie ist entwertet**, weil sie nicht mehr für weitere Energieumwandlungen zur Verfügung steht.

Nach dem 1. Hauptsatz der Thermodynamik kann Energie weder erschaffen noch vernichtet werden. Ihre verschiedenen Formen lassen sich nur ineinander umwandeln.

1 › Bild ↑ **02** zeigt eine Energiekette. Geben Sie ein weiteres Beispiel einer Energiekette an und erläutern Sie die Energieumwandlungen.

2 › Nennen Sie drei Beispiele von Systemgrenzen, die bei chemischen Systemen bzw. Reaktionen eine Rolle spielen.

3 › In einem Reagenzglas soll Zink mit Salzsäure umgesetzt werden. Beschreiben Sie, wie die Reaktion in einem offenen, geschlossenen bzw. isolierten System geführt werden muss.

4 › Geben Sie alle Energieformen und Energieumwandlungen an, die von Bedeutung sind, wenn ein Elektroauto durch Strom betrieben wird, der im Kohlekraftwerk gewonnen wird.

Praktikum

P Reaktionsenthalpie und freiwillige Reaktionen

EXP 3.01 Verbrennungswärme von Walnüssen

Materialien Stativmaterial, Waage, Thermometer, Messzylinder, Konservendose, Büroklammer, Knetmasse, ¼ Walnuss, Wasser, Glasstab

Durchführung Befüllen Sie das nach der Abbildung aufgebaute Kalorimeter mit 400 ml Wasser und messen Sie die Wassertemperatur. Das zuvor ausgewogene Nussstück wird entzündet und die Wassertemperatur alle 10 s unter Rühren bis 1 min nach Erreichen des Maximalwerts gemessen.
Entsorgung: Reste in den Hausmüll geben.

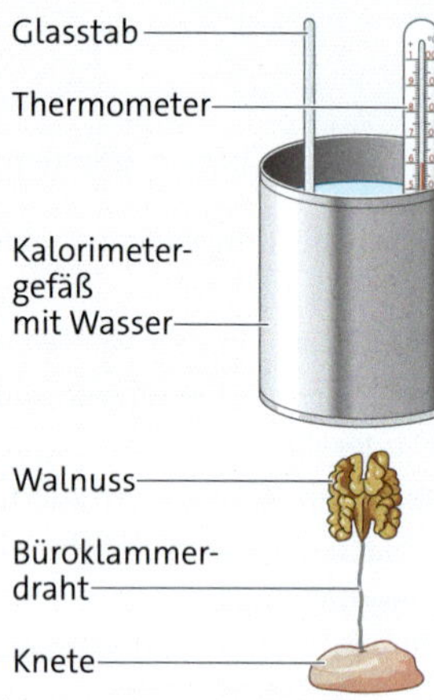

Auswertung

1) Ermitteln Sie grafisch die maximale Temperaturdifferenz (↑ S. 74). Berechnen Sie die Reaktionswärme.
2) Vergleichen Sie Ihren berechneten Wert mit der Nährwerttabelle auf einer Packung Walnüsse. Reflektieren Sie Ihre Ergebnisse im Hinblick auf die Unterschiede.

EXP 3.02 Reaktionsenthalpie in wässriger Lösung

Materialien Magnetrührer, Rührkern, 2 Joghurtbecher, Thermometer, Spatel, Messzylinder, Zinkpulver (9), Kupfer(II)-sulfat-Pentahydrat (5, 7, 9), Wasser

Durchführung Stellen Sie die beiden Joghurtbecher lose ineinander. Unter Rühren werden 5,00 g Kupfer(II)-sulfat in 100 ml Wasser gelöst und die Anfangstemperatur bestimmt. Geben Sie unter kontinuierlichem Rühren 3 g Zinkpulver hinzu. Die Temperatur wird alle 10 s bis 1 min nach Erreichen des Maximalwerts gemessen.
Entsorgung: Reste in den Behälter für giftige anorganische Abfälle geben.

Auswertung

Reaktionsgleichung: $Cu^{2+}(aq) + Zn(s) \longrightarrow Cu(s) + Zn^{2+}(aq)$

1) Ermitteln Sie grafisch die maximale Temperaturdifferenz (↑ S. 74). Berechnen Sie die Reaktionswärme.
2) Berechnen Sie die umgesetzte Stoffmenge an Kupfer(II)-Ionen. Ermitteln Sie die molare Reaktionsenthalpie für die oben angegebene Reaktion.
3) Diskutieren Sie mögliche Fehlerquellen Ihrer Messung.

EXP 3.03 Bildungsenthalpie von Eisen(II)-sulfid

Materialien Magnetrührer, Rührkern, 2 Joghurtbecher, Thermometer, schwerschmelzbares Reagenzglas, Messzylinder, Mörser mit Pistill, Stativmaterial, Spatel, Eisenpulver (2), Schwefelpulver (7), Wasser

Durchführung *Abzug! Achtung, Reagenzglas geht zu Bruch!* Zwei lose ineinandergestellte Joghurtbecher werden mit 300 ml Wasser gefüllt. Geben Sie 3 g gemörsertes Schwefel- und 5 g Eisenpulver homogen gemischt in das Reagenzglas. Befestigen Sie dieses mit dem Stativmaterial etwa zur Hälfte frei im Wasser hängend. Bestimmen Sie die Ausgangstemperatur des Wassers. Zünden Sie das Gemisch mit einem glühenden Metallstab und messen Sie alle 10 s die Wassertemperatur bis 1 min nach Erreichen des Maximalwerts.
Entsorgung: Feste Rückstände in den Behälter für giftige anorganische Abfälle, Flüssigkeiten ins Abwasser geben.

Auswertung

1) a Entwickeln Sie die Reaktionsgleichung für die Bildung von Eisen(II)-sulfid.
   b Berechnen Sie die umgesetzte Stoffmenge an Eisen. Ermitteln Sie aus den experimentellen Werten die Reaktionswärme.
2) Berechnen Sie daraus die molare Reaktionsenthalpie.
3) Diskutieren Sie mögliche Fehlerquellen Ihrer Messung.

EXP 3.04 Freiwillige endotherme Reaktion

Materialien Erlenmeyerkolben mit Ansatz, Thermometer mit durchbohrtem Stopfen, Kolbenprober, Wasser, Brausetablette

Durchführung Befüllen Sie den Erlenmeyerkolben so hoch mit Wasser, dass beim Verschließen das Thermometer in die Flüssigkeit taucht.
Verbinden Sie den Kolbenprober über den Ansatz. Geben Sie die Brausetablette in den Kolben und verschließen Sie ihn sofort mit dem durchbohrten Stopfen mit Thermometer. Messen Sie kontinuierlich die Temperatur und das Gasvolumen im Kolbenprober.
Entsorgung: Lösungen ins Abwasser geben.

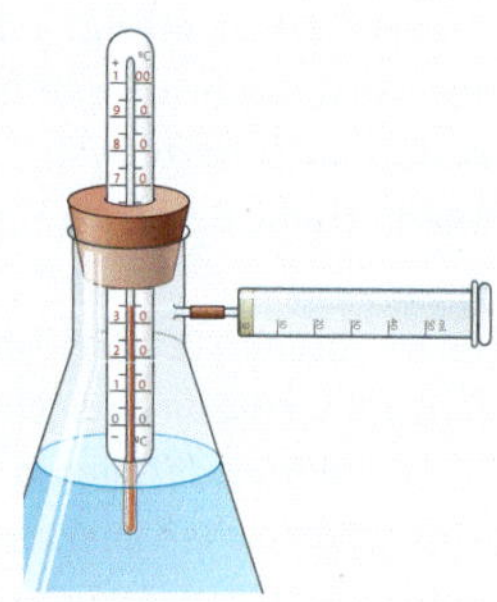

Auswertung Notieren Sie Ihre Beobachtungen. Diskutieren Sie den scheinbaren Widerspruch, der sich aus den Beobachtungen ergibt.

P

EXP 3.05 Wärmekapazität eines Kalorimeters

Materialien 2 Joghurtbecher oder Kalorimetergefäß und Becherglas, digitales Thermometer, Waage, Stoppuhr, raumtemperiertes und heißes Wasser

Durchführung Befüllen Sie einen Joghurtbecher oder das Becherglas mit ca. 50 g raumtemperiertem Wasser. Die genaue Masse m_1 wird mithilfe einer Laborwaage ermittelt. Messen Sie die Temperatur T_1 des Wassers.
In den anderen Joghurtbecher oder das Kalorimetergefäß werden ca. 50 g heißes Wasser (maximal 60 °C) gefüllt. Die genaue Masse m_2 wird auch hier ausgewogen.
Messen Sie nun kontinuierlich alle 10 s die Temperatur des heißen Wassers. Geben Sie nach ca. 1 min das kalte Wasser hinzu. Nehmen Sie für weitere 3 bis 4 min Temperaturwerte auf.
Entsorgung: Flüssigkeiten ins Abwasser geben.

Auswertung

1) Erstellen Sie aus Ihren Messwerten ein Temperatur-Zeit-Diagramm auf Millimeterpapier.
2) Bestimmen Sie aus dem Diagramm die Temperatur T_2 des heißen Wassers und die Mischtemperatur T_m. Nutzen Sie dafür die auf S. 74, Bild ↑ 02 vorgestellte grafische Auswertung.
3) Berechnen Sie die Wärmekapazität des Kalorimeters (C_K) nach folgender Formel:

$$C_K = \frac{c_W \cdot m_2 \cdot (T_m - T_2)}{T_1 - T_m} - c_W \cdot m_1$$

EXP 3.06 Neutralisationsenthalpie

Materialien 2 Joghurtbecher, digitales Thermometer, 2 Messzylinder (100 ml), Natronlauge ($c = 0{,}5\ \mathrm{mol \cdot l^{-1}}$; 5), Salzsäure ($c = 0{,}5\ \mathrm{mol \cdot l^{-1}}$; 5)

Durchführung Geben Sie jeweils genau 100 ml Natronlauge und 100 ml Salzsäure in je einen Messzylinder. Bestimmen Sie jeweils die Temperatur.
Stellen Sie die beiden Joghurtbecher lose ineinander und gießen Sie beide Lösungen hinein. Bestimmen Sie erneut die Temperatur.
Entsorgung: Flüssigkeit ins Abwasser geben.

Auswertung

1) Notieren Sie Ihre Beobachtungen.
2) Berechnen Sie die Reaktionswärme Q und die molare Neutralisationsenthalpie.
3) Diskutieren Sie mögliche Fehlerquellen.

3 5 7

EXP 3.07 Eine stark endotherme Reaktion

Materialien Erlenmeyerkolben (50 ml), Thermometer, Bariumhydroxid (5, 7), Ammoniumnitrat (3, 7)

Durchführung Geben Sie jeweils gut gemörsert 4,5 g Bariumhydroxid und 1,5 g Ammoniumnitrat in den trockenen Erlenmeyerkolben. Vermischen Sie die Feststoffe durch Schütteln des Kolbens. Messen Sie die Temperatur des flüssig werdenden Gemischs.
Entsorgung: Feste Rückstände in den Behälter für giftige anorganische Abfälle geben.

Auswertung

1) Beschreiben Sie die beobachtbaren Veränderungen unter Berücksichtigung des Begriffs Entropie.
2) Erklären Sie den scheinbaren Widerspruch zum Entropiesatz über freiwillige Reaktionen.

EXP 3.08 Lösungsenthalpie

Materialien Magnetrührer, Rührkern, 2 Joghurtbecher, Thermometer, Spatel, Messzylinder (100 ml), Ammoniumnitrat (3, 7), Wasser

Durchführung Stellen Sie die beiden Joghurtbecher lose ineinander. Geben Sie 25 ml Wasser in den Becher und messen Sie für 1 min alle 10 s die Temperatur, bevor Sie unter Rühren 6 g Ammoniumnitrat darin lösen. Messen Sie während des Lösens fortlaufend die Temperatur des Wassers und auch noch etwa 1 min nach Erreichen des Temperaturminimums.

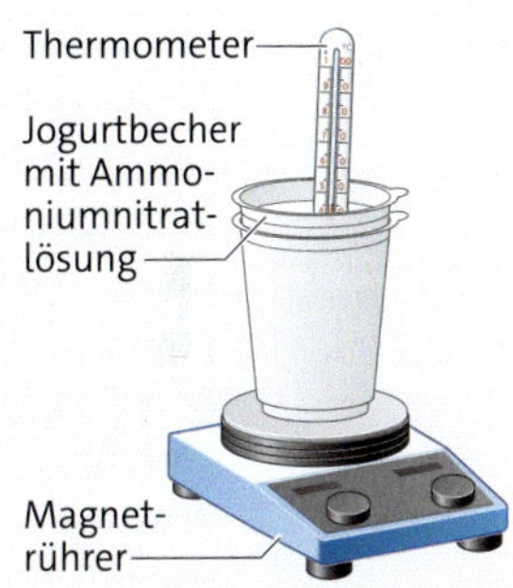

Entsorgung: Lösungen ins Abwasser geben.

Auswertung

1) Ermitteln Sie aus Ihren Messwerten grafisch die Temperaturdifferenz (↑ S. 74). Berechnen Sie daraus die Reaktionswärme.
2) Berechnen Sie anhand der Messwerte die molare Lösungsenthalpie des Ammoniumnitrats.
3) Berechnen Sie die molare Lösungsenthalpie des Ammoniumnitrats aus den molaren Hydratationsenthalpien und der molaren Gitterenthalpie (↑ S. 75). Vergleichen Sie den Wert mit dem experimentellen Ergebnis und erklären Sie mögliche Unterschiede.

3.2 Reaktionswärme und Kalorimetrie

ÄNDERUNG DER INNEREN ENERGIE Bei einer chemischen Reaktion ändert sich durch Energieumwandlung die innere Energie des Reaktionssystems. Das System kann sowohl eine bestimmte Wärmemenge (Q) mit der Umgebung austauschen als auch Arbeit (W) verrichten. Die Differenz der inneren Energie ΔU des Systems ergibt sich damit wie folgt:

$$\Delta U = Q + W$$

Die Differenz einer Größe ergibt sich immer aus Endzustand minus Anfangszustand:

$\Delta U = U_{Ende} - U_{Anfang}$

REAKTIONSWÄRME Bei einer **exothermen Reaktion** wird im Laufe der Reaktion ein Teil der inneren Energie in thermische Energie umgewandelt und an die Umgebung als **Reaktionswärme Q** übertragen. Da die innere Energie nach der Reaktion geringer ist als vor der Reaktion, ist der Betrag von Q mit einem negativen Vorzeichen versehen (↑ 02).
Bei **endothermen Reaktionen** nimmt das System dagegen Energie aus der Umgebung auf. Die Reaktionswärme Q nimmt bei endothermen Reaktionen positive Werte an, da die innere Energie des Systems nach der Reaktion größer ist als vor der Reaktion.

ARBEIT Bei chemischen Reaktionen wird mechanische Arbeit verrichtet, wenn Gase entstehen. Diese **Volumenarbeit W** wird messbar, wenn die gasförmigen Produkte der chemischen Reaktion in einem Kolbenprober aufgefangen werden. Der Stempel bewegt sich dann gegen den äußeren Druck der Umgebung heraus (↑ 01). Die innere Energie des Systems nimmt durch die Freisetzung der Gase ab, da das System durch das Rausdrücken des Stempels Arbeit an der Umgebung verrichtet ($W < 0$; ↑ 02).
Verringert sich dagegen das Gasvolumen bei einer Reaktion, so verrichtet die Umgebung durch das Reindrücken des Stempels Arbeit am System ($W > 0$).
Die Volumenarbeit ergibt sich aus dem Produkt der Volumenänderung ΔV bei konstantem Druck p nach folgender Gleichung:

$$W = -p \cdot \Delta V$$

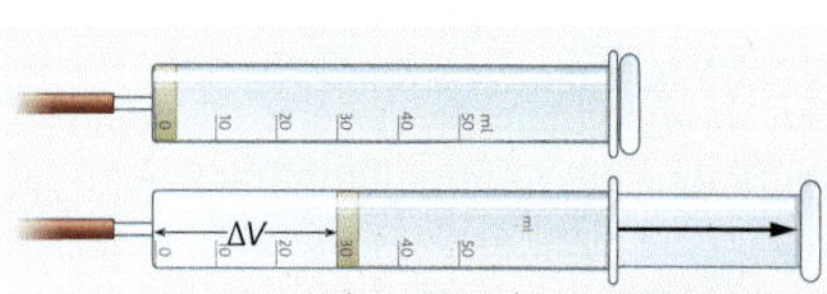

Volumenzunahme: $\Delta V = 30$ ml
Luftdruck: $p = 101{,}3$ kPa
Volumenarbeit: $W = -p \cdot \Delta V$
$= -101{,}3 \text{ kPa} \cdot 30 \text{ ml}$
$= -1{,}013 \cdot 10^5 \text{ N} \cdot \text{m}^{-2} \cdot 3{,}0 \cdot 10^{-5} \text{ m}^3$
$= -3{,}039 \text{ Nm} = -3{,}039 \text{ J}$

01 Austausch von Volumenarbeit zwischen System und Umgebung

REAKTIONSENTHALPIE Die meisten chemischen Reaktionen laufen bei konstantem Druck ab, z. B. solche bei Schülerversuchen in offenen Reagenzgläsern. Unter diesen Bedingungen entspricht die Änderung der inneren Energie ΔU der Summe aus Reaktionswärme und verrichteter Volumenarbeit:

$$\Delta U = Q - p \cdot \Delta V$$

Für die meisten chemischen Reaktionen – selbst unter Beteiligung von Gasen – ist unter Normalbedingungen die verrichtete Volumenarbeit im Vergleich zur Reaktionswärme sehr gering. In der Chemie wird deshalb häufig nur die Reaktionswärme Q betrachtet. Stellt man die obige Gleichung für die Änderung der inneren Energie nach Q um, ergibt sich:

$$Q = \Delta U + p \cdot \Delta V$$

Der Ausdruck auf der rechten Seite des Gleichheitszeichens entspricht der Enthalpieänderung der Reaktion, der **Reaktionsenthalpie $\Delta_r H$** (engl. *heat:* Wärme).

$$\Delta_r H = Q$$

$$\Delta_r H = \Delta U + p \cdot \Delta V$$

Die Reaktionsenthalpie $\Delta_r H$ kann experimentell bestimmt werden. Sie ist eine zentrale Größe für verschiedene quantitative energetische Betrachtungen. Bei Reaktionen, bei denen das Volumen konstant bleibt ($\Delta V = 0$), z. B. bei einer Reaktion ohne Beteiligung von Gasen, entspricht die Reaktionsenthalpie $\Delta_r H$ der Änderung der inneren Energie (ΔU) des Reaktionssystems.

Die Enthalpieänderung einer chemischen Reaktion (Reaktionsenthalpie, $\Delta_r H$) entspricht der ausgetauschten Wärme Q bei konstantem Druck.

Größe	Bedeutung für negative Werte (< 0)	Bedeutung für positive Werte (> 0)
ΔU	Innere Energie des Systems sinkt.	Innere Energie des Systems steigt.
Q, $\Delta_r H$	exotherme Reaktion	endotherme Reaktion
W	System verrichtet Arbeit.	Arbeit wird am System verrichtet.
ΔV	Volumenabnahme	Volumenzunahme
$-p \cdot \Delta V$	System verrichtet Volumenarbeit.	Volumenarbeit wird am System verrichtet.

02 Vorzeichen physikalischer Größen bei chemischen Reaktionen

BESTIMMUNG DER REAKTIONSWÄRME Eisen und Schwefel reagieren in einer stark exothermen Reaktion zu Eisensulfid (↑ S. 70, Exp. 3.03). Um die dabei frei werdende Reaktionswärme Q quantitativ zu bestimmen, lässt man die Reaktion in einem Kalorimeter (lat. *calor:* Wärme) ablaufen. Ein einfaches Kalorimeter besteht aus einem Gefäß, in dem eine bestimmte Menge Wasser enthalten ist, einem Thermometer zum Messen der Wassertemperatur und einem Rührwerk, mit dem das Wasser durchmischt werden kann (↑ **04**).

Das Reagenzglas mit dem Eisen-Schwefel-Gemisch wird in das Wasser gehängt. Während der Reaktion wird die frei werdende Reaktionswärme Q an das Wasser im Kalorimeter übertragen. Sie führt zu einem messbaren Temperaturanstieg. Ein Teil der Reaktionswärme führt aber auch zur Erwärmung des Kalorimetergefäßes. Es gilt:

$$Q = -(Q_W + Q_K)$$

Q_W entspricht der Wärme, die vom Wasser aufgenommen wurde, Q_K entspricht der Wärme, die vom Kalorimeter selbst aufgenommen wurde.

Mit der gemessenen Temperaturdifferenz ΔT kann die Reaktionswärme berechnet werden, da die Größen proportional zueinander sind:

$$Q = -(c_W \cdot m_W \cdot \Delta T + C_K \cdot \Delta T) = -(c_W \cdot m_W + C_K) \cdot \Delta T$$

m_W ist die Masse des Wassers im Kalorimeter, c_W die spezifische Wärmekapazität des Wassers. Sie beträgt $4{,}18\ J \cdot g^{-1} \cdot K^{-1}$, weil 1 g Wasser 4,18 J Energie aufnimmt, wenn die Temperatur um 1 K (entspricht 1 °C) steigt. C_K ist die Wärmekapazität des Kalorimeters. Sie wird experimentell bestimmt (↑ S.71, EXP. 3.05).

Auch für eine endotherme Reaktion kann mithilfe der Kalorimetrie die vom Reaktionssystem aufgenommene Reaktionswärme bestimmt werden. Sie führt zu einer Temperaturabnahme des Wassers, sodass die gemessene Temperaturdifferenz negativ ist.

1〉 Nennen Sie chemische Vorgänge aus dem Alltag, bei denen Volumenarbeit verrichtet wird.

2〉 In einem Kalorimeter ($C_K = 83\ J \cdot K^{-1}$), das mit 200 g Wasser gefüllt ist, nimmt die Temperatur bei einer chemischen Reaktion um 5,2 K ab. Berechnen Sie die Reaktionswärme Q.

3〉 In einem Kalorimeter ($C_K = 110\ J \cdot K^{-1}$) mit 1500 g Wasser werden 1,3 g Heizöl verbrannt, wobei eine Temperaturzunahme von 9,8 K gemessen wurde.

a Berechnen Sie die Reaktionswärme.

b Berechnen Sie jeweils die Reaktionswärme für 1 g und für 100 g Heizöl.

Größe	Bedeutung
Q	zu bestimmende Reaktionswärme
Q_W	Wärme, die auf das Wasser übertragen wird
Q_K	Wärme, die auf das Kalorimeter übertragen wird
m_W	Masse des Wassers im Kalorimeter
c_W	spezifische Wärmekapazität des Wassers: $c_W = 4{,}18\ J \cdot g^{-1} \cdot K^{-1}$
C_K	experimentell ermittelte Wärmekapazität des Kalorimeters
ΔT	experimentell ermittelte Temperaturdifferenz: $\Delta T = T_{Ende} - T_{Anfang}$

03 Physikalische Größen zur Bestimmung der Reaktionswärme

Berechnen einer Reaktionswärme

Aufgabe: Bei der Verbrennung von 1,5 g Marshmallows in einem Kalorimeter ($C_K = 85\ J \cdot K^{-1}$) mit der Wassermenge $m_W = 410\ g$ wurde eine Temperaturerhöhung von 11,9 K gemessen. Berechnen Sie jeweils die Reaktionswärme für die Verbrennung der 1,5 g Marshmallows und für 100 g Marshmallows.

Gegeben: $m(\text{Marshmallow}) = 1{,}5\ g$; $m_W = 410\ g$; $\Delta T = 11{,}9\ K$; $c_W = 4{,}18\ J \cdot g^{-1} \cdot K^{-1}$; $C_K = 85\ J \cdot K^{-1}$

Gesucht: Q

Lösung:

$$Q = -(c_W \cdot m_W + C_K) \cdot \Delta T$$
$$= -(4{,}18\ J \cdot g^{-1} \cdot K^{-1} \cdot 410\ g + 85\ J \cdot K^{-1}) \cdot 11{,}9\ K$$
$$= -21\,406\ J = -21{,}41\ kJ$$

Antwort: Bei der Verbrennung von 1,5 g Marshmallows wurde eine Reaktionswärme $Q = -21{,}41\ kJ$ freigesetzt.

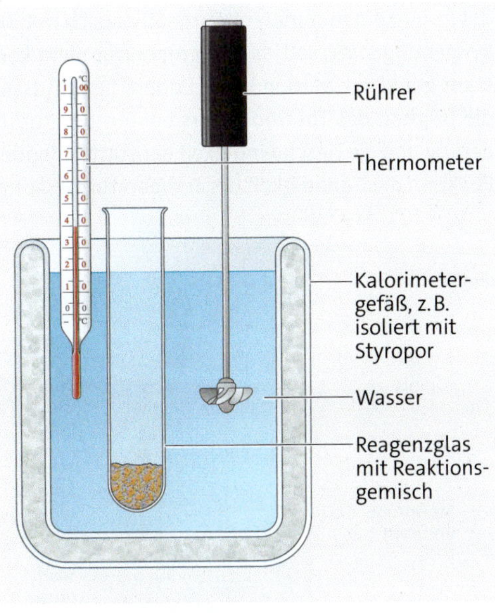

03 Einfaches Kalorimeter

Übung: Physikalische Größen zur Bestimmung der Reaktionswärme

Bestimmung der Wärmekapazität eines Kalorimeters

T_1 – Temperatur Wasserportion m_1

T_2 – Temperatur Wasserportion m_2

T_m – Mischtemperatur beider Wasserportionen

MISCHUNGSTEMPERATUR VON WASSER Eine einfache Möglichkeit, die Wärmekapazität C_K eines Kalorimeters zu bestimmen, besteht darin, zwei unterschiedlich temperierte Wassermengen zu mischen. In einem Kalorimeter befindet sich eine Wasserportion mit m_1 = 100 g und T_1 = 60 °C. Gibt man zu dieser eine gleich große Wasserportion m_2 mit T_2 = 20 °C, würde man eine Mischtemperatur von T_m = 40 °C erwarten. Gemessen wird aber eine Temperatur, die etwas größer als 40 °C ist. Das liegt daran, dass beim Mischen nicht nur das heiße Wasser Wärme auf die kalte Wasserportion überträgt, sondern auch auf die Bauteile des Kalorimeters. Es gilt:

$$Q_{W2} = -(Q_{W1} + Q_K)$$

Q_{W2} ist die vom kalten Wasser aufgenommene Wärme, $-(Q_{W1} + Q_K)$ ist die vom Wasser und Kalorimeter abgegebene Wärme. Durch Einsetzen der Temperaturdifferenzen und Wärmekapazitäten ergibt sich:

$$Q_{W2} = c_W \cdot m_2 \cdot (T_m - T_2)$$
$$-(Q_{W1} + Q_K) = -(c_W \cdot m_1 + C_K) \cdot (T_m - T_1)$$

Für die Umstellung genutzt: $T_m - T_1 = -(T_1 - T_m)$

Durch Umstellen nach der Wärmekapazität C_K des Kalorimeters kann diese berechnet werden:

$$C_K = \frac{c_W \cdot m_2 \cdot (T_m - T_2)}{T_1 - T_m} - c_W \cdot m_1$$

TEMPERATURMESSUNG BEI DER KALORIMETRIE Die Genauigkeit der Kalorimetrie ist abhängig von der exakten Bestimmung der Temperaturen vor und nach der Reaktion im Kalorimeter. Da auch das beste Kalorimeter kein isoliertes System darstellt, findet immer ein minimaler Wärmeaustausch mit der Umgebung statt, sodass die Temperatur nicht konstant gehalten werden kann. Zudem beeinflussen die Trägheit des Thermometers bei Temperaturänderung und die Geschwindigkeit der stattfindenden Reaktion die Genauigkeit der Temperaturmessung.

Video: Bombenkalorimeter im Labor

Die Ermittlung der Temperaturen findet daher häufig grafisch statt (↑ **02**). Hierzu werden die Temperaturwerte eines ausreichend langen Zeitabschnitts vor der Reaktion (Vorperiode), während der Reaktion (Hauptperiode) und nach der Reaktion (Nachperiode) aufgetragen. Nun werden die hinreichend linear verlaufenden Abschnitte von Vor-und Nachperiode verlängert. Man zeichnet dann eine Senkrechte so zwischen die verlängerten Perioden ein, dass die Flächen A1 und A2 den gleichen Flächeninhalt aufweisen. Die Schnittpunkte der Senkrechten mit den Geraden der Vor- und Nachperiode entsprechen der Anfangs- und Endtemperatur der Reaktion (↑ **02**). Aus den Werten wird dann ΔT nach folgender Formel berechnet:

$$\Delta T = T_2 - T_1$$

SPEZIALKALORIMETER Um die Reaktionswärme möglichst genau zu bestimmen, muss das Kalorimetergefäß nach außen isoliert werden, um einen Wärmeaustausch mit der Umgebung zu minimieren. Bei Verbrennungskalorimetern ist das nur bedingt möglich, insbesondere wenn bei der Reaktion Gase entstehen, die aus dem Kalorimetergefäß entweichen (↑ **01A**). In speziellen Bombenkalorimetern findet die Reaktion in einem geschlossenen Raum statt (↑ **01B**).

1› Berechnen Sie die Wärmekapazität C_K des Kalorimeters mit den Werten aus dem Text, wobei eine Mischungstemperatur T_m = 41 °C ermittelt wurde.

2› Begründen Sie, warum die Kalorimetrie für sehr langsam verlaufende Reaktionen zur Bestimmung der Reaktionswärme ungeeignet ist.

3› Erläutern Sie, dass die Glaswendel im Verbrennungskalorimeter die Genauigkeit für die Ermittlung der Reaktionswärme Q verbessert.

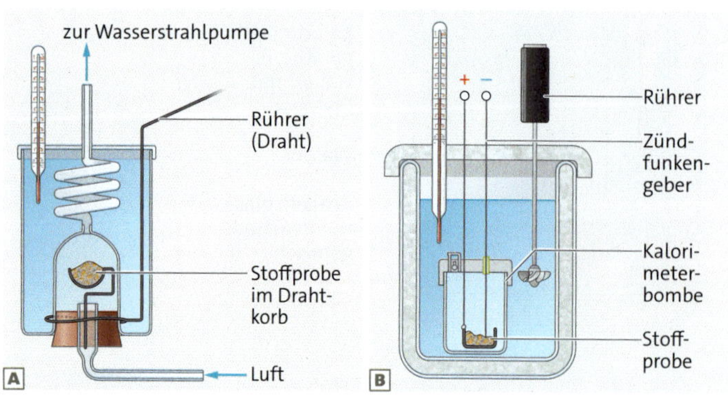

01 **A** Verbrennungskalorimeter, **B** Bombenkalorimeter

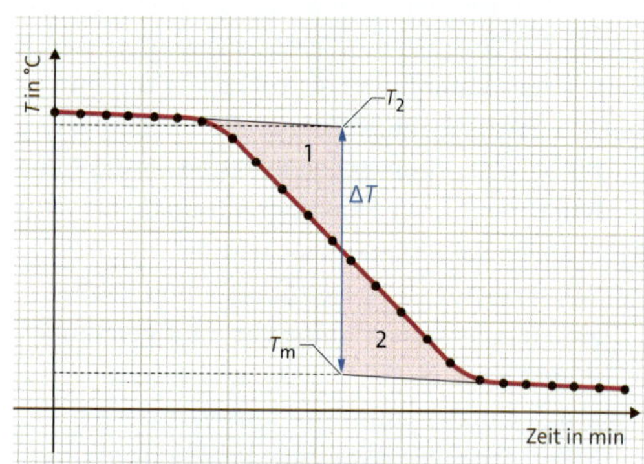

02 Grafische Bestimmung der Temperaturdifferenz

3.3 Lösungsenthalpie

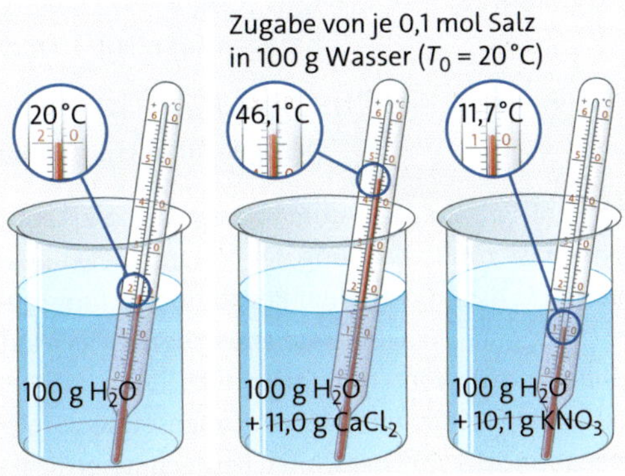

03 Temperaturänderung beim Lösen zweier Salze in 20 °C warmem Wasser

LÖSEVORGÄNGE UND ENERGIEUMWANDLUNG
Beim Lösen verschiedener Salze in Wasser misst man je nach Art und Stoffmenge des gelösten Salzes unterschiedliche Temperaturänderungen. Einige Salze wie Calciumchlorid $CaCl_2$ bewirken während des Lösens eine deutliche Temperaturzunahme, andere Salze wie Kaliumnitrat KNO_3 lösen sich unter Temperaturabnahme im Wasser (↑ 03). Diese Phänomene werden im Alltag u. a. bei sich selbst erwärmenden Heißgetränken und bei einigen Kühlpacks genutzt.

Die Temperaturänderungen beruhen auf Energieumwandlungen, die bei Vorgängen auf der Teilchenebene stattfinden: Beim Lösen des Salzes lagern sich die Wassermoleküle aufgrund starker Ion-Dipol-Kräfte an die Anionen und Kationen des Ionengitters an. Dabei werden zuerst die Ionen an den Ecken und Kanten des Kristalls vollständig von Wassermolekülen umgeben und abgelöst. Sie werden hydratisiert. Das Ionengitter wird so Schritt für Schritt abgebaut, bis alle Ionen hydratisiert sind und sich in der Lösung verteilen.

Zum Ablösen der Ionen durch die Wassermoleküle muss die **Gitterenthalpie $\Delta_G H$** aufgewendet werden. Die Gitterenthalpie ist die bei der Bildung des Ionengitters frei werdende Energie. Bei der Ausbildung der Hydrathülle wird die **Hydratationsenthalpie $\Delta_H H$** frei. Beide Größen sind stoffspezifisch. In der Literatur werden sie mit einem negativen Vorzeichen tabelliert (↑ 04, 05). Ist nun der Betrag der Hydratationsenthalpie größer als der der Gitterenthalpie, verläuft der Lösevorgang exotherm. Die überschüssige Hydratationsenthalpie führt zur einem Temperaturanstieg der Lösung. Bei einer im Betrag kleineren Hydratationsenthalpie verläuft der Löseprozess endotherm. Die Lösung kühlt ab.

Ion	$\Delta_H H_m$ in $kJ \cdot mol^{-1}$	Ion	$\Delta_H H_m$ in $kJ \cdot mol^{-1}$	Ion	$\Delta_H H_m$ in $kJ \cdot mol^{-1}$
H_3O^+	−1085	OH^-	−365	Ca^{2+}	−1580
Li^+	−510	F^-	−510	NO_3^-	−256
Na^+	−400	Cl^-	−380	NH_4^+	−293
K^+	−325	Br^-	−340	I^-	−300

04 Molare Hydratationsenthalpie $\Delta_H H_m$ ausgewählter Ionen

Salz	$\Delta_G H_m$ in $kJ \cdot mol^{-1}$	Salz	$\Delta_G H_m$ in $kJ \cdot mol^{-1}$
LiCl	−850	KNO_3	−616
NaCl	−780	NaBr	−734
KCl	−710	NaI	−699
$CaCl_2$	−2231	NH_4NO_3	−575

05 Molare Gitterenthalpie $\Delta_G H_m$ ausgewählter Salze

Die bei Lösevorgängen mit der Umgebung ausgetauschte Wärme ist die Lösungsenthalpie. Sie berechnet sich aus der Differenz der molaren Gitter- und der molaren Hydratationsenthalpien der Ionen. Zur besseren Vergleichbarkeit wird sie aufgrund der Abhängigkeit von der Stoffmenge als **molare Lösungsenthalpie $\Delta_L H_m$** tabelliert. Sie bezieht sich auf den Energieumsatz pro mol gelöstem Stoff.

Lösevorgang von Salzen in Wasser *↑ Chemische Bindungen, S. 41*

$$\Delta_L H_m = \Delta_H H_m - \Delta_G H_m$$

Daraus ergibt sich:

$\Delta_L H_m < 0 \Rightarrow$ Lösevorgang exotherm, weil $|\Delta_H H_m| > |\Delta_G H_m|$.

$\Delta_L H_m > 0 \Rightarrow$ Lösevorgang endotherm, weil $|\Delta_H H_m| < |\Delta_G H_m|$.

Für Calciumchlorid ergibt sich:

$$\begin{aligned}\Delta_L H_m &= \Delta_H H_m(Ca^{2+}) + 2 \cdot \Delta_H H_m(Cl^-) - \Delta_G H_m(CaCl_2) \\ &= [-1580 + 2 \cdot (-380) - (-2231)]\ kJ \cdot mol^{-1} \\ &= -109\ kJ \cdot mol^{-1} < 0 \Rightarrow \text{Lösevorgang exotherm}\end{aligned}$$

Die molare Lösungsenthalpie gibt den Energieumsatz eines Lösevorgangs pro mol gelöstem Stoff an. Sie entspricht der Summe der molaren Hydratations- und Gitterenthalpie.

1 › Berechnen Sie die molare Lösungsenthalpie:
a Kaliumnitrat
b Lithium-, Natrium- und Kaliumchlorid

2 › Bestimmen Sie die Temperaturänderung der Lösung, wenn 15 g Natriumbromid in 120 ml Wasser gelöst werden.

3.4 Reaktionsenthalpien

MOLARE REAKTIONSENTHALPIE Die bei einer chemischen Reaktion mithilfe eines Kalorimeters bestimmte Reaktionswärme Q entspricht bei konstantem Druck der Reaktionsenthalpie $\Delta_r H$.
Je nach Stoffmenge der miteinander reagierenden Stoffe werden für die Reaktionsenthalpie ganz unterschiedliche Werte ermittelt. Zur Vergleichbarkeit ist es daher zweckmäßig, $\Delta_r H$ immer auf eine Stoffmenge von 1 mol zu beziehen. Hierzu wurde die **molare Reaktionsenthalpie $\Delta_r H_m$** eingeführt. Sie berechnet sich aus der Reaktionsenthalpie, die durch die eingesetzte Stoffmenge eines (vollständig umgesetzten) Reaktionspartners geteilt wird:

$$\Delta_r H_m = \frac{\Delta_r H}{n}$$

Die molare Reaktionsenthalpie bezieht sich damit immer auf eine Reaktion, bei der *genau 1 mol* dieses Stoffs umgesetzt wurde.

Berechnen einer molaren Reaktionsenthalpie

Aufgabe: Bei der Zersetzung von 75 ml einer Wasserstoffperoxidlösung der Konzentration $c(H_2O_2) = 1\ mol \cdot l^{-1}$ in einem Kalorimeter ($m_W = 250\ g$; $C_K = 83{,}1\ J \cdot K^{-1}$) wurde ein Temperaturanstieg von 4,9 K gemessen. Berechnen Sie die molare Reaktionsenthalpie für die angegebene Reaktionsgleichung. *Hinweis:* $c_W = 4{,}18\ J \cdot g^{-1} \cdot K^{-1}$

$$2\ H_2O_2(l) \longrightarrow 2\ H_2O(l) + O_2(g) \quad \Delta_r H_m = ?$$

Gegeben: $V(\text{Lösung}) = 75\ ml$; $c(H_2O_2) = 1\ mol \cdot l^{-1}$; $m_W = 250\ g$; $\Delta T = 4{,}9\ K$; $c_W = 4{,}18\ J \cdot g^{-1} \cdot K^{-1}$; $C_K = 83{,}1\ J \cdot K^{-1}$
Gesucht: $\Delta_r H_m$

Lösung:
1. Berechnen von $\Delta_r H$ (entspricht Q):

$$\begin{aligned}\Delta_r H &= -(c_W \cdot [m_W + m(\text{Lösung})] + C_K) \cdot \Delta T \\ &= -(4{,}18\ J \cdot g^{-1} \cdot K^{-1} \cdot 325\ g + 83{,}1\ J \cdot K^{-1}) \cdot 4{,}9\ K \\ &= -7064\ J = -7{,}06\ kJ\end{aligned}$$

2. Berechnen der umgesetzten Stoffmenge Wasserstoffperoxid:

$$\begin{aligned}n(H_2O_2) &= c(H_2O_2) \cdot V = 1\ mol \cdot l^{-1} \cdot 0{,}075\ l \\ &= 0{,}075\ mol\end{aligned}$$

3. Berechnen der molaren Reaktionsenthalpie:

$$\Delta_r H_m = \frac{\Delta_r H}{n(H_2O_2)} = \frac{-7{,}06\ kJ}{0{,}075\ mol} = -94{,}1\ kJ \cdot mol^{-1}$$

Die berechnete Reaktionsenthalpie bezieht sich auf $n(H_2O_2) = 1\ mol$, zu der die folgende Reaktionsgleichung gehört:

$$1\ H_2O_2(l) \longrightarrow H_2O(l) + \tfrac{1}{2}\ O_2(g) \quad \Delta_r H_m = -94{,}1\ kJ \cdot mol^{-1}$$
bezogen auf $n(H_2O_2) = 1\ mol$

Antwort:
Bei der in der Aufgabenstellung angegebenen Reaktionsgleichung werden aber 2 mol H_2O_2 umgesetzt. Die molare Reaktionsenthalpie ist deshalb doppelt so groß.

$$2\ H_2O_2(l) \longrightarrow 2\ H_2O(l) + O_2(g) \quad \Delta_r H_m = -188{,}2\ kJ \cdot mol^{-1}$$

$$N_2(g) + 3\ H_2(g) \longrightarrow 2\ NH_3(g) \quad \Delta_r H_m = -92\ kJ \cdot mol^{-1}$$
bezogen auf $n(N_2) = 1\ mol$

$$\tfrac{1}{3}\ N_2(g) + H_2(g) \longrightarrow \tfrac{2}{3}\ NH_3(g) \quad \Delta_r H_m = -31\ kJ \cdot mol^{-1}$$
bezogen auf $n(H_2) = 1\ mol$

An dem Beispiel der Ammoniaksynthese erkennt man, dass zur Berechnung der molaren Reaktionsenthalpie die Angabe einer Reaktionsgleichung gehört. Die obere Reaktionsgleichung bezieht sich auf einen Umsatz von 1 mol Stickstoff. Die molare Reaktionsenthalpie wird aus der umgesetzten Stoffmenge an Stickstoff berechnet. Bei der unteren Reaktionsgleichung werden hingegen 1 mol Wasserstoff umgesetzt. Hier wurde die Stoffmenge von Wasserstoff genutzt (↑ Kasten links).

MOLARE STANDARDREAKTIONSENTHALPIE Die molare Reaktionsenthalpie einer chemischen Reaktion ist abhängig von der Temperatur und – vor allem für Reaktionen unter Beteiligung gasförmiger Stoffe – vom Druck. Damit experimentell bestimmte Reaktionsenthalpien verglichen werden können, werden sie in Tabellen als Werte für Reinstoffe unter **Standardbedingungen** angegeben.
Der energetisch stabilste Zustand, unter dem die Reinstoffe bei 298 K und 101,3 kPa vorliegen, heißt **Standardzustand**. Die unter diesen Bedingungen ermittelten Reaktionsenthalpien sind **molare Standardreaktionsenthalpien $\Delta_r H_m^0$** und werden zusätzlich durch eine hochgestellte Null gekennzeichnet.

VERBRENNUNGSENTHALPIE UND BRENNWERT
Viele chemische Reaktionen dienen zur Bereitstellung von Energie oder Wärme: Das Verbrennen von Kohle in einem Kraftwerk oder von Holz in einem Kamin, aber auch der Brennwert von Nahrungsmitteln wird durch die bei der Reaktion mit Sauerstoff freigesetzte Reaktionswärme kalorimetrisch bestimmt. Aufgrund dieser Bedeutung wird die **molare Verbrennungsenthalpie $\Delta_c H_m$** (engl. *combustion:* Verbrennung) eingeführt. $\Delta_c H_m$ ist definiert als die molare Reaktionsenthalpie für einen Stoffumsatz, bei dem 1 mol eines Ausgangsstoffs, z. B. flüssiges Ethanol, im Sauerstoffüberschuss verbrannt wird. Bei der Bestimmung der Reaktionswärme muss eventuell entstehendes Wasser definitionsgemäß im flüssigen Aggregatzustand vorliegen.

$$C_2H_5OH(l) + 3\ O_2(g) \longrightarrow 2\ CO_2(g) + 3\ H_2O(l) \quad \Delta_c H_m = -1364\ kJ \cdot mol^{-1}$$

Bei Brennstoffen, aber auch bei Nährstoffen gibt man häufig statt der Verbrennungsenthalpie den **Brennwert H_s** an.

Stoff und Formel	$\Delta_c H_m$ in $kJ \cdot mol^{-1}$	H_s in $kJ \cdot g^{-1}$	H_i in $kJ \cdot g^{-1}$
Methan* $CH_4(g)$	−891	36	33
Hexan $C_6H_{14}(l)$	−4158	48,3	44,8
Ethanol $C_2H_5OH(l)$	−1364	29,7	26,8
Ethansäure $CH_3COOH(l)$	−872	14,5	13,1
Glucose $C_6H_{12}O_6(s)$	−2820	15,7	14,2

01 Molare Verbrennungsenthalpien $\Delta_c H_m$, Brennwerte H_s und Heizwerte H_i für verschiedene Stoffe (* H_s/H_i für Methan in $kJ \cdot l^{-1}$)

Der Brennwert wird genauso ermittelt wie die Verbrennungsenthalpie, bezieht sich aber nicht auf 1 mol, sondern bei festen Stoffen auf eine bestimmte Masse und bei gasförmigen Stoffen auf ein bestimmtes Volumen. Bei der Angabe verzichtet man zudem auf das negative Vorzeichen (↑ **01**).

HEIZWERT Bei vielen technischen Prozessen zur Energiegewinnung ist es unrealistisch anzunehmen, dass Wasser als flüssiges Reaktionsprodukt entsteht. Verbrennt 1 mol Ethanol zu Kohlenstoffdioxid und gasförmigem Wasser, wird eine geringfügig niedrigere Reaktionsenthalpie $\Delta_r H_m$ frei.

$$C_2H_5OH(l) + 3\,O_2(g) \longrightarrow 2\,CO_2(g) + 3\,H_2O(g) \qquad \Delta_r H_m = -1232\ kJ \cdot mol^{-1}$$

Zum Verdampfen des Wassers ist Energie notwendig, die der Reaktionswärme bei der Verbrennung entnommen wird. Für Wasser beträgt die **molare Verdampfungsenthalpie** $\Delta_v H_m = 44\ kJ \cdot mol^{-1}$. Da bei der Reaktion 3 mol Wasser entstehen, ist die molare Reaktionsenthalpie $\Delta_r H_m$ um diesen Betrag von $132\ kJ \cdot mol^{-1}$ geringer als die molare Verbrennungsenthalpie $\Delta_c H_m$.
In der Technik entspricht diese Reaktionsenthalpie dem **Heizwert** H_i. Wie der Brennwert wird der Heizwert auf die Masse oder das Volumen eines Brennstoffs bezogen. Der Heizwert ist häufig kleiner als der Brennwert (↑ **01**).

Die molare Standardreaktionsenthalpie $\Delta_r H_m^0$ gibt die Reaktionsenthalpie einer Reaktion unter Standardbedingungen (T = 298 K, p = 101,3 kPa) pro mol eines Edukts oder Produkts an.

Berechnen des Brennwerts und Heizwerts für Hexan

Aufgabe: Berechnen Sie aus der molaren Verbrennungsenthalpie $\Delta_c H_m = -4158\ kJ \cdot mol^{-1}$ von Hexan(C_6H_{14}) den Brennwert H_s und den Heizwert H_i.

Gegeben: $\Delta_c H_m(C_6H_{14}) = -4158 kJ \cdot mol^{-1}$; $\Delta_v H_m(H_2O) = 44\ kJ \cdot mol^{-1}$; $M(C_6H_{14}) = 86\ g \cdot mol^{-1}$
Gesucht: H_s, H_i

Lösung:
1. Berechnen von H_s aus $\Delta_c H_m(C_6H_{14})$:

$$H_s = \frac{-\Delta_c H_m(C_6H_{14})}{M(C_6H_{14})} = \frac{4158\ kJ \cdot mol^{-1}}{86\ g \cdot mol^{-1}} = 48{,}3\ kJ \cdot g^{-1}$$

2. Berechnen von H_i:
$$C_6H_{14}(l) + \tfrac{19}{2}\,O_2(g) \longrightarrow 6\,CO_2(g) + 7\,H_2O(g)$$

Berechnung der Reaktionsenthalpie mit gasförmigem Wasser:
$$\Delta_r H_m(C_6H_{14}) = \Delta_c H_m(C_6H_{14}) + 7 \cdot \Delta_v H_m(H_2O)$$
$$= -4158\ kJ \cdot mol^{-1} + 7 \cdot 44\ kJ \cdot mol^{-1}$$
$$= -3850\ kJ \cdot mol^{-1}$$

$$H_i = \frac{-\Delta_r H_m(C_6H_{14})}{M(C_6H_{14})} = \frac{3850\ kJ \cdot mol^{-1}}{86\ g \cdot mol^{-1}} = 44{,}8\ kJ \cdot g^{-1}$$

Antwort: Für Hexan beträgt der Brennwert $H_s = 48{,}3\ kJ \cdot g^{-1}$ und der Heizwert $H_i = 44{,}8\ kJ \cdot g^{-1}$.

1 › In einem Kalorimeter ($C_K = 95{,}0\ J \cdot K^{-1}$) mit 500 g Wasser werden 1,1 g Aluminium vollständig zu Al_2O_3 oxidiert. Hierbei wurde ein Temperaturanstieg von 15,4 K gemessen.
a Berechnen Sie die Reaktionswärme.
b Stellen Sie die Reaktionsgleichung mit ganzen Stöchiometriezahlen auf. Berechnen Sie für diese Reaktion die molare Reaktionsenthalpie.

2 › Begründen Sie, warum sich die Verbrennungsenthalpien $\Delta_c H_m$ von flüssigem und gasförmigem Hexan bei sonst gleichen Reaktionsbedingungen voneinander unterscheiden.

3 › Berechnen Sie die Reaktionswärme bei der Verbrennung von 5 mol Glucose und von 100 g Glucose (↑ **01**). Als Reaktionsprodukt entsteht u. a. flüssiges Wasser.

4 › Bei der Verbrennung von 3 g Ethan, bei der u. a. flüssiges Wasser entsteht, wurde eine Reaktionswärme von 155,7 kJ gemessen. Berechnen Sie daraus die molare Verbrennungsenthalpie, den Brennwert sowie den Heizwert von Ethan.

5 › Berechnen Sie aus dem Brennwert $H_s = 22{,}7\ kJ \cdot g^{-1}$ die molare Verbrennungsenthalpie für flüssiges Methanol. Entwickeln Sie die dazu passende Reaktionsgleichung.

3.5 Satz von Hess

BERECHNEN VON REAKTIONSENTHALPIEN Die Reaktionsenthalpien vieler chemischer Reaktionen können kalorimetrisch nicht bestimmt werden: So ist es z. B. nicht möglich, die Verbrennungsenthalpie von Graphit (reiner Kohlenstoff) zu Kohlenstoffmonooxid experimentell zu ermitteln, da dabei immer auch Kohlenstoffdioxid entsteht. Dagegen verbrennen sowohl Graphit als auch Kohlenstoffmonooxid bei ausreichender Sauerstoffzufuhr vollständig zu Kohlenstoffdioxid:

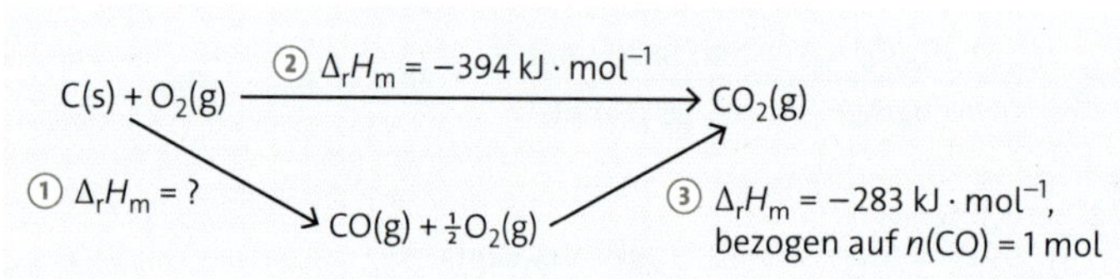

01 Zerlegung der Reaktion in zwei Teilschritte

Die experimentell nicht zugängliche Reaktionsenthalpie der Reaktion ① lässt sich jedoch berechnen. Dazu wird die Reaktion hypothetisch in zwei oder mehr Teilschritte mit bekannter Reaktionsenthalpie zerlegt (↑ **01, 02**). So entspricht die Reaktionsenthalpie der Reaktion ② der Summe der Reaktionsenthalpien der beiden Teilschritte ① und ③. Folglich kann die Reaktionsenthalpie für die Bildung von Kohlenstoffmonooxid ① aus der Differenz der beiden anderen Reaktionsenthalpien berechnet werden (↑ **01**).

Nach dem Energieerhaltungssatz bleibt die Energie eines isolierten Systems konstant (↑ S. 69).

$$\text{①}\ \Delta_r H_m = \text{②}\ \Delta_r H_m - \text{③}\ \Delta_r H_m$$
$$= -394\ kJ \cdot mol^{-1} - (-283\ kJ \cdot mol^{-1})$$
$$= -111\ kJ \cdot mol^{-1}$$

Grundlage dieser Berechnung ist ein von dem russischen Chemiker GERMAIN HENRI HESS formuliertes Gesetz, das auf dem **Energieerhaltungssatz** beruht. Der **Satz von Hess** besagt:

Eine Anwendung des Satzes von Hess ist der Born-Haber-Kreisprozess (↑ S. 42.).

Energiediagramme(↑ S. 99)

Die Reaktionsenthalpie einer chemischen Reaktion ist unabhängig vom Reaktionsweg.

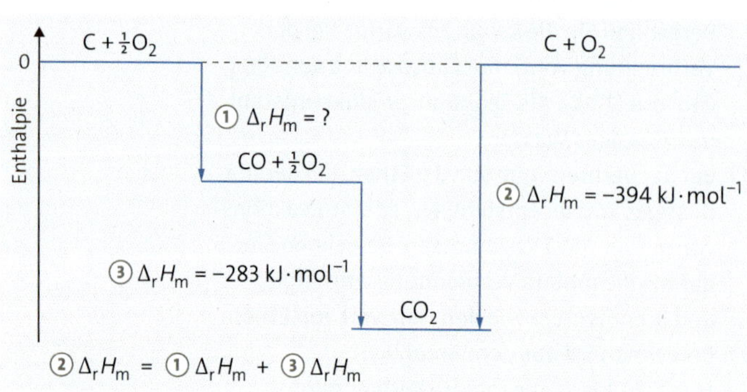

02 Anwendung des Satzes von Hess auf die Reaktion von Kohlenstoff mit Sauerstoff

Die Reaktionsenthalpie wird ausschließlich vom Anfangszustand (Ausgangsstoffe) und Endzustand (Reaktionsprodukte) des Reaktionssystems bestimmt. Für eine Reaktion, die von den Ausgangsstoffen über zwei verschiedene Reaktionswege zu denselben Reaktionsprodukten führt, misst man die gleiche Reaktionsenthalpie.

MOLARE STANDARDBILDUNGSENTHALPIE Mit dem Satz von Hess lassen sich prinzipiell die Reaktionsenthalpien aller chemischen Reaktionen berechnen. Hierzu muss die Reaktion in bekannte, aber teilweise auch komplizierte Teilschritte zerlegt werden. Einfacher ist es, sich vorzustellen, dass die chemischen Verbindungen der Edukte in ihre Elemente zerlegt und aus diesen Elementen dann die Reaktionsprodukte gebildet werden (↑ **03**).

Dazu wurde die **molare Standardbildungsenthalpie** $\boldsymbol{\Delta_f H_m^0}$ (engl. *formation:* Bildung) eingeführt. Sie entspricht der Reaktionsenthalpie der Bildung von 1 mol einer reinen Verbindung aus ihren Elementen unter Standardbedingungen.

Die Standardbildungsenthalpien aller Elemente in ihrem energetisch stabilsten Zustand wie H_2(g) oder Fe(s) wird per Definition auf null festgelegt. Damit stellen die Standardzustände der Elemente einen Bezugspunkt dar. Eine Verbindung mit negativer Bildungsenthalpie ist im Vergleich zu ihren Elementen energetisch stabiler ($\Delta_f H_m^0 < 0$). Umgekehrt setzt eine Verbindung mit positiver Bildungsenthalpie beim Zerfall in ihre Elemente Energie frei ($\Delta_f H_m^0 > 0$).

Die molare Standardbildungsenthalpie $\Delta_f H_m^0$ entspricht der molaren Reaktionsenthalpie der Bildung von 1 mol einer Verbindung aus den Elementen unter Standardbedingungen.

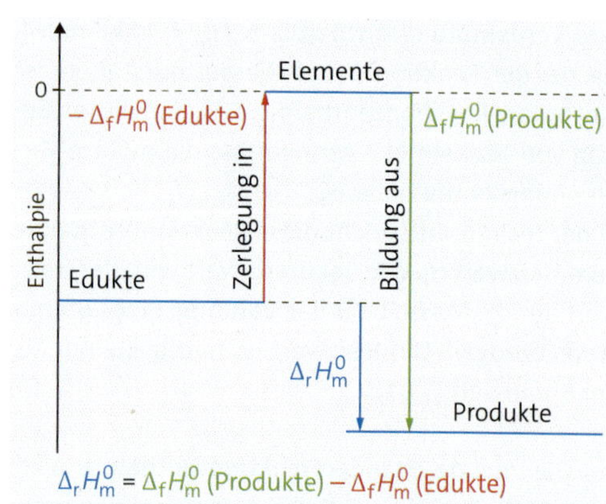

03 Satz von Hess: Prinzipielle Bestimmung der Reaktionsenthalpie mithilfe von Bildungsenthalpien

RECHNEN MIT DEM SATZ VON HESS Die molaren Standardbildungsenthalpien fast aller bekannten Verbindungen sind in Datenbanken und Tabellen gesammelt (↑ 04). Mit ihrer Hilfe kann die molare Standardreaktionsenthalpie beliebiger Reaktionen berechnet werden. Sie ergibt sich nach dem Satz von Hess aus der Summe der molaren Standardbildungsenthalpien aller Produkte abzüglich der Summe der molaren Standardbildungsenthalpien aller Edukte anhand einer konkreten Reaktionsgleichung. Dabei sind jeweils die Stöchiometriezahlen (ν) der einzelnen Produkte und Edukte zu berücksichtigen (↑ Kasten).

$$\Delta_r H_m^0 = \Sigma\, \nu \cdot \Delta_f H_m^0(\text{Produkte}) - \Sigma\, \nu \cdot \Delta_f H_m^0(\text{Edukte})$$

Beim Einsetzten der Werte ist zu beachten, in welchen Aggregatzuständen die Stoffe vorliegen und welche Vorzeichen die Bildungsenthalpien aufweisen.

Mithilfe der oben angeführten Gleichung lassen sich auch die Standardbildungsenthalpien einzelner Verbindungen aus einer experimentell ermittelten Standardreaktionsenthalpie berechnen (↑ Kasten).

Molare Standardreaktionsenthalpien und molare Standardbildungsenthalpien können mit dem Satz von Hess berechnet werden.

1 › Die molare Standardverbrennungsenthalpie von Wasserstoff entspricht der molaren Standardbildungsenthalpie von flüssigem Wasser. Erläutern Sie diese Aussage auch indem Sie die Daten in einem Diagramm darstellen (↑ 02, 03).

2 Die molare Standardverbrennungsenthalpie von Cyclohexan beträgt $-3920\ \text{kJ} \cdot \text{mol}^{-1}$. Berechnen Sie die molare Standardbildungsenthalpie von Cyclohexan unter Zuhilfenahme von Tabelle ↑ 04.

3 › Berechnen Sie unter Zuhilfenahme von Tabelle ↑ 03 die molare Standardverbrennungsenthalpie von flüssigem Ethanol.

4 › Für das Lösen von Natriumchlorid in Wasser kann folgende Reaktionsgleichung geschrieben werden: $NaCl(s) \longrightarrow Na^+(aq) + Cl^-(aq)$
Berechnen Sie die Lösungsenthalpie für diesen Vorgang aus den Bildungsenthalpien (↑ 04).

5 › Sagen Sie begründet voraus, wie sich die Standardreaktionsenthalpie einer chemischen Reaktion verhält, wenn sie unter Verwendung eines Katalysators durchgeführt wird.

6 › Bestimmen Sie die Bildungsenthalpie von Methan aus $\Delta_c H_m^0(CH_4) = -891\ \text{kJ} \cdot \text{mol}^{-1}$. Erstellen Sie ein passendes Energiediagramm (↑ 02).

Formel	$\Delta_f H_m^0$ in $\text{kJ} \cdot \text{mol}^{-1}$	Formel	$\Delta_f H_m^0$ in $\text{kJ} \cdot \text{mol}^{-1}$
C(Graphit, s)	0	$NaCl(s)$	−411
C(Diamant, s)	2	$Na^+(aq)$	−240
$H_2O(l)$	−286	$Cl^-(aq)$	−167
$H_2O(g)$	−242	$Al_2O_3(s)$	−1676
$CO_2(g)$	−394	$C_2H_5OH(l)$	−277
$CO(g)$	−111	$C_6H_{12}O_6(s)$	−1274

04 Ausgewählte molare Standardbildungsenthalpien $\Delta_f H_m^0$

Berechnungen mit dem Satz von Hess

Aufgabe: Berechnen Sie die molare Standardverbrennungsenthalpie von Glucose aus den tabellierten molaren Standardbildungsenthalpien.

Lösung:
1. Reaktionsgleichung:
$C_6H_{12}O_6(s) + 6\,O_2(g) \longrightarrow 6\,CO_2(g) + 7\,H_2O(l)$

2. Berechnen von $\Delta_c H_m^0$:
$\Delta_r H_m^0 = \Sigma\, \nu \cdot \Delta_f H_m^0(\text{Produkte}) - \Sigma\, \nu \cdot \Delta_f H_m^0(\text{Edukte})$

Hinweis: Die Standardbildungsenthalpien der Elemente sind per Definition null und müssen nicht berücksichtigt werden. Deshalb geht Sauerstoff nicht in die Berechnung ein.

$$\begin{aligned}\Delta_c H_m^0(C_6H_{12}O_6) &= 6 \cdot \Delta_f H_m^0(CO_2) + 6 \cdot \Delta_f H_m^0(H_2O) - \Delta_f H_m^0(C_6H_{12}O_6)\\ &= 6 \cdot (-394\ \text{kJ} \cdot \text{mol}^{-1}) + 6 \cdot (-286\ \text{kJ} \cdot \text{mol}^{-1})\\ &\quad - (-1274\ \text{kJ} \cdot \text{mol}^{-1})\\ &= -2806\ \text{kJ} \cdot \text{mol}^{-1}\end{aligned}$$

Antwort: Die molare Standardverbrennungsenthalpie von fester Glucose beträgt $-2806\ \text{kJ} \cdot \text{mol}^{-1}$.

Aufgabe: Für die Verbrennung von flüssigem Hexan wurde eine molare Verbrennungsenthalpie $\Delta_c H_m^0 = -4158\ \text{kJ} \cdot \text{mol}^{-1}$ ermittelt. Berechnen Sie daraus die molare Standardbildungsenthalpie von Hexan.

Lösung:
1. Reaktionsgleichung:
$C_6H_{14}(l) + \frac{19}{2}\,O_2(g) \longrightarrow 6\,CO_2(g) + 7\,H_2O(l)$

2. Berechnen von $\Delta_f H_m^0(C_6H_{14})$:

$$\begin{aligned}\Delta_r H_m^0 &= \Sigma\, \nu \cdot \Delta_f H_m^0(\text{Produkte}) - \Sigma\, \nu \cdot \Delta_f H_m^0(\text{Edukte})\\ \Delta_c H_m^0(C_6H_{14}) &= 6 \cdot \Delta_f H_m^0(CO_2) + 7 \cdot \Delta_f H_m^0(H_2O) - \Delta_f H_m^0(C_6H_{14})\end{aligned}$$

$$\begin{aligned}\Delta_f H_m^0(C_6H_{14}) &= 6 \cdot \Delta_f H_m^0(CO_2) + 7 \cdot \Delta_f H_m^0(H_2O) - \Delta_c H_m(C_6H_{14})\\ &= 6 \cdot (-394\ \text{kJ} \cdot \text{mol}^{-1}) + 7 \cdot (-286\ \text{kJ} \cdot \text{mol}^{-1})\\ &\quad - (-4158\ \text{kJ} \cdot \text{mol}^{-1})\\ &= -208\ \text{kJ} \cdot \text{mol}^{-1}\end{aligned}$$

Antwort: Die molare Standardbildungsenthalpie von flüssigem Hexan beträgt $-208\ \text{kJ} \cdot \text{mol}^{-1}$.

3.6 Energieversorgung und nachwachsende Rohstoffe

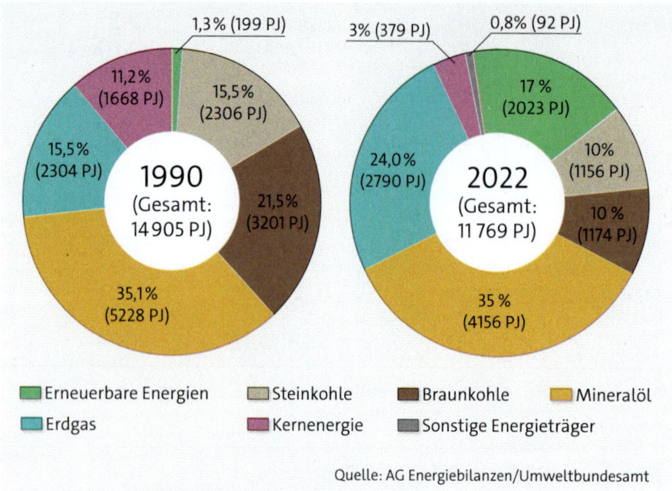

04 Primärenergieverbrauch in Deutschland in den Jahren 1990 und 2022 (PJ = Petajoule; 1 Petajoule = 10^{15} Joule)

ENERGIETRÄGER – ENERGIEVERBRAUCH In den fossilen Energieträgern Erdöl, Erdgas, Stein- und Braunkohle sind große Mengen Sonnenenergie früherer Zeiten in Form von chemischer Energie gespeichert. Bei der Verbrennung wird diese chemische Energie direkt in thermische Energie oder in Lichtenergie umgewandelt. Daher gehört beispielsweise Erdöl zu den **Primärenergieträgern**. Zu den **erneuerbaren Energien** zählen Wasserkraft, Windenergie, Solarenergie und Biomasse.

Seit 1990 ist der **Primärenergieverbrauch** – dies umfasst den Endenergieverbrauch und die Verluste, die bei der Erzeugung der Endenergie aus der Primärenergie auftreten – leicht zurückgegangen (↑ **01**). Außerdem hat sich der Energieträgermix zugunsten der erneuerbaren Energien verändert. Dennoch wird der Primärenergiebedarf immer noch zu knapp 80 % von fossilen Energieträgern gedeckt (↑ **01**). Eine Abhängigkeit von fossilen Energieträgern stellt unter anderem ein großes wirtschaftliches Risiko dar, zumal Deutschland einen Großteil der Primärenergieträger importieren muss.

NACHWACHSENDE ROHSTOFFE Eine bedeutsame Alternative für fossile Energieträger sind die **nachwachsenden Rohstoffe**. So bezeichnet man organische Stoffe pflanzlichen oder tierischen Ursprungs, die ganz oder in Teilen als Energieträger oder als Rohstoffe für die Industrie genutzt werden. Im Vergleich zu den fossilen Rohstoffen erneuern sie sich meist in überschaubaren Zeiträumen. Außerdem ermöglichen sie im Prinzip einen geschlossenen Kohlenstoffdioxidkreislauf. Gründe für ihren zunehmenden Einsatz sind vor allem Umweltprobleme (z. B. Treibhauseffekt oder steigende Abfallmengen) sowie knapper werdende fossile Rohstoffe. Nachwachsende Rohstoffe bilden mittlerweile auch die Grundlage für eine Vielzahl unterschiedlicher Produktlinien in der Industrie. Daher werden Pflanzen, die nachwachsende Rohstoffe für die Industrie liefern, als **Industriepflanzen** bezeichnet. Dienen die Pflanzen vorwiegend der Energiegewinnung, spricht man von **Energiepflanzen**. Sie können zur Extraktion von Pflanzenöl, zur Vergärung zu Alkohol oder für die direkte Verbrennung genutzt werden (↑ **02**).

BIOETHANOL Ethanol ist ein leichtflüchtiger Alkohol, der mit Luft explosive Gasgemische bildet. Daher eignet er sich zur Verbrennung in Ottomotoren. Wie herkömmliches Benzin verbrennt Ethanol vollständig zu Wasser und Kohlenstoffdioxid. Ethanol ist das Hauptprodukt bei der Vergärung von in Pflanzen enthaltenen Zuckern. Das auf diese Weise gewonnene Produkt, das ausschließlich aus Biomasse hergestellt wurde und für die Verwendung als Biokraftstoff bestimmt ist, wird als **Bioethanol** bezeichnet. In den USA werden vor allem Mais, in Brasilien Zuckerrohr und in Deutschland Zuckerrüben als Rohstoff eingesetzt. Bioethanol wird in Deutschland als Reinkraftstoff nicht angeboten. Er ist als Additiv mit bis zu 5 % im E5-Kraftstoff bzw. mit zu 10 % im E10-Kraftstoff enthalten. Die Verwendung von Bioethanol erfordert korrosionsbeständige Ventile aus besonders gehärtetem Material. Ethanol reagiert mit Gummi und Kunststoffen und darf des-

Industriepflanzen	**Rohstoffe**	**Produkte**
Raps, Lein, Sonnenblume, Mohn	Pflanzenöl	Kosmetika, Schmierstoffe, Motoröle, Farben, Lacke
Weizen, Kartoffeln, Mais	Stärke	Leime, Papier, Pappe, Folien, Verpackungen, Textilien
Flachs, Schilf, Hanf, Baumwolle	Fasern	Textilien, Papier, Seile, Garn, Zellstoff, Bremsbeläge
Energiepflanzen	**Rohstoffe**	**Produkte**
Zuckerrüben, Kartoffeln, Mais, Getreide	Zucker, Stärke	Bioethanol (Kraftstoff), Additive
Raps	Rapsöl	Biodiesel, Rapsöl (Brennstoff)
Holz, Gräser, Stroh, Getreidepflanzen	Stückholz, Hackschnitzel	Wärme, Dampf, Strom

02 Industrie- und Energiepflanzen – Rohstoffe und Produkte

halb nur in speziell ausgerüsteten Fahrzeugen verwendet werden.

Ethanol hat pro Liter einen um etwa 35 % geringeren Gehalt an chemischer Energie als gewöhnlicher Ottokraftstoff. Daher muss man eine entsprechend größere Menge tanken. Gegenüber ethanolfreien Kraftstoffen weist Bioethanol eine Verminderung der Emissionen von Kohlenwasserstoffen und anderen Schadstoffen auf. Aufgrund des erhöhten Aldehydanteils in den Abgasen sind ethanolhaltige Kraftstoffe aber dennoch gesundheitlich problematisch.

KONTROVERSEN UM TREIBSTOFFE Für die Bewertung von Treibstoffen ist u. a. der Anteil an Kohlenstoffdioxid in den Abgasen relevant. Wasserstoff ist in dieser Hinsicht ideal, denn er reagiert bei der Verbrennung vollständig zu Wasser. Kohlenstoff (Kohle) ist sehr nachteilig, da bei der Verbrennung hauptsächlich Kohlenstoffdioxid entsteht. Biotreibstoffe haben den Vorteil, dass bei ihrer Verbrennung gerade so viel Kohlenstoffdioxid entsteht, wie die Pflanze bei der Fotosynthese gebunden hat.

Um aber eine objektive Aussage zur Klimabilanz eines Treibstoffs zu treffen, muss der Gesamtbetrag an Kohlenstoffdioxidemissionen, der direkt oder indirekt beim Anbau, Transport und Verarbeitung bzw. Herstellung eines Treibstoffs verursacht wird, betrachtet werden:

- Anbau, Herstellung und Transport von Biotreibstoffen erfordern Energie – und diese stammt bislang meist aus fossilen Quellen.
- Die heimische Landwirtschaft kann unseren Energiebedarf nicht komplett decken. Dazu müsste Biomasse importiert werden, z. B. Palmöl aus Indonesien. Palmölplantagen liefern aber nur bei Düngung die gewünschten Erträge. Dadurch wird Distickstoffoxid freigesetzt, das ein viel stärkeres Treibhausgas als Kohlenstoffdioxid ist.
- In Ländern wie Indonesien und Malaysia werden riesige Teile des noch vorhandenen Regenwalds für den Anbau von Palmölplantagen zur Biodieselherstellung unwiederbringlich vernichtet. Durch Brandrodung werden nicht nur enorme Mengen an Kohlenstoffdioxid freigesetzt, diese Flächen entfallen zukünftig auch als Kohlenstoffdioxidspeicher.

1〉 Beurteilen Sie, ob es sich bei Bioethanol um einen klimaneutralen Treibstoff handelt.

2〉 Erläutern Sie die Zusammenhänge, die in Bild ↑ **04** dargestellt sind.

Bioethanol in E5- bzw. E10-Kraftstoffen

Rohstoffe: Getreide, Zuckerrüben, Mais

Hektarertrag: 2800 l/ha (zuzüglich 2,2 t Futtermittel) für Ethanol aus Weizen

Kraftstoffäquivalent: 1 l Ethanol ersetzt etwa 0,66 l Ottokraftstoff.

Treibhausgasemissionen:
- 44 g CO_2-Äq/MJ für Ethanol aus Weizen
- Vergleichskraftstoff Benzin: 83,8 g CO_2-Äq/MJ
- Reduktion der Treibhausgase: 48 %

Auswirkung auf Kraftstoffverbrauch:
- Der geringere Energiegehalt des Ethanols führt bei E10 zu einem Mehrverbrauch von 1,5 bis 3 %, bei E5 von 0,5 bis 1,5 %.
- Je nachdem, wie gut die Motorentechnik die positiven Effekte einer höheren Oktanzahl ausnutzen kann, lassen sich die Nachteile im Kraftstoffverbrauch ausgleichen.

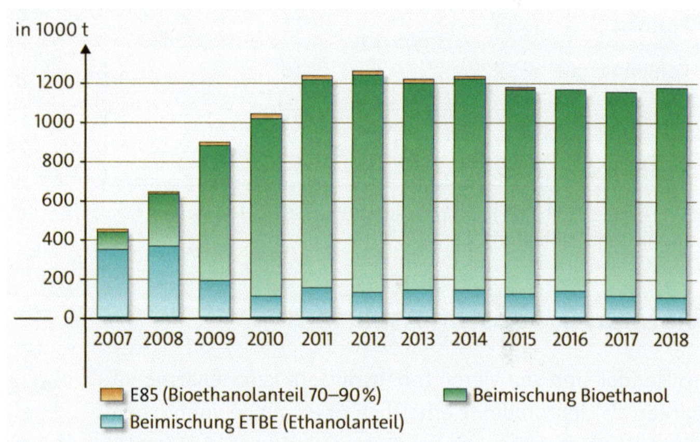

03 Bioethanolabsatz in Deutschland

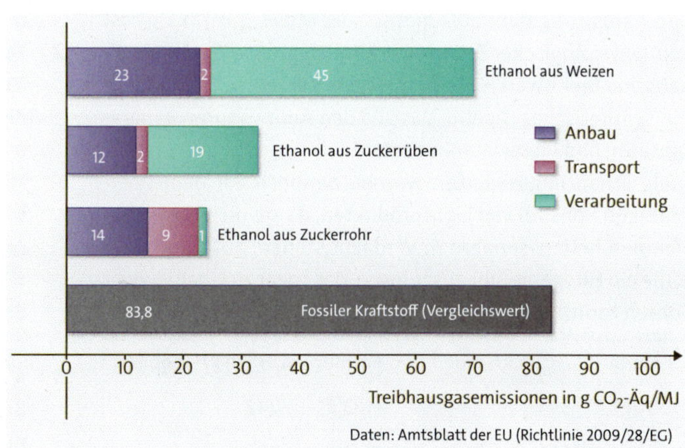

04 Treibhausgasemissionen für Treibstoffe, angegeben in Gramm Kohlenstoffdioxidäquivalenten (CO_2-Äq) pro Megajoule (MJ) Heizwert

Klausurtraining

Material A Nährwerte von Lebensmitteln

Statt den Brennwert eines Lebensmittels kalorimetrisch zu bestimmen, werden in der Regel die Brennwerte der im Lebensmittel enthaltenen Nährstoffe unter Berücksichtigung ihrer Massenanteile addiert. Hierbei unterscheidet man zwischen dem physikalischen Brennwert H_s und dem physiologischen Brennwert H_{bio}, der nur die Energiemenge berücksichtigt, die durch Zellatmung für den Körper nutzbar gemacht werden kann.

Nährwertangaben	in 100 g	in 33,3 g	33,3 g entsprechen ... Tagesbedarf
Fette	29,5 g	9,9 g	14 %
Kohlenhydrate	58,5 g	19,5 g	8 %
davon Zucker	58,0 g	19,5 g	21 %
Ballaststoffe	1,9 g	0,6 g	–
Proteine	6,5 g	2,2 g	4 %
Salz	0,30 g	0,10 g	2 %

A1.1 Nährwertangaben einer Vollmilchschokolade

Nährstoff	H_s in $kJ \cdot g^{-1}$	H_{bio} in $kJ \cdot g^{-1}$
Proteine	23	17
Kohlenhydrate	17	16
Fette	37	37
Zucker	16,8	16,8

A1.2 Physikalische (H_s) und physiologische (H_{bio}) Brennwerte verschiedener Nährstoffe

Der Verein „foodwatch" fordert zusätzlich zu den Nährwertangaben eine Ampelkennzeichnung von Lebensmitteln. Durch die Farbgebung rot, gelb und grün für den Gehalt an Fett, Zucker und Salz sollen Verbraucher auf einen Blick erkennen können, ob der entsprechende Inhaltsstoff in hoher, mittlerer oder geringer Menge enthalten ist. Die Lebensmittelindustrie kritisiert dies und verweist darauf, dass die Nährwertangaben auf den Verpackungen in genügendem Maß Auskunft böten.

AUFGABEN ZU A

1 › In einem Kalorimeter ($C_K = 72{,}0\ J \cdot K^{-1}$) mit 1,3 kg Wasser wurden 3,4 g Zartbitterschokolade vollständig verbrannt. Die Temperaturdifferenz betrug 15,3 K.

a Berechnen Sie die Reaktionswärme der verbrannten Schokolade.

b Bestimmen Sie daraus den Brennwert H_s einer Tafel Zartbitterschokolade (100 g). *Hinweis zu Aufgabenlösung* **1a**: Q(Zartbitterschokolade) ≈ – 82 kJ

c Bestimmen Sie mithilfe der Angaben (↑ **A1.1**, **A1.2**) den Brennwert H_{bio} der Vollmilchschokolade (100 g).

d Vergleichen Sie die Werte. Diskutieren Sie mögliche Unterschiede und ihre Gründe. *Hinweise:* H_S(Zartbitter) ≈ 2400 kJ pro 100 g; H_{bio}(Vollmilch) ≈ 2180 kJ pro 100 g

2 › Beurteilen Sie den Nutzen von Nährwerttabellen bzw. die alternative Verwendung einer Ampelkennzeichnung.

Material B Süßstoff Aspartam

Im Handel sind von vielen Lebensmitteln kalorienarme Varianten als Lightprodukte erhältlich. Statt mit gewöhnlichem Haushaltszucker (Saccharose, $C_{12}H_{22}O_{11}$) sind sie häufig mit synthetischen Süßstoffen wie Aspartam ($C_{14}H_{18}N_2O_5$) gesüßt. Die gleiche Menge Aspartam schmeckt im Gegensatz zu Saccharose ungefähr 200-mal so süß. Mit $H_{bio} = 17\ kJ \cdot g^{-1}$ ist sein physiologischer Brennwert ähnlich groß wie sein physikalischer Brennwert H_s. Es ist aber kein Kohlenhydrat, sondern ein synthetisches Dipetid, das aus den Aminosäuren Asparaginsäure und Phenylalanin besteht.
Viele Ernährungsexperten warnen dennoch vor dem übermäßigen Konsum von Lightprodukten, da sie nicht beim Abnehmen helfen, sondern in Verdacht stehen, aufgrund ihrer Süße ein Hungergefühl auszulösen, das sogar zu Übergewicht führen kann.

Formel	$\Delta_f H_m^0$ in $kJ \cdot mol^{-1}$	Formel	$\Delta_f H_m^0$ in $kJ \cdot mol^{-1}$
$CO_2(g)$	–394	$H_2O(g)$	–242
$CO(g)$	–111	$H_2O(l)$	–286

B1.1 Molare Bildungsenthalpien einiger Verbindungen

AUFGABEN ZU B

1 › Berechnen Sie mithilfe des Satzes von Hess aus dem physiologischen Brennwert von Aspartam die molare Bildungsenthalpie ab (↑ **B1.1**). *Hinweis:* Es bildet sich u. a. Stickstoff (N_2) und es gilt die Annahme: $H_s = H_{bio}$.

2 › 1,9 g Saccharose werden in einem Kalorimeter ($C_K = 73{,}0\ J \cdot K^{-1}$) mit einer Wasserfüllung von 650 ml vollständig verbrannt. Dabei steigt die Temperatur um 11,3 K.

a Entwickeln Sie die Reaktionsgleichung für die vollständige Verbrennung von Saccharose.

b Berechnen Sie den Brennwert und die molare Verbrennungsenthalpie von Saccharose.

c Bestimmen Sie mithilfe des Satzes von Hess die Bildungsenthalpie von Saccharose. *Hinweis:* $\Delta_c H_m$(Saccharose) ≈ – 5400 $kJ \cdot mol^{-1}$

3 › a Vergleichen Sie Saccharose und Aspartam hinsichtlich Brennwerten, molaren Verbrennungsenthalpien und molaren Bildungsenthalpien.

b Beurteilen Sie die Verwendung von Aspartam statt Saccharose in Lightprodukten.

Material C Power-to-Gas-Technologie

Im Rahmen der Energiewende wird die Power-to-Gas-Technologie als eine Möglichkeit gesehen, langfristig einen Beitrag zur Unabhängigkeit von fossilen Brennstoffen zu leisten. Die Unabhängigkeit von solchen Brennstoffen ist sowohl wegen der Begrenztheit ihrer Ressourcen als auch des Willens zur Verringerung des Kohlenstoffdioxidausstoßes notwendig.
Bei der Power-to-Gas-Technologie soll überschüssiger elektrischer Strom (engl. *power*) zur Elektrolyse von flüssigem Wasser genutzt werden, um Wasserstoff herzustellen. Aus dem so gewonnenen Wasserstoff soll wiederum Kohlenstoffdioxid zu Methangas (engl. *gas*) umgesetzt werden:

① $4\ H_2(g) + CO_2(g) \longrightarrow CH_4(g) + 2\ H_2O(g)$
$\Delta_r H_m = -165\ kJ \cdot mol^{-1}$, bezogen auf $n(CO_2) = 1\ mol$

Verbindung	$\Delta_f H_m^0$ in $kJ \cdot mol^{-1}$	Verbindung	$\Delta_f H_m^0$ in $kJ \cdot mol^{-1}$
$CH_4(g)$	−75	$CO(g)$	−111
$CO_2(aq)$	−699,6	$H_2O(g)$	−242
$CO_2(g)$	−394	$H_2O(l)$	−286

C1.1 Molare Standardbildungsenthalpien

Die Gesamtreaktion erfolgt in zwei aufeinanderfolgenden Schritten:

② $H_2(g) + CO_2(g) \longrightarrow CO(g) + H_2O(g) \quad \Delta_r H_m = 41\ kJ \cdot mol^{-1}$

③ $3\ H_2(g) + CO(g) \longrightarrow CH_4(g) + H_2O(g) \quad \Delta_r H_m = ?$

AUFGABEN ZU C

1) Formulieren Sie die Reaktionsgleichung für die Elektrolyse von Wasser. Erläutern Sie, warum sich aus der leicht zu bestimmenden Reaktionsenthalpie der Elektrolyse die Bildungsenthalpie von Wasser ermitteln lässt.

2) **a** Berechnen Sie die molare Reaktionsenthalpie der Reaktion ③ mithilfe der Angaben in Tabelle ↑ C1.1.
b Berechnen Sie die molare Reaktionsenthalpie der Reaktion ③ nur mithilfe der Reaktionen ① und ②.
c Vergleichen Sie die Ergebnisse aus den Aufgabenteilen **a** und **b** und erläutern Sie das Resultat.

3) Diskutieren Sie, welcher Herkunft der elektrische Strom zur Gewinnung von Wasserstoff sein könnte, damit die Power-to-Gas-Technologie als umweltfreundlich bezeichnet werden kann.

Material D Brenngasbetriebene Autos

Schon heute werden Autos mit brennbaren Gasen betrieben. Dabei wird Methan in Form von Erdgas (CNG, engl. *compressed natural gas*) und Autogas (LPG, engl. *liquefied petroleum gas*) genutzt. Autogas ist ein Gasgemisch von Propan und Butan in veränderlicher Zusammensetzung. Das Autogas wird im Tank unter Druck in verflüssigter Form gelagert. Zum Fahren wird das Autogas verdampft, bevor es mit Luft vermischt in den Kolben des Motors gelangt und dort gezündet wird.
Der Energiegehalt der Kraftstoffe lässt sich anhand ihrer Brennwerte H_s vergleichen. Mit dem Heizwert H_i lässt sich eine genauere Aussage darüber treffen, wie groß die für den Antrieb nutzbare Energie eines Kraftstoffs ist. Je größer dabei sein Heizwert ist, desto länger ist die Strecke, die ein Fahrzeug unter vergleichbaren Bedingungen damit zurücklegen kann.

Kraftstoff	$\Delta_c H_m^0$ in $kJ \cdot mol^{-1}$	H_s in $MJ \cdot m^{-3}$	H_i in $MJ \cdot m^{-3}$
Erdgas (Methan)	ca. −890	ca. 42	ca. 38
Propan	−2220	ca. 101	ca. 93
Butan	−2878	ca. 134	ca. 123
Autogas	ca. −2549	ca. 118	ca. 108

D1.1 Molare Standardverbrennungsenthalpien $\Delta_c H_m^0$, Brennwerte H_s und Heizwerte H_i

AUFGABEN ZU D

1) Beschreiben Sie die Energieumwandlungen, die beim Betrieb eines Autos mit Erdgas ablaufen.

2) **a** Definieren Sie Brennwert und Heizwert.
b Berechnen Sie die Verbrennungsenthalpie von 1 mol Autogas mit einer Zusammensetzung von 0,4 mol Propan und 0,6 mol Butan.
c Berechnen Sie den Brennwert dieses Autogases in $kJ \cdot kg^{-1}$. *Hinweis:* $\Delta_c H_m = -2615\ kJ \cdot mol^{-1}$.
d Vergleichen Sie die Heiz- und Brennwerte in Tabelle ↑ D1.1 und erklären Sie die Unterschiede. Erläutern Sie, warum der Heizwert eine genauere Aussage über die für den Antrieb nutzbare Energie eines Kraftstoffs liefert als der Brennwert.

3) **a** Bestimmen Sie die Volumenarbeit, die sich aus der vollständigen Verbrennung von $1\ m^3$ Butan nur aufgrund der Teilchenzahlveränderung ergibt.
Hinweis: 1 Mol entsprechen 24,5 Liter einer Gasportion; Druck: $p = 101\,325\ N \cdot m^{-2}$.
b Erläutern Sie, warum diese Volumenarbeit bei der Verbrennung im Kolben nur eine kleine Rolle spielt.

4) Diskutieren Sie neben dem Heizwert von Kraftstoffen weitere Faktoren, die die Reichweite eines Fahrzeugs bei Verbrauch gleicher Kraftstoffmengen beeinflussen.

3.7 Entropie

01 Einige Beispiele für freiwillig ablaufende Prozesse

FREIWILLIG ABLAUFENDE PROZESSE Alle Vorgänge um uns herum laufen freiwillig immer nur in eine Richtung ab: Lebewesen altern und werden nicht jünger, der Geruch von Parfüm verteilt sich gleichmäßig im ihm zur Verfügung stehenden Raum, mischbare Flüssigkeiten wie Ethanol und Wasser bilden homogene Lösungen, Streichhölzer brennen ab, Brausetabletten lösen sich in Wasser auf und heißer Kaffee kühlt mit der Zeit ab.

Die Umkehrung dieser Vorgänge kann hingegen nicht beobachtet werden: Abgekühlter Kaffee wird nicht von selbst wieder heiß. Aus Brause bilden sich die Brausetablette und das Wasser nicht wieder zurück. Ein abgebranntes Streichholz kann nicht wieder entzündet werden und auch die Ethanol-Wasser-Lösung entmischt sich nicht von selbst. Erst durch Energiezufuhr lassen sich einige dieser Prozesse umkehren – beispielsweise kann das Ethanol durch Destillation vom Wasser getrennt oder der Kaffee durch Erhitzen wieder heiß werden.

Die Richtung eines freiwillig ablaufenden Prozesses kann aber nicht dadurch vorhergesagt werden, ob dieser unter Energieabgabe an die Umgebung verläuft: Untersucht man das Auflösen der Brausetablette, kann man eine Temperaturabnahme messen: Das Auflösen ist endotherm. Auch die freiwillig ablaufende Reaktion von Bariumhydroxid mit Ammoniumnitrat verläuft endotherm (↑ **S. 71, EXP. 3.07**).

Nicht alle freiwillig ablaufenden Prozesse sind ausschließlich exotherm.

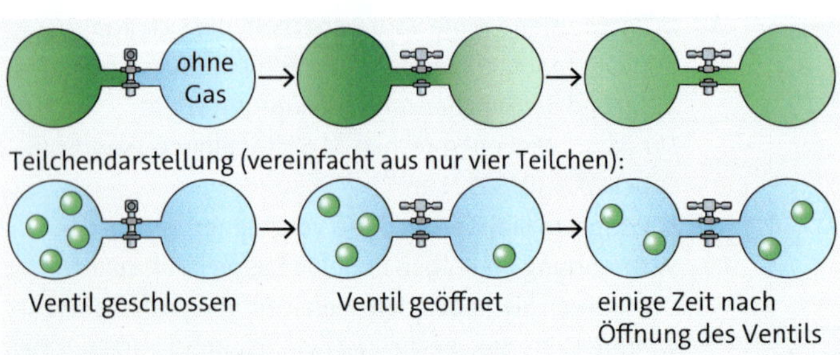

02 Gasausbreitung beim Öffnen des Ventils

RICHTUNG FREIWILLIGER PROZESSE Eine erste Theorie zur Richtung von freiwillig ablaufenden Prozessen formulierten William Thomson und Rudolf Clausius Ende des 19. Jahrhunderts. Die Beobachtung, dass Wärme immer nur von einem System höherer Temperatur auf ein System niedrigerer Temperatur übergeht, hielten sie in einer der ersten Formulierungen des **2. Hauptsatzes der Thermodynamik** fest.

Um zu erklären, warum beim Betrieb einer Dampfmaschine, die transportierte Reaktionswärme Q nicht vollständig in Arbeit umgewandelt werden kann, führte Clausius eine neue Größe ein, die **Entropie** S (Einheit: $J \cdot K^{-1}$). Er behauptete, dass mit Wärme auch immer Entropie übertragen werde. Die Entropieänderung des Systems entspricht dabei der Energie, die nicht in Arbeit umgewandelt werden kann. Dies ist die für diesen Prozess entwertete Energie. Man spricht von **Energieentwertung.**

Um mithilfe der Erkenntnisse von Clausius zu verstehen, in welche Richtung Prozesse freiwillig ablaufen, ist es notwendig, die Entropie auf Teilchenebene zu interpretieren. In einem Modellversuch sind zwei gleich große Glaskugeln über ein Ventil miteinander verbunden. In der linken Kugel befindet sich ein Gas, während die rechte Kugel leer ist. Öffnet man das Ventil, verteilt sich das Gas durch die ungerichtete Eigenbewegung der Teilchen von selbst auf den zur Verfügung stehenden größeren Raum (↑ **02**). Mit der Zeit hat sich das Gas auf beide Behälter gleich verteilt. Den umgekehrten Vorgang, dass sich das Gas wieder von selbst in einen Behälter begibt, kann man hingegen nicht beobachten. Dies lässt sich verstehen, wenn man die Verteilung der Gasteilchen in den beiden Behältern betrachtet und vergleicht. Hierzu nimmt man vereinfachend an, dass sich das Gas nur aus vier Teilchen zusammensetzt. Prinzipiell kann man bei der Verteilung des Gases in den beiden Behältern verschiedene *Zustände* unterscheiden: So kön-

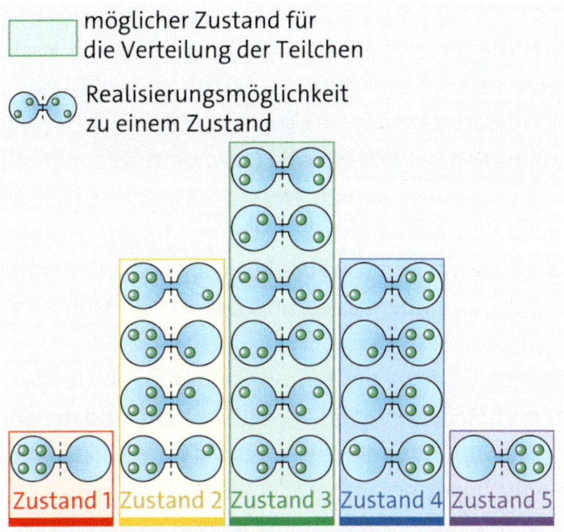

03 Realisierungsmöglichkeiten und Zustände

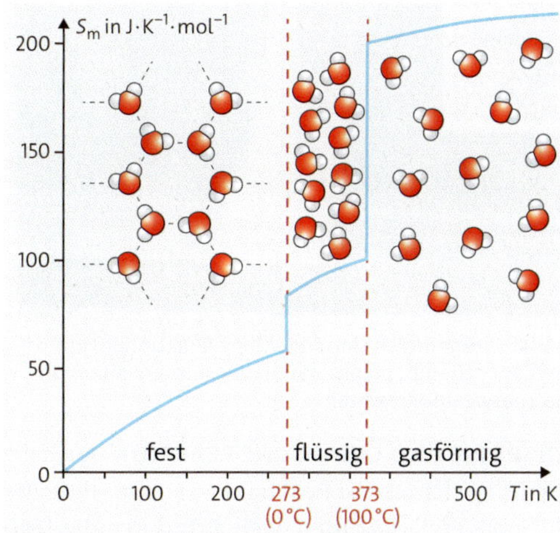

04 Entropieverlauf beim Erhitzen von Wasser

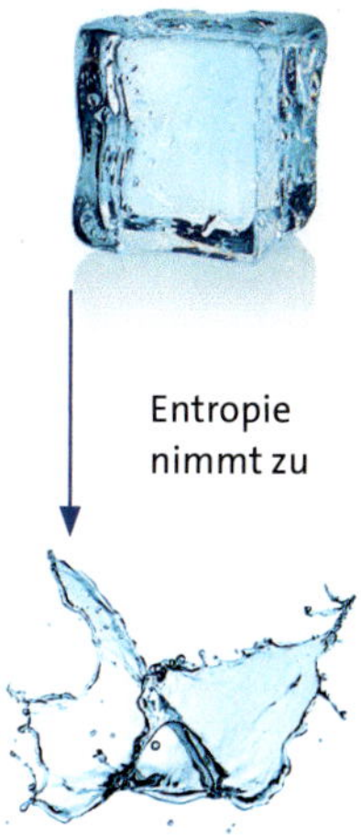

nen alle vier Teilchen in einem einzigen Behälter sein, nur ein Teilchen in einem Behälter und die restlichen drei im anderen oder jeweils zwei Teilchen befinden sich in jedem Behälter. Für jeden Zustand gibt es jeweils eine unterschiedliche Anzahl an *Realisierungsmöglichkeiten*: Für die Verteilung von jeweils zwei Teilchen auf zwei Behälter gibt es sechs Möglichkeiten. Für den Zustand, bei dem sich alle Teilchen in einem Behälter befinden, gibt es hingegen nur eine Realisierungsmöglichkeit (↑ **03**). Dabei gilt: Je mehr Realisierungsmöglichkeiten ein Zustand hat, desto wahrscheinlicher ist er. Im Beispiel ist die Verteilung des Gases über beide Behälter deshalb 6-mal wahrscheinlicher als der Ausgangszustand.

Die von CLAUSIUS eingeführte **Entropie *S*** kann auch als Anzahl dieser Realisierungsmöglichkeiten verstanden werden. Je größer die Anzahl der Realisierungsmöglichkeiten ist, desto größer ist auch die Entropie. Freiwillige Vorgänge verlaufen immer in Richtung zunehmender Entropie ab.

Reale Gasportionen bestehen aus sehr viel mehr als vier Teilchen. Die Anzahl der Realisierungsmöglichkeiten – und damit die Entropie – nimmt also mit der Teilchenzahl zu. Gleichzeitig gibt es für den Zustand, bei dem sich alle Teilchen nur in einem Behälter befinden, immer nur eine Realisierungsmöglichkeit. Das Gas wird sich deshalb immer über den gesamten ihm zur Verfügung stehenden Raum verteilen.

Die Entropie ist ein Maß für die Anzahl an Realisierungsmöglichkeiten für einen bestimmten Zustand. Sie nimmt mit der Teilchenzahl zu.

ENTROPIE UND UNORDNUNG Anschaulich kann man die Entropie als Maß für die Ordnung bzw. Unordnung interpretieren. Je größer die Entropie eines Zustands ist, desto geringer ist seine Ordnung. Die Unordnung eines Systems hängt dabei u. a. von der Temperatur ab. Bei einer Temperaturerhöhung steigt aufgrund der stärkeren ungerichteten Teilchenbewegung die Entropie. In einem Eiswürfel z. B. sind die Wasser-Moleküle in einem Gitter fest angeordnet. Die Anzahl der Realisierungsmöglichkeiten ist gering, die Ordnung ist groß. Beim Schmelzen nimmt die Entropie sprunghaft zu, da die Wasser-Moleküle keine festen Plätze mehr haben und sich gegeneinander verschieben können (↑ **04**). Insgesamt nimmt die Entropie mit steigender Temperatur von fest über flüssig zu gasförmig zu. Dabei verhält sich der Entropieverlauf nicht proportional zur zugeführten Wärme, sondern hängt von der Temperatur des Systems ab.
Je wärmer ein Stoff ist, desto geringer fällt seine Entropieänderung bei gleicher Menge zugeführter Wärme aus. Dieses leitete schon CLAUSIUS daraus ab, dass bei den Dampfmaschinen die entwertete Energie von der Umgebungstemperatur abhing:

$$\Delta S = \frac{Q}{T}$$

1 Treffen Sie Voraussagen über die Entropieänderung des Systems und begründen Sie:
a Kristallisieren eines Salzes aus einer Salzlösung
b Sublimieren von Schwefel
c Mischen von Tinte und Wasser
d Gefrieren einer Pfütze im Winter
e Umwandlung von Graphit in Diamant

Reaktionsentropie

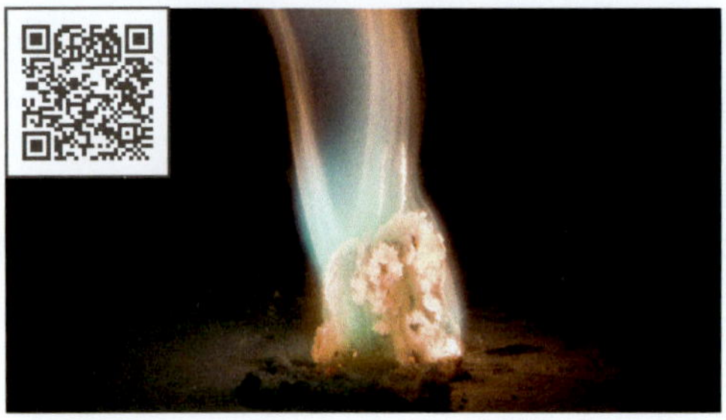

01 Verbrennungen sind freiwillige Reaktionen: Einmal angezündet, brennt der Magnesiumanspitzer ohne Energiezufuhr weiter.

ENTROPIE UND CHEMISCHE REAKTION Auch die Richtung chemischer Reaktionen kann mithilfe der Entropie erklärt werden, weil sich durch die Umgruppierung der Teilchen der Ordnungszustand des Systems verändert.
Um die Änderung der Entropie abzuschätzen, ist es sinnvoll, die Teilchenzahl vor und nach der Reaktion zu vergleichen. Zudem muss der Aggregatzustand der Stoffe berücksichtigt werden. Nimmt durch eine Reaktion die Teilchenzahl ab, steigt der Ordnungszustand des Systems. Auch bei der Bildung von Flüssigkeiten oder Feststoffen aus Gasen nimmt die Ordnung zu. Betrachtet man z. B. die Verbrennung von Magnesium, so fällt auf, dass die Entropie des Systems in Bezug auf die Teilchenzahl abnimmt. Auch ist einer der Ausgangsstoffe gasförmig, während das Reaktionsprodukt fest ist.

$$2\,Mg(s) + O_2(g) \longrightarrow 2\,MgO(s)$$

Trotz dieser Entropieabnahme ist die Verbrennung von Magnesium eine freiwillig verlaufende Reaktion. Dieser scheinbare Widerspruch zur Aussage von BOLTZMANN und CLAUSIUS, dass bei freiwillig ablaufenden Prozessen die Entropie stets zunimmt, kann aufgelöst werden, wenn der Energieaustausch mit der Umgebung berücksichtigt wird. Bei exothermen Reaktionen wird die Reaktionswärme auf die Umgebung übertragen und bewirkt dort eine Zunahme der Entropie.
Berechnet man die Entropieänderungen des Systems und der Umgebung, stellt man für alle freiwillig ablaufenden Prozesse fest, dass die Entropieänderung insgesamt größer als null ist.

$$\Delta S_{Gesamt} = \Delta S_{System} + \Delta S_{Umgebung} \Rightarrow \Delta S_{Gesamt} > 0$$

Prozesse laufen stets in die Richtung freiwillig ab, in der die Gesamtentropie aus System und seiner Umgebung zunimmt.

STANDARDENTROPIE VON STOFFEN Im Gegensatz zur inneren Energie kann die Entropie von Stoffen bestimmt werden. Theoretisch hat jeder Stoff am absoluten Nullpunkt (0 K = −273,15 °C) eine Entropie von null (perfekte Ordnung). Es handelt sich aber um einen Idealzustand, der nicht erreicht werden kann. Bei Temperaturerhöhung bewegen sich die Teilchen schneller. Die Unordnung des Systems wächst.

+ Ein Bierfass, das sein Bier selbst kühlt

Von außen sieht es aus wie ein normales Bierfass. Betätigt man allerdings einen kleinen Hebel auf der Oberseite, wärmt sich das Fass stark auf. Gezapft wird aber kein heißes Bier, sondern mit 7 °C gut gekühltes! Wie bei einem Kühlschrank wird Wärme vom Innern des Fasses nach außen transportiert, aber es gibt weder einen Stromanschluss noch eine Batterie, um die notwendige Energie zum Erzwingen dieses Prozesses bereitzustellen. Der mit Bier gefüllte Innenraum ist von einer saugfähigen wasserhaltigen Schicht umgeben. Von dieser räumlich getrennt befindet sich eine evakuierte, stark wasserziehende Zeolithschicht (↑ S. 391).

Durch Betätigung des Hebels werden beide Schichten über ein Ventil miteinander verbunden. Der Zeolith nimmt in einer exothermen Reaktion Wasserdampf auf, sodass in der wasserhaltigen Schicht ein Unterdruck entsteht und flüssiges Wasser verdampft. Die hierfür notwendige Verdampfungsenthalpie kühlt das restliche Wasser so stark ab, dass es sogar gefrieren kann. Das Bier wird so gekühlt.
Dieser Vorgang läuft freiwillig ab, obwohl durch die starke Abkühlung die Entropie des Biers abnimmt. Insgesamt nimmt wegen der Erwärmung der Zeolithschicht die „Gesamtentropie des Bierfasses" jedoch zu.

Das Fass kann sogar regeneriert werden, indem es so stark erhitzt wird, dass das Wasser vom Zeolith wieder in die wasserhaltige Schicht übergeht.

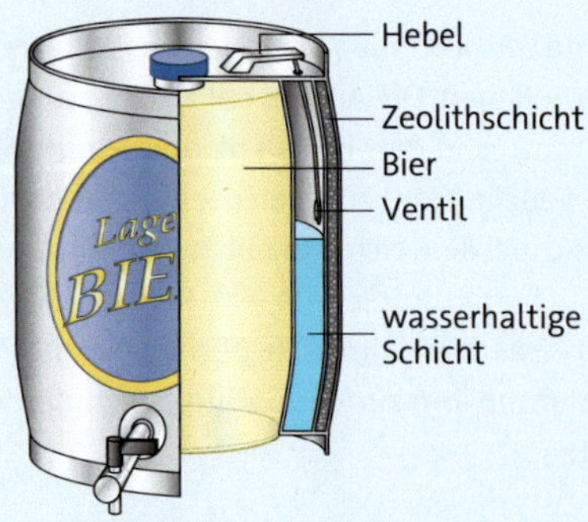

02 Aufbau eines selbstkühlenden Bierfasses

Da die Entropie temperaturabhängig und stoffspezifisch ist und außerdem von der Stoffmenge abhängt, wird die Entropie eines Stoffs zur besseren Vergleichbarkeit pro mol Stoff bei 298 K als **molare Standardentropie S^0_m** (Einheit: $J \cdot K^{-1} \cdot mol^{-1}$) angegeben. Sie ist für eine Vielzahl von Stoffen tabelliert (↑ 03). Auch Elemente haben eine von null verschiedene Entropie.

RECHNEN MIT DER ENTROPIE Mithilfe der molaren Standardentropien der Edukte und Produkte kann die Entropieänderung des Systems im Verlauf der Reaktion aus deren Differenz berechnet werden. Sie wird **molare Standardreaktionsentropie $\Delta_r S^0_m$** genannt und bezieht sich wie die Reaktionsenthalpie auf einen bestimmten Stoffumsatz.

$$\Delta_r S^0_m = \Sigma\, \nu \cdot S^0_m(\text{Produkte}) - \Sigma\, \nu \cdot S^0_m(\text{Edukte})$$

Die Entropieänderung der Umgebung berechnet sich aus der Reaktionswärme, die bei der gegebenen Temperatur auf die Umgebung übergeht.

$$\Delta S_{\text{Umgebung}} = \frac{Q}{T} = \frac{-\Delta_r H_m}{T}$$

Berechnet man für die Verbrennung von Magnesium die Reaktionsentropie $\Delta_r S^0_m$, erhält man, wie erwartet, einen negativen Wert, d. h., die Entropie nimmt ab.

$$2\,Mg(s) + O_2(g) \longrightarrow 2\,MgO(s)$$

$\Delta_r S^0_m = -217\,J \cdot K^{-1} \cdot mol^{-1}$, bezogen auf $n(O_2) = 1$ mol

Die Verbrennung von Magnesium ist aber eine stark exotherme Reaktion ($\Delta_r H_m = -1202\,kJ \cdot mol^{-1}$). Die entstehende Reaktionswärme verursacht (bei 298 K) eine Entropieänderung in der Umgebung.

$$\Delta S_{\text{Umgebung}} = \frac{1202\,kJ \cdot mol^{-1}}{298\,K} = 4034\,J \cdot K^{-1} \cdot mol^{-1}$$

Addiert man beide Werte, nimmt auch bei dieser Reaktion die Gesamtentropie zu.

$$\Delta S_{\text{Gesamt}} = \Delta_r S^0_m + \Delta S_{\text{Umgebung}} = 3817\,J \cdot K^{-1} \cdot mol^{-1} > 0$$

1 › Chemische Reaktionen verlaufen nur freiwillig, wenn die Entropie in einem isolierten System zunimmt. Trotzdem kann die Reaktionsentropie negativ sein. Erläutern Sie diesen scheinbaren Widerspruch.

2 › Berechnen Sie mithilfe der Werte in Tabelle ↑ 03 die molare Standardreaktionsentropie während der Verdunstung von Wasser.

3 › Berechnen Sie die molare Standardreaktionsentropie der Verbrennung von Cyclohexan.

Formel	S^0_m in $J \cdot K^{-1} \cdot mol^{-1}$	Formel	S^0_m in $J \cdot K^{-1} \cdot mol^{-1}$
$CaCO_3(s)$	93	$H_2(g)$	131
$CaO(s)$	38	$H_2O(l)$	70
$CO_2(g)$	214	$H_2O(g)$	189
$CO(g)$	198	Cyclohexan(l)	204
$O_2(g)$	205	Benzol(l)	173

03 Molare Standardentropien ausgewählter Stoffe

Berechnungen mit der Entropie

Aufgabe: Berechnen Sie die molare Standardreaktionsentropie der Synthese von Wasser (flüssig) entsprechend der Reaktionsgleichung.

$$2\,H_2(g) + O_2(g) \longrightarrow 2\,H_2O(l)$$

Gegeben: $S^0_m(H_2) = 131\,J \cdot K^{-1} \cdot mol^{-1}$; $S^0_m(O_2) = 205\,J \cdot K^{-1} \cdot mol^{-1}$; $S^0_m(H_2O, l) = 70\,J \cdot K^{-1} \cdot mol^{-1}$

Gesucht: $\Delta_r S^0_m$

Lösung:
$$\begin{aligned}\Delta_r S^0_m &= 2 \cdot S^0_m(H_2O, l) - [2 \cdot S^0_m(H_2) + S^0_m(O_2)] \\ &= 2 \cdot 70\,J \cdot K^{-1} \cdot mol^{-1} - [2 \cdot 131\,J \cdot K^{-1} \cdot mol^{-1} + 205\,J \cdot K^{-1} \cdot mol^{-1}] \\ &= -327\,J \cdot K^{-1} \cdot mol^{-1}\end{aligned}$$

Antwort: Die molare Standardreaktionsentropie der Synthese von Wasser entsprechend der angegebenen Reaktionsgleichung beträgt $\Delta_r S^0_m = -327\,J \cdot K^{-1} \cdot mol^{-1}$, bezogen auf $n(O_2) = 1$ mol.

Aufgabe: Begründen Sie mithilfe der Gesamtänderung der Entropie, ob die Bildung von Wasser aus den Elementen freiwillig verläuft.

$$2\,H_2(g) + O_2(g) \longrightarrow 2\,H_2O(l)$$

Gegeben: $\Delta_f H^0_m(H_2O, l) = -286\,kJ \cdot mol^{-1}$; $\Delta_r S^0_m = -327\,J \cdot K^{-1} \cdot mol^{-1}$; $T = 298\,K$

Gesucht: ΔS_{Gesamt}

Lösung:

1. Berechnen der Reaktionsenthalpie für Wasser:

$$\begin{aligned}\Delta_r H^0_m &= 2 \cdot \Delta_f H^0_m(H_2O, l) \\ &= 2 \cdot (-286\,kJ \cdot mol^{-1}) = -572\,kJ \cdot mol^{-1}\end{aligned}$$

2. Berechnen der Entropieänderung in der Umgebung:

$$\Delta S_{\text{Umgebung}} = \frac{Q}{T} = \frac{-\Delta_r H^0_m}{T}$$

$$\Delta S_{\text{Umgebung}} = \frac{572\,kJ \cdot mol^{-1}}{298\,K} = 1768 \cdot J \cdot K^{-1} \cdot mol^{-1}$$

3. Berechnen der Gesamtänderung der Entropie:

$$\begin{aligned}\Delta S_{\text{Gesamt}} &= \Delta_r S^0_m + \Delta S_{\text{Umgebung}} \\ &= -327\,J \cdot K^{-1} \cdot mol^{-1} + 1768 \cdot J \cdot K^{-1} \cdot mol^{-1} \\ &= 1441\,J \cdot K^{-1} \cdot mol^{-1} > 0\end{aligned}$$

Antwort: Die Bildung von Wasser aus den Elementen verläuft freiwillig, da die Gesamtentropieänderung $\Delta S_{\text{Gesamt}} > 0$ ist.

3.8 Freiwilligkeit chemischer Reaktionen

Umrechnung einer Celsius-Temperatur (x °C) in Kelvin (K):
$T = (x + 273)$ K

GIBBS-HELMHOLTZ-GLEICHUNG Die Freiwilligkeit einer chemischen Reaktion ist prinzipiell aus seiner molaren Reaktionsenthalpie $\Delta_r H_m$ und seiner molaren Reaktionsentropie $\Delta_r S_m$ bei gegebener Temperatur ableitbar, da beide Größen die Gesamtänderung der Entropie während der Reaktion ergeben.

JOSIAH W. GIBBS und HERMANN VON HELMHOLTZ führten mit der **molaren freien Reaktionsenthalpie $\Delta_r G_m$** (Einheit: $kJ \cdot mol^{-1}$) eine neue Größe ein, um diese Gesamtänderung und damit die Freiwilligkeit einer chemischen Reaktion zu beschreiben.

Berechnung mit der Gibbs-Helmholtz-Gleichung

Aufgabe: Kalkstein ($CaCO_3$) reagiert erst bei hohen Temperaturen zu Branntkalk (CaO) und Kohlenstoffdioxid (CO_2).

Berechnen Sie mit der Gibbs-Helmholtz-Gleichung die molare freie Reaktionsenthalpie der Reaktion bei 25 °C.
Oberhalb welcher Temperatur verläuft die Reaktion freiwillig?

Lösung:
1. Reaktionsgleichung:
$CaCO_3(s) \longrightarrow CaO(s) + CO_2(g)$

2. Berechnen von $\Delta_r H_m^0$, $\Delta_r S_m^0$:

$$\begin{aligned}\Delta_r H_m^0 &= \Sigma\, \nu \cdot \Delta_f H_m^0(\text{Produkte}) - \Sigma\, \nu \cdot \Delta_f H_m^0(\text{Edukte})\\ &= \Delta_f H_m^0(CaO) + \Delta_f H_m^0(CO_2) - \Delta_f H_m^0(CaCO_3)\\ &= -635\ kJ \cdot mol^{-1} + (-394\ kJ \cdot mol^{-1}) - (-1207\ kJ \cdot mol^{-1})\\ &= 178\ kJ \cdot mol^{-1}\end{aligned}$$

$$\begin{aligned}\Delta_r S_m^0 &= \Sigma\, \nu \cdot S_m^0(\text{Produkte}) - \Sigma\, \nu \cdot S_m^0(\text{Edukte})\\ &= S_m^0(CaO) + S_m^0(CO_2) - S_m^0(CaCO_3)\\ &= 38\ J \cdot K^{-1} \cdot mol^{-1} + 214\ J \cdot K^{-1} \cdot mol^{-1} - 93\ J \cdot K^{-1} \cdot mol^{-1}\\ &= 159\ J \cdot K^{-1} \cdot mol^{-1} = 0{,}159\ kJ \cdot K^{-1} \cdot mol^{-1}\end{aligned}$$

3. Berechnen der molaren freien Reaktionsenthalpie $\Delta_r G_m$:

$$\begin{aligned}\Delta_r G_m &= \Delta_r H_m^0 - T \cdot \Delta_r S_m^0\\ &= 178\ kJ \cdot mol^{-1} - (298\ K \cdot 0{,}159\ kJ \cdot K^{-1} \cdot mol^{-1})\\ &= 131\ kJ \cdot mol^{-1}\end{aligned}$$

4. Berechnen der Temperatur T:
Für eine freiwillige Reaktion muss $\Delta_r G_m$ kleiner null werden.
$0 > \Delta_r G_m$
$0 > \Delta_r H_m^0 - T \cdot \Delta_r S_m^0$

Hinweis:
Beim Auflösen nach T dreht sich das Ungleichheitszeichen um, wenn $\Delta_r S_m^0$ negativ ist.

$$T > \frac{\Delta_r H_m^0}{\Delta_r S_m^0} = \frac{178\ kJ \cdot mol^{-1}}{0{,}159\ kJ \cdot K^{-1} \cdot mol^{-1}} = 1119\ K = 846\ °C$$

Antwort: Die molare freie Reaktionsenthalpie beträgt bei 25 °C $131\ kJ \cdot mol^{-1}$. Die Reaktion verläuft erst oberhalb einer Temperatur von 846 °C freiwillig.

Mithilfe der **Gibbs-Helmholtz-Gleichung** kann die molare freie Reaktionsenthalpie für eine konkrete Reaktionsgleichung näherungsweise aus den Werten der molaren Reaktionsenthalpie und -entropie ermittelt werden.

$$\Delta_r G_m = \Delta_r H_m - T \cdot \Delta_r S_m$$

Hierzu werden $\Delta_r H_m$ und $\Delta_r S_m$ aus den tabellierten Werten ($\Delta_f H_m^0$, S_m^0) der beteiligten Stoffe errechnet (↑ Kasten). Dabei vernachlässigt man, dass sowohl die Reaktionsenthalpie als auch die Reaktionsentropie nur für Standardbedingungen und nicht für die Reaktionstemperatur und den Reaktionsdruck gelten. Durch Einsetzen der Reaktionstemperatur (T in K) ergibt sich dann ein Näherungswert für $\Delta_r G_m$.

Nach der Gibbs-Helmholtz-Gleichung läuft eine chemische Reaktion dann freiwillig ab, wenn die molare freie Reaktionsenthalpie einen negativen Wert annimmt ($\Delta_r G_m < 0$). Sie wird als **exergonische Reaktion** bezeichnet, eine unter den vorherrschenden Reaktionsbedingungen nicht freiwillig ablaufende Reaktion hingegen als **endergonische Reaktion** ($\Delta_r G_m > 0$). Sie muss von außen erzwungen werden, z. B. bei der Elektrolyse durch Zuführung von elektrischer Energie.

Da die molare freie Reaktionsenthalpie $\Delta_r G_m$ aber von der Temperatur abhängig ist, kann eine bei Raumtemperatur endergonische Reaktion unter Umständen durch Veränderung der Reaktionstemperatur freiwillig verlaufen. Ein Beispiel ist die unter Standardbedingungen endergonische Bildung von Branntkalk (CaO) aus Kalkstein ($CaCO_3$), die erst oberhalb von 1000 °C freiwillig verläuft. Mit der Gibbs-Helmholtz-Gleichung können solche Reaktionstemperaturen berechnet werden (↑ Kasten).

Alternativ lässt sich für Standardbedingungen die **molare freie Standardreaktionsenthalpie $\Delta_r G_m^0$** aus tabellierten Werten für molare freie Standardbildungsenthalpien $\Delta_f G_m^0$ der Produkte und Edukte einer Reaktion berechnen:

$$\Delta_r G_m^0 = \Sigma\, \nu \cdot \Delta_f G_m^0(\text{Produkte}) - \Sigma\, \nu \cdot \Delta_f G_m^0(\text{Edukte})$$

Die molare freie Reaktionsenthalpie $\Delta_r G_m$ ergibt sich nach der Gibbs-Helmholtz-Gleichung aus der molaren Reaktionsenthalpie $\Delta_r H_m$ und der molaren Reaktionsentropie $\Delta_r S_m$ bei einer bestimmten Temperatur. Eine Reaktion verläuft dann freiwillig (exergonisch), wenn die molare freie Reaktionsenthalpie negativ ist ($\Delta_r G_m < 0$).

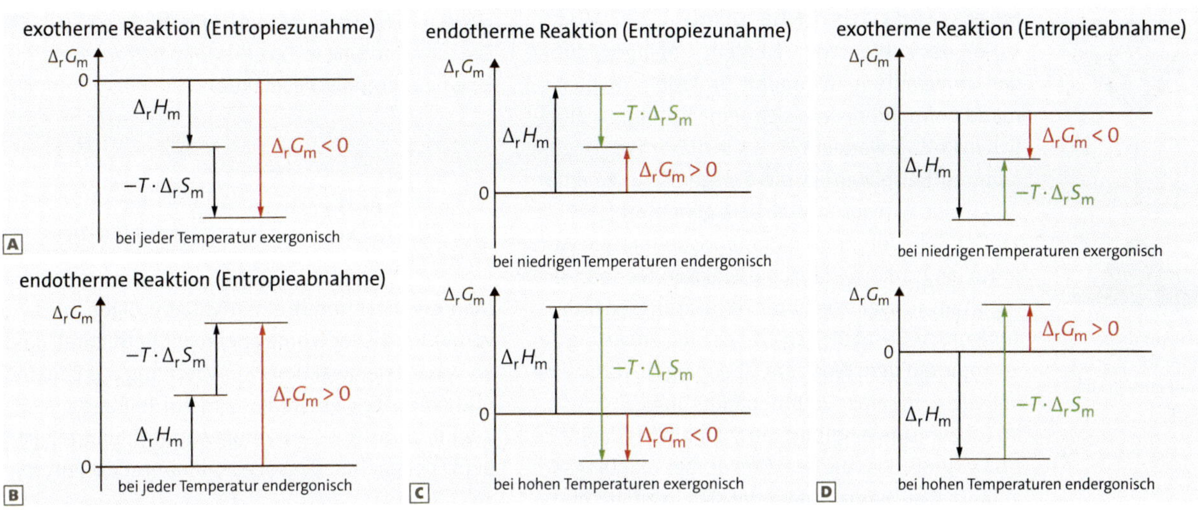

01 Abhängigkeit der freien Reaktionsenthalpie von der Reaktionsenthalpie, -entropie und -temperatur

BEEINFLUSSUNG DER FREIEN REAKTIONSENTHALPIE Ob eine chemische Reaktion exergonisch ($\Delta_r G_m < 0$) oder endergonisch ($\Delta_r G_m > 0$) verläuft, hängt von den Vorzeichen und Beträgen der Reaktionsenthalpie ($\Delta_r H_m$) und Reaktionsentropie ($\Delta_r S_m$) sowie der Reaktionstemperatur (T) ab. Nach der Gibbs-Helmholtz-Gleichung sind vier Fälle im Zusammenspiel zwischen $\Delta_r H_m$ und $T \cdot \Delta_r S_m$ zu unterscheiden (↑ **01A–D**):

Fall A: Eine Reaktion ist bei jeder betrachteten Temperatur exergonisch, wenn sie exotherm ($\Delta_r H_m < 0$) und unter Zunahme der Reaktionsentropie ($\Delta_r S_m > 0$) verläuft, z. B. die Reaktion von Natrium mit Wasser.

$2\,Na(s) + 2\,H_2O(l) \longrightarrow 2\,NaOH(s) + H_2(g)$
$\Delta_r H_m^0 = -280\ kJ \cdot mol^{-1}$, $\Delta_r S_m^0 = 17\ J \cdot K^{-1} \cdot mol^{-1}$,
bezogen auf $n(H_2) = 1\ mol$

Fall B: Umgekehrt ist jede Reaktion endergonisch, die endotherm ($\Delta_r H_m > 0$) und unter Abnahme der Reaktionsentropie ($\Delta_r S_m < 0$) verläuft. Daher werden Wasser und Kohlenstoffdioxid niemals freiwillig zu Traubenzucker und Sauerstoff reagieren.

$6\,H_2O(l) + 6\,CO_2(g) \longrightarrow C_6H_{12}O_6(s) + 6\,O_2(g)$
$\Delta_r H_m^0 = 2806\ kJ \cdot mol^{-1}$, $\Delta_r S_m^0 = -262\ J \cdot K^{-1} \cdot mol^{-1}$,
bezogen auf $n(C_6H_{12}O_6) = 1\ mol$

Bei den ersten beiden Fällen spielt die betrachtete Temperatur keine Rolle, da $\Delta_r H_m$ und $\Delta_r S_m$ aufgrund ihrer unterschiedlichen Vorzeichen $\Delta_r G_m$ in die gleiche Richtung beeinflussen. Interessanter sind die Fälle, bei denen die Auswirkungen gegensätzlich auf die freie Reaktionsenthalpie sind (bei gleichem Vorzeichen von $\Delta_r H_m$ und $\Delta_r S_m$).

Fall C: Eine endotherme Reaktion ($\Delta_r H_m > 0$) mit positiver Reaktionsentropie ($\Delta_r S_m > 0$) läuft nur dann freiwillig ab, wenn die Reaktionstemperatur ausreichend groß ist, sodass der Einfluss der Reaktionsentropie überwiegt ($|T \cdot \Delta_r S_m| > |\Delta_r H_m|$). Das lässt sich am Beispiel der Reaktion von Kohlenstoff mit Wasser zeigen.

$C(s) + H_2O(g) \longrightarrow CO(g) + H_2(g)$
$\Delta_r H_m^0 = 131\ kJ \cdot mol^{-1}$, $\Delta_r S_m^0 = 134\ J \cdot K^{-1} \cdot mol^{-1}$

Bei Raumtemperatur ($T = 298\ K$) ist die Reaktion endergonisch:

$|298\ K \cdot 134\ J \cdot K^{-1} \cdot mol^{-1}| = 39{,}9\ kJ \cdot mol^{-1} < 131\ kJ \cdot mol^{-1}$

Erst ab einer Temperatur von ca. 1000 K reagieren die Stoffe freiwillig miteinander:

$|1000\ K \cdot 134\ J \cdot K^{-1} \cdot mol^{-1}| = 134\ kJ \cdot mol^{-1} > 131\ kJ \cdot mol^{-1}$

Fall D: Umgekehrt verläuft eine exotherme Reaktion ($\Delta_r H_m < 0$) mit negativer Reaktionsentropie ($\Delta_r S_m < 0$) freiwillig, wenn die Reaktionstemperatur niedrig genug ist, sodass der Einfluss der Reaktionsenthalpie überwiegt ($|\Delta_r H_m| > |T \cdot \Delta_r S_m|$). Die Hydrierung von Ethen zu Ethan verläuft nur unter 1100 K freiwillig.

$C_2H_4(g) + H_2(g) \longrightarrow C_2H_6(g)$
$\Delta_r H_m^0 = -137\ kJ \cdot mol^{-1}$, $\Delta_r S_m^0 = -120\ J \cdot K^{-1} \cdot mol^{-1}$

1 › Geben Sie an, unter welcher Voraussetzung eine exotherme Reaktion nicht mehr spontan ablaufen würde.

2 › Berechnen Sie für die vier im Text dargestellten Reaktionen jeweils die molare freie Standardreaktionsenthalpie ($\Delta_r G_m^0$; $T = 298\ K$).

3 › Berechnen Sie die molare freie Standardreaktionsenthalpie für die Verbrennung von Butan (↑ Anhang, S. 462).

Metastabilität bei Modifikationen und unvollständige Reaktionen

01 Auf diese Reaktion wartet man zum Glück ewig.

Modifikationen des Kohlenstoff ↑S. 54 f.

Zur Abhängigkeit der Reaktionsgeschwindigkeit von der Aktivierungsenergie ↑S. 99

Zur Bedeutung des Katalysators für den Reaktionsweg und die Reaktionsgeschwindigkeit, homogene und heterogene Katalyse: ↑S. 100 f

METASTABILE ZUSTÄNDE Diamant, eine Modifikation des Kohlenstoffs, ist nicht stabil gegenüber der Umwandlung in Graphit. Trotzdem muss niemand befürchten, dass sich seine Brillanten plötzlich in Ruß verwandeln (↑ 01). In diesem und vielen anderen Beispielen ist die exergonische Reaktion durch eine Aktivierungsbarriere gehemmt (↑ 02). Je größer dabei die freie Aktivierungsenthalpie $\Delta G^{\#}$, umso langsamer verläuft die Reaktion. Sie setzt sich vor allem aus der bekannten Aktivierungsenergie E_A zusammen. Zusätzlich spielt noch die Änderung der Entropie auf dem Weg zum Übergangszustand eine Rolle (z. B. bei einer Volumenänderung).
Im Fall der Umwandlung von Diamant in Graphit ist $\Delta G^{\#}$ so groß, dass die Reaktion unmessbar langsam abläuft. Der Diamant befindet sich in einem **metastabilen Zustand**. Erst durch eine Temperaturerhöhung wird die Reaktion beschleunigt.

Eine freiwillig ablaufende Reaktion wird durch die freie Aktivierungsenthalpie verlangsamt. Findet keine messbare Reaktion statt, so sind die Edukte metastabil.

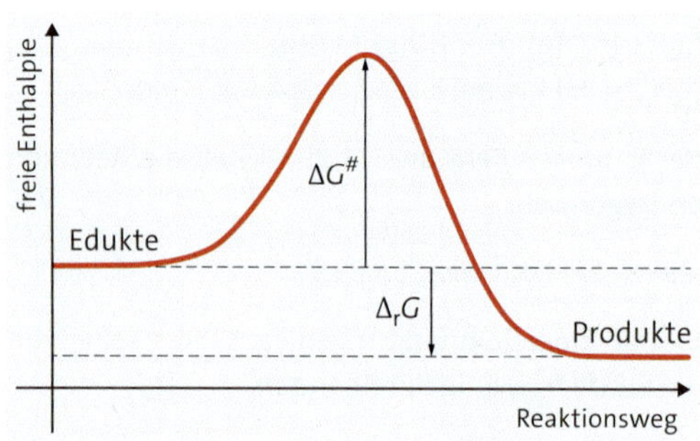

02 Die freie Aktivierungsenthalpie $\Delta G^{\#}$ hemmt die Reaktion, obwohl diese freiwillig verläuft ($\Delta_r G < 0$).

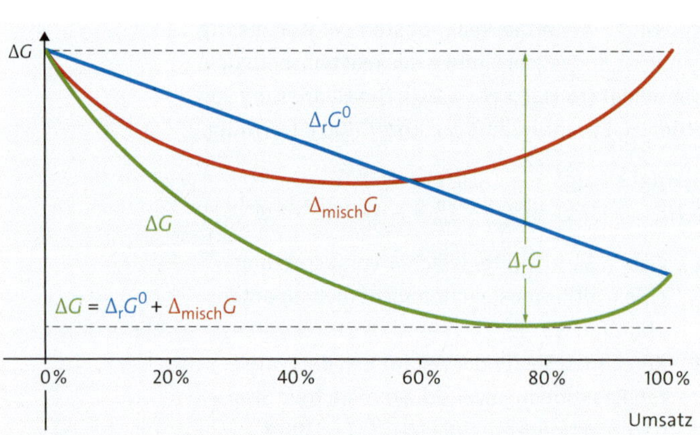

03 Änderung von freier Enthalpie ΔG, freier Standardreaktionsenthalpie $\Delta_r G^0$ und freier Mischungsenthalpie $\Delta_{misch} G$ bei der Umwandlung von *cis*- in *trans*-But-2-en (T = 298 K)

UNVOLLSTÄNDIG VERLAUFENDE REAKTIONEN
Die Umwandlung von *cis*-But-2-en in *trans*-But-2-en ist eine exergonische Reaktion.

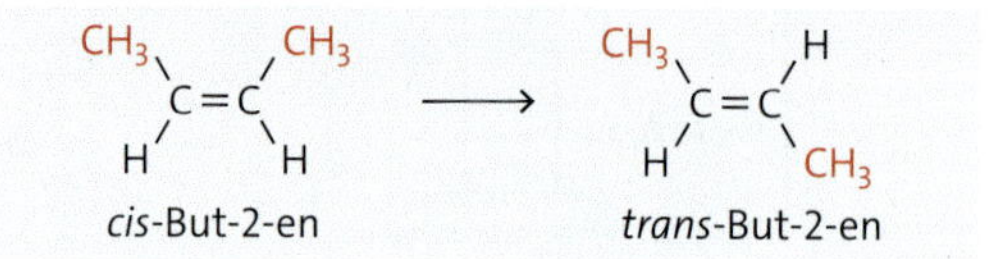

Man erwartet somit einen vollständigen Umsatz von 100 %. Bisher wurde aber nicht betrachtet, dass im Verlauf der Reaktion eine Mischung aus Edukten und Produkten entsteht. Wird ein Teil des *cis*-But-2-en in *trans*-But-2-en umgewandelt, dann liegen beide nebeneinander vor. Somit nimmt die Entropie zu (↑ S. 40 f.).
Bei vollständiger Umwandlung verringert sich die Entropie wieder, weil am Ende keine Mischung, sondern nur das Produkt vorliegt. Die Mischungsentropie $\Delta_{misch}S$ hat einen maximalen Wert, wenn gleich viel Edukt und Produkt vorliegt. Weil die Mischungsenthalpie $\Delta_{misch}H$ hier nahezu gleich null ist, hat die freie Mischungsenthalpie $\Delta_{misch}G$ bei 50 % Umsatz ein Minimum (↑ 03). Für den Verlauf der Reaktion spielt deshalb nicht nur die freie Standardreaktionsenthalpie $\Delta_r G^0$ eine Rolle, sondern die Veränderung der gesamten freien Enthalpie ΔG (↑ 03). ΔG ist die Summe aus $\Delta_r G^0$ und $\Delta_{misch}G$.

$$\Delta G = \Delta_r G^0 + \Delta_{misch}G$$

Am Minimum der Kurve ist ΔG am negativsten und betragsmäßig größer als $\Delta_r G^0$. Die Reaktion verläuft somit bis zu einem Umsatz von etwa 77 %. 23 % *cis*-But-2-en sind noch vorhanden. Diesen Anteil an *cis*-But-2-en erreicht man auch, wenn man von reinem *trans*-But-2-en ausgeht. Je größer $\Delta_r G^0$ im Vergleich zu $\Delta_{misch}G$ ist, umso dichter liegt das Minimum von ΔG bei 100 % Umsatz.

Liegt das Minimum der freien Enthalpie nicht vollständig auf der Seite der Produkte, dann verläuft eine chemische Reaktion unvollständig.

1 Ein Gemisch aus Sauerstoff und Wasserstoff ist bei Raumtemperatur metastabil, eine Mischung aus Sauerstoff und Stickstoffmonooxid (NO) ist hingegen nicht stabil gegenüber der Umwandlung in Stickstoffdioxid (NO_2). Erläutern Sie diese Aussagen mithilfe von Energiediagrammen.

2 Aus thermodynamischer Sicht ist Diamant weniger stabil als Graphit. Recherchieren Sie thermodynamische Daten, die dies veranschaulichen.

Klausurtraining

Material E Stickstoffoxide aus dem Diesel

E1.1 Fahrverbotszone für Autos mit Dieselmotor

Stickstoffdioxid NO_2 gilt als Atemgift, weshalb für die Verbindung gesetzliche Grenzkonzentrationen am Arbeitsplatz und für die Langzeitbelastung festgelegt wurden. Stickstoffdioxid entsteht z. B. aus dem Sauerstoff der Luft und Stickstoffmonooxid NO. Letzteres wird u. a. in Dieselmotoren aus Stickstoff und Sauerstoff gebildet. Um die Konzentration von Stickstoffmonooxid im Abgas zu senken, leitet man Ammoniak NH_3 (in chemisch gebundener Form) in das Abgas des Dieselmotors ein. Es läuft eine chemische Reaktion mit dem Stickstoffmonooxid ab, bei der Stickstoff und Wasser entstehen.

Formel	$\Delta_f H^0$ in $kJ \cdot mol^{-1}$	S^0 in $J \cdot mol^{-1} \cdot K^{-1}$	$\Delta_f G^0$ in $kJ \cdot mol^{-1}$
NO(g)	90,3	210,7	86,6
NO_2(g)	33,1	239,9	51,2
NH_3(g)	−45,9	192,6	−16,4
H_2O(g)	−241,8	188,7	−228,6

E1.2 Energetische Daten ausgewählter Verbindungen

AUFGABEN ZU E

1) **a** Stellen Sie die Reaktionsgleichungen für die im Text beschriebenen Bildungswege von Stickstoffmonooxid und Stickstoffdioxid auf.
b Begründen Sie, welche der beiden Reaktionen bei Standardbedingungen freiwillig verläuft (↑ E1.2).
c Berechnen Sie die Grenztemperatur, oberhalb derer sich Stickstoffmonooxid freiwillig bildet.

2) **a** Begründen Sie anhand der Daten in ↑ E1.2, dass Stickstoffdioxid nicht stabil gegenüber dem Zerfall in die Elemente ist.
b Erklären Sie anhand eines Energiediagramms, warum Stickstoffdioxid nicht sofort in die Elemente zerfällt.

3) **a** Erstellen Sie für die Reaktion von Ammoniak mit Stickstoffmonooxid eine Reaktionsgleichung.
b Zeigen Sie, dass diese Reaktion freiwillig abläuft.
c Begründen Sie die Notwendigkeit der Abgasreinigung für Dieselmotoren (↑ E1.1).

Material F Freiwillig muss es sein

Die Kunststoffe Polyethen (PE), Polypropen (PP) und Polystyrol (PS) sind wichtige Kunststoffe vor allem für die Herstellung von verschiedenen Verpackungmaterialien. Sie werden im großtechnischen Maßstab hergestellt und großen Anlagen aus den jeweiligen Monomeren synthetisiert (↑ F1.1). Um die Monomere möglichst vollständig zu den Polymeren umzusetzen, sind die Reaktionsbedingungen entscheidend. So muss unter anderem die Temperatur der Anlage genau überwacht und geregelt werden.

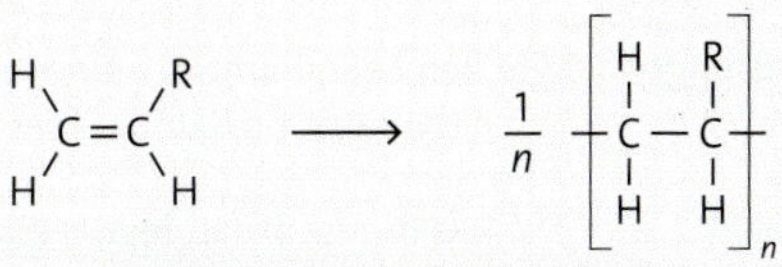

F1.1 Allgemeine Reaktionsgleichung für die Synthese von Polymeren aus Monomeren: Ethen: R = H; Propen: R = CH_3; Styrol: R = C_6H_5

	$\Delta_r H^0$ in $kJ \cdot mol^{-1}$	$\Delta_r S^0$ in $J \cdot mol^{-1} \cdot K^{-1}$	$\Delta_r G^0$ in $kJ \cdot mol^{-1}$
PE		−143	−49
PP	−84		−50
PS	−71	−105	

F1.2 Energetische Daten der Polymersynthese bezogen auf die Reaktionsgleichung ↑ F1.1 für T = 298 K

AUFGABEN ZU F

1) **a** Begründen Sie aus der Reaktionsgleichung ↑ F1.1 das zu erwartende Vorzeichen für die Reaktionsentropie $\Delta_r S^0$ und vergleichen Sie Ihre Erwartung mit den gegebenen Werten ↑ F1.2.
b Erläutern Sie die Bedeutung des Vorzeichens der freien Standardbildungsenthalpien $\Delta_r G^0$ in Tabelle ↑ F1.2 für die in ↑ F1.1 dargestellten Reaktionen.
c Berechnen Sie die fehlenden Daten in ↑ F1.2.

2) **a** Begründen Sie, wie sich jeweils die freie Reaktionsenthalpie $\Delta_r G$ bei den drei Polymerisationen ändert, wenn die Temperatur steigt, und geben Sie an, welche Größe für diese Veränderung verantwortlich ist.
b Als „Ceiling-Temperatur" (engl. *ceiling:* Decke) wird in der Polymerchemie die Temperatur bezeichnet, bei der die freie Reaktionsenthalpie $\Delta_r G$ den Wert null erreicht. Berechnen Sie die Ceiling-Temperatur für die drei in ↑ F1.2 gegebenen Polymere.
c Erläutern Sie die Bedeutung der Ceiling-Temperatur für die Herstellung der Polymere.
d Begründen Sie die Notwendigkeit einer Kühlung der Anlage zur Synthese der Polymere.

Auf einen Blick

System

In der Chemie unterscheidet man zwischen offenen, geschlossenen und isolierten Systemen. Chemische Reaktionen finden häufig in offenen Systemen statt.

Innere Energie

Die innere Energie U (Einheit: J) ist die Summe aller Energieformen eines Systems. Die Änderung der inneren Energie ΔU bei einer chemischen Reaktion entspricht der Summe aus ausgetauschter Wärme Q und verrichteter Arbeit W. $\Delta U = Q + W$

Volumenarbeit

Chemische Reaktionen können bei Beteiligung von Gasen Volumenarbeit leisten. In offenen Systemen, d. h. bei konstantem Druck, berechnet sie sich aus der Volumenänderung ΔV des Reaktionssystems.

$$W = -p \cdot \Delta V$$

Kalorimetrie

Bestimmung der bei einer Reaktion ausgetauschten Wärme Q durch Messung der Temperaturdifferenz

$$Q = -(c_W \cdot m_W + C_K) \cdot \Delta T$$

Molare Lösungsenthalpie

gibt den Energieumsatz eines Lösevorgangs pro mol gelöstem Stoff an. Sie entspricht der Differenz der molaren Hydratations- und Gitterenthalpie.

Reaktionsenthalpie

Die Reaktionsenthalpie $\Delta_r H$ (Einheit: J) entspricht der Reaktionswärme Q, die im Laufe einer chemischen Reaktion bei konstantem Druck mit der Umgebung ausgetauscht wird (offenes System).
Die molare Standardreaktionsenthalpie $\Delta_r H_m^0$ ist die Reaktionsenthalpie einer konkreten Reaktion, bei der ein Stoff unter Standardbedingungen (25 °C; 101,3 kPa) einen Stoffumsatz von $n = 1$ mol hat.

Einige Reaktionsenthalpien haben aufgrund ihrer Bedeutung eigene Namen und Zeichen.

Name und Symbol	Beschreibung	Beispiel
molare Verbrennungsenthalpie $\Delta_c H_m$	1 mol eines Ausgangsstoffs wird im Sauerstoffüberschuss vollständig verbrannt.	$CH_4(g) + 2\,O_2(g) \longrightarrow CO_2(g) + 2\,H_2O(l)$ $\Delta_c H_m = -891\ kJ \cdot mol^{-1}$
molare Standardbildungsenthalpie $\Delta_f H_m^0$	1 mol einer Verbindung wird unter Standardbedingungen aus den Elementen gebildet.	$H_2(g) + \frac{1}{2}\,O_2(g) \longrightarrow H_2O(l)$ $\Delta_f H_m^0 = -286\ kJ \cdot mol^{-1}$
molare Verdampfungsenthalpie $\Delta_v H_m$	1 mol eines Stoffs wird verdampft.	$H_2O(l) \longrightarrow H_2O(g)$ $\Delta_v H_m = 44\ kJ \cdot mol^{-1}$

Satz von Hess

Die Reaktionsenthalpie einer chemischen Reaktion hängt nur von den Ausgangsstoffen (Anfangszustand) und den Reaktionsprodukten (Endzustand) ab. Sie ist unabhängig von möglichen Zwischenprodukten und dem Reaktionsweg.

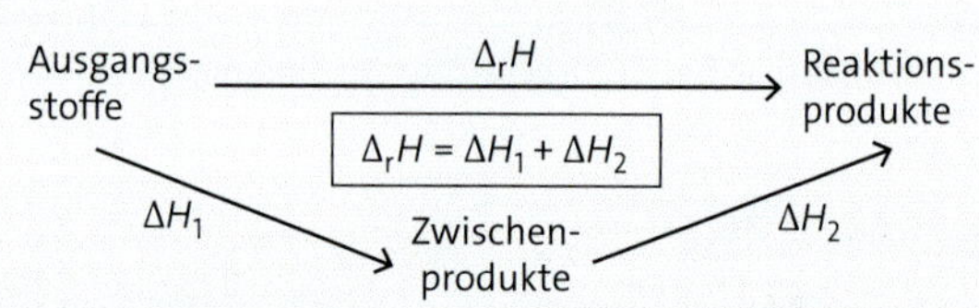

Entropie

Die Entropie S (Einheit: $J \cdot K^{-1}$) ist das Maß für die Unordnung eines Systems. Bei freiwillig ablaufenden Prozessen nimmt die Entropie im System und seiner Umgebung insgesamt zu.
Aus den molaren Standardentropien lässt sich die molare Standardreaktionsentropie berechnen.
$\Delta_r S_m^0 = \Sigma\,\nu \cdot S_m^0(\text{Produkte}) - \Sigma\,\nu \cdot S_m^0(\text{Edukte})$

Freie Reaktionsenthalpie

Eine chemische Reaktion ist exergonisch, wenn ihre molare freie Reaktionsenthalpie $\Delta_r G_m$ (Einheit: J) negativ ist.

Mithilfe der Gibbs-Helmholtz-Gleichung kann die molare freie Reaktionsenthalpie $\Delta_r G_m$ aus der Reaktionsenthalpie $\Delta_r H_m$ und Reaktionsentropie $\Delta_r S_m$ bei gegebener Temperatur T berechnet werden.

$$\Delta_r G_m = \Delta_r H_m - T \cdot \Delta_r S_m$$

Reaktion ist …	Bedingung
exergonisch ($\Delta_r G_m < 0$)	$\Delta_r H_m < 0$ und $\Delta_r S_m > 0$
	$\Delta_r H_m < 0$ und $\Delta_r S_m < 0$ mit $\lvert\Delta_r H_m\rvert > \lvert T \cdot \Delta_r S_m\rvert$
	$\Delta_r H_m > 0$ und $\Delta_r S_m > 0$ mit $\lvert\Delta_r H_m\rvert < \lvert T \cdot \Delta_r S_m\rvert$
endergonisch ($\Delta_r G_m > 0$)	$\Delta_r H_m > 0$ und $\Delta_r S_m < 0$

Übungsaufgaben

1 Bei der Bildung von Natronlauge aus 1 mol elementarem Natrium mit Wasser wurde eine Reaktionswärme von −184 kJ unter Standardbedingungen gemessen.
a Formulieren Sie die Reaktionsgleichung mit ganzen Stöchiometriezahlen. Geben Sie die molare Reaktionsenthalpie dieser Reaktion an.
b Berechnen Sie die Volumenarbeit dieser Reaktion unter Standardbedingungen ($V_m = 24{,}5\ l \cdot mol^{-1}$).

2 Beurteilen Sie, ob die Alltagsbegriffe „Energiequelle", „Wärmeenergie",„verbrauchte Energie" und „Energieverlust" mit Fachsprache im Einklang stehen.

3 In einem Kalorimeter ($C_K = 60{,}8\ J \cdot K^{-1}$) mit einer Wasserfüllung von 240 mL wird 1 g Alanin ($C_3H_7O_2N$) vollständig zu $CO_2(g)$, $H_2O(g)$ und $N_2(g)$ verbrannt. Die Temperaturerhöhung beträgt 3,3 K ($c_W = 4{,}18\ J \cdot g^{-1} \cdot K^{-1}$).
a Zeichnen und beschriften Sie einen möglichen Versuchsaufbau.
b Berechnen Sie aus den Messwerten die molare Verbrennungsenthalpie von Alanin.
c Berechnen Sie den Heizwert sowie den Brennwert von Alanin.

4 Ethen kann mit gasförmigem Wasserstoff zu Ethan hydriert werden. Die Reaktionsenthalpie kann aus den Verbrennungsenthalpien von Ethan, Ethen und Wasserstoff berechnet werden.
$\Delta_c H_m(C_2H_6) = -1557\ kJ \cdot mol^{-1}$
$\Delta_c H_m(C_2H_4) = -1409\ kJ \cdot mol^{-1}$
$\Delta_c H_m(H_2) = -286\ kJ \cdot mol^{-1}$
a Stellen Sie jeweils die Reaktionsgleichung der vier genannten Reaktionen auf.
b Berechnen Sie die unbekannte Reaktionsenthalpie mit dem Satz von Hess.

5 Beim Auflösen eines Salzes in Wasser kann eine Erwärmung oder Abkühlung der Lösung erfolgen. 0,1 mol Natriumchlorid (NaCl) und 0,1 mol Calciumchlorid ($CaCl_2$) werden in jeweils 100 g Wasser aufgelöst.
a Berechnen Sie die molaren Lösungsenthalpien der Salze aus den molaren Standardbildungsenthalpien (↑ Anhang, S. 462).
b Berechnen Sie die jeweils resultierende Temperaturänderung ($c_W = 4{,}18\ J \cdot g^{-1} \cdot K^{-1}$).

6 Ethanal wird mithilfe der Tollens-Probe nach folgender Gleichung nachgewiesen:

$$CH_3CHO(l) + 2\ Ag^+(aq) + 2\ OH^-(aq) \longrightarrow CH_3COOH(l) + 2\ Ag(s) + H_2O(l)$$

Berechnen Sie die molare Standardreaktionsenthalpie aus den molaren Standardbildungsenthalpien (↑ Anhang, S. 462).

7 Gasförmiges Ammoniak zeigt bei Einleitung in Wasser (bei 25 °C) eine alkalische Reaktion.
a Formulieren Sie die Reaktionsgleichung für die beschriebene Reaktion.
b Berechnen Sie die molare Reaktionsenthalpie aus den molaren Standardbildungsenthalpien (↑ S. 462).
c Berechnen Sie die molare Reaktionsentropie und geben Sie an, ob die Reaktion freiwillig verläuft.

8 Elementares Natrium wird mit gasförmigem Chlor nach folgender Gleichung umgesetzt:

$$2\ Na(s) + Cl_2(g) \longrightarrow 2\ NaCl(s)$$

a Berechnen Sie die molare Standardreaktionsenthalpie und die molare Reaktionsentropie der Reaktion mithilfe tabellierter Werte (↑ Anhang, S. 462).
b Ermitteln Sie, ob die Reaktion bei −30 °C exergonisch oder endergonisch verläuft.

Mithilfe dieses Kapitels können Sie:	Aufgabe	Hilfe finden Sie auf Seite
die molare Reaktionsenthalpie einer Reaktion aus einer kalorimetrischen Messung berechnen	*1, 3, 5*	*73*
die molaren Standardreaktionsenthalpien aus molaren Standardbildungsenthalpien berechnen	*5, 6, 7, 8*	*79*
Reaktionsenthalpien aus kalorimetrischen Messungen berechnen	*3*	*76-77*
den Satz von Hess nutzen, um Reaktionsenthalpien zu berechnen	*4*	*78-79*
die molaren Standardreaktionsentropien aus molaren Standardentropien berechnen	*7, 8*	*87*
Berechnungen mit der Gibbs-Helmholtz-Gleichung durchführen und Aussagen zum freiwilligen Ablauf chemischer Reaktionen machen	*8*	*88-89*

Das Calciumcarbonat der Korallenriffe steht im dynamischen Gleichgewicht mit den Ionen im Meerwasser. Ob ein Korallenriff wächst, stabil bleibt oder sich im Wasser löst, hängt von den Konzentrationen verschiedener Ionen, der Temperatur und dem Gehalt an Kohlenstoffdioxid in der Atmosphäre ab. Eine chemische Reaktion so beeinflussen zu können, dass die Ausbeute des gewünschten Produkts möglichst groß wird, fordert Chemiker und Chemikerinnen immer wieder heraus.

Reaktionsgeschwindigkeit und chemisches Gleichgewicht 4

Verlauf und Dynamik chemischer Reaktionen

Reaktionsgeschwindigkeit

- Konzentrations-Zeit-Diagramme
- Stoßtheorie der chemischen Reaktion
- Aktivierungsenergie, Temperatur und Energieverteilung
- Katalyse und Katalysator

Chemisches Gleichgewicht

- Umkehrbarkeit physikalischer und chemischer Prozesse
- Kennzeichen dynamischer Gleichgewichte
- Chemisches Gleichgewicht als dynamisches Gleichgewicht
- Massenwirkungsgesetz

Störung des chemischen Gleichgewichts

- Beeinflussung des Gleichgewichts durch Temperatur, Druck und Konzentration
- Prinzip von Le Chatelier

Chemische Gleichgewichte in Natur und Technik

- Löslichkeitsgleichgewichte
- Löslichkeitsprodukte und Nachweisreaktionen
- Ammoniaksynthese nach dem Haber-Bosch-Verfahren
- Kohlenstoff-Carbonat-Gleichgewicht

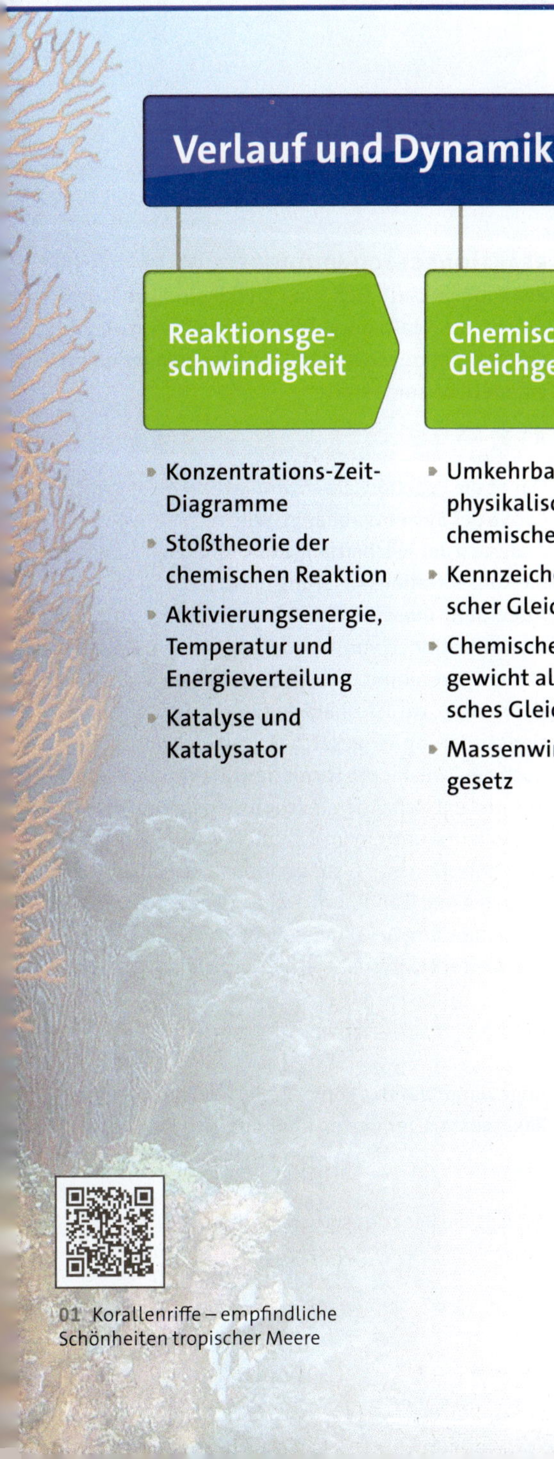

01 Korallenriffe – empfindliche Schönheiten tropischer Meere

4.1 Reaktionsgeschwindigkeit

01 A Blitzlicht durch Verbrennung von Magnesiumpulver, **B** Veränderung eines Kupfercents nach 13 Jahren

02 Beim Raketenstart werden in kurzer Zeit große Mengen Wasserstoff zu Wasser verbrannt.

LANGSAME UND SCHNELLE REAKTIONEN Anfang des 20. Jahrhunderts wurden Szenen für die Aufnahme von Fotos mit Magnesiumblitzen beleuchtet. Dabei wird Magnesiumpulver innerhalb von Bruchteilen einer Sekunde zu Magnesiumoxid unter Freisetzung von intensivem Licht oxidiert (↑ **01A**). Diese Reaktion muss schnell ablaufen, um die für den Blitz notwendige hohe Temperatur zu erreichen.
In anderen Fällen sind schnelle Oxidationen von Metallen aber nicht erwünscht. Münzen sollen beispielsweise beständig sein, da sie einen Wert darstellen. Bei der dunklen Schicht auf der älteren Münze im Bild ↑ **01B** handelt es sich um Kupferoxid. Eine Kupfermünze reagiert bei Raumtemperatur nur sehr langsam mit dem Sauerstoff der Luft und die Veränderung ist oft erst nach einigen Jahren zu erkennen.

Noch gewusst? Bewegungen können subjektiv als langsam oder schnell empfunden werden. Durch die mittlere Geschwindigkeit $\bar{v}$ können Bewegungen objektiv bestimmt werden. Sie wird als Quotient aus zurückgelegtem Weg Δs und der dafür benötigten Zeit Δt definiert: $\bar{v} = \frac{\Delta s}{\Delta t}$.

$$\bar{v} = \frac{\Delta s}{\Delta t} = \frac{s_2 - s_1}{t_2 - t_1}$$

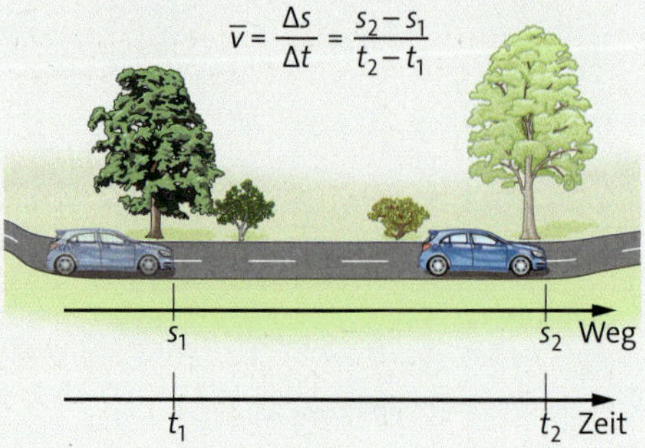

Die Stöchiometriezahl gibt die Teilchenanzahl in einer chemischen Reaktion an.

REAKTIONSGESCHWINDIGKEIT Für chemische Reaktionen lässt sich eine Geschwindigkeit definieren, die **Reaktionsgeschwindigkeit *v***. In chemischen Reaktionen werden Stoffe ineinander umgewandelt, beispielsweise

$$A + B \longrightarrow 2\,C$$

Damit die Reaktionsgeschwindigkeit v nicht von der Größe des Systems abhängt, wird nicht die zeitliche Änderung der Teilchenzahl oder Stoffmenge, sondern die Konzentrationsänderung pro Zeit betrachtet: $\frac{\Delta c}{\Delta t}$. Außerdem muss berücksichtigt werden, dass die Konzentrationen von A und B abnehmen, während die von C zunimmt. Um einen positiven Wert für v zu erhalten, wird deshalb der Betrag der Konzentrationsänderung eingesetzt. Schließlich muss auch noch die Zahl der pro Formelumsatz verschwindenden und entstehenden Teilchen einbezogen werden. Aus einem A und einem B entstehen zwei C, d. h., die Konzentration von C steigt doppelt so schnell, wie die von A und B abnimmt. Der Betrag der Konzentrationsänderung $\Delta c(\mathrm{C})$ muss deshalb durch die zugehörige *Stöchiometriezahl*, hier 2, dividiert werden:

$$v = \frac{|\Delta c(\mathrm{A})|}{\Delta t} = \frac{|\Delta c(\mathrm{B})|}{\Delta t} = \frac{1}{2}\,\frac{|\Delta c(\mathrm{C})|}{\Delta t}$$

Angewandt auf das konkrete Beispiel der bei einem Raketenstart genutzten Knallgasreaktion (↑ **02**),

$$2\,H_2(g) + O_2(g) \longrightarrow 2\,H_2O(g)$$

beträgt die Reaktionsgeschwindigkeit:

$$v = \frac{1}{2}\,\frac{|\Delta c(H_2)|}{\Delta t} = \frac{|\Delta c(O_2)|}{\Delta t} = \frac{1}{2}\,\frac{|\Delta c(H_2O)|}{\Delta t}$$

Konzentrations-Zeit-Diagramme

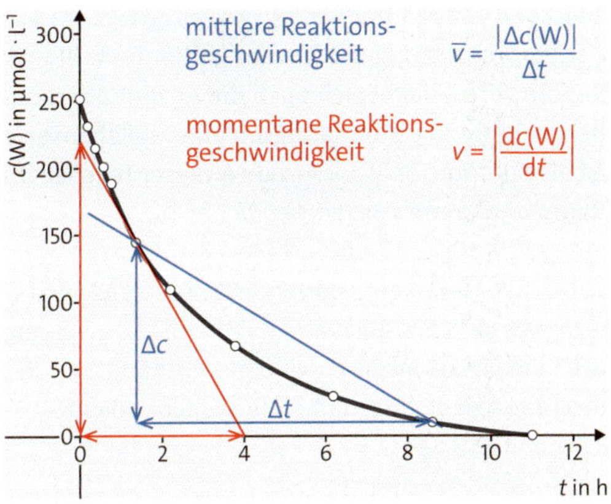

03 Zeitliche Veränderung der Konzentration eines Medikaments im Blutplasma

KONZENTRATIONSVERÄNDERUNGEN Für die Wirksamkeit eines Medikaments ist es wichtig, die zeitliche Veränderung seiner Konzentration im Blut zu kennen. Bei zu geringen Konzentrationen kommt es nicht zu den beabsichtigten Wirkungen, bei zu hohen Konzentrationen treten möglicherweise Nebenwirkungen auf. Bild ↑ **03** zeigt die Konzentration eines Wirkstoffs W im Blut nach dem Erreichen seines Maximalwerts. Die Abnahme von $c(W)$ ist auf die Umwandlung des Wirkstoffs W in sein Abbauprodukt A zurückzuführen: W ⟶ A.

MITTLERE REAKTIONSGESCHWINDIGKEIT Mithilfe eines **Konzentrations-Zeit-Diagramms** lässt sich die Geschwindigkeit einer Reaktion bestimmen. Dabei ist die Steigung der blauen Geraden gleich dem Quotienten aus der Konzentrationsänderung Δc und dem gewählten Zeitintervall Δt. Aus ihr kann die **mittlere Reaktionsgeschwindigkeit $\overline{v}$** ermittelt werden. Um die Steigung zu berechnen, konstruiert man ein Steigungsdreieck und dividiert die Konzentrationsänderung durch das Zeitintervall:

$$\frac{\Delta c(W)}{\Delta t} = \frac{(11 - 145)\ \mu\text{mol} \cdot \text{l}^{-1}}{(8{,}6 - 1{,}4)\ \text{h}} \approx -18{,}6\ \mu\text{mol} \cdot \text{l}^{-1} \cdot \text{h}^{-1}$$

Da die Stöchiometriezahl von W in der Reaktionsgleichung eins beträgt, gilt für die Reaktionsgeschwindigkeit im gewählten Intervall:

$$\overline{v} = \frac{|\Delta c(W)|}{\Delta t} \approx 18{,}6\ \mu\text{mol} \cdot \text{l}^{-1} \cdot \text{h}^{-1}$$

Die mittlere Reaktionsgeschwindigkeit $\overline{v}$ ist definiert als Quotient aus dem Betrag der Konzentrationsänderung des jeweiligen Stoffs und dem benötigten Zeitintervall.

$$\overline{v} = \frac{|\Delta c|}{\Delta t} = \frac{|c_2 - c_1|}{t_2 - t_1}$$

MOMENTANE REAKTIONSGESCHWINDIGKEIT Wenn die Größe des Zeitintervalls gegen den Wert null strebt ($\Delta t \longrightarrow dt$), dann wird aus einer Geraden, die die Kurve schneidet, eine Tangente (↑ **03**, rot). Ihre Steigung ist gleich der momentanen Änderungsrate der Konzentration, $\frac{dc}{dt}$.
Um die Steigung einer Tangente zu berechnen, ermittelt man ihre Schnittpunkte mit den Achsen. Die Achsenabschnitte entsprechen den Katheten im Steigungsdreieck. Für die Tangente an der Kurve zum Zeitpunkt t = 1,4 h gilt:

$$\frac{dc(W)}{dt} = \frac{(0 - 220)\ \mu\text{mol} \cdot \text{l}^{-1}}{(4 - 0)\ \text{h}} = -55\ \mu\text{mol} \cdot \text{l}^{-1} \cdot \text{h}^{-1}$$

$$v = \left|\frac{dc(W)}{dt}\right| = 55\ \mu\text{mol} \cdot \text{l}^{-1} \cdot \text{h}^{-1}$$

Mit zunehmender Zeit wird die Kurve flacher, d. h., die momentane Reaktionsgeschwindigkeit sinkt.

Animation: Ermittlung der Reaktionsgeschwindigkeit

1 Chlorwasserstoff (HCl) wird aus Wasserstoff (H_2) und Chlor (Cl_2) synthetisiert.
a Erstellen Sie die Reaktionsgleichung.
b Erstellen Sie zwei Gleichungen für die Geschwindigkeit dieser Reaktion: einmal mit $\Delta c(Cl_2)$ und einmal mit Δc(HCl) als Variable.
c In einem Kolben (V = 1 l) reagieren 0,01 mol Chlor und 0,01 mol Wasserstoff miteinander. Bereits 50 ms nach Beginn sind 50 % der Edukte verbraucht. Berechnen Sie die mittlere Reaktionsgeschwindigkeit zwischen 0 und 50 ms.
d Übertragen Sie das Diagramm. Ermitteln Sie mit der Tangentenmethode die momentane Reaktionsgeschwindigkeit bei t = 50 ms.

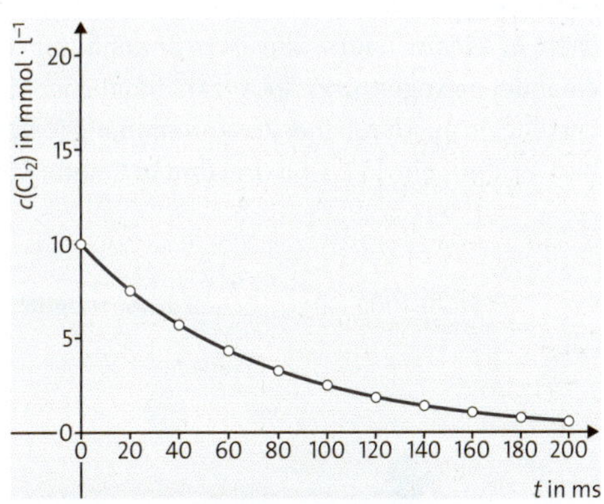

e Tragen Sie c(HCl) in das Diagramm ein. Zum Zeitpunkt t = 0 ms ist c(HCl) = 0 mmol · l⁻¹.

2 Die Geschwindigkeit eines Körpers kann längere Zeit konstant sein. Begründen Sie, warum das nicht für die Reaktion aus **1c** gelten kann.

3 Recherchieren Sie Reaktionen, die besonders schnell bzw. besonders langsam verlaufen.

Modell der wirksamen Stöße

Animation: Stoßmodell

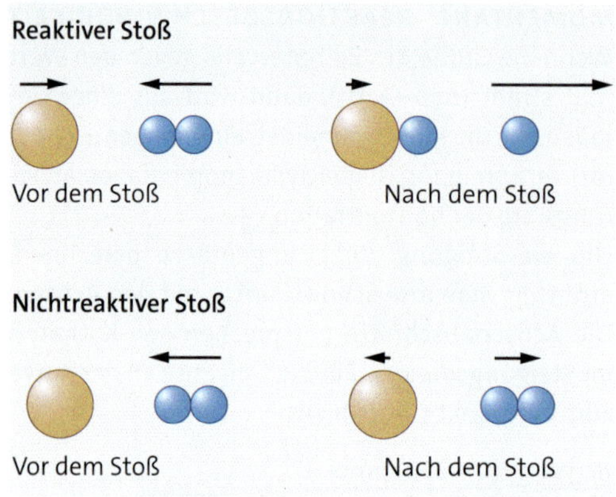

01 Reaktiver und nichtreaktiver Stoß im Modell. Die Pfeile repräsentieren die Teilchengeschwindigkeit.

Avogadro-Konstante $N_A = 6 \cdot 10^{23}\ mol^{-1}$

TEILCHEN MÜSSEN ZUSAMMENSTOẞEN Chemische Reaktionen haben ihre Ursache auf der Teilchenebene. Es kommt zur Übertragung von Elektronen oder zur Spaltung und Entstehung chemischer Bindungen. Dazu müssen Atome, Moleküle oder Ionen zusammenstoßen. Aber nicht jeder Stoß ist ein wirksamer, **reaktiver Stoß**. Es kommt neben der richtigen Orientierung vor allem darauf an, dass die kinetische Energie der Teilchen größer als die notwendige **Aktivierungsenergie E_A** ist.

> **Für eine chemische Reaktion müssen Teilchen reaktive Stöße ausführen. Stoßhäufigkeit und kinetische Energie der Teilchen beeinflussen die Reaktionsgeschwindigkeit.**

Animation: Stoßzahl

TEILCHENDICHTE, STOẞZAHL UND REAKTIONSGESCHWINDIGKEIT Zwischen der Anzahl der Teilchen in einem Raum, die sich unabhängig voneinander bewegen, und der Anzahl möglicher Stöße besteht ein anschaulicher Zusammenhang (↑ **02**). In Bild A ist nur ein, in B sind drei und in C neun Stöße zwischen blauen und gelben Kugeln möglich. Mit der Verdreifachung der Anzahl gelber bzw. blauer Kugeln verdreifacht sich auch die Anzahl der möglichen Stöße. Die Stoßhäufigkeit einer Teilchensorte ist also proportional zur Anzahl N dieser Teilchen im Raum und damit zur *Teilchendichte* $\frac{N}{V}$.

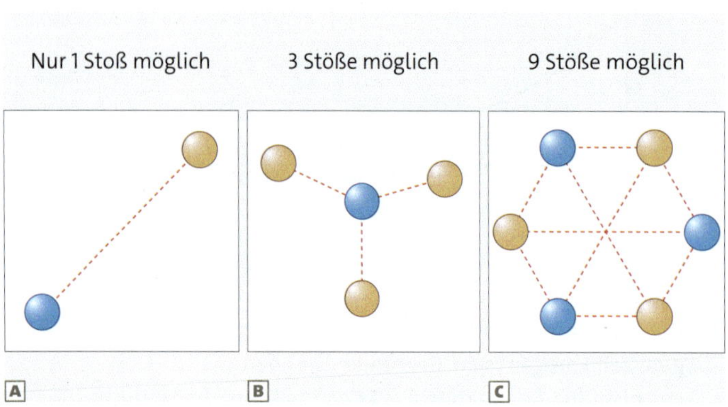

02 Modellhafte Darstellung der Veränderung der Stoßzahl mit der Teilchenanzahl

Je häufiger Teilchen zusammenstoßen, umso wahrscheinlicher wird auch ein reaktiver Stoß erfolgen, d. h., die Reaktionsgeschwindigkeit v hängt mit der Stoßhäufigkeit und damit der Teilchendichte zusammen: $v \sim \frac{N}{V}$.

STOFFMENGENKONZENTRATION Ersetzt man die Teilchenanzahl N durch die Stoffmenge: $N = n \cdot N_A$, dann kann die Teilchendichte $\frac{N}{V}$ durch die Stoffmengenkonzentration $c = \frac{n}{V}$ ersetzt werden.
Für eine einfache Reaktion A + B ⟶ 2 C ist die Stoßhäufigkeit zwischen den Teilchen von A und B und damit die Reaktionsgeschwindigkeit v proportional zum Produkt aus c(A) und c(B).

$$v \sim c(A) \cdot c(B)$$
$$v = k \cdot c(A) \cdot c(B)$$

k wird als **Geschwindigkeitskonstante** der Reaktion bezeichnet und hängt nicht von den Konzentrationen c(A) und c(B) ab, jedoch von der Temperatur (↑ S. 99).

DRUCK In der Gasphase ist der Druck p eine geeignete Messgröße. Je höher die Teilchendichte ist und je schneller sie sich bewegen, umso größer ist der Druck und umso häufiger stoßen sie nicht nur gegen die Gefäßwand, sondern auch aneinander. Bei konstanter Temperatur ist die Reaktionsgeschwindigkeit proportional zum Produkt aus p(A) und p(B).

ZERTEILUNGSGRAD In heterogenen Mischungen – wie bei einem aus Metall und wässriger Lösung bestehenden Korrosionselement – liegen die Reaktionspartner in verschiedenen Phasen oder Aggregatzuständen vor. Reaktionen verlaufen an der Phasengrenze, also an der Oberfläche von Festkörpern oder Flüssigkeiten. Die Stoßhäufigkeit zwischen den Teilchen der Reaktionspartner und damit die Reaktionsgeschwindigkeit steigt mit der Größe der Grenzfläche, also mit dem **Zerteilungsgrad** der festen und flüssigen Stoffe.
Geht man von würfelförmigen Partikeln aus, dann steigt die Gesamtoberfläche um den Faktor 10, wenn die Kantenlänge um den gleichen Faktor verkleinert und der Würfel in 1000 kleine Würfel zerteilt wird (↑ S. 355).

Energiediagramme

03 Je nach Bedarf: kühlen oder heizen

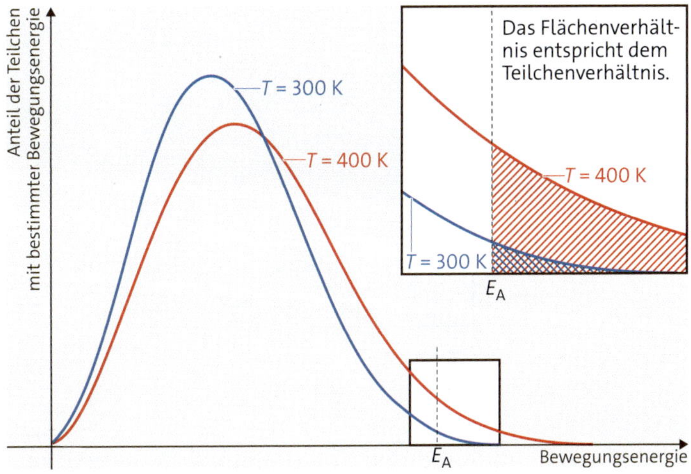

04 Energieverteilung nach MAXWELL: Bewegungsenergie der Teilchen bei niedriger (blau) und hoher (rot) Temperatur

TEMPERATUR UND REAKTIONSGESCHWINDIGKEIT Gekühlte Lebensmittel sind länger genießbar, weil das Wachstum von Bakterien und Pilzen sowie die Oxidation von Fetten bei tiefen Temperaturen langsamer verlaufen als bei hohen. Chemische Synthesen werden häufig bei erhöhten Temperaturen durchgeführt. Dadurch können in gleicher Zeit größere Produktmengen erzeugt werden. Zwischen der Temperatur und der Reaktionsgeschwindigkeit besteht folgender experimentell gefundener Zusammenhang:

> **Bei einer Temperaturerhöhung um 10 K verdoppelt bis vervierfacht sich die Geschwindigkeit vieler Reaktionen. Dieser Zusammenhang wird als Reaktionsgeschwindigkeits-Temperatur-Regel – kurz RGT-Regel – bezeichnet.**

TEMPERATUR UND KINETISCHE ENERGIE Der Einfluss der Temperatur auf die Reaktionsgeschwindigkeit liegt an der Verteilung der Bewegungsenergie (kinetische Energie) auf die Teilchen (↑ 04). Bei der von JAMES C. MAXWELL gefundenen Energieverteilung ist die Fläche unter der Kurve in einem bestimmten Energieintervall ein Maß für den Anteil der Teilchen mit dieser Energie. Bei einer höheren Temperatur gibt es mehr Teilchen, deren Bewegungsenergie gleich oder größer als die notwendige **Aktivierungsenergie E_A** ist als bei niedriger Temperatur. Dadurch können mehr Teilchen reaktive Stöße miteinander ausführen und folglich erhöht sich mit der Temperatur auch die Geschwindigkeit vieler chemischer Reaktionen. Mathematisch steckt die Veränderung der Reaktionsgeschwindigkeit in der Veränderung der Geschwindigkeitskonstanten *k*.

ÜBERGANGSZUSTAND Die notwendige Aktivierungsenergie E_A einer Reaktion wird durch ihren **Übergangszustand** bestimmt. Seine Energie liegt um den Betrag von E_A über der der Edukte (↑ 05). Treffen z. B. ein Fluoratom und ein Wasserstoffmolekül mit einer Energie größer als E_A aufeinander, dann wird mit abnehmendem F···H-Abstand die H–H-Bindung gedehnt und geschwächt. Der Übergangszustand ist ein instabiles „H···H···F-Molekül", das schließlich in ein HF-Molekül und ein H-Atom zerfällt.

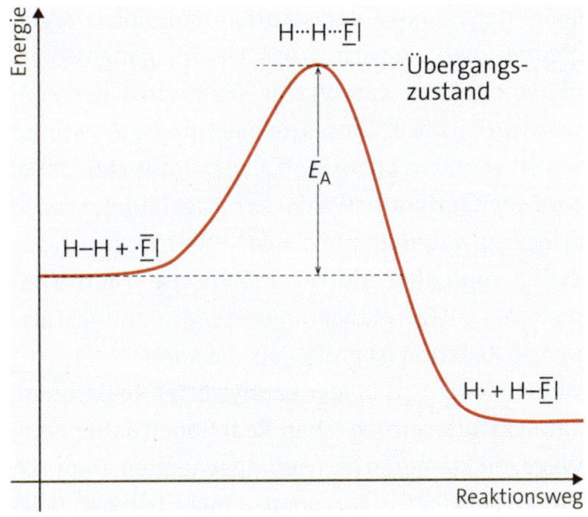

05 Energiediagramm einer exothermen Reaktion

1 Die Geschwindigkeit einer Reaktion verdoppelt sich bei Erhöhung der Temperatur von 25 auf 35 °C. Bewerten Sie folgende Aussagen:

a Bei 45 °C ist die Reaktion viermal so schnell wie bei 25 °C.

b Bei 55 °C ist die Reaktion sechsmal so schnell wie bei 25 °C.

Katalyse

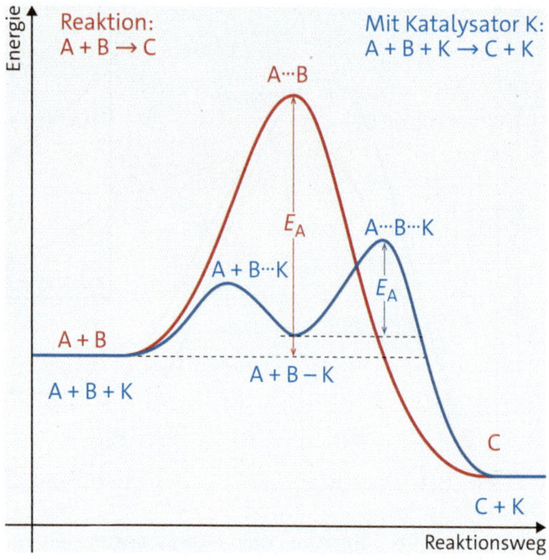

01 Energiediagramme einer nichtkatalysierten (rot) und der zugehörigen katalysierten (blau) Reaktion

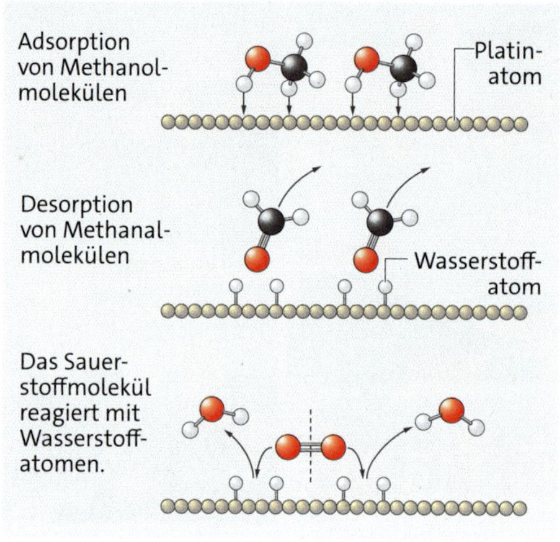

02 Reaktionsmechanismus im Modell

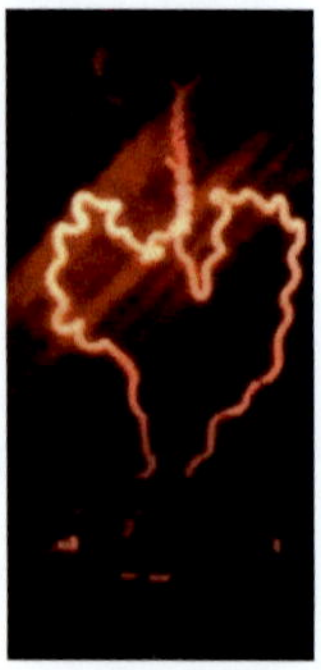

03 Platinwendel über Methanol: Biegt ma den Platindraht in Herzform, wirkt es als würde das Herz "schlagen".

EIN ALTERNATIVER REAKTIONSWEG Wird ein erhitztes Platindrahtnetz in den Dampfraum eines Erlenmeyerkolbens gehängt, in dem sich Methanol befindet, so beginnt der Platindraht zu glühen. Das Methanol entzündet sich und verbrennt für eine kurze Zeit. Die Flamme erlischt, der Platindraht beginnt erneut zu Glühen und wieder wird der Methanoldampf entzündet. Diese Vorgänge wiederholen sich, bis das Methanol vollständig mit Sauerstoff zu Methanal reagiert hat. Platin fungiert bei dieser Reaktion als **Katalysator**. Allgemein wird die Wirkungsweise eines Katalysators anhand von Energiediagrammen deutlich (↑ **01**). Der Ausgangsstoff B bildet mit dem Katalysator K zunächst ein Zwischenprodukt B-K. Dieses reagiert in einem zweiten Schritt weiter mit dem Stoff A zum Produkt C. Dabei wird der Katalysator wieder zurückgebildet; er wird also nicht verbraucht. In einigen Fällen lässt sich das Zwischenprodukt durch analytische Methoden nachweisen. Die Aktivierungsenergie der unkatalysierten Reaktion ist größer als die Summe der Aktivierungsenergien beider katalysierter Reaktionen. Katalysatoren ermöglichen Reaktionen daher neue Wege mit kleineren Aktivierungsenergien. Dadurch führen bei gleicher Temperatur mehr Teilchen reaktive Stöße aus. Die Reaktionsge schwindigkeit steigt. In der Forschung spielt die Entwicklung effizienter Katalysatoren eine wichtige Rolle.

KATALYSE VERSTEHEN Um die Wirkungsweise eines Katalysators verstehen zu können, ist eine Vorstellung über den **Reaktionsmechanismus** notwendig, also über den Weg, der von den Teilchen der Edukte zu denen der Produkte führt.

Taucht man einen Platindraht in Methanoldampf (↑ **03**), dann kommen Methanolmoleküle (CH_3OH) in Kontakt mit den Platinatomen. Durch Bindungsspaltung und -neubildung entstehen ein Methanalmolekül (HCHO) und zwei platingebundene Wasserstoffatome (H). Diese reagieren exotherm mit einem Sauerstoffmolekül. Die Reaktionswärme bringt den Platindraht zum Glühen. Die hohe Temperatur zündet schließlich die Verbrennung von Methanol. Danach befinden sich kein Methanol und kein Sauerstoff mehr am Platin. Der Draht kühlt ab, bis der Vorgang durch Diffusion von Methanol- und Sauerstoffmolekülen erneut beginnt.

Ein Katalysator ermöglicht einen alternativen Reaktionsweg mit verringerter Aktivierungsenergie und erhöhter Reaktionsgeschwindigkeit. Es kommt zur Wechselwirkung der Katalysatorteilchen mit den Eduktmolekülen. Da die Katalysatorteilchen wieder zurückgebildet werden, tauchen sie in der Reaktionsgleichung nicht auf.

HETEROGENE KATALYSE Wenn der Katalysator fest, die Edukte aber gasförmig oder flüssig sind, dann liegt eine **heterogene Katalyse** vor (↑ **02**). Ihr Vorteil ist die einfache Abtrennbarkeit der Reaktionsprodukte vom Katalysator.
Nicht nur die Abgasreinigung am Verbrennungsmotor, sondern auch die meisten Herstellungsverfahren großtechnischer Produkte basieren auf heterogen katalysierten Reaktionen. Hierbei zeigt sich auch die Selektivität verschiedener Katalysatoren, die von den gleichen Edukten zu verschiedenen Produkten führt.

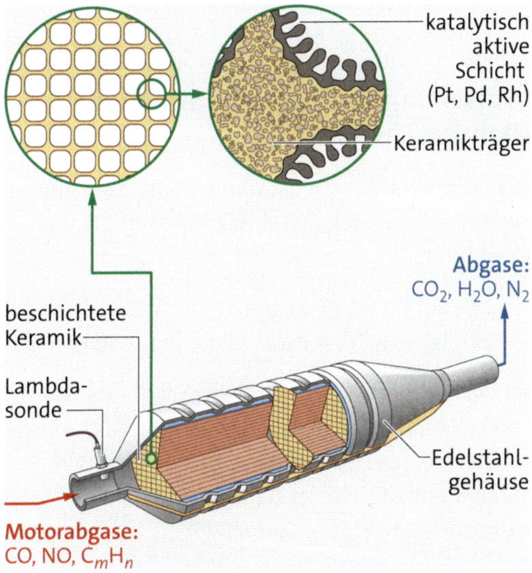

04 Querschnitt durch einen Autoabgaskatalysator

HOMOGENE KATALYSE Bei der homogenen Katalyse liegen Katalysator und Edukte in einer Lösung oder in der Gasphase vor. Ihr Vorteil ist die gute Durchmischung von Katalysator und Reaktionspartnern. Bild ↑ **05** gibt eine Vorstellung vom Mechanismus einer homogen katalysierten Reaktion, der *Estersynthese*. Durch die Anlagerung eines Wasserstoff-Ions H^+ an das Methansäuremolekül, die *Protonierung*, vergrößert sich die Teilladung des Kohlenstoffatoms und es wird für die Knüpfung einer Bindung zum negativ teilgeladenen Sauerstoffatom des Methanolmoleküls aktiviert. Eine Säure HA ist somit als Katalysator der Estersynthese geeignet.

ENZYME UND BIOKATALYSE Enzyme sind Katalysatoren biologischer Systeme. Ihre beiden bemerkenswertesten Eigenschaften sind die hohe katalytische Aktivität – sie beschleunigen Reaktionen um mehr als einen Faktor 10^6 – und die hohe Spezifität bezüglich der Edukte, die hier **Substrate** heißen. LINUS PAULING (Chemienobelpreis 1954) stellte die Hypothese auf, dass die Enzymmoleküle durch Form und funktionelle Gruppen in der Bindungsstelle des Substrats die Bildung des Übergangszustands begünstigen und so die Aktivierungsenergie absenken. Dies ist eine Weiterentwicklung des auf EMIL FISCHER (Chemienobelpreis 1902) zurückgehenden **Schlüssel-Schloss-Prinzips**.

Querschnitt durch einen Autabgaskatalysator

AUTOKATALYSE Wenn ein Katalysator einer Reaktion durch die Reaktion selbst erzeugt wird, spricht man von **Autokatalyse** (griech. *autós:* selbst). So sind Mangan(II)-Ionen (Mn^{2+}) katalytisch aktive Produkte der Reaktion von Permanganat-Ionen (MnO_4^-) mit Oxalsäuremolekülen (HOOC–COOH).

$$2\ MnO_4^- + 5\ HOOC{-}COOH + 6\ H_3O^+ \longrightarrow 2\ Mn^{2+} + 10\ CO_2 + 14\ H_2O$$

Diese Reaktion findet Anwendung in der analytischen Bestimmung von Oxalsäure durch Titration mit einer Kaliumpermanganatlösung. Bild ↑ **06** zeigt den Vergleich des Verlaufs einer „normalen" katalysierten Reaktion mit dem einer Autokatalyse. Die Geschwindigkeit einer autokatalytischen Reaktion steigt zunächst an, weil die Katalysatorkonzentration zunimmt. Schließlich sinkt sie, wenn die Konzentration der Edukte klein wird.

Reaktionsmechanismus der Estersynthese ↑ S. 314

1 › Zeigen Sie an den Reaktionsgleichungen in Bild ↑ **05**, dass die Säure HA kein Edukt, sondern ein Katalysator ist.

2 › Recherchieren Sie, welche Katalysatoren für die großtechnische Synthese von Ammoniak, Schwefeltrioxid und Polypropen verwendet werden.

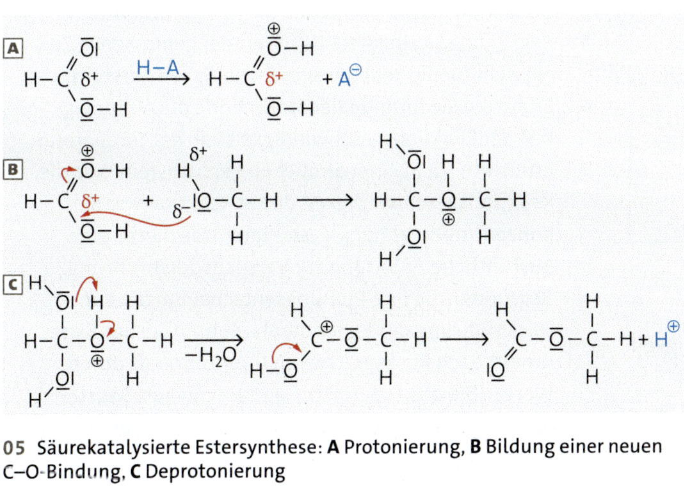

05 Säurekatalysierte Estersynthese: **A** Protonierung, **B** Bildung einer neuen C–O-Bindung, **C** Deprotonierung

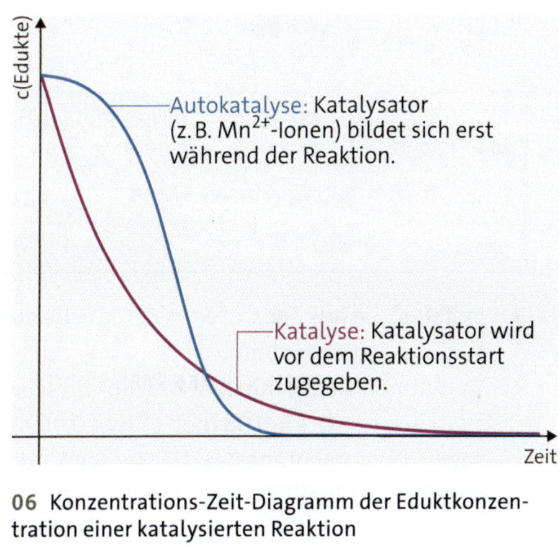

06 Konzentrations-Zeit-Diagramm der Eduktkonzentration einer katalysierten Reaktion

Praktikum

P Reaktionsgeschwindigkeit

EXP 4.01 Konzentrations-Zeit-Diagramme

Materialien Reagenzglas mit seitlichem Ansatz und Stopfen, Schlauch, Kolbenprober (100 ml), Messzylinder (100 ml), großes Becherglas, Waage, Uhr, Stativmaterial, Salzsäure (c = 0,1 mol · l^{-1}; 5), Magnesiumband (2), Wasser

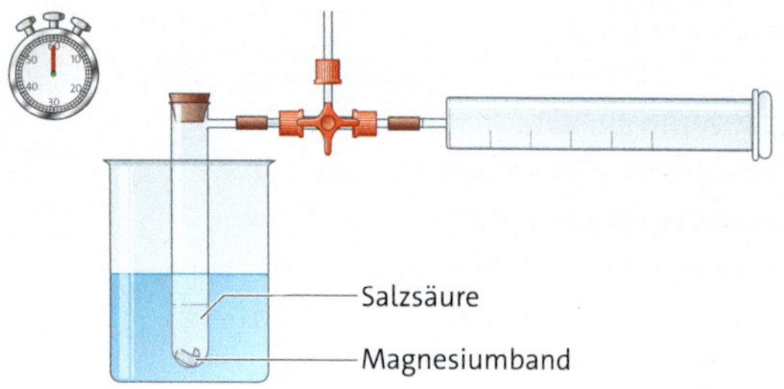

Durchführung Füllen Sie 50 ml Salzsäure ins Reagenzglas, das ins Wasserbad taucht (Thermostat). Geben Sie ca. 0,1 g gefaltetes Magnesiumband hinzu. Setzen Sie sofort den Stopfen auf das Reagenzglas und starten Sie die Zeitmessung. Notieren Sie je 10 ml Volumenzunahme die Zeit. *Entsorgung:* Überschüssiges Magnesium an die Lehrkraft geben, Lösung ins Abwasser geben.

Auswertung

1) In der gegebenen Reaktion werden Oxonium-Ionen durch Magnesiumatome zu Wasserstoff- und Wassermolekülen reduziert. Die Magnesiumatome werden dabei zu Magnesium-Ionen oxidiert. Erstellen Sie die Reaktionsgleichung.
2) Übertragen Sie unten stehende Tabelle. Tragen Sie die Zeit und die gemessene Volumenzunahme – also das Wasserstoffvolumen – in die Tabelle ein.

Berechnungshilfen:
$n(H_2) = \frac{V}{V_m}$ mit V_m = 24,1 l · mol^{-1}
$n(H_3O^+) = n_0(H_3O^+) - 2\,n(H_2)$; $n_0(H_3O^+)$ = 0,005 mol
$c(H_3O^+) = \frac{n(H_3O^+)}{V(\text{Lösung})}$; V(Lösung) = 50 ml

t in s	$V(H_2)$ in ml	$n(H_2)$ in mol	$n(H_3O^+)$ in mol	$c(H_3O^+)$ in mol · l^{-1}
0	0	0	0,005	0,100
...				

3) Erstellen Sie aus den Daten in der Tabelle ein Konzentrations-Zeit-Diagramm.
4) Bestimmen Sie die mittlere Reaktionsgeschwindigkeit zwischen $c(H_3O^+)$ = 0,08 mol · l^{-1} und 0,06 mol · l^{-1} sowie die momentane Reaktionsgeschwindigkeit bei $c(H_3O^+)$ = 0,1 mol · l^{-1}.

EXP 4.02 Forschungsauftrag: Beeinflussung der Reaktionsgeschwindigkeit

Bei der Reaktion von Natriumthiosulfat mit Salzsäure entsteht elementarer Schwefel. Die entsprechende Reaktionsgleichung lautet:

$$2\,Na^+(aq) + S_2O_3^{2-}(aq) + 2\,H^+ + 2\,Cl^-(aq) \longrightarrow SO_2(g) + H_2O(l) + 2\,Na^+ + 2\,Cl^-(aq) + S(s)\downarrow$$

Materialien weißes Blatt Papier, schwarzer Stift, Messzylinder (50 mL), Messpipette (5 ml), Becherglas (100 ml), Wasserbad, Thermometer, Glasstab, Uhr oder Stoppuhr, heißes Leitungswasser, Eiswürfel, Salzsäure (c = 2 mol · l^-; 5), Natriumthiosulfatlösung (c = 0,1 mol · l^-)

Durchführung Zeichnen Sie auf ein weißes Blatt Papier ein schwarzes Kreuz. Temperieren Sie die Natriumthiosulfatlösung auf Zimmertemperatur. Befüllen Sie das Becherglas mit 50 mL der Natriumthiosulfatlösung. Trocknen Sie das Becherglas ab. Stellen Sie das Becherglas auf das Blatt Papier mit dem gezeichneten Kreuz. Geben Sie zu der Natriumthiosulfatlösung mithilfe der Messpipette 5 mL Salzsäure hinzu. Rühren Sie mit dem Glasstab kurz um und stoppen Sie die Zeit, bis das Kreuz nicht mehr sichtbar ist. *Entsorgung:* Lösung neutralisiert ins Abwasser geben.

Auswertung

1) Beschreiben Sie Ihre Beobachtungen.
2) Wiederholen Sie das Experiment mehrmals (min. 5x). Variieren Sie dabei bei jeder Wiederholung des Experiments die Versuchsbedingungen, sodass Sie die Abhängigkeit der Reaktionsgeschwindigkeit dieser Reaktion von der Temperatur überprüfen können.
3) Stellen Sie die Messergebnisse in Form einer geeigneten Tabelle zusammen.
4) Tragen Sie in einem Diagramm den Kehrwert der gemessenen Zeiten (1/t) gegen die Temperatur auf.
5) Begründen Sie, dass der Kehrwert der gemessenen Zeit ein Maß für die Reaktionsgeschwindigkeit darstellt.
6) Erläutern Sie mithilfe der Stoßtheorie die Abhängigkeit der Reaktionsgeschwindigkeit von der Temperatur.
7) Ermitteln Sie in einer ähnlichen Versuchsreihe, ob die Reaktionsgeschwindigkeit dieser Reaktion von der Konzentration abhängig ist. Planen Sie hierzu eine ausführliche Anleitung zur Versuchsdurchführung. Begründen Sie Ihre Planungsentscheidungen zur Durchführung des Experiments. Führen Sie das Experiment nach Rücksprache mit Ihrer Lehrkraft durch. Werten Sie das Experiment umfassend aus. Beurteilen Sie die Aussagekraft Ihres selbstentworfenen Experiments.

EXP 4.03 Auf die Größe kommt es an

Materialien großes Reagenzglas mit seitlichem Ansatz und Stopfen, Schlauch, Kolbenprober (100 ml), Messzylinder (10 ml), großes Becherglas, Waage, Uhr, Stativstange, Stativmuffen und -klemmen, Salzsäure (c = 1 mol · L^{-1}), Zink (pulverförmig und fein granuliert; 2, 9), Wasser

Durchführung Bauen Sie eine Apparatur wie in Exp. 4.01 auf. Geben Sie 0,3 g Zinkpulver und 5,0 ml Salzsäure ins Reagenzglas, verschließen Sie es sofort mit dem Stopfen und starten Sie die Zeitmessung. Notieren Sie je 10 ml Volumenzunahme die Zeit. Wiederholen Sie die Reaktion mit der gleichen Masse an granuliertem Zink.
Entsorgung: Reste in Behälter für giftige anorganische Abfälle geben.

Auswertung

1) Erstellen Sie zunächst die Reaktionsgleichung. *Hinweis:* analog zu Exp. 4.01, Zn und Zn^{2+} statt Mg und Mg^{2+}
2) Erstellen Sie für beide Experimente jeweils eine Tabelle wie in Exp. 4.01 mit V(Lösung) = 5 ml.
3) Erstellen Sie aus den Daten der Tabellen Konzentrations-Zeit-Diagramme.
4) Bestimmen Sie die momentanen Reaktionsgeschwindigkeiten für beide Reaktionen bei $c(H_3O^+)$ = 0,80 mol · L^{-1} und erklären Sie den Unterschied.

EXP 4.04 Edukt oder Katalysator?

Materialien großes Reagenzglas mit seitlichem Ansatz, Stopfen, Schlauch, Kolbenprober (100 ml), Messzylinder (10 ml), großes Becherglas, Waage, Uhr, Stativmaterial, Wasserstoffperoxidlösung (w = 3 %), Mangandioxid (3, 7)

Aufgabenstellung Es wird behauptet, dass Mangandioxid (MnO_2) die Zersetzung von Wasserstoffperoxid (H_2O_2) zu Wasser und Sauerstoff katalysiert und nicht als Edukt mit ihm reagiert:

$$2\,H_2O_2(aq) \xrightarrow{MnO_2} 2\,H_2O(l) + O_2(g)$$

Überlegen Sie, wie Sie über Volumen-Zeit-Diagramme und durch Variation der Menge des verwendeten Mangandioxids diese Hypothese überprüfen können. Verwenden Sie für ein Experiment genau 10 ml der Wasserstoffperoxidlösung.

Auswertung

1) Beschreiben und erläutern Sie Ihre Vorgehensweise.
2) Vergleichen Sie die Volumen-Zeit-Diagramme und stellen Sie Gemeinsamkeiten und Unterschiede fest.
3) Ziehen Sie aus Ihren Ergebnissen einen Schluss bezüglich der Hypothese.
4) Erläutern Sie, wie Sie die Hypothese auch durch Wiegen des Feststoffs überprüfen können.

EXP 4.05 Homogene und heterogene Katalyse

Materialien großes Reagenzglas mit seitlichem Ansatz, Stopfen, Schlauch, Kolbenprober (100 ml), Messzylinder (10 ml), großes Becherglas, Waage, Uhr, Stativmaterial, Wasserstoffperoxidlösung (w = 3 %; c ≈ 0,9 mol · L^{-1}), Mangandioxid (3, 7), Kaliumiodid

Aufgabenstellung Vergleichen Sie die katalytische Aktivität von Mangandioxid (MnO_2; heterogene Katalyse) und Kaliumiodid (KI; homogene Katalyse) auf die folgende Reaktion:

$$2\,H_2O_2(aq) \longrightarrow 2\,H_2O(l) + O_2(g)$$

Stellen Sie eine begründete Vermutung darüber auf, welcher der beiden Katalysatoren die Reaktionsgeschwindigkeit mehr erhöht.
Orientieren Sie sich bei Durchführung und Auswertung an Exp. 4.01. Verwenden Sie für ein Experiment genau 10 ml der Wasserstoffperoxidlösung und 1 mmol des Katalysators. Lösen Sie Kaliumiodid vor der Zugabe in ca. 1 ml Wasser.
Entsorgung: Manganhaltige Reste in Behälter für giftige anorganische Abfälle, übrige Lösungen ins Abwasser geben.

Auswertung

1) Beschreiben und erläutern Sie Ihre Vorgehensweise.
2) Vergleichen Sie anhand geeigneter Messwerte die mittleren Reaktionsgeschwindigkeiten für die verschiedenen Katalysatoren und bewerten Sie die katalytische Wirkung von Mangandioxid und Kaliumiodid.

EXP 4.06 Autokatalyse – beschleunigte Reaktion

Materialien kleines Becherglas, Blatt weißes Papier, Stoppuhr, 3 Tropfpipetten, Kaliumpermanganatlösung (c = 0,1 mol · L^{-1}), Oxalsäurelösung (c = 0,1 mol · L^{-1}), verdünnte Schwefelsäure

Durchführung Geben Sie 25 Tropfen der Oxalsäurelösung und 2 Tropfen der Schwefelsäurelösung ins Becherglas. Stellen Sie das Glas auf das Papier. Geben Sie die Kaliumpermanganatlösung tropfenweise zu und schwenken Sie das Becherglas dabei. Messen und notieren Sie für jeden Tropfen der Kaliumpermanganatlösung die Zeit bis zur Entfärbung. Das Experiment ist beendet, wenn sich die Lösung nicht mehr entfärbt.
Entsorgung: Restliche Lösungen in Behälter für giftige anorganische Abfälle geben.

Auswertung

1) Tragen Sie grafisch die Zeit für die Entfärbung gegen die Tropfenzahl auf.
2) Stellen Sie einen Zusammenhang zwischen dem Ergebnis und der Veränderung der Reaktionsgeschwindigkeit für eine autokatalytische Reaktion her.

4.2 Umkehrung von Vorgängen

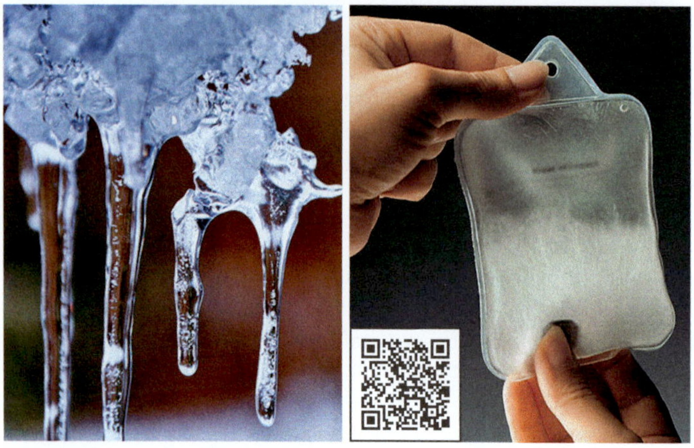

01 Eiszapfen und Taschenwärmer

03 Entstehung eines Kupfersulfat-Kristalls aus einer gesättigten wässrigen Lösung

Viele physikalische Vorgänge, bei denen sich die Ordnung von Teilchen verändert, sind umkehrbar, sie sind *reversibel*. Das ist für Prozesse, die in der Natur ablaufen, genauso wichtig wie für Alltagsvorgänge.

SCHMELZEN UND ERSTARREN Das Schmelzen von Eis durch Wärmezufuhr lässt sich umkehren, wenn flüssigem Wasser Wärme entzogen wird. Die Entstehung von Eiszapfen beruht auf der Kombination beider Vorgänge (↑ **01**). Ein Taschenwärmer nutzt die Freisetzung von Wärme beim Erstarren des Inhaltsstoffs. Dabei handelt es sich um einen exothermen Vorgang, der durch Wärmezufuhr wieder umgekehrt werden kann.

$\Delta H < 0$
exotherme Reaktion

$\Delta H > 0$
endotherme Reaktion
(↑ S. 72)

Aufgrund der Energieerhaltung muss zum Schmelzen einer bestimmten Menge eines Stoffs gleich viel Energie zugeführt werden, wie beim Erstarren der Schmelze frei wird. Gleiches gilt auch für das Umkehrpaar Verdampfen und Kondensieren. Das endotherme Verdampfen einer Flüssigkeit wird durch das exotherme Kondensieren umgekehrt.

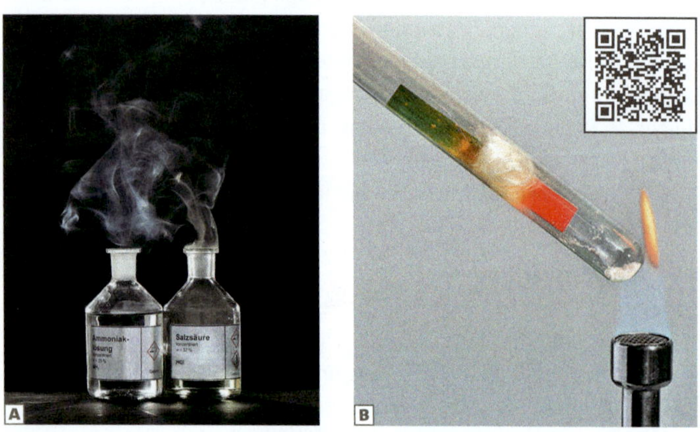

02 **A** Bildung von Ammoniumchlorid, **B** Zersetzung von Ammoniumchlorid

LÖSEN UND KRISTALLISIEREN Nicht nur die Änderung des Aggregatzustands ist reversibel. Ein Feststoff, der sich in einem Lösungsmittel löst, kristallisiert aus, wenn es verdampft oder die Temperatur verändert wird (↑ 03). So können Salze in der Natur gelöst und über weite Strecken transportiert werden, ehe sie beispielsweise in Salzlagerstätten wieder kristallisieren.

UMKEHRUNG CHEMISCHER REAKTIONEN Auch chemische Reaktionen können in zwei Richtungen ablaufen. Ammoniak und Chlorwasserstoff reagieren exotherm zum Salz Ammoniumchlorid. Durch Energiezufuhr wird diese Reaktion umgekehrt:

$$NH_3(g) + HCl(g) \longrightarrow NH_4Cl(s) \qquad \Delta H < 0$$

$$NH_4Cl(s) \xrightarrow{\text{erhitzen}} NH_3(g) + HCl(g) \qquad \Delta H > 0$$

An der Färbung des pH-Papiers ist die Umkehrung erkennbar (↑ **02**). Die blaugrüne Färbung beruht auf der Reaktion mit Ammoniak, die rote Färbung auf der Reaktion mit Chlorwasserstoff.

Physikalische Vorgänge und chemische Reaktionen in nicht isolierten Systemen sind prinzipiell umkehrbar.

1 Wenn Natriumhydroxid in Wasser gelöst wird, dann steigt die Temperatur der Lösung, beim Lösen von Kaliumaluminiumsulfat sinkt sie. Ordnen Sie die Begriffe exotherm und endotherm dem jeweiligen Lösungs- und dem Kristallisationsvorgang zu.

2 Recherchieren Sie zwei Beispiele für chemische Reaktionen in der Natur und in der Technik, die in beiden Richtungen ablaufen.

Dynamisches Gleichgewicht

VERTEILUNGSGLEICHGEWICHT Es gibt zahlreiche unvollständig verlaufende Vorgänge. So wissen wir aus dem Kunstunterricht, dass sich aus einem farbverschmutzten Pinsel, der in ein geeignetes Lösungsmittel eintaucht, ein großer Teil der Farbe löst – ein kleiner Teil bleibt aber am Pinsel haften.

Anhand eines Modellexperiments (↑ Exp. 4.07, S. 111) sollen unvollständig verlaufende Vorgänge genauer betrachtet werden. Eine Iod-Kaliumiodidlösung wird mit dem gleichen Volumen Heptan überschichtet. Gleichzeitig wird eine Kaliumiodidlösung mit einer Lösung von Iod in Heptan überschichtet (↑ **04A**). Nach dem Mischen der Phasen durch kurzzeitiges Schütteln sind die Inhalte der beiden Reagenzgläser nicht mehr zu unterscheiden (↑ **04B**).

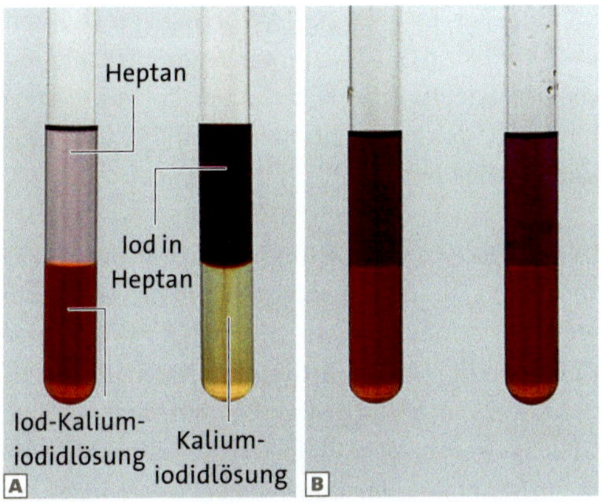

04 Iodverteilung zwischen Kaliumiodidlösung und Heptan: **A** vor dem Mischen, **B** nach dem Mischen

Die Beobachtungen ermöglichen zwei Schlüsse:
- Die Vorgänge verlaufen unvollständig. Das Iod wird weder von der Kaliumiodidlösung noch vom Heptan vollständig aufgenommen.
- Es ist für den erreichten Zustand gleichgültig, in welchem Lösungsmittel das Iod anfangs gelöst war. In beiden Fällen stellt sich das gleiche **Gleichgewicht** ein.

DYNAMISCHES GLEICHGEWICHT Wechseln die Iodmoleküle im Gleichgewicht nicht mehr von einer Phase in die andere? Ersetzt man im Gleichgewicht einen Teil des Iods aus der Heptanlösung durch das radioaktive Iod-131, dann findet man dieses Iodisotop nach dem Mischen auch in der Kaliumiodidlösung. Das beweist, dass die Iodmoleküle auch im Gleichgewicht die Phasengrenze überqueren. Da sich die Konzentrationen nicht mehr verändern, folgt daraus, dass im Gleichgewicht pro Zeitraum gleich viele Iodmoleküle in die jeweils andere Phase gelangen. Man spricht von einem **dynamischen Gleichgewicht**. Die Geschwindigkeiten von Hin- und Rückvorgang sind gleich groß, die resultierende Geschwindigkeit ist gleich null.

$$v = v_{Hin} - v_{Rück} = 0$$

Der Zusammenhang $v = v_{Hin} - v_{Rück} = 0$ gilt insbesondere auch für Gleichgewichtsreaktionen.

Im dynamischen Gleichgewicht laufen Hin- und Rückvorgang mit gleicher Geschwindigkeit ab.

Die Iodkonzentration ist in den beiden Phasen unterschiedlich. In der Kaliumiodidlösung ist sie bei 20 °C etwa doppelt so groß wie in der Heptanlösung. Dies liegt daran, dass die Wahrscheinlichkeit für ein Iodmolekül, die Phasengrenze in Richtung der Kaliumiodidlösung zu überschreiten, etwa doppelt so groß ist wie in Richtung der Heptanphase.
Der „Tannenzapfenkonflikt" ist ein anschaulicher Vergleich zur Einstellung eines dynamischen Gleichgewichts. Der Junge kann schneller laufen und gleich viele Zapfen pro Zeitraum über den Zaun werfen wie der Mann, auch wenn sie weiter voneinander entfernt sind (↑ **05**). Deshalb liegen im Gleichgewicht weniger Zapfen auf der Seite des Jungen als auf der des Mannes.

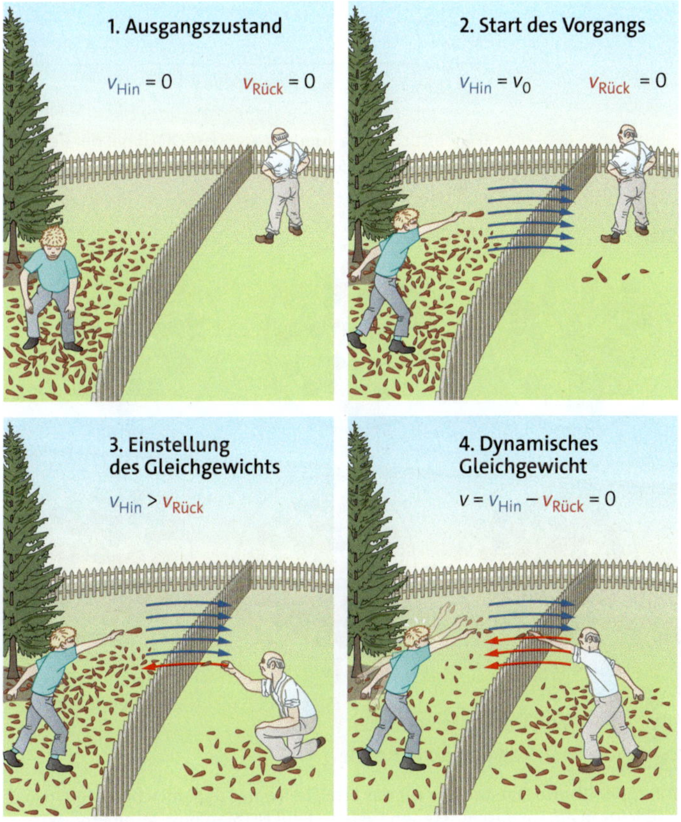

05 Der „Tannenzapfenkonflikt"

4.3 Chemisches Gleichgewicht

EINE REAKTION WIRD NICHT FERTIG Ein Chemiekurs soll die Geschwindigkeit der Reaktion von Methansäure und Methanol zu Methansäuremethylester und Wasser, einer *Veresterung*, bestimmen:

$$HCOOH + CH_3OH \longrightarrow HCOOCH_3 + H_2O$$

Dazu wird eine Lösung aus gleichen Stoffmengen Methansäure und Methanol und einer kleinen Menge eines Katalysators hergestellt. Im Abstand von 5 Minuten werden Proben entnommen und über eine Säure-Base-Titration die Stoffmengenkonzentration der noch vorhandenen Methansäure bestimmt. Nach 60 Minuten zeigt eine Schülerin der Lehrkraft die grafische Darstellung ihrer Ergebnisse (↑ **01**) und meint: „Die Reaktion wird nicht fertig."

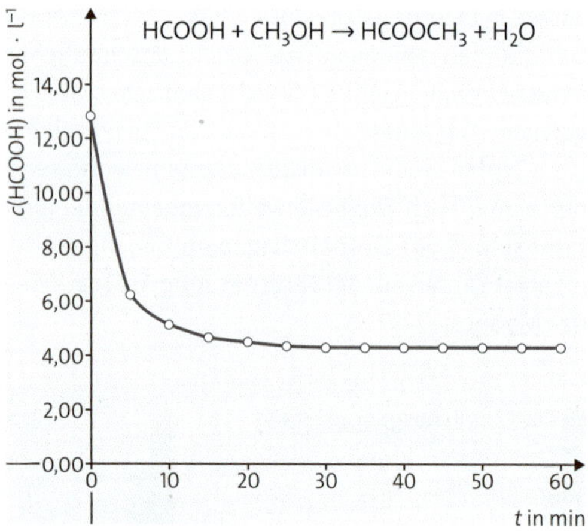

01 Zeitliche Veränderung von c(HCOOH) bei der Reaktion von Methansäure mit Methanol

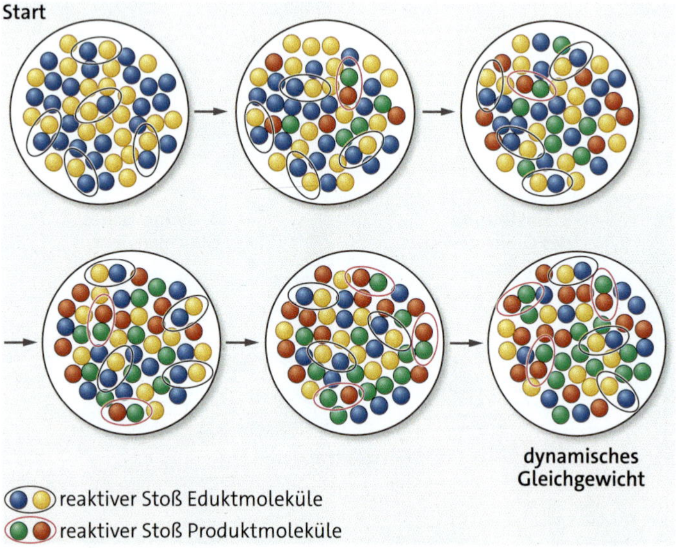

02 Modellhafte Darstellung für das Erreichen eines dynamischen Gleichgewichts in einem geschlossenen System: Edukte (blau und gelb); Produkte (rot und grün). Die jeweils eingekreisten Paare führen reaktive Stöße aus.

DIE RÜCKREAKTION SPIELT EINE ROLLE Die Konzentration der Methansäure erreicht nach kurzer Zeit einen konstanten Wert. Bild ↑ **02** zeigt am Modell, wie die **Rückreaktion** dafür sorgt, dass die Konzentration der Methansäure niemals auf null sinkt. Zunächst reagieren Säure- und Alkoholmoleküle zu Ester- und Wassermolekülen. In einem geschlossenen System kommt es aber zwischen einem Ester- und einem Wassermolekül schon bald zu einem reaktiven Stoß, wodurch wieder ein Säure- und ein Alkoholmolekül entstehen. Mit fortschreitender Reaktionsdauer nimmt die Anzahl der Produktmoleküle zu und die der Eduktmoleküle ab. Dadurch gibt es mehr reaktive Stöße, die wieder zu Eduktmolekülen führen, und weniger, bei denen Produktmoleküle gebildet werden. Schließlich werden in jedem Schritt gleich viele Moleküle jeder Art vernichtet und erzeugt. Es liegt eine Mischung von Edukten und Produkten mit konstanter Zusammensetzung vor. Die Bedeutung der Rückreaktion und die Einstellung des Gleichgewichts lässt sich z. B. über den „Stechheberversuch" (↑ S. 111) zeigen.

DYNAMISCHES GLEICHGEWICHT In der Mischung konstanter Zusammensetzung laufen Hin- und Rückreaktion immer noch ab, allerdings mit gleicher Geschwindigkeit. Die Situation ist der im Stechheberversuch ähnlich: Es liegt ein **dynamisches Gleichgewicht** vor. Mit instrumentellen analytischen Methoden oder durch radioaktive Markierung der Ausgangsstoffe lassen sich Hin- und Rückreaktion im dynamischen Gleichgewicht nachweisen.
Die Synthese des Esters ist auch umkehrbar. Über die Umkehrreaktion, die *Esterhydrolyse*, gelangt man zur gleichen Mischung wie bei der Estersynthese, wenn für die Startkonzentrationen von Methansäuremethylester und Wasser wiederum gleiche Stoffmengenkonzentrationen gewählt werden:

$$HCOOCH_3 + H_2O \longrightarrow HCOOH + CH_3OH$$

Erreicht eine chemische Reaktion ein dynamisches Gleichgewicht, dann spricht man von einem **chemischen Gleichgewicht**. Es wird wie folgt formuliert:

$$HCOOH + CH_3OH \underset{\text{Rückreaktion}}{\overset{\text{Hinreaktion}}{\rightleftharpoons}} HCOOCH_3 + H_2O$$

Der Gleichgewichtspfeil $\rightleftharpoons$ kennzeichnet eine chemische Reaktion, die sich im dynamischen Gleichgewicht befindet.

Das chemische Gleichgewicht ist ein dynamisches Gleichgewicht. In ihm laufen Hin- und Rückreaktion mit gleicher Geschwindigkeit ab.

	S	A	E	W
Vor der Reaktion				
c_0 in $mol \cdot l^{-1}$	12,8	12,8	0,0	0,0
Im chemischen Gleichgewicht				
c in $mol \cdot l^{-1}$	4,3	4,3	8,5	8,5

03 Ergebnisse des Versuchs zur Estersynthese; beteiligte Stoffe S, A, E und W siehe Text.

KONZENTRATIONEN IM GLEICHGEWICHT In Tabelle ↑ 03 sind die Konzentrationen von Methansäure (S), Methanol (A), Methansäuremethylester (E) und Wasser (W) vor der Reaktion (c_0) und im Gleichgewicht (c) angegeben. Es fällt auf, dass die Konzentrationen der Edukte und Produkte im Gleichgewicht nicht gleich sind. Auch bei der Iodverteilung waren die Gleichgewichtskonzentrationen in beiden Phasen verschieden. Die folgende Modellbetrachtung soll veranschaulichen, warum das möglich ist.

STOẞMODELL Im Gleichgewicht verlaufen Hin- und Rückreaktion gleich schnell, weil die Anzahl der reaktiven Stöße pro Zeit in beiden Reaktionsrichtungen gleich ist. Die reaktiven Stöße machen aber nur einen Teil aller Stöße zwischen den Teilchen aus. Die Geschwindigkeitskonstante k ist ein Maß für diesen Anteil der reaktiven Stöße. Dieser Anteil kann für Hin- und Rückreaktion unterschiedlich groß sein. Bei einer kleinen Aktivierungsenergie E_A ist er aufgrund der *Energieverteilung* größer als bei einer großen. Damit es trotzdem zu gleich vielen reaktiven Stößen in beiden Richtungen kommt, sind für die Reaktion mit der größeren Aktivierungsenergie mehr Stöße und damit mehr Teilchen notwendig.
Bild ↑ 04 geht von einem reaktiven Stoß in jede Richtung und $E_A(\text{Hin}) < E_A(\text{Rück})$ aus.

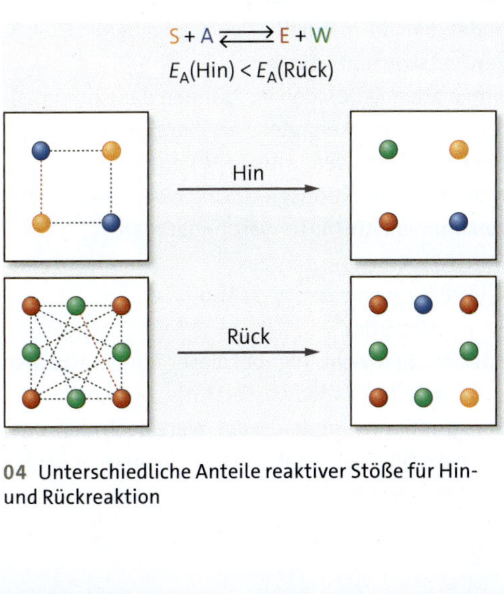

04 Unterschiedliche Anteile reaktiver Stöße für Hin- und Rückreaktion

Für die Hinreaktion (↑ 04, oben) soll einer von $2 \cdot 2 = 4$ möglichen Stößen reaktiv sein. Bei der Rückreaktion (↑ 04, unten) soll das nur für einen von $4 \cdot 4 = 16$ möglichen Stößen gelten. Damit im Gleichgewicht in beiden Richtungen gleich viele reaktive Stöße pro Zeitraum stattfinden, müssen E und W also viermal so häufig zusammenstoßen wie S und A, weshalb die Anzahl der Teilchen von E und W doppelt so groß sein muss wie die Anzahl der Teilchen von S und A. Damit sind auch die Gleichgewichtskonzentrationen c(E) und c(W) doppelt so groß wie c(S) und c(A).

EINFLUSS DES KATALYSATORS Die Wirkungsweise eines Katalysators auf den Verlauf einer chemischen Reaktion wurde bereits erläutert (↑ S. 100 f.). Wenn die Energie des Übergangszustands kleiner wird, sinken die Aktivierungsenergien von Hin- und Rückreaktion. Ein Katalysator beschleunigt deshalb beide Reaktionen gleichermaßen. Mit einem Katalysator wird das Gleichgewicht also schneller erreicht. Auf die Konzentrationen im Gleichgewicht und damit die Lage des Gleichgewichts hat er keinen Einfluss.

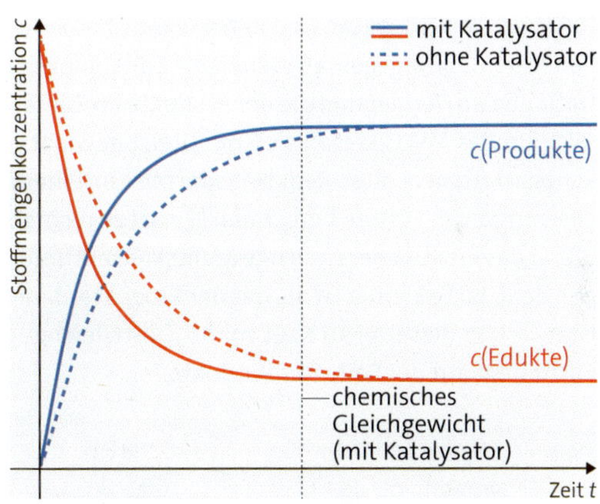

05 Konzentrations-Zeit-Diagramme für eine Reaktion A ⇄ B

1) Übertragen Sie das Diagramm aus Bild ↑ 01.
   a Zeichnen Sie den von der Schülerin erwarteten Verlauf (↑ Text links) von $c(HCOOH)$ ein.
   b Zeichnen Sie den messbaren Verlauf von $c(CH_3OH)$, $c(HCOOCH_3)$ und $c(H_2O)$ ein.
2) Erläutern Sie über die Zahl der reaktiven Stöße bei Hin- und Rückreaktion und deren Abhängigkeit von den jeweiligen Konzentrationen, wie sich ein chemisches Gleichgewicht einstellt.
3) Begründen Sie die Auswirkung einer Halbierung der Katalysatorkonzentration auf den zeitlichen Verlauf der Methansäurekonzentration bei der Veresterungsreaktion.

4.4 Massenwirkungsgesetz

GLEICHGEWICHTSKONSTANTE K_C Die Geschwindigkeiten von Hin- und Rückreaktion hängen von den Konzentrationen der Reaktionsteilnehmer ab. Für die Estersynthese bzw. -hydrolyse bedeutet dies:

$$v_{Hin} = k_{Hin} \cdot c(HCOOH) \cdot c(CH_3OH)$$
$$v_{Rück} = k_{Rück} \cdot c(HCOOCH_3) \cdot c(H_2O)$$

Im chemischen Gleichgewicht sind beide Geschwindigkeiten gleich:

$$k_{Hin} \cdot c(HCOOH) \cdot c(CH_3OH) = k_{Rück} \cdot c(HCOOCH_3) \cdot c(H_2O)$$

Durch Äquivalenzumformung folgt:

$$\frac{k_{Hin}}{k_{Rück}} = \frac{c(HCOOCH_3) \cdot c(H_2O)}{c(HCOOH) \cdot c(CH_3OH)}$$

Der Quotient der beiden Konstanten ist eine neue Konstante. Sie wird als konzentrationsbezogene **Gleichgewichtskonstante K_C** bezeichnet und hängt nur von der Temperatur ab.

$$K_C = \frac{c(HCOOCH_3) \cdot c(H_2O)}{c(HCOOH) \cdot c(CH_3OH)}$$

Diese Gleichung heißt **Massenwirkungsgesetz (MWG)** des zugehörigen Gleichgewichts. Es wurde erstmals 1867 von CATO GULDBERG und PETER WAAGE beschrieben. Vereinbarungsgemäß stehen die Eduktkonzentrationen im Nenner und die der Produkte im Zähler. Mithilfe des MWG lassen sich die Gleichgewichtskonzentrationen aller Reaktionspartner in einem geschlossenen System berechnen (↑ Kasten rechts). Wenn das Produkt der Gleichgewichtskonzentrationen der Edukte kleiner ist als das der Produkte, dann ist $K_C > 1$. In diesem Fall sagt man: „Das Gleichgewicht liegt auf der Seite der Produkte."

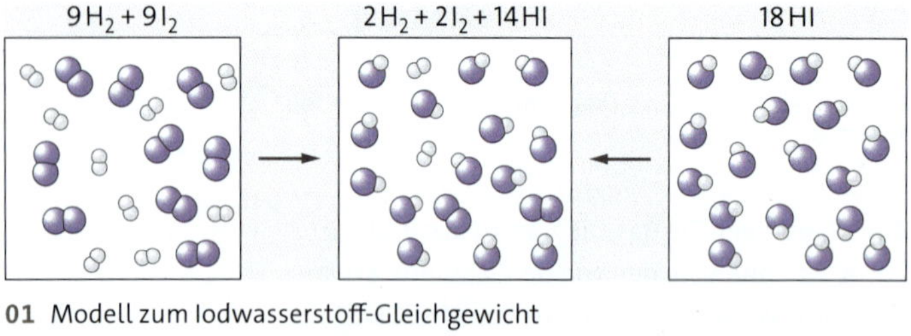

01 Modell zum Iodwasserstoff-Gleichgewicht

Ausgangskonzentrationen in mol · l⁻¹			Gleichgewichtskonzentrationen in mol · l⁻¹			K_C
$c_0(H_2)$	$c_0(I_2)$	$c_0(HI)$	$c(H_2)$	$c(I_2)$	$c(HI)$	
1,000	1,000	0,000	0,228	0,228	1,544	45,86
0,000	0,000	1,000	0,114	0,114	0,771	45,74
1,000	0,000	1,000	1,020	0,020	0,960	45,18

02 Iodwasserstoff-Gleichgewicht, experimentelle Ergebnisse (bei ϑ = 490 °C)

Für Reaktionen des Typs

$$A + B \rightleftarrows C + D$$

kann man sagen, dass sie zu über 99 % verlaufen, wenn $K_C > 10^4$, und zu weniger als 1 %, wenn $K_C < 10^{-4}$ (↑ **03**).

A	B	C	D	K_C
$H_2(g)$	$CO_2(g)$	$H_2O(g)$	$CO(g)$	10^5
$HF(aq)$	$H_2O(l)$	$F^-(aq)$	$H_3O^+(aq)$	10^{-5}
HCOOH	CH_3OH	$HCOOCH_3$	H_2O	3,9

03 Einige Gleichgewichtskonstanten K_C für Reaktionen vom Typ $A + B \rightleftarrows C + D$ (ϑ = 25 °C)

KONZENTRATIONSQUOTIENT Das MWG macht eine wichtige Aussage: Wenn eine Seite der Gleichung konstant ist (K_C), dann muss auch der Konzentrationsquotient auf der anderen Seite konstant sein. Es ist daher nicht möglich, im Gleichgewicht nur die Konzentration eines Reaktionspartners zu verändern. Weicht der Wert des Konzentrationsquotienten von K_C ab, dann sind die Geschwindigkeiten von Hin- und Rückreaktion nicht gleich. Es liegt kein Gleichgewicht vor und die Konzentrationen verändern sich durch entsprechende Reaktionen.

IODWASSERSTOFF-GLEICHGEWICHT Das chemische Gleichgewicht zwischen gasförmigem Iod (I_2), Wasserstoff (H_2) und Iodwasserstoff (HI) wurde intensiv erforscht. Reiner Iodwasserstoff zersetzt sich in einem geschlossenen Gefäß teilweise zu Wasserstoff und Iod. Unter den gleichen Bedingungen entsteht aus Wasserstoff und Iod aber auch Iodwasserstoff (↑ **01**):

$$H_2(g) + I_2(g) \rightleftarrows 2\,HI(g)$$

Für unterschiedliche Ausgangskonzentrationen c_0 findet man die in Tabelle ↑ **02** angegebenen Gleichgewichtskonzentrationen c.
Um in allen Fällen den im Rahmen der experimentellen Genauigkeit gleichen Konzentrationsquotienten zu erhalten, muss $c(HI)$ quadriert werden, weil in der Reaktionsgleichung zwei HI-Moleküle vorkommen. Als Mittelwert findet man:

$$K_C(490\,°C) = \frac{c^2(HI)}{c(H_2) \cdot c(I_2)} \approx 45{,}6$$

Das Gleichgewicht liegt bei dieser Temperatur also auf der Seite des Iodwasserstoffs. Der Konzentrationsquotient nimmt diesen Wert auch dann an, wenn die Gleichgewichtskonzentrationen der Edukte nicht gleich sind (↑ **02**).

ALLGEMEINE CHEMISCHE GLEICHGEWICHTE Die Betrachtungen zum chemischen Gleichgewicht am Beispiel der Veresterung oder der Iodwasserstoffsynthese können für beliebige Reaktionen verallgemeinert werden. Lautet die Reaktionsgleichung

$$a\,A + b\,B \rightleftarrows c\,C + d\,D,$$

so gilt für das zugehörige Massenwirkungsgesetz:

$$K_C = \frac{c^c(C) \cdot c^d(D)}{c^a(A) \cdot c^b(B)}$$

Werden die Konzentrationen in der Einheit $mol \cdot l^{-1}$ angegeben, dann hat K_C die Einheit $(mol \cdot l^{-1})^{(c+d-a-b)}$.

Im chemischen Gleichgewicht ist der Quotient aus dem Produkt der Produktkonzentrationen und dem Produkt der Eduktkonzentrationen eine (temperaturabhängige) Konstante. Dieser Zusammenhang wird als Massenwirkungsgesetz bezeichnet.

UMKEHRREAKTION Für die Umkehrreaktion der Iodwasserstoffsynthese, die Iodwasserstoffzersetzung, werden Reaktionsgleichung und Massenwirkungsgesetz wie folgt formuliert:

$$2\,HI(g) \rightleftarrows H_2(g) + I_2(g)$$

$$K_C = \frac{c(H_2) \cdot c(I_2)}{c^2(HI)}$$

Die Gleichgewichtskonstante der Iodwasserstoffzersetzung ist somit der Kehrwert von K_C der Iodwasserstoffsynthese.

Die Gleichgewichtskonstanten von Reaktion und Umkehrreaktion sind Kehrwerte voneinander.

1 › Eine Mischung enthält Methansäure ($c = 3{,}9\ mol \cdot l^{-1}$), Methanol ($c = 5{,}8\ mol \cdot l^{-1}$), Wasser ($c = 7{,}7\ mol \cdot l^{-1}$) und Methansäuremethylester ($c = 7{,}7\ mol \cdot l^{-1}$); $K_C = 3{,}9$ (↑ **03**). Erläutern Sie, ob sich die Mischung im chemischen Gleichgewicht befindet.

2 › Im Haber-Bosch-Verfahren wird Wasserstoff mit Stickstoff in einer Gleichgewichtsreaktion zu Ammoniak umgesetzt.
a Stellen Sie die Reaktionsgleichung und das Massenwirkungsgesetz auf.
b Bestimmen Sie die Einheit von K_C, wenn die Konzentrationen in $mol \cdot l^{-1}$ angegeben werden.

3 › Zeigen Sie mit den Werten aus Tabelle ↑ **02**, dass die Gleichgewichtskonstante von der konkreten Reaktionsgleichung abhängt. Vergleichen Sie dazu die Werte von K_C für die Synthese von Iodwasserstoff, die sich mit folgenden Reaktionsgleichungen ergeben:

$$H_2(g) + I_2(g) \rightleftarrows 2\,HI(g)$$
$$2\,H_2(g) + 2\,I_2(g) \rightleftarrows 4\,HI(g)$$

Berechnung von Gleichgewichtskonzentrationen

Aufgabe: Berechnen Sie die Gleichgewichtskonzentrationen der Veresterung von Methansäure mit $c_0(HCOOH) = 2{,}0\ mol \cdot l^{-1}$ und Methanol mit $c_0(CH_3OH) = 1{,}0\ mol \cdot l^{-1}$. Die Gleichgewichtskonstante ist $K_C = 3{,}9$.

Gegeben: $K_C = 3{,}9$; $c_0(HCOOH) = 2{,}0\ mol \cdot l^{-1}$; $c_0(CH_3OH) = 1{,}0\ mol \cdot l^{-1}$; $c_0(HCOOCH_3) = c_0(H_2O) = 0$

Gesucht: Gleichgewichtskonzentrationen aller Reaktionsteilnehmer

Lösung:

1. Säure + Alkohol ⇄ Ester + Wasser

2. $$K_C = \frac{c(HCOOCH_3) \cdot c(H_2O)}{c(HCOOH) \cdot c(CH_3OH)}$$

3. Für jedes Säure- und jedes Alkoholmolekül, das durch die Reaktion verschwindet, entstehen jeweils ein Ester- und ein Wassermolekül:

	Säure	Alkohol	Ester	Wasser
c_0 in $mol \cdot l^{-1}$	2	1	0	0
c in $mol \cdot l^{-1}$	$2 - x$	$1 - x$	x	x

4. $$3{,}9 = \frac{x \cdot x}{(2-x) \cdot (1-x)}$$ Werte aus 3. wurden eingesetzt.

$$3{,}9 = \frac{x^2}{x^2 - 3x + 2}$$ Schrittweises Auflösen in die Normalform: $x^2 + px + q = 0$

$$3{,}9 \cdot (x^2 - 3x + 2) = x^2$$
$$3{,}9x^2 - 11{,}7x + 7{,}8 = x^2$$
$$2{,}9x^2 - 11{,}7x + 7{,}8 = 0$$
$$x^2 - 4{,}03x + 2{,}69 = 0$$ Lösen mit der pq-Formel

$$x_{1/2} = \frac{4{,}03}{2} \pm \sqrt{\left(\frac{4{,}03}{2}\right)^2 - 2{,}69}$$

$$x_1 \approx 3{,}19 \quad x_2 \approx 0{,}84$$

Nur x_2 ist eine sinnvolle Lösung, da sich für x_1 negative Konzentrationswerte ergeben. Damit folgt für die Gleichgewichtskonzentrationen:

$c(HCOOH) = (2 - x)\ mol \cdot l^{-1} = (2 - 0{,}84)\ mol \cdot l^{-1} = 1{,}16\ mol \cdot l^{-1}$
$c(CH_3OH) = (1 - x)\ mol \cdot l^{-1} = (1 - 0{,}84)\ mol \cdot l^{-1} = 0{,}16\ mol \cdot l^{-1}$
$c(HCOOCH_3) = c(H_2O) = x\ mol \cdot l^{-1} = 0{,}84\ mol \cdot l^{-1}$

Methode

M Rechnen mit dem Massenwirkungsgesetz

Mit dem Massenwirkungsgesetz (MWG) einer Reaktion können die Gleichgewichtskonstante K_C und die Gleichgewichtskonzentrationen c der Reaktionspartner berechnet oder die Gleichgewichtslage des Systems überprüft werden.

Schrittfolge beim Rechnen mit dem MWG	
1. RGl	Reaktionsgleichung erstellen
2. MWG	MWG aufstellen
3. $\rightleftarrows$	Beziehungen zwischen (unbekannten) Gleichgewichtskonzentrationen und den Ausgangskonzentrationen unter Berücksichtigung der Reaktionsgleichung aufstellen
4. Ber	Gesuchte Größen berechnen

AUFGABE 1 Bei 490 °C liegen im chemischen Gleichgewicht als Edukte vor: $c(I_2) = 8{,}92\ \text{mmol} \cdot \text{l}^{-1}$, $c(H_2) = 4{,}88\ \text{mmol} \cdot \text{l}^{-1}$; als Produkt: $c(HI) = 44{,}49\ \text{mmol} \cdot \text{l}^{-1}$. Ermitteln Sie die Gleichgewichtskonstante K_C.

Gegeben: $c(H_2) = 4{,}88\ \text{mmol} \cdot \text{l}^{-1}$; $c(I_2) = 8{,}92\ \text{mmol} \cdot \text{l}^{-1}$, $c(HI) = 44{,}49\ \text{mmol} \cdot \text{l}^{-1}$

Gesucht: Gleichgewichtskonstante K_C

Lösung:

1. RGl $\quad H_2(g) + I_2(g) \rightleftarrows 2\,HI(g)$

2. MWG $\quad K_C = \dfrac{c^2(HI)}{c(H_2) \cdot c(I_2)}$

3. $\rightleftarrows$ Die Gleichgewichtskonzentrationen können ins MWG eingesetzt werden.

4. Ber $\quad K_C = \dfrac{(44{,}49\ \text{mmol} \cdot \text{l}^{-1})^2}{4{,}88\ \text{mmol} \cdot \text{l}^{-1} \cdot 8{,}92\ \text{mmol} \cdot \text{l}^{-1}} \approx 45{,}5$

Antwort: Die Gleichgewichtskonstante der Iodwasserstoffsynthese beträgt $K_C = 45{,}5$. Sie hat die Einheit „eins".

AUFGABE 2 Stellen Sie fest, ob sich die Reaktion für die gegebenen Werte im Gleichgewicht befindet.

Gegeben: $c(H_2) = 5{,}0\ \text{mmol} \cdot \text{l}^{-1}$; $c(I_2) = 10{,}0\ \text{mmol} \cdot \text{l}^{-1}$, $c(HI) = 40{,}0\ \text{mmol} \cdot \text{l}^{-1}$, $K_C = 45{,}5$; $\vartheta = 490\ °C$

Gesucht: Wert des Konzentrationsquotienten

Lösung:

1. RGl $\quad H_2(g) + I_2(g) \rightleftarrows 2\,HI(g)$

2. MWG $\quad K_C = \dfrac{c^2(HI)}{c(H_2) \cdot c(I_2)}$

3. $\rightleftarrows$ Überprüfen, ob K_C gleich dem Konzentrationsquotienten ist.

4. Ber $\quad \dfrac{(40{,}0\ \text{mmol} \cdot \text{l}^{-1})^2}{5{,}0\ \text{mmol} \cdot \text{l}^{-1} \cdot 10{,}0\ \text{mmol} \cdot \text{l}^{-1}} = 32 \neq 45{,}5$

Antwort: Das System befindet sich nicht im Gleichgewicht.

AUFGABE 3 Berechnen Sie aus den Anfangskonzentrationen die Gleichgewichtskonzentrationen aller Reaktionsteilnehmer.

Gegeben: $c_0(H_2) = 5\ \text{mmol} \cdot \text{l}^{-1}$; $c_0(I_2) = 10\ \text{mmol} \cdot \text{l}^{-1}$, $c_0(HI) = 40\ \text{mmol} \cdot \text{l}^{-1}$, $K_C = 45{,}5$; $\vartheta = 490\ °C$

Gesucht: alle Gleichgewichtskonzentrationen

Lösung:

1. RGl $\quad H_2(g) + I_2(g) \rightleftarrows 2\,HI(g)$

2. MWG $\quad K_C = \dfrac{c^2(HI)}{c(H_2) \cdot c(I_2)}$

3. $\rightleftarrows$ Bei der Bildung von 2 HI-Molekülen werden 1 I_2-Molekül und 1 H_2-Molekül vernichtet. Die Zunahme von $c(HI)$ ist deshalb doppelt so groß wie die Abnahme von $c(H_2)$ und $c(I_2)$.

	H_2	I_2	HI
c_0 in $\text{mmol} \cdot \text{l}^{-1}$	5	10	40
c in $\text{mmol} \cdot \text{l}^{-1}$	$5 - x$	$10 - x$	$40 + 2x$

4. Ber $\quad 45{,}5 = \dfrac{(40 + 2x)^2}{(5 - x) \cdot (10 - x)}$

$$45{,}5 = \frac{4x^2 + 160x + 1600}{x^2 - 15x + 50} \qquad \text{Normalform: } x^2 + px + q = 0$$

$$45{,}5 \cdot (x^2 - 15x + 50) = 4x^2 + 160x + 1600$$
$$45{,}5x^2 - 682{,}5x + 2275 = 4x^2 + 160x + 1600$$
$$41{,}5x^2 - 842{,}5x + 675 = 0$$
$$x^2 - 20{,}30x + 16{,}27 = 0$$
$$x_{1/2} = \frac{20{,}30}{2} \pm \sqrt{\left(\frac{20{,}30}{2}\right)^2 - 16{,}27}$$
$$x_1 \approx 19{,}46 \qquad x_2 \approx 0{,}84$$

Nur x_2 ist sinnvoll, da x_1 zu negativen Konzentrationen führt. Für die Gleichgewichtskonzentrationen folgt:

$c(HI) = (40 + 2x)\ \text{mmol} \cdot \text{l}^{-1} \approx 41{,}67\ \text{mmol} \cdot \text{l}^{-1}$
$c(H_2) = (5 - x)\ \text{mmol} \cdot \text{l}^{-1} \approx 4{,}17\ \text{mmol} \cdot \text{l}^{-1}$
$c(I_2) = (10 - x)\ \text{mmol} \cdot \text{l}^{-1} \approx 9{,}17\ \text{mmol} \cdot \text{l}^{-1}$

Antwort: Die Gleichgewichtskonzentrationen für das Iod-Wasserstoff-Gleichgewicht bei 490 °C sind: $c(HI) \approx 41{,}67\ \text{mmol} \cdot \text{l}^{-1}$; $c(H_2) \approx 4{,}17\ \text{mmol} \cdot \text{l}^{-1}$ und $c(I_2) \approx 9{,}17\ \text{mmol} \cdot \text{l}^{-1}$.

1 Schwefeldioxid (SO_2) und Sauerstoff (O_2) reagieren in einer Gleichgewichtsreaktion zu Schwefeltrioxid (SO_3). $c(SO_2) = 1{,}20\ \text{mol} \cdot \text{l}^{-1}$, $c(O_2) = 1{,}10\ \text{mol} \cdot \text{l}^{-1}$, $c(SO_3) = 3{,}15\ \text{mol} \cdot \text{l}^{-1}$. Berechnen Sie K_C.

2 Distickstofftetraoxid (N_2O_4) zerfällt in einer Gleichgewichtsreaktion zu Stickstoffdioxid (NO_2). Die Gleichgewichtskonstante beträgt bei 25 °C $K_C = 0{,}174\ \text{mol} \cdot \text{l}^{-1}$. Berechnen Sie die Gleichgewichtskonzentrationen, wenn $c_0(N_2O_4) = 0{,}5\ \text{mol} \cdot \text{l}^{-1}$ und $c_0(NO_2) = 0\ \text{mol} \cdot \text{l}^{-1}$.

Praktikum

P Stechheberversuch

EXP 4.07 Modellversuch zur Einstellung eines dynamischen Gleichgewichts

Materialien 2 Messzylinder (50 ml), 2 Glasrohre mit unterschiedlicher Querschnittsfläche, Pipette (10 ml) mit Pipettierhilfe, Becherglas, Wasser

Vorbereitung Übertragen Sie für jeden Versuch die Tabelle in Ihr Heft und notieren Sie jeweils die Messergebnisse.

Entnahme	*V*(Messzylinder I)	*V*(Messzylinder II)
0	50 ml	0 ml
1		
...	...	...

Versuch 1 – Durchführung

a) Geben Sie in den Messzylinder I 50 ml Wasser. Stellen Sie das dicke Glasrohr senkrecht in I hinein, sodass es sich mit Wasser füllt. Verschließen Sie die obere Öffnung mit einem Finger. Nehmen Sie es heraus und geben Sie das Wasser im Glasrohr in den Messzylinder II. Notieren Sie das Wasservolumen von I und II in der Zeile „Entnahme 1".

b) Stellen Sie das dicke Glasrohr erneut senkrecht in Messzylinder I und das dünne in Messzylinder II, sodass sich beide mit Wasser füllen. Verschließen Sie die oberen Öffnungen mit einem Finger. Nehmen Sie beide Glasrohre heraus und geben Sie das Wasser in den jeweils anderen Messzylinder. Notieren Sie erneut die Wasservolumina.

c) Wiederholen Sie b so lange, bis sich die Wasservolumina in Messzylinder I und II nicht mehr verändern.

Versuch 2 – Durchführung

Wiederholen Sie Versuch 1. Entnehmen Sie jetzt mit dem dünnen Glasrohr das Wasser aus Messzylinder I und mit dem dicken das aus Messzylinder II.

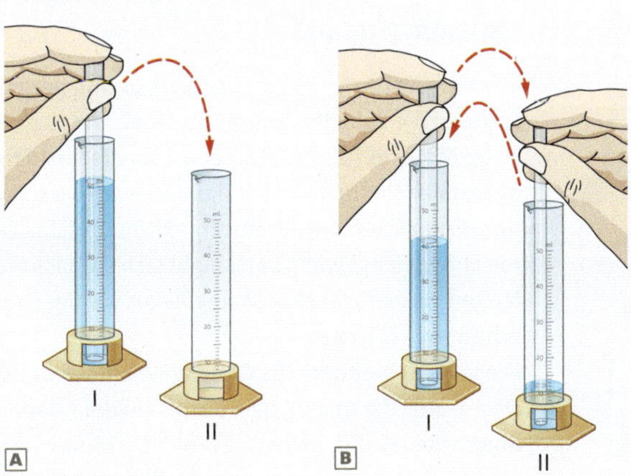

01 Stechheberversuch

Versuch 3 – Durchführung

Wiederholen Sie Versuch 1. Entnehmen Sie, wenn sich der Füllstand nicht mehr verändert, mit der Pipette 20 ml Wasser aus Messzylinder II und geben Sie es ins Becherglas. Setzen Sie den Stechheberversuch fort, bis die Wasservolumina in den Messzylindern erneut gleich bleiben.

Auswertung

1) Tragen Sie für jeden Versuch in einem Diagramm das Wasservolumen in I und II gegen die jeweilige Entnahme auf.

2) Begründen Sie für Versuch 1 und 2 die Konstanz der Wasservolumina in beiden Messzylindern ab einer bestimmten Entnahme.

3) Diskutieren Sie, inwiefern der Modellversuch auf das chemische Gleichgewicht übertragbar ist. Nutzen Sie dafür diese Begriffe: Hin- und Rückreaktion, Geschwindigkeitskonstante von Hin-/Rückreaktion, Gleichgewichtskonzentration, Momentangeschwindigkeit.

4) Bestimmen Sie die inneren Querschnittsflächen *A*(dick) und *A*(dünn) der Glasrohre und bilden Sie daraus den Quotienten $\frac{A(\text{dünn})}{A(\text{dick})}$.
Vergleichen Sie ihn mit dem Quotienten aus den Wasservolumina am Ende des Versuchs.
Hinweis: Im „Gleichgewicht" des Stechheberversuchs sind die übertragenen zylinderförmigen Wasservolumina, $\Delta V(\text{I})$ und $\Delta V(\text{II})$, gleich (graue Bereiche, ↑ **02**).
Mit der Volumenformel für Zylinder $\Delta V = A \cdot h$ folgt:
$\Delta V(\text{I}) = A(\text{dick}) \cdot h(\text{I}) = \Delta V(\text{II}) = A(\text{dünn}) \cdot h(\text{II})$ bzw.
$\frac{h(\text{I})}{h(\text{II})} = \frac{A(\text{dünn})}{A(\text{dick})}$

5) Berechnen Sie für Versuch 3 den Volumenquotienten $\frac{V(\text{I})}{V(\text{II})}$.
a direkt vor Entnahme der 20 ml Wasser
b direkt nach Entnahme der 20 ml Wasser
c am Ende, wenn sich die Wasservolumina erneut nicht mehr verändern
d Vergleichen Sie die Ergebnisse miteinander und formulieren Sie eine Analogie zwischen Versuch 3 und dem Prinzip von Le Chatelier.

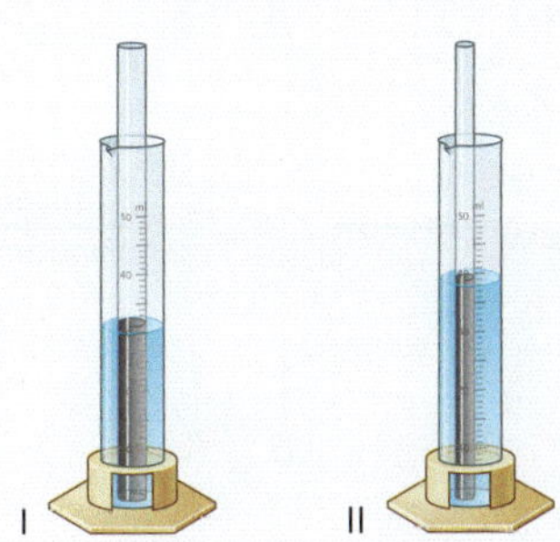

02 Stechheberversuch im Gleichgewicht

4.5 Störung des chemischen Gleichgewichts

01 Spritziges Wasser nur aus vollen Flaschen

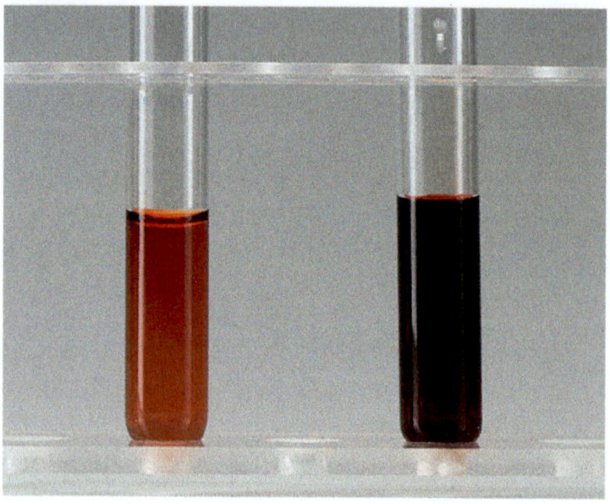

03 Farbänderung durch Konzentrationsänderung

STILLES WASSER STATT SPRUDEL Wasser aus einer frisch geöffneten Sprudelflasche schmeckt aufgrund des darin gelösten Kohlenstoffdioxids erfrischend und spritzig. Bleibt nur ein kleiner Rest in der wieder verschlossenen Flasche, dann schmeckt er nach einiger Zeit fast wie stilles Wasser.

Oxide des Kohlenstoffs (↑ S. 124)

In der ungeöffneten Sprudelflasche liegt ein Gleichgewicht vor. Pro Zeitraum gelangen gleich viele CO_2-Moleküle aus dem Mineralwasser in die Gasphase wie umgekehrt aus der Gasphase in die wässrige Lösung (↑ 02). Beim Ausgießen des Wassers gelangt Luft in die Flasche, wodurch die Konzentration an Kohlenstoffdioxid in der Gasphase geringer wird. Damit liegt eine **Störung des Gleichgewichts** vor. Es gelangen weniger CO_2-Moleküle pro Zeitraum in die Lösung wie umgekehrt in die Gasphase. Folglich nimmt die Konzentration des Kohlenstoffdioxids im Mineralwasser ab und in der Gasphase zu. Dies passiert, bis das Gleichgewicht wieder erreicht ist. Hat die Gasphase ein großes Volumen, dann bleibt nur noch wenig Kohlenstoffdioxid im Mineralwasser.

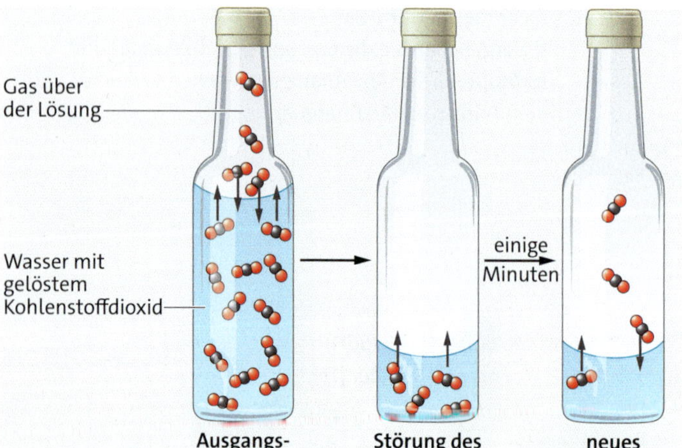

02 Modell eines geschlossenen Systems: Einstellung des Gleichgewichts

STÖRUNG ÜBER KONZENTRATIONSÄNDERUNG In einer Lösung, die Eisen(III)-Ionen (Fe^{3+}) und Thiocyanat-Ionen (SCN^-) enthält, liegt folgendes chemische Gleichgewicht vor:

$$Fe^{3+}(aq) + SCN^-(aq) \rightleftarrows [Fe(SCN)]^{2+}(aq)$$

Die $[Fe(SCN)]^{2+}$-Ionen verursachen die rote Farbe der Lösung. Gibt man eine farblose Lösung, die SCN^--Ionen enthält, hinzu, so wird die rote Farbe intensiver (↑ 03). Diese Beobachtung ist zunächst überraschend und kann wie folgt erklärt werden:
Die Erhöhung der Stoffmengenkonzentration $c(SCN^-)$ sorgt für eine Zunahme reaktiver Stöße der Hinreaktion, die dadurch schneller verläuft als die Rückreaktion. Dadurch werden mehr $[Fe(SCN)]^{2+}$-Ionen gebildet und ihre Konzentration und damit auch die Farbintensität steigen.

STÖRUNG UND DRUCKÄNDERUNG Rotbraunes, gasförmiges Stickstoffdioxid (NO_2) steht im Gleichgewicht mit dem farblosen Distickstofftetraoxid (N_2O_4; ↑ 05):

$$2\,NO_2(g) \rightleftarrows N_2O_4(g)$$

Wird das Volumen durch Druckerhöhung geringer, so steigt die Zahl der Zusammenstöße, die zu einem N_2O_4-Molekül führen, stärker an als die, bei denen es zerfällt. Dadurch übersteigt die Geschwindigkeit der Hinreaktion die der Rückreaktion und das chemische Gleichgewicht verschiebt sich so, dass mehr N_2O_4- und weniger NO_2-Moleküle als vor der Druckerhöhung vorliegen.
Diese **Verschiebung des Gleichgewichts** senkt den Druck, weil die Anzahl der Teilchen in der Gasphase abnimmt, wenn jeweils zwei NO_2-Moleküle zu einem N_2O_4-Molekül reagieren. Druckminderung durch Volumenvergrößerung hat den gegenteiligen Effekt.

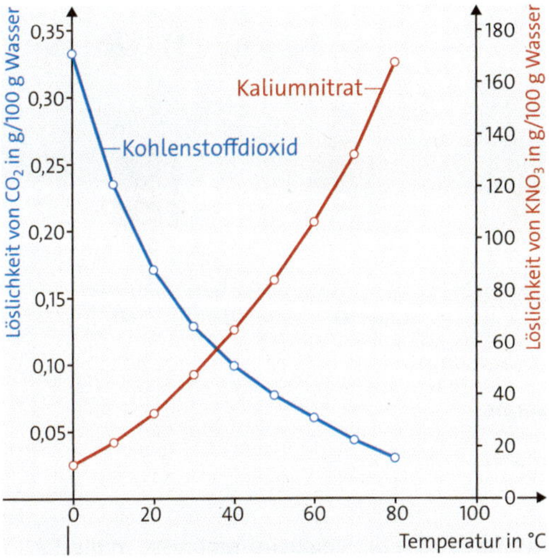

04 Temperaturabhängige Löslichkeit von Kohlenstoffdioxid und Kaliumnitrat in Wasser

TEMPERATURABHÄNGIGKEIT Zur Herstellung von Sprudel wird Kohlenstoffdioxid in Wasser gelöst. Dieser Vorgang ist exotherm:

$$CO_2(g) \rightleftarrows CO_2(aq) \qquad \Delta H < 0$$

Erhöht man die Temperatur und öffnet dann die Sprudelflasche, so ist die Lautstärke des Zischens ein Hinweis darauf, dass mehr Kohlenstoffdioxid entweicht als bei tiefen Temperaturen. Die Löslichkeit von Kohlenstoffdioxid in Wasser sinkt mit steigender Temperatur (↑ **04**), d. h., das Gleichgewicht wird nach links verschoben.
Wird dagegen Kaliumnitrat in Wasser gelöst, so kühlt sich die Lösung ab. Dieser Vorgang ist endotherm.

$$KNO_3(s) \rightleftarrows K^+(aq) + NO_3^-(aq) \qquad \Delta H > 0$$

Kühlt man eine gesättigte Lösung ab, so kristallisiert sogar festes Kaliumnitrat aus, d. h., seine Löslichkeit sinkt mit fallender Temperatur (↑ **04**).

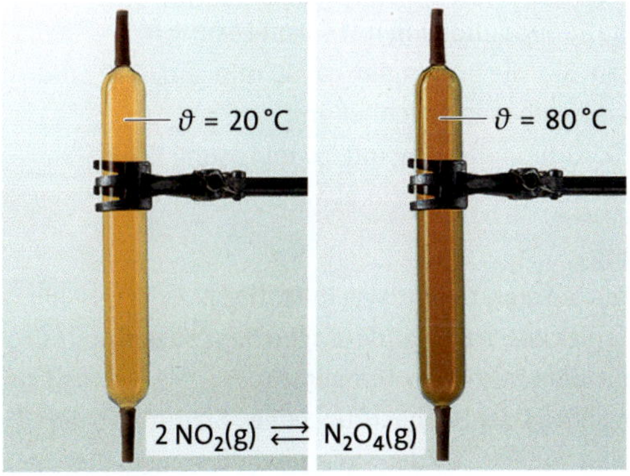

05 Mischung von Stickstoffdioxid und Distickstofftetraoxid bei verschiedenen Temperaturen

TEMPERATUR UND CHEMISCHES GLEICHGEWICHT
Die Bildung von Distickstofftetraoxid aus Stickstoffdioxid ist eine exotherme chemische Reaktion. Mit steigender Temperatur nimmt der Anteil an rotbraunem Stickstoffdioxid zu (↑ **05**), das Gleichgewicht verschiebt sich also auf die Seite des Stickstoffdioxids.

PRINZIP VON LE CHATELIER Die Art, wie dynamische Gleichgewichte auf Störungen reagieren, wurde von HENRY LE CHATELIER und FERDINAND BRAUN im „Prinzip des kleinsten Zwangs" (1888) formuliert:

> **Übt man auf ein im dynamischen Gleichgewicht befindliches System durch Änderung von Druck, Temperatur oder Konzentrationen einen Zwang aus, dann verschiebt sich das Gleichgewicht so, dass dieser Zwang verkleinert wird.**

Für die genannten Variablen bedeutet das:
Erhöht bzw. erniedrigt man den **Druck**, dann verschiebt sich das Gleichgewicht so, dass die Zahl der Teilchen in der Gasphase kleiner bzw. größer wird.
Erhöht bzw. erniedrigt man die **Konzentration** eines Reaktionspartners, dann verschiebt sich das Gleichgewicht so, dass der Reaktionspartner verbraucht bzw. erzeugt wird.
Erhöht bzw. vermindert man die **Temperatur**, dann verschiebt sich das Gleichgewicht in Richtung der endothermen bzw. der exothermen Reaktion. Dabei verändert sich auch die Gleichgewichtskonstante K. Sie hängt bei exothermen bzw. endothermen Reaktionen von der Temperatur ab.

Bei einer exothermen Reaktion ist die Rückreaktion endotherm – und umgekehrt.

1 〉 a Begründen Sie, dass sich der Konzentrationsquotient des Stickstoffdioxid-Distickstofftetraoxid-Gleichgewichts halbiert, wenn das Volumen auf die Hälfte verkleinert wird.
b Erstellen Sie eine Hypothese, wie sich die Farbe eines Gasgemischs aus Stickstoffdioxid und Distickstofftetraoxid verändert, nachdem das Volumen spontan verdoppelt wurde.

2 〉 Erläutern Sie, warum es für die Produktion von Sprudel günstig ist, kaltes Wasser und Kohlenstoffdioxid bei erhöhtem Druck einzusetzen.

3 〉 Betrachten Sie folgendes Gleichgewicht:
$Fe^{3+}(aq) + SCN^-(aq) \rightleftarrows [Fe(SCN)]^{2+}(aq)$
Je höher die Konzentration der $[Fe(SCN)]^{2+}$-Ionen, umso intensiver rot wird die Lösung. Erhöht man die Temperatur, so sinkt die Intensität der Farbe. Ziehen Sie eine Schlussfolgerung aus dieser Beobachtung.

Praktikum

P Verteilungsgleichgewicht

EXP 4.08 Einstellung und Störung des Iod-Verteilungsgleichgewichts

Materialien Reagenzgläser mit Stopfen, Reagenzglasständer, 4 Messpipetten (5 ml), Tropfpipetten, kleines Becherglas, Bürette, Thermometer;
Kaliumiodidlösung ($c(I^-)$ = 0,10 mol · l⁻¹), Heptan (2, 8, 7, 9)
Lösung I: Iod-Kaliumiodidlösung ($c(I^-)$ = 0,10 mol · l⁻¹; $c(I_2)$ = 0,01 mol · l⁻¹; 7)
Lösung II: Lösung von Iod in Heptan ($c(I_2)$ = 0,01 mol · l⁻¹; 2, 8, 7, 9)
Für die Titration: Stärkelösung (w = 0,5 %), Natriumthiosulfatlösung ($c(S_2O_3^{2-})$ = 0,01 mol · l⁻¹), verdünnte Salzsäure

Ziel: Es soll die Einstellung und Störung des Iod-Verteilungsgleichgewichts zwischen einer Kaliumiodidlösung und Heptan untersucht werden.

Allgemeine Vorgehensweise für die Stationen 1–3: Füllen Sie die angegebenen Volumina der Stoffe in ein Reagenzglas. Verschließen Sie es mit einem Stopfen und mischen Sie die Phasen durch Schütteln, bis Sie keine Farbveränderung mehr feststellen.

Entnehmen Sie aus einer Phase eine Probe von 4,0 ml, dies entspricht V(Iodlösung). Setzen Sie einen Tropfen Salzsäure und drei Tropfen Stärkelösung zu. Falls Sie eine Heptanphase titrieren, beschleunigen Sie die Reaktion durch Zugabe von 5,0 ml Kaliumiodidlösung.
Titrieren Sie das Iod mit der Natriumthiosulfatlösung. Wenn Iod vollständig reagiert hat, wird die zuvor blau-violette Lösung farblos.

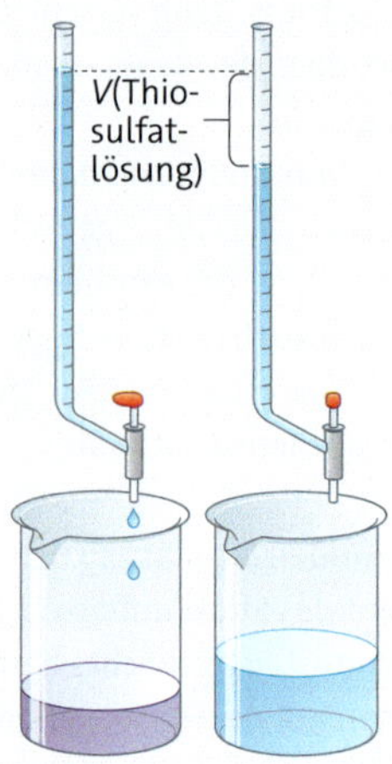

Bei der Titration läuft folgende Reaktion ab:
$$2\,S_2O_3^{2-} + I_2 \longrightarrow S_4O_6^{2-} + 2\,I^-$$

Bis zum Äquivalenzpunkt wurden für jedes I_2-Molekül in der Lösung zwei $S_2O_3^{2-}$-Ionen zugesetzt, daraus folgt:
$n(S_2O_3^{2-}) = 2 \cdot n(I_2)$ bzw.
$c(S_2O_3^{2-}) \cdot V(\text{Thiosulfatlösung}) = 2 \cdot c(I_2) \cdot V(\text{Iodlösung})$

Setzen Sie die bekannten Werte ein und berechnen Sie $c(I_2)$.

Station 1: Einstellung des Gleichgewichts. Mischen Sie:
a) 5,0 ml Lösung I mit 5,0 ml Heptan
b) 5,0 ml Kaliumiodidlösung mit 5,0 ml Lösung II
c) 5,0 ml Lösung I mit 5,0 ml Lösung II

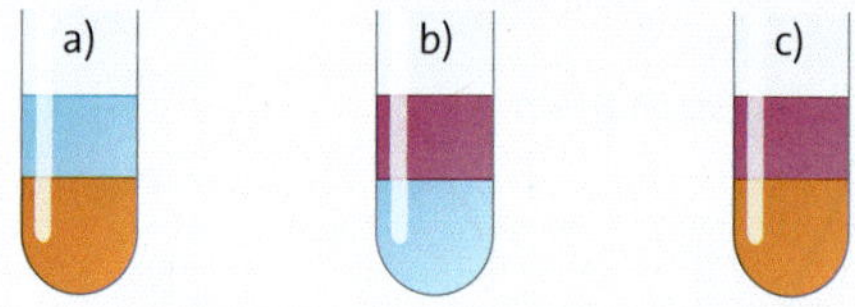

	a)	b)	c)
$c(I_2)$ in der KI-Lösung			
$c(I_2)$ in Heptan			
$\frac{c(I_2)\text{ in KI-Lösung}}{c(I_2)\text{ in Heptan}}$			

Auswertung Tragen Sie die Versuchsergebnisse in die Tabelle ein. Beschreiben Sie Unterschiede und Gemeinsamkeiten zwischen den Ansätzen a, b und c.

Station 2: Störung des Gleichgewichts durch Konzentrationsänderung. Mischen Sie:
a) 5,0 ml Kaliumiodidlösung und 5,0 ml Lösung II
b) 5,0 ml Kaliumiodidlösung mit 5,0 ml Lösung II
Ersetzen Sie nach dem Mischen die iodhaltige Kaliumiodidlösung durch 5,0 ml Kaliumiodidlösung. Mischen Sie erneut und entnehmen Sie dann die Proben zur Titration.
c) 5,0 ml Kaliumiodidlösung mit 5,0 ml Lösung II
Ersetzen Sie nach dem Mischen die iodhaltige Kaliumiodidlösung durch 5,0 ml Lösung I. Mischen Sie erneut und entnehmen Sie dann die Proben zur Titration.

Auswertung
1) Erstellen Sie eine Tabelle wie in Station 1.
2) Begründen Sie, ob der Vergleich der Konzentrationsquotienten der Tabelle Ihren Erwartungen entspricht.
3) Erklären Sie Veränderungen von $c(I_2)$ im Ansatz b und c gegenüber a mit dem Prinzip von Le Chatelier.

Station 3: Störung des Gleichgewichts durch Temperaturänderung. Mischen Sie:
a) 5,0 ml Kaliumiodidlösung und 5,0 ml Lösung II
b) 5,0 ml Kaliumiodidlösung mit 5,0 ml Lösung II
Temperieren Sie die Lösungen ca. 10 min auf 0 °C und mischen Sie die Phasen anschließend.
c) 5,0 ml Kaliumiodidlösung mit 5,0 ml Lösung II
Erwärmen Sie die Lösungen für etwa 10 min auf 40 °C.

Auswertung
1) Erstellen Sie eine Tabelle wie in Station 1.
2) Beschreiben Sie die Veränderungen der Konzentrationsquotienten mit der Temperatur.
3) Ziehen Sie aus der Beobachtung einen Schluss, ob der Übergang von Iod aus der Kaliumiodidlösung in die Heptanlösung exotherm oder endotherm ist.

Chemisches Gleichgewicht

EXP 4.09 Störung des Löslichkeitsgleichgewichts durch Druckänderung

Materialien Spritze aus Kunststoff mit Hahn oder Kolbenprober mit Hahn, kohlensäurehaltiges Mineralwasser, Becherglas (250 ml), Universalindikator

Durchführung
Füllen Sie etwa 50 ml Mineralwasser ins Becherglas und geben Sie Universalindikator hinzu, bis Sie eine deutliche Färbung der Lösung erkennen können.
Ziehen Sie etwas von der Lösung in die Spritze.
Entfernen Sie so weit wie möglich die Luft aus der Spritze und verschließen Sie sie dann.
Ziehen Sie nun den Stempel bis zum Anschlag heraus und beobachten Sie die Farbe der Indikatorlösung.
Drücken Sie danach den Stempel wieder in die Spritze hinein und beobachten Sie erneut die Farbe der Lösung.

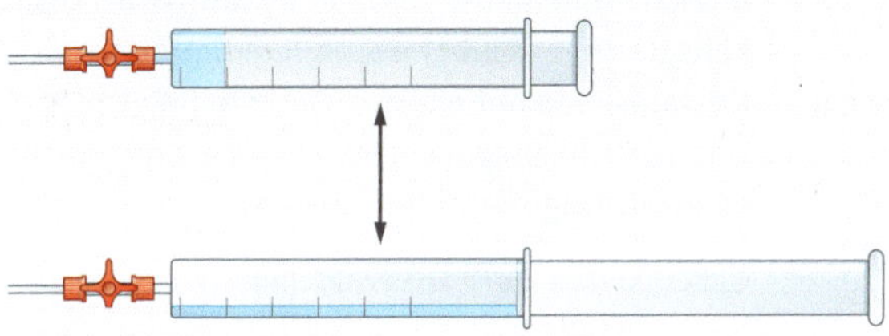

Auswertung Kohlenstoffdioxid reagiert mit Wasser zu Kohlensäure, die zu einer sauren wässrigen Lösung führt. Erklären Sie mithilfe des Prinzips von Le Chatelier die Veränderung der Farbe der Indikatorlösung.

EXP 4.10 Störung des chemischen Gleichgewichts

Materialien Reagenzgläser, Tropfpipetten, Messzylinder (10 ml), Becherglas (250 ml), Eisen(III)-chloridlösung ($c(Fe^{3+}) = 0{,}02\ mol \cdot l^{-1}$), Kaliumthiocyanatlösung ($c(SCN^-) = 0{,}02\ mol \cdot l^{-1}$), Natronlauge ($c(OH^-) = 0{,}1\ mol \cdot l^{-1}$), Ascorbinsäure, Wasser, heißes Leitungswasser, Eis, Thermometer

Ziel: Der Einfluss von Konzentrationen und Temperatur auf das chemische Gleichgewicht
$Fe^{3+}(aq) + SCN^-(aq) \rightleftarrows [Fe(SCN)]^{2+}(aq)$
soll untersucht werden. Je größer $c([Fe(SCN)]^{2+})$ ist, umso intensiver ist die rote Farbe der Lösung.
Erstellen Sie zunächst eine Hypothese über die Verschiebung des Gleichgewichts und machen Sie eine Vorhersage über die zu erwartende Beobachtung.
Vorbereitung: Geben Sie je 2,0 ml der Kaliumthiocyanat- und der Eisen(III)-chloridlösung in ein Reagenzglas und verdünnen Sie mit Wasser auf 20 ml. Verteilen Sie diese Lösung gleichmäßig auf 7 Reagenzgläser (Beschriftung A–G). Reagenzglas G dient zum Farbvergleich.

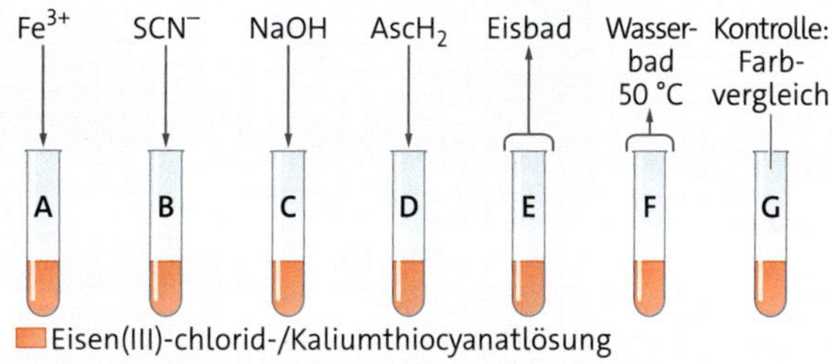

Station 1: Störung des chemischen Gleichgewichts durch Zugabe von Fe^{3+}- bzw. SCN^--Ionen
a) Geben Sie zu Reagenzglas A tropfenweise Eisen(III)-chloridlösung.
b) Geben Sie zu Reagenzglas B tropfenweise Kaliumthiocyanatlösung.
Notieren Sie Ihre Beobachtungen.

Auswertung
1) Bewerten Sie Ihre Hypothesen.
2) Erklären Sie die Beobachtungen mit dem Prinzip von Le Chatelier.

Station 2: Störung des chemischen Gleichgewichts durch chemische Reaktion der Fe^{3+}-Ionen
a) Geben Sie zu Reagenzglas C tropfenweise Natronlauge.
b) Geben Sie zu Reagenzglas D wenige Kristalle Ascorbinsäure.
Notieren Sie Ihre Beobachtungen.

Auswertungshilfen
Die OH^--Ionen der Natronlauge bilden mit den Fe^{3+}-Ionen einen schwerlöslichen Feststoff:
$Fe^{3+}(aq) + 3\ OH^-(aq) \rightleftarrows Fe(OH)_3(s)$

Ascorbinäure ($AscH_2$) reduziert Fe^{3+}-Ionen zu Fe^{2+}-Ionen und wird dabei selbst zu Asc oxidiert:
$AscH_2 + 2\ H_2O + 2\ Fe^{3+} \rightleftarrows 2\ Fe^{2+} + Asc + 2\ H_3O^+$

Auswertung
1) Bewerten Sie Ihre Hypothesen.
2) Erklären Sie die Beobachtungen mit dem Prinzip von Le Chatelier.

Station 3: Störung des chemischen Gleichgewichts durch Temperaturänderung
a) Stellen Sie Reagenzglas E für 5 min in ein Eiswasserbad.
b) Stellen Sie Reagenzglas F für 5 min in ein Wasserbad mit einer Temperatur von $\vartheta = 50\ °C$.

Auswertung Ziehen Sie aus der Beobachtung mit dem Prinzip von Le Chatelier einen Schluss, ob die Bildungsreaktion von $[Fe(SCN)]^{2+}$ exotherm oder endotherm ist.

4.6 Löslichkeitsgleichgewicht und Löslichkeitsprodukt

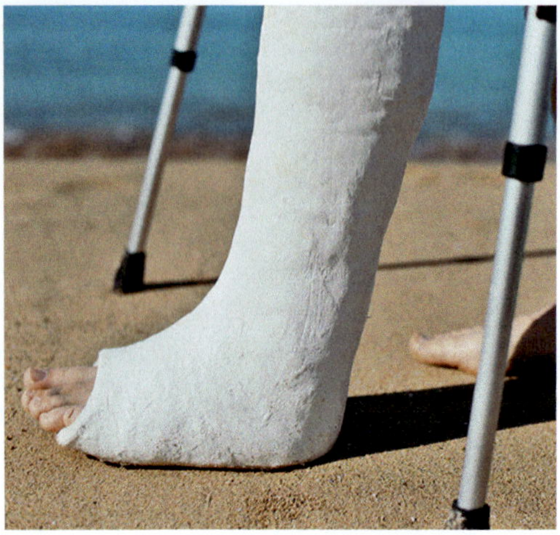

01 Mit Gipsverband sollte man nicht baden.

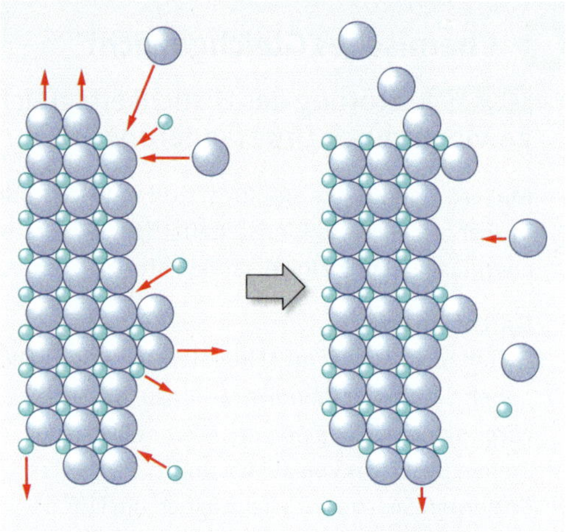

02 Löslichkeitsgleichgewicht – ein dynamisches Gleichgewicht

LÖSLICHKEITSGLEICHGEWICHT Calciumsulfat, umgangssprachlich als Gips bezeichnet, wird für Verbände verwendet. Wasserkontakt sollte vermieden werden, da Gips wasserlöslich ist. Mischt man Calciumsulfat und Wasser, dann geht so viel Calciumsulfat in Lösung, bis sie gesättigt ist.

$$\underset{\text{Bodenkörper}}{CaSO_4(s)} \longrightarrow \underset{\text{Ionen in Lösung}}{Ca^{2+}(aq) + SO_4^{2-}(aq)}$$

Die Konstanz der Ionenkonzentration über einem festen Bodenkörper kann durch Messung der elektrischen Leitfähigkeit der Lösung nachgewiesen werden.
Aus Lösungen von Schwefelsäure (H_2SO_4) und Calciumhydroxid ($Ca(OH)_2$) kristallisiert nach dem Mischen Calciumsulfat aus:

$$Ca^{2+}(aq) + SO_4^{2-}(aq) \longrightarrow CaSO_4(s)$$

Sind $c(SO_4^{2-})$ und $c(Ca^{2+})$ gleich, dann sinkt die Leitfähigkeit auf den gleichen Wert wie beim Lösen von Calciumsulfat in Wasser. Die Oxonium-Ionen und Hydroxid-Ionen bilden Wasser-Moleküle.

03 Steinkorallen bilden Skelette aus Calciumcarbonat.

Der gleiche Zustand, der von verschiedenen Seiten erreicht wird, deutet auf ein **dynamisches Löslichkeitsgleichgewicht** (↑ **02**). In ihm laufen Lösen und Kristallisieren mit gleicher Geschwindigkeit ab.
Das Löslichkeitsgleichgewicht von Calciumsulfat kann wie folgt formuliert werden:

$$CaSO_4(s) \rightleftarrows Ca^{2+}(aq) + SO_4^{2-}(aq)$$

Auch das Löslichkeitsgleichgewicht von anderen Salzen wie Magnesiumsulfat ($MgSO_4$) lässt sich so ausdrücken:

$$MgSO_4(s) \rightleftarrows Mg^{2+}(aq) + SO_4^{2-}(aq)$$

CALCIUMCARBONAT IST DER BAUSTOFF DER KORALLENRIFFE Riffbildende Korallen wie beim Great Barrier Reef vor der Nordostküste Australiens finden sich nur im warmen, flachen Wasser tropischer Meere. Korallen sind keine Pflanzen, sondern Nesseltiere, die Skelette aus Calciumcarbonat ($CaCO_3$) besitzen (↑ S. 133). Dieses Skelett bietet den Korallen Schutz und Stabilität. Das schwerlösliche Calciumcarbonat ist nicht nur die Basis von Korallenskeletten. Es ist auch der Hauptbestandteil von Muschel- und Eierschalen sowie von Schneckenhäusern.
Zwischen den gelösten Ionen und festem Calciumcarbonat besteht ein Löslichkeitsgleichgewicht:

$$CaCO_3(s) \rightleftarrows Ca^{2+}(aq) + CO_3^{2-}(aq)$$

Damit Calciumcarbonat aus einer Lösung kristallisiert, müssen $c(Ca^{2+})$ und $c(CO_3^{2-})$ so groß sein, dass das Löslichkeitsgleichgewicht auf die linke Seite verschoben wird. Unter diesen Bedingungen kann das Skelett einer Koralle wachsen.

Formel des Salzes	Löslichkeitsprodukt K_L
$MgSO_4$	$6{,}21\ mol^2 \cdot l^{-2}$
$CaSO_4$	$4{,}9 \cdot 10^{-5}\ mol^2 \cdot l^{-2}$
$Ca(OH)_2$	$5{,}0 \cdot 10^{-6}\ mol^3 \cdot l^{-3}$
$CaCO_3$	$4{,}7 \cdot 10^{-9}\ mol^2 \cdot l^{-2}$
AgCl	$1{,}7 \cdot 10^{-10}\ mol^2 \cdot l^{-2}$
AgI	$8{,}5 \cdot 10^{-17}\ mol^2 \cdot l^{-2}$

04 Beispiele für Löslichkeitsprodukte

LÖSLICHKEITSPRODUKT Löslichkeitsgleichgewichte sind heterogene Gleichgewichte, d. h., es liegt keine homogene Mischung der Edukte und Produkte vor. Im Löslichkeitsgleichgewicht von Calciumsulfat

$$CaSO_4(s) \rightleftharpoons Ca^{2+}(aq) + SO_4^{2-}(aq)$$

liegen festes Calciumsulfat und die gelösten Ionen in verschiedenen Phasen vor. Weil $c(CaSO_4)$ in festem Calciumsulfat konstant ist, vereinfacht sich das Massenwirkungsgesetz. Die Gleichgewichtskonstante K_C und $c(CaSO_4)$ werden zu einer neuen Konstante, dem **Löslichkeitsprodukt K_L**, zusammengefasst:

$$K_C = \frac{c(Ca^{2+}) \cdot c(SO_4^{2-})}{c(CaSO_4)}$$

$$K_L(CaSO_4) = K_C \cdot c(CaSO_4) = c(Ca^{2+}) \cdot c(SO_4^{2-})$$

Für ein Salz des Formeltyps AB wie $CaSO_4$ hat K_L die Einheit $mol^2 \cdot l^{-2}$.
In einer gesättigten Lösung von Calciumsulfat in Wasser sind $c(Ca^{2+})$ und $c(SO_4^{2-})$ gleich. Daraus folgt:

$$K_L(CaSO_4) = c(Ca^{2+})^2 = c(SO_4^{2-})^2 \text{ bzw.}$$

$$\sqrt{K_L(CaSO_4)} = c(Ca^{2+}) = c(SO_4^{2-})$$

Mit dem Wert für $K_L(CaSO_4)$ (↑ **04**) folgt:
$c(Ca^{2+}) = c(SO_4^{2-}) = 7 \cdot 10^{-3}\ mol \cdot l^{-1}$

Je größer der Wert von K_L, desto besser löst sich ein Salz. Tabelle ↑ **04** zeigt, dass Magnesiumsulfat zu den leichtlöslichen und Silberiodid zu den schwerlöslichen Salzen zählt.
Für ein Salz des Formeltyps AB_2 wie Calciumhydroxid $Ca(OH)_2$ gilt für das zugehörige Löslichkeitsprodukt:

$$Ca(OH)_2(s) \rightleftharpoons Ca^{2+}(aq) + 2\ OH^-(aq)$$
$$K_L(Ca(OH)_2) = K_C \cdot c(Ca(OH)_2) = c(Ca^{2+}) \cdot c(OH^-)^2$$

Das Löslichkeitsprodukt ist ein Maß für die Löslichkeit eines Salzes.

STÖRUNG DES LÖSLICHKEITSGLEICHGEWICHTS
Wird eine gesättigte Magnesiumsulfatlösung zu einer gesättigten Calciumsulfatlösung gegeben, dann fällt festes Calciumsulfat aus. Grund ist die Störung des Löslichkeitsgleichgewichts von Calciumsulfat. Das Produkt $c(Ca^{2+}) \cdot c(SO_4^{2-})$ ist durch die Erhöhung von $c(SO_4^{2-})$ größer als $K_L(CaSO_4)$, das System befindet sich nicht mehr im Gleichgewicht. Gemäß dem Prinzip von LE CHATELIER bilden Ca^{2+}- und SO_4^{2-}-Ionen festes Calciumsulfat. Dadurch sinken $c(Ca^{2+})$ und $c(SO_4^{2-})$, bis ihr Produkt wieder gleich $K_L(CaSO_4)$ ist.

BERECHNUNGEN MIT DEM LÖSLICHKEITSPRODUKT Die Gleichgewichtskonzentrationen $c(Ca^{2+})$ und $c(SO_4^{2-})$ in einer Lösung hängen über das Löslichkeitsprodukt $K_L(CaSO_4)$ zusammen. Wie groß ist z. B. $c(Ca^{2+})$, wenn nach der erneuten Einstellung des Löslichkeitsgleichgewichts $c(SO_4^{2-}) = 0{,}1\ mol \cdot l^{-1}$ beträgt? Die Äquivalenzumformung des entsprechenden Löslichkeitsprodukts ergibt:

$$c(Ca^{2+}) = \frac{K_L(CaSO_4)}{c(SO_4^{2-})}$$

Mit dem Wert für $K_L(CaSO_4)$ (↑ **04**) folgt:

$$c(Ca^{2+}) = \frac{4{,}9 \cdot 10^{-5}\ mol^2 \cdot l^{-2}}{0{,}1\ mol \cdot l^{-1}} = 4{,}9 \cdot 10^{-4}\ mol \cdot l^{-1}$$

TEMPERATUR UND LÖSLICHKEIT Salze können sich endotherm oder exotherm lösen. Beim endothermen Lösevorgang überwiegt die Gitterenergie den Betrag der Hydratationsenthalpie, beim exothermen Lösevorgang ist es umgekehrt. Wie beim chemischen Gleichgewicht begünstigt auch beim Löslichkeitsgleichgewicht eine Temperaturerhöhung den endothermen Prozess. Kaliumnitrat ist ein Beispiel für ein Salz, das sich endotherm löst. Stellt man eine bei 20 °C gesättigte Lösung in den Kühlschrank, dann kristallisiert festes Kaliumnitrat aus. Calciumcitrat löst sich exotherm in Wasser. Aus einer bei 20 °C gesättigten Lösung von Calciumcitrat fällt festes Calciumcitrat beim Erhitzen der Lösung aus.

Endothermer Lösevorgang: *Zum Lösen muss Energie aus dem Lösungsmittel entnommen werden, die Lösung kühlt ab.*

Exothermer Lösevorgang: *Beim Lösen wird Energie frei, die Lösung erwärmt sich.*

1) **a** Formulieren Sie Löslichkeitsgleichgewicht und Löslichkeitsprodukt von Calciumcarbonat.
b Berechnen Sie mithilfe von Tabelle ↑ **04** die Gleichgewichtskonzentration $c(Ca^{2+})$ einer Lösung von Calciumcarbonat in Wasser.
c Eine Natriumcarbonatlösung ($c = 1\ mol \cdot l^{-1}$) wird zu einer gesättigten Lösung von Calciumcarbonat gegeben. Beschreiben und begründen Sie die zu erwartende Beobachtung.
d Berechnen Sie $c(Ca^{2+})$ über festem Calciumcarbonat, wenn $c(CO_3^{2-}) = 1\ mol \cdot l^{-1}$ ist.

Löslichkeitsprodukt und Fällungsreaktionen

Video: Halogenid-Nachweise mit Silbernitratlösung

01 Bei der Zugabe von Silbernitratlösung zu einer Natriumchloridlösung fällt Silberchlorid aus

02 Winterlandschaft, modernes Schwarz-Weiß-Foto

Komplexe und koordinative Bindung (↑ S.56 f.)

Komplexbildung spielt auch bei anderen Nachweisreaktionen eine Rolle (↑ S.59)

GESÄTTIGTE LÖSUNGEN Die Löslichkeit ist eine stoffspezifische Größe. Sie gibt die Menge eines Stoffes an, die sich bei einer bestimmten Temperatur in einer bestimmten Menge Lösungsmittel löst. Eine wässrige Kochsalzlösung ist bei Raumtemperatur 26%ig. Das entspricht einer Löslichkeit von 359 $g \cdot l^{-1}$ In einer gesättigten Lösung besteht ein Gleichgewicht zwischen dem Lösungsvorgang und dem Kristallisationsprozess. Beide Vorgänge laufen mit gleicher Geschwindigkeit ab. Das Löslichkeitsgleichgewicht ist ein heterogenes Gleichgewicht, da der Bodenkörper ein Feststoff und die Lösung eine Flüssigkeit ist. Die Konzentrationen der Ionen in der Lösung ändern sich nach der Einstellung des Löslichkeitsgleichgewichts nicht mehr. Die Sättigungskonzentration gibt die Konzentration eines schwerlöslichen Salzes in gesättigter Lösung an.

ÜBER- UND UNTERSÄTTIGTE LÖSUNGEN Das Produkt der Ionenkonzentrationen in der Lösung nennt man das Ionenprodukt der Lösung. Für eine gesättigte Lösung ist das Ionenprodukt gleich dem Löslichkeitsprodukt K_L. Es kann jedoch auch größer oder kleiner sein, wenn die Lösung nicht im Gleichgewicht mit der ungelösten Substanz steht. Ist das Ionenprodukt kleiner als K_L, so ist die Lösung nicht gesättigt, man spricht auch von einer untersättigter Lösung. Es löst sich noch mehr von der Substanz in dem Lösungsmittel, bis der Wert von K_L erreicht ist. Wenn das Ionenprodukt größer als K_L ist, so ist die Lösung übersättigt. Es kommt zur Fällung, bei Salzen zum Auskristallisieren, bis der Wert des Löslichkeitsprodukts K_L erreicht ist.

GLEICHIONIGE ZUSÄTZE VERÄNDERN DIE LÖSLICHKEIT Silberchlorid ist ein weißes Pulver, das in Wasser nur sehr schlecht löslich ist. Das Löslichkeitsgleichgewicht lautet:

$$AgCl\,(s) \rightleftharpoons Ag^+\,(aq) + Cl^-\,(aq);\ K_L = 1{,}6 \cdot 10\text{-}10\ mol^{-2} \cdot l^{-2}$$

Setzt man einer wässrigen Lösung von Silberchlorid Chloridionen (Cl^-) in Form von Natriumchlorid hinzu, so wird das Gleichgewicht nach links verlagert. Silberchlorid wird aus der Lösung auskristallisieren. Die Konzentration an Silberionen (Ag^+) nimmt ab. Weil sich ein Gleichgewicht einstellt, bei dem das Produkt $c(Ag^+) \cdot c(Cl^-)$ konstant bleibt, muss bei Vergrößerung von $c(Cl^-)$ eine Abnahme von $c(Ag^+)$ eintreten. Aus der Lösung fällt so lange festes Silberchlorid aus, bis das Löslichkeitsprodukt wieder erreicht ist.
Solche Reaktionen werden als **Fällungsreaktionen** bezeichnet. Anwendung finden Fällungsreaktionen zum Beispiel bei der quantitativen Analyse oder bei der Entwicklung von Fotos. In fotografischen Materialien wird sehr feines Silberchlorid (AgCl) verwendet, vor allem aber Silberbromid (AgBr, ↑ 02). Die Herstellung der Mikrokristalle erfolgt durch Umsetzung von Alkalihalogenid- mit Silbernitratlösungen.

Ist die Stoffmengenkonzentration der Ionen bei einem Löslichkeitsgleichgewicht genau gleich dem Löslichkeitsprodukt, liegt eine gesättigte Lösung vor. Wird die Konzentration mindestens eines Ions überschritten, kommt es zu einer Fällungsreaktion.

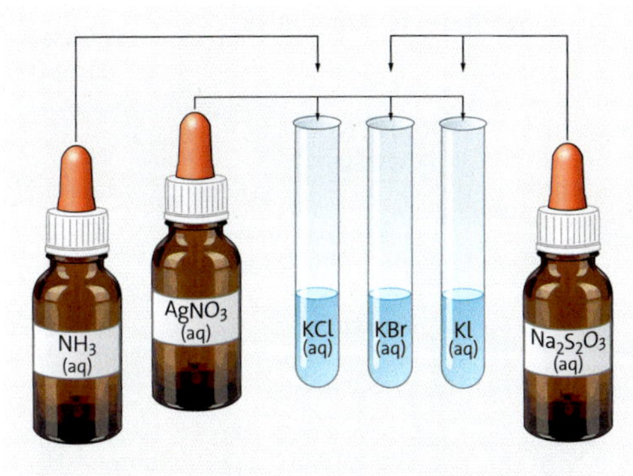

03 Experiment zur Fällung von Silberhalogeniden

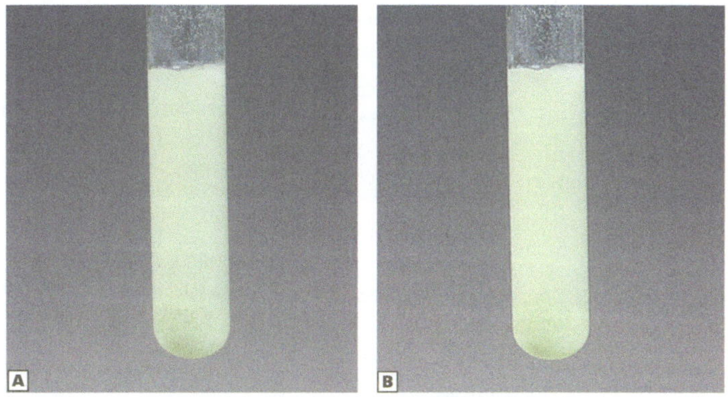

04 **A** Fällung von Silberbromid, **B** Fällung von Silberbromid Silberiodid

VERÄNDERUNG DER LÖSLICHKEIT DURCH KOMPLEXBILDUNG Die Löslichkeit von Silberhalogeniden kann auch auf andere Weise beeinflusst werden (↑ 03): Gibt man zu Lösungen von Kaliumchlorid, Kaliumbromid und Kaliumiodid einige Tropfen Silbernitrat, so bilden sich jeweils dichte Niederschläge (↑ 01, ↑ 04). Gibt man in das Reagenzglas mit dem entstandenen schwerlöslichen Silberchlorid einige Tropfen Ammoniaklösung, so löst sich der Niederschlag wieder. Vergleichbares beobachtet man für die Zugabe von Natriumthiosulfatlösung zu den beiden anderen schwerlöslichen Niederschlägen.

Ammoniaklösung löst das Silberchlorid. Es bilden sich farblose Diamminsilber-Ionen ($[Ag(NH_3)_2]^+$ (aq)) und Chlorid-Ionen. Dieses Diamminsilberchlorid ist leicht in Wasser löslich. Durch diese Reaktion werden Silberionen aus dem Löslichkeitsgleichgewicht des Silberchlorids entfernt. Daher kann sich weiteres Silberchlorid lösen. Das Gleichgewicht verschiebt sich auf die Seite des Silberchlorids. Ähnliches gilt für das Lösen von Silberbromid und Silberiodid durch Zugabe von Natriumthiosulfat. Es bilden sich Dithiosulfatoargentat-Ionen ($[Ag(S_2O_3)_2]^{3-}$ (aq)).

1) Formulieren Sie jeweils die Reaktionsgleichungen für die Bildung der Diamminsilber-Ionen ($[Ag(NH_3)_2]^+$ (aq)) und die Bildung der Dithiosulfatoargentat-Ionen ($[Ag(S_2O_3)_2]^{3-}$ (aq), ↑ 03). Erläutern Sie die Vorgänge bei dem Experiment anhand des Prinzips von Le Chatelier (↑ 03).
2) Berechnen Sie die Konzentrationen der Silber-Ionen in gesättigten wässrigen Lösungen von AgCl und AgI (↑ Kasten). Erläutern Sie Ihre Ergebnisse.
3) Erklären Sie, weshalb die Löslichkeit der Silberhalogenide in Wasser pH-unabhängig ist.

P Fällungsreaktionen

EXP 4.11 Nachweis von Halogenid-Ionen

Materialien 3 Reagenzgläser, Reagenzglasständer, kleines Becherglas, Pipetten, verdünnte Lösungen von Natriumchlorid, Kaliumbromid, Kaliumiodid (jeweils (w=1%), Silbernitratlösung (w=2%, 7)

Durchführung
Füllen Sie je ein Reagenzglas zu einem Viertel mit verdünnten Lösungen von Natriumchlorid, Natriumbromid und Kaliumiodid und geben Sie jeweils fünf Tropfen Silbernitratlösung in jedes Reagenzglas.
Entsorgung: Geben Sie die Reste in den Sammelbehälter für Schwermetallsalze.

Auswertung Beschreiben Sie Ihre Beobachtungen. Erläutern Sie, wie mithilfe von Fällungsreaktionen Halogenid-Ionen sicher nachgewiesen werden können.

Berechnung der Sättigungskonzentration von Silberbromid in Wasser

Reaktionsgleichung: $AgBr\ (s) \rightleftharpoons Ag^+\ (aq) + Br^-\ (aq)$; $K_L = 6{,}3 \cdot 10^{-13}\ mol^2 \cdot l^{-2}$

Vorüberlegungen:

$K_L = c(Ag^+) \cdot c(Br^-)$;

es gilt im Gleichgewicht: $c(Ag^+) = c(Br^-)$

Daraus folgt: $\Rightarrow c^2(Ag^+) = c^2(Br^-) = c^2(AgBr) = 6{,}3 \cdot 10\text{-}13\ mol^2 \cdot l^{-2}$

$\Leftrightarrow c(Ag^+) = c(Br^-) = c(AgBr) \quad = \sqrt{6{,}3 \cdot 10^{-13}\ mol^2 \cdot l^{-2}}$

$= 7{,}94 \cdot 10\text{-}7\ mol \cdot l^{-1}$

Die Sättigungskonzentration von Silberbromid in Wasser beträgt

$c(AgBr) = 7{,}94 \cdot 10^{-7}\ mol \cdot l^{-1}$.

Das Haber-Bosch-Verfahren

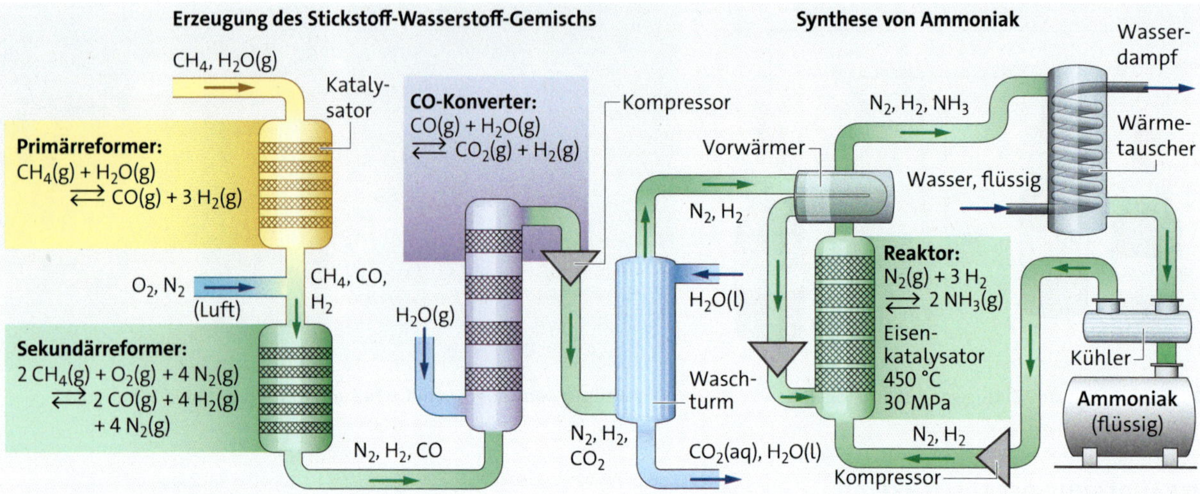

01 Technische Herstellung von Ammoniak nach dem Haber-Bosch-Verfahren (Schema)

Animation: Haber-Bosch-Verfahren

Exkurs: Clara Immerwahr

NITRATHALTIGER NATURDÜNGER UND SPRENGSTOFFE Guano, versteinerter Dung pazifischer Seevögel, war im 19. Jahrhundert ein begehrtes Produkt. Er enthält vor allem Natriumnitrat ($NaNO_3$) und Kaliumnitrat (KNO_3), die als Düngemittel verwendet werden. Die Versorgung der wachsenden Weltbevölkerung mit Lebensmitteln konnte jedoch mit Guano als Dünger nicht mehr gesichert werden. Außerdem wurden zur Herstellung von Dynamit und Schwarzpulver ebenfalls Kalium- und Natriumnitrat benötigt. Aus ökonomischen sowie militärischen Gründen wurden deshalb viele Anstrengungen unternommen, Nitratsalze im großen Maßstab synthetisch herzustellen.

REAKTIONSTRÄGER STICKSTOFF Der Syntheseweg zu den Nitratsalzen führt über die Salpetersäure (HNO_3), die wiederum durch Oxidation aus Ammoniak (NH_3) zugänglich ist. Ammoniak kann direkt aus den Elementen synthetisiert werden:

$$N_2(g) + 3\,H_2(g) \rightleftarrows 2\,NH_3(g) \quad \Delta_rH^0 = -92\,\text{kJ}\cdot\text{mol}^{-1}$$

Der Stickstoff stammt aus der Luft. Der Wasserstoff wird im Primär- und Sekundärreformer sowie im CO-Konverter katalytisch durch Reaktion von Methan (CH_4) mit Wasserdampf bzw. Sauerstoff erzeugt. Das dabei entstehende Kohlenstoffdioxid wird im Waschturm entfernt (↑ **01**).

Das Stickstoffmolekül ist wegen der starken Dreifachbindung, die bei der Ammoniakbildung gespalten werden muss, reaktionsträge. Eine Erhöhung der Reaktionsgeschwindigkeit durch Temperaturerhöhung vermindert aber die Ausbeute an Ammoniak. Der Grund hierfür ist nach dem Prinzip von Le Chatelier die Verschiebung des Gleichgewichts der exothermen Reaktion auf die Seite der Ausgangsstoffe. Ein Ausweg aus diesem Dilemma lässt sich durch einen geeigneten Katalysator und durch eine Erhöhung des Drucks erreichen (↑ **02**): Im Jahr 1909 gelang es dem Chemiker FRITZ HABER, bei einem Druck von 20 MPa und mit einem Eisenkatalysator bei 450 °C Ammoniak in guter Ausbeute zu gewinnen. In der großtechnischen Anlage läuft die Ammoniaksynthese im Reaktor ab, mit leicht veränderten Bedingungen. Durch nachfolgende Abkühlung wird das Ammoniak kondensiert und aus dem System entfernt. Aus dem Restgas bildet sich gemäß dem Prinzip von Le Chatelier im Reaktor erneut Ammoniak.

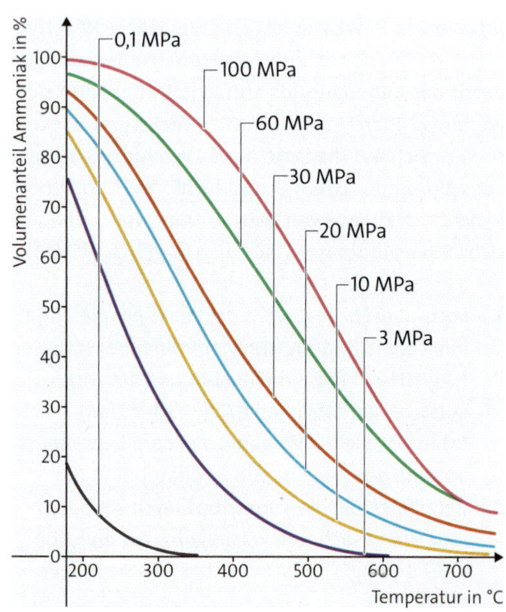

02 Abhängigkeit des Volumenanteils an Ammoniak von Druck und Temperatur

DRUCK UND MASSENWIRKUNGSGESETZ Bei der Bildung von zwei Molekülen Ammoniak aus drei Wasserstoffmolekülen und einem Stickstoffmolekül verringert sich die Zahl der Teilchen in der Gasphase. Gemäß dem Prinzip von Le Chatelier kann das Gleichgewicht demzufolge durch Druckerhöhung auf die Seite des Ammoniaks verschoben werden.

Der Einfluss des Drucks und der Konzentration lässt sich auch mit dem Massenwirkungsgesetz verstehen (↑ **03**).

$$K_C = \frac{c^2(NH_3)}{c^3(H_2) \cdot c(N_2)}$$

Wasserstoffmolekül Stickstoffmolekül Ammoniakmolekül

A

Gleichgewicht bei niedrigem Druck

$c(H_2) = 6, c(N_2) = 2, c(NH_3) = 2$

$$K_C = \frac{2^2}{6^3 \cdot 2} = \frac{1}{108}$$

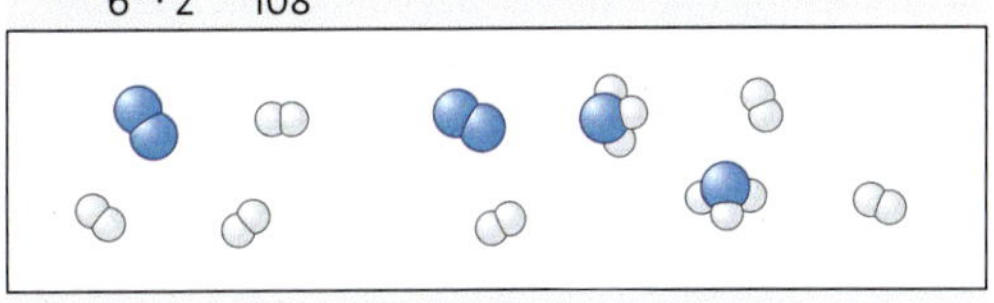

B

Druckerhöhung durch Zugabe von N_2 und H_2

$c_0(H_2) = 21, c_0(N_2) = 7, c_0(NH_3) = 2$

$$K_C > \frac{2^2}{21^3 \cdot 7} = \frac{4}{64\,827}$$

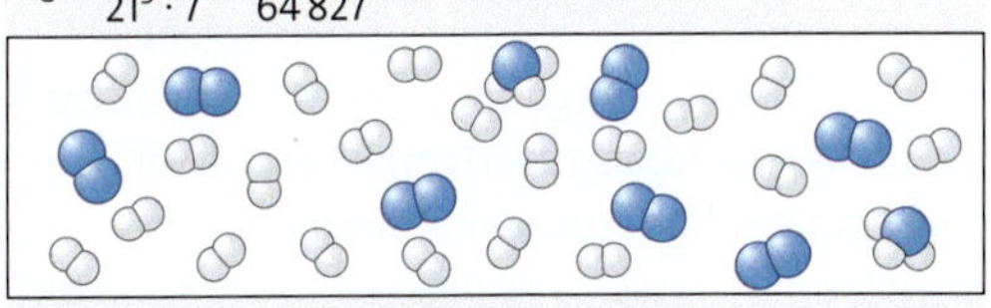

C

Neu eingestelltes Gleichgewicht

$c(H_2) = 12, c(N_2) = 4, c(NH_3) = 8$

$$K_C = \frac{8^2}{12^3 \cdot 4} = \frac{1}{108}$$

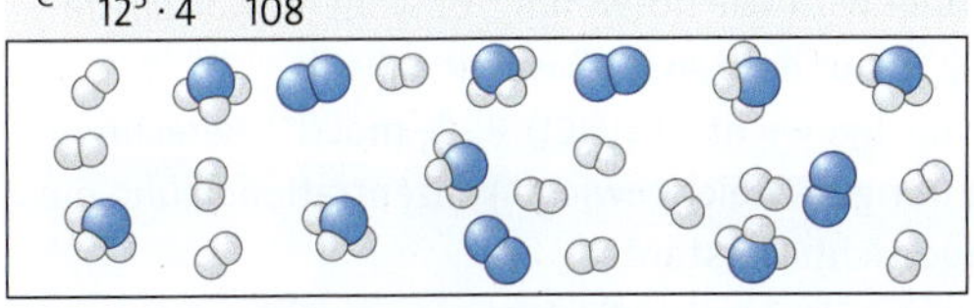

03 Auswirkung einer Druckerhöhung auf die Ammoniakausbeute. Die Einheiten für die Konzentrationen sind willkürlich und werden nicht genannt.

Bei niedrigem Druck ist das System im Gleichgewicht und ein Drittel der Stickstoff- und Wasserstoffatome ist in Ammoniakmolekülen gebunden (↑ **03A**). Eine Druckerhöhung durch Zugabe von Stickstoff und Wasserstoff bringt das System zunächst aus dem Gleichgewicht (↑ **03B**):
Das Gleichgewicht wird wieder erreicht, wenn Stickstoff- und Wasserstoffmoleküle zu Ammoniakmolekülen reagieren. Dadurch verringert sich die Anzahl von 30 Molekülen in Bild ↑ **03B** auf 24 Moleküle in Bild ↑ **03C** und der Druck sinkt wieder. Nun ist jedes zweite Stickstoff- und Wasserstoffatom in einem Ammoniakmolekül gebunden, die Ammoniakausbeute wurde erhöht.

EIN GENIALER INGENIEUR Die großtechnische Umsetzung der Ammoniaksynthese im Jahr 1913 war wesentlich die Leistung von CARL BOSCH, der Hochdruckapparaturen von bis dahin unbekannter Größe konstruierte. Das Verfahren drohte zu scheitern, weil der Wasserstoff bei dem hohen Druck in den Stahl der Apparatur diffundierte und dort mit dem enthaltenen Kohlenstoff reagierte. Dadurch wurden die Hochdrucköfen instabil und platzten. BOSCH löste dieses Problem, indem er im Innern der Apparatur kohlenstofffreies Eisen einsetzte, das er mit einem Stahlmantel umgab. In diesen Mantel wurden Löcher gebohrt, durch die der Wasserstoff entweichen konnte und so nicht mehr mit dem Stahl reagierte.

1› **a** Erläutern Sie das Schema in Bild ↑ **01**.
b Erklären Sie die Funktion des Primär-, Sekundärreformers und des CO-Konverters (↑ **01**).
c Interpretieren Sie Bild ↑ **02** bezüglich des Einflusses von Druck und Temperatur auf die Ammoniakausbeute.
d Finden Sie einen Grund dafür, warum die Ammoniaksynthese bei 450 °C durchgeführt wird, obwohl der Volumenanteil an Ammoniak im Gleichgewicht bei kleinerer Temperatur größer ist (↑ **02**).
e Bewerten Sie folgende Aussage: „Eine Steigerung der Gleichgewichtskonzentration von Ammoniak im Haber-Bosch-Verfahren ist durch einen anderen Katalysator möglich."

2› Die Weltjahresproduktion von Ammoniak beträgt derzeit etwa 125 000 000 t.
a Bestimmen Sie die Pro-Kopf-Produktion. Vergleichen Sie den Wert mit dem Pro-Kopf-Konsum von Ethanol, der bei 5 kg/Jahr liegt.
b Recherchieren Sie fünf Alltagsstoffe, in deren Synthesekette Ammoniak auftritt. Belegen Sie die Präsenz von Stickstoffatomen in diesen Produkten durch Molekül- oder Lewis-Formel.

Klausurtraining

Material A Zwischenfall im Labor

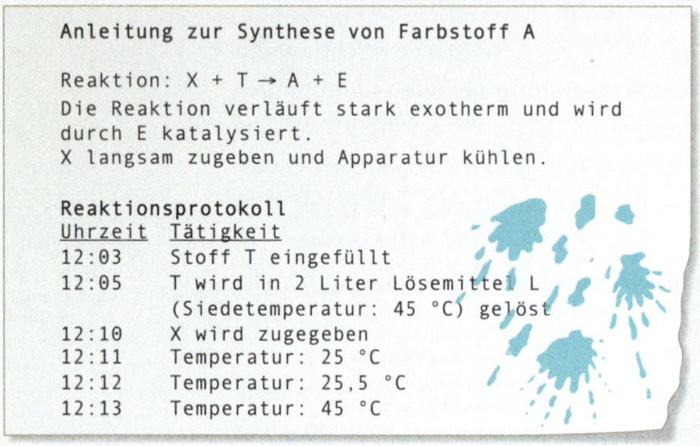

Anleitung zur Synthese von Farbstoff A

Reaktion: X + T → A + E
Die Reaktion verläuft stark exotherm und wird durch E katalysiert.
X langsam zugeben und Apparatur kühlen.

Reaktionsprotokoll

Uhrzeit	Tätigkeit
12:03	Stoff T eingefüllt
12:05	T wird in 2 Liter Lösemittel L (Siedetemperatur: 45 °C) gelöst
12:10	X wird zugegeben
12:11	Temperatur: 25 °C
12:12	Temperatur: 25,5 °C
12:13	Temperatur: 45 °C

A1.1 Aufzeichnungen des Mitarbeiters

Unfallbericht: „Im Forschungslabor der Firma *Fast Reactions* kam es gestern kurz vor 12:15 Uhr zu einem Zwischenfall. Ein Mitarbeiter sollte den neuen Farbstoff A der Firma synthetisieren. Dabei kam es zu einer plötzlichen Verdampfung fast des gesamten Lösungsmittels L. Dadurch wurde der Inhalt der Apparatur im kompletten Labor verteilt. Das Labor wurde sofort evakuiert und muss nun vom gut haftenden Farbstoff A befreit werden. Die Aufzeichnung des Mitarbeiters wurde von der Firmenleitung sichergestellt."

AUFGABEN ZU A

1) **a** Erläutern Sie Möglichkeiten, wie eine Reaktion, die in einer Lösung abläuft, beschleunigt werden kann.
b Geben Sie die RGT-Regel wieder und erläutern Sie, warum sie im geschilderten Vorfall eine Rolle gespielt hat.
c Erklären Sie die Notwendigkeit der Kühlung der Reaktionslösung.

2) **a** Definieren Sie „Katalysator" und „Autokatalyse".
b Erklären Sie, warum die Autokatalyse eine Reaktion unter Umständen schwer kontrollierbar macht.
c Erläutern Sie, wie es bei dieser Reaktion zu einem plötzlichen Temperaturanstieg und dem schlagartigen Verdampfen des Lösungsmittels kam und welche Effekte sich dabei gegenseitig verstärkten.

3) **a** Nennen und erklären Sie die Fehler, die der Mitarbeiter gemacht hat.
b Beschreiben Sie, wie Sie vorgehen würden, um diese Reaktion durchzuführen.
c Die Temperatur kann nicht höher liegen als die Siedetemperatur des Lösungsmittels. Begründen Sie, welche Vor- und Nachteile die Verwendung eines Lösungsmittels mit einer Siedetemperatur von 95 °C gehabt hätte.

Material B Deacon-Verfahren

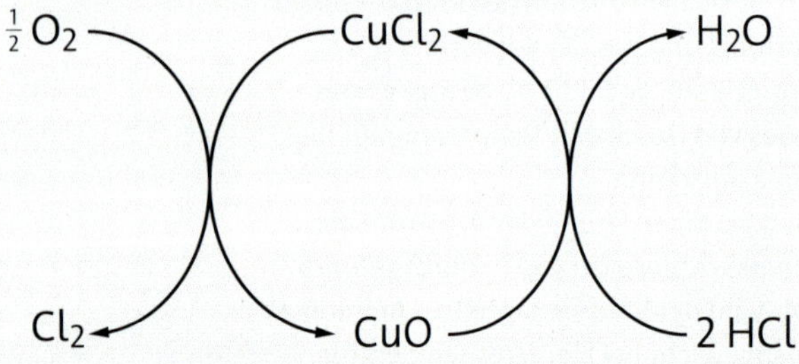

B1.1 Deacon-Verfahren (Schema)

Chlor ist ein wichtiger Ausgangsstoff für viele Synthesen, es kommt auf der Erde aber nicht elementar vor. Der englische Chemiker Henry Deacon entwickelte 1868 ein Verfahren zur Chlorherstellung. Dabei findet bei 430 °C zwischen den gasförmigen Stoffen eine exotherme Gleichgewichtsreaktion nach folgendem Schema statt:

Sauerstoff + Chlorwasserstoff $\rightleftarrows$ Wasser + Chlor

Um die Ausbeute an Chlor zu erhöhen, wird doppelt so viel Sauerstoff eingesetzt, wie nach der Reaktionsgleichung notwendig wäre.

AUFGABEN ZU B

1) **a** Erklären Sie die Funktion des Gemischs aus $CuCl_2$ und CuO, das unverändert aus der Reaktion hervorgeht.
b Erstellen Sie die Reaktionsgleichung der Gleichgewichtsreaktion, auf der das Deacon-Verfahren beruht. Verwenden Sie nur ganzzahlige Stöchiometriezahlen.
c Erstellen Sie das Massenwirkungsgesetz der Reaktion und geben Sie eine mögliche Einheit für K_c an.

2) Zu Beginn der Reaktion war $c_0(HCl) = \frac{4}{100}\ mol \cdot l^{-1}$ und $c_0(O_2) = \frac{2}{100}\ mol \cdot l^{-1}$.
a Erklären Sie, warum hierbei doppelt so viel Sauerstoff verwendet wird wie notwendig, obwohl die Konzentration $c_0(O_2)$ nur halb so groß ist wie $c_0(HCl)$.
b Im Gleichgewicht ist $c(HCl) = \frac{4}{300}\ mol \cdot l^{-1}$. Berechnen Sie die übrigen Gleichgewichtskonzentrationen und die Gleichgewichtskonstante.
c Erläutern Sie, ob sich die Ausbeute an Chlor durch Druck- und Temperaturänderung steigern lässt. Begründen Sie, warum die Reaktionstemperatur deutlich über der Raumtemperatur liegt.
d Nennen Sie weitere Möglichkeiten, die Ausbeute an Chlor zu erhöhen, ohne dass die Ausgangskonzentrationen verändert werden.

Material C Isomerengleichgewicht

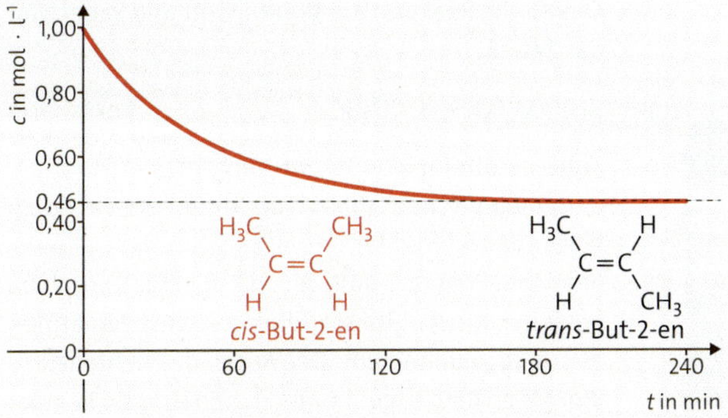

C1.1 Veränderung der Konzentration von reinem *cis*-But-2-en beim Bestrahlen mit UV-Licht

Von der Verbindung But-2-en gibt es zwei Isomere: cis-But-2-en und *trans*-But-2-en (↑ **C1.1**). Beide sind bei Standardbedingungen gasförmig. Wird reines *cis*-But-2-en mit UV-Licht bestrahlt, dann entsteht in einer exothermen Reaktion *trans*-But-2-en. Die Konzentration von *cis*-But-2-en sinkt dabei bis zu einem Grenzwert.

AUFGABEN ZU C

1 › Übertragen Sie das Diagramm in Ihr Heft.
a Erläutern Sie den Verlauf der Kurve in ↑ **C1.1** und begründen Sie, warum die Konzentration von *cis*-But-2-en gegen einen von null verschiedenen Wert strebt.
b Bestimmen Sie aus ↑ **C1.1** die durchschnittliche Reaktionsgeschwindigkeit im Verlauf der ersten Stunde.
c Zeichnen Sie den zeitlichen Verlauf der Konzentration von *trans*-But-2-en ein.

2 › **a** Erstellen Sie das Massenwirkungsgesetz und berechnen Sie die Gleichgewichtskonstante K_C.
b Begründen Sie, wie sich K_C verändert, wenn die Temperatur sinkt.
c Erläutern Sie die Möglichkeit, das Gleichgewicht durch Druckänderung zu beeinflussen.
d Zum Zeitpunkt t = 240 min wird die Konzentration von *cis*-But-2-en auf c_0 = 1,46 mol · l^{-1} erhöht. Berechnen Sie die Konzentrationen von *cis*- und *trans*-But-2-en, die nach Einstellung des Gleichgewichts erreicht werden.

Material D Halogenlampen

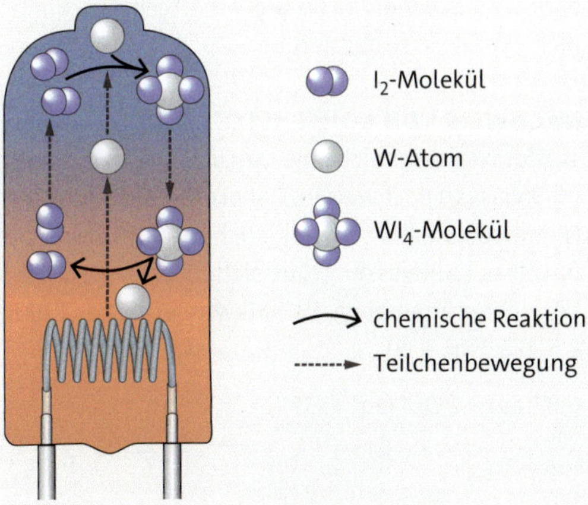

D1.1 Vorgänge in einer Halogenlampe

In Glüh- und in Halogenlampen besteht die Glühwendel meist aus dem Metall Wolfram. Je höher die Betriebstemperatur (ϑ > 1500 °C), umso heller ist die Lampe, aber umso mehr Wolfram verdampft und schlägt sich auf dem kälteren Glas nieder. Glühlampen erscheinen deshalb nach einiger Zeit weniger hell und außerdem wird der Glühfaden dünner. Im Glaskolben von Halogenlampen sind Spuren von gasförmigem Iod (I_2) enthalten. Es reagiert mit dem Wolfram auf dem Glas merklich ab einer Temperatur von 450 bis 500 °C zu Wolframtetraiodid:

$$W(s) + 2\,I_2(g) \rightleftarrows WI_4(g)$$

An der Glühwendel zerfällt Wolframtetraiodid wieder in die Elemente. Das Iod bleibt in der Gasphase, während sich das Wolfram als Feststoff auf der Glühwendel abscheidet und sie wieder verstärkt.

AUFGABEN ZU D

1 › **a** Begründen Sie den Namen „Halogenlampe".
b Erläutern Sie, warum Halogenlampen eine höhere Betriebstemperatur haben, heller sind und länger halten als Glühlampen.

2 › **a** Erklären Sie die Bedeutung des verwendeten Pfeils in der Reaktionsgleichung.
b Begründen Sie, ob die Synthese von Wolframtetraiodid aus den Elementen exo- oder endotherm ist.
c Im Vergleich zu Glühlampen gleicher Lichtstärke ist der Glaskolben von Halogenlampen sehr klein. Erklären Sie mithilfe des Konzepts der Reaktionsgeschwindigkeit, dass der Rücktransport bei großen Glaskolben nicht funktionieren würde.

3 › Um aus Roh-Titan, das mit Magnesium verunreinigt ist, reines Titan herzustellen, wird es in exothermen Reaktionen mit gasförmigem Iod zunächst in Titantetraiodid und Magnesiumiodid umgewandelt. Titantetraiodid siedet bei 380 °C, Magnesiumiodid schmilzt bei 630 °C.
a Erklären Sie, wie sich reines Titan gewinnen lässt.
b Skizzieren Sie einen möglichen Reaktor.

4.7 Oxide des Kohlenstoffs - Gleichgewichte in der Natur

01 Herstellung von Sprudelwasser

SPRUDELNDES WASSER Die erfrischende Wirkung von sprudelndem Mineralwasser beruht auf dem leicht säuerlichen, prickelnden Geschmack. Mithilfe eines Wassersprudlers kann man selbst aus Leitungswasser Sprudelwasser herstellen (↑ **01**). In dem Gerät ist eine Gasflasche untergebracht, die mit Kohlenstoffdioxid (CO_2) gefüllt ist. Eine Glasflasche mit Leitungswasser wird im Gerät befestigt. Durch Betätigung des Knopfes wird das Kohlenstoffdioxid in die Flasche eingeleitet.

Eigenschaft	Kohlenstoffmonooxid (CO)	Kohlenstoffdioxid (CO_2)
Aggregatzustand bei 20 °C	gasförmig	gasförmig
Farbe	farblos	farblos
Geruch	geruchlos	geruchlos
Brennbarkeit	brennbar	nicht brennbar
Wirkung auf den Organismus	sehr giftig	erstickend
Dichte im Vergleich zur Dichte von Luft	kleiner	größer

02 Einige Eigenschaften von Kohlenstoffmonooxid und Kohlenstoffdioxid

VORKOMMEN UND ENTSTEHUNG VON KOHLENSTOFFDIOXID Kohlenstoffdioxid lässt sich durch chemische Reaktion aus Kohlenstoff und Sauerstoff darstellen.

$$C(s) + O_2(g) \longrightarrow CO_2(g) \quad | \text{ exotherm}$$

Kohlenstoffdioxid entsteht auch bei der Atmung, dem biologischen Abbau von Stoffen sowie durch Verbrennung fossiler Brennstoffe wie Holz, Kohle, Erdöl und Erdgas. 0,04 % der Luft der Erdatmosphäre bestehen aus Kohlenstoffdioxid. Menschen atmen es ständig ein und aus. Der Anteil des Kohlenstoffdioxids an der ausgeatmeten Luft beträgt 4 %. Jeder Mensch produziert in 24 Stunden durchschnittlich 350 Liter Kohlenstoffdioxid.

VERWENDUNG VON KOHLENSTOFFDIOXID Kohlenstoffdioxid ist als Feuerlöschmittel geeignet, weil es den Zutritt von Luft verhindert. Es hat eine größere Dichte als Luft und sammelt sich am Boden von Räumen und Gefäßen (↑ **02**). Kohlenstoffdioxid reichert sich auch in Gärkellern an. Ein Kellermeister geht deshalb mit einer brennenden Kerze durch den Keller. Erlischt die Kerze, so besteht akute Erstickungsgefahr und der Keller muss sofort verlassen werden. Festes Kohlenstoffdioxid ist als sogenanntes **Trockeneis** im Handel erhältlich. Es schmilzt nicht, sondern sublimiert bei −79 °C (↑ **03A**).

NACHWEIS VON KOHLENSTOFFDIOXID Kohlenstoffdioxid lässt sich mit Calciumhydroxidlösung (Kalkwasser) nachweisen. Dabei entsteht ein weißer Niederschlag aus schwerlöslichem Calciumcarbonat. Das Kalkwasser trübt sich. Diesen Nachweis bezeichnet man auch als Kalkwasserprobe (↑ **03B**; ↑ S. 126, Exp. 4.13).

$$Ca^{2+}(aq) + 2\,OH^-(aq) + CO_2(g) \longrightarrow CaCO_3(s) + H_2O(l)$$

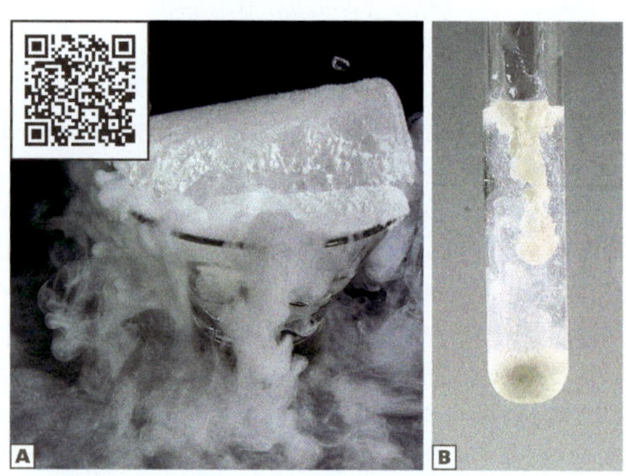

03 **A** Sublimierendes Trockeneis, **B** CO_2-Nachweis

LÖSLICHKEIT VON KOHLENSTOFFDIOXID IN WASSER Bei 15 °C und Normdruck löst sich etwa ein Liter Kohlenstoffdioxid in einem Liter Wasser. Lässt man eine Mineralwasserflasche in der prallen Sonne stehen, besteht die Gefahr, dass sie platzt. Bei hohen Temperaturen ist die Löslichkeit von Kohlenstoffdioxid in Wasser wie bei allen Gasen erheblich geringer. Die Löslichkeit von Kohlenstoffdioxid in Wasser ist demnach vom Druck und von der Temperatur abhängig (↑ **04**). In einem Wassersprudler wird das Kohlenstoffdioxid unter einem Druck von etwa 14 bar zugeführt. Der hohe Druck ermöglicht, dass sich eine große Menge des Gases in dem Wasser löst.

BILDUNG VON KOHLENSÄURE Wird Kohlenstoffdioxid in Wasser gelöst, entsteht eine saure Lösung. Dabei spielen mehrere Gleichgewichte eine Rolle. Zunächst steht gasförmiges Kohlenstoffdioxid $CO_2(g)$ im Gleichgewicht mit in Wasser gelöstem Kohlenstoffdioxid $CO_2(aq)$.

$$CO_2(g) \rightleftarrows CO_2(aq) \qquad | \text{ exotherm}$$

Der Lösevorgang ist exotherm. Gelöstes Kohlenstoffdioxid reagiert mit Wasser langsam zu gelöster Kohlensäure $H_2CO_3(aq)$ (↑ Exp. 4.14, S. 126).

$$CO_2(aq) + H_2O(l) \rightleftarrows H_2CO_3(aq)$$

Bei 25 °C kommt im Gleichgewicht ein $H_2CO_3(aq)$-Molekül auf ca. 600 $CO_2(aq)$-Moleküle. Nur etwa 0,1 % der $CO_2(aq)$-Moleküle reagieren demnach mit Wasser zu Kohlensäure. Das Gleichgewicht liegt daher stark auf der linken Seite.
Das Kohlensäuremolekül reagiert gegenüber Wasser als Säure:

$$H_2CO_3(aq) + H_2O(l) \rightleftarrows HCO_3^-(aq) + H_3O^+(aq)$$
$$HCO_3^-(aq) + H_2O(l) \rightleftarrows CO_3^{2-}(aq) + H_3O^+(aq)$$

Auch bei diesen Reaktionen liegt das Gleichgewicht jeweils sehr stark auf der linken Seite. Oxonium-Ionen (H_3O^+), Hydrogencarbonat-Ionen (HCO_3^-) und Carbonat-Ionen (CO_3^{2-}) liegen nur in sehr geringer Konzentration vor. Damit ist die Lösung nicht so sauer, wie sie es wäre, wenn die gesamte Säure mit Wasser reagiert hätte.

Dies ist auch der Grund dafür, dass sprudelndes Mineralwasser nur einen leicht sauren Geschmack aufweist. Weil einige Kohlensäuremoleküle als Säure reagieren, wird das Löslichkeitsgleichgewicht von gasförmigem zu gelöstem Kohlenstoffdioxid verschoben (↑ Exp. 4.15, S. 126). In der Folge löst sich gemäß dem *Prinzip von Le Chatelier* etwas mehr Kohlenstoffdioxid im Wasser.

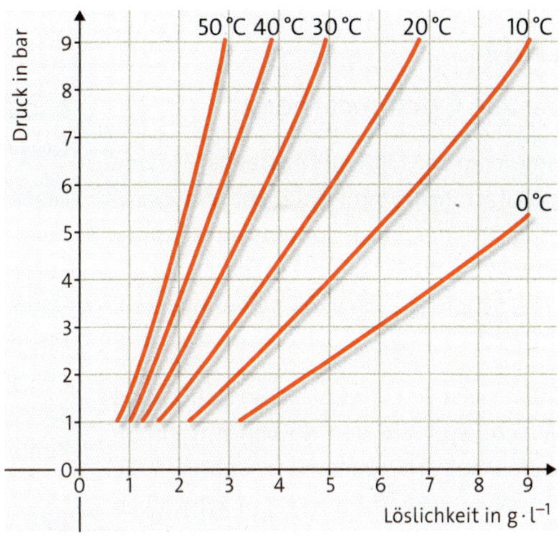

04 Löslichkeit von Kohlenstoffdioxid in Wasser

KOHLENSTOFFMONOOXID Beim Verbrennen von Kohle entsteht neben Kohlenstoffdioxid auch immer in geringen Mengen Kohlenstoffmonooxid (CO), das bei ausreichender Sauerstoffzufuhr sofort zu Kohlenstoffdioxid weiteroxidiert. Bei der Verbrennung von Kohlenstoff unter *unzureichender Sauerstoffzufuhr* bildet sich jedoch vermehrt Kohlenstoffmonooxid. Es findet sich deshalb in fast allen Abgasen, beispielsweise Auspuffgasen von Kraftfahrzeugen, und sogar im Zigarettenrauch.

Versauerung der Ozeane ↑ S. 132 f.

Kohlenstoffmonooxid besteht wie Kohlenstoffdioxid aus Molekülen. Es blockiert die Fähigkeit des Hämoglobins, Sauerstoff anzulagern und im Körper zu transportieren. Es ist sehr giftig und besonders tückisch, da es geruchlos ist (↑ **03**). So sind viele Unglücke mit schlecht belüfteten Öfen oder Feuern auf eine Vergiftung mit Kohlenstoffmonooxid zurückzuführen.

1 › Formulieren Sie jeweils die Reaktionsgleichung für die Bildung von Kohlenstoffmonooxid aus Kohlenstoff sowie für die Weiteroxidation von Kohlenstoffmonooxid zu Kohlenstoffdioxid.

2 › Erläutern Sie die Löslichkeit von Kohlenstoffdioxid in Wasser.

3 › Manche Mineralwässer enthalten von Natur aus eine hohe Menge an Kohlenstoffdioxid. Man bezeichnet sie auch als „natürliche" Mineralwässer. Sie entstehen tief im kalten Boden unter erhöhtem Druck. In der Praxis werden das Wasser und das Kohlenstoffdioxid getrennt gefördert. Danach wird das Wasser mit dem Gas angereichert. Begründen Sie, warum die direkte Förderung von sprudelndem Mineralwasser problematisch ist.

Störung des chemischen Gleichgewichts ↑ S. 112 f.

Praktikum

P Stoffkreisläufe

EXP 4.13 Bildung von Calciumcarbonat

Materialien Erlenmeyerkolben (300 ml), passender Stopfen mit Bohrung, kurzes Glasrohr, Gummischläuche, Waschflasche, Stativmaterial, Brenner, stark kohlensäurehaltiges Mineralwasser (alternativ: Brausetabletten in Wasser geben), Kalkwasser (gesättigte Lösung von Calciumhydroxid in Wasser; 5, 7)

Durchführung Füllen Sie in den Erlenmeyerkolben 250 ml Mineralwasser. Verschließen Sie den Kolben mit einem durchbohrten Stopfen mit Schlauchansatz. Spannen Sie den mit 250 ml Mineralwasser gefüllten Erlenmeyerkolben in das Stativ ein.
Geben Sie 50 ml des Kalkwassers in die Waschflasche und befestigen Sie diese ebenfalls mit einem Stativ.
Verbinden Sie den Erlenmeyerkolben und die Waschflasche mit einem Schlauch. Erhitzen Sie nun das Mineralwasser mit dem Brenner.
Entsorgung: Lösungen ins Abwasser geben.

Auswertung

1) Notieren Sie Ihre Beobachtungen und deuten Sie diese.
2) Entwickeln Sie die entsprechenden Reaktionsgleichungen.
3) An den Reaktionen des natürlichen Kalkkreislaufs ist Kohlenstoffdioxid beteiligt. Erläutern Sie, unter welchen Bedingungen das hier untersuchte System weiterreagiert und zur Bildung von Kalk führt.

EXP 4.14 Lösen von Kohlenstoffdioxid in Wasser

Materialien Rundkolben (500 ml), passender Stopfen, Verbrennungslöffel, Messzylinder, schmale Kerze, Universalindikatorlösung, destilliertes bzw. abgekochtes Wasser

Durchführung Geben Sie in einen Rundkolben 20 ml des destillierten bzw. abgekochten Wassers und etwa fünf Tropfen Universalindikatorlösung.
Setzen Sie eine Kerze auf einen Verbrennungslöffel und zünden Sie diese an. Befüllen Sie den Rundkolben mithilfe der brennenden Kerze mit Kohlenstoffdioxid.
Verschließen Sie den Rundkolben mit einem Stopfen und schütteln Sie den Rundkolben für etwa 1 min kräftig.
Öffnen Sie danach den Stopfen und senken Sie die brennende Kerze erneut in den Rundkolben.
Entsorgung: Lösungen ins Abwasser geben.

Auswertung

1) Notieren Sie Ihre Beobachtungen und deuten Sie diese.
2) Entwickeln Sie die entsprechenden Reaktionsgleichungen.

EXP 4.15 Einfluss des pH-Werts auf das CO_2/H_2CO_3-Gleichgewichtssystem

Materialien Erlenmeyerkolben (100 ml), Stopfen mit Bohrung, Einwegspritzen (10 ml) mit Kanülen, Zange zum Durchstechen des Stopfens mit der Kanüle, Kolbenprober mit Hahn, Magnetrührer mit Rührfisch, kurzes gewinkeltes Glasrohr, Schlauchmaterial, Stativmaterial, stark kohlensäurehaltiges Mineralwasser, Natronlauge ($c = 0{,}5\ \text{mol} \cdot \text{l}^{-1}$; 5), Salzsäure ($c = 0{,}5\ \text{mol} \cdot \text{l}^{-1}$; 7), Universalindikatorlösung, Kohlenstoffdioxid

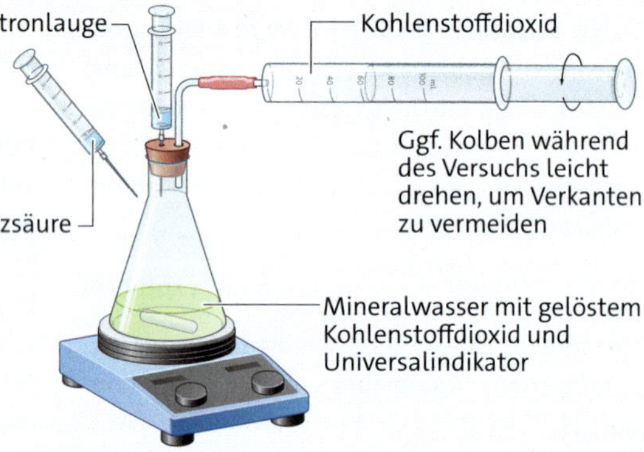

Durchführung

1. Stechen Sie die Kanüle mithilfe der Zange vorsichtig durch den Gummistopfen (*Achtung:* Verletzungsgefahr!).
2. Füllen Sie 10 ml des kohlensäurehaltigen Mineralwassers sowie einige Tropfen Universalindikatorlösung in den Erlenmeyerkolben und geben Sie den Rührfisch hinein.
3. Füllen Sie den Kolbenprober mit 100 ml Kohlenstoffdioxid und spülen Sie den Bereich des Erlenmeyerkolbens über der Lösung mit Kohlenstoffdioxid. Verschließen Sie den Erlenmeyerkolben mit dem Stopfen, schließen Sie den Kolbenprober an und befestigen Sie Erlenmeyerkolben und Kolbenprober mithilfe von Stativmaterial. Öffnen Sie den Hahn und starten Sie den Magnetrührer.
4. Geben Sie mit einer Spritze durch die Kanüle 10 ml Natronlauge hinzu und drehen Sie den Stempel des Kolbenprobers so lange, bis keine Veränderung mehr eintritt.
5. Geben Sie mit der zweiten Spritze 10 ml der Salzsäure hinzu und drehen Sie den Stempel des Kolbenprobers ebenfalls so lange, bis keine Veränderung mehr eintritt.

Wiederholen Sie die Schritte 4 und 5 mehrmals.

Auswertung

1) Notieren Sie Ihre Beobachtungen.
2) Werten Sie das Experiment mithilfe geeigneter Reaktionsgleichungen unter Bezug auf das Prinzip von Le Chatelier aus.

P

EXP 4.16 Einfluss des Drucks auf das CO_2/H_2CO_3-Gleichgewichtssystem

Materialien Kolbenprober mit Hahn, Becherglas (250 ml), Pipette, Kohlenstoffdioxid, Universalindikatorlösung, Leitungswasser, stark verdünnte Ammoniaklösung (7)

Durchführung Geben Sie in das Becherglas 100 ml Leitungswasser und etwa 2 ml Universalindikatorlösung, sodass die Lösung kräftig grün gefärbt ist. Gegebenenfalls muss das Wasser mit Ammoniaklösung eingestellt werden, bis der Indikator eine grüne Farbe zeigt.
Saugen Sie in den Kolbenprober 10 ml Kohlenstoffdioxid ein. Ziehen Sie aus dem Becherglas 20 ml der grün gefärbten Lösung in den Kolbenprober auf. Achten Sie darauf, dass keine Luft eingesaugt wird.
Schließen Sie den Hahn und schütteln Sie den Kolbenprober kräftig. Drücken Sie dann den Kolben kräftig hinein. Ziehen Sie anschließend den Kolben kräftig heraus, sodass ein Unterdruck im Kolbenprober entsteht.

Auswertung

1) Notieren Sie Ihre Beobachtungen.
2) Werten Sie das Experiment mithilfe geeigneter Reaktionsgleichungen unter Bezug auf das Prinzip von Le Chatelier aus.

EXP 4.17 Einfluss der Temperatur auf das CO_2/H_2CO_3-Gleichgewichtssystem

Materialien 2 Erlenmeyerkolben (300 ml), 2 Luftballons, Wanne mit Eis, Bunsenbrenner, Universalindikatorlösung, stark kohlensäurehaltiges Mineralwasser

Durchführung

1. Befüllen Sie die beiden Erlenmeyerkolben mit je 100 ml Mineralwasser und geben Sie einige Tropfen der Indikatorlösung hinzu. Dehnen Sie die Luftballons vor. Verschließen Sie die beiden Erlenmeyerkolben mit den Luftballons.
2. Erhitzen Sie einen der beiden Kolben vorsichtig über der Brennerflamme (Kolben dabei leicht schwenken).
3. Lassen Sie den erhitzten Kolben etwas abkühlen und stellen Sie ihn anschließend in das Eisbad.
4. Wiederholen Sie ggf. die Schritte 2 und 3.
5. Der andere Ansatz wird zum Vergleich bei Raumtemperatur aufbewahrt.

Auswertung

1) Notieren Sie Ihre Beobachtungen und deuten Sie diese.
2) Begründen Sie anhand der Ergebnisse zu diesem Experiment die Verteilung von Kohlenstoffdioxid in den Ozeanen.

EXP 4.18 Modellexperiment zum Treibhauseffekt

Materialien Halogenglühlampe mit Fassung (250 W), Glaswanne, PE-Flasche mit seitlicher Öffnung (700 ml, z. B. leere Sprudelflasche, deren Hals mit einem Küchenmesser abgeschnitten wurde), Stativmaterial, Styroporgefäß, Digitalthermometer mit Messfühler, Pappkarton (schwarz), PE-Folie, Knetmasse oder biegsames Wachs, Leitungswasser, Kohlenstoffdioxid

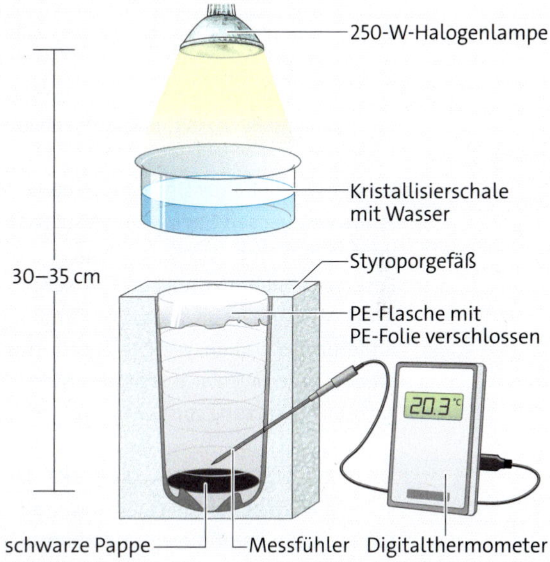

Durchführung

1. Bauen Sie das Experiment entsprechend der Skizze auf.
2. Verschließen Sie die Kunststoffflasche mit PE-Folie und stellen Sie die Flasche zur zusätzlichen Isolierung in einen Styroporbehälter. Der Messfühler des Thermometers wird durch die seitliche Öffnung eingeführt, sodass sich der Messfühler mit seiner Spitze etwa 1–2 cm oberhalb der schwarzen Pappe befindet. Die seitliche Öffnung wird mit Knetmasse abgedichtet.
3. Schalten Sie die Lampe ein und ermitteln Sie den Temperaturanstieg in der Flasche während 5 min jeweils alle 30 s.
4. Füllen Sie danach Kohlenstoffdioxid in die Kunststoffflasche und wiederholen Sie die Messung genau wie in Schritt 3.

Auswertung

1) Notieren Sie Ihre Beobachtungen und deuten Sie diese.
2) Erläutern Sie Analogien zwischen den Bauteilen der Apparatur und der Erdatmosphäre. Überlegen Sie, warum zwischen Halogenstrahler und Messbereich die Schale mit Wasser eingebracht wird.
3) Werten Sie das Experiment unter Verwendung der zentralen Begriffe Absorption, Emission und Reflexion aus.

4.8 Belastungen der Atmosphäre

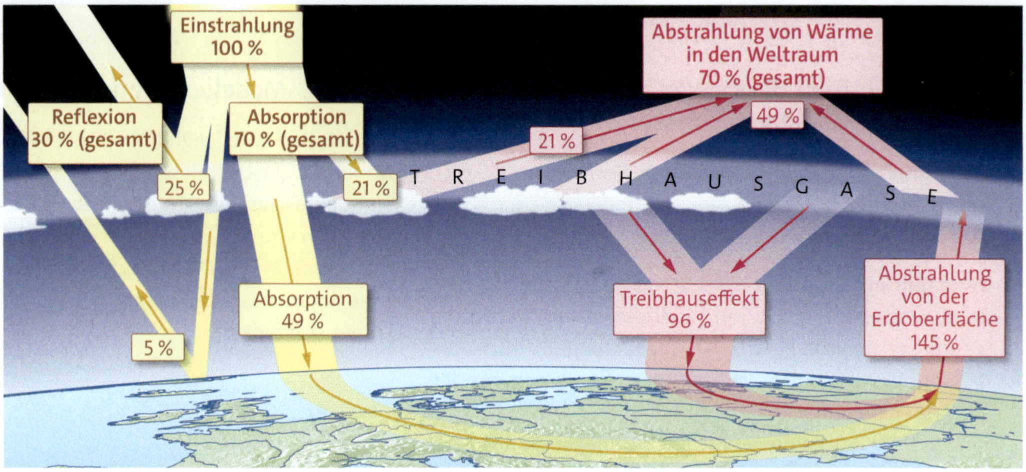

01 Schematische Darstellung des Treibhauseffekts

Die ersten Erdölfelder sind bereits leer. Fossile Brennstoffe werden seit Beginn der Industrialisierung in immer größerem Umfang genutzt. Während die Reserven abnehmen, reichert sich Kohlenstoffdioxid in der Atmosphäre an, sodass nun erhebliche Klimaänderungen drohen. Welche Zusammenhänge bestehen zwischen der durch den Menschen verursachten Freisetzung von Gasen und unserem Klima?

NATÜRLICHER TREIBHAUSEFFEKT Die Erde gibt ständig Wärmestrahlung an das Weltall ab. Wasserdampf, Kohlenstoffdioxid und andere Spurengase besitzen die Eigenschaft, diese Abstrahlung zu vermindern (↑ Exp. 4.18, S. 127). Sie lassen die kurzwellige Strahlung der Sonne nahezu ungehindert passieren, nehmen aber die langwellige, infrarote Strahlung (IR-Strahlung: Wärmestrahlung) der Erdoberfläche auf und erwärmen sich.

Treibhausgas	Anteil in der Atmosphäre (2019)	Beitrag zum natürlichen Treibhauseffekt in Kelvin	Anteil am anthropogenen Treibhauseffekt
H_2O (Wasserdampf)	0,25–4 % (regional stark unterschiedlich)	20,6	positive Rückkopplung bei Temperaturanstieg
CO_2	411 ppm	7,2	50–60 %
CH_4	1,88 ppm	0,8	18–20 %
N_2O	0,331 ppm	1,4	5–6 %
Ozon und weitere Spurengase	– (keine Angabe)	3,0	6–10 %

02 Anteil verschiedener Gase am Treibhauseffekt

Dadurch wird ähnlich wie beim Glas eines Treibhauses die Energieabgabe der Erde verzögert und ein Wärmestau erzeugt. Die Auswirkung dieser treibhauswirksamen Gase, ohne die es auf der Erde um etwa 33 Kelvin kälter wäre, bezeichnet man als **natürlichen Treibhauseffekt**. Bliebe die Zusammensetzung der Atmosphäre konstant, so würde sich ein Gleichgewicht in der Strahlungsbilanz einstellen.

ANTHROPOGENER TREIBHAUSEFFEKT Durch Eingriffe des Menschen wie dem massiven Einsatz von fossilen Brennstoffen, der Brandrodung von Wäldern und der Erzeugung treibhauswirksamer Spurengase haben die Konzentrationen mehrerer Treibhausgase seit Beginn der Industrialisierung kontinuierlich zugenommen. Dadurch hat sich die globale mittlere Oberflächentemperatur seit 1901 um 0,8 K erhöht, was man als anthropogenen **Treibhauseffekt** bezeichnet. Im März 2015 wurden laut der amerikanischen Wetterbehörde *National Oceanic and Atmospheric Administration* (NOAA) erstmals mehr als 400 ppm (parts per million, Teilchen pro Million) Kohlenstoffdioxid in der Atmosphäre gemessen (↑ **06**). Zum Vergleich: Der vorindustrielle Wert betrug 280 ppm Kohlenstoffdioxid.
Die Konzentration eines Treibhausgases ist jedoch nicht der alleinige Faktor für seinen Beitrag zum anthropogenen Treibhauseffekt. Jedes Treibhausgas besitzt ein spezifisches **Erwärmungspotenzial** (GWP; ↑ **04**). Unter den künstlich hergestellten leisten die sogenannten *F-Gase*, die *fluorierten Treibhausgase*, den größten Beitrag. Dazu zählen die vollhalogenierten Fluorkohlenwasserstoffe (kurz: FKW), die teilhalogenierten Fluorkohlenwasserstoffe (kurz: HFKW), Schwefelhexafluorid (SF_6) und Stickstofftrifluorid (NF_3). Sie besitzen ein hohes Erwärmungspotenzial

und ihr Anteil steigt kontinuierlich an, beispielsweise durch das bei der Herstellung von Solarzellen und Flüssigkristallbildschirmen freigesetzte Stickstofftrifluorid.
Da die Treibhausgase IR-Strahlung aufnehmen, kann man durch **Infrarotspektroskopie** die genauen Absorptionsbereiche einzelner Treibhausgase bestimmen. Dabei fällt auf, dass das IR-Spektrum von Wasserdampf einige Bereiche aufweist, in denen keine IR-Strahlung absorbiert wird, sondern passieren kann (↑ **05**). Die Treibhausgase wie Kohlenstoffdioxid absorbieren nun genau in den Bereichen, die der Wasserdampf offen lässt, den sogenannten atmosphärischen Fenstern. Dies erklärt die Effektivität der Treibhausgase, selbst bei vergleichsweise niedrigen Konzentrationen in der Atmosphäre. Die Strahlungsabsorption durch Kohlenstoffdioxid ist bereits nahezu vollständig. Eine Konzentrationserhöhung bewirkt nur in den Randbereichen eine noch stärkere Absorption der IR-Strahlung. Die Absorption von IR-Strahlung durch die übrigen Treibhausgase ist jedoch konzentrationsbedingt noch nicht vollständig. Durch die Zunahme ihrer Konzentration kann sich der Treibhauseffekt daher noch erheblich verstärken.
Genaue Klimaprognosen sind dennoch kaum möglich, denn unter anderem nehmen folgende Faktoren Einfluss:

- Durch den Treibhauseffekt wird sich die Wolken-, Schnee- oder Eisbedeckung des Planeten ändern. Dies wirkt sich wiederum auf die Strahlungsbilanz aus.
- Aerosole wie Rußpartikel oder Sand können ebenfalls Strahlung reflektieren oder aufnehmen. Ihre Konzentration hängt u. a. vom Einbau von Filteranlagen oder von der Anzahl von Sandstürmen ab und lässt sich schlecht vorhersagen.

Der anthropogene Treibhauseffekt wird durch vermehrte Freisetzung von Treibhausgasen und verstärkte Absorption von Wärmestrahlung in der Atmosphäre hervorgerufen.

1〉 Recherchieren Sie das IR-Spektrum von Distickstoffoxid und analysieren Sie die Klimawirksamkeit dieses Gases.
2〉 Nennen Sie weitere Gründe, weshalb präzise Klimaprognosen schwierig sind.
3〉 Interpretieren Sie Tabelle ↑ **04**.
4〉 Informieren Sie sich über geplante Maßnahmen zur unterirdischen Speicherung von Kohlenstoffdioxid und diskutieren Sie deren Eignung für den Klimaschutz.

Treibstoffverbrauch von 1 l	Masse an entstehendem CO_2 in kg
Autogas	1,8–2,0
Benzin	2,3
Diesel	2,7

03 Freisetzung von Kohlenstoffdioxid

Treibhausgas	GWP, bezogen auf 100 Jahre	Atmosphärische Verweilzeit in Jahren
CO_2	1	120
CH_4	25	9–15
N_2O	298	114
NF_3	17 200	740
SF_6	23 500	3200

04 Globales Erwärmungspotenzial (GWP, engl. *global warming potential*) einiger Gase. Es kennzeichnet die Auswirkung der einzelnen Gase auf den Treibhauseffekt, normiert auf CO_2 mit dem Wert 1.

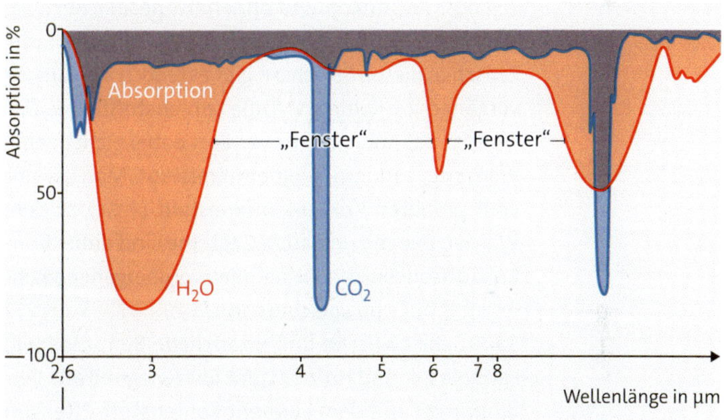

05 IR-Spektrum von Wasserdampf und Kohlenstoffdioxid

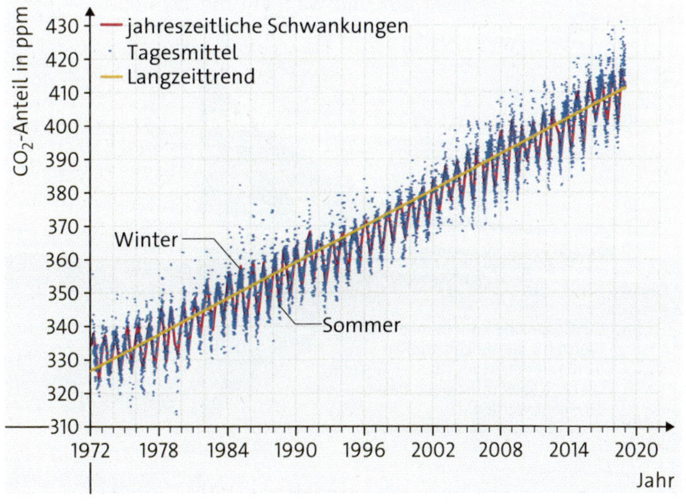

06 Anstieg des Volumenanteils an Kohlenstoffdioxid in der Atmosphäre

4.9 Globaler Kohlenstoffkreislauf

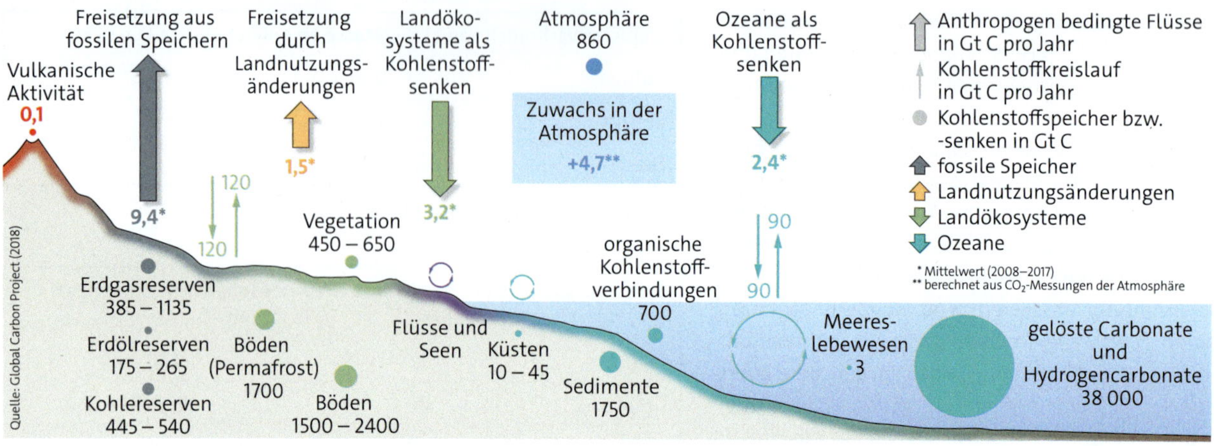

01 Globaler Kohlenstoffkreislauf. Kohlenstoffspeicher und -flüsse in Gigatonnen (1 Gt = 10^9 Tonnen) Kohlenstoff

KOHLENSTOFFFLÜSSE UND -SENKEN Der Gesamtkohlenstoffgehalt auf der Erde kann als konstant angesehen werden. In jedem Teilsystem der Erde, der Atmosphäre, der Biosphäre mit Pflanzen und Tieren, den Gewässern, den Gesteinen und Böden ist ein Teil des Gesamtkohlenstoffgehalts gespeichert. Sie bilden zusammen die *Kohlenstoffspeicher* der Erde. Zwischen diesen Speichern gibt es jedoch Austauschvorgänge von Kohlenstoff, die **Kohlenstoffflüsse**. Der Umsatz des Kohlenstoffs verläuft dabei nicht in eine Richtung, sondern in einem Kreislauf. Man spricht vom **globalen Kohlenstoffkreislauf** (↑ **01**). Böden, Wälder, Ozeane und auch Gesteine sind dabei **Kohlenstoffsenken**, d. h, sie nehmen vorübergehend Kohlenstoff auf und speichern ihn.

Sämtliche tierische und pflanzliche Biomasse wie Laubblätter und Holz besteht überwiegend aus Verbindungen mit dem Element Kohlenstoff. Pflanzen an Land und Algen im Meer nehmen ihn in Form von Kohlenstoffdioxid aus der Atmosphäre oder aus dem Wasser auf und wandeln ihn während der Fotosynthese in energiereiche Moleküle wie Zucker (Glucose) und Stärke um. Ebenso wird Kohlenstoffdioxid durch die Zellatmung oder andere Abbauprozesse wieder freigesetzt. Kohlenstoff kann dabei fest in Materie eingebunden werden oder er steigt als Kohlenstoffdioxid in die Atmosphäre auf.

Das Meer speichert wie die belebte Umwelt große Mengen Kohlenstoff (↑ **01**). Noch größere Mengen an Kohlenstoff sind in der Lithosphäre, den Gesteinen der Erde, gebunden, beispielsweise in Form von Kalk (Calciumcarbonat, $CaCO_3$). Man unterscheidet deshalb zwischen dem **geologischen Kohlenstoffkreislauf**, der sich auf die unbelebte Umwelt bezieht und zum Beispiel die Kalkbildung und den Kalkabbau umfasst und dem **biologischen Kohlenstoffkreislauf**, der die belebte Natur betrifft.

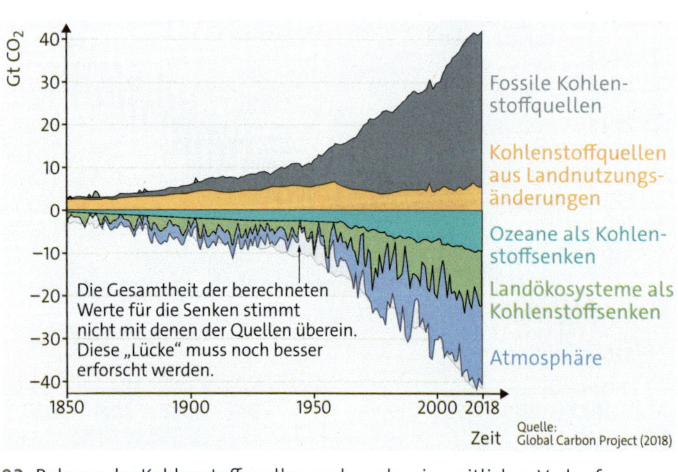

02 Balance der Kohlenstoffquellen und -senken im zeitlichen Verlauf

BEEINTRÄCHTIGUNG DURCH DEN MENSCHEN Viele Jahrtausende blieb der Anteil an Kohlenstoffdioxid in der Atmosphäre in etwa konstant. Kohlenstoffquellen und Kohlenstoffsenken waren weitgehend gleich groß. Seit Beginn der Industrialisierung steigt der Kohlenstoffdioxidanteil jedoch stetig an. Pro Jahr gelangen durch Verbrennen fossiler Energieträger ca. 9,4 Gigatonnen und durch Brandrodungen der Wälder ca. 1,5 Gigatonnen Kohlenstoff in die Atmosphäre (↑ **01**). Da diese Mengen aus der Atmosphäre nicht vollständig wieder gebunden werden, steigt der Kohlenstoffdioxidgehalt in der Atmosphäre seit Beginn der Industrialisierung an (↑ **02**).

1 〉 Beschreiben Sie die Abbildungen ↑ **01** und ↑ **02**. Gehen Sie dabei auch auf die Veränderungen der Kohlenstoffquellen und -senken ein.

2 〉 Beurteilen Sie die Aussage, dass sich der vorindustrielle Kohlenstoffkreislauf weitgehend im Gleichgewicht mit der Atmosphäre befand.

Kalkkreislauf

03 Tropfsteinhöhle

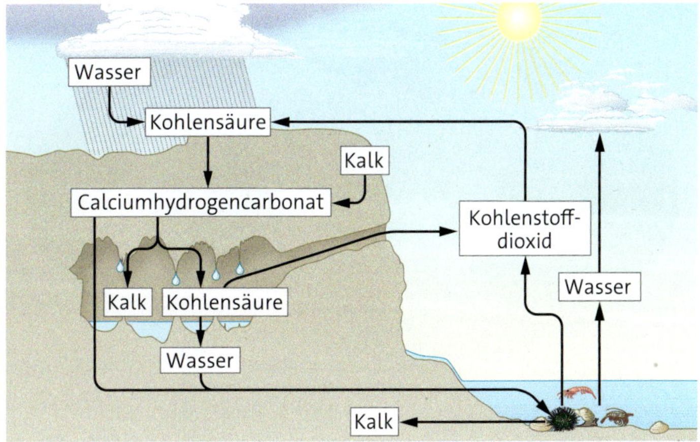

04 Natürlicher Kalkkreislauf

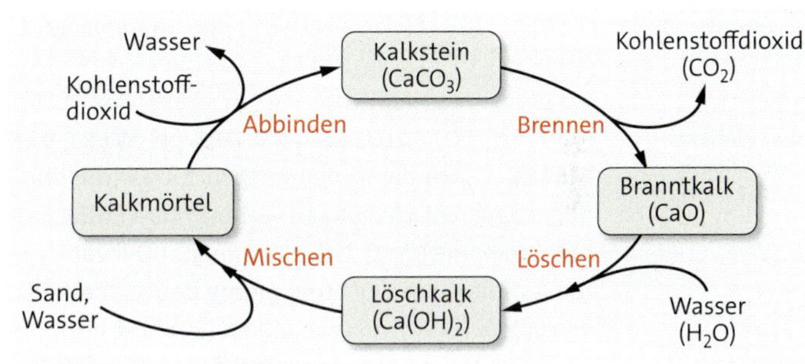

05 Technischer Kalkkreislauf

TROPFSTEINBILDUNG Tropfsteine (↑ **03**) bestehen hauptsächlich aus **Calciumcarbonat** ($CaCO_3$), einem Calciumsalz der Kohlensäure. Calciumcarbonat ist aus Calcium-Ionen (Ca^{2+}) und Carbonat-Ionen (CO_3^{2-}) aufgebaut und ist in Wasser schwer löslich. In sauren Lösungen, z. B. einer Lösung mit Kohlensäure, löst es sich dagegen sehr gut. Regenwasser enthält gelöste Kohlensäure. Kommt das Regenwasser in Kontakt mit Kalkfelsen, findet eine chemische Reaktion zwischen der gelösten Kohlensäure und dem Calciumcarbonat statt.

$$CaCO_3(s) + H_2CO_3(aq) \rightleftarrows Ca^{2+}(aq) + 2\,HCO_3^-(aq)$$

Sickert das mit Calcium-Ionen und Hydrogencarbonat-Ionen angereicherte harte Wasser in Höhlen ein, so entstehen dort Tropfsteine aus Calciumcarbonat. Das Wasser verdunstet und die gelöste Kohlensäure zerfällt. Aus den gelösten Hydrogencarbonat-Ionen bilden sich neues Calciumcarbonat und Kohlensäure.

$$Ca^{2+}(aq) + 2\,HCO_3^-(aq) \rightleftarrows CaCO_3(s) + H_2CO_3(aq)$$

Diese Vorgänge sind Teil des **natürlichen Kalkkreislaufs** (↑ **04**). Kalkaufbauende und kalkabbauende Prozesse finden prinzipiell auch im Meer statt (↑ S. 130 f.).

TECHNISCHER KALKKREISLAUF Calciumcarbonat ist auch ein nahezu unerschöpflicher Rohstoff für die Bauindustrie. Es wird in einer als Kalkbrennen bezeichneten endothermen Reaktion zu Calciumoxid (Branntkalk) und Kohlenstoffdioxid umgesetzt (↑ **05**):

$$CaCO_3(s) \longrightarrow CaO(s) + CO_2(g)$$

Mit Wasser wird Calciumoxid in einer exothermen Reaktion zu Calciumhydroxid (Löschkalk) umgewandelt:

$$CaO(s) + H_2O(l) \longrightarrow Ca(OH)_2(s)$$

Kalkmörtel, eine Mischung aus Calciumhydroxid und Sand, wird zum Verputzen verwendet. Dabei läuft durch Kontakt des Kalkmörtels mit der Luft eine weitere chemische Reaktion ab (↑ **05**).
Beim Abbinden reagiert das Calciumhydroxid mit dem Kohlenstoffdioxid der Luft, wodurch wieder Calciumcarbonat gebildet wird. Calciumcarbonat ist härter als Calciumhydroxid, dadurch erhält der Kalkmörtel nach dem Abbinden an der Luft seine mechanische Stabilität.

Kalkstein reagiert mit Säure

Störung des chemischen Gleichgewichts ↑ S. 112 f.

1 › Beschreiben Sie den natürlichen Kalkkreislauf anhand der Abbildung ↑ **04**.

2 › **a** Entscheiden Sie, ob es sich bei den einzelnen Vorgängen des natürlichen Kalkkreislaufs in ↑ **04** um chemische Reaktionen handelt.
b Formulieren Sie sämtliche Reaktionsgleichungen.

3 › Erläutern Sie die Bildung von Tropfsteinhöhlen mithilfe des chemischen Gleichgewichts.

4 › Formulieren Sie für alle Vorgänge des technischen Kalkkreislaufs die jeweilige Reaktionsgleichung (↑ **05**).

5 › Vergleichen Sie den technischen Kalkkreislauf (↑ **05**) mit dem natürlichen Kalkkreislauf (↑ **04**).

4.10 Ozeane als Kohlenstoffsenken – Versauerung der Ozeane

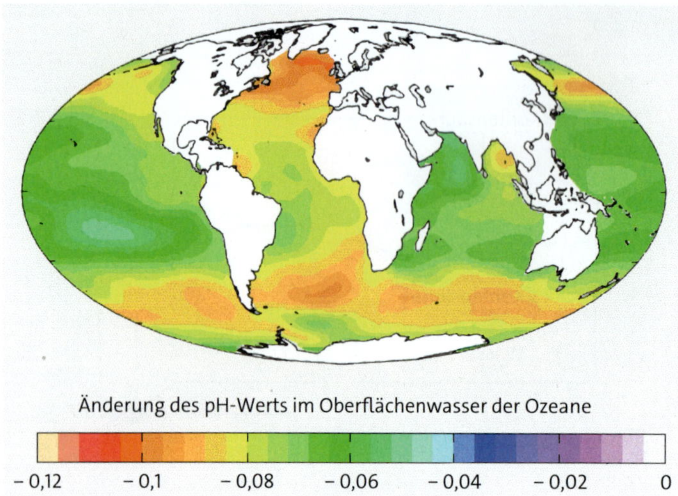

01 Verringerung des pH-Werts an der Meeresoberfläche durch anthropogenes Kohlenstoffdioxid in der Atmosphäre seit 1700

Störung des chemischen Gleichgewichts ↑ S. 112 f.

KOHLENSTOFFDIOXID UND DER pH-WERT DER MEERE Durch die in den letzten 100 Jahren stark angestiegenen Mengen an verbranntem Erdöl, Erdgas und Kohle hat sich der Volumenanteil von Kohlenstoffdioxid in der Atmosphäre deutlich erhöht: von 0,03 % (1900) auf über 0,04 % (2020), d. h., heute ist ein Drittel mehr Kohlenstoffdioxid in der Atmosphäre als zu Beginn des 20. Jahrhunderts. Eine unmittelbare Folge ist der Einfluss auf den pH-Wert der Meere: Er sinkt (↑ **01**). Vor Beginn der Industrialisierung lag der durchschnittliche pH-Wert des Meerwassers bei pH = 8,16, also im leicht alkalischen Bereich.

Bildung von Kohlensäure ↑ S. 125

Bis zum Beginn der ozeanischen Versauerung infolge der einsetzenden Industrialisierung im 18. Jahrhundert und des steigenden Kohlenstoffdioxidausstoßes blieb dieser Wert weitgehend konstant. Heute entspricht der durchschnittliche pH-Wert des Meerwassers einem pH-Wert von 8,05. Der pH-Wert ist infolge des zunehmenden Kohlenstoffdioxidgehalts der Luft um 0,11 pH-Einheiten gesunken. Das entspricht einem Anstieg der Konzentration an Oxonium-Ionen (H_3O^+) um etwa 30 %.

OZEANE ALS KOHLENSTOFFSENKEN Die Aufnahme von Kohlenstoffdioxid aus der Atmosphäre in das Oberflächenwasser findet dauerhaft statt, da Ozeane offene Systeme sind. Dabei diffundiert das gelöste Kohlenstoffdioxid kontinuierlich in das Tiefenwasser. Außerdem wird es durch die Fotosynthese von Phytoplankton und anderen Wasserpflanzen chemisch gebunden. Messungen haben gezeigt, dass der Großteil des Kohlenstoffdioxids im Mittel- und Tiefenwasser der Ozeane zu finden ist. Unter derzeitigen Bedingungen sind Ozeane **Kohlenstoffsenken** für atmosphärisches Kohlenstoffdioxid, da sie den Kohlenstoff langfristig in der Tiefsee binden können. Beispielsweise fixieren Kalk- und Kieselalgen Kohlenstoff durch Fotosynthese und Kalkbildung. Nach dem Absterben sinken sie auf den Meeresboden und gelangen so in das Sediment. Das Meer speichert insgesamt mehr Kohlenstoff als die Atmosphäre und die Pflanzen und Tiere der Landbiosphäre. Noch größere Mengen an Kohlenstoff sind allerdings in der Lithosphäre, den Gesteinen der Erde, u. a. in Kalkstein gebunden.

Ob das Wasser der Ozeane mehr Kohlenstoffdioxid aufnimmt als abgibt, hängt unter anderem vom Kohlenstoffdioxidgehalt der Luft und des Wassers sowie von der Temperatur des Meerwassers ab ↑ Exp. 4.16 und 4.17, S. 127). Durch die Zunahme des Kohlenstoffdioxids in der Atmosphäre wird das Löslichkeitsgleichgewicht von Kohlenstoffdioxid in Wasser in Richtung der Bildung von Kohlensäure verschoben. Die Versauerung der Ozeane ist wegen der geringeren Wassertemperaturen in den gemäßigten Breiten der Nord- und Südhalbkugel größer als in Äquatornähe.

Da die Ozeane einen großen Teil des anthropogen gebildeten Kohlenstoffdioxids aufnehmen können, spielen sie eine zentrale Rolle im globalen Kohlenstoffkreislauf. Pro Jahr nehmen sie gegenwärtig etwa 30 % des anthropogen gebildeten Kohlenstoffdioxids auf. Das Kohlenstoffdioxid dringt jedoch extrem langsam in das Tiefenwasser vor, weil sich die Ozeane nur sehr träge durchmischen. Die durch den Ozean bedingten Änderungen des atmosphärischen Kohlenstoffgehalts erstrecken sich deshalb über Jahrhunderte. In erdgeschichtlichen Dimensionen ist das schnell – aktuell gesehen erscheint es jedoch zu langsam, um den Klimawandel abzufangen.

Ozeane sind Kohlenstoffsenken und nehmen eine zentrale Stellung im globalen Kohlenstoffkreislauf ein.

1 Beschreiben Sie die Verringerung des pH-Werts an der Meeresoberfläche durch anthropogenes Kohlenstoffdioxid in der Atmosphäre in ↑ **01**.

2 Begründen Sie mithilfe des Prinzips von Le Chatelier, weshalb die Versauerung der Ozeane in den gemäßigten Breiten der Nord- und Südhalbkugel größer ist, als in Äquatornähe (↑ **01**).

DAS MARINE FÖRDERBAND Der Golfstrom im Atlantik ist für das gemäßigte Klima in Europa verantwortlich (↑ **02**). Er befördert warmes Wasser aus Äquatornähe in Richtung des Nordpols, wobei Wärme an die Umgebung abgegeben wird. Im Nordatlantik sinkt die Wassertemperatur stark ab. Durch die Abkühlung des Wassers kann sich mehr Kohlenstoffdioxid im Wasser lösen, das kalte Wasser enthält daher einen großen Anteil an gelöstem Kohlenstoffdioxid (↑ Exp.4.17, S.127).

Ein weiterer Effekt der Abkühlung ist die zunehmende Dichte des Wassers, was dazu führt, dass das kalte Wasser im Nordatlantik in die Tiefe sinkt. Es handelt sich um das riesige Volumen von etwa 17 Millionen Kubikmeter Wasser pro Sekunde – das ist etwa 20-mal so hoch wie das gesamte Wasservolumen aller Flüsse der Erde. Durch die Zunahme des Drucks in der Tiefe des Ozeans bleibt das gelöste Kohlenstoffdioxid im Wasser gespeichert.

Es wird infolge der langsam fließenden, kalten Tiefenströmung in entgegengesetzter Richtung des Golfstroms transportiert. Im Indischen Ozean und im Pazifik steigt das Wasser wieder an die Oberfläche, wenn es auf die Kontinente trifft. Da die Tiefenströmung ca. 100 Meter pro Tag beträgt, gelangt das im Nordatlantik gespeicherte Kohlenstoffdioxid nach ungefähr 1000 Jahren wieder in flacheres Wasser. Dadurch verschiebt sich das Löslichkeitsgleichgewicht und das Kohlenstoffdioxid wird wieder in die Atmosphäre freigesetzt.

SCHÄDIGUNG VON MEERESLEBEWESEN Eine der Folgen der Versauerung für das Ökosystem Meer ist die Schädigung der Korallen und anderer Meereslebewesen, deren Gehäuse aus schwerlöslichem Calciumcarbonat $CaCO_3$ bestehen. Bei der Schädigung der Kalkgehäuse spielen mehrere Gleichgewichtsreaktionen eine Rolle, von denen die beiden ersten bereits bekannt sind (↑ S. 125). Meerwasser enthält durch Kontakt zur Luft gelöstes Kohlenstoffdioxid (1). Es reagiert mit Wasser zu Kohlensäure (2):

$$CO_2(g) \rightleftarrows CO_2(aq) \quad (1)$$
$$CO_2(aq) + H_2O(l) \rightleftarrows H_2CO_3(aq) \quad (2)$$

Für die Gleichgewichtslage müssen auch die Gleichgewichte (3) und (4) berücksichtigt werden, bei denen die Kohlensäure mit Wasser weiterreagiert:

$$H_2CO_3(aq) + H_2O(l) \rightleftarrows HCO_3^-(aq) + H_3O^+(aq) \quad (3)$$
$$HCO_3^-(aq) + H_2O(l) \rightleftarrows CO_3^{2-}(aq) + H_3O^+(aq) \quad (4)$$

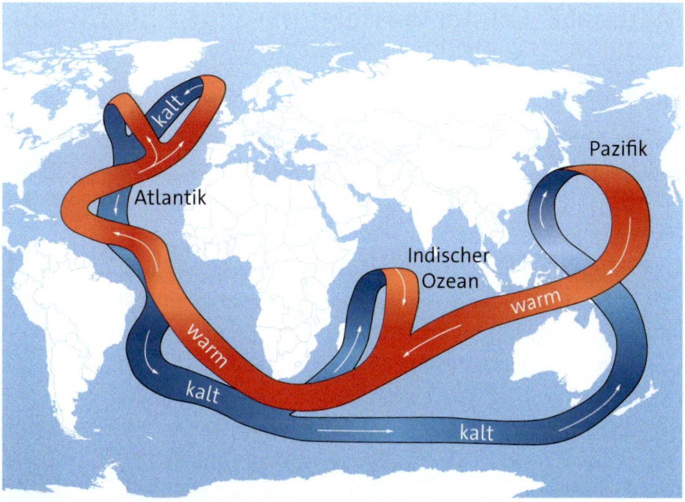

02 Oberflächen- und Tiefenwasserströmungen des globalen marinen Förderbands

03 Die aus Calciumcarbonat bestehenden Skelette der Steinkoralle lösen sich bei niedrigem pH-Wert auf.

Animation des Golfstroms

Durch die an der Reaktion beteiligten Oxonium-Ionen ist die Gleichgewichtslage pH-abhängig. Das heißt, durch den Anstieg von Oxonium-Ionen infolge der Ozeanversauerung wird das Gleichgewicht (5) auf die rechte Seite verschoben:

$$CaCO_3(s) + H_3O^+ \rightleftarrows Ca^{2+}(aq) + HCO_3^-(aq) + H_2O \quad (5)$$

So wird deutlich, dass sich die Kalkskelette der Korallen und anderer Meereslebewesen im saurer werdenden Wasser auflösen können. Zusätzlich sinkt die Konzentration der Carbonat-Ionen im Meerwasser, was sich wiederum auf die Bildung der Kalkskelette negativ auswirkt.

Kalkkreislauf ↑ S. 131

1) Erläutern Sie den Einfluss des globalen maritimen Förderbandes auf die Rolle des Ozeans als Kohlenstoffsenke.

2) Erklären Sie mithilfe der Gleichgewichte (1) bis (5), weshalb eine Versauerung des Ozeans zur Schädigung von Korallen und Meeresbewohnern führt, deren Gehäuse aus Kalk besteht.

Klausurtraining

Material E Grüner Wasserstoff – eine Hilfe für kalkbildende Muscheln?

E1 Informationen zu grünem Wasserstoff

Um die globale Erwärmung auf maximal 1,5 °C zu begrenzen, will Deutschland bis zum Jahr 2050 weitestgehend klimaneutral werden. Gelingen kann das nur mithilfe erneuerbarer Energien. Das heißt: Sonnenenergie, Wind- und Wasserkraft müssen fossile Rohstoffe ablösen. Dazu wird aus diesen Quellen erneuerbarer Strom gewonnen. Strom allein kann allerdings Erdgas, Öl und Benzin nicht vollständig ersetzen. Vor allem in der Industrie und im Verkehr braucht es Alternativen. Eine davon ist Wasserstoff. Wasserstoff kann mit Elektrolyse aus Wasser hergestellt werden. Wenn bei der Elektrolyse ausschließlich Strom aus erneuerbaren Quellen zum Einsatz kommt, wird das eigentlich farblose Gas als „grüner Wasserstoff" bezeichnet, denn die Produktion erfolgt CO_2-frei (↑ E1.1).

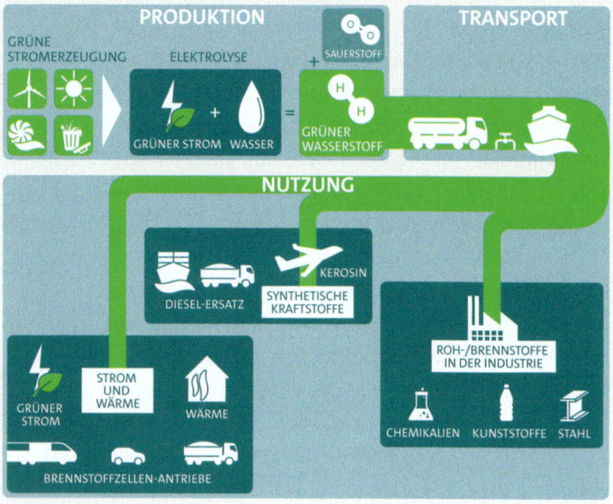

E1.1 Produktion, Transport und Nutzung von grünem Wasserstoff

E2 Die Rolle von Muschelschalen als CO_2-Senke

Muscheln und ihre Schalen aus Kalk spielen eine bedeutende Rolle bei der Funktion von Ozeanen als Kohlenstoffsenke. Muschelschalen bestehen aus Calciumcarbonat ($CaCO_3$). Sie werden vom Mantel, einer Hautfalte der Muschel, gebildet. Für die Bildung der Muschelschalen nehmen Muscheln Calcium-Ionen (Ca^{2+}) direkt aus dem Meerwasser auf und transportieren sie über spezielle Proteine zur Schale. Dort reagieren sie mit Carbonat-Ionen (CO_3^{2-}) aus dem Meerwasser zu Calciumcarbonat – die Muschelschale wächst.
Kalksteine und Kreidefelsen sind z. B. aus den fossilen Überresten von Kalkschalen abgestorbener Muscheln gebildet worden. Da sich Calciumcarbonat im leicht alkalischen Meerwasser nicht löst, bieten Kalkschalen den Muscheln einen guten Schutz. Die Bildung der Muschelschalen ist im Oberflächenwasser, in dem die Muscheln leben, unproblematisch, da das Wasser genügend Calcium-Ionen und Carbonat-Ionen enthält. Die Carbonat-Ionen bilden sich hier durch den schrittweisen Zerfall von Kohlensäure (H_2CO_3).

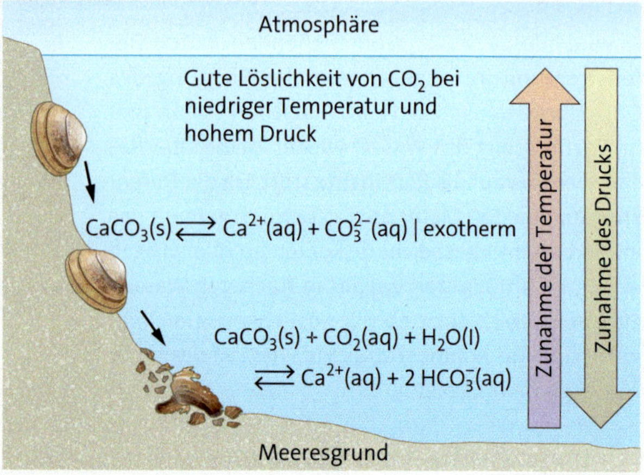

E2.1 Chemische Reaktionen im Meerwasser am Beispiel von Muschelschalen

E3 Abbau von Muschelschalen am Ozeanboden

Am Ozeanboden herrschen im Tiefenwasser völlig andere Bedingungen als im Oberflächenwasser. Die Schalen von abgestorbenen Muscheln sinken zu Boden. Muschelschalen findet man jedoch nur in Küstennähe und niemals auf dem Boden der tiefen Ozeane, wo sich die Kalkschalen gelöst haben. Dort weist das Wasser infolge von biologischen Abbauprozessen eine besonders hohe Konzentration an gelöstem Kohlenstoffdioxid $CO_2(aq)$ auf (↑ E2.1). Kalksteine und Kreidefelsen können sich daher nicht im tiefen Ozean gebildet haben. Sie müssen entstanden sein, als sich die heutigen Landmassen vor Urzeiten unter flachem Meereswasser befunden haben.

AUFGABEN ZU E

1 › Beschreiben Sie die Produktion, den Transport und die Nutzung von grünem Wasserstoff (↑ E1).

2 › **a** Erläutern Sie unter Bezug auf die Löslichkeitsgleichgewichte von Kohlensäure in Wasser, warum sich Muschelschalen in dem leicht alkalischen, oberflächennahen Meerwasser nicht lösen (↑ E2).
b Begründen Sie, warum die Versauerung der Meere die Schalenbildung bei Muscheln erschwert.

3 › Begründen Sie mithilfe des Prinzips von Le Chatelier, weshalb am Boden des Ozeans keine Muschelschalen zu finden sind (↑ E3).

4 › Beurteilen Sie, ob die Nutzung von grünem Wasserstoff sich langfristig positiv auf kalkbildende Muscheln auswirkt (↑ E1).

Material F Methanhydrate – gefährliche Energieträger

F1 Vorkommen und Förderung von Methanhydrat

Bis 1971 hatte noch niemand von Methanhydraten gehört. Heute gelten sie als größte bekannte noch ungenutzte fossile Energiereserve der Welt. Methanhydrate sind weiße, feste, eisähnliche Verbindungen, die aus Methan und Wasser bestehen. Die Methanmoleküle sind dabei in kleinen „Käfigen" eingelagert, die aus Wassermolekülen aufgebaut sind (↑ F1.1). Diese als Clathrate bezeichneten Einlagerungsverbindungen sind nur unter hohem Druck von mehr als 35 bar und niedrigen Temperaturen stabil (↑ F1.2). Solche idealen Bedingungen sind vorwiegend an den Kontinentalrändern der Ozeane gegeben. Ein Liter Methanhydrat kann etwa 168 Liter Methan freisetzen. Man schätzt die weltweiten Vorkommen an Methanhydraten auf mehr als 10^{13} Tonnen. Darin wäre mehr Kohlenstoff gebunden als in allen Vorräten anderer fossiler Brennstoffe der Erde.

Von Methanhydraten geht aber auch eine große Gefahr aus. Wenn sich das Wasser der Ozeane auch in der Tiefe erwärmt, würden die Methanhydrate schlagartig zerfallen. Dabei würde massenhaft Methangas (CH_4) freigesetzt, das ein viel wirksameres Treibhausgas als Kohlenstoffdioxid (CO_2) ist. Aufgrund des zunehmenden Energiebedarfs und steigender Erdölpreise wird die Förderung von Methanhydraten trotz der damit verbundenen Risiken zunehmend interessant.

Das Geomar-Institut in Kiel entwickelt mit dem Projekt „Sugar" ein besonders innovatives Verfahren zum Abbau (↑ F1.3). Danach soll Methan aus dem „Hydratkäfig" gegen Kohlenstoffdioxid ausgetauscht werden. Gelänge dies, würden zwei positive Effekte auf einmal erreicht: Man würde energiereiches Methan gewinnen und klimaschädliches Kohlenstoffdioxid sicher speichern. Diese CO_2-Lagerung ist zudem viel sinnvoller als die Speicherung an Land, denn Kohlenstoffdioxidhydrate sind vielfach stabiler als Methanhydrate. Eine Erwärmung am Meeresboden kann ihnen nichts anhaben.

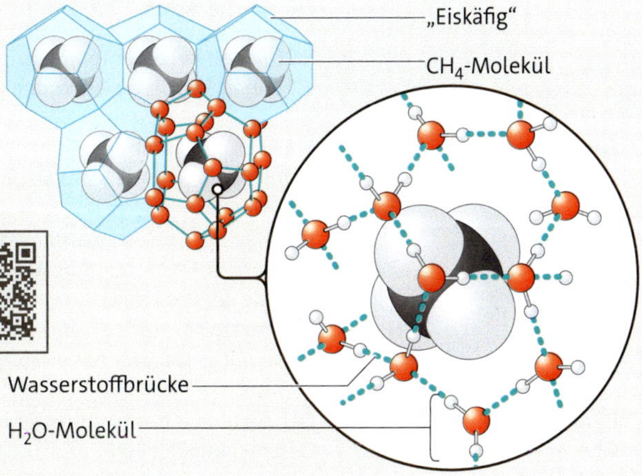

F1.1 Bau von Methanhydraten

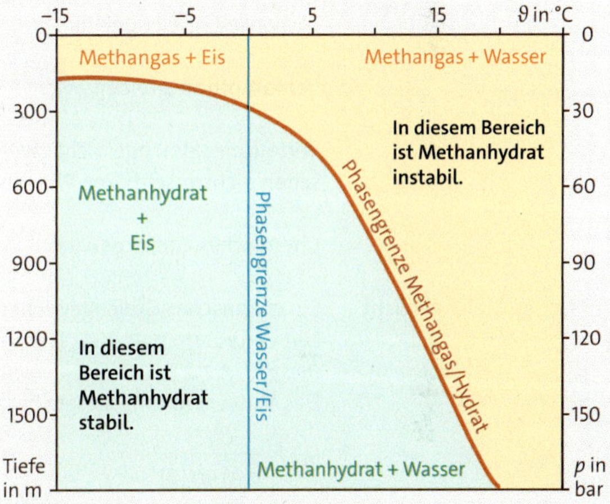

F1.2 Stabilität von Methanhydraten

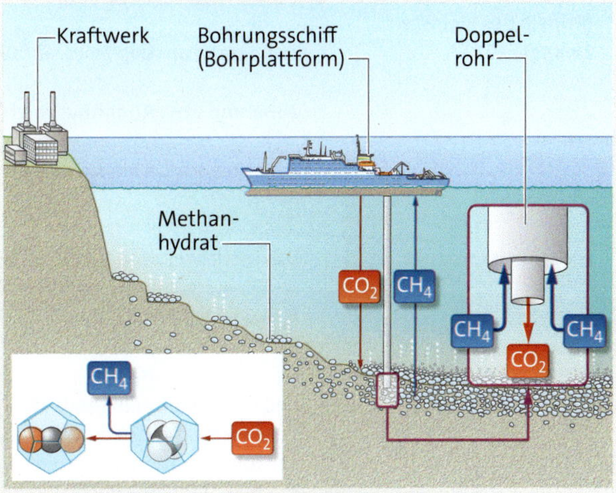

F1.3 Innovative Förderung von Methanhydrat

AUFGABEN ZU F

1) Beschreiben Sie den Bau von Methanhydraten anhand von ↑ F1.1.
2) Diskutieren Sie anhand von ↑ F1.2 die grundsätzlichen Gefahren bei der Förderung von Methanhydraten aus der Tiefsee.
3) Begründen Sie anhand von ↑ F1.2, weshalb es durch die Klimaveränderung zu einer Freisetzung des Methanhydrats kommt und warum man in diesem Zusammenhang von einem sich selbst verstärkenden Prozess spricht.
4) Erläutern und bewerten Sie anhand von ↑ F1.3 die innovative Förderung von Methanhydrat.

Auf einen Blick

Reaktionsgeschwindigkeit

Die Reaktionsgeschwindigkeit v kann über die Änderung der Konzentration der Reaktionsteilnehmer über ein bestimmtes Zeitintervall gemessen werden.

Für eine Reaktion $2\,A \longrightarrow B$ gilt: $v = \frac{1}{2}\frac{|\Delta c(A)|}{\Delta t} = \frac{|\Delta c(B)|}{\Delta t}$

RGT-Regel: Bei einer Temperaturerhöhung um 10 K verdoppelt bis vervierfacht sich die Geschwindigkeit vieler Reaktionen.

Energiediagramm

Ein Energiediagramm gibt die Energie zwischen den reaktiven Teilchen im Verlauf der Reaktion wieder.
Die Maxima heißen Übergangszustände. Mit ihrer Energie steigt die Aktivierungsenergie der Reaktion.
Katalysatoren eröffnen einer Reaktion neue Wege mit geringerer Aktivierungsenergie.

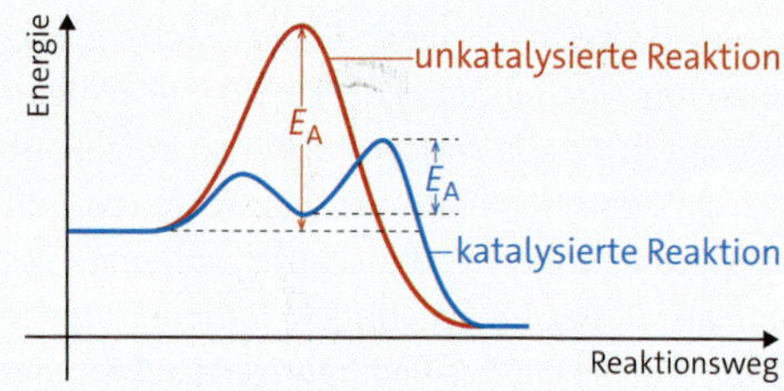

Dynamisches Gleichgewicht

Der Zustand eines Systems verändert sich nicht, wenn Vorgang und Umkehrvorgang mit gleicher Geschwindigkeit verlaufen: Die Vorgänge verlaufen unvollständig, und bei gegebener Temperatur wird der gleiche Zustand von beiden Seiten aus erreicht.

Gleichgewicht	Vorgang	Umkehrvorgang
Löslichkeitsgleichgewicht	Lösen	Kristallisation
Verdampfungsgleichgewicht	Verdampfen	Kondensation
Verteilungsgleichgewicht zwischen nichtmischbaren Phasen	Übergang von Phase 1 in Phase 2	Übergang von Phase 2 in Phase 1
Chemisches Gleichgewicht	Hinreaktion	Rückreaktion

Chemisches Gleichgewicht

Ein chemisches Gleichgewicht liegt vor, wenn Hin- und Rückreaktion mit gleicher Geschwindigkeit verlaufen: $v_{Hin} = v_{Rück}$. Es wird durch einen Gleichgewichtspfeil $\rightleftarrows$ gekennzeichnet.
Beispiel: $A + 2\,B \rightleftarrows 2\,C$
Das **Massenwirkungsgesetz** besagt, dass der Konzentrationsquotient im Gleichgewicht konstant ist:

$$K_C = \frac{c^2(C)}{c(A) \cdot c^2(B)}$$

Die **Gleichgewichtskonstante** K_C hängt von der Temperatur ab.

Prinzip von Le Chatelier (Prinzip des kleinsten Zwangs)

Ein Gleichgewicht kann von Temperatur, Stoffmengenkonzentration und Druck beeinflusst werden.

Temperaturanstieg bzw. -abfall	begünstigt endotherme bzw. exotherme Reaktion
Zunahme bzw. Abnahme von c(A)	begünstigt Verbrauch bzw. Bildung von A
Zunahme bzw. Abnahme des Drucks	begünstigt Abnahme bzw. Zunahme der Teilchenanzahl in der Gasphase

Löslichkeitsprodukt

Das Löslichkeitsprodukt K_L eines Salzes A_nX_m ist ein Maß für seine Löslichkeit.
$K_L(AX) = c(A^+) \cdot c(X^-)$ *Beispiel:* $K_L(AgCl) = c(Ag^+) \cdot c(Cl^-)$
$K_L(AX_2) = c(A^{2+}) \cdot c^2(X^-)$ *Beispiel:* $K_L(CaF_2) = c(Ca^{2+}) \cdot c^2(F^-)$

Fällungsreaktionen

So nennt man chemische Reaktionen, bei denen die Edukte im Lösungsmittel gelöst vorliegen und mindestens ein Produkt in diesem Lösungsmittel un- oder schwerlöslich ist. Das schwerlösliche Produkt fällt aus, die Ausfällung wird allgemein Niederschlag genannt. Ist die Stoffmengenkonzentration der Ionen bei einem Löslichkeitsgleichgewicht genau gleich dem Löslichkeitsprodukt, liegt eine gesättigte Lösung vor. Wird die Konzentration mindestens eines Ions überschritten, kommt es zu einer Fällungsreaktion.

Haber-Bosch-Verfahren

Verbindungen, die Nitrat-Ionen enthalten, sind wichtig für die Produktion von Düngemitteln und Sprengstoffen. Zu ihrer industriellen Herstellung ist **Ammoniak** notwendig, der großtechnisch im Haber-Bosch-Verfahren aus den Elementen hergestellt wird:

$N_2(g) + 3\,H_2(g) \rightleftarrows 2\,NH_3(g) \quad \Delta_r H^0 = -92\ kJ \cdot mol^{-1}$

Durch einen geeigneten Katalysator gelingt es, Ammoniak in guter Ausbeute bei einer Temperatur von 450 °C und einem Druck von 30 MPa (300 bar) zu synthetisieren.

Oxide des Kohlenstoffs

Kohlenstoffmonooxid CO und **Kohlenstoffdioxid** CO_2 entstehen bei der Verbrennung von Kohlenstoff. Kohlenstoffdioxid ist gut in Wasser löslich.

Kohlensäure

anorganische Säure mit der chemischen Formel H_2CO_3. Sie ist das Reaktionsprodukt von Kohlenstoffdioxid und Wasser. Die Reaktion ist von Druck und Temperatur abhängig. Gelöstes Kohlenstoffdioxid steht dabei in wässriger Lösung im Gleichgewicht mit gelöster Kohlensäure:

$CO_2(aq) + H_2O(l) \rightleftarrows H_2CO_3(aq)$

Das Kohlensäuremolekül reagiert gegenüber dem Wassermolekül als Säure:

$H_2CO_3(aq) + H_2O(l) \rightleftarrows HCO_3^-(aq) + H_3O+(aq)$

$HCO_3^-(aq) + H_2O(l) \rightleftarrows CO_3^{2-}(aq) + H_3O+(aq)$

Carbonate und Hydrogencarbonate

Salze der Kohlensäure. Carbonat-Ion: CO_3^{2-}, Hydrogencarbonat-Ion: HCO_3^-

Einige dieser Salze können thermisch sowie durch Einwirkung von Säurelösungen zersetzt werden, z. B. Calciumcarbonat $CaCO_3^{2-}$. Dabei entsteht Kohlenstoffdioxid.

Globaler Kohlenstoffkreislauf

Im globalen Kohlenstoffkreislauf gibt es vier unterschiedlich große Speicher: die Atmosphäre, die Biosphäre (Pflanzen, Tiere und Böden), die Lithosphäre (Gesteine, fossile Brennstoffe) und die Hydrosphäre (vorwiegend Ozeane). Zwischen diesen Speichern kann durch unterschiedliche Prozesse ein Kohlenstoffaustausch stattfinden. Diese vier Speicher können sowohl **Kohlenstoffsenken** als auch **Kohlenstoffquellen** darstellen.

Treibhauseffekt

Erwärmung der Erdoberfläche durch Absorption von Infrarot-Strahlung (IR-Strahlung) durch Treibhausgase wie Kohlenstoffdioxid und Methan. Der durch menschliches Handeln bewirkte Anteil am Treibhauseffekt wird **anthropogener Treibhauseffekt** genannt.

Natürlicher Kalkkreislauf

Der hauptsächlich aus Kalk (Calciumcarbonat, $CaCO_3^{2-}$) bestehende Kalkstein wird durch kohlensäurehaltiges Regenwasser zu löslichem Hydrogencarbonat zersetzt. Beim Verdunsten des Wassers wird festes Calciumcarbonat zurückgebildet.

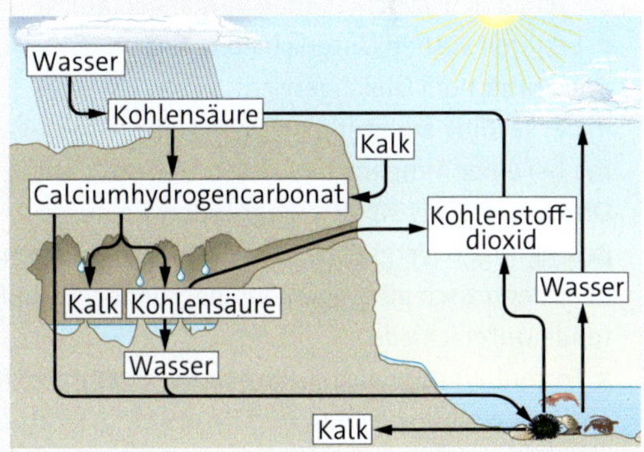

Technischer Kalkkreislauf

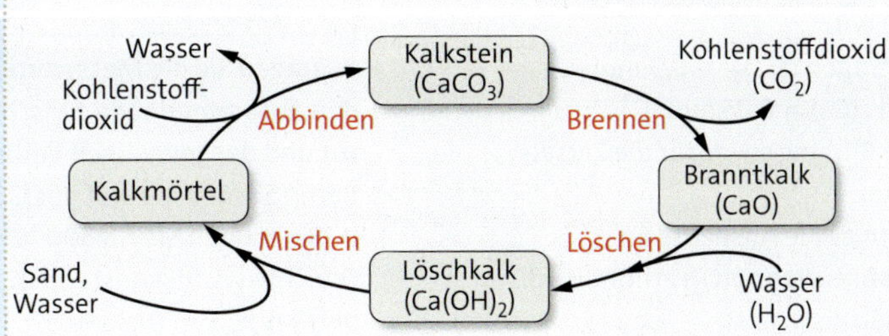

Übungsaufgaben

1› Ethanol (C_2H_5OH) wird im menschlichen Körper in Folgeprodukte umgewandelt. Eine Faustregel sagt, dass der Massenanteil an Ethanol im Blut dabei um 0,14 ‰ pro Stunde abnimmt.

a Berechnen Sie die Stoffmengenkonzentration von Ethanol im Blut, wenn sein Massenanteil *w*(Ethanol) 1,0 ‰ beträgt. *Hinweis:* Dichte(Blut) = 1,06 $kg \cdot l^{-1}$

b Berechnen Sie die Abbaugeschwindigkeit von Ethanol im Blut in der Einheit $mol \cdot l^{-1} \cdot h^{-1}$.

c Berechnen Sie mit dem Ergebnis aus Aufgabenteil **b** näherungsweise die Zeit, in der im menschlichen Körper mit V(Blut) = 5 l so viele Ethanolmoleküle umgewandelt werden, wie es Menschen gibt (7 Mrd.).

2› Die Zersetzung von Wasserstoffperoxid in Lösung verläuft nach folgender Reaktionsgleichung:

$2\,H_2O_2(aq) \longrightarrow 2\,H_2O(l) + O_2(g)$

a Nennen Sie zwei Möglichkeiten, eine chemische Reaktion in Lösung zu beschleunigen.

b Die Konzentration $c(H_2O_2)$ sinkt in 10 min von 0,1 $mol \cdot l^{-1}$ auf 0,01 $mol \cdot l^{-1}$. Berechnen Sie die mittlere Reaktionsgeschwindigkeit mit der Einheit $mol \cdot l^{-1} \cdot s^{-1}$.

c Ermitteln Sie die Reaktionsgeschwindigkeit, wenn die Temperatur um 30 K erhöht wird.

3› **a** Skizzieren Sie ein Energiediagramm einer exothermen Reaktion. Stellen Sie die Wirkung eines Katalysators in diesem Energiediagramm dar.

b Erklären Sie anhand des Energiediagramms die Modellvorstellung zur Wirkungsweise eines Katalysators.

4› **a** Nennen Sie Beispiele für Vorgänge, bei denen sich ein dynamisches Gleichgewicht einstellt.

b Zählen Sie Gemeinsamkeiten und Unterschiede zwischen den verschiedenen Vorgängen auf.

c Erklären Sie den Unterschied zwischen dynamischem und statischem Gleichgewicht.

5› In der Technik arbeitet man beim Haber-Bosch-Verfahren bei einer Temperatur von 450 bis 500 °C und einem Druck von 20 bis 30 MPa. Begründen Sie die gewählten Bedingungen. Vergleichen Sie diese Bedingungen mit den theoretisch günstigen und begründen Sie auftretende Unterschiede.

6› **a** Formulieren Sie die Bildung von Schwefeltrioxid (SO_3) aus Schwefeldioxid (SO_2) und Sauerstoff (O_2) als Gleichgewichtsreaktion und stellen Sie das zugehörige Massenwirkungsgesetz (MWG) auf.

b Im Gleichgewicht betragen $c(SO_3) = 0{,}9\ mol \cdot l^{-1}$, $c(SO_2) = 0{,}1\ mol \cdot l^{-1}$ und $c(O_2) = 0{,}05\ mol \cdot l^{-1}$. Berechnen Sie K_C für die Bildung sowie für die Zersetzung von Schwefeltrioxid.

c Begründen Sie, warum es die Ausbeute an Schwefeltrioxid begünstigt, wenn $c(O_2)$ erhöht wird. Berechnen Sie das Verhältnis

$\frac{c(SO_3)}{c(SO_2)}$ für $c(O_2) = 0{,}80\ mol \cdot l^{-1}$.

7› Die Funktion eines Taschenwärmers basiert auf folgendem Gleichgewicht:

Salz(fest) $\rightleftarrows$ Salz(gelöst)

Die Kristallisation des Salzes aus der Lösung muss dabei ein exothermer Vorgang sein.

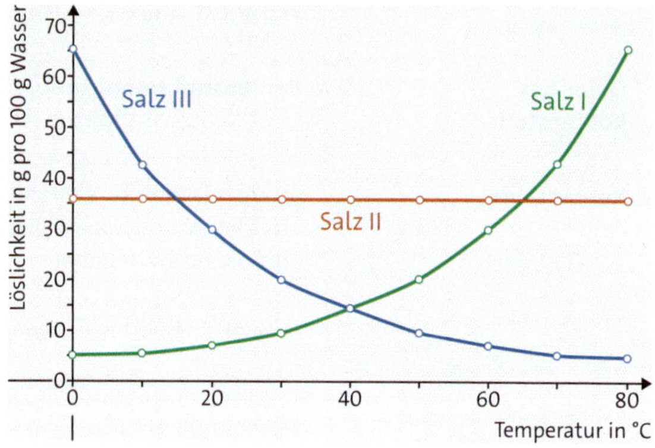

a Begründen Sie anhand der Löslichkeits-Temperatur-Kurven, welches Salz sich exotherm, endotherm bzw. ohne Wärmetönung löst.

b Erläutern Sie, welches der Salze sich für einen Taschenwärmer eignen könnte.

8› Erläutern Sie, wie sich Temperatur- bzw. Druckänderung auf die folgenden Gleichgewichtsreaktionen des Stickstoffs auswirken:

a $N_2(g) + O_2(g) \rightleftarrows 2\,NO(g)$ $\quad \Delta H > 0$ (endotherm)

b $N_2(g) + 3\,H_2(g) \rightleftarrows 2\,NH_3(g)$ $\quad \Delta H < 0$ (exotherm)

9› Bei der Umsetzung von Kohlenstoffdioxid mit glühendem Kohlenstoff zu Kohlenstoffmonooxid stellt sich das „Boudouard-Gleichgewicht“ ein. Diese Reaktion wird bei der Erzeugung von Generatorgas angewandt.

Temperatur in °C	Volumenanteil CO in %	Volumenanteil CO_2 in %
400	1	99
500	5	95
600	23	77
700	58	42
800	90	10
900	97	3
1000	99	1

a Tragen Sie die Messwerte in ein Diagramm ein, das den Zusammenhang zwischen der Reaktionstemperatur und den jeweiligen Volumenanteilen zeigt. Interpretieren Sie den Verlauf des Grafen.

b Berechnen Sie für 500 °C und 900 °C jeweils die Gleichgewichtskonstante K_p. Der Gesamtdruck dabei beträgt $p_{ges.} = 101{,}3$ kPa.

c Bei der technischen Eisengewinnung aus Eisenerzen im Hochofen werden häufig Kohlenstoff und Kohlenstoffmonooxid als Reduktionsmittel für Eisen(III)-oxid verwendet. Begründen Sie, dass Eisenoxide bei Temperaturen > 800 °C hauptsächlich durch Kohlenstoffmonooxid reduziert werden.

10 › **a** Eine Mitschülerin behauptet, Kalkablagerungen könnten durch Sprudelwasser entfernt werden. Erläutern Sie ihre Behauptung mithilfe geeigneter Gleichgewichtsreaktionen.
b Wenden Sie dieses Beispiel auf einen Vorgang in der Natur an.

11 › **a** Begründen Sie qualitativ, warum der pH-Wert der Oberflächengewässer sinkt, wenn $c(CO_2, aq)$ steigt.
b Begründen Sie, warum die Löslichkeit von Kohlenstoffdioxid in Wasser mit steigender Temperatur abnimmt.

12 › **a** Beschreiben Sie die Einflüsse des Menschen auf den globalen Kohlenstoffkreislauf.
b Geben Sie Senken an, die diese Einflüsse abmildern.

13 › **a** Beschreiben Sie die Ursachen und Folgen des natürlichen und des anthropogen erzeugten Treibhauseffekts.
b Erläutern Sie, warum man beim Gewächshaus von einem Modell für den Treibhauseffekt sprechen kann. Fertigen Sie hierzu eine Tabelle an, in der die Bestandteile des Gewächshauses den Aspekten des natürlichen Treibhauseffekts zugeordnet werden.
c Die Vernichtung tropischer Wälder durch Brandrodung verstärkt den Treibhauseffekt in doppelter Hinsicht. Begründen Sie diese Aussage.
d Beurteilen Sie die Aussage, dass Treibhausgase schädlich sind.
e Nehmen Sie Stellung zum Ziel des Pariser Klimaschutzabkommens, den Anstieg der globalen Durchschnittstemperatur auf unter 2 °C zu begrenzen.

14 › **a** Erläutern Sie unter Zuhilfenahme von Reaktionsgleichungen, wie es zum Absinkung des pH-Werts der Ozeane kommt.
b Erklären Sie, weshalb der Eintrag von Kohlenstoffdioxid in die Ozeane eine Gefahr für Muscheln und Kalkriffe darstellt.
c Begründen Sie, ob der Anstieg der Durchschnittstemperatur der Ozeane durch die globale Erderwärmung das Absinken des pH-Werts im Ozeanwasser weiter verstärkt.

Mithilfe dieses Kapitels können Sie:	Aufgabe	Hilfe finden Sie auf Seite
• aus Konzentrations-Zeit-Daten die mittlere Geschwindigkeit einer chemischen Reaktion berechnen	*1,2*	*96-97*
• den Einfluss eines Katalysators auf die Aktivierungsenergie beschreiben	*3*	*100*
• den Einfluss der Temperatur auf die Reaktionsgeschwindigkeit berechnen	*2*	*99*
• Kennzeichen eines dynamischen Gleichgewichts erläutern und verschiedene Vorgänge damit erklären	*4*	*105-107*
• das Massenwirkungsgesetz einer Reaktion aufstellen und damit Gleichgewichtskonstanten und -konzentrationen berechnen	*6*	*108-109*
• mit dem Prinzip von Le Chatelier den Einfluss von Temperatur, Druck und Konzentration auf die Lage eines Gleichgewichts beschreiben	*5,7,8,9*	*112-113*
• Gleichgewichtsreaktionen zur Bildung der Kohlensäure sowie ihrer Reaktionen mit Calciumcarbonat formulieren und mit diesen argumentieren	*10,11*	*125, 133*
• das Problem des Verbleibs und des Einflusses anthropogen erzeugten Kohlenstoffdioxids exemplarisch unter Einbezug von Gleichgewichtsreaktionen erläutern	*14*	*128, 130-131*
• die Beeinflussung natürlicher Stoffkreisläufe erläutern	*12,13*	*130*

So verschiedenfarbig Mohn- und Kornblume sind, die Farbstoffmoleküle ihrer Blüten sind sehr ähnlich und durch Säure-Base-Reaktionen ineinander umwandelbar. Säure-Base-Gleichgewichte spielen in nahezu allen biochemischen Systemen eine wichtige Rolle. So sind beispielsweise optimale Geschwindigkeiten enzymatisch katalysierter Reaktionen nur in einem schmalen pH-Wert-Bereich möglich, der durch entsprechende pH-Puffersysteme stabilisiert wird.

Säure-Base-Reaktionen 5

Protonenübergänge im chemischen Gleichgewicht

Wasser als Säure und Base

- Reaktionen mit Protonenübergang
- Autoprotolyse und Ionenprodukt des Wassers
- pH- und pOH-Wert

Stärke von Säuren und Basen

- Säure-Base-Reaktionen
- Korrespondierende Säure-Base-Paare
- Säure- und Basenkonstanten
- Protochemische Reihe

pH-Puffersysteme

- Konstanter pH-Wert in Lösungen schwacher Säuren und Basen
- Abfangreaktionen
- Puffergleichung
- Puffer in der Biochemie

Titration und Indikatoren

- Säure-Base-Titration
- Titrationskurven
- pH-Indikatoren als schwache Säuren und Basen

01 Ob Rot oder Blau – die Farben von Mohn- und Kornblumen sind eine Frage des pH-Werts.

5.1 Entwicklung des Säure-Base-Begriffs

01 Ameisen versprühen Ameisensäure.

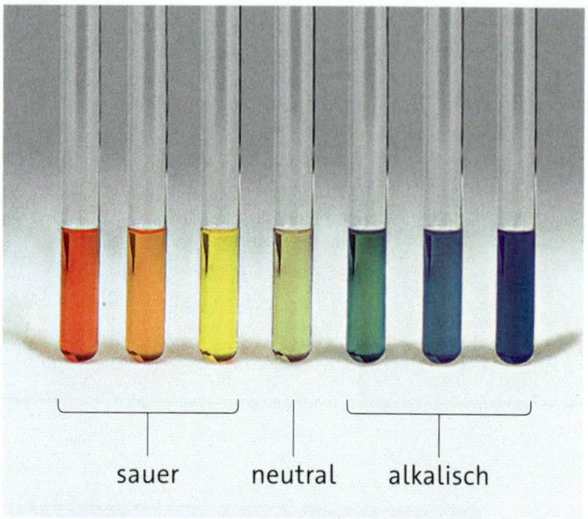

02 Saure, neutrale und alkalische Lösungen mit Universalindikator

Säuren findet man nicht nur im Chemielabor. Ameisensäure (HCOOH) und viele andere Säuren sind Naturprodukte.

Beispiele für Säuren, die Sauerstoff enthalten:
Salpetersäure – HNO_3
Schwefelsäure – H_2SO_4

SÄUREN UND SAUERSTOFF Auf den französischen Chemiker ANTOINE-LAURENT DE LAVOISIER (1743–1794) geht die Bezeichnung **oxygène** für das Element Sauerstoff zurück (griech. *oxys:* sauer, *genes:* Erschaffung). LAVOISIER vertrat die Auffassung, dass chemisch gebundener Sauerstoff für die charakteristischen Eigenschaften saurer Lösungen verantwortlich ist. Tatsächlich sind viele als „Säure" bezeichneten Stoffe Sauerstoffverbindungen.

DAVYS DEFINITION DER SÄURE Der englische Chemiker HUMPHREY DAVY (1778–1829) entdeckte, dass Chlor ein chemisches Element ist. Chlorwasserstoff (HCl), das eine saure wässrige Lösung ergibt („Salzsäure"), enthält keinen chemisch gebundenen Sauerstoff. DAVY bezeichnete Säuren als Stoffe, die chemisch gebundenen Wasserstoff enthalten, der durch Metalle ersetzt werden kann.

$$2\,HCl(aq) + Zn(s) \longrightarrow ZnCl_2(aq) + H_2(g)$$
$$H_2SO_4(aq) + Zn(s) \longrightarrow ZnSO_4(aq) + H_2(g)$$

Video: Elektrische Leitfähigkeit einer sauren Lösung

SAURE UND ALKALISCHE LÖSUNGEN Saure **Lösungen** reagieren mit unedlen Metallen und sind elektrisch leitfähig. Sie führen bei bestimmten Farbstoffen, den Indikatoren, zu Farbänderungen (↑ 02). „Gegenspieler" zu den sauren Lösungen sind die **alkalischen Lösungen**. Auch sie sind elektrisch leitfähig und führen zu Farbänderungen bei Indikatoren. Gibt man passende Mengen saurer und alkalischer Lösungen zusammen, dann neutralisieren sie sich in ihrer Wirkung und es entsteht eine **neutrale Lösung**.

ELEKTROLYTISCHE DISSOZIATION – DEFINITION NACH ARRHENIUS Über den Vorgang auf der Teilchenebene, der den sauren bzw. alkalischen Charakter der jeweiligen Lösung verursacht, gab es lange Zeit keine konsistente Theorie. Erst SVANTE ARRHENIUS konnte mit dem Modell der **elektrolytischen Dissoziation** (Chemienobelpreis 1903) zwei wesentliche Eigenschaften saurer und alkalischer Lösungen erklären:

- elektrische Leitfähigkeit
- gegenseitige Neutralisation

Nach seinem Modell sind **Säuren** Stoffe, deren Teilchen **HA** in Lösung zu Wasserstoff-Ionen H^+ und Säurerest-Ionen A^- dissoziieren.

$$\mathbf{HA \longrightarrow H^+(aq) + A^-(aq)}$$
Beispiele: $HCl \longrightarrow H^+(aq) + Cl^-(aq)$
$H_2SO_4 \longrightarrow 2\,H^+(aq) + SO_4^{2-}(aq)$

Alkalische Lösungen entstehen nach ARRHENIUS durch Dissoziation einer **Base** $M(OH)_n$ in Kationen M^{n+} und Hydroxid-Ionen OH^-.

$$\mathbf{M(OH)_n \longrightarrow M^{n+}(aq) + n\,OH^-(aq)}$$
Beispiele: $NaOH \longrightarrow Na^+(aq) + OH^-(aq)$
$Ca(OH)_2 \longrightarrow Ca^{2+}(aq) + 2\,OH^-(aq)$

Alle sauren Lösungen enthalten hydratisierte Wasserstoff-Ionen $H^+(aq)$ und alle alkalischen Lösungen hydratisierte Hydroxid-Ionen $OH^-(aq)$.
Die in der Lösung enthaltenen frei beweglichen Ionen führen zur elektrischen Leitfähigkeit.

Bei der **Neutralisation** reagieren die Wasserstoff-Ionen und die Hydroxid-Ionen zu Wassermolekülen:

$$H^+(aq) + OH^-(aq) \longrightarrow H_2O(l)$$

Brönsteds Säure-Base-Konzept

OXONIUM-IONEN Das Modell von ARRHENIUS liefert keine Aussage über die Struktur des hydratisierten Wasserstoff-Ions. Bei einem Wasserstoff-Ion handelt es sich um ein Proton, also um ein geladenes Teilchen mit einem etwa 100 000-mal kleineren Durchmesser als Atome oder Ionen. Es beeinflusst die Moleküle in der Umgebung durch sein starkes elektrisches Feld. Der dänische Chemiker JOHANNES NICOLAUS BRÖNSTED (1879–1947) schlug vor, dass das Proton an ein freies Elektronenpaar eines Wassermoleküls gebunden wird (↑ 03). Das entstehende H_3O^+-Teilchen wird als **Oxonium-Ion** bezeichnet.

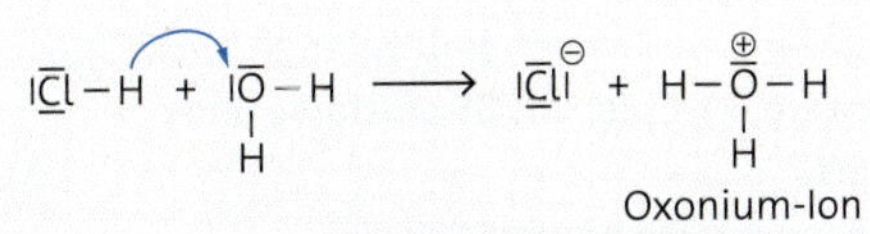

03 Bildung eines Oxonium-Ions H_3O^+ durch Protonenübergang

BRÖNSTED-SÄUREN UND -BASEN BRÖNSTED stellte auf der Basis eines **Donator-Akzeptor-Modells** ein neues Säure-Base-Konzept vor. Eine Säure oder ein **Protonendonator HA** ist ein Teilchen, das ein Proton abgibt. Eine Base oder ein **Protonenakzeptor B** ist ein Teilchen, das ein Proton aufnimmt. Der Protonenübergang zwischen den Teilchen wird als Säure-Base-Reaktion bzw. als **Protolyse** bezeichnet.

Säuren und Basen wurden bei ARRHENIUS als Stoffklassen angesehen. Nach BRÖNSTED charakterisieren diese Begriffe aber *Funktionen von Teilchen*, d. h. ihr vom Reaktionspartner mitbestimmtes Verhalten als Säure oder Base. So reagiert das HCl-Molekül als Säure gegenüber der Base, dem H_2O-Molekül (↑ 03). BRÖNSTEDS Konzept erklärt auch, warum eine wässrige Lösung von Ammoniak (NH_3) alkalisch reagiert, obwohl Ammoniak keine Hydroxid-Ionen enthält. Sie entstehen in der Reaktion von NH_3 (Base) mit H_2O (Säure):

$$NH_3 + H_2O \longrightarrow OH^- + NH_4^+$$
$$\mathbf{B + HA \longrightarrow A^- + HB^+}$$

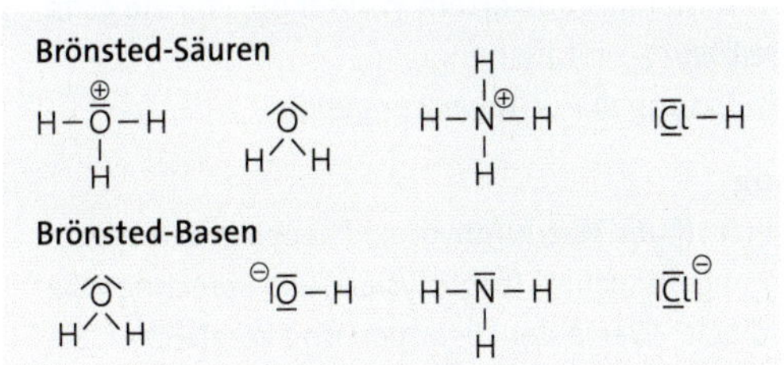

04 Beispiele für Brönsted-Säuren und -Basen

05 Chlorwasserstoff und Ammoniak, zwei Gase, reagieren zu festem Ammoniumchlorid.

Video: Ammoniak reagiert mit Chlorwasserstoff.

Teilchen, die wie Wassermoleküle abhängig vom Reaktionspartner als Säure oder als Base reagieren können, werden als **Ampholyte** bezeichnet. Brönsted-Basen B besitzen Atome mit mindestens einem freien Elektronenpaar, an das ein Proton binden kann (↑ 04). In Brönsted-Säuren HA ist ein Wasserstoffatom über eine Elektronenpaarbindung an einen Rest A gebunden. Bei der Säure-Base-Reaktion übernimmt A beide Elektronen der Elektronenpaarbindung.

EIN UMFASSENDES KONZEPT Das Säure-Base-Konzept nach BRÖNSTED ist nicht auf Reaktionen mit Wassermolekülen, Oxonium-Ionen oder Hydroxid-Ionen beschränkt. So ist die Reaktion der Gase Ammoniak (NH_3 – Base) und Chlorwasserstoff (HCl – Säure) zum Salz Ammoniumchlorid eine Säure-Base-Reaktion der NH_3- und HCl-Moleküle, gefolgt von der Anordnung der entstandenen Ammonium-Ionen NH_4^+ und Chlorid-Ionen Cl^- in einem Ionengitter (↑ 05).

$$HCl(g) + NH_3(g) \longrightarrow NH_4^+(g) + Cl^-(g)$$
$$NH_4^+(g) + Cl^-(g) \longrightarrow NH_4Cl(s)$$

Ein Teilchen reagiert als Brönsted-Säure, wenn es ein Proton abgibt (Protonendonator), bzw. als Brönsted-Base, wenn es ein Proton aufnimmt (Protonenakzeptor). In einer Säure-Base-Reaktion geht ein Proton von einer Säure auf eine Base über.

1) Erstellen Sie die Reaktionsgleichung:
   a HNO_3 (Säure) reagiert mit H_2O (Base).
   b HCO_3^- (Säure) reagiert mit HCO_3^- (Base).
2) Erläutern Sie, warum ein Ammoniakmolekül zwar als Base im Sinne von BRÖNSTED reagieren kann, nach ARRHENIUS aber keine Base ist.

Praktikum

P Säure-Base-Reaktionen

EXP 5.01 Eigenschaften saurer und alkalischer Lösungen

Materialien 10 Reagenzgläser, Stativmaterial, Tropfpipetten, Spatel, Becherglas, Netzgerät mit Wechselspannung, Elektrokabel, 2 Elektroden, Stromstärkenmessgerät, Glühlämpchen, demineralisiertes Wasser, Salzsäure ($c(HCl) = 0{,}1\ mol \cdot l^{-1}$; 5), Natronlauge ($c(NaOH) = 0{,}1\ mol \cdot l^{-1}$; 7), Essigsäure ($w = 98–100\ \%$; 2, 5), Kernseife, Universalindikatorlösung, Bromthymolblaulösung

Durchführung Bauen Sie mit Netzgerät ($U_{\sim} = 10\ V$), Kabeln, Lämpchen, Elektroden und dem Stromstärkenmessgerät einen nichtverzweigten Stromkreis auf.

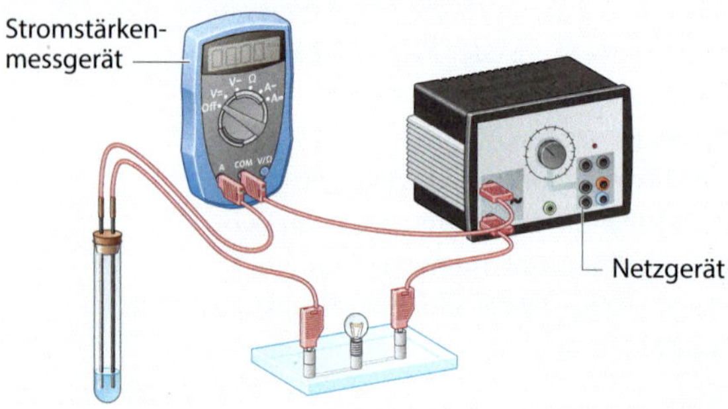

Der Stromkreis wird geschlossen, wenn die Elektroden in die Flüssigkeit tauchen. Die angezeigte Stromstärke ist ein Maß für die elektrische Leitfähigkeit der Flüssigkeit. Spülen Sie die Elektroden mit demineralisiertem Wasser ab, ehe Sie sie in ein anderes Reagenzglas tauchen.

a) Geben Sie 15 Tropfen Essigsäure in ein Reagenzglas und messen Sie die Stromstärke. Geben Sie 15 Tropfen Wasser hinzu und messen Sie die Stromstärke erneut.

b) Geben Sie je 30 Tropfen Salzsäure, Natronlauge bzw. Wasser in 3 Reagenzgläser. In ein weiteres Reagenzglas geben Sie 30 Tropfen Wasser und ein kleines Stück Kernseife. Messen Sie die Stromstärken.

c) Teilen Sie die Lösungen jeweils auf zwei Reagenzgläser auf und setzen sie zu den halbierten Lösungen je einen Tropfen Universalindikator- bzw. Bromthymolblaulösung. Beobachten Sie die Farbänderungen.

Entsorgung: Lösungen ins Abwasser geben.

Auswertung

1) Erklären Sie den Unterschied der elektrischen Leitfähigkeit von Essigsäure und ihrer Lösung in Wasser anhand der dem Phänomen zugrunde liegenden chemischen Reaktion.
2) Ordnen Sie die Lösungen über ihre Farben nach steigendem pH-Wert. Erstellen Sie qualitative Zusammenhänge zwischen dem pH-Wert und der Leitfähigkeit.

EXP 5.02 Neutralisation

Materialien Reagenzglas, Stativmaterial, Tropfpipetten, Netzgerät mit Wechselspannung, Elektrokabel, 2 Elektroden, Stromstärkenmessgerät, Glühlämpchen, demineralisiertes Wasser, Salzsäure ($c(HCl) = 0{,}1\ mol \cdot l^{-1}$; 5), Natronlauge ($c(NaOH) = 0{,}1\ mol \cdot l^{-1}$; 7), Universalindikatorlösung

Durchführung Bauen Sie einen nichtverzweigten Stromkreis auf (↑ Exp. 5.01). Geben Sie 30 Tropfen Salzsäure und einen Tropfen Universalindikator ins Reagenzglas. Tauchen Sie die Elektroden ein und messen Sie die Stromstärke. Geben Sie insgesamt 36 Tropfen Natronlauge hinzu, messen Sie nach jeweils 3 Tropfen die Stromstärke und notieren Sie den pH-Wert.

Entsorgung: Lösungen ins Abwasser geben.

Auswertung

1) Stellen Sie die Messwerte in einer Tabelle dar und tragen Sie in einem Koordinatensystem die Stromstärke gegen die Zahl der Tropfen der zugesetzten Natronlauge auf.
2) Geben Sie an, welche Teilchen in der Salzsäure und welche in der Natronlauge vorliegen.
3) Stellen Sie eine Hypothese auf, bei welchem pH-Wert bzw. wie vielen Tropfen Natronlauge Sie das Minimum der Leitfähigkeit erwarten. Vergleichen Sie Vorhersage und Beobachtung.

EXP 5.03 pH- und pOH-Wert

Materialien 6 Reagenzgläser, Reagenzglasständer, pH-Meter, 3 Messpipetten (10 ml), Becherglas (250 ml), Salzsäure ($c(HCl) = 0{,}1\ mol \cdot l^{-1}$), Natronlauge ($c(NaOH) = 0{,}1\ mol \cdot l^{-1}$; 7), Wasser, Universalindikatorlösung

Durchführung Füllen Sie in 2 Reagenzgläser je 10 ml Salzsäure bzw. Natronlauge. Stellen Sie durch Verdünnen mit Wasser Salzsäure bzw. Natronlauge mit den Konzentrationen $c = 0{,}01\ mol \cdot l^{-1}$ und $c = 0{,}001\ mol \cdot l^{-1}$ her. Setzen Sie zu jeder der insgesamt 6 Lösungen 2 Tropfen Universalindikatorlösung zu und messen Sie die pH-Werte der Lösungen zusätzlich mit dem pH-Meter. Spülen Sie das pH-Meter gründlich mit demineralisiertem Wasser ab, ehe Sie es in eine andere Lösung eintauchen.

Entsorgung: Lösungen ins Abwasser geben.

Auswertung

Chlorwasserstoff und Natriumhydroxid liegen in den Lösungen vollständig dissoziiert (protolysiert) vor. Berechnen Sie die pH- und pOH-Werte der Lösungen und vergleichen Sie die berechneten pH-Werte mit den beobachteten.

P

EXP 5.04 Vom pH-Wert zur Säurestärke

Materialien 4 kleine Bechergläser, pH-Messgerät, entmin. Wasser, Essigsäure ($c(CH_3COOH) = 0{,}1\ mol \cdot l^{-1}$), **Ameisensäure ($c(HCOOH) = 0{,}1\ mol \cdot l^{-1}$)**, Salzsäure ($c(HCl) = 0{,}1\ mol \cdot l^{-1}$; 5), Propansäure ($c(C_2H_5COOH) = 1\ mol \cdot l^{-1}$)

Durchführung Füllen Sie ca 1 cm hoch jeweils eine Säure in ein Becherglas. Messen Sie anschließend mit dem pH-Messgerät den pH-Wert der jeweiligen Lösungen.
Entsorgung: Lösungen neutralisiert ins Abwasser geben.

Auswertung

1) Stellen Sie die Reaktionsgleichungen für die jeweiligen Protolysegleichgewichte auf.
2) Berechnen Sie ausgehend von den gemessenen pH-Werten die Stoffmengenkonzentration der H_3O^+-Ionen im Gleichgewicht
3) Vergleichen Sie die berechneten Konzentrationen mit den Anfangskonzentrationen und schließen Sie daraus auf die Stärke der Säure. Formulieren Sie, wie Sie vom pH-Wert auf die Säurestärke schließen können.
4) Blausäure ist mit einem pKs-Wert von 9,31 eine relativ schwache Säure. Trotzdem können Menschen innerhalb von wenigen Minuten bei Berührung mit Blausäure sterben. Recherchieren Sie, wieso Blausäure für den Menschen so schädlich ist.

EXP 5.05 Ampholyte

Materialien 4 Reagenzgläser, Reagenzglasständer, Becherglas, Spatel, Tropfpipette, pH-Meter, Universalindikatorlösung, Bromthymolblaulösung, Natriumdihydrogenphosphat, Natriumhydrogencarbonat, Wasser

Durchführung Geben Sie in zwei Reagenzgläser eine erbsengroße Menge des einen, in zwei weitere Reagenzgläser die gleiche Menge des anderen Salzes. Fügen Sie jeweils etwa 50 Tropfen Wasser hinzu und lösen Sie die Salze durch Schwenken. Geben Sie zu jeder Sorte Salzlösung einmal Bromthymolblau- und einmal Universalindikatorlösung.
Entsorgung: Lösungen ins Abwasser geben.

Auswertung

1) Ermitteln Sie anhand der protochemischen Reihe (↑ S. 153) die pK_S- und pK_B-Werte des Dihydrogenphosphat-Ions und des Hydrogencarbonat-Ions.
2) Stellen Sie für jedes Ion eine Hypothese auf, ob seine Säure- oder Basenstärke größer ist. Überlegen Sie, ob es eine saure oder alkalische Lösung bildet. Vergleichen Sie Ihre Schlussfolgerung mit der Beobachtung.

EXP 5.06 Säure-Base-Reaktionen

Materialien 6 Reagenzgläser, Reagenzglasständer, Becherglas, Universalindikatorpapier, Ammoniumchlorid (7), Kaliumhydrogensulfat (5, 7), Natriumacetat, Natriumchlorid, Natriumhydroxid (5), Wasser

Durchführung *Abzug! Handschuhe!* Geben Sie die folgenden Stoffe jeweils in ein Reagenzglas. Nehmen Sie von den Salzen je eine erbsengroße Menge und vom Wasser 5 Tropfen:

a) Ammoniumchlorid, Natriumhydroxid, Wasser
b) Kaliumhydrogensulfat, Natriumacetat, Wasser
c) Kaliumhydrogensulfat, Natriumchlorid, Wasser

Stellen Sie die Reagenzgläser im Abzug in ein Becherglas mit heißem Wasser. Führen Sie mit jeder Mischung eine Geruchsprobe durch und testen Sie die Gasphase über dem Gemisch mit feuchtem Indikatorpapier.
Entsorgung: Lösungen ins Abwasser geben.

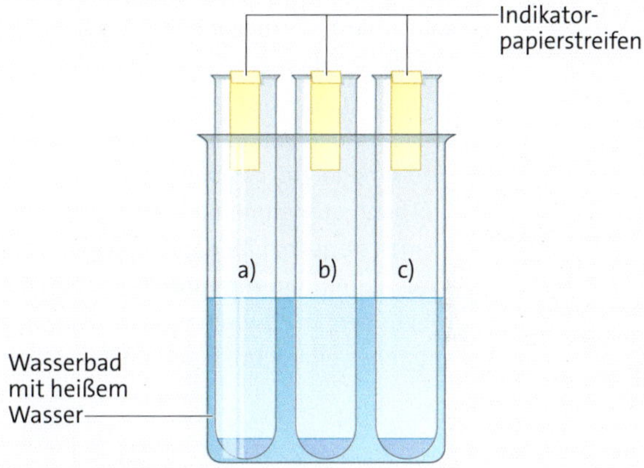

Auswertung

1) Ermitteln Sie anhand der protochemischen Reihe (↑ S. 153) folgende Werte: $pK_S(NH_4^+)$, $pK_B(OH^-)$, $pK_S(HSO_4^-)$, $pK_B(CH_3COO^-)$ und $pK_B(Cl^-)$. Geben Sie die korrespondierenden Säuren zu den genannten Basen an und ermitteln Sie deren pK_S-Werte.
2) Formulieren Sie für jede der Mischungen a–c eine Säure-Base-Reaktion. Ziehen Sie aus Ihren Beobachtungen jeweils einen Schluss darauf, ob diese Reaktion auch stattgefunden hat.
3) Leiten Sie aus pK_S-Werten eine Vermutung darüber ab, unter welchen Bedingungen eine Säure-Base-Reaktion abläuft, d. h., wann das entsprechende Gleichgewicht auf der rechten Seite liegt.

5.2 Autoprotolyse des Wassers

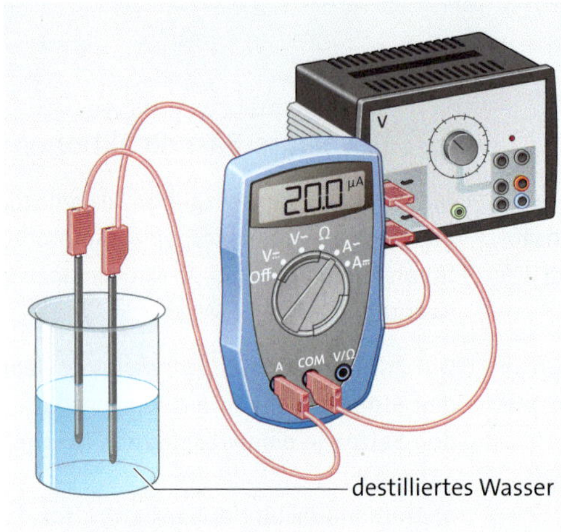

01 Auch reines Wasser ist elektrisch leitfähig.

WASSERMOLEKÜLE REAGIEREN MITEINANDER Meer- und Trinkwasser sind elektrisch leitfähig, weil in ihnen Mineralien gelöst sind. Sie enthalten also frei bewegliche Ionen. Aber auch reines Wasser, das keine gelösten Mineralien mehr enthält, besitzt eine schwache elektrische Leitfähigkeit. Wasser selbst muss also in geringem Maße bewegliche geladene Teilchen enthalten. Bei diesen geladenen Teilchen handelt es sich um Ionen, die durch eine Säure-Base-Reaktion entstehen. Wassermoleküle sind Ampholyte, das bedeutet, sie können sowohl Protonen aufnehmen als auch abgeben. Deshalb können sie auch miteinander reagieren. Diesen Vorgang nennt man **Autoprotolyse**. Durch einen Protonenübergang zwischen zwei Wassermolekülen entstehen ein Hydroxid-Ion und ein Oxonium-Ion.

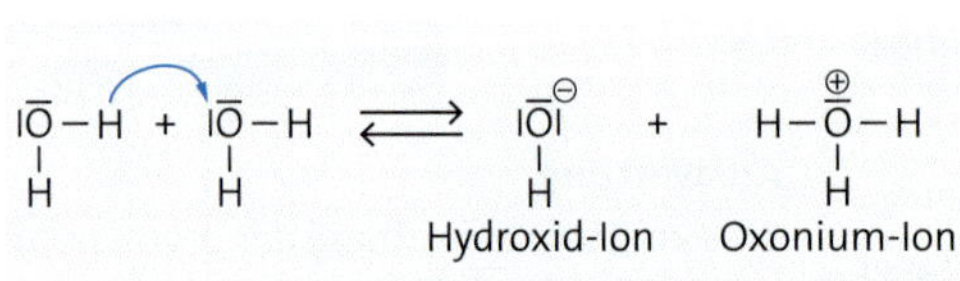

02 Autoprotolyse des Wassers

Die Autoprotolyse ist die Umkehrung der Neutralisationsreaktion. Sie ist endotherm, während die Neutralisation exotherm verläuft. In Wasser besteht ein chemisches Gleichgewicht zwischen beiden, das als **Autoprotolysegleichgewicht** bezeichnet wird. Es liegt fast vollständig auf der linken Seite.

$$2\,H_2O(l) \rightleftharpoons H_3O^+(aq) + OH^-(aq)$$

> **Die Reaktion von Wassermolekülen unter Bildung von Oxonium- und Hydroxid-Ionen wird Autoprotolyse des Wassers genannt.**

ϑ in °C	K_W in $mol^2 \cdot l^{-2}$	ϑ in °C	K_W in $mol^2 \cdot l^{-2}$
0	$0{,}11 \cdot 10^{-14}$	30	$1{,}47 \cdot 10^{-14}$
10	$0{,}29 \cdot 10^{-14}$	50	$5{,}47 \cdot 10^{-14}$
20	$0{,}68 \cdot 10^{-14}$	70	$15{,}88 \cdot 10^{-14}$
25	$1{,}00 \cdot 10^{-14}$	100	$54{,}57 \cdot 10^{-14}$

03 Temperaturabhängigkeit des Ionenprodukts

IONENPRODUKT DES WASSERS Für die Gleichgewichtskonstante der Autoprotolyse gilt:

$$K_C = \frac{c(H_3O^+) \cdot c(OH^-)}{c(H_2O)^2}$$

Aus der Autoprotolyse folgt, dass in Wasser gleich viele Oxonium- und Hydroxid-Ionen vorliegen. Bei gegebener Temperatur sind alle Konzentrationen konstant. Sie betragen beispielsweise bei 25 °C:

$$c(H_2O) = 55{,}3\ mol \cdot l^{-1}$$
$$c(H_3O^+) = c(OH^-) = 10^{-7}\ mol \cdot l^{-1}$$

Das Autoprotolysegleichgewicht ist aber weniger für Wasser als vielmehr für verdünnte Lösungen, also bei $c_0(X) < 0{,}1\ mol \cdot l^{-1}$, interessant. In diesem Fall kann zumindest die Konzentration des Wassers wegen des großen Überschusses an Wassermolekülen in guter Näherung als konstant betrachtet werden.

Die Umformung des Massenwirkungsgesetzes ergibt somit eine neue Konstante, das **Ionenprodukt des Wassers K_W**.

$$K_W = K_C \cdot c(H_2O)^2 = c(H_3O^+) \cdot c(OH^-)$$

Das Autoprotolysegleichgewicht wird mit steigender Temperatur auf die rechte Seite verschoben (↑ 03).

Auch in anderen Stoffen, deren Moleküle als Ampholyte reagieren können, finden Autoprotolysen statt, beispielsweise in flüssigem Ammoniak:

$$2\,NH_3 \rightleftharpoons NH_4^+ + NH_2^-$$

Das „Ionenprodukt des Ammoniaks" K_A beträgt bei der Siedetemperatur von Ammoniak (−33 °C):

$$K_A = K_C \cdot c(NH_3)^2 = c(NH_4^+) \cdot c(NH_2^-) = 10^{-32}\ mol^2 \cdot l^{-2}$$

> **Das Produkt der Konzentrationen der Oxonium-Ionen und der Hydroxid-Ionen heißt Ionenprodukt des Wassers K_W. Bei 25 °C ist $K_W = 10^{-14}\ mol^2 \cdot l^{-2}$.**

AUTOPROTOLYSE IN LÖSUNGEN Wird ein Stoff, dessen Teilchen HA gegenüber Wassermolekülen als Säure reagieren, in Wasser gelöst, dann entstehen in einer Säure-Base-Reaktion Oxonium-Ionen, und das Autoprotolysegleichgewicht wird gestört.
Im folgenden Beispiel wird der Prozess der Störung und der Neueinstellung des Autoprotolysegleichgewichts in fünf Phasen gezeigt (bei $\vartheta = 25\,°C$, ↑ 04):

A In Wasser liegt ein Gleichgewicht vor:
$2\,H_2O(l) \rightleftarrows H_3O^+(aq) + OH^-(aq)$
$c(H_3O^+) = c(OH^-) = 10^{-7}\,mol \cdot l^{-1}$
$c(H_3O^+) \cdot c(OH^-) = K_W = 10^{-14}\,mol^2 \cdot l^{-2}$

B Der gelöste Stoff stört das Autoprotolysegleichgewicht durch Entstehung von Oxonium-Ionen:
$HA + H_2O \longrightarrow H_3O^+ + A^-$

C Die Konzentration der Oxonium-Ionen steigt. Es wird angenommen, dass sie einen Wert von $c_0(H_3O^+) = 1{,}09 \cdot 10^{-6}\,mol \cdot l^{-1}$ erreicht. Damit folgt:
$c_0(H_3O^+) \cdot c_0(OH^-) = 1{,}09 \cdot 10^{-13}\,mol^2 \cdot l^{-2} > K_W$.
⇨ Die Lösung ist nicht mehr im Gleichgewicht.

D Nach dem Prinzip von Le Chatelier überwiegt nun die Neutralisation die Autoprotolyse:
$H_3O^+(aq) + OH^-(aq) \rightleftarrows 2\,H_2O(l)$
Gleich viele Oxonium- und Hydroxid-Ionen verschwinden, bis das Gleichgewicht wieder erreicht ist. Die daraus resultierende Konzentrationsabnahme Δc für beide Ionen ist $\Delta c = 9 \cdot 10^{-8}\,mol \cdot l^{-1}$.

E Das Autoprotolysegleichgewicht ist erreicht:
$c(H_3O^+) = c_0(H_3O^+) - \Delta c$
$= (1{,}09 \cdot 10^{-6} - 9 \cdot 10^{-8})\,mol \cdot l^{-1} = 10^{-6}\,mol \cdot l^{-1}$
$c(OH^-) = c_0(OH^-) - \Delta c$
$= (10^{-7} - 9 \cdot 10^{-8})\,mol \cdot l^{-1} = 10^{-8}\,mol \cdot l^{-1}$
$\mathbf{c(H_3O^+) \cdot c(OH^-) = K_W = 10^{-14}\,mol^2 \cdot l^{-2}}$

SAURE UND ALKALISCHE LÖSUNGEN Die entstandene Lösung (↑ 04) ist eine saure Lösung, weil die Konzentration der Oxonium-Ionen größer ist als die der Hydroxid-Ionen. Man erkennt, dass eine saure Lösung auch Hydroxid-Ionen enthält.
Wird ein Stoff, dessen Teilchen gegenüber Wassermolekülen als Base reagieren, in Wasser gelöst, dann entstehen in einer Säure-Base-Reaktion Hydroxid-Ionen. Die Betrachtung zur Störung und Wiederherstellung des Autoprotolysegleichgewichts ist der obigen völlig analog. Entsprechend ist in alkalischen Lösungen die Konzentration der Hydroxid-Ionen größer als die der Oxonium-Ionen.

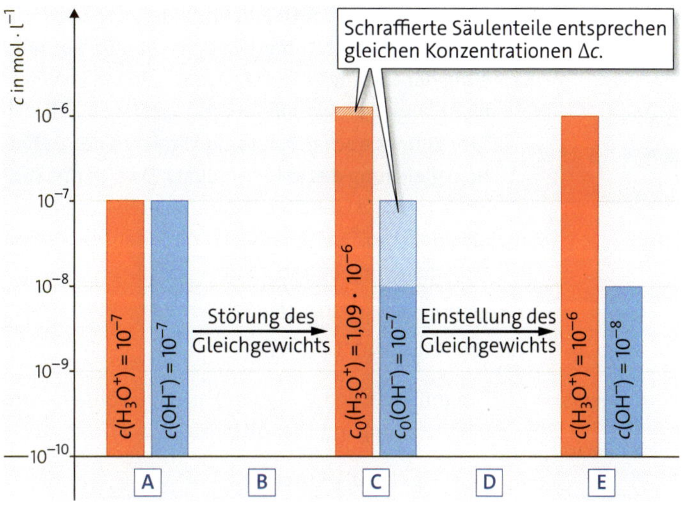

04 Störung des Autoprotolysegleichgewichts

LOGARITHMISCHE DARSTELLUNG In Bild ↑ 04 ist die Konzentrationsachse nicht linear, sondern logarithmisch skaliert. Gleiche Abstände entsprechen dabei nicht gleichen Differenzen, sondern gleichen Verhältnissen. *Beispiel:*

$c(H_3O^+)$: $10^{-7}\,mol \cdot l^{-1} \xrightarrow{\cdot 10} 10^{-6}\,mol \cdot l^{-1}$
$c(OH^-)$: $10^{-7}\,mol \cdot l^{-1} \xrightarrow{:10} 10^{-8}\,mol \cdot l^{-1}$

Die logarithmische Skala ist vorteilhaft, um Veränderungen von alten zu neuen Gleichgewichtskonzentrationen $c(H_3O^+)$ bzw. $c(OH^-)$ nach einer Störung wiederzugeben. Sie führt zu gleich großen Erhöhungen bzw. Senkungen der Säulen und stellt die Konzentrationsverhältnisse besser dar als eine lineare Skala.

1 Berechnen Sie die fehlenden Größen bei 25 °C:

$c(H_3O^+)$	$c(OH^-)$
$10^{-10}\,mol \cdot l^{-1}$	
	$10^{-5}\,mol \cdot l^{-1}$
$5 \cdot 10^{-9}\,mol \cdot l^{-1}$	

2 **a** Berechnen Sie das Verhältnis von Wassermolekülen zu Oxonium-Ionen in Wasser bei 25 °C.
b Nehmen Sie an, dass Oxonium-Ionen und Wassermoleküle gleichmäßig auf die Kästchen karierter DIN-A4-Blätter verteilt sind und sich in der linken oberen Ecke der ersten Seite ein Oxonium-Ion befindet. Berechnen Sie, auf welchem Blatt das nächste Oxonium-Ion liegt.

3 Erläutern Sie, wie sich aus Tabelle ↑ 03 auf der gegenüberliegenden Seite ableiten lässt, dass es sich bei der Autoprotolyse um eine endotherme Reaktion handelt.

5.3 pH- und pOH-Wert

$\lg x = \log_{10} x$

$\lg 10^x = x$

$\lg(a \cdot b) = \lg a + \lg b$

ADDIEREN STATT MULTIPLIZIEREN Durch die logarithmische Darstellung lässt sich der Zusammenhang der Gleichgewichtskonzentrationen von Oxonium- und Hydroxid-Ionen einfach erfassen (↑ S. 147). Dies gelingt auch durch Logarithmieren der Definitionsgleichung des Ionenprodukts. Da sich nur Zahlen, aber keine Einheiten logarithmieren lassen, wird die durch $mol^2 \cdot l^{-2}$ dividierte, einheitenlose Definitionsgleichung betrachtet (ϑ = 25 °C).

$$10^{-14} = c(H_3O^+) \cdot c(OH^-) \qquad | \lg$$
$$-14 = \lg c(H_3O^+) + \lg c(OH^-)$$

Bei der Berechnung des pH-Wertes wird mit dem Zahlenwert der Stoffmengenkonzentration gerechnet, die Einheit wird vernachlässigt. Man kann dies mit geschweiften Klammern deutlich machen:

$pH = -\lg\{c(H_3O^+)\}$

mit

$\{c(H_3O^+)\}$ = Zahlenwert von $c(H_3O^+)$

Um mit positiven Werten rechnen zu können, wird die Gleichung mit −1 multipliziert.

$$14 = -\lg c(H_3O^+) - \lg c(OH^-)$$

Die logarithmischen Terme auf der rechten Seite der Gleichung werden neu definiert:

$$-\lg c(H_3O^+) = \mathbf{pH} \qquad -\lg c(OH^-) = \mathbf{pOH}$$
$$14 = pH + pOH$$

Die Bezeichnung pH wird von lat. *potentia hydrogenii*: Wirksamkeit des Wasserstoffs – abgeleitet.

Für die Lösungen gilt damit:

neutrale Lösung: $pH = pOH = 7$
saure Lösung: $pH < 7; pOH > 7$
alkalische Lösung: $pH > 7; pOH < 7$

Weil pH- und pOH-Wert über das Ionenprodukt des Wassers zusammenhängen, reicht zur Beschreibung einer Lösung der pH-Wert. Er sinkt mit zunehmender saurer Eigenschaft und steigt mit zunehmender alkalischer Eigenschaft der Lösung.

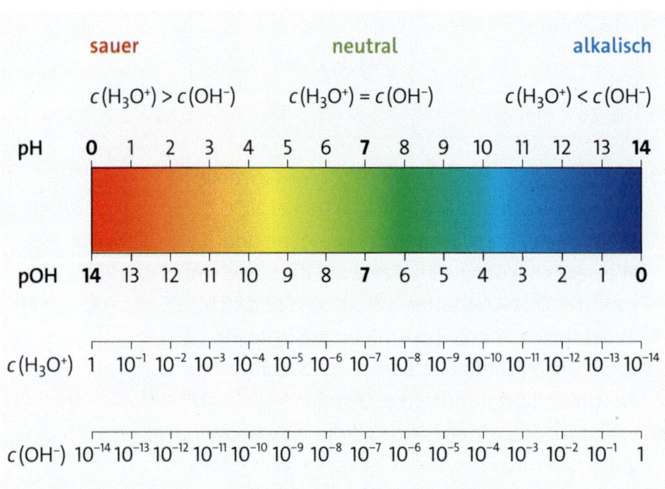

01 pH-Wert-Skala

$c(H_3O^+)$	$c(OH^-)$	pH	pOH
$10^{-1}\ mol \cdot l^{-1}$	$10^{-13}\ mol \cdot l^{-1}$	1	13
$10^{-9}\ mol \cdot l^{-1}$	$10^{-5}\ mol \cdot l^{-1}$	9	5
$0{,}02\ mol \cdot l^{-1}$	$5 \cdot 10^{-13}\ mol \cdot l^{-1}$	1,7	12,3

02 Beispiele für den Zusammenhang zwischen $c(H_3O^+)$, $c(OH^-)$, pH und pOH

RECHNEN MIT DEM pH-WERT Die konkreten Berechnungen werden anhand von Tabelle ↑ 02 verdeutlicht:

$c(H_3O^+) = 10^{-1}\ mol \cdot l^{-1}$
$pH = -\lg 10^{-1} = 1$
$pOH = 14 - pH = 13$

$c(H_3O^+) = 0{,}02\ mol \cdot l^{-1}$
$pH = -\lg 0{,}02 = 1{,}7$
$pOH = 14 - pH = 12{,}3$

Aus den Definitionen für pH und pOH folgt für die Konzentrationsberechnung aus pH bzw. pOH:

$c(H_3O^+) = 10^{-pH}\ mol \cdot l^{-1}$
$c(OH^-) = 10^{-pOH}\ mol \cdot l^{-1}$

Der pH-Wert ist der negative Zehnerlogarithmus der Stoffmengenkonzentration der Oxonium-Ionen: $pH = -\lg c(H_3O^+)$.

1 Ein Stoff, dessen Moleküle B gegenüber Wassermolekülen als Base reagieren, wird in Wasser gelöst. Geben Sie an, welche Aussagen Sie über $c(H_3O^+)$, $c(OH^-)$, pH und pOH machen können und welche Art von Lösung vorliegt.

2 Übertragen Sie nachfolgende Tabelle und berechnen Sie die fehlenden Größen (ϑ = 25 °C).

$c(H_3O^+)$	$c(OH^-)$	pH	pOH
$10^{-2}\ mol \cdot l^{-1}$			
	$4 \cdot 10^{-5}\ mol \cdot l^{-1}$		
		0	
			9,3

Kennzeichnen Sie farbig, ob es sich jeweils um eine saure, neutrale oder alkalische Lösung handelt.

3 Eine häufig gestellte Frage ist: Gibt es pH- bzw. pOH-Werte außerhalb des Bereichs 0–14? Diskutieren Sie diese Frage in Partnerarbeit und berücksichtigen Sie dabei die Annahmen über das Ionenprodukt des Wassers.

4 **a** Berechnen Sie den pH-Wert von reinem Wasser bei 70 °C.
b Erläutern Sie, ob Wasser bei 70 °C sauer, neutral oder alkalisch ist.

GLASELEKTRODE pH-Werte lassen sich mit dem Universalindikator nicht genau bestimmen. Außerdem wird eine Lösung durch seine Zugabe verändert. Eine genauere und störungsfreie Messung des pH-Werts gelingt elektrochemisch mit der **Glaselektrode**. Ihr zentrales Bauteil ist eine kugelförmige Glasmembran mit einer Wandstärke von etwa 0,05 mm. Bei Kontakt mit einer Elektrolytlösung entsteht auf der Glasmembran eine Quellschicht, in der Alkalimetall-Ionen des Glases gegen Protonen aus der Elektrolytlösung ausgetauscht werden können. Auf der Innenseite ist die Membran in Kontakt mit einer Lösung, deren pH-Wert konstant bei 7 liegt (gepufferte Kaliumchloridlösung). Mit ihrer Außenseite berührt sie die zu untersuchende Lösung. Weicht deren pH-Wert von 7 ab, so entsteht zwischen der Innen- und Außenseite der Glasmembran eine elektrische Spannung. Diese kann über zwei Metallelektroden, die in beide Lösungen eintauchen, gemessen werden.
In den handelsüblichen *Einstabmessketten*, die über ein Diaphragma Kontakt zu der zu untersuchenden Lösung haben, sind beide Metallelektroden schon enthalten (↑ 03).

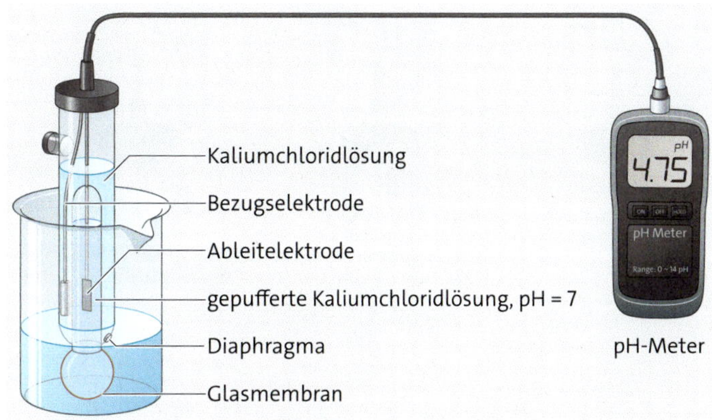

03 pH-Wert-Messung mit der Glaselektrode

Beispiele für Anwendungsgebiete der Glaselektrode:
- pH-Einzelmessungen im Labor
- pH-Messung mit Online-Messwerterfassung in der Qualitätskontrolle, z. B. bei Wasserversorgern
- Verfolgung des Verlaufs einer Säure-Base-Titration (↑ Titration, S. 170 f.).

Die Glasmembran sollte in einer Kaliumchloridlösung (c = 3 mol · l^{-1}) aufbewahrt werden, damit die Quellschicht erhalten bleibt.

pH-Werte im Alltag

Der pH-Wert ist nicht nur im Labor und zur Kontrolle oder Überwachung industrieller Prozesse wichtig. Für die meisten biochemischen Reaktionen, die durch Enzyme katalysiert werden, gibt es einen engen pH-Wert-Bereich, in dem sie mit ausreichender Geschwindigkeit verlaufen (↑ Biochemische Puffer, S. 131). Der pH-Wert des Bluts sollte zwischen 7,35 und 7,45 liegen. Außerhalb spricht man vom Krankheitsbild der Acidose (pH < 7,35) oder der Alkalose (pH > 7,45). Eine ganz besondere Leistung muss der Dünndarm erbringen: Der Mageninhalt ist stark sauer – beim Übergang in den Darm wird er neutralisiert.

Viele Lebensmittel enthalten saure Lösungen, darunter viele Obstsorten. Bei Colagetränken überrascht der niedrige pH-Wert, weil die Wahrnehmung des sauren Geschmacks durch den gelösten Zucker oder Zuckerersatzstoff überdeckt wird. Bedenken vor dem Genuss saurer Speisen muss man aber nicht haben, Säuren können gut über die Nieren ausgeschieden werden. Der Urin ist eine schwach saure Lösung.

Selbst Regenwasser ist nicht pH-neutral und das hat nichts mit schadstoffbedingtem saurem Regen zu tun. Das in der Luft in Spuren vorhandene Kohlenstoffdioxid löst sich im Regenwasser, was zur Bildung von Kohlensäure führt.

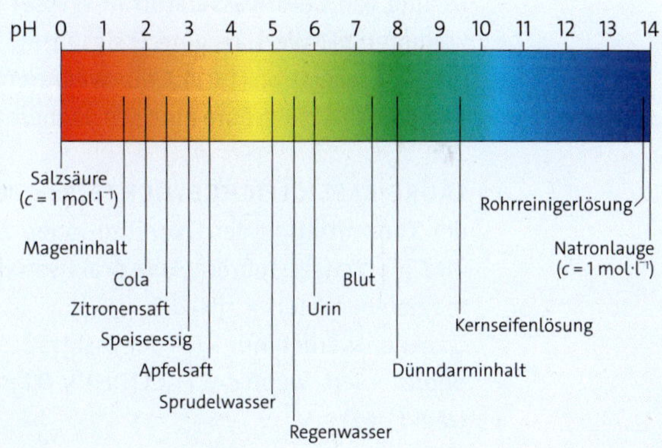

04 pH-Werte verschiedener Lösungen

Fluss- und Meerwasser sind deutlich alkalischer als Regenwasser, was auf den Kontakt mit carbonathaltigen Mineralien zurückzuführen ist.

Lösungen mit einem pH > 7 spielen im Alltag hauptsächlich für Reinigungszwecke eine Rolle. Die Hydroxid-Ionen sorgen dabei für die hydrolytische Spaltung beispielsweise von Fettmolekülen in Speiseresten oder von Proteinmolekülen bei Haaren im Abfluss.

5.4 Stärke von Säuren und Basen

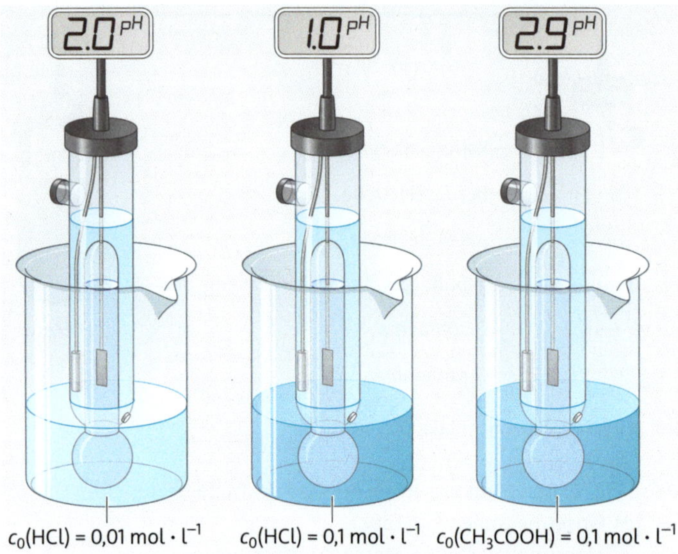

01 Der pH-Wert einer Lösung hängt vom gelösten Stoff und seiner Konzentration ab.

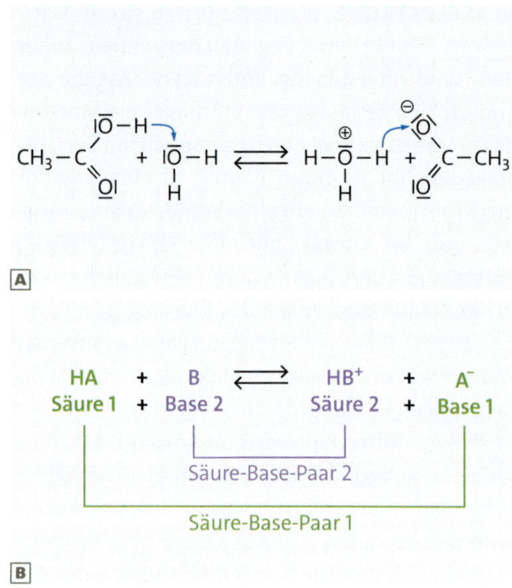

03 Korrespondierende Säure-Base-Paare: **A** konkretes Beispiel, **B** allgemeines Schema

pH-BESTIMMENDE FAKTOREN Es ist nicht überraschend, dass der pH-Wert von Salzsäure steigt, wenn sie verdünnt wird, weil dadurch die Konzentration der Teilchen, die gegenüber Wasser als Säure reagieren, abnimmt. Offensichtlich spielt aber zusätzlich auch die Art der Säure eine Rolle. Eine Lösung von Chlorwasserstoff in Wasser hat einen kleineren pH-Wert als eine Essigsäurelösung gleicher Konzentration (↑ 01). Chlorwasserstoff ist eine stärkere und Essigsäure eine schwächere Säure.

SÄURE-BASE-GLEICHGEWICHTE Eine Berechnung der Konzentration der Oxonium-Ionen zeigt, dass die Chlorwasserstoffmoleküle praktisch vollständig reagieren: $c_0(HCl) = c(H_3O^+)$.
Dagegen werden nur 1,3 % der Essigsäuremoleküle deprotoniert, wenn $c_0(CH_3COOH) = 0{,}1\ mol \cdot l^{-1}$ beträgt (↑ 02).

Kommen in einer Lösung Chlorid-Ionen und Oxonium-Ionen zusammen, dann entstehen keine Chlorwasserstoffmoleküle, d. h., die Rückreaktion zur Protolyse von Chlorwasserstoff läuft praktisch nicht ab.

$$H_3O^+(aq) + Cl^-(aq) \not\rightarrow HCl(g) + H_2O(l)$$

$c_0(HA) = 0{,}1\ mol \cdot l^{-1}$	pH	$c(H_3O^+)$ in $mol \cdot l^{-1}$
HA = HCl	1,0	0,1
HA = CH_3COOH	2,9	0,0013

02 pH-Werte und Konzentration der Oxonium-Ionen von Salzsäure und Essig gleicher Konzentration

Im Gegensatz dazu findet eine Reaktion statt, wenn in einer Lösung Acetat-Ionen CH_3COO^- und Oxonium-Ionen H_3O^+ zusammenkommen.

$$H_3O^+(aq) + CH_3COO^-(aq) \rightleftharpoons CH_3COOH(aq) + H_2O(l)$$

Bei passenden Ausgangskonzentrationen entsteht in der Rückreaktion die gleiche Lösung wie bei der Hinreaktion, der Protolyse. Es handelt sich um ein **Säure-Base-Gleichgewicht**. Für Essigsäure mit $c_0(CH_3COOH) = 0{,}1\ mol \cdot l^{-1}$ liegt das Protolysegleichgewicht auf der linken Seite.

$$CH_3COOH(aq) + H_2O(l) \rightleftharpoons H_3O^+(aq) + CH_3COO^-(aq)$$

KORRESPONDIERENDE SÄURE-BASE-PAARE Bei der Protolyse des Essigsäuremoleküls entsteht das Acetat-Ion CH_3COO^-. Es agiert in der Rückreaktion des Säure-Base-Gleichgewichts als Base gegenüber der Säure H_3O^+, wodurch wieder ein Essigsäuremolekül entsteht.
Allgemein entstehen in einem Säure-Base-Gleichgewicht aus einer Säure 1 (HA) und einer Base 2 (B) die Säure 2 (HB^+) und die Base 1 (A^-).
HA und A^- werden genauso wie B und HB^+ als **korrespondierendes Säure-Base-Paar** bezeichnet, weil sie in einer Säure-Base-Reaktion ineinander überführt werden (↑ 03).

Die Säure HA wird in einer Säure-Base-Reaktion zur Base A^-, die Base B wird dabei zur Säure HB^+. HA/A^- und B/HB^+ bilden jeweils ein korrespondierendes Säure-Base-Paar.

Säure- und Basenkonstanten

PROTOLYSEN IN WÄSSRIGER LÖSUNG Säure-Base-Gleichgewichte mit H_2O als Säure oder Base spielen eine wichtige Rolle. Für sie wird das Massenwirkungsgesetz betrachtet.

Mit HA als Säure gilt:

$$HA + H_2O \rightleftarrows H_3O^+ + A^-$$

$$K_C = \frac{c(H_3O^+) \cdot c(A^-)}{c(H_2O) \cdot c(HA)}$$

Wie beim Autoprotolysegleichgewicht des Wassers kann $c(H_2O)$ in verdünnten Lösungen als konstant betrachtet und durch Multiplikation mit K_C zu einer neuen Konstanten, der **Säurekonstanten K_S(HA)**, zusammengefasst werden.
Je weiter das Gleichgewicht auf der rechten Seite liegt, umso stärker ist die Säure und umso größer ist die Säurekonstante.

$$K_S(HA) = \frac{c(H_3O^+) \cdot c(A^-)}{c(HA)}$$

Die Stärke einer Base B lässt sich analog über die Basenkonstante K_B(B) beschreiben:

$$B + H_2O \rightleftarrows OH^- + HB^+$$

$$K_B(B) = \frac{c(OH^-) \cdot c(HB^+)}{c(B)}$$

ZUSAMMENHANG VON K_S(HA) UND K_B(A^-) Auch die zu HA konjugierte Base A^- kann in einem Säure-Base-Gleichgewicht mit Wassermolekülen reagieren:

$$A^- + H_2O \rightleftarrows OH^- + HA$$

$$K_B(A^-) = \frac{c(OH^-) \cdot c(HA)}{c(A^-)}$$

Durch Multiplikation von $K_B(A^-)$ mit K_S(HA) folgt:

$$K_S(HA) \cdot K_B(A^-) = \frac{c(H_3O^+) \cdot c(A^-)}{c(HA)} \cdot \frac{c(HA) \cdot c(OH^-)}{c(A^-)}$$

$$K_W = c(H_3O^+) \cdot c(OH^-)$$

Für alle korrespondierenden Säure-Base-Paare HA/A^- ist das Produkt aus K_S(HA) und $K_B(A^-)$ gleich dem Ionenprodukt des Wassers K_W.

> **Je stärker die Säure HA bzw. die Base B, umso größer ist die Säure- bzw. Basenkonstante K_S(HA) bzw. K_B(B).**
> **Für korrespondierende Säure-Base-Paare HA/A^- ist das Produkt aus K_S(HA) und $K_B(A^-)$ gleich dem Ionenprodukt des Wassers K_W.**

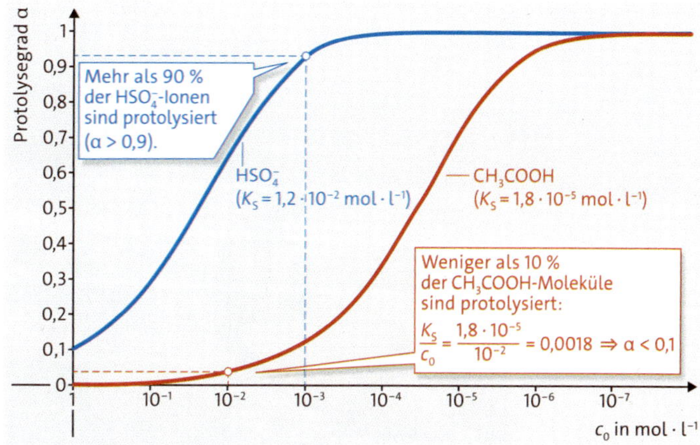

04 Protolysegrad α von zwei verschieden starken Säuren

PROTOLYSEGRAD Der Quotient $\frac{K_S(HA)}{c_0(HA)}$ ermöglicht eine Aussage über den **Protolysegrad α** von HA.
α gibt den Anteil derjenigen Moleküle von HA wieder, die als Säure reagiert haben. Er liegt zwischen null (keine Protolyse) und eins (vollständige Protolyse; ↑ 04). Nimmt man an, dass alle Oxonium-Ionen aus der Protolyse von HA stammen, dann sind $c(A^-)$ und $c(H_3O^+)$ gleich und es gilt:

$$\alpha = \frac{c(A^-)}{c_0(HA)} = \frac{c(H_3O^+)}{c_0(HA)}$$

Für den Quotienten $\frac{K_S(HA)}{c_0(HA)}$ ergibt sich:

$$\frac{K_S(HA)}{c_0(HA)} = \frac{\alpha^2}{1-\alpha}$$

Der Protolysegrad steigt mit der Verdünnung und ist bei gleicher Konzentration c_0(HA) umso größer, je stärker die Säure ist (↑ 04). Dieser Zusammenhang wird **Ostwald'sches Verdünnungsgesetz** genannt.
Insbesondere gilt:

Wenn $\frac{K_S(HA)}{c_0(HA)} > 10$, dann ist $\alpha > 0{,}90$.

Wenn $\frac{K_S(HA)}{c_0(HA)} < 0{,}01$, dann ist $\alpha < 0{,}1$.

Ein analoger Zusammenhang gilt auch für den Protolysegrad von Basen.

Die Säurekonstante K_S und die Basenkonstante K_B sind spezielle Formen von Gleichgewichtskonstanten.

Gleichgewichtskonstante und Massenwirkungsgesetz *↑ S. 108 f.*

1 Erstellen Sie die Reaktionsgleichung der Base NH_3 mit der Säure H_2O und kennzeichnen Sie die korrespondierenden Säure-Base-Paare.

2 Das Salz Kaliumhydrogensulfat ($KHSO_4$) wird in Wasser gelöst. Im Gleichgewicht beträgt der pH-Wert der Lösung 2, $c(HSO_4^-) = 0{,}008\ mol \cdot l^{-1}$.
  a Erstellen Sie die Definitionsgleichung von $K_S(HSO_4^-)$.
  b Berechnen Sie $K_S(HSO_4^-)$ und K_B der korrespondierenden Base.

5.5 Vorhersage von Gleichgewichten

01 Gefahrstoff aus dem Salatdressing?

Zum Zubereiten von Salatsaucen werden unter anderem Essig und Kochsalz verwendet. Kann es dabei zu einer Säure-Base-Reaktion zwischen den Essigsäuremolekülen und den Chlorid-Ionen aus dem Kochsalz kommen, wodurch Chlorwasserstoffmoleküle entstehen? Zur Beantwortung der Frage wird das Gleichgewicht genauer betrachtet.

$$CH_3COOH(aq) + Cl^-(aq) \rightleftarrows CH_3COO^-(aq) + HCl(aq)$$

$$K_C = \frac{c(CH_3COO^-) \cdot c(HCl)}{c(CH_3COOH) \cdot c(Cl^-)}$$

Eine Erweiterung mit $c(H_3O^+)$ ermöglicht eine Zusammenfassung der Faktoren zu Säurekonstanten.

$$K_C = \frac{c(CH_3COO^-) \cdot c(H_3O^+)}{c(CH_3COOH)} \cdot \frac{c(HCl)}{c(Cl^-) \cdot c(H_3O^+)}$$

$$K_C = K_S(CH_3COOH) \cdot \frac{1}{K_S(HCl)} = \frac{K_S(CH_3COOH)}{K_S(HCl)}$$

Mit den Werten für $K_S(CH_3COOH)$ und $K_S(HCl)$ folgt:

$$K_C = \frac{1{,}78 \cdot 10^{-5}\,mol \cdot l^{-1}}{10^7\,mol \cdot l^{-1}} = 1{,}78 \cdot 10^{-12}$$

Von etwa 750 000 Essigsäuremolekülen bzw. Chlorid-Ionen reagiert nur je eines – es entsteht praktisch kein Chlorwasserstoff.

Allgemein gilt für eine Säure-Base-Reaktion:

$$HA + B \rightleftarrows HB^+ + A^- \qquad K_C = \frac{K_S(HA)}{K_S(HB^+)}$$

Je stärker die Säure HA und je schwächer die Säure HB^+, umso mehr liegt das Gleichgewicht auf der rechten Seite.

Übung: Einteilung von Säuren und Basen

pK_S(HA) UND pK_B(B) Auch für die Stärken von Säuren und Basen hat sich die Angabe der logarithmierten Werte der (einheitenlosen) Konstanten statt der Konstanten selbst durchgesetzt.

$$pK_S(HA) = -\lg K_S(HA); \; pK_B(B) = -\lg K_B(B)$$

Beispiel Essigsäure:

$$pK_S(CH_3COOH) = -\lg 1{,}78 \cdot 10^{-5} = 4{,}75$$

Aus pK_S(HA) und pK_B(B) können umgekehrt K_S(HA) und K_B(B) berechnet werden:

$$K_S(HA) = 10^{-pK_S(HA)}\,mol \cdot l^{-1}; \; K_B(B) = 10^{-pK_B(B)}\,mol \cdot l^{-1}$$

$$K_S(CH_3COOH) = 10^{-4{,}75}\,mol \cdot l^{-1} = 1{,}78 \cdot 10^{-5}\,mol \cdot l^{-1}$$

Wegen des negativen Zusammenhangs von pK_S und K_S bzw. von pK_B und K_B ist eine Säure HA bzw. eine Base B umso stärker, je kleiner pK_S(HA) bzw. pK_B(B) ist.

Für korrespondierende Säure-Base-Paare HA/A^- ist das Produkt aus Säure- und Basenkonstante gleich dem Ionenprodukt des Wassers (↑ S. 35). Wird diese Gleichung logarithmiert und danach mit –1 multipliziert, so folgt:

$$-\lg [K_S(HA) \cdot K_B(A^-)] = -\lg K_W \quad \text{bzw.}$$

$$-\lg K_S(HA) - \lg K_B(A^-) = -\lg K_W$$

Mit den Definitionen von pK_S und pK_B sowie dem Wert für K_W bei 25 °C ergibt sich schließlich:

$$pK_S(HA) + pK_B(A^-) = 14$$

Für jedes korrespondierende Säure-Base-Paar ist die Summe aus pK_S und pK_B gleich 14. Daraus folgt: Je stärker die Säure, umso schwächer die korrespondierende Base, und umgekehrt.

HCl mit pK_S = –7 ist wegen des kleineren pK_S-Werts eine stärkere Säure als CH_3COOH mit pK_S = 4,75. Damit ist CH_3COO^- mit pK_B = 9,25 eine stärkere Base als Cl^- mit pK_B = 21 (↑ 03).

Der pK_S-Wert einer Säure HA bzw. der pK_B-Wert einer Base B ist der negative dekadische Logarithmus der Säurestärke K_S(HA) bzw. der Basenstärke K_B(B). pK_S(HA) und pK_B(A^-) addieren sich zu 14 (bei 25 °C).

Stärke der Säure/der Base	pK_S/pK_B
sehr stark	$pK < -1{,}74$
stark	–1,74 bis 4,0
schwach	4,0 bis 15,74
sehr schwach	$pK \geq 15{,}74$

02 Einteilung von Säuren und Basen

EINTEILUNG VON SÄUREN UND BASEN Säuren bzw. Basen können nach ihrem jeweiligen pK-Wert klassifiziert werden:
Sehr starke Säuren bzw. Basen sind stärker als H_3O^+ bzw. OH^-, d. h., $pK < -1{,}74$. Sehr schwache Säuren und Basen sind schwächer als H_2O, d. h., $pK > 15{,}74$. Dazwischen unterscheidet man starke und schwache Säuren und Basen (↑ 02).

Alle sehr starken Säuren liegen praktisch vollständig protolysiert vor, weil das Säure-Base-Gleichgewicht nach dem Prinzip von Le Chatelier durch den Überschuss an Wassermolekülen zusätzlich auf die rechte Seite verschoben wird. Das Wasser gleicht ihre unterschiedlichen Stärken aus, man spricht vom **nivellierenden Effekt des Wassers**.

PROTOCHEMISCHE REIHE Ordnet man korrespondierende Säure-Base-Paare nach steigendem pK_S-Wert, so erhält man eine **protochemische Reihe** (↑ 03). Die Säurestärke nimmt von oben nach unten ab, die Stärke der korrespondierenden Basen in der gleichen Richtung zu.
Reagiert eine Säure, die in der Reihe weiter oben steht, mit einer Base, die weiter unten steht, dann liegt das Gleichgewicht auf der rechten Seite mit $K_C > 1$. Umgekehrt liegt das Gleichgewicht auf der linken Seite, d. h., $K_C < 1$, wenn eine Säure, die weiter unten steht, mit einer Base, die weiter oben steht, reagiert.

Säurestärke pK_S	Säure	Korrespondierende Base	Basenstärke pK_B
−11	HI	I^-	25
−10	$HClO_4$	ClO_4^-	24
−7	HCl	Cl^-	21
−3	H_2SO_4	HSO_4^-	17
−1,74	H_3O^+	H_2O	15,74
−1,32	HNO_3	NO_3^-	15,32
1,81	H_2SO_3	HSO_3^-	12,19
1,92	HSO_4^-	SO_4^{2-}	12,08
2,12	H_3PO_4	$H_2PO_4^-$	11,88
3,14	HF	F^-	10,86
3,75	$HCOOH$	$HCOO^-$	10,25
4,75	CH_3COOH	CH_3COO^-	9,25
4,85	$[Al(H_2O)_6]^{3+}$	$[Al(OH)(H_2O)_5]^{2+}$	9,15
6,52	H_2CO_3	HCO_3^-	7,48
6,92	H_2S	HS^-	7,08
7,04	HSO_3^-	SO_3^{2-}	6,96
7,20	$H_2PO_4^-$	HPO_4^{2-}	6,80
9,25	NH_4^+	NH_3	4,75
10,40	HCO_3^-	CO_3^{2-}	3,60
12,36	HPO_4^{2-}	PO_4^{3-}	1,64
13,00	HS^-	S^{2-}	1,00
15,74	H_2O	OH^-	−1,74
24	OH^-	O^{2-}	−10

zunehmende Säurestärke ↑ / zunehmende Basenstärke ↓

03 Stärke von Säuren und ihren korrespondierenden Basen

Die Gleichgewichtskonstante K_C der Reaktion kann mittels der K_S-Werte berechnet werden:

$$HSO_4^-(aq) + HPO_4^{2-}(aq) \rightleftarrows SO_4^{2-}(aq) + H_2PO_4^-(aq)$$
$$pK_S(HSO_4^-) = 1{,}92 \Rightarrow K_S(HSO_4^-) = 1{,}2 \cdot 10^{-2}\ mol \cdot l^{-1}$$
$$pK_S(H_2PO_4^-) = 7{,}20 \Rightarrow K_S(H_2PO_4^-) = 6{,}3 \cdot 10^{-8}\ mol \cdot l^{-1}$$

$$K_C = \frac{K_S(HSO_4^-)}{K_S(H_2PO_4^-)} = 1{,}9 \cdot 10^5$$

Das Gleichgewicht liegt auf der rechten Seite.

Je stärker eine Säure HA, umso schwächer ist die korrespondierende Base A^- – und umgekehrt.

Die Säurekonstante allein sagt nichts über die Eigenschaften einer sauren Lösung aus. Der pK_S-Wert ist vielmehr eine stoffspezifische Größe, die unabhängig von der Konzentration der Lösung konstant ist. So haben Eisessig, Essigessenz, Speiseessig den gleichen pK_S-Wert von 4,75, jedoch unterschiedliche Eigenschaften, die von der Stoffmengenkonzentration abhängen.

Betrachten wir jedoch zwei Säuren oder Basen gleicher Stoffmengenkonzentration, kann aus dem gemessenen pH-Wert auf die Stärke der Säure oder Base geschlossen werden. So zeigt eine Salzsäurelösung mit der Ausgangskonzentration $c(HCl) = 0{,}1\ mol \cdot l^{-1}$ einen pH-Wert von 1, während eine Essigsäurelösung gleicher Konzentration einen pH-Wert von 2,9 aufweist. Mit Magnesium reagiert die Salzsäure viel heftiger als die Essigsäure.

1 〉 Berechnen Sie für folgende Teilchen die Säure- bzw. Basenkonstante: HNO_3, CO_3^{2-}, NH_3, HS^-.

2 〉 Begründen Sie, ob bei den folgenden Ampholyten die Säurestärke die Basenstärke überwiegt oder umgekehrt: HSO_4^-, HCO_3^-, $H_2PO_4^-$, HPO_4^{2-}.

3 〉 Begründen Sie, ob Lösungen der Salze NH_4HSO_4 sowie $NaCH_3COO$ sauer, neutral oder alkalisch reagieren.

4 〉 In eine Lösung von Ammoniak (NH_3) wird Schwefelwasserstoff (H_2S) eingeleitet.
a Erstellen Sie die Reaktionsgleichung.
b Berechnen Sie die Gleichgewichtskonstante.

Saure und alkalische Salzlösungen

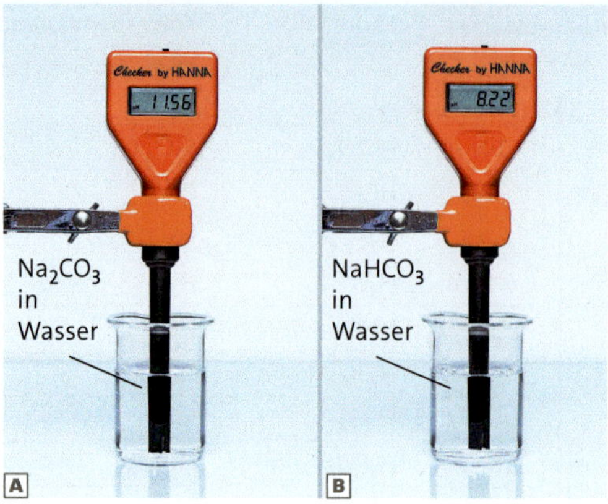

01 **A** Waschsoda (Na_2CO_3) und **B** Natron ($NaHCO_3$) bilden alkalische Lösungen

Salze sind Ionenverbindungen, die sich meist gut in Wasser lösen. Während Kochsalz eine neutrale Lösung bildet, entsteht beim Lösen von Waschsoda (↑ 01) oder dem Backtriebmittel *Hirschhornsalz* eine alkalische Lösung. Dagegen bildet sich beim Lösen von Ammoniumchlorid oder Natriumhydrogensulfat (Bestandteil von WC-Reinigern) eine saure Lösung. Offenbar reagieren die Kationen bzw. Anionen einiger Salze in einer *Protolyse* (Säure-Base-Reaktion) entweder als Brönsted-Säure oder Brönsted-Base.

Allgemeines Schema korrespondierender Säure-Base-Paare *↑ S. 150*

SAURE REAKTIONEN VON SALZEN Betrachten wir zunächst die korrespondierenden Säure-Base-Paare bei der Protolyse von Ammoniak, wobei Wasser als *Ampholyt* wirkt. Die als schwache Base fungierenden NH_3-Moleküle (B) reagieren in einer Protolyse mit den als Säure wirkenden H_2O-Molekülen (HA), wobei sich Ammonium-Ionen NH_4^+ (HB^+) und Hydroxid-Ionen OH^- (A^-) bilden:

$$NH_3 + H_2O \rightleftarrows NH_4^+ + OH^- \qquad pK_B = 4{,}75$$

Das NH_4^+-Ion (HB^+) ist die korrespondierende Säure zur Base NH_3 (B) und kann mit H_2O-Molekülen (A^-) unter Bildung von Oxonium-Ionen H_3O^+ (HB^+) reagieren:

$$NH_4^+ + H_2O \rightleftarrows NH_3 + H_3O^+ \qquad pK_S = 9{,}25$$

Die im Ammoniumchlorid enthaltenen Chlorid-Ionen Cl^- stellen die korrespondierende Base zur sehr starken Säure Chlorwasserstoff HCl dar, die mit Wasser vollständig protolysiert. Cl^--Ionen dagegen haben einen pK_B-Wert von 21 und reagieren daher mit Wasser praktisch nicht als Base, sie sind neutral. Gleiches gilt für Säurerest-Ionen anderer sehr starker Säuren wie I^- (Säure: HI) oder NO_3^- (Säure: HNO_3). Auch Natrium-Ionen Na^+ sind extrem schwache Basen und zeigen keine Protolyse.

Betrachten wir das Salz Natriumhydrogensulfat $NaHSO_4$, so liegen HSO_4^--Ionen vor, die selbst als Ampholyt reagieren können:

$$HSO_4^- + H_2O \rightleftarrows SO_4^{2-} + H_3O^+ \qquad pK_S = 1{,}92$$
$$HSO_4^- + H_2O \rightleftarrows H_2SO_4 + OH^- \qquad pK_B = 17$$

Da der pK_S-Wert des Ions deutlich kleiner als der pK_B-Wert ist, reagieren HSO_4^--Ionen als Säure.

BASISCHE REAKTIONEN VON SALZEN Waschsoda (Natriumcarbonat, Na_2CO_3) besteht aus Natrium-Ionen Na^+ und Carbonat-Ionen CO_3^{2-}. Letztere sind die konjugierte Base der Säure Hydrogencarbonat-Ionen HCO_3^- mit einem pK_B-Wert von 3,6 – folglich eine starke Base. Folgende Protolyse läuft ab:

$$CO_3^{2-} + H_2O \rightleftarrows HCO_3^- + OH^- \qquad pK_B = 3{,}6$$

Im Hirschhornsalz (Ammoniumcarbonat, $(NH_4)_2CO_3$) liegen neben Carbonat-Ionen, die als Base reagieren, auch Ammonium-Ionen vor, die als Säure reagieren:

$$NH_4^+ + H_2O \rightleftarrows NH_3 + H_3O^+ \qquad pK_S = 9{,}25$$

Der pK_B-Wert der Carbonat-Ionen ist deutlich kleiner als der pK_S-Wert der Ammonium-Ionen. Folglich verläuft die Protolyse der Base in viel stärkerem Umfang als die der Säure, sodass die Lösung alkalisch wird.

NEUTRALE REAKTIONEN VON SALZEN Natriumchlorid besteht aus Natrium- und Chlorid-Ionen. Beide reagieren mit Wassermolekülen in kaum merklichem Ausmaß, da sie sehr schwache Säuren bzw. Basen sind. Die Lösung ist folglich neutral.
Ebenfalls neutral ist eine Lösung von Ammoniumacetat, obwohl Ammonium-Ionen schwache Säuren und Acetat-Ionen schwache Basen sind. Es gilt jedoch: $pK_S(NH_4^+) = 9{,}25 = pK_B(CH_3COO^-)$
Weil die Säurestärke des Ammonium-Ions genauso groß ist wie die Basenstärke des Acetat-Ions, läuft keine merkliche Reaktion ab.

Beim Lösen eines Salzes kann eine saure, neutrale oder alkalische Lösung entstehen. Entscheidend dafür sind die Säure- bzw. Basenstärken der beteiligten Ionen.

1 › Begründen Sie, ob Lösungen folgender Salze sauer, basisch oder neutral sind:
$NaSO_4$; NH_4HSO_4; NH_4CH_3COO

2 › Erklären Sie, warum in der Küche der Zusatz von Natron ($NaHCO_3$) den pH-Wert saurer Getränke und Speisen erhöht.

Salz	Ionen	pK_S- und pK_B-Werte	Protolyse	Lösung
NaCl	Na^+ Cl^-	sehr schwache Säure sehr schwache Base	keine Protolyse keine Protolyse	neutral
NH_4Cl	NH_4^+ Cl^-	$pK_S(NH_4^+) = 9{,}25$	$NH_4^+ + H_2O \rightleftarrows NH_3 + H_3O^+$	sauer
NH_4HSO_4	NH_4^+ HSO_4^-	$pK_S(NH_4^+) = 9{,}25$ $pK_S(HSO_4^-) = 1{,}92$	$pK_S(HSO_4^-) < pK_S(NH_4^+)$ HSO_4^- reagiert als Säure: $HSO_4^- + H_2O \rightleftarrows SO_4^{2-} + H_3O^+$	sauer
$Al_2(SO_4)_3$	Al^{3+} SO_4^{2-}	$pK_S(Al^{3+}) = 4{,}89$ $pK_B(SO_4^{2-}) = 12{,}08$	$pK_S(Al^{3+}) < pK_B(SO_4^{2-})$ $[Al(H_2O)_6]^{3+}$ reagiert als Säure: $[Al(H_2O)_6]^{3+} + H_2O \rightleftarrows [Al(OH)(H_2O)_5]^{3+} + H_3O^+$	sauer
Na_2CO_3	Na^+ CO_3^{2-}	sehr schwache Säure $pK_B(CO_3^{2-}) = 3{,}6$	keine Protolyse $CO_3^{2-} + H_2O \rightleftarrows HCO_3^- + OH^-$	alkalisch
$(NH_4)_2CO_3$	NH_4^+ CO_3^{2-}	$pK_S(NH_4^+) = 9{,}25$ $pK_B(CO_3^{2-}) = 3{,}6$	$pK_B(CO_3^{2-}) < pK_S(NH_4^+)$ CO_3^{2-} reagiert als Base: $CO_3^{2-} + H_2O \rightleftarrows HCO_3^- + OH^-$	alkalisch
Na_2HPO_4	Na^+ HPO_4^{2-}	HPO_4^{2-} ist ein Ampholyt $pK_S(HPO_4^{2-}) = 12{,}36$ $pK_B(HPO_4^{2-}) = 6{,}8$	$pK_B(HPO_4^{2-}) < pK_S(HPO_4^{2-})$ HPO_4^{2-} reagiert als Base: $HPO_4^{2-} + H_2O \rightleftarrows PO_4^{3-} + OH^-$	alkalisch

02 Protolyse von Salzen in Abhängigkeit der pK_S- bzw. pK_B-Werte

P Saure und alkalische Salzlösungen

EXP 5.07 pH-Werte von Salzlösungen

Materialien 6 Reagenzgläser, Reagenzglasständer, Becherglas, Spatel, Tropfpipette, Universalindikatorlösung, Aluminiumchlorid (5), Ammoniumchlorid (7), Kaliumhydrogensulfat (5, 7), Natriumacetat, Natriumcarbonat (7), Natriumchlorid, Wasser

Durchführung Geben Sie eine erbsengroße Menge von jedem Salz in je ein Reagenzglas. Fügen Sie etwa 50 Tropfen Wasser hinzu und lösen Sie die Salze durch Schwenken der Reagenzgläser. Geben Sie dann zu jeder Lösung einen Tropfen Universalindikatorlösung.
Entsorgung: Aluminiumchloridlösungzu den giftigen anorganischen Abfälle, andere Lösungen ins Abwasser geben.

Auswertung

1) Ermitteln Sie anhand der protochemischen Reihe (↑ S. 153), bei welchen der in den verschiedenen Salzen enthaltenen Kationen bzw. Anionen es sich nicht um sehr schwache Säuren oder Basen handelt.
2) Erstellen Sie für die nicht sehr schwachen Säuren und Basen die Protolysereaktionen. Erklären Sie damit die Entstehung der sauren bzw. alkalischen Lösungen
3) Stellen Sie mittels der pK_S- und pK_B-Werte eine Hypothese über die pH-Wert-Reihenfolge der Lösungen auf und vergleichen Sie Ihre Vorhersage mit dem Experiment.

EXP 5.08 WC-Reiniger

Materialien 2 kleine Bechergläser, Wasser, Natriumchlorid, Natriumhydrogensulfat (5), Universalindikator, Kalk

Durchführung Geben Sie je eine Spatelspitze Natriumhydrogensulfat und Natriumchlorid in jeweils ein Becherglas mit Wasser. Fügen Sie je einen Tropfen Universalindikator und anschließend eine Spatelspitze Kalk hinzu.
Entsorgung: Lösungen verdünnt ins Abwasser geben.

Auswertung

1) Stellen Sie die Reaktionsgleichungen für die Reaktionen von Natriumhydrogensulfat und Natriumchlorid in Wasser auf. Betrachten Sie dabei auch die Reaktion der einzelnen Ionen in Wasser.
2) In WC-Reinigern gegen Kalk ist der Inhaltsstoff Natriumhydrogensulfat zu finden. Andere Salze wie Natriumchlorid haben sich nicht als Inhaltsstoff bewährt. Erklären Sie mithilfe von Reaktionsgleichungen, warum der WC-Reiniger mit Natriumhydrogensulfat zur Beseitigung von Kalk eingesetzt werden kann.
3) In pulverförmigen Reinigern zur Beseitigung von Fett ist häufig der Inhaltsstoff Natriumhydrogencarbonat zu finden. Auch diese Reiniger werden erst mit Wasser wirksam Erläutern Sie, warum dieser Reiniger nicht zur Entfernung von Kalk geeignet ist.

5.6 Berechnung von pH-Werten

01 Abwasser in der Kläranlage darf nicht zu sauer sein.

pH-Wert-Berechnung für die Lösung einer sehr starken Base

Aufgabe: Laugengebäck wird vor dem Backen mit Natronlauge bestrichen. Die Natronlauge fördert die Hydrolyse von Proteinen zu Aminosäuren, was die Bräunung an der Teigoberfläche über die Maillard-Reaktion begünstigt. Die verwendete Natronlauge enthält 31 g Natriumhydroxid in einem Liter. In der wässrigen Lösung liegt NaOH vollständig in $Na^+(aq)$ und $OH^-(aq)$ dissoziiert vor.
Berechnen Sie den pH-Wert der Natronlauge.

Gegeben: $m(\text{Natriumhydroxid}) = 31{,}0\text{ g}$; $V(\text{Natronlauge}) = 1{,}0\text{ L}$;
$M(\text{NaOH}) = 40{,}0\text{ g}\cdot\text{mol}^{-1}$

Gesucht: pH-Wert der Natronlauge

Lösung:
1. Berechnung von $c_0(\text{NaOH})$:

$$c_0(\text{NaOH}) = \frac{n(\text{NaOH})}{V(\text{Natronlauge})}$$

$$= \frac{m(\text{Natriumhydroxid})}{M(\text{NaOH})\cdot V(\text{Natronlauge})}$$

$$= \frac{31{,}0\text{ g}}{40{,}0\text{ g}\cdot\text{mol}^{-1}\cdot 1\text{ L}}$$

$$= 0{,}775\text{ mol}\cdot\text{L}^{-1}$$

2. Berechnung von $c(OH^-)$:

$$\text{NaOH} \longrightarrow Na^+(aq) + OH^-(aq)$$

$$\Rightarrow c(OH^-) = c_0(\text{NaOH}) = 0{,}775\text{ mol}\cdot\text{L}^{-1}$$

3. Berechnung des pH-Werts:

$$\text{pOH} = -\lg c_0(OH^-) = -\lg 0{,}775 = 0{,}11$$

$$\text{pH} = 14 - \text{pOH} = 13{,}89$$

Antwort: Der pH-Wert der Natronlauge beträgt 13,89.

LÖSUNGEN SEHR STARKER SÄUREN UND BASEN

Bei Reinigungsarbeiten mit Salzsäure einer Konzentration von $c(\text{HCl}) = 2\text{ mol}\cdot\text{L}^{-1}$ ist ein Liter der Säure in ein Sammelbecken für Regenwasser gelaufen, in dem sich 5 m^3 Wasser befanden. Darf das Wasser in die Abwasserkanalisation gepumpt werden, wenn der pH-Wert für Abwassereinleitungen nicht kleiner als 4 sein darf?

Um den pH-Wert berechnen zu können, muss die Konzentration $c_0(\text{HCl})$ im Sammelbecken bekannt sein. Ohne die Volumenzunahme durch die Salzsäure beträgt das Lösungsvolumen 5000 L. Damit folgt:

$$c_0(\text{HCl}) = \frac{n(\text{HCl})}{V(\text{Lösung})} = \frac{2\text{ mol}}{5000\text{ L}}$$

$$= 4\cdot 10^{-4}\text{ mol}\cdot\text{L}^{-1}$$

Das HCl-Molekül ist eine sehr starke Säure. In Lösungen sehr starker Säuren HA bzw. Basen B kann man praktisch von einer vollständigen Protolyse ausgehen. In diesem Fall vereinfacht sich die Berechnung des pH-Werts, weil die Konzentration der Oxonium- bzw. der Hydroxid-Ionen gleich der Ausgangskonzentration der Säure bzw. Base ist, wenn die Autoprotolyse des Wassers vernachlässigt wird.

$$c(H_3O^+) = c_0(\text{HA}) \text{ bzw. } c(OH^-) = c_0(\text{B})$$

Der pH-Wert der Lösung ist somit gleich dem negativen Zehnerlogarithmus der Ausgangskonzentration:
$\text{pH} = -\lg c_0(\text{HA})$

Für sehr starke Basen gilt entsprechend:
$\text{pOH} = -\lg c_0(\text{B})$; $\text{pH} = 14 - \text{pOH}$

Für das Abwasser folgt:
$\text{pH} = -\lg c_0(\text{HCl}) = -\lg 4\cdot 10^{-4} = 3{,}40$
Der pH-Wert ist damit zu niedrig, um es direkt in die Kanalisation zu leiten.

Sehr starke Säuren und Basen reagieren vollständig mit Wasser-Molekülen. Der pH-Wert der Lösung lässt sich einfach aus der Ausgangskonzentration c_0 berechnen:
$\text{pH} = -\lg c_0(\text{HA})$
$\text{pOH} = -\lg c_0(\text{B})$; $\text{pH} = 14 - \text{pOH}$

Schon gewusst? Für starke Säuren wie Phosphorsäure (H_3PO_4) kann man die Näherung der vollständigen Protolyse zur pH-Wert-Berechnung anwenden, wenn der Quotient $\frac{K_S}{c_0}$ mindestens 10 beträgt.

LÖSUNGEN SCHWACHER SÄUREN UND BASEN

Wenn das Protolysegleichgewicht weitgehend links liegt, dann findet kaum Protolyse statt. Dies trifft für nicht zu stark verdünnte Lösungen schwacher Säuren und Basen zu. Die Gleichgewichtskonzentration von HA bzw. B ist dann fast gleich der Ausgangskonzentration:

$c(\text{HA}) \approx c_0(\text{HA}) \quad \text{bzw.} \quad c(\text{B}) \approx c_0(\text{B})$

Vernachlässigt man die Oxonium- bzw. Hydroxid-Ionen aus der Autoprotolyse des Wassers und betrachtet nur die Protolyse von HA bzw. B, so ergeben sich folgende Gleichungen:

$c(\text{A}^-) = c(\text{H}_3\text{O}^+) \quad \text{bzw.} \quad c(\text{HB}^+) = c(\text{OH}^-)$

Damit sind folgende Vereinfachungen der Definitionsgleichungen von $K_S(\text{HA})$ und $K_B(\text{B})$ möglich:

$$K_S(\text{HA}) = \frac{c(\text{A}^-) \cdot c(\text{H}_3\text{O}^+)}{c(\text{HA})} \Rightarrow K_S(\text{HA}) \approx \frac{c(\text{H}_3\text{O}^+)^2}{c_0(\text{HA})}$$

$$K_B(\text{B}) = \frac{c(\text{HB}^+) \cdot c(\text{OH}^-)}{c(\text{B})} \Rightarrow K_B(\text{B}) \approx \frac{c(\text{OH}^-)^2}{c_0(\text{B})}$$

Die Gleichungen werden nach $c(\text{H}_3\text{O}^+)$ bzw. $c(\text{OH}^-)$ aufgelöst und dann negativ logarithmiert.

Für schwache **Säuren** gilt:

$c(\text{H}_3\text{O}^+) = [K_S(\text{HA}) \cdot c_0(\text{HA})]^{\frac{1}{2}} \quad | -\lg$

$\text{pH} = \frac{1}{2} \cdot [\text{p}K_S(\text{HA}) - \lg c_0(\text{HA})]$

Für schwache **Basen** gilt:

$c(\text{OH}^-) = [K_B(\text{B}) \cdot c_0(\text{B})]^{\frac{1}{2}} \quad | -\lg$

$\text{pOH} = \frac{1}{2} \cdot [\text{p}K_B(\text{B}) - \lg c_0(\text{B})]; \text{pH} = 14 - \text{pOH}$

Schwache Säuren und Basen protolysieren in Wasser nur wenig. Für die entsprechenden Lösungen gilt:
$\text{pH} = \frac{1}{2} \cdot [\text{p}K_S(\text{HA}) - \lg c_0(\text{HA})]$
$\text{pOH} = \frac{1}{2} \cdot [\text{p}K_B(\text{B}) - \lg c_0(\text{B})]$

Liegen eine sehr starke und eine schwächere Säure nebeneinander in Lösung vor, so kann der pH-Wert alleine über die Protolyse der sehr starken Säure berechnet werden. Die von ihr stammenden Oxonium-Ionen drängen die Protolyse der schwächeren Säure nach dem Prinzip von Le Chatelier zurück.

1 Berechnen Sie die pH-Werte:
a $c_0(\text{HCl}) = 0{,}05\ \text{mol} \cdot \text{L}^{-1}$
b $c_0(\text{CH}_3\text{COOH}) = 0{,}05\ \text{mol} \cdot \text{L}^{-1}$
c $c_0(\text{CH}_3\text{COOH}) = 0{,}1\ \text{mol} \cdot \text{L}^{-1}$ und $c_0(\text{HCl}) = 0{,}1\ \text{mol} \cdot \text{L}^{-1}$ liegen gemischt vor.

pH-Wert-Berechnung für die Lösung einer schwachen Säure

Aufgabe: Zusätze von Essig wurden bereits vor über 2000 Jahren in Erfrischungsgetränken geschätzt, beispielsweise von römischen Soldaten während langer Märsche. Weil er sauer ist, können sich Bakterien in ihm kaum vermehren, sodass das Getränk länger frisch bleibt. Speiseessig enthält pro Liter 50 g Essigsäure, $\text{p}K_S(\text{CH}_3\text{COOH}) = 4{,}75$.
Berechnen Sie den pH-Wert von Speiseessig.

Gegeben: $m(\text{Essigsäure}) = 50\ \text{g}$; $V(\text{Essig}) = 1\ \text{L}$;
$M(\text{CH}_3\text{COOH}) = 60{,}0\ \text{g} \cdot \text{mol}^{-1}$; $\text{p}K_S(\text{CH}_3\text{COOH}) = 4{,}75$

Gesucht: pH-Wert des Speiseessigs

Lösung:
1. Berechnung von $c_0(\text{CH}_3\text{COOH})$:

$$c_0 = \frac{n(\text{CH}_3\text{COOH})}{V(\text{Essig})} = \frac{m(\text{Essigsäure})}{M(\text{CH}_3\text{COOH}) \cdot V(\text{Essig})} = \frac{50{,}0\ \text{g}}{60{,}0\ \text{g} \cdot \text{mol}^{-1} \cdot 1\ \text{L}} \approx 0{,}83\ \text{mol} \cdot \text{L}^{-1}$$

2. Berechnung des pH-Werts:

$\text{CH}_3\text{COOH(aq)} + \text{H}_2\text{O(l)} \rightleftarrows \text{CH}_3\text{COO}^-\text{(aq)} + \text{H}_3\text{O}^+\text{(aq)}$

Essigsäure ist eine schwache Säure. Zur Berechnung des pH-Werts kann die entsprechende Formel verwendet werden:

$$\text{pH} = \frac{1}{2} \cdot [\text{p}K_S(\text{CH}_3\text{COOH}) - \lg c_0(\text{CH}_3\text{COOH})] = \frac{1}{2} \cdot [4{,}75 - \lg 0{,}83] \approx 2{,}42$$

Antwort: Der pH-Wert von Speiseessig beträgt etwa 2,4.

2 Die Lösung einer Base B mit $c_0(\text{B}) = 0{,}1\ \text{mol} \cdot \text{L}^{-1}$ hat einen pH-Wert von 9,5. Begründen Sie,
a warum es sich bei B nicht um eine sehr starke Base handelt.
b um welche Art von Base es sich handelt.

3 Eine Mitschülerin behauptet: „Schwefelsäure ist eine sehr starke zweiprotonige Säure. In einer Lösung mit $c_0(\text{H}_2\text{SO}_4) = 0{,}05\ \text{mol} \cdot \text{L}^{-1}$ beträgt $c(\text{H}_3\text{O}^+) = 0{,}1\ \text{mol} \cdot \text{L}^{-1}$ und der pH-Wert der Lösung ist gleich eins." Begründen Sie, ob die Mitschülerin mit ihrer Behauptung recht hat.

4 Wenn $K_S(\text{HA})/c_0(\text{HA}) > 10$, dann kann der pH-Wert nach der Näherung der vollständigen Protolyse berechnet werden.
Berechnen Sie für Essigsäure, ab welchem Wert von $c_0(\text{CH}_3\text{COOH})$ dies gilt.

5.7 Wichtige Säuren

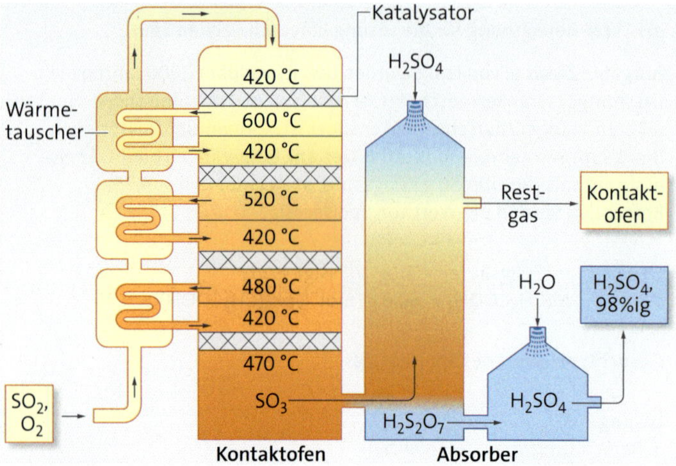

01 Kontaktanlage zur Produktion von Schwefelsäure

Übung: Namen und Molekülformeln von Säuren und Säurerest-Ionen

SCHWEFELSÄURE Schwefelsäure (H_2SO_4) ist einer der wichtigsten industriellen Grundstoffe. Ihre Weltjahresproduktion betrug 2015 etwa 200 Millionen Tonnen – das ist mehr als jedes andere synthetische Produkt. Der Großteil wird für die Düngemittelproduktion genutzt, größere Mengen werden zur Herstellung von Tensiden oder der Aufbereitung von Erzen verwendet. Die Schwefelsäure in Bleiakkumulatoren („Autobatterie") macht nur einen kleinen Anteil aus.

SCHWEFELTRIOXID Ausgangsstoff für die Schwefelsäureherstellung ist Schwefeltrioxid (SO_3), das in zwei exothermen Reaktionen produziert wird:

$$S(s) + O_2(g) \longrightarrow SO_2(g)$$
$$2\,SO_2(g) + O_2(g) \rightleftarrows 2\,SO_3(g)$$

Der zweite Schritt wird im **Kontaktverfahren** durch Vanadiumpentaoxid (V_2O_5) katalysiert. Die frei werdende Reaktionswärme muss über den Wärmetauscher abgeführt werden. Sonst steigt die Temperatur, und das Gleichgewicht zwischen Schwefeldioxid und -trioxid wird auf die Seite des Schwefeldioxids verschoben.

HERSTELLUNG VON SCHWEFELSÄURE Die Reaktion von Schwefeltrioxid mit Wasser zu Schwefelsäure ist langsam, weshalb sie sich nicht für die Synthese der Schwefelsäure eignet. Stattdessen wird Schwefeltrioxid mit Schwefelsäure in einer schnellen Reaktion zunächst zu Dischwefelsäure ($H_2S_2O_7$) umgesetzt. Diese wird in einem zweiten Schritt hydrolysiert, wodurch reine Schwefelsäure entsteht.

$$SO_3(g) + H_2SO_4(l) \rightarrow H_2S_2O_7(l)$$
$$H_2S_2O_7(l) + H_2O(l) \rightarrow 2\,H_2SO_4(l)$$

Die handelsübliche konzentrierte Schwefelsäure hat einen Massenanteil von w(Schwefelsäure) = 98 % und eine Dichte von ρ = 1,84 kg · l^{-1}. Sie wirkt stark hygroskopisch, also wasseranziehend.

EINE ZWEIPROTONIGE SÄURE Vom Schwefelsäuremolekül können nacheinander zwei Protonen auf Basen übergehen. Es handelt sich deshalb um eine zweiprotonige Säure:

$$H_2SO_4(aq) + H_2O(l) \rightleftarrows H_3O^+(aq) + HSO_4^-(aq)$$
$$HSO_4^-(aq) + H_2O(l) \rightleftarrows H_3O^+(aq) + SO_4^{2-}(aq)$$

$pK_S(H_2SO_4)$ wird auch als pK_{S1} und $pK_S(HSO_4^-)$ als pK_{S2} von H_2SO_4 bezeichnet.
Die gebildeten Basen werden Hydrogensulfat-Ion HSO_4^- und Sulfat-Ion SO_4^{2-} genannt. Entsprechend werden Salze nach ihnen benannt, beispielsweise Kaliumhydrogensulfat $KHSO_4$ und Calciumsulfat $CaSO_4$ (Gips).

SCHWEFLIGE SÄURE Bei der Verbrennung von Schwefel oder Schwefelverbindungen entsteht Schwefeldioxid SO_2. Es reagiert mit Wasser zu Schwefliger Säure H_2SO_3:

$$SO_2(g) + H_2O(l) \rightleftarrows H_2SO_3(aq)$$

Auch Schweflige Säure ist eine zweiprotonige Säure. Die gebildeten Basen heißen Hydrogensulfit-Ion HSO_3^- und Sulfit-Ion SO_3^{2-}:

$$H_2SO_3(aq) + H_2O(l) \rightleftarrows H_3O^+(aq) + HSO_3^-(aq)$$
$$HSO_3^-(aq) + H_2O(l) \rightleftarrows H_3O^+(aq) + SO_3^{2-}(aq)$$

1 ⟩ Erläutern Sie die Bedeutung des Wärmetauschers im Kontaktverfahren.

2 ⟩ Berechnen Sie das zur Herstellung von einem Liter Schwefelsäurelösung (c = 1,0 mol · l^{-1}) benötigte Volumen an konzentrierter Schwefelsäure.

3 ⟩ H_2SO_4 ist eine stärkere Säure als H_2SO_3. Wenn zu einer Lösung von Natriumsulfit, Na_2SO_3, Schwefelsäure im Überschuss zugegeben wird, dann kann in der Gasphase über der Lösung Schwefeldioxid nachgewiesen werden. Erklären Sie diese Beobachtung über die beteiligten chemischen Gleichgewichte.

4 ⟩ Phosphorsäure, H_3PO_4, wird aus Apatit, $Ca_5(PO_4)_3(OH)$, und Schwefelsäure hergestellt. Als Nebenprodukte entstehen Calciumsulfat und Wasser. Erstellen Sie die Reaktionsgleichung.

5 ⟩ Erstellen Sie für die bei der Herstellung von Calciumdihydrogenphosphat ablaufenden Säure-Base-Reaktionen die Reaktionsgleichungen.

Name des Säuremoleküls	Formel	Name des Säurerest-Ions	Formel	Name des Natriumsalzes	Formel
Kohlensäure	H_2CO_3	Hydrogencarbonat-Ion	HCO_3^-	Natriumhydrogencarbonat	$NaHCO_3$
		Carbonat-Ion	CO_3^{2-}	Natriumcarbonat	Na_2CO_3
Salpetersäure	HNO_3	Nitrat-Ion	NO_3^-	Natriumnitrat	$NaNO_3$
Phosphorsäure	H_3PO_4	Dihydrogenphosphat-Ion	$H_2PO_4^-$	Natriumdihydrogenphosphat	NaH_2PO_4
		Hydrogenphosphat-Ion	HPO_4^{2-}	Natriumhydrogenphosphat	Na_2HPO_4
		Phosphat-Ion	PO_4^{3-}	Natriumphosphat	Na_3PO_4
Schwefelsäure	H_2SO_4	Hydrogensulfat-Ion	HSO_4^-	Natriumhydrogensulfat	$NaHSO_4$
		Sulfat-Ion	SO_4^{2-}	Natriumsulfat	Na_2SO_4
Chlorwasserstoff	HCl	Chlorid-Ion	Cl^-	Natriumchlorid	NaCl

02 Namen und Molekülformeln wichtiger Säuren und Säurerest-Ionen

Nicht nur für das Wachstum wichtig – Phosphorsäure und Salpetersäure

01 Zahnschmelz enthält Phosphat-Ionen.

Was haben Knochen und Zähne mit der Energieumwandlung im Organismus und der Speicherung von Erbinformation in der Zelle gemeinsam? In allen drei Fällen sind Phosphat-Ionen im Spiel, die sich aus der **Phosphorsäure** H_3PO_4 bilden. Sie ist eine dreiprotonige Säure, aus der durch schrittweise Protolyse die Anionen Dihydrogenphosphat $H_2PO_4^-$, Hydrogenphosphat HPO_4^{2-} und Phosphat PO_4^{3-} entstehen können.

$$H_3PO_4(aq) + H_2O(l) \rightleftarrows H_3O^+(aq) + H_2PO_4^-(aq)$$
$$H_2PO_4^-(aq) + H_2O(l) \rightleftarrows H_3O^+(aq) + HPO_4^{2-}(aq)$$
$$HPO_4^{2-}(aq) + H_2O(l) \rightleftarrows H_3O^+(aq) + PO_4^{3-}(aq)$$

Zahnschmelz besteht aus Apatit $Ca_5(PO_4)_3(OH)$, einem Calciumphosphat, in dessen Ionengitter noch Hydroxid-Ionen eingebaut sind. DNA-Moleküle speichern Erbinformation, und ATP-Moleküle speichern biochemisch nutzbare Energie. Beide Moleküle sind Ester des Phosphorsäure-Moleküls mit Desoxyribose bzw. Ribose, einem Zucker-Molekül. Da Pflanzen ohne Phosphat-Ionen nicht wachsen, werden sie landwirtschaftlich genutzten Flächen durch die entsprechenden Salze zugesetzt. Phosphorsäure wird durch Reaktion von Schwefelsäure mit Calciumphosphat gewonnen:

$$Ca_3(PO_4)_2 + 3\,H_2SO_4 \longrightarrow 3\,CaSO_4 + 2\,H_3PO_4$$

Durch Reaktion von Calciumphosphat mit Phosphorsäure entsteht das lösliche und somit für die Pflanzen verfügbare Calciumdihydrogenphosphat, ein Hauptbestandteil von Phosphatdüngemitteln.

$$Ca_3(PO_4)_2 + 2\,H_3PO_4 \longrightarrow 3\,Ca(H_2PO_4)_2$$

Wie Phosphorsäure ist auch **Salpetersäure** ein wichtiger Ausgangsstoff für die Herstellung von Düngemitteln. Aufgrund ihrer oxidierenden Wirkung hat die Salpetersäure aber noch zahlreiche andere Anwendungen.
Großtechnisch wird sie durch die Reaktion von Stickstoffmonooxid mit Sauerstoff und Wasser hergestellt:

$$4\,NO + 3\,O_2 + 2\,H_2O \longrightarrow 4\,HNO_3$$

Salpetersäure lässt sich beispielsweise zur Unterscheidung der Edelmetalle Gold und Silber nutzen: Gold ist sehr reaktionsträge. Im Gegensatz zum Silber reagiert es mit Salpetersäure nicht zu einer löslichen Verbindung.

Dagegen kann elementares Gold mit einer Mischung aus konzentrierter Salzsäure und Salpetersäure reagieren. In einer solchen Lösung löst sich die gebildete Goldverbindung. Es wird vermutet, dass die hohe Konzentration an Chlorid-Ionen in dieser Mischung dazu beiträgt, die Reaktivität des Golds zu erhöhen.
Weil die Kombination der beiden sauren Lösungen in der Lage ist, mit Gold, dem „König der Metalle“, zu reagieren, wird sie auch als Königswasser bezeichnet.

02 Gold reagiert mit Königswasser.

5.8 Berechnung von Stoffmengenkonzentrationen

01 Milch gerinnt, wenn sie sauer wird.

In unserer Lebenswelt und in vielen Bereichen der Industrie und Technik ist die Bestimmung und Berechnung des pH-Wertes einer Lösung erforderlich. Beispielsweise kann durch die pH-Wert-Bestimmung von Milch der Frischegrad der Milch erfasst werden(↑ 01, 02).

Ebenso wichtig ist die Bestimmung einer Stoffmengenkonzentration bei bekanntem pH-Wert, um beispielsweise die Massenkonzentration der Calcium-Ionen in einer Milchprobe zu berechnen. Die Stoffmenge der Calcium-Ionen kann durch Titrationsuntersuchungen bestimmt werden, da diese in Milchprodukten hauptsächlich in Form von Salzen enthalten sind, die den pH-Wert der Lösung beeinflussen.

Zur Bestimmung der enthaltenden Masse eines Stoffes wird bei gegebenem pH-Wert zunächst die Anfangskonzentration der eingesetzten Säure oder Base berechnet. Mit diesesm Wert kann dann für ein bestimmtes Volumen die Stoffmenge und schließlich die Masse sowie die Massenkonzentration der gelösten Stoffe ermittelt werden.

Frischegrad der Milch	pH-Wert
frische Milch	6,6-6,8
sauer werdende Milch	6,3
Milch, die beim Erhitzen gerinnt	5,7
geronnene Milch	5,3-5,5

02 pH-Werte von Milch verschiedener Frischegrade

Die Stoffmengenkonzentration starker und sehr starken Säuren bzw. Basen kann mithilfe der bekannten Formel zur Berechnung der Konzentration der Oxonium-Ionen aus dem pH-Wert unter Vernachlässigung der Autoprotolyse des Wassers und der Annahme vollständiger Protolyse berechnet werden: $pH = -\lg c_0(H_3O^+) = -\lg c_0(HA)$

$$10^{-pH} = c_0(H_3O^+) = c_0(HA), \text{ also } \mathbf{c_0(HA) = 10^{-pH}}$$

Zur Berechnung der Stoffmengenkonzentration schwacher Säuren bzw. Basen ist die Umstellung der Formel zur Berechnung des pH-Wertes erforderlich.

M Vom pH-Wert zur Stoffmengenkonzentration

AUFGABE Berechnen Sie die Stoffmengenkonzentration von Blausäure (HCN) bei gegebenem pH-Wert pH=5 .

1. **Ermitteln des pK_S-Werts der gegebenen Säure und Beurteilung des Protolyseverhaltens:**
   Blausäure besitzt den pK_S-Wert 9,4 und gilt entsprechend der Einteilung (S. 152) als schwache Säure.

2. **Auswahl der Formel entsprechend des Protolyseverhaltens und Umstellen der Formel:**

   $$pH = \frac{1}{2} \cdot [pK_S(HA) - \lg c_0(HA)]$$

   Umstellen nach der Stoffmengenkonzentration:

   $$\Leftrightarrow 2 \cdot pH = [pK_S(HA) - \lg c_0(HA)]$$

   $$\Leftrightarrow 2 \cdot pH - pK_S(HA) = - \lg c_0(HA)]$$

   $$\Leftrightarrow - [2 \cdot pH - pK_S(HA)] = \lg c_0(HA)]$$

   $$\Leftrightarrow 10^{-[2 \cdot pH - pK_S(HA)]} = c_0(HA) \Leftrightarrow \mathbf{c_0(HA) = 10^{pK_S(HA) - 2 \cdot pH}}$$

   Für Blausäure gilt entsprechend:

   $$c_0(HCN) = 10^{pK_S(HCN) - 2 \cdot pH}$$

3. **Einsetzen des gegebenen pH-Werts und des PK_S-Werts und Berechnung der Stoffmengenkonzentration.**

   $$c_0(HCN) = 10^{pK_S(HCN) - 2 \cdot pH}$$

   $$c_0(HCN) = 10^{9,4 - 2 \cdot 5} = 0,25 \text{ mol} \cdot L^{-1}$$

1) **a** Berechnen Sie die Stoffmengenkonzentrationen einer Salzsäurelösung mit den pH-Werten pH=2 und pH=3 sowie einer Essigsäurelösung mit den pH-Werten pH=3 und pH=4.
b Vergleichen Sie die berechneten Stoffmengenkonzentrationen und interpretieren Sie die Ergebnisse.
c Berechnen Sie die Konzentration der Oxonium-Ionen in der Essigsäure bei den gegebenen pH-Werten und vergleichen Sie diese mit den berechneten Anfangskonzentrationen.
d Berechnen Sie den Protolysegrad der verschiedenen Essigsäurelösungen und formulieren Sie eine allgemein gültige Aussage.

2) Zur Herstellung von Joghurt werden Milchsäurebakterien verwendet. Bei warmen Temperaturen wandeln die die Milchsäurebakterien der Milch den Milchzucker in Milchsäure ($C_3H_6O_3$) um.
a Erklären Sie unter Angabe der Protolysegleichung die Senkung des pH-Wertes
b Berechnen Sie den pH-Wert eines Joghurts (200ml), der 1,8 g Milchsäure enthält.
c Berechnen Sie die Stoffmengenkonzentration der Milchsäure eines Joghurts mit dem pH-Wert pH=5,6.

3) Leiten Sie analog zum Beispiel links eine Formel zur pH-Wert-Berechnung einer schwachen Base her.

Klausurtraining

Material A Gefahr beim Verzehr von Lakritzwaren?

A1.1 Lakritzverpackung mit Hinweis

Ammoniumchlorid (NH_4Cl, $pK_S(NH_4^+)=9{,}25$, $pK_B(Cl^-)=21$) wird in Lakritzwaren als Säurungsmittel verwendet. Aufgrund der gesundheitlichen Gefährdungen durch Ammoniumchlorid wie metabolischer Azidose (stoffwechselbedinge Übersäuerung des Blutes und des Körpers) und Beeinträchtigung des normalen Ionenhaushalts mit Übelkeit, Erbrechen und neurologischen Störungen, müssen Lakritzprodukte, die Ammoniumchlorid als Säurungsmittel enthalten, besonders gekennzeichnet werden.

Ammoniumchloridgehalt	Hinweis
0%-1,99%	entfällt
2%-4,49%	Erwachsenenlakritz – kein Kinderlakritz
4,5%-7,99%	Extra stark Erwachsenenlakritz – kein Kinderlakritz

A1.2 Hinweise auf Lakritzwaren-Verpackungen

AUFGABEN ZU A

1) Erklären Sie mithilfe der pK_S- bzw. pK_B-Werte den Einsatz von Ammoniumchlorid als Säurungsmittel.
2) Stellen Sie das Protolysegleichgewicht der Ammonium-Ionen in Wasser auf und diskutieren Sie die Lage des Gleichgewichts. Markieren Sie die korrespondierenden Säure-Base-Paare.
3) In einer Lakritz-Portion sind 1 g Ammoniumchlorid enthalten. Berechnen Sie den pH-Wert, wenn diese Portion mit 0,4 l Wasser verzehrt wird und beurteilen Sie diesen pH-Wert hinsichtlich der Empfehlung der Ernährungswissenschaftler.
4) Berechnen Sie die Stoffmengenkonzentration eines Lakritz-Sirups (Dichte=1,4kg/l) mit einem pH-Wert von pH=4,56, wenn dieser vereinfacht durch die Konzentration der Ammonium-Ionen bestimmt wird und beurteilen Sie die Bedenklichkeit unter Bezug auf A1.2.

Material B Ascorbinsäure in Lebensmitteln

Vitamin C (Ascorbinsäure) ist ein wichtiges Vitamin unter anderem zur Stärkung des Immunsystems, als Antioxidans und zur Kräftigung des Bindegewebes. Der Chemiker LINUS PAULING war der Überzeugung, dass Vitamin C sogar vor Krebs schützen könne, was jedoch nicht belegt werden konnte.

Alter	Empfohlene Zufuhr (in mg/Tag)	
	männlich	weiblich
bis 10 Jahre	30-40	
11-15 Jahre	45-85	
15-65 Jahre	85-110	85-95
Schwangere		105
Stillende		125

B1.1 Empfohlene Verzehrmengen an Ascorbinsäure für verschiedene Personengruppen

Als Vitamin C-Lieferanten dienen in erster Linie verschiedene Obst- und Gemüsesorten und deren Säfte. Die Lebensmittelindustrie wirbt seit einiger Zeit mit Säften, die mit zusätzlicher Ascorbinsäure angereichert werden. Ascorbinsäure ist eine zweiprotonige Säure.

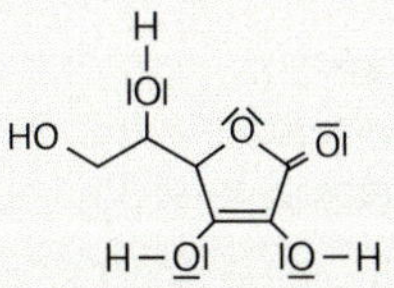

B1.2 Ascorbinsäuremolekül ($pK_{S1}=4{,}2$, $pK_{S2}=11{,}8$, vereinfachte Schreibweise H_2Asc)

AUFGABEN ZU B

1) **a** Geben Sie die Reaktionsgleichungen beim Lösen von Ascorbinsäure in Wasser mithilfe der vereinfachten Schreibweise an.
b Erläutern Sie anhand der Reaktionsgleichung für die erste Protolysestufe das Säure-Base-Konzept nach Brönsted.
c Erklären Sie mithilfe der Protolysegleichgewichte, warum die Bildung der Teilchen in der Ascorbinsäurelösung vom pH-Wert abhängig ist.
2) Berechnen Sie die Anfangskonzentration an Ascorbinsäure in einer handelsüblichen Orangensaft-Probe, wenn der pH-Wert des Orangensaftes pH=3,1 beträgt. Gehen Sie davon aus, dass H_2Asc als einzige Säure in der Lösung vorhanden ist.
3) Mithilfe eines Titrationsverfahrens werden 0,00086 mol Ascorbinsäure in 100 ml Maracujasaft festgestellt. Berechnen Sie die Menge an Saft, die eine Schwangere zu sich nehmen müsste, um ihren Tagesbedarf an Vitamin C zu decken.

Klausurtraining

Material C Wachs als Rohstoff

C1.1 Bienenwachs besteht aus Estern.

Bienenwachs besteht zum Großteil aus einem Ester der Palmitinsäure ($C_{15}H_{31}COOH$) mit Myricylalkohol ($C_{30}H_{61}OH$).
Ein Unternehmen möchte das Wachs als Rohstoff für die Produktion von Palmitinsäure (Siedetemperatur > 100 °C, $pK_S \approx 5$) und Myricylalkohol (Siedetemperatur > 100 °C) nutzen. Im ersten Schritt wird der Ester „verseift", also in einer alkalischen Lösung in Myricylalkohol und das Salz Natriumpalmitat ($NaC_{15}H_{31}COO$) gespalten. Am Ende sollen Palmitinsäure und Myricylalkohol getrennt voneinander vorliegen.
Um eine Zersetzung der langkettigen Moleküle zu vermeiden, darf in keinem der Schritte die Temperatur über 80 °C steigen.

Stoff	löslich in
Palmitinsäure	Pentan (Siedetemperatur: 35 °C)
Natriumpalmitat	Wasser (Siedetemperatur: 100 °C)
Myricylalkohol	Pentan (Siedetemperatur: 35 °C)

C1.2 Löslichkeit und Siedetemperatur der Lösungsmittel

AUFGABEN ZU C

1) **a** Geben Sie die Molekülformel der zu Palmitinsäure korrespondierenden Base an und berechnen Sie deren pK_B-Wert.
b Erläutern Sie, ob eine wässrige Lösung von Natriumpalmitat sauer, neutral oder alkalisch reagiert.

2) **a** Nennen Sie einen Stoff, mit dem Sie Natriumpalmitat in Palmitinsäure umwandeln können, und begründen Sie Ihre Wahl mit den Säure-Base-Eigenschaften.
b Beschreiben Sie, wie Sie nach der Verseifung des Esters weiter vorgehen, um reine Palmitinsäure und reinen Myricylalkohol zu erhalten.

3) Senkt man den pH-Wert der Lösungen von Natriumpalmitat ($C_{15}H_{31}COONa$) bzw. Natriumhexadecylsulfat ($C_{16}H_{33}OSO_3Na$; $pK_S = 0$) auf 2, so scheidet sich nur aus der ersten Lösung ein Feststoff ab. Erklären Sie das unterschiedliche Verhalten und die Bildung des Feststoffs.

Material D Süßes oder Saures?

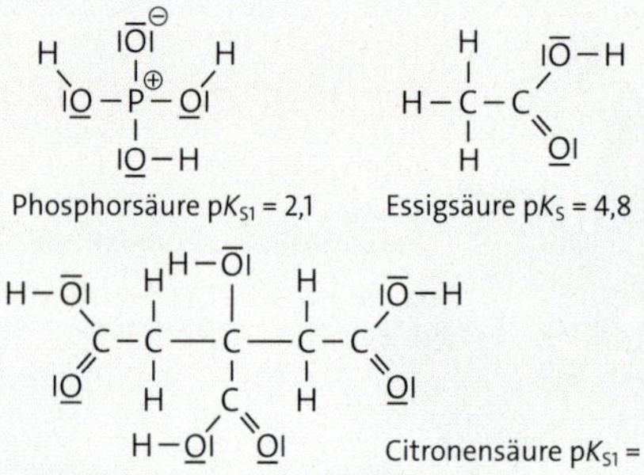

Phosphorsäure $pK_{S1} = 2{,}1$

Essigsäure $pK_S = 4{,}8$

Citronensäure $pK_{S1} = 3{,}1$

D1.1 Strukturformeln einiger Säuren

Bei römischen Legionären war verdünnter Essig, die Posca, als Erfrischungsgetränk beliebt. Heute sind in Getränken meist Citronensäure oder Phosphorsäure als Säuerungsmittel enthalten. Zusätzlich beinhalten sie Zucker, um den sauren Geschmack zu überdecken.

Getränk	pH	*w*(Säuerungsmittel)
A	2,5	0,41 %
B	2,4	0,07 %
C	2,9	1,00 %

D1.2 Getränke mit verschiedenen Säuerungsmitteln

AUFGABEN ZU D

1) Begründen Sie anhand der pK_S-Werte der drei Säuren (↑ D1.1), der pH-Werte und des Massenanteils (↑ D1.2), welches Säuerungsmittel bei den Getränken A, B und C verwendet wurde.

2) **a** Die Getränke haben eine Dichte von $1{,}00\ kg \cdot L^{-1}$. Berechnen Sie aus dem Massenanteil der Säuerungsmittel deren Stoffmengenkonzentrationen.
b Berechnen Sie aus der ermittelten Stoffmengenkonzentration für das mit Essigsäure versetzte Getränk den pH-Wert und vergleichen Sie das Ergebnis mit dem Wert in der Tabelle.

3) Der Zahnschmelz besteht aus Apatit, $Ca_5(PO_4)_3(OH)$, d. h. Calciumphosphat, in dessen Ionengitter Hydroxid-Ionen eingebaut sind.
a Erklären Sie, warum sich der sonst glatte Zahnschmelz nach dem Trinken von Cola, die gelöste Phosphorsäure enthält, rau anfühlt.
b Bei einer „Fluoridierung" der Zähne werden die Hydroxid-Ionen an der Oberfläche teilweise gegen gleich große Fluorid-Ionen ausgetauscht, um den Zahnschmelz gegen Säuren resistenter zu machen. Erläutern Sie diese Maßnahme mithilfe von Säure-Base-Eigenschaften.

Material E Unfall in der Schleuse

Zwischenfall mit Salzsäure

Meppen | Durch einen technischen Defekt in einem Tankschiff gelangten 1000 kg Salzsäure ins Wasser der örtlichen Schleuse. Der Schiffsverkehr ist momentan blockiert, weil das mit 10 000 m³ Wasser gefüllte Becken nicht in den Fluss abgelassen werden darf. „Mittlerweile ist der pH-Wert im Becken von neutral, also 7, auf 3 gefallen", so der Leiter der Wasserschutzbehörde. „Wir müssen die Säure neutralisieren, bevor das Schleusentor wieder geöffnet werden kann."
In der Behörde werde in einem Modellversuch derzeit die Neutralisation mit Natriumhydroxid, Calciumoxid und Calciumcarbonat erprobt.

E1.1 Zeitungsbericht *Zwischenfall mit Salzsäure*

AUFGABEN ZU E

1) **a** Geben Sie an, aus welchen Reinstoffen Salzsäure hergestellt wird.
b Formulieren Sie die dazugehörige Reaktionsgleichung.
c Stufen Sie die in Aufgabe **1a** gewählte Säure begründet ein (↑ S. 152, 02).

2) **a** Begründen Sie, welches chemische Gleichgewicht gestört wurde, als die Salzsäure ins Wasser der Schleuse gelangte.
b Berechnen Sie die aktuelle Konzentration der Oxonium-Ionen und der Hydroxid-Ionen in der Schleuse.

3) **a** Berechnen Sie die Stoffmenge der Oxonium-Ionen in der Schleuse.
b Berechnen Sie die Stoffmenge und die Masse der Säure ($M = 36{,}5\ g \cdot mol^{-1}$), die die Oxonium-Ionen erzeugt hat, und daraus den Massengehalt der Salzsäure.

4) **a** Erstellen Sie die Reaktionsgleichung, die bei der Neutralisation der sauren Lösung abläuft.
b Geben Sie die Verhältnisformeln der Stoffe an, die zur Neutralisation in Betracht gezogen werden.
c Begründen Sie anhand von Reaktionsgleichungen, warum sich die genannten Stoffe dazu eigenen.
d Berechnen Sie die Massen von Natriumhydroxid bzw. Calciumoxid, die zur Neutralisation der sauren Lösung notwendig sind.
e Eine exakte Neutralisation der sauren Lösung ist durch Berechnung kaum zu erreichen, weil der gemessene pH-Wert nicht genau genug ist. Bewerten Sie vor diesem Hintergrund die Eignung der zur Neutralisation vorgeschlagenen Stoffe.

Material F Ein sensibles Gleichgewicht

Die Sättigungskonzentration von Kohlenstoffdioxid in wässriger Lösung, $c_S(CO_2, aq)$, hängt von der Temperatur und dem Kohlenstoffdioxidanteil in der Atmosphäre ab. Je mehr Kohlenstoffdioxid gelöst werden kann, desto größer ist $c_S(CO_2, aq)$. Die Werte von $c_S(CO_2, aq)$ in der Tabelle wurden bei einem Druck von $p = 1013$ hPa (Normaldruck) gemessen in einer Atmosphäre, die zu 0,03 % aus Kohlenstoffdioxid besteht.

Temperatur in °C	0	5	10	15	20	25
$c_S(CO_2, aq)$ in $10^{-6}\ mol \cdot l^{-1}$	22,8	18,9	15,8	13,4	11,5	9,9

F1.1 Sättigungskonzentration von Kohlenstoffdioxid in wässriger Lösung (Volumenanteil Kohlenstoffdioxid = 0,03 %)

Zwei Schülerinnen diskutieren über den zunehmenden Kohlenstoffdioxidgehalt in der Atmosphäre und die Konsequenz für den pH-Wert der Weltmeere.

Anna: Wenn sich der Kohlenstoffdioxidanteil in der Atmosphäre von 0,03 % auf 0,06 % verdoppelt, dann verdoppelt sich auch $c_S(CO_2, aq)$ und der pH-Wert der Weltmeere sinkt.
Lara: In diesem Fall wird aber auch ein Anstieg der globalen Durchschnittstemperatur von 14 °C auf 17 °C vorhergesagt. Damit löst sich weniger Kohlenstoffdioxid im Wasser und der pH-Wert steigt.

AUFGABEN ZU F

1) Begründen Sie mit Tabelle ↑ F1.1, ob sich Kohlenstoffdioxid exo- oder endotherm in Wasser löst.

2) Erklären Sie über entsprechende Gleichgewichte, warum der pH-Wert des Meeres überhaupt von der Konzentration des Kohlenstoffdioxids in der Atmosphäre und im Meerwasser sowie der Temperatur abhängt.

3) **a** Erstellen Sie aus den Werten von ↑ F1.1 ein Diagramm. Legen Sie eine Ausgleichskurve durch die Datenpunkte und bestimmen Sie mit ihrer Hilfe $c_S(CO_2, aq)$ bei 14 °C und bei 17 °C.
b Erläutern Sie, wie sich die Sättigungskonzentration von Kohlenstoffdioxid $c_S(CO_2, aq)$ verändert, wenn der Kohlenstoffdioxidanteil in der Atmosphäre 0,06 % beträgt.
Begründen Sie dann, welche der beiden Schülerinnen mit ihrer Einschätzung richtig liegt.

4) Um den pH-Wert der Weltmeere wieder zu erhöhen, wurde der Vorschlag gemacht, Calciumcarbonat durch Erhitzen in Calciumoxid umzuwandeln und letzteres im Meer zu lösen. Bewerten Sie die Maßnahme.

5.9 Puffersysteme

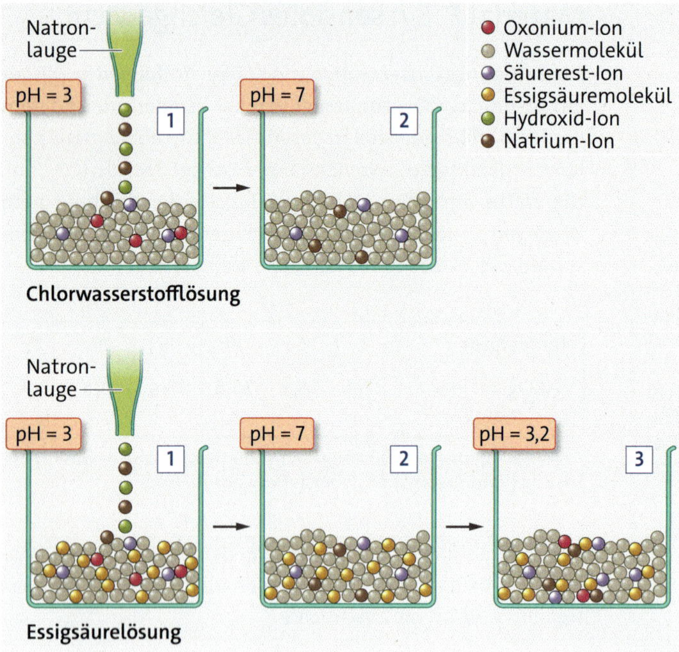

01 Modellhafte Darstellung der Vorgänge beim Neutralisieren der Oxonium-Ionen in Chlorwasserstofflösung und Essigsäurelösung mit gleichem pH-Wert

in $mol \cdot l^{-1}$	H_3O^+	A^-	HA	pH
Vor der Neutralisation der Oxonium-Ionen (Bild 1)				
c	10^{-3}	10^{-3}	$5{,}6 \cdot 10^{-2}$	3,0
Nach der Neutralisation der Oxonium-Ionen (Bild 2)				
c_0	10^{-7}	10^{-3}	$5{,}6 \cdot 10^{-2}$	7,0
Nach dem Einstellen des Gleichgewichts (Bild 3)				
c	$0{,}6 \cdot 10^{-3}$	$1{,}6 \cdot 10^{-3}$	$5{,}54 \cdot 10^{-2}$	3,2

02 Schrittweise Betrachtung der Neutralisation der Oxonium-Ionen in Essigsäurelösung

GLEICHGEWICHTE STABILISIEREN DEN pH-WERT Bei gleichem pH-Wert ist die Konzentration der Oxonium-Ionen in einer Essigsäurelösung (kurz: „Essig") und einer Chlorwasserstofflösung („Salzsäure") gleich groß (↑ **01**, Gefäß 1). Die Chlorwasserstoffmoleküle sind vollständig, die schwächer sauren Essigsäuremoleküle nur teilweise protolysiert.

Gibt man zu den Lösungen Natronlauge, so kommt es zu einer Neutralisationsreaktion (↑ **01**, Gefäß 2):

$$H_3O^+(aq) + OH^-(aq) \longrightarrow 2\ H_2O(l)$$

Für die Salzsäure ist die Reaktion damit abgeschlossen. Es liegen anschließend so viel weniger Oxonium-Ionen vor wie Hydroxid-Ionen zugegeben wurden. Entsprechend steigt der pH-Wert.

Im Essig ist aber ein weiteres Gleichgewicht aktiv:

$$CH_3COOH(aq) + H_2O(l) \rightleftharpoons CH_3COO^-(aq) + H_3O^+(aq)$$

Es wurde durch die Entfernung der Oxonium-Ionen gestört. Als Folge verläuft die Hinreaktion schneller als die Rückreaktion, und die Zahl der Oxonium-Ionen steigt wieder an (↑ **01**, 3). Die Wirkung der Hydroxid-Ionen auf den pH-Wert wird dadurch „gepuffert".

HYDROXID-IONEN WERDEN ABGEFANGEN Die Stabilität des pH-Werts der Essigsäurelösung lässt sich auch mit folgender Reaktion erklären:

$$CH_3COOH(aq) + OH^-(aq) \rightleftharpoons CH_3COO^-(aq) + H_2O(l)$$

Die Hydroxid-Ionen werden durch **Reaktion mit Essig*säuremolekülen abgefangen***, wodurch der pH-Wert zunächst stabil bleibt. Die Abnahme der Essigsäurekonzentration wirkt sich dann über das Protolysegleichgewicht der Essigsäure in „abgemilderter" Form auf die Konzentration der Oxonium-Ionen und damit den pH-Wert aus:

$$CH_3COOH(aq) + H_2O(l) \rightleftharpoons CH_3COO^-(aq) + H_3O^+(aq)$$

In Bild ↑ **03** werden die Konzentrationsverhältnisse durch zwei verbundene und mit Flüssigkeit gefüllte Gefäße veranschaulicht. Das Volumen des größeren Gefäßes entspricht $c(CH_3COOH)$, das des kleineren entspricht $c(H_3O^+)$. Im Gleichgewicht ist der Füllstand gleich hoch. Findet die Abfangreaktion statt, dann nimmt $c(CH_3COOH)$ ab, was einem Sinken des Flüssigkeitsstands im linken Gefäß entspricht (↑ **03B**, gelb schraffiert). Anschließend stellt sich das Gleichgewicht neu ein. Die rot schraffierte Fläche in Bild ↑ **03C** zeigt, dass dabei nur wenig Flüssigkeit vom rechten ins linke Gefäß fließt. Das bedeutet, dass auch $c(H_3O^+)$ weniger stark abnimmt als $c(HA)$.

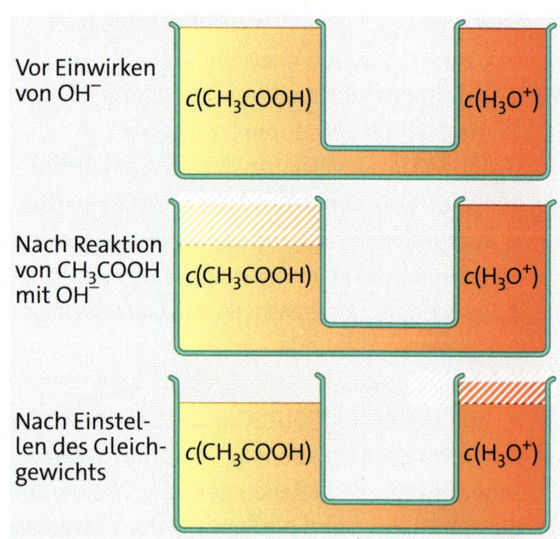

03 Pufferwirkung einer Essigsäurelösung im Modell

HA	A^-	$pK_S(HA)$	$pK_B(A^-)$
Essigsäure-Acetat-Puffer			
CH_3COOH	CH_3COO^-	4,75	9,25
Phosphat-Puffer			
$H_2PO_4^-$	HPO_4^-	7,20	6,80
Ammonium-Ammoniak-Puffer			
NH_4^+	NH_3	9,25	4,75

04 Beispiele für Pufferlösungen

BASEN FANGEN OXONIUM-IONEN AB Lösungen schwacher Basen stabilisieren den pH-Wert einer Lösung durch das Abfangen zugesetzter Oxonium-Ionen. *Beispiel:*

$$NH_3(aq) + H_3O^+(aq) \rightleftarrows H_2O(l) + NH_4^+(aq)$$

Das Oxonium-Ion ist eine sehr starke Säure und wird durch Reaktion mit der schwachen Base, dem Ammoniakmolekül, abgefangen.

PUFFERPRINZIP Die Lösung einer schwachen Säure HA bzw. Base B *puffert* die Wirkung der zugesetzten Hydroxid- bzw. Oxonium-Ionen durch entsprechende *Abfangreaktionen*:

$$HA(aq) + OH^-(aq) \rightleftarrows H_2O(l) + A^-(aq)$$
$$B(aq) + H_3O^+(aq) \rightleftarrows H_2O(l) + BH^+(aq)$$

Sehr starke Säuren oder Basen HA oder B sind in Lösung vollständig protolysiert, ihre Lösungen wirken deshalb nicht als Puffer.

PUFFERLÖSUNG Enthält eine Lösung eine schwache Säure HA und eine ebensolche Base B, dann ist sie gegenüber der Veränderung des pH-Werts in beide Richtungen stabilisiert: Sie wird deshalb **Pufferlösung** oder kurz **Puffer** genannt. In der Praxis verwendet man häufig korrespondierende Säure-Base-Paare HA/A^- mit den entsprechenden Eigenschaften, z. B. den Essigsäure-Acetat-Puffer (↑ 04).

Schwache Säuren bzw. Basen stabilisieren den pH-Wert, indem sie Hydroxid- bzw. Oxonium-Ionen abfangen. Lösungen, die beide Arten von Teilchen enthalten, heißen Pufferlösungen.

1 › Eine Pufferlösung enthält gelöstes Natriumdihydrogenphosphat (NaH_2PO_4) und di-Natrium-hydrogenphosphat (Na_2HPO_4).
a Geben Sie an, welche Teilchen im Puffer als Säure HA bzw. als Base B wirken.
b Formulieren Sie die Reaktion, die abläuft, wenn zur Pufferlösung Oxonium-Ionen zugesetzt werden.

Eine genaue Betrachtung des Essigsäure-Acetat-Puffers

Die Konzentrationsveränderungen in der Essigsäurelösung werden schrittweise an einem Beispiel betrachtet (↑ 02).

$$CH_3COOH(aq) + H_2O(l) \rightleftarrows CH_3COO^-(aq) + H_3O^+(aq)$$

Bei pH = 3 ist:
$$c(H_3O^+) = 10^{-pH}\,mol\cdot l^{-1} = 10^{-3}\,mol\cdot l^{-1}$$
$$c(A^-) = c(H_3O^+) = 10^{-3}\,mol\cdot l^{-1}$$

Für $c(HA) \approx c_0(HA)$ gilt:
$pH = \frac{1}{2}[pK_S(HA) - \lg c_0(HA)]$ und umgestellt nach c_0:
$$c_0(HA) = 10^{(pK_S - 2\cdot pH)}\,mol\cdot l^{-1} = 5{,}6\cdot 10^{-2}\,mol\cdot l^{-1}$$

Nach der Neutralisation der Oxonium-Ionen verbleiben nur noch die Oxonium-Ionen aus der Autoprotolyse und bei der Konzentration der Acetat-Ionen, $c_0(A^-) = 10^{-3}\,mol\cdot l^{-1}$, handelt es sich nicht mehr um eine Gleichgewichtskonzentration.

Durch die Absenkung von $c(H_3O^+)$ überwiegt die Protolysereaktion, wodurch wieder Oxonium-Ionen entstehen. Für jedes Wassermolekül und jedes weitere Essigsäuremolekül, die verschwinden, entstehen ein Oxonium-Ion und ein weiteres Acetat-Ion, um das Gleichgewicht wiederherzustellen. Vernachlässigt man die Oxonium-Ionen aus der Autoprotolyse, dann gilt:

$$K_S = \frac{c(H_3O^+)\cdot c(A^-)}{c(HA)} = \frac{x\cdot[c_0(A^-) + x]}{c_0(HA) - x}$$

Durch Umformung ergibt sich eine gemischtquadratische Gleichung in x. Die Einheit „$mol\cdot l^{-1}$" wird im Folgenden beim Einsetzen der Werte der Übersichtlichkeit halber weggelassen.

$$x^2 + [K_S + c_0(A^-)]\cdot x - K_S\cdot c_0(HA) = 0$$

$$x_{1/2} = \frac{-K_S - c_0(A^-)}{2} \pm \sqrt{\left(\frac{K_S + c_0(A^-)}{2}\right)^2 + K_S\cdot c_0(HA)}$$

$$= \frac{-10^{-4,75} - 10^{-3}}{2} \pm \sqrt{\left(\frac{10^{-4,75} + 10^{-3}}{2}\right)^2 + 10^{-4,75}\cdot 5{,}6\cdot 10^{-2}}$$

$x_1 = 6\cdot 10^{-4}$; $x_2 = -0{,}0016$ (physikalisch nicht sinnvolle Lösung)

Die Lösung ergibt $x_1 = 6\cdot 10^{-4}\,mol\cdot l^{-1}$, d. h., im Gleichgewicht ist $c(H_3O^+) = 0{,}6\cdot 10^{-3}\,mol\cdot l^{-1}$ und $pH = -\lg c(H_3O^+) = 3{,}2$.

Der pH-Wert der Essigsäurelösung hat sich im Gegensatz zu dem der Salzsäure nur wenig erhöht.

Puffergleichung

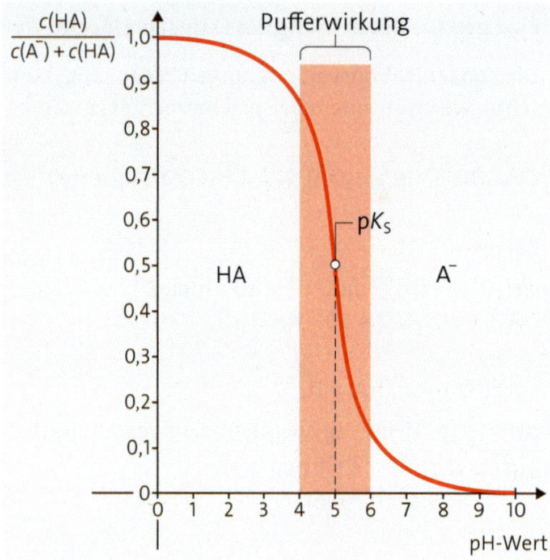

01 pH-Wert als Funktion von $\frac{c(HA)}{c(A^-)+c(HA)}$

Der pH-Wert einer Pufferlösung hängt von den Konzentrationen $c(HA)$ und $c(A^-)$ ab. Je größer $c(HA)$ und je kleiner $c(A^-)$ ist, umso kleiner ist der pH-Wert und umgekehrt (↑ **01**):

- Bei niedrigem pH-Wert gibt es kaum noch A^-. In diesem Fall ist $\frac{c(HA)}{c(A^-)+c(HA)}$ gleich eins.
- Bei hohem pH-Wert gibt es kaum noch HA. In diesem Fall ist $\frac{c(HA)}{c(A^-)+c(HA)}$ gleich null.

Eine Gleichung, die diesen Zusammenhang beschreibt, erhält man ausgehend von der Säurekonstante $K_S(HA)$ und nachfolgendes Logarithmieren.

$K_S(HA) = c(H_3O^+) \cdot \frac{c(A^-)}{c(HA)}$ | lg; · (−1)

$pK_S(HA) = pH - \lg\left[\frac{c(A^-)}{c(HA)}\right]$

$pH = pK_S(HA) + \lg\left[\frac{c(A^-)}{c(HA)}\right]$

Diese Gleichung heißt **Puffergleichung** bzw. **Henderson-Hasselbalch-Gleichung**. Ausgewählte pH-Werte für verschiedene Zusammensetzungen sind in Tabelle ↑ **02** angegeben.

PUFFERKAPAZITÄT Die Pufferkapazität eines gegebenen Puffers ist die Stoffmenge an Oxonium-Ionen, die zu einer Pufferlösung gegeben werden muss, um den pH-Wert um eins zu verringern. Die Fähigkeit einer Pufferlösung, den pH-Wert zu stabilisieren, steigt also mit ihrem Volumen und mit den Konzentrationen $c(HA)$ bzw $c(A^-)$.

Je steiler die Kurve im Diagramm (↑ **01**), umso weniger verändert sich der pH-Wert bei veränderter Zusammensetzung der Pufferlösung. Bei pH = pK_S ist die Pufferkurve am steilsten und die Pufferkapazität somit am größten.

$\frac{c(A^-)}{c(HA)}$	100	10	1	$\frac{1}{10}$	$\frac{1}{100}$
$\lg\left[\frac{c(A^-)}{c(HA)}\right]$	2	1	0	−1	−2
pH	6,75	5,75	4,75	3,75	2,75

02 pH-Werte für den Essigsäure-Acetat-Puffer bei verschiedenen Werten $\frac{c(CH_3COO^-)}{c(CH_3COOH)}$; $pK_S(CH_3COOH) = 4{,}75$

Um einen bestimmten pH-Wert zu stabilisieren, eignen sich somit am besten solche Pufferlösungen, deren $pK_S(HA)$ in der Nähe dieses pH-Werts liegt.

RECHENBEISPIELE MIT DER PUFFERGEICHUNG

- In einem Essigsäure-Acetat-Puffer ($pK_S = 4{,}75$) ist $c(CH_3COOH) = 0{,}75\ mol \cdot l^{-1}$ und $c(CH_3COO^-) = 0{,}25\ mol \cdot l^{-1}$. Wie groß ist der pH-Wert?

  Gegeben: $c(CH_3COOH) = 0{,}75\ mol \cdot l^{-1}$; $c(CH_3COO^-) = 0{,}25\ mol \cdot l^{-1}$; $pK_S = 4{,}75$

  Gesucht: pH-Wert
  $pH = pK_S + \lg\left[\frac{c(CH_3COO^-)}{c(CH_3COOH)}\right]$
  $pH = 4{,}75 + \lg\left(\frac{0{,}25}{0{,}75}\right) = \mathbf{4{,}27}$

- Einer Lösung, die 0,5 mol Natriumdihydrogenphosphat und 0,5 mol di-Natriumhydrogenphosphat enthält, werden 0,1 mol Oxonium-Ionen zugesetzt, $pK_S(H_2PO_4^-) = 7{,}20$. Wie stark verändert sich der pH-Wert?

  Gegeben: $n(H_2PO_4^-) = n(HPO_4^{2-}) = 0{,}5$ mol, $n(H_3O^+) = 0{,}1$ mol, $pK_S(H_2PO_4^-) = 7{,}20$

  Gesucht: pH-Wert-Änderung
  $pH(vorher) = pK_S + \lg\left[\frac{n(HPO_4^{2-})}{n(H_2PO_4^-)}\right]$

  Hinweis: Stoffmenge statt Konzentration ist möglich, da gleiches Volumen gekürzt wird.
  $pH(vorher) = 7{,}20 + \lg\left(\frac{0{,}5}{0{,}5}\right) = 7{,}20$
  $H_3O^+ + HPO_4^{2-} \longrightarrow H_2PO_4^- + H_2O$
  $\Rightarrow n(H_2PO_4^-) = 0{,}6$ mol; $n(HPO_4^{2-}) = 0{,}4$ mol
  $pH(nachher) = 7{,}20 + \lg\left(\frac{0{,}4}{0{,}6}\right) = 7{,}02$
  Der pH-Wert sinkt von 7,20 auf 7,02.

1 › Ein Liter einer Lösung mit $c(NH_3) = 0{,}1\ mol \cdot l^{-1}$ und $c(NH_4^+) = 0{,}05\ mol \cdot l^{-1}$ wird mit Wasser auf ein Gesamtvolumen von 2 Litern verdünnt. Berechnen Sie den pH-Wert der Lösung vor und nach dem Verdünnen.

2 › In einem Dihydrogenphosphat-Hydrogenphosphat-Puffer soll die Summe aus $c(H_2PO_4^-)$ und $c(HPO_4^{2-})$ 1,0 $mol \cdot l^{-1}$ und der pH-Wert 7,0 betragen. Berechnen Sie $c(H_2PO_4^-)$ und $c(HPO_4^{2-})$.

Wo ein konstanter pH-Wert lebenswichtig ist – biochemische Puffer

In Organismen laufen viele chemische Reaktionen ab, für die ein bestimmter pH-Wert optimal ist. Das gilt vor allem für Enzyme, die diese Reaktionen katalysieren. Abweichungen können zu Veränderungen in der Molekülstruktur der Enzyme führen, wodurch ihre Aktivität vermindert wird. Andererseits entstehen bei Reaktionen in Organismen auch Oxonium- oder Hydroxid-Ionen, die den pH-Wert senken oder ansteigen lassen. Sie müssen durch entsprechende pH-Puffer abgefangen werden.

Im Blut gibt es für den pH-Wert nur einen sehr schmalen optimalen Bereich. Für arterielles Blut liegt er bei 7,35 – 7,45, für venöses Blut bei 7,25 – 7,45. Eine „Belastungsprobe" ist die Aufnahme von Kohlenstoffdioxid. Es wird in den Zellen produziert und von ihnen abgegeben. Im Körper führt sein Weg aus der Zelle zu den Erythrozyten im Blutplasma. Dabei katalysiert das Enzym Carboanhydrase, das in den Erythrozyten vorliegt, die Einstellung des folgenden Gleichgewichts, einem **Kohlenstoffdioxid-Hydrogencarbonat-Puffer**:

$$CO_2(aq) + 2\,H_2O(l) \rightleftarrows H_3O^+(aq) + HCO_3^-(aq) \qquad (1)$$

Die so erzeugten Oxonium-Ionen müssen abgefangen werden. So wird die Überführung von weiteren Kohlenstoffdioxidmolekülen zu Hydrogencarbonat-Ionen nach dem *Prinzip von Le Chatelier* unterstützt und außerdem der pH-Wert stabilisiert. Das Abfangen übernehmen die Sauerstofftransportmoleküle Hämoglobin Hb. Allerdings wird Oxyhämoglobin $Hb(O_2)$ durch die Protonierung instabiler.

$$H_3O^+(aq) + Hb(O_2)(aq) \rightleftarrows HbH^+(aq) + H_2O(l) + O_2(aq) \qquad (2)$$

Entsprechend sinkt die Aufnahmefähigkeit von Hb für Sauerstoff (↑ 04). Der Vorteil dieser Kopplung ist folgender: Wenn die Zelle CO_2-Moleküle abgibt, fördert dies über den beschriebenen Mechanismus die Abgabe von O_2-Molekülen aus dem Oxyhämoglobin. Die O_2-Moleküle können dann in die Zellen gelangen, wo sie für die Zellatmung notwendig sind. Über den Blutkreislauf gelangt das mit Hydrogencarbonat/Kohlenstoffdioxid angereicherte, sauerstoffarme Blut in die Lungenbläschen. Dort herrscht eine höhere Sauerstoffkonzentration (↑ 04), sodass das Gleichgewicht (2) gemäß dem Prinzip von Le Chatelier nach links verschoben wird. HbH^+ gibt ein Proton an ein H_2O-Molekül ab und nimmt ein O_2-Molekül auf. Wenn die Konzentration der Oxonium-Ionen dadurch anstiege, würde der pH-Wert und damit die Aufnahmefähigkeit von Hb für O_2-Moleküle wieder sinken. Das Absinken des pH-Werts wird über das Gleichgewicht (1) vermieden. Eine Erhöhung der Konzentration der Oxonium-Ionen führt zu einer Verschiebung dieses Gleichgewichts nach links. Die dabei entstehenden CO_2-Moleküle entweichen aus den Lungenbläschen in die Gasphase – Kohlenstoffdioxid wird ausgeatmet (↑ 05).

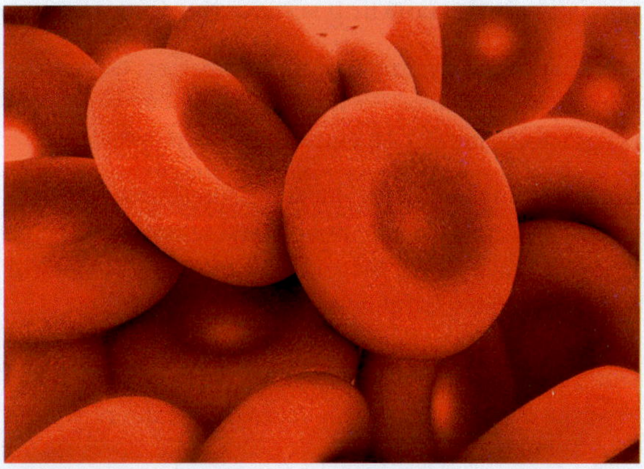

03 Erythrozyten, rote Blutzellen, transportieren Sauerstoff und Kohlenstoffdioxid. Dafür ist ein konstanter pH-Wert wichtig.

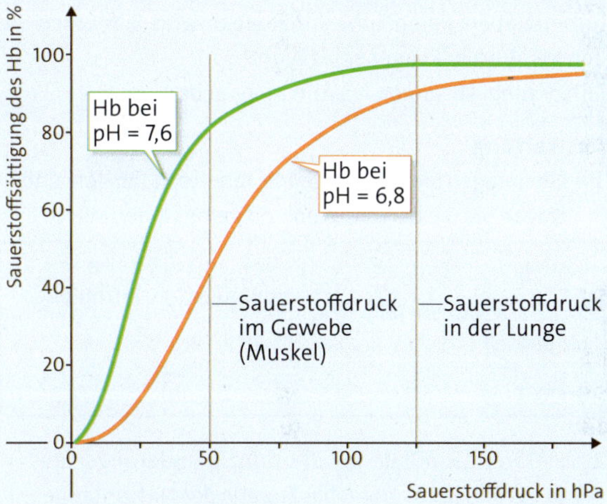

04 pH-Wert und Druck beeinflussen die Sauerstoffaufnahme von Hämoglobin.

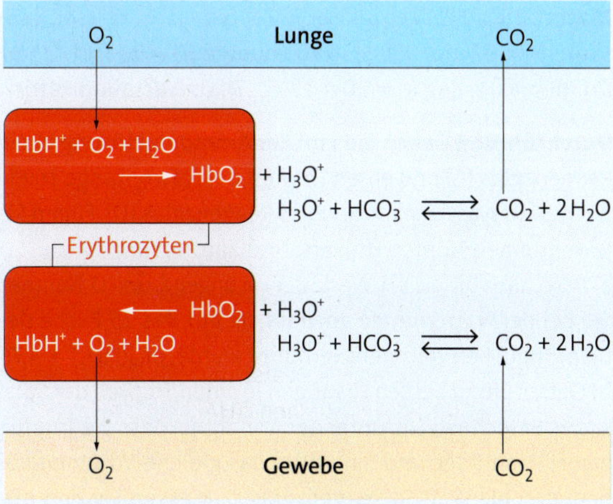

05 Schema der Atmung: HbH^+ = protoniertes Hämoglobin, $Hb(O_2)$ = Oxyhämoglobin

Praktikum

P pH-Puffer

EXP 5.07 Pufferwirkung schwacher Säuren

Materialien 2 Reagenzgläser, 3 Tropfpipetten, Wasser, Natronlauge (c = 0,1 mol · l^{-1}; 5), Salzsäure (c = 0,1 mol · l^{-1}; 5), Essigsäurelösung (c = 1,0 mol · l^{-1}), Universalindikator

Durchführung Geben Sie 1 ml Essigsäurelösung in ein Reagenzglas (A) und einen Tropfen Salzsäure sowie 24 Tropfen Wasser in ein anderes Reagenzglas (B). Fügen Sie jeweils einen Tropfen Universalindikatorlösung hinzu.

a) Messen und berechnen Sie die pH-Werte der Lösungen A und B. Nehmen Sie bei der Salzsäure an, dass sie auf das 25-Fache des ursprünglichen Volumens verdünnt wurde; $pK_S(CH_3COOH)$ = 4,75.

b) Geben Sie zu beiden Lösungen je einen Tropfen der Natronlauge. Berechnen Sie, unter der Annahme, dass die Tropfen von Salzsäure und Natronlauge das gleiche Volumen haben, den pH-Wert in Reagenzglas B. Messen Sie den pH-Wert in Reagenzglas A und B.

Entsorgung: Lösungen ins Abwasser geben.

Auswertung

1 › Übertragen Sie nachfolgende Tabelle in Ihr Heft und tragen Sie die berechneten und gemessenen Werte ein.

Lösung	A	B	A + Natronlauge	B + Natronlauge
pH ber.			/	
pH gem.				

2 › Erklären Sie mit dem Pufferprinzip Änderungen des pH-Werts in Lösung A bei Zugabe der Natronlauge.

EXP 5.08 Pufferwirkung schwacher Basen

Materialien 2 Reagenzgläser, 3 Tropfpipetten, Wasser, Salzsäure (c = 0,1 mol · l^{-1}; 5), Natronlauge (c = 0,1 mol · l^{-1}; 5), Ammoniaklösung (c = 1,0 mol · l^{-1}; 7), Universalindikator

Durchführung Geben Sie 1 ml der Ammoniaklösung in ein Reagenzglas (C) und einen Tropfen der Natronlauge sowie 24 Tropfen Wasser in ein anderes Reagenzglas (D). Fügen Sie jeweils einen Tropfen Universalindikatorlösung hinzu.

a) Berechnen Sie die pH-Werte der Lösungen C und D. Nehmen Sie bei der Natronlauge an, dass sie auf das 25-Fache des ursprünglichen Volumens verdünnt wurde; $pK_B(NH_3)$ = 4,75.

b) Geben Sie zu beiden Lösungen je einen Tropfen der Salzsäure. Berechnen Sie, unter der Annahme, dass die Tropfen von Natronlauge und Salzsäure das gleiche Volumen haben, den pH-Wert in Reagenzglas D. Messen Sie den pH-Wert in Reagenzglas C und D.

Entsorgung: Lösungen ins Abwasser geben.

Auswertung

1 › Übertragen Sie nachfolgende Tabelle in Ihr Heft und tragen Sie die berechneten und gemessenen Werte ein:

Lösung	C	D	C + Salzsäure	D + Salzsäure
pH ber.			/	
pH gem.				

2 › Erklären Sie mit dem Pufferprinzip Änderungen des pH-Werts in Lösung C bei Zugabe der Salzsäure.

EXP 5.09 Pufferlösungen und Puffergleichung

Materialien Reagenzgläser, pH-Meter, Messpipetten, demineralisiertes Wasser, Salzsäure (c = 0,1 mol · l^{-1}; 5), Natronlauge (c = 0,1 mol · l^{-1}; 5), Essigsäurelösung (c = 1,0 mol · l^{-1}), Ammoniaklösung (c = 1,0 mol · l^{-1}; 7)

Durchführung Stellen Sie die Lösungen I–III her und verteilen Sie jede Lösung auf drei Reagenzgläser:

I) 2 ml Essigsäurelösung und 10 ml Natronlauge
II) 2 ml Ammoniaklösung und 10 ml Salzsäure
III) 5 ml Essigsäurelösung und 5 ml Ammoniaklösung

Geben Sie zu jeder der Lösungen I–III einmal 2 ml Natronlauge (b) und einmal 2 ml Salzsäure (c). Die Lösung im dritten Reagenzglas (a) dient zum Vergleich. Messen Sie anschließend die pH-Werte aller Lösungen.

Auswertung

1 › Übertragen Sie nachfolgende Tabelle in Ihr Heft und tragen Sie die gemessenen Werte ein:

	I	II	III
(a)	pH, ber.: pH, gem.:	pH, ber.: pH, gem.:	pH, gem.:
(b)	pH, ber.: pH, gem.:	pH, ber.: pH, gem.:	pH, gem.:
(c)	pH, ber.: pH, gem.:	pH, ber.: pH, gem.:	pH, gem.:

2 › Formulieren Sie die Reaktionsgleichungen der Reaktionen, die bei der Herstellung der Lösungen Ia, IIa und IIIa ablaufen. Berechnen Sie aus den eingesetzten Stoffmengen die Konzentrationen der Säuren und Basen in Lösung Ia und IIa sowie deren pH-Wert.

3 › Nach Zugabe von Salzsäure bzw. Natronlauge zu den Pufferlösungen verändert sich der pH-Wert. Begründen Sie, warum die Änderung des pH-Werts kleiner ist als bei Zugabe von Salzsäure bzw. Natronlauge zu Wasser.

P Titrationskurven

EXP 5.10 pH-Kurve einer schwachen Säure

Materialien Stativmaterial, Bürette, 10-ml-Messpipette mit Pipettierhilfe, pH-Meter, Magnetrührer mit Rührstab, Becherglas (250 ml), Essigsäurelösung (c = 1,0 mol · l^{-1}), Natronlauge (c = 1,0 mol · l^{-1}; 5), Wasser

Durchführung Bauen Sie die Titrationsapparatur auf. Befüllen Sie die Bürette mit der Natronlauge bis zur Nullmarke. Geben Sie dann 10,0 ml Essigsäurelösung ins Becherglas. Fügen Sie so viel Wasser hinzu, dass die Glaskugel des pH-Meters beim Eintauchen von Flüssigkeit bedeckt ist, aber den sich drehenden Rührstab nicht berührt.
Messen Sie den pH-Wert. Geben Sie 15,0 ml Natronlauge in Portionen von 0,5 ml hinzu und messen Sie nach jeder Zugabe den pH-Wert.

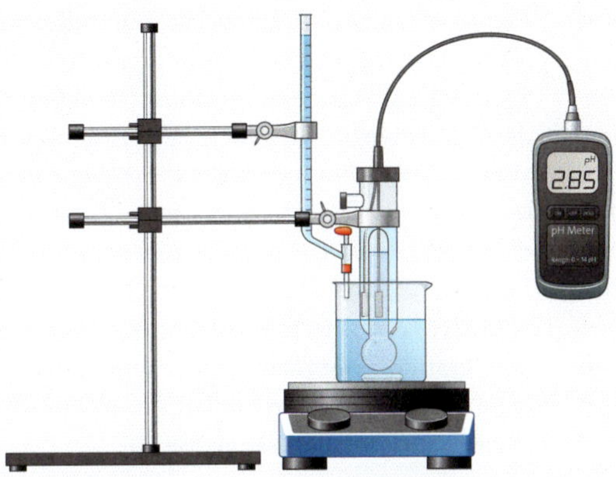

Auswertung

1 ⟩ Erstellen Sie aus dem Volumen der zugegebenen Natronlauge und dem pH-Wert eine Tabelle.

2 ⟩ Tragen Sie in einem Diagramm den pH-Wert (y-Achse) gegen das Volumen der Natronlauge (x-Achse) auf und zeichnen Sie eine glatte Kurve durch die Punkte.

3 ⟩ **a** Berechnen Sie aus dem Volumen der Essigsäurelösung und ihrer Stoffmengenkonzentration sowie aus der Stoffmengenkonzentration der Natronlauge, bei welchem Volumen an Natronlauge Äquivalenz- und der Halbäquivalenzpunkt erreicht sind.

b Bestimmen Sie aus der Kurvensteigung den Äquivalenzpunkt. Bewerten Sie das Ergebnis durch Vergleich mit der Rechnung aus Aufgabenteil **a**. Bestimmen Sie auch den Neutralpunkt (pH = 7) und den Halbäquivalenzpunkt.

c Begründen Sie, warum der pH-Wert des Äquivalenzpunkts über dem des Neutralpunkts liegt.

d Bestimmen Sie aus der Kurve pK_S(CH_3COOH) und vergleichen Sie mit dem Literaturwert (↑ S. 153).

EXP 5.11 pH-Kurve einer mehrprotonigen Säure

Materialien Stativmaterial, Bürette, 10-ml-Messpipette mit Pipettierhilfe, pH-Meter, Magnetrührer mit Rührstab, Becherglas (250 ml), Phosphorsäurelösung (c = 1,0 mol · l^{-1}; 5), Natronlauge (c = 1,0 mol · l^{-1}; 5), Wasser

Durchführung Gehen Sie vor wie bei Exp. 5.10. Verwenden Sie 5,0 ml Phosphorsäurelösung statt 10,0 ml Essigsäurelösung und geben Sie insgesamt 17,0 ml Natronlauge in Portionen von 0,5 ml hinzu.

Auswertung

1 ⟩ Erstellen Sie aus dem Volumen der zugegebenen Natronlauge und dem pH-Wert eine Tabelle.

2 ⟩ Tragen Sie in einem Diagramm den pH-Wert (y-Achse) gegen das Volumen der Natronlauge (x-Achse) auf und zeichnen Sie eine glatte Kurve durch die Punkte.

3 ⟩ **a** Stellen Sie für die Reaktion von H_3PO_4, $H_2PO_4^-$ bzw. HPO_4^{2-} mit OH^- jeweils die Reaktionsgleichung auf. Berechnen Sie aus Volumen und Stoffmengenkonzentration der Phosphorsäurelösung sowie aus der Stoffmengenkonzentration der Natronlauge, bei welchem Volumen an Natronlauge die Äquivalenzpunkte (Ä.p.) dieser Reaktionen jeweils erreicht sind.

b Bewerten Sie, welcher Ä.p. sich am besten eignet, eine unbekannte Konzentration an Phosphorsäure durch Aufnahme einer pH-Kurve zu bestimmen.

c Bestimmen Sie aus der Kurve pK_S(H_3PO_4) und pK_S($H_2PO_4^-$) und vergleichen Sie mit den Literaturwerten (↑ S. 153).

EXP 5.12 Wie viel Phosphorsäure ist in Cola?

Materialien Stativmaterial, Bürette, 50-ml-Vollpipette mit Pipettierhilfe, pH-Meter, Magnetrührer mit Rührstab und Heizplatte, Thermometer, 2 Bechergläser (250 ml), Cola, Natronlauge (c = 0,1 mol · l^{-1}; 5), Wasser

Durchführung Erhitzen Sie 150 ml Cola im Becherglas für 10 min auf 70 °C, um das gelöste Kohlenstoffdioxid zu entfernen. Nehmen Sie eine pH-Kurve auf wie bei Exp. 5.10 beschrieben. Verwenden Sie 100,0 ml Cola statt 10,0 ml Essigsäurelösung. Titrieren Sie bis zum zweiten Äquivalenzpunkt.

Auswertung

1 ⟩ **a** Bestimmen Sie das bis zum ersten Äquivalenzpunkt der Phosphorsäure verbrauchte Volumen an Natronlauge und berechnen Sie daraus c(H_3PO_4).

b Berechnen Sie die Stoffmenge n(H_3PO_4) und die Masse m(Phosphorsäure) in 100 ml Cola.

c Vergleichen Sie Herstellerangaben mit Ihrem Ergebnis.

5.10 Säure-Base-Titration

01 Durchführung einer Titration in der Schule

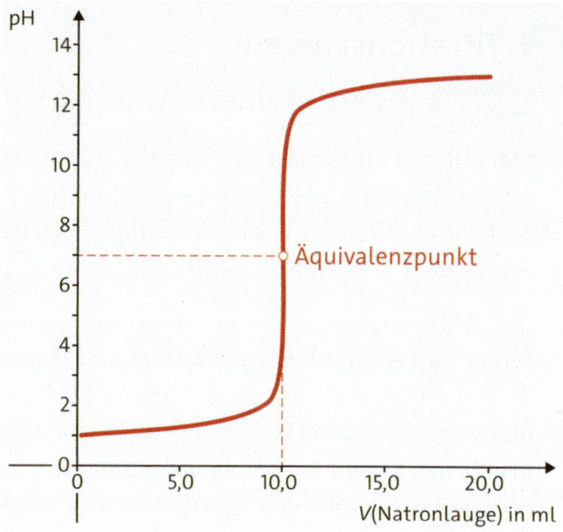

02 Titrationskurve von Salzsäure mit Natronlauge

TITRATION Mit einer Titration kann eine unbekannte Stoffmenge, Stoffmengenkonzentration oder Masse eines Stoffs in einer Probe ermittelt werden. Gemessen wird dabei das Volumen einer Lösung bekannter Stoffmengenkonzentration, der **Maßlösung**, die zu der zu bestimmenden **Probelösung** mit bekanntem Volumen getropft wird. Die in der Maß- und Probelösung enthaltenen Stoffe müssen schnell und vollständig miteinander reagieren und die entsprechende Reaktionsgleichung muss bekannt sein. Bei der **Säure-Base-Titration** wird die Stoffmenge einer Säure HA mit der Maßlösung einer sehr starken Base, in der Regel Natronlauge, bestimmt.

$$HA(aq) + OH^-(aq) \longrightarrow H_2O(l) + A^-(aq)$$

Wenn genauso viel Natronlauge zugegeben wurde, dass die Säure HA gerade vollständig mit den OH^--Ionen reagiert hat, ist der **Äquivalenzpunkt** erreicht. Am Äquivalenzpunkt sind die Stoffmengen gleich:

$$n(HA) = n(OH^-)$$

Über die Beziehung $n = c \cdot V$ ergibt sich:

$$n(HA) = c(OH^-) \cdot V(\text{Natronlauge})$$

Weil $c(OH^-)$ bekannt ist und V(Natronlauge) gemessen wurde, kann n(HA) berechnet werden. *Beispiel:*

$$c(OH^-) = 0{,}10\ mol \cdot l^{-1};\ V(\text{Natronlauge}) = 8{,}52\ ml$$
$$n(HA) = 0{,}10\ mol \cdot l^{-1} \cdot 8{,}52\ ml \cong 0{,}85\ mmol$$

Mit dem Volumen V der Probelösung bzw. der molaren Masse M(HA) können Stoffmengenkonzentration bzw. Masse der Säure berechnet werden:

$$c(HA) = \frac{n(HA)}{V};\ m(\text{Säure}) = n(HA) \cdot M(HA)$$

Mit der Säure-Base-Titration kann auch die Stoffmenge einer Base B durch Titration mit der Maßlösung einer Säure, z. B. Salzsäure, ermittelt werden. Für die Auswertung einer Titration ist die Erkennung des Äquivalenzpunkts wichtig. Das gelingt durch Verwendung eines Indikators (↑ S. 176 f.) oder durch Messung des pH-Werts während der Titration sowie der Erstellung von pH-Kurven, den *Titrationskurven*.

TITRATIONSKURVEN SEHR STARKER SÄUREN Bei der Titration einer Lösung einer sehr starken Säure wie Chlorwasserstoff mit $c_0(HCl) = 0{,}1\ mol \cdot l^{-1}$ läuft in der Lösung folgende Reaktion ab:

$$H_3O^+(aq) + OH^-(aq) \longrightarrow 2\ H_2O(l)$$

Zu Beginn ist: $pH = -\lg c(H_3O^+) = -\lg c_0(HCl) = 1$.
Nach Zugabe von 9,0 ml Natronlauge haben 90 % der Oxonium-Ionen reagiert, 10 % sind übrig. Unter Vernachlässigung der Volumenzunahme gilt (↑ 03):
$pH = -\lg c(H_3O^+) = -\lg 0{,}01 = 2$
Die Titrationskurve (↑ 02) hat am Äquivalenzpunkt, der hier mit dem *Neutralpunkt* bei pH = 7 zusammenfällt, einen *Wendepunkt*. Ihre Steigung ist dort maximal. Umgekehrt kann aus dem Schnittpunkt der Kurve mit pH = 7 der Äquivalenzpunkt bestimmt und das bis dahin zugegebene Volumen an Natronlauge abgelesen werden.

Probelösung Salzsäure, V = 10 ml, $c_0(HCl) = 0{,}1\ mol \cdot l^{-1}$					
V(Natronlauge) in ml, $c(OH^-) = 0{,}1\ mol \cdot l^{-1}$	0,0	9,0	9,9	10,0	11,0
pH-Wert der Lösung	1	2	3	7	12

03 Titration von Salzsäure mit Natronlauge

Titrationskurven schwacher Säuren und Basen

Probelösung Essigsäurelösung V = 10 ml, $c_0(CH_3COOH)$ = 0,1 mol · l^{-1}, pK_S = 4,75					
V(Natronlauge) in ml, $c(OH^-)$ = 0,1 mol · l^{-1}	0,0	1,0	5,0	9,0	10,0
c(HA) in mol · l^{-1}	0,1	0,09	0,05	0,01	0
$c(A^-)$ in mol · l^{-1}	0	0,01	0,05	0,09	0,1
pH-Wert der Lösung	2,9	3,8	4,8	5,7	8,9

04 Titration von Essigsäurelösung mit Natronlauge

TITRATIONSKURVEN SCHWACHER SÄUREN Bei der Titration von Essigsäure mit Natronlauge läuft vorwiegend folgende Reaktion ab:

$$HA(aq) + OH^-(aq) \longrightarrow H_2O(l) + A^-(aq)$$

Durch die Reaktion entsteht eine Lösung, in der HA und A^- nebeneinander vorliegen. Der pH-Wert kann aus ihren Konzentrationen durch die Henderson-Hasselbalch-Gleichung berechnet werden (↑ S. 130). Der pH-Wert am Äquivalenzpunkt ist größer als 7, weil die zur Säure konjugierte Base A^- unter Bildung von Hydroxid-Ionen protolysiert:

$$A^-(aq) + H_2O(l) \rightleftarrows OH^-(aq) + HA(aq)$$

TITRATIONSKURVEN VON BASEN Zur Bestimmung der Konzentration einer Base muss als Maßlösung die Lösung einer starken Säure bekannter Konzentration verwendet werden (↑ 07).
Das NH_3-Molekül ist eine schwache Base, deshalb läuft vorwiegend folgende Reaktion ab:

$$NH_3(aq) + H_3O^+(aq) \longrightarrow H_2O(l) + NH_4^+(aq)$$

Der pH-Wert kann aus $c(NH_3)$ und $c(NH_4^+)$ mit der Henderson-Hasselbalch-Gleichung berechnet werden (↑ 05). Salzsäure und Ammoniaklösung haben die gleiche Konzentration und es reagieren gleiche Stoffmengen $n(NH_3)$ und $n(H_3O^+)$ miteinander.
Der pH-Wert am Äquivalenzpunkt ist kleiner als 7, weil das entstehende Ammonium-Ion NH_4^+ eine schwache Säure ist.

Probelösung Ammoniaklösung V = 10 ml, $c_0(NH_3)$ = 0,1 mol · l^{-1}, pK_S = 9,25					
V(Salzsäure) in ml, $c(H_3O^+)$ = 0,1 mol · l^{-1}	0,0	1,0	5,0	9,0	10,0
c(B) in mol · l^{-1}	0,1	0,09	0,05	0,01	0
$c(HB^+)$ in mol · l^{-1}	0	0,01	0,05	0,09	0,1
pH-Wert der Lösung	11,1	10,2	9,2	8,3	5,1

05 Titration von Ammoniaklösung mit Salzsäure

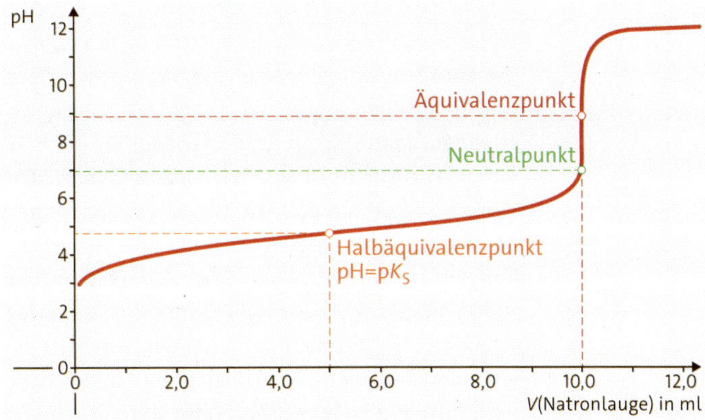

06 Titrationskurve einer Essigsäurelösung mit Natronlauge

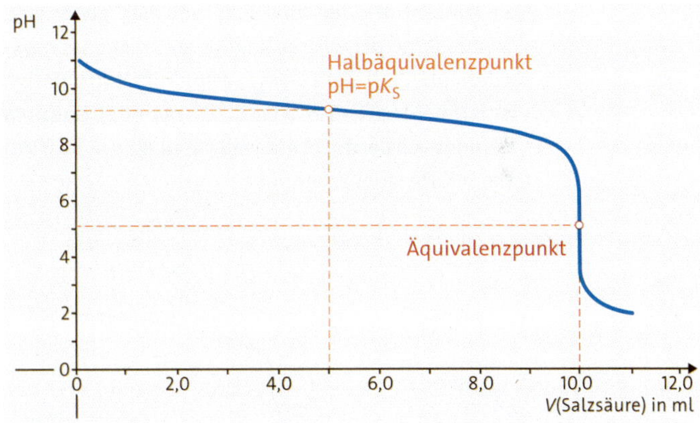

07 Titrationskurve einer Ammoniaklösung mit Salzsäure

HALBTITRATION Die Titrationskurven schwacher Säuren und Basen haben neben dem Äquivalenzpunkt einen zusätzlichen Wendepunkt am **Halbäquivalenzpunkt** (↑ 06, 07). Eine schwache Säure bzw. Base ist am Halbäquivalenzpunkt zur Hälfte neutralisiert, es ist $c(HA) = c(A^-)$ bzw. $c(B) = c(HB^+)$. Damit ist die Pufferkapazität der Lösung maximal und die Titrationskurve besonders flach, d. h., der pH-Wert ändert sich trotz Zugabe der Maßlösung kaum. Aus der Henderson-Hasselbalch-Gleichung folgt für den Halbäquivalenzpunkt:

$$pH = pK_S(HA) \text{ bzw. } pH = pK_S(HB^+)$$

Damit kann aus dem pH-Wert am Halbäquivalenzpunkt der Titrationskurve direkt der pK_S-Wert einer schwachen Säure ermittelt werden.

Übung:
Titrationskurven

Henderson-Hasselbalch-Gleichung *↑ S. 166*

1 › Zu 50,0 ml einer Lösung von Perchlorsäure ($HClO_4$) werden bis zum Äquivalenzpunkt 12,0 ml Natronlauge (c = 0,10 mol · l^{-1}) zugesetzt [m(Perchlorsäurelsg. = 50 g)]. Berechnen Sie Stoffmenge, Stoffmengenkonzentration und Massenanteil der Perchlorsäure in der Probe.

TITRATIONSKURVEN MEHRPROTONIGER SÄUREN Wenn sich die pH-Werte der verschiedenen Äquivalenzpunkte einer mehrprotonigen Säure ausreichend voneinander und vom pH-Wert der Maßlösung unterscheiden, dann sind die Äquivalenzpunkte in der Titrationskurve deutlich voneinander zu unterscheiden. Phosphorsäure hat drei *Protolysestufen:* Am ersten Äquivalenzpunkt liegt $H_2PO_4^-$, am zweiten HPO_4^{2-} und am dritten PO_4^{3-} vor. Die Säurestärken von H_3PO_4 mit $pK_S = 2{,}1$ und $H_2PO_4^-$ mit $pK_S = 7{,}2$ unterscheiden sich deutlich voneinander, weshalb der erste und der zweite Äquivalenzpunkt in der Titrationskurve gut zu erkennen sind (↑ **01**).

HPO_4^{2-} ist eine schwache Säure mit $pK_S = 12{,}2$. Der pH-Wert am dritten Halbäquivalenzpunkt, bei dem die Konzentrationen von HPO_4^{2-} und PO_4^{3-} gleich sind ($V = 25{,}0$ ml; pH = 12,2), liegt bereits dicht am möglichen pH-Wert der Lösung, wenn mit Natronlauge titriert wird ($c(OH^-) = 0{,}1\ mol \cdot l^{-1}$; pH = 13). Dadurch zeichnet sich der dritte Äquivalenzpunkt (V = 30,0 ml) in der Kurve nicht mehr ab.

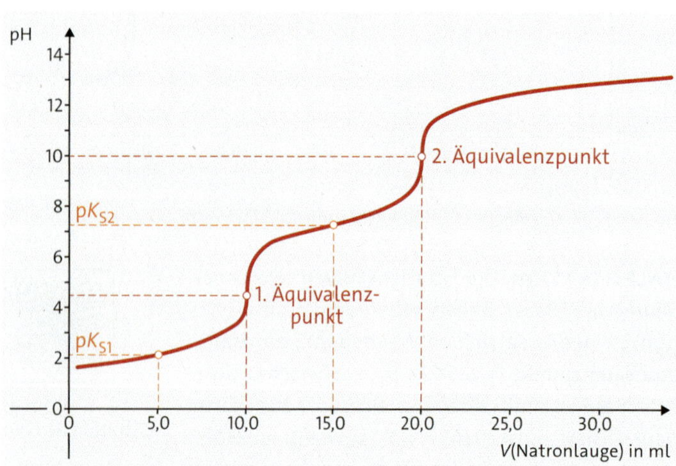

01 Titrationskurve einer Phosphorsäurelösung mit Natronlauge

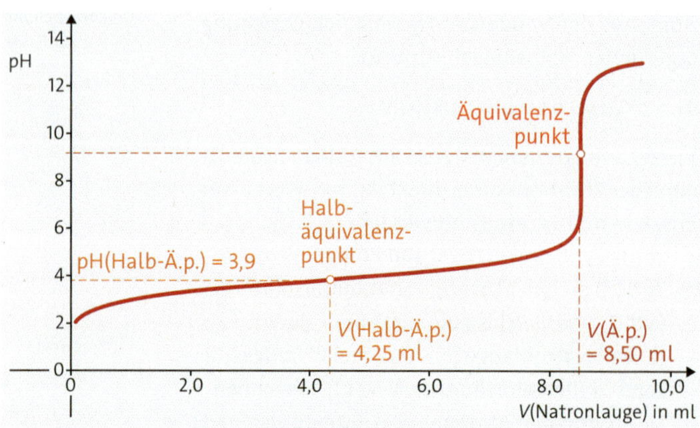

02 Zu welcher Lösung gehört diese Titrationskurve?

INTERPRETATION VON TITRATIONSKURVEN In einer Titrationskurve stecken zahlreiche Informationen. Mit ihnen ist es in vielen Fällen nicht nur möglich, die Konzentration einer Säure oder Base zu ermitteln, sondern auch um welche Säure bzw. Base es sich handelt. Die Interpretation einer Titrationskurve wird an einem Fallbeispiel vorgestellt:

Eine Chemielehrerin übernimmt an ihrer neuen Schule die Chemiesammlung, die sich in keinem guten Zustand befindet. Unter anderem haben sich von vier älteren Flaschen im Säureschrank die Etiketten gelöst. Es handelt sich um:

- „Essigsäure, $w = 100\,\%$"
- „Essigsäure, $w = 50\,\%$"
- „Milchsäure, $w = 90\,\%$"
- „Milchsäure, $w = 75\,\%$"

Die Chemielehrerin möchte herausfinden, welche Flasche zu welchem Etikett gehört. Dazu muss sie folgende Fragen klären:

- Um welche Säure handelt es sich?
- Wie groß ist der Massenanteil?

Sie recherchiert die pK_S-Werte von Essigsäure ($pK_S = 4{,}75$) und Milchsäure ($pK_S = 3{,}85$), einer einprotonigen Säure. Sie entnimmt 1,000 g des Stoffs aus der ersten Flasche, löst ihn in Wasser und titriert mit Natronlauge ($c = 1{,}0\ mol \cdot l^{-1}$). Dabei läuft folgende Reaktion ab:

$$HA(aq) + OH^-(aq) \longrightarrow H_2O(l) + A^-(aq)$$

Eine Auftragung des pH-Werts gegen das Volumen der Natronlauge zeigt die in ↑ **02** abgebildete Kurve. Die Auswertung der Titration ergibt folgende Daten:

V(Natronlauge, Ä.p.) = 8,50 ml = 0,008 50 l
V(Natronlauge, Halb-Ä.p.) = 4,25 ml
pH(Halb-Ä.p.) = pK_S = 3,9

Damit handelt es sich sehr wahrscheinlich um eine Lösung von Milchsäure und nicht von Essigsäure. Nun recherchiert sie noch die molare Masse von Milchsäure ($M = 90{,}1\ g \cdot mol^{-1}$), um den Massenanteil der Milchsäure bestimmen zu können.

n(HA) = $n(OH^-$, Ä.p.) = $c \cdot V$ = 0,008 50 mol
m(Milchsäure) = n(HA) · M(HA) = 0,766 g

$$w(\text{Milchsäure}) = \frac{m(\text{Milchsäure})}{m(\text{Lösung})} = 76{,}6\,\%$$

Der Massenanteil legt nahe, dass es sich um „Milchsäure, $w = 75\,\%$" handelt.

Leitfähigkeitstitration

LEITFÄHIGKEITSTITRATION Die elektrische Leitfähigkeit ist der Kehrwert des Widerstands und wird in der Einheit Siemens S angegeben. Für verdünnte Lösungen von Ionen gilt: Je höher Konzentration und Beweglichkeit der Ionen, umso größer ist die Leitfähigkeit, wobei sich die Beiträge der einzelnen Ionen addieren. Für Lösungen wird sie meist auf einen Würfel der Kantenlänge 1 cm bezogen und dann in der Einheit mS/cm angegeben.

In einer Säure-Base-Titration werden einige Ionen der Lösung durch andere ersetzt. Salzsäure enthält H_3O^+- und Cl^--Ionen. Gibt man Natronlauge dazu, die Na^+- und OH^--Ionen enthält, so läuft die Neutralisationsreaktion ab:

$$H_3O^+(aq) + OH^-(aq) \longrightarrow 2\,H_2O(l)$$

In der Lösung werden also die H_3O^+-Ionen der Salzsäure durch Na^+-Ionen aus der Natronlauge ersetzt. H_3O^+-Ionen sind aber viel beweglicher und tragen damit viel besser zur elektrischen Leitfähigkeit der Lösung bei als Na^+-Ionen. Das hat zur Folge, dass die elektrische Leitfähigkeit der Lösung sinkt. Erst wenn der Äquivalenzpunkt der Reaktion erreicht ist, steigt die elektrische Leitfähigkeit wieder an. Die nun zugesetzten OH^--Ionen können nicht mehr reagieren und tragen ebenfalls gut zur Leitfähigkeit bei. Der Äquivalenzpunkt ist damit am Minimum der elektrischen Leitfähigkeit zu erkennen (↑ **04**). Er lässt sich durch den Schnittpunkt der beiden Tangenten an der Kurve ermitteln.

Ion	v_r	Ion	v_r
$H_3O^+(aq)$	1,000	$OH^-(aq)$	0,552
$Na^+(aq)$	0,138	$F^-(aq)$	0,148
$K^+(aq)$	0,205	$Cl^-(aq)$	0,208
$Mg^{2+}(aq)$	0,286	$SO_4^{2-}(aq)$	0,434
$Ca^{2+}(aq)$	0,324	$CO_3^{2-}(aq)$	0,384

03 Relative Ionenbeweglichkeiten (v_r) in wässriger Lösung bei 18 °C

1 › Der Gehalt von Phosphorsäure in Cola soll durch Säure-Base-Titration bestimmt werden.
a Begründen Sie, warum die Reaktionsgleichung
$H_3PO_4 + 3\,OH^- \longrightarrow PO_4^{3-} + 3\,H_2O$
nicht für die Auswertung geeignet ist.
b Geben Sie eine geeignete Reaktionsgleichung an und stellen Sie dafür eine Gleichung zwischen $n(OH^-)$ und $n(H_3PO_4)$ auf.

P **EXP 5.13** **Leitfähigkeitstitration** 5

Materialien Becherglas (100 ml), Vollpipette (20 ml), Bürette mit Stativ, Leitfähigkeitselektrode mit Display, Natronlauge (c = 0,1 mol · l^{-1}; 5), Salzsäure (c = 0,1 mol · l^{-1})

Durchführung Geben Sie mit der Bürette 20 ml Salzsäure ins Becherglas und füllen Sie mindestens 30 ml Natronlauge in die Bürette. Tauchen Sie die Leitfähigkeitselektrode in die Salzsäure und notieren Sie den ersten Wert (V = 0 ml).
Geben Sie die Natronlauge in Portionen von 1,00 ml dazu. Homogenisieren Sie die Lösung nach jeder Zugabe durch vorsichtiges Schwenken und notieren Sie die Leitfähigkeit. Verfahren Sie so, bis Sie 30 ml Natronlauge zugesetzt haben.

Auswertung

1 › Erfassen Sie die Messwerte tabellarisch. Erstellen Sie aus den Werten eine Titrationskurve. Das Volumen der Natronlauge wird auf der x-Achse, die Leitfähigkeit auf der y-Achse aufgetragen.

2 › Bestimmen Sie über die Methode des Schnittpunkts der Tangenten den Äquivalenzpunkt und vergleichen Sie den Wert mit dem von Ihnen erwarteten Wert.

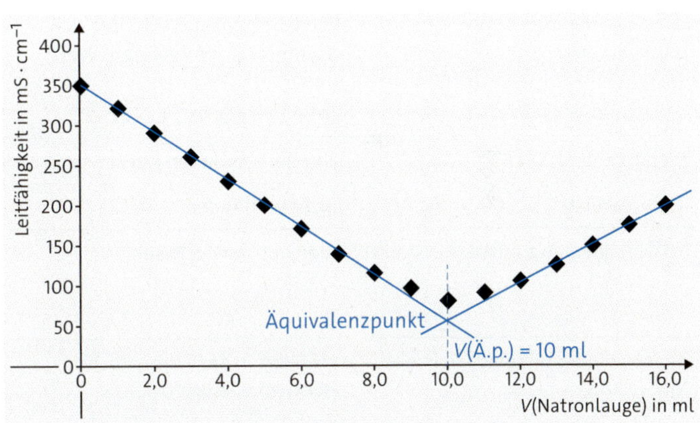

04 Leitfähigkeitstitration einer Salzsäurelösung mit Natronlauge

2 › Diagramm ↑ **04** stammt aus einer Leitfähigkeitstitration von Salzsäure mit Natronlauge (c = 0,1 mol · l^{-1}). Ermitteln Sie die Stoffmenge des gelösten Chlorwasserstoffs.

3 › Auf einer Flasche ist nicht mehr zu erkennen, ob es sich um eine Lösung von Perchlorsäure ($HClO_4$; pK_S = −10) oder von Propionsäure ($CH_3CH_2CO_2H$, pK_S = 4,87) handelt. Konzentrationsangaben fehlen ebenfalls.
Beschreiben Sie ein Experiment, mit dem Sie eine eindeutige Unterscheidung treffen können. Geben Sie auch die prognostizierten Beobachtungen an.

Titrationskurven rechnerisch ermitteln

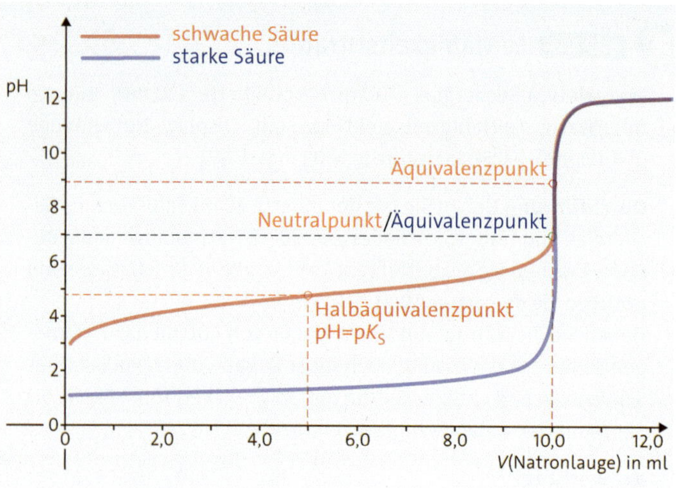

01 Vergleich zweier Titrationskurven

Zugabe einer starken Base in der Maßlösung	pH-Wert in der Probenlösung (starke Säure)
Vor Zugabe der Maßlösung	$pH = -lg\ c_0(HA)$
Am Halbäquivalenzpunkt	–
Am Äquivalenzpunkt (Ä.p)	7 (gleichzeitig Neutralpunkt)
Titration über den Äquivalenzpunkt hinaus	Die Titrationskurve nähert sich asymptotisch folgendem Wert an: $pH = 14 - pOH = 14 + lg\ c_0(B)$
Wendepunkt (WP)	1 Wendepunkt am Ä.p
Pufferbereich	nicht vorhanden

02 Überlegungen zur Titration starker Säuren mit starken Basen

Zugabe einer starken Base in der Maßlösung	pH-Wert in der Probenlösung (schwache Säure)
Vor Zugabe der Maßlösung	$pH = \frac{1}{2} \cdot (pK_S\text{-}lg\ c_0(HA))$
Am Halbäquivalenzpunkt (Halb-Ä.p)	$pH = pK_S$
Am Äquivalenzpunkt (Ä.p)	$pH = 14 - \frac{1}{2} \cdot (pK_B\text{-}lg\ c_0(A^-))$
Titration über den Äquivalenzpunkt hinaus	Die Titrationskurve nähert sich asymptotisch folgendem Wert an: $pH = 14 - pOH = 14 + lg\ c_0(B)$
Wendepunkt (WP)	1 Wendepunkt am Ä.p. 1 Wendepunkt am Halb-Ä.p
Pufferbereich	Rechteckiger Bereich zwischen pH(Halb-Ä.p)-1 und pH((Halb-Ä.p))+1

02 Überlegungen zur Titration schwacher Säuren mit starken Basen

RECHNERISCHE ERMITTLUNG EINER TITRATIONSKURVE Bei der Titration einer Säure (Probelösung) mit einer Base (Maßlösung) steigt der pH-Wert der Lösung an, jedoch passiert dies nicht gleichmäßig (↑ 01). Der Verlauf einer Titrationskurve lässt sich annähernd rechnerisch ermitteln.

Zunächst entscheidet man, in welche Kategorie man die Probelösung und die Maßlösung einteilen kann (zum Beispiel ↑ 02, ↑ 03). In dem folgenden Beispiel wird eine schwache Säure HA (Essigsäure, HAc) mit einer starken Base B (Natronlauge, NaOH) titriert. Für die annähernd genaue Zeichnung dieser Titrationskurve werden die in (↑ 03) genannten Aspekte benötigt.

Zu Beginn der Säure-Base-Titration liegt der pH-Wert höher als bei einer starken Säure gleicher Konzentration, da nur ein kleiner Teil der Essigsäure dissoziiert – also als Acetat-Ionen (CH_3COO^-) und Protonen (H^+) – vorliegt. Der pH-Wert am Startpunkt der Titration lässt sich mit folgender Formel berechnen (↑ 03):

$$pH = \frac{1}{2} \cdot (pK_S\text{-}lg\ c_0(HA))$$

Die zu zeichnende Titrationskurve verläuft im Bereich des pKS-Wertes sehr flach, da hier zunächst die Natronlauge verbraucht wird, um die Essigsäure zu neutralisieren. Der pH-Wert am Äquivalenzpunkt entspricht dem pK_S-Wert der Säure: $pH = pK_S$ (↑ 03). Kurz vor dem Erreichen des Äquivalenzpunkts steigt der pH-Wert und damit die zu zeichnende Titrationskurve wieder stark an. Bei der Titration einer schwachen Säure mit einer starken Base sind der Äquivalenzpunkt und der Neutralpunkt nicht identisch. Das liegt daran, dass am Äquivalenzpunkt die gesamte Essigsäure neutralisiert wurde und die Lösung dann Natriumacetat enthält. Das Acetat-Ion (Ac^-) reagiert in wässriger Lösung schwach basisch. Der Äquivalenzpunkt liegt daher im schwach alkalischen Bereich. Der pH-Wert der schwach alkalischen Lösung am Äquivalenzpunkt wird wie folgt berechnet (↑ 03):

$$pH = 14 - \frac{1}{2} \cdot (pK_B\text{-}lg\ c_0(A^-))$$

Gibt man über den Äquivalenzpunkt hinaus weitere Natronlauge als Maßlösung hinzu, wird der pH-Wert nur noch durch die Konzentration der zugegebenen Base bestimmt. Da es sich hierbei um eine starke Base handelt, wird der pH-Wert durch folgende Gleichung berechnet (↑ 03):

$$pH = 14 - pOH = 14 + lg\ c_0(B)$$

Die zu zeichnende Titrationskurve nähert sich diesem pH-Wert asymptotisch an (↑ 01).

Klausurtraining

Material G Vanillin – die geschmacksbildende Säure im Vanillin-Zucker

G1 Informationen zu Vanillin

Vanillin (↑ G1.1, G1.2) ist der Hauptbestandteil des natürlichen Vanilleextrakts, einer Mischung aus mehreren hundert verschiedenen Verbindungen. Vanillin findet sich am häufigsten in den meist falsch als Schoten bezeichneten Kapselfrüchten der Gewürzvanille. Vanillin ist mengenmäßig der wichtigste Aromastoff weltweit; er kann heutzutage sehr preisgünstig hergestellt werden. Er wird in Lebensmitteln, Getränken, Speiseeis, Backwaren und Schokolade, sowie in der Parfüm- und Pharmaindustrie verwendet. Auch der typische Geruch von altem Papier ist unter anderem auf das Vanillin im Lignin zurückzuführen.

Vanillin hat eine molare Masse von 52,15 $g \cdot mol^{-1}$. Der pK_S-Wert von Vanillin beträgt 7,4. Es lässt sich eine ethanolische Lösung von 1,52 g Vanillin in 100 ml Lösungsmittel herstellen.

Angaben eines Vanillinzucker-Herstellers: *Der Vanillin Zucker bietet seit jeher gleich bleibende Qualität. Seit über 100 Jahren lassen sich Gebäcke, Süßspeisen, Desserts und Getränke durch Vanillin Zucker aromatisch verfeinern. Die Mischung aus Vanillin und Zucker ist ausreichend für einen Kuchen aus 500 g Mehl oder eine Süßspeise von 0,5 l.*

G1.1 Vanillinzucker

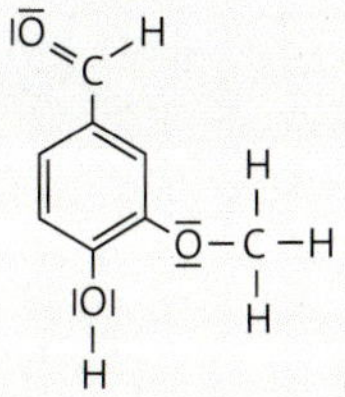

G1.2 Strukturformel des Vanillin-Moleküls

G2 Gehaltsbestimmung in Vanillinzucker

Der Vanillin-Zucker wird in Papiertütchen mit 10g Inhalt vertrieben. Auf der Packung werden die Inhaltsstoffe ausgewiesen als: „Zutaten: Vanillin, Zucker."

Der Inhalt eines Päckchens Vanillin-Zucker wird in ein Becherglas gegeben. Es werden insgesamt 75 ml Ethanol hinzugefügt und nach mehrfachem Schütteln wird die entstandene Lösung in einen Erlenmeyerkolben dekantiert. Der Inhalt dieses Erlenmeyerkolbens wird mit Wasser verdünnt und anschließend mit Natronlauge, $c(NaOH(aq)) = 0{,}1\ mol \cdot l^{-1}$, titriert.

Der pH-Wert wird nach Zugabe von 0,5 ml Maßlösung abgelesen. *Hinweis: Zucker ist in Ethanol sehr schlecht löslich*

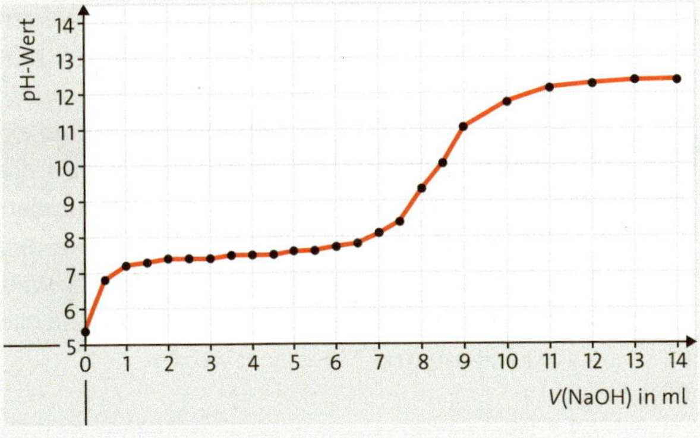

G2.1 Ergebnis der Titration

Indikator	Farbe der Säure	pH-Bereich des Farbumschlags	Farbe der Base	pK_S(Hin)
Thymolblau	rot	1,2-2,8	gelb	1,7
Methylorange	rot	3,0-4,4	orange	3,4
Lackmus	rot	5,0-8,0	blau	6,5
Bromthymolblau	gelb	6,0-7,6	blau	7,1
Thymolblau	gelb	8,0-9,6	blau	8,9
Phenolphthalein	farblos	8,2-10,0	purpur	9,4
Thymolphthalein	farblos	9,3-10,5	blau	10,0
Alizaringelb	gelb	10,1-12,1	rot	11,2

G2.2 Farbumschläge einiger Säure-Base-Indikatoren

AUFGABEN ZU G

1) Interpretieren Sie die Reaktion von Vanillin mit Wasser im Sinne der Säure-Base-Theorie nach Brönsted.
2) Ermitteln Sie den pH-Wert der in **G1** angegebenen ethanolischen Lösung.
3) Beschreiben Sie, wie in einer wässrigen Lösung unbekannter Konzentration der pK_S-Wert einer unbekannten schwachen Säure bestimmt werden kann.
4) Berechnen Sie die Konzentration aller Teilchen in einer Lösung von Vanillin in Wasser mit der Anfangskonzentration $c_0(\text{Vanillin}) = 0{,}25\ mol \cdot l^{-1}$.
5) Erläutern Sie anhand von **G2** und G2.1 den Verlauf der Titrationskurve im Volumen-pH-Diagramm. Berechnen Sie die Stoffmenge an Vanillin in der Ausgangslösung. Diskutieren Sie mögliche Fehlerquellen bei der experimentellen Gehaltsermittlung.
6) Wählen Sie begründet einen geeigneten Indikator (↑ G2.2) für die beschriebene Titration (↑ G2.1) aus.
7) Zeichnen Sie näherungsweise die Titrationskurve einer Vanillinlösung mit der Konzentration $c = 0{,}1\ mol \cdot l^{-1}$. Als Maßlösung wird Kalilauge mit einer Konzentration von $c(KOH) = 0{,}2\ mol \cdot l^{-1}$ verwendet. *Hinweis: Berechnen Sie zuerst die Anfangskonzentration c_0 der Lösung.*

5.11 Säure-Base-Indikatoren

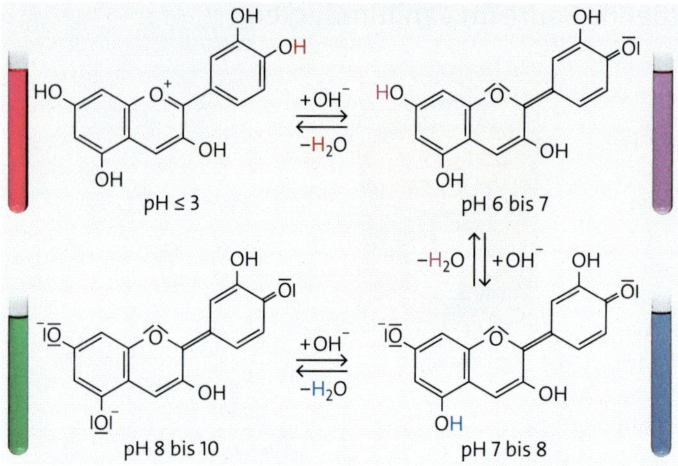

01 Rotkohlsaft bei verschiedenen pH-Werten und die dazu passenden Strukturformeln des Indikatormoleküls Cyanidin

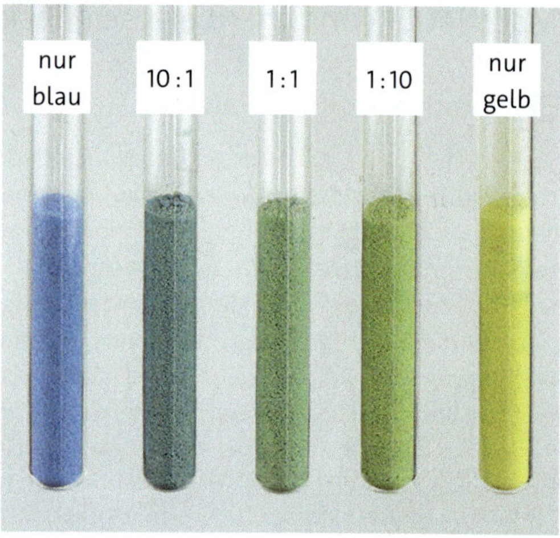

03 Modell „Kreidepulver" zur Verdeutlichung des Farbumschlags eines Indikators

ROTKOHL ODER BLAUKRAUT? Wird Rotkohl mit Essig zubereitet, dann nimmt er wegen der sauren Lösung eine rote Farbe an. In traditionell bayrischen oder schwäbischen Rezepten spricht man von „Blaukraut". Hier findet sich beispielsweise Natron als Zutat, das zu einer schwach alkalischen Lösung führt.

Verantwortlich für die unterschiedliche Farbe des Rotkohlsafts in saurer und alkalischer Lösung sind die in ihm enthaltenen Anthocyanfarbstoffe wie Cyanidin (↑ 01). Aufgrund ihres Verhaltens handelt es sich bei diesen Farbstoffen um **Säure-Base-Indikatoren**.

pH-INDIKATOREN SIND SÄUREN ODER BASEN Die Farbänderung von Indikatorlösungen mit dem pH-Wert deutet darauf hin, dass es sich bei den Indikatormolekülen um Säuren oder Basen handelt. Durch Abgabe bzw. Aufnahme eines Protons verändert sich ihre Molekülstruktur, was zu Veränderungen in der Farbe der Lösung führt.

$$\mathrm{HInd(aq)} + \mathrm{H_2O(l)} \rightleftarrows \mathrm{H_3O^+(aq)} + \mathrm{Ind^-(aq)}$$
$$\mathrm{Ind^-(aq)} + \mathrm{H_2O(l)} \rightleftarrows \mathrm{OH^-(aq)} + \mathrm{HInd(aq)}$$

$pH - pK_S$	$\lg \frac{c(\mathrm{Ind^-})}{c(\mathrm{HInd})}$	$\frac{c(\mathrm{Ind^-})}{c(\mathrm{HInd})}$
1	1	10
0	0	1
−1	−1	0,1

02 Zusammenhang zwischen der Differenz von pH- und pK_S-Wert und dem Konzentrationsverhältnis von Indikatorbase zu Indikatorsäure

„HInd" ist die Kurzschreibweise für die Molekülformel einer Indikatorsäure, „$\mathrm{Ind^-}$" steht für die korrespondierende Indikatorbase. Mehrprotonige Indikatorsäuren können als H_2Ind, H_3Ind usw. abgekürzt werden.

pK_S-WERT UND UMSCHLAGBEREICH Die Lage der Säure-Base-Gleichgewichte hängt neben dem pH-Wert auch von $pK_S(\mathrm{HInd})$ ab, dem pK_S-Wert der Indikatorsäure. Aus der Henderson-Hasselbalch-Gleichung folgt:

$$\mathrm{pH} = pK_S(\mathrm{HInd}) + \lg \frac{c(\mathrm{Ind^-})}{c(\mathrm{HInd})} \text{ bzw.}$$

$$\mathrm{pH} - pK_S(\mathrm{HInd}) = \lg \frac{c(\mathrm{Ind^-})}{c(\mathrm{HInd})}$$

Die Differenz aus pH- und pK_S-Wert bestimmt den Konzentrationsquotienten von Indikatorbase und Indikatorsäure wie die Beispiele in Tabelle ↑ 02 zeigen.

Bei kleinen pH-Werten wird die Farbe der Indikatorlösung von HInd dominiert, bei großen pH-Werten von $\mathrm{Ind^-}$. Liegt der pH-Wert um eins unter dem pK_S-Wert, dann ist $c(\mathrm{HInd})$ zehnmal so groß wie $c(\mathrm{Ind^-})$, liegt er um eins über dem pK_S-Wert, dann sind die Verhältnisse umgekehrt. Im pH-Wert-Bereich dazwischen liegt der Umschlagbereich. In ihm ändert sich die Farbe der Indikatorlösung (↑ 03). Breite und Symmetrie des Umschlagbereichs um den pK_S-Wert hängen auch von der Intensität der Farben ab, die von HInd bzw. $\mathrm{Ind^-}$ verursacht werden.

Der Umschlagbereich eines pH-Indikators liegt etwa 2 pH-Einheiten um $pK_S(\mathrm{HInd})$.

SÄURE-BASE-TITRATIONEN MIT pH-INDIKATOR An den Äquivalenzpunkten sind Titrationskurven besonders steil. Hier ändern sich die pH-Werte schon bei Zugabe geringer Stoffmengen von Oxonium- oder Hydroxid-Ionen sehr stark. Dieses Phänomen kann genutzt werden, um den Äquivalenzpunkt mithilfe eines geeigneten Indikators zu ermitteln. Dazu muss sein Umschlagbereich im erwähnten pH-Sprungbereich liegen, damit sich die Farbe der Lösung am Reaktionsende verändert (↑ 04, 05). Für die Titration von Essigsäure mit Natronlauge ist beispielsweise Thymolphthalein als Indikator geeignet, Bromkresolgrün hingegen nicht.
Da die Indikatorsäure bzw. -base ebenfalls mit den zugesetzten Hydroxid- bzw. Oxonium-Ionen reagiert, verfälscht ein Indikator das Titrationsergebnis. Deshalb muss die Stoffmenge des Indikators sehr klein im Vergleich zur titrierten Säure oder Base sein. Daraus folgt auch, dass Indikatorlösungen schon in sehr geringer Konzentration farbig sein müssen.

FARBIGKEIT DURCH ELEKTRONISCHE STRUKTUREN Die Moleküle der vielen bekannten pH-Indikatoren haben eine Gemeinsamkeit: Sie verfügen über ein ausgedehntes System von konjugierten Doppelbindungen, an denen auch freie Elektronenpaare von Sauerstoff- oder Stickstoffatomen beteiligt sind. Diese bilden ein besonderes *π-Elektronensystem*. Durch die große Anzahl an π-Elektronen in diesem System sind solche Moleküle in der Lage, Licht zu absorbieren. Je ausgedehnter und elektronenreicher das π-Elektronensystem ist, umso geringer ist die Energie der absorbierten Photonen, d. h., das absorbierte Licht ist zum roten Ende des sichtbaren Spektrums verschoben. Kleinere und elektronenärmere π-Elektronensysteme führen hingegen zur Absorption am violetten Ende des sichtbaren Spektralbereichs oder im ultravioletten Bereich.
Im Molekül der Indikatorbase von Phenolphthalein ist ein ausgedehntes π-Elektronensystem über die Phenylringe hinweg vorhanden. Die Lösung der Indikatorbase absorbiert sichtbares Licht und erscheint farbig. Wird das Molekül protoniert, wird das Gesamtsystem gestört: Die kleineren π-Elektronensysteme der Phenylringe werden durch das zentrale Kohlenstoffatom voneinander isoliert (↑ 06). Die Lösungen der Indikatorsäure absorbieren kein sichtbares Licht und erscheinen somit farblos.

1 Die Moleküle des Indikators Thymolblau sind zweiprotonige Säuren, H_2Ind: $pK_{S1} = 2{,}0$; $pK_{S2} = 8{,}8$. Geben Sie Schätzungen für die beiden Umschlagbereiche des Indikators an.

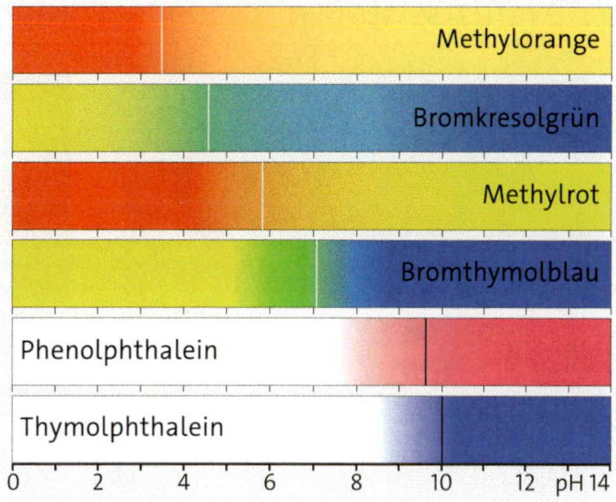

04 Beispiele für Indikatoren und Umschlagbereiche. Die Linien zeigen bei $c(\text{Ind}^-) = c(\text{HInd})$ die jeweiligen pK_S-Werte an.

Videos: Farbumschlag von Indikatoren bei Titrationen. Oben: Bromthymolblau, unten: Phenolphthalein

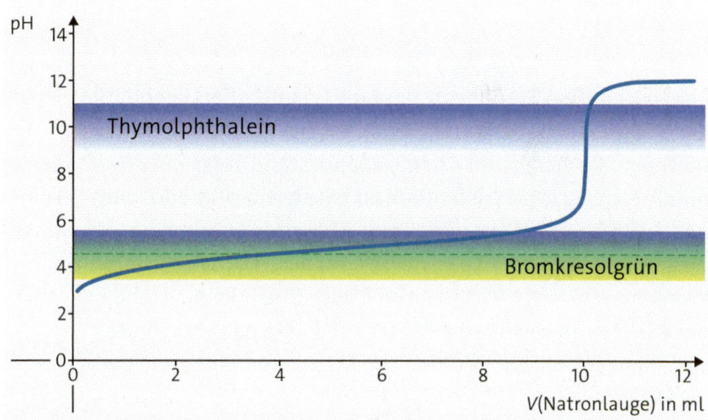

05 Thymolphthalein besitzt bei dieser Säure-Base-Titration einen passenden Umschlagbereich – Kresolgrün dagegen nicht.

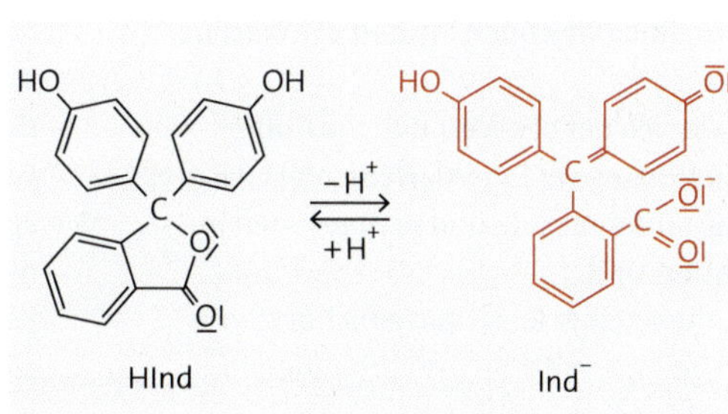

06 Molekülstrukturen von Phenolphthalein

π- und σ Bindungen *↑ S.263*

Aromatisches System *↑ S.331 f.*

2 Ammoniaklösung wurde mit Salzsäure titriert.
a Formulieren Sie die Reaktionsgleichung und geben Sie an, welche Verbindung am Äquivalenzpunkt in der Lösung gelöst vorliegt.
b Am Äquivalenzpunkt liegt diese Verbindung mit der Konzentration $c = 1{,}0\ \text{mol} \cdot \text{l}^{-1}$ vor. Berechnen Sie den pH-Wert der Lösung.
c Wählen Sie aus Bild ↑ 04 einen geeigneten Indikator für diese Titration aus.

Klausurtraining

Material H Die clevere Assistentin

H1.1 Viele Chemikalien, aber keine Pufferlösung

Im Labor wird ein Liter eines Essigsäure-Acetat-Puffers benötigt, der 0,5 mol Essigsäuremoleküle und 0,5 mol Acetat-Ionen enthält. Eine Recherche im Chemikalienbestand zeigt der chemisch-technischen Assistentin, dass eine fertige Pufferlösung und Acetatsalze wie Natriumacetat fehlen. Sie notiert daraufhin vorhandene Chemikalien, die sie für nützlich hält, um das Problem zu lösen (↑ H1.1). Neben diesen Chemikalien stehen der Assistentin destilliertes Wasser und übliche Laborgeräte, vor allem solche zum Messen von Masse und Volumen, zur Verfügung.

AUFGABEN ZU H

1 › **a** Geben Sie die zum Puffer passende Henderson-Hasselbalch-Gleichung an und berechnen Sie den pH-Wert der benötigten Pufferlösung.
b Erläutern Sie, wie sich der pH-Wert und die Pufferkapazität der Pufferlösung verändern, wenn statt 0,5 mol nur 0,05 mol Essigsäuremoleküle und Acetat-Ionen in einem Liter enthalten sind.

2 › **a** Erläutern Sie anhand einer Reaktionsgleichung, wie es der Assistentin gelingt, mithilfe der vorhandenen Chemikalien Acetat-Ionen zu erzeugen.
b Schildern Sie eine Vorgehensweise, um die Pufferlösung herzustellen. Geben Sie dabei auch die Massen bzw. Volumina der Stoffe an, die Sie einsetzen.
c Schildern Sie eine zu Aufgabenteil **b** alternative Vorgehensweise, bei der Sie mindestens eine Chemikalie durch eine andere auf der Liste ersetzen.

3 › Der Pufferlösung werden 0,1 mol Oxonium-Ionen zugesetzt.
a Erstellen Sie die Reaktionsgleichung der daraufhin ablaufenden chemischen Reaktion.
b Berechnen Sie den neuen pH-Wert der Lösung.

Material I Puffer in der Analytik

I1.1 Bestimmung der Wasserhärte mit H_4EDTA

Sehr hartes Wasser stellt in vielen Anwendungen ein Problem dar. Zur Bestimmung der „Wasserhärte" muss gemessen werden, wie groß die Konzentration von Mg^{2+}- und Ca^{2+}-Ionen ist. Ein Verfahren basiert darauf, diese Ionen an die Moleküle von H_4EDTA (Ethylendiamintetraessigsäure; ↑ I1.1) zu binden.

Um die entstehenden Oxonium-Ionen zu neutralisieren, darf keinesfalls Natronlauge zugesetzt werden. Eine hohe Konzentration von Hydroxid-Ionen begünstigt nämlich die Bildung schwerlöslicher Metallhydroxide mit der allgemeinen chemischen Formel $M(OH)_2$.

$$M^{2+}(aq) + 2\,OH^-(aq) \rightleftarrows M(OH)_2(s)$$

AUFGABEN ZU I

1 › **a** Erläutern Sie die Notwendigkeit, die Oxonium-Ionen, die bei der Reaktion von M^{2+} mit H_4EDTA entstehen, zu neutralisieren und den pH-Wert konstant zu halten.
b Erklären Sie, warum ein zu großer pH-Wert zu falschen Werten für die Konzentrationen der Magnesium- und Calcium-Ionen führt.

2 › Zur Stabilisierung des pH-Werts eignet sich ein Ammoniak-Ammonium-Puffer, der die Base NH_3 und die korrespondierende Säure NH_4^+ (pK_S = 9,25) enthält.
a Formulieren Sie die Reaktionsgleichungen der Abfangreaktionen für Oxonium-Ionen und Hydroxid-Ionen in dieser Pufferlösung.
b Geben Sie die zum Puffer passende Henderson-Hasselbalch-Gleichung an.
c Die Pufferlösung enthält gleiche Mengen an NH_3-Molekülen und NH_4^+-Ionen. Berechnen Sie die Änderung des pH-Werts, wenn 10 % der NH_3-Moleküle mit Oxonium-Ionen reagieren.
d Berechnen Sie, um das Wievielfache die Konzentration von NH_3 die Konzentration von M^{2+} übersteigen muss, damit der pH-Wert durch das Abfangen der Oxonium-Ionen höchstens um 0,1 sinkt.

Material J Richtig titriert?

	Anne	Beate	Charlie
	Titration von Speiseessig		
V(Lösung)	50 ml	20 ml	10 ml
Indikator	1	2	3
V(Natronlauge)	6,3 ml	16,2 ml	8,4 ml
	Titration von Toilettenreiniger		
V(Lösung)	50 ml	20 ml	10 ml
Indikator	1	2	3
V(Natronlauge)	39,2 ml	15,9 ml	8,3 ml

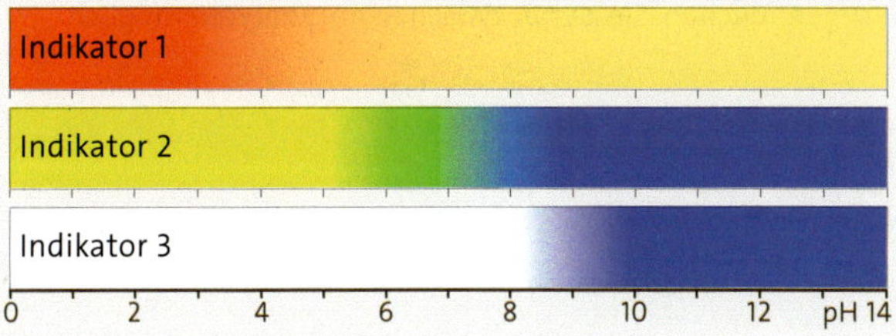

J1.1 Titrationsergebnisse und Umschlagbereiche der Indikatoren

Drei Schülerinnen haben im Praktikum den Gehalt von Säuren in Speiseessig (CH_3COOH; $pK_S = 4{,}75$) und einem Toilettenreiniger (HSO_4^-; $pK_S = 1{,}92$) durch Säure-Base-Titration mit Natronlauge ($c(OH^-) = 1{,}00\ mol \cdot l^{-1}$) bestimmt. Zur Erkennung des Äquivalenzpunkts der Titration haben sie verschiedene Indikatoren verwendet. Die eingesetzten Volumina der Probelösungen und die bis zum Farbumschlag des Indikators zugegebenen Volumina an Natronlauge sind angegeben (↑ J1.1).

AUFGABEN ZU J

1 〉 a Schildern Sie unter Angabe der wichtigen Größen und einer Gleichung zur Auswertung das Verfahren der Titration.
b Erläutern Sie die Bestimmung des Äquivalenzpunkts einer Säure-Base-Titration mithilfe eines Indikators.

2 〉 a Berechnen Sie die pH-Werte an den Äquivalenzpunkten, indem Sie annehmen, dass die Konzentration der gebildeten korrespondierenden Basen $0{,}5\ mol \cdot l^{-1}$ beträgt.
b Bewerten Sie die Eignung der drei Indikatoren für die beiden Titrationen und geben Sie auf dieser Grundlage an, welche Schülerin jeweils den zuverlässigsten Wert für den Äquivalenzpunkt erzielt hat.
c Berechnen Sie für den jeweils zuverlässigsten Fall aus dem Volumen der Natronlauge, das bis zum Äquivalenzpunkt zugegeben wurde, die Stoffmengenkonzentration von CH_3COOH in Essig und von HSO_4^- im Toilettenreiniger.

3 〉 Bewerten Sie die verwendeten Volumina an Probelösung hinsichtlich der erzielbaren Genauigkeit bei einer Titration.

Material K Saure Erfrischung

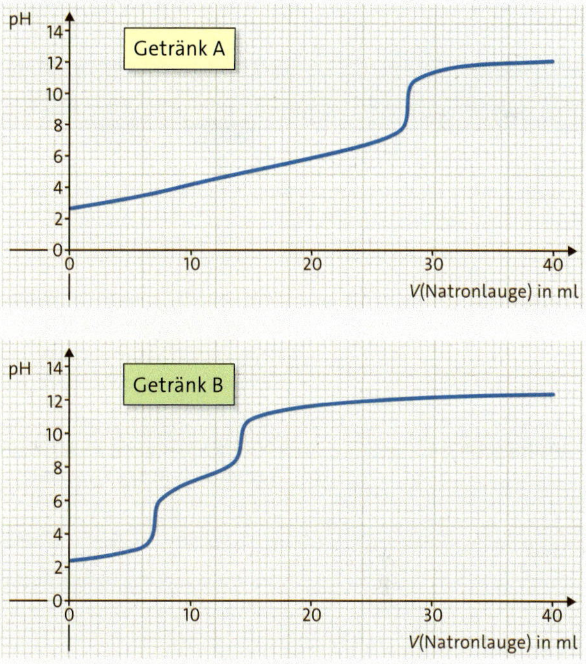

K1.1 Titrationskurven von zwei Erfrischungsgetränken

Ein Chemiekurs hat von zwei Erfrischungsgetränken mit den Probevolumina von je 100 ml durch Titration mit Natronlauge ($c(OH^-) = 0{,}1\ mol \cdot l^{-1}$), Titrationskurven aufgenommen (↑ K1.1). Ein Erfrischungsgetränk enthält Phosphorsäure ($pK_{S1} = 2{,}1$; $pK_{S2} = 7{,}2$; $pK_{S3} = 12{,}3$), das andere Citronensäure ($pK_{S1} = 3{,}1$; $pK_{S2} = 4{,}8$; $pK_{S3} = 6{,}4$).

AUFGABEN ZU K

1 〉 a Erläutern Sie, welche Informationen über die in einer Lösung vorhandene Säure aus einer Titrationskurve erhalten werden können.
b Übertragen Sie beide Titrationskurven und tragen Sie die für die Auswertung wichtigen Punkte ein.

2 〉 Obwohl Phosphorsäure (H_3PO_4) und Citronensäure (H_3A) jeweils dreiprotonige Säuren sind, unterscheiden sich die beiden Kurven qualitativ voneinander.
a Erklären Sie anhand der pK_S-Werte, welche Säure sich in welchem Erfrischungsgetränk befindet.
b Geben Sie an, welchen Punkt der jeweiligen Titrationskurve Sie für die Bestimmung der Stoffmenge der Säure nutzen. Stellen Sie die zugehörige Reaktionsgleichung zwischen H_3PO_4 bzw. H_3A und OH^- auf und geben Sie die Stoffmenge an Hydroxid-Ionen an, die bis zu diesem Punkt mit 1 mol Säure reagiert.
c Berechnen Sie die Stoffmengen und Massen von Phosphorsäure (H_3PO_4) bzw. Citronensäure ($C_6H_8O_7$) in 100 ml des Erfrischungsgetränks.

Auf einen Blick

- **Säure-Base-Konzept von Brönsted**

Eine Säure HA ist ein Teilchen, das als **Protonendonator** reagiert (Brönsted-Säure).
Eine Base B ist ein Teilchen, das als **Protonenakzeptor** reagiert (Brönsted-Base).

- **Protolyse**

Reaktion zwischen einer Säure HA und einer Base B, bei der ein Protonenübergang stattfindet

$$HA + B \rightleftharpoons HB^+ + A^-$$

Säure 1 + Base 2 ⇌ Säure 2 + Base 1

HA und A^- bzw. HB^+ und B bilden jeweils ein korrespondierendes Säure-Base-Paar.

- **Ampholyt**

Teilchen, das je nach Reaktionspartner als Säure oder Base reagieren kann
Beispiel: Wassermolekül H_2O
Reagiert mit Säure als Base: $H_2O + HCl \rightleftharpoons H_3O^+ + Cl^-$
Reagiert mit Base als Säure: $H_2O + NH_3 \rightleftharpoons OH^- + NH_4^+$

- **Autoprotolyse**

Protonenübergang zwischen gleichartigen Teilchen. Sie ist nur zwischen Ampholyten möglich.
Autoprotolyse des Wassers:

$2\,H_2O \rightleftharpoons H_3O^+ + OH^-$

$K_W = c(H_3O^+) \cdot c(OH^-) = 10^{-14}\,mol^2 \cdot l^{-2}$ (bei 25 °C)

Die Konstante K_W für die Autoprotolyse des Wassers wird als Ionenprodukt des Wassers bezeichnet.

- **pH-Wert und pOH-Wert**

zur Kennzeichnung der sauren bzw. alkalischen Eigenschaften von Lösungen.
Der pH-Wert einer Lösung ist der negative Zehnerlogarithmus (negativer dekadischer Logarithmus) des Zahlenwerts der Oxonium-Ionenkonzentration mit der Einheit $mol \cdot l^{-1}$.

$pH = -\lg c(H_3O^+)$ $pOH = -\lg c(OH^-)$
$pH + pOH = 14$ (bei 25 °C)

Für saure Lösung gilt:	$c(H_3O^+) > c(OH^-)$	$pH < 7$
Für neutrale Lösung gilt:	$c(H_3O^+) = c(OH^-)$	$pH = 7$
Für alkalische Lösung gilt:	$c(H_3O^+) < c(OH^-)$	$pH > 7$

- **Säurestärke und Basenstärke**

Reaktion einer **Säure** mit Wassermolekülen:
$HA + H_2O \rightleftharpoons H_3O^+ + A^-$

Säurekonstante K_S:

$$K_S(HA) = \frac{c(H_3O^+) \cdot c(A^-)}{c(HA)}$$

$pK_S(HA) = -\lg K_S(HA)$

Reaktion einer **Base** mit Wassermolekülen:
$B + H_2O \rightleftharpoons OH^- + HB^+$

Basenkonstante K_B:

$$K_B(B) = \frac{c(OH^-) \cdot c(HB^+)}{c(B)}$$

$pK_B(B) = -\lg K_B(B)$

Folgende Zusammenhänge gelten:
Je größer $K_S(HA)$, umso kleiner ist $pK_S(HA)$ und umso stärker ist die Säure HA.
Je größer $K_B(B)$, umso kleiner ist $pK_B(B)$ und umso stärker ist die Base B.
Je stärker die Säure HA, umso schwächer ist die korrespondierende Base A^-:
$pK_S(HA) + pK_B(A^-) = 14$

- **Berechnung des pH-Werts**

sehr starke Säuren HA:	$pH = -\lg c(HA)$
sehr starke Basen B:	$pOH = -\lg c(B)$; $pH = 14 - pOH$
schwache Säuren HA:	$pH \cong \frac{1}{2} \cdot [pK_S(HA) - \lg c_0(HA)]$
schwache Basen B:	$pOH \cong \frac{1}{2} \cdot [pK_B(B) - \lg c_0(B)]$; $pH = 14 - pOH$

Wichtige Säuren

	Schwefelsäure	Phosphorsäure	Kohlensäure
Molekülformel	H_2SO_4	H_3PO_4	H_2CO_3
Salze, Anion	Sulfate SO_4^{2-}	Phosphate PO_4^{3-}	Carbonate CO_3^{2-}, Hydrogencarbonate HCO_3^-
Verwendung	Düngemittel, wichtiger industrieller Ausgangsstoff	Düngemittel	Erfrischungsgetränke, Löschmittel

pH-Puffer

Pufferlösungen ändern bei Zusatz (nicht zu großer) Portionen beliebiger Säuren oder Basen ihren pH-Wert fast nicht.
Sie bestehen aus einer schwachen Säure HA und der korrespondierenden Base A^- und fangen Hydroxid- und Oxonium-Ionen ab. Dadurch stabilisieren sie den pH-Wert:
Zufuhr von H_3O^+: $H_3O^+ + A^- \longrightarrow HA + H_2O$
Zufuhr von OH^-: $OH^- + HA \longrightarrow A^- + H_2O$

Berechnung des pH-Werts mithilfe der Henderson-Hasselbalch-Gleichung (Puffergleichung) für Pufferlösungen:

$$pH = pK_S(HA) + \lg \frac{c(A^-)}{c(HA)}$$

Beispiele:
Essigsäure-Acetat-Puffer: CH_3COOH/CH_3COO^-
Ammonium-Ammoniak-Puffer: NH_4^+/NH_3

Säure-Base-Indikatoren

Indikatormoleküle sind schwache Säuren oder Basen. Durch Protolysereaktionen verändert sich die elektronische Struktur ihrer korrespondierenden Teilchen und damit die Farbe der Lösung:

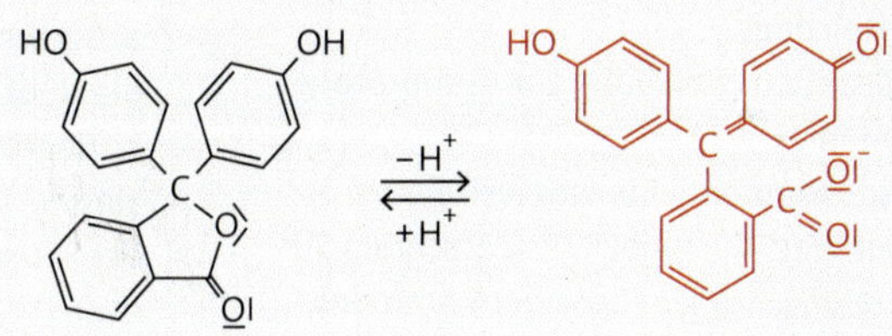

Der pH-Umschlagbereich liegt etwa zwei Einheiten um den pK_S-Wert der Indikatorsäure.
Das pH-abhängige Verhältnis von $c(Ind^-) : c(HInd)$ bestimmt die jeweilige Farbe einer Indikatorlösung.

Säure-Base-Titration

Die Konzentration einer Säure oder Base wird durch die Neutralisation einer Probelösung durch die Maßlösung (hier: Natronlauge) erkannt.

Am Äquivalenzpunkt sind die Stoffmengen gleich: $n(HA) = n(OH^-)$.
Den Äquivalenzpunkt erkennt man am Farbumschlag des zugesetzten passenden Indikators.

Am Halbäquivalenzpunkt gilt $pH = pK_S(HA)$.

Titrationskurve einer Essigsäurelösung

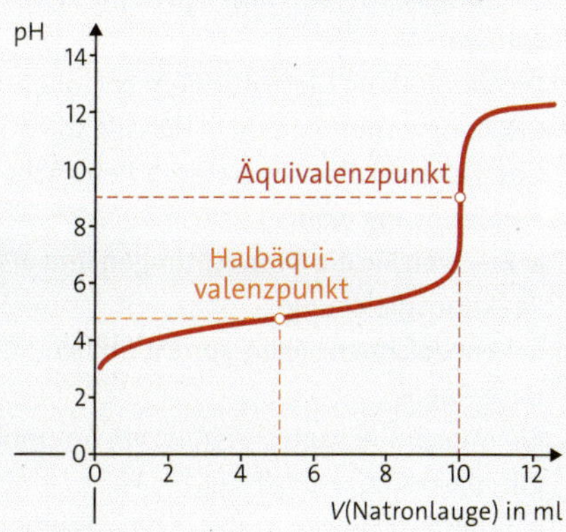

Übungsaufgaben

1 › In Wasser wird Chlorwasserstoff eingeleitet, bis die Konzentration der Oxonium-Ionen exakt 10^{-3} mol · l^{-1} beträgt (ϑ = 25 °C).

a Erstellen Sie die Reaktionsgleichung der Reaktion von Chlorwasserstoff mit Wasser. Ordnen Sie den Reaktionspartnern die Funktion „Säure" und „Base" zu.

b Erklären Sie den Einfluss der Reaktion aus Aufgabe 1a auf das Autoprotolysegleichgewicht des Wassers und berechnen Sie die Konzentration der Hydroxid-Ionen.

c Berechnen Sie die Konzentration der Oxonium-Ionen in dieser Lösung, die auf die Autoprotolyse des Wassers zurückzuführen sind.

2 › **a** Definieren Sie den pH-Wert.

b Berechnen Sie die fehlenden Größen (ϑ = 25 °C):

$c(H_3O^+)$	$c(OH^-)$	pH	pOH
			8
	10^{-5} mol · l^{-1}		
		2,3	
$5 \cdot 10^{-9}$ mol · l^{-1}			

3 › Begründen Sie, dass das Ionenprodukt bei zunehmender Konzentration c_0(HA) kleiner als 10^{-14} mol^2 · l^{-2} wird (ϑ = 25 °C).

4 › Auch in wasserfreiem flüssigem Ammoniak findet eine Autoprotolyse statt. Dabei entstehen u. a. NH_4^+-Ionen. Der negative Zehnerlogarithmus ihrer Konzentration wird als pH(NH_3) bezeichnet.

a Erstellen Sie die Reaktionsgleichung zur Autoprotolyse in flüssigem Ammoniak.

b Bei −33 °C hat das Ionenprodukt in wasserfreiem flüssigem Ammoniak der Wert 10^{-32} mol^2 · l^{-2}. Berechnen Sie pH(NH_3) einer neutralen Lösung in flüssigem Ammoniak bei dieser Temperatur.

c Verknüpfen Sie die Zustände „sauer", „neutral" und „alkalisch" in flüssigem Ammoniak mit der Konzentration der NH_4^+-Ionen.

5 › Geben Sie mindestens vier Schlussfolgerungen an, die Sie auf Basis der Aussage $K_S(HA^1) > K_S(HA^2)$ machen können.

6 › Die Verbindung Methyllithium besteht aus Li^+- und CH_3^--Ionen. Gibt man sie in Wasser, so entsteht u. a. ein Gas. Der Indikator Thymolphthalein färbt die entstehende Lösung blau.

a Erklären Sie die Beobachtungen und erstellen Sie die Reaktionsgleichung.

b Kennzeichnen Sie die korrespondierenden Säure-Base-Paare.

7 › Ein Mitschüler sagt: „HCO_3^- ist ein Ampholyt, d. h., es gilt: $pK_S(HCO_3^-) + pK_B(HCO_3^-) = 14$."

a Erläutern Sie den Fehler in der Argumentation und korrigieren Sie ihn.

b Begründen Sie mithilfe von $pK_S(HCO_3^-)$ und $pK_B(HCO_3^-)$, ob eine Lösung von Natriumhydrogencarbonat ($NaHCO_3$) in Wasser sauer, neutral oder alkalisch reagiert.

8 › Leiten Sie aus den Definitionsgleichungen für die Säurekonstante K_S(HA) und den Protolysegrad α die folgende Gleichung ab:

$$\frac{K_S(HA)}{c_0(HA)} = \frac{\alpha^2}{1-\alpha}$$

9 › Entscheiden Sie anhand der pK_S-Werte der beteiligten Säuren, ob die folgenden Säure-Base-Gleichgewichte auf der rechten oder linken Seite liegen:

a $HCO_3^- + CH_3COOH \rightleftarrows H_2CO_3 + CH_3COO^-$

b $NH_4^+ + H_2O \rightleftarrows H_3O^+ + NH_3$

c $NH_4^+ + OH^- \rightleftarrows H_2O + NH_3$

10 › Berechnen Sie die pH-Werte folgender Lösungen:

a Essigsäurelösung, c_0(HA) = 0,5 mol · l^{-1}

b Ammoniaklösung, $c_0(NH_3)$ = 0,05 mol · l^{-1}

c Ammoniumchloridlösung, $c_0(NH_4Cl)$ = 1,0 mol · l^{-1}

d Salpetersäurelösung, c_0(HA) = 0,2 mol · l^{-1}

11 › Ein Mitschüler berechnet für Salzsäure mit c_0(HA) = 10^{-9} mol · l^{-1} einen pH-Wert von 9.

a Schildern Sie das Problem.

b Erläutern Sie, welches Gleichgewicht der Mitschüler vernachlässigt hat.

12 › Ein Gemisch aus Salzsäurelösung und Essigsäurelösung (c(HCl) = $c(CH_3COOH)$ = 0,1 mol · l^{-1})wird mit Natronlauge (c=1 mol · l^{-1}) titriert.

a Berechnen und zeichnen Sie die Titrationskurve für die Neutralisation.

b Begründen Sie, welche Indikatoren man verwenden könnte, um die Bestimmung der Konzentrationen beider Säuren in zwei verschiedenen Proben zu ermöglichen.

13 › Zu 1 l Natronlauge bzw. 1 l Ammoniaklösung mit $pK_B(NH_3)$ = 4,75, die beide einen pH-Wert von 11 haben, wird jeweils 1 l Salzsäure gegeben, die einen pH-Wert von 3 hat.

a Berechnen Sie die Konzentration der OH^--Ionen bei pH 11 und erstellen Sie die Reaktionsgleichung, die nach Zugabe der Salzsäure abläuft.

b Erläutern Sie, warum aus Natronlauge und Salzsäure eine neutrale Lösung entsteht, die Ammoniaklösung nach Zugabe der Salzsäure aber dennoch alkalisch bleibt.

14 › Sie sollen eine Pufferlösung herstellen, die den pH-Wert 5,0 möglichst stabil hält.

a Begründen Sie mithilfe der protochemischen Reihe Ihre Wahl für eine entsprechende Säure HA und deren korrespondierende Base A^-.

b Berechnen Sie das für den pH-Wert notwendige Konzentrationsverhältnis $c(A^-)$: c(HA).

15› 0,5 l eines Essigsäure-Acetat-Puffers mit $c(CH_3COOH) = c(CH_3COO^-) = 0{,}5\ mol \cdot l^{-1}$ werden mit 100 ml Salzsäure mit $c(HCl) = 1{,}0\ mol \cdot l^{-1}$ versetzt.

a Erstellen Sie die Reaktionsgleichung, die bei Zugabe der Salzsäure abläuft.

b Berechnen Sie die Pufferkapazität des Puffers.

c Berechnen Sie den pH-Wert der Lösung vor und nach der Zugabe der Salzsäure.

d Berechnen Sie das Volumen an Salzsäure, das zugegeben werden muss, um pH = 4 zu erreichen.

16› Eine Phosphorsäurelösung wird mit Natronlauge mit $c(OH^-) = 0{,}1\ mol \cdot l^{-1}$ titriert.

a Erstellen Sie die Reaktionsgleichungen aller möglicher Reaktionen in der Lösung.

b Phenolphthalein schlägt bei einer Zugabe von 10,0 ml Natronlauge um. Bestimmen Sie mithilfe der Titrationskurve der Phosphorsäure auf S. 172 die Stoffmenge und die Masse der Phosphorsäure in der Lösung.

17› 10 ml einer Lösung von Ammoniak mit $c(NH_3) = 0{,}1\ mol \cdot l^{-1}$ und $pK_B(NH_3) = 4{,}75$ werden mit Salzsäure mit $c(H_3O^+) = 0{,}1\ mol \cdot l^{-1}$ titriert.

a Berechnen Sie die pH-Werte nach Zugabe von 0 ml, 1 ml, 5 ml, 9 ml, 10 ml und 11 ml Salzsäure. Vernachlässigen Sie bei den Berechnungen die Volumenänderung durch Zugabe der Salzsäure.

b Skizzieren Sie die Titrationskurve.

c Begründen Sie, welcher Indikator für die Anzeige des Äquivalenzpunkts geeignet ist.

Mithilfe dieses Kapitels können Sie:	Aufgabe	Hilfe finden Sie auf Seite
▸ die Begriffe Säure, Base, korrespondierendes Säure-Base-Paar und Ampholyt definieren und Reaktionen damit beschreiben	*1, 6, 7, 14*	*142-143, 150*
▸ den Begriff des Autoprotolysegleichgewichts erklären und mit dem Konzept argumentieren	*1, 2, 3, 4*	*146-147*
▸ die Größen pH- und pOH-Wert definieren und mit ihnen rechnen	*2*	*148*
▸ K_S, K_B, pK_S und pK_B definieren und mit ihrer Hilfe Säuren und Basen gemäß ihrer Stärke ordnen	*4, 5, 8*	*151-153*
▸ mithilfe von pK_S bzw. K_S-Werten die Gleichgewichtslage von Säure-Base-Reaktionen in wässriger Lösung vorhersagen	*9*	*153*
▸ pH-Werte von Lösungen sehr starker und schwacher Säuren und Basen berechnen	*6, 9, 10, 11, 17*	*156-157*
▸ für ausgewählte Säuren Name, Molekülformel und Name der korrespondierenden Base zuordnen	*10, 11, 16*	*158-159*
▸ charakteristische Punkte von Titrationskurven erklären und berechnen	*12*	*170-172, 174*
▸ die Pufferwirkung von Lösungen schwacher Säuren und Basen erklären	*13*	*164-165*
▸ mithilfe der Henderson-Hasselbalch-Gleichung pH-Wert bzw. Konzentrationen von Pufferlösungen berechnen	*14,15*	*166*
▸ die Titrationskurven sehr starker und schwacher Säuren und Basen voneinander unterscheiden und sie erstellen	*16, 17*	*170-172*
▸ den Umschlagbereich von Indikatoren anhand von pK_S-Werten erklären und geeignete Indikatoren für Säure-Base-Titrationen auswählen	*17*	*176-177*

Wenn Kohle verbrennt, Bahnschienen geschweißt oder in einer Weinprobe der Sulfitgehalt quantitativ untersucht wird, dann laufen Redoxreaktionen ab: chemische Reaktionen, bei denen Elektronenübergänge zwischen den beteiligten Teilchen stattfinden. Fotoapparate und andere elektrische Geräte hingegen benötigen Energie, die nicht aus der Steckdose kommt. Hier werden Batterien und Akkus genutzt, in denen chemische Energie durch Redoxreaktionen in elektrische Energie umgewandelt wird.

Von Redoxreaktionen zu elektrochemischen Anwendungen 6

Elektronenübertragungen bei chemischen Reaktionen

Redoxreaktion

- Elektronenübertragung
- Oxidationszahlen
- Aufstellen von Redoxgleichungen
- Donator-Akzeptor-Konzept
- Redoxtitrationen

Elektrochemische Reaktionen

- Daniell-Element
- Elektrochemische Doppelschicht
- Galvanische Zelle
- Redoxpotenzial und Standardredoxpotenzial
- Standardwasserstoffelektrode
- Elektrochemische Spannungsreihe
- Nernst-Gleichung
- Potenziometrie

Batterien und Akkus

- Batterieprinzip
- Zellspannung
- Batterietypen
- Akkumulatoren
- Brennstoffzelle

Elektrolysen

- Erzwungene Redoxreaktion
- Zersetzungsspannung
- Überspannung
- Faraday-Gesetze
- Großtechnische Elektrolysen

Korrosion

- Lokalelemente
- Korrosionsarten
- Korrosionsschutz
- Galvanisieren

01 Woraus bestehen Batterien und wie funktionieren sie?

6.1 Reaktionen mit Elektronenübertragung

01 A Verbrennen von Magnesium, **B** Thermitschweißen von Bahnschienen

OXIDATION UND REDUKTION Stoffe können verbrennen – sogar Metalle. Entzündet man ein Stück Magnesiumband, verbrennt es an der Luft, wobei sich unter hellem Aufglühen Magnesiumoxid bildet (↑ **01A**). Das silbergraue Metall Magnesium reagiert mit dem Sauerstoff der Luft zum weißen Magnesiumoxid. Eine solche Reaktion mit Sauerstoff wird als **Oxidation** bezeichnet.

$$2\,Mg(s) + O_2(g) \longrightarrow 2\,MgO(s)$$

Video: Thermitreaktion als Laborversuch

Die Oxidation ist umkehrbar. Beim Thermitverfahren zum Schweißen von Eisenbahnschienen wird ein Gemisch aus Eisenoxid und Aluminium mithilfe eines Zünders zur Reaktion gebracht. Dabei bildet sich aus Eisenoxid flüssiges Eisen, das durch eine Form zwischen die Schienenenden läuft und diese dauerhaft miteinander verschweißt (↑ **01B**).
Bei diesem Vorgang handelt es sich um eine **Reduktion**, da das Metalloxid wieder zum Metall zurückgeführt wird (lat. *reducere:* zurückführen). Gleichzeitig wird bei dieser Reaktion Aluminium zu Aluminiumoxid oxidiert (↑ **02**).

Reduktion ($Fe_2O_3 \rightarrow 2\,Fe$)

$$Fe_2O_3(s) + 2\,Al(s) \longrightarrow 2\,Fe(s) + Al_2O_3(s)$$

Oxidation ($2\,Al \rightarrow Al_2O_3$)

02 Reaktion zwischen Eisenoxid und Aluminium

Elektronenabgabe:	Mg	$\longrightarrow$	$Mg^{2+} + 2e^-$	(Oxidation)
Elektronenaufnahme:	$O_2 + 4e^-$	$\longrightarrow$	$2\,O^{2-}$	(Reduktion)
Elektronenübergang:	$2\,Mg + O_2$ (4e⁻ von Mg auf O_2)	$\longrightarrow$	$2\,MgO$	(Redoxreaktion)

03 Oxidation von Magnesium – Reaktion mit Elektronenübertragung

REAKTIONEN MIT ELEKTRONENÜBERTRAGUNG Bei der Reaktion von Magnesium mit Sauerstoff entsteht der weiße Feststoff Magnesiumoxid, der sich in seinen Eigenschaften wahrnehmbar von Magnesium unterscheidet.
Auf der Teilchenebene kann die Reaktion folgendermaßen gedeutet werden: Magnesiumoxid ist eine Ionenverbindung, die aus zweifach positiv geladenen Magnesium-Ionen Mg^{2+} und zweifach negativ geladenen Oxid-Ionen O^{2-} aufgebaut ist. In den Ausgangsstoffen liegen aber elektrisch ungeladene Teilchen vor. Die Ionen können sich erst während der Reaktion gebildet haben.

Magnesiumatome geben je zwei Elektronen an Sauerstoffatome ab. Die Magnesiumatome wirken als **Elektronendonatoren.** Sie werden durch die Elektronenabgabe zu Magnesium-Ionen Mg^{2+}. Die Sauerstoffatome reagieren dagegen als **Elektronenakzeptoren**. Sie nehmen je zwei Elektronen auf und werden zu Oxid-Ionen O^{2-}. Die Verbrennung von Magnesium ist eine **Reaktion mit Elektronenübertragung**, bei der Elektronen von Magnesiumatomen auf Sauerstoffatome übertragen werden (↑ **03**).

Auch die Reaktion beim Thermitverfahren lässt sich so erklären. Eisenoxid ist aus Fe^{3+}-Ionen und O^{2-}-Ionen aufgebaut. Während der Reaktion übertragen Aluminiumatome jeweils drei Elektronen auf ein Fe^{3+}-Ion. Dabei werden diese zu Fe-Atomen und gleichzeitig Al-Atome zu Al^{3+}-Ionen.
Auch hier handelt es sich um eine Reaktion mit Elektronenübertragung, bei der die Elektronen zwischen den beteiligten Metallen übertragen werden, die Oxid-Ionen selbst bleiben unverändert. Im Eisenoxid liegen sie ebenso vor wie im Aluminiumoxid.

REDOXREAKTION Reaktionen mit Elektronenübertragung werden auch als **Redoxreaktionen** bezeichnet. Das Teilchen, das in einer Redoxreaktion als Elektro-nendonator wirkt, wird durch die Elektronenabgabe selbst oxidiert. Das Teilchen, das in einer Redoxreaktion als Elektronenakzeptor wirkt, wird durch die Elektronenaufnahme reduziert. Dabei kann ein Teilchen nur Elektronen abgeben, wenn diese durch ein anderes Teilchen aufgenommen werden. Daher sind Redoxreaktionen **Donator-Akzeptor-Reaktionen**.
In einer Redoxreaktion bezeichnet man den Elektronendonator als **Reduktionsmittel**, da er seinen Reaktionspartner reduziert. Der Elektronenakzeptor wird als **Oxidationsmittel** bezeichnet, da er seinen Reaktionspartner oxidiert.

KORRESPONDIERENDE REDOXPAARE Elektronenabgabe und -aufnahme sind umkehrbare Vorgänge. Ein Reduktionsmittel (Red) wird durch die Elektronenabgabe zum korrespondierenden Oxidationsmittel (Ox) oxidiert. Umgekehrt wird ein Oxidationsmittel durch Elektronenaufnahme zum korrespondierenden Reduktionsmittel.

$Al \rightleftarrows Al^{3+} + 3\,e^-$ $\qquad Fe^{3+} + 3\,e^- \rightleftarrows Fe$

$Red \rightleftarrows Ox + z\,e^-$ $\qquad Ox + z\,e^- \rightleftarrows Red$

An der Thermitreaktion ist erkennbar, dass an einer Redoxreaktion immer zwei korrespondierende Redoxpaare beteiligt sind. Die Fe^{3+}-Ionen bilden mit den Fe-Atome das Redoxpaar Fe/Fe^{3+}. Die Al-Atome und Al^{3+}-Ionen bilden das zweite Redoxpaar Al/Al^{3+}.

korrespondierendes Redoxpaar 1

$Fe_2O_3(s) + 2\,Al(s) \longrightarrow 2\,Fe(s) + Al_2O_3(s)$

korrespondierendes Redoxpaar 2

$Ox1 + Red2 \longrightarrow Red1 + Ox2$

Redoxreaktionen sind Reaktionen mit Elektronenübertragung, bei denen Oxidation und Reduktion immer gekoppelt ablaufen. Bei der Oxidation erfolgt eine Elektronenabgabe, bei der Reduktion eine Elektronenaufnahme.

REDOXREIHE DER METALLE Metallatome unterscheiden sich in ihrem Bestreben, Elektronen an Elektronenakzeptoren abzugeben. Ihre *reduzierende Wirkung* kann experimentell ermittelt werden (↑ Exp. 6.01): Taucht man ein Eisenblech in Kupfersulfatlösung, so scheidet sich Kupfer ab. Auch die *oxidierende*

Bestreben der Atome zur Elektronenabgabe nimmt zu. →

Au Pt Ag Cu Pb Fe Zn Al Mg Ca K Li

edle Metalle — unedle Metalle

Au^{3+} Pt^{2+} Ag^+ Cu^{2+} Pb^{2+} Fe^{2+} Zn^{2+} Al^{3+} Mg^{2+} Ca^{2+} K^+ Li^+

← Bestreben der Ionen zur Elektronenaufnahme nimmt zu.

04 Redoxreihe der Metalle

Wirkung von Metall-Ionen ist verschieden: Beim Eintauchen eines Kupferblechs in Eisensulfatlösung lässt sich keine Veränderung beobachten. Beide Phänomene kommen in der **Redoxreihe der Metalle** zum Ausdruck (↑ **04**). Mithilfe der Redoxreihe können mögliche Redoxreaktionen abgeschätzt werden: Metall-Ionen lassen sich von den jeweils weiter rechts angeordneten Atomen unedlerer Metalle reduzieren.

Übung: Redoxreihe der Metalle

1 〉 Zeigen Sie, dass die Bildung von Magnesiumchlorid ($MgCl_2$) aus den Elementen eine Redoxreaktion ist. Formulieren Sie die Teilgleichungen für die Elektronenaufnahme und -abgabe. Benennen Sie Oxidations- und Reduktionsmittel.

2 〉 Erläutern Sie die Elektronenübertragung bei der Redoxreaktion zwischen Eisen(III)-oxid (Fe_2O_3) und Magnesium unter Berücksichtigung des Donator-Akzeptor-Konzepts..

3 〉 Benennen Sie die korrespondierenden Redoxpaare folgender Reaktionen:
- **a** Verbrennen von Calcium
- **b** Reduktion von Kupferoxid (CuO) mit Eisen

4 〉 Silberoxid (Ag_2O) kann durch Erhitzen in seine Elemente zerlegt werden. Begründen Sie, dass diese Analyse eine Redoxreaktion ist. Kennzeichnen Sie die Elektronenübertragung.

	Redoxreaktion	Säure-Base-Reaktion
Übertragung von:	Elektronen	Protonen
Beteiligte Teilchen:	Elektronendonator: Reduktionsmittel (Red) $Red \rightleftarrows Ox + z\,e^-$	Protonendonator: Säure (HA) $HA \rightleftarrows H^+ + A^-$
	Elektronenakzeptor: Oxidationsmittel (Ox) $Ox + z\,e^- \rightleftarrows Red$	Protonenakzeptor: Base (B) $H^+ + B \rightleftarrows HB^+$
Reaktionsgleichung:	$Red\,1 + Ox\,2 \rightleftarrows Ox\,1 + Red\,2$ Beispiel: Redoxpaar 1 $2\,Al + Fe_2O_3 \rightleftarrows Al_2O_3 + 2\,Fe$ Redoxpaar 2	$HA + B \rightleftarrows A^- + HB^+$ Beispiel: Säure-Base-Paar 1 $CH_3COOH + H_2O \rightleftarrows CH_3COO^- + H_3O^+$ Säure-Base-Paar 2

05 Übersicht zum Donator-Akzeptor-Konzept

6.2 Redoxreaktionen und Oxidationszahlen

01 Verbrennen von Kohle (Kohlenstoff)

Bei der Reaktion von Metallen mit Sauerstoff findet eine Elektronenübertragung zwischen den Metallatomen und den Sauerstoffatomen statt. Auch Nichtmetalle reagieren mit Sauerstoff. Die gebildeten Nichtmetalloxide sind aber keine Salze, sondern Molekülverbindungen.

So verbrennt etwa Kohlenstoff mit Sauerstoff zu Kohlenstoffdioxid (↑ **01**). Hat bei der Reaktion dennoch eine Elektronenübertragung stattgefunden?

$$C(s) + O_2(g) \longrightarrow CO_2(g)$$

Methode zur Ermittlung von Oxidationszahlen in organischen Verbindungen *↑ S. 275*

OXIDATIONSZAHLEN Um Redoxreaktionen anhand der beteiligten Teilchen zu erkennen, ist das Konzept der **Oxidationszahl (OZ)** hilfreich. Bei einfachen Ionen (Atom-Ionen) entspricht die Oxidationszahl deren Ionenladung. Ein Natrium-Ion Na^+ hat die Oxidationszahl I, ein Chlorid-Ion Cl^- die Oxidationszahl –I.

In Formeln werden die Oxidationszahlen mit römischen Ziffern über das jeweilige Elementsymbol geschrieben. Ein Minuszeichen kennzeichnet negative Oxidationszahlen. In einer Verbindung ist die Summe der Oxidationszahlen aller Atome null.

Zur Ermittlung der Oxidationszahlen für die in einem Molekül gebundenen Atome stellt man sich vor, dass dieses formal aus Ionen aufgebaut ist. Dazu werden die Bindungselektronen einer polaren Elektronenpaarbindung immer dem Atom mit der größeren *Elektronegativität* (kurz: EN) zugeordnet. Im Kohlenstoffdioxidmolekül (CO_2) ist ein Kohlenstoffatom mit zwei Sauerstoffatomen jeweils über eine Doppelbindung verbunden. Den Sauerstoffatomen (EN = 3,5) mit der größeren Elektronegativität werden die Bindungselektronen vollständig zugeordnet. Beide Sauerstoffatome haben nun formal acht Valenzelektronen. Dagegen verliert das Kohlenstoffatom (EN = 2,5) alle vier Bindungselektronen, sodass es formal null Valenzelektronen hat.

Die Oxidationszahl ergibt sich für jedes Atom aus der Differenz seiner ursprünglichen Anzahl an Valenzelektronen und der Anzahl ihm zugeordneter Elektronen. Für das Sauerstoffatom ergibt sich so die Oxidationszahl –II (6–8 Elektronen) und für das Kohlenstoffatom die Oxidationszahl IV (4–0; ↑ **02**). Bei elementaren Stoffen wie H_2 oder O_2 erhalten beide Atome die Oxidationszahl 0, weil die Bindungselektronen der unpolaren Elektronenpaarbindung zu gleichen Teilen beiden Bindungspartnern zugeordnet werden. Um die Oxidationszahlen anderer Verbindungen zu bestimmen, gibt es noch weitere Regeln (↑ Methode rechte Seite).

> **Die Oxidationszahl entspricht der formalen Ladung eines Atoms in einer Verbindung, wenn alle Bindungselektronen im Molekül dem jeweils elektronegativeren Atom zugeordnet wurden.**

Übung: Elektronegativität und Oxidationszahlen

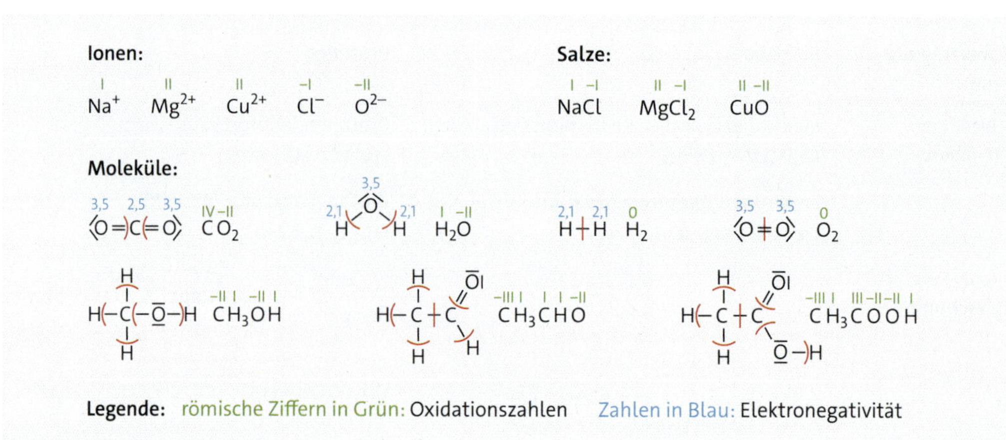

02 Oxidationszahlen einiger Verbindungen

OXIDATIONSZAHL UND REDOXREAKTION Verändern sich die Oxidationszahlen der beteiligten Teilchen während einer chemischen Reaktion, handelt es sich um eine Redoxreaktion.

Bei der Verbrennung von Kohlenstoff mit Sauerstoff erhöht sich die Oxidationszahl des Kohlenstoffatoms während der Reaktion von 0 auf IV. Das Kohlenstoffatom wirkt formal als Elektronendonator (Reduktionsmittel) und wird oxidiert.

Die Sauerstoffatome fungieren als Elektronenakzeptor (Oxidationsmittel) und werden reduziert. Ihre Oxidationszahl verringert sich von 0 auf –II.

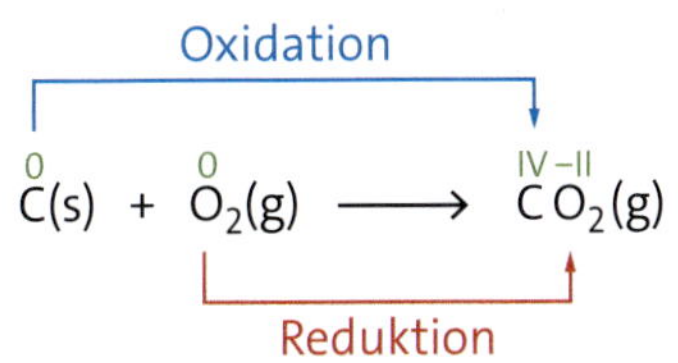

Aus dem Beispiel lässt sich eine Verallgemeinerung ableiten: Die Oxidationszahl des Reduktionsmittels erhöht sich während der Reaktion, da es Elektronen abgibt (Elektronendonator). Umgekehrt verringert sich die Oxidationszahl des Oxidationsmittels, da es während der Reaktion Elektronen aufnimmt (Elektronenakzeptor).

Eine Redoxreaktion liegt vor, wenn sich die Oxidationszahlen der beteiligten Teilchen verändern. Die Veränderung der Oxidationszahl entspricht der Anzahl übertragener Elektronen.

1 Bestimmen Sie die Oxidationszahlen der Atome in F_2, F^-, O_2, O_3, O^{2-}, Fe, Fe^{2+}, Fe^{3+}, S_8.

2 Bestimmen Sie die Oxidationszahlen der Atome in folgenden Verbindungen und Teilchen:
a MnO_2, CuO, Ag_2O, Na_2SiF_6, C_2H_6, H_2SO_3
b HNO_3, OH^-, NO_2^-, MnO_4^-, FeF_6^{4-}, FeF_6^{3-}

M Bestimmen von Oxidationszahlen in anorganischen Verbindungen

AUFGABE Bestimmen Sie die Oxidationszahlen der Atome in MnOOH und in AlF_6^{3-}.

Bei der Bestimmung von Oxidationszahlen in Verbindungen geht man nach folgenden Regeln vor:

Regeln zur Bestimmung der Oxidationszahlen	
1. Atome in elementaren Stoffen haben die Oxidationszahl 0.	$\overset{0}{Zn}$, $\overset{0}{Fe}$, $\overset{0}{Cu}$, $\overset{0}{H_2}$, $\overset{0}{O_2}$, $\overset{0}{O_3}$, $\overset{0}{Cl_2}$
2. Bei einfachen Ionen entspricht die Oxidationszahl der Ionenladung.	$\overset{II}{Zn^{2+}}$, $\overset{III}{Fe^{3+}}$, $\overset{I}{Cu^+}$, $\overset{I}{H^+}$, $\overset{-II}{O^{2-}}$, $\overset{-I}{Cl^-}$
3. Fluor hat in Verbindungen immer die Oxidationszahl –I.	$\overset{I}{H}\overset{-I}{F}$, $\overset{II}{Ca}\overset{-I}{F_2}$, $\overset{III}{Al}\overset{-I}{F_3}$, $\overset{IV}{C}\overset{-I}{F_4}$, $\overset{II}{O}\overset{-I}{F_2}$
4. Wasserstoff hat in Verbindungen die Oxidationszahl I. (Ausnahme: Hydride)	$\overset{I}{H}\overset{-I}{Cl}$, $\overset{I}{H_2}\overset{-II}{O}$, $\overset{I}{H_2}\overset{-I}{O_2}$, $\overset{-III}{N}\overset{I}{H_3}$, $\overset{-IV}{C}\overset{I}{H_4}$ Ausnahmen: $\overset{I}{Na}\overset{-I}{H}$, $\overset{II}{Ca}\overset{-I}{H_2}$
5. Sauerstoff hat in Verbindungen die Oxidationszahl –II. (Ausnahmen: Peroxide und Sauerstofffluoride)	$\overset{IV}{S}\overset{-II}{O_2}$, $\overset{VI}{S}\overset{-II}{O_3}$, $\overset{I}{H_2}\overset{VI}{S}\overset{-II}{O_4}$, $\overset{III}{Al_2}\overset{-II}{O_3}$ Ausnahmen: $\overset{I}{H_2}\overset{-I}{O_2}$, $\overset{II}{O}\overset{-I}{F_2}$
6. Die Summe der Oxidationszahlen aller Atome eines Teilchens entspricht der Gesamtladung des Teilchens.	ungeladene Teilchen: $\overset{IV}{C}\overset{-II}{O_2}$, $\overset{IV}{Si}\overset{-I}{F_4}$, $\overset{III}{Al}(\overset{-II}{O}\overset{I}{H})_3$, $\overset{-II}{C}\overset{I}{H_3}\overset{-II}{O}\overset{I}{H}$ Ionen: $\overset{I}{H}\overset{IV}{C}\overset{-II}{O_3^-}$, $\overset{IV}{Si}\overset{-I}{F_6^{2-}}$, $[\overset{III}{Al}(\overset{-II}{O}\overset{I}{H})_4]^-$

1. Beispiel: **Oxidationszahlen der Atome in MnOOH**

a) Anwenden der Regeln 1 und 2: Es liegen weder elementare Stoffe noch einfache Ionen vor.

b) Anwenden der Regel 3: Die Verbindung enthält kein Fluor.

c) Anwenden der Regeln 4 und 5: Wasserstoff erhält die Oxidationszahl I und Sauerstoff erhält die Oxidationszahl –II.

$Mn\overset{-II}{O}\overset{-II}{O}\overset{I}{H}$

d) Anwenden der Regel 6: Die Gesamtladung im MnOOH ist null. Daraus ergibt sich für Mangan die Oxidationszahl III.

$\overset{III}{Mn}\overset{-II}{O}\overset{-II}{O}\overset{I}{H}$ III – II – II + I = 0

2. Beispiel: **Oxidationszahlen der Atome in AlF_6^{3-}**

a) Anwenden der Regeln 1 und 2: Es liegen weder elementare Stoffe noch einfache Ionen vor.

b) Anwenden der Regel 3: Fluor hat die Oxidationszahl –I.

$Al\overset{-I}{F_6^{3-}}$

c) Anwenden der Regeln 4 und 5: Es ist weder Wasserstoff noch Sauerstoff enthalten.

d) Anwenden der Regel 6: Die Gesamtladung des AlF_6^{3-}-Ions beträgt –3. Daraus ergibt sich für Aluminium die Oxidationszahl III.

$\overset{III}{Al}\overset{-I}{F_6^{3-}}$ 1 · III + 6 · (–I) = –3

Aufstellen von Redoxgleichungen

pH-WERT-ABHÄNGIGE REDOXREAKTIONEN Für Redoxreaktionen in sauren oder alkalischen Lösungen muss auch die Beteiligung der Protonen H^+ oder Hydroxid-Ionen OH^- berücksichtigt werden. Das Aufstellen solcher Redoxgleichungen ist deshalb aufwendiger.

So muss bei der Reaktion von Nitrit-Ionen NO_2^- mit Permanganat-Ionen MnO_4^- *in saurer Lösung* nicht nur die Anzahl der übertragenen Elektronen ausgeglichen werden, sondern mithilfe der Protonen H^+ ein Ladungsausgleich erfolgen.

Es ist daher sinnvoll, die Reaktion in Teilgleichungen für die Oxidation und Reduktion zu zerlegen (↑ Methode rechts oben):

Reduktion: $\overset{III}{N}O_2^- + H_2O \longrightarrow \overset{V}{N}O_3^- + 2\,e^- + 2\,H^+ \quad | \cdot 5$

Oxidation: $\overset{VII}{Mn}O_4^- + 5\,e^- + 8\,H^+ \longrightarrow \overset{II}{Mn}{}^{2+} + 4\,H_2O \quad | \cdot 2$

Redoxreaktion: $5\,NO_2^- + 2\,MnO_4^- + 6\,H^+ \longrightarrow 5\,NO_3^- + 2\,Mn^{2+} + 3\,H_2O$

In den Teilgleichungen werden die kleinsten gemeinsamen Vielfachen der abgegebenen bzw. aufgenommenen Elektronen bestimmt und durch Multiplikation mit den entsprechenden Faktoren ausgeglichen. Durch Addition der Teilgleichungen wird schließlich die Redoxgleichung erhalten.

Bei der Oxidation von Bromid-Ionen zu Bromat-Ionen BrO_3^- durch Chlormoleküle *in alkalischer Lösung* gleichen Hydroxid-Ionen OH^- die Teilchen- und Ladungsbilanz aus (↑ Methode rechts unten):

Reduktion: $3\,\overset{0}{Cl_2} + 6\,e^- \longrightarrow 6\,\overset{-I}{Cl}{}^-$

Oxidation: $\overset{-I}{Br}{}^- + 6\,OH^- \longrightarrow \overset{V}{Br}O_3^- + 3\,H_2O + 6\,e^-$

Redoxreaktion: $3\,Cl_2 + Br^- + 6\,OH^- \longrightarrow 6\,Cl^- + BrO_3^- + 3\,H_2O$

DISPROPORTIONIERUNG – SYNPROPORTIONIERUNG Zur Reinigung und Desinfektion von weichen Kontaktlinsen wird häufig eine 3%ige Wasserstoffperoxidlösung verwendet. Am Platinkatalysator zersetzen sich Wasserstoffperoxidmoleküle zu Wassermolekülen und reaktiven Sauerstoffmolekülen. Der frei werdende Sauerstoff ist für die desinfizierende Wirkung der Kontaktlinsenflüssigkeit verantwortlich.

Bei der Zersetzung von Wasserstoffperoxid handelt es sich um eine besondere Form der Redoxreaktion:

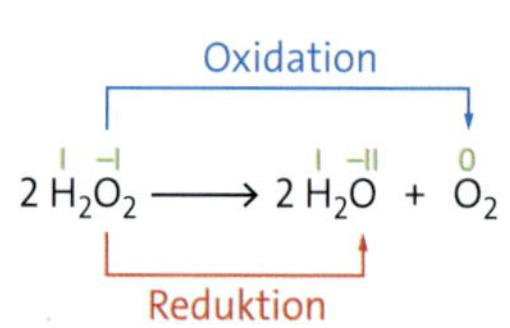

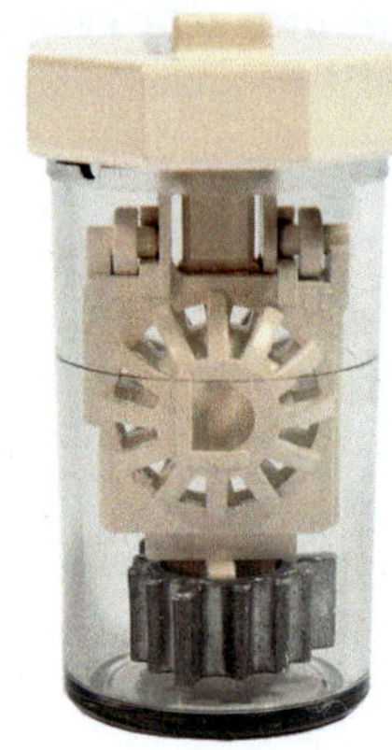

01 Im Kontaktlinsenbehälter disproportioniert Wasserstoffperoxid zu Sauerstoff und Wasser.

Die Sauerstoffatome des Wasserstoffperoxidmoleküls besitzen die Oxidationszahl –I. Nach der Reaktion besitzt das Sauerstoffatom des Wassermoleküls die Oxidationszahl –II und die Sauerstoffatome des Sauerstoffmoleküls 0. Dieser Sonderfall der Redoxreaktion wird **Disproportionierung** genannt. Sie liegt vor, wenn gleiche Atome einer Verbindung aus einer mittleren Oxidationsstufe durch gleichzeitige Reduktion und Oxidation in eine niedrigere und in eine höhere Oxidationsstufe übergehen.

Die Umkehrung der Disproportionierung wird **Synproportionierung (Komproportionierung)** genannt. Bei einer Synproportionierung handelt es sich um Redoxreaktionen, bei denen Atome eines Elements durch Oxidation aus einer niedrigeren und gleichzeitige Reduktion aus einer höheren in eine mittlere Oxidationsstufe übergehen.

Ein Beispiel für eine Synproportionierung ist die Gewinnung von Iod aus Speisesalz. Darin ist Iod in Form von Kaliumiodat KIO_3 enthalten. Wird zu einer sauren Lösung des Speisesalzes eine Kaliumiodidlösung gegeben, so entsteht elementares Iod I_2.

$\overset{V}{I}\overset{-II}{O_3^-} + 5\,\overset{-I}{I}{}^- + 6\,\overset{I}{H}{}^+ \longrightarrow 3\,\overset{0}{I_2} + 3\,\overset{I}{H_2}\overset{-II}{O}$

1 › Entwickeln Sie jeweils die Redoxgleichung:
 a Reduktion von Iod mit Wasserstoffperoxid (H_2O_2) unter Bildung von Wasser und Sauerstoff (O_2) in alkalischer Lösung
 b Reduktion von Nitrit-Ionen (NO_2^-) mit Wasserstoffperoxid unter Bildung von Stickstoffmonooxid (NO) und Sauerstoff (O_2) in saurer Lösung

2 › In saurer Lösung kann Wasserstoffperoxid sowohl reduziert als auch oxidiert werden. Formulieren Sie die Teilgleichungen für die Reduktion und die Oxidation.

Methode

M Entwickeln von Redoxgleichungen

AUFGABE Entwickeln Sie die Redoxgleichung für die Reaktion von Permanganat-Ionen mit Chlorid-Ionen **in saurer Lösung.**

1. Notieren der korrespondierenden Redoxpaare
An jeder Redoxreaktion sind zwei korrespondierende Redoxpaare beteiligt.

Korrespondierendes Redoxpaar 1:	Korrespondierendes Redoxpaar 2:
Mn^{2+}/MnO_4^-	$2\,Cl^-/Cl_2$

2. Aufstellen der Gleichungen für Oxidation und Reduktion
a) Bestimmen der Oxidationszahlen des jeweiligen korrespondierenden Redoxpaars
b) Ermitteln der Anzahl der jeweils beteiligten Elektronen
c) Ausgleichen der Ladungsbilanz durch Ergänzen von Protonen H^+ in saurer Lösung
d) Ausgleichen der Teilchenbilanz durch eine entsprechende Anzahl von Wassermolekülen

	Reduktion	Oxidation
a)	$\overset{VII}{Mn}\overset{-II}{O_4^-} \longrightarrow \overset{II}{Mn^{2+}}$	$2\,\overset{-I}{Cl^-} \longrightarrow \overset{0}{Cl_2}$
b)	$MnO_4^- + 5\,e^- \longrightarrow Mn^{2+}$	$2\,Cl^- \longrightarrow Cl_2 + 2\,e^-$
c)	$MnO_4^- + 5\,e^- + 8\,H^+ \longrightarrow Mn^{2+}$	$2\,Cl^- \longrightarrow Cl_2 + 2\,e^-$
d)	$\overset{VII}{Mn}\overset{-II}{O_4^-} + 5\,e^- + 8\,H^+ \longrightarrow \overset{II}{Mn^{2+}} + 4\,H_2O$	$2\,\overset{-I}{Cl^-} \longrightarrow \overset{0}{Cl_2} + 2\,e^-$

3. Aufschreiben der Redoxgleichung
a) Ausgleichen der Elektronenanzahl in beiden Gleichungen über das kleinste gemeinsame Vielfache, sodass gleich viele Elektronen aufgenommen wie abgegeben werden.
b) Addition der Teilgleichungen zur Redoxreaktion. Die Anzahl der Elektronen ist dabei auf beiden Seiten gleich und lässt sich kürzen.

Reduktion:
$$MnO_4^- + 5\,e^- + 8\,H^+ \longrightarrow Mn^{2+} + 4\,H_2O \quad |\cdot 2$$

Oxidation:
$$2\,Cl^- \longrightarrow Cl_2 + 2\,e^- \quad |\cdot 5$$

Redoxreaktion:
$$2\,MnO_4^- + \cancel{10\,e^-} + 16\,H^+ + 10\,Cl^- \longrightarrow 2\,Mn^{2+} + 8\,H_2O + 5\,Cl_2 + \cancel{10\,e^-}$$

AUFGABE Entwickeln Sie die Redoxgleichungen für die Reaktion von Permanganat-Ionen mit Mangan(II)-Ionen **in alkalischer Lösung.**

1. Notieren der korrespondierenden Redoxpaare
An jeder Redoxreaktion sind zwei korrespondierende Redoxpaare beteiligt.

Korrespondierendes Redoxpaar 1:	Korrespondierendes Redoxpaar 2:
MnO_4^-/MnO_2	Mn^{2+}/MnO_2

2. Aufstellen der Gleichungen für Oxidation und Reduktion
a) Bestimmen der Oxidationszahlen des jeweiligen korrespondierenden Redoxpaars
b) Ermitteln der Anzahl der jeweils beteiligten Elektronen
c) Ausgleichen der Ladungsbilanz durch Ergänzen von Hydroxid-Ionen OH^- in alkalischer Lösung
d) Ausgleichen der Teilchenbilanz durch eine entsprechende Anzahl von Wassermolekülen

	Reduktion	Oxidation
a)	$\overset{VII}{Mn}\overset{-II}{O_4^-} \longrightarrow \overset{IV}{Mn}\overset{-II}{O_2}$	$\overset{II}{Mn^{2+}} \longrightarrow \overset{IV}{Mn}\overset{-II}{O_2}$
b)	$MnO_4^- + 3\,e^- \longrightarrow MnO_2$	$Mn^{2+} \longrightarrow MnO_2 + 2\,e^-$
c)	$MnO_4^- + 3\,e^- \longrightarrow MnO_2 + 4\,OH^-$	$Mn^{2+} + 4\,OH^- \longrightarrow MnO_2 + 2\,e^-$
d)	$\overset{VII}{Mn}\overset{-II}{O_4^-} + 3\,e^- + 2\,H_2O \longrightarrow \overset{IV}{Mn}\overset{-II}{O_2} + 4\,OH^-$	$\overset{II}{Mn^{2+}} + 4\,OH^- \longrightarrow \overset{IV}{Mn}\overset{-II}{O_2} + 2\,e^- + 2\,H_2O$

3. Aufschreiben der Redoxgleichung
a) Ausgleichen der Elektronenanzahl in beiden Gleichungen über das kleinste gemeinsame Vielfache, sodass gleich viele Elektronen aufgenommen wie abgegeben werden
b) Addition der Teilgleichungen zur Redoxreaktion. Die Anzahl der Elektronen ist dabei auf beiden Seiten gleich und lässt sich kürzen.

Reduktion:
$$MnO_4^- + 3\,e^- + 2\,H_2O \longrightarrow MnO_2 + 4\,OH^- \quad |\cdot 2$$

Oxidation:
$$Mn^{2+} + 4\,OH^- \longrightarrow MnO_2 + 2\,e^- + 2\,H_2O \quad |\cdot 3$$

Redoxreaktion:
$$2\,MnO_4^- + \cancel{6\,e^-} + \cancel{4\,H_2O} + 3\,Mn^{2+} + \cancel{12}\,4\,OH^- \longrightarrow 5\,MnO_2 + \cancel{8\,OH^-} + \cancel{6\,e^-} + \cancel{6}\,2\,H_2O$$

Geschichte des Redoxbegriffs

1771

Der deutsche Apotheker und Chemiker Carl Wilhelm Scheele untersuchte 1771 die Zusammensetzung von Gasen. In seinen Gasanalysen konnte er in seinen Bezeichnungen „verdorbene Luft“ (Stickstoff) und „Feuerluft“ (Sauerstoff), ein farbloses Gas, das die Verbrennung förderte, als Bestandteile der Luft identifizieren.
Er publizierte die von ihm bezeichnete Feuerluft jedoch erst im Jahr **1777** als Sauerstoff, zeitlich zu spät um als Entdecker des Sauerstoffs benannt zu werden.

1774

Der britische Theologe und Chemiker Joseph Priestley, bekannt durch seine Forschungen zur Fotosynthese veröffentlichte **1774** seine Forschungsergebnisse zum Erhitzen von Quecksilberoxid. Als Reaktionsprodukt entstand in seinen Analysen ein Gas, das die Verbrennung stärker förderte als Luft und von Priestley 1774 erstmalsals Sauerstoff identifiziert wurde.

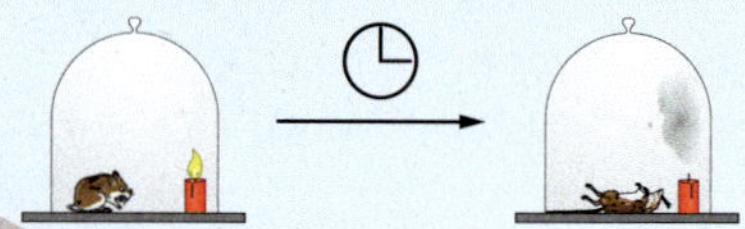

1777

1783

Im Jahr **1783** konnte der französische Chemiker und Naturwissenschaftler Antoine Laurent de Lavoisier die Phlogistontheorie widerlegen. Danach enthalten alle brennbaren Stoffen sogenanntes "Phlogiston" (einen Brennstoff), das bei der Verbrennung entweicht. de Lavoisier konnte bei Verbrennung von Phosphor und Schwefel eine Massenzunahme feststellen und erkannte den Widerspruch zur Phlogistontheorie. In seiner Forschung zu Verbrennungsreaktionen definierte er den Begriff der Oxidation als Vereinigung eines Stoffes mit Sauerstoff zur Synthese von Oxiden:

Metall + Sauerstoff ⟶ Metalloxid bzw. Nichtmetall + Sauerstoff ⟶ Nichtmetalloxid

Den Begriff der Oxidation leitete de Lavoisier vom französischen Wort für Sauerstoff (frz: *oxygene*) ab. Nachfolgend wurde der Begriff der Oxidation durch den Begriff der Reduktion (lat: *reducere* für zurückführen) ergänzt. Als Reduktion wurde historisch die Reaktion bezeichnet, die die Oxidation, d.h. die Sauerstoffaufnahme, rückgängig macht.

1897

Die Grundlage für die Weiterentwicklung des Redoxbegriffes schaffte der britische Physiker Joseph John Thomson im Jahr **1897** mit der Entdeckung des Elektrons. Mithilfe dieser Entdeckung lässt sich die heutige Definition der Oxidation und Reduktion auf Teilchenebene als Elektronenübertragung vervollkommnen.
Der historische Begriff der Oxidation wird durch diese Erkenntnis nunmehr nicht mehr auf die Reaktion mit Sauerstoff beschränkt. Als Oxidation wird die Elektronenabgabe und als Reduktion die Elektronenaufnahme bezeichnet.

Redoxbegriff heute

Heute bezeichnet man als Redoxreaktion das gleichzeitige Ablaufen einer Oxidation und Reduktion in Form einer **Elektronenübertragungsreaktion**. Ein Atom oder Ion gibt Elektronen ab, die von einem anderen Atom oder Ion aufgenommen werden, d.h. keine Oxidation kann ohne Reduktion ablaufen. Während der Oxidation erhöht sich die Oxidationszahl, da Elektronen abgegeben werden. Der oxidierende Stoff fungiert als Reduktionsmittel, da er einen anderen Stoff durch die Elektronenabgabe reduziert. Entsprechend wird bei der Reduktion die Erniedrigung der Oxidationszahl deutlich, da Elektronen aufgenommen werden. Der reduzierende Stoff ist das Oxidationsmittel.

Die historischerweise als Oxidation bezeichneten Reaktionen von Nichtmetallen mit Sauerstoff sind nach der heutigen Definition Redoxreaktionen. Die Oxidationszahlen der Nichtmetallatome steigen und die Oxidationszahlen der Sauerstoffmoleküle sinken.

Oxidation

$$\overset{0}{C}(s) + \overset{0}{O}_2(g) \longrightarrow \overset{IV}{C}\overset{-II}{O}_2(g)$$

Reduktion

Klausurtraining

Material A Von der Gewinnung zur Verwendung von Aluminium

A1 Aluminiumgewinnung

Aluminium ist nach Sauerstoff und Silicium das dritthäufigste Element in der Erdkruste. In der Natur kommt Aluminium jedoch nur in Aluminiumverbindungen vor. Besonders Bauxit enthält hohe Konzentrationen an Aluminiumoxiden. Zur Herstellung von Aluminium aus Bauxit wird das Bayer-Verfahren genutzt.
Im ersten Schritt wird bei hohen Temperaturen konzentrierte Natronlauge zum Bauxit gegeben, so dass Aluminat-Ionen ($[Al(OH)_4]^-$) aus dem Bauxit gelöst werden. Aus der verdünnten Aluminatlauge ($Na[Al(OH)_4]$) kristallisiert beim Abkühlen festes Aluminiumhydroxid ($Al(OH)_3$) aus und die eingesetzte Natronlauge wird zurückgewonnen:

$$Na[Al(OH)_4] \longrightarrow Al(OH)_3 + NaOH$$

Im Drehrohrofen entstehen dann bei ca. 12 000°C aus dem festen Aluminiumhydroxid Aluminiumoxid (Al_2O_3) und Wasserdampf.
Im anschließenden Hall-Héroult-Prozess wird das Aluminiumoxid gelöst und durch eine Schmelzflusselektrolyse die Aluminium-Ionen der Lösung durch Graphit (C) zu elementarem Aluminium und Kohlenstoffdioxid umgesetzt.
Aluminium reagiert mit dem Luftsauerstoff, so dass sich elementares Aluminum mit einer dünnen Schicht Aluminiumoxid überzieht, die das Metall vor weiteren Reaktionen mit Luftsauerstoff oder sogar vor der Oxidation mit verdünnten Säuren schützt. Da diese Schicht allerdings sehr dünn ist, wird sie künstlich mithilfe des Eloxierens verstärkt. Hierzu wird elementares Aluminium in eine Schwefelsäurelösung getaucht und eine konstante Stromstärke eingestellt, bis Wasserstoffgas aufsteigt.

A2 Aluminium als Reinigungshilfe

In der Antike wurden Eierlöffel stets vergoldet, denn Silberbesteck färbt sich beim Verzehr von gekochten Eiern unter Bildung von Silbersulfid (Ag_2S) schwarz.
Ein schwarz verfärbten Silberlöffel, lässt sich mithilfe einer Aluminiumfolie und heißem Wasser, dem beispielsweise etwas Zitronensäure zugesetzt wird, säubern (↑ A2.1). Mit diesem Verfahren verschwinden die schwarzen Flecken, wobei Aluminiumhydroxid ($Al(OH)_3$) und Schwefelwasserstoff (H_2S) entstehen.

A2.1 Reinigung von angelaufenem Silberbesteck

Bestreben der Atome zur Elektronenabgabe nimmt zu. ⟶

Au Pt Ag Fe Al Ca K Li

edle Metalle … *unedle Metalle*

A2.2 Auszug aus der Redoxreihe der Metalle

Metallbleche:
Silber, Eisen Kupfer, Zink, Aluminium, Magnesium
Lösungen:
Silbernitrat, Eisen(II)-sulfat, Kupfersulfat, Zinksulfat, Magnesiumchlorid

A2.3 Chemikalien für das Experiment

AUFGABEN ZU A

1) Erstellen Sie ein Flussdiagramm zur Herstellung von elementarem Aluminium aus Bauxit.
2) Beurteilen Sie mithilfe von Oxidationszahlen, ob die Umsetzung von Aluminat-Ionen zu Aluminiumhydroxid eine Redoxreaktion darstellt
3) Stellen Sie die Reaktionsgleichung der Schmelzflusselektrolyse auf, und beurteilen Sie, ob es sich hierbei um eine Redoxreaktion handelt.
4) Stellen Sie die Teilreaktionen, sowie die Gesamtreaktion der Redoxreaktion beim Eloxieren von Aluminium auf. Erläutern Sie die Bedeutung des Eloxierens.
5) Stellen Sie die Reaktionsgleichung zur Entfernung des Silbersulfids auf und zeigen Sie mithilfe der Oxidationszahlen, dass es sich um eine Redoxreaktion handelt.
6) Ermitteln Sie mithilfe des Materials A2.2 begründet, welche Metalle ebenfalls zur Entfernung von Silbersulfid eingesetzt werden könnten und erläutern Sie, warum gerade der Einsatz von Aluminium gewählt wird.
7) Die Metalle Magnesium, Zink und Kupfer sollen in die Redoxreihe eingegliedert werden.
   a Planen Sie ein experimentelles Vorgehen zur Eingliederung der Metalle in die Redoxreihe mithilfe der Chemikalienliste A2.3.
   b Erläutern Sie die zu erwartenden Beobachtungen des geplanten Vorgehens und begründen Sie diese mithilfe von Reaktionsgleichungen.
   c Erläutern Sie, welche Schwierigkeiten sich bei der Eingliederung von Magnesium ergeben und geben Sie Lösungsvorschläge an.

Praktikum

P Redoxreaktionen

EXP 6.01 Fällung von Metallen

Materialien 16 Reagenzgläser, jeweils 4 Eisen-, Kupfer-, Silber- und Zinkbleche, Kupfer(II)-sulfatlösung (5, 7, 9), Eisen(II)-sulfatlösung (7), Zinksulfatlösung (5, 7, 9), Silbernitratlösung (w < 10 %; 5, 9)

Durchführung
Verteilen Sie die Kupfer(II)-sulfatlösung auf vier verschiedene Reagenzgläser. Geben Sie dann in das erste Reagenzglas ein Stück des blank geschmirgelten Eisenblechs, in das zweite das Kupfer-, in das dritte das Silber- und in das vierte das Zinkblech. Wiederholen Sie die gesamte Durchführung mit den drei anderen Metallsalzlösungen.
Entsorgung: Lösungen in den Behälter für giftige anorganische Abfälle geben.

Auswertung
1) Fassen Sie Ihre Beobachtungen in einer geeigneten Tabelle zusammen.
2) Entwickeln Sie die Reaktionsgleichungen für die beobachteten Redoxreaktionen.
3) Ordnen Sie die Metalle hinsichtlich ihrer reduzierenden Wirkung.

EXP 6.02 Redoxverhalten von Eisen-Ionen

Materialien 4 Reagenzgläser mit Stopfen, Brenner, Tropfpipette, Spatel, Eisenpulver (2), Zinkpulver (9), Eisen(II)-sulfat (7), Eisen(III)-chloridlösung (w = 5 %; 5, 7), Kaliumiodidlösung (w = 1 %), verdünnte Salzsäure (w = 10 %; 5), Silbernitratlösung (w < 10 %; 5, 9)

Durchführung
a) Geben Sie jeweils zu 3 ml der Eisen(III)-chloridlösung ein wenig Zinkpulver (Lösung I) bzw. 2 ml Kaliumiodidlösung (Lösung II). Schütteln Sie beide Lösungen.
b) Geben Sie zu einer frisch zubereiteten Eisen(II)-sulfatlösung einige Tropfen Silbernitrat und erwärmen Sie vorsichtig.
c) Geben Sie eine kleine Spatelspitze Eisenpulver in 5 ml Salzsäure. Fügen Sie nach dem Auflösen des Eisenpulvers einige Tropfen Silbernitratlösung hinzu und erwärmen Sie.
Entsorgung: Lösungen aus Versuch **a** in den Behälter für giftige anorganische Abfälle, restliche Lösungen in den Behälter für Silberabfälle geben.

Auswertung
1) Erklären Sie Ihre Beobachtungen und stellen Sie die zugehörigen Reaktionsgleichungen auf.
2) Ordnen Sie den beteiligten Stoffen in den Reaktionen jeweils die Begriffe Reduktions- und Oxidationsmittel zu.

EXP 6.03 Redoxreaktionen mit Kaliumpermanganat

Materialien 7 Reagenzgläser, Tropfpipetten, Spatel, Holzspan, Kaliumpermanganatlösung (w = 5 %; 5, 9), Eisen(II)-sulfat (7), Kaliumiodid, Oxalsäure (5, 7), Wasserstoffperoxidlösung (w = 3 %; 7), Natriumsulfitlösung (w = 5 %), verdünnte Schwefelsäure (w = 10 %; 5), verdünnte Natronlauge (w = 10 %; 5)

Durchführung
a) Füllen Sie je 5 ml Kaliumpermanganatlösung in 4 Reagenzgläser und geben Sie jeweils 2 ml Schwefelsäure hinzu. Fügen Sie dann in das erste Reagenzglas eine Spatelspitze Eisen(II)-sulfat, in das zweite Reagenzglas eine Spatelspitze Kaliumiodid, in das dritte Reagenzglas eine Spatelspitze Oxalsäure und in das vierte Reagenzglas 1 ml Wasserstoffperoxidlösung. Führen Sie hier die Glimmspanprobe durch.

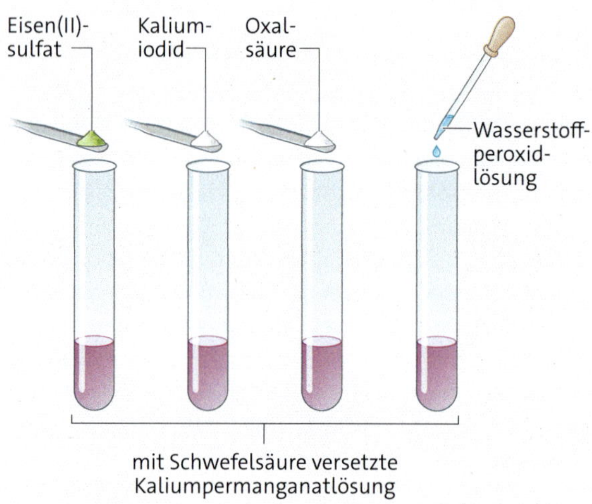

b) Füllen Sie je 5 ml Natriumsulfitlösung in 3 Reagenzgläser. Säuern Sie das erste Reagenzglas durch Zugabe von 2 bis 3 ml Schwefelsäure stark an, das zweite verbleibt neutral, in das dritte geben Sie einige Tropfen Natronlauge. Alle drei Lösungen werden dann mit 2 ml Kaliumpermanganatlösung versetzt.
Entsorgung: Lösungen in den Behälter für giftige anorganische Abfälle geben.

Auswertung
1) Erklären Sie die beobachteten Reaktionen in Versuch **a** und stellen Sie die zugehörige Redoxreaktion auf.
2) Diskutieren Sie die beobachtete Abhängigkeit vom pH-Wert in Versuch **b** und erklären Sie den Reaktionsablauf.

Redoxtitration

EXP 6.04 Manganometrie

Materialien Bürette, Erlenmeyerkolben, Messpipette, Eisen(II)-sulfatlösung (7), Kaliumpermanganatlösung ($c = 0{,}02\ mol \cdot l^{-1}$), Schwefelsäure ($w$ = 10 %; 5), dest. Wasser

Durchführung Legen Sie 10 ml der Eisen(II)-sulfatlösung mit der Messpipette im Erlenmeyerkolben vor. Geben Sie 5 ml Schwefelsäure hinzu und füllen Sie auf ca. 50 ml mit destilliertem Wasser auf.
Tropfen Sie unter ständigem Rühren so lange Kaliumpermanganatlösung aus der Bürette hinzu, bis ein Farbumschlag von farblos zu Blassrosa erreicht ist.
Notieren Sie den Verbrauch an Kaliumpermanganatlösung. Wiederholen Sie die Durchführung zweimal.

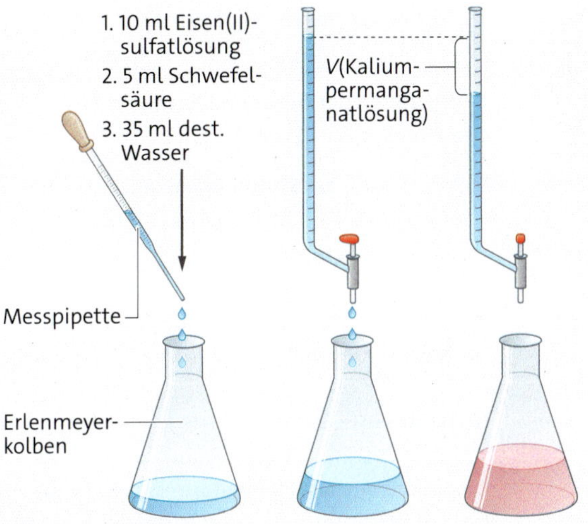

Entsorgung: Reste in den Behälter für saure und alkalische Abfälle geben.

Auswertung

1) Erläutern Sie das Verfahren der Manganometrie. Begründen Sie, weshalb beim ersten Schritt der Manganometrie Schwefelsäure hinzugegeben werden muss.
2) Stellen Sie die Redoxgleichung für die ablaufende Reaktion auf. Kennzeichnen Sie die beiden Redoxpaare.
3) Berechnen Sie aus dem Verbrauch der Maßlösung die Stoffmengenkonzentration an Eisen(II)-Ionen in der Probelösung.
4) Erläutern Sie mögliche Fehlerquellen, die das Messergebnis der Redoxtitration beeinflussen können und entwickeln Sie Vorschläge zur Minimierung dieser Fehler.

EXP 6.05 Iodometrische Bestimmung von Vitamin C

Materialien Erlenmeyerkolben (250 ml), Messkolben (100 ml), Pipette (10 ml), Bürette (50 ml), Waage (Genauigkeit 0,1 g), Kaliumiodatlösung ($c = 0{,}03\ mol \cdot l^{-1}$), lösliche Stärke ($w$ = 1 %, in Wasser aufkochen), Schwefelsäure ($c = 2\ mol \cdot l^{-1}$; 5), Kaliumiodidlösung ($c = 2\ mol \cdot l^{-1}$), Sportgetränkepulver (z. B. Isostar), destilliertes Wasser

Durchführung

a) Probetitration
Füllen Sie in einen Erlenmeyerkolben 50 ml Wasser. Lösen Sie darin 0,6 g Ascorbinsäure. Geben Sie 3 ml Schwefelsäure, 1 ml Stärkelösung und 2 ml Kaliumiodidlösung hinzu. Für die Probetitration geben Sie so lange Kaliumiodatlösung unter ständigem Schwenken des Kolbens dazu, bis es zur dauerhaften Blaufärbung kommt. Notieren Sie das verbrauchte Volumen der Kaliumiodatlösung.
Hinweis: Kaliumiodidlösung wird zugegeben, um auch bei geringen Konzentrationen von Ascorbinsäure den Endpunkt der Titration erkennen zu können, weil die Bildung des Iod-Stärke-Komplexes eine Mindestkonzentration an Iod-Iodid-Komplexen erfordert.

b) Titration einer unbekannten Lösung
Wiegen Sie genau 5 g des Sportgetränkepulvers im Erlenmeyerkolben ein. Lösen Sie das Pulver danach in 25 ml destilliertem Wasser.
Anschließend geben Sie zu dieser Lösung 3 ml Schwefelsäure, 2 ml Stärkelösung und 2 ml Kaliumiodidlösung. Titrieren Sie unter ständigem Schwenken des Erlenmeyerkolbens bis zur Blaufärbung der Lösung. Wiederholen Sie die Titration zweimal und bilden Sie den Mittelwert.
Entsorgung: Lösungen ins Abwasser geben.

Auswertung

1) Recherchieren Sie die Strukturformeln von Ascorbinsäure. Erläutern Sie anhand der Strukturformel, warum es sich bei der Ascorbinsäure um keine typische organische Säure handelt.
2) Erklären Sie die Beobachtungen bei der Titration. Stellen Sie die Reaktionsgleichung auf.
3) Zur Bestimmung der unbekannten Masse an Ascorbinsäure wird die folgende Formel verwendet:
$m = 17{,}6/1000 \cdot V$(Kaliumiodatlösung)
a) Überprüfen Sie die Masse an Ascorbinsäure aus der Probetitration anhand der angegebenen Formel.
b) Berechnen Sie die unbekannte Masse an Ascorbinsäure im Sportgetränkepulver.

6.3 Redoxtitration

01 Durchführung einer Manganometrie

In einer wässrigen Lösung kann der Gehalt eines Stoffs, dessen Teilchen entweder als Reduktions- oder als Oxidationsmittel wirken, durch **Redoxtitration** bestimmt werden. Dazu wird z. B. die Lösung eines Reduktionsmittels unbekannter Konzentration (Probelösung) gegen eine Lösung, die ein Oxidationsmittel bekannter Konzentration (Maßlösung) enthält, titriert.

Grundlagen der Säure-Base-Titration *(↑ S. 170 f.)*

Durch den Einsatz spezieller Redoxmittel wie Permanganat-Ionen MnO_4^- wird der Äquivalenzpunkt der Redoxtitration durch einen Farbumschlag angezeigt. Aus dem ermittelten Verbrauch und der bekannten Stoffmengenkonzentration der Maßlösung kann dann der unbekannte Gehalt in der Analysenlösung bestimmt werden.

Elektronenakzeptor = Oxidationsmittel

Elektronendonator = Reduktionsmittel

Übung: Farbige Manganverbindungen

MANGANOMETRIE Reduktionsmittel wie Eisen(II)-Ionen Fe^{2+} oder Oxalat-Ionen $C_2O_4^{2-}$ lassen sich sehr gut durch **Manganometrie** bestimmen:
In saurer Lösung sind Permanganat-Ionen MnO_4^- starke Elektronenakzeptoren. Sie werden durch Elektronendonatoren zu Mangan(II)-Ionen Mn^{2+} reduziert. Die violette Permanganatlösung wird beim Eintropfen in die Probelösung durch die Bildung von Mn^{2+}-Ionen entfärbt, da deren Lösung fast farblos ist. Das Ende der Titration kann daran erkannt werden, dass sich bei weiterer Zugabe von Permanganatlösung die Probelösung nicht mehr entfärbt.

Ausgangsstoff	Reaktionsprodukte bei pH-Wert				
	stark basisch	schwach basisch bis neutral			sauer
VII MnO_4^- (violett)	VI MnO_4^{2-} (grün)	V MnO_4^{3-} (blau)	IV MnO_2 (braun)	III Mn^{3+} (rot)	II Mn^{2+} (rosa bis farblos)

Da H_3O^+-Ionen zur Reduktion der Permanganat-Ionen notwendig sind, muss die Probelösung z. B. mit Schwefelsäure angesäuert werden.

Beispiel: Für die Bestimmung der Stoffmengenkonzentration an Fe^{2+}-Ionen wurden 100 ml einer angesäuerten Eisen(II)-sulfatlösung mit 30 ml einer Kaliumpermanganatlösung mit bekannter Konzentration ($c = 0{,}001\ mol \cdot l^{-1}$) titriert (↑ Exp. 6.04, S. 195). Bei der Auswertung geht man wie folgt vor:

1) Aufstellen der Reaktionsgleichung (↑ Methode S. 191):
$MnO_4^- + 5\ Fe^{2+} + 8\ H_3O^+ \longrightarrow Mn^{2+} + 5\ Fe^{3+} + 12\ H_2O$

2) Aufstellen des Stoffmengenverhältnisses
$5 \cdot n(MnO_4^-) = n(Fe^{2+})$

3) Stoffmenge n ersetzen durch $n = c \cdot V$
$[5 \cdot c(MnO_4^-) \cdot V(MnO_4^-)] = [c(Fe^{2+}) \cdot V(Fe^{2+})]$

4) Umstellen der Gleichung nach $c(Fe^{2+})$
$c(Fe^{2+}) = [5 \cdot c(MnO_4^-) \cdot V(MnO_4^-)] : V(Fe^{2+})$

5) Berechnung der Stoffmengenkonzentration
$c(Fe^{2+}) = [5 \cdot 0{,}001\ mol \cdot l^{-1} \cdot 30\ ml] : 100\ ml$
$= 0{,}0015\ mol \cdot l^{-1}$

In der Eisensulfatlösung ist eine Stoffmengenkonzentration von $c(Fe^{2+}) = 0{,}0015\ mol \cdot l^{-1}$ enthalten.

IODOMETRIE Das Redoxpaar $2\ I^-/I_2$ eignet sich sowohl zur Bestimmung von Reduktions- als auch von Oxidationsmitteln. Elementares Iod wird von Reduktionsmitteln reduziert, die leichter zur Elektronenabgabe neigen als die sich dabei bildenden Iodid-Ionen. Diese können deshalb bei der **Iodometrie** direkt mit einer Iod-Kaliumiodidlösung titriert werden. Iodmoleküle werden so lange zu Iodid-Ionen reduziert, wie noch Reduktionsmittel in der Probelösung vorhanden ist. Am *Äquivalenzpunkt* kann kein weiteres Iod umgesetzt werden. Das eingetropfte überschüssige Iod in der Probelösung wird durch Stärke als Indikator sichtbar gemacht. Es bildet mit Iod den tiefblauen Iod-Stärke-Komplex.

Um auch Elektronenakzeptoren wie Kupfer(II)-Ionen, die gegenüber dem Redoxpaar $2\ I^-/I_2$ als Oxidationsmittel wirken, mittels **Iodometrie** zu bestimmen, setzt man diese zunächst mit Kaliumiodid im Überschuss um. Dabei reagieren die Cu^{2+}-Ionen mit I^--Ionen zu Kupfer(I)-iodid (CuI) und Iod. Durch die Oxidation der I^--Ionen bildet sich eine der Stoffmenge der Cu^{2+}-Ionen äquivalente Stoffmenge an Iod.

Schwefeln von Wein

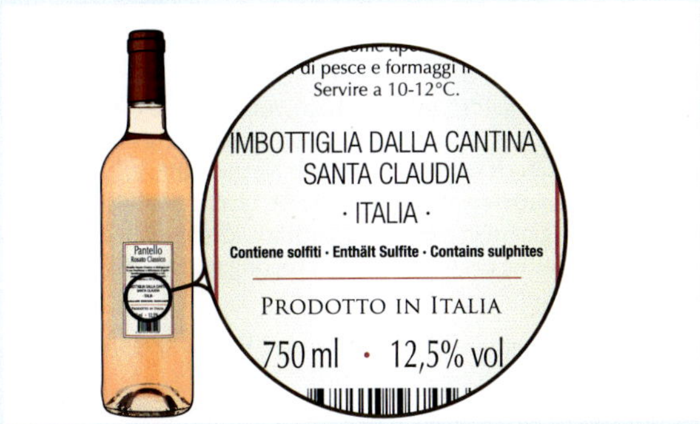

02 Hinweis auf dem Etikett eines Weins: „Enthält Sulfite"

Lebensmittel – insbesondere Trockenobst und Wein – werden schon seit Jahrhunderten durch Schwefeln konserviert. Früher wurde dazu Schwefel direkt im Weinfass verbrannt, damit das entstehende Schwefeldioxid (SO_2) sich im jungen Wein löst und darin schädliche Mikroorganismen tötet. Das wasserlösliche Gift kann ihre Zellmembran passieren, diese dabei schädigen und den Stoffwechsel der Mikroorganismen stören.
Heute weiß man, dass durch Schwefeln von Wein nicht nur dessen Haltbarkeit verlängert wird. Schwefeldioxid wirkt reduzierend und beugt daher der unerwünschten Oxidation von Bestandteilen des Weins durch Sauerstoff vor. Beim Lösevorgang gebildete schweflige Säure protolysiert zu Hydrogensulfit-Ionen, die mit Luftsauerstoff zu Sulfat-Ionen oxidiert werden können.

Bereits oxidierte Bestandteile des Weins können durch Schwefeldioxid auch wieder „zurück"reduziert werden. Bei der alkoholischen Gärung entstehen als Nebenprodukte u. a. kleine Mengen an Aldehyden. So enthält junger Wein Ethanal, das neben Phenolen und Brenztraubensäure den von Weinkennern als störend empfundenen „Luftton" verursacht. Durch Reaktion von Ethanal mit Schwefeldioxid entsteht geschmacksneutrale 1-Hydroxyethansulfonsäure.

$$CH_3\text{–}\overset{I}{C}HO + \overset{IV}{S}O_2 + H_2O \longrightarrow CH_3\text{–}\overset{0}{C}HOH\text{–}\overset{V}{S}O_3H$$

Ethanal — 1-Hydroxyethansulfonsäure

Auch andere Aldehyde können auf ähnliche Weise gebunden werden. Diese Redoxreaktionen beeinflussen den Geschmack und den Geruch des Weins nachhaltig.
Da Schwefeldioxid auch für den Menschen schädlich ist, muss die Konzentration des Konservierungsmittels streng kontrolliert werden. Erlaubt sind für Weißweine bis zu $240\ mg \cdot l^{-1}$ und für Auslesen sogar bis zu $350\ mg \cdot l^{-1}$ Schwefeldioxid. Sofern ein Wein mehr als $10\ mg \cdot l^{-1}$ Schwefeldioxid enthält, muss er entsprechend gekennzeichnet werden. Heute erfolgt die Schwefelung durch Zusatz von schwefliger Säure (H_2SO_3), ihrer Salze oder Verbindungen, die Schwefeldioxid abspalten, z. B. Kaliumdisulfit ($K_2S_2O_5$).

1 Schlagen Sie ein Experiment vor, mit dem der Schwefeldioxidgehalt in einem Wein festgestellt werden kann. Entwickeln Sie eine mögliche Durchführung.

Für ein Iod-Molekül benötigt man die Elektronen von zwei Cu^{2+}-Ionen, sodass die ursprüngliche Stoffmenge an Cu^{2+}-Ionen in der Lösung doppelt so groß ist wie die Stoffmenge des gebildeten I_2.
Die Stoffmenge des Iods wird durch Rücktitration mit Natriumthiosulfat ($Na_2S_2O_3$) bestimmt, wobei sich wieder Iodid-Ionen bilden.
Das Ende der Titration wird durch die Entfärbung der Lösung angezeigt, der zuvor etwas Stärke zugesetzt wurde. Aus der umgesetzten Stoffmenge der Thiosulfat-Ionen $S_2O_3^{2-}$ kann dann die Stoffmenge und damit die Konzentration der Kupfer(II)-Ionen in der Probe berechnet werden.

$$2\,Cu^{2+} + 4\,I^- \longrightarrow 2\,CuI + I_2 \qquad n(Cu^{2+}) = 2 \cdot n(I_2)$$

$$I_2 + 2\,S_2O_3^{2-} \longrightarrow 2\,I^- + S_4O_6^{2-} \qquad 2 \cdot n(I_2) = n(S_2O_3^{2-})$$

$$n(Cu^{2+}) = 2 \cdot n(I_2) = n(S_2O_3^{2-})$$

$$c(Cu^{2+}) = \frac{c(S_2O_3^{2-}) \cdot V(S_2O_3^{2-})}{V(\text{Probe})}$$

1 Nitrit-Ionen NO_2^- werden in saurer Lösung von MnO_4^--Ionen zu Nitrat-Ionen NO_3^- oxidiert.
a Stellen Sie die Reaktionsgleichung für diese Redoxreaktion auf. Kennzeichnen Sie die korrespondierenden Redoxpaare.
b Erläutern Sie, wie sich die Konzentration der NO_2^--Ionen mittels Manganometrie bestimmen lässt.

2 10 ml einer Eisen(II)-sulfatlösung ($FeSO_4$) werden mit saurer Kaliumpermanganatlösung ($c(KMnO_4) = 0{,}1\ mol \cdot l^{-1}$) titriert. Bis zum Farbumschlag werden 6,0 ml Lösung verbraucht.
a Entwickeln Sie die Reaktionsgleichung für die Redoxreaktion. Kennzeichnen Sie die korrespondierenden Redoxpaare.
b Berechnen Sie die Fe^{2+}-Konzentration in der Analysenlösung.

3 Erläutern Sie das Prinzip der Iodometrie von Wasserstoffperoxid (H_2O_2) durch Rücktitration mit Natriumthiosulfat ($Na_2S_2O_3$) in einer mit Schwefelsäure versetzten Lösung.

Klausurtraining

Material B Iodiertes Speisesalz

B1.1 Auch Knabbergebäck enthält iodiertes Salz.

Durchführung:

40 g Speisesalz werden im Erlenmeyerkolben in 150 ml destilliertem Wasser gelöst, mit 10 ml Schwefelsäure (c = 0,1 mol · l^{-1}) versetzt und unter Rühren 10 ml Kaliumiodidlösung (KI, w = 5 %) zugesetzt. Danach wird die Probe mit Natriumthiosulfatlösung ($Na_2S_2O_3$, c = 0,01 mol · l^{-1}) titriert, bis die Lösung nur noch schwach gelb ist. Nun gibt man einige Tropfen Stärkelösung dazu und titriert vorsichtig weiter, bis sich die blaue Lösung schlagartig entfärbt.

Beobachtung:

Bei der untersuchten Salzprobe wurden bis zur Entfärbung 2,9 ml $Na_2S_2O_3$-Lösung verbraucht.

B1.2 Auszug aus einem Versuchsprotokoll

In vielen Regionen Deutschlands enthalten die Ackerböden zu wenig Iod. Um sicherzustellen, dass die Menschen trotzdem ausreichende Mengen des Spurenelements mit der Nahrung zu sich nehmen, wird dem Speisesalz Iod meist in Form von Kaliumiodat (KIO_3) zugefügt. Iod ist für den Menschen essenziell. In der Schilddrüse werden mithilfe des Elements wichtige Hormone für den Stoffwechsel gebildet.
Allerdings sollte die Höchstmenge von 20 µg Iod pro Gramm Salz nicht überschritten werden, da auch bei diesem Spurenelement „die Dosis das Gift macht". Der Iodatgehalt des Salzes lässt sich redoxchemisch bestimmen. Die Redoxtitration beruht darauf, dass Iodat-Ionen (IO_3^-) in saurer Lösung mit Iodid-Ionen (I^-) zu Iodmolekülen (I_2) reagieren. Bei dieser sogenannten **Komproportionierung** werden die Iodat-Ionen reduziert und Iodid-Ionen oxidiert.

AUFGABEN ZU B

1 › Erläutern Sie das experimentelle Vorgehen bei der Bestimmung des Iodgehalts mithilfe von Natriumthiosulfat. Gehen Sie dabei auf die Funktion der eingesetzten Chemikalien ein (↑ B1.2).

2 › Entwickeln Sie die Redoxgleichungen für:
a Komproportionierung von Iodat-Ionen mit Iodid-Ionen in saurer Lösung
b Titration von Iod mit Natriumthiosulfatlösung

3 › a Berechnen Sie den Iodatgehalt der untersuchten Probe. Entscheiden Sie, ob der Iodgehalt des Salzes unterhalb der zulässigen Höchstmenge von 20 µg · g^{-1} liegt.
b Diskutieren Sie, ob es grundsätzlich sinnvoll ist, iodiertes Salz zum Würzen von Lebensmitteln zu verwenden.

Material C Risiko Bleichmittel

Feuerwehr warnt vor Nutzung von Bleichmitteln

Berlin | Immer wieder kommt es bei der Verwendung von Bleichmitteln im Haushalt zu Unfällen mit schweren Verletzungen oder tödlichem Ausgang. „Leider unterschätzen die Leute die potenziellen Gefahren beim Umgang mit Bleichmitteln", berichtet ein Feuerwehrmann. Viele Bleichmittel enthalten Natriumhypochlorit. Die Substanz setzt in Kombination mit sauren Reinigern ätzende und giftige Dämpfe frei. Das tückische Gas verursacht beim Einatmen schwere Schäden in den Lungen und führt zu Bewusstlosigkeit und Tod. „Auf keinen Fall darf man das Bleichmittel in Kombination mit anderen Mitteln verwenden", rät daher die Feuerwehr. „Noch besser ist es aber, auf solche Mittel ganz zu verzichten." Denn meistens kommt jede Hilfe zu spät.

C1.1 Zeitungsartikel über die Gefahren von Bleichmitteln

Die Bleichwirkung von Natriumhypochlorit (NaOCl) beruht darauf, dass es in wässriger Lösung zu hypochloriger Säure (HOCl) umgesetzt wird, die unter Freisetzung von „aktivem" Sauerstoff zu Chlorid-Ionen und Wasser zerfällt. In saurer Lösung reagieren die Chlorid-Ionen mit den Hypochlorit-Ionen (OCl^-) und bilden ein giftigätzendes, grünliches Gas.

AUFGABEN ZU C

1 › a Entwickeln Sie die Reaktionsgleichungen für die Bildung von „aktivem" Sauerstoff aus Natriumhypochlorit in wässriger Lösung.
b Beschreiben Sie, wie man Natriumhypochlorit experimentell nachweisen könnte.

2 › Zeigen Sie anhand von Oxidationszahlen, dass es sich bei der Bildung des „tückischen" Gases, vor dem die Feuerwehr warnt, um eine Redoxreaktion handelt. Entwickeln Sie die Teilgleichungen für Oxidation und Reduktion.

Material D Analoge Fotografie

Auch wenn heutzutage fast überall nur noch digital fotografiert wird, ist die analoge Schwarz-Weiß-Fotografie unter professionellen Fotografen weiterhin beliebt.
Bei einer analogen Kamera wird das Bild auf einem Film erzeugt. Dieser besteht aus einem Kunststoff, auf dem sich eine Gelatineschicht befindet. In der Gelatine sind viele sehr kleine Silberbromid-Kristalle eingelagert. Beim Belichten des Films bilden sich in den Silberbromid-Kristallen durch die Energie des Lichts submikroskopische Silberkeime. So entsteht auf dem belichteten Teil des Films ein nicht sichtbares Abbild des fotografierten Objekts.
Zum Entwickeln des Bilds wird der Film in der Dunkelkammer in eine wässrige Lösung gelegt, die u. a. Hydrochinon-Anionen enthält. Dabei werden die Silberbromid-Kristalle mit einem Silberkeim vollständig zu Silber umgesetzt. Ein sichtbares Negativbild entsteht. Im Anschluss wird dieses in einem sogenannten Fixierbad behandelt, um die verbliebenen unbelichteten Silberbromid-Kristalle aus dem Film herauszuspülen. Um daraus das eigentliche Foto (das Positiv) zu erzeugen, wird mit dem Negativ ein Fotopapier, das genauso aufgebaut ist wie der Film, belichtet und entwickelt.

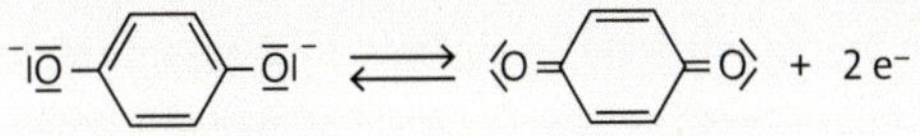

D1.1 Hydrochinon-Anion und 1,4-Benzochinon als korrespondierendes Redoxpaar

D1.2 Negativ- und Positivbild

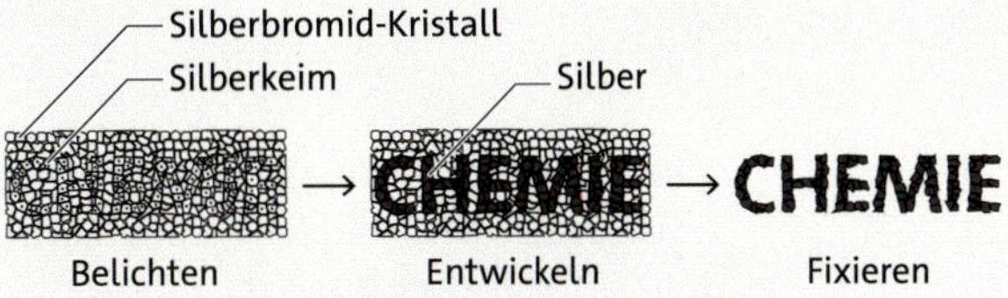

D1.3 Von der Belichtung zum Negativ

AUFGABEN ZU D

1) a Begründen Sie die Notwendigkeit des Entwickelns beim fotografischen Prozess.
b Stellen Sie die dazugehörige Redoxreaktion auf.
2) Begründen Sie, warum Silbernitratlösung in braunen Glasflaschen aufbewahrt werden muss.
3) Schlecht gewässerte ältere Fotos werden oft gelblich. Formulieren Sie eine Hypothese für diese Erscheinung.

Material E Nitrate in Lebensmitteln

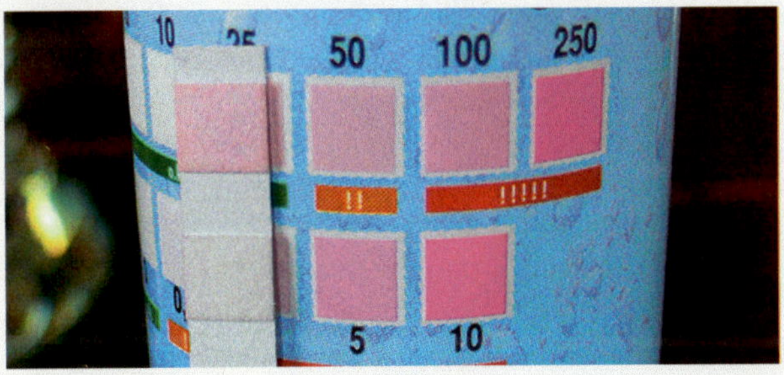

E1.1 Nitratteststreifen mit zwei Testfeldern

Nitrate entstehen durch enzymatische Umwandlung von Ammoniumverbindungen im Boden. Bestimmte Bakterien oxidieren Ammonium-Ionen (NH_4^+) mit Sauerstoff zunächst zu Nitrit-Ionen (NO_2^-), die dann von anderen Bakterien zu Nitrat-Ionen (NO_3^-) umgewandelt werden. Nitrate sind aber auch in Düngemitteln enthalten, die ins Trinkwasser und in Nahrungsmittel gelangen können. Im Organismus werden Nitrate bei der Verdauung zu Nitriten umgewandelt, die zur Bildung von krebserregenden Nitrosaminen beitragen können. Zudem stören sie die Sauerstoffaufnahme im Blut.

Mit Nitratteststreifen lässt sich der Nitratgehalt von Lebensmitteln und Trinkwasser quantitativ bestimmen. Nitrat-Ionen werden mithilfe eines Reduktionsmittels zu Nitrit-Ionen reduziert, die dann in saurer Lösung Salpetrige Säure bilden. Durch Reaktion mit Sulfanilsäure bilden sie einen rotvioletten Farbstoff. Je höher die Konzentration der Nitrat-Ionen ist, desto intensiver wird das Testfeld gefärbt. Die Teststreifen haben noch ein zweites Testfeld, das identisch aufgebaut ist, aber kein Reduktionsmittel enthält (↑ D1.1).

AUFGABEN ZU E

1) a Zeichnen Sie die Lewis-Formeln des NH_4^+-, NO_2^-- und NO_3^--Ions. Bestimmen Sie die Oxidationszahlen.
b Entwickeln Sie die Redoxgleichungen für die Bildung von NO_2^-- und NO_3^--Ionen aus NH_4^+-Ionen.
2) a Benennen Sie die Verbindung, die mit dem unteren Testfeld nachgewiesen wird.
b Begründen Sie die Notwendigkeit des unteren Testfelds, um den Nitratgehalt einer Lebensmittelprobe sicher zu bestimmen.

6.4 Das Batterieprinzip

Video Eisennagel in Kupfersulfatlösung

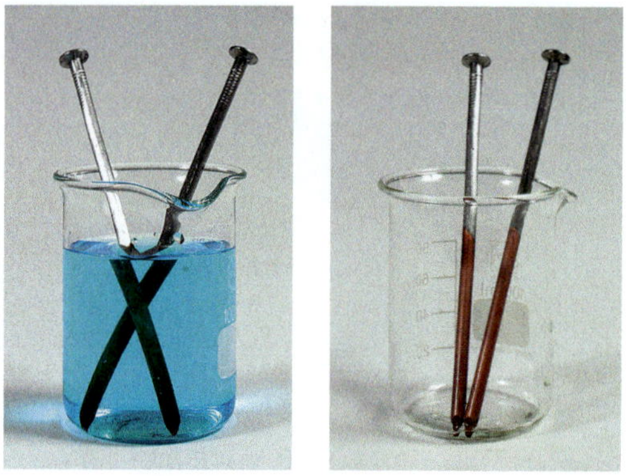

01 Reaktion von Eisen mit Kupfer(II)-sulfatlösung

FREIWILLIGE REDOXREAKTION Taucht man einen Eisennagel in eine Kupfer(II)-sulfatlösung, so scheidet sich Kupfer am Nagel ab. Im Verlauf dieser Redoxreaktion werden Elektronen von Eisenatomen auf Kupfer-Ionen übertragen. Die Elektronenübertragung findet direkt an der Eisenoberfläche statt.

$Fe(s) + Cu^{2+}(aq) \longrightarrow Fe^{2+}(aq) + Cu(s)$

Führt man den Versuch umgekehrt durch und taucht ein Kupferblech in eine Eisensulfatlösung, findet keine Reaktion statt. Der Vorgang verläuft nur in eine Richtung freiwillig, weil Eisen ein unedleres Metall ist als Kupfer. Eisenatome haben ein größeres Bestreben, ihre Elektronen abzugeben, als Kupferatome, sie können daher durch Elektronenabgabe die Kupfer-Ionen reduzieren und werden selbst zu Eisen-Ionen oxidiert.

Metallbindung im Elektronengasmodell ↑ S. 43

DANIELL-ELEMENT Die Frage, wie die Elektronenübertragung bei Redoxreaktionen in wässrigen Lösungen als elektrischer Strom nutzbar gemacht werden kann, beschäftigte die Chemie schon seit Langem. Bereits 1836 entwickelte JOHN FREDERIC DANIELL eine **Batterie**, die einen stabilen Stromfluss für einen elektrischen Verbraucher liefert.

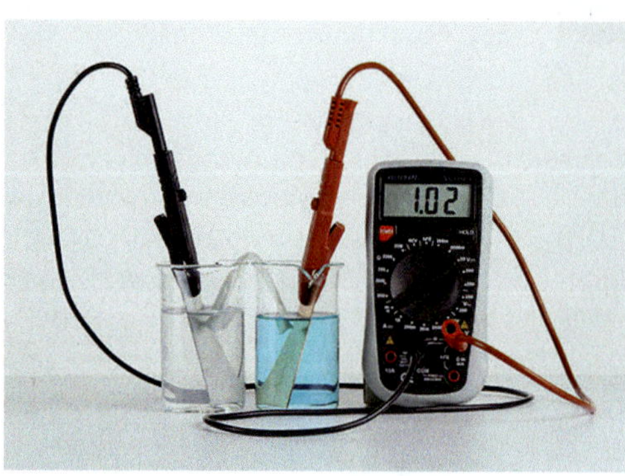

02 Daniell-Element

Dynamisches Gleichgewicht: (↑ S. 105 f.)

Im **Daniell-Element** taucht das Kupferblech in die Kupfer(II)-sulfatlösung und das Zinkblech in die Zinksulfatlösung ein (↑ 02). Beide Lösungen müssen durch eine poröse Tonwand, das **Diaphragma**, räumlich voneinander getrennt sein. So wird verhindert, dass sie sich vermischen und Kupfer-Ionen direkt in Kontakt mit dem Zinkblech kommen. Wenn man die Bleche leitend verbindet, kann ein kleiner Elektromotor mit dem Daniell-Element betrieben werden (↑ Exp. 6.06).

Im Daniell-Element laufen Oxidation und Reduktion räumlich getrennt voneinander ab: Am Zinkblech geben Zinkatome jeweils zwei Elektronen ab und werden zu Zink-Ionen oxidiert. Durch die leitende Verbindung wandern die Elektronen zur Oberfläche des Kupferblechs. Kupfer-Ionen aus der Kupfer(II)-sulfatlösung nehmen diese auf und werden zu Kupferatomen reduziert, die sich auf dem Blech ablagern.

Das Diaphragma ist eine für bestimmte Ionen durchlässige Membran. So können Sulfat-Ionen aus der Kupfer(II)-sulfatlösung in die Zinksulfatlösung wandern. Der elektrische Stromkreis wird geschlossen und ein Ladungsausgleich zwischen den Lösungen ermöglicht.
Aber wie entsteht die kleine elektrische Spannung zwischen den beiden Blechen, die ausreicht, um den Elektromotor zu betreiben?

ELEKTROCHEMISCHE DOPPELSCHICHT Beim Eintauchen des Zinkblechs in die Zinksulfatlösung treten die Zinkatome an der Oberfläche des Metalls mit polaren Wassermolekülen in Wechselwirkung. Dabei lösen sich einzelne positiv geladene Zink-Ionen aus der Metalloberfläche und wandern in die Lösung, während negativ geladene Elektronen zurückbleiben. Das Blech lädt sich negativ auf. Die Zinksulfatlösung wird durch die zusätzlichen hydratisierten Zink-Ionen positiv aufgeladen. Aufgrund dieser Ladungstrennung zwischen den Elektronen und den Zink-Ionen entsteht an der Phasengrenze zwischen Zinkblech und Lösung ein elektrisches Potenzial (↑ 03).
Umgekehrt übt die zunehmend negative Aufladung des Zinkblechs eine immer stärkere Anziehung auf die in der Lösung befindlichen Zink-Ionen aus. Diese scheiden sich auch wieder auf der Metalloberfläche ab. Es kommt zur Ausbildung eines **Redoxgleichgewichts**, einer Form des dynamischen Gleichgewichts:

$Zn(s) \rightleftarrows Zn^{2+}(aq) + 2\,e^-$

Im Gleichgewicht gehen genauso viele Zink-Ionen in Lösung, wie sich aus der Lösung auf der Zinkoberfläche abscheiden. Zwischen der Zinkoberfläche und der Lösung entsteht eine **elektrochemische Doppelschicht** (↑ 03).

Die Fähigkeit eines Metalls, in wässriger Lösung Ionen zu bilden, hängt von der Energiebilanz bei der Bildung hydratisierter Metall-Ionen ab und ist für jedes Metall charakteristisch. Je edler ein Metall ist, desto geringer ist sein Lösungsdruck ausgeprägt.

BATTERIEPRINZIP Mithilfe der elektrochemischen Doppelschicht lässt sich erklären, warum das Daniell-Element einen Stromfluss liefert. Hier ist Kupfer ein edleres Metall als Zink. Das Kupferblech in der Kupfer(II)-sulfatlösung lädt sich daher nicht so stark negativ auf, da weniger Ionen in Lösung gehen und auch weniger Elektronen auf der Metalloberfläche zurückbleiben – das elektrische Potenzial der elektrochemischen Doppelschicht ist geringer. Werden beide Bleche leitend verbunden, können die Elektronen vom Zinkblech, dem Minuspol, zum Kupferblech, dem Pluspol, fließen (↑ 04). Diese unterschiedlichen elektrischen Potenziale ergeben eine messbare elektrische Spannung. Für das Daniell-Element misst man eine elektrische Spannung, auch **Zellspannung** U genannt, von 1,1 Volt.
Auf diesem Grundprinzip beruhen alle bekannten Batterien. Das Daniell-Element liefert so lange Strom, bis sich alle Kupfer-Ionen auf dem Kupferblech abgeschieden haben oder sich das Zinkblech vollständig aufgelöst hat.

Oxidation: $Zn(s) \longrightarrow Zn^{2+}(aq) + 2\,e^-$ (Minuspol)
Reduktion: $Cu^{2+}(aq) + 2\,e^- \longrightarrow Cu(s)$ (Pluspol)

Redoxreaktion: $Zn(s) + Cu^{2+}(aq) \longrightarrow Zn^{2+}(aq) + Cu(s)$

Das Daniell-Element ist eine Batterie, in der chemische Energie in einer freiwilligen Redoxreaktion in elektrische Energie umgewandelt wird. Für einen elektrischen Stromfluss müssen Oxidation und Reduktion räumlich getrennt ablaufen.

1) Erklären Sie, warum sich beim Eintauchen eines Kupferblechs in eine Kupfer(II)-sulfatlösung eine elektrochemische Doppelschicht ausbildet.
2) Erläutern Sie den Aufbau und die elektrochemischen Vorgänge in einer galvanischen Zelle, die aus einer Zink- und einer Silberhalbzelle besteht, anhand einer Modelldarstellung.

P **EXP 6.06** Daniell-Element

Materialien Becherglas, Kupferblech, Zinkblech, Tonzylinder, Spannungsmessgerät, Elektromotor, Kupfer(II)-sulfatlösung (c = 1 mol · l^{-1}; 7, 9) und Zinksulfatlösung (c = 1 mol · l^{-1}; 7, 9)

Durchführung In das Becherglas mit Tonzylinder wird innen Kupfer(II)-sulfatlösung und außen Zinksulfatlösung gefüllt, sodass beide Flüssigkeitsspiegel gleich hoch sind. Das in die Kupfer(II)-sulfatlösung tauchende Kupferblech wird mit dem Minuspol, das Zinkblech in der Zinksulfatlösung mit dem Pluspol eines Spannungsmessgeräts verbunden und die Spannung gemessen. Bauen Sie anschließend einen kleinen Elektromotor in den Stromkreis ein und messen Sie erneut die Spannung.
Entsorgung: Lösungen in den Behälter für giftige anorganische Abfälle geben.

Auswertung Erläutern Sie die elektrochemischen Vorgänge im Daniell-Element.

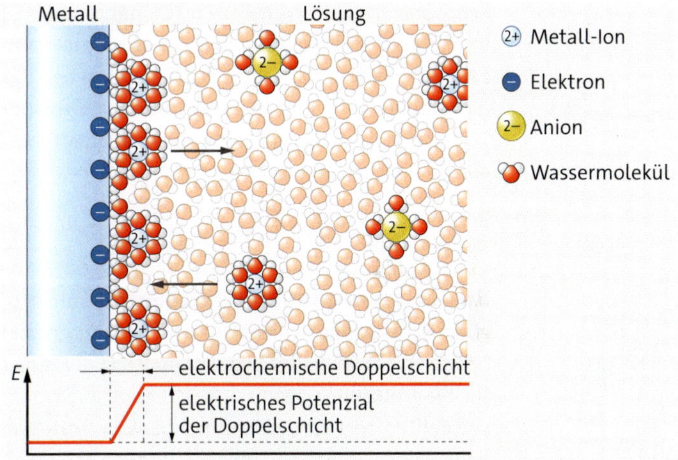

03 Elektrochemische Doppelschicht

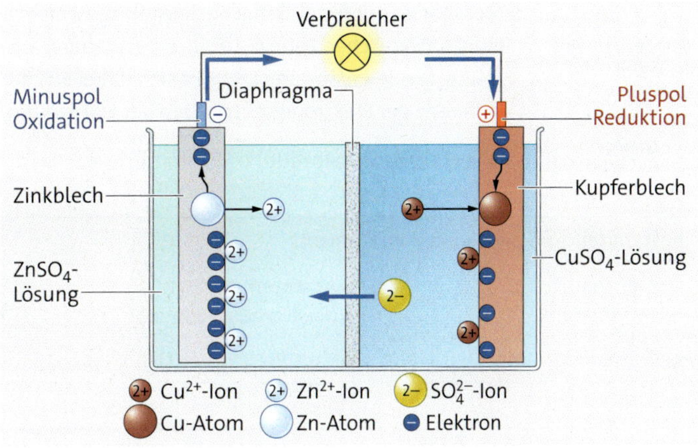

04 Vorgänge im Daniell-Element

6.5 Die elektrochemische Spannungsreihe

Halbzelle = Kombination aus einem elektrisch leitenden Stoff mit einem Elektrolyten

Anders als bei der galvanischen Zelle findet bei der Elektrolyse am Minuspol die Reduktion und am Pluspol die Oxidation statt. Die Anode ist daher der Pluspol und die Kathode der Minuspol (↑ S. 221).

GALVANISCHE ZELLEN Eine Anordnung wie beim Daniell-Element wird **galvanische Zelle** oder auch **galvanisches Element** genannt.

Prinzipiell besteht jede galvanische Zelle aus zwei **Halbzellen**. Beim Daniell-Element bildet das Kupferblech in der Kupfer(II)-sulfatlösung die eine Halbzelle, die andere ist das Zinkblech in der Zinksulfatlösung. Die Salzlösungen werden als **Elektrolyte** bezeichnet, da die in ihnen gelösten Ionen die elektrische Leitfähigkeit ermöglichen. Die Halbzelle, an der die Oxidation erfolgt, die **Donatorhalbzelle**, wird auch als **Anode** bezeichnet. Sie bildet in galvanischen Zellen den **Minuspol**. Dagegen findet an der **Kathode**, der **Akzeptorhalbzelle**, immer die Reduktion statt, sodass sie in galvanischen Zellen den **Pluspol** bildet. Die Bezeichnung als Anode oder Kathode ergibt sich nicht aus ihrer Ladung, sondern aus der Art der dort ablaufenden Teilreaktion (↑ **01**).

Eine galvanische Zelle wie das Daniell-Element wird üblicherweise durch eine Kurzschreibweise, das sogenannte **Zelldiagramm**, dargestellt. Dabei wird das Redoxpaar der Donatorhalbzelle (Oxidation/Anode) immer links und das Redoxpaar der Akzeptorhalbzelle (Reduktion/Kathode) rechts geschrieben. Da die Spannung der galvanischen Zelle auch von der Stoffmengenkonzentration der Ionen abhängt, wird diese zusätzlich angegeben.

Zn/Zn^{2+} (c = 1 mol · L^{-1}) // Cu^{2+}(c = 1 mol · L^{-1})/Cu
Donatorhalbzelle — Akzeptorhalbzelle

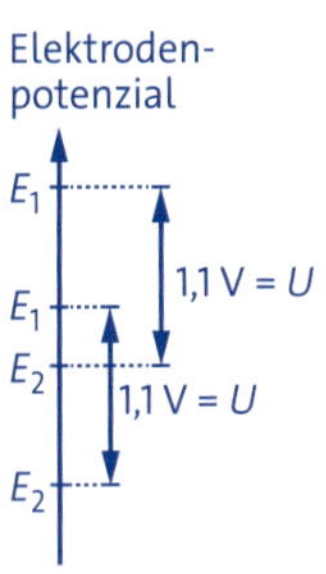

Ohne Bezugspunkt lassen sich keine Werte für die Elektrodenpotenziale festlegen.

ELEKTRODENPOTENZIAL Das durch die elektrochemische Doppelschicht auf dem Metall entstehende Potenzial heißt **Elektrodenpotenzial *E***. Es ist für die Halbzelle spezifisch und hängt außerdem von der Temperatur, der Stoffmengenkonzentration der Salzlösung und bei Gasen zusätzlich auch vom Druck ab.

Dieses Elektrodenpotenzial ist nicht direkt messbar. Messbar ist nur die elektrische Spannung zweier zu einer galvanischen Zelle leitend verbundener Halbzellen. Die Zellspannung U ergibt sich dabei aus der Differenz der Elektrodenpotenziale der Halbzellen.

$U = E(\text{Akzeptorhalbzelle}) - E(\text{Donatorhalbzelle})$

Bestandteile eines galvanischen Elements	
Donatorhalbzelle (Elektronendonator)	Akzeptorhalbzelle (Elektronenakzeptor)
Anode (Ort der Oxidation)	Kathode (Ort der Reduktion)
Minuspol	Pluspol

01 Synonyme Begriffe für die Halbzellen in einem galvanischen Element

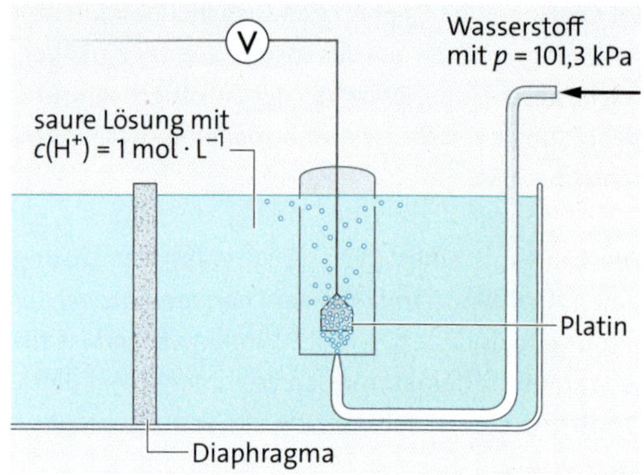

02 Modell der Standardwasserstoffhalbzelle

STANDARDWASSERSTOFFHALBZELLE Um Werte für die Elektrodenpotenziale angeben zu können, benötigt man einen Bezugspunkt. Prinzipiell eignet sich dazu jede beliebige Halbzelle unter genau definierten Bedingungen, deren Elektrodenpotenzial willkürlich festgelegt wird.

Nach einem Vorschlag von WALTHER NERNST dient die **Standardwasserstoffhalbzelle** als Bezugshalbzelle. Darin taucht eine spezielle Platinelektrode in eine saure Lösung mit $c(H^+)$ = 1 mol · L^{-1} und wird bei **Standardbedingungen** (ϑ = 25 °C, p = 101,3 kPa) von Wasserstoffgas umspült (↑ **02**).

Dabei werden die H_3O^+-Ionen vereinfacht als H^+-Ionen betrachtet. Das Elektrodenpotenzial $E(H_2/2\,H^+)$ der Standardwasserstoffhalbzelle, die oft auch als **Standard-Wasserstoffelektrode** bezeichnet wird, ist auf exakt 0 Volt festgelegt.

Das Elektrodenpotenzial E einer beliebigen Halbzelle entspricht dadurch der gemessenen Spannung der galvanischen Zelle aus der Standardwasserstoffhalbzelle und der betrachteten Halbzelle.

ELEKTROCHEMISCHE SPANNUNGSREIHE Die so erhaltenen Werte werden als **Standardelektrodenpotenziale bzw. Standardpotenziale E^0** bezeichnet, Einheit: Volt (V). Die Standardpotenziale von Redoxpaaren, die gegenüber der Wasserstoffhalbzelle als Elektronendonator fungieren, also in einem galvanischen Element gegenüber der Standardwasserstoffhalbzelle den Minuspol darstellen, erhalten ein Minus als Vorzeichen. Die Elektrodenpotenziale von Redoxpaaren, die als Elektronenakzeptor wirken, erhalten ein positives Vorzeichen. Die Werte sind in der **elektrochemischen Spannungsreihe** tabelliert (↑ **04**). Mithilfe der Standardpotenziale kann die bekannte Zellspannung U für das Daniell-Element rechnerisch überprüft werden (↑ Methode, S. 204).

$U = E(Cu/Cu^{2+}) - E(Zn/Zn^{2+}) = 1{,}1\,V$

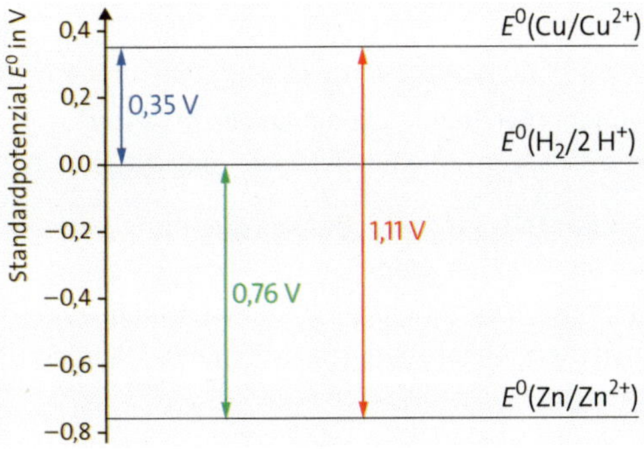

03 Zellspannung des Daniell-Elements

Mithilfe der elektrochemischen Spannungsreihe lässt sich auch die Richtung einer Redoxreaktion vorhersagen: Das Redoxpaar mit dem geringeren Standardpotenzial stellt in einer Redoxreaktion immer den Elektronendonator.
Da das Redoxpaar $H_2/2\,H^+$ in der Spannungsreihe eine mittlere Stellung einnimmt, können nur solche Metalle mit sauren Lösungen reagieren, die ein negatives Standardpotenzial haben. Ihre Metall-Atome (Me) können gegenüber H^+-Ionen als Elektronendonator fungieren.

$$Me(s) + 2\,H^+(aq) \longrightarrow Me^{2+}(aq) + H_2(g)$$

MESSUNG VON ELEKTRODENPOTENZIALEN Die experimentelle Bestimmung der Elektrodenpotenziale muss stromlos erfolgen, da ansonsten das elektrochemische Gleichgewicht gestört und die Zellspannung verfälscht werden kann.
Statt der Standardwasserstoffhalbzelle wird in der Praxis häufig die Silber/Silberchloridhalbzelle (Ag/AgCl) als Bezugshalbzelle verwendet. Ihr Elektrodenpotenzial ist weitgehend unabhängig von den Messbedingungen, sodass genaue und reproduzierbare Werte erhalten werden.
Handelt es sich um ein nichtmetallisches Redoxpaar, benötigt man eine **Ableitelektrode** zur Ableitung der Elektronen. Dazu kann eine Platin- oder eine Graphitelektrode verwendet werden, die durch die Elektrodenreaktion nicht angegriffen wird. So wird das Standardpotenzial des Redoxpaars $2\,Cl^-/Cl_2$ gemessen, indem eine von Chlor bei p = 101,3 kPa umspülte Platinelektrode in einen Elektrolyten mit Chlorid-Ionen von $c(Cl^-)$ = 1 mol·L^{-1} eintaucht.

Mithilfe der Standardelektrodenpotenziale E^0 lässt sich die Spannung einer galvanischen Zelle berechnen sowie die Richtung möglicher Redoxreaktionen vorhersagen.

Donator		Akzeptor + z e$^-$	Standardpotenzial E^0 in V
Li	⇄	$Li^+ + e^-$	−3,04
Mg	⇄	$Mg^{2+} + 2\,e^-$	−2,36
Al	⇄	$Al^{3+} + 3\,e^-$	−1,66
Zn	⇄	$Zn^{2+} + 2\,e^-$	−0,76
Fe	⇄	$Fe^{2+} + 2\,e^-$	−0,41
Ni	⇄	$Ni^{2+} + 2\,e^-$	−0,23
Pb	⇄	$Pb^2 + 2\,e^-$	−0,13
$H_2(g)$	⇄	$2\,H^+ + 2\,e^-$	0
Cu	⇄	$Cu^{2+} + 2\,e^-$	0,35
$2\,I^-$	⇄	$I_2(s) + 2\,e^-$	0,54
Ag	⇄	$Ag^+ + e^-$	0,80
$2\,Br^-$	⇄	$Br_2(l) + 2\,e^-$	1,07
Pt	⇄	$Pt^{2+} + 2\,e^-$	1,20
$2\,H_2O(l)$	⇄	$O_2(g) + 4\,H^+ + 4\,e^-$	1,23
$2\,Cl^-$	⇄	$Cl_2(g) + 2\,e^-$	1,36
Au	⇄	$Au^{3+} + 3\,e^-$	1,50
$2\,F^-$	⇄	$F_2(g) + 2\,e^-$	2,87

Zunehmende reduzierende Wirkung (↑)
Zunehmende oxidierende Wirkung (↓)

04 Standardpotenziale ausgewählter Redoxpaare

1 〉 Definieren Sie die Begriffe galvanische Zelle, Donator- und Akzeptorhalbzelle. Finden Sie zu jedem Begriff ein Synonym.

2 〉 **a** Skizzieren Sie den Aufbau einer galvanischen Zelle aus einer Eisen- und einer Wasserstoffhalbzelle. Ordnen Sie den Pluspol und den Minuspol begründet zu.
b Formulieren Sie die Teilgleichungen für die Reaktionen in den Halbzellen sowie die Gleichung für die Redoxreaktion. Geben Sie an, welche Spannung diese galvanische Zelle unter Standardbedingungen liefert.

3 〉 Definieren Sie den Begriff Standardelektrodenpotenzial. Geben Sie an, welche Synonyme dafür noch gebräuchlich sind.

4 〉 Die galvanische Zelle mit dem Zelldiagramm Sn/Sn^{2+} (c = 1 mol·L^{-1}) // Cu^{2+} (c = 1 mol·L^{-1})/Cu liefert unter Standardbedingungen eine Spannung von 0,49 V. Ordnen Sie das Redoxpaar Sn/Sn^{2+} in die elektrochemische Spannungsreihe ein.

5 〉 Beschreiben Sie, wie sich das Standardelektrodenpotenzial einer Bromhalbzelle experimentell bestimmen lässt.

M Berechnen der Standardzellspannung

AUFGABE Berechnen Sie die Spannung einer galvanischen Zelle, in der Kupfer unter Standardbedingungen in saurer Lösung (pH = 0) durch Sauerstoff oxidiert wird.

Die Zellspannung ist die **Differenz der Redoxpotenziale** der beiden an der Zellreaktion beteiligten Redoxpaare. Dabei wird per Definition das Redoxpotenzial der Donatorhalbzelle (Oxidation) vom Redoxpotenzial der Akzeptorhalbzelle (Reduktion) abgezogen:

U = E(Akzeptorhalbzelle) – E(Donatorhalbzelle)
U = E(Reduktion) – E(Oxidation)

1. **Ermitteln der beteiligten Redoxpaare:** Die beteiligten Redoxpaare können aus der elektrochemischen Spannungsreihe oder aus entsprechenden Tabellen ermittelt werden. Das Redoxpaar mit dem höheren Standardpotenzial stellt den Elektronenakzeptor: O_2-Moleküle werden zu Oxid-Ionen und damit in saurer Lösung zu H_2O-Molekülen reduziert. Redoxpaar 1: H_2O/O_2
Das Redoxpaar mit dem geringeren Standardpotenzial stellt den Elektronendonator: Cu-Atome werden zu Cu^{2+}-Ionen oxidiert. Redoxpaar 2: Cu/Cu^{2+}

2. **Entwickeln der Redoxreaktion:** Formulieren Sie zuerst die Reaktionsgleichungen für die Teilreaktionen Oxidation (Donatorhalbzelle) und Reduktion (Akzeptorhalbzelle). Fassen Sie diese zu einer Gesamtreaktion – der **Zellreaktion** – zusammen.

Oxidation (–):	$2\,Cu$	$\longrightarrow$	$2\,Cu^{2+} + 4\,e^-$
Reduktion (+):	$O_2 + 4\,H^+ + 4\,e^-$	$\longrightarrow$	$2\,H_2O$
Zellreaktion:	$O_2 + 4\,H^+ + 2\,Cu$	$\longrightarrow$	$2\,H_2O + 2\,Cu^{2+}$

3. **Berechnen der Zellspannung:** Die Zellspannung U entspricht der Differenz der Redoxpotenziale der Teilreaktionen Reduktion und Oxidation. Unter Standardbedingungen können die Standardpotenziale der Redoxpaare in die Gleichung eingesetzt werden.

$U = E^0(\text{Reduktion}) - E^0(\text{Oxidation})$
$U = E^0(H_2O/O_2) - E^0(Cu/Cu^{2+})$
$E^0(H_2O/O_2) = 1{,}23\ V$
$E^0(Cu/Cu^{2+}) = 0{,}35\ V$
$U = 1{,}23\ V - 0{,}35\ V = 0{,}88\ V$

4. **Formulieren des Ergebnisses:** Die Standardzellspannung der galvanischen Zelle, bei der Kupfer durch Sauerstoff in saurer Lösung oxidiert wird, beträgt 0,88 V.

1 Berechnen Sie die Zellspannung der galvanischen Zellen mithilfe der elektrochemischen Spannungsreihe:
a Zn/Zn^{2+} // Ag^+/Ag
b Fe/Fe^{2+} // $Cl_2/2\,Cl^-$
c Pt, $H_2/2\,H^+$ // Cu^{2+}/Cu

2 Entscheiden Sie anhand der Redoxpotenziale, ob folgende Redoxreaktionen freiwillig ablaufen. Stellen Sie die Reaktionsgleichungen auf und berechnen Sie gegebenfalls die Zellspannung.
a Oxidation von Kupfer durch Ni^{2+}-Ionen
Hinweis: $E^0(Cu/Cu^{2+}) = 0{,}35\ V$; $E^0(Ni/Ni^{2+}) = -0{,}23\ V$
b Oxidation von Cl^--Ionen durch Wasserstoffperoxid
Hinweis: $E^0(H_2O/H_2O_2) = 1{,}77\ V$; $E^0(2\,Cl^-/Cl_2) = 1{,}36\ V$

P EXP 6.07 Spannungsreihe der Metalle

Materialien U-Rohre mit Diaphragma, durchbohrte Stopfen, Experimentierkabel, Krokodilklemmen, Spannungsmessgerät, Eisen-, Kupfer-, Silber-, Zinkstäbe mit Gummistopfen; Lösungen (c = 0,1 mol · l^{-1}) von Kupfer(II)-sulfat (5, 7, 9), Eisen(II)-sulfat (7), Zinksulfat (5, 7, 9), Silbernitrat (3, 5, 9)

Durchführung Bauen Sie durch Kombination verschiedener korrespondierender Redoxpaare galvanische Zellen entsprechend der Abbildung auf. Messen Sie jeweils die Zellspannung.
Entsorgung: Lösungen in den Behälter für giftige anorganische Abfälle geben.

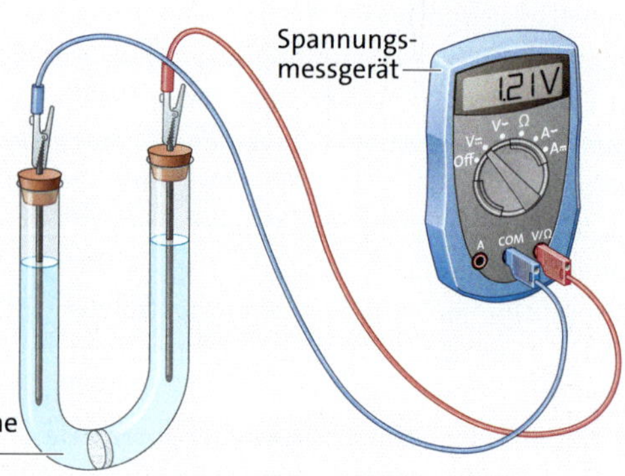

Auswertung Entscheiden Sie sich für eine geeignete Bezugshalbzelle und stellen Sie eine Spannungsreihe auf.

Klausurtraining

Material F Redoxverhalten von Halogenen

F1 Halogene in der Industrie

Die Halogene Fluor, Chlor, Brom und Iod kommen in der Natur nicht elementar vor, sondern sind hauptsächlich als negativ geladene Ionen im Meerwasser und in Salzlagerstätten zu finden. Sie werden jedoch für die Industrie benötigt, z. B. für die Synthese der Kunststoffe Polyvinylchlorid und Teflon.
Das starke Oxidationsmittel Chlor dient noch immer als unverzichtbare Grundchemikalie zur Herstellung unzähliger Chlorverbindungen, aus denen Arzneimittel und Pestizide produziert werden. Brom wird zur Herstellung von Desinfektionsmitteln oder Schädlingsbekämpfungsmitteln und vielen anderem mehr benötigt.

Chlor wird dabei hauptsächlich auf elektrochemischem Weg, z. B. durch Chloralkali-Elektrolyse, hergestellt. Brom lässt sich industriell durch Umsetzung von stark salzhaltigem Wasser (Sole aus großer Tiefe, aus Salzseen und vereinzelt aus Meerwasser) mit elementarem Chlor gewinnen. Iod wurde früher durch Oxidation mit Mangandioxid aus Seetang hergestellt. Heute dienen vor allem Rückstände der Salpetersynthese, die größere Mengen Iodatsalze enthalten (Iodat-Ion: IO_3^-), und natriumiodidhaltige Salzsolen (Natriumiodid: NaI) als Rohstoffquellen.
Aufgrund ihrer oxidierenden Wirkung sind Fluor, Chlor und Brom nicht nur giftig, sondern greifen auch viele Metalle und teilweise Kunststoffe an. Deshalb sind beim Umgang mit den Halogenen strenge Sicherheitsregeln einzuhalten. Zudem müssen Gefäße, Apparaturen und Leitungen aus teuren, chemisch beständigen Spezialmaterialien gebaut werden.

F2 Halogene im Labor

Im Labormaßstab können die drei Halogene durch Umsetzung ihrer Natriumsalze NaCl, NaBr und NaI mit Braunstein MnO_2 in Gegenwart von Schwefelsäure dargestellt werden. Außerdem ist im Laborexperiment zu beobachten, dass Bromwasser aus einer Kaliumiodidlösung elementares Iod freisetzt, während Chlorwasser aus einer Kaliumbromidlösung Brom freisetzt.
Es handelt sich dabei um Reaktionen mit Elektronenübertragung, deren Verlauf durch die Standardpotenziale der Redoxpaare in wässrigen Lösungen bestimmt wird (↑ F2.1).
Zur Bestimmung des Standardpotenzials des Redoxpaars Cl^-/Cl_2 wird im Labor eine Silber/Silberchlorid-Elektrode (E(Ag/AgCl) = 0,196 V) in eine Kaliumchloridlösung mit $c = 1\,mol \cdot l^{-1}$ in den linken Schenkel eines U-Rohrs mit Diaphragma gegeben. In den rechten Schenkel des U-Rohrs wird Chlorwasser und Kaliumchloridlösung der gleichen Konzentration ($c = 1\,mol \cdot l^{-1}$) eingefüllt. Über einen Graphitstab und Kabel werden die beiden Halbzellen verbunden und eine Zellspannung von U = 1,16 V gemessen (↑ F2.2).

Elektronendonator ⇄ Elektronenakzeptor + $z\,e^-$	E^0 in V
$Ag(s) + Cl^-(aq) \rightleftarrows AgCl(s) + e^-$	0,196*
$Cu(s) \rightleftarrows Cu^{2+}(aq) + 2\,e^-$	0,35
$2\,I^-(aq) \rightleftarrows I_2(s) + 2\,e^-$	0,54
$2\,Br^-(aq) \rightleftarrows Br_2(g) + 2\,e^-$	1,07
$2\,Cl^-(aq) \rightleftarrows Cl_2(g) + 2\,e^-$	?
$Au(s) \rightleftarrows Au^{3+}(aq) + 3\,e^-$	1,50
$2\,F^-(aq) \rightleftarrows F_2(g) + 2\,e^-$	2,87

F2.1 Standardredoxpotenziale (* für gesättigte KCl-Lösung)

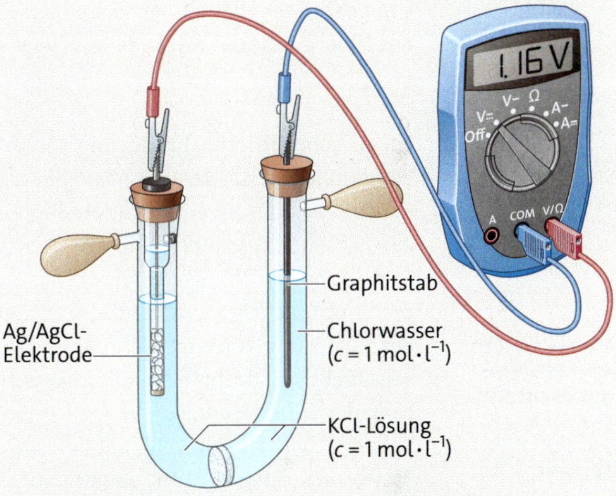

F2.2 Messung des Standardpotenzials einer Chlorhalbzelle

AUFGABEN ZU F

1) **a** Entscheiden Sie begründet, welche Reaktion Sie erwarten, wenn Chlor oder Brom in eine wässrige Natriumfluoridlösung eingeleitet wird.
b Erläutern Sie, welche Vorgänge an der Phasengrenze des Graphitstabs in der Chlorhalbzelle ablaufen.
c Berechnen Sie aus der experimentell bestimmten Zellspannung U das Standardpotenzial der Chlorhalbzelle.
d Bewerten Sie die Eignung einer Chlorhalbzelle zur Konstruktion einer Batterie.

2) **a** Formulieren Sie die Redoxreaktion für die Laborsynthese von Chlor aus Braunstein und konzentrierter Salzsäure.
b Zeigen Sie anhand der Oxidationszahlen, dass bei der Synthese eine Redoxreaktion abläuft.
c Begründen Sie, warum die Apparaturen für industrielle Synthesen mit Chlor aus besonderen Materialien konstruiert werden müssen. Diskutieren Sie, ob sich Kupfer oder Gold als Materialien für chlorleitende Rohre eignen.

6.6 Konzentrationsabhängigkeit des Potenzials

Werden zwei Ag/Ag^+-Halbzellen mit gleicher Stoffmengenkonzentration der Salzlösungen zu einer galvanischen Zelle kombiniert, ist keine Spannung messbar. Beide Halbzellen weisen das gleiche Redoxpotenzial auf.
Verdünnt man jedoch die Konzentration des Elektrolyten in einer der beiden Halbzellen, so entsteht eine messbare Spannung. Beim Verdünnen ändert sich das Redoxpotenzial der Halbzelle. Eine derartige galvanisches Zelle wird als **Konzentrationszelle** oder als **Konzentrationselement** bezeichnet.

POTENZIALDIFFERENZ Die gemessene Spannung lässt sich mithilfe des dynamischen Gleichgewichts an der elektrochemischen Doppelschicht erklären (↑ S. 201). In beiden Halbzellen der Silberkonzentrationszelle stellt sich jeweils an der Oberfläche des Silberblechs das folgende Gleichgewicht ein:

$$Ag(s) \rightleftarrows Ag^+(aq) + e^-$$

Bei der konzentrierten Salzlösung ist die Anzahl der Silber-Ionen in der Lösung aber größer, denn zur Konzentration der hydratisierten Silber-Ionen auf der rechten Seite zählen nicht nur die entstehenden Ionen aufgrund des Lösungsdrucks des Silbers, sondern auch die schon vorhandenen Silber-Ionen in der Salzlösung. Nach dem Prinzip von Le Chatelier verschiebt sich deshalb das Gleichgewicht in Richtung der Silberatome Ag(s). Folglich lädt sich das Silberblech in der Halbzelle mit der konzentrierten Salzlösung nicht so stark negativ auf wie in der Halbzelle mit der verdünnten Lösung. Es bildet sich eine Potenzialdifferenz aus.

Die Lage des chemischen Gleichgewichts ist nach dem Prinzip von Le Chatelier beeinflussbar (↑ S. 113).

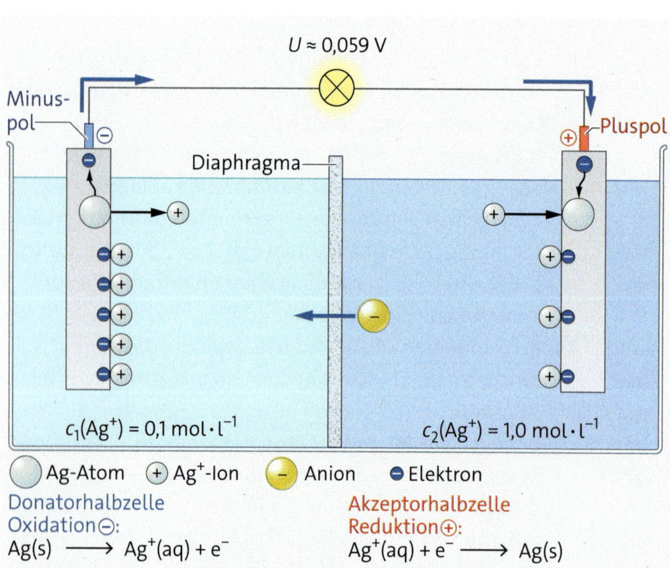

01 Elektrochemische Vorgänge im Konzentrationselement

Die konzentrierte Halbzelle mit einer Stoffmengenkonzentration von z. B. $c(Ag^+) = 1\ mol \cdot l^{-1}$ wird zum Pluspol, während die verdünnte Halbzelle mit $0{,}1\ mol \cdot l^{-1}$ zum Minuspol wird.
Werden die beiden Halbzellen leitend verbunden, so wird die Halbzelle mit der geringeren Silber-Ionenkonzentration die Donatorhalbzelle. Hier geben Silberatome Elektronen ab und werden zu Silber-Ionen oxidiert. Die Elektronen wandern über den Leiter zum Silberblech, das in die Lösung mit der höheren Silber-Ionenkonzentration eintaucht. In der Akzeptorhalbzelle werden Silber-Ionen zu Silberatomen reduziert (↑ **01**). Für eine solche Konzentrationszelle wird die folgende Kurzschreibweise verwendet:

$$\underset{\text{Donatorhalbzelle}}{Ag/Ag^+(c_1 = 0{,}1\ mol \cdot l^{-1})} \ // \ \underset{\text{Akzeptorhalbzelle}}{Ag^+(c_2 = 1\ mol \cdot l^{-1})/Ag}$$

KONZENTRATIONSABHÄNGIGKEIT Ändert man die Konzentrationen der Salzlösungen systematisch (↑ Exp. 6.08), dann ergibt sich ein proportionaler Zusammenhang zwischen der Zellspannung und dem Logarithmus des Konzentrationsverhältnisses der Metall-Ionen der Halbzellen. Der Proportionalitätsfaktor ist temperaturabhängig und beträgt für die Silberkonzentrationszelle bei $T = 298$ K etwa 0,059 V.

$$U = 0{,}059\ V \cdot \lg \frac{c_2(Ag^+)}{c_1(Ag^+)};\ c_2(Ag^+) > c_1(Ag^+)$$

Für die Kupferkonzentrationszelle mit Cu/Cu^{2+} beträgt der Proportionalitätsfaktor nur noch die Hälfte, für eine Konzentrationszelle mit dem Redoxpaar Au/Au^{3+} nur noch ein Drittel dieses Werts. Offenbar hängt der Proportionalitätsfaktor von der Anzahl der bei der Redoxreaktion übertragenen Elektronen ab. Allgemein gilt bei einer Temperatur von T = 298 K für eine Konzentrationszelle mit dem Redoxpaar Me/Me^{z+} (Me: Metall, z: Anzahl der je Teilchen übertragenen Elektronen):

$$U = \frac{0{,}059\ V}{2} \cdot \lg \frac{c_2(Cu^{2+})}{c_1(Cu^{2+})} \qquad U = \frac{0{,}059\ V}{3} \cdot \lg \frac{c_2(Au^{3+})}{c_1(Au^{3+})}$$

$$U = \frac{0{,}059\ V}{z} \cdot \lg \frac{c_2(Me^{z+})}{c_1(Me^{z+})}$$

Diese Gleichung kann benutzt werden, um das Redoxpotenzial E einer Halbzelle mit beliebiger Stoffmengenkonzentration des Elektrolyten aus dem Standardpotzenzial E^0 einer Stoffmengenkonzentration des Elektrolyten $c_1 = 1\ mol \cdot l^{-1}$ herzuleiten. Im Folgenden wird dies für die Ag/Ag^+-Halbzelle hergeleitet.

Die Zellspannung einer galvanischen Zelle ergibt sich aus der Differenz der Potenziale der Akzeptorhalbzelle und der Donatorhalbzelle (↑ S. 203).

$U = E(\text{Akzeptorhalbzelle}) - E(\text{Donatorhalbzelle})$
$U = E_2(Ag/Ag^+) - E_1(Ag/Ag^+)$

Die Zellspannung U (linke Seite der Gleichung) kann mithilfe der oben aufgestellten Beziehung für die Silberkonzentrationszelle ausgedrückt werden:

$$0{,}059\ \text{V} \cdot \lg \frac{c_2(Ag^+)}{c_1(Ag^+)} = E_2(Ag/Ag^+) - E_1(Ag/Ag^+)$$

Wenn die Donatorhalbzelle $E_1(Ag/Ag^+)$ die Standardsilberhalbzelle $E^0(Ag/Ag^+)$ mit einer Silber-Ionenkonzentration von $c_1(Ag^+) = 1\ \text{mol} \cdot \text{l}^{-1}$ ist, verändert sich die Gleichung zu:

$$0{,}059\ \text{V} \cdot \lg \frac{c_2(Ag^+)}{1\ \text{mol} \cdot \text{l}^{-1}} = E_2(Ag/Ag^+) - E^0(Ag/Ag^+)$$

Umstellen nach $E_2(Ag/Ag^+)$ ergibt das Redoxpotenzial einer Halbzelle mit beliebiger Konzentration:

$$E_2(Ag/Ag^+) = E^0(Ag/Ag^+) + 0{,}059\ \text{V} \cdot \lg \frac{c_2(Ag^+)}{1\ \text{mol} \cdot \text{l}^{-1}}$$

NERNST-GLEICHUNG Die Gleichung zur Berechnung des konzentrationsabhängigen Potenzials lässt sich auch auf ein beliebiges Redoxpaar verallgemeinern. Sie wurde bereits 1889 von NERNST aufgestellt. Handelt es sich um ein Redoxpaar der Form Me/Me^{z+} (Me: Metall), so ergibt sich als **Nernst-Gleichung**:

$$E(Me/Me^{z+}) = E^0(Me/Me^{z+}) + \frac{0{,}059\ \text{V}}{z} \cdot \lg \frac{c(Me^{z+})}{1\ \text{mol} \cdot \text{l}^{-1}}$$

Die **allgemeine Nernst-Gleichung** für ein Redoxpaar der Form Red $\rightleftarrows$ Ox + z e^- lautet:

$$E(\text{Red/Ox}) = E^0(\text{Red/Ox}) + \frac{0{,}059\ \text{V}}{z} \cdot \lg \frac{c(\text{Ox})}{c(\text{Red})}$$

Daraus lässt sich für jede beliebige Halbzelle das Redoxpotenzial und für jede galvanische Zelle die Zellspannung berechnen, wenn die Standardpotenziale und die Konzentrationen bekannt sind.
Hinweis: Für die Konzentrationen von reinen Metallen, reinen Gasen und schwerlöslichen Salzen wird definitionsgemäß immer eine Stoffmengenkonzentration von $c = 1\ \text{mol} \cdot \text{l}^{-1}$ eingesetzt.

Das Redoxpotenzial hängt von der Art der Elektrode, der Anzahl z der übertragenen Elektronen und der Konzentration des Elektrolyten in der Halbzelle ab. Es kann für jede Halbzelle mithilfe der Nernst-Gleichung berechnet werden.

P EXP 6.08 Konzentrationselement

7 9

Materialien A: 5 Bechergläser, Filterpapierstreifen, Spannungsmessgerät, 4 Messkolben (100 ml), Voll- oder Messpipetten (50 ml und 20 ml), 2 Silberbleche, Silbernitratlösung ($c_0 = 0{,}1\ \text{mol} \cdot \text{l}^{-1}$; 7), Kaliumnitratlösung ($c = 0{,}1\ \text{mol} \cdot \text{l}^{-1}$)
Materialien B: wie A, aber statt Silbernitratlösung Kupfer(II)-sulfatlösung ($c = 0{,}1\ \text{mol} \cdot \text{l}^{-1}$; 7, 9) verwenden

Durchführung A: Erstellen Sie aus der Silbernitratlösung eine Verdünnungsreihe mit $c_1 = 0{,}05\ \text{mol} \cdot \text{l}^{-1}$, $c_2 = 0{,}01\ \text{mol} \cdot \text{l}^{-1}$, $c_3 = 0{,}005\ \text{mol} \cdot \text{l}^{-1}$ und $c_4 = 0{,}001\ \text{mol} \cdot \text{l}^{-1}$. Für die erste Verdünnung pipettieren Sie 50 ml der Ausgangslösung in einen 100-ml-Messkolben und füllen ihn mit der Kaliumnitratlösung (!) auf 100 ml bis zur Ringmarkierung auf. Für die zweite Verdünnung werden anschließend 20 ml der ersten verdünnten Silbernitratlösung in einen zweiten 100-ml-Messkolben pipettiert und auf 100 ml aufgefüllt usw. Füllen Sie anschließend etwa 50 ml jeder Lösung in jeweils ein Becherglas. Achten Sie auf gleiche Füllhöhen.

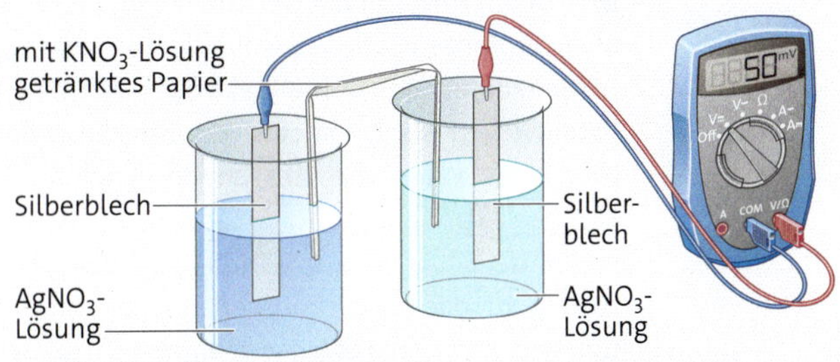

Kombinieren Sie nun verschiedene Silbernitratlösungen zu einer Konzentrationszelle, indem Sie sie mit dem in der Kaliumnitratlösung getränkten Filterpapier leitend verbinden. Verbinden Sie die Silberbleche mit dem Spannungsmessgerät und messen Sie die Zellspannung. Achten Sie darauf, dass die Silberbleche vor jeder Messung mit der Kaliumnitratlösung abgespült werden.
Durchführung B: Eine zweite Schülergruppe führt den Versuch mit der Kupfer(II)-sulfatlösung durch.
Entsorgung: Lösungen in den Behälter für giftige anorganische Abfälle geben.

Auswertung Tragen Sie die gemessenen Zellspannungen für die Silber- und die Kupferkonzentrationszellen jeweils grafisch gegen $\lg c_1/c_2$ (mit $c_1 > c_2$) auf. Interpretieren Sie das Diagramm.

1) Beschreiben Sie die Vorgänge im folgenden Konzentrationselement:
$Zn/Zn^{2+}(c = 0{,}05\ \text{mol} \cdot \text{l}^{-1})$ //
$Zn^{2+}(c = 0{,}5\ \text{mol} \cdot \text{l}^{-1})/Zn$
Ermitteln Sie die Zellspannung.

2) Erläutern Sie, von welchen Faktoren das Redoxpotenzial einer Halbzelle abhängt.

3) Berechnen Sie das Potenzial einer Kupferhalbzelle mit $c(Cu^{2+}) = 0{,}5$ bzw. $0{,}002\ \text{mol} \cdot \text{l}^{-1}$.

Potenziometrie

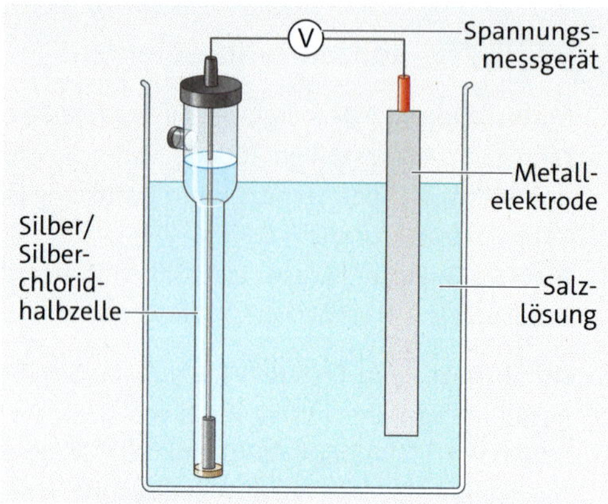

01 Prinzipieller Aufbau einer galvanischen Zelle zur Bestimmung von Ionenkonzentrationen

BESTIMMUNG VON IONENKONZENTRATIONEN Die Nernst-Gleichung ermöglicht nicht nur die Berechnung von Redoxpotenzialen und Zellspannungen. Durch Anwendung der Gleichung lassen sich auch die Konzentrationen vieler Ionen in wässrigen Lösungen mit geeigneten Elektroden durch ein als **Potenziometrie** bezeichnetes Verfahren bestimmen. Prinzipiell laufen alle Messungen gleich ab. Eine Bezugselektrode, deren Redoxpotenzial bekannt ist wie bei der Silber/Silberchloridhalbzelle, wird in die Lösung mit der zu bestimmenden Ionenkonzentration gebracht und mit einer geeigneten Ableitelektrode, die für diese Ionensorte sensitiv ist, zu einer galvanischen Zelle verbunden.

So kann z. B. die unbekannte Konzentration an Pb^{2+}-Ionen einer Salzlösung aus der Zellspannung einer Bleihalbzelle und der Silber/Silberchloridhalbzelle mit bekanntem Redoxpotenzial $E(Ag/AgCl) = 0{,}196\ V$ experimentell ermittelt werden.

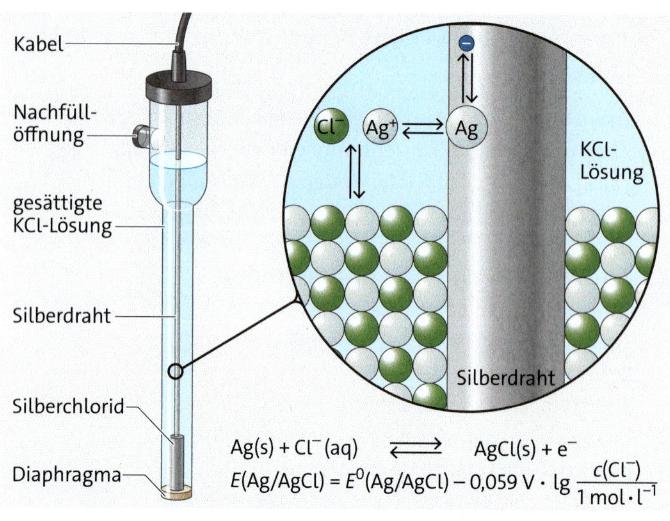

$$Ag(s) + Cl^-(aq) \rightleftharpoons AgCl(s) + e^-$$

$$E(Ag/AgCl) = E^0(Ag/AgCl) - 0{,}059\ V \cdot \lg \frac{c(Cl^-)}{1\ mol \cdot l^{-1}}$$

02 Handelsübliche Silber / Silberchloridhalbzelle

Aus der gemessenen Zellspannung (z. B. $U = 0{,}596\ V$) ergibt sich mithilfe der Nernst-Gleichung die Pb^{2+}-Konzentration.

$$E(Pb/Pb^{2+}) = E(Ag/AgCl) - U$$

$$E(Pb/Pb^{2+}) = 0{,}196\ V - 0{,}596\ V = -0{,}40\ V$$

$$E(Pb/Pb^{2+}) = E^0(Pb/Pb^{2+}) + \frac{0{,}059\ V}{z} \cdot \lg \frac{c(Pb^{2+})}{1\ mol \cdot l^{-1}}$$

$$-0{,}40\ V = -0{,}13\ V + \frac{0{,}059\ V}{2} \cdot \lg \frac{c(Pb^{2+})}{1\ mol \cdot l^{-1}}$$

$$\lg \frac{c(Pb^{2+})}{1\ mol \cdot l^{-1}} = \frac{2 \cdot (-0{,}40\ V + 0{,}13\ V)}{0{,}059\ V} = -9{,}15$$

$$c(Pb^{2+}) = 10^{-9{,}15}\ mol \cdot l^{-1}$$

Auch andere Ionensorten und der pH-Wert (↑ S. 149) können so potenziometrisch erfasst werden.

SILBER / SILBERCHLORIDHALBZELLE Die Silber/Silberchloridhalbzelle dient in fast allen potenziometrischen Messungen als Bezugselektrode. Sie besteht aus einem mit schwerlöslichem Silberchlorid beschichteten Silberdraht, der in eine Kaliumchloridlösung genau bekannter Konzentration eintaucht. Ein Diaphragma stellt die elektrisch leitende Verbindung zur anderen Halbzelle her. In der Halbzelle stellt sich das folgende chemische Gleichgewicht ein:

$$Ag(s) + Cl^-(aq) \rightleftharpoons AgCl(s) + e^-$$

Silber-Ionen, die sich von der Oberfläche des Silberdrahts lösen, fallen sofort als festes Silberchlorid wieder aus. Da die Stoffmengenkonzentrationen fester Stoffe mit $1\ mol \cdot l^{-1}$ in die Nernst-Gleichung einfließen, hängt das Potenzial nur von der festgelegten Cl^--Konzentration in der Lösung ab (↑ **02**). In der Praxis arbeitet man häufig mit einer gesättigten Kaliumchloridlösung. Die Cl^--Konzentration ist so groß, dass sie sich während der Messung nicht merklich verändert und als konstant angesehen werden kann.

Neben dem einfachen Umgang ist ein großer Vorteil der Silber/Silberchloridhalbzelle, dass ihr Redoxpotenzial unter normalen Laborbedingungen temperaturunabhängig ist.

1 Die Zellspannung einer Fe/Fe^{2+} // Cu^{2+}/Cu-Zelle beträgt $U = 0{,}65\ V$. Berechnen Sie daraus die Konzentration der Cu^{2+}-Ionen, wenn $c(Fe^{2+}) = 1\ mol \cdot l^{-1}$ ist.

2 Skizzieren Sie eine mögliche galvanische Zelle zur Bestimmung der Kupfer-Ionen in einer Probelösung. Erklären Sie das Funktionsprinzip.

Praktikum

P Batterien – Strom für unterwegs

EXP 6.09 Vom Bleistiftanspitzer zur Batterie

Materialien Plastikbecher, Kabel mit Krokodilklemmen, Spannungsmessgerät, Elektromotor, Schraubenzieher, Bleistiftanspitzer aus Metall, Natriumchloridlösung (c = 1,5 mol · l^{-1})

Durchführung Nehmen Sie den Bleistiftanspitzer auseinander und bauen Sie aus den Teilen eine Batterie (↑ Bild). Messen Sie die Spannung und versuchen Sie, damit einen kleinen Elektromotor zu betreiben.
Entsorgung: Reste ins Abwasser geben.

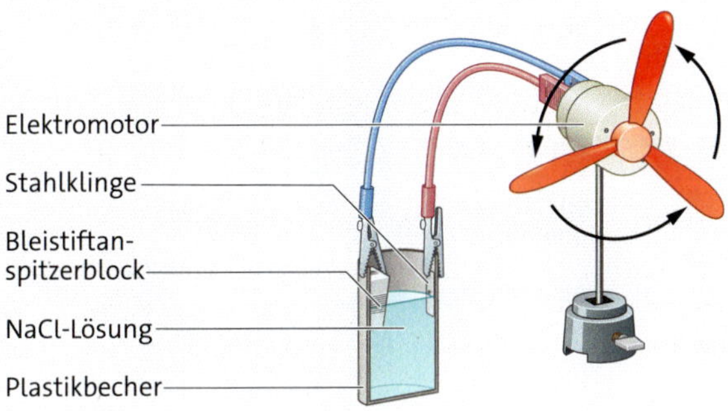

Auswertung

1 ⟩ Informieren Sie sich, woraus der Bleistiftanspitzer besteht. Erklären Sie Ihre Beobachtungen und das Funktionsprinzip der Bleistiftanspitzerbatterie.

2 ⟩ Begründen Sie, dass in einer galvanischen Zelle der Stromfluss nicht unendlich lange andauern kann.

EXP 6.10 Selbstbaubatterie

Materialien Filterpapier, Spannungsmessgerät, Kabel, Elektromotor, Wäscheklammern, Krokodilklemmen, Kupferplatte, Zinkplatte, Kupfer(II)-sulfatlösung (c ≈ 1 mol · l^{-1}; 7, 9), Zinksulfatlösung (c ≈ 1 mol · l^{-1}; 5, 7, 9), Wasser

Durchführung Konstruieren Sie mithilfe der gegebenen Bauteile eine Modellbatterie. Überlegen Sie vorher, welche Funktionen die einzelnen Teile erfüllen müssen. Schließen Sie an Ihre Modellbatterie zuerst ein Spannungsmessgerät an und im Fall einer messbaren Spannung dann einen kleinen Elektromotor. Betrachten Sie die einzelnen Bauteile anschließend genau.
Entsorgung: Reste in den Behälter für giftige anorganische Abfälle geben.

Auswertung

1 ⟩ Beschreiben und erläutern Sie Ihre Vorgehensweise.

2 ⟩ Vergleichen Sie die ablaufenden elektrochemischen Reaktionen mit denen im Daniell-Element.

EXP 6.11 Alkali-Mangan-Batterie

Materialien entladene Alkali-Mangan-Monozelle (AA), Pinzette, Metallsäge, Zinkbecher oder Zinkblech, Filterpapier, Eisennagel, Kabel, Spannungsmessgerät, Elektromotor, Kaliumhydroxid (5, 7), Mangandioxid (8, 7), Wasser, Stärke

Durchführung Spannen Sie die Alkali-Mangan-Batterie in einen Schraubstock ein. Sägen Sie die Batterie vorsichtig entlang der Längsachse auf. Nehmen Sie die Einzelteile mit der Pinzette auseinander.
Planen Sie mit den anderen gegebenen Materialien den Nachbau einer Alkali-Mangan-Zelle. Skizzieren Sie den Aufbau des Batteriemodells und bauen Sie die Batterie dementsprechend auf. Betreiben Sie mit der Modellbatterie über 15 min einen Elektromotor mit kleinem Innenwiderstand. Messen Sie dabei die Spannung zunächst alle 30 s, nach 3 min alle 90 s.
Entsorgung: Reste in den Behälter für giftige anorganische Abfälle geben.

Auswertung

1 ⟩ Beschreiben Sie den prinzipiellen Aufbau einer handelsüblichen Alkali-Mangan-Monozelle.

2 ⟩ Vergleichen Sie die im Modellversuch und in der normalen Batterie ablaufenden elektrochemischen Reaktionen.

3 ⟩ Zeichnen Sie die Entladekurve, indem Sie die Spannung gegen die Zeit auftragen. Interpretieren Sie das Diagramm.

4 ⟩ Informieren Sie sich über den Aufbau und das Funktionsprinzip des Leclanché-Elements. Diskutieren Sie die Vorteile der Alkali-Mangan-Zelle gegenüber dieser Zink-Kohle-Batterie.

EXP 6.12 Strom aus Zink und Luft

Materialien Holzkohle, Zinkblech, Becherglas, Kabel, Spannungsmessgerät, Kalilauge (c = 3 mol · l^{-1}; 5)

Durchführung Füllen Sie etwa 1 cm hoch Kalilauge in das Becherglas. Tauchen Sie das Holzkohlestück und das Zinkblech in die Kalilauge, sodass sie sich nicht berühren, und verbinden Sie die Elektroden mit den Polen des Spannungsmessgeräts. Schließen Sie einen kleinen Elektromotor an.
Entsorgung: Reste in den Behälter für saure und alkalische Abfälle geben.

Auswertung

1 ⟩ Erklären Sie die Funktionsweise der Zink-Luft-Batterie. Gehen Sie dabei speziell auf die Rolle des Sauerstoffs ein.

6.7 Batterietypen

Batterien sind galvanische Zellen, in denen chemische Energie in elektrische Energie umgewandelt wird. Daher werden sie in mobilen elektrischen Geräten vielseitig als Energiequelle eingesetzt.

ZINK-KOHLE-BATTERIE Eine der ersten Batterien war das Leclanché-Element, das auch als Zink-Kohle-Batterie bekannt ist. Sie besteht aus einem Zinkbecher, der gleichzeitig als Minuspol dient. Er ist mit einer Masse aus Mangandioxid (MnO_2) und Ammoniumchlorid (NH_4Cl) gefüllt, in die eine Graphitelektrode eintaucht. Bei der Zellreaktion wird Zink oxidiert und Mangandioxid reduziert, sodass an den Polen eine Zellspannung von 1,5 V messbar ist (↑ Exp. 6.11).

ALKALI-MANGAN-BATTERIE Heute sind die nach einem ähnlichen Prinzip wie dem Leclanché-Element funktionierenden Alkali-Mangan-Batterien weit verbreitet. Es handelt sich ebenfalls um Zink-Mangandioxid-Zellen, die jedoch mit einem alkalischen Elektrolyten ausgestattet sind.

Bei der Zellreaktion wird Mangandioxid am äußeren Stahlmantel, dem Pluspol, zu Manganoxidhydroxid (MnOOH) reduziert. Als Minuspol kommt ein Eisennagel zum Einsatz, der in eine zinkhaltige Kaliumhydroxidpaste eintaucht. Zinkatome werden zu Zn^{2+}-Ionen oxidiert, die zunächst mit Hydroxid-Ionen zu Zinkhydroxid reagieren. In der stark alkalischen Umgebung reagieren diese zu leicht löslichem Tetrahydroxyzinkat $[(Zn(OH)_4]^{2-}$ weiter (↑ 02). Mit fortschreitender Entladung bildet sich daraus in einer komplexen Reaktion Zinkoxid, wodurch der Widerstand in der Batterie ansteigt.

Die eckigen Klammern beim Tetrahydroxyzinkat weisen darauf hin, dass es sich hier um eine Komplexverbindung handelt.

Koordinative Bindung: (↑ S. 58).

Da der Batteriemantel durch die Zellreaktion nicht angegriffen wird, sind Alkali-Mangan-Batterien auslaufsicher. Zudem liefern sie mehr als doppelt so lange Energie wie Zink-Kohle-Batterien. Die Batterien können nach Benutzung nicht wieder aufgeladen und müssen fachgerecht entsorgt werden. Alkali-Mangan-Batterien werden in unterschiedlichen Formen von der Knopfzelle bis zum 9-V-Block angeboten. Durch Reihenschaltung mehrerer Zellen lässt sich die Spannung vervielfachen.

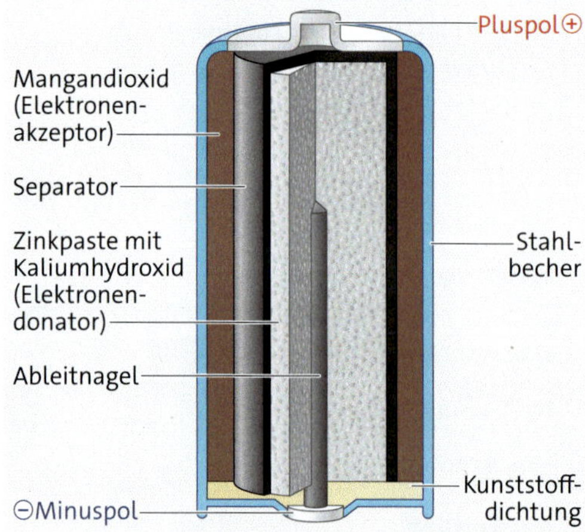

⊖: $\overset{0}{Zn}(s) + 4\,OH^-(aq) \longrightarrow [\overset{II}{Zn}(OH)_4]^{2-}(aq) + 2\,e^-$

⊕: $2\,\overset{IV}{Mn}O_2(s) + 2\,H_2O(l) + 2\,e^- \longrightarrow 2\,\overset{III}{Mn}OOH(s) + 2\,OH^-(aq)$

$$Zn(s) + 2\,MnO_2(s) + 2\,OH^-(aq) + 2\,H_2O(l) \longrightarrow [Zn(OH)_4]^{2-}(aq) + 2\,MnOOH(s)$$

02 Aufbau einer Alkali-Mangan-Batterie

Typ	Zink-Kohle-Batterie	Alkali-Mangan-Batterie	Lithium-Mangandioxid-Batterie	Knopfzelle
Minuspol (–)	Zinkbecher	Eisennagel	Lithium	Zinkpulver
Pluspol (+)	Graphitstab („Kohle“)	Stahlmantel	Braunstein (MnO_2) oder Eisen(II)-disulfid (FeS_2)	Silberoxid (Ag_2O)
Elektrolyt	Elektrolyt als Paste: MnO_2 und NH_4Cl	Kaliumhydroxid (KOH) mit feinverteiltem Zink	wasserfreier Elektrolyt (Polymer)	Kaliumhydroxid (KOH)
Zellspannung	1,5 V	1,5 V	2,9 V	1,55 V
Eigenschaften	preiswert, Zinkbecher nicht beständig (Auslaufen der Batterie), hohe Selbstentladung	liefert anhaltend hohe Ströme, auslaufsicher	geringe Selbstentladung, lange Lagerfähigkeit	hohe Spannungskonstanz, kleine Baugröße, hohe Energiedichte
Verwendung	einfache elektrische Geräte im Haushalt, z. B. Taschenlampe	Fotoapparate, in vielen Geräten in Reihe geschaltet	Herzschrittmacher, in Platinen zur Datenspeicherung	Armbanduhren, Hörgeräte, Taschenrechner

01 Batterietypen im Vergleich

LITHIUMBATTERIEN Da Lithium ein stark negatives Redoxpotenzial aufweist, eignet es sich hervorragend als Anodenmaterial für eine Batterie mit hoher Zellspannung. Allerdings reagiert das unedle Metall mit Wasser heftig unter Wasserstoffentwicklung. Daher müssen in Lithiumbatterien organische Lösungsmittel wie Propylencarbonat oder wasserfreie Festelektrolyte eingesetzt werden.
Aus diesem Grund sind Lithiumbatterien vergleichsweise teuer und werden nur für besondere Zwecke eingesetzt. Sie dienen z. B. als Backup-Batterien in Computern, liefern jahrelang den Strom für Herzschrittmacher oder werden in Alarm- und Sicherheitssystemen eingesetzt.

Der Minuspol besteht meist aus Lithium und leitendem Graphit, die zusammen in einem polymeren Bindemittel suspendiert sind. Das Material ist auf einem elektrischen Leiter zum Ableiten der bei der Oxidation entstehenden Elektronen aufgebracht (↑ 03). Als Pluspol werden Mangandioxid, Eisen(II)-disulfid oder andere Oxidationsmittel verwendet. Das Material des Pluspols bestimmt die Zellspannung und die Verwendungsmöglichkeiten der verschiedenen Typen von Lithiumbatterien (↑ 04).

KNOPFZELLEN Elektronische Geräte wie Armbanduhren, Funkschlüssel für Automobile oder Hörgeräte erfordern langlebige Energiequellen mit geringer Leistung und kleiner Bauteilgröße. Hier kommen Knopfzellen wie die **Silberoxid-Zink-Knopfzelle** zum Einsatz, die Kalilauge als Elektrolyt enthält. Am Pluspol wird Silberoxid zu elementarem Silber reduziert, während Zink am Minuspol oxidiert wird (↑ 05).
Die Redoxreaktion liefert über viele Betriebsstunden eine konstante Zellspannung von 1,55 V.
Die in der entladenen Batterie enthaltenen Schwermetalle Silber und Zink können bei fachgerechter Entsorgung (↑ S. 213) wiedergewonnen werden.

1 › **a** Erläutern Sie die Funktionsweise einer Alkali-Mangan-Batterie.
b Erklären Sie, warum im Laufe der Zeit die Leistung abnimmt.

2 › Leiten Sie aus der Gesamtreaktion der Lithium-Iod- und der Lithium-Eisensulfid-Batterie (↑ 04) die jeweiligen Teilreaktionen in den Halbzellen ab.

3 › **a** Informieren Sie sich über die Funktionsweise einer Quecksilberoxid-Zink-Knopfzelle.
b Begründen Sie, warum diese Batterien heute in der EU nicht mehr verwendet werden.

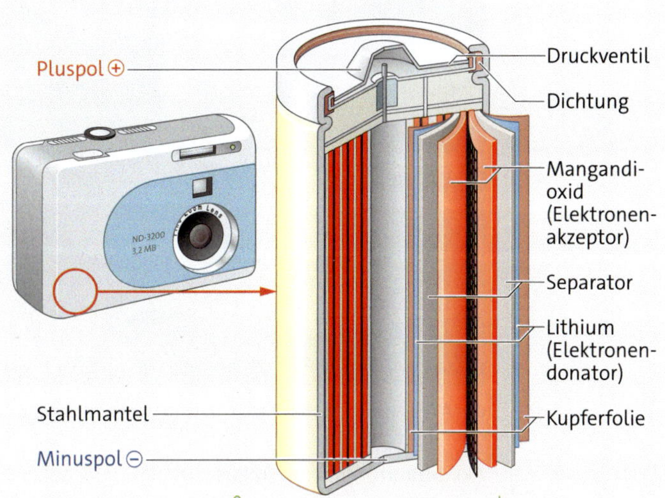

Minuspol ⊖: $\overset{0}{Li}(s) \longrightarrow \overset{I}{Li}^+ + e^-$

Pluspol ⊕: $\overset{IV}{Mn}O_2(s) + Li^+ + e^- \longrightarrow Li\overset{III}{Mn}O_2(s)$

Gesamtreaktion: $Li(s) + MnO_2(s) \longrightarrow LiMnO_2(s)$

03 Aufbau, Verwendungsmöglichkeiten und Elektrodenreaktionen einer Lithium-Mangandioxid-Batterie ($LiMnO_2$)

Batterietyp	Gesamtreaktion	*U* in V
Lithium-Mangandioxid	$Li(s) + MnO_2(s) \longrightarrow LiMnO_2(s)$	2,9
Lithium-Iod	$2\,Li(s) + I_2(s) \longrightarrow 2\,LiI(s)$	2,8
Lithium-Eisensulfid	$4\,Li(s) + FeS_2(s) \longrightarrow 2\,Li_2S(s) + Fe(s)$	1,5

04 Typen von Lithiumbatterien

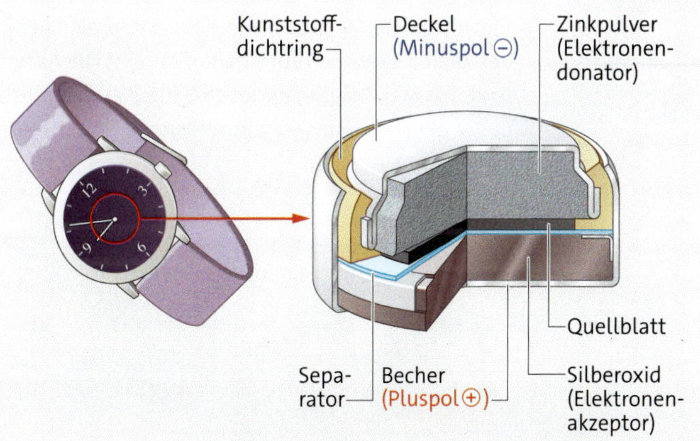

Minuspol ⊖: $\overset{0}{Zn}(s) + 2\,OH^-(aq) \longrightarrow \overset{II}{Zn}O(s) + H_2O(l) + 2\,e^-$

Pluspol ⊕: $\overset{I}{Ag}_2O(s) + H_2O(l) + 2\,e^- \longrightarrow 2\,\overset{0}{Ag}(s) + 2\,OH^-(aq)$

Gesamtreaktion: $Ag_2O(s) + Zn(s) \longrightarrow 2\,Ag(s) + ZnO(s)$

05 Aufbau, Verwendungsmöglichkeiten und Elektrodenreaktionen einer Zink-Silberoxid-Knopfzelle

6.8 Akkumulatoren

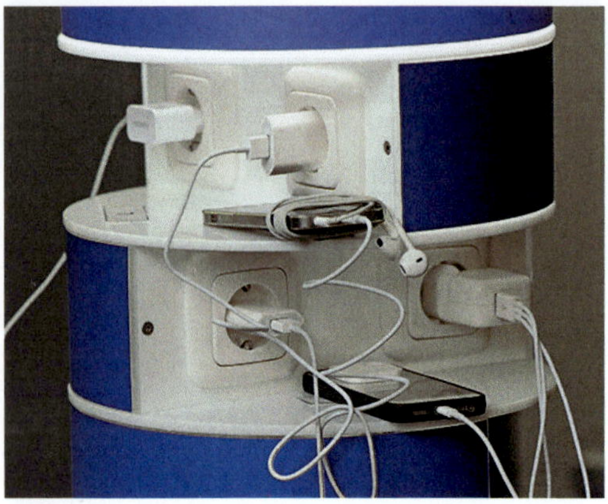

01 Akkus wie in Mobiltelefonen sind wieder aufladbar.

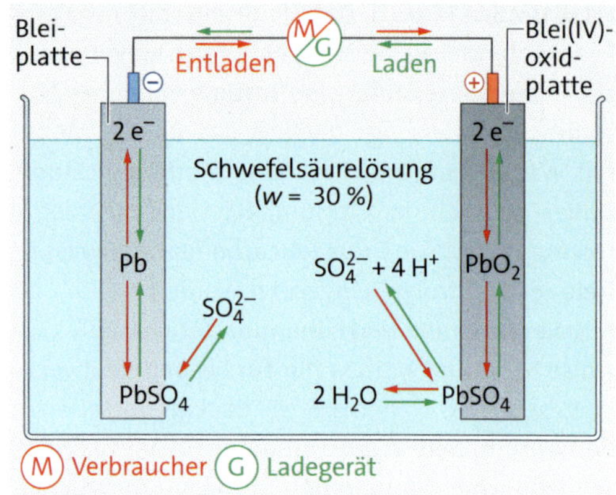

03 Entladen und Laden im Bleiakku

Akkumulatoren, kurz **Akkus**, sind Energiespeicher, die im Gegensatz zu Batterien wieder aufgeladen werden können. Die beim Entladen ablaufende chemische Reaktion wird dabei umgekehrt, sodass die zugeführte elektrische Energie in chemische Energie umgewandelt und wieder gespeichert werden kann. Nach dem Aufladen steht der Akku somit erneut als mobile Energiequelle zur Verfügung.
Je nach Anwendung können unterschiedliche Akkumulatoren eingesetzt werden: Zu den am häufigsten verwendeten gehört vor allem der Bleiakku, der Nickel/Metallhydrid-Akku sowie der Lithium-Ionen-Akku.

BLEIAKKU Akkus sind ebenso wie Batterien galvanische Zellen, die aus einer Donatorhalbzelle und einer Akzeptorhalbzelle bestehen. Beim geladenen Bleiakkumulator, der „Autobatterie", wird die Donatorhalbzelle (Minuspol) von einer Bleiplatte gebildet, die in Schwefelsäurelösung taucht. Die Akzeptorhalbzelle (Pluspol) bildet eine Blei(IV)-oxidplatte in der gleichen Schwefelsäurelösung (↑ **03**).

Animation: Aufbau eines Bleiakkus

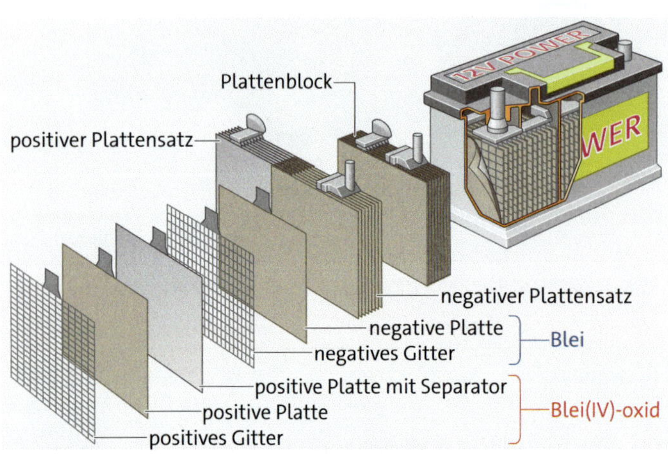

02 Aufbau einer „Autobatterie" – ein Bleiakkumulator

ENTLADEVORGANG Beim Entladevorgang geben in der Donatorhalbzelle Bleiatome jeweils zwei Elektronen ab. Dadurch bilden sich Blei(II)-Ionen Pb^{2+}. Die Pb^{2+}-Ionen reagieren mit Sulfat-Ionen SO_4^{2-} aus der Schwefelsäure zu schwerlöslichem Blei(II)-sulfat $PbSO_4$, das sich an der Bleiplatte ablagert.

Donatorhalbzelle (Minuspol):

$$\overset{0}{Pb}(s) + SO_4^{2-}(aq) \longrightarrow \overset{II}{Pb}SO_4(s) + 2\,e^- \quad \text{(Oxidation)}$$

In der Akzeptorhalbzelle werden Pb^{4+}-Ionen aus dem Blei(IV)-oxid PbO_2 durch Aufnahme von je zwei Elektronen zu Pb^{2+}-Ionen reduziert, die sich wie in der Donatorhalbzelle als schwerlösliches Blei(II)-sulfat an der Platte ablagern.

Akzeptorhalbzelle (Pluspol):

$$\overset{IV}{Pb}O_2(s) + 4\,H^+(aq) + SO_4^{2-}(aq) + 2\,e^-$$
$$\longrightarrow \overset{II}{Pb}SO_4(s) + 2\,H_2O(l) \quad \text{(Reduktion)}$$

Bei den Reaktionen wird Schwefelsäure verbraucht, sodass man über die Dichte ihrer Lösung den Ladezustand des Akkus bestimmen kann.
Die Zellspannung dieser galvanischen Zelle beträgt etwa 2 Volt. Sie kann aus den Standardpotenzialen der Redoxpaare berechnet werden:

$$U = E^0(PbSO_4/PbO_2) - E^0(Pb/PbSO_4)$$
$$U = 1{,}69\,V - (-0{,}36\,V) = 2{,}05\,V$$

LADEVORGANG Zum Laden müssen die Reaktionen in den Halbzellen umgekehrt werden. Es muss eine Spannung größer als 2 Volt angelegt werden, damit der Stromfluss umgekehrt wird. An beiden Platten löst sich die Blei(II)-sulfatschicht wieder auf und die ursprünglichen Stoffe – Blei, Blei(IV)-oxid und Schwefelsäure – bilden sich zurück.

Entsorgung von Batterien und Akkus

Entladene Batterien und alte Akkus gehören nicht in den Hausmüll! Sie müssen gesondert gesammelt werden. Händler wie Elektronik- oder Supermärkte sind verpflichtet, Altbatterien zurückzunehmen. Häufig stellen sie hierzu spezielle Boxen auf, in denen die verbrauchten Batterien entsorgt werden können. Unternehmen wie die Stiftung *Gemeinsames Rücknahmesystem Batterien* (*GRS Batterien*) können so die Altbatterien einsammeln und dem Recycling zuführen.

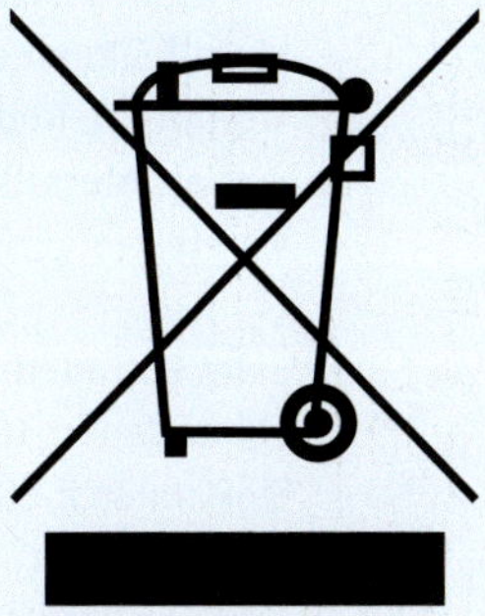

04 Abfälle mit diesem Symbol dürfen nicht im Hausmüll entsorgt werden.

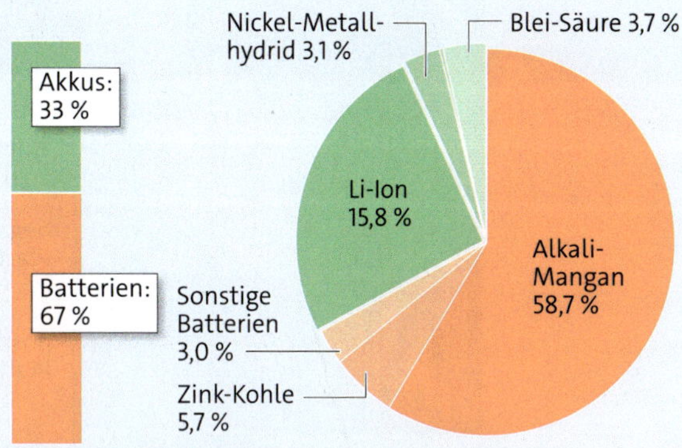

05 Anteil verkaufter Batterientypen 2021

Ausgediente Batterien und Akkus enthalten viele problematische Stoffe wie giftige Schwermetalle und ätzende Säuren und Laugen. Diese dürfen nicht einfach in die Umwelt gelangen. Zugleich sind diese Stoffe aber auch wertvoll, weil sie bei fachgerechter Verwertung als Sekundärrohstoffe wieder zur Produktion von neuen Batterien und Akkus dienen können. So kann das Blei für neue Bleiakkumulatoren schon heute fast vollständig aus Altbatterien gewonnen werden.
Für Gerätebatterien sieht die Quote allerdings nicht ganz so gut aus: Im Jahr 2021 wurden von mehr als 63 000 Tonnen verkauften Batterien 48,2 % als Altbatterien wieder zurückgegeben und konnten recycelt werden. Besonders kleine Batterien wie die Knopfzellen werden leider noch zu oft im Hausmüll entsorgt. Dabei lohnt sich das Sammeln: Von den über 28 000 Tonnen zurückgegebenen Altbatterien wurden im Jahr 2021 100 % stofflich verwertet. Es wurden damit keine zum Recycling abgegebenen Altbatterien einer Deponierung oder Verbrennung zugeführt.

1 Erstellen Sie ein Plakat oder ein Faltblatt, indem Sie an Ihrer Schule über die Notwendigkeit und Sinnhaftigkeit des Batterierecyclings informieren. Recherchieren Sie dazu weitergehende Informationen.

Beim Ladevorgang sind Donator- und Akzeptorhalbzelle vertauscht, da nun durch die erzwungene Reaktion am Minuspol Elektronen aufgenommen und am Pluspol abgegeben werden (↑ **03**).
Entladen und Laden der Zelle lassen sich demnach folgendermaßen formulieren:

$$Pb(s) + PbO_2(s) + 4\,H^+(aq) + 2\,SO_4^{2-}(aq) \underset{\text{Laden}}{\overset{\text{Entladen}}{\rightleftarrows}} 2\,PbSO_4(s) + 2\,H_2O(l)$$

Der Bleiakku wird meist als Autobatterie eingesetzt, wo er zum Starten des Motors sehr hohe Ströme bereitstellen muss. Hierzu werden mehrere Blei- und Blei(IV)-oxidplatten parallel geschaltet und zu einem Plattenblock zusammengefasst. Die Platten bestehen bei einer Autobatterie aus einem Metallgitter, das mit porösem Blei (Bleischwamm) bzw. feinverteiltem Bleioxid beschichtet ist. Auf diese Weise wird die Oberfläche der Platten stark vergrößert, sodass große Stromstärken und Kapazitäten erreicht werden können. Separatoren zwischen den Platten verhindern, dass sie sich berühren und ein Kurzschluss entsteht. In einer Autobatterie mit einer Gesamtspannung von 12 V werden sechs solcher Plattenblöcke in Reihe geschaltet (↑ **02**).

Für die Anwendung in vielen mobilen Geräten wie in Handys oder in Laptops kommen Bleiakkus wegen ihres hohen Gewichts, ihrer Maße und der stark ätzenden Schwefelsäure nicht infrage.

1 Erläutern Sie die Vorgänge beim Laden des Bleiakkus. Formulieren Sie die Reaktionsgleichungen für die jeweiligen Halbzellen.

2 Beim Laden des Bleiakkus können sich an den Platten auch Wasserstoff und Sauerstoff bilden. Formulieren Sie die Redoxgleichungen für die Bildung der Gase. Geben Sie an, an welcher Elektrode welches Gas entsteht.

3 Erläutern Sie, wie sich die Dichte der Schwefelsäurelösung beim Laden bzw. Entladen verändert (↑ **03**).

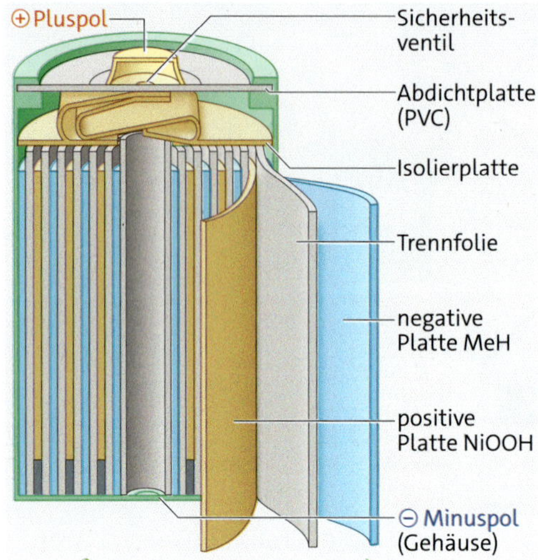

$\ominus$: $\overset{0}{\text{MeH}}(s) + OH^-(aq) \rightleftharpoons Me(s) + \overset{I}{H_2}O(l) + e^-$

$\oplus$: $\overset{III}{\text{Ni}}OOH(s) + H_2O(l) + e^- \rightleftharpoons \overset{II}{\text{Ni}}(OH)_2(s) + OH^-(aq)$

01 Aufbau eines Nickel-Metallhydrid-Akkumulators und ablaufende Elektrodenreaktionen

NICKEL-METALLHYDRID-AKKUMULATOR Der Nickel-Metallhydrid-Akku (NiMH-Akku) gehört neben dem Lithium-Ionen-Akku zu den weitverbreiteten wiederaufladbaren Energiespeichern. Es gibt ihn in allen gängigen Bauformen und -größen für die mobile Energieversorgung von schnurlosen Telefonen, MP3-Playern, Digitalkameras, Elektrowerkzeugen wie „Akkuschraubern" usw.

P **EXP 6.13** Modellakku

Materialien Becherglas (50 ml), Spannungsquelle, Verbindungskabel, Krokodilklemmen, 2 dicke Graphitminen (d = 3,15 mm, Härtegrad 6B), LED-Diode, Lithiumperchlorat (3, 7), gelöst in Propylencarbonat (c = 1 mol · l^{-1}; 7)

Durchführung Glühen Sie die Graphitminen in der Brennerflamme aus. Füllen Sie das Becherglas so weit mit der Lithiumperchloratlösung, dass die Graphitminen etwa 2 cm tief eintauchen können (Abstand etwa 1 cm). Verbinden Sie die Graphitminen über die Krokodilklemmen mit der Spannungsquelle und laden Sie den Modellakku mit 4 V für etwa 3 min auf. Tauschen Sie das Ladegerät gegen die LED-Diode. *Achtung:* Beim Anschluss der Diode auf die richtige Polung achten!
Wiederholen Sie den Ladevorgang mehrmals.
Entsorgung: Lösungsmittel aufheben, kann wiederverwendet werden.

Auswertung Erläutern Sie mithilfe der elektrochemischen Spannungsreihe, warum keine wässrige Lithiumperchloratlösung als Elektrolyt verwendet werden darf.

Im geladenen Zustand wird der Pluspol des Akkus aus Nickel(III)-oxidhydroxid NiOOH gebildet. Der Minuspol besteht aus einer Legierung verschiedener Metalle. In eine solche Legierung können Wasserstoffatome in das Metallgitter eingebaut werden, was als **Metallhydrid** (kurz: MeH) bezeichnet wird. Als Elektrolyt dient eine Kaliumhydroxidlösung.

Beim Entladen werden am Minuspol die im Metall gebundenen H-Atome zu H^+-Ionen oxidiert. Die Elektronen fließen zum Pluspol und reduzieren dort Ni^{3+}-Ionen zu Ni^{2+}-Ionen. Beim Laden wird diese Reaktion umgekehrt. Die Zellspannung beträgt etwa 1,2 V. Vereinfacht lassen sich Laden und Entladen durch folgende Zellreaktion ausdrücken:

$$\overset{0}{\text{MeH}}(s) + \overset{III}{\text{Ni}}OOH(s) \underset{\text{Laden}}{\overset{\text{Entladen}}{\rightleftharpoons}} Me(s) + \overset{II}{\text{Ni}}(O\overset{I}{H})_2(s)$$

Bei den im Handel erhältlichen Akkus bestehen die Elektroden häufig aus sehr dünnen Folien, die aufgewickelt und mit einem Metallzylinder ummantelt werden (↑ 01). Die Verwendung spezieller Separatoren verhindert die sonst übliche Selbstentladung von etwa 25 % pro Monat. Heute werden vorgeladene Akkus verkauft, die sofort einsatzbereit sind.

LITHIUM-IONEN-AKKUMULATOREN Lithium-Ionen-Akkumulatoren (Li-Ion-Akkus) sind momentan die leistungsfähigsten und zugleich sehr flexibel einsetzbaren mobilen Energiespeicher. Aus dem Alltag sind sie hauptsächlich aus der Verwendung in Smartphones, Tablets und Notebooks bekannt. Ihre Zellspannung beträgt etwa 3,6 bis 3,8 Volt.

In den meisten Li-Ion-Akkus besteht der Minuspol aus Graphit. Der Pluspol wird aus einem Lithium-Metalloxid gebildet. Als Elektrolyt werden polare organische Lösungsmittel, z. B. Propylencarbonat, verwendet, in denen Lithiumsalze wie Lithiumperchlorat ($LiClO_4$) gelöst sind, um die elektrische Leitfähigkeit herzustellen. Der Einsatz von elektrisch besser leitenden wässrigen Salzlösungen ist nicht möglich, weil sich wegen des großen negativen Redoxpotenzials der Graphitelektrode sofort gasförmiger Wasserstoff bilden würde. Schon Spuren von Wasser reichen aus, um den Akku zu zerstören. Zudem würde sich bei einer Ladespannung von über 4 Volt eine wässrige Lösung elektrolytisch zersetzen und damit den Akku zum Explodieren bringen.
Bei der Herstellung der Akkus müssen deshalb das Elektrodenmaterial und der Elektrolyt aufwendig getrocknet und unter einer Schutzgasatmosphäre verarbeitet werden.

ENTLADEN UND LADEN Im geladenen Zustand sind zwischen den einzelnen Graphitschichten Li^+-Ionen eingelagert. Sie gleichen die negative Ladung von Elektronen aus, mit denen das Graphit aufgeladen wurde.
Im vollständig geladenen Zustand beträgt im Graphit das Teilchenanzahlverhältnis von Kohlenstoffatomen zu Lithium-Ionen etwa 6 : 1, sodass man für die Graphitelektrode formal eine Verhältnisformel LiC_6 angeben kann.

Beim **Entladen** fließen die im Graphit eingeschlossenen Elektronen über den angeschlossenen Verbraucher zur Lithium-Metalloxidelektrode. Gleichzeitig wandert eine entsprechende Anzahl an Lithium-Ionen aus dem Graphit in den Elektrolyten. Das Lithium-Metalloxid besteht z. B. aus Lithiumcobaltoxid. Im geladenen Zustand des Akkus liegen im Ionengitter des Oxids die Hälfte der Cobalt-Ionen als Co^{3+}-Ionen, die andere Hälfte als Co^{4+}-Ionen vor. Daraus ergibt sich für das Lithiumcobaltoxid die Verhältnisformel: $LiCoO_2CoO_2$.
Beim Entladen werden durch die Elektronenaufnahme am Pluspol die Co^{4+}-Ionen zu Co^{3+}-Ionen reduziert. Dabei wandern Lithium-Ionen vom Elektrolyten in das Ionengitter, um die Ladung der Oxid-Ionen O^{2-} auszugleichen (↑ **02**).

Zum **Laden** des Akkus werden durch Anlegen einer Ladespannung von etwa 4 Volt die Elektrodenreaktionen umgekehrt: Co^{3+}-Ionen werden zu Co^{4+}-Ionen oxidiert, wodurch Li^+-Ionen wieder freigesetzt werden. Sie wandern zurück zum Minuspol und lagern sich erneut im Graphitgitter ein (↑ **02**).

$$Li\overset{-I}{C}_6(s) + Li\overset{III}{Co}O_2\overset{IV}{Co}O_2(s) \underset{\text{Laden}}{\overset{\text{Entladen}}{\rightleftharpoons}} \overset{0}{C}_6(s) + 2\,Li\overset{III}{Co}O_2(s)$$

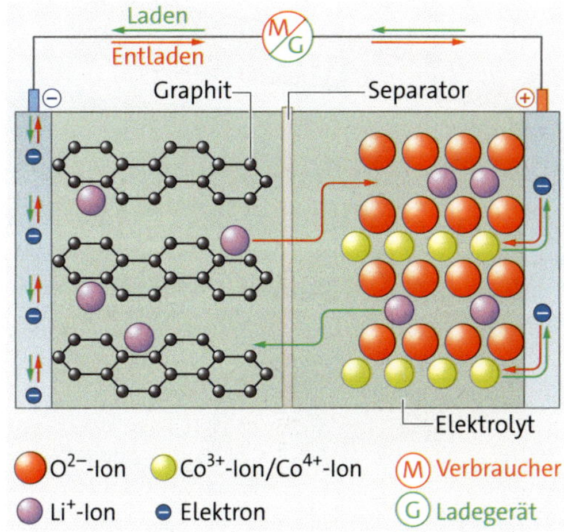

02 Vorgänge beim Entladen und Laden des Li-Ion-Akkus

Struktur von Graphit (↑ S. 55).

Die Lithium-Ionen werden beim Laden und Entladen weder reduziert noch oxidiert, sondern stellen durch ihr Wandern lediglich den Ladungsausgleich in den Elektroden her.

Prinzipiell haben Li-Ion-Akkus eine sehr lange Lebensdauer und können weit über 1000-mal aufgeladen und wieder entladen werden. Neben Lithium-Ionen können aber vereinzelt auch Lösungsmittelmoleküle in das Graphitgitter eingelagert werden. Dies führt zu einer langsamen Ausweitung der Graphitschichten und verhindert die Einlagerung von Lithium-Ionen. Mit jedem Ladezyklus verliert der Akku so an Kapazität und kann irgendwann gar nicht mehr geladen werden.

1〉 Vergleichen Sie die Vorgänge beim Entladen und Laden im NiMH-Akku mit den Vorgängen im Li-Ion-Akku.

Typ	Bleiakku	Nickel-Metallhydrid-Akku	Lithium-Ionen-Akku
Minuspol (–)	Blei (Pb)	Metallhydrid (MeH)	Graphit
Pluspol (+)	Blei(IV)-oxid (PbO_2)	Nickel(III)-oxidhydroxid (NiOOH)	Lithiumcobaltoxid
Elektrolyt	Schwefelsäurelösung (H_2SO_4)	Kaliumhydroxidlösung (KOH)	Lithiumsalz/organisches Lösungsmittel
Zellspannung	2,0 V	1,2 V	3,6 V
Eigenschaften	lange Lebensdauer, preiswert, hohe Belastbarkeit, umweltschädlich	gute Umweltverträglichkeit, hohe Belastbarkeit, selbstentladend	hohe Zellspannung, geringes Gewicht, sehr teuer, empfindlich gegenüber Überladung/Tiefentladung
Anwendungen	Starterbatterie im Auto, Notstromversorgung, Solartechnik	Akkuschrauber, schnurlose Telefone, Videokameras	mobile Elektrogeräte, Antriebsbatterien für (E-Auto/E-Fahrrad)

03 Vergleich verschiedener Akkumulatoren

6.9 Brennstoffzellen

01 Wasserstofftankstelle zum Betanken von Fahrzeugen mit Brennstoffzellen

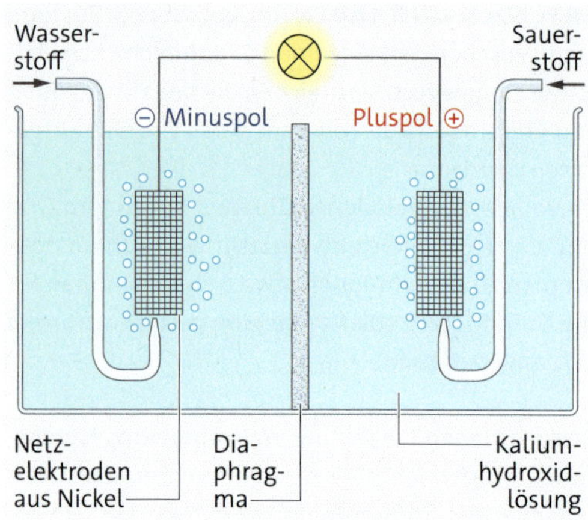

02 Aufbau einer Wasserstoff-Sauerstoff-Brennstoffzelle

FAHREN OHNE AUTOABGASE Allein in Deutschland sind 2023 über 55 Mio. Kraftfahrzeuge zugelassen. Sie sind für rund 19 % der jährlichen Treibhausgasemissionen verantwortlich, die maßgeblich als Verursacher der globalen Erderwärmung gelten. In Deutschland und weltweit werden daher alternative Antriebskonzepte entwickelt, um zukünftig Fahrzeuge ohne Verbrennungsmotor auf die Straße bringen zu können. Eine Möglichkeit ist die Verwendung von Brennstoffzellen.

Eine **Brennstoffzelle** ist eine galvanische Zelle, bei der Oxidations- und Reduktionsmittel kontinuierlich von außen zugeführt werden müssen. Durch die Redoxreaktionen an den Elektroden wird chemische Energie in elektrische Energie umgewandelt. Sie kann beispielsweise genutzt werden, um den Elektromotor in einem Fahrzeug antreiben zu können.

Video: Modellversuch Brennstoffzellenauto

P **EXP 6.14** Prinzip einer Brennstoffzelle

Materialien U-Rohr, 2 Graphitelektroden, Gleichspannungsquelle, Kabel, Krokodilklemmen, Voltmeter, Kaliumhydroxidlösung (w = 10 %; 5)

Durchführung Befüllen Sie das U-Rohr mit der 10%igen Kaliumhydroxidlösung. Setzen Sie in jeden Schenkel jeweils eine Graphitelektrode ein und messen Sie die Spannung mit dem Voltmeter. Legen Sie mithilfe der Gleichspannungsquelle für etwa 3 bis 5 min eine Spannung von etwa 5 V an. An den Elektroden sollte jeweils eine deutliche Gasentwicklung zu beobachten sein. Klemmen Sie die Spannungsquelle vorsichtig ab, ohne das U-Rohr zu erschüttern. Messen Sie erneut die Spannung an den Elektroden.

Entsorgung: Elektroden einsammeln, Kaliumhydroxidlösung in den Behälter für saure und alkalische Abfälle geben.

Auswertung Erläutern Sie, wie die Spannung zwischen den Elektroden entsteht.

AUFBAU UND FUNKTION Schließt man ein Voltmeter an zwei Graphitelektroden an, die in eine Kaliumhydroxidlösung eintauchen, kann man keine Spannung messen. Wiederholt man aber die Messung, nachdem man an die Elektroden so lange eine Gleichspannung angelegt hat, bis diese von Gasbläschen besetzt sind, kann man eine Spannung von etwas weniger als 1 V messen (↑ Exp 6.14). Durch die Gasbildung ist eine galvanische Zelle entstanden, die am Minuspol aus einer Wasserstoff- und am Pluspol aus einer Sauerstoffhalbzelle besteht (↑ 02). Bei der Wasserstoff-Sauerstoff-Brennstoffzelle werden die Elektroden kontinuierlich von den beiden Gasen umspült. Wird ein elektrischer Verbraucher angeschlossen, laufen folgende Reaktionen ab:

Minuspol: $H_2 + 2\,OH^- \longrightarrow 2\,H_2O + 2\,e^-$
Pluspol: $O_2 + 2\,H_2O + 4\,e^- \longrightarrow 4\,OH^-$

Gesamtreaktion: $2\,H_2 + O_2 \longrightarrow 2\,H_2O$

Letztendlich läuft in der Brennstoffzelle die Knallgasreaktion ab, bei der Wasserstoff und Sauerstoff zu Wasser reagieren. Durch die räumliche Trennung von Oxidation und Reduktion kann die chemische Energie in elektrische Energie umgesetzt werden (↑ 03).

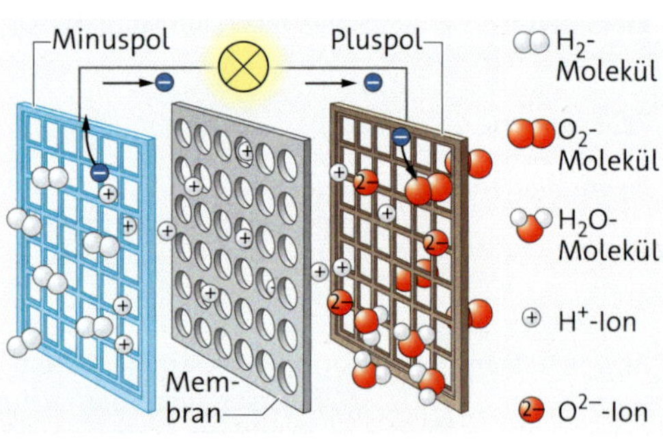

03 Vorgänge in der Brennstoffzelle

POLYMERELEKTROLYT-BRENNSTOFFZELLE Eine häufig verwendete Brennstoffzelle ist die **PEMFC** (engl. ***P**roton **E**xchange **M**embrane **F**uel **C**ell*, ↑ **04**). Entsprechend ihrem Namen besteht das wesentliche Bauteil aus einer nur etwa 0,1 mm dicken protonenleitenden Polymermembran (Handelsname: Nafion), die als Elektrolyt dient. Sie sorgt außerdem dafür, dass sich Wasserstoff und Sauerstoff nicht mischen. Beide Seiten der Polymermembran sind mit porösen Kohlenstoffmatten beschichtet, die als Elektroden dienen. In den Poren der Kohlenstoffschicht befindet sich feinverteiltes Platin als Katalysator. Die Elektroden sind über einen äußeren Stromkreis miteinander verbunden.
Auch in der PEMFC läuft wiederum die (kontrollierte) Knallgasreaktion ab: Wasserstoff wird am Minuspol mithilfe des Platinkatalysators in Protonen H^+ und Elektronen gespalten. Die freigesetzten Elektronen gelangen über den äußeren Stromkreis zum Pluspol, während die Protonen durch die Membran zum Pluspol diffundieren. Dort reagieren sie mit Sauerstoffmolekülen und Elektronen zu Wassermolekülen.
Da die PEMFC klein und robust sind, kommen sie als mobile Akkuladegeräte zum Einsatz. Hauptsächlich werden sie jedoch für den Fahrzeugantrieb bei Pkws und Bussen genutzt, wobei für die benötigte Leistung mehrere PEMFC hintereinandergeschaltet werden. Allerdings sind der Transport und die Speicherung von Wasserstoff aufwendig und nicht ohne Risiko.

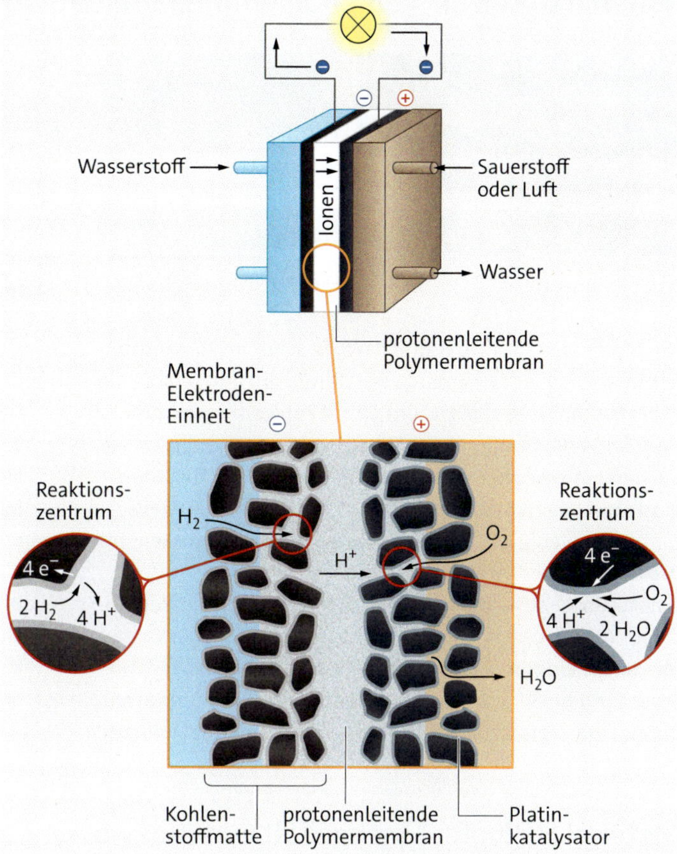

04 Aufbau einer PEMFC

DIREKTMETHANOL-BRENNSTOFFZELLE Methanol lässt sich einfacher als Wasserstoff speichern. **DMFC** (engl. ***D**irect **M**ethanol **F**uel **C**ells*) nutzen eine wässrige Methanollösung als Brennstoff. Auch hier wird eine protonenleitende Polymermembran verwendet, die allerdings auch für Methanol durchlässig ist. Methanol wird am Minuspol oxidiert, wobei Kohlenstoffdioxid als Abgas entsteht. Dies führt zu einem geringeren elektrischen Potenzial als bei der PEMFC. DMFC werden z. B. zur autarken Energieversorgung von Wohnmobilen verwendet – aber auch kleine elektrische Geräte könnten auf diese Weise betrieben werden.

ANWENDUNG Obwohl die Brennstoffzelle seit über 150 Jahren bekannt ist (und damit länger als der Ottomotor), steht ihre Verbreitung erst am Anfang. Das Brennstoffzellenauto ist ein absolutes Nischenprodukt und auch Busse und andere Fahrzeuge mit Brennstoffzellenantrieb sind noch nicht weit verbreitet. Das liegt vor allem am Brennstoff Wasserstoff, dessen Handhabung umständlich und gefährlich ist. In Deutschland gibt es knapp 100 Wasserstofftankstellen (↑ **01**). Zum Vergleich: Benzin und Diesel sind an über 14 000 Tankstellen tankbar und für batteriebetriebene E-Autos gibt es inzwischen mehr als 90 000 Ladesäulen (Stand 2023).
Brennstoffzellen werden auch im stationären Bereich betrieben. Sie dienen als kleine Kraftwerke zur Erzeugung von Strom und Wärme. Meist werden sie indirekt mit Erdgas betrieben, aus dem der Wasserstoff erzeugt wird.

Brennstoffzellen sind galvanische Zellen, bei denen die Ausgangsstoffe kontinuierlich von außen zugeführt werden müssen. Chemische Energie wird direkt in elektrische Energie umgewandelt.

1 › Vergleichen Sie die Wasserstoff-Sauerstoff-Brennstoffzelle mit dem Bleiakku.

2 › Vergleichen Sie PEMFC und DMFC. Stellen Sie für beide Brennstoffzellen die Teil- und Gesamtreaktionen auf.

3 › Begründen Sie, warum die Verwendung von Brennstoffzellen in Fahrzeugen aus ökologischen Gründen sinnvoll ist.

Klausurtraining

Material G Von der Kupferradierung zur Leiterplatte

G1.1 Leiterplatte

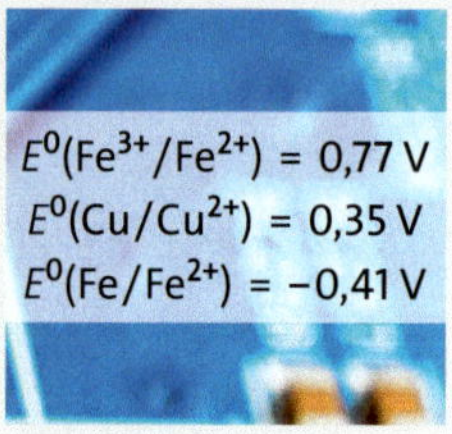

G1.2 Redoxpotenziale

Der Maler ALBRECHT DÜRER (1471–1528) schuf im 16. Jahrhundert bahnbrechende Gemälde wie „Ritter, Tod und Teufel“, die er als Kupferstiche anlegte, um sie auf Papier drucken zu können. Zur Vervielfältigung der Kunstdrucke experimentierte er auch mit chemischen Ätztechniken, bei denen er die Kupferplatte mit Wachs beschichtete. Darin konnte der Künstler sein Motiv mit wenig Kraftaufwand seitenverkehrt einritzen, bis das Kupfer unter dem Wachs sichtbar wurde.

Das frei liegende Kupfer wurde durch Einwirkung von Eisen(III)-chloridlösung geätzt, damit sich das Motiv tiefer in die Kupferoberfläche eingrub. Zum Schluss entfernte DÜRER das restliche Wachs mit heißem Wasser. Dabei entstanden Kupferplatten, die als Druckvorlagen für Kupferradierungen genutzt wurden.

Auch wenn die Qualität der Drucke nicht ganz mit denen eines Kupferstichs mithalten konnte, so ließen sie sich doch aufgrund der einfachen Herstellung gewinnbringend verkaufen. Heute werden Leiterplatinen für elektronische Geräte noch auf ähnliche Weise durch redoxchemisches Ätzen von Kupfer mit Eisen(III)-chloridlösung hergestellt (↑ G1.1).

AUFGABEN ZU G

1) **a** Begründen Sie anhand der Standardredoxpotenziale, dass bei der „Radierung“ eine Redoxreaktion abläuft. Geben Sie die Reaktionsgleichungen an (↑ G1.2).
b Erklären Sie, was passieren würde, wenn statt Eisen(III)-chloridlösung versehentlich Eisen(II)-chloridlösung zum Ätzen eingesetzt würde (↑ G1.2).
c Erläutern Sie die Auswirkung der Bildung von Kupfer(II)-Ionen auf das Redoxpotenzial $E(Cu/Cu^{2+})$. Berechnen Sie, wie groß die Stoffmengenkonzentration $c(Cu^{2+})$ an Kupfer(II)-Ionen werden müsste, um das Standardpotenzial von 0,77 V zu erreichen.

2) Entwickeln Sie einen Vorschlag zur Herstellung einer Leiterplatine aus Kunststoffharz mit Kupferleitungen.

Material H Kupfer-Ionengehalt von Trinkwasser

H1.1 Empfindliche Fische

Aquarianer halten Zierfische, Schnecken und kultivieren Pflanzen, die empfindlich auf chemische Verunreinigungen im Wasser reagieren können. Fische und Algen werden schon durch geringe Konzentrationen an Kupfer(II)-Ionen geschädigt, sodass das Aquariumwasser eine Massenkonzentration von $\beta(Cu^{2+})$ = 0,03 mg · l^{-1} nicht überschreiten sollte. Wasserleitungen bestehen jedoch häufig aus Kupfer und geben je nach Härtegrad und pH-Wert des Wassers Kupfer(II)-Ionen ins Trinkwasser ab, die dann beim Wasseraustausch in das Aquarium gelangen. Nach der Neuinstallation einer Kupferleitung kann die Kupfer(II)-Ionenkonzentration sogar den Grenzwert der Trinkwasserverordnung von $\beta(Cu^{2+})$ = 2 mg · l^{-1} überschreiten.

Um sicherzugehen, dass die Kupfer(II)-Ionenkonzentration nicht zu groß wird, überprüfen manche Aquarianer das Wasser mit einer Kupferkonzentrationszelle. Zur Messung tauchen sie einen Kupferdraht in eine Probe des Aquariumwassers ein. Als Bezugshalbzelle dient eine Kupferhalbzelle, die mit dem Zellsymbol Cu/Cu^{2+} (c = 0,1 mol · l^{-1}) beschrieben werden kann.

	U in V	$c(Cu^{2+})$ in mol · l^{-1}	$\beta(Cu^{2+})$ in g · l^{-1}	Überschreitung
Meier	0,101			
Schulz	0,116			

H1.2 Überwachung der Kupfer(II)-Ionenkonzentration

AUFGABEN ZU H

1) **a** Vergleichen Sie die Grenzwerte für Kupfer(II)-Ionen für Trinkwasser und für Aquariumwasser. Leiten Sie eine Schlussfolgerung ab.
b Berechnen Sie die Spannung der Konzentrationszelle für eine Stoffmengenkonzentration $c(Cu^{2+})$ an Kupfer(II)-Ionen, die für Fische bereits schädlich sein kann.

2) **a** Skizzieren und beschriften Sie den Aufbau der Konzentrationszelle, mit der die Kupfer(II)-Ionenkonzentration im Aquariumwasser gemessen wird.
b Erläutern Sie, wie es zu einer messbaren Spannung kommt.
c Ermitteln Sie, ob das Aquariumwasser der Aquarianer den Kupfer(II)-Ionengrenzwert überschreitet. Ergänzen Sie hierzu die fehlenden Werte in der Tabelle (↑ H1.2).
d Entwickeln Sie Vorschläge zur möglichen Verringerung des Kupfer(II)-Ionengehalts im Wasser.

Material I Knopfzellen für Hörgeräte

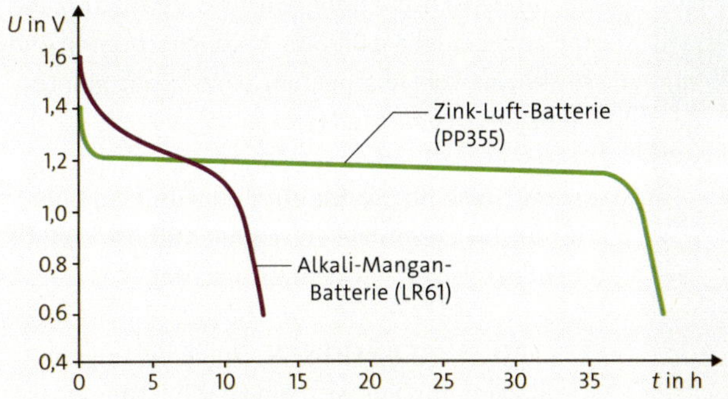

I1.1 Entladekurven verschiedener Batterien

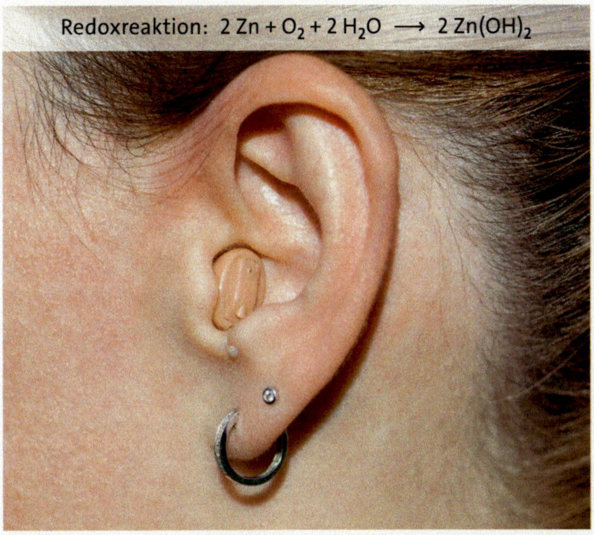

I1.2 Redoxreaktion von Zink-Luft-Batterien in Hörgeräten

Donator ⇄ Akzeptor + $z\,e^-$	E^0 in V	pH
$Zn(s) \rightleftarrows Zn^{2+}(aq) + 2\,e^-$	−0,76	0
$Zn(s) + 4\,OH^-(aq) \rightleftarrows [Zn(OH)_4]^{2-}(aq) + 2\,e^-$	−1,23	14
$2\,H_2O(l) \rightleftarrows O_2(g) + 4\,H^+(aq) + 4\,e^-$	1,23	0
$4\,OH^-(aq) \rightleftarrows O_2(g) + 2\,H_2O(l) + 4\,e^-$	0,40	14

I1.3 Standardpotenziale verschiedener Redoxpaare

Batterietyp	U in V	Elektronenübergang (Anzahl)	M in $g \cdot mol^{-1}$		Energiedichte in $Wh \cdot kg^{-1}$
			Donator	Akzeptor	
Zn/MnO_2	1,5	$2\,e^-$	65,4	86,9	200–450
Zn/O_2	1,6	$4\,e^-$	65,4	32,0	650–800
Li/MnO_2	3,2	$1\,e^-$	6,9	86,9	650–800
Pb/PbO_2	2,0	$2\,e^-$	207,2	239,2	30–80

I1.4 Batterietypen im Vergleich

Moderne Hörgeräte werden immer kleiner und leistungsfähiger. Daraus ergeben sich zwangsläufig hohe Anforderungen an die zur Stromversorgung eingesetzte Batterie. Zum einen muss sie eine besonders hohe Energiedichte haben, d. h., aus möglichst geringer Masse muss sie möglichst viel elektrische Energie bereitstellen können. Zum anderen fordert die hochentwickelte Hörgerätetechnologie eine sehr hohe Leistung der Batterie. Schließlich soll das Hörgerät auch dann noch optimal arbeiten, wenn die Batterie bereits längere Zeit in Betrieb ist. Das bedeutet, die Spannung der Batterie muss auch bei relativ hohen Strömen bis zum Ende der Entladung nahezu konstant bleiben (↑ I1.1).

Früher wurden oft Quecksilberoxid-Zink-Batterien in Hörgeräte eingesetzt, die aber heute wegen der Toxizität des Quecksilbers nicht mehr zulässig sind. Deshalb werden moderne Hörgeräte mit Zink-Luft-Batterien betrieben (↑ H1.2). Am Minuspol der Zelle werden Zinkatome oxidiert, während am Pluspol aus Aktivkohle Sauerstoffmoleküle aus der Luft zu Hydroxid-Ionen reduziert werden. In alkalischer Lösung bilden Zink-Ionen mit Hydroxid-Ionen sehr stabile $[Zn(OH)_4]^{2-}$-Ionen, die im weiteren Verlauf zu festem Zinkhydroxid $Zn(OH)_2$ reagieren. Daher beträgt die Konzentration der freien Zink-Ionen nur ca. $10^{-16}\,mol \cdot l^{-1}$, sodass sich ein Redoxpotenzial der Zinkelektrode von $E(Zn/Zn^{2+}) = -1{,}23\,V$ ergibt. Das Redoxpotenzial am Pluspol beträgt $E(OH^-/O_2) = 0{,}40\,V$.
Bei längerem Betrieb bildet sich in der Zink-Luft-Batterie durch die ständige Luftzufuhr Kaliumcarbonat, wodurch die Leistungsfähigkeit der Batterie reduziert wird.

AUFGABEN ZU I

1) **a** Skizzieren Sie den prinzipiellen Aufbau einer Zink-Luft-Batterie und beschriften Sie die einzelnen Bestandteile der galvanischen Zelle.
b Formulieren Sie die Elektrodenreaktionen der Zink-Luft-Batterie. Ordnen Sie den Teilreaktionen die Begriffe Pluspol, Minuspol, Anode, Kathode, Donator- bzw. Akzeptorhalbzelle zu.
c Berechnen Sie die theoretisch maximale Zellspannung mithilfe der gegebenen Redoxpotenziale.
d Erklären Sie die Bildung von Kaliumcarbonat im Langzeitbetrieb der Zink-Luft-Batterie.

2) **a** Vergleichen Sie die Energiedichten der Batterietypen in ↑ I1.4 und diskutieren Sie, von welchen Faktoren diese abhängen.
b Bewerten Sie die Leistungsfähigkeit der Zink-Luft-Batterie im Vergleich zu den anderen Batterien. Leiten Sie eine Schlussfolgerung ab.
c Begründen Sie, warum Zink-Luft-Batterien gemeinhin als umweltfreundlich gelten.

6.10 Elektrolysen

01 Verchromt glänzt nicht nur, sondern hält auch länger.

In galvanischen Zellen wird durch die an den Elektroden ablaufenden Redoxreaktionen chemische Energie in elektrische Energie umgewandelt. Umgekehrt können chemische Reaktionen aber auch mithilfe des elektrischen Stroms erzwungen werden. So kann durch elektrischen Strom ein Metallüberzug auf einem Gegenstand abgeschieden werden, der nicht nur schön glänzt, sondern auch vor Umwelteinflüssen schützt (↑ **01**).

P EXP 6.15 Elektrolyse von Zinkiodidlösung

5 9

Materialien Spannungsquelle, Elektromotor, U-Rohr, 2 Graphitelektroden, Krokodilklemmen, Kabel, Stativmaterial, Zinkiodidlösung (c = 1 mol · l^{-1}; 5, 9)

Durchführung Befüllen Sie das U-Rohr mit der Zinkiodidlösung und tauchen Sie eine Graphitelektrode in jeden Schenkel des U-Rohrs. Verbinden Sie die Graphitelektroden mit den Krokodilklemmen der Spannungsquelle. Stellen Sie eine Spannung von 10 Volt ein. Sobald Sie eine Veränderung an den Elektroden beobachten, ersetzen Sie die Spannungsquelle durch einen Elektromotor.

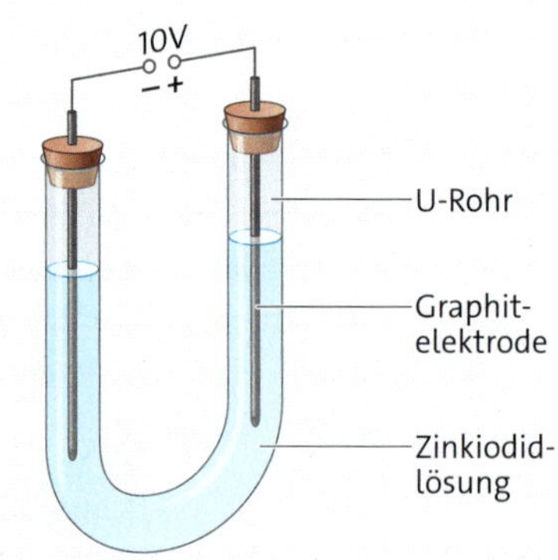

Entsorgung: Lösung sammeln und mit etwas Zink versetzen (Iod reagiert wieder zu Iodid), Zinkiodidlösung weiterverwenden.

Auswertung Deuten Sie die Beobachtungen. Beschreiben Sie jeweils eine Möglichkeit, die Reaktionsprodukte an den Elektroden nachzuweisen.

ELEKTROLYSE VON LÖSUNGEN Taucht man in eine Lösung aus Zinkiodid zwei Graphitelektroden ein und legt eine Gleichspannung von etwa 10 Volt an, kann man am Pluspol die Bildung brauner Schlieren und am Minuspol die Abscheidung eines silbrig glänzenden Belags beobachten (↑ Exp 6.15).
Die angelegte Spannung bewirkt, dass sich aus gelöstem Zinkiodid elementares Zink und Iod bildet. Eine solche chemische Zerlegung mithilfe elektrischer Energie wird Elektrolyse genannt.

ELEKTRODENREAKTIONEN Durch die angelegte Gleichspannung lädt sich ein Graphitstab negativ auf. Er bildet den Minuspol, zu dem die positiv geladenen Zink-Ionen aus der Lösung wandern. Dort nehmen sie jeweils zwei Elektronen auf und werden zu Zinkatomen reduziert. Mit der Zeit scheidet sich auf der Elektrode genug Zink ab, sodass es als metallischer Belag sichtbar wird.
Der andere Graphitstab lädt sich positiv auf. Er bildet den Pluspol, zu dem die negativ geladenen Iodid-Ionen wandern. Sie geben dort je ein Elektron ab und werden zu Iodatomen oxidiert, die zu Iodmolekülen weiterreagieren (↑ **02**). In der Lösung verteilt sich das Iod als braune Schlieren.

Minuspol: $Zn^{2+}(aq) + 2\,e^- \longrightarrow Zn(s)$ (Reduktion)
Pluspol: $2\,I^-(aq) \longrightarrow I_2(aq) + 2\,e^-$ (Oxidation)

$Zn^{2+}(aq) + 2\,I^-(aq) \longrightarrow Zn(s) + I_2(aq)$ (Redoxreaktion)

Bei der Elektrolyse der Zinkiodidlösung findet eine Redoxreaktion statt, bei der Elektronen von den Iodid-Ionen auf die Zink-Ionen übertragen wurden. Es handelt sich um eine erzwungene Reaktion, die nur so lange abläuft, wie eine ausreichend große Spannung an den Elektroden anliegt.

EINE GALVANISCHE ZELLE ENTSTEHT Ersetzt man die Spannungsquelle bei der Elektrolyse nach einiger Zeit durch einen Elektromotor, wird dieser für einen kurzen Moment angetrieben.
Durch die Bildung von Zinkatomen und Iodmolekülen hat sich an der Oberfläche der beiden Graphitstäbe jeweils eine elektrochemische Doppelschicht ausgebildet. Es ist eine galvanische Zelle entstanden, bei der das Redoxpaar Zn/Zn^{2+} die Donatorhalbzelle und das Redoxpaar $2\,I^-/I_2$ die Akzeptorhalbzelle bilden. Es findet eine freiwillige Redoxreaktion statt, bei der sich die Vorgänge der Elektrolyse umkehren (↑ **03**).

Minuspol: $Zn(s) \longrightarrow Zn^{2+}(aq) + 2\,e^-$ (Oxidation)
Pluspol: $I_2(aq) + 2\,e^- \longrightarrow 2\,I^-(aq)$ (Reduktion)

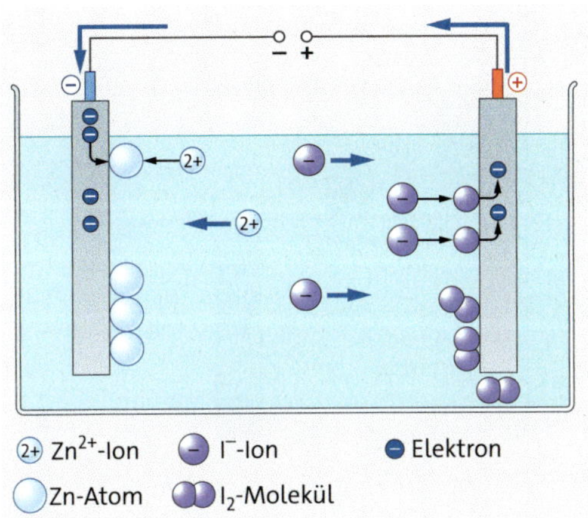

02 Vorgänge bei der Elektrolyse von Zinkiodidlösung

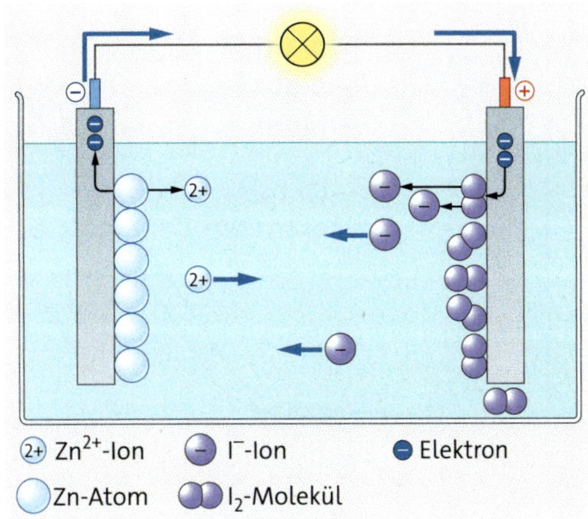

03 Vorgänge in der galvanischen Zelle mit den Halbzellen Zn/Zn^{2+} // $2\,I^-/I_2$

Zn/Zn^{2+} // $2\,I^-/I_2$ ist die Kurzschreibweise für eine galvanische Zelle *(↑ S. 202)*.

ZERSETZUNGSSPANNUNG Die zur Elektrolyse einer Verbindung erforderliche Spannung wird **Zersetzungsspannung U_Z** genannt. Sie kann theoretisch aus den Redoxpotenzialen der beteiligten Redoxpaare von Pluspol und Minuspol berechnet werden. Für das Beispiel der Elektrolyse von Zinkiodid ergibt sich somit:

$U_Z = E^0(\text{Pluspol/Anode}) - E^0(\text{Minuspol/Kathode})$
$U_Z = E^0(2\,I^-/I_2) - E^0(Zn/Zn^{2+}) = 1{,}30\ V$

Die *theoretische Zersetzungsspannung* entspricht damit genau der Spannung, die eine galvanische Zelle aus diesen Redoxpaaren liefern würde. In der Praxis muss aber meistens eine deutlich höhere Spannung angelegt werden.

VERGLEICH ZWISCHEN ELEKTROLYSEZELLE UND GALVANISCHER ZELLE Vergleicht man die Elektrolyse mit den Vorgängen in einer galvanischen Zelle, so stellt man fest, dass Anode und Kathode jeweils vertauscht sind. Während bei der Elektrolyse am Minuspol eine erzwungene Reduktion stattfindet, läuft in einer galvanischen Zelle eine freiwillige Oxidation ab. Am Pluspol findet hingegen bei der Elektrolyse eine erzwungene Oxidation und in der galvanischen Zelle eine freiwillig ablaufende Reduktion statt. Aber nicht nur der Ort der Oxidation (Anode) und der Reduktion (Kathode) sind vertauscht. Bei der Elektrolyse kehrt sich auch die Richtung des Elektronenflusses um: Er verläuft vom Plus- zum Minuspol.
Wie in einer galvanischen Zelle finden auch bei der Elektrolyse Oxidation und Reduktion zwar räumlich getrennt, aber gleichzeitig statt. Die Vorgänge lassen sich mithilfe des Donator-Akzeptor-Konzepts beschreiben und verstehen.

	Elektrolysezelle	Galvanische Zelle
Minuspol (−)	Kathode (Reduktion)	Anode (Oxidation)
	Akzeptorhalbzelle (Elektronenakzeptor)	Donatorhalbzelle (Elektronendonator)
Pluspol (+)	Anode (Oxidation)	Kathode (Reduktion)
	Donatorhalbzelle (Elektronendonator)	Akzeptorhalbzelle (Elektronenakzeptor)
Stromfluss	vom Plus- zum Minuspol	vom Minus- zum Pluspol

04 Vergleich zwischen galvanischer Zelle und Elektrolysezelle

Elektrolysen sind durch elektrische Energie erzwungene Redoxreaktionen. Die Elektrolyse ist die Umkehrung der Vorgänge in einer galvanischen Zelle.

1 › Eine Kupfer(II)-chloridlösung wird elektrolysiert.
a Skizzieren und beschriften Sie einen Aufbau zur Elektrolyse der Lösung.
b Geben Sie die chemischen Reaktionen an den Elektroden an.
c Erklären Sie, warum man nach dem Ausschalten der Gleichspannung für kurze Zeit eine elektrische Spannung an den Elektroden messen kann.

2 › **a** Vergleichen Sie die Vorgänge bei der Elektrolyse einer Zinkiodidlösung mit den Vorgängen in folgender galvanischer Zelle:
Zn/Zn^{2+} // $2\,Br^-/Br_2$
b Geben Sie jeweils die Zersetzungsspannung dieser Elektrolyse und die Spannung der galvanischen Zelle an.

Video: Entstehung elementaren Kupfers bei einer Elektrolyse

Zersetzungs- und Überspannung

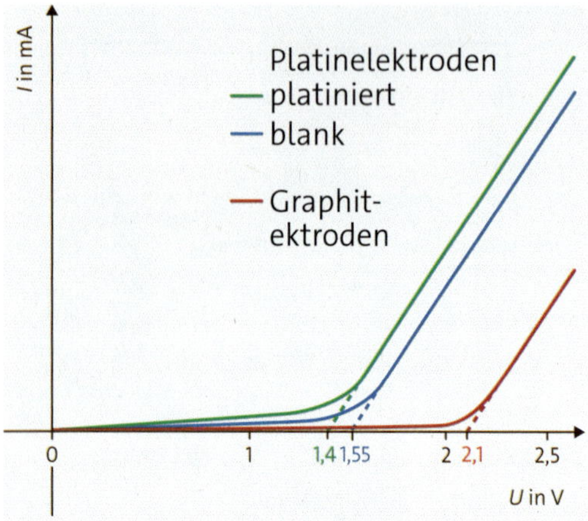

01 Spannungsdiagramm für die Elektrolyse von Salzsäure mit verschiedenen Elektroden

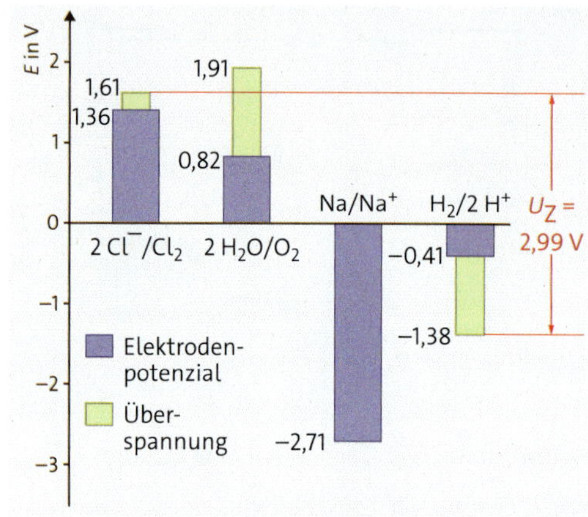

02 Redoxpotenziale und Überspannung bei der Elektrolyse von Natriumchloridlösung

Theoretische Zersetzungsspannung (↑ S. 221)

TATSÄCHLICHE ZERSETZUNGSSPANNUNG Die Zersetzungsspannung bei einer Elektrolyse lässt sich auf die gleiche Weise berechnen wie die einer galvanischen Zelle. Die Zersetzung einer Salzsäurelösung müsste theoretisch somit beim Anlegen der folgenden Spannung (U_Z) erfolgen:

$$U_Z = E^0(2\,Cl^-/Cl_2) - E^0(H_2/2\,H^+) = 1{,}36\ V$$

Reaktionskinetik (↑ 96 f.)

Aktivierungsenergie (↑ S. 99)

Wird dieses Experiment nun aber in der Praxis durchgeführt, ist zu beobachten, dass diese Spannung an Graphitelektroden nicht ausreicht, um die Salzsäurelösung zu zersetzen, sie also in Chlorgas und Wasserstoff zu spalten. Erst wenn die Spannung auf über 2 Volt erhöht wird, ist eine Gasentwicklung an den Elektroden bemerkbar. Somit ist die **tatsächliche Zersetzungsspannung (U_E)** deutlich größer als die aus den Redoxpotentialen berechnete.

Um die für eine Zersetzung tatsächlich anzulegende Spannung zu ermitteln, muss ein Spannungsdiagramm zu Hilfe genommen werden, in dem die gemessene Stromstärke gegen die angelegte Spannung aufgetragen ist (↑ **01**). Bei schrittweiser Erhöhung der Spannung ergibt sich ein Verlauf ähnlich wie in Abbildung **01**. Zu Beginn, bei geringer Spannung, ist auch nur eine geringe Stromstärke messbar; es findet keine Elektrolyse statt. Erst ab einer bestimmten Spannung steigt die Stromstärke steil an. Verlängert man den stark ansteigenden Teil der Kurve zur x-Achse, so kann die tatsächlich benötigte Zersetzungsspannung U_E grafisch ermittelt werden.
Für die Elektrolyse von Salzsäure beginnt die merkliche Zersetzung der Elektrolyten somit bei einem Wert von etwa 2,1 Volt.

ÜBERSPANNUNG Die messbare Differenz zwischen der theoretischen und der experimentell bestimmten Zersetzungsspannung nennt man **Überspannung (U^*): $U^*=U_E-U_Z$.**

Vor allem bei Elektrodenreaktionen, bei denen Gase entstehen, ist eine solche Überspannung zu beobachten. Die Abscheidung von Metallen benötigt hingegen in den meisten Fällen keine zusätzliche Spannung. Die Ursache für die notwendige Überspannung liegt in der **sehr starken Verlangsamung e**iniger Reaktionen. Beispielsweise ist die Bildung von Gasen durch eine hohe Aktivierungsenergie stark verlangsamt. Trotzdem kann die Überspannung nur experimentell und nicht mathematisch bestimmt werden. Abhängig ist die Überspannung nämlich von mehreren Faktoren. Zum einen ist das Elektrodenmaterial entscheidend. Eine Graphitelektrode ist sehr viel stärker verlangsamt als beispielsweise eine platinierte Elektrode oder eine Elektrode aus reinem Platin, da Platin eine viel größere katalytische Wirkung besitzt. Ersetzt man die Graphitelektrode im Versuchsaufbau durch eine Platinelektrode, so sinkt die Zersetzungsspannung auf 1,4 Volt (↑ **01**). Sie entspricht damit in etwa der aus den Redoxpotentialen ermittelten theoretischen Zersetzungsspannung (U_Z).
Zum anderen sind aber auch Faktoren wie die Temperatur, die Konzentration der Elektrolyten und die Oberflächenbeschaffenheit der Elektroylse (rau oder glatt) entscheidend, da diese das Löseverhalten und die Bewegung der Ionen beeinflussen. Zuletzt muss noch die Stromdichte betrachtet werden, um die Überspannung zu erfassen. Die Stromdichte ist der Quotient aus der Stromstärke (Menge an elektrischer Ladung in einem definierten Querschnitt) und der Oberflächengröße der Elektrode(↑ **03**).

Gas	Elektrodenmaterial	Überspannung U* bei Stromdichte (in $A \cdot cm^{-2}$)			
		10^{-3}	10^{-2}	10^{-1}	1
Wasserstoff	Pt (platiniert)	-0,02	-0,04	-0,05	-0,07
	Pt (blank)	-0,12	-0,23	-0,35	-0,47
	Graphit	-0,60	-0,78	-0,97	-1,03
Sauerstoff	Pt (platiniert)	0,40	0,52	0,64	0,77
	Pt (blank)	0,72	0,85	1,28	1,49
	Graphit	0,53	0,90	1,09	1,24
Chlor	Pt (platiniert)	0,006	0,016	0,026	0,08
	Pt (blank)	0,008	0,03	0,054	0,24
	Graphit	0,1	0,12	0,25	0,50

03 Überspannungen verschiedener Gase in Abhängigkeit von Elektrodenmaterial und Stromdichte

VORHERSAGE VON REAKTIONEN MIT ÜBERSPANNUNG Bei Elektrolysen mit vielen möglichen Reaktionen ist vor dem Experiment oft nicht klar, welche von ihnen bevorzugt ablaufen. Betrachtet man die Elektrolyse einer Natriumchloridlösung an einer Graphitelektrode sind beispielweise die folgenden Reaktionen denkbar:

Minuspol:

$Na^+(aq) + e^- \longrightarrow Na(s) \qquad E^0 = -2{,}71\,V$

$2\,H_2O(l) + 2\,e^- \longrightarrow H_2(g) + 2\,OH^-(aq)$

$E = -0{,}41\,V\ (pH = 7)$

Pluspol:

$2\,Cl^-(aq) \longrightarrow Cl_2(g) + 2\,e^- \qquad E^0 = 1{,}36\,V$

$2\,H_2O(l) \longrightarrow O_2(g) + 4\,H^+(aq) + 4\,e^-$

$E = 0{,}82\,V\ (pH = 7)$

Nun muss für die weitere Betrachtung jedoch die Überspannung der verschiedenen entstehenden Gase berücksichtigt werden. Es wird eine Stromdichte von $10^{-1}\,A \cdot cm^{-2}$ angenommen, unter dieser Bedingung sind die Überspannungen für die Bildung der Gase folgende (↑ **03**):

$U^*(H_2)$ (Graphit) = -0,97 V; $U^*(O_2)$ (Graphit) = 1,09 V.

Daraus ergibt sich als tatsächliche Zersetzungsspannung (U_E) für die Reaktion am Minuspol:

$U_E = U_Z(H_2) + U^*(H_2) = -0{,}41\,V + (-0{,}97\,V) = -1{,}38\,V$

Die tatsächliche Zersetzzungsspannung für die Bildung von Wasserstoff aus Wasser ist also trotz der Überspannung höher als das Elektrodenpotential für die Bildung von Natrium (↑ **02**). Somit entsteht am Minuspol Wasserstoff.

Für den Pluspol wird parallel vorgegangen. Zur theoretischen Zersetzungsspannung werden jeweils die Überspannungen addiert und der Stoff mit der niedrigeren tatsächlichen Zersetzungsspannung entsteht (↑ **02**).

$U_E = U_Z((Cl_2) + U^*(Cl_2) = 1{,}36\,V + (0{,}25\,V) = 1{,}61\,V$

$U_E = U_Z(O_2) + U^*(O_2) = 0{,}82\,V + (1{,}09\,V) = 1{,}91\,V$

Diese Rechnung zeigt, dass in der Theorie Sauerstoff entstehen müsste, da das Elektrodenpotenzial für dieser Reaktion deutlich geringer ist. Die Überspannung des Sauerstoffs ist aber so hoch, dass anstelle der Bildung von Sauerstoff die Abscheidung von Chlorgas bevorzugt abläuft (↑ **02**).

Bei einer Elektrolyse läuft zuerst die Redoxreaktion ab, die die geringste Zersetzungsspannung erfordert. Die Zersetzungsspannung ergibt sich aus den Redoxpotenzialen und möglichen Überspannungen.

1 〉 In einer Elektroylse wird eine Salzsäure (c = 1 $mol \cdot l^{-1}$) bei einer Stromdichte von 1 $A \cdot cm^{-2}$ zersetzt.

a Stellen Sie die möglichen Reaktionen an den Elektroden auf und bestimmen Sie jeweils die theoretische Zersetzungsspannung.

b Berechnen Sie die tatsächliche Zersetzungsspannung der Reaktionen bei Nutzung von Graphitelektroden und entscheiden Sie, welche Reaktionen stattfinden.

c Vergleichen Sie die tatsächliche Zersetzungsspannung aus **b** mit der Zersetzungsspannung bei der Nutzung einer Platinelektrode.

Faraday'sche Gesetze

Elektrolysen haben eine große technische Bedeutung bei der Herstellung wichtiger Grundchemikalien. Jährlich werden auf diese Weise mehrere Millionen Tonnen an Chlor oder Aluminium produziert. Hierzu müssen die quantitativen Zusammenhänge zwischen der abgeschiedenen Masse eines Stoffs und der dazu notwendigen Ladungsmenge, dem „Stromverbrauch", bekannt sein.

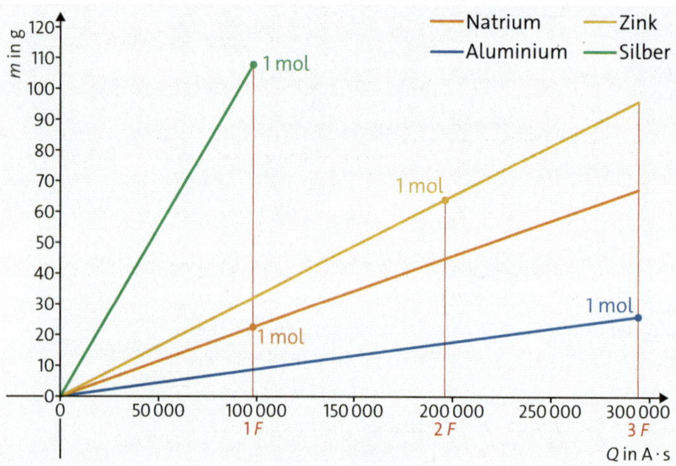

03 Abgeschiedene Massen verschiedener Metalle bei der Elektrolyse

> **Elektrolyse einer Lithiumchloridschmelze**
>
> **Aufgabe:** Berechnen Sie die Masse an abgeschiedenem Lithium und das Volumen an Chlor (unter Normbedingungen), die bei der Elektrolyse einer Lithiumchloridschmelze mit einer Stromstärke von 3 A innerhalb von zwei Stunden entstehen.
>
> **Gegeben:** $I = 3\,A$; $t = 2\,h = 7200\,s$; $F = 96\,485\,A \cdot s \cdot mol^{-1}$; $M(Li) = 6{,}9\,g \cdot mol^{-1}$; $V_m = 22{,}4\,l \cdot mol^{-1}$
>
> **Gesucht:** $m(Li)$, $V(Cl_2)$
>
> **Lösung:**
> 1. Aufstellen der Reaktionsgleichungen für Minus- und Pluspol:
>
> Minuspol: $Li^+ + e^- \longrightarrow Li$ $\quad z = 1$
>
> Pluspol: $2\,Cl^- \longrightarrow Cl_2 + 2\,e^-$ $\quad z = 2$
>
> 2. Berechnen von $m(Li)$:
>
> $$m(Li) = \frac{I \cdot t}{z \cdot F} \cdot M(Li) = \frac{3\,A \cdot 7200\,s}{1 \cdot 96\,485\,A \cdot s \cdot mol^{-1}} \cdot 6{,}9\,g \cdot mol^{-1} = 1{,}54\,g$$
>
> 3. Berechnen von $V(Cl_2)$:
>
> $$V(Cl_2) = \frac{I \cdot t}{z \cdot F} \cdot V_m = \frac{3\,A \cdot 7200\,s}{2 \cdot 96\,485\,A \cdot s \cdot mol^{-1}} \cdot 22{,}4\,l \cdot mol^{-1} = 2{,}51\,l$$
>
> **Antwort:** Bei der Elektrolyse einer Lithiumchloridschmelze mit einer Stromstärke von 3 A bilden sich in zwei Stunden 1,54 g Lithium und 2,51 l Chlor.

FARADAY-GESETZE Schon um 1833/34 führte MICHAEL FARADAY quantitative Experimente zur Elektrolyse durch. Er untersuchte u. a. den Zusammenhang zwischen abgeschiedener Masse verschiedener Metalle und geflossener Ladungsmenge. Wiederholt man ähnliche Versuche, so kann man grundsätzlich feststellen, dass die abgeschiedene Masse m eines Stoffs an der Elektrode proportional zur geflossenen Ladungsmenge Q ist (**1. Faraday Gesetz**, ↑ **03**). Zur Abscheidung von 108 g Silber ist dabei die gleiche Ladungsmenge notwendig wie zur Abscheidung von 23 g Natrium. Beide Massen entsprechen einer Stoffmenge von 1 mol.

Um ein 1 mol Zink ($m = 65\,g$) abzuscheiden, ist aber eine doppelt so große Ladungsmenge notwendig, für 1 mol Aluminium ($m = 27\,g$) sogar eine dreimal so große Ladungsmenge (↑ **03**). Daraus kann man folgern, dass die Ladungsmenge von der Ladungszahl des Metall-Ions abhängen muss (**2. Faraday Gesetz**). Zur Berechnung der elektrolytischen Abscheidung einer beliebigen Masse eines Stoffs ergibt sich folgender Zusammenhang:

$$m(\text{Stoff}) = \frac{Q}{z \cdot F} \cdot M(\text{Stoff}) = \frac{I \cdot t}{z \cdot F} \cdot M(\text{Stoff})$$

Hierbei ist die Konstante F genau die Ladungsmenge, die notwendig ist, um 1 mol Silber abzuscheiden. Sie wird **Faraday-Konstante F** genannte.

$F = 96\,485\,A \cdot s \cdot mol^{-1}$

z ist eine dimensionslose Zahl. Sie entspricht der Anzahl der beteiligten Elektronen in der Reaktionsgleichung:

$Ag^+ + e^- \longrightarrow Ag$ $\quad z = 1$
$Na^+ + e^- \longrightarrow Na$ $\quad z = 1$
$Zn^{2+} + 2\,e^- \longrightarrow Zn$ $\quad z = 2$
$Al^{3+} + 3\,e^- \longrightarrow Al$ $\quad z = 3$

Wird die Elektrolyse mit konstanter Stromstärke I durchgeführt, ergibt sich die Ladungsmenge Q aus dem Produkt der Zeitdauer t der Elektrolyse und der gemessenen Stromstärke I:
$Q = I \cdot t$

1 Berechnen Sie die Silbermasse, die in 3 min bei einer Stromstärke von 2,5 A an einer Kathode abgeschieden wird.

2 Eine Kupfer(II)-sulfatlösung wird mit einer Stromstärke von 1 A elektrolysiert. Berechnen Sie die Zeitdauer, um 150 g Kupfer abzuscheiden und die Stromstärke, um die gleiche Masse Kupfer in einer Stunde zu erzeugen.

Klausurtraining

Material J Entfernung von Iodflecken

Das Element Iod kommt auf der Erde normalerweise nicht elementar vor, sondern ist als Iodid (I^-) oder Iodat (IO_3^-) in verschiedenen Salzen gebunden, von denen sich unter anderem im Meer große Vorkommen finden. Um elementares Iod zu gewinnen, können die entsprechenden Iodidsalze mit elementarem Brom oder Chlor umgesetzt werden. Die Standardpotenziale $E^0(Br^-/Br_2)$ und $E^0(Cl^-/Cl_2)$ sind größer als $E^0(I^-/I_2)$.
Eine mögliche Verwendung von Iod ist sein Einsatz in Tinkturen oder in Desinfektionsmitteln, denen es wegen seiner antibakteriellen Wirkung zugesetzt wird. Iod ist allerdings schlecht wasserlöslich, sodass sich Iodflecken nur schwer mit reinem Wasser aus Kleidungsstücken entfernen lassen. Setzt man dem Wasser hingegen Ascorbinsäure (Vitamin C) zu, gelingt die Entfernung des Flecks nach einer gewissen Einwirkzeit.

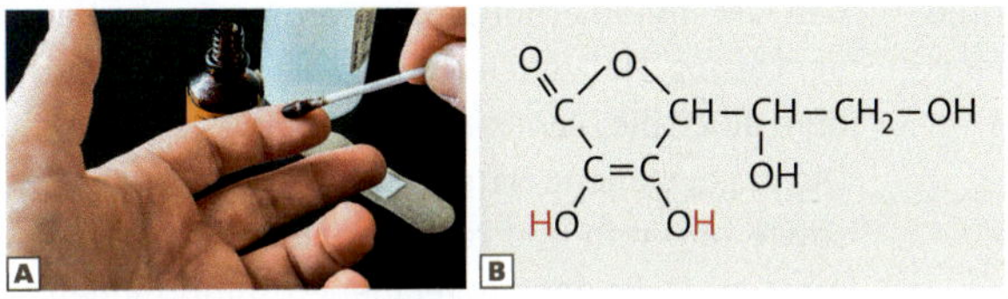

J1.1 **A** Iodtinktur, **B** Strukturformel von Ascorbinsäure (Vitamin C)

$E^0(I_2/I^-)$ = 0,54 V bei pH 0 bis 14
$E^0(I_2/IO^-)$ = 1,44 V bei pH = 0
$E^0(I_2/IO^-)$ = 0,42 V bei pH = 14

J1.2 pH-abhängige Standardpotenziale

AUFGABEN ZU J

1› Entwickeln Sie unter Zuhilfenahme von Oxidationszahlen die Reaktionsgleichung zur Gewinnung von Iod aus Natriumiodid und Chlor.

2› **a** Begründen Sie die schlechte Wasserlöslichkeit von elementarem Iod unter Berücksichtigung der zwischenmolekularen Wechselwirkungen.
b Das Ascorbinsäure-Molekül (H_2Asc) kann in Wasser unter Abgabe von zwei Protonen und zwei Elektronen zu einem Dehydroxyascorbinsäure-Molekül (Asc_{ox}) oxidiert werden. Erläutern Sie anhand von Reaktionsgleichungen, warum sich ein Iodfleck nach Zugabe von Ascorbinsäure in der nun sauren Lösung aus weißer Kleidung entfernen lässt.
c Stellen Sie mithilfe von Oxidationszahlen die Reaktionsgleichung für den Zerfall von Iod-Molekülen (I_2) in Iodid-Ionen (I^-) und Hypoiodid-Ionen (IO^-) auf, die in alkalischer Lösung abläuft. Benennen Sie den Reaktionstyp.
d Erläutern Sie anhand der Standardpotenziale von I_2/I^- und IO^-/I_2, warum der Zerfall von Iod-Molekülen zu Iodid-Ionen und Hypoiodid-Ionen nur in alkalischer Lösung freiwillig abläuft.

Material K Münzmetalle

Die Metalle Nickel, Cobalt und Kupfer werden häufig zur Herstellung von Schmuck, Werkzeugen oder Münzen verwendet. So besteht unter anderem der silberfarbene Rand einer Zwei-Euro-Münze aus einer Legierung von Kupfer und Nickel.
Alle drei Metalle können in wässrigen Lösungen zweiwertige Kationen bilden, die den Lösungen charakteristische Farben verleihen. So sind Lösungen von Cu^{2+}-Ionen blau, während die Lösungen von Ni^{2+}-Ionen grün und die von Co^{2+}-Ionen rosa sind.

K1.1 Verschiedene Metalle in der Zwei-Euro-Münze

Metallblech / Salzlösung	Nickel	Cobalt	Kupfer
Ni^{2+}-Ionen	/		
Co^{2+}-Ionen		/	
Cu^{2+}-Ionen			/

K1.2 Kombination von Metallen mit Metallsalzlösungen

AUFGABEN ZU K

1› In einem Experiment werden die drei Metalle Nickel, Cobalt und Kupfer jeweils mit den Salzlösungen der anderen beiden Metalle in Berührung gebracht (↑ K1.2). Die Standardpotenziale der Redoxpaare Ni/Ni^{2+}, Co/Co^{2+} und Cu/Cu^{2+} sind bekannt 8
a Nennen Sie die Beobachtungen, die Sie für die einzelnen Kombinationen erwarten.
b Erläutern Sie, welches der drei Metalle das edelste und welches das unedelste ist.
c Erläutern Sie die von Ihnen genannten Beobachtungen, indem Sie die Redoxgleichungen für die ablaufenden Reaktionen notieren.

2› Aus den Metallen Cobalt und Nickel und ihren jeweiligen Salzlösungen soll eine galvanische Zelle gebaut werden.
a Skizzieren Sie den Versuchsaufbau und markieren Sie die Anode und die Kathode.
b Erläutern Sie die Vorgänge, die in den Elektroden sowie in den Elektrolyten ablaufen. Benennen Sie dabei auch die Teilchen, die jeweils reagieren.
c Notieren Sie die Teilgleichungen für Oxidation und Reduktion sowie die Gesamtgleichung. Ordnen Sie den Teilgleichungen die Begriffe Anode und Kathode zu.
d Berechnen Sie die zu erwartende Zellspannung unter der Annahme, dass die Salzlösungen in gleichen Konzentrationen vorliegen.
e Durch eine entsprechende Verdünnung eines der Elektrolyte kann man die Polung der Nickel-Cobalt-Zelle umkehren. Erläutern Sie qualitativ, welche der beiden Salzlösungen man dazu verdünnen muss.

6.11 Chloralkali-Elektrolyse

Chlor und Natronlauge sind zwei der wichtigsten Grundchemikalien der chemischen Industrie. Chlor wird z. B. bei der Herstellung von Kunststoffen – hauptsächlich PVC (Polyvinylchlorid) –, Arzneimitteln, Farbstoffen, Papier, Lösungsmitteln und Salzsäure eingesetzt. Natronlauge dient u. a. zur Herstellung von Seifen, als industrielles Reinigungsmittel und zur Neutralisation von Säuren.
Beide Stoffe werden fast ausschließlich durch Chloralkali-Elektrolyse aus einer Natriumchloridlösung gewonnen. Das Natriumchlorid steht als Steinsalz in großen Mengen in unterirdischen Lagerstätten zur Verfügung. Als Nebenprodukt fällt zudem Wasserstoff an, der z. B. in Brennstoffzellen zur Energiegewinnung genutzt werden kann.

Obwohl industriell verschiedene Verfahren der Chloralkali-Elektrolyse durchgeführt werden, sind grundsätzlich immer die folgenden chemischen Reaktionen bei der Elektrolyse möglich:

Minuspol (Kathode):

$Na^+ + e^- \longrightarrow Na$ $\qquad E^0 = -2{,}71\,V$

$2\,H_2O + 2\,e^- \longrightarrow H_2 + 2\,OH^-$ $\qquad E = -0{,}41\,V$ (bei pH = 7)

Pluspol (Anode):

$2\,Cl^- \longrightarrow Cl_2 + 2\,e^-$ $\qquad E^0 = 1{,}36\,V$

$2\,H_2O \longrightarrow O_2 + 4\,H^+ + 4\,e^-$ $\qquad E = 0{,}82\,V$ (bei pH = 7)

Aus den Redoxpotenzialen ist ersichtlich, dass sich am Minuspol Wasserstoff und am Pluspol Sauerstoff bilden müsste. Durch Verwendung von beschichteten Titananoden als Pluspol kann aber die Abscheidung von Sauerstoff sehr stark gehemmt werden, sodass am Pluspol hauptsächlich Chlor entsteht.

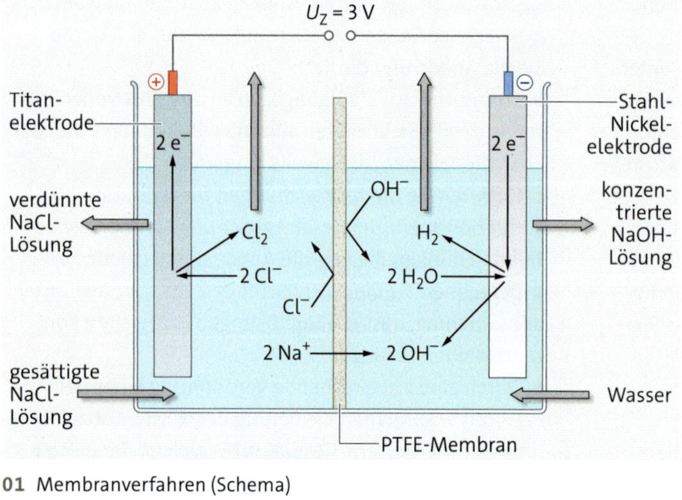

01 Membranverfahren (Schema)

MEMBRANVERFAHREN Beim Membranverfahren sind Anode (Pluspol) und Kathode (Minuspol) durch eine spezielle Membran voneinander getrennt, sodass sich die beiden Lösungen nicht miteinander vermischen können (↑ **01**). Die Membran ist aus dem Kunststoff Polytetrafluorethen (PTFE) aufgebaut. Durch Poren, die mit negativ geladenen Sulfonatgruppen $-SO_3^-$ besetzt sind, können nur die positiv geladenen Natrium-Ionen Na^+ von einem Elektrodenraum in den anderen gelangen. Für negativ geladene Ionen ist sie dagegen undurchlässig.

Die Anode aus Titan ist von einer gesättigten Natriumchloridlösung umgeben, an der sich Chlor bildet. Die Kathode aus Nickel oder Edelstahl wird von einer verdünnten Natronlauge (NaOH-Lösung) umspült. Durch die bei der Bildung von Wasserstoff entstehenden OH^--Ionen erhöht sich deren Konzentration in der Lösung. Na^+-Ionen aus der Kochsalzlösung wandern durch die Membran zum Ladungsausgleich ein. Die so gewonnene Natronlauge ist hochkonzentriert sowie sehr rein und kann direkt weiterverarbeitet werden, da die negativ geladenen Chlorid-Ionen Cl^- nicht durch die Membran wandern können.
In Deutschland werden rund 58 % des Chlors mithilfe des Membranverfahrens erzeugt.

DIAPHRAGMAVERFAHREN Das Diaphragmaverfahren kann als Vorläufer des Membranverfahrens angesehen werden. Mit etwa 24 % hat es aber immer noch einen großen Anteil an der Chloralkali-Elektrolyse in Deutschland. Statt der speziellen Membran sind Kathode und Anode nur durch ein Diaphragma getrennt, das auch für negativ geladene Ionen durchlässig ist. Die so gewonnene Natronlauge enthält deshalb noch Cl^--Ionen. Um das Diffundieren von OH^--Ionen in den Anodenraum zu verhindern, wird die Kochsalzlösung durch das Diaphragma gepresst (↑ **02**).

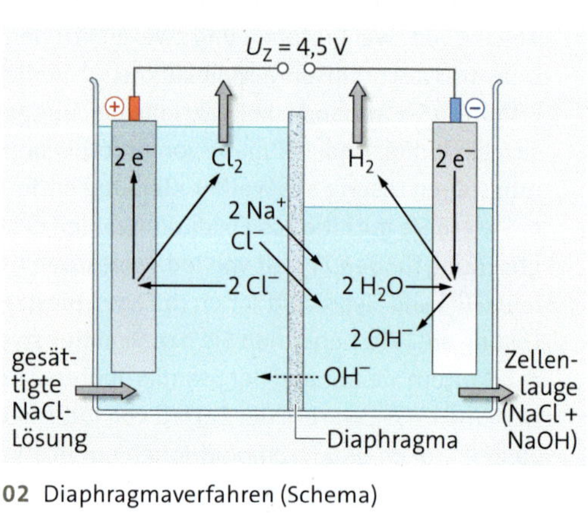

02 Diaphragmaverfahren (Schema)

AMALGAMVERFAHREN Ein drittes Verfahren, das auf der Chloralkali-Elektrolyse beruht, ist das Amalgamverfahren. Aufgrund des Einsatzes von hochgiftigem Quecksilber findet aber der Bau neuer Anlagen in der EU und in anderen Ländern nicht mehr statt. Lag zu Beginn des Jahrtausends der Anteil des Amalgamverfahrens noch bei 60 %, ist er durch die Modernisierung vieler Anlagen auf das Membranverfahren auf heute unter 20 % gesunken.
Beim Amalgamverfahren sind Kathode und Anode nicht räumlich voneinander getrennt. Titananoden tauchen in eine konzentrierte Natriumchloridlösung. Als Kathode dient eine dünne Schicht flüssiges Quecksilber, das durch Neigung der Elektrolysezelle über den Boden fließt (↑ 03).

Durch die Verwendung von Quecksilber bildet sich an der Kathode Natrium und kein Wasserstoff. Dies liegt zum einen daran, dass die Abscheidung von Wasserstoff an Quecksilber stark gehemmt ist. Außerdem bildet das Natrium mit dem Quecksilber eine Legierung, das **Amalgam**, und kann so aus der Elektrolysezelle abgeführt werden.
Erst in einem weiteren Schritt reagiert das Natrium mit Wasser im Amalgamzersetzer zu Natronlauge und Wasserstoff. Das Quecksilber kann so in einem geschlossenen Kreislauf wieder eingesetzt werden.

VERFAHREN IM VERGLEICH Weltweit werden fast 100 Millionen Tonnen Chlor im Jahr produziert. Unabhängig vom Verfahren ist die Chloralkali-Elektrolyse sehr energieintensiv. In Deutschland können mit den drei gängigen Verfahren jährlich etwa 5,5 Millionen Tonnen Chlor erzeugt werden. Nimmt man einen durchschnittlichen Energiebedarf von 2700 kWh pro Tonne an, so müssen für die Gesamterzeugung rund 13,5 Milliarden kWh elektrische Energie aufgewandt werden. Zum Vergleich: 2020 lag der Stromverbrauch aller 40 Millionen privaten Haushalte in Deutschland bei knapp 130 Milliarden kWh.

Aus diesem Grund wird bei der Modernisierung von Anlagen und bei Neubau fast ausschließlich das weniger energieintensive Membranverfahren realisiert. Ein weiterer Vorteil: Beim Membranverfahren werden keine umweltgiftigen Stoffe wie Quecksilber oder Asbest verwendet, deren Emissionen gesetzlich stark begrenzt sind. Ein großer Nachteil des Membranverfahrens ist allerdings die aufwendige Reinigung der Kochsalzlösung. Schon Spuren anderer Kationen wie Magnesium- oder Calcium-Ionen führen zur irreparablen Beschädigung der teuren PTFE-Membran.

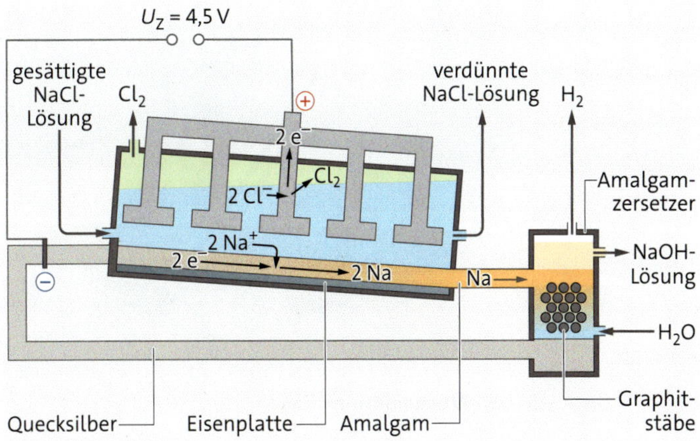

03 Amalgamverfahren (Schema)

	Membranverfahren	Diaphragmaverfahren	Amalgamverfahren
Anode	speziell beschichtetes Titan		
Kathode	Nickel oder Edelstahl	Nickel oder Edelstahl	flüssiges Quecksilber
Trennung von Anode und Kathode	ionenselektive PTFE-Membran	Diaphragma aus Asbest oder Teflon	keine Trennung erforderlich
Energiebedarf pro Tonne Chlor	2500 bis 2700 kWh	2800 bis 3000 kWh	3300 bis 3600 kWh
Reinheit des Chlors	bis zu 2 % Sauerstoff	bis zu 2 % Sauerstoff	<0,3 % Sauerstoff
Natronlauge	30- bis 33%ig, praktisch rein	10- bis 12%ig, ca. 1 % NaCl	ca. 50%ig, praktisch rein
Vorteile	sauber, energiesparend	günstig	konz. NaOH, reines Cl_2
Nachteile	aufwendige Reinigung der NaCl-Lösung, teure Membran	umweltgiftiges Asbest, Nachbehandlung der Natronlauge nötig	umweltgiftiges Quecksilber, hoher Energiebedarf

04 Vergleich der Verfahren der Chloralkali-Elektrolyse

1) In einer Fabrik wird Chlor mithilfe des Membranverfahrens hergestellt (U = 3 V, I = 400 kA).
a Berechnen Sie die stündliche Produktion an Chlor und den Verbrauch an Kochsalz (NaCl).
b Berechnen Sie den Energiebedarf (in kWh) für die Produktion von 1 t Chlor. Vergleichen Sie den Wert mit Tabelle ↑ 04 und stellen Sie Vermutungen für die Abweichung auf.

2) Diskutieren Sie die ökonomischen und ökologischen Vor- und Nachteile der Verfahren der Chloralkali-Elektrolyse.

6.12 Aluminiumgewinnung

01 Aluminium im Alltag

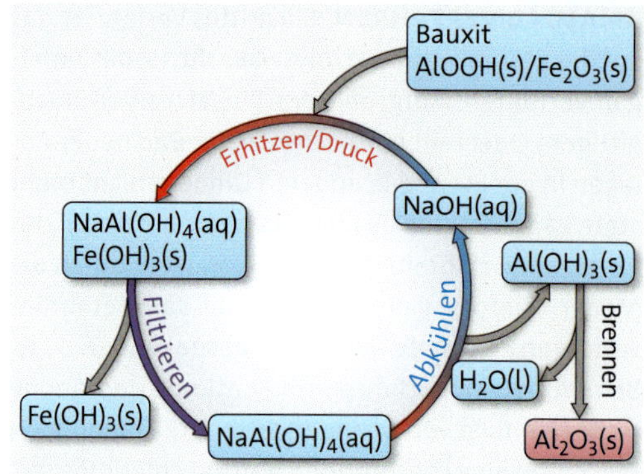

03 Aufbereitung von Bauxit (Schema)

ALUMINIUM – (K)EIN LEICHTGEWICHT Ob Alufolie von der Rolle, der Deckel eines Joghurtbechers oder die Getränkedose der Limonade – aus dem Alltag ist Aluminium vor allem als Verpackungsmaterial kaum wegzudenken (↑ **01**). Das ist aber bei Weitem nicht die einzige Einsatzmöglichkeit. Mit einer Jahresproduktion von etwa 40 Millionen Tonnen ist es nach Eisen mit etwa 1600 Millionen Tonnen pro Jahr das zweitwichtigste Gebrauchsmetall.
Aufgrund seiner geringen Dichte von 2,7 $g \cdot cm^{-3}$ wird es überall dort eingesetzt, wo es auf das Gewicht ankommt: Bei der Konstruktion von Fahrzeugen, Flugzeugen und Schienenfahrzeugen kann durch die Verwendung von Aluminium Treibstoff und Energie im Betrieb gespart werden. Flugzeuge bestehen zu mehr als der Hälfte aus Aluminium. Das gleiche Flugzeug aus Stahl würde etwa 50 % mehr wiegen. Auch im Automobilbau kommt es immer häufiger zum Einsatz. In einem modernen Pkw sind rund 100 kg Aluminium verbaut, sogar Motoren bestehen aus dem Metall.
Aluminium ist zudem sehr korrosionsbeständig, da es auf seiner Oberfläche eine dünne, undurchlässige Oxidschicht bildet, die das Metall schützt.

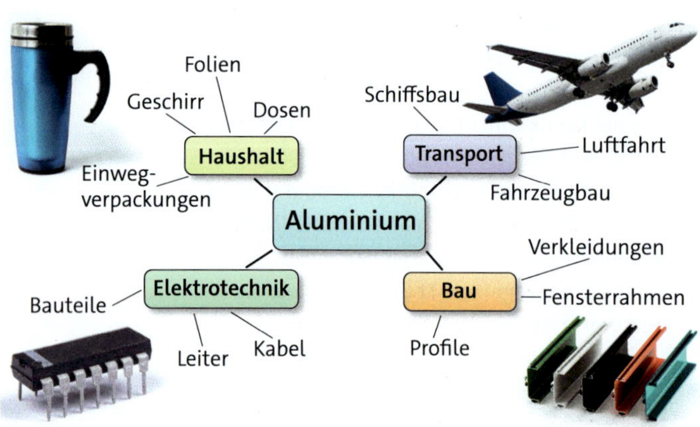

02 Anwendungsmöglichkeiten von Aluminium

HERSTELLUNG VON ALUMINIUM Wie die meisten Metalle kommt auch Aluminium in der Natur nicht elementar vor. Die Gewinnung erfolgt fast ausschließlich aus rotbraunem Bauxit, das neben Aluminiumoxidhydroxid auch wasserhaltiges Eisenoxid sowie Silicium- und Titanverbindungen enthält. Um daraus den eigentlichen Rohstoff Aluminiumoxid herzustellen, muss es aufbereitet werden.
Nachdem das Bauxit gemahlen wurde, wird es unter Druck mit heißer Natronlauge vermischt. Dabei bildet sich lösliches Natriumaluminat $NaAl(OH)_4$ und schwerlösliches Eisen(III)-hydroxid $Fe(OH)_3$, das ausfällt und abfiltriert wird. Anschließend wird die Lösung abgekühlt. Es fällt Aluminiumhydroxid $Al(OH)_3$ aus, das in Öfen bei 1200 °C zum Aluminiumoxid Al_2O_3 gebrannt wird (↑ **03**).

SCHMELZFLUSSELEKTROLYSE Aufgrund des großen negativen Redoxpotenzials kann Aluminium wirtschaftlich nur auf elektrochemischen Weg hergestellt werden. Allerdings ist die Elektrolyse einer wässrigen Lösung nicht möglich, da sich dabei an der Kathode nur Wasserstoff bilden würde. Weil auch die Schmelze eines Salzes elektrisch leitfähig ist, erfolgt die Gewinnung von Aluminium in einer **Schmelzflusselektrolyse**.

Mit 2045 °C ist die Schmelztemperatur von reinem Aluminiumoxid außerordentlich hoch. Um den Energieaufwand zum Schmelzen deutlich zu verringern, wird stattdessen mit einem Stoffgemisch aus 80 bis 90 % Kryolith (Na_3AlF_6) und 7 bis 12 % Aluminiumoxid gearbeitet. So wird die Schmelztemperatur auf ca. 960 °C halbiert. Durch Zusatz von geringen Mengen anderer Fluoride (AlF_3, CaF_2, LiF) kann die Leitfähigkeit der Schmelze verbessert werden.
Die Elektrolysezelle besteht aus einer mit Graphit ausgekleideten Eisenwanne, die als Kathode (Minuspol) dient. Als Anode (Pluspol) werden dicke Graphit-

stäbe verwendet, die in die Schmelze ragen. Während der Elektrolyse verbrauchen sie sich und müssen ständig nachgeschoben werden (↑ **04**).
Großtechnisch wird die Elektrolyse bei einer Spannung von 4 bis 5 V und Stromstärken von bis zu 300 kA durchgeführt. An den Elektroden finden dabei vereinfacht folgende Reaktionen statt:

Minuspol: $Al^{3+} + 3\,e^- \longrightarrow Al$ (Reduktion)
Pluspol: $3\,C + 3\,O^{2-} \longrightarrow 3\,CO + 6\,e^-$ (Oxidation)

Gesamtreaktion: $2\,Al^{3+} + 3\,O^{2-} + 3\,C \longrightarrow 2\,Al + 3\,CO$

Bei der Oxidation der Oxid-Ionen am Pluspol reagieren diese mit den Kohlenstoffatomen der Graphitstäbe und bilden Kohlenstoffmonooxid- und Kohlenstoffdioxidmoleküle.
Das flüssige Aluminium sammelt sich aufgrund seiner höheren Dichte am Boden der Wanne und wird in bestimmten Zeitabständen abgesaugt. Nach einer Aufbewahrung in Becken, die zum Entweichen von Gasen dienen, wird es in Barren gegossen und erreicht einen Reinheitsgrad von bis zu 99,9 %.

ALUMINIUMRECYCLING Die Herstellung von Aluminium ist energieintensiv: Für die Produktion von einer Tonne Aluminium müssen etwa 13 000 kWh elektrische Energie aufgewandt werden!
Das Recycling von Aluminiumschrott kann deshalb helfen, Energie und Rohstoffe zu sparen. Der Schrott aus Industrie und auch Haushalten wird hierfür unter Zugabe von chloridhaltigen Salzen eingeschmolzen und anschließend als Sekundäraluminium auskristallisiert. Durch zusätzliche Reinigungsprozesse kann Aluminium mit ähnlicher Qualität und Reinheit gewonnen werden wie bei der Schmelzflusselektrolyse. Dabei fällt beim Recyceln nur etwa 10 % der Energie an, die für das elektrochemische Verfahren notwendig ist.

Aluminium ist ein wichtiges Gebrauchsmetall, das großtechnisch durch Schmelzflusselektrolyse aus Aluminiumoxid gewonnen wird.

1 In den letzten Jahren lag der Pro-Kopf-Verbrauch an Aluminium statistisch bei ca. 40 kg.
a Erstellen Sie eine Tabelle mit Anwendungsbeispielen von Aluminium aus Ihrem Alltag.
b Etwa ein Drittel des Aluminiums wird im Verkehrswesen, rund 10 % für Verpackungen eingesetzt. Diskutieren Sie auch unter ökologischen Aspekten die verschiedenen Anwendungsmöglichkeiten des Aluminiums.

2 Begründen Sie den hohen Stellenwert von Aluminium als Gebrauchsmetall im Alltag.

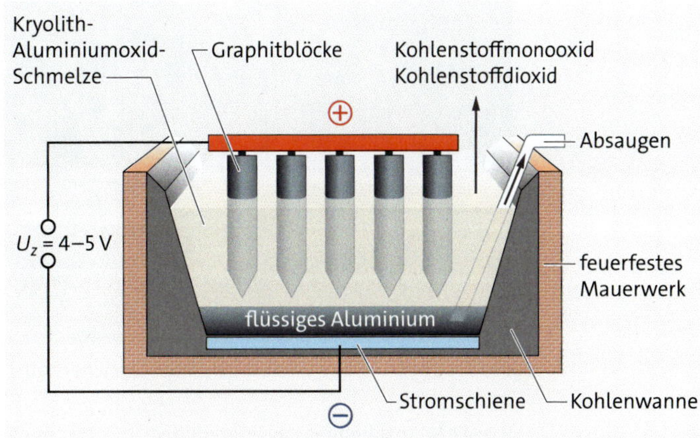

04 Schema Schmelzflusselektrolyse von Aluminium

Umweltrisiken

Die Aluminiumgewinnung ist nicht nur energieaufwendig. Auch die bei der Bauxitaufbereitung entstehenden riesigen Mengen an Rotschlamm stellen für die Umwelt ein ernst zu nehmendes Risiko dar. Bei der Aufbereitung von jährlich über 250 Millionen Tonnen Bauxit bleibt in etwa die Hälfte als Rotschlamm zurück, der in riesigen Sammelbecken deponiert wird. Neben den rotbraunen Eisen(III)-hydroxid-Partikeln enthält der Schlamm verschiedene toxische Schwermetalle und ist stark alkalisch.
Am 4. Oktober 2010, in der Nähe des Orts Kolontar in Ungarn, kam es zu einer Umweltkatastrophe, nachdem der Damm des Rotschlammbeckens einer Aluminiumfabrik brach. Über eine Million Kubikmeter Schlamm traten aus, der nicht nur angrenzende Gewässer verseuchte und dabei ein massenhaftes Fischsterben verursachte, sondern auch zehn Menschenleben forderte.

05 Rotschlammkatastrophe in Ungarn (04.10.2010, nahe Kolontar)

3 Berechnen Sie die tägliche Produktion (24 h) einer Elektrolysezelle mit 300 kA. Geben Sie auch den Energiebedarf (13 kWh/kg Aluminium) und die dafür erforderliche Masse an Aluminiumoxid an.

6.13 Korrosion

01 Rostige Brücke im Hamburger Hafen (Speicherstadt)

ROSTEN Rost begnet uns überall im Alltag. Das neue Fahrrad behält nicht lange seinen metallischen Glanz. Schon ein- oder zweimal im Regen stehen gelassen, überziehen sich unlackierte Stellen mit rotbraunen Flecken – das Metall rostet. Auch die Oberfläche einer Bahnbrücke aus Stahl oder Eisen überzieht sich mit der Zeit mit einer Rostschicht (↑ 01). Der Vorgang kann sich so lange fortsetzen, bis das Metall vollständig zerstört ist.

Nicht nur Eisen verändert sich durch Umwelteinflüsse: Auf einem neuen rot glänzenden Kupferdach bildet sich mit der Zeit eine mattgrünliche Schicht, die Patina genannt wird. Im Gegensatz zu Rost hat sie sogar eine Schutzfunktion, da sie das Kupferblech darunter vor weiterer Veränderung bewahrt. Auch Skulpturen aus Bronze, einer Kupfer-Zinn-Legierung, sehen matt und schwarz aus. Nur Stellen, die z. B. aus Aberglauben häufig berührt oder gerieben werden, glänzen golden (↑ 03).

02 Glücksbringer?!

Jede Veränderung von metallischen Werkstoffen durch Umwelteinflüsse wie das Rosten und die Bildung einer Patina werden als **Korrosion** (lat. *corrodere:* zernagen, zerfressen) bezeichnet.

LOKALELEMENT Tauchen ein Kupferstab und ein Zinkstab isoliert voneinander in ein Gefäß mit verdünnter Salzsäure, so tritt nur am Zinkstab eine Gasentwicklung von Wasserstoff auf (↑ 02**A**; ↑ Exp. 6.16, S. 232).

Katalysatoren sind Stoffe, die die Aktivierungsenergie einer Reaktion herabsetzen und dadurch beschleunigen. Sie gehen unverändert aus der Reaktion hervor (↑ S. 100 f.).

Die Protonen der sauren Lösung oxidieren das Zink, indem sie Elektronen der Zinkatome aufnehmen, und werden selbst zu Wasserstoff reduziert. Die Zinkatome gehen als Zink-Ionen in Lösung:

Anode: $Zn(s) \longrightarrow Zn^{2+}(aq) + 2\,e^-$ (Oxidation)

Kathode: $2\,H^+(aq) + 2\,e^- \longrightarrow H_2(g)$ (Reduktion)

Das Kupfer wird von der Salzsäure zunächst nicht angegriffen. Sobald sich aber die beiden Metallstäbe berühren, ist die Gasentwicklung am Kupferstab zu erkennen, während sie am Zinkstab zurückgeht (↑ 03**B**). Es hat sich ein **Lokalelement** zwischen Zink als Anode und Kupfer als Kathode gebildet. Bei dieser *kurzgeschlossenen galvanischen* Zelle geben Zinkatome unter Bildung von Zink-Ionen Elektronen an das Kupfer ab (↑ 03**C**). Weil am Kupfer eine im Vergleich zum Zink weniger stark ausgeprägte elektrochemische Doppelschicht vorliegt, reduzieren die Elektronen dort bevorzugt Protonen zu Wasserstoffmolekülen. Kupfer nimmt also lediglich die Rolle eines Elektronenüberträgers ein.

Lokalelemente können selbst aus kleinsten Partikeln edlerer Metalle entstehen, die z. B. im Stahl oder Eisen eingeschlossen sind. Kommen sie mit Feuchtigkeit in Kontakt, beginnt das Eisen an dieser Stelle zu korrodieren. Da das edle Metall bei dieser **Kontaktkorrosion** nicht aufgelöst wird, kann es das Werkstück großflächig zerstören. Das edlere Metall wirkt wie ein *Katalysator*, der die Korrosion beschleunigt.

03 **A** Kupfer- und Zinkstab tauchen in verdünnte Salzsäure. **B** Die Stäbe berühren sich. **C** Modelldarstellung

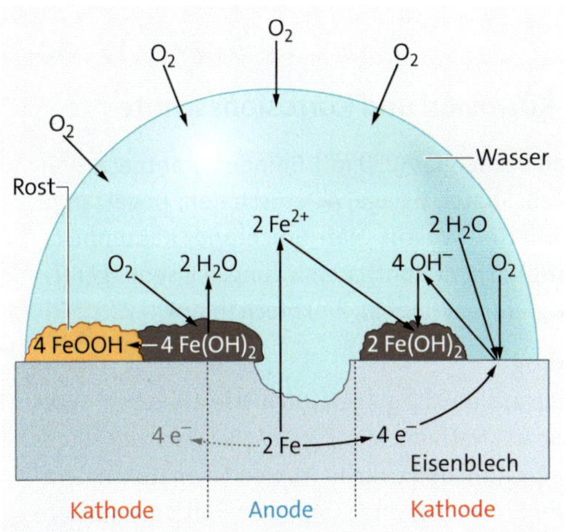

04 Sauerstoffkorrosion von Eisen (Schema)

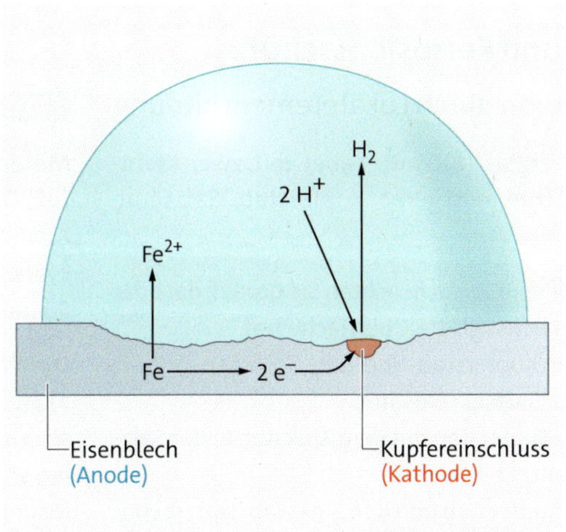

05 Säurekorrosion an einem Lokalelement (Schema)

SAUERSTOFFKORROSION VON EISEN Untersucht man die Korrosion von Eisennägeln systematisch, stellt man fest, dass sowohl Wasser als auch der Sauerstoff der Luft am Rostvorgang von Eisen beteiligt sind (↑ Exp. 6.17, 6.18).

Ist die Oberfläche von Eisen an einer Stelle mit Feuchtigkeit oder Wasser benetzt, führt der im Wasser gelöste Sauerstoff zu einer elektrochemischen Reaktion. Eisenatome an der Oberfläche lösen sich als Eisen(II)-Ionen Fe^{2+} im Wasser und lassen Elektronen auf der Oberfläche zurück. Gleichzeitig nehmen Sauerstoff- und Wassermoleküle diese Elektronen auf und reagieren zu Hydroxid-Ionen OH^-. Durch die Reaktion sinkt die Konzentration der Sauerstoffmoleküle im Wasser – an der Grenzfläche zur Luft allerdings nicht so stark, da hier Sauerstoffmoleküle aus der Luft nachdiffundieren können. Es entsteht eine kurzgeschlossene Konzentrationszelle (↑ **04**). Diese Vorgänge werden auch als **Sauerstoffkorrosion** bezeichnet.

Anode: $Fe \longrightarrow Fe^{2+} + 2\,e^-$ (Oxidation)
Kathode: $O_2 + 2\,H_2O + 4\,e^- \longrightarrow 4\,OH^-$ (Reduktion)

Gesamtreaktion: $2\,Fe + O_2 + 2\,H_2O \longrightarrow 2\,Fe^{2+} + 4\,OH^-$

Die Fe^{2+}- und OH^--Ionen reagieren zum schwerlöslichen Eisen(II)-hydroxid $Fe(OH)_2$. In einer Folgereaktion bildet sich daraus Eisen(III)-oxidhydroxid FeOOH, das sich auf der Metalloberfläche als Rost absetzt.

$Fe^{2+} + 2\,OH^- \longrightarrow Fe(OH)_2$
$4\,Fe(OH)_2 + O_2 \longrightarrow 4\,FeOOH + 2\,H_2O$

Der Rost ist blättrig, porös und löst sich leicht von der Oberfläche. Das darunter liegende Eisen ist nicht vor weiterer Korrosion geschützt, sodass mit der Zeit das komplette Metall reagieren kann.

SÄUREKORROSION VON EISEN Auch durch saure Lösungen wird Eisen korrodiert. An der Oberfläche eines Eisennagels, der in Salzsäure getaucht wird, bilden sich Gasblasen. Es ist bekannt, dass unedle Metalle von Oxonium-Ionen (vereinfacht: H^+) angegriffen werden. Bei der **Säurekorrosion** werden in einer Redoxreaktion Fe-Atome zu Fe^{2+}-Ionen oxidiert und H^+-Ionen zu H_2-Molekülen reduziert.

Umwickelt man den Eisennagel im Versuch an einer Stelle mit einem Kupferdraht, bildet sich der Wasserstoff nur am Kupfer, und die Gasentwicklung ist viel stärker. Eisennagel und Kupferdraht bilden mit der sauren Lösung eine galvanische Zelle, die durch den direkten Kontakt der Metalle kurzgeschlossen ist. Das edlere Kupfer bildet die Kathode, an der die Reduktion der H^+-Ionen ungestört ablaufen kann (↑ **05**).

Anode: $Fe \longrightarrow Fe^{2+} + 2\,e^-$ (Oxidation)
Kathode: $2\,H^+ + 2\,e^- \longrightarrow H_2$ (Reduktion)

Gesamtreaktion: $Fe + 2\,H^+ \longrightarrow Fe^{2+} + H_2$

Korrosion ist die Zerstörung eines Metalls durch elektrochemische Reaktionen mit Sauerstoff oder sauren Lösungen. Die Bildung von Lokalelementen mit edleren Metallen beschleunigt die Korrosion.

1 › Erklären Sie, warum sich bei der Kontaktkorrosion die Metalle berühren müssen, obwohl sie doch über die Lösung leitend verbunden sind.

2 › Erläutern Sie anhand einer Skizze, warum die Bildung von Lokalelementen auch die Sauerstoffkorrosion beschleunigt.

3 › Erläutern Sie, warum Gegenstände aus Eisen in Meeresnähe schnell Rost ansetzen (↑ **01**).

Praktikum

P Korrosion und Korrosionsschutz

EXP 6.16 Korrosion durch Lokalelementbildung

Materialien Becherglas (100 ml), Kabel mit zwei Klemmen, Zinkstab, Strommessgerät, Kupferstab, Salzsäure (c = 0,1 mol·l^{-1})

Durchführung *Vor dem Versuch:* Achten Sie darauf, dass der Zinkstab eine möglichst glatte Oberfläche hat.

a) Stellen Sie den Kupferstab und den Zinkstab isoliert voneinander in die Salzsäurelösung.

b) Bringen Sie den Kupferstab mit dem Zinkstab in der Salzsäurelösung in Kontakt.

c) Stellen Sie den Kupferstab und den Zinkstab isoliert voneinander in die Salzsäurelösung und verbinden Sie beide Stäbe elektrisch leitend mit dem Kabel und dem Strommessgerät.

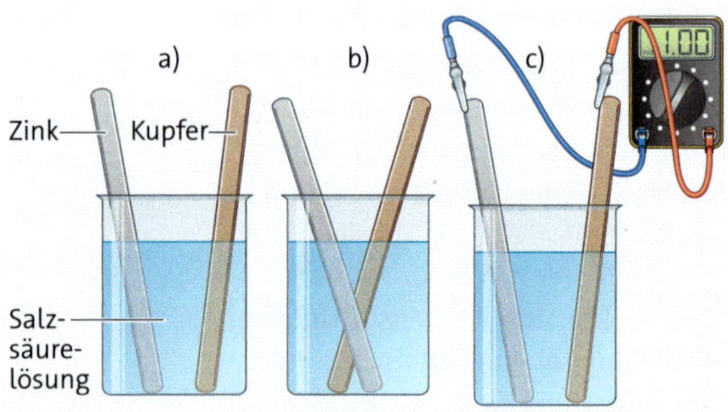

Entsorgung: Lösungen ins Abwasser, Metallstäbe in die Sammlung geben.

Auswertung Deuten Sie die Beobachtungen der Teilversuche **a** bis **c**.

EXP 6.17 Untersuchen der Korrosion von Eisen

Materialien Becherglas, Sandpapier, 4 Reagenzgläser, Wasser, verdünnte Salzsäure (5, 7), 4 Eisennägel

Durchführung Schmirgeln Sie die Eisennägel mit dem Sandpapier ab, bis diese glänzen. Geben Sie je einen Nagel in ein Reagenzglas, das Sie jeweils füllen: mit Wasser, mit Wasser, das Sie zuvor abgekocht haben, sowie mit verdünnter Salzsäure. In ein Reagenzglas geben Sie nur einen Nagel. Verschließen Sie die Reagenzgläser mit einem Stopfen. Lassen Sie den Versuchsaufbau für ein bis zwei Tage stehen und notieren Sie regelmäßig Ihre Beobachtungen.

Entsorgung: Lösungen in das Abwasser, Nägel in den Hausmüll geben.

Auswertung Erläutern Sie den Unterschied zwischen dem abgekochten und dem nicht abgekochten Wasser. Deuten Sie das unterschiedliche Aussehen der Nägel.

EXP 6.18 Korrosion und Korrosionsschutz

5 7 9

Materialien Becherglas (250 ml), Brenner, Drahtnetz, Dreifuß, Glasstab, Spatel, Waage, 4 Petrischalen, Tiegelzange, Agar, destilliertes Wasser, Natriumchlorid, Kaliumhexacyanoferrat(III), Thymolphthaleinlösung, 4 Eisennägel (l = 50 mm), Kupferdraht (blank), Zinkblech (blank)

Durchführung

a) Stellen Sie aus etwa 2 g Agar, 100 ml destilliertem Wasser, einem Spatel Natriumchlorid, einer Spatelspitze Kaliumhexacyanoferrat(III) und einigen Tropfen Thymolphthaleinlösung unter Erwärmen und ständigem Rühren eine klare Agarlösung her.

b) Gießen Sie die noch heiße Agarlösung in Petrischalen, in denen sich je einer der folgenden Gegenstände befindet:

- ein unbehandelter Eisennagel
- ein Eisennagel, dessen vordere Hälfte in der Brennerflamme oxidiert wurde
- ein Eisennagel, der in der Mitte fest mit einem blanken Kupferdraht umwickelt ist
- ein Eisennagel, der in der Mitte mit einem blanken Zinkblech umwickelt ist

c) Lassen Sie die Petrischalen bis zum Festwerden der Agarlösung stehen.

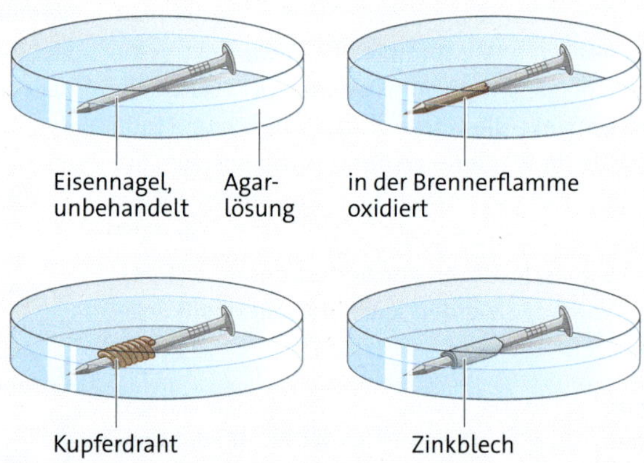

Entsorgung: Agar in den Hausmüll geben, Feststoffe einsammeln.

Auswertung

1) Beschreiben Sie Ihre Beobachtungen.
2) Erklären Sie Ursachen der rötlichen und der dunkelblauen Färbung.
   Hinweis: Eisen(II)-Ionen bilden mit Hexacyanoferrat(III)-Ionen einen tiefblauen Komplex (Turnbulls Blau, $Fe_4[Fe(CN)_6]_3$).
3) Erläutern Sie korrosionsfördernde und korrosionshemmende Maßnahmen am Eisennagel.

Aluminium und das Eloxalverfahren

01 Aluminium im Alltag

03 Die Fassade des Selfridges-Einkaufszentrums in Birmingham ist mit 15 000 Aluminiumscheiben verkleidet.

BEDEUTUNG VON ALUMINIUM Aluminium ist vor allem als Verpackungsmaterial kaum wegzudenken (↑ 01). Das ist aber bei Weitem nicht die einzige Einsatzmöglichkeit. Mit einer Jahresproduktion von etwa 40 Millionen Tonnen ist es nach Eisen das zweitwichtigste Gebrauchsmetall. Aufgrund seiner geringen Dichte von $2{,}7\ g \cdot cm^{-3}$ wird es überall dort eingesetzt, wo es auf das Gewicht ankommt: Bei der Konstruktion von Fahrzeugen, Flugzeugen und Schienenfahrzeugen kann durch die Verwendung von Aluminium Treibstoff und Energie im Betrieb gespart werden. Flugzeuge bestehen zu mehr als der Hälfte aus Aluminium. Das gleiche Flugzeug aus Stahl würde etwa 50 % mehr wiegen. Auch im Automobilbau kommt es immer häufiger zum Einsatz. In einem modernen Pkw sind über 100 kg Aluminium verbaut, sogar Motoren bestehen aus dem Metall. Aluminium ist zudem sehr korrosionsbeständig, da es auf seiner Oberfläche eine dünne, undurchlässige Oxidschicht bildet, die das Metall schützt.

ELOXALVERFAHREN Aluminium ist mit seinem negativen Standardpotenzial von $E^0 = -1{,}66\ V$ ein sehr unedles Metall. An der Luft oder von schwach sauren Lösungen wird es aber nicht angegriffen. Das liegt an einer fest haftenden, undurchlässigen Schicht aus Aluminiumoxid Al_2O_3, die sich auf der Oberfläche bildet. Natürlicherweise ist diese Schicht etwa 0,05 µm dick (1 µm = 1/1000 mm).

Beim **Eloxalverfahren**, einer **el**ektrolytischen **Ox**idation von **Al**uminium, wird die Schicht technisch verstärkt. Hierzu wird das Werkstück aus Aluminium in verdünnte Schwefelsäurelösung getaucht und als Anode geschaltet (↑ 02). Die Kathode besteht aus Aluminium, Kohle oder Blei. Legt man eine Gleichspannung an, so werden die H^+-Ionen der Säure unter Elektronenaufnahme zu Wasserstoff und Wasser reduziert. Am Aluminiumwerkstück oxidieren Alumminiumatome zu Al^{3+}-Ionen, die mit Wassermolekülen aus der Lösung zu Aluminiumoxid weiterreagieren. Durch das Eloxieren erreicht man Schichtdicken von bis zu 25 µm. Poren in der Oxidschicht ermöglichen das Einlagern von Farbstoffen zum Einfärben des Metalls. Durch Behandlung mit Wasserdampf werden anschließend die Poren dauerhaft verschlossen. Eloxiertes Aluminium wird z. B. zur Fertigung von Gehäusen für hochwertige Elektronikgeräte oder für Fassadenelemente im Bau verwendet (↑ 03).

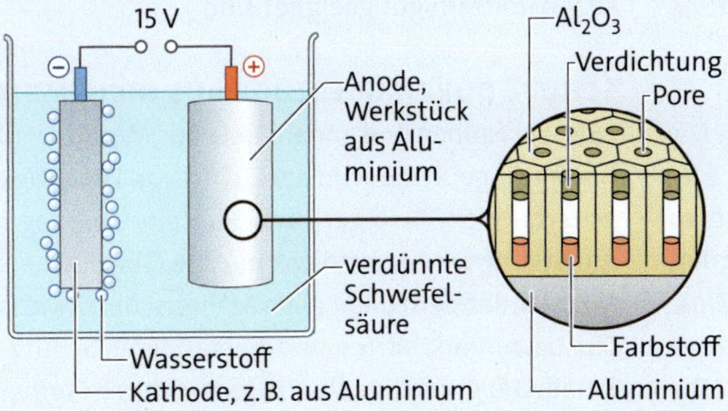

02 Eloxalverfahren

1 〉 Formulieren Sie die Reaktionsgleichungen für die Vorgänge an Kathode und Anode sowie eine Gesamtgleichung für das Eloxalverfahren.
2 〉 Planen Sie einen Versuch zum Eloxalverfahren.
3 〉 Erläutern Sie die folgende Abbildung:

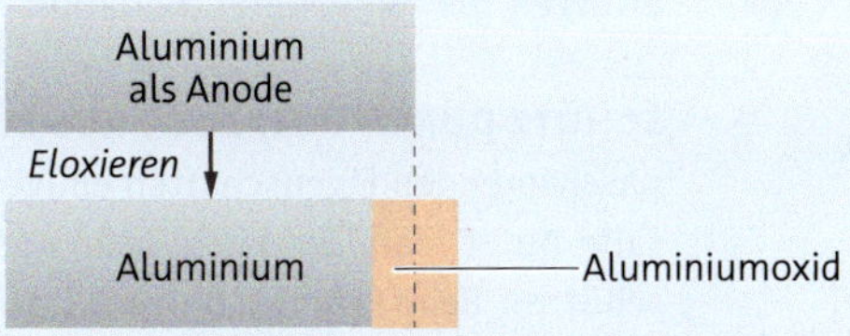

4 〉 Das Eloxalverfahren verbessert die Beständigkeit von Aluminium. Erklären Sie, warum sich dieses Verfahren nicht zum Korrosionsschutz von Eisen eignet.

6.14 Korrosionsschutz

01 Feuerverzinkung einer Autokarosserie

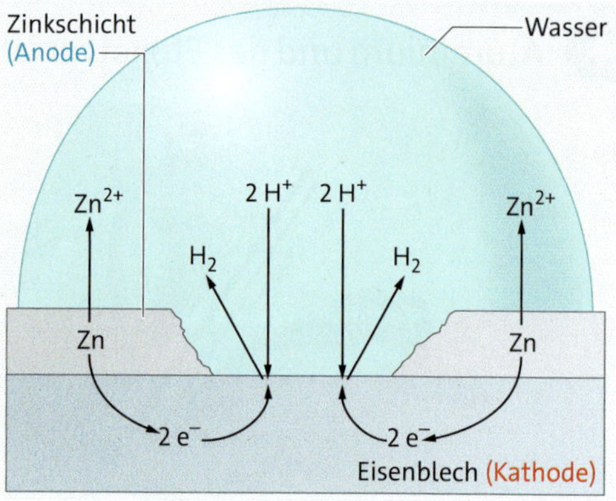

02 Kontaktkorrosion bei verzinktem Eisen

SCHÄDEN DURCH KORROSION Korrosionsschäden verursachen jährlich Kosten in Milliardenhöhe. Man schätzt, dass Industrieländer etwa 3 bis 4 % ihres Bruttoinlandsprodukts für die Beseitigung von Korrosionsschäden aufwenden müssen. Das sind allein in Deutschland etwa 120 Milliarden Euro jährlich. Zum Vergleich: 2022 umfassten die Ausgaben des Bundes etwa 480 Milliarden Euro. Effektive Maßnahmen zum Schutz vor Korrosion haben deshalb eine große wirtschaftliche Bedeutung.

SCHUTZ DURCH PASSIVIERUNG Im Gegensatz zu Eisen bilden viele andere unedle Metalle auf ihrer Oberfläche eine fest haftende, undurchlässige Oxidschicht. So sind Werkstoffe aus Aluminium, Titan, Chrom oder Zink durch diese Schicht vor weiterer Korrosion geschützt. Bei Gegenständen aus Aluminium wird diese **Passivierung** durch technische Verfahren künstlich verstärkt (↑ Eloxalverfahren, S. 233). Auch die Bildung einer Patina wie bei Kupfer oder Bronze stellt eine wirksame Passivierung des Metalls dar.
Bei Eisen funktioniert diese Form des Korrosionsschutzes nicht, da die gebildete Rostschicht porös und schlecht haftend ist. Durch Legieren mit bestimmten Metallen wie Chrom und Nickel beim Nirosta-Stahl kann aber auch hier eine gewisse Passivierung erfolgen, die vor weiterer Oxidation schützt.

SCHUTZ DURCH ÜBERZÜGE AUS METALLEN Die passivierenden Eigenschaften einiger unedler Metalle nutzt man, um auch Eisen vor Korrosion zu schützen. Beim Feuerverzinken wird das Werkstück, z. B. eine Autokarosserie, in eine 450 °C heiße Zinkschmelze getaucht und vollständig mit einer etwa 0,1 mm dicken Zinkschicht überzogen (↑ 01). Die Schicht verhindert so den Kontakt von Wasser und Sauerstoff mit dem Eisen.

Aber selbst wenn die Zinkschicht beschädigt wird, bietet sie einen aktiven Schutz vor Korrosion. An der beschädigten Stelle entsteht ein *Lokalelement*, bei dem das edlere Eisen die Kathode bildet. Die Zinkschicht löst sich zwar weiter auf, aber das darunter liegende Eisen wird nicht angegriffen (↑ 02).

Metallische Überzüge werden auch elektrolytisch erzeugt. Bei diesem **Galvanotechnik** genannten Verfahren wird das Werkstück als Kathode geschaltet. Als Anode dient das Metall, mit dem der Gegenstand überzogen werden soll. Beide werden in eine Salzlösung getaucht, die Metall-Ionen der Anode enthält. Durch Anlegen einer Spannung scheidet sich auf dem Werkstück der metallische Überzug ab, während sich die Anode langsam auflöst. Beispiel dafür ist das *Verchromen* von Eisenwerkstücken.
Auf diese Weise lassen sich auch Überzüge aus edleren Metallen wie Kupfer, Silber und Gold erzeugen, die den Gegenstand nicht nur schützen, sondern auch wertvoller erscheinen lassen.
Konservendosen sind häufig aus Weißblech. So bezeichnet man dünne Stahlbleche mit einem Zinnüberzug. Zinn ist edler als Eisen. Im Gegensatz zu Zink wird es von sauren Lösungen nicht angegriffen, sodass Dosen aus Weißblech zur Aufbewahrung von Lebensmitteln gut geeignet sind.

SCHUTZ DURCH ÜBERZÜGE AUS NICHTMETALLEN Schrauben und andere Teile aus Metall werden häufig eingeölt. So wird der Zutritt von Feuchtigkeit unterbunden. Farbiger Lack oder ein Überzug mit Kunststoff versiegelt nicht nur die Oberfläche des Metalls, sondern dient auch ästhetischen Zwecken. Ein besonders harter und beständiger Schutz ist Email. Der glasartige Überzug kann durch Pigmente angefärbt werden und wird z. B. bei Küchenutensilien angewandt.

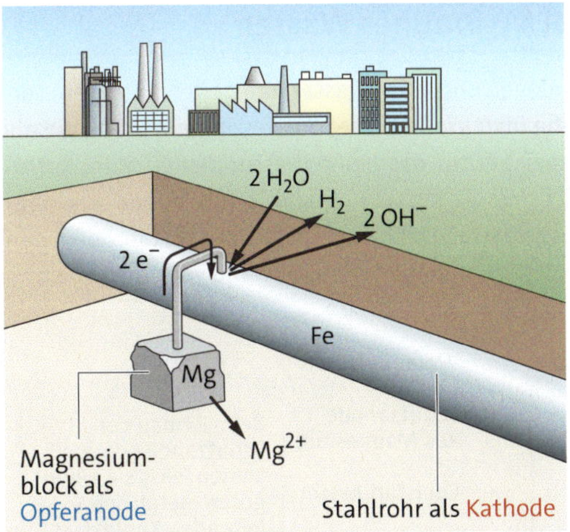

03 Kathodischer Korrosionsschutz: Opferanode

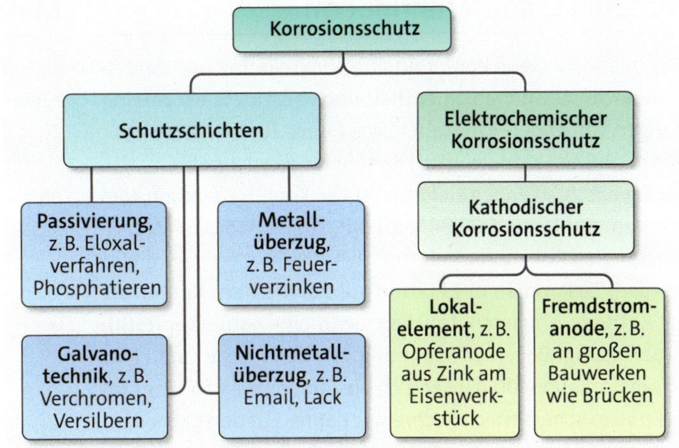

05 Verfahren des Korrosionsschutzes

KATHODISCHER KORROSIONSSCHUTZ Metallische Gegenstände, die ständig in Kontakt mit Wasser oder Feuchtigkeit stehen, müssen besonders vor Korrosion geschützt sein. Auf dem Rumpf von Schiffen werden hierzu Zinkplatten angebracht (↑ 04). Im Wasser bilden sie mit dem Eisen des Rumpfs ein Lokalelement. Da Zink ein geringeres Redoxpotenzial als Eisen hat, bildet es die Anode, an der die Oxidation von Zinkatomen zu Zink-Ionen stattfindet. Am Eisen finden hingegen Reduktionsvorgänge statt, bei denen das Metall unverändert bleibt. Mit der Zeit lösen sich die Zinkplatten auf – sie werden geopfert, weshalb man sie auch **Opferanoden** nennt. Metallrohre im Boden werden häufig mit Opferanoden aus Magnesium verbunden (↑ 03).

Eine besonders wirksame Form des kathodischen Korrosionsschutzes ist die Verwendung von *Fremdstromanoden*. Hierbei wird an das Stahlgerüst von Stahlbetonbauten wie Brücken eine elektrische Spannung angelegt. Sie ist so gepolt, dass ein Stromfluss die Oxidation des Eisens verhindert. Der Vorteil ist, dass die verwendeten Anoden dabei nicht verbraucht und nicht ausgetauscht werden müssen.

04 Opferanoden aus Zink an einem Schiffsrumpf

Um auf einem Eisenwerkstück eine Passivierungsschicht aufzubringen, nutzt man das Verfahren des Phosphatierens. Dabei werden die Werkstücke in eine Lösung, die Phosphorsäure und Zinkphosphat enthält, eingetaucht. Durch chemische Reaktion befindet sich anschließend auf dem Eisen eine fest haftende Eisenphosphatschicht von bis zu 1 Mikrometer Schichtdicke. Sie gewährleistet zwar keinen dauerhaften Korrosionsschutz, allerdings haftet die Phosphatschicht sehr gut auf dem Untergrund und erlaubt durch die mikroporöse Schichtstruktur eine gute Verankerung für nachfolgende Beschichtungen, z. B. Lacküberzüge.

Durch Überzüge kann Eisen vor Korrosion geschützt werden. Sie verhindern den Kontakt der Oberfläche mit Feuchtigkeit und dem Sauerstoff der Luft. Opferanoden aus unedlen Metallen bieten einen aktiven Korrosionsschutz.

1 〉 Erläutern Sie die chemischen Vorgänge, wenn die Zinnschicht des Weißblechs einer Sauerkrautkonservendose verletzt wird.

2 〉 Erklären Sie, warum in stählernen Heizkesseln zur Warmwasserbereitung Magnesiumstäbe eingebracht werden.

3 〉 Durch Galvanotechnik lassen sich auch Gegenstände aus Kunststoff verchromen. Erläutern Sie, warum diese vorher mit einem Metalllack z. B. aus Nickel behandelt werden.

4 〉 Recherchieren Sie die chemischen Reaktionen, die beim Phosphatieren ablaufen. Erläutern Sie das Verfahren.

5 〉 Diskutieren Sie die verschiedenen Arten des Korrosionsschutzes unter ökonomischen und ökologischen Gesichtspunkten.

Klausurtraining

Material L Kupferraffination

Großtechnisch wird Kupfer durch Redoxreaktion aus Kupfersulfiderzen gewonnen. Es enthält noch bis zu 2 % Verunreinigungen von anderen Metallen, wie Eisen, Zink, Nickel, Silber, Platin und Gold, und wird als Rohkupfer bezeichnet.
Bei der anschließenden elektrolytischen Kupferraffination wird der Kupferanteil auf 99,98 % erhöht. Hierzu werden Metallplatten aus Rohkupfer gefertigt, die als Anoden verwendet werden. Zusammen mit Platten aus hochreinem Kupfer, die als Kathode fungieren, tauchen sie in eine saure Kupfer(II)-sulfatlösung. Bei einer Spannung von etwa 0,3 V und einer Stromstärke von 100 A lösen sich die Anodenplatten langsam auf und es scheidet sich hochreines Kupfer auf den Kathodenplatten ab. Unter den Anoden lagert sich Anodenschlamm ab, der aus den Edelmetallen Silber, Platin und Gold besteht.

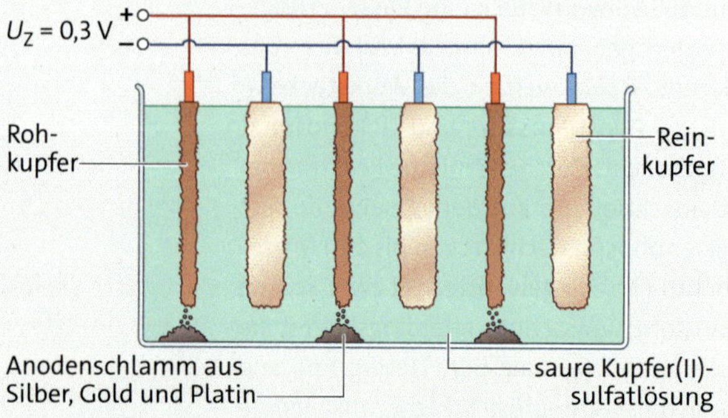

L1.1 Leiterplatte

Redoxpaar	Standard-potenzial E^0	Redoxpaar	Standard-potenzial E^0
Au/Au^{3+}	1,50 V	$H_2/2\,H^+$	0 V
Pt/Pt^{2+}	1,19 V	Zn/Zn^{2+}	−0,76 V
Ag/Ag^+	0,80 V	Fe/Fe^{2+}	−0,41 V
Cu/Cu^{2+}	0,35 V	Ni/Ni^{2+}	−0,23 V

L1.2 Standardpotenziale einiger Redoxpaare

AUFGABEN ZU L

1) **a** Berechnen Sie die theoretische Zersetzungsspannung der Elektrolysezelle der Kupferraffination (↑ L1.1, I1.2).
b Erläutern Sie, warum tatsächlich mit 0,3 V elektrolysiert wird.

2) Formulieren Sie die Reaktionsgleichungen für die Vorgänge an den Elektroden (↑ L1.1).

3) Begründen Sie, warum sich an der Kathode nur Kupfer abscheidet (↑ L1.2).

4) Berechnen Sie, wie lange das Auflösen einer Rohkupferplatte mit den Maßen 60 cm · 60 cm · 4 cm dauert.
Hinweis: ϱ(Kupfer) = 8,92 g · cm^{-3}

Material M Braunes Wasser

Heizungsanlagen und Warmwasseraufbereiter in Häusern verfügen häufig über große Kessel aus verzinktem Stahl, die als Zwischenspeicher für das heiße Wasser dienen. Zum Korrosionsschutz sind die Kessel mit einer Schutzanode aus Magnesium ausgestattet. Das ist ein langer Metallstab, der in den Kessel hineinragt und mit der Außenwand verschraubt ist.

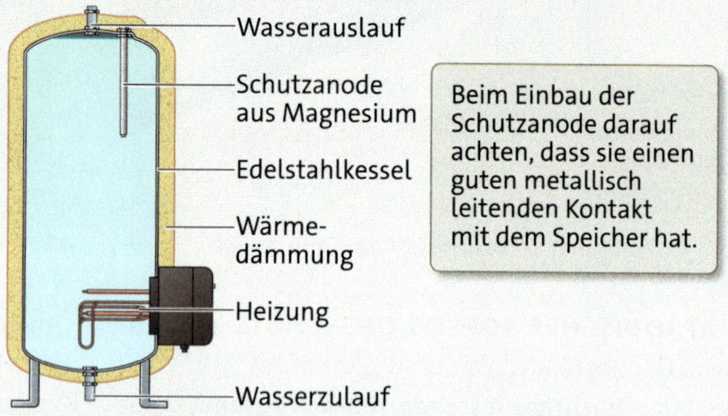

M1.1 Montagehinweis aus einer Bedienungsanleitung

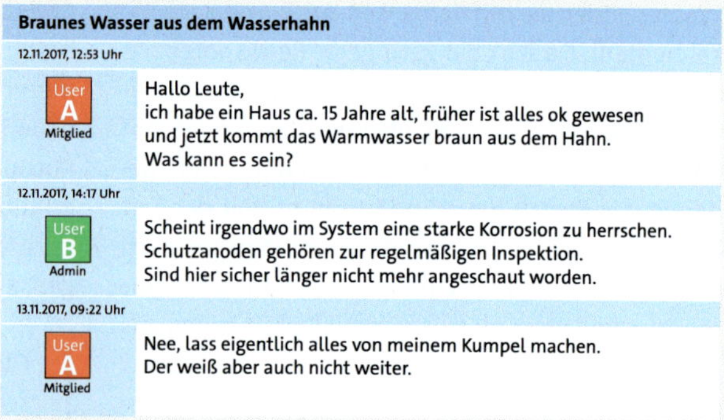

M1.2 Aus einem Handwerkerforum im Internet

AUFGABEN ZU M

1) **a** Skizzieren Sie eine experimentelle Anordnung, mit der die Funktionsweise einer Schutzanode aus Magnesium demonstriert werden kann (↑ M1.1).
b Beschriften Sie Ihre Skizze mit folgenden Begriffen: Kathode, Anode, Pluspol, Minuspol, Donatorhalbzelle und Akzeptorhalbzelle.
c Stellen Sie die Reaktionsgleichungen für die dabei ablaufenden chemischen Vorgänge auf.

2) **a** Begründen Sie den Hinweis des Forummitglieds, den Zustand der Schutzanode regelmäßig durch Begutachtung zu kontrollieren (↑ M1.2).
b Erläutern Sie, worauf die Braunfärbung des Warmwassers wahrscheinlich zurückzuführen ist. Beziehen Sie dazu auch den Hinweis aus der Montageanleitung ein. Formulieren Sie mögliche Reaktionsgleichungen (↑ M1.1, M1.2).

Material N Reinigung von Silber

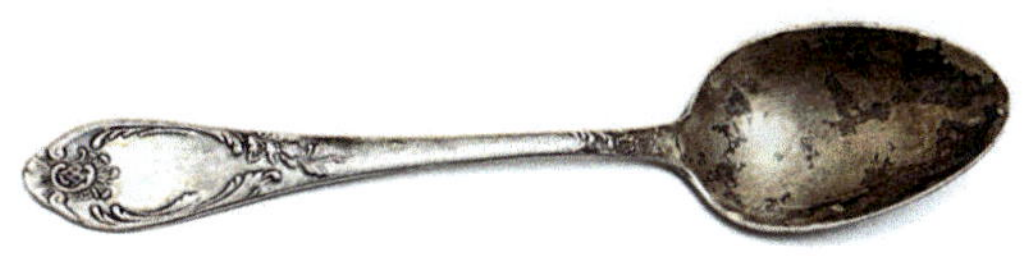

N1.1 Angelaufener Silberlöffel

Silberbesteck wird seit Langem als edles Essbesteck genutzt, hat aber einen großen Nachteil: Bei längerer Lagerung läuft es schwarz an und wird unansehnlich. Obwohl Silber ein edles Metall ist, reagiert es in Anwesenheit von Sauerstoff bereits mit Spuren von Schwefelwasserstoff (H_2S), wie sie in der Luft vorhanden sind, zu schwarzem Silbersulfid (Ag_2S). Früher musste „angelaufenes" Silberbesteck daher regelmäßig poliert werden.

$$4\,Ag(s) + 2\,H_2S(g) + O_2(g) \longrightarrow 2\,Ag_2S(s) + 2\,H_2O(l)$$

Heute finden sich im Internet eine Vielzahl von Tipps zur Reinigung von Silber. Dazu gehört auch das folgende elektrochemische Verfahren: „Geben Sie 1 Liter Wasser und 6 Esslöffel Kochsalz in einen Topf und bringen Sie die Lösung zum Kochen. Fügen Sie einige locker zusammengeknüllte Stücke Alufolie hinzu. Stellen Sie einen angelaufenen Silberlöffel so in die Lösung, dass er Kontakt zum Aluminium hat."

Redoxpaar	Standardpotenzial E^0	Redoxpaar	Standardpotenzial E^0
Ag/Ag^+	0,80 V	$4\,OH^-/$ $O_2 + 2\,H_2O$	0,40 V (pH = 14)
Cu/Cu^{2+}	0,35 V	Fe/Fe^{2+}	−0,41 V

N1.2 Standardpotenziale einiger Redoxpaare

AUFGABEN ZU N

1) **a** Zeigen Sie mithilfe der Oxidationszahlen, dass es sich bei der Bildung von Silbersulfid um eine Oxidation des Silbers durch Sauerstoff handelt.
b Stellen Sie die Reaktionsgleichungen für Oxidation und Reduktion auf.
c Begründen Sie mithilfe der Redoxreihe, warum Silber von Sauerstoff nicht direkt oxidiert werden kann (↑ N1.2).

2) **a** Skizzieren und beschriften Sie einen Versuchsaufbau, mit dem die elektrochemische Reinigung von angelaufenem Silberbesteck demonstriert werden kann.
b Erläutern Sie den Verlauf der Redoxreaktion mithilfe des Donator-Akzeptor-Konzepts. Geben Sie die Reaktionsgleichungen für die Vorgänge an den Elektroden an.
c Bewerten Sie die beiden Reinigungsmethoden hinsichtlich selbst gewählter Kriterien.

Material O Batterie im Mund

Viele Menschen tragen unbewusst ein kleines Elektrizitätswerk im Mund, weil ihnen Ärzte Zahnfüllungen, Kronen oder Brücken aus unterschiedlichen Metalllegierungen eingesetzt haben. Unvermeidlich kommen die Metalle mit Speichel in Kontakt und können so elektrochemisch miteinander reagieren. Selbst wenn man nur eine einzige Zahnfüllung aus Dentalamalgam (↑ O1.1) im Mund trägt, kann dies unangenehme Folgen haben. Beißt man damit versehentlich auf ein Stück Alufolie, dann verursacht die elektrochemische Reaktion einen stechenden Schmerz.

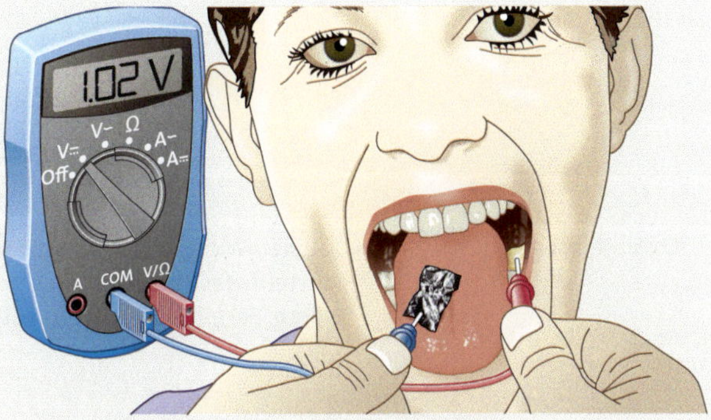

O1.1 Elektrochemischer Batterieeffekt im Mund

Massenanteile	Zahngold	Dentalamalgam
	58 % Au, 24 % Ag, 12 % Cu, 6 % Pd	50 % Hg, 35 % Ag, 9 % Sn, 6 % Cu

O1.2 Zusammensetzung von Zahnfüllungen

Standardpotenziale einiger Metalle							
Redoxpaar	Au/Au^{3+}	Pd/Pd^{2+}	Hg/Hg^{2+}	Ag/Ag^+	Cu/Cu^{2+}	Sn/Sn^{2+}	Al/Al^{3+}
E^0 in V	1,50	0,95	0,85	0,80	0,35	−0,14	−1,66

O1.3 Standardpotenziale der beteiligten Metalle

AUFGABE ZU O

1) **a** Erklären Sie die Ausbildung der elektrochemischen Doppelschicht für eines der sieben Metalle. Geben Sie das Metall mit dem höchsten Lösungsdruck an (↑ L1.3).
b Begründen Sie, dass Menschen Schmerzen spüren, wenn sie mit einer Goldkrone auf Alufolie beißen.
c Diskutieren Sie, was passiert, wenn sich Goldkrone und Amalgamfüllung im Mund berühren.
d Berechnen Sie die Zellspannung der Mundbatterie unter der Annahme, dass jeweils die Hauptbestandteile der Goldkrone und der Amalgamfüllung an der Zellreaktion beteiligt sind (↑ O1.2, O1.3).

Auf einen Blick

Redoxreaktionen

Donator-Akzeptor-Reaktionen mit Elektronenübertragung, bei denen die Teilreaktionen Oxidation und Reduktion immer gekoppelt ablaufen. Bei der Oxidation erfolgt eine Elektronenabgabe, bei der Reduktion eine Elektronenaufnahme.

Oxidationsmittel = Elektronenakzeptor

Teilchen, die während einer Redoxreaktion Elektronen aufnehmen. Sie wirken oxidierend und werden im Verlauf der Redoxreaktion selbst reduziert.

Reduktionsmittel = Elektronendonator

Teilchen, die während einer Redoxreaktion Elektronen abgeben. Sie wirken reduzierend und werden im Verlauf der Redoxreaktion selbst oxidiert.

Korrespondierende Redoxpaare

Zusammengehörende Paare von Reduktionsmittel/Elektronendonator und Oxidationsmittel/Elektronenakzeptor, die durch Elektronenabgabe bzw. -aufnahme ineinander überführt werden können. An einer Redoxreaktion sind immer zwei korrespondierende Redoxpaare beteiligt.

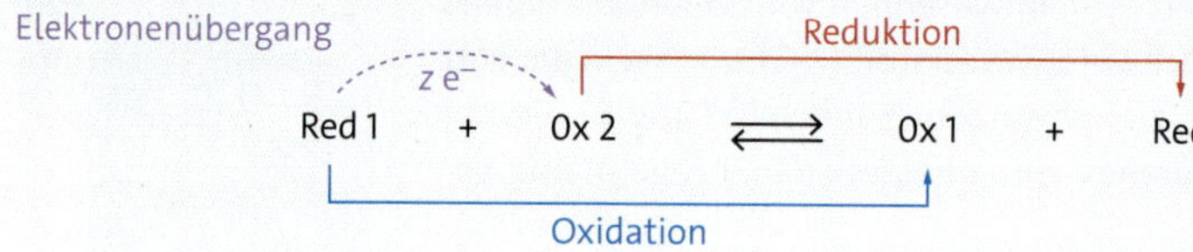

Oxidationszahlen

In einem Molekül gibt die Oxidationszahl die formale Ladung eines Atoms an, wenn man sich vorstellt, dass alle Bindungselektronen dem jeweils elektronegativeren Atom zugeordnet wären. Bei einfachen Ionen entspricht die Oxidationszahl der Ladung des Ions.

Beispiele:

$\overset{I\ -II}{H_2O}$ $\overset{I\ -I}{HCl}$ $\overset{II\ -II}{CaO}$ $\overset{0}{N_2}$ $\overset{II}{Cu^{2+}}$ $\overset{III}{Fe^{3+}}$ $\overset{-I}{Br^-}$ $\overset{-II}{S^{2-}}$ $\overset{-III\ I}{NH_4^+}$ $\overset{-II\ I}{OH^-}$

Änderung der Oxidationszahl bei einer Redoxreaktion:

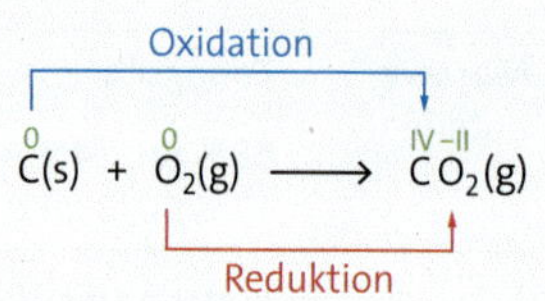

Spezialfälle der Redoxreaktionen

Disproportionierung:
Gleiche Atome einer Verbindung gehen aus einer mittleren Oxidationsstufe durch gleichzeitige Reduktion und Oxidation in eine niedrigere und in eine höhere Oxidationsstufe über.

Synproportionierung (Komproportionierung):
Atome eines Elements gehen durch Oxidation aus einer niedrigeren und gleichzeitige Reduktion aus einer höheren in eine mittlere Oxidationsstufe über.

Redoxtitration

Verfahren zur Bestimmung der Stoffmengenkonzentration eines oxidierbaren oder reduzierbaren Stoffs in Lösung; wichtige Verfahren: Manganometrie und Iodometrie

	Manganometrie	**Iodometrie**
Nachweis von	Reduktionsmitteln	Oxidationsmitteln/Reduktionsmitteln
Redoxpaar	MnO_4^-/Mn^{2+}	$2\,I^-/I_2$
Ablauf	Titration mit violetter Permanganatlösung bis zur ersten bleibenden Färbung der Probelösung	Red: Titration mit Iod-Kaliumiodidlösung bis zur ersten bleibenden Blaufärbung der Probelösung durch den Iod-Stärke-Komplex Ox: Zugabe von Iodid-Ionen im Überschuss; Rücktitration mit Natriumthiosulfat bis zur Entfärbung des blauen Iod-Stärke-Komplexes

Elektrochemische Doppelschicht

An der Phasengrenze zwischen Metalloberfläche und Lösung stellt sich ein chemisches Gleichgewicht ein, das zur Bildung einer elektrochemischen Doppelschicht führt.

$Me \rightleftharpoons Me^+ + e^-$

An der Doppelschicht entsteht ein elektrisches Potenzial (Redoxpotenzial) *E*.

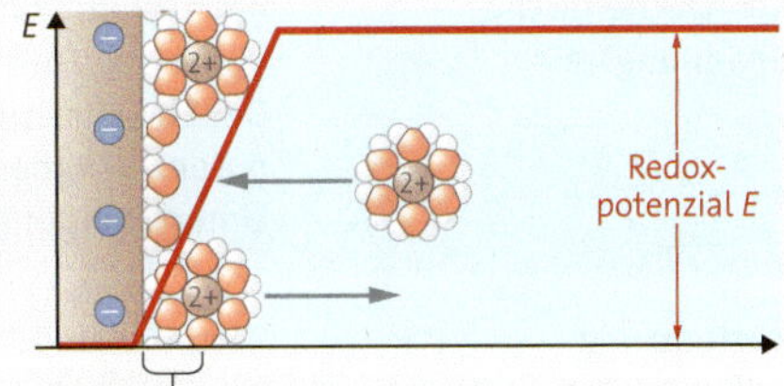

Galvanische Zelle
Galvanisches Element

Kombination zweier Halbzellen (Metall/Metallsalzlösung). Beide Halbzellen müssen durch ein Diaphragma oder Stromschlüssel leitend verbunden sein. Galvanische Zellen sind elektrochemische Spannungsquellen, bei denen Oxidation und Reduktion freiwillig und räumlich voneinander getrennt ablaufen. Galvanische Zellen können durch eine Kurzschreibweise dargestellt werden.
Kurzschreibweise für das Daniell-Element:
$Zn/Zn^{2+} // Cu^{2+}/Cu$

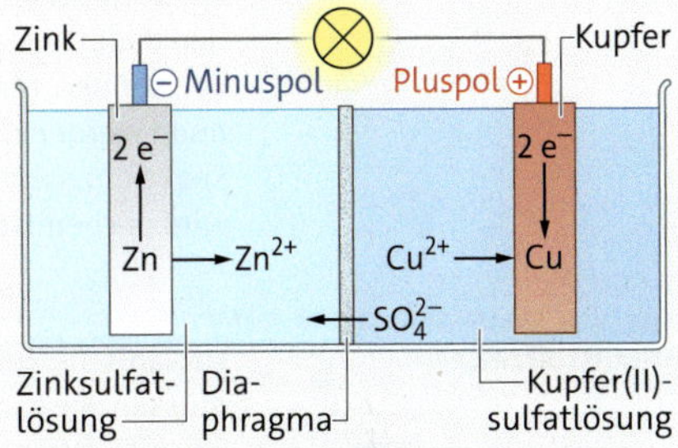

Zellspannung einer galvanischen Zelle

Aus der Differenz der Redoxpotenziale *E* der beiden Halbzellen einer galvanischen Zelle ergibt sich die Zellspannung *U*:

U = E(Akzeptorhalbzelle) – E(Donatorhalbzelle)

oder

$U = E(\text{Reduktion}) - E(\text{Oxidation})$

Das **Redoxpotenzial *E*** ist dabei eine stoffspezifische Größe, die von der Art des Stoffs, von der Stoffmengenkonzentration der Ionen im Elektrolyten, von der Temperatur und bei Gasen vom Druck abhängt. Das Redoxpotenzial selbst ist nicht direkt messbar.

Begriffe zur galvanischen Zelle		
Halbzelle	Elektrode (Teilreaktion)	Pol
Akzeptorhalbzelle	Kathode (Reduktion)	Pluspol
Donatorhalbzelle	Anode (Oxidation)	Minuspol

Standardredoxpotenzial E^0 (Standardpotenzial)

Redoxpotenzial einer Halbzelle, das unter Standardbedingungen (T = 298 K, p = 101,3 kPa, $c = 1\ mol \cdot l^{-1}$) durch Kombination mit der Standardwasserstoffhalbzelle ermittelt wurde. Der Betrag des Standardpotenzials E^0 entspricht dabei der gemessenen Zellspannung.

Standardwasserstoffhalbzelle

Bezugshalbzelle zur Bestimmung von Redoxpotenzialen unter Standardbedingungen. Ihr Standardredoxpotenzial ist dabei willkürlich auf $E^0(H_2/2\ H^+) = 0\ V$ festgelegt.

Nernst-Gleichung

Mithilfe der Nernst-Gleichung kann das Redoxpotenzial einer Halbzelle in Abhängigkeit von der Stoffmengenkonzentration der Ionen berechnet werden.
Für Metalle gilt:
$Me \rightleftharpoons Me^{z+} + z\,e^-$

$$E(Me/Me^{z+}) = E^0(Me/Me^{z+}) + \frac{0{,}059\ V}{z} \cdot \lg \frac{c(Me^{z+})}{1\ mol \cdot l^{-1}}$$

Allgemein gilt für ein Redoxpaar der Form:
$Red \rightleftharpoons Ox + z\,e^-$

$$E(Red/Ox) = E^0(Red/Ox) + \frac{0{,}059\ V}{z} \cdot \lg \frac{c(Ox)}{c(Red)}$$

Elektrochemische Spannungsreihe

nach ihrem Standardpotenzial sortierte Reihenfolge der Redoxpaare. Mit ihrer Hilfe kann eine Vorhersage über die Richtung einer freiwillig ablaufenden Redoxreaktion getroffen werden. Der Elektronendonator (Reduktionsmittel) in einer Redoxreaktion muss ein kleineres Standardpotenzial haben als der Elektronenakzeptor (Oxidationsmittel).
Unterscheidung edler Metalle: $E^0 > 0{,}0\,V$ und unedler Metalle: $E^0 < 0{,}0\,V$

Batterie und Akkumulator

Batterien und Akkumulatoren sind (mobile) galvanischen Zellen, bei denen in einer freiwillig verlaufenden Redoxreaktion chemische Energie in elektrische Energie umgewandelt wird.
Akkumulatoren unterscheiden sich von Batterien dadurch, dass sie wieder aufgeladen werden können. Mithilfe einer elektrischen Spannung werden die beim Entladen ablaufenden Reaktionen umgekehrt. Elektrische Energie wird in chemische Energie umgewandelt.

Beispiel für:

Batterien	Akkumulatoren
• Zink-Kohle-Batterie • Alkali-Mangan-Batterie • Lithium-Batterie • Silberoxid-Zink-Batterie	• Bleiakku • Nickelmetallhydrid-Akku (NiMH) • Lithium-Ionen-Akku

Brennstoffzelle

galvanische Zelle, bei der Reduktions- und Oxidationsmittel beständig zugeführt werden müssen. Sie kann im Gegensatz zu Batterien und Akkumulatoren dauerhaft betrieben werden.
Beispiel: Wasserstoff-Sauerstoff-Brennstoffzelle

Elektrolyse und Zersetzungsspannung

Bei der Elektrolyse wird durch eine elektrische Spannung die freiwillig ablaufende Redoxreaktion einer galvanischen Zelle umgekehrt. Die Zersetzungsspannung U_Z ist die Mindestspannung, unter der die Elektrolyse merklich abläuft. Sie kann aus den Standardpotenzialen der beteiligten Redoxpaare und möglichen Überspannungen ermittelt werden.

$U_Z = E(\text{Pluspol/Anode}) - E(\text{Minuspol/Kathode})$

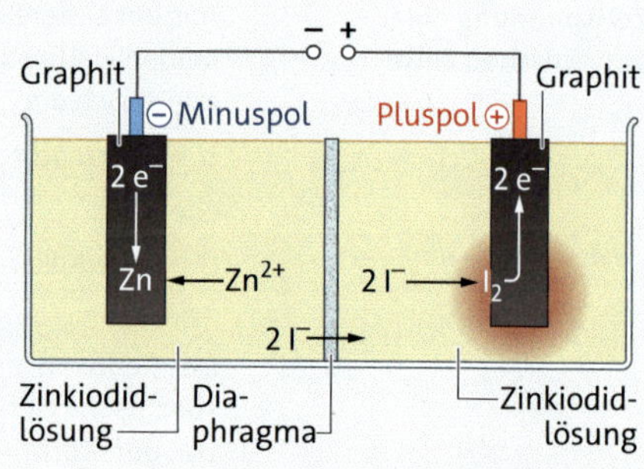

Faraday-Gesetze

Aus der geflossenen Ladungsmenge $Q = I \cdot t$ lassen sich die abgeschiedenen Massen bei einer Elektrolyse berechnen. Dabei muss jeweils die Anzahl z der übertragenen Elektronen aus der Reaktionsgleichung berücksichtigt werden.

Faraday-Konstante: $F = 96\,485\ A \cdot s \cdot mol^{-1}$

$$m(\text{Stoff}) = \frac{I \cdot t}{z \cdot F} \cdot M(\text{Stoff})$$

Chloralkali-Elektrolyse

großtechnische Verfahren zur Gewinnung von Chlor, Natronlauge und Wasserstoff durch Elektrolyse einer Natriumchloridlösung. Wichtige Verfahren sind Membranverfahren, Diaphragmaverfahren und Amalgamverfahren.

Minuspol (Kathode):

$Na^+ + e^- \longrightarrow Na$ $\quad E^0 = -2{,}71\,V$

$2\,H_2O + 2\,e^- \longrightarrow H_2 + 2\,OH^-$ $\quad E = -0{,}41\,V$ (bei pH = 7)

Pluspol (Anode):

$2\,Cl^- \longrightarrow Cl_2 + 2\,e^-$ $\quad E^0 = 1{,}36\,V$

$2\,H_2O \longrightarrow O_2 + 4\,H^+ + 4\,e^-$ $\quad E = 0{,}82\,V$ (bei pH = 7)

Korrosion und Korrosionsschutz

Korrosion: elektrochemische Reaktionen, die an metallischen Oberflächen stattfinden. Sie können zur Zerstörung des Gegenstands führen. Die Bildung von Lokalelementen (kurzgeschlossene galvanische Zellen) beschleunigt Korrosionsvorgänge.

Korrosionsschutz: Maßnahmen zum Schutz von Metallen vor Korrosion, z. B. durch Versiegeln der Oberfläche mit Metallüberzügen, Lacken, Kunststoffen und Ölen sowie durch Verwenden von Opferanoden aus unedleren Metallen

Übungsaufgaben

1) Magnesium verbrennt in einer Kohlenstoffdioxidatmosphäre. Bei der dabei stattfindenden Redoxreaktion entsteht u. a. Ruß (C).
a Formulieren Sie die Reaktionsgleichung, kennzeichnen Sie darin Oxidation und Reduktion sowie die korrespondierenden Redoxpaare.
b Auch Magnesiumoxid reagiert mit Kohlenstoffdioxid, dabei bildet sich Magnesiumcarbonat ($MgCO_3$). Formulieren Sie die Reaktionsgleichung und begründen Sie, ob es sich auch hierbei um eine Redoxreaktion handelt.

2) In den ersten Airbags wurde der Stoff Natriumazid eingesetzt. Bei einem Unfall wurde durch eine Initialzündung sein explosionsartiger Zerfall in Natrium und Stickstoff ausgelöst. Es schlossen sich Folgereaktionen des Natriums an:
__ $NaN_3 \longrightarrow$ __ $Na +$ __ N_2
__ $Na +$ __ $KNO_3 \longrightarrow$ __ $K_2O +$ __ $Na_2O +$ __ N_2
__ $K_2O +$ __ $Na_2O +$ __ $SiO_2 \longrightarrow$ __ $K_2SiO_3 +$ __ Na_2SiO_3
a Gleichen Sie die obigen Reaktionsgleichungen aus und geben Sie alle Oxidationszahlen an. Entscheiden Sie jeweils, ob es sich um eine Redoxreaktion handelt.
b Heute wird in Airbags häufiger der Stoff Nitroguanidin ($CH_4N_4O_2$) eingesetzt, der mit Kaliumchlorat ($KClO_3$) explosionsartig zu Stickstoff, Wasser, Kohlenstoffdioxid und Kaliumchlorid reagiert. Entwickeln Sie die Reaktionsgleichung für die Redoxreaktion.
c Vergleichen Sie die Gasvolumina ($V_m = 24{,}5\ l \cdot mol^{-1}$), die aus je 10 g Natriumazid ($M = 65\ g \cdot mol^{-1}$) und Nitroguanidin ($M = 104\ g \cdot mol^{-1}$) gebildet werden können.

3) 50 ml einer mit Schwefelsäure versetzten Lösung von Eisen(II)-sulfat werden mit 8 ml einer Kaliumpermanganatlösung der Konzentration $c(KMnO_4) = 0{,}01\ mol \cdot l^{-1}$ titriert, wobei Mangan(II)-Ionen und Fe(III)-Ionen gebildet werden.
a Stellen Sie die Reaktionsgleichung auf.
b Berechnen Sie die Stoffmengenkonzentration an Eisen(II)-sulfat.

4) Ammoniumnitrat (NH_4NO_3), ein Bestandteil von Dünger, kann beim Erhitzen auf über 170 °C explodieren. Dabei bilden sich Stickstoff, Sauerstoff und Wasser.
a Stellen Sie die Reaktionsgleichung für die Explosion von Ammoniumnitrat auf.
b Erläutern Sie, warum ein Zusatz von Benzin (Octan) die Sprengwirkung deutlich erhöhen kann.

5) **a** Begründen Sie, dass Eisen auf der Erde nur in Erzen gebunden, Gold dagegen auch elementar vorkommt.
b Eisenerze enthalten z. B. Eisensulfid FeS oder das Eisenoxid Hämatit Fe_2O_3.
Entwickeln Sie einen Vorschlag, wie sich daraus metallisches Eisen gewinnen lässt.

6) Metalle wie Eisen und Zink werden durch verdünnte Salzsäure angegriffen, Kupfer hingegen nicht.
a Erläutern Sie mithilfe von Oxidationszahlen, ob dabei eine Redoxreaktion stattfindet.
b Leiten Sie eine Schlussfolgerung zur oxiderenden Wirkung von Oxonium-Ionen (H_3O^+) ab. Entwickeln Sie hierzu eine mögliche Definition der Begriffe edle und unedle Metalle.

7) Das Abwasser einer Textilreinigung wird durch Manganometrie auf den Gehalt an Wasserstoffperoxid untersucht. 200 ml Abwasser verbrauchen dabei 37,5 ml Kaliumpermanganatlösung mit $c(KMnO_4) = 0{,}1\ mol \cdot l^{-1}$.
a Beschreiben Sie das Vorgehen der Manganometrie.
b Stellen Sie die Reaktionsgleichung aus den Teilgleichungen für Oxidation und Reduktion auf.
c Berechnen Sie die Masse Wasserstoffperoxid in einem Liter Abwasser.

8) Viele Entfärber enthalten Natriumdithionit ($Na_2S_2O_4$). In wässriger Lösung entsteht beim Entfärben Schwefeldioxid (SO_2) mit einem unangenehmen Geruch.
a Entscheiden und begründen Sie, ob Natriumdithionit beim Entfärbevorgang oxidiert wird.
b Beurteilen Sie, ob der Gehalt eines Entfärbers an Natriumdithionit mithilfe einer Redoxtitration quantitativ bestimmt werden kann.

9) Ein Silberblech taucht in eine Silbernitratlösung, ein Kupferblech in eine Kupfer(II)-nitratlösung. Beide Lösungen sind durch ein Diaphragma getrennt, um eine Vermischung zu vermeiden. Mit einem Spannungsmessgerät wird an den Blechen eine Spannung von etwa 0,4 V gemessen.
a Erläutern Sie die Vorgänge an den Metallblechen, die zur Entstehung der elektrischen Spannung führen.
b Skizzieren Sie den Aufbau der galvanischen Zelle. Ordnen Sie jeweils die Begriffe Donator- und Akzeptorhalbzelle sowie Minus- und Pluspol zu.
c Die Zelle wird mit einer LED-Diode verbunden. Entwickeln Sie die Reaktionsgleichungen für die Vorgänge in den jeweiligen Halbzellen.

10) Berechnen Sie die Elektrodenpotenziale folgender Halbzellen bei 25 °C:
a $Cu/Cu^{2+}(c = 0{,}2\ mol \cdot l^{-1})$
b $Ag/Ag^+(c = 0{,}1\ mol \cdot l^{-1})$
c $Ag/Ag^+(c = 0{,}01\ mol \cdot l^{-1})$

11) Berechnen Sie die Zellspannung einer galvanischen Zelle mit den Halbzellen $Zn/Zn^{2+}(c = 0{,}1\ mol \cdot l^{-1})$ und $Cu/Cu^{2+}(c = 0{,}1\ mol \cdot l^{-1})$ bei 25 °C.

12) Die galvanische Zelle mit dem Symbol Cu/Cu^{2+} $(c = 0{,}2\ mol \cdot l^{-1})$ // $Ag^+(c = ?\ mol \cdot l^{-1})/Ag$ liefert unter Standardbedingungen eine Spannung von 0,35 V. Berechnen Sie die Konzentration der Silber-Ionen der Ag^+/Ag-Halbzelle.

13) Vier Metallstäbe werden jeweils in eine wässrige Lösung von Salzen ($c = 0{,}1\ \text{mol} \cdot \text{l}^{-1}$) getaucht. Der nachfolgenden Tabelle können Sie entnehmen, ob sich dabei an den Metallstäben ein anderes Metall abgeschieden hat (+) oder nicht (–).
a Ordnen Sie die Metalle begründet nach steigender Reduktionswirkung.
b Skizzieren Sie eine galvanische Zelle, die mit den gegebenen Redoxpaaren eine möglichst hohe Zellspannung liefert.
c Berechnen Sie die zu erwartende Zellspannung aus den tabellierten Standardpotenzialen der Redoxpaare.

Metall / Lösung	Fe(s)	Au(s)	Cu(s)	Al(s)
$FeSO_4$(aq)	(–)	(–)	(–)	(+)
$AuCl_3$(aq)	(+)	(–)	(+)	(+)
$CuSO_4$(aq)	(+)	(–)	(–)	(+)
$AlCl_3$(aq)	(–)	(–)	(–)	(–)

14) Batterien sind galvanische Zellen zur mobilen Stromerzeugung.
a Schlagen Sie mindestens drei galvanische Zellen vor, deren Zellspannung größer als 1,5 V ist.
b Beschreiben Sie den prinzipiellen Aufbau und die Funktionsweise einer Batterie.

15) In einer Coincell, einer besonders flachen Knopfzelle, sind Lithium, Mangandioxid und ein geeigneter Elektrolyt verarbeitet. Beim Entladen werden Lithium-Ionen in das Gitter von Mangandioxid eingelagert, Mn^{4+}-Ionen dabei zu Mn^{3+}-Ionen reduziert.
a Erläutern Sie die Vorgänge in der Coincell.
b Begründen Sie die Verwendung von Lithium.
c Geben Sie an, welche besondere Anforderung der Elektrolyt erfüllen muss und welche Schlussfolgerungen sich daraus für den Preis der Coincell ergeben.

16) Lasagne ist eine schmackhafte Speise, die sich auch für interessante chemische Entdeckungen eignet. Lasagne mit Tomatensoße wird einige Tage in einer Stahlpfanne mit Alufolie abgedeckt im Kühlschrank gelagert. Bei der Entnahme befinden sich kleine Löcher in der Alufolie.
a Erklären Sie, wie die Löcher in der Alufolie entstanden sind.
b Erläutern Sie, ob bei der Benutzung einer Keramikform oder einer Kunstofffolie eine ähnliche Beobachtung gemacht werden kann.
c Diskutieren Sie, ob die Lasagne noch gegessen werden sollte.

17) Die Begriffspaare Halbzelle und Elektrode, Redoxpotenzial und Elektrodenpotenzial sowie Kathode und Pluspol werden in der Chemie häufig als Synonyme verwendet. Erarbeiten Sie eine tabellarische Übersicht über diese und zwei weitere Synonyme, die in der Elektrochemie verwendet werden. Bewerten Sie die Nutzung der einzelnen synonymen Begriffe kritisch.

18) Zink-Kohle- und Alkali-Mangan-Batterien unterscheiden sich im Wesentlichen durch die Art des verwendeten Elektrolyten. In der Zink-Kohle-Batterie wird mit Ammoniumchlorid ein saurer Elektrolyt verwendet, während in der Alkali-Mangan-Batterie ein zinkhaltiges Kaliumhydroxidgel eingesetzt wird. Zudem besteht der Mantel der Zink-Kohle-Batterie häufig aus Zink.
a Skizzieren Sie den prinzipiellen Aufbau einer Zink-Kohle-Batterie und formulieren Sie die Elektrodenreaktionen.
b Erklären Sie, warum im Betrieb die Stoffmengenkonzentration der Zink-Ionen Zn^{2+} im Elektrolyten ansteigt, und erläutern Sie, welche Folgen dies für die Zellspannung hat.
c Begründen Sie, warum die Zink-Kohle-Batterie nicht auslaufsicher ist.
d Diskutieren Sie, welche der beiden Batterien Sie für umweltverträglicher halten.

19) Berechnen Sie die Zellspannungen in folgenden galvanischen Zellen bei Standardbedingungen:
a Zn/Zn^{2+} // Ni^{2+}/Ni
b Cu/Cu^{2+} // Ag^{+}/Ag
c Erklären Sie, wie sich das elektrische Potenzial ändert, wenn die Stoffmengenkonzentration der Metall-Ionen in den wässrigen Lösungen jeweils nur $0{,}1\ \text{mol} \cdot \text{l}^{-1}$ beträgt.

20) Das elektrische Potenzial der Bildung von Sauerstoffmolekülen aus Wassermolekülen hängt vom pH-Wert der wässrigen Lösung ab.
a Entwickeln Sie die Nernst-Gleichung für das Redoxpaar und erläutern Sie daran die pH-Abhängigkeit des Potenzials.
b Diskutieren Sie, warum in Tabellen zwei verschiedene Standardpotenziale für das Redoxpaar O_2/H_2O angegeben sind.

21) Die großtechnische Herstellung von Kalilauge (KOH-Lösung) erfolgt aus wässrigen Lösungen von Kaliumchlorid mithilfe der Chloralkali-Elektrolyse.
a Geben Sie alle Produkte an, die bei der Chloralkali-Elektrolyse von Kaliumchlorid gewonnen werden können.
b Erläutern Sie das Membranverfahren anhand der Herstellung von Kalilauge. Entwickeln Sie die Reaktionsgleichungen für die Vorgänge an den Elektroden.
c Berechnen Sie die Tagesproduktion an reinem Kaliumhydroxid einer Elektrolysezelle, die mit einer Stromstärke von $I = 250$ kA betrieben wird.

22) In Autos werden Bleiakkumulatoren als Starterbatterien verwendet. Die galvanische Zelle des Bleiakkus hat eine Spannung von 2 V. Eine Starterbatterie liefert 12 V. Dazu sind sechs solcher Zellen in Reihe geschaltet.

a Skizzieren Sie schematisch die galvanische Zelle des Bleiakkumulators.

b Geben Sie die Elektrodenreaktionen an, die beim Entladen bzw. Laden des Bleiakkus stattfinden.

c Eine Starterbatterie kann eine Ladungsmenge (Kapazität) von $Q = 52\ \text{A} \cdot \text{h}$ bereitstellen. Berechnen Sie die Masse an Blei, die mindestens zum Bau dieses Akkus verwendet werden musste. Berechnen Sie auch den Verbrauch an Schwefelsäure zum vollständigen Entladen.

23 › Eine Lithiumbromidlösung wird elektrolysiert.

a Berechnen Sie aus den Redoxpotenzialen die theoretische Zersetzungsspannung.

b Erklären Sie, warum es nicht gelingt, auf diese Weise Lithium herzustellen.

24 › Wasserstoff-Sauerstoff-Brennstoffzellen sind wie Batterien galvanische Zellen.

a Skizzieren Sie schematisch den Aufbau einer Wasserstoff-Sauerstoff-Brennstoffzelle und geben Sie die Reaktionen an den jeweiligen Elektroden an.

b Vergleichen Sie die Brennstoffzelle mit einer Zink-Braunstein-Batterie (Alkali-Mangan-Batterie).

c Begründen Sie, warum die Brennstoffzellentechnologie der regenerativen Energie zum Durchbruch verhelfen könnte.

25 › Im Handel sind Bleistiftanspitzer aus Metall erhältlich. Sie bestehen aus einem Magnesiumgehäuse, in das eine Stahlklinge eingesetzt ist.

a Erläutern Sie, warum die Stahlklinge durch das Magnesiumgehäuse gegen Korrosion geschützt ist.

b Entwickeln Sie die Reaktionsgleichungen für die ablaufenden chemischen Vorgänge, wenn der Bleistiftanspitzer nass wird. *Hinweis:* Es bildet sich u. a. schwerlösliches Magnesiumhydroxid $Mg(OH)_2$.

26 › Nachbar Schulz weiß, dass Kupfer ein korrosionsbeständiges Metall ist. Er hat deshalb seine neue Regenrinne aus verzinktem Stahlblech mit verkupferten Schrauben befestigt.

a Erläutern Sie, warum Kupfer korrosionsbeständig ist.

b Klären Sie Nachbar Schulz über seinen Irrtum auf. Erläutern Sie dazu die chemischen Vorgänge, die ablaufen, wenn es regnet und die Rinne mit der Befestigung nass wird.

Mithilfe dieses Kapitels können Sie:	Aufgabe	Hilfe finden Sie auf Seite
• Redoxreaktionen als Reaktionen mit Elektronenübertragung deuten und formulieren	*1, 2, 4, 5, 6*	*186-187*
• Oxidationszahlen der Atome in einer Verbindung bestimmen	*1, 2, 6, 8*	*188-189*
• redoxtitrimetrische Verfahren zur Konzentrationsbestimmung anwenden und deuten	*3, 7, 8*	*196-197*
• elektrochemische Reaktionen in einer galvanischen Zelle auf der Basis des Donator-Akzeptor-Konzepts erklären	*9, 13, 15, 16, 17, 22, 24*	*200-203*
• das Batterieprinzip als Nutzung der Umwandlung von chemischer in elektrische Energie in einer galvanischen Zelle deuten	*14, 15, 18, 22, 24*	*200-201*
• die elektrochemische Spannungsreihe zur Vorhersage von Redoxreaktionen und zur Berechnung von Zellspannungen anwenden	*10–16, 19, 20, 21, 23*	*202-204*
• die Konzentrationsabhängigkeit des Redoxpotenzials erklären und mithilfe der Nernst-Gleichung berechnen	*18, 19, 20*	*206-208*
• die Vorgänge der Elektrolyse erläutern und als Umkehrung der Vorgänge in der galvanischen Zelle deuten	*21, 23*	*220-221*
• die Vorgänge bei der elektrochemischen Korrosion und wirksame Maßnahmen zum Korrosionsschutz erläutern	*25, 26*	*230-231*

Vom Grund des Abrahamsees im Permafrostgebiet Kanadas steigt unablässig Methangas auf. Es kann zum Heizen oder als Ausgangsstoff für die Synthese organischer Verbindungen verwendet werden. Methanmoleküle bestehen lediglich aus Kohlenstoff- und Wasserstoffatomen – so wie alle anderen Kohlenwasserstoffe auch, von denen eine riesige Anzahl an Verbindungen existiert. Ihre unterschiedlichen Eigenschaften lassen sich mithilfe ihrer typischen Strukturmerkmale verstehen.

Stoffklassen der organischen Chemie 7

Merkmale der Stoffklassen

gesättigte und ungesättigte Kohlenwasserstoffe

- Molekülstrukturen und Eigenschaften der Alkane, Alkene und Alkine
- Homologe Reihen
- Isomere
- Halogenalkane
- Gaschromatografie

Alkohole, Aldehyde, Ketone

- Strukturen und Eigenschaften
- Funktionelle Gruppen
- Oxidation von Alkoholen
- Nachweis von Aldehyden

Carbonsäuren, Carbonsäureester

- Strukturen und Eigenschaften
- Nomenklatur
- Vielfalt und Bedeutung

01 Aus dem Abrahamsee im Permafrostgebiet Kanadas steigen Methangasblasen auf – und gefrieren sofort.

7.1 Organische Stoffklassen

01 Herstellung organischer Verbindungen im Labor

Mit der künstlichen Herstellung von Harnstoff, einer organischen Verbindung, aus dem anorganischen Salz Ammoniumcyanat im Jahre 1828 wurde der deutsche Chemiker FRIEDRICH WÖHLER weltberühmt – und begründete die *organische Chemie*.

Alle organischen Stoffe sind Kohlenstoffverbindungen. Zu ihnen gehören mehr als 90 % der heute bekannten über 100 Millionen chemischen Verbindungen. In modernen Labors können fast unbegrenzt neue organische Verbindungen hergestellt werden.

Die organische Chemie beschäftigt sich mit dem Aufbau, den Eigenschaften, den Reaktionen sowie der Herstellung und Verwendung der natürlich vorkommenden und der künstlich hergestellten organischen Verbindungen. Hierzu gehören beispielsweise die natürlich vorkommenden Fette, Aminosäuren und Kohlenhydrate ebenso wie die künstlich hergestellten Arzneimittel, Kosmetika, Kunststoffe und Farbmittel.

VIELFALT DER ORGANISCHEN VERBINDUNGEN

Die große Anzahl und Vielfalt der organischen Verbindungen lässt sich mit der Eigenschaft der Kohlenstoffatome begründen, miteinander stabile Elektronenpaarbindungen auszubilden. Auf diese Weise bilden die Kohlenstoffatome Ketten und Ringe unterschiedlicher Größe aus, in denen sie über Einfach- oder Mehrfachbindungen miteinander verknüpft sind. Da die Ketten verzweigt oder unverzweigt sein können, ergeben sich vielfältige Kombinationsmöglichkeiten und dadurch verschiedene **Stoffklassen** (↑ 02). In organischen Verbindungen kommt neben Kohlenstoff vor allem das Element Wasserstoff vor – aber auch die meisten anderen Elemente, mit Ausnahme der Edelgase, können in ihnen gebunden sein. Außerdem bestimmen *funktionelle Gruppen* maßgeblich die physikalischen und chemischen Eigenschaften organischer Verbindungen.

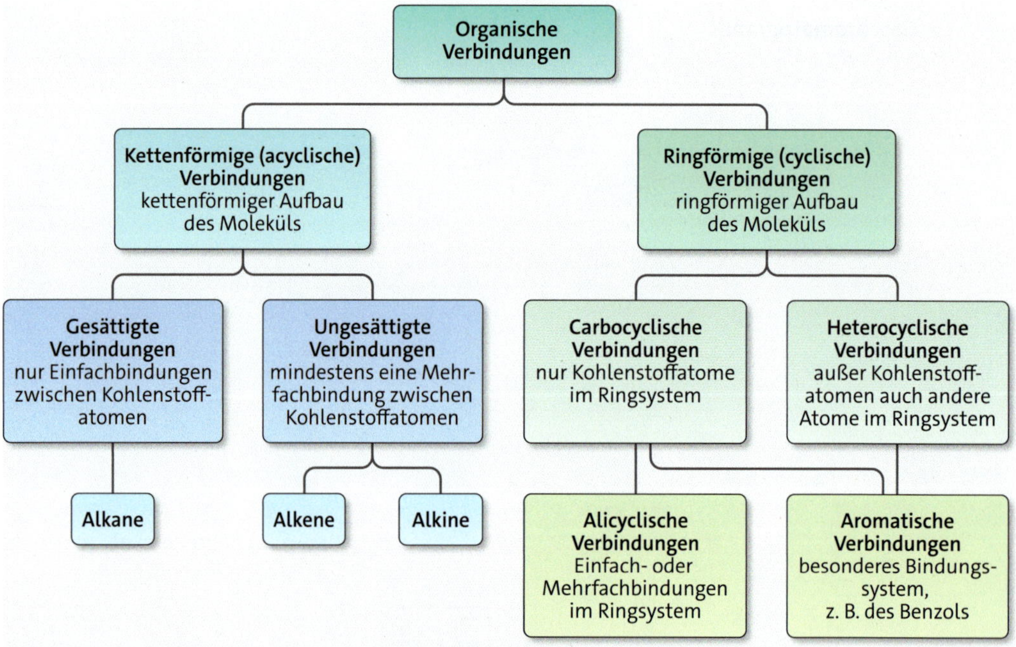

02 Übersicht über organische Kohlenstoffverbindungen und einige Stoffklassen

Praktikum

P Eigenschaften von organischen Verbindungen

EXP 7.01 Verbrennungsgase von Kerze und Gasbrenner

Materialien Glastrichter, U-Rohr, Wasserbad, Waschflasche, Wasserstrahlpumpe, Glasrohre, Schlauchstücke, Kerze, Gasbrenner, Wasser, Eiswürfel, Kalkwasser (5), weißes Kupfersulfat (5, 7, 9).

Durchführung Bauen Sie die Versuchsapparatur gemäß der Abbildung auf. Entzünden Sie die Kerze und stellen Sie diese unter den Glastrichter. Leiten Sie die Verbrennungsgase mithilfe einer Wasserstrahlpumpe durch ein U-Rohr, in dem sich etwas weißes Kupfersulfat befindet, und dann in eine Gaswaschflasche mit Kalkwasser. Kühlen Sie dabei das U-Rohr in einem Wasserbad. Wiederholen Sie das Experiment mit dem Gasbrenner anstelle der Kerze.

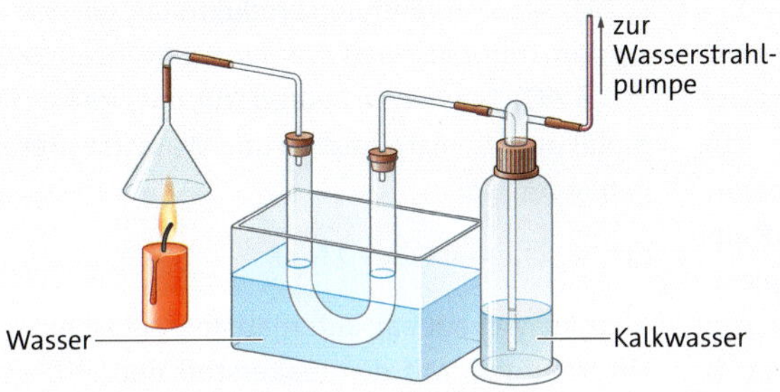

Entsorgung: Kalkwasser ins Abwasser geben, Kupfersulfat einsammeln.

Auswertung

1) Notieren Sie Ihre Beobachtungen und schlussfolgern Sie, welche Stoffe bei der Verbrennung entstanden sind.
2) Formulieren Sie die Reaktionsgleichung für die Reaktion in der Gaswaschflasche.

EXP 7.02 Löslichkeit von Alkanen

Materialien 4 Reagenzgläser, Reagenzglasständer, 2 Pasteurpipetten, Glasstab, Heptan (2, 8, 7, 9), Octan (2, 8, 7, 9), Paraffinöl (8), Wasser

Durchführung Geben Sie in jeweils ein Reagenzglas etwa 3 ml Heptan. Geben Sie mithilfe der Pipette 8 Tropfen Octan in das eine und 8 Tropfen Wasser in das andere Reagenzglas. Verrühren Sie die Gemische mit dem Glasstab. Wiederholen Sie das Experiment mit Paraffinöl anstelle des Heptans.
Entsorgung: Reste in den Behälter für halogenfreie organische Abfälle geben.

Auswertung Beschreiben und deuten Sie Ihre Beobachtungen.

EXP 7.03 Viskosität von Alkanen

Materialien 3 Pipetten (20 ml), Pipettierhilfe, 4 Bechergläser (50 ml), Pentan (2, 8, 7, 9), Octan (2, 8, 7, 9), Decan (2, 8), Stoppuhr

Durchführung Füllen Sie in eine Pipette mit einer Pipettierhilfe genau 20 ml Pentan ein. Bestimmen Sie die Zeit, in der das Alkan aus der Pipette ausläuft. Ermitteln Sie auf gleiche Weise auch die Auslaufzeit für 20 ml Octan und Decan. Wiederholen Sie den Versuch mit den gleichen Alkanen, die zuvor im Kühlschrank auf etwa 8 °C abgekühlt wurden.
Entsorgung: Reste in den Behälter für halogenfreie organische Abfälle geben.

Auswertung Beschreiben und deuten Sie Ihre Beobachtungen.

EXP 7.04 Brennbarkeit von Alkanen

Materialien 2 Porzellanschalen, Messzylinder (10 ml), Heptan (2, 8, 7, 9), Paraffinöl (8), langer Holzstab

Durchführung Geben Sie in eine Porzellanschale etwa 2 ml Heptan und in eine zweite etwa 2 ml Paraffinöl. Entzünden Sie die Stoffe mithilfe des Holzstabs.
Entsorgung: Reste in den Behälter für halogenfreie organische Abfälle geben.

Auswertung Beschreiben und deuten Sie Ihre Beobachtungen.

EXP 7.05 Elektrische Leitfähigkeit bei Alkanen

Materialien Spannungsquelle, 2 Graphitelektroden, Glühlampe, 2 Bechergläser (50 ml), Heptan (2, 8, 7, 9), Paraffinöl (8), Kabel

Durchführung Bauen Sie die Versuchsapparatur gemäß der Abbildung auf. Prüfen Sie nacheinander je 10 ml Heptan und Paraffinöl auf elektrische Leitfähigkeit.

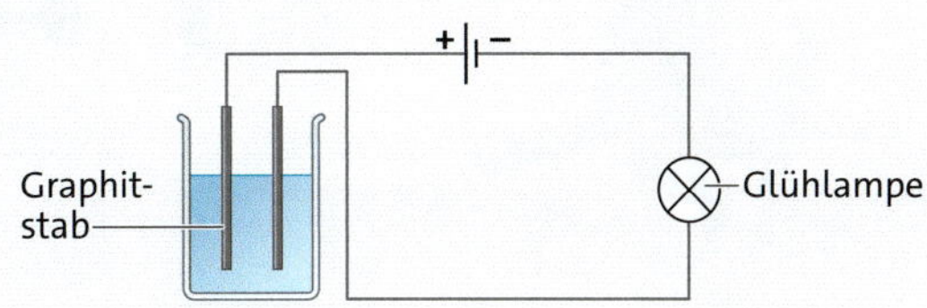

Entsorgung: Reste in den Behälter für halogenfreie organische Abfälle geben.

Auswertung Beschreiben und deuten Sie Ihre Beobachtungen.

7.2 Alkane – gesättigte Kohlenwasserstoffe

VIELFALT DER ORGANISCHEN VERBINDUNGEN Die Vielfalt der organischen Verbindungen wird durch die besonderen Eigenschaften des Kohlenstoffatoms ermöglicht. Das Kohlenstoffatom besitzt eine mittlere Elektronegativität. Daher kann es Elektronenpaarbindungen mit vielen Elementen eingehen. Da jedes Kohlenstoffatom vier Außenelektronen besitzt und somit vierbindig ist, können mehrere Kohlenstoffatome über Elektronenpaarbindungen lange Ketten oder Ringe ausbilden. Die Elektronenpaarbindungen zwischen den Kohlenstoffatomen weisen eine hohe Bindungsenergie auf. Daher sind die Kohlenstoff-Kohlenstoff-Ketten sehr stabil und können eine große Länge erreichen. Das Kohlenstoffatom ist sehr klein. Daher kann es neben C-C-Einfachbindungen auch C-C-Mehrfachbindungen eingehen

METHAN – VORKOMMEN UND VERWENDUNG Erdgas, Sumpfgas, Biogas oder Grubengas sind Gasgemische, die zu einem großen Teil aus Methan bestehen. Methan entsteht u. a., wenn abgestorbene tierische und pflanzliche Reste unter Luftabschluss von Bakterien zersetzt werden, beispielsweise in Sümpfen oder am Grund verschmutzter Gewässer. Methan ist zudem mit 85–95 Vol.-% Hauptbestandteil des Erdgases und wird beispielsweise in Gasherden oder Heizungsanlagen im Haushalt eingesetzt.

EIGENSCHAFTEN VON METHAN Reines Methan ist ein farb- und geruchloses Gas, das eine geringere Dichte als Luft hat. In Wasser ist Methan nahezu unlöslich und steigt deshalb vom Grund eines Sees auf. Es kann wegen dieser Eigenschaften im Labor pneumatisch aufgefangen werden.

01 Methan brennt mit bläulicher Flamme.

Methan brennt mit bläulicher, nicht rußender Flamme (↑ **01**). Als Verbrennungsprodukte lassen sich nur Kohlenstoffdioxid und Wasser nachweisen (↑ Exp. 7.01, S.247). Dies ist ein Beleg dafür, dass im Methanmolekül Kohlenstoffatome und Wasserstoffatome gebunden sind.

$$CH_4 + 2\,O_2 \longrightarrow CO_2 + 2\,H_2O$$

Methan ist brennbar, unterhält aber selbst nicht die Verbrennung. Mit dem Sauerstoff der Luft bildet Methan explosive Gemische. Es kommt immer wieder zu schweren Gasexplosionen durch unbemerktes Ausströmen von Erdgas und der Zündung des entstehenden Methan-Luft-Gemischs, beispielsweise durch einen Funken.

> **Methan ist der einfachste Kohlenwasserstoff. Die Molekülformel lautet CH_4.**

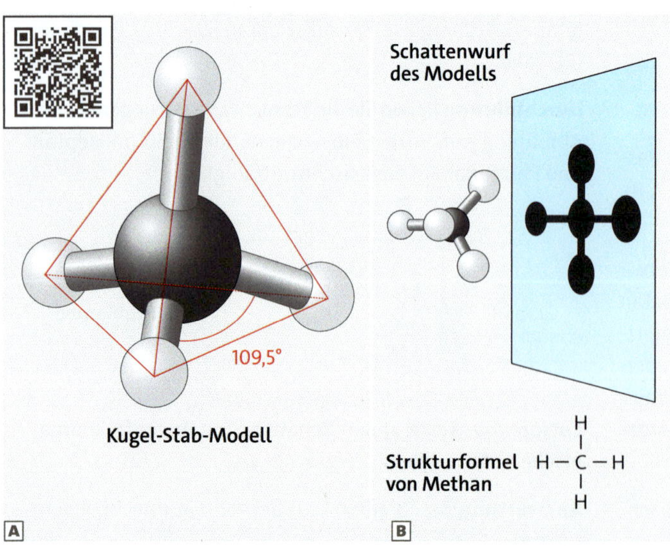

02 Struktur des Methanmoleküls: **A** Kugel-Stab-Modell, **B** vom Molekülmodell zur Strukturformel

STRUKTUR DES METHANMOLEKÜLS Die Molekülformel des Methanmoleküls lautet CH_4. Im Methanmolekül sind die vier Wasserstoffatome an das zentrale Kohlenstoffatom gebunden. Alle vier C–H-Bindungen sind völlig gleichwertig und besitzen die gleiche Bindungsenergie (414 kJ/mol) sowie die gleiche Bindungslänge (108 pm).

Nach dem Elektronenpaarabstoßungsmodell nehmen die vier Bindungen den größtmöglichen Abstand zueinander ein und sind tetraedrisch um das zentrale Kohlenstoffatom herum angeordnet. Der H–C–H-Bindungswinkel beträgt 109,5°. Er wird auch als **Tetraederwinkel** bezeichnet (↑ **02**).

> **Das Methanmolekül hat eine tetraedrische Struktur.**

Homologe Reihe der Alkane

ALKANE sind **gesättigte Kohlenwasserstoffe**, da die Kohlenstoffatome in den Molekülen ausschließlich durch Einfachbindungen verknüpft sind. Daneben weisen sie nur noch Bindungen zu Wasserstoffatomen auf. Jedes Kohlenstoffatom hat dabei genau vier Bindungspartner.

STRUKTUR DES ETHANMOLEKÜLS Ethan ist wie Methan ein farb- und geruchloser Bestandteil des Erdgases. Auch im Ethanmolekül mit der Molekülformel C_2H_6 hat jedes Kohlenstoffatom vier Bindungspartner, die sich tetraedrisch um das Kohlenstoffatom anordnen. Es besteht damit aus zwei gegenständigen Tetraedern (↑ **04**). Im Kugel-Stab-Modell wird deutlich, dass die beiden CH_3-Gruppen um die C–C-Bindungsachse frei drehbar sind.

HOMOLOGE REIHE DER ALKANE Das Propanmolekül mit der Molekülformel C_3H_8 unterscheidet sich vom Ethanmolekül durch das Einfügen einer CH_2-Gruppe zwischen die beiden CH_3-Gruppen. Mit jedem weiteren Kohlenstoffatom vergrößert sich damit das Kohlenstoffgerüst der Moleküle um eine weitere CH_2-Gruppe:

Ethan $CH_3–CH_3$
Propan $CH_3–CH_2–CH_3$
Butan $CH_3–CH_2–CH_2–CH_3$
Pentan $CH_3–CH_2–CH_2–CH_2–CH_3$
Hexan $CH_3–CH_2–CH_2–CH_2–CH2–CH_3$

Dies lässt sich mit zunehmender Anzahl an Kohlenstoffatomen beliebig oft wiederholen. Dabei entstehen lineare Alkanmoleküle mit jeweils tetraedrisch um die Kohlenstoffatome angeordneten Bindungspartnern.
Solche Verbindungen, deren Molekülketten sich jeweils um eine CH_2-Gruppe voneinander unterscheiden, bilden eine **homologe Reihe**. Die homologe Reihe der Alkane beginnt mit Methan und wird durch die **allgemeine Molekülformel C_nH_{2n+2}** beschrieben.

Der Name der Alkane wird aus einem Wortstamm und der Endsilbe **-an** gebildet. Bei Kohlenwasserstoffen mit fünf oder mehr Kohlenstoffatomen im Molekül ist der Wortstamm aus dem lateinischen oder griechischen Zahlwort für die Anzahl der Kohlenstoffatome entlehnt, während die ersten vier Alkane Eigennamen tragen.

Alkane sind gesättigte Kohlenwasserstoffe. Sie bilden eine homologe Reihe mit der allgemeinen Molekülformel C_nH_{2n+2}.

CYCLOALKANE Ringförmige (cyclische) gesättigte Kohlenwasserstoffe heißen Cycloalkane (lat. *cyclus*: Ring). Ein Cycloalkanmolekül hat bei gleicher Anzahl von Kohlenstoffatomen zwei Wasserstoffatome weniger als das entsprechende kettenförmige Alkanmolekül. Sie bilden ebenfalls eine homologe Reihe mit der allgemeinen Formel $\mathbf{C_nH_{2n}}$. Der einfachste Vertreter ist das Cyclopropan (C_3H_6).
Aufgrund der Ringstruktur ist bei den Cycloalkanen die freie Drehbarkeit um die C–C-Bindungsachse im Vergleich zu den kettenförmigen Alkanen eingeschränkt.
Die Eigenschaften der Cycloalkane sind vergleichbar mit denen der jeweiligen kettenförmigen Alkane.

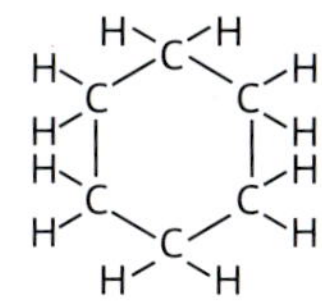

03 Strukturformel des Cyclohexanmoleküls

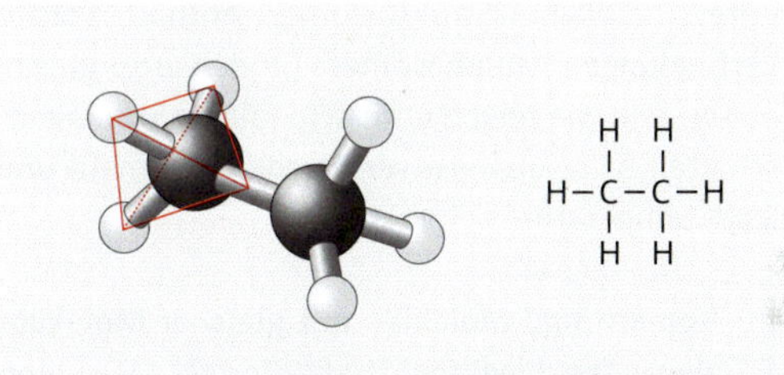

04 Molekülmodell und Strukturformel des Ethanmoleküls

Name	Molekülformel	Halbstrukturformel
Methan	CH_4	CH_4
Ethan	C_2H_6	$CH_3–CH_3$
Propan	C_3H_8	$CH_3–CH_2–CH_3$
Butan	C_4H_{10}	$CH_3–(CH_2)_2–CH_3$
Pentan	C_5H_{12}	$CH_3–(CH_2)_3–CH_3$
Hexan	C_6H_{14}	$CH_3–(CH_2)_4–CH_3$
Heptan	C_7H_{16}	$CH_3–(CH_2)_5–CH_3$
Octan	C_8H_{18}	$CH_3–(CH_2)_6–CH_3$
Nonan	C_9H_{20}	$CH_3–(CH_2)_7–CH_3$
Decan	$C_{10}H_{22}$	$CH_3–(CH_2)_8–CH_3$
Dodecan	$C_{12}H_{26}$	$CH_3–(CH_2)_{10}–CH_3$
Hexadecan	$C_{16}H_{34}$	$CH_3–(CH_2)_{14}–CH_3$

05 Homologe Reihe der Alkane

1 〉 Beschreiben Sie den Bau eines Pentanmoleküls anhand seiner Strukturformel.
2 〉 Stellen Sie analog zu Tabelle ↑ **05** die homologe Reihe der Cycloalkane auf.
3 〉 Entwickeln Sie die Reaktionsgleichungen für die vollständige Verbrennung von Hexan und von Cyclohexan.

Isomerie bei Alkanen

Animation: Konformationsisomere des Ethanmoleküls

n-Butan	Isobutan
$CH_3-CH_2-CH_2-CH_3$	$CH_3-CH(CH_3)-CH_3$
Siedetemperatur: – 0,5 °C	Siedetemperatur: – 11,7 °C
Schmelztemp.: – 135 °C	Schmelztemp.: – 145 °C

01 Konstitutionsisomere des Butanmoleküls

ISOMERE Die Molekülformel C_4H_{10} für Butan gibt keine Auskunft über die Struktur des Moleküls. Tatsächlich kann mit einer gaschromatografischen Analyse gezeigt werden, dass Butangas zwei verschiedene Stoffe mit gleicher Molekülformel, aber unterschiedlicher Strukturformel enthält. Solche Verbindungen heißen **Isomere** (griech. *isos:* gleich, *meros:* Teil). Sie zeigen unterschiedliche Stoffeigenschaften, beispielsweise verschiedene Schmelz- und Siedetemperaturen (↑ **01**).

Zur Methode der Gaschromatografie ↑ S. 258 ff.

Isomere sind Moleküle mit gleicher Molekülformel, aber unterschiedlicher Strukturformel. Man unterscheidet verschiedene Isomeriearten.

KONSTITUTIONSISOMERE Alkane mit unverzweigten Ketten nennt man n-Alkane (n: normal). Alkane mit verzweigten Ketten heißen iso-Alkane. Die Seitenketten werden als **Alkylgruppen** bezeichnet. Die Konstitution eines Moleküls beschreibt die Reihenfolge der Atome im Molekül sowie die Art der Bindungen.

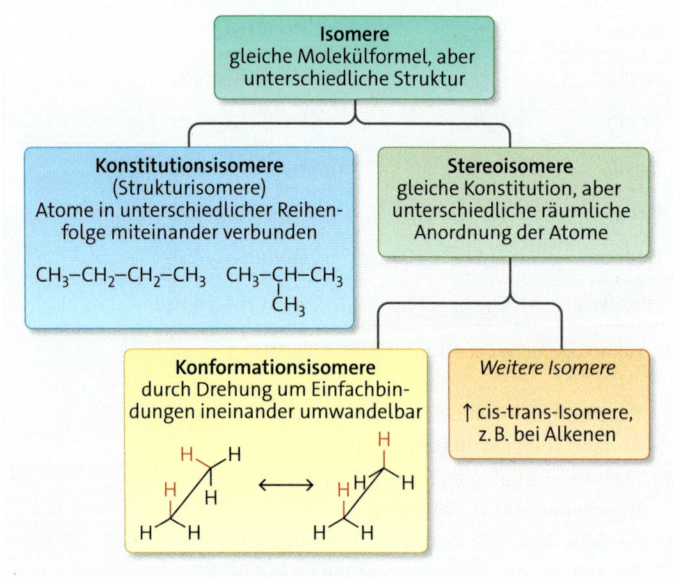

02 Überblick über Isomeriearten

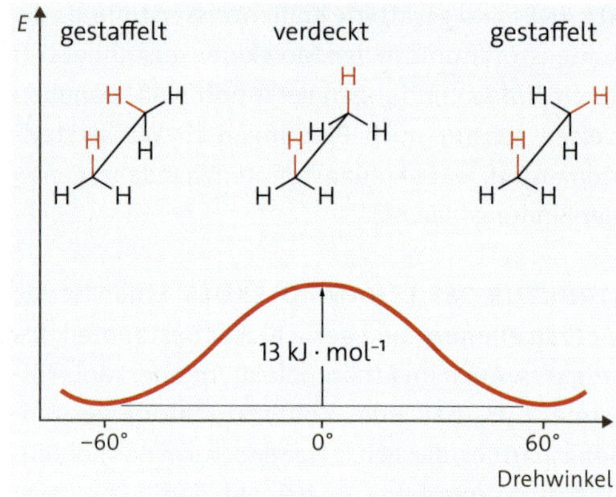

03 Konformationsisomere des Ethanmoleküls

In **Konstitutionsisomeren** (auch: **Strukturisomere**) sind die Atome in unterschiedlicher Reihenfolge miteinander verbunden. Sie unterscheiden sich also bei gleicher Molekülformel in ihrer Struktur. Isobutan (2-Methylpropan) und n-Butan sind Konstitutionsisomere, da beim n-Butan eine unverzweigte Kette aus Kohlenstoffatomen und beim Isobutan eine verzweigte vorliegt (↑ **01**).
Mit wachsender Kettenlänge steigt die Zahl der möglichen Isomere erheblich an. Vom Butan sind zwei Isomere bekannt, vom Hexan fünf und beim Octan bereits 18 Konstitutionsisomere.

Konstitutionsisomere (Strukturisomere) unterscheiden sich in der Reihenfolge der in den Molekülen gebundenen Atome.

KONFORMATIONSISOMERE Beim Ethanmolekül sind die beiden CH_3-Gruppen um die C–C-Bindungsachse frei drehbar. Dadurch können sich die CH_3-Gruppen im Ethanmolekül räumlich unterschiedlich anordnen. Dabei entstehen energetisch unterschiedliche **Konformationsisomere**, die sich ineinander umwandeln können. Solche Isomere gehören zu den Stereoisomeren. **Stereoisomere** sind Moleküle, bei denen die Atome bei gleicher Konstitution unterschiedlich räumlich angeordnet sind.

Die *gestaffelte* Konformation, bei der die Wasserstoffatome den größtmöglichen Abstand zueinander einnehmen, ist etwas stabiler als das *verdeckte* Isomer, da sich die Wasserstoffatome in der gestaffelten Form gegenseitig weniger stark abstoßen.

Für das Cyclohexanmolekül sind die wichtigsten Konformationen die Sessel-Konformation und die Wannen-Konformation. In der energetisch günstigen, nahezu spannungsfreien Sessel-Konformation haben alle Wasserstoffatome den größtmöglichen Abstand voneinander, sie stehen gestaffelt. In der energetisch ungünstigeren Wannen-Konformation behindern sich die nach innen gerichteten Wasserstoffatome (↑ **04**).

> **Konformationsisomere unterscheiden sich durch die Anordnung der Atomgruppen um eine Einfachbindung. Sie wandeln sich durch Drehung um die Einfachbindung ineinander um.**

1) Zeichnen Sie die Strukturformeln und die Halbstrukturformeln aller Konstitutionsisomere des Pentans.

2) Diskutieren Sie, welche Konformationsisomere beim Butan möglich sind und welche die energetisch günstigste Konformation ist.

3) Geben Sie den Namen von Isopentan nach den Regeln der IUPAC-Nomenklatur an.

4) Benennen Sie das rechts stehende Molekül nach den Regeln der IUPAC-Nomenklatur.

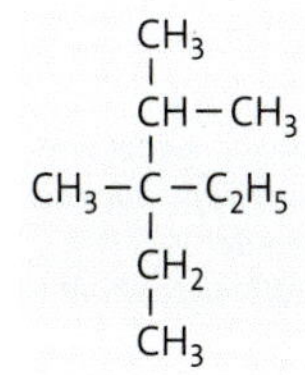

5) Zeichnen Sie die Halbstrukturformeln folgender Alkane:

a 4,5-Diethyl-2,3-dimethylnonan

b 2,2-Dimethyl-4-propylheptan

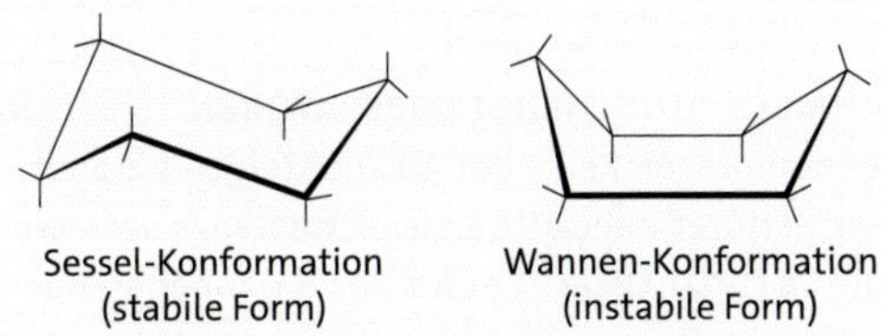

04 Konformationsisomere des Cyclohexanmoleküls

M Benennung von Alkanen

AUFGABE 1 Benennen Sie nach den Regeln der IUPAC-Nomenklatur ein verzweigtes Alkanmolekül.

Bis heute sind mehr als 30 Millionen organische Verbindungen bekannt. Um jede einzelne Verbindung eindeutig und systematisch benennen zu können, hat die *International Union of Pure and Applied Chemistry* (IUPAC) **Nomenklaturregeln** eingeführt, die weltweit Gültigkeit haben.

1. Nummerierung

Die Kohlenstoffatome der längsten Kette (Hauptkette) werden so nummeriert, dass diejenigen mit Seitenketten (Alkylgruppen) die niedrigsten Nummern bekommen.

2. Stammname der Verbindung

Die längste zusammenhängende Kohlenstoffkette im Molekül mit der größten Anzahl an Seitenketten (Alkylgruppen) ergibt den Stammnamen der Verbindung.

3. Name der Alkylgruppe

Die Seitenketten werden als Alkylgruppen benannt, ihre Namen erhalten die Endsilbe **-yl**. Sie werden in *alphabetischer Reihenfolge* vor den Stammnamen gesetzt.

4. Anzahl gleicher Alkylgruppen

Gleichartige Seitenketten werden nur einmal genannt. Ihre Anzahl wird durch griechische Zahlwörter (di, tri, tetra, penta usw.) gekennzeichnet und der Seitenkette vorangestellt.

5. Position der Alkylgruppen

Die Nummern der Kohlenstoffatome, die die Verzweigungen tragen, werden vorangestellt.

6. Name des Alkans

Der Name des Alkans wird aus den Namensbestandteilen zusammengesetzt.

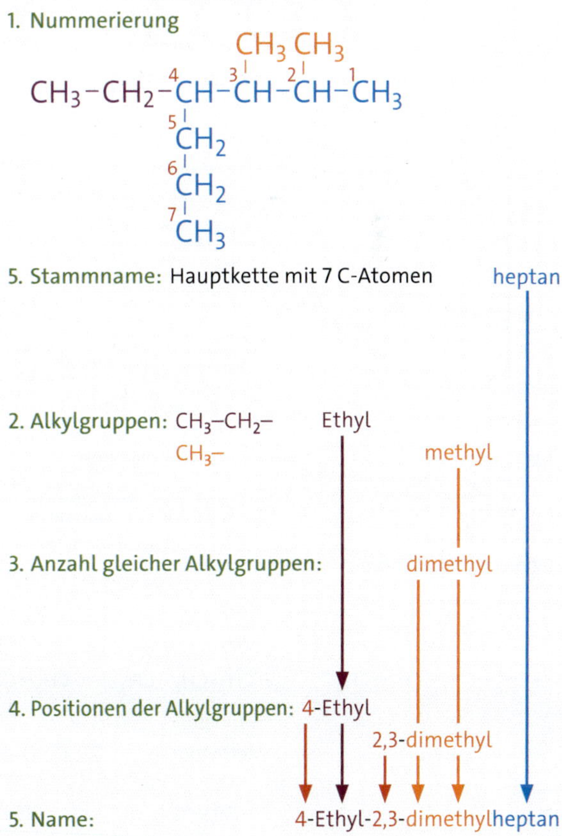

7.3 Struktur und Eigenschaften von Alkanen

London-Kräfte werden häufig auch als Van-der-Waals-Kräfte bezeichnet.

Zwischenmolekulare Kräfte ↑ S. 52 f.

BINDUNGSVERHÄLTNISSE BEI ALKANEN Die Elektronegativitätsdifferenz (ΔEN) zwischen den Wasserstoff- und den Kohlenstoffatomen ist mit ΔEN = 0,4 gering ausgeprägt. Deshalb sind die C–H-Bindungen der Alkanmoleküle nur schwach polar. Aufgrund der Molekülgeometrie fallen die positiven und negativen Teilladungen zusammen, sodass Alkanmoleküle insgesamt unpolar sind. Zwischen den unpolaren Molekülen wirken nur zwischenmolekulare Kräfte, die *London-Kräfte* (↑ **01**).

SCHMELZ- UND SIEDETEMPERATUREN Innerhalb der homologen Reihe der Alkane steigen die Siedetemperaturen mit wachsender Kettenlänge der Moleküle an (↑ **02**). Ursache dafür sind die zunehmenden London-Kräfte zwischen den Alkanmolekülen. Mit der Anzahl der Kohlenstoffatome nimmt auch die Moleküloberfläche der Alkane zu (↑ **01**). Damit verstärken sich die London-Kräfte zwischen den Molekülen, sodass das jeweilige Alkan erst bei höherer Temperatur von der flüssigen Phase in die Gasphase übergeht. Der Verlauf der Schmelztemperaturen wird ähnlich begründet. Es fällt jedoch auf, dass die Alkane mit gerader Anzahl von Kohlenstoffatomen im Molekül höher schmelzen als Alkane mit ungerader Anzahl. Das liegt daran, dass Alkanmoleküle mit gerader Zahl von Kohlenstoffatomen im Kristallgitter dichter gepackt liegen und die zwischenmolekularen Kräfte größer sind.
Zur Deutung der unterschiedlichen Siedetemperaturen der Isomere eines Alkans ist ebenfalls die Größe der Moleküloberfläche entscheidend. Die Moleküle unverzweigter Alkane wie n-Pentan besitzen eine größere Oberfläche als die Moleküle verzweigter Isomere (↑ **03**). Dadurch wirken zwischen unverzweigten Molekülen stärkere London-Kräfte und die Siedetemperaturen der Alkane sinken mit zunehmendem Verzweigungsgrad.
Die unterschiedlichen Schmelztemperaturen der Isomere ergeben sich daraus, dass stark verzweigte und damit sperrige Moleküle eine regelmäßige Anordnung im Kristallgitter erschweren. Aus dem dadurch geringeren Zusammenhalt der Moleküle resultieren niedrigere Schmelztemperaturen.

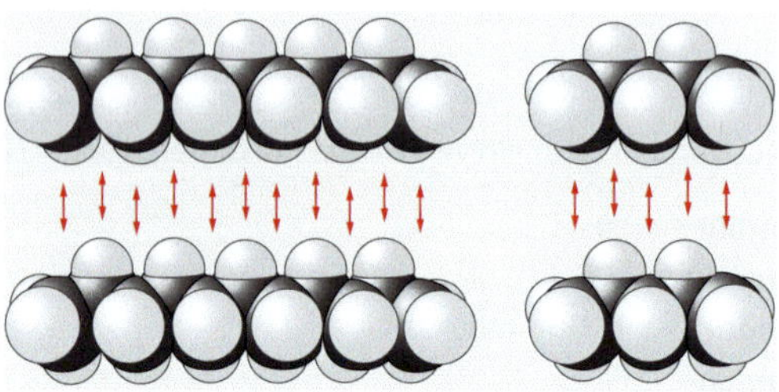

01 London-Kräfte zwischen Alkanmolekülen

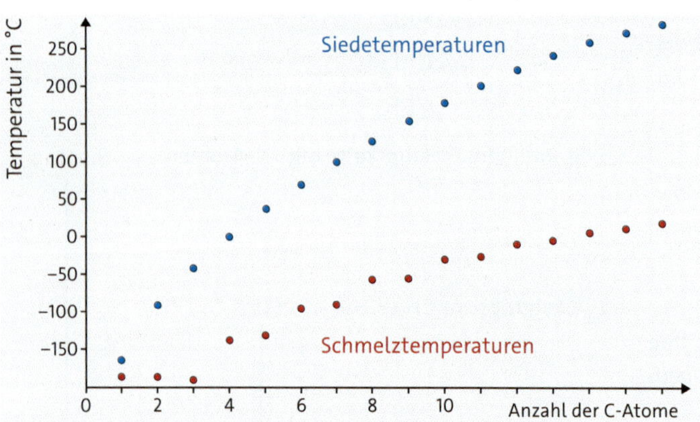

02 Schmelz- und Siedetemperaturen der Alkane

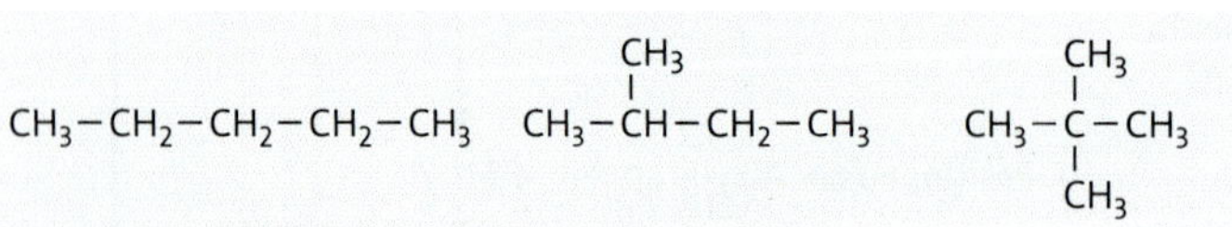

	n-Pentan	2-Methylbutan	2,2-Dimethylpropan
Schmelztemp.:	−129,7 °C	−159,9 °C	−16,6 °C
Siedetemp.:	36,2 °C	27,9 °C	9,5 °C

03 Schmelz- und Siedetemperaturen der Isomere des Pentans

VISKOSITÄT Mit steigender Kettenlänge nimmt die Zähflüssigkeit, ihre **Viskosität**, innerhalb der homologen Reihe der Alkane zu (↑ Exp. 7.03, S. 247). Da beim Fließen der Alkane ihre Moleküle aneinander vorbeigleiten, erschweren größere London-Kräfte diesen Vorgang. Langkettige Alkane eignen sich deshalb aufgrund ihrer hohen Viskosität gut als Schmiermittel.

Alkane sind unpolare Verbindungen. Mit zunehmender Kettenlänge ihrer Moleküle steigen die Schmelz- und Siedetemperaturen sowie ihre Viskosität aufgrund stärker werdender London-Kräfte.

LÖSLICHKEIT Alkane sind aufgrund ihrer unpolaren Struktur in polaren Lösemitteln wie Wasser nahezu unlöslich und werden daher als hydrophobe Verbindungen (griech. *hydro:* Wasser, *phobos:* Furcht) bezeichnet. Gibt man Wasser und Alkane zusammen, so bilden Alkane aufgrund ihrer geringeren Dichte immer die obere Schicht.
Zwischen den polaren Wassermolekülen wirken *Wasserstoffbrücken* – also deutlich stärkere zwischenmolekulare Kräfte als zwischen den unpolaren Al-

kanmolekülen. Die Moleküle dringen nicht in den Molekülverband der jeweils anderen Sorte ein, da die starken Wasserstoffbrücken im Wasser nicht durch die schwachen Van-der-Waals-Kräfte von Alkanmolekülen aufgehoben werden können. Eine durch Schütteln erhaltene Wasser-Alkan-Emulsion entmischt sich wieder, weil die zwischenmolekularen Kräfte gleichartiger Moleküle insgesamt größer sind (↑ **04**).
Verschiedene Alkane sind untereinander in jedem Mischungsverhältnis löslich. Selbst langkettige, feste Alkane können so in Lösung gebracht werden. Auch in Fetten sind die Alkane gut löslich und zählen daher zu den lipophilen (griech. *lipos:* Fett, *philein:* lieben) Stoffen. Die alte Weisheit „Ähnliches löst sich in Ähnlichem" (lat. *Similia similibus solvuntur*) gilt für alle chemischen Verbindungen. Sie beruht darauf, dass zwischen den Teilchen ähnliche zwischenmolekulare Kräfte wirken.

REAKTIVITÄT Alkane reagieren mit vielen Stoffen nicht. Reaktionen bleiben selbst bei Stoffen aus, die als reaktionsfreudig bekannt sind, beispielsweise Schwefelsäure, Natronlauge oder Natrium – oder sie verlaufen äußerst langsam. Man sagt, Alkane sind **reaktionsträge**. Sie werden daher auch als Paraffine (lat. *parum affinis:* wenig zugeneigt) bezeichnet. Mit einigen Stoffen wie Sauerstoff oder den Halogenen können sie jedoch reagieren, beispielsweise bei Verbrennungen oder Substitutionen. Gemische von gasförmigen Alkanen mit Luft sind sogar explosiv. Wie ist dies zu erklären?
Die C–H-Bindungen sind aufgrund der geringen Elektronegativitätsdifferenz zwischen Wasserstoff- und Kohlenstoffatomen nur sehr schwach polar. Angreifende Teilchen wie polare Moleküle oder Ionen werden nur schwach angezogen.

Verbrennungsreaktionen sind jedoch energetisch begünstigt. Alle Alkane sind daher gut brennbar (↑ Exp. 2.05, S. 37). Bei der vollständigen Verbrennung entstehen in einer Redoxreaktion als Reaktionsprodukte Kohlenstoffdioxid und Wasser:

$$C_3H_8(g) + 5\,O_2(g) \longrightarrow 3\,CO_2(g) + 4\,H_2O(l) \quad | \text{ exotherm}$$

Steht nicht ausreichend Sauerstoff zur Verfügung, verbrennen die Alkane unvollständig zu Kohlenstoffdioxid, Wasser und reinem Kohlenstoff, dem Ruß:

$$C_3H_8(g) + 2\,O_2(g) \longrightarrow 3\,C(s) + 4\,H_2O(l) \quad | \text{ exotherm}$$

Mit zunehmender Kettenlänge der Alkane verstärkt sich die Rußbildung (↑ **05**). Bei gleichbleibendem Sauerstoffangebot der Luft kann der hohe Kohlenstoffanteil langkettiger Alkane nicht mehr vollständig zu Kohlenstoffdioxid oxidiert werden.
Bei der Verbrennung der verschiedenen Alkane an Luft nimmt mit steigendem Kohlenstoffanteil des Alkans ebenfalls die Helligkeit der Flamme zu. Dies wird durch hell glühende Rußteilchen in der Flamme verursacht.

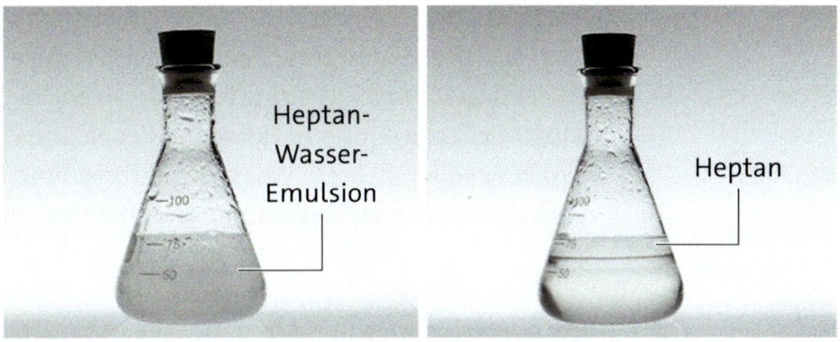

04 Eine Heptan-Wasser-Emulsion bildet nach dem Entmischen zwei Phasen.

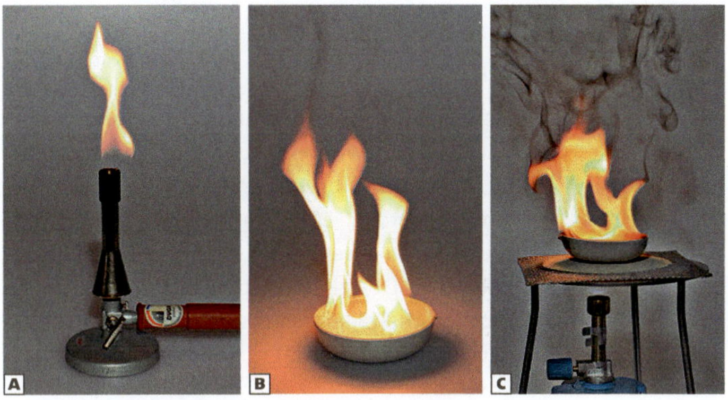

05 Verbrennung von Alkanen: **A** Methan, **B** Pentan, **C** Paraffinöl

Alkane sind im Allgemeinen reaktionsträge. Sie sind dennoch gut brennbar, da Verbrennungsreaktionen mit Sauerstoff und einige andere Reaktionen energetisch begünstigt sind.

1 › **a** Ordnen Sie die folgenden Kohlenwasserstoffe nach steigender Siedetemperatur: Heptan, 2,3-Dimethylpentan, 2-Methylhexan. Begründen Sie.
b Erklären Sie, weshalb sich ein Gemisch aus Hexan und Wasser vollständig entmischt, ein Gemisch aus Octan und Hexan dagegen nicht.

2 › Begründen Sie, weshalb als Schmierstoffe für Motoren oft Alkane mittlerer Kettenlänge anstatt von kurz- oder langkettigen Alkanen genutzt werden.

3 › Begründen Sie, warum Alkalimetalle wie Natrium unter Paraffinöl, einem Gemisch langkettiger gesättigter Kohlenwasserstoffe, aufbewahrt werden.

Halogenalkane

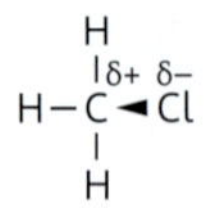

01 Strukturformel von Chlormethan, einem Halogenalkan

Substitutionsreaktionen↑ S. 302 ff.).

Die Polarität der Moleküle hängt von der Elektronegativität der Atome und ihrer räumlichen Anordnung ab (↑ S. 50 f.).

Unter geeigneten Bedingen können die reaktionsträgen Alkane in einer für sie typischen Reaktion reagieren, der *Substitution* (lat. *substituere:* ersetzen). Mit Halogenen reagieren sie zu **Halogenalkanen**. Dabei werden ein oder mehrere Wasserstoffatome durch entsprechend viele Halogenatome ersetzt. Es bilden sich ein Halogenalkan und Halogenwasserstoff:

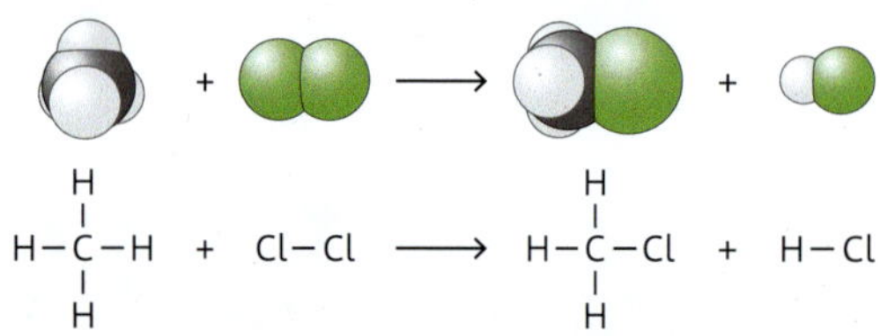

Nach der IUPAC-Nomenklatur werden die Namen der Halogenalkane wie bei verzweigten Alkanen gebildet, wobei die Halogenatome wie Alkylgruppen behandelt werden. Die vom Methan abgeleiteten Halogenalkane werden bei zwei oder mehr Substituenten als Di-, Tri- und Tetrahalogenmethane bezeichnet. Außerdem sind verschiedene **Trivialnamen** gebräuchlich (↑ 02).

Benennung von Halogenalkanen

Beispiel:

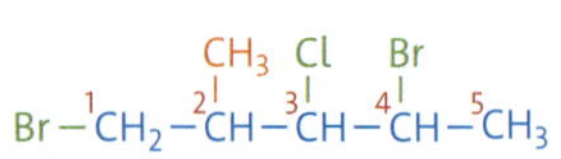

1. **Stammname der Verbindung:** Ermitteln Sie die längste Kohlenstoffkette, an die ein Halogenatom gebunden ist.
   Beispiel: Hauptkette mit 5 Kohlenstoffatomen ⇨ -pentan
2. **Name und Anzahl der Substituenten:** Bestimmen Sie die Art der Halogenatome bzw. Alkylgruppen an der Hauptkette. Sie werden in alphabetischer Reihenfolge vor den Stammnamen gesetzt. Die Anzahl gleicher Substituenten wird mit griechischen Zahlwörtern (di, tri, tetra, penta usw.) vorangestellt.
   Beispiel: 2 Bromatome, 1 Chloratom, 1 Methylgruppe
   ⇨ Dibrom-chlor-methylpentan
3. **Positionen der Substituenten:** Nummerieren Sie die Kette so, dass die an Halogenatome gebundenen Kohlenstoffatome die kleinstmögliche Nummer erhalten. *Beispiel:*
   Positionen 1 und 4: Brom, 3: Chlor und 2: Methylgruppe
4. **Name des Halogenalkans:** 1,4-Dibrom-3-chlor-2-methylpentan

Trivialname	Formel	Verwendungen (bis etwa 1991)
Chloroform	$CHCl_3$	Lösemittel, Narkosemittel
Freon 11	CCl_3F	Treibgas, Kühlmittel
Methylbromid	CH_3Br	Schädlingsbekämpfungsmittel
Halon 1301	$CBrF_3$	Feuerlöschmittel

02 Beispiele für Halogenalkane und ihre frühere Verwendung

EIGENSCHAFTEN Halogenalkane sind wie die Alkane lipophile Verbindungen, die besonders gute Lösemittel für organische Stoffe sind. Aufgrund dieser Eigenschaft lösen sie sich auch im Fettgewebe und reichern sich dort an. Die meisten Halogenalkane sind giftig und/oder krebserregend.
Wegen der *Polarität* der Kohlenstoff-Halogen-Bindung (↑ 01) und der unterschiedlichen Größe der Halogenatome unterscheiden sich die Halogenalkane in ihren Eigenschaften von den Alkanen.
Die Schmelz- und Siedetemperaturen der Halogenalkane liegen höher als die der unsubstituierten homologen Alkane, weil durch die polare Kohlenstoff-Halogen-Bindung zusätzlich zu den London-Kräften auch Dipol-Dipol-Kräfte auftreten können. Zudem hängen die Siedetemperaturen der Halogenalkane von der Größe und Anzahl der Halogenatome im Molekül ab. Je größer das Halogenatom ist, desto größer ist seine Polarisierbarkeit und desto stärker sind die zwischen den Molekülen wirkenden Kräfte. Dementsprechend steigen die Schmelz- und Siedetemperaturen mit der Größe und Anzahl der Halogenatome im Molekül. Je mehr Wasserstoffatome durch Halogenatome ersetzt wurden, umso reaktionsträger sind die Halogenalkane. Deshalb nimmt die Brennbarkeit einer Verbindung mit steigender Anzahl an Halogenatomen ab.

VERWENDUNG Halogenalkane wurden bis in die 1990er Jahre im Alltag und in der Technik vielfältig genutzt. Durch Veränderung der Art des Halogenatoms oder des Halogenierungsgrads der Verbindungen ließen sich die Eigenschaften dieser preiswerten Verbindungen gezielt optimieren. So wurden sie beispielweise als Kältemittel in Kühlschränken und als Treibgase in Sprühdosen eingesetzt (↑ 02). Wegen ihrer Reaktionsträgheit verweilen insbesondere mehrfach halogenierte Alkane, die **Fluorchlorkohlenwasserstoffe (FCKWs)**, lange in der Stratosphäre, wo sie die Ozonschicht schädigen. Deshalb dürfen sie heute in Industriestaaten nur noch in Ausnahmefällen verwendet werden, wenn es keine Ersatzstoffe gibt.

1 › Formulieren Sie die Reaktionsgleichung für die Bromierung von Pentan und ordnen Sie den Reaktionstyp zu. Erklären Sie die Löslichkeit der Edukte und Produkte in unterschiedlichen Lösemitteln.

2 › Geben Sie die Namen der Verbindungen aus Tabelle ↑ 02 nach der IUPAC-Nomenklatur an. Begründen Sie, warum diese Stoffe heute kaum noch produziert werden.

Übersicht über Formeln und Modelle organischer Moleküle

Formel oder Modell von Pentan	Bedeutung und Verwendung
Molekülformel (Summenformel) C_5H_{12}	Die Molekülformel gibt die Art und Anzahl der Atome an, aus denen das Molekül besteht. Sie wird beispielsweise beim Aufstellen von Reaktionsgleichungen genutzt.
Strukturformel 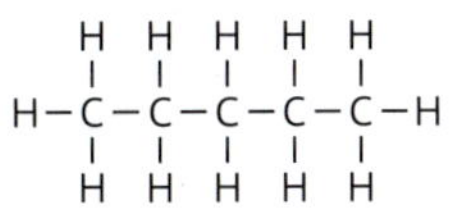	Die Strukturformel entspricht der Lewis-Formel, enthält alle Atome und zeigt alle bindenden und freien Elektronenpaare des Moleküls. Sie zeigt außerdem, welche Atome miteinander verknüpft sind. Die Strukturformel wird häufig verwendet, um die Polarität von Elektronenpaarbindungen darzustellen oder um den Ablauf chemischer Reaktionen organischer Verbindungen zu verdeutlichen.
Halbstrukturformel (vereinfachte Strukturformel) $CH_3-CH_2-CH_2-CH_2-CH_3$	Die Halbstrukturformel bzw. vereinfachte Strukturformel zeigt die Anordnung der einzelnen Kohlenstoffatome und die jeweils daran gebundenen Wasserstoffatome im Molekül. Sie gibt die bindenden Elektronenpaare zwischen den Kohlenstoffatomen an. Mithilfe der Halbstrukturformel lässt sich die Länge und die Verzweigung von Kohlenstoffketten übersichtlich darstellen und daraus die Nomenklatur der Kohlenwasserstoffe ableiten.
Keil-Strich-Formel 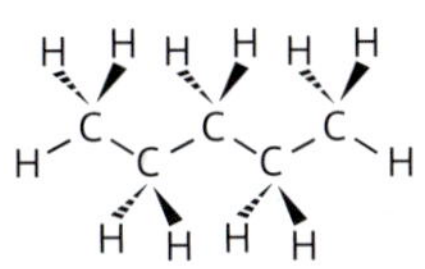	Mit der Keil-Strich-Formel kann die räumliche Anordnung der Atome im Molekül verdeutlicht werden. Betrachtet man die vier Bindungen eines Kohlenstoffatoms, so liegen zwei Bindungen in der Ebene des Kohlenstoffatoms, während jeweils eine Bindung vor und hinter dieser Ebene liegt. Die Bindungen auf der Ebene der Kohlenstoffatome werden als einfache Bindungsstriche dargestellt. Für die aus der Ebene nach vorne ragende Bindung wird ein gefülltes Dreieck verwendet, für die aus der Ebene nach hinten ragende Bindung ein gestricheltes Dreieck.
Skelettformel 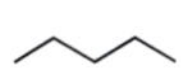	Die platzsparende Skelettformel zeigt die Kohlenstoffkette als gewinkelte Linie, an deren Knickpunkten sich CH_2-Gruppen und an deren Enden sich CH_3-Gruppen befinden. Wasserstoffatome sowie die C–H-Bindungen werden weggelassen. Gegebenenfalls im Molekül enthaltene funktionelle Gruppen werden an ihrem Bindungsort explizit ausgewiesen.
Kugel-Stab-Modell 	Das räumliche Kugel-Stab-Modell gibt die unterschiedlichen Atome als verschiedenfarbige Kugeln entsprechend ihren Größenverhältnissen wieder. Die bindenden Elektronenpaare werden durch „Stäbe" verdeutlicht. Mithilfe dieses Modells wird die Anordnung der Atome im Raum mit unterschiedlichen Bindungsarten (Einfach-, Doppel-, Dreifachbindung), Bindungslängen und Bindungswinkeln dargestellt.
Kalottenmodell 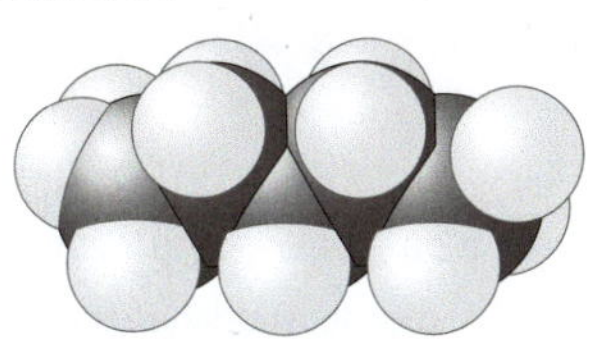	Im Kalottenmodell werden die Atome des Moleküls als sich teilweise durchdringende Teilchen dargestellt. Damit ist die Raumerfüllung der Moleküle besonders gut erkennbar. Auch Bindungslängen und Bindungswinkel sind ableitbar. Informationen über die Bindungsarten werden jedoch nicht gegeben.

3D-Molekül: Pentan

Ozonabbau in der Stratosphäre

Zwischen 15 und 40 km über der Erdoberfläche befindet sich die lebenswichtige Ozonschicht der Stratosphäre. Diese ozonreiche Luftschicht schützt uns vor den biologisch schädlichen UV-Strahlen der Sonne, indem das Ozon den größten Teil der energiereichen UV-B-Strahlung absorbiert. UV-B-Strahlen können Hautkrebs und Augenschäden verursachen und würden das Auftreten von Mutationen auf der Erde wahrscheinlicher machen.

Das dreiatomige Ozonmolekül O_3 entsteht in der Stratosphäre unter dem Einfluss kurzwelliger UV-Strahlung und wird durch langwellige UV-Strahlung wieder in Sauerstoffmoleküle gespalten (↑ **03A**). Auf diese Weise bildet sich eine stabile natürliche Ozonschicht heraus.

Fluorchlorkohlenwasserstoffe (FCKWs) sind besonders stabile Halogenalkane, die von der Erdoberfläche bis in die Stratosphäre gelangen. Hier werden sie durch UV-Strahlung unter Bildung von Chlorradikalen gespalten (↑ **03B**). Bereits wenige Chloratome katalysieren den Abbau von Ozon und zerstören dadurch Zehntausende Ozonmoleküle (↑ **03C**). Daher führte die massenhafte Verwendung der FCKWs im 20. Jahrhundert zum verstärkten Abbau der Ozonschicht der Erde. Unter bestimmten Bedingungen bildet sich hauptsächlich im Polarfrühling über der Antarktis das Ozonloch. Im Polarwinter entwickeln sich im Dunkeln bei etwa −80 °C stratosphärische Wolken, die Salpetersäure-Wasser-Aerosole enthalten. An den Aerosolteilchen können sich Chlornitrat $ClONO_2$ und Chlorwasserstoff HCl anreichern.

A Natürlicher Aufbau und Abbau von Ozon

$$O_2 \xrightarrow{\text{UV-Licht}} 2\cdot O\cdot \qquad \lambda < 242\ \text{nm}$$
$$\cdot O\cdot + O_2 \longrightarrow O_3$$
$$O_3 \xrightarrow{\text{UV-Licht}} O_2 + \cdot O\cdot \qquad \lambda < 310\ \text{nm}$$

B Bildung von Chlorradikalen aus FCKW

$$FCl_2C-Cl \xrightarrow{\text{UV-Licht}} FCl_2C\cdot + Cl\cdot \qquad \lambda < 260\ \text{nm}$$

C Katalytischer Ozonabbau

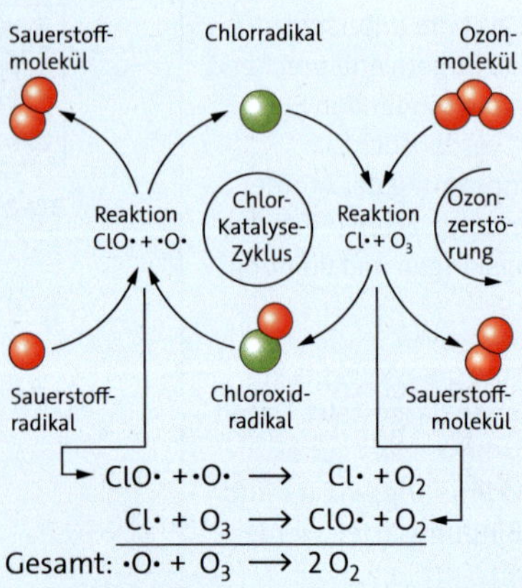

$$ClO\cdot + \cdot O\cdot \longrightarrow Cl\cdot + O_2$$
$$Cl\cdot + O_3 \longrightarrow ClO\cdot + O_2$$
$$\text{Gesamt: } \cdot O\cdot + O_3 \longrightarrow 2\,O_2$$

03 Katalytischer Abbau von Ozon in der Stratosphäre

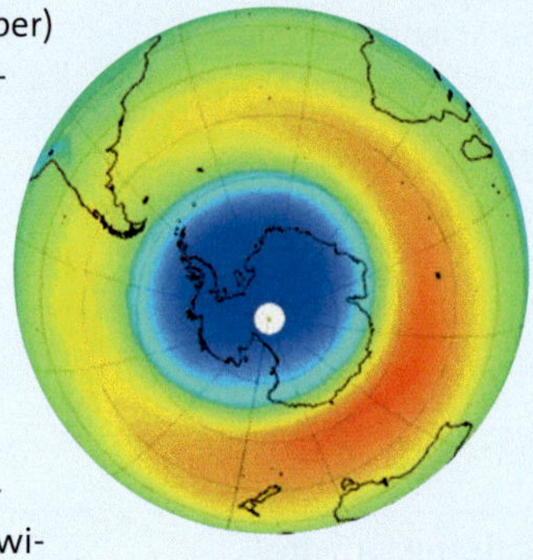

Im Frühjahr (September) werden über der Antarktis die gespeicherten Verbindungen durch die stärker werdende Sonnenstrahlung wieder homolytisch gespalten. Dabei entstehen u. a. große Mengen an Chlorradikalen, die einen lawinenartigen Abbau des Ozons bewirken. Es kommt zur zeitlich und geografisch begrenzten starken Ausdünnung der Ozonschicht. Wenn die Ozonkonzentration weniger als 40 % des natürlichen O_3-Gehalts beträgt, sprechen Wissenschaftler vom Ozonloch. Auch über der Nordhalbkugel führen ähnliche chemische Reaktionen zur Abnahme der Ozonkonzentration um bis zu 30 %. Obwohl die Verwendung von FCKWs seit der UN-Umweltkonferenz von 2007 in den Industrieländern weitgehend verboten ist, wird es mindestens bis zum Jahr 2050 dauern, bis sich die Ozonschicht wieder einigermaßen erholt (↑ **04**). Die Entwicklungsländer haben noch bis 2030 Zeit, um FCKWs vollständig durch umweltfreundliche, aber teurere Stoffe zu ersetzen. Das ist eine lange Zeit, wenn man bedenkt, dass die Verweildauer der stabilen FCKW-Moleküle in der Atmosphäre mehrere Jahrzehnte beträgt.

1› **a** Erläutern Sie den katalytischen Ozonabbau durch FCKW in der Stratosphäre.
b Begründen Sie anhand von Lewis-Formeln, warum Stickstoffoxide (NO und NO_2) eine ähnliche ozonschädigende Wirkung haben wie FCKWs.

2› **a** Interpretieren Sie das Diagramm in Bild ↑ **04**.
b Informieren Sie sich über Maßnahmen zum Schutz der Ozonschicht und bewerten Sie deren Wirksamkeit.

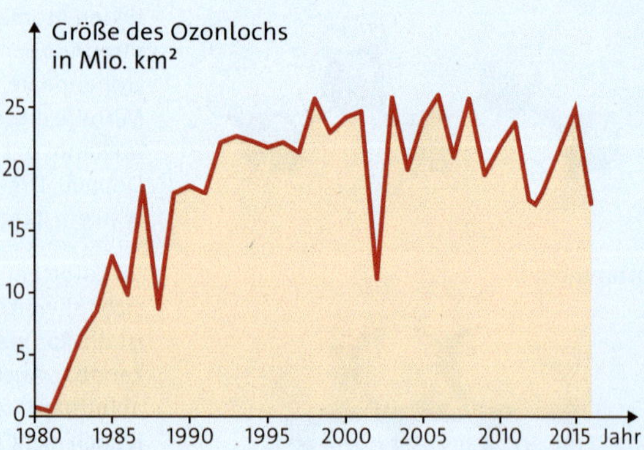

04 Entwicklung des Ozonlochs über der südlichen Halbkugel

Klausurtraining

Material A Reaktion von Heptan mit Brom

A1 Bromwasser

Bromwasser ist eine gesättigte wässrige Lösung von Brom (Br_2). Zur Herstellung von Bromwasser gibt man mit einer gekühlten Pasteurpipette einige Tropfen Brom in eine getönte Schliffflasche aus Glas, die mit Wasser gefüllt ist. Da Brom nur schwer in Wasser löslich ist, entsteht eine braun gefärbte, verdünnte Bromlösung. Meist verbleibt ein Rest des flüssigen Broms auf dem Boden der Glasflasche.
In der Bromlösung liegt das Brom größtenteils weiterhin als zweiatomiges Molekül vor. In sehr geringem Maße reagiert Brom mit Wasser. Durch diese Disproportionierung zu Bromid- (Br^-) und Hypobromit-Ionen (BrO^-) reagiert Bromwasser schwach sauer. Die Reaktion wird durch Licht beschleunigt. Bromwasser wird daher in braunen, wenig lichtdurchlässigen Flaschen aufbewahrt.

A2 Versuchsdurchführung und Beobachtungen

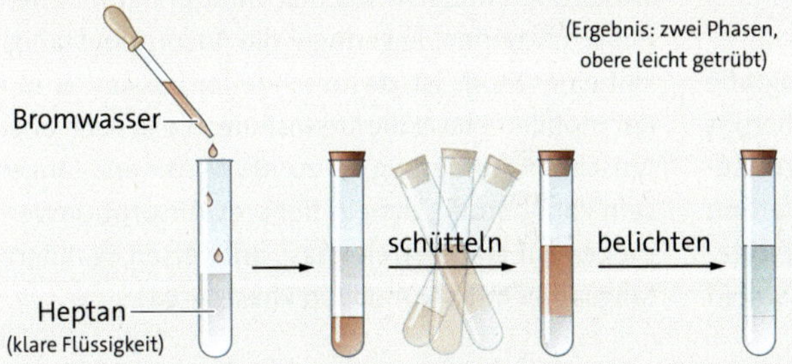

A3 Auftreten von Nebenprodukten

Bei der in **A1** dargestellten Reaktion entstehen neben den Hauptprodukten noch weitere Nebenprodukte. Eine Analyse des Produktgemischs zeigt auf, dass in geringem Maße auch Tetradecan ($C_{14}H_{30}$) sowie vor allem nach der Zugabe einer größeren Menge an Brom auch Moleküle mit mehreren Bromatomen auftreten.

A4 Nachweis mit Silbernitratlösung

Der Nachweis des entstehenden Bromwasserstoffs ist bei der Verwendung von Bromwasser nicht eindeutig möglich. Bromwasserstoff ist stark hygroskopisch, es löst sich bereits in sehr kurzer Zeit unter Bildung entsprechender Ionen in Wasser. Lässt man Heptan mit reinem Brom, das nicht in Wasser gelöst ist, reagieren, kann bei Verwendung von Silbernitratlösung nach derBelichtung ein gelblich-weißer Niederschlag beobachtet werden.

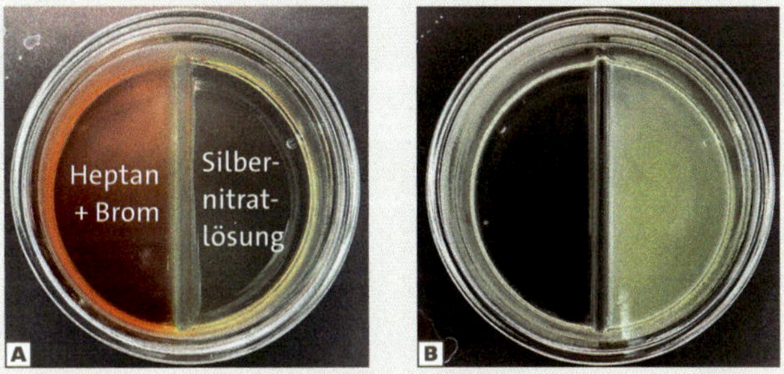

A4.1 Nachweis des entstehenden Bromwasserstoffs mit Silbernitratlösung: **A** vor Belichtung, **B** nach Belichtung

A5 Siedetemperaturen ausgewählter Halogenalkane

Name	Siedetemperatur in °C
n-Heptan	+ 98,4
1-Bromheptan	+ 179,0
2-Bromheptan	+ 66,0
1-Fluorheptan	+ 117,0
1-Chlorheptan	+ 159,0
1-Iodheptan	+ 204,0
1,2-Dibromheptan	+ 241,0
1-Bromoctan	+ 201,0
n-Tetradecan	+ 253,6

AUFGABEN ZU A

1) Zeichnen Sie die Lewis-Formeln von Brom und von Wasser. Erläutern Sie, weshalb sich Brom nur schlecht in Wasser löst (↑ **A1**).
2) Beschreiben Sie die Durchführung des in **A2** dargestellten Experiments sowie die entsprechenden Beobachtungen.
3) Deuten Sie die in **A2** dargestellten Beobachtungen Schritt für Schritt ausführlich unter Einbezug Ihrer Kenntnisse über das Struktur-Eigenschafts-Basiskonzept sowie über das Basiskonzept der chemischen Reaktion.
4) Stellen Sie die Reaktionsgleichung der zugrunde liegenden Reaktion unter Verwendung von Strukturformeln dar (↑ **A1**).Entwickeln Sie Hypothesen bezüglich des Auftretens der in **A3** genannten Nebenprodukte.
5) Erläutern Sie den in **A4** dargestellten Nachweis.
6) Werten Sie die in **A5** dargestellten Angaben zu den Siedetemperaturen im Zusammenhang aus. Begründen Sie die jeweils zu beobachtenden Unterschiede.

7.4 Gaschromatografie

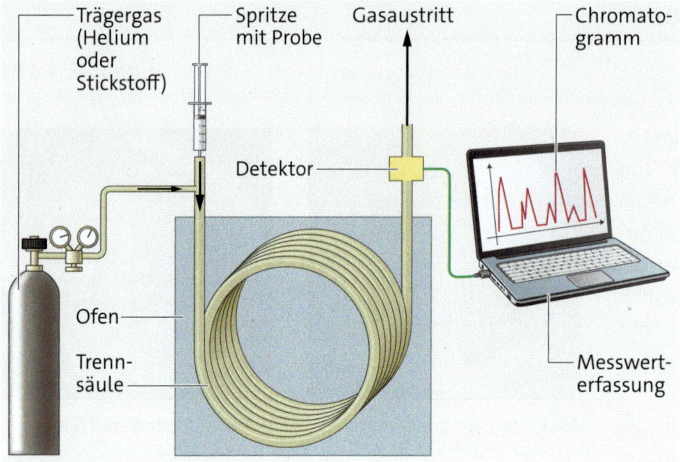

01 Gaschromatograf (Schema)

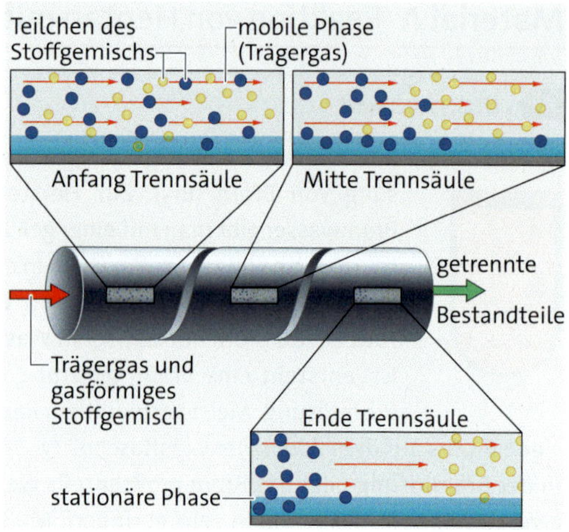

03 Prinzip der Auftrennung

02 Sommer- oder Wintergas?

Schon gewusst?
Im Sommer erhält man meist Campinggas in einem Mischungsverhältnis von 40 Anteilen Propan und 60 Anteilen n-Butan. Im Winter ist es genau umgekehrt (60% Propan, 40% n-Butan).

Es sind sogar Wintergemische mit mehr als 90 % Propan bekannt. Sinken die Temperaturen unter 0°C, verdampft Butan nicht mehr und verbleibt im flüssigen Zustand in der Gasflasche. Der Butananteil kann dann für den Betrieb von Geräten nicht mehr verwendet werden.

Durch chromatografische Verfahren lassen sich Bestandteile von Stoffgemischen identifizieren. So kann beispielsweise die unterschiedliche Zusammensetzung einer Butan-Propan-Gasmischung in Campinggaskartuschen, die als „Sommer-“ bzw. „Wintermischung“ erhältlich sind, durch Gaschromatografie ermittelt werden.

GRUNDLAGEN Das Prinzip der Chromatografie (griech. *chroma:* Farbe, *graphein:* schreiben) beruht darauf, dass ein Stoffgemisch an einem Trägermaterial vorbeiströmt. Die Stoffe werden dabei aufgrund ihrer unterschiedlichen Verteilung in zwei verschiedenen Phasen, einer **stationären** und einer **mobilen Phase**, aufgetrennt.

Aufgrund der unterschiedlichen Verteilung der verschiedenen Stoffe zwischen der mobilen Phase und der stationären Phase fließen diese unterschiedlich schnell mit der mobilen Phase und werden entsprechend voneinander getrennt.

An der Grenzfläche zwischen beiden Phasen stellt sich für jeden einzelnen Stoff ein Verteilungsgleichgewicht ein. Je unterschiedlicher sich die Stoffe eines Stoffgemischs in den beiden Phasen verteilen, desto besser ist die chromatografische Trennwirkung.

GASCHROMATOGRAFIE Ist ein Stoffgemisch unzersetzt verdampfbar, kann es mithilfe der **Gaschromatografie** getrennt werden. Eine Grundbedingung für die Gaschromatografie ist, dass sich der Stoff, den man untersuchen möchte, unzersetzt verdampfen lässt – sofern er nicht schon gasförmig vorliegt.

Die Probe wird mit einer Spritze in einen Gasstrom aus Helium oder Stickstoff als mobiler Phase injiziert. Anschließend strömt das Gas durch eine Trennsäule aus Glas, deren Innenwand mit einem dünnen Film eines geeigneten Stoffs als stationäre Phase benetzt ist. Die einzelnen Bestandteile der Probe werden dort unterschiedlich stark adsorbiert (lat. *adsorbere:* anhaften, ↑ 03).

Die Trennung beruht darauf, dass die Gemischbestandteile unterschiedlich schnell in der mobilen Phase mitlaufen. Je geringer die Adsorptionsfähigkeit eines Stoffs ist, desto schneller passiert er mit der mobilen Phase die Trennsäule, die je nach analytischer Anforderung bis zu 100 Meter und länger sein kann. Stoffe, die ein höheres Adsorptionsvermögen zur stationären Phase aufweisen, wandern langsamer mit der mobilen Phase (↑ 03).

Damit eine Trennung möglichst effizient erfolgt und einzelne Chromatogramme vergleichbar sind, müssen die Bedingungen bei der Gaschromatografie konstant gehalten werden. Neben der Fließgeschwindigkeit wird die Temperatur im Ofen, in dem sich die Trennsäule befindet, eingestellt und mit einem Thermostat überwacht.

Am Detektor schließlich werden die einzelnen Stoffe in der Reihenfolge registriert, in der sie den Ofen des Gaschromatografen nach ihrer Trennung verlassen (↑ 04). Es entsteht ein Chromatogramm. Die dort erkennbaren Ausschläge, die Peaks (engl. *peak*: Bergspitze, Scheitelpunkt), entstehen, wenn der Detektor eine Veränderung im Trägergas wahrnimmt.

Bei einer Gaschromatografie werden die Stoffe aktiv durch Adsorption an der stationären Phase und Löslichkeit in der mobilen Phase voneinander getrennt. Aufgrund der Adsorption treten die einzelnen Stoffe nacheinander aus der Säule und werden erfasst.

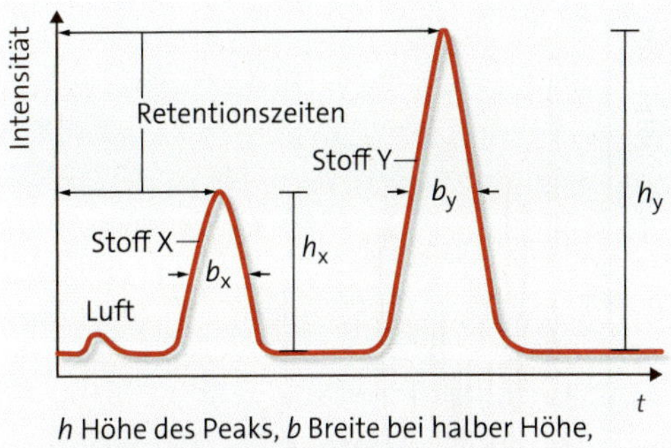

h Höhe des Peaks, *b* Breite bei halber Höhe,
A Fläche des Peaks, $A = h \cdot b$,

$$\frac{n(\text{Teilchen von X})}{n(\text{alle Teilchen des Gemischs})} = \frac{V(\text{X})}{V(\text{Gasgemisch})} \approx \frac{\text{Fläche Peak von (X)}}{\text{Gesamtfläche aller Peaks}}$$

04 Gaschromatogramm von Wintergas

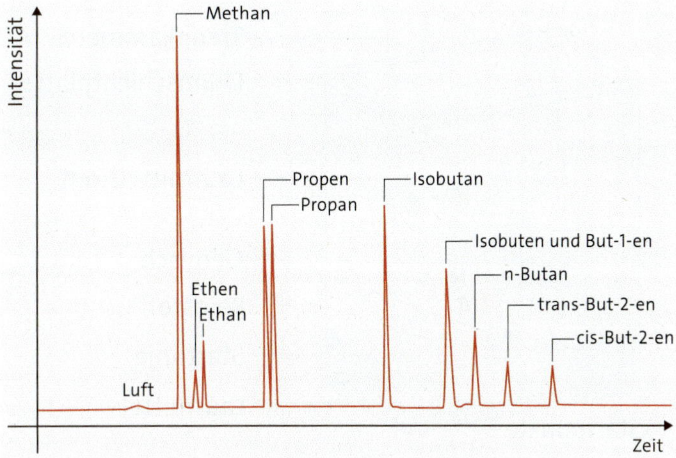

05 Gaschromatogramm verschiedener Kohlenwasserstoffe

CHROMATOGRAMM Jeder Peak im Chromatogramm kann in der Regel einem einzelnen Stoff zugeordnet werden (↑ **04**). Die Zeit, die zwischen dem Einspritzen der Probe und dem Auftreten eines Peaks vergeht, heißt Retentionszeit t_R. Sie ist für den betreffenden Stoff charakteristisch.

Durch Vergleich mit Chromatogrammen von Stoffgemischen bekannter Zusammensetzung lässt sich der Stoff identifizieren. Wird durch Integration die Fläche unter dem Peak im Chromatogramm ermittelt, kann der Massenanteil des Stoffs im Stoffgemisch bestimmt werden. Dabei ist die Fläche proportional zum Volumenanteil dieses Stoffs (↑ **04**).

DEUTUNG EINES GASCHROMATOGRAMMS Um die Zusammensetzung eines unbekannten Kohlenwasserstoffgemischs zu analysieren, wird als stationäre Phase eine hochsiedende Flüssigkeit wie Paraffinöl verwendet, die auf einem festen Trägermaterial aufgebracht ist. Paraffinöl besteht aus langkettigen, unpolaren Kohlenwasserstoffmolekülen. Auch das unbekannte Kohlenwasserstoffgemisch ist ein Gemisch verschiedener unpolarer Kohlenwasserstoffmoleküle.

Im Gaschromatogramm sind viele unterschiedliche Signale zu erkennen (↑ **05**). Jedes Signal steht für einen der Stoffe des Kohlenwasserstoffgemischs, die sich in der stationären Phase unterschiedlich gut lösen. Die einzelnen Stoffe werden vom nachfolgenden reinen Trägergas, das mit gleichmäßiger Geschwindigkeit durch die Trennsäule strömt, wieder herausgelöst.

Es stellt sich ein Löslichkeitsgleichgewicht zwischen mobiler und stationärer Phase ein, das für jeden der Stoffe im Kohlenwasserstoffgemisch mit unbekannter Zusammensetzung charakteristisch ist.

Beispiel: Die Kohlenstoffkette eines Ethanmoleküls („C_2" ↑ **05**) ist kürzer als die eines *n*-Butanmoleküls („C_4"). Es wirken insgesamt schwächere London-Kräfte zwischen den Molekülen der stationären Phase und den Ethanmolekülen als zwischen den Molekülen der stationären Phase und den *n*-Butanmolekülen.

Am Ende der Trennsäule kommen zuerst die Moleküle an, die nur schwach an das Lösemittel gebunden wurden. Ethan läuft in der mobilen Phase schneller und wird daher vor *n*-Butan im Gaschromatogramm registriert. Die Retentionszeit des Ethans ist geringer als die des *n*-Butans. Weitere Peaks gehören zu anderen Kohlenwasserstoffen. Der Austritt der einzelnen Stoffe des Stoffgemischs erfolgt nacheinander, wird mithilfe eines Computers erfasst und grafisch als Gaschromatogramm dargestellt (↑ **05**). Die Peakhöhe zeigt auch an, dass das Kohlenwasserstoffgemisch z. B. eine größere Menge an Methan als an Ethan enthält.

1 › Abbildung (↑ **04**) zeigt das Chromatogramm von Feuerzeuggas, das aus Propan und n-Butan besteht, mit einer unpolaren stationären Phase.
a Interpretieren Sie das Chromatogramm.
b Bestimmen Sie anhand von (↑ **04**) den Anteil des n-Butans im Feuerzeuggas mit „Wintermischung".

2 › Erläutern Sie anhand des Gaschromatogramms (↑ **05**), wie die Anzahl der Kohlenstoffatome, die Art der Bindung und die Molekülstruktur bei einer Verbindung die Retentionszeit beeinflussen.

3 › Beschreiben Sie, wie sich das Chromatogramm unter folgenden Bedingungen verändert:
a Verwendung einer längeren Trennsäule
b Einstellung einer höheren Ofentemperatur

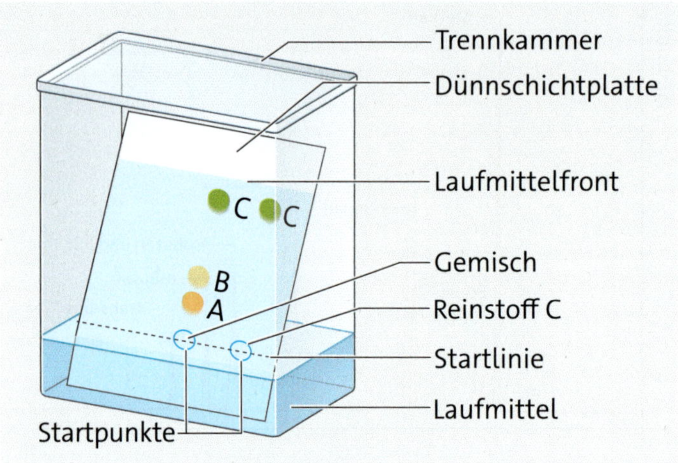

06 Versuchsaufbau zur Dünschichtchromatografie

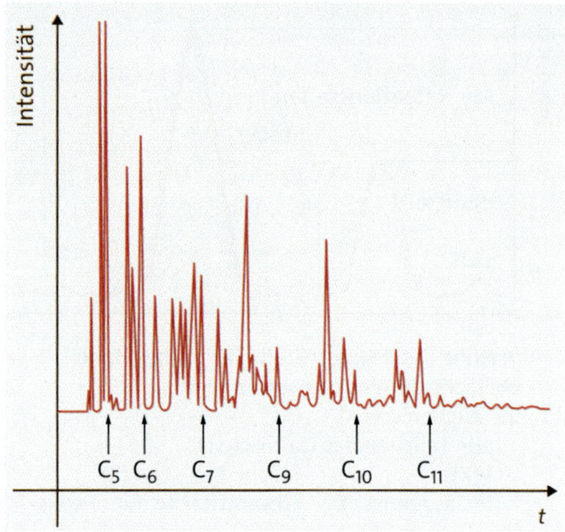

07 Gaschromatogramm von Sommerbenzin

WEITERE ANWENDUNGEN Die Gaschromatografie wird nicht nur in der analytischen Chemie eingesetzt, sondern z. B. auch in der Qualitätssicherung, um die Reinheit von Stoffen zu überprüfen bzw. Verunreinigungen zu bestimmen. Das Verfahren ist so genau, dass damit geringste Spuren von Stoffen gemessen werden können, z. B. in der Dopingkontrolle von Blut- oder Urinproben.
Ist ein Stoff rein, dann besteht sein Chromatogramm aus einem einzelnen Peak. Entsprechend führen verunreinigte Proben zu weiteren Peaks.

FLÜSSIGKEITSCHROMATOGRAFIE Dieses Verfahren arbeitet nach dem gleichen Prinzip wie die Gaschromatografie und wird auch HPLC (engl. *High performance liquid chromatography*) genannt. Die flüssige mobile Phase wird dabei unter hohem Druck durch eine schmale Säule gepresst, wodurch eine bessere Trennung des Gemischs erfolgt. Die Methode lässt sich zur Trennung organischer Flüssigkeiten und Feststoffe einsetzen, sodass auch nicht-flüchtige Substanzen analysiert werden können.

Video: Trennung von Proben mit der Dünnschichtchromatografie

ANDERE CHROMATOGRAFIEVERFAHREN Die Trennung der Stoffe erfolgt bei der Papierchromatografie bzw. der Dünnschichtchromatografie auf Papier als stationäre Phase bzw. auf dünnen Schichten Silicagel oder Aluminiumoxid, die auf Glasplatten oder Kunststofffolien aufgetragen sind (↑ **07**).
Die Auswertung der Chromatogramme erfolgt hiuer durch die Bestimmung des Retentionsfaktors R_F (lat. *retinere* - zurückhalten):

$$R_F = \frac{\text{Entfernung Startpunkt} - \text{Substanz}}{\text{Entfernung Startpunkt} - \text{Lösemittelfront}}$$

Diese für viele Stoffe tabellierte Kenngröße wird zur Identifizierung der Verbindung herangezogen.
Bei der Säulenchromatografie wird das in einem geeigneten Lösemittel gelöste Stoffgemisch oben auf eine Säule aufgegeben, die als stationäre Phase mit Silicagel, Kieselgur oder Cellulosepulver gefüllt ist, und als mobile Phase weiterhin Lösemittel nach-gefüllt, bis eine Auftrennung der einzelnen Stoffe erreicht ist. Die Säulenchromatografie eignet sich zur Trennung größerer Mengen eines Stoffgemischs.

1) Sommer- und Winterbenzin unterscheiden sich in ihrer Zusammensetzung. Im Sommer kann es zu Problemen kommen, wenn bei hohen Temperaturen zu viel Benzin im Kraftstoffsystem eines Autos verdampft und es zur Blasenbildung kommt. Dadurch kann die Kraftstoffzufuhr unterbrochen werden. Im Winter kann das Starten eines Autos problematisch werden, da das Benzin aufgrund zu niedriger Temperaturen nur schwer verdampft. Mineralölgesellschaften verändern deshalb ihre Benzinmischungen mehrmals im Jahr. Das Gaschromatogramm in (↑ **07**) wurde bei der Analyse von Sommerbenzin erhalten.
a Beschreiben Sie das Gaschromatogramm. Erklären Sie die unterschiedlichen Retentionszeiten der Stoffe „C_5“ bis „C_{11}“.
b Erläutern Sie, wie sich Sommer- von Winterbenzin unterscheiden müsste und welche Unterschiede Sie bei einem Gaschromatogramm von Winterbenzin erwarten würden.

2) Vergleichen Sie die Verfahren der Flüssigkeits-, Papier-, Dünnschicht- und Säulenchromatografie mit dem Verfahren der Gaschromatografie.

7.5 Alkene – ungesättigte Kohlenwasserstoffe

Es gibt auch Kohlenwasserstoffe, die eine C–C-Mehrfachbindung als funktionelle Gruppe im Molekül aufweisen. Ihre Kohlenstoffatome tragen nicht die maximal mögliche Anzahl an Wasserstoffatomen. Stoffe mit solchen Molekülen werden daher als **ungesättigte Kohlenwasserstoffe** bezeichnet.

Mit der Molekülformel C_2H_4 ist **Ethen** der einfachste Vertreter der **Alkene**. Das farblose Gas ist brennbar und riecht leicht süßlich.

STRUKTUR DES ETHENMOLEKÜLS Im Ethenmolekül sind die beiden Kohlenstoffatome nur mit je zwei Wasserstoffatomen verbunden. Da jedes Kohlenstoffatom über zwei weitere Elektronen für eine Elektronenpaarbindung verfügt, bilden sich zwei Bindungen zwischen den Kohlenstoffatomen aus. Es entsteht eine **Doppelbindung** (↑ **01**). Die Bindungslänge der C=C-Doppelbindung ist mit 134 pm deutlich kürzer als die Länge der C–C-Einfachbindung mit 154 pm. Das Molekül ist planar, die Bindungswinkel betragen 120°. Die Doppelbindung ist weniger stabil als eine Einfachbindung, deshalb sind Alkene reaktionsfreudiger als Alkane.

NOMENKLATUR Ähnlich wie Alkane bilden unverzweigte Alkenmoleküle eine homologe Reihe mit der **allgemeinen Molekülformel C_nH_{2n}** (↑ **03**).
Die Benennung der Alkene erfolgt nach den gleichen Regeln wie bei den Alkanen, wobei die Endung -an durch -**en** ersetzt wird, z. B. But-1-en. Die arabische Zahl gibt an, an welchem Kohlenstoffatom sich die C=C-Doppelbindung befindet (↑ Kasten).
Verbindungen mit zwei Doppelbindungen werden als **Diene**, solche mit drei Doppelbindungen als **Triene** bezeichnet. Bei der Namensbildung wird zusätzlich ein **„a"** an den Wortstamm des Alkens angehängt, beispielsweise Buta-1,3-dien.

> **Alkene sind ungesättigte Kohlenwasserstoffe mit mindestens einer C=C-Doppelbindung im Molekül. Sie bilden eine homologe Reihe mit der Molekülformel C_nH_{2n}.**

ADDITIONSREAKTIONEN Alkenmoleküle reagieren leicht mit anderen Molekülen. Dabei wird die Doppelbindung aufgebrochen und es entsteht eine Einfachbindung zwischen beiden Kohlenstoffatomen. Die beiden „übrigen" Elektronen werden für jeweils eine weitere Einfachbindung zu anderen Atomen oder Atomgruppen genutzt. Man spricht von einer **Additionsreaktion** (↑ **02**).

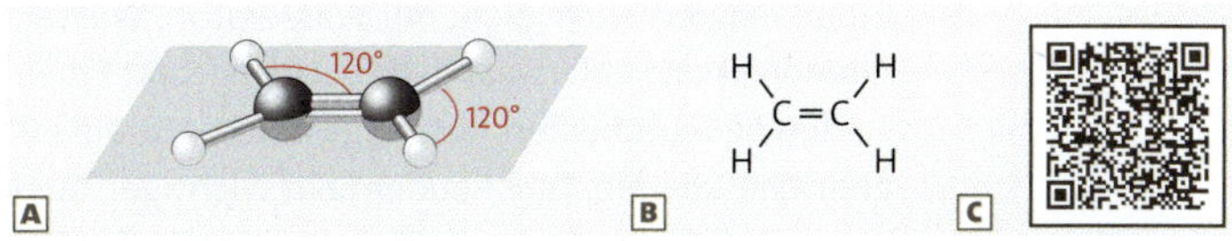

01 **A** Struktur des Ethenmoleküls, **B** Lewis-Formel, **C** 3D-Molekül

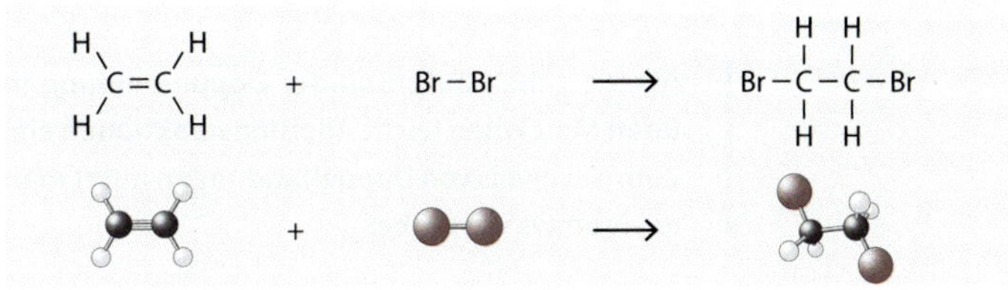

02 Reaktionsgleichung und Teilchenmodell der Addition von Brom an Ethen

Name	Halbstrukturformel	Siedetemperatur in °C
Ethen	CH_2=CH_2	–103,9
Propen	CH_2=CH–CH_3	–47,7
But-1-en	CH_2=CH–CH_2–CH_3	–6,2
Pent-1-en	CH_2=CH–CH_2–CH_2–CH_3	30,0

03 Homologe Reihe der Alkene

Benennung von Alkenen

Beispiel: $\overset{6}{C}H_3–\overset{5}{C}H_2–\overset{4}{C}H(CH_3)–\overset{3}{C}H=\overset{2}{C}(CH_3)–\overset{1}{C}H_3$

1. **Stammname der Verbindung:** Ermitteln Sie die längste Kohlenstoffkette, in der die Doppelbindung enthalten ist. *Beispiel:* Hauptkette mit 6 Kohlenstoffatomen, Endung -en ⇨ -hexen
2. **Position der Doppelbindung:** Nummerieren Sie die längste Kohlenstoffkette so, dass die Doppelbindung die kleinstmögliche Nummer erhält.
   Beispiel: Doppelbindung am 2. Kohlenstoffatom ⇨ -hex-2-en
3. **Name und Anzahl der Substituenten:** Ermitteln von Art, Anzahl und Positionen weiterer Substituenten (Alkylgruppen).
   Beispiel:
   Art: Methylgruppe ⇨ methyl
   Anzahl: 2 ⇨ Vorsilbe di
   Positionen: Am 2. und 4. Kohlenstoffatom ⇨ 2,4
4. **Name des Alkens:** 2,4-Dimethylhex-2-en

Ethen geht beispielsweise mit Brom und anderen Halogenen eine Additionsreaktion ein. Leitet man Ethen in braun gefärbtes Bromwasser ein, so wird die Lösung schnell entfärbt (↑ **04**). Es bildet sich farbloses Dibromethen. Diese Reaktion wird im Labor oft zum *Nachweis von Molekülen mit Doppelbindungen* genutzt. Der Nachweis ist nicht spezifisch für Alkene, da Brom grundsätzlich an Mehrfachbindungen addiert wird.

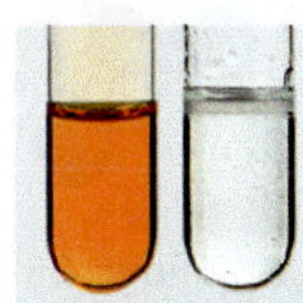

04 Entfärbung von Bromwasser

Ethen reagiert auch leicht mit Wasserstoff, Wasser, Ammoniak und Chlorwasserstoff. Daher gehört Ethen zu den bedeutendsten Ausgangsstoffen für die organische Chemie. Es ist zudem ein wichtiger Ausgangsstoff für die Herstellung von Kunststoffen. So ist Polyethen beispielsweise der Hauptbestandteil vieler Folien und Plastiktüten.

Alkene gehen aufgrund der Doppelbindung in ihren Molekülen leicht Additionsreaktionen ein. Zum Nachweis von Doppelbindungen nutzt man die Bromwasserprobe.

CIS-TRANS-ISOMERE Durch die Doppelbindung ist die freie Drehbarkeit um die C=C-Bindungsachse bei den Alkenen nicht mehr gegeben. Daher existieren zwei verschiedene Isomere des 1,2-Dichlorethens (↑ **06**).

Entweder befinden sich beide Chloratome, die Substituenten, auf derselben Seite der Doppelbindung, was als cis-Stellung (lat. *cis:* diesseits) bezeichnet wird. Oder aber die beiden Substituenten stehen einander gegenüber, also in trans-Stellung (lat. *trans:* jenseits). Man spricht von **cis-trans-Isomeren** und stellt zur Charakterisierung der Isomere die Vorsilbe cis- oder trans- vor den Namen.

Die cis-trans-Isomerie ist eine besondere Form der **Stereoisomerie**. Die Atome sind bei gleicher Konstitution (Struktur) räumlich unterschiedlich angeordnet (↑ **05**).

Um ein Molekül mit einer bestimmten Konfiguration in ein Molekül von anderer Konfiguration zu überführen, müssen Bindungen gespalten und neu geknüpft werden.

EIGENSCHAFTEN cis- und trans-Isomere unterscheiden sich in ihren physikalischen Eigenschaften wie der Siedetemperatur. Das trans-1,2-Dichlorethenmolekül ist aufgrund des symmetrischen Baus unpolar, das cis-1,2-Dichlorethenmolekül ist dagegen polar. Zwischen den cis-Isomeren wirken deshalb stärkere zwischenmolekulare Kräfte als zwischen den trans-Isomeren. Entsprechend liegt die Siedetemperatur von cis-1,2-Dichlorethen mit 60 °C höher als die von trans-1,2-Dichlorethen mit 48 °C. Außerdem ist das cis-Isomer energiereicher und damit instabiler als das zugehörige trans-Produkt, weil sich die beiden großen Substituenten, die Chloratome, aufgrund dieser **sterischen Effekte** gegenseitig abstoßen.

1) Benennen Sie die folgenden Moleküle:

a $CH_3-CH=CH-CH_3$

b

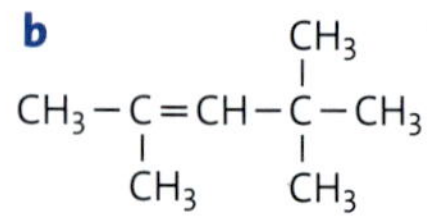

c

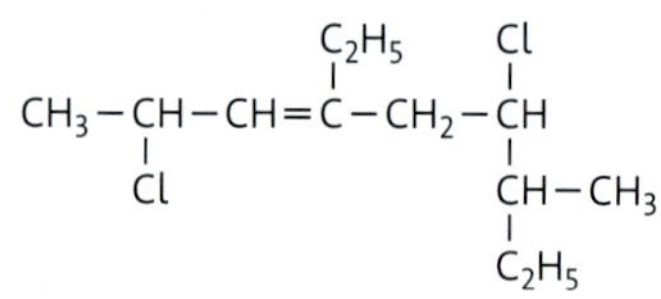

2) Zeichnen Sie die Halbstrukturformeln von 4-Ethyl-3,3-dimethylhex-1-en und von 3-Brom-2-ethyl-4-methylpenta-1,3-dien.

3) Formulieren Sie die Reaktionsgleichung mit Strukturformeln für die Addition von

a Wasser an Ethen

b Bromwasserstoff an But-1-en.

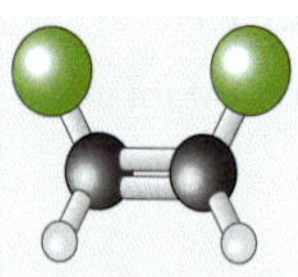

cis-1,2-Dichlorethen

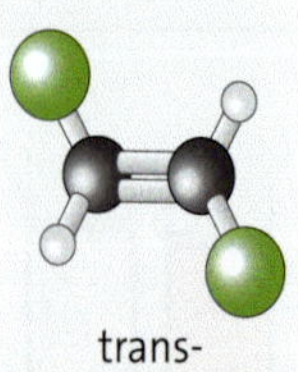

trans-1,2-Dichlorethen

06 cis- und trans-Isomere des 1,2-Dichlorethens

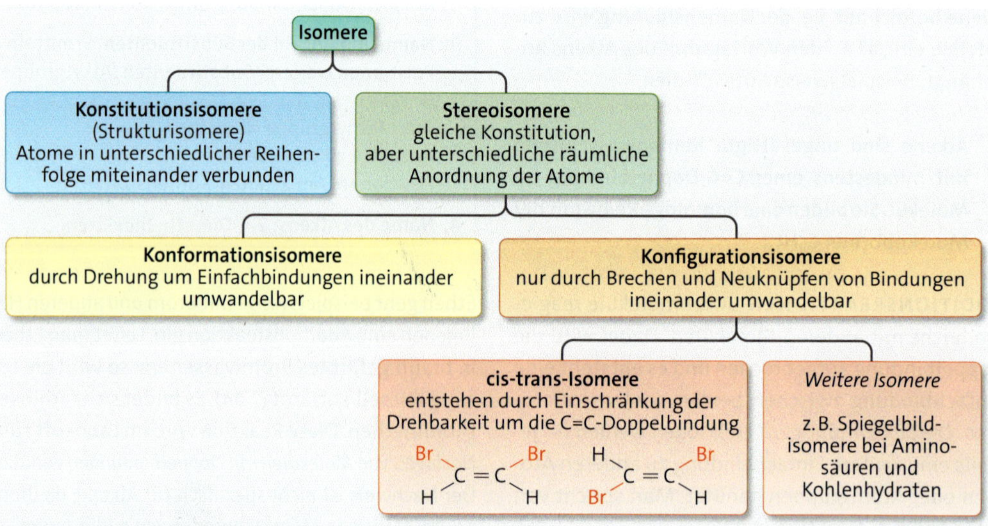

05 Übersicht über Isomeriearten

π- und σ-Bindung: Die Doppelbindung der Alkene im Modell

DOPPELBINDUNG IM EPA-MODELL Im **Elektronenpaarabstoßungsmodell (EPA-Modell)** wird jedes Elektronenpaar als eine Elektronenwolke betrachtet. Aufgrund der elektrostatischen Abstoßung ordnen sich alle negativ geladenen Elektronenwolken so an, dass der größtmögliche Abstand zwischen ihnen entsteht. Doppelbindungen behandelt das EPA-Modell prinzipiell wie Einfachbindungen. Im Ethenmolekül (C_2H_4) besitzt folglich jedes Kohlenstoffatom drei Elektronenwolken. Diese nehmen den maximalen Abstand voneinander ein, wenn sie in die Ecken eines Dreiecks weisen (↑ **04**): Zwei Wasserstoffatome besetzten zwei Ecken des Dreiecks, das Kohlenstoffatom die dritte Ecke. Es ergibt sich eine planare trigonale Struktur.

STECKMODELL – BANANENBINDUNG Stellt man das Ethenmolekül mithilfe eines Molekülbaukastens dar, erhält man ebenfalls eine planare trigonale Struktur (↑ **04** rechts). Zwei gekrümmte Bindungen bilden eine Doppelbindung. Sie wird als *Bananenbindung* bezeichnet. Das Modell der Bananenbindung lässt vermuten, dass die Doppelbindung aus zwei gleichartigen Bindungen besteht.

BINDUNGSENERGIE DER C–C-BINDUNGEN Die Bindungsenergie ist ein Maß für die Stärke der Bindung und beschreibt die Energie, die zur Spaltung dieser Bindung erforderlich ist. Bei einer C–C-Einfachbindung beträgt sie 348 kJ · mol^{-1}, bei der C=C-Doppelbindung 614 kJ · mol^{-1} (↑ **06**). Stellt man sich die C=C-Doppelbindung als Bananenbindung vor, so müsste jede der gleichartigen Bindungen für die Hälfte der Energie der Doppelbindung aufkommen, also eine Bindungsenergie von 307 kJ · mol^{-1} aufweisen. Mit dieser Annahme ließe sich der Befund erklären, dass Alkene reaktionsfreudiger als Alkane sind, da eine Doppelbindung leichter als eine Einfachbindung aufgebrochen werden kann.

BANANENBINDUNG – GRENZEN DES MODELLS Reagiert Ethen z. B. mit Brom in einer Additionsreaktion, so wird die Doppelbindung aufgespalten und es entsteht neben zwei neuen C–Br-Bindungen auch eine C–C-Einfachbindung, die, wie wir wissen, eine Bindungsenergie von –348 kJ · mol^{-1} aufweist (↑ **06**). Beim Aufspalten der C=C-Doppelbindung ist also nicht die Hälfte der Bindungsenergie – die einer der beiden Bananenbindungen – aufgewendet worden, sondern nur 266 kJ · mol^{-1}, denn es bleibt eine C–C-Einfachbindung im Produkt bestehen. Das widerspricht der oben formulierten Annahme, dass beide Bananenbindungen gleichartig sind.

Alken	Strukturformel	EPA-Modell	Steckmodell
Ethen	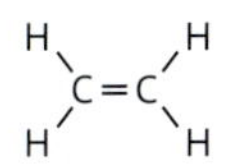	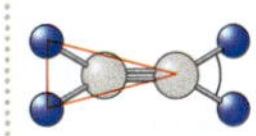 <120°	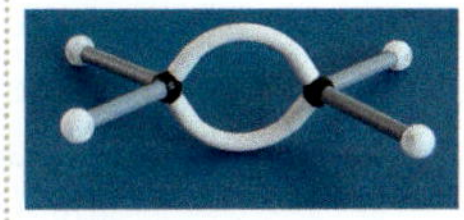

04 Doppelbindung des Ethenmoleküls in verschiedenen Modellen

EPA-Modell ↑ S. 48 f.

Bindungsart	Bindungsenergie
C–C-Einfachbindung	348 kJ · mol^{-1}
C=C-Doppelbindung	614 kJ · mol^{-1}
Differenz	266 kJ · mol^{-1}
½ Bananenbindung, hypothetisch	307 kJ · mol^{-1}

06 Bindungsenergie verschiedener Bindungen

π-BINDUNG UND σ-BINDUNG Die Tatsache, dass beim Aufspalten der Doppelbindung weniger als die Hälfte der Bindungsenergie aufzuwenden ist, kann das *Molekülorbitalmodell* gut erklären. Nach diesem Modell ist die Doppelbindung nicht aus zwei gleichartigen Bindungen aufgebaut, sondern sie besteht aus einer **σ-Bindung**, die einer normalen Einfachbindung gleichkommt, und einer schwächeren **π-Bindung**. Die Bindungsenergie der σ-Bindung entspricht der einer C–C-Einfachbindung (348 kJ · mol^{-1}; (↑ **06**), während die π-Bindung der Differenz aus der Bindungsenergie von Doppelbindung (614 kJ · mol^{-1}) und Einfachbindung entspricht:

614 kJ · mol^{-1} – 348 kJ · mol^{-1} = 266 kJ · mol^{-1}

σ-Bindung *sprich Sigma-Bindung*

π-Bindung *sprich Pi-Bindung*

Bei der *Additionsreaktion* eines Alkens z. B. mit Brom bleibt die σ-Bindung bestehen und die π-Bindung wird aufgebrochen. Die geringere Bindungsenergie der π-Bindung erklärt auch, dass die Elektronen in dieser Bindung nicht so fest gebunden sind wie die einer C–C-Einfachbindung. Sie sind also einer Reaktion leichter zugänglich als die Elektronen einer σ-Bindung. Zudem ist die weniger feste Bindung der Elektronen in der π-Bindung verantwortlich für die beobachtete Ausbildung von *Mesomerie* (↑ S. 311).

Elektrophile Addition bei Alkenen ↑ S. 312 f.

Die Doppelbindung der Alkenmoleküle besteht aus einer stärkeren σ- und einer schwächeren π-Bindung. Daher sind Alkene reaktiver als Alkane.

1› Erläutern Sie, warum das Modell der σ- und π-Bindung die Reaktivität der Alkene besser erklärt, als das der sog. Bananenbindung.

7.6 Alkine

Alkine sind wie die Alkene *ungesättigte Kohlenwasserstoffe*. Sie bilden eine homologe Reihe (↑ **02**). Der einfachste Vertreter ist das **Ethin** mit der Molekülformel C_2H_2. Die Alkine sind durch eine C≡C-Dreifachbindung im Molekül gekennzeichnet. Ihre allgemeine Molekülformel lautet C_nH_{2n-2}.

Die *Nomenklatur* erfolgt ähnlich wie bei den Alkenen. Alkine erhalten den Namen des entsprechenden Alkans, wobei die Endung -an durch **-in** ersetzt wird, z. B. But-1-in. Befinden sich Doppel- und Dreifachbindungen in einem Molekül, erhält die Doppelbindung die niedrigere Positionsnummer als die Dreifachbindung: 4-Methyloct-2-en-6-in.

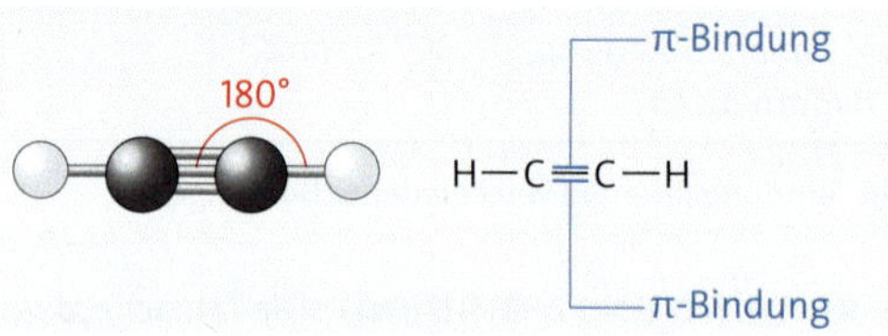

3D-Molekül: Ethin

02 Struktur des Ethinmoleküls

Name	Halbstrukturformel	Siedetemperatur in °C
Ethin	CH≡CH	−83,8
Propin	$CH≡C–CH_3$	−23,3
But-1-in	$CH≡C–CH_2–CH_3$	8,1
Pent-1-in	$CH≡C–CH_2–CH_2–CH_3$	41,0

01 Homologe Reihe der Alkine

Nach dem EPA-Modell besitzt das Ethinmolekül eine lineare Struktur mit einem Bindungswinkel von 180° (↑ **01**). Die Bindungslänge der C≡C-Dreifachbindung ist mit 121 pm kürzer als die Länge der C=C-Doppelbindung (134 pm) und auch viel kürzer als die der C–C-Einfachbindung (154 pm). Die Bindungsenergie der C≡C-Dreifachbindung beträgt 839 $kJ \cdot mol^{-1}$ und ist damit um 225 $kJ \cdot mol^{-1}$ höher als die einer C=C-Doppelbindung. Dies kann damit erklärt werden, dass die Dreifachbindung aus einer σ-Bindung und zwei π-Bindungen besteht (↑ **01**). Beide Bindungen im Ethinmolekül sind weniger stabil als die σ-Bindung. Alkine und Alkene gehen daher ähnliche chemische Reaktionen ein. Dabei sind Alkine häufig noch reaktiver als Alkene.

Alkine sind ungesättigte Kohlenwasserstoffe mit einer C≡C-Dreifachbindung im Molekül. Die allgemeine Molekülformel lautet C_nH_{2n-2}.

1 Erläutern Sie die Unterschiede der Bindungslängen und der Bindungswinkel in den Molekülen von Ethan, Ethen und Ethin.

2 Benennen Sie die folgenden Moleküle nach der IUPAC-Nomenklatur:

a

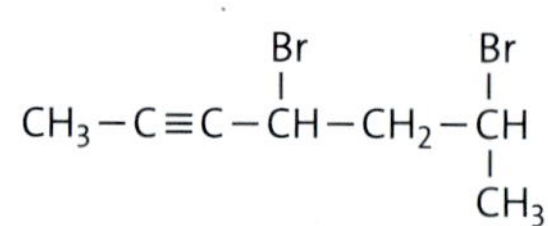

b $CH_3–C≡C–CH=CH–CH_3$

Ethin – viel mehr als nur Schweißgas

Ethin (Acetylen) ist ein farbloses, brennbares Gas. Es wurde 1862 erstmals von FRIEDRICH WÖHLER aus Calciumcarbid nach folgender Reaktionsgleichung hergestellt:

$$CaC_2 + 2\,H_2O \longrightarrow C_2H_2 + Ca(OH)_2$$

Auf dieser chemischen Reaktion basiert auch die im 20. Jahrhundert weitverbreitete Karbidlampe. Sie wurde zur Beleuchtung in Häusern sowie bei Fahrrädern und anderen Fahrzeugen verwendet. Die Karbidlampe ist eine Gaslampe, die aus zwei übereinander angeordneten Behältern besteht. Im unteren Behälter befindet sich Calciumcarbid, auf das aus dem oberen Behälter Wasser tropft. Das entstehende Ethin wird durch eine kurze Rohrleitung zu einer „Brennerdüse" geleitet, die sich vor einem Spiegel aus Metall befindet. Das entweichende Gas wird am Brenner entzündet und das Licht der Flamme zur Beleuchtung genutzt.

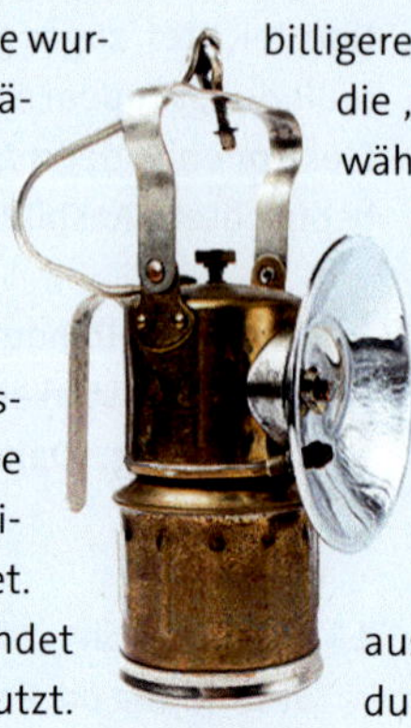

Da Ethin mit reinem Sauerstoff bei Temperaturen von 3000 °C verbrennt, wird es heute noch häufig als Schweißgas verwendet. Der Hauptanteil des Alkins wird jedoch für die Synthese anderer organischer Verbindungen benötigt, aus denen u. a. Kunststoffe produziert werden.

Das Alkin wurde jedoch nach dem Zweiten Weltkrieg vom billigeren Ethen fast vollständig verdrängt. Die Kosten für die „Kohleverflüssigung" waren einfach viel zu hoch, während Ethen bei der Verarbeitung von Erdöl quasi als Nebenprodukt anfällt (↑ S. 172). Obwohl die chemische Industrie seitdem hauptsächlich Ethen als Ausgangsstoff für viele organische Synthesen nutzt, nimmt die Bedeutung des Ethins langsam wieder zu. Bei weiter steigenden Erdölpreisen wird die Gewinnung des Alkins aus preisgünstiger Kohle wieder zunehmend interessant. Und aus Ethin lassen sich anschließend die gleichen Produkte herstellen wie aus dem Erdölprodukt Ethen.

Klausurtraining

Material B Unter Druck

B1 Treibgase

Sie werden genutzt, um durch ihren Druck Flüssigkeiten fein zu verteilen oder Feststoffe aufzuschäumen. Dafür werden sie komprimiert (verdichtet) oder druckverflüssigt und zusammen mit anderen Stoffen in Sprühdosen eingepresst.

Treibgas	Molekülformel	Siedetemperatur in °C
Propan	C_3H_8	−42
Butan	C_4H_{10}	−0,5
2-Methylpropan	C_4H_{10}	−11,7
Kohlenstoffdioxid	CO_2	−78,46
Lachgas	N_2O	−88,5
Stickstoff	N_2	−196
Trichlorfluormethan	CCl_3F	24,9
Chlordifluormethan	$CHClF_2$	−40,7

B1.2 Siedetemperaturen von Treibgasen

B2 Fluorchlorkohlenwasserstoffe (FCKW)

FCKW sind Halogenalkane, die früher oft als Treibgas oder Kältemittel genutzt wurden. Sie sind chemisch beständig, unbrennbar und oft ungiftig. Ab den 1970er Jahren wurde in vielen Ländern aufgrund der umweltschädlichen Eigenschaften dieser flüchtigen Stoffe ein Nutzungsverbot verhängt. Werden FCKW freigesetzt, so gelangen sie in die Stratosphäre und verursachen dort den Abbau der lebenswichtigen Ozonschicht.

AUFGABEN ZU B

1) Entwickeln Sie die Lewis-Formeln der in der Tabelle angegebenen Treibgase (↑ B1.2).

2) a Erläutern Sie, welche chemischen Bindungen in den Molekülen der Tabelle (↑ B1.2) vorkommen.
b Beschreiben Sie den räumlichen Bau dieser Moleküle mithilfe des EPA -Modells.
c Stellen Sie Vermutungen an, warum die Siedetemperaturen der Stoffe so unterschiedlich sind (↑ B1.2).

3) Erläutern Sie die Gefahren bei der Verwendung von Propan oder Butan als Treibgas in Spraydosen. Vergleichen Sie diese mit Trichlorfluormethan.

Material C Sommer- und Winterdiesel

C1 Dieselmotoren im Winter

Fahrer eines Dieselfahrzeugs kennen das Phänomen: Bei plötzlichem Kälteeinbruch kann es sein, dass der Motor auf einmal „stottert“. Nach kurzer Zeit bleibt der Wagen unter Umständen sogar stehen, obwohl der Tank voll und der Motor nicht defekt ist. Bei benzinbetriebenen Fahrzeugen passiert das nicht.

C2 Dieselkraftstoff

Dieselkraftstoff wird aus Rohöl durch Destillation hergestellt. Er besteht aus Alkanen, Cycloalkanen und weiteren Kohlenwasserstoffen mit etwa 10 bis 22 Kohlenstoffatomen pro Molekül und einem Siedebereich zwischen 150 °C und 390 °C. Dagegen enthält Benzin überwiegend Kohlenwasserstoffe, deren Moleküle 5 bis 10 Kohlenstoffatome gebunden haben.
Winterdiesel hat eine andere Zusammensetzung als *Sommerdiesel* und enthält zudem sog. Additive, die das Ausflocken von Paraffinen (gesättigten, unverzweigten Kohlenwasserstoffen mit 18 bis 32 Kohlenstoffatomen) reduzieren. Solche Ausflockungen können den Kraftstofffilter verstopfen.

C3 Viskosität von Alkanen

Alkan	Aggregatzustand	η in mPa · s
Heptan	dünnflüssig	0,41
Octan		0,54
Nonan		0,71
Decan	zähflüssig	0,92
Dodecan		1,52
Pentadecan	sehr zähflüssig bis fest	2,81
Eicosan		Feststoff

C3.1 Viskosität η von Alkanen

AUFGABEN ZU C

1) Zeichnen Sie die Strukturformeln der Alkane aus ↑ C3.1.

2) Erläutern Sie den Zusammenhang zwischen der Molekülstruktur und den unterschiedlichen Viskositäten.

3) a Zeichnen Sie die Halbstrukturformeln für fünf fehlende Glieder (↑ C3.1) der homologen Reihe.
b Stellen Sie Hypothesen auf, welche Viskosität für diese Alkane zu erwarten ist.
c Formulieren Sie eine begründete Verallgemeinerung.

4) Erklären Sie das Verhalten des Diesels bei tieferen Temperaturen im Vergleich zum Benzin und stellen Sie Vermutungen an, wie sich die Zusammensetzung von Sommer- und Winterdiesel unterscheidet.

7.7 Alkohole

Alkohol – Genuss und Gefahr

01 Feuerzangenbowle mit brennendem Alkohol

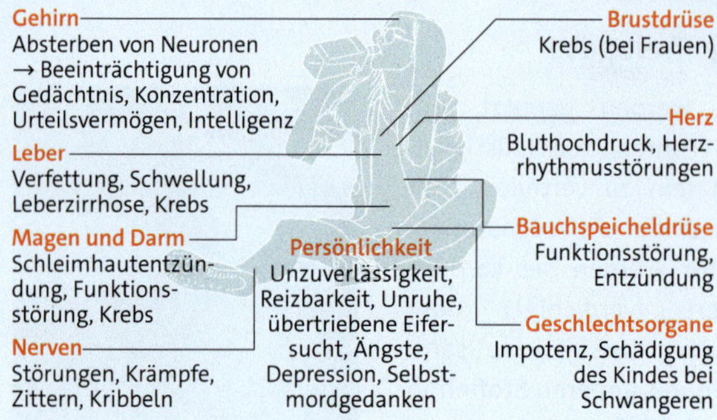

02 Wirkung des Alkohols auf den Körper des Menschen

Im Film „Die Feuerzangenbowle" gibt es die berühmte Szene, in der der Chemielehrer die Schüler den im Unterricht angesetzten Wein kosten lässt: *„Aber jäder nor einen wänzigen Schlock."* Die Folgen sind hinreichend bekannt ... Doch wie wird Trinkalkohol, das Ethanol, eigentlich gebildet?
Ethanol entsteht, wenn Traubenzucker vergoren wird. Seit die Menschen vor Jahrtausenden die **alkoholische Gärung** zufällig entdeckten, wird diese biochemische Reaktion gezielt genutzt, um aus Kohlenhydraten berauschende Getränke herzustellen. Dabei wird in Wasser gelöster Traubenzucker durch die Wirkung von Enzymen zu Ethanol und Kohlenstoffdioxid umgesetzt:

$$C_6H_{12}O_6 \xrightarrow{\text{Enzyme}} 2\ C_2H_5OH + 2\ CO_2$$

So humoristisch und harmlos der Schülerstreich im Film erscheint – der regelmäßige Genuss von Alkohol ist mit Risiken verbunden und wird nach Einschätzung der Weltgesundheitsorganisation (WHO) von den meisten Menschen unterschätzt. Tatsächlich gibt es kein unbedenkliches Maß für Alkoholkonsum, denn Ethanol ist ein Zellgift. Die WHO setzt bewusst keine Obergrenzen, da wissenschaftlich belegt ist, dass ein Verzicht auf Alkohol aus gesundheitlicher Sicht am besten ist. Alkoholkonsum ist eng mit etwa 60 verschiedenen Krankheiten assoziiert, wobei es fast immer eine Dosis-Wirkungs-Beziehung gibt, d. h., je höher der Konsum, desto höher das Krankheitsrisiko.

1 › Fassen Sie die Wirkungen von Alkohol zusammen.

3D-Molekül: Ethanol

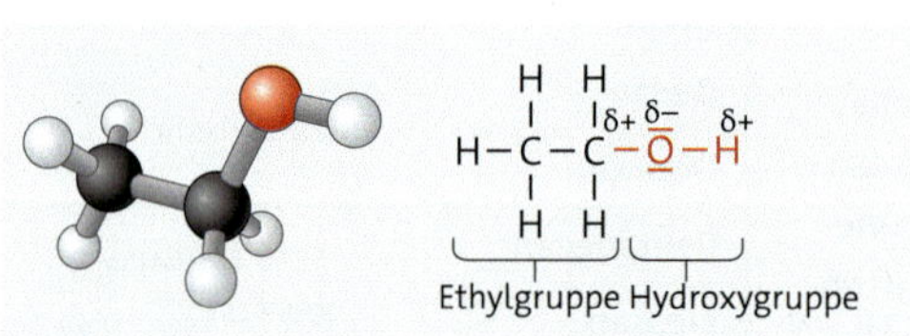

03 Kugelstabmodell und Strukturformel des Ethanolmoleküls

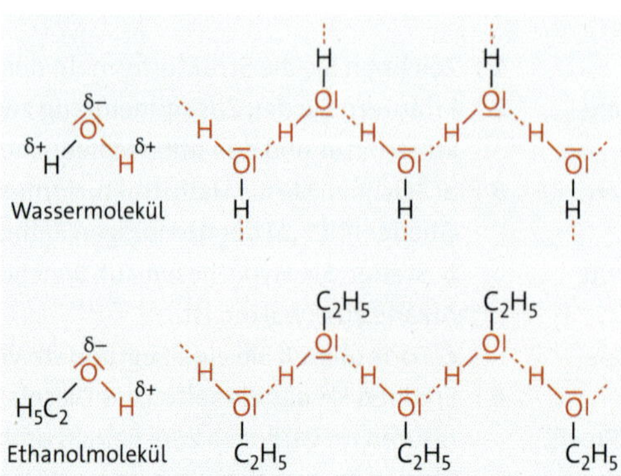

04 Wasserstoffbrücken zwischen Molekülen

EINE STOFFKLASSE FÜR SICH In der organischen Chemie betrachtet man **Alkohole** als Abkömmlinge der Kohlenwasserstoffe, bei denen ein oder mehrere Wasserstoffatome durch eine **Hydroxygruppe**, die **OH-Gruppe**, ersetzt wurden (↑ **01**). Sie bestimmt das Reaktionsverhalten, aber hat auch Einfluss auf die Löslichkeit sowie die Schmelz- und Siedetemperaturen der Alkohole. Atome oder Atomgruppen, die die chemischen und physikalischen Eigenschaften einer ganzen Stoffklasse bestimmen, werden als **funktionelle Gruppen** bezeichnet. Die Hydroxygruppe ist die funktionelle Gruppe der Alkohole.
Der bekannteste Vertreter der Alkohole ist **Ethanol** mit der Molekülformel C_2H_5OH. Aufgrund der hohen **Elektronegativität** (EN) des Sauerstoffatoms (EN = 3,5) im Vergleich zum Kohlenstoffatom (EN = 2,5) und zum Wasserstoffatom (EN = 2,1) kommt es zu einer unsymmetrischen Ladungsverteilung im Ethanolmolekül (↑ **03**). Das Ethanolmolekül ist deshalb wie das Wassermolekül ein Dipol. Zwischen den Molekülen können sich, wie bei Wassermolekülen, Wasserstoffbrücken ausbilden (↑ **04**).

Alkanole

HOMOLOGE REIHE Alkohole, die sich formal von Alkanen ableiten lassen, nennt man **Alkanole**. Sie besitzen nur eine OH-Gruppe in ihren Molekülen und werden deshalb auch als **einwertige Alkohole** bezeichnet. Sind mehrere OH-Gruppen gebunden, nennt man diese Verbindungen **mehrwertige Alkohole** (↑ S. 270.

Die Moleküle von Alkanolen bestehen aus einer Alkylgruppe und einer Hydroxygruppe. Ihre Molekülformel ist $C_nH_{2n+1}OH$. Wie die Alkane bilden auch die Alkanole eine homologe Reihe. Sie ergibt sich, indem die Alkylgruppe jeweils um eine CH_2-Gruppe verlängert wird (↑ **05**).

Zur Benennung wird an den Namen des entsprechenden Alkans die Endung **-ol** angehängt, z. B. Butanol. Für die Benennung der Alkohole werden die Nomenklaturregeln der Alkane erweitert (↑ Kasten).

Alkan	Alkanol	Halbstrukturformel des Alkanols
Methan	Methanol	$CH_3–OH$
Ethan	Ethanol	$CH_3–CH_2–OH$
Propan	Propanol	$CH_3–CH_2–CH_2–OH$
Butan	Butanol	$CH_3–CH_2–CH_2–CH_2–OH$
Allgemeine Formel		$CH_3–(CH_2)_n–OH$

05 Homologe Reihe der Alkanole

ISOMERE ALKOHOLE Die Moleküle der Alkanole können – wie die der Alkane – sowohl in unverzweigter Form als auch in verzweigter Form vorliegen. Verzweigte Alkanole sind **Konstitutionsisomere (Strukturisomere** ↑ S. 262) der unverzweigten Alkanole. Außerdem kann auch die Position der Hydroxygruppe im Molekül variieren. Solche Isomere heißen **Stellungsisomere** (↑ **06**).

Nach der Stellung der Hydroxygruppe werden Alkanole in **primäre, sekundäre** oder **tertiäre Alkanole** eingeteilt: Das Kohlenstoffatom, das die Hydroxygruppe trägt, kann mit einem, zwei oder drei Kohlenstoffatomen bzw. Alkylgruppen verbunden sein (↑ **07**). Die isomeren Alkanole unterscheiden sich in ihren physikalischen Eigenschaften und in ihrer Reaktivität (↑ S. XXX).

Die funktionelle Gruppe der Alkohole ist die Hydroxygruppe –OH. Werden Alkohole von den Alkanen abgeleitet und besitzen nur eine Hydroxygruppe im Molekül, nennt man sie Alkanole. Die Einteilung der Alkohole erfolgt nach Anzahl und Stellung der Hydroxygruppe(n) im Molekül.

Benennung von Alkanolen

Beispiel:

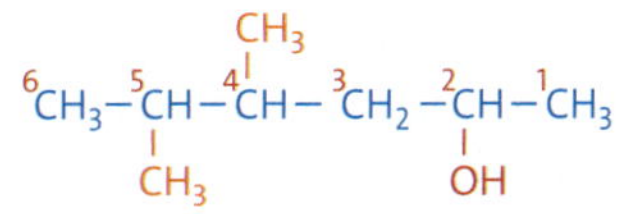

1. **Stammname der Verbindung:** Ermitteln Sie die längste Kohlenstoffkette, an die eine OH-Gruppe gebunden ist, und hängen Sie an den Wortstamm die Endung **-ol** an.
   Beispiel: Hauptkette mit **6** Kohlenstoffatomen ⇨ **Hexanol**
2. **Position der OH-Gruppe:** Nummerieren Sie die Kohlenstoffkette so, dass die Position der OH-Gruppe die kleinstmögliche Ziffer bekommt.
   Beispiel: Position **2** ⇨ **Hexan-2-ol**
3. **Name und Anzahl weiterer Substituenten:** Bestimmen Sie die Art, Anzahl und Position der Alkylgruppen an der Hauptkette.
   Die Anzahl gleicher Substituenten wird mit griechischem Zahlwort (di-, tri-, tetra- usw.) vorangestellt.
   Beispiel: **2 Methylgruppen**, Position: **4,5** ⇨ **4,5-Dimethyl**
4. **Name des Alkanols: 4,5-Dimethylhexan-2-ol**

Zusatzinfo: Die Benennung **mehrwertiger Alkohole** erfolgt analog zu diesen Regeln, z. B. Propan-1,2,3-triol.

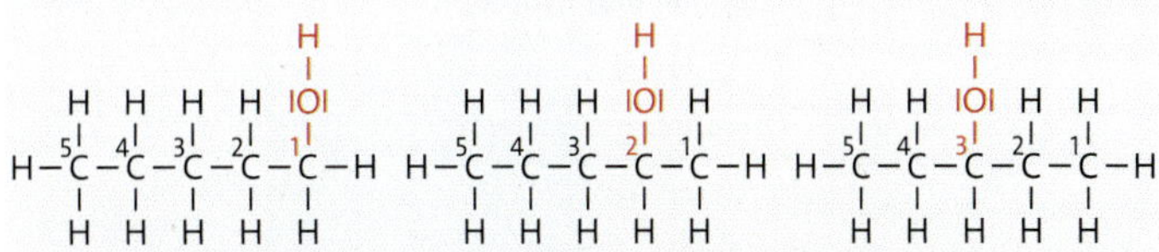

Pentan-1-ol Pentan-2-ol Pentan-3-ol

06 Stellungsisomere des Pentanols

Primäres Alkanol	Sekundäres Alkanol	Tertiäres Alkanol
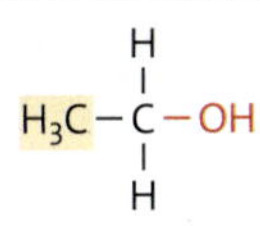	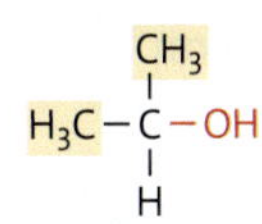	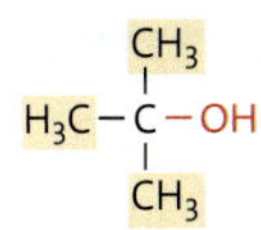
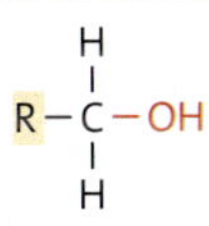	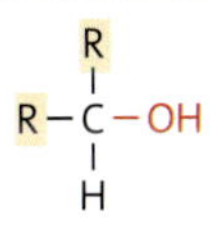	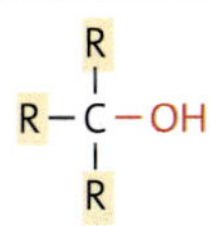

07 Einteilung von Alkanolen (R: Alkylgruppe)

1) Zeichnen Sie die Halbstrukturformeln von vier Isomeren des Hexanols. Benennen Sie diese.

2) Berichtigen Sie die Benennung der folgenden Alkanole: Butan-3-ol; 2-Methyl-4-ethylhexan-1-ol; 2,2,3,4-Methylpentan-1-ol.

3) Erklären Sie, warum Winzer trotz elektrischer Beleuchtung mit einer brennenden Kerze in den Weinkeller gehen.

Struktur und Eigenschaften von Alkanolen

Video: Löslichkeit von Alkanolen in Wasser

LÖSLICHKEIT Methanol, Ethanol und Propanol lösen sich gut im polaren Lösungsmittel Wasser. Mit steigender Anzahl an Kohlenstoffatomen in den Molekülen sind höhere Alkanole in Wasser zunehmend weniger löslich oder sogar unlöslich (↑ Exp. 10.01). Ursache dafür sind unterschiedlich wirkende Kräfte, London-Kräfte und Wasserstoffbrücken, zwischen den Molekülen der Alkanole.

Alkanolmoleküle, beispielsweise das Ethanolmolekül, bestehen aus einer polaren und hydrophilen Hydroxygruppe sowie einer unpolaren und lipophilen Alkylgruppe (↑ **01**).

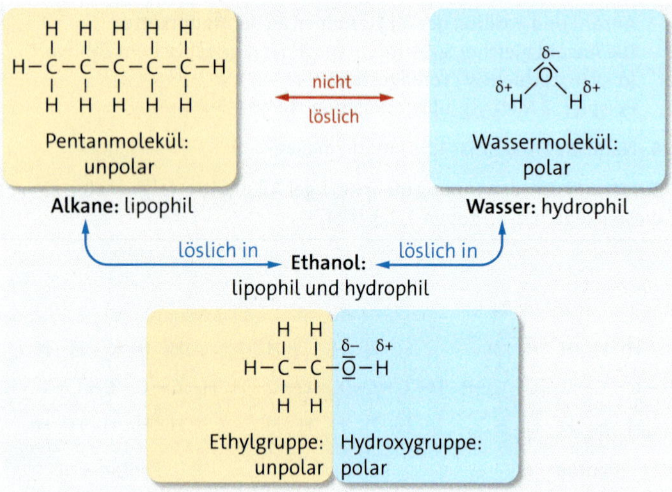

01 Einfluss der Polarität von Alkanolmolekülen auf die Stoffeigenschaften der Alkanole

P **EXP 7.06** Löslichkeit von Alkanolen

Materialien 5 Reagenzgläser mit Stopfen, 5 Pasteurpipetten, Ethanol (2, 7), Propan-1-ol (2, 5, 7), Butan-1-ol (2, 5, 7), Pentan-1-ol (2, 7), Hexan-1-ol (2, 7), Wasser

Durchführung Geben Sie jeweils in ein beschriftetes Reagenzglas eines der Alkanole, bis dieses 1,5 cm hoch gefüllt ist. Geben Sie nun die gleiche Menge Wasser hinzu, verschließen Sie das Reagenzglas mit dem Stopfen und schütteln Sie es. Notieren Sie Ihre Beobachtungen.
Geben Sie nun die dreifache Menge Wasser hinzu und schütteln Sie erneut. Notieren Sie Ihre Beobachtungen.
Entsorgung: Reste in den Behälter für halogenfreie organische Abfälle geben.

Auswertung Erklären Sie Ihre Beobachtungen unter Anwendung des Struktur-Eigenschafts-Konzepts.

Beide Molekülteile beeinflussen die Stoffeigenschaften der Alkanole unterschiedlich. Zwischen den unpolaren Alkylgruppen der Alkanolmoleküle wirken London-Kräfte, während die polare Hydroxygruppe Wasserstoffbrücken zu den polaren Wassermolekülen bilden kann. Kurzkettige Alkanole sind wegen der polaren Hydroxygruppe und der Fähigkeit, Wasserstoffbrücken mit Wassermolekülen auszubilden, in Wasser unbegrenzt löslich. Der Einfluss der schwachen London-Kräfte wirkt sich dort nicht aus.
Mit steigender Länge der Alkylgruppe nehmen jedoch die zwischen den Molekülen wirkenden London-Kräfte zu, während der Effekt der einzelnen Hydroxygruppe konstant bleibt. Deshalb lösen sich Alkohole mit langkettigen Alkylgruppen zunehmend schlechter in polaren Lösungsmitteln.

SIEDETEMPERATUREN Die Siedetemperaturen der Alkanole liegen deutlich über denen der Alkane mit vergleichbaren molaren Massen (↑ **02**). Das ist auf die Ausbildung von Wasserstoffbrücken zwischen den Alkanolmolekülen zurückzuführen. Beim Verdampfen des Alkanols muss zum Trennen der Wasserstoffbrücken zusätzliche Energie in Form von Wärme zugeführt werden. Mit zunehmender Länge der Alkylgruppe nimmt auch die Siedetemperatur zu. Dies liegt wie bei den unpolaren Alkanen an den größer werdenden London-Kräften.

Alkanolmoleküle bestehen aus einer polaren Hydroxygruppe und einer unpolaren Alkylgruppe. Diese Strukturmerkmale der Moleküle beeinflussen die Eigenschaften der Alkanole wie Siedetemperatur und Löslichkeit in Wasser.

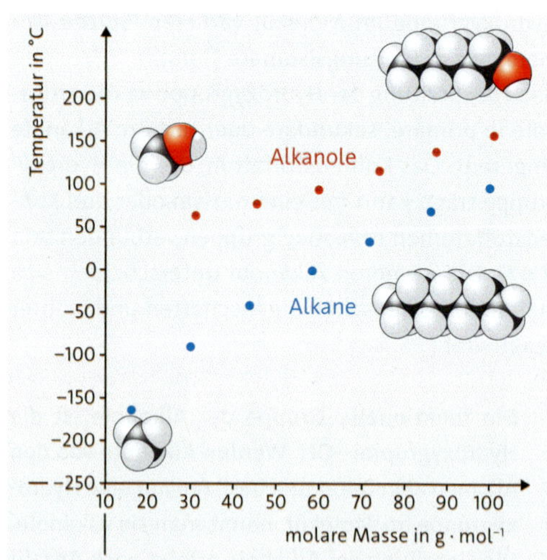

02 Siedetemperaturen von n-Alkanen und Alkan-1-olen

EIGENSCHAFTEN ISOMERER ALKANOLE Obwohl die isomeren Butanole die gleiche Molekülformel C_4H_9-OH und die gleiche molare Masse ($74\ g \cdot mol^{-1}$) aufweisen, kann man unterschiedliche Siedetemperaturen der Isomere feststellen. Wie ist das zu erklären? Die Moleküle von Butan-1-ol besitzen eine unverzweigte, längliche Moleküloberfläche, die Moleküle von 2-Methylpropan-2-ol haben dagegen eine annähernd kugelförmige Struktur (↑ **03**). Aufgrund der größeren Moleküloberfläche können sich zwischen den primären Alkanolmolekülen stärkere London-Kräfte als zwischen den Molekülen des tertiären Alkanols ausbilden. Folglich sieden primäre Alkanole bei höheren Temperaturen als ihre sekundären und tertiären Isomere (↑ **04**).
Je stärker verzweigt die Alkylgruppen sind, umso kompakter ist die Molekülstruktur und umso schwächer sind die wirkenden London-Kräfte. Demzufolge wächst der Einfluss der polaren Hydroxygruppe mit dem Verzweigungsgrad, sodass tertiäre Alkanole in Wasser oft besser löslich sind als ihre sekundären und primären Isomere (↑ **04**).

ALKOHOLATBILDUNG Die Hydroxygruppe ist auch für das Reaktionsverhalten der Alkanole verantwortlich, beispielsweise bei der Reaktion mit Alkalimetallen. Diese auch von Wasser bekannte Reaktion ist auf das sowohl in Wasser- als auch in Alkanolmolekülen vorhandene positiv polarisierte Wasserstoffatom zurückzuführen:

$$2\ H_2O + 2\ Na \longrightarrow 2\ OH^- + 2\ Na^+ + H_2$$
$$2\ C_2H_5OH + 2\ Na \longrightarrow 2\ C_2H_5O^- + 2\ Na^+ + H_2$$

Hierbei werden salzartige Verbindungen, die **Alkanolate**, und Wasserstoff gebildet. Die Alkanolat-Ionen reagieren als starke Protonenakzeptoren, sodass sie mit Wasser alkalische Lösungen ergeben.

OXIDATION Alle Alkanole verbrennen mit dem Sauerstoff der Luft zu Kohlenstoffdioxid und Wasser in einer exothermen Reaktion. Die Brennbarkeit beruht auf der Alkylgruppe im Molekül.

$$C_2H_5OH + 3\ O_2 \longrightarrow 2\ CO_2 + 3\ H_2O \qquad \Delta_rH = -1235\ kJ \cdot mol^{-1}$$

Aufgrund der dabei frei werdenden Energie werden Alkohole auch als Brennstoffe eingesetzt, beispielsweise als Zusatz im Benzin ..

NACHWEISREAKTION Alkohole können durch Cer(IV)-ammoniumnitratreagenz nachgewiesen werden. Dabei bildet sich eine tiefrote Komplexverbindung (↑ Exp. 7.10, S. 271).

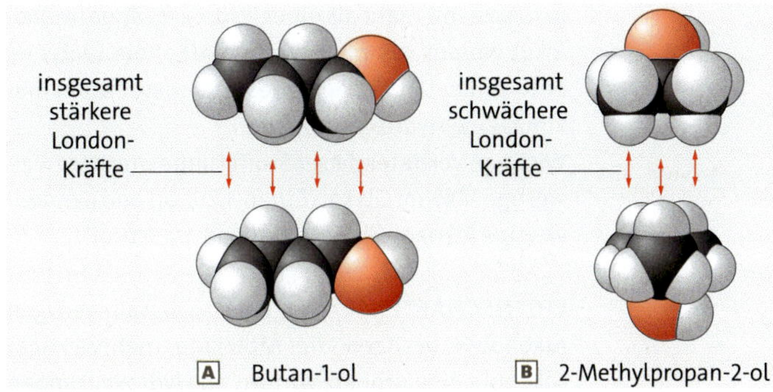

03 Modellvorstellung zur Wirkung von London-Kräften zwischen **A** primären, **B** tertiären Alkanolmolekülen

Name	Halbstrukturformel	Siedetemperatur	Löslichkeit in Wasser (20 °C)
Butan-1-ol	$CH_3-CH_2-CH_2-CH_2-OH$	118 °C	$79\ g \cdot l^{-1}$
2-Methyl-propan-1-ol	CH_3 (an C-2) $CH_3-CH-CH_2-OH$	108 °C	$88\ g \cdot l^{-1}$
Butan-2-ol	OH (an C-2) $CH_3-CH-CH_2-CH_3$	99 °C	$210\ g \cdot l^{-1}$
2-Methyl-propan-2-ol (tert-Butanol)	CH_3 CH_3-C-OH CH_3	83 °C	unbegrenzt

04 Eigenschaften isomerer Butanole

1› **a** Erläutern Sie die Veränderung der zwischenmolekularen Kräfte zwischen Alkanolmolekülen mit steigender Kettenlänge (↑ **01**).
b Vergleichen und begründen Sie den Anstieg der Siedetemperaturen innerhalb der homologen Reihe der Alkane und der Alkanole (↑ **02**).

2› **a** Zeichnen Sie die Halbstrukturformeln der folgenden isomeren Alkanole: 2,3-Dimethylbutan-1-ol; 2,2-Dimethylbutan-1-ol; Hexan-1-ol; 2-Methylpentan-1-ol.
b Ordnen Sie diese Stoffe nach steigender Siedetemperatur und begründen Sie ausführlich. Recherchieren Sie, ob Ihre Ordnung richtig war.

3› Erklären Sie die unterschiedliche Löslichkeit von 2-Methylpropan-1-ol und 2-Methylpropan-2-ol in Wasser (↑ **04**).

4› Gibt man etwas Kaliumethanolat in Wasser, so entsteht eine alkalische Lösung. Geben Sie die zu dieser Reaktion gehörende Reaktionsgleichung an.

Mehrwertige Alkohole

Alkohole mit mehr als einer Hydroxygruppe im Molekül werden als **mehrwertige Alkohole** (Polyole) bezeichnet. Dabei trägt jedes Kohlenstoffatom maximal eine Hydroxygruppe.
Wichtige Vertreter dieser Stoffgruppe sind der zweiwertige Alkohol Glykol (Ethan-1,2-diol) und der dreiwertige Alkohol Glycerin (Propan-1,2,3-triol).

EIGENSCHAFTEN Im Vergleich zu den einwertigen Alkoholen besitzen die Moleküle mehrwertiger Alkohole eine größere Anzahl an Hydroxygruppen und bilden deshalb mehr Wasserstoffbrücken aus. Dadurch wirken stärkere zwischenmolekulare Kräfte als zwischen den Molekülen der einwertigen Alkohole.
Dies wirkt sich auf die Eigenschaften der mehrwertigen Alkohole aus: Ihre Siedetemperaturen sind erheblich höher als die der entsprechenden einwertigen Alkohole, da die Moleküle mehrwertiger Alkohole untereinander viele Wasserstoffbrücken ausbilden (↑ **01**).
Ein Vergleich der Auslaufgeschwindigkeiten zeigt, dass die Viskosität der Alkohole mit steigender Anzahl an Hydroxygruppen zunimmt (↑ Exp. 10.02).
Auch die Löslichkeit der mehrwertigen Alkohole in polaren Lösungsmitteln wie Wasser ist infolge der vielen hydrophilen Hydroxygruppen größer als die einwertiger Alkohole. Dies begründet auch ihre Wasser anziehende (hygroskopische) Wirkung.
Außerdem beeinflusst die Vielzahl der Hydroxygruppen den Geschmack der mehrwertigen Alkohole. Mit wachsender Anzahl an Hydroxygruppen im Molekül nimmt der süße Geschmack zu und ist bei fünf- und sechswertigen Alkoholen so ausgeprägt, dass sie wie Hexan-1,2,3,4,5,6-hexol (Sorbitol) als Zuckerersatzstoff genutzt werden.

P **EXP 7.07** **Viskosität von Alkoholen**

Materialien Auslaufpipetten (V = 10 ml), Pipettierhilfe, Bechergläser, Stoppuhr, Ethanol (2, 7), Ethan-1,2-diol (7, 8), Propan-1,2,3-triol

Durchführung Füllen Sie eine Pipette vollständig mit Ethanol. Entfernen Sie die Pipettierhilfe und messen Sie die Zeit, in der sich die Pipette vollständig entleert. Wiederholen Sie den Versuch mit den beiden anderen Alkoholen.
Entsorgung: Reste in den Behälter für halogenfreie organische Abfälle geben.

Auswertung Erklären Sie Ihre Beobachtungen.

Klassifizierung	Beispiel	Strukturformel	Eigenschaften
einwertige Alkohole	Propan-1-ol	H H H H–C–C–C–OH H H H	Siedetemp.: 97 °C Löslichkeit in Wasser: unbegrenzt
zweiwertige Alkohole	Propan-1,3-diol	OH H H H–C–C–C–OH H H H	Siedetemp.: 213 °C Löslichkeit in Wasser: unbegrenzt
dreiwertige Alkohole	Propan-1,2,3-triol	OH OH H H–C–C–C–OH H H H	Siedetemp.: 290 °C Löslichkeit in Wasser: unbegrenzt

01 Eigenschaften verschiedener Propanole

Glycerin (Propan-1,2,3-triol)

Eigenschaften: farblos, zähflüssig (hohe Viskosität), hygroskopisch (Wasser anziehend), vollständig mischbar mit Wasser, ungiftig, niedrige Schmelztemperatur (ϑ_S = 18 °C), schwerflüchtig, zersetzt sich während des Siedens (ϑ_V = 290 °C), chemisch beständig

Vorkommen und Verwendung
- Baustein der Fette (Triglyceride, ↑ S. 290)
- Frostschutzmittel in der Technik, aber auch im Tier- und Pflanzenreich (Überwinterung, ↑ Bild)
- Schmiermittel in der Technik und in der Medizin
- Ausgangsstoff in der Kunststoffindustrie und zur Herstellung von Sprengstoff (Nitroglycerin)
- Feuchthaltemittel, z. B. in Handcreme

Mehrwertige Alkohole enthalten mindestens zwei Hydroxygruppen im Molekül. Sie führen zu höheren Siedetemperaturen, besserer Löslichkeit in polaren Lösungsmitteln und größerer Viskosität als bei vergleichbaren einwertigen Alkoholen.

1 › Vergleichen Sie die Eigenschaften von Propan-1-ol, Propan-1,3-diol und Propan-1,2,3-triol (↑ **01**). Begründen Sie die Unterschiede.

2 › Stellen Sie den Zusammenhang zwischen der Molekülstruktur, den Eigenschaften und der Verwendung von Glycerin her.

3 › Recherchieren Sie Struktur, Eigenschaften und Verwendung von Glykol (Ethan-1,2-diol). Erstellen Sie einen Steckbrief und erklären Sie die Stoffeigenschaften anhand der Molekülstruktur.

Praktikum

P Alkohole

EXP 7.08 Alkoholische Gärung

Materialien 4 Erlenmeyerkolben mit durchbohrtem Stopfen, Gärröhrchen, Wasserbad, Thermometer, Spatel, Heizquelle, Eiswürfel, Hefe, Glucose, Kalkwasser (5, 7)

Durchführung Geben Sie in die Erlenmeyerkolben jeweils 100 ml Wasser, 5 g Glucose und 3 g Hefe. Rühren Sie, bis sich die Hefe gleichmäßig in der Lösung verteilt hat. Stellen Sie die Temperatur in den vier Gefäßen auf 10 °C, 20 °C, 30 °C und 50 °C ein. Setzen Sie jeweils ein mit Kalkwasser gefülltes Gärröhrchen auf die Erlenmeyerkolben und beobachten Sie die Versuchsansätze über einen Zeitraum von 40 min.
Entsorgung: Reste ins Abwasser geben.

Auswertung

1) Erläutern Sie Ihre Beobachtungen.
2) Leiten Sie aus den Beobachtungen ab, was Bäcker beim „Gehen eines Hefeteigs" beachten sollten.

EXP 7.09 Brennbarkeit von Alkoholen

Materialien Tüpfelplatte, Pipetten, langer Holzstab, Streichhölzer, feuerfeste Unterlage, Ethanol (2, 7), Hexan-1-ol (2, 7), Propan-1,2,3-triol (Glycerin), destilliertes Wasser

Durchführung Geben Sie mit einer Pipette einige Tropfen Ethanol auf die Tüpfelplatte. Entzünden Sie den Holzstab. Halten Sie ihn vorsichtig an die Oberfläche des Alkohols. Stellen Sie nun drei Ethanollösungen im unten angegebenen Verhältnis mit destilliertem Wasser her und verfahren Sie in gleicher Weise wie mit dem reinen Ethanol.

Lösung	Ethanol	dest. Wasser	Ethanolgehalt
a	1 ml	3 ml	25 Vol.-%
b	2 ml	2 ml	50 Vol.-%
c	3 ml	1 ml	75 Vol.-%

Im Anschluss prüfen Sie dann die Brennbarkeit der anderen Alkohole.
Entsorgung: Reste in den Behälter für halogenfreie organische Abfälle geben.

Auswertung

1) Beschreiben und deuten Sie Ihre Beobachtungen.
2) Im Restaurant wird das Essen manchmal mit einem brennenden Ouzo (Anisschnaps) serviert. Treffen Sie eine Aussage über den Alkoholgehalt des Ouzos und erklären Sie, warum der Ouzo häufig erst am Tisch entzündet wird.
3) Informieren Sie sich über Flamm- und Entzündungstemperaturen von Alkoholen.

EXP 7.10 Nachweis von Alkoholen

Materialien Indikatorpapier, Reagenzgläser, Pipetten, Cer(IV)-ammoniumnitratreagenz (3, 5, 7), Ethanol (2, 7), verdünnte Natronlauge (w = 1 %; 7)

Durchführung Geben Sie 2 ml Ethanol in ein Reagenzglas und bestimmen Sie den pH-Wert. Versetzen Sie die Lösung danach mit einigen Tropfen Cer(IV)-ammoniumnitratreagenz. Wiederholen Sie den Versuch mit 2 ml Natronlauge.
Entsorgung: Reste in den Behälter für halogenfreie organische Abfälle geben.

Auswertung

Deuten Sie Ihre Beobachtungen.

EXP 7.11 Alkohol als Frostschutzmittel

Materialien Reagenzgläser, Pipetten oder Messzylinder, Reagenzglasständer, Thermometer, Ethanol (2, 7), Ethan-1,2-diol (7, 8)

Durchführung Stellen Sie gemäß den Tabellen Ethanol- bzw. Ethan-1,2-diol-Lösungen her und geben Sie diese bis zur nächsten Stunde in ein Eisfach. Bestimmen Sie den jeweiligen Gefrierpunkt in der nächsten Stunde.

Lösung	Ethanol	dest. Wasser	Ethanolgehalt
a	1 ml	9 ml	10 Vol.-%
b	2 ml	8 ml	20 Vol.-%
c	3 ml	7 ml	30 Vol.-%

Lösung	Ethan-1,2-diol	dest. Wasser	Ethan-1,2-diolgehalt
d	1 ml	9 ml	10 Vol.-%
e	2 ml	8 ml	20 Vol.-%
f	3 ml	7 ml	30 Vol.-%

Entsorgung: Reste in den Behälter für halogenfreie organische Abfälle geben.

Auswertung

1) Beschreiben und deuten Sie Ihre Beobachtungen.
2) Ethan-1,2-diol wird auch als Kühlfrostschutz für Ottomotoren eingesetzt. Dafür kann man im Kfz-Handel Konzentrate kaufen. So kann man die Gegebenheiten am jeweiligen Einsatzort berücksichtigen.
   a Erklären Sie diese Aussage.
   b Recherchieren Sie die Klimadaten für die Orte Hannover und Eureka (Kanada). Geben Sie sinnvolle Ethan-1,2-diol-Wasser-Gemische an, die an diesen beiden Orten eingesetzt werden sollten.

7.8 Ether

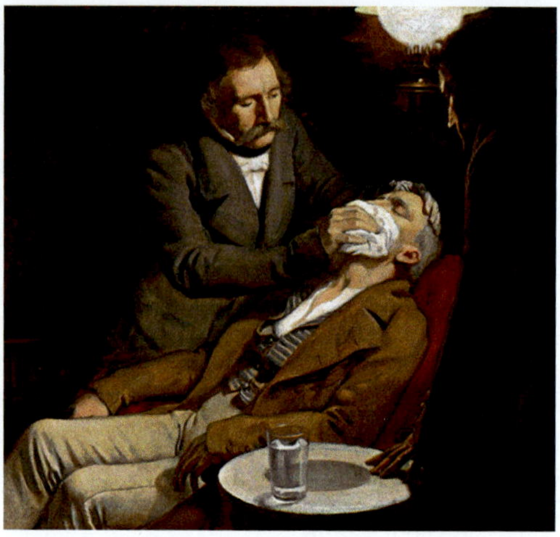

01 "Gentleman, this is no humbug!" erklärte Dr. John C. Warren dem staunenden Auditorium bei der ersten erfolgreichen Narkose am 16.10.1846, der als „Ether Day" in die Medizingeschichte einging.

Ether sind vielen vor allem als Narkosemittel ein Begriff. Auch wenn Ether heute in der Medizin kaum noch eine Rolle spielt, so markiert die erste Ethernarkose den Beginn der modernen Anästhesie.

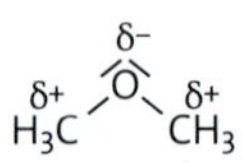

02 Partialladungen im Dimethylethermolekül

STRUKTUR UND NOMENKLATUR Ersetzt man in einem Alkoholmolekül ($R–\overline{O}–H$) formal das Wasserstoffatom durch eine weitere Alkylgruppe, entsteht ein Ether ($R^1–\overline{O}–R^2$). Wenn beide Alkylgruppen R^1 und R^2 identisch sind, so liegt ein **symmetrischer Ether** vor (↑ 02), bei unterschiedlichen Alkylgruppen ein **unsymmetrischer**.

Die Benennung der Ether kann auf unterschiedliche Weise erfolgen. Meistens werden die Trivialnamen angegeben. Dazu werden die Namen der beiden Alkylgruppen in alphabetischer Reihenfolge angegeben und die Endung **-ether** angehängt, z. B. Butylethylether. Bei symmetrischen Ethern wird dem Namen der Alkylgruppe die Silbe Di- vorangestellt und ebenfalls die Endung -ether angehängt, z. B. Dipropylether. Gemäß der IUPAC-Nomenklatur bezeichnet man Ether als **Alkoxyalkane**. „Alkoxy" steht dabei für eine der Alkylgruppen inklusive des Sauerstoffatoms, über das es mit der zweiten Alkylgruppe verbunden ist. Bei unsymmetrischen Alkoxyalkanen bestimmt die längere Alkylgruppe den Stammnamen, z. B. Ethoxybutan.

Skelettformel, molare Masse	Trivialname/ Name nach IUPAC	Siedetemperatur	Löslichkeit in Wasser
 $M = 102\ g \cdot mol^{-1}$	Butylethylether/ Ethoxybutan	92 °C	gering
 $M = 102\ g \cdot mol^{-1}$	Dipropylether/ Propoxypropan	90 °C	$3{,}8\ g \cdot l^{-1}$

03 Eigenschaften von zwei Ethern

EIGENSCHAFTEN Das Sauerstoffatom der Ethermoleküle ist partiell negativ geladen (↑ 02). Ethermoleküle sind daher Dipole, zwischen denen Dipol-Dipol-Kräfte wirken. Die Siedetemperaturen der Ether liegen deshalb höher als die von Alkanen mit ähnlicher molarer Masse, zwischen denen nur London-Kräfte wirken.

Ethermoleküle können untereinander keine Wasserstoffbrücken ausbilden, da sie kein Wasserstoffatom besitzen, das an ein elektronegatives Sauerstoffatom gebunden ist. Aufgrund der fehlenden Wasserstoffbrücken liegen die Siedetemperaturen der Ether deutlich unter denen isomerer Alkohole. Die Löslichkeit in Wasser ist viel kleiner als die vergleichbarer Alkohole, weil nur die positiv polarisierten Wasserstoffatome der Wassermoleküle Wasserstoffbrücken zum negativ polarisierten Sauerstoffatom der Ethermoleküle ausbilden können.

HERSTELLUNG Zur Herstellung symmetrischer Ether werden primäre Alkohole mit konzentrierter Schwefelsäure umgesetzt. Sie dient bei der Reaktion als Katalysator. Zwei Alkoholmoleküle reagieren unter Abspaltung eines Wassermoleküls in einer Kondensationsreaktion zu einem Ethermolekül:

$$CH_3–\overline{O}–H + H–\overline{O}–CH_3 \xrightarrow{H_2SO_4} \underset{\text{Dimethylether}}{CH_3–\overline{O}–CH_3} + H_2O$$

WICHTIGE VERTRETER **Diethylether** ist ein häufig verwendetes Lösungsmittel und war früher als Narkosemittel von Bedeutung. **Epoxide** (cyclische Ether mit einem dreigliedrigen Ring) sind wichtige Ausgangsstoffe bei der Herstellung von Ethan-1,2-diol und Epoxidharzen. Epoxidharze werden z. B. als Klebstoff oder als Werkstoff für die Herstellung von Platinen in Elektrogeräten eingesetzt. **ETBE** (tert-Butylethylether) wird Kraftstoffen als Antiklopfmittel zur Erhöhung der Oktanzahl zugesetzt.

Ethermoleküle bestehen aus zwei Alkylgruppen, die über ein Sauerstoffatom verbunden sind. Ether haben u. a. Bedeutung als Lösungsmittel.

1 › Formulieren Sie eine allgemeine Reaktionsgleichung für die Bildung eines symmetrischen Ethers aus einem primären Alkohol.

2 › Erklären Sie, warum Diethylether eine niedrigere Siedetemperatur besitzt als Ethanol, obwohl er eine höhere molare Masse aufweist.

3 › Stellen Sie eine begründete Hypothese über die Löslichkeit von Dimethylether in Wasser im Vergleich zum isomeren Ethanol auf.

Klausurtraining

Material D Alkohole unter der Lupe

D1 Geckos als Kletterkünstler

Geckos können senkrechte Flächen erklimmen. Auf den Unterseiten ihrer Füße besitzen sie sehr viele, feinste Härchen, die *Spatulae* (Länge ca. 200 nm). Jedes dieser Härchen kann nur eine sehr kleine Kraft übertragen. Die große Anzahl der Härchen reicht dennoch aus, um das Tier buchstäblich kopfüber unter Decken laufen zu lassen. Ursächlich sind London-Kräfte.

D2 Einige Eigenschaften von Alkoholen

Name	Molare Masse in $g \cdot mol^{-1}$	Siedetemperatur in °C	Löslichkeit in Wasser in $g \cdot l^{-1}$
Methanol	32	64,7	vollständig
2-Methyl-butan-2-ol	88	102,2	118
Pentan-2-ol	88	119,0	166
Pentan-3-ol	88	116,0	55
Hexan-3-ol	102	135,0	17,5
Pentan-1,2-diol	104	206,0	vollständig

D3 Herstellung von Pentan-2-ol

Pentan-2-ol ist ein wichtiges Lösungsmittel in der Industrie. Es kann aus Pent-1-en durch Reaktion mit Wasser in Gegenwart eines Katalysators gewonnen werden.

AUFGABEN ZU D

1) Erklären Sie, warum der Gecko an senkrechten Wänden laufen kann (↑ **D1**).

2) **a** Zeichnen Sie die Strukturformeln der Alkohole aus ↑ **D2**.
b Vergleichen Sie die Eigenschaften der angegebenen Alkohole und begründen Sie die Unterschiede mit den Strukturmerkmalen der Moleküle.
c Stellen Sie einen Zusammenhang zwischen dem Phänomen „Gecko als Kletterkünstler" und ausgewählten Eigenschaften der Alkohole her.

3) Erläutern Sie begründet, ob sich Pentan-2-ol als Lösungsmittel für Ethanol bzw. Hexan eignet.

4) **a** Formulieren Sie eine Reaktionsgleichung für die Synthese von Pentan-2-ol mit Chlorwasserstoff als Katalysator.
b Formulieren Sie eine Hypothese über die Bildung von Nebenprodukten.

Material E Ähnlich, aber doch verschieden

E1 Der schlampige Laborant

In der Alltagshektik hat der Laborant vergessen, ein Vorratsgefäß, das eine farblose flüssige Substanz enthält, ordnungsgemäß zu beschriften. Auf dem Etikett steht die Molekülformel C_3H_8O. Er erinnert sich noch, dass er in einigen Experimenten den Stoff als Lösungsmittel eingesetzt hat.

E2 Ether, Alkane und Alkohole im Vergleich

Name	Molare Masse in $g \cdot mol^{-1}$	Siedetemperatur in °C	Löslichkeit in Wasser in $g \cdot l^{-1}$
Butan-1-ol	74	117	90
Diethylether	74	34,5	69
Pentan	72	36	0,3
Ethylmethylether	60,1	7,4	50
Propan-1-ol	60,1	97	vollständig
Propan-2-ol	60,1	82	vollständig

E3 Entsorgung – oder Synthese?

Im Labor können Natrium- oder Kaliumreste entsorgt werden, indem man sie in kleinen Portionen in Ethanol gibt.

Fügt man anschließend zu dieser Lösung Brommethan, so entstehen Ethylmethylether und Bromid-Ionen.

AUFGABEN ZU E

1) **a** Geben Sie mögliche Strukturformeln der Verbindung aus ↑ **E1** an.
b Entwickeln Sie eine experimentelle Vorgehensweise, um eine oder mehrere der gefundenen Strukturen auszuschließen.

2) Erläutern Sie, welche Reaktion bei der Entsorgung von Natriumresten nach ↑ **E3** abläuft.

3) Formulieren Sie eine Reaktionsgleichung für die Bildung des Ethers nach ↑ **E3**. Welches Produkt erwarten Sie, wenn Propan-2-ol anstelle von Ethanol eingesetzt wird?

4) Ethylmethylether kann formal durch eine Kondensation aus Ethanol und Methanol unter Säurekatalyse hergestellt werden.
a Geben Sie die Reaktionsgleichung an.
b Erläutern Sie, warum in dieser Reaktion ein Gemisch von Ethern anstelle des reinen Ethers entsteht.

5) Begründen Sie, warum Diethylether bei vergleichbarer molarer Masse in seiner Siedetemperatur Pentan ähnelt, in seinem Löslichkeitsverhalten jedoch Butan-1-ol (↑ **E2**).

7.9 Redoxreaktionen mit Alkoholen

Video: Oxidation von Ethanol durch Kupfer(II)-oxid

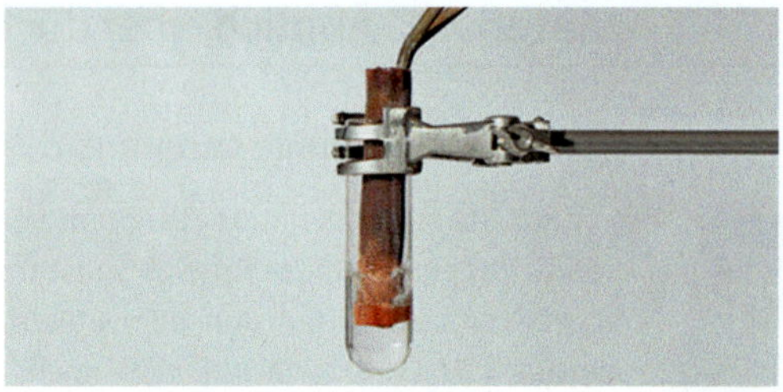

01 Methanol reagiert mit Kupfer(II)-oxid zu Methanal.

Elektronegativität beschreibt die Fähigkeit eines Atoms, Elektronen innerhalb einer Elektronenpaarbindung an sich zu ziehen.

Werte von Hauptgruppenelementen ↑ S. 50

OXIDATION VON METHANOL Hält man ein Kupfernetz in die Flamme eines Gasbrenners, bildet sich an der Oberfläche schwarzes Kupfer(II)-oxid. Taucht man das noch heiße Netz in Methanol so verschwindet die Schwarzfärbung und die ursprünglich rot glänzende Färbung des Kupfers wird wieder sichtbar (↑ **01**). Gleichzeitig weist ein stechender Geruch auf das Reaktionsprodukt **Methanal** hin. Es gehört zur Stoffgruppe der *Aldehyde*.

$$H_3C{-}OH(l) + CuO(s) \longrightarrow \underset{\text{Methanal}}{HC{-}HO(l)} + Cu(s) + H_2O(l)$$

Es hat eine **Redoxreaktion** stattgefunden, bei der Methanol zu Methanal oxidiert und Kupfer(II)-oxid zu elementarem Kupfer reduziert wurde.
Wie lässt sich zeigen, dass eine Elektronenübertragung erfolgt ist?

OXIDATIONSZAHLEN Um Redoxreaktionen anhand der beteiligten Teilchen zu erkennen, ist das Konzept der **Oxidationszahl (OZ)** hilfreich. Bei einfachen Ionen (Atom-Ionen) entspricht die Oxidationszahl deren Ionenladung. Ein Natrium-Ion Na^+ hat die Oxidationszahl I, ein Chlorid-Ion Cl^- die Oxidationszahl −I (↑ **02**).
In Formeln werden die Oxidationszahlen mit römischen Ziffern über das jeweilige Elementsymbol geschrieben. Ein Minuszeichen kennzeichnet negative Oxidationszahlen. In einer Verbindung ist die Summe der Oxidationszahlen aller Atome null.
Zur Ermittlung der Oxidationszahlen für die in einem Molekül gebundenen Atome wird die Lewis-Formel des Moleküls notiert (↑ Methode, S. 63). Dabei stellt man sich vor, dass dieses formal aus Ionen aufgebaut ist. Dazu werden die Bindungselektronen einer polaren Elektronenpaarbindung immer dem Atom mit der größeren *Elektronegativität* (kurz: EN) zugeordnet.

Animation: Bestimmen von Oxidationszahlen

Die Oxidationszahl entspricht der formalen Ladung eines Atoms in einer Verbindung, wenn alle Bindungselektronen dem jeweils elektronegativeren Atom zugeordnet wurden.

DONATOR-AKZEPTOR-KONZEPT Verändern sich die Oxidationszahlen der beteiligten Teilchen während einer chemischen Reaktion, so handelt es sich um eine Redoxreaktion. Bei jeder Redoxreaktion kommt es zu einer *Elektronenübertragung*. Dabei gibt ein Reaktionspartner ein oder mehrere Elektronen ab, die der andere Reaktionspartner aufnimmt. Das Prinzip, dass Teilchen bei einer Reaktion übertragen werden, findet sich in der Chemie auch in anderen Zusammenhängen, beispielsweise wenn eine Säure durch eine Base neutralisiert wird. Man kann solche Reaktionen daher durch ein allgemeines Prinzip beschreiben, das **Donator-Akzeptor Konzept.**

Donator-Akzeptor-Konzept: Ein Teilchen wird von einem Reaktionspartner, dem Donator, auf einen anderen Reaktionspartner, den Akzeptor, übertragen.

OXIDATIONSZAHL UND REDOXREAKTION Am Beispiel der Reaktion von Methanol zu Methanal kann das Prinzip verdeutlicht werden:
Bei der Oxidation von Methanol durch Kupfer(II)-oxid erhöht sich die Oxidationszahl des Kohlenstoffatoms während der Reaktion von −II auf 0 (↑ **03**). Das bedeutet, dass das Kohlenstoffatom zwei Elek-

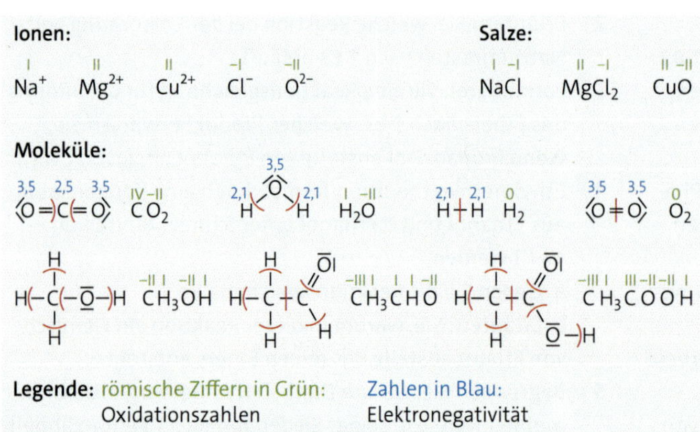

02 Oxidationszahlen einiger Verbindungen (Übersicht)

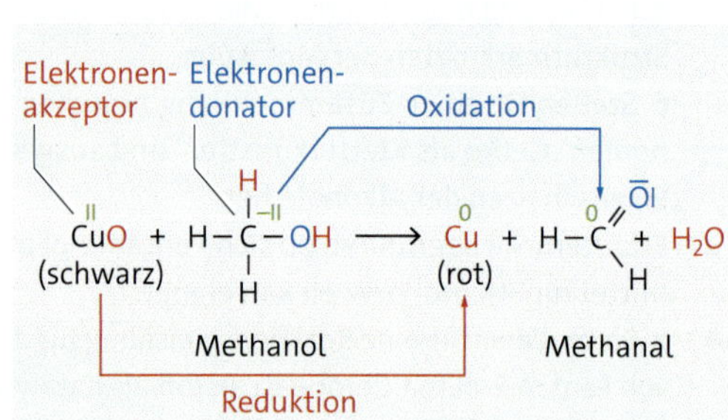

03 Oxidation und Reduktion – Redoxreaktion

Methode

M Bestimmen von Oxidationszahlen

AUFGABE Bestimmen Sie die Oxidationszahlen der Atome im Methanol-, Sauerstoff-, Kohlenstoffdioxid- und Wassermolekül mithilfe von Lewis-Formeln.

Methanol Sauerstoff Kohlenstoffdioxid Wasser

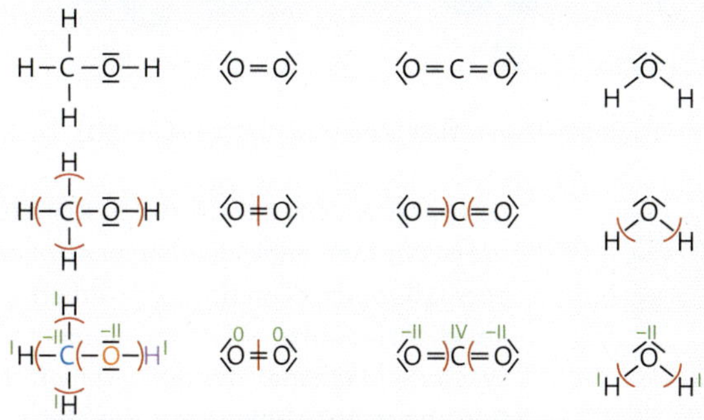

Notieren Sie die Lewis-Formel der Moleküle:

Ordnen Sie dem Atom mit der jeweils größeren Elektronegativität (EN) die Elektronen der Elektronenpaarbindung zu:

EN(C) = 2,5 EN(O) = 3,5 EN(H) = 2,1

Ermitteln Sie die Oxidationszahl der einzelnen Atome:

Bestimmen Sie die ursprüngliche Anzahl der Valenzelektronen (entspricht der Hauptgruppennummer des Elements im PSE).

Bestimmen Sie die Anzahl der zugeordneten Elektronen inklusive der nichtbindenden Elektronen.

Die Oxidationszahl wird aus Differenz der ursprünglichen Elektronen und der zugeordneten Elektronen ermittelt.

Atom im Methanolmolekül	$\mathbf{C}H_3OH$	$CH_3\mathbf{O}H$	$CH_3O\mathbf{H}$
Anzahl Valenzelektronen	4	6	1
Anzahl zugeordneter Elektronen	6	8	0
Oxidationszahl	4 − 6 = −II	6 − 8 = −II	1 − 0 = +I

tronen abgibt. Das Kohlenstoffatom wirkt formal als **Elektronendonator** und wird oxidiert.
Das Kupferatom im Kupfer(II)-oxidteilchen fungiert als **Elektronenakzeptor** und wird reduziert. Seine Oxidationszahl verringert sich von II auf 0. Das bedeutet, dass das Kupferatom zwei Elektronen aufnimmt (↑ **03**).

Aus dem Beispiel lässt sich eine Verallgemeinerung ableiten: Die Oxidationszahl des Elektronendonators erhöht sich während der Reaktion, da er Elektronen abgibt. Umgekehrt verringert sich die Oxidationszahl des Elektronenakzeptors, da er während der Reaktion Elektronen aufnimmt (↑ **04**).

Eine Redoxreaktion liegt vor, wenn sich die Oxidationszahlen der beteiligten Teilchen verändern. Die Veränderung der Oxidationszahl entspricht der Anzahl übertragener Elektronen.

Redoxreaktionen sind *Elektronenübertragungsreaktionen*, bei denen die Teilreaktionen Reduktion und Oxidation *gekoppelt* ablaufen. Elektronendonator und -akzeptor sind für jede Redoxreaktion eindeutig festgelegt. Redoxreaktionen verlaufen spontan immer nur in einer Richtung.

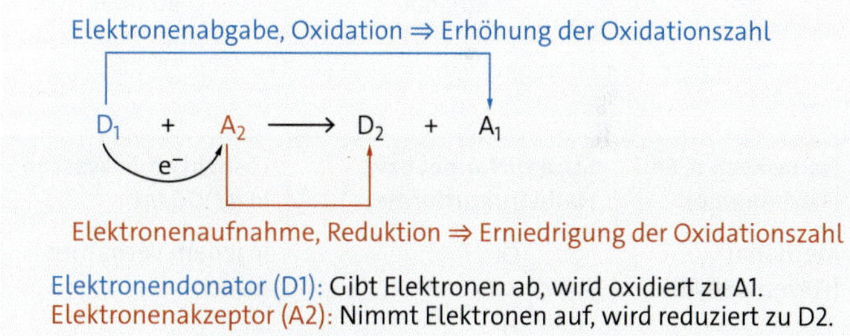

04 Donator-Akzeptor-Konzept (Schema)

1 Bestimmen Sie die Oxidationszahlen der Atome in F_2, F^-, O_2, O_3, O^{2-}, Fe, Fe^{2+}, Fe^{3+}.

2 Bestimmen Sie die Oxidationszahlen der Atome in folgenden Teilchen:
a MnO_2, CuO, Ag_2O, Na_2SiF_6, C_2H_6, H_2SO_3
b HNO_3, OH^-, NO_2^-, $CH_3–CH_2–OH$

3 Wenden Sie das Donator-Akzeptor-Konzept auf die folgenden Reaktionen an:
a Kohlenstoff reagiert mit Sauerstoff zu Kohlenstoffdioxid.
b Methanol reagiert mit Sauerstoff zu Kohlenstoffdioxid und Wasser.

4 Bestimmen Sie die Oxidationszahlen in Ethan, 2-Chlorbutan und Propan-1,2,3-triol.

7.10 Vom Alkohol zum Aldehyd und Keton

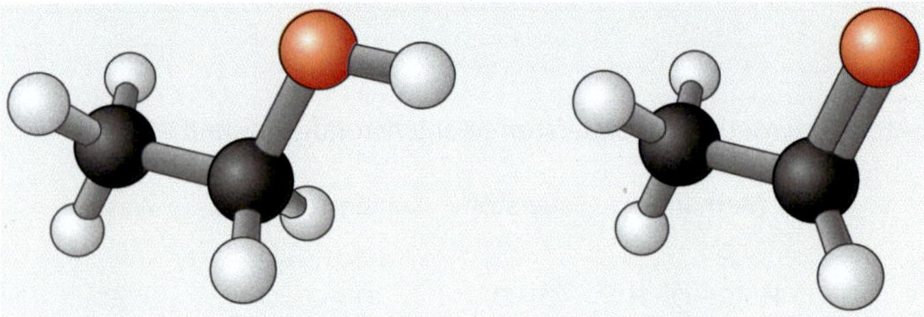

01 Molekülmodelle von Ethanol (links) und Ethanal (rechts)

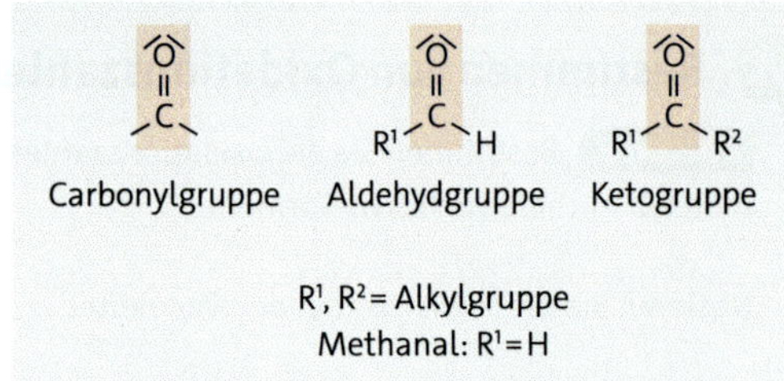

03 Funktionelle Gruppen der Aldehyde und Ketone

3D-Molekül: Ethanal

Methode zur Ermittlung von Oxidationszahlen ↑ *S. 275*

OXIDATION VON PRIMÄREN ALKOHOLEN Ethanol ist wie Methanol ein *primärer Alkohol* und kann ebenfalls durch Kupfer(II)-oxid oxidiert werden. Als Reaktionsprodukte entstehen elementares Kupfer, Wasser und **Ethanal**, das durch seinen stechenden Geruch erkannt werden kann. Wie Methanal gehört auch Ethanal zur Stoffgruppe der **Aldehyde** (↑ **02**).

Auch die Reaktion von Ethanol zum Ethanal ist eine *Redoxreaktion*, bei der die Aldehydmoleküle zwei Wasserstoffatome weniger als die Alkoholmoleküle aufweisen, aus denen sie entstanden sind (↑ **01**):

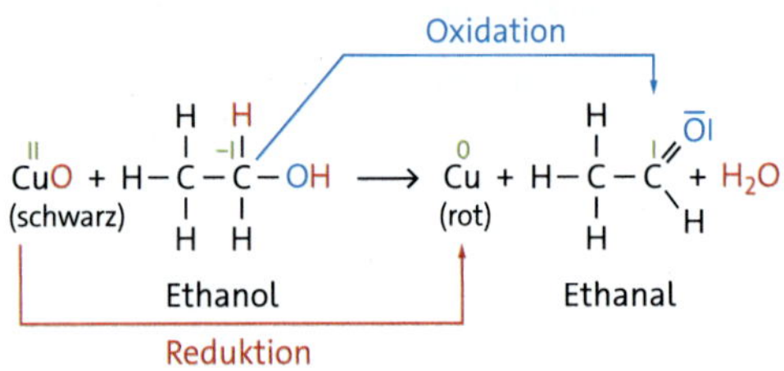

Name nach IUPAC (Trivialname)	Strukturformel bzw. Halbstrukturformel	Löslichkeit in Wasser in g/100 ml
Methanal (Formaldehyd)	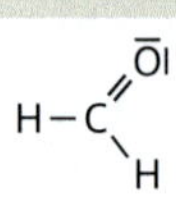	in jedem Verhältnis löslich
Ethanal (Acetaldehyd)	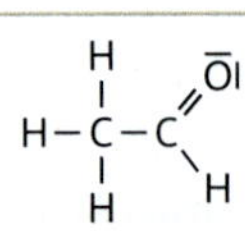	in jedem Verhältnis löslich
Propanal (Propionaldehyd)	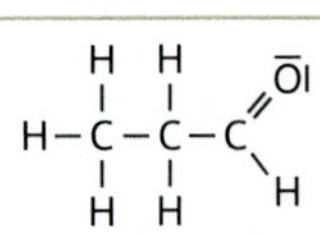	67,9
3-Methylbutanal	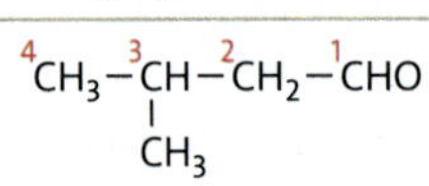	2
Propanon (Aceton)	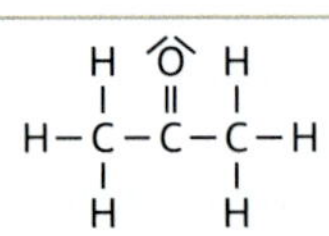	in jedem Verhältnis löslich (sowie in vielen unpolaren Lösungsmitteln)

02 Einige Aldehyde und Ketone

Nicht nur Methanol und Ethanol lassen sich zu einem Aldehyd oxidieren, sondern alle primären Alkohole können zu einem Aldehyd reagieren.

> **Aldehyde werden durch Oxidation primärer Alkohole gebildet.**

Mithilfe von *Oxidationszahlen* lässt sich auch hier die *Oxidation* (Erhöhung der Oxidationszahl) und die *Reduktion* (Erniedrigung der Oxidationszahl) der beteiligten Moleküle erkennen.
Die Erhöhung der Oxidationszahl von –I auf I des Kohlenstoffatoms, das das Sauerstoffatom gebunden hat, zeigt die **partielle (unvollständige) Oxidation** des Ethanolmoleküls an. Die Oxidationszahl des Kupferatoms wird gleichzeitig von II auf 0 verringert, d. h., Kupfer(II)-oxid wird reduziert.
Die Oxidationszahl des Kohlenstoffatoms kann in Verbindungen Werte zwischen –IV und IV annehmen.

CARBONYLGRUPPE Moleküle von Aldehyden besitzen als besonderes Strukturmerkmal die **Carbonylgruppe** >C=O. Dabei handelt es sich um ein Sauerstoffatom, das über eine Doppelbindung an ein Kohlenstoffatom gebunden ist. Die Carbonylgruppe kann in organischen Molekülen an verschiedenen Stellen der Kohlenstoffkette stehen: Steht sie endständig an der Kohlenstoffkette und hat ein Wasserstoffatom gebunden, wird sie als **Aldehydgruppe** (vereinfachte Schreibweise: –CHO) bezeichnet. Steht sie innerhalb eines Moleküls, spricht man von einer **Ketogruppe** –CO– (↑ **03**).

ENTDECKUNG DER ALDEHYDE Hier spielte der Zufall eine entscheidende Rolle. Ende des 18. Jahrhunderts erhitzte der schwedische Chemiker CARL WILHELM SCHEELE ein Gemisch aus Weingeist (Ethanol), Braunstein (Mangandioxid, MnO_2) und Schwefelsäure. Im Destillat konnte er neben Essigsäure und Kohlenstoffdioxid ein weiteres farbloses, stechend riechendes und stark reizendes Gas nachweisen, das er damals jedoch noch nicht als Ethanal identifizieren konnte. Der deutsche Chemiker JUSTUS

VON LIEBIG erkannte, dass auch andere Alkohole zu ähnlichen Reaktionsprodukten führten. Es gelang ihm, die Molekülformel zu bestimmen: Die gebildete Verbindung enthielt zwei Wasserstoffatome weniger als der eingesetzte Alkohol. Er schloss daraus, dass es sich um ein Oxidationsprodukt von Alkohol handeln müsse und beschrieb die Reaktion als *Dehydrierung*. 1835 prägte Liebig für die neue Stoffklasse den Namen *Aldehyde* (von lat.: ***alcoholus dehydratus***), der bis heute gebräuchlich ist.

VOM SEKUNDÄREN ALKOHOL ZUM KETON Wird Propan-2-ol, ein *sekundärer Alkohol*, oxidiert, so entsteht **Propanon** (↑ **04**). Wie bei der Oxidation der primären Alkohole werden auch hier formal zwei Wasserstoffatome des Alkoholmoleküls abgegeben. Propanon gehört zur Stoffgruppe der **Ketone**, deren Moleküle die Ketogruppe als funktionelle Gruppe besitzen. Tertiäre Alkohole wie tert-Butanol können jedoch nicht weiter oxidiert werden.

> **Ketone werden durch Oxidation sekundärer Alkohole gebildet.**

NOMENKLATUR Die allgemeine Formel der Aldehyde lautet $C_nH_{2n+1}CHO$. Nach den IUPAC-Regeln werden die Namen der Aldehyde, die aus primären Alkanolen gebildet werden, vom entsprechenden Kohlenwasserstoff abgeleitet und die Endsilbe **-al** angehängt. Sie werden folglich als **Alkanale** bezeichnet, z. B. Propanal. Das Kohlenstoffatom der Aldehydgruppe erhält beim Nummerieren der Kohlenstoffkette die Nummer eins. Für viele Aldehyde existieren auch Trivialnamen. Diese leiten sich von der lateinischen Bezeichnung für die bei Hinzufügen eines Sauerstoffatoms jeweils entstehende Carbonsäure her. Ein Beispiel dafür ist der Trivialname *Acetaldehyd* für Ethanal. Die zugehörige Carbonsäure ist Essigsäure (CH_3–COOH), mit lateinischem Namen *acidum* ***aceticum***. Aldehyde, die aus primären Alkanolen gebildet werden, werden auch als **Alkanale** bezeichnet.
Die Namen der **Ketone** werden nach IUPAC durch Anhängen der Endung **-on** an die Namen der Kohlenwasserstoffe gebildet, beispielsweise Propan**on** (Trivialname: Aceton) oder Butan**on**.
Ketone, die aus unverzweigten sekundären Alkanolen gebildet werden, heißen **Alkanone**. Bei Alkanonen ist die Ketogruppe mit zwei Alkylresten verbunden (↑ **03**). Weist das Molekül mehr als vier Kohlenstoffatome auf, sind Konstitutionsisomere (↑ S. XXX) möglich. D. h., die Ketogruppe kann an unterschiedliche Kohlenstoffatome gebunden sein, beispielsweise bei Pentan-2-on bzw. Pentan-3-on.

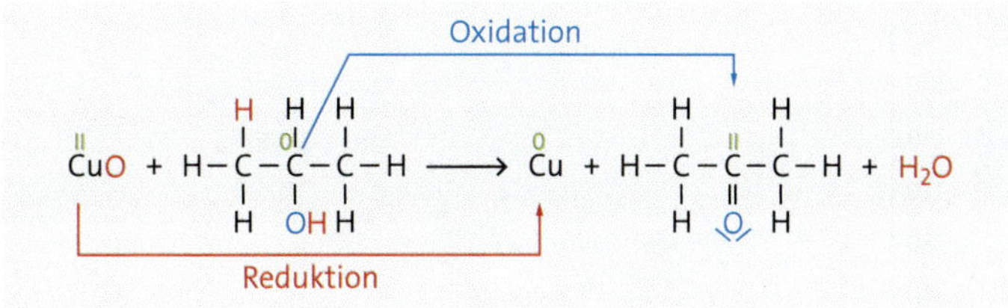

04 Oxidation von Propan-2-ol zu Propanon, einem Keton

Propanon (Aceton)

- Siedetemperatur: 56 °C
- charakteristischer Geruch nach Lösungsmittel
- wichtiges Lösungsmittel, weil es sich vollständig mit Wasser und vielen organischen Stoffen mischen lässt
- in Nagellackentfernern enthalten
- reagiert mit Kunststoffen wie Plexiglas und Styropor

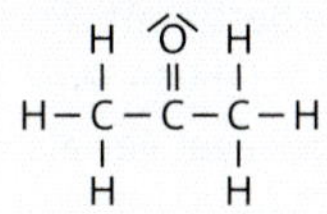

Methanal (Formaldehyd)

- Siedetemperatur: −19 °C
- wichtiger Ausgangsstoff der chemischen Industrie, z. B. in der Kunststoffherstellung
- giftig, krebserregend
- Bestandteil des Tabakrauchs
- als wässrige Lösung (Formalin) früher zum Konservieren von Präparaten angewendet

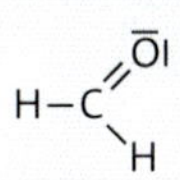

1 Bestimmen Sie die Oxidationszahlen aller Kohlenstoffatome in Butan-1-ol, Butan-2-ol und Butanal.

2 Bestimmen Sie die Oxidationszahlen aller Atome in Butanon und prüfen Sie, ob die Summe der Oxidationszahlen null ist.

3 Beurteilen Sie die Aussage: Zu jedem Aldehyd gibt es ein isomeres Keton.

7.11 Eigenschaften der Aldehyde und Ketone

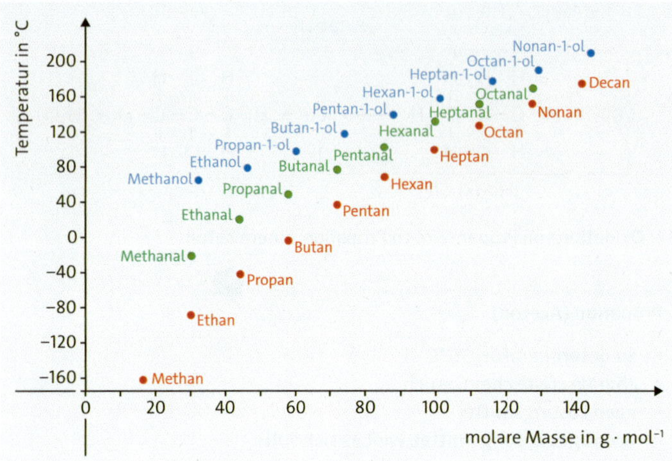

01 Siedetemperaturen von Alkanen, Alkoholen und Aldehyden in Abhängigkeit von der molaren Masse

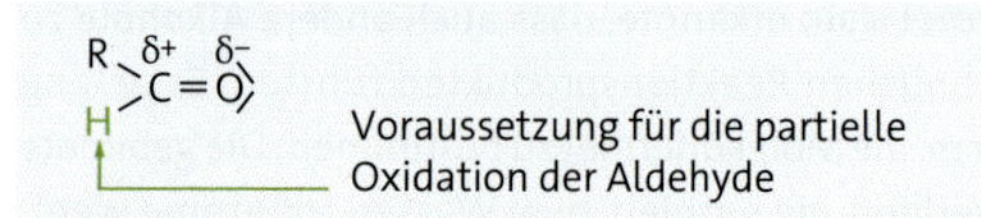

03 Reaktive Zentren der Aldehydgruppe

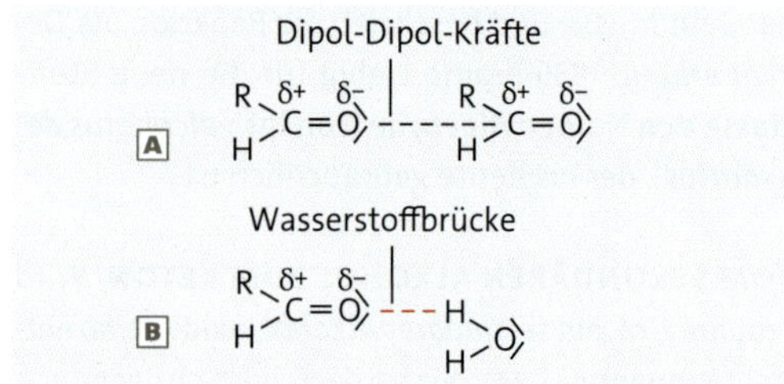

04 **A** Dipol-Dipol-Kräfte wirken zwischen Aldehydmolekülen, **B** Wasserstoffbrücken bilden sich zwischen Wasser- und Aldehydmolekülen.

MOLEKÜLSTRUKTUR UND EIGENSCHAFTEN DER ALDEHYDE Die Aldehydgruppe bestimmt wesentlich die Stoffeigenschaften der Aldehyde. Weil das Sauerstoffatom deutlich elektronegativer als das Kohlenstoffatom ist, besitzt das Sauerstoffatom der Aldehydgruppe eine negative Partialladung. Das Kohlenstoffatom ist partiell positiv geladen (↑ **03**).
Das Wasserstoffatom der Aldehydgruppe ist im Gegensatz zur Hydroxygruppe der Alkohole nicht polar gebunden, sodass keine Wasserstoffbrücken zwischen Aldehydmolekülen bestehen.
Stattdessen wirken aufgrund der Polarisierung der Aldehydgruppe Dipol-Dipol-Kräfte (↑ **04**). Aldehyde sieden deshalb höher als Alkane mit ähnlicher molarer Masse, zwischen denen nur die schwächeren London-Kräfte wirken. Die Dipol-Dipol-Kräfte sind jedoch schwächer als die Wasserstoffbrücken, die zwischen den Alkoholmolekülen vorliegen. Demzufolge liegen die Siedetemperaturen der Aldehyde zwischen denen der Alkohole und der Alkane (↑ **01**).

Die Annäherung der Siedetemperaturen aller drei Stoffgruppen mit zunehmender Größe der Alkylgruppe resultiert daraus, dass die Stärke der London-Kräfte mit wachsender Alkylgruppe zunimmt, die Stärke der Dipol-Dipol-Kräfte bzw. Wasserstoffbrücken jedoch gleich bleibt.
Beim Lösen der Aldehyde in Wasser bilden sich Wasserstoffbrücken zwischen den Wasserstoffatomen der Wassermoleküle und dem Sauerstoffatom der Carbonylgruppe aus (↑ **04**).
Dadurch sind kurzkettige Aldehyde in Wasser gut löslich. Mit wachsender Länge der Alkylgruppe nimmt der hydrophobe Charakter zu und die Löslichkeit ab (↑ Alkanole, S. 267).

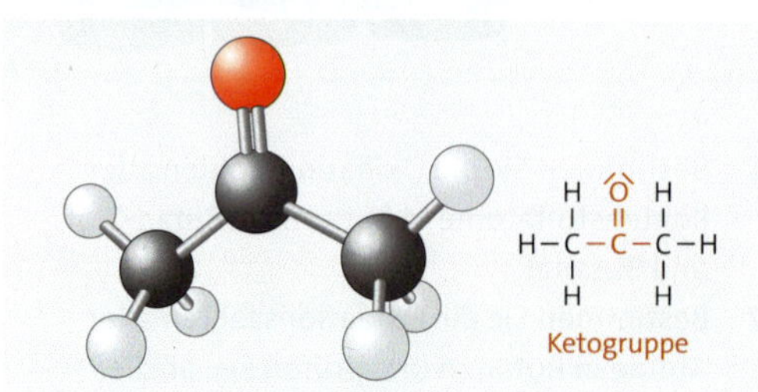

02 Modell und Strukturformel von Propanon

Kennzeichnend für die Stoffgruppe der Aldehyde ist die Aldehydgruppe. Die C=O-Bindung ist stark polar und bestimmt wesentlich die Stoffeigenschaften der Aldehyde.

MOLEKÜLSTRUKTUR UND EIGENSCHAFTEN DER KETONE Ketone sind chemische Verbindungen, die als funktionelle Gruppe eine nicht endständige Carbonylgruppe (-C=O) enthalten (↑ **02**). Alle Ketone enthalten mindestens drei Kohlenstoffatome. Im Gegensatz zu den Aldehyden ist hier das Kohlenstoffatom, an welches das Sauerstoffatom gebunden ist, in beide Bindungsrichtungen mit Kohlenstoffatomen verbunden.

EIGENSCHAFTEN DER KETONE Die Eigenschaften der Ketone sind aufgrund der Carbonylgruppe mit denen der Aldehyde vergleichbar. Den Ketonen fehlt im Gegensatz zu den Aldehyden das Wasserstoffatom am Carbonyl-Kohlenstoffatom. Daher kann das Kohlenstoffatom der Carbonylgruppe nicht ohne Weiteres oxidiert werden (↑ **03**, ↑ **05**).

Die C=O-Bindung ist stark polar. Ihre Siedetemperaturen sind daher höher als bei den aliphatischen Alkanen mit vergleichbarer Anzahl an Kohlenstoffatomen. Die Siedetemperatur ist geringer als bei den vergleichbaren Alkanolen, da sie aufgrund des Fehlens einer stark polaren O-H-Gruppe keine Wasserstoffbrücken zwischen den Molekülen aus-bilden können. Niedermolekulare Ketone sind farb-lose, leichtbewegliche Flüssigkeiten und aufgrund der Polarität der Carbonylgruppe in Wasser löslich. Aceton löst sich sowohl in polaren als auch in un-polaren Lösungsmitteln. Höhermolekulare Ketone sind feste Stoffe. Die Ketonmoleküle werden mit der steigenden Länge der Kohlenstoffkette unpolarer. In der Folge nimmt auch ihr hydrophiler Charakter mit zunehmender Kettenlänge ab.

Die C=O-Bindung in der Carbonyl-Gruppe der Ketone ist stark polar und bestimmt wesentlich die Stoffeigenschaften der Ke

OXIDATION DER ALDEHYDE Aldehyde sind das Oxidationsprodukt primärer Alkohole. Sie können weiter oxidiert werden, wobei die Reaktion wiederum an der funktionellen Gruppe, der Aldehydgruppe, erfolgt. Das Kohlenstoffatom der Aldehydgruppe dient als Elektronendonator.

Diese **partielle (unvollständige) Oxidation** wird durch das an der Aldehydgruppe gebundene Wasserstoffatom ermöglicht (↑ 03). Dabei wird formal ein Sauerstoffatom in die C–H-Bindung der Aldehydgruppe eingeführt. Dadurch entsteht eine **Carbonsäure**, deren Moleküle als funktionelle Gruppe die **Carboxygruppe –COOH** aufweisen (↑ 03, S. 284). Als Oxidationsmittel eignen sich z. B. Fehling- bzw. Tollens-Reagenz, wobei die Cu^{2+}-Ionen bzw. die Ag^{+}-Ionen als Elektronenakzeptoren fungieren.

Eine Oxidation der Ketone zu Carbonsäuren ist nicht möglich, weil die Ketogruppe über kein reaktives Wasserstoffatom verfügt.

Durch Oxidation von Aldehyden werden Carbonsäuren gebildet.

WICHTIGE TECHNISCHE ALDEHYDE UND KETONE
Methanal wird auch als *Formaldehyd* bezeichnet und besitzt die Molekülformel H–CHO. Es ist sehr reaktiv, da die Polarität des Moleküls besonders ausgeprägt ist. Es wird oft für die Kunststoffherstellung eingesetzt und findet Verwendung als Bindemittel, z. B. in der Spanplattenproduktion. Da es sich im Tierversuch als krebserregend erwiesen hat, gelten strenge Grenzwerte (0,1 mg/m³ Innenraumluft).

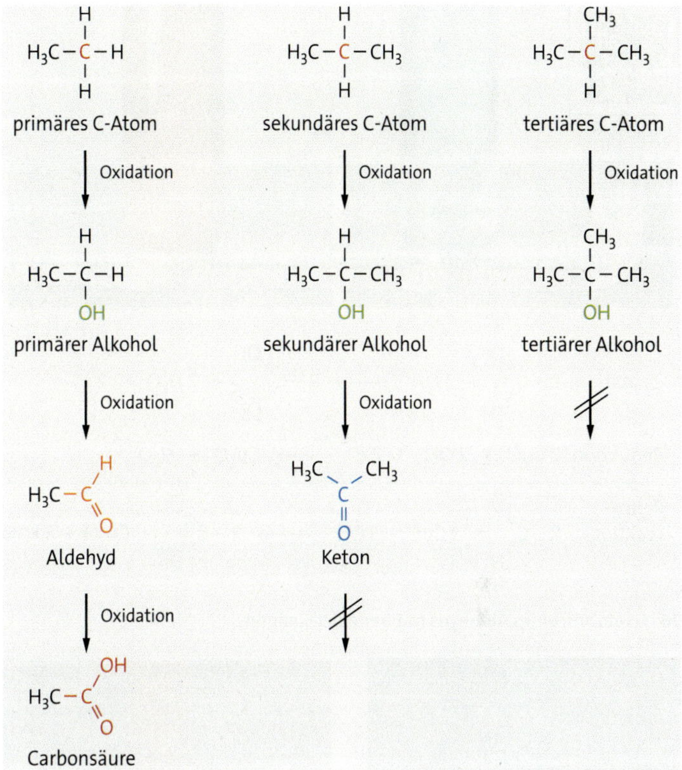

05 Übersicht Oxidierbarkeit von primären, sekundären und tertiären Alkanolen

Ethanal (Acetaldehyd, Molekülformel CH_3–CHO) ist mit einer Siedetemperatur von 21 °C eine Flüssigkeit mit stechendem Geruch, die schnell verdunstet. Industriell wird es vorrangig zur Produktion von Essigsäure (↑ S. 283), Farbstoffen, Arzneimitteln und synthetischem Kautschuk eingesetzt. Es steht wie Methanal im Verdacht krebserregend zu sein.

Carbonsäuren ↑ S. 284

Das Keton **Propanon** (Aceton) mit der Molekülformel CH_3–CO–CH_3 wird in der Lack- und Klebstoffindustrie als Lösungsmittel für Cellulose, Vinylharze und ätherische Öle genutzt. Es dient auch als Abbeizmittel für Öl- und Lackfarben oder als Zwischenprodukt zur Herstellung weiterer organischer Chemikalien wie Chloroform oder Bromaceton (Tränengas).

1 › Begründen Sie, warum die Siedetemperaturen der Aldehyde unter denen der Alkohole mit vergleichbarer molarer Masse liegen.

2 › Zeichnen Sie die die Strukturformeln der Isomere des Propanons. Erläutern Sie, durch welche Eigenschaften man sie voneinander unterscheiden könnte.

3 › Entwickeln Sie eine Hypothese, weshalb Aldehyde und Ketone häufig zu einer Stoffklasse zusammengefasst werden.

Nachweis und Unterscheidung von Aldehyden und Ketonen

$$\text{Oxidation: } R-\overset{I}{C}HO + 3\,OH^- \longrightarrow R-\overset{III}{C}OO^- + 2\,H_2O + 2\,e^-$$

$$\text{Reduktion: } 2\,\overset{II}{Cu}^{2+} + 2\,OH^- + 2\,e^- \longrightarrow \overset{I}{Cu}_2O + H_2O$$

$$\text{Redoxreaktion: } R-CHO + 2\,Cu^{2+} + 5\,OH^- \longrightarrow R-COO^- + Cu_2O + 3\,H_2O$$

06 Oxidation eines Aldehyds mit Benedict-Reagenz

07 Positive Fehling-Probe

$$\text{Oxidation: } R-\overset{I}{C}HO + 3\,OH^- \longrightarrow R-\overset{III}{C}OO^- + 2\,H_2O + 2\,e^-$$

$$\text{Reduktion: } 2\,\overset{I}{Ag}^+ + 2\,e^- \longrightarrow 2\,\overset{0}{Ag}$$

$$\text{Redoxreaktion: } R-CHO + 3\,OH^- + 2\,Ag^+ \longrightarrow R-COO^- + 2\,Ag + 2\,H_2O$$

08 Oxidation eines Aldehyds mit Tollens-Reagenz

NACHWEIS VON ALDEHYDEN Die Nachweisreaktionen der Aldehyde beruhen darauf, dass die Aldehydgruppe oxidiert werden kann. Die Oxidation gelingt u. a. mit Cu^{2+}-Ionen, wie sie im **Benedict-Reagenz** (↑ Exp. 7.12, S. 282) vorliegen. Aldehydmoleküle reduzieren die Cu^{2+}-Ionen zu Cu^+-Ionen. Letztere bilden schwerlösliches rotes Kupferoxid (Cu_2O). Sein Auftreten zeigt einen positiven Nachweis an (↑ **06A**). Bei der Fehling-Probe wird das Aldehyd ebenfalls durch Cu^{2+}-Ionen in alkalischer Lösung oxidiert. Die zentralen Redoxreaktionen sind identisch mit denen bei dem Benedict-Nachweis (↑ **06**). Die dabei entstehende Carbonsäure reagiert wie bei dem Benedict-Nachweis sofort mit den Hydroxid-Ionen in einer Säure-Base-Reaktion, sodass aus dem Aldehyd nicht die Carbonsäure, sondern das Carbonsäure-Anion (Carboxylat-Ion, R–COO–) entsteht. Außerdem wird das schwerlösliche orangerote Kupfer(I)-oxid gebildet, an dem man den positiven Nachweis erkennt (↑ **07**).

Die **Silberspiegelprobe** mit **Tollens-Reagenz** erfolgt nach dem gleichen Prinzip. Das Aldehyd wird mit alkalischer Silbernitratlösung versetzt. Durch die Aldehydmoleküle werden die gelösten Ag^+-Ionen zu Silberatomen reduziert, die sich als metallischer Silberspiegel am Reaktionsgefäß festsetzen (↑ **08**). Aldehyde können von Ketonen durch deren Oxidierbarkeit unterschieden werden: Benedict-Probe, Fehling-Probe und Tollens-Probe verlaufen mit Aldehyden positiv, mit Ketonen dagegen negativ (↑ Exp. 7.12, 7.14, S. 282).

Im Unterschied zu Aldehyden besitzen Ketone keine reduzierende Wirkung und lassen sich selbst nicht oxidieren.

1 In zwei unbeschrifteten Reagenzgläsern befinden sich Proben von Butan-1-ol und 2-Methylpropan-2-ol.
a Entwickeln Sie ein Experiment, um diese beiden Stoffe zu unterscheiden, und formulieren Sie die dabei erwarteten Reaktionen.
b Prüfen Sie, ob es mit Ihrem Experiment auch möglich wäre, Butan-2-ol zu identifizieren.

2 Die beschriebenen Nachweise müssen zusätzlich immer auch ohne Aldehyd bzw. Keton mit allen Reagenzien durchgeführt werden (Blindprobe). Beim Benedict-Nachweis tritt bei dieser Vorgehensweise jedoch eine Rotfärbung auf. Erläutern Sie die Notwendigkeit von Blindproben sowie die möglichen Ursachen beziehungsweise Folgen der beobachteten Rotfärbung.

Klausurtraining

Material F Oxidationsprodukte des Propanols im Vergleich

F1 Hochreines Kupfer als Werkstoff

Hochreines Kupfer besitzt nach Silber die zweithöchste elektrische Leitfähigkeit aller Stoffe und wird daher unter anderem für elektrische Leitungen, Schaltdrähte und Stromkabel geringen Querschnitts oder bei der Herstellung von Computerplatinen eingesetzt. Im Verarbeitungsprozess von Kupfer wird dieses zur leichteren Bearbeitung an der Luft erhitzt. Bei der Herstellung von hochglänzendem Kupferdraht wird bei der Verarbeitung der noch rot glühende und daher äußerlich oxidierte, schwarz gefärbte Draht mit einer Lösung besprüht, die ein Propanol enthält.

F2 Reaktion von Propanolen mit Kupfer(II)-oxid

Chemikalien: Propan-1-ol, Propan-2-ol, 2 Kupferdrahtnetze, Fehlingsche Lösung (hergestellt aus gleichen Teilen der Lösungen Fehling I und II), Watesmo-Papier

Durchführung:

1. Man erhitzt jeweils ein Kupferdrahtnetz, sodass sich auf seiner Oberfläche schwarzes Kupfer(II)-oxid bildet.
2. Man taucht das heiße Netz in ein kleines Becherglas mit 20 ml Propan-1-ol bzw. ein kleines Becherglas mit 20 ml Propan-2-ol und beobachtet, wie sich der eingetauchte Teil verändert. Der Vorgang wird mehrfach wiederholt.
3. Man untersucht die Edukte sowie Reaktionsprodukte mit Watesmo-Papier.
4. Man gibt in zwei Reagenzgläser je etwa 4 ml der Fehlingschen Lösung und fügt jeweils etwa 1 ml eines der Reaktionsprodukte hinzu.
5. Man erhitzt die beiden Reagenzgläser vorsichtig über dem Brenner.

F2.1 Schritte 1-2: Für die Druchführung mit Propan-1-ol und mit Propan-2-ol sind die Beobachtungen identisch.

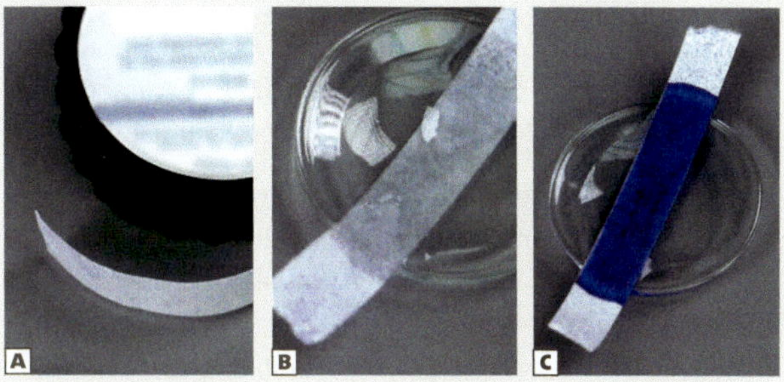

F2.2 Nachweis mit Watesmo-Papier (Schritt 3): **A** trockener Streifen, **B** getränkt in Propan-1-ol bzw. Propan-2-ol (für beide Edukte können die gleichen Beobachtungen gemacht werden), **C** getränkt in ein Reaktionsprodukt (für beide Produkte können die gleichen Beobachtungen gemacht werden)

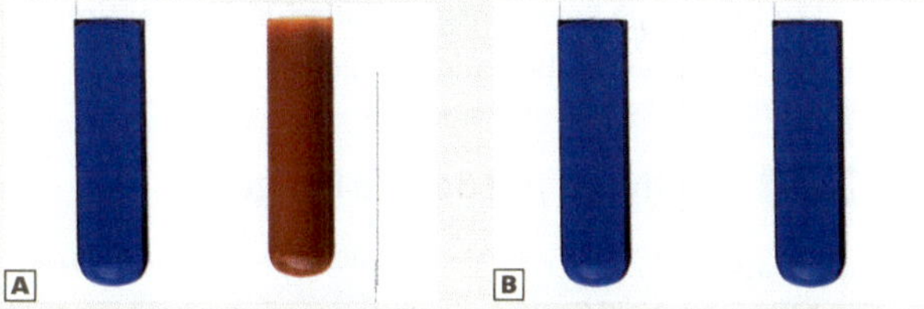

F2.3 Beobachtungen zu den Schritten 4-5, jeweils vor und nach dem Erhitzen: **A** mit dem Reaktionsprodukt aus der Reaktion mit Propan-1-ol, **B** mit dem Reaktionsprodukt aus aus der Reaktion mit Propan-2-ol

AUFGABEN ZU F

1) Zeichnen Sie die Lewis-Formeln von Propan-1-ol und Propan-2-ol.

2) Beschreiben Sie die in **F2.1**, **F2.2** und **F2.3** dargestellten Beobachtungen genau.

3) Deuten Sie die in **F2.1**, **F2.2** und **F2.3** dargestellten Beobachtungen Schritt für Schritt ausführlich .

4) Erläutern Sie dass bei dem in **F1** beschriebenen Reingungsvorgang eine chemische Reaktion stattfindet.

5) Entwickeln Sie die Reaktionsgleichungen der ablaufenden Reaktionen unter Verwendung von Strukturformeln.

6) Belegen Sie anhand von Oxidationszahlen, dass es sich bei diesen Vorgängen um Redoxreaktionen handelt. Erläutern Sie hieran das Donator-Akzeptor-Prinzip.

7) Begründen Sie, welches der organisch-chemischen Reaktionsprodukte die höhere Siedetemperatur und die bessere Wasserlöslichkeit hat. Gehen Sie dabei ausführlich auf das Struktur-Eigenschafts-Konzept ein.

8) Beurteilen Sie, inwiefern bei der Durchführung der Experimente mit Blindproben gearbeitet worden ist. Entwickeln Sie ggf. Vorschläge für geeignete Blindproben zu den einzelnen Aspekten der Durchführung. Begründen Sie Ihre Entscheidungen ausführlich.

Praktikum

P Reaktionen von Aldehyden

EXP 7.12 Benedict-Probe

Materialien Becherglas, Heizplatte, 3 Reagenzgläser, Reagenzglasklammer, Pipetten, Propanal (2, 5, 7), Wasser, Benedict-Reagenz (9), Propanon (2, 7), Glucoselösung (w = 10 %)

Durchführung Geben Sie 2 mL Benedict-Reagenz in ein Reagenzglas. Geben Sie anschließend 2 ml Propanal hinzu. Das Reagenzglas wird in einem Wasserbad unterhalb der Siedetemperatur erwärmt.
Wiederholen Sie das Experiment mit Propanon und mit Glucoselösung.
Entsorgung: Reste in den Behälter für giftige anorganische Abfälle geben.

Auswertung
1) Notieren Sie Ihre Beobachtungen.
2) Stellen Sie die Reaktionsgleichung für die Reaktion von Propanal mit Benedict-Reagenz auf.

EXP 7.13 Nachweis mit Schiffs Reagenz

Materialien 10 Reagenzgläser, Reagenzglasständer, Pipetten, Messzylinder (10 ml), Folienstift, Schiffs Reagenz (< 0,1 % Fuchsin; 5), Propanal (2, 5, 7), Propanon (2, 7), Propan-1-ol (2, 5, 7), Wasser

Durchführung
A Verdünnungsreihe: Geben Sie je 10 ml Wasser in die Reagenzgläser, markieren Sie den Flüssigkeitsstand mit einem Folienstift und leeren Sie die Gläser. Geben Sie nun 1 ml Propanallösung in das erste und zweite Reagenzglas. Füllen Sie nun das zweite Reagenzglas mit Wasser bis auf die 10 ml Markierung auf und mischen Sie durch Schütteln. Geben Sie 1 ml aus dem zweiten Reagenzglas in das dritte und füllen sie wieder auf 10 ml mit Wasser auf. Verfahren Sie mit dem vierten und fünften Glas genauso.
B Nachweis: Füllen Sie nun jeweils in fünf neue Reagenzgläser 1 ml Schiffs Reagenz und fügen Sie 1 ml Aldehydlösung aus der Verdünnungsreihe aus **A** zu.
Prüfen Sie auch Propan-1-ol und Propanon mit Schiffs Reagenz.
Entsorgung: Reste in den Behälter für halogenfreie organische Abfälle geben.

Auswertung
1) Ermitteln Sie jeweils die Konzentration des Aldehyds in der Verdünnungsreihe
2) Geben Sie an, ab welcher Aldehydkonzentration Schiffs Reagenz einen positiven Nachweis ergibt.
3) Beurteilen Sie die Spezifität des Nachweises für Carbonylgruppen.

EXP 7.14 Nachweis von Aldehyden mit der Tollens-Probe

Materialien Becherglas, Heizplatte, 2 Reagenzgläser, Reagenzglasklammer, Pipetten, Wasser, Propanal (2, 5, 7), Silbernitratlösung (w = 1 %; 7), Ammoniaklösung (w = 10 %; 5, 7, 9), Glucoselösung (w = 10 %)

Durchführung Geben Sie in ein sauberes (neues) Reagenzglas 2 ml Silbernitratlösung und versetzen Sie die Lösung tropfenweise mit Ammoniaklösung. Es bildet sich ein brauner Niederschlag. Geben Sie so lange unter vorsichtigem Schwenken des Reagenzglases tropfenweise Ammoniaklösung hinzu, bis sich dieser Niederschlag wieder auflöst. Geben Sie nun 1 ml Propanal hinzu. Das Reagenzglas wird für 3 min in einem Wasserbad unterhalb der Siedetemperatur erwärmt.
Wiederholen Sie das Experiment mit Glucoselösung.
Entsorgung: Reste in den Behälter für Silberabfälle geben.

Auswertung
1) Notieren Sie Ihre Beobachtungen.
2) Stellen Sie die Reaktionsgleichung für die Reaktion von Propanal mit Tollens-Reagenz auf.

EXP 7.15 Propanal reagiert mit Kupfer(II)-oxid

Materialien Becherglas (250 ml), Brenner, Kupferdraht, Tiegelzange, Propanallösung (w = 8 %; 5, 7), Indikatorpapier

Durchführung Lassen Sie sich von der Lehrkraft 8%ige Propanallösung geben. (*Achtung:* Reines Propanal ist hoch entzündlich!) Füllen Sie in das Becherglas 2 cm hoch Propanallösung. Legen Sie ein Stück mit Wasser angefeuchtetes Indikatorpapier auf den Rand des Becherglases. Biegen Sie aus dem Kupferdraht eine Spirale (3 cm). Halten Sie die Spirale so lange in die Flamme des Brenners, bis sie sich schwarz verfärbt hat, und überführen Sie sie sofort in das Becherglas. Wiederholen Sie diesen Vorgang dreimal.
Entsorgung: Lösungen ins Abwasser geben.

Auswertung
1) Notieren Sie die Beobachtungen, die Sie am Draht und am Indikatorpapier bemerken.
2) Deuten Sie die Veränderungen am Draht.
3) Formulieren Sie eine Reaktionsgleichung, durch die beide Beobachtungen erklärt werden können.
4) Recherchieren Sie die H- und P-Sätze, die beim Umgang mit Propanal zu beachten sind.

7.12 Durch Oxidation zur Carbonsäure

01 Bakterien in der „Essigmutter" katalysieren die Oxidation des Ethanols zur Essigsäure.

VOM WEIN ZUM ESSIG Steht Wein längere Zeit an der Luft, verändert sich sein Geschmack und er wird zunehmend sauer. Verursacht wird dies durch die Oxidation des im Wein enthaltenen Ethanols zu **Essigsäure** in einer mehrstufigen, enzymatisch katalysierten Reaktion. Die dafür notwendigen Enzyme liefern die im Wein vorhandenen Essigsäurebakterien, die sich bei Kontakt mit Sauerstoff rasch vermehren.

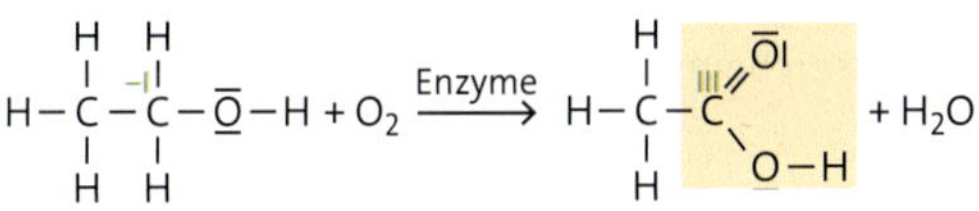

Ethanol — Ethansäure (Essigsäure)

Essigsäure heißt mit systematischem Namen Ethansäure und gehört zu der Stoffklasse der *Carbonsäuren*.

OXIDATION VON ETHANOL IM MENSCHLICHEN KÖRPER Ethanol („Trinkalkohol") wird in der Leber abgebaut. Dies geschieht in mehreren Schritten. Zunächst erfolgt ein enzymatischer Abbau bis zur Ethansäure:

Ethanol —Enzym 1 (Alkoholdehydrogenase)→ Ethanal (Acetaldehyd) —Enzym 2 (Acetaldehyd-dehydrogenase)→ Ethansäure (Essigsäure)

Das giftige Ethanal (Acetaldehyd), das als Zwischenprodukt entsteht, ist für den „Kater" verantwortlich. Ist der Abbau bis zur Ethansäure erfolgt, kann diese zu den beiden Endprodukten Kohlenstoffdioxid und Wasser oxidiert werden. Dabei hat das Kohlenstoffatom im Kohlenstoffdioxidmolekül mit IV seine höchste Oxidationszahl erreicht, es ist **vollständig oxidiert** (↑ **02**).

Der Abbau des für den Menschen sehr giftigen Methanols erfolgt prinzipiell auf dem gleichen Weg. Bereits 5 bis 10 ml führen zu Erblindung und zur Gehirnschädigung. Ab einer Dosis von 20 bis 50 ml ist Methanol tödlich. Die Giftwirkung beruht auf der Bildung des mit den körpereigenen Proteinen reagierenden Methanals sowie der Methansäure, die zur Übersäuerung des Bluts führt.

1 Erklären Sie, warum sich 2-Methylpropan-2-ol nicht zu einem Keton oxidieren lässt (↑ **02**).

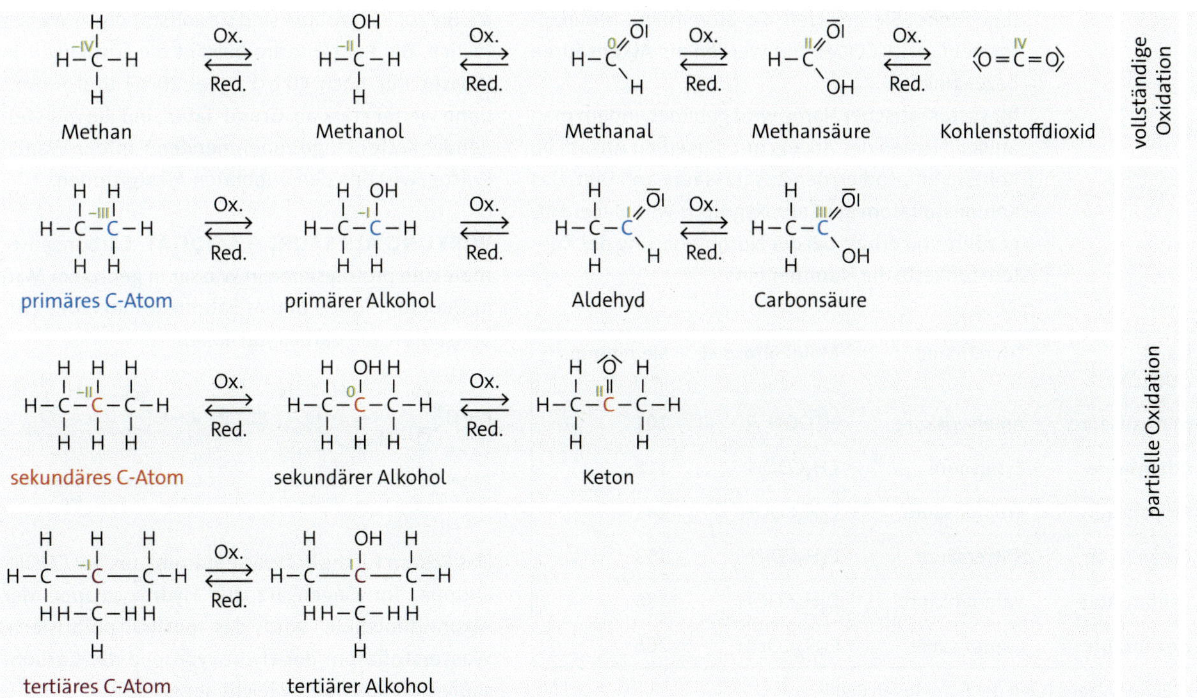

02 Übersicht über die Oxidationszahlen der Kohlenstoffatome in verschiedenen Verbindungen

7.13 Struktur und Eigenschaften der Carbonsäuren

01 Vorkommen von verschiedenen Carbonsäuren

In der Natur und in Lebensmitteln kommen *Carbonsäuren* vor. Sie tragen Namen wie Ameisensäure, Milchsäure, Essigsäure sowie Weinsäure und geben damit oft einen Hinweis darauf, in welchen Früchten, Lebensmitteln oder Tieren sie anzutreffen sind.

CARBOXYGRUPPE Carbonsäuren sind organische Verbindungen, deren Moleküle mindestens eine **Carboxygruppe –COOH** aufweisen. Sie ist die funktionelle Gruppe der Carbonsäuren (↑ 03). Ihr Name leitet sich von den Bestandteilen dieser Gruppe ab, der **Carb**onylgruppe und der Hydr**oxy**gruppe.

HOMOLOGE REIHE Alle Carbonsäuren, die sich von den Alkanen ableiten lassen, bilden eine homologe Reihe. Sie besitzen die allgemeine Molekülformel $C_nH_{2n+1}COOH$ und werden als **Alkansäuren** bezeichnet.
Ihr systematischer Name wird gebildet, indem man an den Namen des Alkans mit derselben Anzahl an Kohlenstoffatomen den Zusatz **-säure** anhängt. Das Kohlenstoffatom der Carboxygruppe wird dabei mitgezählt und erhält bei der Nummerierung der Kohlenstoffkette die Nummer eins.

Name (IUPAC)	Trivialname	Molekülformel	Siedetemp. in °C
Methansäure	Ameisensäure	HCOOH	101
Ethansäure	Essigsäure	CH_3COOH	118
Propansäure	Propionsäure	C_2H_5COOH	141
Butansäure	Buttersäure	C_3H_7COOH	163
Pentansäure	Valeriansäure	C_4H_9COOH	186
Hexansäure	Capronsäure	$C_5H_{11}COOH$	206

02 Einige Alkansäuren der homologen Reihe

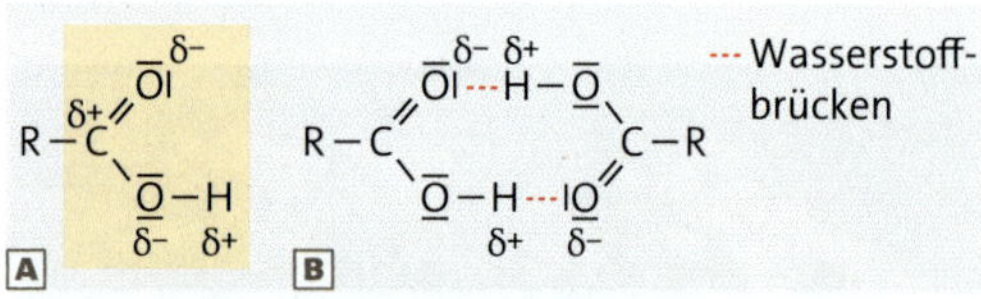

03 Strukturmerkmale der Carbonsäuren:
A Carboxygruppe, **B** Bildung von Doppelmolekülen

MOLEKÜLSTRUKTUR UND EIGENSCHAFTEN DER CARBONSÄUREN Die Eigenschaften der Carbonsäuren werden durch die polare Carboxygruppe und die unpolare Alkylgruppe bestimmt (↑ 03**A**). Zwischen zwei Carbonsäuremolekülen können sich Wasserstoffbrücken ausbilden, was zur Bildung von Doppelmolekülen, den **Dimeren**, führt (↑ 03**B**).
Die *Siedetemperaturen* der Carbonsäuren steigen mit zunehmender Kettenlänge ihrer Moleküle (↑ 02). Sie liegen über denen vergleichbarer Alkohole. Die höheren Siedetemperaturen sind auf die Ausbildung von Wasserstoffbrücken und das Vorliegen der Doppelmoleküle zurückzuführen, die die Van-der-Waals-Kräfte vergrößern. Diese zwischenmolekularen Kräfte müssen beim Sieden überwunden werden.

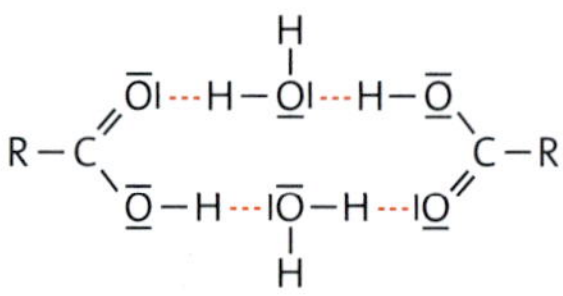

Die *Löslichkeit* der Carbonsäuren im polaren Lösungsmittel Wasser nimmt mit steigender Kettenlänge ab. Bis zur Butansäure sind sie vollständig in Wasser löslich. Bei Pentansäure beträgt die Löslichkeit in Wasser nur noch 40 g · l^{-1} (bei 20 °C) und nimmt dann weiter stark ab. Grund dafür sind die mit steigender Kettenlänge zunehmenden Van-der-Waals-Kräfte zwischen den unpolaren Alkylgruppen.

WIRKUNG ALS SÄURE – ACIDITÄT Carbonsäuremoleküle protolysieren in Wasser in geringem Maß in Oxonium-Ionen und in Säurerest-Ionen der Carbonsäuren, die **Carboxylat-Ionen**.

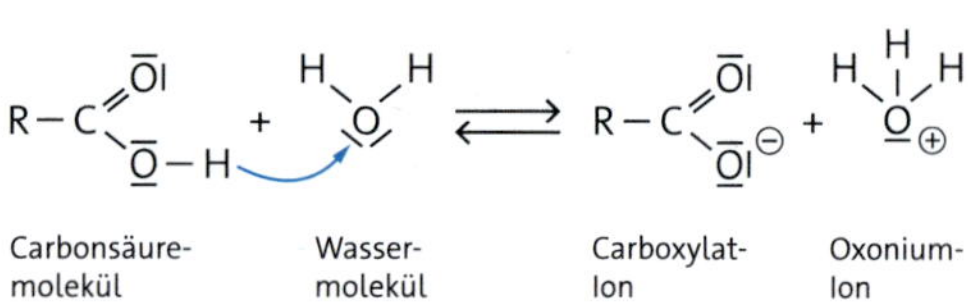

Das Proton für die Protolyse stammt aus der COOH-Gruppe. Im Gegensatz zur Hydroxygruppe der Alkoholmoleküle wird das positiv polarisierte Wasserstoffatom der Hydroxygruppe der Carbonsäuremoleküle relativ leicht abgegeben.

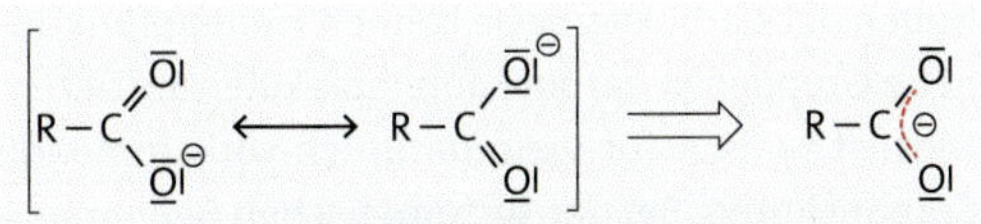

04 Mesomeriestabilisierung des Carboxylat-Ions

Carbonsäuremoleküle reagieren nach BRÖNSTED als Säuren, während Alkoholmoleküle in Wasser nicht protolysieren. Ursache dafür ist die besondere Stabilität des Carboxylat-Ions, das mesomere Grenzstrukturen bildet. Dabei ist die negative Ladung über die gesamte Carboxygruppe verteilt. Eine solche delokalisierte Ladungsverteilung ist energetisch begünstigt. Sie wird als **Mesomeriestabilisierung** des Carboxylat-Ions bezeichnet (↑ **04**).

SÄURESTÄRKE Carbonsäuren sind mittelstarke bis schwache Säuren. Die Stärke einer Säure hängt davon ab, wie leicht die Abspaltung eines Protons erfolgt. Über die **Säurestärke** gibt der **pK_S-Wert** Auskunft. Je kleiner der pK_S-Wert ist, desto stärker ist die Säure und umso leichter wird das Proton abgegeben. Innerhalb der homologen Reihe der Carbonsäuren nimmt die Säurestärke mit zunehmender Kettenlänge der Moleküle ab. Das liegt am zunehmendem **+I-Effekt**, der von der wachsenden Alkylgruppe ausgeht. Ebenso kommt es mit wachsender Anzahl an Alkylgruppen zur Abnahme der Säurestärke. Umgekehrt vergrößern Substituenten wie –Cl oder –Br mit einem **–I-Effekt** die Säurestärke, da sie die Polarisierung des Wasserstoffatoms in der Carboxygruppe verstärken und damit die Abgabe des Protons erleichtern.

> **Das Carboxylat-Ion ist mesomeriestabilisiert. Die Säurestärke einer Carbonsäure wird durch +I- und –I-Effekte ihrer Substituenten beeinflusst.**

SALZE DER CARBONSÄUREN Bei der Reaktion von wässrigen Carbonsäurelösungen mit unedlen Metallen oder alkalischen Lösungen entstehen – analog zur Reaktion anorganischer Säuren – die Salze der Carbonsäuren sowie Wasserstoff.

$$2\ CH_3COOH + Mg \longrightarrow \underset{\text{Magnesiumethanoat}}{Mg(CH_3COO)_2} + H_2$$

Die Benennung der Salze nach den IUPAC-Regeln erfolgt, indem an den Namen des entsprechenden Alkans der Zusatz **-oat** angehängt wird.
Für viele Salze sind auch Trivialnamen gebräuchlich (↑ **05**). So heißen beispielsweise die Salze der Methansäure, der Ameisensäure, Formiate von lat. *formica:* Ameise.

Name entsprechend IUPAC: Carbonsäure	Salz	Trivialname des Salzes
Methansäure	Methanoat	Formiat
Ethansäure	Ethanoat	Acetat
Propansäure	Propanoat	Propionat

05 Einige Carbonsäuren und ihre Salze

Mesomerie ↑ S. 311

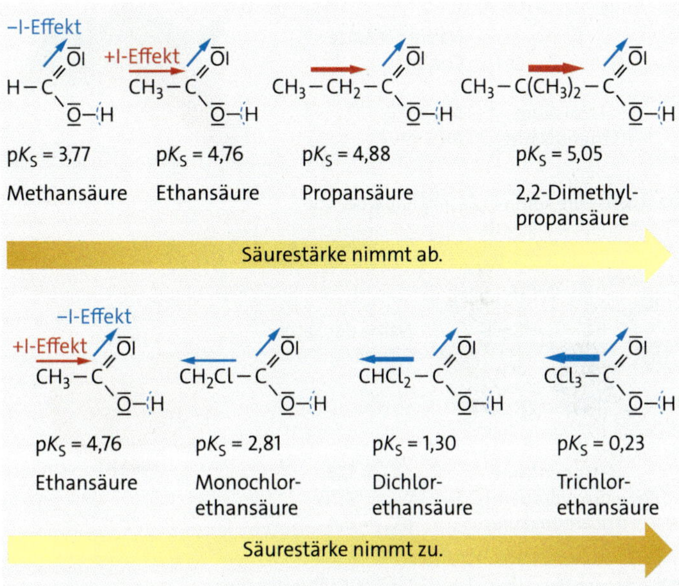

06 Zusammenhang von I-Effekten und Säurestärke

Alkalisalze der Carbonsäuren reagieren in Wasser alkalisch. In Gegenwart von Wasser kann das Carboxylat-Ion leicht wieder Protonen aufnehmen:

$$CH_3COO^- + H_2O \rightleftarrows CH_3COOH + OH^-$$

Eine Lösung, die eine schwache Säure (Essigsäuremoleküle) und die dazu korrespondierende Base (Acetat-Ionen) in annähernd gleicher Konzentration enthält, ist ein Puffersystem.

Stärke von Säuren und Basen ↑ S. 150 f.
Induktiver Effekt ↑ S. 304
Puffersysteme ↑ S. 164 f.

1 › Erklären Sie die große Stabilität des Carboxylat-Ions.
2 › Formulieren Sie die Reaktionsgleichung von Buttersäure mit Kalium und benennen Sie das organische Reaktionsprodukt.
3 › Erklären Sie, warum Trifluoressigsäure (pK_S = 0,23) eine stärkere Säure ist als Trichloressigsäure (pK_S = 0,65).
4 › Stellen Sie die Strukturformel für ein Derivat der Butansäure auf, das einen größeren pK_S-Wert besitzt als 2,2-Dimethylbutansäure. Begründen Sie Ihre Entscheidung.

7.14 Wichtige Carbonsäuren

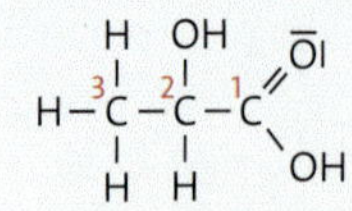

Name der Salze: Lactate

Milchsäure (2-Hydroxypropansäure) pK_S = 3,9

01 Milchsäure verleiht Joghurt den säuerlichen Geschmack.

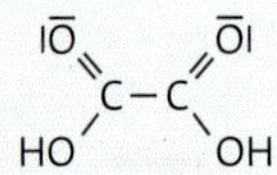

Name der Salze: Oxalate

Oxalsäure (Ethandisäure) pK_{S1} = 1,2; pK_{S2} = 4,2

02 Oxalsäure kommt u. a. in Rhabarber vor.

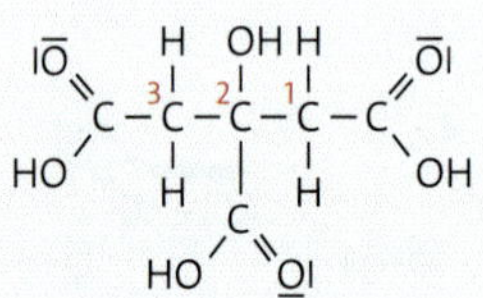

Name der Salze: Citrate

Citronensäure (2-Hydroxypropan-1,2,3-tricarbonsäure) pK_{S1} = 3,13; pK_{S2} = 4,76; pK_{S3} = 6,4

03 Citronensäure lässt sich aus Zitrusfrüchten gewinnen.

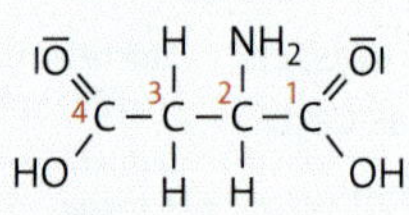

Asparaginsäure (2-Aminobutandisäure)

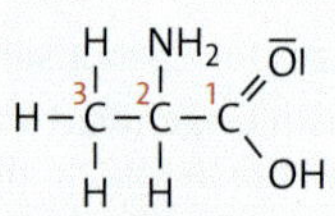

Alanin (2-Aminopropansäure)

04 Beispiele für Aminosäuren

Stearinsäure (gesättigte Fettsäure)

Ölsäure (ungesättigte Fettsäure)

05 Beispiele für Fettsäuren

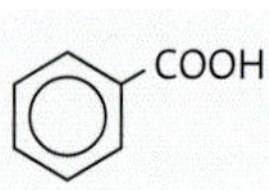

Benzoesäure

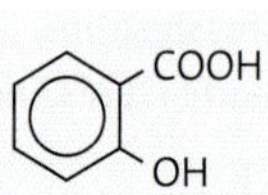

Salicylsäure

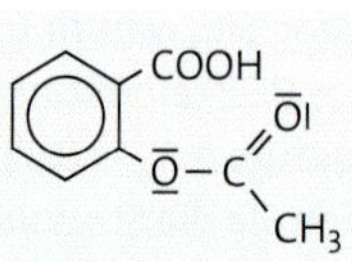

Acetylsalicylsäure

06 Beispiele für aromatische Carbonsäuren

Neben der Carboxygruppe können weitere funktionelle Gruppen in Carbonsäuremolekülen auftreten. Dies ist typisch für viele natürlich vorkommende Carbonsäuren. Bei der systematischen Benennung erhalten die Verbindungen den Stammnamen entsprechend dem Grundgerüst vergleichbarer Alkane, wobei die Endung **-säure** angehängt wird.

Hydroxycarbonsäuren enthalten Hydroxygruppen in ihren Molekülen. Ein bekannter Vertreter ist die **Milchsäure** (↑ **01**). Sie entsteht bei der Umsetzung von in Milch vorhandenem Milchzucker durch Milchsäurebakterien. Die Säure lässt die Milch gerinnen und sorgt dafür, dass aus Milch Joghurt entsteht.
Dicarbonsäuren enthalten zwei Carboxygruppen in ihren Molekülen. Ein Beispiel ist Ethandisäure, die **Oxalsäure**. Sie entsteht im menschlichen Stoffwechsel und wird außerdem über die Nahrung aufgenommen (↑ **02**). Besonders Rhabarber, Mangold und Spinat enthalten viel Oxalsäure. Bei übermäßigem Verzehr kann es zur Bildung von Nierensteinen kommen. Sind mehr als zwei Carboxygruppen im Molekül vorhanden, wie bei den **Tricarbonsäuren**, so werden die funktionellen Gruppen als Substituenten betrachtet und ihre Stellung am Grundmolekül in gewohnter Weise angegeben. Die C-Atome der Carboxygruppen werden in diesen Fällen nicht zur Stammverbindung gezählt. Auch das gleichzeitige Vorkommen von Carboxygruppen und Hydroxygruppen ist möglich. Ein Beispiel ist 2-Hydroxypropan-1,2,3-tricarbonsäure, die **Citronensäure**. Sie verleiht vielen Zitrusfrüchten ihren charakteristischen Geschmack (↑ **03**).

Aminosäuren (Aminocarbonsäuren) enthalten neben der Carboxygruppe mindestens eine Aminogruppe $-NH_2$ im Molekül (↑ **04**). Unter den zahlreichen Aminosäuren sind 20 essenzielle Aminosäuren für die Bildung der Proteine im Körper bedeutsam.
Fettsäuren sind langkettige gesättigte oder ungesättigte Carbonsäuren (↑ **05**). Sie kommen in Fetten oder Ölen als Ester des Glycerins vor (↑ S. 290).
Ungesättigte Fettsäuren, die eine oder mehrere **Doppelbindungen** in der Kohlenstoffkette enthalten, sind als essenzielle Fettsäuren für die Ernährung wichtig.

In **aromatischen Carbonsäuren** sind eine oder mehrere Carboxygruppen mit einem aromatischen System wie dem Benzolmolekül verbunden (↑ **06**).
Benzoesäure wird in der Lebensmittelindustrie als Konservierungsmittel E 210 eingesetzt. Aus Salicylsäure kann man Acetylsalicylsäure herstellen, die unter dem Handelsnamen Aspirin bekannt ist.

Klausurtraining

Material G Citronensäure

G1 Citronensäure aus Zitronen

Citronensäure (2-Hydroxypropan-1,2,3-tricarbonsäure) wurde zunächst aus Zitronensaft hergestellt. CARL WILHELM SCHEELE entwickelte dieses Verfahren bereits 1784. Die Gewinnung erfolgt in drei Schritten:

1. Neutralisation der im Zitronensaft enthaltenen Citronensäure mit Ammoniak unter Bildung von Ammoniumcitrat

2. Versetzen dieser Lösung mit Calciumchlorid unter Bildung von Calciumcitrat

3. Versetzen des Calciumcitrats mit Schwefelsäure unter Bildung von Citronensäure und Calciumsulfat

G2 Citronensäure aus Schimmelpilzen

Im Jahr 1893 entdeckte CARL WEHMER, dass Citronensäure auch durch bestimmte Schimmelpilze aus zuckerhaltigen Stoffen hergestellt werden kann. Heute wird Citronensäure ausschließlich auf biotechnologischem Weg hergestellt. Biotechnologische Verfahren nutzen lebende Mikroorganismen wie Hefen und Pilze, die das gewünschte Produkt in großtechnischem Maßstab in Fermentern herstellen. Jährlich werden auf diese Weise weltweit etwa 1,5 Mio. Tonnen Citronensäure produziert.

Im Haushalt gehört Citronensäure neben Essigsäure zu den am meisten verwendeten Entkalkern.

G3 Ein Problem beim Entkalken: Löslichkeit

Löslichkeit von Calciumcitrat: $850\ mg \cdot l^{-1}$ (18 °C)

Löslichkeit von Calciumacetat: $347\ g \cdot l^{-1}$ (18 °C)

Die Löslichkeit von Calciumcitrat nimmt mit steigender Temperatur ab.

AUFGABEN ZU G

1) **a** Formulieren Sie die Reaktionsgleichungen für die drei Reaktionsschritte (↑ **G1**). Stellen Sie organische Verbindungen in Strukturformeln dar.
b Prüfen Sie, ob in Reaktionsschritt 1 eine Redoxreaktion vorliegt.

2) Stellen Sie mindestens zwei Hypothesen auf, warum die biotechnologische Herstellung die Produktion aus Zitronensaft verdrängt hat (↑ **G2**).

3) Stellen Sie die Reaktionsgleichungen für die Reaktion von Citronensäure bzw. Essigsäure mit Kalk (Calciumcarbonat) auf.

4) Vergleichen Sie die Entkalkung mit beiden Säuren unter Einwirkung von Wärme (heiße Entkalkung), beispielsweise bei einer Kaffeemaschine (↑ **G3**). Begründen Sie, welche Säure zu einem besseren Erfolg führen würde.

Material H Fettsäuren in der Fritteuse

H1 Gefahr an der Pommesbude

An einer „Pommesbude" bemerkt man oft einen beißenden, stechenden Geruch, der die Atemwege reizt. Dieser tritt besonders dann auf, wenn das Fritteusenfett schon länger in Gebrauch ist oder zu hoch erhitzt wird. Verursacht wird er durch Acrolein, einem sehr giftigen und vermutlich krebserzeugenden Stoff mit der Molekülformel C_3H_4O.

H2 Reaktionen von Fetten

Fette sind eine Verbindung aus einem Molekül Glycerin (Propan-1,2,3-triol) und drei langkettigen Carbonsäuren, die auch Fettsäuren genannt werden.

Bei längerem Erhitzen des Fetts kommt es zunehmend zu einer Spaltung der Fettmoleküle und es liegen freie Fettsäuren und Glycerin vor.

Acrolein bildet sich durch die Dehydratisierung von Glycerin, also durch Abspaltung von Wassermolekülen.

H3 Nachweisreaktionen

Die folgenden Nachweisreaktionen fallen bei Acrolein positiv aus:

- Reaktion mit Bromwasser
- Reaktion mit Tollens-Reagenz

AUFGABEN ZU H

1) Geben Sie an, welche Strukturmerkmale die Moleküle von Acrolein besitzen müssen, und ordnen Sie die Verbindung begründet einer Stoffklasse zu. Nutzen Sie dafür die Ergebnisse der Nachweisreaktionen (↑ **H3**).

2) **a** Stellen Sie die Reaktionsgleichung in Strukturformeln für die Reaktion vom Glycerin zum Acrolein auf (↑ **H2**).
b Geben Sie den Namen des Acroleins nach den Regeln der IUPAC-Nomenklatur an.

3) Schlagen Sie geeignete Maßnahmen vor, die zur Minderung des gesundheitlichen Risikos beim Verzehr von frittierten Speisen entstehen, und begründen Sie diese (↑ **H1**).

7.15 Carbonsäureester

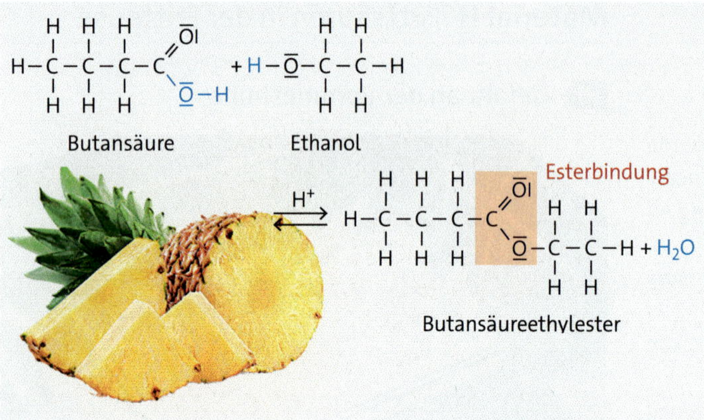

01 Duftet nach Ananas – ein Ester, der aus Butansäure (Buttersäure) und Ethanol gebildet wird

HERSTELLUNG EINES FRUCHTESTERS Butansäure, auch als Buttersäure bezeichnet, hat einen intensiven, unangenehm ranzigen Geruch. Mischt man Butansäure mit Ethanol, beobachtet man zunächst keine Reaktion. Erst beim Erhitzen unter Zugabe von Schwefelsäure als Katalysator bemerkt man, dass der strenge Geruch verschwindet. Stattdessen tritt ein angenehmer Duft nach Ananas auf, der von dem Reaktionsprodukt Butansäureethylester, einem **Fruchtester**, stammt (↑ **01**).

Mechanismus der Veresterung S. 314 f.

ESTERBILDUNG Carbonsäuren reagieren mit Alkoholen unter Abspaltung von Wasser zu **Carbonsäureestern**. Es handelt sich also um eine *Kondensation*. Dieser Vorgang wird **Esterbildung** oder **Veresterung** genannt:

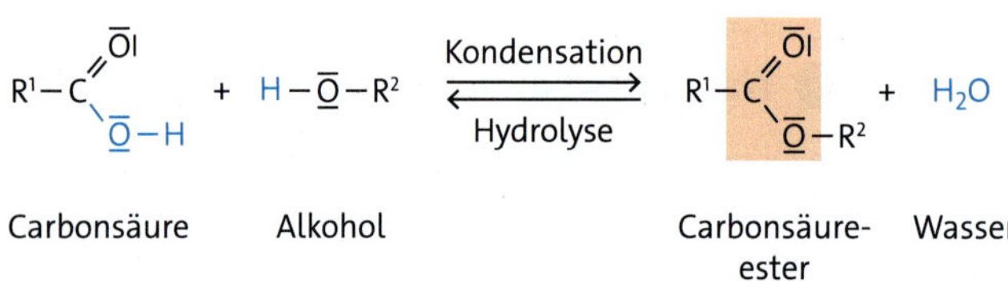

Name der Carbonsäure	Name des Alkohols	Name des Esters (IUPAC)	Duft bzw. Aroma
Methansäure	Ethanol	Methansäureethylester (Ethylmethanoat)	Rum
Ethansäure	Ethanol	Essigsäureethylester (Ethylethanoat)	Lösungsmittel, Klebstoff
Ethansäure	Pentanol	Essigsäurepentylester (Pentylethanoat)	Birne, Banane
Propansäure	Pentanol	Propansäurepentylester (Pentylpropanoat)	Apfel

02 Einige Carbonsäureester

Die Veresterung verläuft selbst bei höheren Temperaturen (70 °C) nur sehr langsam. Schwefelsäure als Katalysator beschleunigt die Reaktion deutlich.

> **Die Kondensation ist eine Reaktion, bei der sich zwei Moleküle unter Abspaltung eines kleineren Moleküls, z. B. H_2O, vereinigen. Die Esterbildung ist eine Kondensation.**

Eine gebräuchliche Benennung der Carbonsäureester erfolgt nach dem Schema:

Name der Carbonsäure + Alkylgruppe des Alkohols + ester
Butansäureethylester

Nach den Regeln der IUPAC-Nomenklatur wird der Ester als Salz der Carbonsäure aufgefasst. Dabei wird die Alkylgruppe des Alkohols dem Namen des Salzes der Säure vorangestellt: Ethylbutanoat.

EIGENSCHAFTEN DER CARBONSÄUREESTER Charakteristisches Merkmal der Ester aus kurzkettigen Carbonsäuren und Alkoholen ist ihr aromatischer Geruch, der oft an Früchte oder an Lösungsmittel erinnert (↑ **02**).

Estermoleküle können untereinander keine Wasserstoffbrücken ausbilden, da sie kein H-Atom besitzen, das an ein elektronegatives O-Atom gebunden ist. Es wirken lediglich schwache Dipol-Dipol-Kräfte zwischen den Carbonylgruppen und London-Kräfte zwischen den Alkylgruppen. Dadurch liegen die Siedetemperaturen weit unter denen der Alkohole mit vergleichbarer oder sogar geringerer molarer Masse. Auch die Wasserlöslichkeit der Ester ist sehr begrenzt. Lediglich Ester mit kurzer Alkylgruppe sind aufgrund der Eigenschaften der Carbonylgruppe in Wasser gering löslich, mit wachsender Alkylgruppe überwiegt dagegen der unpolare Charakter. In unpolaren Stoffen wie Benzin lösen sich Ester vollständig und werden auch selbst als organische Lösungsmittel verwendet. Daher finden sie sich in vielen Lacken und Anstrichfarben, auch wenn solche zunehmend durch wasserbasierte Produkte ersetzt werden.

Viele Klebstoffe enthalten **Essigsäureethylester** oder **Essigsäurebutylester** als Lösungsmittel. Auch handelsübliche Nagellackentferner enthalten heute meist Essigsäureethylester, auch wenn einige Hersteller immer noch Propanon (Aceton) einsetzen. Lösungsmitteldämpfe sind durchweg gesundheitsschädlich, denn sie können Schäden an Leber und Gehirn hervorrufen. Sie dürfen keinesfalls über einen längeren Zeitraum eingeatmet werden, daher gelten strenge Arbeitsvorschriften.

ESTERSPALTUNG Durch Reaktion mit Wasser können Carbonsäureester wieder in Alkohol und Carbonsäure gespalten werden. Dieser Vorgang ist eine **Hydrolyse**. Schwefelsäure katalysiert diese Reaktion ebenfalls. Die **Esterspaltung** ist die Umkehrung der Esterbildung. Wie in der Reaktionsgleichung (↑ **01**) zu sehen ist, sind Esterbildung und Esterspaltung Beispiele für eine **umkehrbare Reaktion**.

> **Die Esterspaltung verläuft unter Aufnahme von Wasser (Hydrolyse). Esterbildung und Esterspaltung sind umkehrbare Reaktionen.**

Ester können auch in alkalischer Lösung gespalten werden (**alkalische Hydrolyse**; ↑ **Exp. 7.18, S. 295**). Dabei entstehen ein Carboxylat-Ion und ein Alkoholmolekül. Allerdings ist diese Reaktion nicht umkehrbar. Bei der alkalischen Spaltung von Fetten (Estern von Glycerin mit Fettsäuren) entstehen die Natrium- bzw. Kaliumsalze der Fettsäuren, die als *Seifen* bezeichnet werden. Daher wird die alkalische Esterspaltung auch *Verseifung* genannt.

VIELFALT VON ESTERN Carbonsäureester kommen in der Natur vor und sind auch als synthetisch hergestellte Stoffe vielfältig einsetzbar. Sie sind in Früchten enthalten, werden Lebensmitteln zugesetzt oder in Parfümen und Kosmetika genutzt.
Ester anorganischer Säuren entstehen durch Reaktion zwischen den Molekülen anorganischer Säuren und Alkoholen. So entstehen z. B. **Schwefelsäureester** durch Reaktion von Schwefelsäure mit langkettigen Carbonsäuren. Sie werden in vielen Kosmetika und Waschmitteln in Form ihrer Salze verwendet. Es sind **Tenside**, d. h., waschaktive Substanzen. Ein Beispiel dafür ist **Natriumlaurylsulfat** (↑ **03**), ein Ester aus Schwefelsäure und Dodecan-1-ol (Laurylalkohol), der z. B. in Haarshampoos enthalten ist.
Phosphorsäureester kommen auch in der DNA vor, wo sie maßgeblich zur Stabilität des für die Erbinformation so zentralen Makromoleküls beitragen.

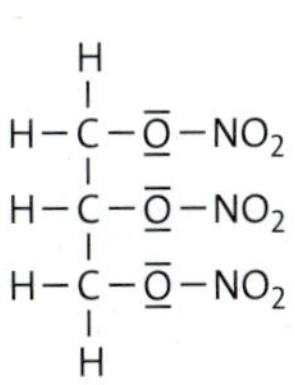

Ein Ester der Salpetersäure ist der Trisalpetersäureglycerinester, besser bekannt unter dem Namen **Nitroglycerin**. In reinem Zustand ist dieser Stoff hochexplosiv. Erst die Forschungen von Alfred Nobel führten dazu, dass es in Form von Dynamit gefahrlos transportiert werden konnte. Nitroglycerin hat aber auch Bedeutung in der Medizin, wo es beispielsweise zur Behandlung von Herzerkrankungen wie der „Brustenge" Angina pectoris eingesetzt wird.

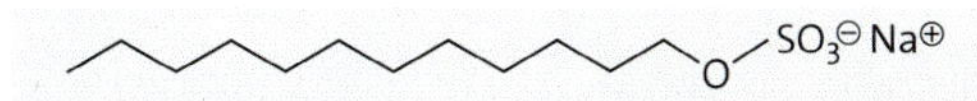

03 Natriumlaurylsulfat – ein Ester, der als Tensid wirkt

04 Bienenwachs enthält einen langkettigen Ester.

3D-Molekül: Wachs

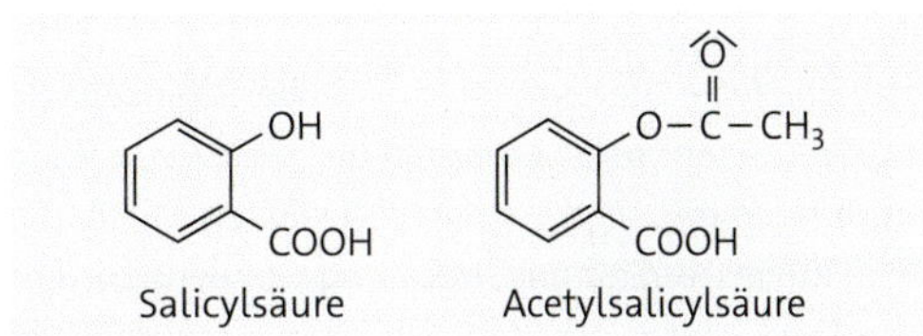

05 Salicylsäure – eine Carbonsäure und Acetylsalicylsäure (Aspirin) – ein Ester

3D-Molekül: Acetylsalicylsäure

Auch das bekannte Schmerzmittel **Aspirin**, also **Acetylsalicylsäure**, ist ein Ester (↑ **05**). An feuchter Luft zersetzt es sich nach einiger Zeit und riecht säuerlich – ein Hinweis, dass sich Essigsäure bildet.

Bienenwachs besteht hauptsächlich aus Estern langkettiger Carbonsäuren wie Palmitinsäure (Hexadecansäure, $CH_3–(CH_2)_{14}–COOH$) mit langkettigen Alkoholen, z. B. Myricylakohol $CH_3–(CH_2)_{29}–OH$. Die Molekülformel des Bienenwachsesters lautet $CH_3–(CH_2)_{14}–(CO)O–(CH_2)_{29}–CH_3$ (↑ **04**).
Auch andere Wachse, die viele Pflanzen als Schutzschicht für Blätter, Blüten oder Früchte bilden, sind ähnlich aufgebaut. Wachse werden auch Pflegemitteln von Böden, Möbeln oder Schuhen zugesetzt.

1 Begründen Sie die Verwendung von Ethansäureethylester im Nagellackentferner.

2 Formulieren Sie für Propansäuremethylester und Palmitinsäuremyricylester jeweils die Reaktionsgleichung für
  a die Bildung der Ester
  b die Hydrolyse der Ester. Nehmen Sie dazu Stellung, ob diese in beiden Fällen abläuft.

3 Stellen Sie eine Reaktionsgleichung für die Reaktion von Phosphorsäure mit zwei Molekülen Methanol auf.

7.16 Fette sind Ester

01 Die Milch, die das Walkalb bei seiner Mutter trinkt, enthält 50 % Fett.

Fette sind bei Raumtemperatur feste oder halbfeste Stoffe, ein Beispiel dafür ist Schweineschmalz. Liegen sie bei Raumtemperatur in flüssiger Form vor wie beispielsweise beim Olivenöl, so nennt man sie *fette Öle*.

Fette und fette Öle kommen sowohl bei Pflanzen wie auch bei Tieren vor. So ernähren beispielsweise Wale ihre Jungen mit einer extrem fettreichen Milch, die sie in kürzester Zeit an Größe und Gewicht zunehmen lässt. Unter der Haut besitzen sie eine dicke Fettschicht, die sie vor der Kälte der Ozeane schützt.

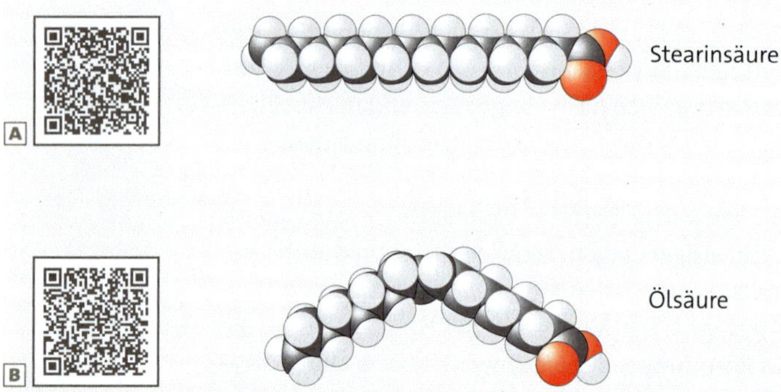

02 Modell einer **A** gesättigten Fettsäure und **B** ungesättigten Fettsäure

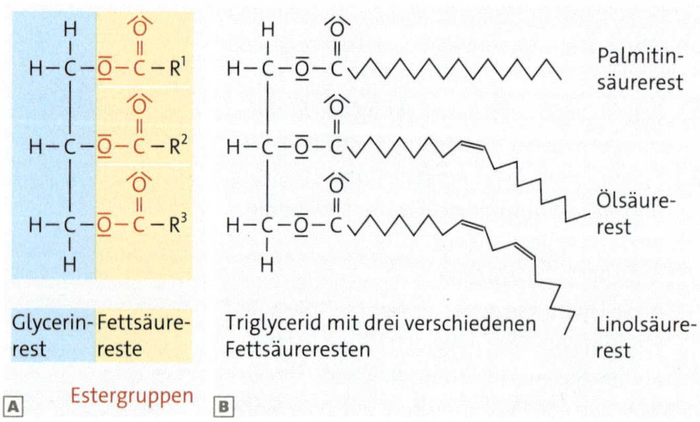

03 **A** Allgemeiner Bau eines Fettmoleküls, **B** Beispiel eines Fettmoleküls

STRUKTUR VON FETTEN Fette sind **Ester des dreiwertigen Alkohols Glycerin** (Propan-1,2,3-triol) mit meist drei langkettigen Carbonsäuren, die als **Fettsäuren** bezeichnet werden (↑ 02). Mit systematischem Namen heißen Fette auch **Triglyceride** oder **Triacylglycerine**. In Fettmolekülen können drei gleiche Fettsäuremoleküle, aber auch verschiedenartige Fettsäuremoleküle gebunden sein (↑ 03).

FETTSÄUREN Die in den Fettmolekülen gebundenen Fettsäuremoleküle weisen Kettenlängen von 4 bis 24 Kohlenstoffatomen auf. Natürlich vorkommende Fettsäuren besitzen in der Regel eine gerade Anzahl an Kohlenstoffatomen. Ihre Moleküle weisen wie alle Carbonsäuren eine Carboxygruppe auf, bei der die Zählung der Kohlenstoffatome der Kette beginnt. In der Natur kommen etwa 500 verschiedene Fettsäuren vor. Längerkettige Fettsäuren sind geschmack- und geruchlos, farblos und wasserunlöslich.

GESÄTTIGTE UND UNGESÄTTIGTE FETTSÄUREN Die Moleküle der **gesättigten Fettsäuren** besitzen in der Kohlenstoffkette nur Einfachbindungen (↑ 02**A**), während die **ungesättigten Fettsäuremoleküle** mindestens eine Doppelbindung in der Kohlenstoffkette enthalten (↑ 02**B**). Weisen Fettsäuren mehrere Doppelbindungen auf, spricht man von **mehrfach ungesättigten Fettsäuren** (↑ 04).

Die Schmelztemperatur nimmt mit der Länge der Kohlenstoffkette zu, weil die zwischen den Molekülen wirkenden Van-der-Waals-Kräfte stärker werden. Ungesättigte Fettsäuren haben dagegen niedrigere Schmelztemperaturen als die gesättigten, weil zwischen den ungesättigten Fettsäuremolekülen wegen ihrer gewinkelten Struktur (↑ 02**B**) schwächere Van-der-Waals-Kräfte herrschen.

Einige Fettsäuren kann der menschliche Körper nicht selbst herstellen und müssen mit der Nahrung zugeführt werden. Sie werden als **essenzielle Fettsäuren** bezeichnet. Dazu gehören alle ungesättigten Fettsäuren, die eine oder mehrere Doppelbindungen an einer höheren Position als dem neunten Kohlenstoffatom besitzen (↑ 04).

ZUSAMMENSETZUNG UND EIGENSCHAFTEN DER FETTE Natürlich vorkommende Fette sind keine Reinstoffe, sondern fast ausnahmslos **Stoffgemische**, die aus verschiedenen Glycerinestern bestehen können (↑ 05). Deshalb haben sie keine definierte Schmelztemperatur, sondern weisen einen **Schmelzbereich** auf, der für jedes Fett typisch ist.

	Fettsäure (* essenziell)	Anzahl der C-Atome im Molekül	Skelettformel	Schmelztemperatur in °C
gesättigt	Laurinsäure	12		44
	Palmitinsäure	16		62
	Stearinsäure	18		69
ungesättigt	* Ölsäure	18		16
	* Linolsäure	18		−5
	* Linolensäure	18		−11

04 Ausgewählte Fettsäuren

Je höher der Gehalt an gebundenen kurzen oder ungesättigten Fettsäuren ist, desto niedriger liegt der Schmelzbereich. Dies liegt daran, dass sich die Schmelztemperaturen der Fette analog zu denen der Fettsäuren verhalten.
So können sich beispielsweise Fettmoleküle mit gewinkelten Fettsäureresten (↑ **02B**) nicht so dicht aneinanderlegen und es wirken geringere Van-der-Waals-Kräfte als bei Fetten mit geraden, gesättigten Fettsäureresten (↑ **02A**). Fette mit gesättigten Fettsäureresten sind deswegen bei Raumtemperatur fest und es erfordert thermische Energie, um die Anziehungskräfte zu überwinden und das Fett zum Schmelzen zu bringen (↑ **05**).
Fette und fette Öle sind geruch- und geschmacklos. Sie haben eine geringe Flüchtigkeit und bilden auf Papier einen charakteristischen Fettfleck (Fettfleckprobe). Dies unterscheidet sie von den ätherischen Ölen (Duft- und Aromastoffe in Pflanzen) und Mineralölen (Kohlenwasserstoffen). Es sind lipophile Stoffe, die sich wenig bis gar nicht in hydrophilen Lösungsmitteln wie Ethanol oder Wasser lösen. Sie lösen sich aber in lipophilen Lösungsmitteln wie Heptan und Aceton.

Fette sind Ester des dreiwertigen Alkohols Glycerin mit meist verschiedenen gesättigten und ungesättigten Fettsäuren.

1 ⟩ Zeichnen Sie die Strukturformel eines Fetts, das zwei Laurinsäurereste und einen Ölsäurerest enthält (Fettsäurereste als Skelettformel).

Fett oder fettes Öl		Schweinefett	Butter	Olivenöl	Kokosfett	Leinöl	Sonnenblumenöl
Im Fett gebundene Fettsäuren (* essenziell)	**Anzahl C-Atome**						
Buttersäure, Capronsäure, Caprylsäure, Caprinsäure	4, 6, 8, 10	0 %	9 %	0 %	16 %	0 %	0 %
Laurinsäure	12	0 %	4 %	0 %	48 %	0 %	0 %
Myristinsäure	14	2 %	8 %	1 %	16 %	0 %	0 %
Palmitinsäure	16	27 %	22 %	10 %	9 %	5 %	8 %
Stearinsäure	18	14 %	10 %	2 %	3 %	4 %	8 %
* Ölsäure	18	45 %	37 %	78 %	6 %	22 %	27 %
* Linolsäure	18	8 %	10 %	9 %	2 %	17 %	57 %
* Linolensäure	18	0 %	0 %	0 %	0 %	50 %	0 %
Schmelzbereich des Fetts		36 bis 42 °C	31 bis 36 °C	−3 bis 0 °C	23 bis 28 °C	−20 bis −16 °C	−18 bis −11 °C

05 Zusammensetzung tierischer und pflanzlicher Fette

7.17 Aromastoffe

01 Ohne Aroma kein Genuss

Wie sehr Duft- oder Aromastoffe unser Leben bereichern, merken wir erst, wenn wir sie nicht oder nur eingeschränkt wahrnehmen können, z. B. bei einer Erkältung. Ein frisch gebrühter Kaffee schmeckt nur gut, wenn wir seinen Duft wahrnehmen können. Andererseits können Gerüche auch vor verdorbenen Lebensmitteln und damit vor Gefahr warnen. Sprichwörtlich drücken Gerüche aus, „ob man jemanden gut riechen kann" oder „ob uns etwas stinkt" und haben damit direkten Einfluss auf unsere Emotionen.

EINTEILUNG UND FUNKTION Als **Aromastoffe** (lat. *aroma:* Wohlgeruch) oder **Duftstoffe** werden einzelne Verbindungen mit geruchs- oder geschmacksgebenden Eigenschaften bezeichnet. Man unterscheidet sie nach ihrer Flüchtigkeit, d. h., wie leicht sie vom flüssigen in den gasförmigen Zustand übergehen. Aromastoffe sind leicht flüchtig und werden über die Nase wahrgenommen. **Geschmacksstoffe** dagegen sind schwer oder nicht flüchtig und sprechen neben den Riech- auch die Geschmacksrezeptoren auf der Zunge an.

Die meisten Düfte enthalten jedoch keine einzelnen Verbindungen, sondern eine komplexe Mischung verschiedener Aromastoffe, die zusammen das **Aroma** bilden. Das charakteristische Aroma einer Frucht beispielsweise entsteht durch die Moleküle vieler verschiedener *Fruchtester* (Carbonsäureester).

Die Moleküle der Aromastoffe binden nach dem Schlüssel-Schloss-Prinzip entsprechend ihrer Molekülstruktur an Rezeptoren der Riechschleimhaut und lösen so ein Signal aus, das an das Gehirn weitergeleitet wird. An der *Geruchswahrnehmung* ist das limbische System beteiligt – ein Teil des Gehirns, der für die Verarbeitung von Emotionen sowie Instinkte und Gedächtnisbildung zuständig ist.

NATÜRLICH ODER KÜNSTLICH? In der Natur findet man Aromastoffe vorwiegend in Blüten, Früchten und Blättern von Pflanzen. Viele dieser Stoffe lassen sich den Stoffklassen der *Alkohole, Aldehyde, Ester* oder *Ketone* zuordnen. Die Moleküle der Aromastoffe enthalten oft mehrere funktionelle Gruppen sowie aromatische Molekülstrukturen (↑ **03**; Übersicht ↑ S. 290).

Die in Lebensmitteln oder Kosmetikprodukten zugesetzten Aromastoffe können entweder natürlich gewonnen oder künstlich hergestellt werden. So enthält das aus Vanilleschoten gewonnene natürliche Vanilleextrakt etwa 200 Aromastoffe. Die wichtigste Verbindung in diesem Stoffgemisch ist das *Vanillin* (4-Hydroxy-3-methoxybenzaldehyd; ↑ **03A**). Es kann als **natürlicher Aromastoff** aus dem Vanilleextrakt isoliert oder aber kostengünstig und in viel größeren Mengen synthetisch produziert werden.

Das synthetische Vanillin ist zwar chemisch rein, seine Moleküle entsprechen exakt dem des natürlichen Vanillins, weshalb man es **naturidentisch** nennen darf. Weil aber viele Begleitaromen fehlen, erinnert es nur entfernt an das Naturprodukt. Dies musste 1985 ein führender Cola-Hersteller erfahren, als in der Rezeptur für ein Colagetränk natürliches Vanilleextrakt durch synthetisch hergestelltes Vanillin ersetzt wurde. Aufgrund massiven Protests von vielen Tausend Konsumenten wurde nach drei Monaten wieder nach dem alten Rezept produziert.

Oft wird Limonaden oder Gebäck statt des Vanillins der viermal intensiver schmeckende **künstliche Aromastoff** *Ethylvanillin* zugesetzt. Dessen Moleküle unterscheiden sich von den Vanillinmolekülen nur durch eine Ethylgruppe anstelle der Methylgruppe (↑ **03B**). So kann preiswerter produziert werden, wobei das natürliche Aroma aber nicht erreicht wird.

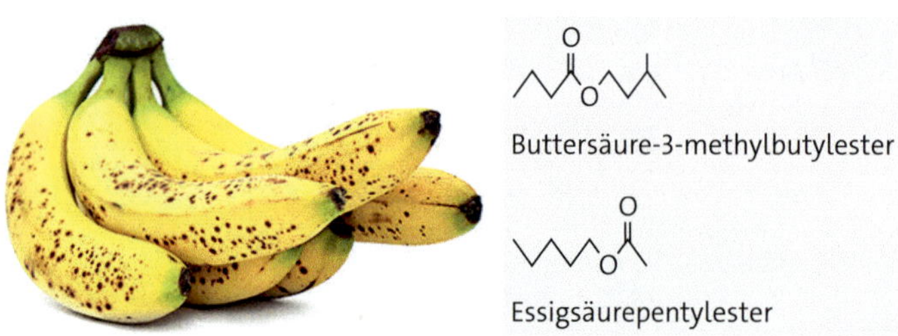

02 Zwei der am Aroma von Bananen beteiligten Fruchtester

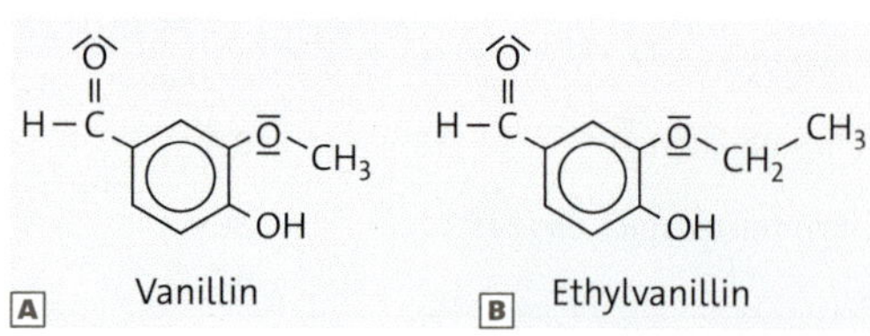

03 **A** Vanillin, **B** künstliches Vanillin (Ethylvanillin)

GEWINNUNG Wichtige Aromaträger sind **ätherische Öle**, die in vielen Pflanzen oder Pflanzenteilen enthalten sind, beispielsweise in *Blättern* wie bei der Pfefferminze oder in *Blütenblättern* wie bei der Rose oder in *Fruchtschalen* wie bei der Orange. Ätherische Öle lösen sich nicht in Wasser, sondern nur in unpolaren Lösungsmitteln. Zur Gewinnung werden je nach Ausgangsmaterial verschiedene Trennverfahren angewendet.

Ein häufig verwendetes Verfahren ist die **Wasserdampfdestillation** (↑ **05**). Dabei werden die Pflanzenteile zerkleinert und in einer Destillationsapparatur mit Wasser erhitzt. Obwohl die Siedetemperaturen der ätherischen Öle über der des Wassers liegen, werden die Öle von dem übertretenden Wasserdampf mitgerissen. Nach dem Abkühlen schwimmen sie aufgrund ihrer geringeren Dichte auf dem Destillat und können leicht abgetrennt werden. Dieses Verfahren kommt beispielsweise bei der Gewinnung von Lavendel- oder Rosenöl zum Einsatz.

Citrusöle werden direkt durch **Auspressen** der Schalen gewonnen. Möglich ist auch eine **Extraktion** mit einem geeigneten Lösungsmittel wie Ethanol. Anschließend kann das gewünschte Öl gewonnen werden, indem man das Lösungsmittel verdampfen lässt oder durch Destillation vom Öl trennt.

Eine heute selten verwendete Form der Extraktion ist die **Enfleurage**: Blütenblätter werden in einen mit Fett beschichteten Holzrahmen gedrückt (↑ **06**). Dadurch gehen die fettlöslichen ätherischen Öle in das Fett über. Die Blüten werden nach einigen Tagen durch neue ausgetauscht. Nach etwa zwei Monaten wird das Fett in Ethanol gelöst und so die Duftstoffe gewonnen.

BILDUNG VON AROMASTOFFEN BEIM ERHITZEN

Aromastoffe sind nicht immer von Beginn an in Lebensmitteln enthalten, oft entstehen sie erst beim Erhitzen. Dabei ändert sich auch die Farbe der Lebensmittel. Beispiele dafür sind das Braten von Fleisch, das Rösten von Kaffee- oder Kakaobohnen und das Backen von Brot oder Keksen.

Hierbei laufen verschiedene chemische Reaktionen ab, bei denen sich die Aromastoffe, die **Reaktionsaromen** oder **Röstaromen**, erst bilden. Kakaobohnen beinhalten beispielsweise nach dem Rösten etwa 400 verschiedene Aromastoffe. Für die Bildung von Röstaromen sind Reaktionen von Aminosäuren mit Zuckern typisch. Sie werden als *Maillard-Reaktionen* bezeichnet.

Herkunft	Definition | Beispiel(e)
Natürliche Aromastoffe	aus pflanzlichen oder tierischen Ausgangsstoffen gewonnen, z. B. durch Extraktion oder Destillation | Vanillin aus Vanilleschoten, L-Menthol aus echter Minze
Naturidentische Aromastoffe	synthetisch hergestellt; ihre Moleküle sind identisch zu denen des entsprechenden natürlichen Aromastoffs | Vanillin, L-Menthol
Künstliche Aromastoffe	durch chemische Synthese hergestellt; kommen in der Natur nicht vor | Ethylvanillin
Reaktionsaromen	durch kontrolliertes Erhitzen einer Mischung aus verschiedenen Stoffen; dabei entstehen beim Backen und Braten Röstaromen

04 Einteilung der Aromastoffe. Nach der EU-Aromenverordnung (2011) gelten allerdings für die Kennzeichnung von Lebensmitteln vereinfachte Bezeichnungen.

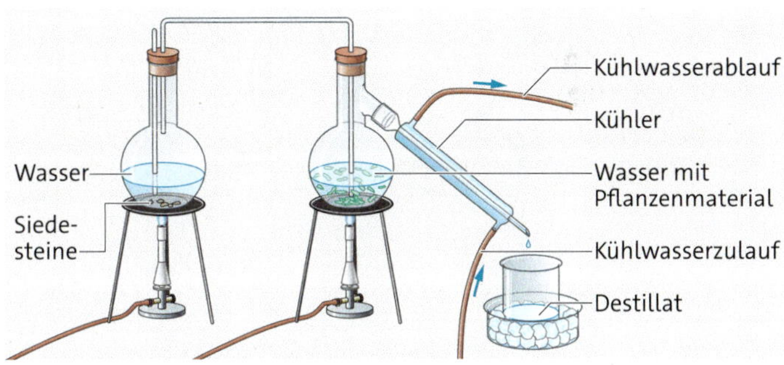

05 Apparatur zur Wasserdampfdestillation

06 Enfleurage

Video: Wasserdampfdestillation

07 Von den Samen der Kakaofrucht zum aromatischen Kakaopulver

1 › Erklären Sie den Unterschied zwischen Aromastoff und Aroma.

2 › Recherchieren Sie das Verfahren „Mazeration" bei der Duftstoffherstellung.

Übersicht über Aromastoffe

Menthol (Alkohol) 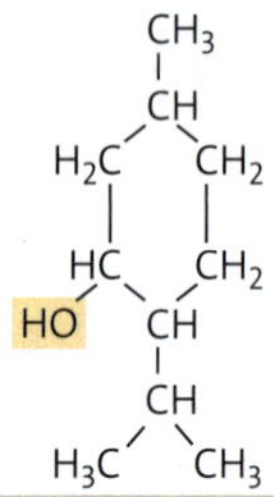  Pfefferminzöl	**Terpineol (Alkohol)** 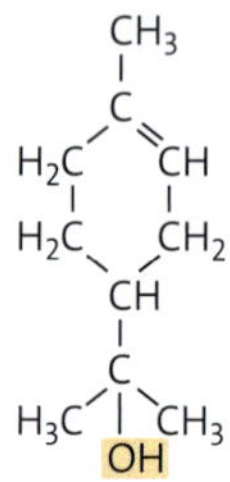  Kiefernöl	**Linalool (Alkohol)** 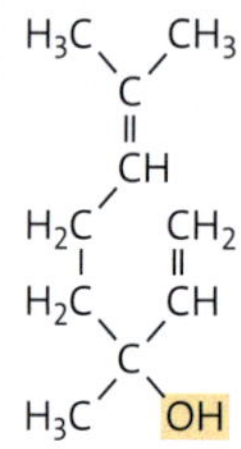  Orangenöl, Lavendelöl
Eugenol (Ether) 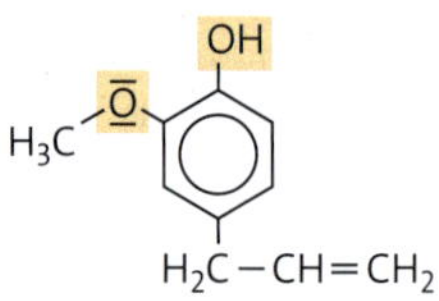  Basilikumöl	**Citronella (Aldehyd)** 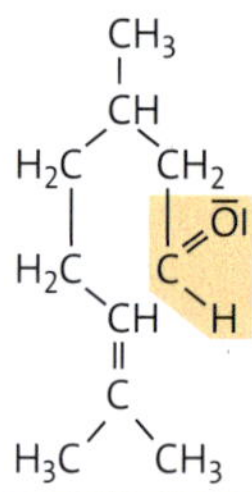  Zitronenmelisse	**Benzaldehyd (Aldehyd)** 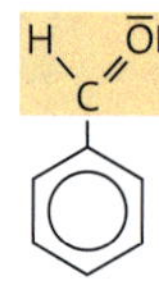  Bittermandelöl, Aprikosenkerne
Ethansäurebenzylester (Ester) 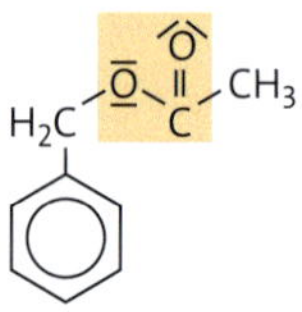  Jasmin	**Ionon (Keton)** 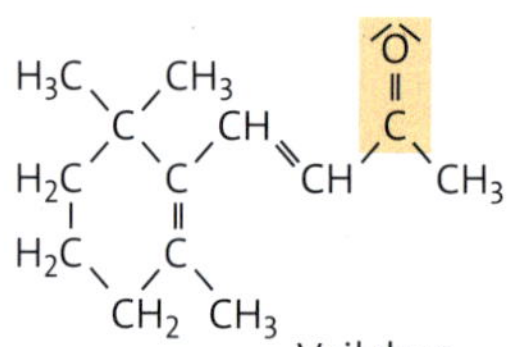  Veilchen	**Heptan-2-on (Keton)** 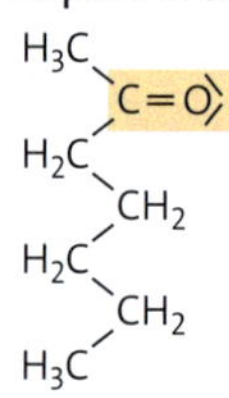  Gewürznelkenöl

Vom Duftstoff zum Parfüm

01 Ein Parfümeur „komponiert" einen Duft.

Ätherische Öle bilden die Grundlage jedes Parfüms. Doch ein Parfüm besteht nicht nur aus einem ätherischen Öl – es ist ein kleines Kunstwerk. Parfümeure stellen es virtuos aus etwa 3000 natürlichen und synthetischen Duftstoffen zusammen, ähnlich einem Maler beim Mischen der Farben oder einem Musiker beim Komponieren mit Noten.

Bei aller Kunstfertigkeit gibt es jedoch einen Grundaufbau, den jeder Parfümeur beachtet:

Die *Kopfnote* bestimmt den ersten Geruchseindruck des Parfüms. Sie besteht aus leichtflüchtigen Verbindungen, die oft erfrischend riechen. Sie werden z. B. aus der Schale von Zitrusfrüchten, Bergamotte oder Minze gewonnen.

Die *Herznote* besteht aus weniger flüchtigen Substanzen als die Kopfnote. Sie macht den eigentlichen Charakter eines Parfüms aus und entscheidet darüber, ob das Parfüm als blumig oder herb wahrgenommen wird. Ihre ätherischen Öle riechen beispielsweise nach Rose, Veilchen, Jasmin oder nach Gewürzen.

Die Komponenten der *Basisnote* treten erst nach etwa 30 Minuten in Erscheinung. Sie sind die am wenigsten flüchtigen Verbindungen. Auch nach einem Tag können sie noch wahrgenommen werden. Zum Einsatz kommen Düfte wie Sandelholz, Gewürze oder Vanille. Außerdem sorgen zugesetzte Fixateure dafür, dass auch die Komponenten der Kopf- und Herznote länger auf der Haut verbleiben. Fixateure sind neutral riechende Stoffe wie der schwerflüchtige Ether Dipropylenglycol (Oxydipropanol).

Praktikum

P Aromastoffe

EXP 7.16 Herstellung von Carbonsäureestern

Materialien 6 Reagenzgläser, Reagenzglasklammer, Reagenzglasständer, Spatel, Messpipetten, Pipettierhilfe, Heizplatte, Becherglas (400 ml), 6 Bechergläser (100 ml), Waage, Thermometer, konz. Schwefelsäure (w = 96 %; 5), Methanol (2, 6, 8), Ethanol (2, 7), Butan-1-ol (2, 5, 7), Pentan-1-ol (2, 7), Methansäure (2, 6, 5), Ethansäure (2, 5), Butansäure (5, 7), Salicylsäure (5, 7)

Durchführung Füllen Sie das große Becherglas mit Wasser und erwärmen Sie es auf einer Heizplatte auf etwa 60 °C (Wasserbad). Füllen Sie die kleinen Bechergläser etwa zur Hälfte mit Wasser (Beschriftung A–F). Geben Sie die folgenden Stoffe in den angegebenen Mengen in je ein Reagenzglas (Beschriftung A–F):

RG	Alkohol	Säure
A	Methanol (2 ml)	Salicylsäure (0,5 g)
B	Ethanol (2 ml)	Ethansäure (2 ml)
C	Ethanol (2 ml)	Methansäure (2 ml)
D	Butan-1-ol (2 ml)	Ethansäure (2 ml)
E	Pentan-1-ol (2 ml)	Ethansäure (2 ml)
F	Ethanol (2 ml)	*Abzug!* Buttersäure (1 ml)

Lassen Sie sich von Ihrer Lehrkraft jeweils 1 Tropfen konz. Schwefelsäure zugeben. Stellen Sie die Gemische nun für 5 min in das Wasserbad. Gießen Sie dann den Inhalt von Reagenzglas A in das mit Wasser gefüllte Becherglas A. Verfahren Sie mit Ansatz B–F ebenso. Führen Sie die Geruchsprobe bei den entstandenen Reaktionsprodukten durch.
Entsorgung: Lösungen in den Behälter für halogenfreie organische Abfälle geben.

Auswertung

1 ⟩ Notieren Sie jeweils den Geruch des entstehenden Esters.

2 ⟩ Stellen Sie fest, welche Ester wasserlöslich sind.

3 ⟩ Notieren Sie die Strukturformeln und die Namen der entstehenden Ester.

EXP 7.17 Vereinfachte Wasserdampfdestillation der Aromastoffe von Gummibärchen

Materialien Erlenmeyerkolben (250 ml), durchbohrter Gummistopfen, Brenner, Dreifuß, Drahtnetz, Stativmaterial, gebogenes Glasrohr (als Destillationsbrücke), Becherglas, Reagenzglas, Küchenpapier, Mörser, Gummibärchen verschiedener Farben, Anissamen, Siedesteine, Eis, Wasser

Durchführung Geben Sie 7–8 Gummibärchen einer Farbe in den Erlenmeyerkolben. Füllen Sie diesen 3–4 cm hoch mit Wasser und geben Sie 3 Siedesteine hinzu. Stellen Sie den Erlenmeyerkolben auf den Dreifuß und befestigen Sie ihn mit einer Stativklemme. Bauen Sie den Rest der Apparatur gemäß der Skizze auf.

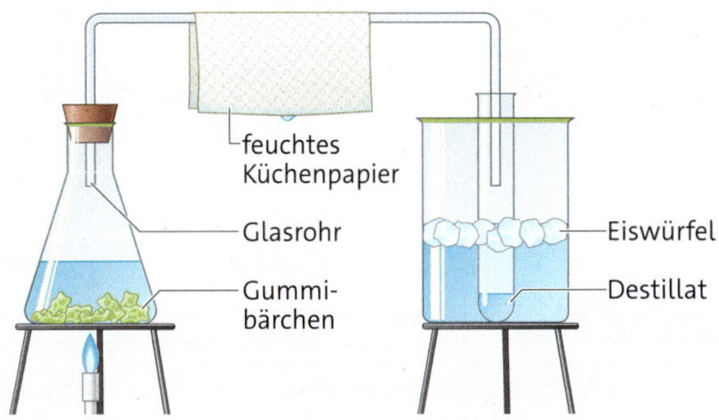

Erhitzen Sie jetzt den Erlenmeyerkolben so lange, bis das Reagenzglas mindestens 1,5 cm hoch mit dem Destillat gefüllt ist. Kühlen Sie das Glasrohr während der Destillation mit feuchtem Küchenpapier. Riechen Sie an dem Destillat. Wiederholen Sie den Versuch mit Gummibärchen einer anderen Farbe. Alternative: Führen Sie den Versuch mit 10 g gut gemörserten Anissamen durch.
Entsorgung: Lösungen ins Abwasser geben.

Auswertung

1 ⟩ Vergleichen Sie Ihre Geruchseindrücke mit den Angaben der Geschmacksrichtung auf der Verpackung.

2 ⟩ Begründen Sie, welche Aromastoffe sich besonders gut mit der Wasserdampfdestillation gewinnen lassen.

EXP 7.18 Spaltung eines Esters

Materialien Reagenzglas, Stopfen, Ethansäureethylester (2, 5), Natronlauge (w = 10 %; 5), konz. Schwefelsäure (5)

Durchführung *Schutzbrille!* Einige Tropfen Ethansäureethylester werden im Reagenzglas mit ca. 3 ml Natronlauge versetzt, das Reagenzglas mit dem Stopfen verschlossen und kräftig geschüttelt. Nach einigen Minuten wird der Geruch vorsichtig überprüft. Ist der Geruch des Ethansäureethylesters nicht mehr wahrnehmbar, gibt man vorsichtig einige Tropfen konz. Schwefelsäure hinzu und erhitzt das Reagenzglas vorsichtig. Nun wird erneut der Geruch überprüft.
Entsorgung: Reste in den Behälter für halogenfreie organische Abfälle geben.

Auswertung Notieren Sie jeweils den Geruch und deuten Sie Ihre Beobachtungen unter Verwendung von Reaktionsgleichungen.

Auf einen Blick

Kohlenwasserstoffe

Dazu gehören z. B. Alkane, Alkene und Alkine. Moleküle dieser Verbindungen sind nur aus Kohlenstoff- und Wasserstoffatomen aufgebaut. Sie unterscheiden sich in ihrer Struktur und in ihren Bindungstypen.

	Alkane	Alkene
Allgemeine Molekülformel	C_nH_{2n+2}	C_nH_{2n}
Beispiel	Ethan $CH_3–CH_3$	Ethen $CH_2=CH_2$
C–C-Bindung	Einfachbindung	Doppelbindung
H–C–C-Bindungswinkel	109,5°	120°

Homologe Reihe

Kohlenwasserstoffverbindungen, deren Molekülketten sich jeweils um eine CH_2–Gruppe voneinander unterscheiden, bilden eine homologe Reihe.

Isomere

Verbindungen mit gleicher Molekülformel, aber unterschiedlicher Strukturformel

Konstitutionsisomere	Stereoisomere	
	Konformationsisomere	cis-trans-Isomere
Moleküle, deren Atome in unterschiedlicher Reihenfolge verbunden sind	unterschiedliche räumliche Lage von Atomen bzw. Atomgruppen durch Rotaton um Einfachbindungen	unterschiedliche räumliche Lage von Atomen bzw. Atomgruppen an Doppelbindungen
$CH_3–CH_2–CH_2–CH_3$ n-Butan 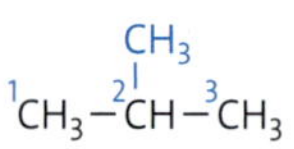 2-Methylpropan	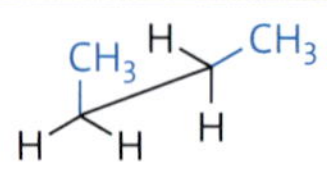 zwei Konformationsisomere des Butans 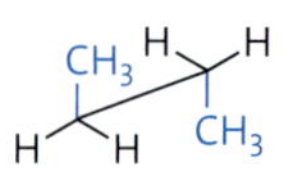	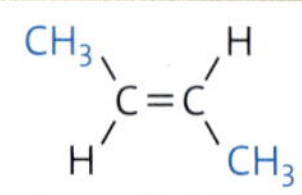 trans-But-2-en 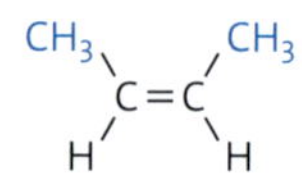 cis-But-2-en

Gaschromatografie

leistungsfähige Analysemethode zur Trennung von Stoffgemischen. Sie eignet sich, wenn ein Stoffgemisch unzersetzt verdampft werden kann. Die Probe wird in einen konstant temperierten Gasstrom eines inerten Gases wie Helium oder Stickstoff eingebracht (mobilen Phase). Der Gasstrom durchläuft eine Trennsäule, die mit einem geeigneten Trägermaterial beschichtet ist (stationäre Phase). Aufgrund unterschiedlich starker Adsorption der Probenbestandteile am Trägermatetrial der stationären Phase kommt es zu einer stoffspezifischen Verteilung. Daher wandern die einzelnen Bestandteile unterschiedlich schnell durch die Trennsäule, wodurch sie getrennt und am Detektor nacheinander registriert werden.

Alkohole (Alkanole)

Die funktionelle Gruppe der Alkohole ist die **Hydroxygruppe** (OH-Gruppe): $R–\overset{\delta-}{\bar{O}}–\overset{\delta+}{H}$

Alkohole, die sich von den Alkanen ableiten lassen und nur eine Hydroxygruppe im Molekül besitzen, werden als **Alkanole** bezeichnet.

Bildung durch: a) alkoholische Gärung; b) nucleophile Substitution (S_N) von Halogenalkanen

Einteilung der Alkohole			
primärer Alkohol	sekundärer Alkohol	tertiärer Alkohol	mehrwertiger Alkohol, z. B. Diol
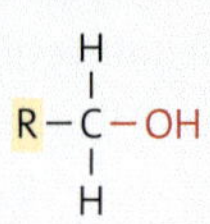	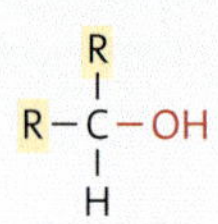	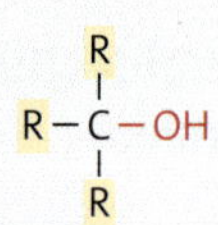	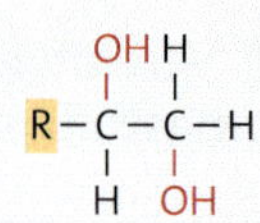

Eigenschaften: Die Siedetemperaturen der Alkanole liegen höher als die vergleichbarer Alkane, was auf die Ausbildung von **Wasserstoffbrücken** zwischen den OH-Gruppen zurückzuführen ist. Außerdem beeinflusst die OH-Gruppe die Viskosität und das Löslichkeitsverhalten der Alkanole.

Aldehyde (Alkanale)

Die funktionelle Gruppe der Aldehyde ist die **Aldehydgruppe** (CHO-Gruppe):

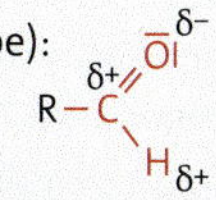

Aldehyde, die aus primären Alkanolen gebildet werden, heißen **Alkanale**.
Bildung durch partielle (unvollständige) **Oxidation primärer Alkohole**; *Beispiel:*

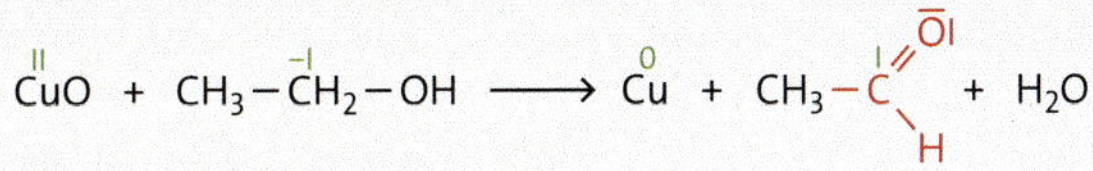

Auf der Oxidierbarkeit der Aldehyde beruhen die Nachweise durch **A** Benedict-Reagenz oder **B** Tollens-Reagenz.

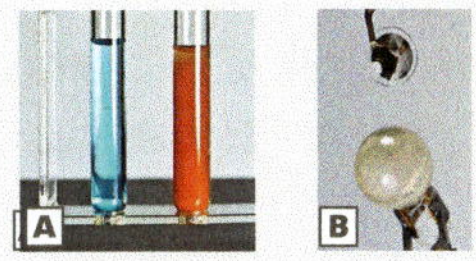

Eigenschaften: Zwischen den Molekülen der Alkanale wirken Dipol-Dipol-Kräfte, aber keine Wasserstoffbrücken. Deshalb liegen die Siedetemperaturen der Alkanale über denen vergleichbarer Alkane, aber unter denen der Alkanole.

Ketone (Alkanone)

Die funktionelle Gruppe der Ketone ist die **Ketogruppe** (C=O-Gruppe):

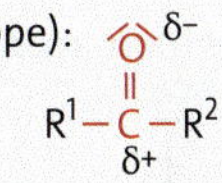

Ketone, die aus sekundären Alkanolen gebildet werden, heißen **Alkanone**.

Bildung durch (unvollständige) **Oxidation sekundärer Alkohole:**

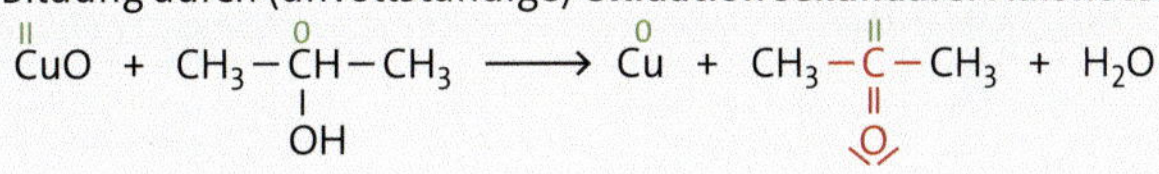

Ketone besitzen keine reduzierende Wirkung, sie können selbst nicht oxidiert werden

Carbonsäuren (Alkansäuren)

Die funktionelle Gruppe der Carbonsäuren ist die **Carboxygruppe** (COOH-Gruppe):

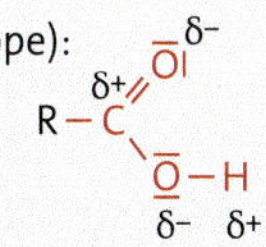

Carbonsäuren, die sich von den Alkanen ableiten lassen und nur eine Carboxygruppe im Molekül besitzen, werden als **Alkansäuren** bezeichnet.

Bildung durch partielle (unvollständige) **Oxidation von Alkoholen oder Aldehyden;** *Beispiel:*

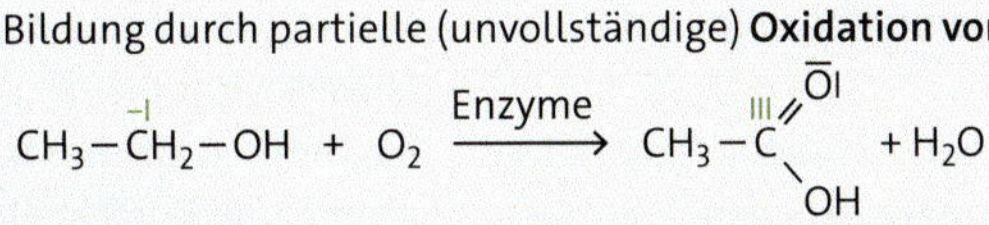

Eigenschaften: Die Carboxygruppe bestimmt durch ihren stark polaren Charakter die Eigenschaften der Carbonsäuren. Ihre Moleküle bilden untereinander Wasserstoffbrücken aus. Dadurch entstehen stabile Doppelmoleküle. Die Siedetemperaturen liegen höher als die vergleichbarer Alkohole.
Acidität: In Wasser protolysieren Carbonsäuren in Carboxylat-Ionen und Oxonium-Ionen. Carbonsäuren reagieren sauer, weil das positiv polarisierte Wasserstoffatom der Carboxygruppe leicht abgespalten werden kann und das gebildete Carboxylat-Ion mesomeriestabilisiert ist.

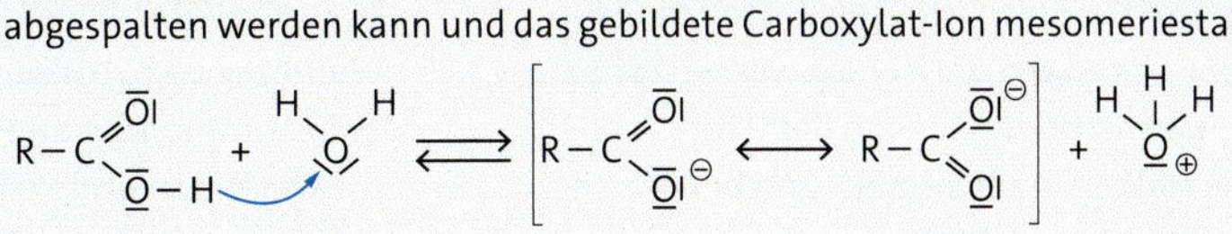

Carbonsäuremolekül | Wassermolekül | Carboxylat-Ion | Oxonium-Ion

Carbonsäureester

Die funktionelle Gruppe der Carbonsäureester ist die **Estergruppe**:

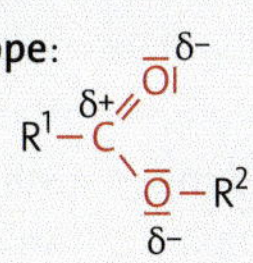

Bildung durch eine säurekatalysierte Gleichgewichtsreaktion aus Alkoholen und Carbonsäuren:

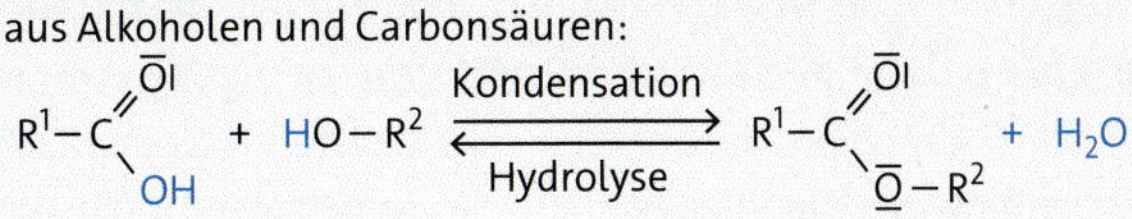

Übungsaufgaben

1) Erläutern Sie die unterschiedlichen Siedetemperaturen der nachfolgenden Stoffe.
a Methan (–161,6 °C) und Methylchlorid (–24,2 °C)
b Methan und Wasser

2) Beschreiben Sie anhand von Wasser (H_2O) und Schwefelwasserstoff (H_2S), wie die Eigenschaften der Stoffe von der Art der chemischen Bindung und der Struktur der Stoffe abhängen.

3) Entscheiden Sie, welche zwischenmolekuaren Kräfte bei den folgenden Molekülen auftreten können:
a CH_4, C_2H_6
b HCl, HF
c CH_3Cl, C_2H_5Cl
d Ordnen Sie die bei den genannten Beispielen auftretenden zwischenmolekularen Kräfte nach ihrer Stärke.

4) **a** Geben Sie die Molekülformeln und die Halbstrukturformeln folgender Alkane an: 3-Ethyl-2-methylheptan, 2,2,3-Trimethylpentan, 4,6-Diethyl-5-methyldecan.
b Benennen Sie folgende Kohlenwasserstoffe nach IUPAC:

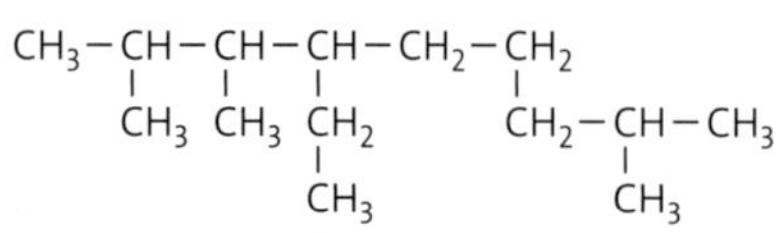

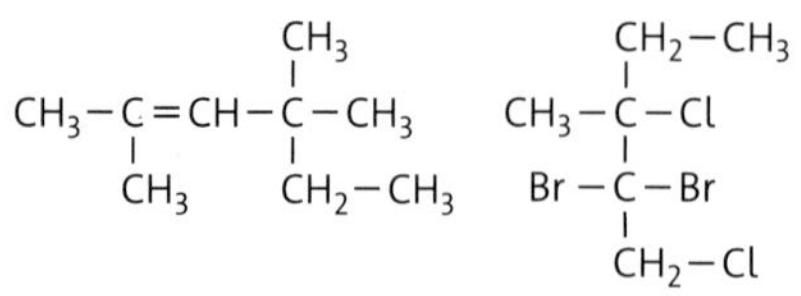

c Reflektieren Sie den Nutzen der IUPAC-Nomenklatur.

5) **Die Gaschromatografie ist eine Analysemethode zum Auftrennen von gasförmigen Gemischen.**
a Erklären Sie das Funktionsprinzip der Gaschromatografie anhand von intermolekularen Wechselwirkungen
b Beurteilen Sie am Beispiel der Gaschromatografie die Bedeutung von analytischen Verfahren in der Berufswelt.

6) Vergleichen Sie Alkane, Alkene und Alkine hinsichtlich ihrer Struktur und ihrer daraus resultierenden physikalischen und chemischen Eigenschaften. Erstellen Sie eine Übersicht zur Einteilung der Kohlenwasserstoffe.

7) **a** Geben Sie alle Konstitutionsisomere des Pentens an. Skizzieren Sie die Halbstrukturformeln und benennen Sie die Verbindungen nach IUPAC.
b Begründen Sie, welches der Isomere zusätzlich in cis- oder trans-Form vorliegen kann.

8) Zeichnen Sie die Halbstrukturformeln aller isomeren Alkene mit 6 Kohlenstoffatomen im Molekül. Benennen Sie die Verbindungen nach IUPAC.

9) Alkane wie Propan, Butan oder Pentan werden in Spraydosen als Treibmittel benutzt. Auf einem Backofenreiniger steht der Sicherheitshinweis: Nur wenige Sekunden sprühen, da sich sonst explosionsfähige Gasgemische bilden können. Erklären Sie dies.

10) Tropft man zu Propen bzw. Buta-1,3-dien etwas Brom, findet eine heftige Reaktion statt. Formulieren Sie jeweils die Reaktionsgleichung mit Strukturformeln und entscheiden Sie, ob unterschiedliche Isomere entstehen.

11) **a** Erläutern Sie den Einfluss der Hydroxygruppe auf die physikalischen Eigenschaften der Alkohole.
b Erklären Sie den Unterschied zwischen einem sekundären und einem zweiwertigen Alkohol.
c Erklären Sie, warum Natriumhydroxid (NaOH) nicht zu den Alkoholen gehört.

12) Klassifizieren Sie die folgenden Alkohole und benennen Sie die gezeigten Moleküle:

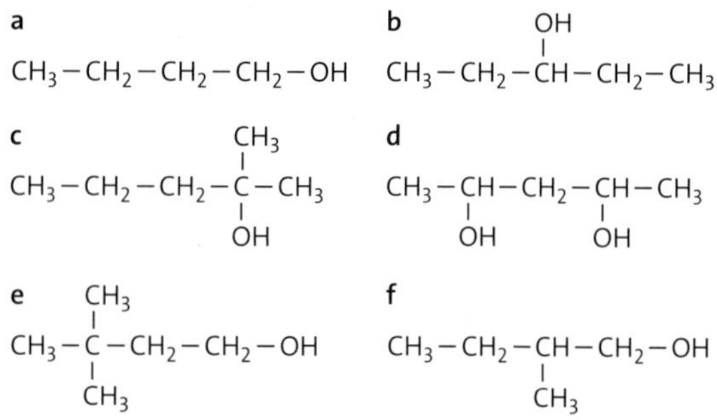

13) Geben Sie die Reaktionsgleichung für die Reaktion von Butan-1-ol mit Kalium an. Benennen Sie die Produkte.

14) **a** Geben Sie die Reaktionsgleichung für die Verbrennung von Propan-1-ol an.
b Zeigen Sie, dass es sich um eine Redoxreaktion handelt.

15) Geben Sie jeweils die Reaktionsgleichung für die Umsetzung von Butan-1-ol, Butan-2-ol und tert-Butanol (2-Methylpropan-2-ol) mit Kupfer(II)-oxid an. Bestimmen Sie die Oxidationszahlen der Kohlenstoffatome und Kupferteilchen.

16) Leitet man Propanoldämpfe über ein heißes Platinnetz und führt die Produkte durch eine Kühlfalle, so entsteht eine farblose Flüssigkeit und ein Gas, das durch positive Knallgasprobe identifiziert werden kann.
a Formulieren Sie die Reaktionsgleichung unter Verwendung von Strukturformeln.
b Bestimmen Sie alle Oxidationszahlen und markieren Sie Oxidation und Reduktion.

17) In einem Labor sind die Etiketten von den Flaschen eines primären, eines sekundären und eines tertiären Alkohols abgefallen. Sie haben die Aufgabe, die Alkohole durch geeignete Experimente zu identifizieren. Es handelt sich um:
A: Ethanol, B: 3-Methylpentan-3-ol, C: Propan-2-ol.
Zur Verfügung stehen Ihnen neben den laborüblichen Geräten folgende Chemikalien, die Sie aber nicht alle benutzen müssen:
Natronlauge, Kupferbleche, Salzsäure, Fehling-Lösung I und II, Ammoniak, Kupfer(I)-oxid, Universalindikator.

a Stellen Sie zunächst ein Flussdiagramm auf, das zeigt, wie Sie vorgehen müssen, um die einzelnen Alkohole zu identifizieren (ohne Reaktionsgleichungen!). Geben Sie jeweils die Beobachtungen an, die Sie zur Identifizierung benötigen.

b Geben Sie die zur Identifizierung notwendigen Reaktionsgleichungen an, notieren Sie dabei organische Stoffe in Strukturformeln. Kennzeichnen Sie in Redoxgleichungen alle Elektronenübergänge inklusive der Angabe „Oxidation" bzw. „Reduktion".

c Benennen Sie die organischen Reaktionsprodukte.

18 › Benennen Sie die folgenden Verbindungen:

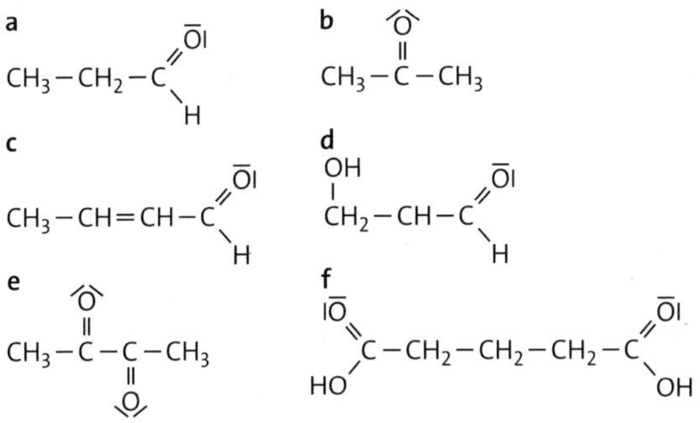

19 › a Benennen Sie die folgenden Verbindungen:

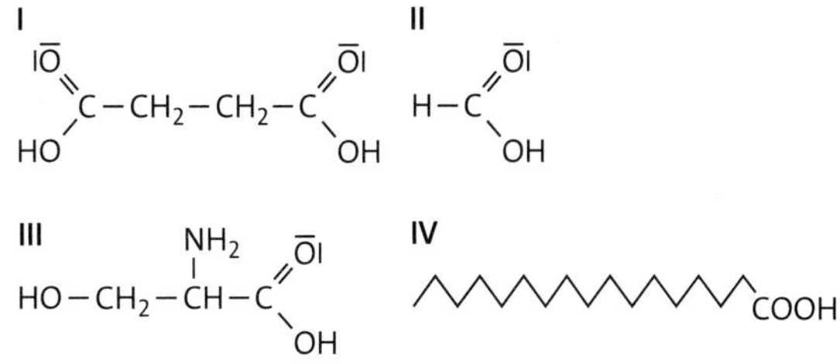

b Für den Stoff **I** gelten zwei pK_S-Werte: $pK_{S1} = 4{,}16$ und $pK_{S2} = 5{,}61$. Erläutern Sie diesen Sachverhalt unter Verwendung geeigneter Protolysegleichungen.

20 › a Geben Sie die Edukte für die Herstellung der folgenden Ester an: Ethansäureethylester, Propansäureethylester, Ethansäurepropylester, Methansäurehexylester.

b Benennen Sie die Ester nach der IUPAC-Nomenklatur.

21 › Bei der Spaltung eines Esters entstehen Acetat-Ionen und Butanol. Geben Sie Namen und Strukturformel des Ausgangsstoffs an.

22 › Entscheiden Sie, welche der folgenden Verbindungen die höhere Siedetemperatur besitzt. Begründen Sie Ihre Entscheidung.

a $CH_3–CH_2–COOH$ oder $CH_3–CH_2–CH_2OH$

b Pentansäure oder 2,2-Dimethylpropansäure

Mithilfe dieses Kapitels können Sie:	Aufgabe	Hilfe finden Sie auf Seite
• die IUPAC-Nomenklatur zur Benennung organischer Verbindungen anwenden und aus dem systematischen Namen die Struktur- oder Halbstrukturformel des Moleküls entwickeln	*4, 7, 8, 18, 19a, 20b,*	*251, 254, 267*
• Stoffeigenschaften anhand Ihrer Kenntnisse über zwischenmolekulare Wechselwirkungen erklären	*1,2,3,6,22*	*252, 266, 269, 278, 284*
• die Stoffklassen der organischen Sauerstoffverbindungen (Alkohole, Aldehyde, Ketone, Carbonsäuren, Ester) anhand ihrer Molekülstruktur und ihrer funktionellen Gruppen unterscheiden	*12, 18*	*266, 278, 284, 288*
• Stoffeigenschaften und Reaktionsverhalten der organischen Sauerstoffverbindungen (Alkohole, Aldehyde, Ketone, Carbonsäuren, Ester) mit dem Einfluss der jeweiligen funktionellen Gruppen sowie dem Einfluss der zwischenmolekularen Wechselwirkungen erklären.	*9, 10, 11, 13, 14a, 19 b, 21, 22*	*268, 284, 288*
• die schrittweise Oxidation der Alkohole als mehrstufigen Prozess beschreiben und Oxidationszahlen bestimmen	*14b, 15, 16, 17*	*274, 275, 276, 277, 283*

Aus Erdöl werden Stoffe gewonnen, die als Ausgangsstoffe für zahllose Synthesen dienen. Um eine Reaktion so zu planen und durchzuführen, dass eine gute Ausbeute erreicht wird, genügt die bloße Reaktionsgleichung nicht. Vielmehr ist dazu eine genaue Kenntnis des Verlaufs der Reaktion mit allen Einzelschritten, dem Reaktionsmechanismus, wichtig. Den Weg vom Ausgangsstoff zum Endprodukt nachzuvollziehen gelingt, wenn man versucht, das Gemeinsame in der Vielfalt zu entdecken.

Reaktionswege für organische Produkte 8

Stoffklassen und Reaktionsmechanismen

Strukturelle Grundlagen

- Radikale
- Elektrophile Teilchen
- Nucleophile Teilchen
- Mesomere Grenzstrukturen
- Induktive Effekte

Reaktionstypen

- Substitutionen (S_R, S_N1 und S_N2)
- Addition
- Eliminierung
- Additions-Eliminierungs-Reaktionen

Planung von Synthesen

- Schrittfolgen einer Synthese
- Konkurrenzreaktionen
- Synthese von Biodiesel
- Retrosynthese

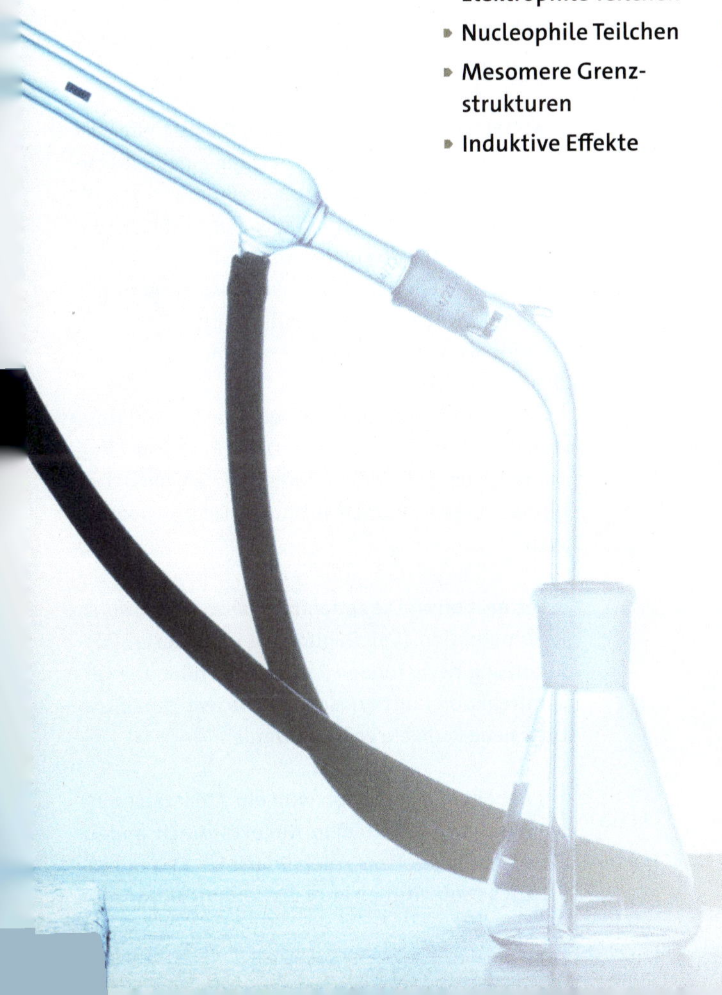

01 Apparatur zur Extraktion von Anilin aus einem Reaktionsgemisch. Das Anilin wird im Erlenmeyerkolben rechts gesammelt und kann zur Herstellung von Farbstoffen, Kautschuken und Arzneimitteln verwendet werden.

8.1 Vom Alkan zum Halogenalkan

Zur Molekülstruktur und den Eigenschaften von Alkanen ↑ S. 252 ff.

Zur Molekülstruktur und den Eigenschaften von Halogenalkanen ↑ S. 254

Die typische Reaktion der Alkane ist die **Substitution** (lat. *substituere:* ersetzen). Bei dieser Reaktion organischer Verbindungen werden Atome oder Atomgruppen in den Molekülen der Ausgangsstoffe durch andere Atome oder Atomgruppen ersetzt:

$$CH_4 + Br_2 \longrightarrow CH_3{-}Br + HBr$$

REAKTIONSMECHANISMUS Alkane sind reaktionsträge. Ihre Moleküle reagieren nur mit sehr energiereichen Teilchen wie freien Halogenatomen. Ein ungebundenes Halogenatom hat nur sieben Außenelektronen und besitzt deshalb ein ungepaartes Elektron. Solche Teilchen nennt man **Radikale**. Radikale **R·** entstehen aus Molekülen durch **homolytische (gleichförmige) Spaltung** einer Elektronenpaarbindung. Die Energie zur Spaltung der Bindung kann durch Zufuhr von Licht oder Wärme aufgebracht werden (↑ Exp. 8.01).

Animation: Radikalische Substitution (S_R)

Solche als **radikalische Substitution S_R** bezeichneten Reaktionen verlaufen nach folgendem, am Beispiel der Bromierung von Methan dargestelltem **Reaktionsmechanismus** (↑ 01):

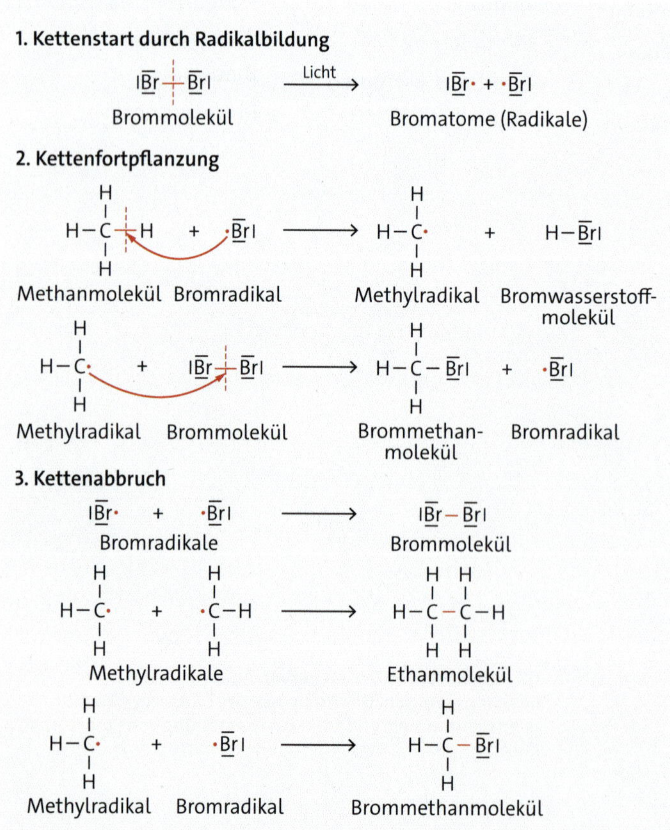

01 Reaktionsmechanismus der radikalischen Substitution

P EXP 8.01 L

Bromierung von Heptan

Durchführung In einem kleinen Erlenmeyerkolben gibt man zu 10 ml Heptan (2, 8, 7, 9) mit der Pasteurpipette 3 Tropfen elementares Brom (5, 7). Der Kolben wird mit einem Stopfen verschlossen und geschüttelt. Anschließend wird er im Licht eines Tageslichtprojektors bis zur Entfärbung belichtet.

Ein Stück angefeuchtetes Universalindikatorpapier wird in die Gasphase gehalten. Die Lösung wird außerdem mit einem Tropfen Silbernitratlösung (w = 3 %; 7) versetzt.

Entsorgung: Reste in Behälter für halogenhaltige organische Abfälle geben.

Auswertung Erläutern Sie den Mechanismus der Bromierung von Heptan unter Nutzung von Bild ↑ 01.

1. Kettenstart durch Radikalbildung Zuerst werden Brommoleküle unter der Einwirkung von UV-Licht homolytisch gespalten. Dabei entstehen Bromatome mit ungepaarten Elektronen, die Radikale.

2. Kettenfortpflanzung Die Bromradikale greifen die Methanmoleküle unter Abspaltung eines Wasserstoffatoms und unter Bildung eines Bromwasserstoffmoleküls an, weil das Bromradikal bestrebt ist, sein Elektronenoktett zu ergänzen.
Das dabei entstehende Methylradikal reagiert mit einem weiteren Brommolekül zu einem Brommethanmolekül und einem Bromradikal, das erneut in die Reaktionskette eintritt.
Es wird pro Methanmolekül ein Wasserstoffatom durch ein Bromatom ersetzt. Diese Reaktionsfolge kann sich bis zu 10 000-mal wiederholen, ohne dass ein weiteres Brommolekül durch Licht gespalten werden muss.

3. Kettenabbruch Die Kettenfortpflanzung wird durch Rekombination (Vereinigung) der die Kettenfortpflanzung bewirkenden Radikale beendet. Die Gesamtreaktion läuft nur so lange ab, wie durch UV-Licht neue Radikale gebildet werden.

Bei einer Substitution wird ein Atom oder eine Atomgruppe in einem Molekül durch andere Atome oder Atomgruppen ersetzt. Die radikalische Substitution läuft als Kettenreaktion ab.

ENERGETISCHER VERLAUF Das Energiediagramm der Bromierung von Methan zeigt, dass diese Reaktion exotherm verläuft (↑ 03).
Zunächst tritt das Bromradikal mit einem Wasserstoffatom des Methanmoleküls in Wechselwirkung. Zum Erreichen des ersten **Übergangszustands** wird eine bestimmte Aktivierungsenergie aufgewandt, wodurch die C–H-Bindung gelockert wird. Dann bilden sich das Bromwasserstoffmolekül und das Methylradikal. Das Methylradikal ist ein Zwischenprodukt der Reaktion.
Für das Erreichen des zweiten Übergangszustands, bei dem das Methylradikal in Wechselwirkung mit einem neuen Brommolekül tritt, ist eine geringere Aktivierungsenergie erforderlich. Als Reaktionsprodukte entstehen ein Brommethanmolekül und ein neues Bromradikal.

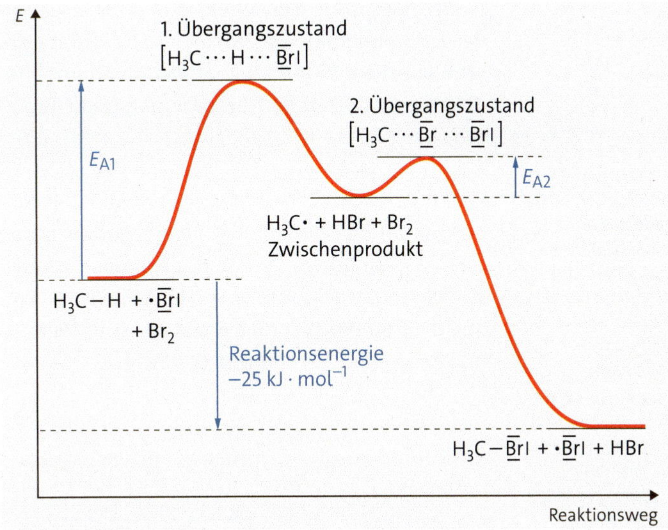

03 Energiediagramm der radikalischen Substitution

ENERGIEBILANZEN Methan reagiert mit Halogenen unterschiedlich. Die Reaktion mit Fluor verläuft sehr heftig, während Methan mit Iod praktisch nicht reagiert. Die Ursache für das unterschiedliche Reaktionsverhalten der Halogene ist in der Energiebilanz der radikalischen Substitution zu suchen. Dazu müssen die zur Spaltung der Elektronenpaarbindungen aufgewendeten Energiebeträge und die bei der Bildung neuer Bindungen frei werdenden Energiebeträge verglichen werden (↑ 02).
Die zur Spaltung der X–X-Bindung (X steht für ein Halogenatom) und der C–H-Bindungen notwendige Energie unterscheidet sich relativ wenig. Die bei der Bildung der H–X- und der C–X-Bindungen frei werdende Energie nimmt jedoch innerhalb der Reihe der Halogene stark ab.

Aus der Summe der vier Energiebeträge ergibt sich, dass die Fluorierung mit einem Energiegewinn von $-430\ \text{kJ} \cdot \text{mol}^{-1}$ stark exotherm ist. Für die Iodierung wird dagegen ein Energiebetrag von $62\ \text{kJ} \cdot \text{mol}^{-1}$ benötigt. Damit die endotherme Reaktion überhaupt abläuft, muss dem Stoffgemisch aus Iod und Methan kontinuierlich Energie zugeführt werden.

BEDEUTUNG In der Industrie spielt die radikalische Substitution eine wichtige Rolle bei der Herstellung von Waschmitteln, Lösungsmitteln und vielen anderen organischen Halogenverbindungen.

↑ Chemische Energetik S. 66 ff.

1 Erklären Sie, warum die Reaktionskette viele Tausend Mal durchlaufen werden kann, bis ein weiteres Brommolekül gespalten werden muss.

2 Formulieren Sie den Reaktionsmechanismus
a für die Reaktion von 1-Chlorpropan aus Chlor und Propan,
b für die Bildung von 1-Brom-2-chlorethan ausgehend von Chlorethan.

3 **a** Nennen Sie mindestens vier verschiedene Reaktionsprodukte der Bromierung von Ethan.
b Geben Sie die entsprechenden Lewis-formeln an.

4 Erstellen Sie ein Energiediagramm für die Fluorierung von Methan.

5 Methan reagiert nicht mit dem Halogen Iod. Begründen Sie.

Reaktionsenergien in $\text{kJ} \cdot \text{mol}^{-1}$	Fluorierung	Chlorierung	Bromierung	Iodierung
Spaltung der X–X-Bindung im Halogen	+156	+240	+190	+150
Spaltung der C–H-Bindung im Methan	+425	+425	+425	+425
Bildung der H–X-Bindung	−560	−428	−360	−291
Bildung der C–X-Bindung	−451	−338	−280	−222
Energetische Gesamtbilanz	**−430**	**−101**	**−25**	**+62**

02 Molare Reaktionsenergien der Spaltung und Bildung chemischer Bindungen bei der Halogenierung von Methan

Räumliche Orientierung bei radikalischen Substitutionen

Primäre, sekundäre und tertiäre Kohlenstoffatome
- ***primäres** Kohlenstoffatom: nur **ein** weiteres Kohlenstoffatom als Nachbarn*
- ***sekundäres** Kohlenstoffatom: **zwei** Kohlenstoffatome als Nachbarn*
- ***tertiäres** Kohlenstoffatom: **drei** Kohlenstoffatome als Nachbarn*

PRODUKTE DER BROMIERUNG VON PROPAN Bei der Bromierung von Propan durch eine radikalische Substitution erhält man als Monobromprodukt die beiden Stoffe 1-Brompropan und 2-Brompropan.

Ein Propanmolekül besitzt sechs primäre C–H-Bindungen an den *primären Kohlenstoffatomen* und zwei C–H-Bindungen an dem *sekundären Kohlenstoffatom*. Daher sollte man theoretisch die Produkte 1-Brompropan und 2-Brompropan im Verhältnis von 75 % zu 25 % erhalten (↑ **01**).

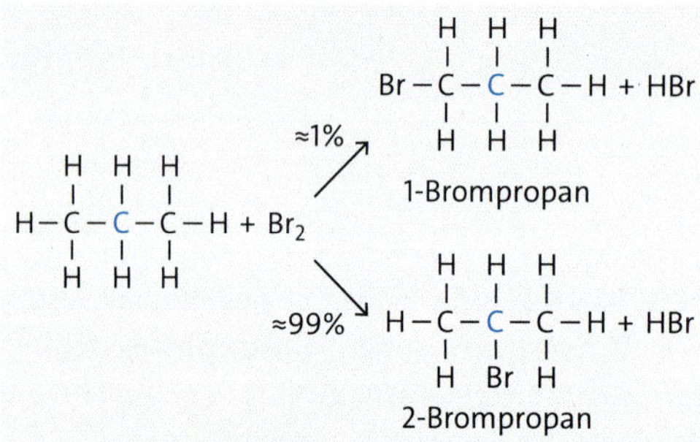

01 Radikalische Substitution von Brom an Propan. In Blau: sekundäres Kohlenstoffatom

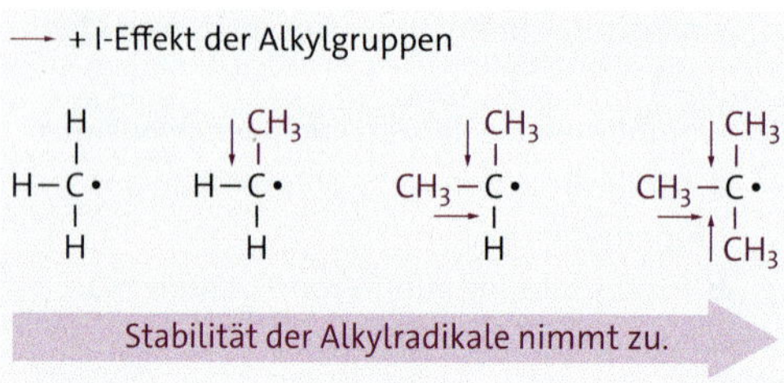

02 Stabilität von Alkylradikalen

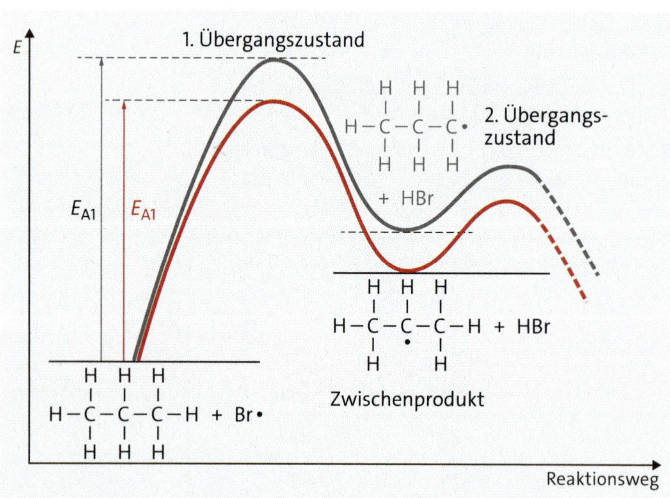

03 Energiediagramm der Bromierung von Propan

Tatsächlich entsteht zu fast 99 % das Produkt 2-Brompropan, bei dessen Molekül das Bromatom am *sekundären Kohlenstoffatom* gebunden ist. Die Substitution eines Wasserstoffatoms durch ein Bromatom ist am sekundären Kohlenstoffatom begünstigt (↑ **01**). Grund dafür ist, dass die Aktivierungsenergie für die Bildung eines Radikals am primären Kohlenstoffatom höher ist als für die Bildung am sekundären Kohlenstoffatom (↑ **03**). Die Spaltung der C–H-Bindung am sekundären Kohlenstoffatom erfolgt daher schneller als an einem der primären Kohlenstoffatome. Auch das Zwischenprodukt ist im Fall der Radikalbildung am sekundären Kohlenstoffatom weniger energiereich und daher begünstigt (↑ **03**).

INDUKTIVE EFFEKTE Methylgruppen $-CH_3$ besitzen einen elektronenschiebenden Effekt. Die Wirkung eines Atoms oder einer Atomgruppe auf die Elektronenverteilung im Rest eines Moleküls wird als **induktiver Effekt (I-Effekt)** bezeichnet. Damit ein induktiver Effekt auftreten kann, muss eine unsymmetrische Elektronenverteilung bei einer Elektronenpaarbindung existieren. Dies kann zwischen zwei unterschiedlichen Atomen oder zwischen zwei gleichen Atomen, die unterschiedlich substituiert sind, auftreten. Bei einem **+I-Effekt** werden die Elektronen von einem Atom weggeschoben und somit die Elektronendichte an dem anderen Atom erhöht. Bei einem **–I-Effekt** wird die Elektronendichte am benachbarten Atom erniedrigt. Der induktive Effekt kann sich über mehrere Bindungen hinweg auswirken. Die Stärke nimmt jedoch mit zunehmender Entfernung ab.
Radikale weisen einen Elektronenmangel auf, da in der Regel mindestens ein Atom nicht über eine stabile Valenzelektronenkonfiguration verfügt. Daher werden sie durch einen +I-Effekt stabilisiert. Sekundäre Radikale sind aufgrund des +I-Effekts der beiden benachbarten Methylgruppen stabiler als ein primäres Radikal, das im Falle des Propans nur eine benachbarte Ethylgruppe besitzt (↑ **02**).

Induktive Effekte sind elektronische Effekte von Atomen oder Atomgruppen. +I-Effekte erhöhen die Elektronendichte bei benachbarten Atomen oder Atomgruppen, –I-Effekte erniedrigen die Elektronendichte.

1) Bei der Bromierung von 2-Methylbutan entsteht hauptsächlich das Reaktionsprodukt 2-Brom-2-methylbutan. Erläutern Sie diesen Sachverhalt.

Praktikum

Produkte der radikalischen Substitution nachweisen

EXP 8.02 Nachweis von Halogeniden

Materialien 3 Reagenzgläser, Reagenzglasständer, 3 Pipette, Spatel, dest. Wasser, Natriumchlorid, Natriumbromid, Natriumiodid (7, 8, 9), Silbernitratlösung (c = 0,1 mol · l^{-1} ;5, 9) Salpetersäure (c=0,1 mol · l^{-1} ;3, 5, 6), Ammoniak (wässrige Lösung; 5, 7, 9)

Durchführung Füllen Sie jeweils eine Spatelspitze von den Salzen in je ein Reagenzglas. Füllen Sie anschließend alle Reagenzgläser ca. 3 cm hoch mit dest. Wasser und schwenken Sie, bis sich die Salze gelöst haben. Geben Sie nun einige Tropfen verdünnte Salpetersäure zu jeder Halogenidlösung. Geben Sie zuletzt ca. 5 Tropfen Silbernitrat in jedes Reagenzglas. Notieren Sie sich Ihre Beobachtungen. Lassen Sie nun durch Ihre Lehrkraft in jedes Reagenzglas zwei Tropfen Ammoniak geben und notieren Sie Ihre Beobachtungen.
Entsorgung: Der Niederschlag wird mit Hilfe des Ammoniaks vollständig gelöst und in den Abfallbehälter für Schwermetalle gegeben.

Auswertung

1 › Stellen Sie Gemeinsamkeiten und Unterschiede der jeweiligen Reaktionen heraus und stellen Sie die zugehörigen Reaktionsgleichung auf.
2 › Notieren Sie tabellarisch, welche Reaktionen und Beobachtungen charakteristisch für das jeweilige Halogenion sind.

EXP 8.03 Beilsteinprobe – Nachweis von Halogenen in organischen Verbindungen

Materialien Tiegelzange, Kupferdraht, Bromheptan (2), Ethanol (2, 7)

Durchführung Halten Sie den Kupferdraht mit der Tiegelzange in die nicht leuchtende Flamme des Brenners und brennen Sie damit den Kupferdraht aus. Lassen Sie den Draht anschließend kurz abkühlen. Bringen Sie eine kleine Menge der Probe auf den ausgeglühten Kupferdraht und halten Sie diesen nun erneut in den nicht leuchtenden Teil der Brennerflamme. Führen Sie das Experiment mit der zweiten Probe durch.
Entsorgung: Kupferdraht ausgekühlt in den Hausmüll geben.

Auswertung

1 › Notieren Sie Ihre Beobachtungen und vergleichen Sie die beiden Proben.
2 › Notieren Sie zusammenfassend die charakteristischen Merkmale für das Vorhandensein von Halogenen in organischen Verbindungen.

EXP 8.04 Radikalische Substitution von Heptan mit Bromwasser

Materialien Reagenzglas mit Stopfen, Messzylinder, Pasteurpipette, Messpipette, Tageslichtlampe/Overhead-Projektor, Heptan (2, 8, 7, 9), Bromwasser (w = 3 %; 5, 7), Silbernitratlösung (5, 9), Universalindikatorpapier

Durchführung Unterschichten Sieln einem Reagenzglas 4 ml Heptan mit 1 ml Bromwasser. Verschließen Sie das Reagenzglas mit einem Stopfen verschlossen und schütteln Sie. Belichten Sie das Reagenzglas anschließend im Licht eines Tageslichtprojektors bis zur Entfärbung.
In die wässrige Phase geben Sie nun ein Stück Universalindikatorpapier. Geben Sie außerdem zwei bis drei Tropfen Silbernitratlösung in die wässrige Phase.
Entsorgung: Reste in Behälter für halogenhaltige organische Abfälle geben.

Auswertung

1 › Beschreiben Sie Ihre Beobachtungen und vergleichen Sie Ihre Beobachtungen mit dem Experiment 8.01.
2 › Bei Durchführung des Experimentes 8.01 mit Brom entfärbt sich das Gemisch ebenfalls und auch das angefeuchtete Universalindikatorpapier färbt sich rot. Deuten Sie diese Beobachtung auch mit Hilfe einer Reaktionsgleichung.
3 › Der Nachweis mit Hilfe des Universalindikatorpapiers ist bei der Durchführung des Experimentes 8.04 mit Bromwasser weniger aussagekräftig als bei der Durchführung mit Brom in Experiment 8.01. Erläutern Sie diesen Sachverhalt.
4 › Führen Sie bei diesem Experiment die Nachweisreaktion aus Exp 8.02 und 8.03 durch, um die Reaktionsprodukte nachzuweisen
5 › Die Versuche 8.01 und 8.04 zeigen, dass Brom und Bromwasser ähnliche Eigenschaften haben, dürfen jedoch nicht gleichwertig in der Schule genutzt werden.
a Recherchieren Sie mithilfe der Seiten 468 ff. die unterschiedlichen Gefahren, die von Brom und Bromwasser ausgehen.
b Beurteilen Sie die Nutzung von Brom und Bromwasser in der Schule auch im Hinblick auf die Experimente 8.01 und 8.04.
c Bei der Zugabe von braunem Iodwasser zu Heptan, löst sich das Iod in Heptan. Die Lösung aus Iod und Heptan hat eine violette Farbe. Entwickeln Sie eine Hypothese zu der Frage, ob das weniger gefährliche Iodwasser als Ersatz für Bromwasser für dieses Experiment sinnvoll erscheint.

8.2 Vom Halogenalkan zum Alkohol

Zur Molekülstruktur und den Eigenschaften von Halogenalkanen: ↑ *S. 54*

Zur Molekülstruktur und den Eigenschaften von Alkoholen: ↑ *S. 268f.*

NUCLEOPHILE SUBSTITUTION Alkohole lassen sich auf vielfältige Weise herstellen. Im Labor können sie beispielsweise aus Halogenalkanen gebildet werden. Dabei macht man sich zunutze, dass in den Molekülen der Halogenalkane die Bindung zwischen den stark elektronegativen Halogenatomen (–X̲̅|) und dem Kohlenstoffatom polar ist, wobei das Kohlenstoffatom eine positive Teilladung δ+ trägt. Dort erfolgt der Angriff eines negativ geladenen Teilchens (|Y̲̅|⁻) nach folgendem allgemeinen *Mechanismus*:

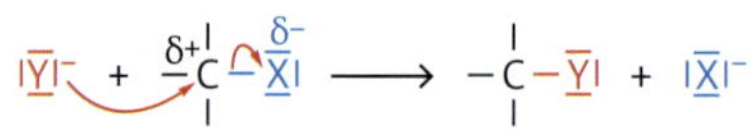

In Anwesenheit von negativ geladenen Hydroxid-Ionen (OH^--Ionen) können die negativ polarisierten Halogenatome gegen die OH^--Ionen ausgetauscht werden. Ein solcher Austausch von Atomen oder Atomgruppen an einem Molekül wird als *Substitution* bezeichnet. Das abgespaltene Teilchen |X̲̅|⁻ nennt man **Abgangsgruppe**. Ein Teilchen wie das |Y̲̅|⁻, das das positiv polarisierte Kohlenstoffatom angreift, heißt **Nucleophil** (lat. *nucleus:* Kern; griech. *philos:* Freund). Demzufolge handelt es sich bei dieser Reaktion um eine **nucleophile Substitution** (S_N). Es gibt zwei Sorten von nucleophilen Teilchen:

Radikalische Substitution ↑ *S. 302*

Ein *anionisches Nucleophil* ist ein negativ geladenes Ion mit einem freien Elektronenpaar. Beispiele hierfür sind Halogenid-Ionen (X^-), Hydroxid-Ionen (OH^-), Alkoholat-Ionen ($R–O^-$), Cyanid-Ionen (CN^-). *Neutrale Nucleophile* sind Moleküle mit einer negativen Teilladung und einem freien Elektronenpaar. Beispiele hierfür sind Wasser (H_2O), Ammoniak (NH_3), Ethanol ($C_2H_5–OH$).

Räumliche Struktur von Molekülen ↑ *S. 49*

Keil-Strich-Formeln und andere Darstellungsarten: ↑ *S. 255*

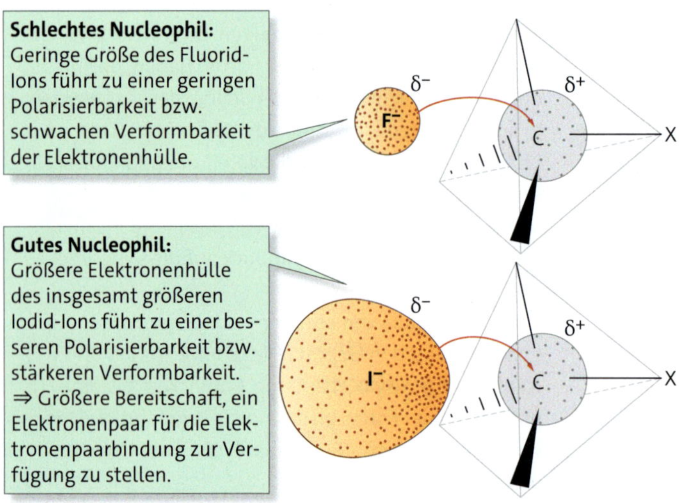

01 Einfluss des angreifenden Nucleophils

Die Umsetzung von Halogenalkanen z. B. mit Natriumhydroxidlösung zu Alkoholen wird durch folgende allgemeine Reaktionsgleichung beschrieben:

R–X̲̅|	+ ⁻|O̲–H	⟶ R–O̲̅–H	+ |X̲̅|⁻
Halogenalkan	Hydroxid-Ion	Alkohol	Halogenid-Ion

> **Alkohole können durch nucleophile Substitution von Halogenalkanen mit Hydroxid-Ionen gebildet werden.**

Umgekehrt kann aus einem Alkohol auch ein Halogenalkan hergestellt werden. Die Substitution der Hydroxygruppe kann jedoch nur in stark saurem Medium erfolgen, da diese zunächst protoniert werden muss. Das austretende Teilchen (Abgangsgruppe) ist in diesem Fall ein Wassermolekül. So entsteht beispielsweise bei der Reaktion von Chlorwasserstoff mit Ethanol Chlorethan und Wasser.

EINFLUSS DES ANGREIFENDEN NUCLEOPHILS Die Geschwindigkeit der nucleophilen Substitution hängt vor allem vom angreifenden Nucleophil ab. Bedeutsam hierfür ist, wie leicht das angreifende Teilchen ein Elektronenpaar für die Ausbildung einer Bindung zum positiv polarisierten Kohlenstoffatom ausbilden kann. Ein negativ geladenes Nucleophil wie das Hydroxid-Ion OH^- ist z. B. deutlich stärker nucleophil als das ungeladene (neutrale) Wassermolekül H_2O, das ebenfalls ein Nucleophil ist.

Wie stark nucleophil ein Teilchen ist hängt außerdem von seiner Polarisierbarkeit ab. Je größer ein Atom ist, desto leichter kann es polarisiert werden (↑ **01**). Das Elektronenpaar wird umso leichter für eine Bindung zur Verfügung gestellt, je größer das angreifende Nucleophil ist. Die Nucleophilie, d. h., die Stärke eines Nucleophils, wird also mit zunehmender Größe des Teilchens verstärkt. Umgekehrt sinken die Reaktionsfähigkeit und damit auch die Reaktionsgeschwindigkeit beispielsweise bei den Halogenid-Ionen vom großen Iodid-Ion zum kleinen Fluorid-Ion.

Reihenfolge der Stärke der Nucleophile:

|I̲̅|⁻ > ⁻|O̲–H > |NH₂–H (|N(H)(H)–H) > |B̲̅r|⁻ > |C̲̅l|⁻ > |F̲̅|⁻ > |O̲(H)–H

> **Eine hohe Elektronendichte und eine leichte Polarisierbarkeit des angreifenden Nucleophils erleichtern die nucleophile Substitution.**

EINFLUSS DES AUSTRETENDEN TEILCHENS Die Geschwindigkeit der nucleophilen Substitution wird auch durch die *Abgangsgruppe* beeinflusst. Die Abgangsgruppe in einer nucleophilen Substitution ist wie bei Halogenid-Ionen im Regelfall negativ geladen. Das angreifende Hydroxid-Ion verschiebt die Elektronenhülle beim größeren Iodatom stärker als beim kleineren Fluoratom. Somit ist der Abstand zwischen den Elektronen des Hydroxid-Ions und des Halogenatoms bei Reaktionen an Iodalkanen größer und deren gegenseitige Abstoßung geringer. Da das Nucleophil leichter angreifen kann, reagieren Iodalkane schneller als Fluoralkane (↑ 02).
Reihenfolge der Bereitschaft zur Abspaltung:
$I^- > Br^- > Cl^- > F^-$
Gute Abgangsgruppen sind elektronenziehende Gruppen, die durch ihren –I-Effekt die C–X-Bindung polarisieren und dadurch leicht abgespalten werden können. Beispiele hierfür sind: –Cl, –Br, –I, H_2O.

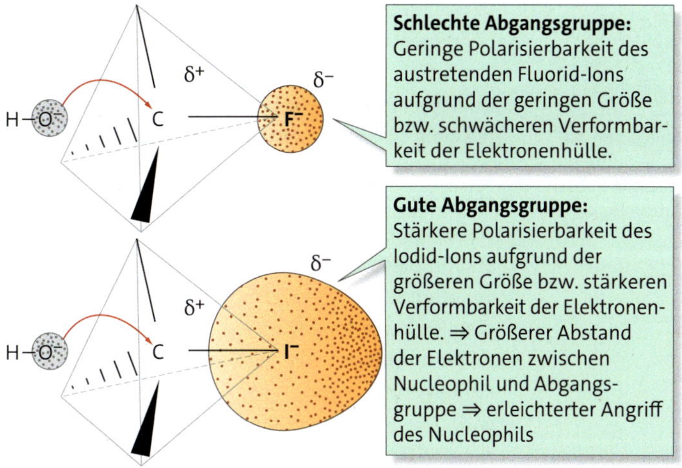

02 Einfluss der Abgangsgruppen

MONOMOLEKULARE NUCLEOPHILE SUBSTITUTION (S_N1) Bei Verbindungen wie 2-Chlor-2-methylpropan, bei denen das Halogenatom an ein *tertiäres* Kohlenstoffatom gebunden ist, läuft die Reaktion in zwei Schritten *nacheinander* ab (↑ 03):

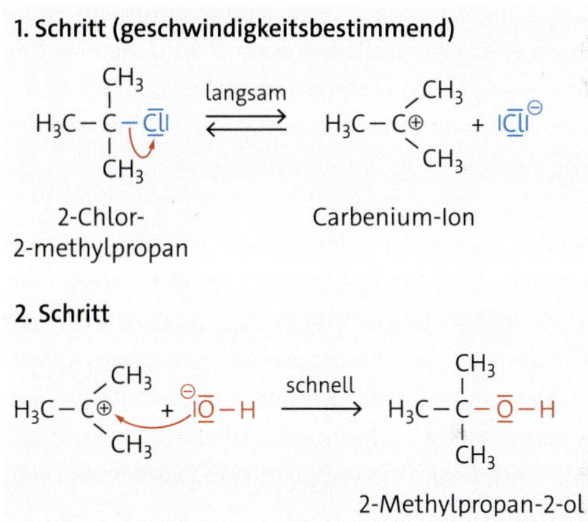

03 Mechanismus einer S_N1-Reaktion

Animation: Monomolekulare nucleophile Substitution (S_N1)

Im ersten Schritt wird das Chlorid-Ion aus dem Halogenalkanmolekül abgespalten. Dabei entstehen ein positiv geladenes **Carbenium-Ion** und ein Chlorid-Ion als energetisch stabile Zwischenprodukte (↑ 04). Der erste Schritt erfordert eine relativ hohe Aktivierungsenergie (E_{A1}) und verläuft darum im Vergleich zu dem sich anschließenden zweiten Schritt langsam. Der erste Schritt ist deshalb der **geschwindigkeitsbestimmende Schritt**. Weil nur *eine* Teilchensorte, hier: $(CH_3)_3C–Cl$, beteiligt ist, verläuft die S_N1-Reaktion **monomolekular**.
Im zweiten, schnell verlaufenden Schritt lagert sich das Hydroxid-Ion an das Carbenium-Ion an. Als Produkt wird 2-Methylpropan-2-ol, ein tertiärer Alkohol, gebildet. Dieser Schritt erfordert nur eine vergleichsweise geringe Aktivierungsenergie (E_{A2}; ↑ 04).

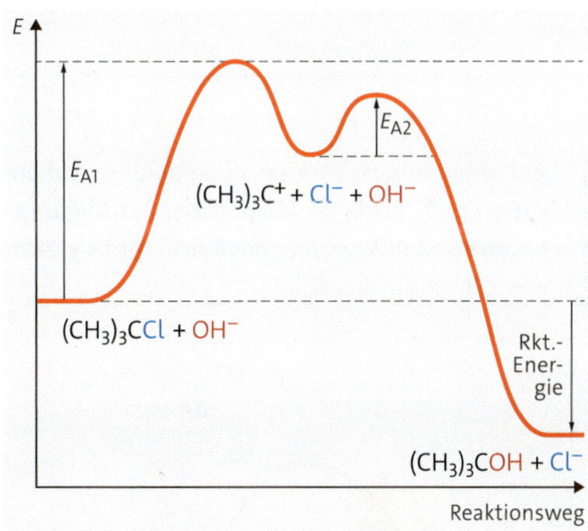

04 Energiediagramm einer S_N1-Reaktion

Die Reaktionsgeschwindigkeit der Gesamtreaktion hängt nur von der Konzentration des Halogenalkans ab. Sie wird nicht durch eine Erhöhung der Konzentration der Hydroxid-Ionen beschleunigt.
Die Bezeichnung S_N1 beinhaltet somit folgende Informationen über den Mechanismus der Reaktion:

S_N1	S = Substitution	N = nucleophil
	1 = Reaktion verläuft monomolekular	

Bei einer monomolekularen nucleophilen Substitution (S_N1) erfolgen Abspaltung der Abgangsgruppe und Anlagerung des Nucleophils nacheinander in zwei Schritten.

Bimolekulare nucleophile Substitution (S_N2)

Animation: Bimolekulare nucleophile Substitution (S_N2)

Verwendet man Verbindungen wie Chlormethan, bei denen das Halogenatom an ein *primäres* Kohlenstoffatom gebunden ist, erfolgt die Reaktion mit dem Nucleophil, beispielsweise dem Hydroxid-Ion, in einem Schritt. Die Abspaltung der Abgangsgruppe und der Angriff des Nucleophils erfolgen nicht nacheinander, sondern *gleichzeitig* (↑ **02**):
Dabei nähert sich das Hydroxid-Ion dem Halogenalkanmolekül von der dem Halogenatom abgewandten Seite. Zwischen dem Kohlenstoffatom und dem Hydroxid-Ion bildet sich bereits eine Bindung, während gleichzeitig die Bindung zwischen dem Kohlenstoffatom und dem Halogenatom gelockert wird. Die nicht an der Reaktion beteiligten Substituenten liegen dabei in einer Ebene. Dieser Zustand wird **Übergangszustand** genannt. Weil diese Anordnung der Teilchen energiereich ist, markiert der Übergangszustand im Energiediagramm ein Maximum (↑ **01**). Im weiteren Verlauf wird die Bindung zum Halogenatom gespalten, während die Bindung zum Hydroxid-Ion vollständig ausgebildet wird. Es entsteht ein primäres Alkoholmolekül.

An der Bildung des Übergangszustands sind zwei Teilchen gleichermaßen beteiligt, die Reaktion erfolgt somit **bimolekular**. Folglich üben auch die Konzentrationen beider Reaktionspartner, Chlormethan und Hydroxid-Ionen, Einfluss auf die Reaktionsgeschwindigkeit aus. Die Bezeichnung S_N2 beinhaltet somit folgende Informationen über den Mechanismus:

S_N2	S = Substitution	N = nucleophil
	2 = Reaktion verläuft bimolekular	

Bei einer bimolekularen nucleophilen Substitution (S_N2) erfolgen Abspaltung der Abgangsgruppe und Anlagerung des Nucleophils gleichzeitig in einem Schritt.

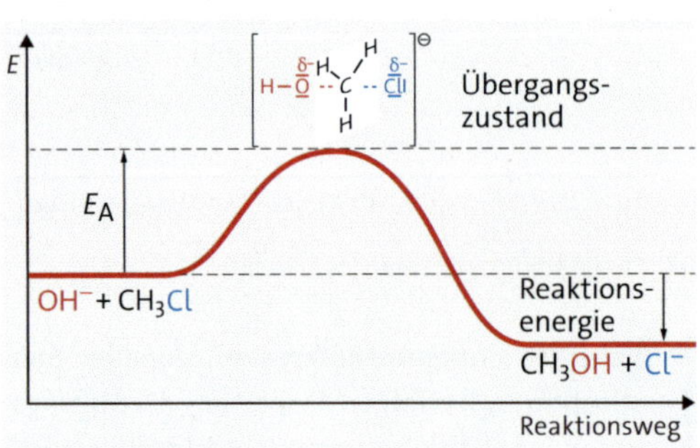

01 Energiediagramm einer S_N2-Reaktion

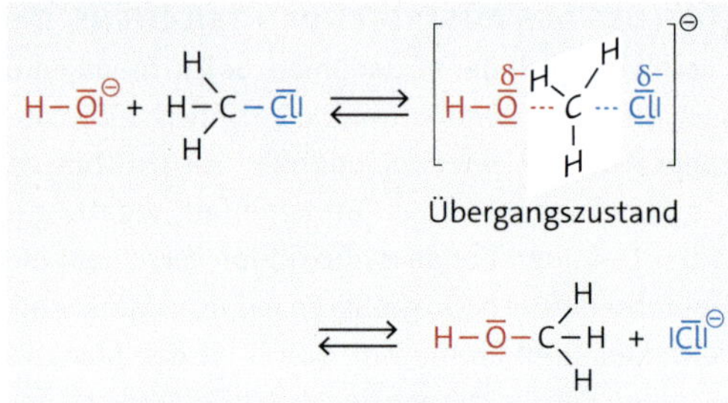

02 Mechanismus einer S_N2-Reaktion

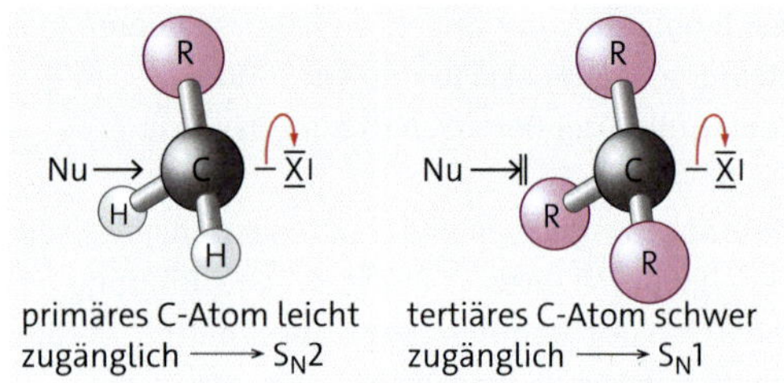

03 Einfluss der Struktur des Halogenalkanmoleküls

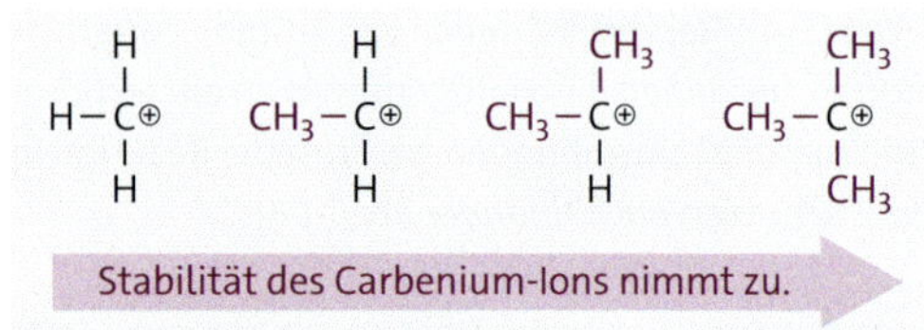

04 Stabilität des Carbenium-Ions

S_N1 ODER S_N2? Nach welchem Mechanismus die nucleophile Substitution abläuft, ist von der *Struktur des Halogenalkans* und dem *Einfluss des Nucleophils* abhängig: Die S_N1-Reaktion läuft bevorzugt ab, wenn das als Zwischenprodukt entstehende Carbenium-Ion durch Substituenten mit +I-Effekt stabilisiert wird. Je mehr Alkylgruppen –R am Carbenium-Ion gebunden sind, desto besser lässt sich dessen Elektronenmangel durch die elektronenschiebende Wirkung der Alkylgruppen ausgleichen (↑ **04**). Dies erklärt, warum tertiäre Halogenalkane bevorzugt nach S_N1 reagieren. Bei primären Halogenalkanen ist dagegen der nucleophile Angriff erleichtert. Sie reagieren deshalb bevorzugt nach S_N2 (↑ **03**).

1 › Erläutern Sie, welches Halogenalkan schneller mit Hydroxid-Ionen reagiert:
a Brommethan oder Iodethan,
b 2-Brom-2-methylpropan oder 2-Brombutan.

2 › Vergleichen Sie die S_N1- und die S_N2-Reaktion.

3 › Geben Sie den Reaktionsmechanismus folgender Reaktionen an:
a 2-Brom-2-methylpropan mit Hydroxid-Ionen,
b Brommethan mit Hydroxid-Ionen.

8.3 Vom Alkohol zum Alken

BEDEUTUNG VON ETHEN Auf Ethen, dem einfachsten Alken, beruht ein Großteil der weltweiten Chemie- und Kunststoffindustrie. Eine Vielzahl von organischen Verbindungen wird aus Ethen großtechnisch synthetisiert. Es ist für die Industrie und Wirtschaft so bedeutsam, dass es quer durch Deutschland in Pipelines zu verschiedenen Standorten der Chemieindustrie transportiert wird. Hergestellt wird Ethen durch Cracken von Erdgas, Erdöl oder über Reaktionen wie der Eliminierung von Brom aus 1,2-Dibromethan oder der Dehydratisierung von Ethanol mit katalytischer Schwefelsäure (↑ **06**). Die Herstellung läuft nach dem Mechanismus einer **Eliminierung**. Sie entspricht der Rückreaktion einer Addition an die Doppelbindung. Durch die Eliminierung wird mit der Bildung von Alkenen die Reaktionsfähigkeit von Kohlenwasserstoffen stark erhöht.

ELIMINIERUNG Bei einer Eliminierung werden zwei Atome oder Atomgruppen von benachbarten Kohlenstoffatomen eines Moleküls abgespalten, ohne dass andere Atome oder Atomgruppen an ihre Stelle treten. Dadurch entstehen zwischen den Kohlenstoffatomen *Mehrfachbindungen*. Die Eliminierung ist eine typische Reaktion der Halogenalkane mit zwei oder mehr Kohlenstoffatomen im Molekül.

Halogenalkanmoleküle sind *elektrophile Teilchen*. Bei der Reaktion mit einem starken Nucleophil, z. B. dem Hydroxid-Ion, kommt es zur Ausbildung einer Doppelbindung zwischen zwei Kohlenstoffatomen und dem Austritt eines Halogenid-Ions (↑ **05**). Das angreifende Nucleophil muss dabei ein stärkeres Nucleophil als das als Abgangsgruppe fungierende Halogenid-Ion sein. Starke Nucleophile sind z. B. CH_3O^- und OH^-. Das Reaktionsprodukt weist eine Doppelbindung im Molekül auf, es gehört zu den Alkenen.

Enthält das Molekül des Ausgangsstoffs mehrere ablösbare Wasserstoffatome, so sind mehrere Reaktionsprodukte zu erwarten. Von den entstehenden Alkenen ist dasjenige mit der größeren Anzahl von Alkylgruppen an der Doppelbindung im Molekül das energetisch stabilere und wird daher bevorzugt gebildet (↑ **07**).

ELIMINIERUNG VON WASSER AUS ALKOHOLEN Aus Alkoholmolekülen lassen sich unter Einwirkung einer starken Säure Wassermoleküle abspalten (↑ **06**). Dabei bilden sich Alkenmoleküle. Zuerst wird die Hydroxygruppe protoniert, die eine negative Partialladung trägt. Das so entstandene Alkyloxonium-Ion spaltet ein Wassermolekül ab. Anschließend erfolgt die Abspaltung des Protons. Diese Reaktion wird daher als **säurekatalysierte Dehydratisierung von Alkoholen** bezeichnet.

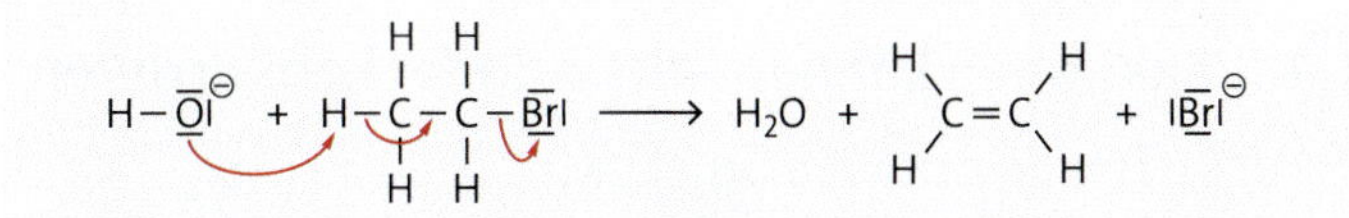

05 Eliminierung durch nucleophilen Angriff

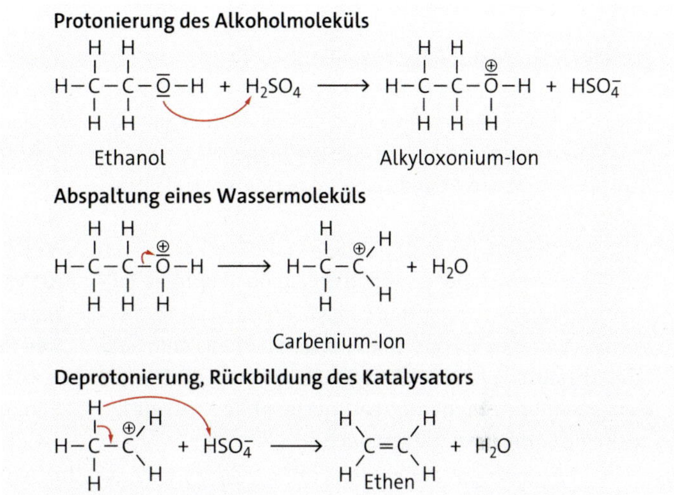

06 Eliminierung von Wasser aus Ethanol

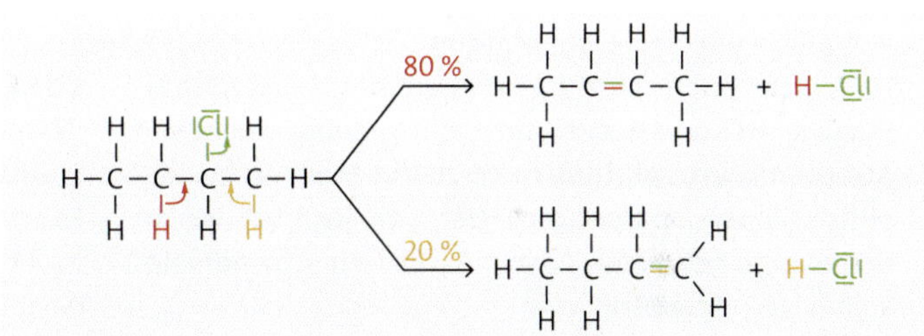

07 Bildung des stabileren Alkens bei der Eliminierung

Zur Molekülstruktur und den Eigenschaften von Alkenen↑ S. 261 ff.

Die Tendenz zur Dehydratisierung nimmt von primären über sekundäre zu tertiären Alkoholen zu. Dies hängt damit zusammen, dass auch die Stabilität der Carbenium-Ionen aufgrund der +I-Effekte der Alkylgruppen in derselben Reihenfolge zunimmt.

1) Erläutern Sie den Mechanismus der Eliminierung von Wasser aus Ethanol (↑ **02**).

2) Die Umsetzung von 2-Brom-2-methylbutan liefert ein isomeres Gemisch zweier Produkte. Formulieren Sie die Reaktionsgleichung und benennen Sie die Produkte. Begründen Sie, welches Produkt anteilsmäßig überwiegt.

Reaktionen können miteinander konkurrieren

SUBSTITUTION ODER ELIMINIERUNG Die Reaktion von Halogenalkanen mit Natriumhydroxid führt zu *Alkoholen* und folgt dem Mechanismus einer nucleophilen Substitution. In Anwesenheit von negativ geladenen Hydroxid-Ionen werden die negativ polarisierten Halogenatome gegen die Hydroxidgruppe ausgetauscht.

Halogenalkane können aber auch unter Abspaltung von Halogenwasserstoff eine Eliminierung eingehen. Bei dieser Reaktion entstehen *Alkene*. Dabei konkurrieren beide Reaktionstypen miteinander.

Die Konkurrenz besteht darin, dass ein nucleophiles Teilchen auch als Base reagieren kann. In diesem Fall wird ein Wasserstoffatom in Form eines Protons (H^+) aus dem Substrat abspalten. Je nach Wahl der Reaktionsbedingungen kann beeinflusst werden, ob eine nucleophile Substitution oder eine Eliminierung stattfindet.

Die Eliminierung wird grundsätzlich durch folgende Reaktionsbedingungen begünstigt: hohe Temperatur, große Nucleophile, Nucleophile mit starker Tendenz zur Protonenaufnahme, unpolare Lösungsmittel.
Hierdurch ergibt sich z. B. eine alternative Herstellungsmöglichkeit von Alkenen durch Eliminierung – oder von Alkoholen durch Substitution. Vergleichbar mit der nucleophilen Substitution unterscheidet man auch bei der Eliminierung einen bimolekularen (E_2) und einen monomolekularen (E_1) Mechanismus.

E_2 oder S_N2?

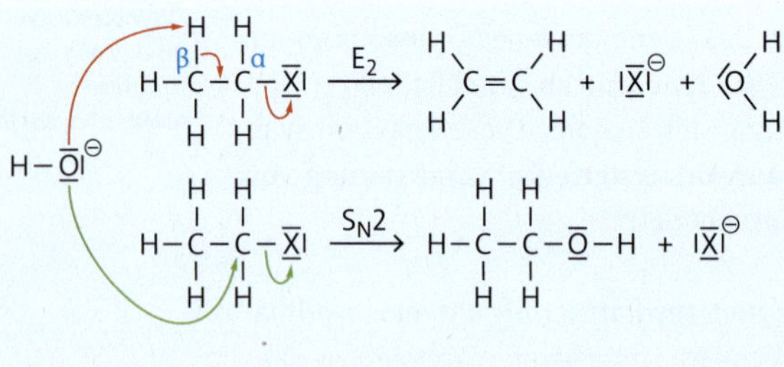

E_1 oder S_N1?

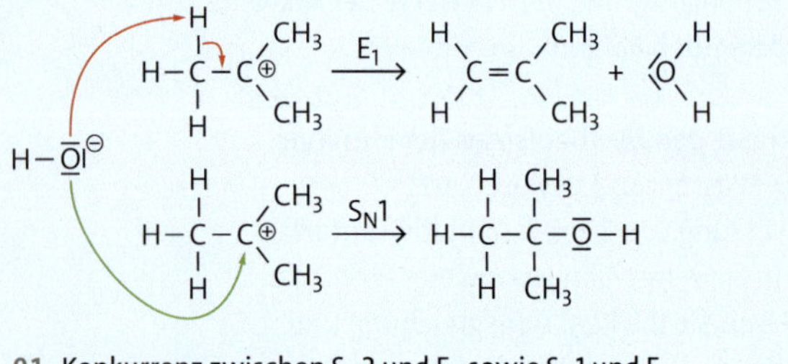

01 Konkurrenz zwischen S_N2 und E_2 sowie S_N1 und E_1

KONKURRENZ VON E_2 UND S_N2 Bei der bimolekularen Reaktion E_2 greift das Nucleophil ein Wasserstoffatom am C-Atom in β-Stellung an. Dabei kommt es zur Ausbildung einer Doppelbindung zwischen dem C-Atom in α-Stellung und dem C-Atom in β-Stellung (↑ 01). Weiterhin kommt es in der Folge zum Austritt der Abgangsgruppe X^-. Hier erfolgen die Abtrennung des Protons, die Ausbildung der Doppelbindung und der Austritt der Abgangsgruppe in einem Schritt. Da an der Bildung des Übergangszustands zwei Teilchen gleichermaßen beteiligt sind, liegt ein bimolekularer Mechanismus vor, der als E_2-Mechanismus bezeichnet wird.

KONKURRENZ VON E_1 UND S_N1 Die monomolekulare Eliminierung E_1 führt im ersten, geschwindigkeitsbestimmenden Schritt wie bei der monomolekularen nucleophilen Substitution S_N1 zu einem Carbenium-Ion (↑ 01). Ob eine Eliminierung oder eine Substitution stattfindet, hängt vom zweiten Reaktionsschritt ab. Nimmt das Nucleophil von dem Carbenium-Ion ein Proton auf, bildet sich im zweiten Schritt ein Alken als Produkt einer Eliminierung. Bindet das Nucleophil an das Carbenium-Ion, findet eine Substitution statt.

KONKURRENZVERSCHIEBUNG Mit zunehmender Größe des nucleophilen Teilchens wird aus sterischen Gründen der Rückseitenangriff für eine S_N2-Reaktion erschwert (↑ 01). Es erfolgt bevorzugt die E_2-Reaktion. Bei Alkoholen hängt es von der Struktur des Alkohols ab, ob bei der Reaktion mit einer Säure das Verhältnis stärker auf der Seite der Substitution oder auf der Seite der Eliminierung liegt. Bei primären Alkoholen findet eine nennenswerte Eliminierung gegenüber einer Substitution erst bei sehr hohen Temperaturen und bei der Verwendung starker Säuren statt. Bei tertiären Alkoholen erfolgt diese Verschiebung bereits bei geringeren Temperaturen. Je größer die Alkylgruppen am tertiären Kohlenstoffatom sind, desto leichter erfolgt aus sterischen Gründen die Eliminierung.

1. Formulieren Sie den Mechanismus für die Bildung des Carbenium-Ions beim E_1/S_N1-Mechanismus (↑ 01).
2. Erläutern Sie, welche Produkte bei den folgenden Reaktionen entstehen können:
   - **a** 1-Iod-2-methylpropan [$(CH_3)_2CH$-CH_2I] mit Kalilauge
   - **b** 2-Brompropan mit konzentrierter Kalilauge
   - **c** Propan-1-ol mit Schwefelsäure
3. Begründen Sie, warum die Bildung von Diethylether aus Ethanol in schwefelsaurer Lösung bevorzugt nach dem Mechanismus einer S_N2-Reaktion erfolgt, die Bildung von Ethen jedoch nach dem Mechanismus einer E_2-Reaktion.

Mesomerie und mesomere Grenzstrukturen bei Alkenen

ALKENE MIT MEHREREN DOPPELBINDUNGEN Je nach Anzahl der Doppelbindungen in einem Alken unterscheidet man zwischen *Dienen*, *Trienen* usw. bis zu den *Polyenen* mit vielen Doppelbindungen in der Kohlenstoffkette des Moleküls. Die Lage der Doppelbindungen innerhalb der Kohlenstoffkette kann unterschiedlich sein (↑ 02). *Beispiele:*

- Diene mit angehäuften oder **kumulierten** Doppelbindungen, z. B. Penta-2,3-dien.
- Diene mit abwechselnd angeordneten oder **konjugierten** Doppelbindungen, z. B. Penta-1,3-dien.
- Diene mit durch zwei oder mehrere C–C-Einfachbindungen **isolierte** Doppelbindungen, z. B. Penta-1,4-dien.

Die Lage der Doppelbindungen hat erhebliche Auswirkungen auf das Reaktionsverhalten und die Stabilität des Moleküls.

MESOMERIE Die Bindungslänge für die Bindung zwischen dem C-2- und C-3-Atom im Buta-1,3-dienmolekül liegt mit 147 pm zwischen den Bindungslängen einer C–C-Einfachbindung und einer C=C-Doppelbindung. Gleichzeitig sind die endständigen Doppelbindungen mit 134 pm etwas länger als eine Doppelbindung in einem Alken mit nur einer Doppelbindung im Molekül (↑ 03). Die π-Elektronen im Buta-1,3-dienmolekül bilden keine lokalisierten Doppelbindungen. Sie können sich vielmehr über das ganze Molekül gleichmäßig verteilen. Keines dieser π-Elektronen ist fest an ein Kohlenstoffatom gebunden, man spricht von einem **delokalisierten π-Elektronensystem**. Die Delokalisierung der π-Elektronen ist ein energetisch günstiger Zustand.

Die delokalisierten Bindungen im Buta-1,3-dienmolekül können durch eine Lewis-Formel nicht korrekt wiedergegeben werden, sondern müssen durch mesomere Grenzstrukturen beschrieben werden (↑ 04, **A–D**). Die beiden Zwitter-Ionen (**B**, **C**) sind aufgrund der ungleichmäßigen Ladungsverteilung energetisch ungünstiger als die ungeladene Struktur von Buta-1,3-dien. Es handelt sich um zwei extreme Zustände. Zur Vereinfachung wird in der Strukturformel von Buta-1,3-dien der delokalisierte Zustand oft durch mehrere kleine Punkte symbolisiert (↑ 04, **E**). Diese Darstellung gibt am ehesten die tatsächliche Verteilung der π-Elektronen wieder. Mesomere Grenzstrukturen entsprechen dabei keinen real existierenden Molekülen. Nur wenn sämtliche mesomere Grenzstrukturen zusammen betrachtet werden, erhält man den Überblick über die reale Verteilung der Elektronen.

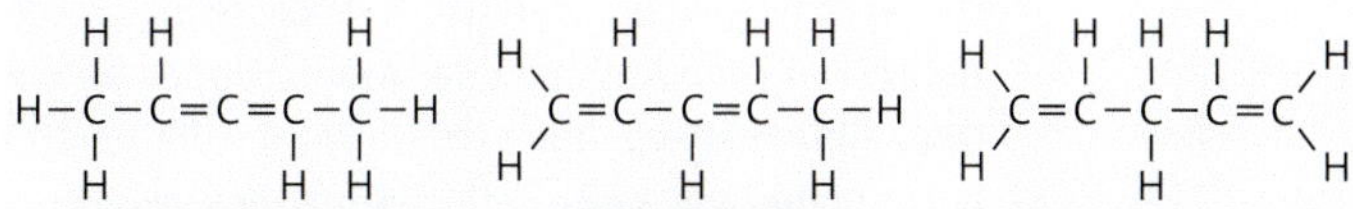

02 Unterschiedliche Lage von Doppelbindungen eines Diens

Name der Verbindung	Formel, betrachtete Bindung in Rot	Bindungslänge in pm
Butan	$CH_3{-}CH_2{-}CH_2{-}CH_3$	153
Buta-1,3-dien	$CH_3{=}CH{-}CH{=}CH_3$	147
Buta-1,3-dien	$CH_3{=}CH{-}CH{=}CH_3$	134
But-2-en	$CH_3{-}CH{=}CH{-}CH_3$	132

03 Bindungslängen im Vergleich

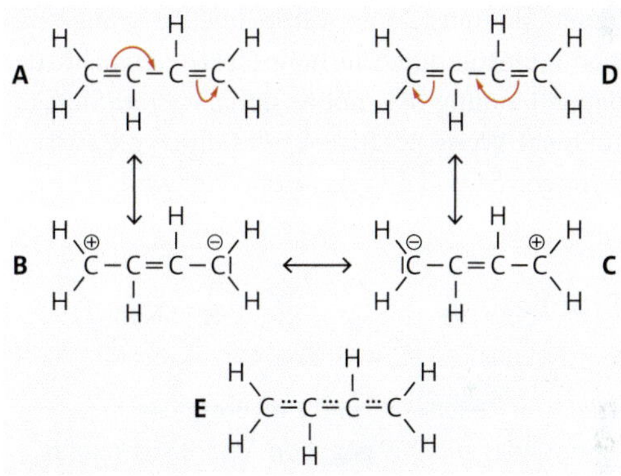

04 Mesomere Grenzstrukturen beim Buta-1,3-dien

MESOMERIEREGELN Der Anteil einer mesomeren Grenzstruktur an der tatsächlichen Verteilung der π-Elektronen im Molekül ist umso größer, je energieärmer die betreffende Grenzstruktur ist. Es gilt:

- Die Anzahl der Formalladungen ist möglichst niedrig.
- Negative Ladungen befinden sich möglichst beim elektronegativsten Atom.
- Beim Auftreten mehrerer gleichnamiger Formalladungen befinden sich ungleichnamige Ladungen möglichst nahe, gleichnamige Ladungen möglichst weit entfernt voneinander.
- Die Stabilität einer Verbindung ist umso größer, je größer die Anzahl vergleichbarer Grenzstrukturen ist.

Mesomerie beim Benzolmolekül ↑ S. 63

C=C-Doppelbindungen genauer betrachtet ↑ S. 263

1〉 Formulieren Sie mögliche mesomeren Grenzstrukturen von Penta-1,3-dien, Penta-2,3-dien und Penta-1,4-dien. Beurteilen Sie, welches Molekül energetisch am günstigsten ist.

8.4 Elektrophile Addition bei Alkenen

Die typische Reaktion der Alkene ist die **Addition**, die Anlagerung von Atomen oder Atomgruppen an die Doppelbindung der ungesättigten Moleküle. Bereits bei Zugabe von gelb gefärbtem Bromwasser zu Alkenen entfärbt sich das Reaktionsgemisch rasch (↑ Exp. 5.09). Bei der Reaktion findet eine Addition des Brommoleküls an das Alkenmolekül statt. Anders als bei der Substitution von Alkanen mit Halogenen erfolgt die Addition bereits bei Raumtemperatur und sogar im Dunkeln. Alkene sind wegen der hohen Elektronendichte der C=C-Doppelbindung reaktionsfreudiger als Alkane. Die Doppelbindung wird bevorzugt von **elektrophilen Teilchen** (elektronensuchenden Teilchen) angegriffen, die sich durch einen (induzierten) Elektronenmangel auszeichnen.

Animation: Elektrophile Addition (A_E)

REAKTIONSMECHANISMUS Die elektrophile **Addition A_E** läuft prinzipiell in zwei Schritten ab (↑ **01**): Im *ersten Schritt* nähert sich ein Brommolekül der Doppelbindung. Dabei werden die Elektronen des Brommoleküls durch die hohe Elektronendichte der Doppelbindung verschoben und das Brommolekül auf diese Weise polarisiert, was durch die Partialladungen δ+ und δ– gekennzeichnet wird.

P **EXP 8.05** **L** Bromierung von Hexen (2, 8, 5, 7)

Durchführung *Abzug!* 3 ml Hexen (2, 8) und 2 ml Bromwasser (w = 3 %; 5, 7) werden in ein Reagenzglas gegeben. Das Reagenzglas wird mit dem Stopfen verschlossen und geschüttelt.

Auswertung Erläutern Sie den Mechanismus der Bromierung von Hexen unter Nutzung von Bild ↑ **01**.

Der partiell positive Teil des Brommoleküls tritt zunächst in Wechselwirkung mit den π-Elektronen der Doppelbindung. Dieser erste Übergangszustand wird **π-Komplex** genannt.

Durch die Verschiebung der Elektronen der Bindung zwischen den beiden Bromatomen kommt es zur heterolytischen Spaltung des Brommoleküls und zum Austritt eines negativ geladenen Bromid-Ions Br^-. Gleichzeitig bildet das positiv geladene Brom-Ion Bindungen zu den beiden Kohlenstoffatomen aus, wobei ein dreigliedriger Ring aus σ-Bindungen entsteht. Diese Struktur wird **σ-Komplex** genannt und ist ein nachweisbares Zwischenprodukt, ein *Intermediat*, der Reaktion. Das ringförmige Kation wird auch als **Bromonium-Ion** bezeichnet.

Im *zweiten Schritt* findet der Angriff eines negativ geladenen Bromid-Ions an eines der beiden Kohlenstoffatome statt. Die vom Bromid-Ion ausgehende Bindungsbildung erfolgt aus sterischen Gründen an der Rückseite des Bromonium-Ions. Zwischen dem Kohlenstoffatom und dem Bromid-Ion entsteht eine Elektronenpaarbindung. Der Ring bricht auf und das andere Kohlenstoffatom bleibt mit dem zuerst angelagerten Bromatom verbunden. Bei der Addition von Brom an Ethen entsteht so 1,2-Dibromethan.

Bei der Addition werden an die Moleküle des ungesättigten Ausgangsstoffs Atome oder Atomgruppen an eine Doppelbindung angelagert. Als Reaktionsprodukt entsteht eine gesättigte Verbindung.

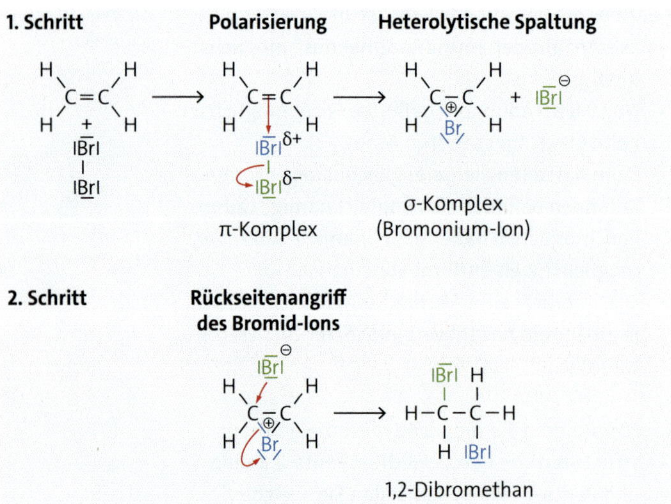

01 Mechanismus der elektrophilen Addition

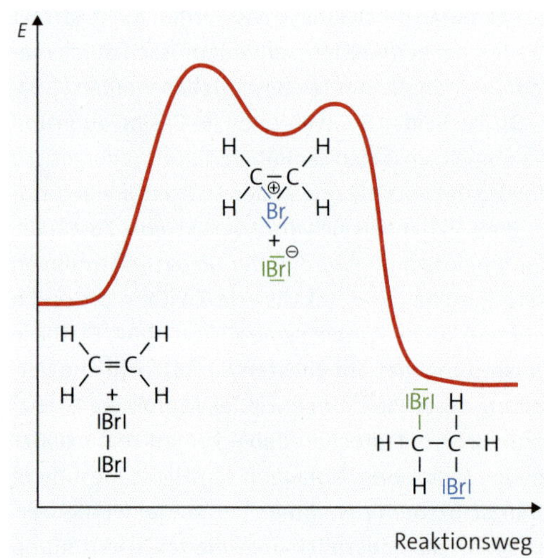

02 Energiediagramm der elektrophilen Addition

EINFLUSS DURCH INDUKTIVE EFFEKTE Die Reaktionsgeschwindigkeit bei Additionen an C=C-Doppelbindungen wird durch Substituenten beeinflusst. So reagiert Bromethen mit Brom etwa 300-mal *langsamer* als Ethen mit Brom (↑ **03**). Aufgrund der höheren Elektronegativität des Bromatoms trägt das Kohlenstoffatom im Bromethenmolekül eine positive Partialladung und das Bromatom eine negative. Dieser vom Bromatom ausgeübte **elektronenziehende** *Effekt* wirkt sich auch auf die C=C-Doppelbindung aus. Die Elektronendichte an den Kohlenstoffatomen der Doppelbindung verringert sich. Ein elektrophiler Angriff wird erschwert. Es wirkt ein negativer induktiver Effekt (–I-Effekt; ↑ **04**).
Umgekehrt verläuft die Addition von Brom an Propen 100-mal *schneller* als die Addition von Brom an Ethen, weil an einem Kohlenstoffatom der Doppelbindung eine Methylgruppe gebunden ist, die einen *elektronenschiebenden Effekt* besitzt. Sie erhöht die Elektronendichte an der C=C-Doppelbindung und erleichtert somit den elektrophilen Angriff. Die Alkylgruppen bewirken einen positiven induktiven Effekt (+I-Effekt; ↑ **04**).

Die C=C-Doppelbindung besitzt eine hohe Elektronendichte und zieht elektrophile Teilchen an. Dieser Effekt kann durch elektronenziehende Substituenten (–I-Effekt) abgeschwächt oder durch elektronenschiebende Substituenten (+I-Effekt) verstärkt werden.

ADDITION POLARER VERBINDUNGEN Auch polare Verbindungen wie Halogenwasserstoffe können an Alkene addiert werden. Bei der Addition von Chlorwasserstoff (HCl) an ein unsymmetrisches Alken wie Propen sind prinzipiell zwei Produkte möglich: 1-Chlorpropan und 2-Chlorpropan. Es stellt sich die Frage, an welches der an der Doppelbindung beteiligten Kohlenstoffatome das Proton bzw. das Chloratom gebunden wird. Nach der **Regel von Markownikow** wird das elektrophil angreifende Proton selektiv an das Kohlenstoffatom mit der höheren Anzahl von Wasserstoffatomen angelagert (↑ **05**). Der Grund dafür liegt in der größeren Stabilität des zwischenzeitlich entstehenden positiv geladenen **Carbenium-Ions** des oberen Wegs, das aufgrund der +I-Effekte der zwei benachbarten Methylgruppen stabiler ist als die Struktur, die über den unteren Weg gebildet wird (↑ **06**).
Additionsreaktionen finden in der chemischen Industrie vielfältige Anwendungen. Typische Additionsreaktionen sind die **Hydrierung von Alkenen** zu Alkanen und die **Hydratisierung von Alkenen** mit Wasser zu Alkanolen.

Name	Formel	Relative Geschwindigkeit
Ethen	$CH_2{=}CH_2$	1
Propen	$CH_3{-}CH{=}CH_2$	$9{,}6 \cdot 10^1$
2,3-Dimethylbut-2-en	$CH_3{-}C(CH_3){=}C(CH_3){-}CH_3$	$9{,}3 \cdot 10^5$
Bromethen	$CH_2{=}CHBr$	$3 \cdot 10^{-2}$

03 Relative Reaktionsgeschwindigkeiten bei der Addition von Brom an substituierte Alkene

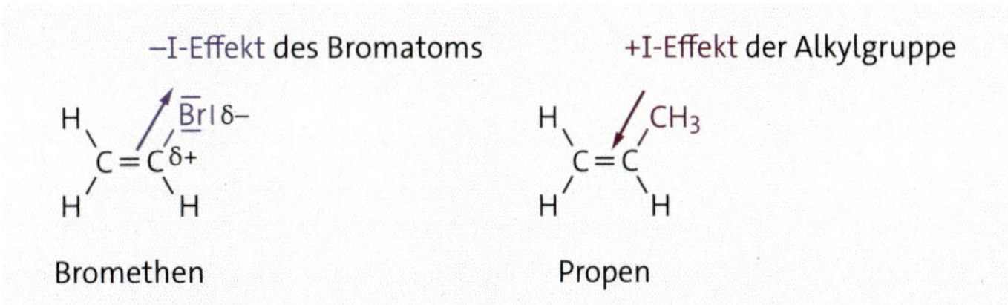

04 Induktive Effekte

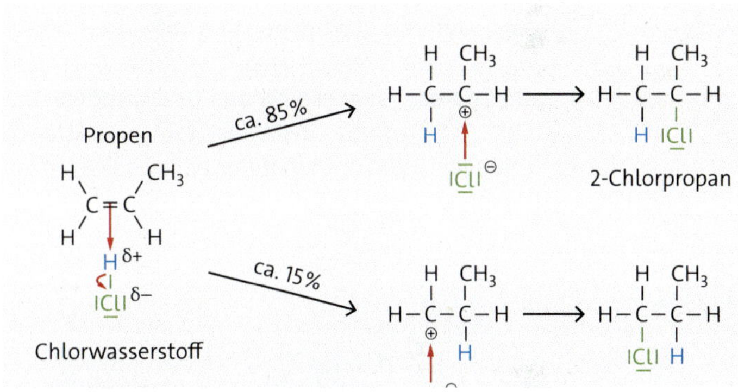

05 Elektrophile Addition von Chlorwasserstoff an Propen (Regel von Markownikow)

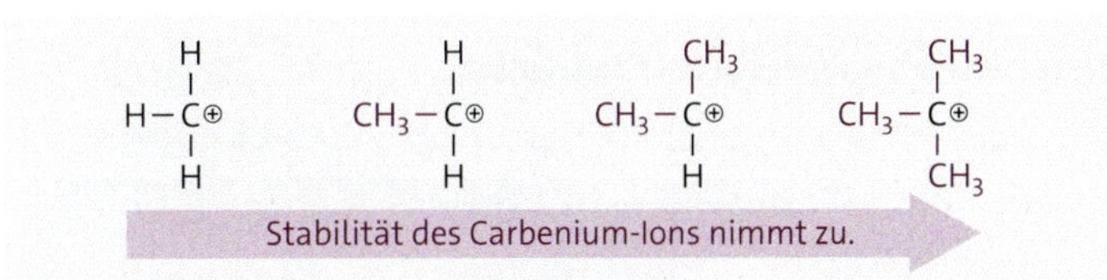

06 Energetische Stabilität von Carbenium-Ionen

1› Definieren Sie den Begriff elektrophil. Nennen Sie drei Beispiele für elektrophile Teilchen.

2› **a** Interpretieren Sie das Energiediagramm (↑ **02**) der elektrophilen Addition von Brom an Ethen.
b Bei der Addition von Brom an Ethen unter Verwendung von Bromwasser entsteht auch 2-Bromethanol. Begründen Sie die Entstehung des Nebenprodukts.
c Mit einer Säure als Katalysator lässt sich auch Wasser addieren. Formulieren Sie den Reaktionsmechanismus. Begründen Sie, dass im Experiment nur ein Reaktionsprodukt entsteht.

8.5 Esterbildung – Additions-Eliminierungs-Reaktion

Stoffklasse der Ester: ↑ S. 288 ff.

Experimente zur Veresterung: ↑ S. 295

Kondensation: Reaktion, bei der kleine Moleküle wie H_2O, NH_3 oder HCl abgespalten werden

Alkohole ↑ S. 266 ff.

Carbonsäuren ↑ S. 284 ff.

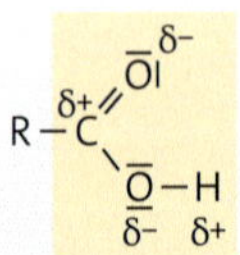

02 Polarität der Carboxygruppe

VERESTERUNG Carbonsäuren reagieren mit Alkoholen unter Abspaltung von Wasser zu **Carbonsäureestern**. Es handelt sich also um eine *Kondensation*. Dieser Vorgang wird **Esterbildung** oder **Veresterung** genannt. Bei der Rückreaktion, der **Esterspaltung**, findet eine *Hydrolyse* statt:

CARBOXYGRUPPE Für das Verständnis des genauen Ablaufs der Esterbildung ist die Struktur der funktionellen Gruppe des Reaktionspartners Carbonsäure bedeutsam. Carbonsäuremoleküle besitzen eine polare Carboxygruppe. Durch die beiden stark elektronegativen Sauerstoffatome ist das zentrale Kohlenstoffatom der Carboxygruppe positiv polarisiert. Es trägt eine positive Teilladung, während die beiden Sauerstoffatome negative Teilladungen tragen (↑ 02). Das positiv polarisierte Kohlenstoffatom bildet ein elektrophiles Zentrum. Hier können nucleopile Teilchen, die negativ geladen sind oder freie Elektronenpaare aufweisen, bevorzugt angreifen. An den negativ polarisierten Sauerstoffatomen hingegen können bevorzugt elektrophile Teilchen mit einem Mangel an Elektronen angreifen. Die Sauerstoffatome bilden daher ein nucleophiles Zentrum.

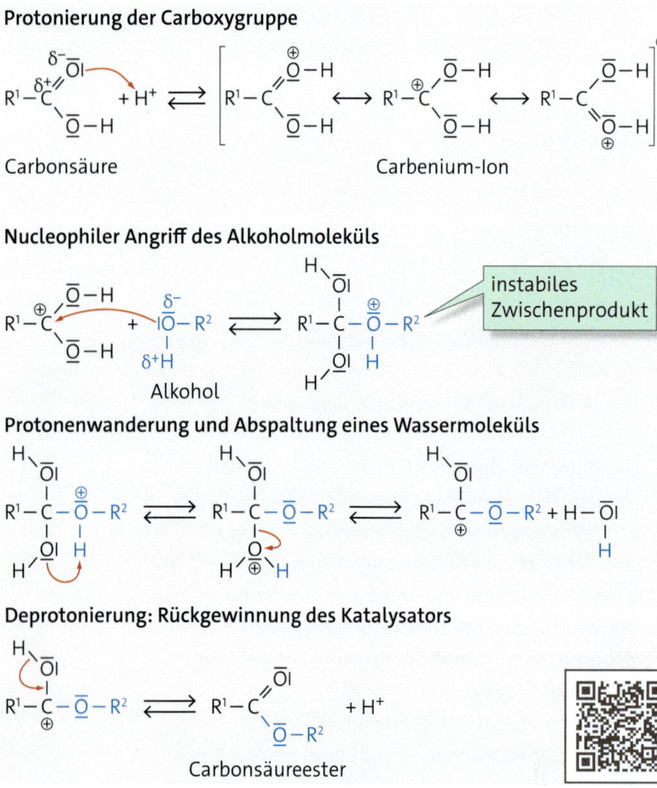

03 Mechanismus der säurekatalysierten Veresterung (Esterbildung)

SÄUREKATALYSIERTE VERESTERUNG Die Esterbildung ist eine Gleichgewichtsreaktion, d. h., alle Reaktionsschritte sind reversibel. Die Reaktionsgeschwindigkeit der Reaktion von Carbonsäuren mit Alkoholen wäre ohne die Verwendung eines Katalysators zu gering. Als Katalysator wirken Protonen, die dem Reaktionsansatz z. B. durch Schwefelsäure zugeführt werden. Man spricht deshalb auch von einer **säurekatalysierten Veresterung**. Sie verläuft nach folgendem Reaktionsmechanismus (↑ 03):

Zunächst erfolgt die Anlagerung eines Protons. Durch die Anlagerung des Protons an ein freies Elektronenpaar des Sauerstoffatoms der Carboxygruppe entsteht ein Carbenium-Ion, das mesomeriestabilisiert ist. Es lassen sich drei unterschiedliche mesomere Grenzstrukturen formulieren. Das Carbenium-Ion ist symmetrisch gebaut und weist gleich lange C–O-Bindungen auf, deren Länge zwischen denen einer Einfach- und einer Doppelbindung liegt.

Dann lagert sich das partiell negativ geladene, nucleophile Sauerstoffatom der Hydroxygruppe des Alkoholmoleküls an das Carbenium-Ion an. Dabei handelt es sich formal um die *Addition* eines nucleophilen Teilchens an das positiv polarisierte Kohlenstoffatom. Dadurch entsteht ein positiv geladenes instabiles Zwischenprodukt mit der positiven Ladung an einem elektronegativen Sauerstoffatom.

Schließlich findet eine *Eliminierung* statt. Durch Abspaltung eines Wassermoleküls und eines Protons wird das instabile Zwischenprodukt mit der Bildung einer energetisch günstigen C=O-Doppelbindung schließlich stabilisiert. Da bei diesem Mechanismus eine Additionsreaktion und eine Eliminierungsreaktion gekoppelt sind, spricht man von einer **Additions-Eliminierungs-Reaktion**.

Im großtechnischen Bereich ist es Ziel, die Ausbeute dieser Gleichgewichtsreaktion zu erhöhen. Daher verschiebt man die Lage des Gleichgewichts auf die Seite der Produkte. Hierzu gibt man häufig des Alkohol im Überschuss hinzu oder man ent-fernt das Wassers, das bei der Reaktion als Ne-benprodukt gebildet wird.

Die säurekatalysierte Veresterung ist eine mehrschrittige Gleichgewichtsreaktion. Die bedeutsamsten Schritte sind die Addition des Alkohol-Moleküls an das Carbonsäure-Molekül und die Eliminierung des Wasser-Moleküls.

ESTERSPALTUNG Die Esterspaltung mit Wasser kann sowohl im sau-ren als auch im alkalischen Medium stattfinden.
In saurer Lösung findet die Esterspaltung durch saure Hydrolyse statt. Die Hydrolyse stellt die Umkehrung der säurekatalysierten Veresterung dar. Es stellt sich ein Gleichgewicht ein, das entsprechend des Prinzips von LE CHATELIER beeinflusst werden kann.
Dagegen werden Ester in alkalischen Lösungen durch alkalische Hydrolyse gespalten (↑ 04). Man spricht von einer alkalischen Verseifung. Hierbei handelt es sich um eine Substitution des Alkoholat-Restes durch ein Hydroxidion (OH^-). Diese sind keine Katalysatoren, sondern Reaktionspartner. Anders als die Alkoholmoleküle ist für den Angriff an die Esterbindung keine Polarisierung der Carbonylgruppe notwendig, da Hydroxidionen stark polar sind. Als Reaktionsprodukte entstehen ein Carboxylat-Ion und ein Alkoholmolekül. Der letzte Schritt ist irreversibel, weshalb die alkalische Esterspaltung vollständig verläuft.

Bei der Esterspaltung in alkalischen Lösungen werden die Hydroxidionen verbraucht. Es bilden sich nicht die Säuren, sondern deren Salze. Die Anionen sind wegen der negativen Ladung des Säurerestes nicht in der Lage, erneut Ester zu bilden. Deshalb liegt bei der alkalischen Verseifung kein chemisches Gleichgewicht vor.

Animation: alkalische Esterspaltung)

Die alkalische Esterspaltung (alkalische Verseifung) läuft vollständig ab. Es handelt sich um eine irreversible Reaktion. Bei der sauren Hydrolyse stellt sich dagegen immer ein Gleichgewicht ein

1 › Formulieren Sie den Reaktionsmechanismus für die Bildung eines Esters aus Propansäure und Ethanol.

2 › Formulieren Sie die Reaktionsgleichung in Strukturformeln für die alkalische Hydrolyse von Butansäureethylester.

3 › Stellen Sie eine Reaktionsgleichung für die Reaktion von Phosphorsäure mit zwei Molekülen Methanol in Strukturformeln auf.

P Veresterung

EXP 8.06 Herstellung und Spaltung von Carbonsäureestern

Materialien 4 Reagenzgläser, Reagenzglasklammer, Reagenzglasständer, Spatel, Messpipetten, Pipettierhilfe, Heizplatte, Becherglas (400 ml), 4 Bechergläser (100 ml), 4 Erlenmeyerkolben (100 ml) mit passendem Stopfen, konz. Schwefelsäure (w = 96 %; 5), Ethanol (2, 7), Propan-1-ol (2, 5, 7) Pentan-1-ol (2, 7), Methansäure (2, 6, 5), Ethansäure (2, 5), Propansäure (5, 7), Benzoesäure (5, 8), Natronlauge (w=10%; 5)

Durchführung Stellen Sie folgende Ester her: Methansäureethylester, Ethansäurepropylester, Propansäurepentylester, und Benzoesäureethylester. Gehen Sie wie folgt vor:

1. Befüllen Sie vier Reagenzgläser etwa 1 cm hoch mit dem entsprechenden Alkohol und beschriften Sie diese.
2. Geben Sie nun ebenfalls etwa 1 cm hoch die entsprechende Säure zu dem Alkohol in das Reagenzglas.
3. Lassen Sie sich von Ihrer Lehrkraft jeweils 1 Tropfen konz. Schwefelsäure zugeben.
4. Stellen Sie die Gemische für 5 min in das Wasserbad.
5. Gießen Sie dann etwa die Hälfte des Inhalts von Reagenzglas A in das mit Wasser gefüllte Becherglas A.
6. Verfahren Sie mit Ansatz B – D ebenso.
7. Führen Sie anschließend die Geruchsprobe durch.
8. Befüllen Sie die Erlenmeyerkolben jeweils mit 50 mL Natronlauge.
9. Geben Sie dazu in jeden Kolben die zweite Hälfte Ihres jeweiligen Carbonsäureesters.
10. Verschließen Sie die Erlenmeyerkolben mit dem Stopfen und schütteln Siekräftig.
11. Führen Sie anschließend die Geruchsprobe durch.

Entsorgung: Geben Sie die Reste in den Behälter für halogenfreie organische Abfälle.

Auswertung:

1 › Beschreiben und deuten Sie Ihre Beobachtungen.

2 › Formulieren Sie die Reaktionsgleichungen zur Bildung der vier Ester unter Verwendung von Strukturformeln.

3 › Entwickeln Sie für die Bildung des Benzoesäureethylesters den Reaktionsmechanismus unter Verwendung von Strukturformeln.

4 › Formulieren Sie die Reaktionsgleichungen für die alkalische Verseifung der vier Ester und erläutern Sie, weshalb man In diesem Zusammenhang von einer alkalischen Verseifung spricht.

5 › Nehmen Sie begründet Stellung zu der Frage, ob die alkalische Verseifung als Nachweis für Ester verwendet werden kann.

6 › Entwickeln Sie für die Spaltung des Propansäurepentylesters den Reaktionsmechanismus unter Verwendung von Strukturformeln. Erläutern Sie jeden Reaktionsschritt ausführlich.

8.6 Optimierung der Estersynthese

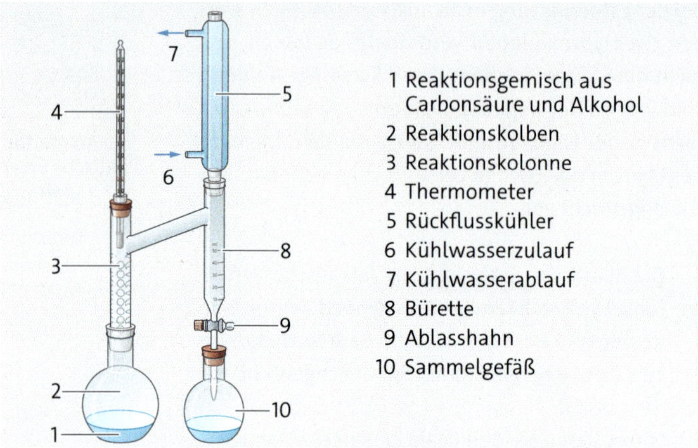

01 Versuchsaufbau: Wasserabscheidung bei der Estersynthese

Ausbeute: *die erhaltene Menge eines Reaktionsprodukts im Verhältnis zu den Mengen der eingesetzten Edukte*

ESTERSYNTHESE – EINE GLEICHGEWICHTSREAKTION Die Synthese eines Esters aus einer Carbonsäure und einem Alkanol verläuft auch unter Säurekatalyse nie vollständig. Es bildet sich wie bei fast allen chemischen Reaktionen ein dynamisches Gleichgewicht aus, in dem die Edukte und Produkte in einer spezifischen Konzentration vorliegen, die durch die Gleichgewichtskonstante K_C des Massenwirkungsgesetzes bestimmt werden.

P **EXP 8.07**

2 7

Estersynthese mit Wasserabscheidung

Materialien 2 Rundkolben (250 ml, 100 ml), Reaktionskolonne zur Wasserabscheidung, Rückflusskühler mit Schläuchen, Magnetrührer und Rührkern, Heizpilz, Thermometer, Waage, Pipette (10 ml, 5 ml), Ethanol (2, 7), Natriumbutyrat (7), Kationentauscher (stark sauer)

Durchführung

a) Bauen Sie die Apparatur gemäß Bild ↑ **01** auf. Geben Sie 10 ml Ethanol (2, 7), 1 g Natriumbutyrat (7) und 3 g Kationentauscher sowie einen Rührkern in den Rundkolben. Erhitzen Sie das Reaktionsgemisch stark und rühren Sie unter Rückfluss für etwa 10 min. Lassen Sie die sich ggf. bildenende untere Phase der sich absetzenden Flüssigkeit in der Bürette ab.

b) Führen Sie den Versuch analog durch, jedoch ohne die Reaktionskolonne zur Wasserabscheidung.
Gießen Sie nach dem Abkühlen jeweils den Kolbeninhalt in ein halb mit Wasser gefülltes Becherglas.
Entsorgung: Reste in Behälter für organische Abfälle geben.

Auswertung

1) Notieren Sie Ihre Beobachtungen und deuten Sie diese.
2) Entwickeln Sie die Reaktionsgleichungen.
3) Erläutern Sie die Vorteile bei der Durchführung der Estersynthese nach Ansatz **a**.

Carbonsäure + Alkanol ⟶ Ester + Wasser

$$K_C = \frac{c(\text{Ester}) \cdot c(\text{Wasser})}{c(\text{Carbonsäure}) \cdot c(\text{Alkanol})}$$

Oft ist es von Interesse, eines der Reaktionsprodukte wie in diesem Beispiel den Ester in möglichst hoher *Ausbeute* zu gewinnen. Allerdings ist es nicht möglich, nur für *einen der Reaktionspartner* im Gleichgewicht die Konzentration zu verändern. Denn wenn der Wert des Konzentrationsquotienten von K_C abweicht, verlaufen Hin- und Rückreaktion im Gleichgewicht nicht gleich schnell. Das Gleichgewicht muss sich neu einstellen, indem sich die Konzentrationen von Edukten und Produkten durch entsprechende Reaktionen solange verändern, bis wieder der Gleichgewichtszustand erreicht ist.

STEIGERUNG DER AUSBEUTE DURCH STÖRUNG DES GLEICHGEWICHTS Das **Prinzip von Le Chatelier** beschreibt wie ein dynamisches Gleichgewicht auf eine Störung reagiert. Danach gilt:
Übt man auf ein im dynamischen Gleichgewicht befindliches System durch Änderung von Druck, Temperatur oder Konzentration einen Zwang aus, dann verschiebt sich das chemische Gleichgewicht so, dass dieser Zwang verkleinert wird.
Soll die Ausbeute an Ester erhöht werden, muss dessen Konzentration im Gleichgewicht erhöht werden. Stellschrauben sind nach dem Prinzip von LE CHATELIER die Konzentrationen der beteiligten Stoffe, der Druck und die Temperatur.

STÖRUNG DES GLEICHGEWICHTS DURCH KONZENTRATIONSÄNDERUNG Oft werden Edukte wie hier bei der Estersynthese Carbonsäure und Alkanol im stöchiometrischen Verhältnis von 1 : 1 eingesetzt. Wird jedoch die Konzentration *eines der beiden Edukte* signifikant erhöht, so wird der Nenner des Konzentrationsquotienten größer. Folglich muss mehr Ester und Wasser gebildet werden, um das Gleichgewicht einzustellen. Im Reaktionsgemisch verbleibt jedoch das überschüssige Edukt, das entweder nach der Abtrennung entsorgt werden muss oder wiederaufbereitet erneut zur Synthese eingesetzt werden kann. Dieses Vorgehen ist dann wirtschaftlich sinnvoll, wenn das Edukt preiswert ist und zudem leicht abgetrennt werden kann.
Ein anderer Weg ist die Störung der Produktkonzentrationen. Da der gebildete Ester weitgehend unpolar und daher nicht mit Wasser mischbar ist, kann das gebildete Wasser in einer Apparatur entsprechend Bild ↑ **01** aus dem Reaktionsgemisch entfernt

werden (↑ Exp. 6.08). Da damit die Konzentration des Produkts Wasser sinkt, muss dieses nachgebildet werden, um das Gleichgewicht wieder einzustellen. Dabei entsteht gleichzeitig Ester, sodass die Konzentration des Esters ansteigt. Wenn das Wasser kontinuierlich abgeschieden wird, können die eingesetzten Edukte fast vollständig umgesetzt werden.

STÖRUNG DES GLEICHGEWICHTS DURCH ÄNDERUNG DES DRUCKS ODER DER TEMPERATUR Da bei einer Estersynthese üblicherweise Edukt und Produkt bei den Reaktionsbedingungen flüssig sind, wirkt sich eine Änderung des *Drucks* anders als bei Gasen praktisch nicht aus. Durch eine Erhöhung der *Temperatur* kann ein Gleichgewicht in Richtung der endothermen Reaktion verschoben werden, durch Erniedrigung der Temperatur in die der exothermen Reaktion. Veresterungen verlaufen meist nur schwach exotherm. Daher hätte eine Temperaturerniedrigung nur einen geringen Einfluss. Zudem würde sich das Gleichgewicht langsamer einstellen, weil die Reaktionsgeschwindigkeit temperaturabhängig ist. Daher spielen Druck- und Temperaturänderungen bei der Estersynthese kaum eine Rolle.

Prinzip von Le Chatelier: ↑ *S.113*

WEITERE TECHNISCHE SYNTHESEN **Ammoniak** wird industriell im Haber-Bosch-Verfahren aus elementarem Stickstoff und Wasserstoff synthetisiert.

$N_2(g) + 3\,H_2(g) \rightleftarrows 2\,NH_3(g) \qquad \Delta H = -92{,}3\ kJ$

Das Diagramm ↑ **02** zeigt die Abhängigkeit des Volumenanteils an Ammoniak von Druck und Temperatur im Gleichgewicht. Man erkennt, dass eine Temperatur von 200 °C und ein Druck von 100 MPa zu einer optimalen Ausbeute führt. Allerdings ist Stickstoff reaktionsträge, sodass bei niedriger Temperatur die Reaktion nur sehr langsam abläuft. Andererseits stellt ein Druck von 100 MPa enorme Anforderungen an die Materialstabilität der Reaktorwände. Noch heute wird Ammoniak nach dem 1909 von FRITZ HABER entwickelten und 1913 von CARL BOSCH großtechnisch realisierten Haber-Bosch-Verfahren bei mittleren Drücken (20 MPa) und Temperaturen von etwa 450 °C durchgeführt.

Methanol wird industriell aus *Synthesegas*, einem Gemisch aus Kohlenstoffmonooxid (CO) und Wasserstoff (H_2) dem Kohlenstoffdioxid zugesetzt wird, und unter Verwendung geeigneter Katalysatoren gewonnen:

$CO(g) + 2\,H_2(g) \rightleftarrows CH_3OH(g) \qquad \Delta H = -90{,}8\ kJ$

$CO_2(g) + 3\,H_2(g) \rightleftarrows CH_3OH(g) + H_2O(g) \quad \Delta H = -49{,}6\ kJ$

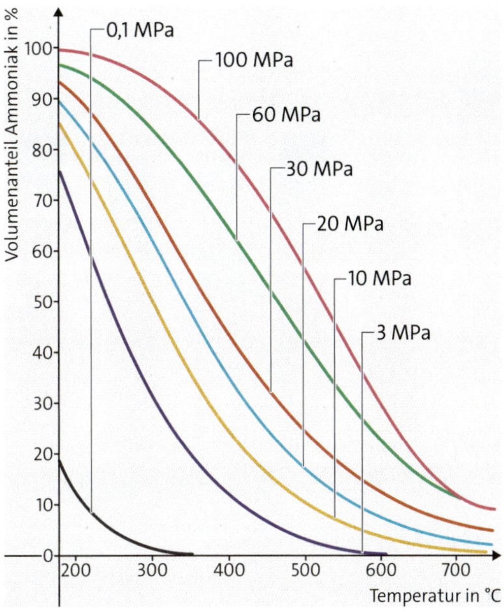

02 Abhängigkeit des Volumenanteils an Ammoniak von Druck und Temperatur

Die erste großtechnische Synthese wurde 1923 von der BASF bei einem Druck von 30 bis 35 MPa und einer Temperatur von 380 °C durchgeführt. Moderne Verfahren arbeiten mit Drücken von 5 bis 25 MPa und Temperaturen von 220 bis 350 °C, die durch Wärmeaustauscher erzeugt werden. Je nach Temperatur und Druck entstehen durch Kontakt mit dem Katalysator (Kupfer-, Aluminium- oder Zinkoxide) zwischen 20 und 50 % Methanol. Durch Abkühlen des Reaktionsgemischs kondensiert das Methanol. Nicht umgesetzte Rohstoffe werden in den Kreislauf zurückgeführt. Schließlich wird das Methanol durch Destillation gereinigt.
Aufgrund der Volumenreduktion während der Synthese führt nach dem Prinzip von LE CHATELIER der hohe Druck zur Erhöhung der Produktkonzentration. Da die Rektion exotherm verläuft wird die Temperatur möglichst niedrig gehalten und die Reaktionswärme über die Wärmetauscher abgeführt

1〉 Erklären Sie, dass bei einer Veresterung, die von 2 mol Ethanol und 1 mol Ethansäure ausgeht, mehr Ester bildet als bei der Verwendung von nur 1 mol Ethanol.

2〉 Erklären Sie, dass in der Methanolsynthese Reaktionswärme durch Wärmetauscher abgeführt wird.

3〉 Diskutieren Sie, wie man bei der Methanolsyntese einen annähernd 100%igen Umsatz des Synthesegases erreichen kann.

8.7 Synthese von Biodiesel durch Umesterung

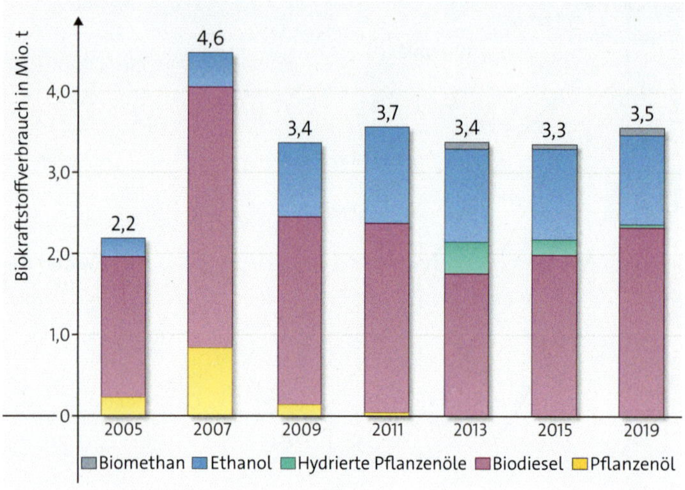

01 Biokraftstoffverbrauch in Deutschland

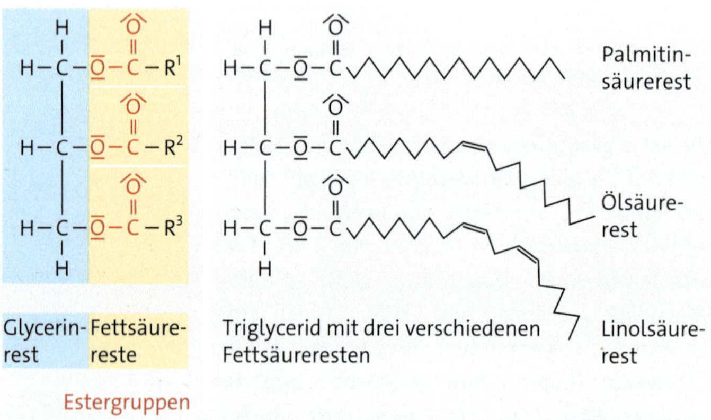

02 A Allgemeiner Bau eines Fettmoleküls, **B** Beispiel eines Fettmoleküls

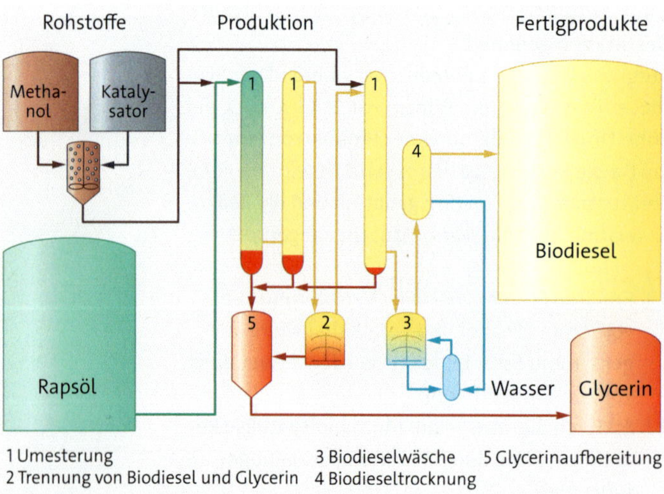

03 Herstellung von Biodiesel

TREIBSTOFF AUS PFLANZENÖL Chemische Energie ist nicht nur in fossilen Energieträgern, sondern auch in den von Pflanzen produzierten Kohlenstoffverbindungen gespeichert. Land- oder forstwirtschaftlich erzeugte Produkte wie Holz, Raps, Weizen oder Zuckerrohr gelten als nachwachsende Rohstoffe, wenn sie zur Energiegewinnung oder zur Herstellung alternativer Treibstoffe genutzt werden statt für Ernährungs- oder Fütterungszwecke. Ein hochwertiger Energieträger ist z. B. Rapsöl, das aus Rapssamen gewonnen wird. Neben Speiseöl und Margarine kann aus Rapsöl auch Biodiesel erzeugt werden.

Biodiesel kann grundsätzlich in allen herkömmlichen Dieselmotoren eingesetzt werden. Er ist der in Deutschland bekannteste Biokraftstoff. Reiner Biodiesel ist an deutschen Tankstellen aufgrund der hohen Besteuerung nahezu verschwunden.
Gegenwärtig wird Biodiesel aber bis zu 7 % dem herkömmlichen Diesel beigemischt. Das Symbol B7 kennzeichnet den Biodieselanteil an jeder Zapfsäule. Biodiesel wird daher vor allem über das Tankstellennetz in Verkehr gebracht. Nur noch einige wenige Fahrzeuge in Deutschland nutzen Biodiesel als Reinkraftstoff (Kennzeichnung: B100).

HERSTELLUNG VON BIODIESEL Zunächst wird aus den Rapssamen, die von den Rapspflanzen geerntet werden, das Rapsöl gewonnen. Hierzu werden die ölreichen Samen gepresst und der noch ölhaltige gepresste Raps mit Hexan extrahiert.

Pflanzenöle wie das Rapsöl gehören zu den *Fetten*. Sie sind Ester des dreiwertigen Alkohols Glycerin (Propan-1,2,3-triol) mit meist drei langkettigen Carbonsäuren, die als Fettsäuren bezeichnet werden (↑ **02**). Mit systematischem Namen heißen Fette auch *Triglyceride* (Triacylglycerine). In Fettmolekülen können drei gleiche Fettsäuremoleküle, aber auch verschiedenartige Fettsäuremoleküle gebunden sein (↑ **02**).

Aufgrund der zwischenmolekularen Wechselwirkungen haben Pflanzenöle bei Raumtemperatur eine viel höhere Viskosität, höhere Siedetemperaturen und höhere Flammpunkte als normaler Diesel. Rapsöl muss daher chemisch durch *Umesterung* verändert werden, damit der Treibstoff Biodiesel erzeugt wird, der für Dieselmotoren geeignet ist (↑ Exp. 8.08). Danach folgt die weitere Aufbereitung, bevor Biodiesel als Fertigprodukt in den Handel gelangt (↑ **03**).

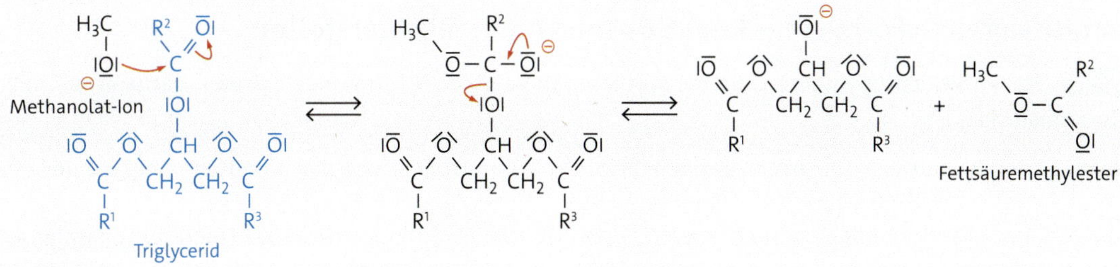

04 Die entscheidenden Reaktionsschritte bei einer (basenkatalysierten) Umesterung

PRINZIP DER UMESTERUNG Zunächst wird Rapsöl mit Methanol und Natriumhydroxid als Katalysator auf etwa 70 °C erwärmt. Dabei bilden sich Methanolat-Ionen CH_3O^-.

$CH_3OH + OH^- \longrightarrow CH_3O^- + H_2O$

Die Methanolat-Ionen sind Nucleophile und greifen die Carbonyl-Kohlenstoffatome in den Esterbindungen an (↑ 04). Die Reaktionsschritte, die in Bild ↑ 04 gezeigt werden, finden an allen drei Estergruppen statt. Das Triglycerid Rapsöl wird auf diese Weise in Glycerin und drei Fettsäuremethylestermoleküle gespalten. Die Fettsäuremethylester bilden den Biodiesel. Sie werden noch mehrmals mit Wasser gewaschen. Hierdurch werden verbliebenes Methanol und Glycerin entfernt. Dann wird der Rapsölmethylester durch Erhitzen getrocknet, wobei das restliche Wasser verdampft (↑ 03).

BIODIESEL UND UMWELT Bei der CO_2-Bilanz ist Biodiesel als regenerativer Kraftstoff gegenüber herkömmlichem Diesel als fossilem Kraftstoff deutlich im Vorteil. Der Rußanteil und damit die Feinstaubbelastung vermindern sich gegenüber Diesel etwa um die Hälfte. Biodiesel hat auch den Vorteil, schwefelfrei zu sein, sodass sich bei seiner Verbrennung kein Schwefeldioxid bildet.

Jedoch hat Biodiesel auch ökologische Nachteile. Für den vollständigen Ersatz von Diesel aus Erdöl wären riesige Mengen an Pflanzenmaterial nötig, für die auch Anbauflächen genutzt werden, die der Nahrungsmittelproduktion verloren gehen. Zudem ist seine Herstellung sehr energieaufwendig. Die Stickstoffemissionen fallen beim Biodiesel höher aus als beim fossilen Dieselkraftstoff. Weiterhin werden beim Anbau der Ölpflanzen für den Biokraftstoff große Mengen an Pflanzenschutz- und Düngemitteln eingesetzt, die den Boden und das Grundwasser belasten. Nachteilig ist auch, dass reiner Biodiesel manche Kunststoffe angreift, sodass Leitungen in Kraftfahrzeugen undicht werden können.

P EXP 8.08 L

2 5 6 8

Herstellung von Biodiesel

Durchführung 0,3 g Natriumhydroxid (5) werden in 100 ml Methanol (2, 6, 8) gelöst. 10 ml davon werden mit 5 ml Rapsöl versetzt und in ein großes Reagenzglas mit Rührfisch gefüllt. Dieses wird mit einem durchbohrten Stopfen mit Steigrohr verschlossen. Man erhitzt 5 min lang in einem Wasserbad bei etwa 75 °C auf einem Magnetrührer unter Rückfluss, bis die Emulsion klar wird. Ohne Abkühlen gießt man den Inhalt des Reagenzglases in ein weiteres, mit Wasser gefülltes und wartet bis zur Phasentrennung.

Entsorgung: Reste in den Behälter für halogenfreie organische Abfälle geben.

Auswertung Werten Sie das Experiment unter Bezug auf Bild ↑ 04 aus.

Triglyceride sind Fette, ↑S. 290 f.

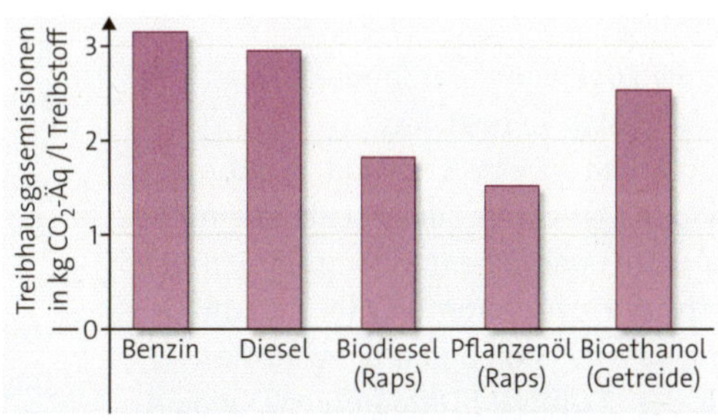

05 Treibhausgasemissionen in Kohlenstoffdioxidäquivalenten (kg CO_2-Äq) verschiedener Treibstoffe im Vergleich

1 › Beschreiben Sie die Entwicklung des Biokraftsoffverbrauchs in Deutschland (↑ 01).

2 › Erläutern Sie die Herstellung von Biodiesel anhand der Bilder ↑ 03 und ↑ 04.

3 › Werten Sie die in ↑ 05 dargestellten Zusammenhänge aus.

Methode

M Textaussagen in Form eines Reaktionsmechanismus darstellen

AUFGABE Stellen Sie den 2. Syntheseschritt der Synthese von Halothan in Form eines Reaktionsmechanismus mit Strukturformeln dar.

Halothan (2-Brom-2-chlor-1,1,1-trifluorethan) wird seit 1956 als Inhalationsanästhetikum eingesetzt. Halothan lässt sich aus 2-Chlor-1,1-Difluorethen synthetisieren. Dieses wird mit Bromfluorid umgesetzt. Der partiell positive Teil des Bromfluoridmo-leküls tritt zunächst in Wechselwirkung mit den π-Elektronen der Doppelbindung. Es entsteht der π-Komplex. Durch die noch stärkere Verschiebung der Elektronen der Bindung zwischen den beiden Atomen des Bromfluorids infolge der erhöhten Elektronendichte im Bereich der Doppelbindung kommt es zur heterolytischen Spaltung des Bromfluoridmoleküls und zum Austritt eines negativ geladenen Fluorid-Ions F^-. Aufgrund der Elektronegativität der beiden Fluoratome im 2-Chlor-1,1-Difluorethen ist das Kohlenstoffatom dort besonders stark positiviert. Es bildet sich ein positiv geladenes Carbeniumion aus. Nun erfolgt der nucleophile Rückseitenangriff des gebildeten Fluoridions. Als Produkt entsteht das Halothanmolekül.¬

Reaktionsmechanismen veranschaulichen die Bewegung der Elektronen während einer Reaktion. Der Elektronenfluss wird mit geschwungenen Pfeilen verdeutlicht. Die Pfeilspitze weist immer dorthin, wohin sich die Elektronen bewegen.

1. **Ermitteln Sie zunächst die Edukte und das Produkt für diesen Syntheseschritt und stellen Sie diese unter Verwendung von Strukturformeln dar:**
   Als Ausgangsstoffe werden 2-Chlor-1,1-Difluorethen und Bromfluorid eingesetzt. Das Endprodukt für diesen Syntheseschritt ist das 2-Brom-2-chlor-1,1,1-trifluorethan.
2. **Vergleichen Sie die Edukte und das Produkt. Ermitteln Sie, welcher Reaktionstyp vorliegt:**
   2-Chlor-1,1-Difluorethen ist eine Verbindung mit einer C=C-Doppelbindung. Das zweite Edukt ist ein Interhalogen aus einem Brom- und einem Fluoratom. Bei der Reaktion entsteht nur das 1-Brom-1-Chlor-2,2-trifluorethan. Man sieht, dass der Stoff Bromfluorid an die C=C-Doppelbindung des 2-Chlor-1,1-Difluorethens addiert worden ist. Hier liegt eine elektrophile Addition vor
3. **Ermitteln Sie, ob das Bromfluorid ein polares oder ein unpolares Teilchen ist:**
   Die Elektronegativität des Fluoratoms beträgt 4,0 und die Elektronegativität des Bromatoms beträgt 2,8. Die Bindungselektronen im Bromfluorid werden also stärker von dem Fluor- als von dem Bromatom angezogen. Das Fluoratom trägt daher eine negative und das Bromatom eine positive Partialladung. Diese werden über dem Molekül entsprechend angegeben. Die heterolytische Spaltung wird mit einer gepunkteten Linie gekennzeichnet.
4. **Zeichnen Sie das Zwischenprodukt:**
   Das Brom-Kation greift zuerst das Kohlenstoffatom mit dem gebundenen Chloratom an, da das Chloratom eine geringere Elektronegativität als Fluor besitzt (3,5). Das entstehende Carbeniumion wird mit den entsprechenden Reaktionspfeilen ausgehend von den Edukten gezeichnet.
5. **Kennzeichnen Sie die echten Ladungen, die im Verlauf der Reaktion entstehen:**
   Eine negative Ladung trägt das Fluoridion, da es 8 statt 7 Valenzelektronen trägt. Eine positive Ladung trägt das Kohlenstoffatom des Carbeniumions, an das die beiden Fluoratome gebunden sind. Formal besitzt es nur 3 statt vier Außenelektronen
6. **Stellen Sie mit geschwungenen Pfeilen die entsprechenden Elektronenbewegungen dar:**
   Da die Elektronen der Doppelbindung in Wechselwirkung mit dem positiv polarisierten Bromatom im Bromfluoridmolekül treten, wird ein geschwungener Pfeil ausgehend von der Doppelbindung mit der Pfeilspitze zum positiv polarisierten Bromatom im Bromfluoridmolekül gezeichnet. Ebenso wird im zweiten Reaktionsschritt ein geschwungener Pfeil ausgehend von einem freien Elektronenpaar des Fluoridions zu dem Kohlenstoffatom gezeichnet, das die echte positive Ladung trägt.

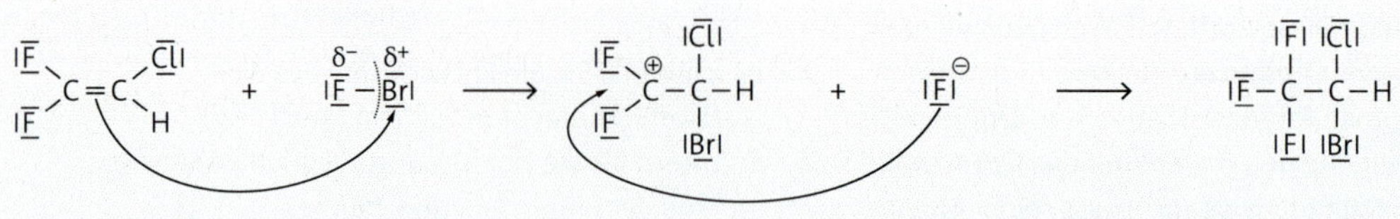

2-Chlor-1,1-Difluorethen   Bromflurorid   Carbeniumion   Fuoridion   1-Brom-1-Chlor-2,2-trifluorethan

8.8 Übersicht: Reaktionstypen und reaktive Teilchen

REAKTIONSTYPEN In der organischen Chemie werden Reaktionen häufig anhand der Veränderungen der reagierenden Teilchen eingeteilt. Auf diese Weise lassen sich drei wesentliche Reaktionstypen beschreiben:

- **Substitutionen** (Kurzzeichen **S**): Sie sind für gesättigte Verbindungen wie die Alkane typisch. Hierbei wird ein Atom oder eine Atomgruppe im Molekül des Ausgangsstoffs durch ein anderes Atom oder eine andere Atomgruppe ersetzt (substituiert).
- **Additionen** (Kurzzeichen **A**): Sie sind für ungesättigte Verbindungen wie die Alkene charakteristisch. Dabei werden Atome oder Atomgruppen an Moleküle mit mindestens einer Doppelbindung angelagert.
- **Eliminierung** (Kurzzeichen **E**): Sie führen durch Abspaltung von Atomen oder Atomgruppen zur Ausbildung von Mehrfachbindungen. So kann aus einem gesättigten Molekül ein ungesättigtes gebildet werden. Die Eliminierung ist die Umkehrreaktion der Addition.

REAKTIVE TEILCHEN Bei der Beschreibung von Reaktionen wird zwischen angreifenden und angegriffenen Teilchen unterschieden. Die meist kleineren angreifenden Teilchen tragen spezifische Namen und besitzen charakteristische Strukturmerkmale:

- **Radikale** sind Teilchen mit ungepaarten Elektronen. Sie werden gebildet, wenn Elektronenpaarbindungen symmetrisch gespalten werden (homolytische Spaltung).
- **Elektrophile** Teilchen sind Ionen oder Moleküle mit Elektronenmangel bzw. Elektronenlücken (Elektronenakzeptoren). Sie greifen den Reaktionspartner an Stellen hoher Elektronendichte, also im Bereich negativer Ladung oder Partialladung an.
- **Nucleophile** Teilchen sind negativ geladene Ionen oder Moleküle mit Elektronenüberschuss, z. B. freie Elektronenpaare (Elektronendonatoren). Sie greifen den Reaktionspartner an Stellen niedriger Elektronendichte, also im Bereich positiver Ladung oder Partialladung an.

REAKTIONSMECHANISMUS Während der Reaktionstyp nur die Unterschiede in den Molekülen der Ausgangsstoffe und der Reaktionsprodukte beschreibt, vermittelt der Reaktionsmechanismus detaillierte Vorstellungen über die Veränderungen der Teilchen im Verlauf der Reaktion. Chemische Reaktionen laufen meist in mehreren Teilschritten ab.

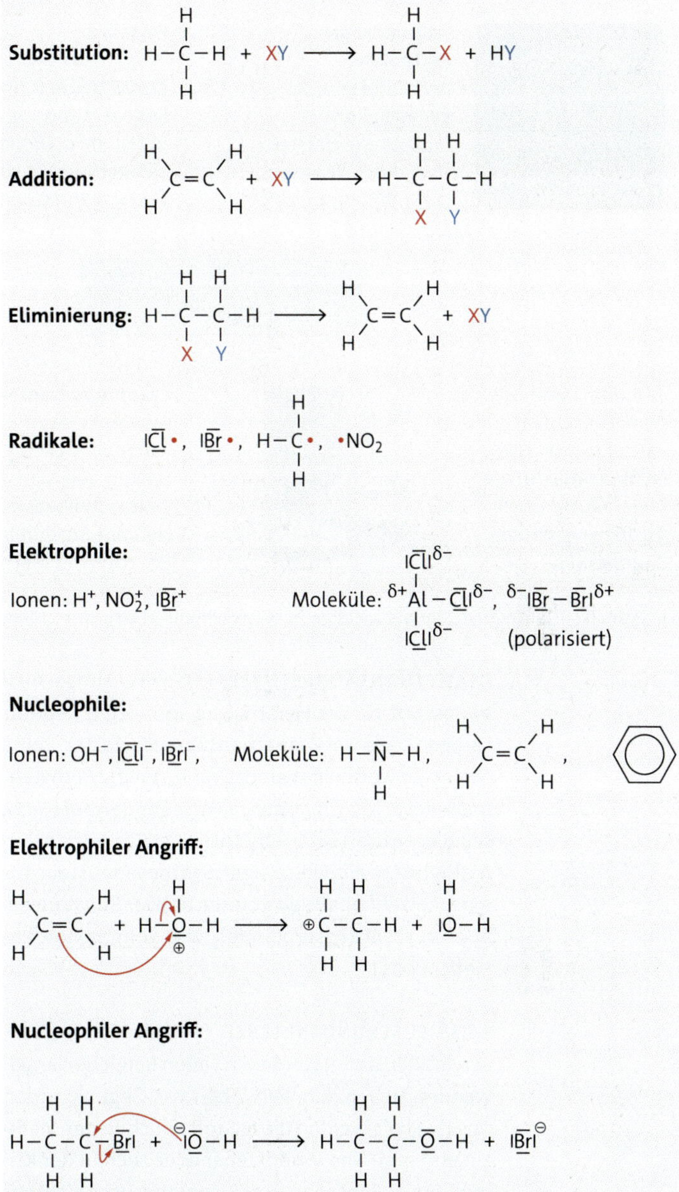

03 Übersicht über Reaktionstypen und reaktive Teilchen

Reaktionstyp	Vorgang
Halogenierung	Substitution von –H durch –X (X = Halogenatom)
Alkylierung	Substitution von –H durch –R (R = Alkylgruppe)
Dehydratisierung	Eliminierung von H_2O
Dehydrierung	Eliminierung von H_2
Decarboxylierung	Eliminierung von CO_2
Dehalogenierung	Eliminierung von HX

04 Spezielle Reaktionstypen

8.9 Planung von Synthesewegen – Retrosynthese

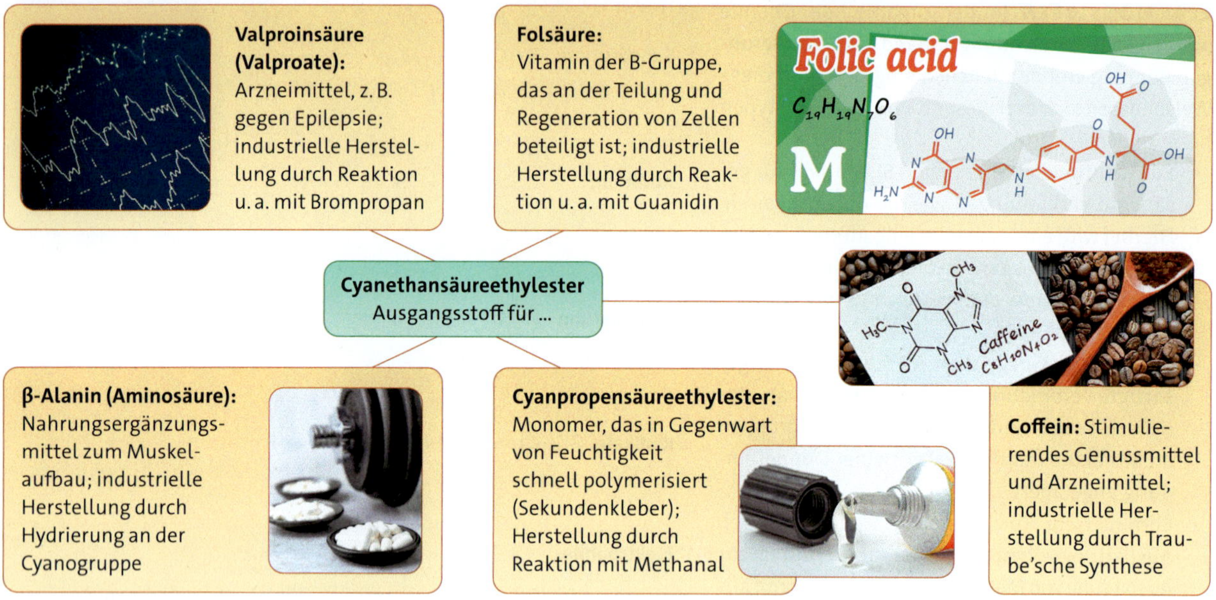

01 Cyanethansäureethylester als wichtige Ausgangschemikalie für verschiedene Anwendungen

CYANETHANSÄUREETHYLESTER Ein wichtiger Ausgangsstoff für die Herstellung von vielen bedeutsamen Stoffen ist **Cyanethansäureethylester**. Seine Moleküle weisen mit einer Cyano-, einer Methylen- und einer Estergruppe drei reaktive Zentren auf (↑ **03**). Mit diesen drei reaktiven Zentren ist Cyanethansäureethylester ein vielseitiger Synthesebaustein für eine Vielzahl pharmakologisch aktiver Substanzen, aber auch Alltagsprodukten wie dem Sekundenkleber (↑ **01**).

BEISPIEL SEKUNDENKLEBER Sekundenkleber (Cyanacrylatklebstoffe) werden in vielen Bereichen angewendet. Neben dem Verkleben von Gegenständen im Haushalt werden diese Stoffe auch in der Medizin als Haut- und Wundkleber oder auch in der Kriminalistik eingesetzt, um Fingerabdrücke sichtbar zu machen (↑ **02**). Sie enthalten oft **2-Cyan-2-propensäureethylester** (2-Cyanacrylsäureethylester), die als Monomere im Klebstoff enthalten sind und die durch eine **anionische Polymerisation** am Einsatzort zum eigentlichen Klebstoffpolymer reagieren.

Polymerisation ↑ S. 354 ff.

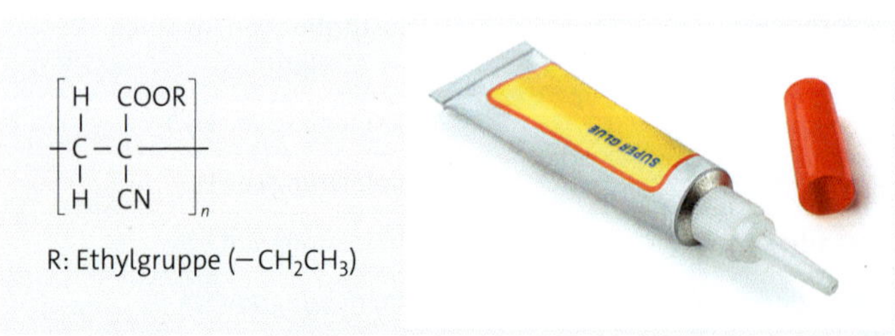

R: Ethylgruppe ($-CH_2CH_3$)

02 Strukturausschnitt des Polymers im ausgehärteten Sekundenkleber

Die Polymerisation, die zur Aushärtung des Sekundenklebers führt, wird in Gegenwart polarer Teilchen ausgelöst. Dies können z. B. Wassermoleküle oder OH^--Ionen in der Feuchtigkeitsschicht an der Oberfläche der zu verklebenden Flächen sein. Deshalb polymerisiert 2-Cyan-2-propensäureethylester bei Kontakt mit Feuchtigkeit sehr schnell und härtet in weniger als einer Minute aus. Als Ausgangsstoff für den Sekundenkleber dient Cyanethansäureethylester ($CH_2(CN)CO_2Et$), der mit Methanal (CH_2O) unter Abspaltung von Wasser zu 2-Cyan-2-propensäureethylester ($CH_2{=}C(CN)CO_2Et$) nach folgender, vereinfachter Reaktion umgesetzt wird:

$$CH_2(CN)CO_2Et + CH_2O \longrightarrow CH_2{=}C(CN)CO_2Et + H_2O$$

Et: Ethylgruppe $-CH_2CH_3$

VORÜBERLEGUNGEN ZUR SYNTHESE Cyanethansäureethylester kann auf unterschiedliche Weise hergestellt werden. Dabei ist es wichtig, die einzelnen Syntheseschritte sinnvoll miteinander zu kombinieren. Dafür muss zunächst ein geeigneter Ausgangsstoff bestimmt werden. Dies ist in der Regel eine Grundchemikalie, die preiswert ist und in großen Mengen zur Verfügung steht. Als Ausgangsstoff – auch für viele andere Synthesen – eignen sich kurzkettige *Alkene*, beispielsweise Ethen ($CH_2{=}CH_2$). Sie werden aus den Erdölfraktionen mit hohen Siedebereichen durch *Crackverfahren* hergestellt. Auch die Zahl der nachfolgenden Syntheseschritte sollte möglichst geringgehalten werden, damit die Synthese wirtschaftlich bleibt.

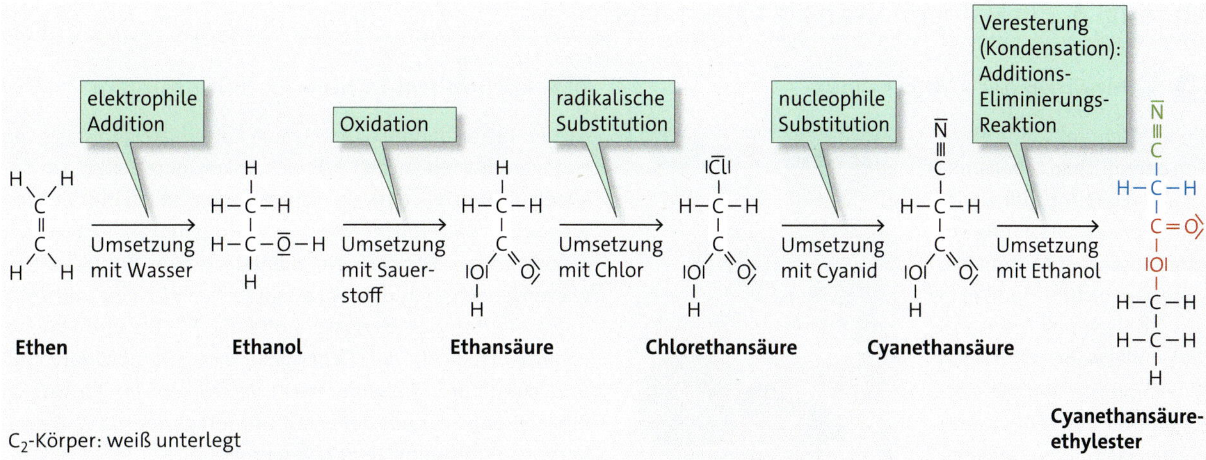

03 Fließschema eines möglichen Reaktionswegs zur Synthese von Cyanethansäureethylester

RETROSYNTHESE Oft geht man bei der Planung der Syntheseschritte von der Strukturformel des gewünschten Produkts aus. Aus der Betrachtung der Strukturformel kann man auf einen geeigneten Ausgangsstoff schließen. Man beginnt bei der Strukturformel des Produkts, zerlegt das Molekül fiktiv in einfachere Bausteine und arbeitet gedanklich rückwärts, um die Reaktionsschritte zu planen. Man spricht von einer **Retrosynthese**.

Schlüssel zur Lösung sind dabei die funktionellen Gruppen im Zielmolekül. Für die meisten funktionellen Gruppen gibt es einen oder mehrere geeignete Syntheseschritte, um diese in das Molekül einzuführen. Man erkennt am Molekül des Cyanethansäureethylesters, dass ein C_2-Körper, d. h. ein aus zwei C-Atomen bestehender Molekülteil, Startpunkt für die Synthese sein kann. An diesem C_2-Körper befinden sich eine Cyanogruppe –C≡N, eine Methylengruppe $–CH_2$, eine Estergruppe –COO– und ein Ethylrest $–CH_2–CH_3$ (↑ **03**).
Ausgangsstoff können daher Ethan oder Ethen sein, um den C_2-Körper zu bilden. Da Ethen aufgrund der im Molekül enthaltenen Doppelbindung reaktionsfreudiger ist, entscheidet man sich für Ethen als Ausgangsstoff.

Schrittfolge eines möglichen Reaktionswegs (↑ **03**):

- Ausgehend von Ethen wird durch Addition von Wasser Ethanol gebildet. Durch anschließende Oxidation entsteht Ethansäure. Das in dieser Darstellung oben stehende Kohlenstoffatom entspricht im Zielmolekül dem Kohlenstoffatom der Methylengruppe $–CH_2$. Alternativ kann Ethansäure auch durch Oxidation des Ethens zu Ethanal und erneute Oxidation gebildet werden.
- Im nächsten Schritt überlegt man, wie die Cyanogruppe –C≡N in das Molekül eingeführt werden kann. Eine Möglichkeit hierfür ist, zunächst ein Wasserstoffatom des Ethansäuremoleküls durch ein Chloratom zu substituieren. Dies geschieht durch radikalische Substitution, wobei eine neue C–C-Bindung geknüpft wird.
- Dann wird das Chloratom gegen eine Cyanogruppe durch nucleophile Substitution mit CN^--Ionen ausgetauscht. Es entsteht Cyanethansäure.
- Im letzten Schritt erfolgt die Veresterung durch eine Additions-Eliminierungs-Reaktion. Hierbei wird Cyanethansäure mit Ethanol zur Reaktion gebracht und damit die Estergruppe –COO– eingeführt. Unter Abspaltung eines Wassermoleküls entsteht das gewünschte Produkt Cyanethansäureethylester.

Der amerikanische Chemiker ELIAS J. COREY erhielt aufgrund seiner Arbeiten über Retrosynthesen 1990 den Nobelpreis für Chemie.

1 Erläutern Sie anhand der Strukturformel des Cyanethansäureethylestermoleküls, weshalb Ethen als Ausgangsstoff gewählt wird (↑ **03**).

2 Begründen Sie, weshalb die blau dargestellte CH_2-Gruppe im Cyanethansäureethylestermolekül ein Proton abspalten kann (↑ **03**).

3 Entwickeln Sie ausgehend von der Ethansäure die Reaktionsmechanismen zur Synthese des Cyanethansäureethylesters. Erläutern Sie dabei die einzelnen Reaktionsschritte (↑ **03**).

4 **a** Formulieren Sie für die Bildung von Ethanol ausgehend von Ethen und Wasser den entsprechenden Reaktionsmechanismus.
b Begründen Sie, weshalb diese Reaktion nur in saurem Medium durchgeführt werden kann.

5 Belegen Sie anhand von Oxidationszahlen, dass Ethansäure ein Oxidationsprodukt des Ethanols ist.

Klausurtraining

Material A Ein Halogenalkan als Kältemittel?

B1 Kühlprinzip des Kühlschranks

Ein Kühlschrank kühlt die in ihm befindlichen Lebensmittel. Das Funktionsprinzip ist jedoch anders, als häufig angenommen wird. Denn die Kälte wird nicht von außen in den Kühlschrank transportiert. Vielmehr wird den Lebensmitteln Wärme entzogen und durch ein Kältemittel nach außen abgeleitet. Der deutsche Ingenieur CARL VON LINDE entwickelte 1876 die erste Kältemaschine mit Propan als Kältemittel. Dabei stellte es sich als nachteilig heraus, dass schon geringste undichte Stellen im Kühlkreislauf zu einer Verpuffung des leichtentzündlichen Propans führen konnten.

A2 Kompressionssystem in einem Kühlschrank

Bei den heutigen modernen Kühlschränken beruht die kühlende Wirkung auf der Kompression des Kältemittels:

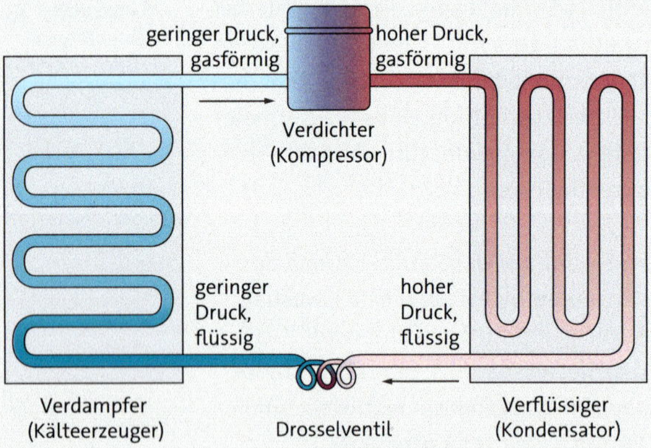

A2.1 Kältemittelkreislauf beim Kompressionssystem

A3 Interhalogenverbindungen

Interhalogenverbindungen (kurz: Interhalogene) sind Verbindungen zweier unterschiedlicher Halogene. Interhalogene sind sehr reaktionsfähig und werden vor allem zur gezielten Halogenierung ungesättigter organischer Verbindungen verwendet. Chlorfluorid (ClF) ist ein Beispiel für eine Interhalogenverbindung, die aus den Elementen Chlor und Fluor besteht. Das Chlorfluoridmolekül ist polar, Cl◄F. Wie die meisten Interhalogene ist Chlorfluorid daher sehr reaktiv.

B4 Kältemittel 1-Chlor-2,2-difluorpropan

Ab den 1930er Jahren wurden neue Kältemittel auf Basis von Halogenalkanen in den Kühlschränken eingesetzt. Sie besitzen den Vorteil, dass sie nicht brennbar sind. Eines der verwendeten Kältemittel war das Halogenalkan 1-Chlor-2,2-difluorpropan. Forschungsergebnisse in den 1980er Jahren wiesen jedoch nach, dass vor allem solche mit Chlor und Brom halogenierten Kohlenwasserstoffe, die FCKWs und Halone, verantwortlich für den Ozonabbau in der Atmosphäre sind und damit den Treibhauseffekt verstärken. Ihr Einsatz in Kühlschränken wurde daher auf Grundlage der FCKW-Halon-Verbots-Verordnung ab 1991 verboten.

A5 Isobutan als Kältemittel

Heute wird u. a. Isobutan (2-Methylpropan) als FCKW-freies Kältemittel in Kühlschränken und Klimaanlagen verwendet. Isobutan beeinflusst den Treibhauseffekt nur gering. In Europa hat es die zuvor als Kältemittel in Haushaltsgeräten verwendeten Kältemittel fast vollständig verdrängt.

Stoff	Siedetemperatur in °C
Propan	−42
1-Chlorpropan	+47
1-Chlor-2,2-difluorpropan	+88,7
n-Butan	−0,5
Isobutan (2-Methylpropan)	−11,7

A5.1 Siedetemperaturen von Alkanen und Halogenalkanen

AUFGABEN ZU A

1) Beschreiben Sie den Kältemittelkreislauf beim Kompressionssystem am Beispiel eines Kühlschranks (↑ A2).
2) Das Kältemittel 1-Chlor-2,2-difluorpropan lässt sich mit Chlorfluorid (↑ A3) aus 2-Fluorpropen herstellen.
   a Entwickeln Sie den Reaktionsmechanismus unter Verwendung von Strukturformeln für diese Reaktion.
   b Erstellen Sie ein Energiediagramm und erläutern Sie daran den Verlauf dieser Reaktion.
3) Vergleichen Sie die unterschiedlichen Siedetemperaturen bei den in ↑ A5 dargestellten Alkanen und Halogenalkanen und erklären Sie die Unterschiede.
4) Begründen Sie, warum 1-Chlor-2,2-difluorpropan – abgesehen von seiner schädlichen Wirkung auf die Ozonschicht – im Gegensatz zu Isobutan nicht in modernen Kompressorkühlschränken eingesetzt werden kann.

Material B Isobuten – ein bedeutender Grundstoff in der Industrie

B1 Technische Herstellung von Isobuten

Jährlich werden weltweit mehr als 1 Mio. Tonnen der Grundchemikalie Isobuten synthetisch hergestellt. Da sich Isobuten leicht polymerisieren lässt, dient es als Ausgangsstoff für verschiedene Kunststoffe. So kann beispielsweise aus Isobuten die Grundmasse von Kaugummis, Polyisobuten, produziert werden.

Ausgehend von Erdöl wird ein Gemisch aus vier verschiedenen Isomeren des Butens hergestellt. Da deren Siedetemperaturen sehr dicht beieinanderliegen, erfolgt die Abtrennung durch Reaktion mit Wasser. Schwefelsäure dient dabei als Katalysator. Die Reaktionsgeschwindigkeit von Isobuten mit Wasser ist etwa um den Faktor 100 im Vergleich zu den anderen Isomeren erhöht. Das Produkt, der Alkohol 2-Methylpropan-2-ol, wird anschließend durch Erhitzen wieder in Isobuten und Wasser gespalten. So erhält man reines Isobuten.

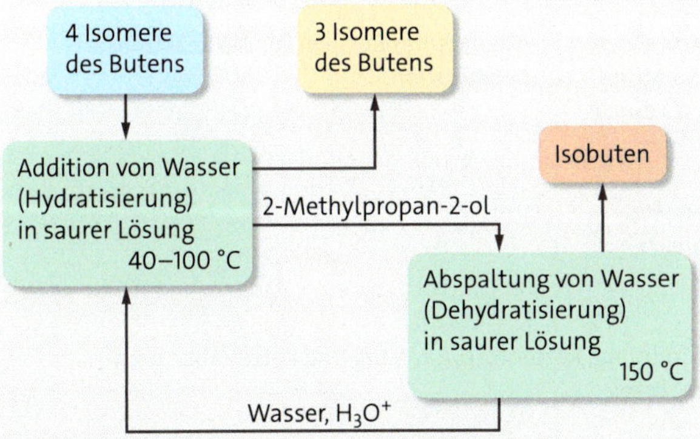

C1.1 Schema zur technischen Gewinnung von Isobuten

B2 Halbstrukturformeln

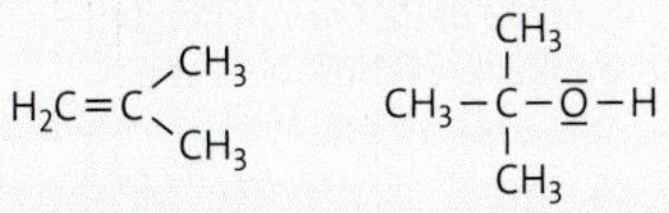

Isobuten | 2-Methylpropan-2-ol

B3 Schwefelsäure als Katalysator – Säurekatalyse

Die Reaktion von Isobuten mit Wasser zu 2-Methylpropan-2-ol ist eine Gleichgewichtsreaktion und erfolgt nur in Anwesenheit von Oxonium-Ionen H_3O^+, die sich durch die Zugabe von Schwefelsäure bilden.

Zunächst überträgt ein im Reaktionsgemisch enthaltenes Oxonium-Ion ein Proton auf die Doppelbindung des Isobutenmoleküls, sodass ein positiv geladenes Carbenium-Ion entsteht. Im nächsten Schritt reagiert ein Wassermolekül mit dem Carbenium-Ion, wobei ein protoniertes Alkoholmolekül gebildet wird. Im letzten Schritt findet zwischen dem protonierten Alkoholmolekül und einem weiteren Wassermolekül ein Protonenübergang statt, wodurch als Reaktionsprodukt ein Alkoholmolekül gebildet wird. Damit ist die Rückbildung des Oxonium-Ions abgeschlossen.

B4 Durchführungsbeschreibung eines Schülerversuchs zur Herstellung und Untersuchung von Isobuten

A) 20 ml 2-Methylpropan-2-ol und 0,5 ml konzentrierte Schwefelsäure werden in einem Erlenmeyerkolben auf der Heizplatte bis zum Sieden erhitzt. Das entstehende Gas wird über ein Glasrohr in einem Kolbenprober aufgefangen.

B) Ein Teil des entstandenen Gases wird auf seine Brennbarkeit überprüft.

C) Ein weiterer Teil des Gases wird über ein Glasrohr mit ausgezogener Spitze in 10 ml Bromwasser eingeleitet, das sich in einem Reagenzglas befindet.

AUFGABEN ZU B

1 › **a** Geben Sie den systematischen Namen nach IUPAC von Isobuten an (↑ **B2**).
b Ermitteln Sie die Strukturformeln der anderen drei Isomere des Butens sowie deren Namen nach IUPAC.

2 › **a** Beschreiben Sie die Gewinnung von Isobuten (↑ **B1**).
b Begründen Sie, warum sich nur 2-Methylpropan-2-ol bildet.

3 › **a** Formulieren Sie, ausgehend von Isobuten, den Mechanismus für die Bildung von 2-Methylpropan-2-ol (↑ **B3**).
b Nennen Sie den zugrunde liegenden Reaktionstyp.
c Begründen Sie, warum das Reaktionsprodukt 2-Methylpropan-1-ol kaum gebildet wird.

4 › **a** Erläutern Sie anhand eines Reaktionsmechanismus, wie sich aus 2-Methylpropan-2-ol mithilfe einer wässrigen sauren Lösung wieder Isobuten gewinnen lässt.
b Geben Sie den zugrunde liegenden Reaktionstyp an.

5 › Vergleichen Sie die technische Herstellung von Isobuten mit dem Schülerversuch (↑ **B4**, Teil A).

6 › Entwickeln Sie Hypothesen zu den auftretenden Beobachtungen bei den Schülerversuchen B und C. Begründen Sie.

Auf einen Blick

Reaktive Teilchen

Bei der Beschreibung von Reaktionen wird zwischen angreifenden und angegriffenen Teilchen unterschieden. Die meist kleineren angreifenden Teilchen tragen spezifische Namen und besitzen charakteristische Strukturmerkmale:

Radikale	Elektrophile	Nucleophile
Teilchen mit ungepaarten Elektronen; werden gebildet, wenn Elektronenpaarbindungen symmetrisch gespalten werden (homolytische Spaltung). *Beispiele:* Cl·, Br·, ·CH_3, ·NO_2	Ionen oder Moleküle mit Elektronenmangel bzw. Elektronenlücken (Elektronenakzeptoren); greifen den Reaktionspartner an Stellen hoher Elektronendichte, also im Bereich negativer Ladung oder Partialladung, an. *Beispiele:* H^+, NO_2^+, Br^+, $^{\delta-}Br{-}Br^{\delta+}$ (polarisiert)	Negativ geladene Ionen oder Moleküle mit Elektronenüberschuss, z. B. freie Elektronenpaare (Elektronendonatoren); greifen den Reaktionspartner an Stellen niedriger Elektronendichte, also im Bereich positiver Ladung oder Partialladung, an. *Beispiele:* OH^-, Cl^-, Br^-, 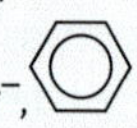, H_2O, NH_3

Reaktionsmechanismus

Modellhafte Vorstellung zum Verlauf einer chemischen Reaktion in verschiedenen Teilschritten

Retrosynthese

Eine Retrosynthese ist die Planung einer Synthese eines Stoffes, die von dem Zielmolekül rückwärts erfolgt, bis man Stoffe erreicht, die schon vorhanden sind oder möglichst einfach herzustellen sind. Aus der Betrachtung der Strukturformel des gewünschen Produkts kann man auf einen geeigneten Ausgangsstoff schließen. Man beginnt gedanklich bei der Strukturformel des Produkts, zerlegt das Molekül fiktiv in einfachere Bausteine und arbeitet gedanklich rückwärts, um die einzelnen Reaktionsschritte zu planen

Substitutionen (S)

Typisch für gesättigte Verbindungen wie Alkane; dabei wird ein Atom oder eine Atomgruppe im Molekül des Ausgangsstoffs durch ein anderes Atom oder eine andere Atomgruppe ersetzt (substituiert).
Die Substitution kann nach mehreren *Reaktionsmechanismen* verlaufen: radikalisch, nucleophil, elektrophil.

Allgemeines Beispiel für die Reaktionsart Substitution:

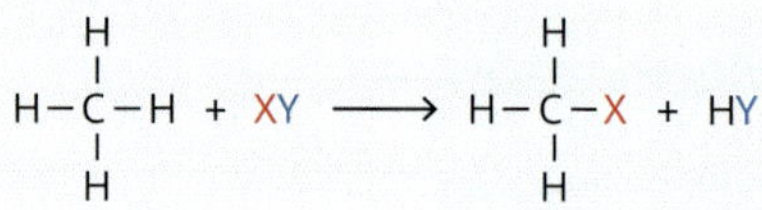

Radikalische Substitution (S_R)

Läuft als **Kettenreaktion** über Radikalbildung, Kettenfortpflanzung und Kettenabbruch ab
Häufige Reaktionsprodukte: **Halogenalkane**

Kondensationsreaktion

Kondensationsreaktion: Eine Kondensationsreaktion ist eine Substitutionsreaktion, bei der sich zwei Moleküle unter Abspaltung eines einfachen Moleküls (z.B. Wasser, Ammoniak, Kohlenstoffdioxid, Chlorwasserstoff, ...) miteinander verbinden.
Kondensationsreaktionen sind auch intramolekular möglich und verlaufen in den meisten Fällen leicht reversibel. Carbonsäuren reagieren mit Alkoholen unter Abspaltung von Wasser zu Carbonsäureestern. Dies ist ein Beispiel für eine Kondensation.Dieser spezielle Typ von Kondensationsreaktion wird Esterbildung oder Veresterung genannt. Bei der Rückreaktion, der Esterspaltung, findet eine Hydrolyse statt.

Nucleophile Substitution (S_N)

Ausgangsstoffe sind oft Halogenalkane.
Ein Nucleophil (Elektronenpaardonator) reagiert mit einem Molekül, das ein stark negativ polarisiertes Atom, z. B. ein Halogenatom, besitzt (Abgangsgruppe).
Häufige Reaktionsprodukte: Alkohole
Auch die umgekehrte Reaktion ist möglich, bei der durch nucleophile Substitution aus einem Alkohol ein Halogenalkan entsteht.

Allgemeiner Mechanismus:

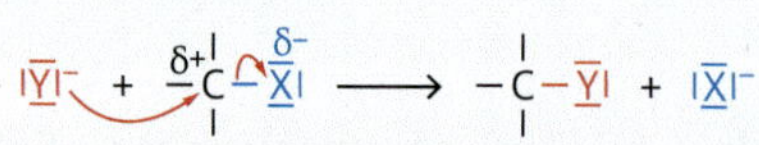

Nucleophile Substitution S_N1 und S_N2

Nach welchem Mechanismus die nucleophile Substitution abläuft, ist von der Struktur des Halogenalkans und dem Einfluss des Nucleophils abhängig.

	Anzahl der an der Reaktion beteiligten Teilchen	Abspaltung der Abgangsgruppe und Anlagerung des Nucleophils	Bindungsverhältnisse im Halogenalkan
S_N1	1 ⇨ monomolekular	nacheinander in zwei Schritten	tertiäres C-Atom
S_N2	2 ⇨ bimolekular	gleichzeitig in einem Schritt	primäres C-Atom

Addition (A)

Typisch für ungesättigte Verbindungen wie Alkene; dabei werden Atome oder Atomgruppen an Moleküle mit mindestens einer Doppelbindung angelagert.

Allgemeines Beispiel für die Reaktionsart Addition:

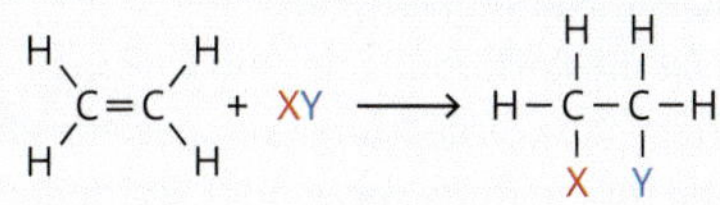

Elektrophile Addition (A_E)

Gemeinsames Merkmal elektrophiler Additionen ist, dass die Reaktion durch den Angriff eines elektrophilen Teilchens eingeleitet wird, z. B. einem Brommolekül Br–Br.
Sie verläuft über einen zweistufigen Mechanismus: Das Halogenmolekül tritt in Wechselwirkung mit der Doppelbindung des Alkens, das Halogenmolekül wird polarisiert und die Elektronenbindung heterolytisch gespalten (π-Komplex). Es entsteht ein kurzlebiges ringförmiges Kation (σ-Komplex). Im zweiten Schritt greift das Halogenid-Ion von der Rückseite am positivierten Kohlenstoffatom an, wodurch das gesättigte Produkt erhalten wird.

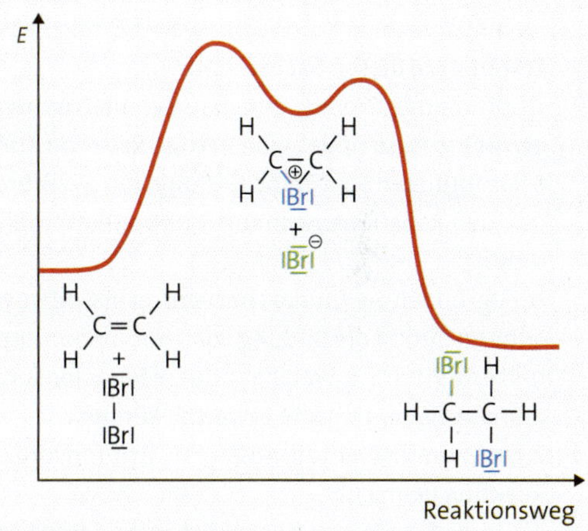

Eliminierung (E)

Typische Reaktion der Halogenalkane mit zwei oder mehr Kohlenstoffatomen im Molekül. Führt durch Abspaltung von Atomen oder Atomgruppen zur Ausbildung von Mehrfachbindungen. Die Eliminierung ist die Umkehrreaktion der Addition.

Beispiel für die Reaktionsart Eliminierung:

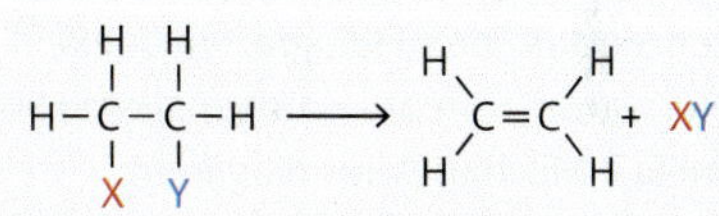

Mesomeres System

Moleküle oder Ionen mit einem System delokalisierter π-Elektronen, deren Struktur sich nicht durch herkömmliche Strukturformeln wiedergeben lässt. Stattdessen werden Grenzstrukturen angegeben, die den wahren Bindungszustand eingrenzen, aber nicht die Realität abbilden.
Eine Grenzstruktur ist umso stabiler,

- je weniger Formalladungen sie besitzt,
- je weiter gleichnamige Ladungen voneinander entfernt sind,
- je näher sich ungleichnamige Ladungen befinden,
- je größer die Zahl vergleichbarer Grenzstrukturen ist,
- je mehr die Formalladungen der Elektronegativität der Atome entsprechen.

Induktiver Effekt

Elektronischer Effekt, den ein Substituent aufgrund seiner Elektronegativität auf die Elektronenverteilung im Molekül ausübt

+I-Effekt: wird durch Substituenten verursacht, die die Elektronendichte an benachbarten Atomen oder Atomgruppen erhöhen	−I-Effekt: wird durch Substituenten verursacht, die die Elektronendichte an benachbarten Atomen oder Atomgruppen verringern
$-C(CH_3)_3 > -CH(CH_3)_2 > -C_2H_5 > -CH_3$	$-NO_2 > -F > -Cl > -Br > -I > -OH$

Übungsaufgaben

1 〉 Gasförmiges 3-Ethylpentan wird mit gasförmigem Brom unter Lichteinfluss in einem Standzylinder zur Reaktion gebracht. Hält man ein angefeuchtetes Indikatorpapier in den Standzylinder, so färbt es sich rot. Weiterhin lassen sich vier Hauptreaktionsprodukte nachweisen, von denen drei zueinander isomer sind.

a Formulieren Sie den Reaktionsmechanismus, der zu einem der drei isomeren Hauptprodukte führt.

b Geben Sie die Namen der drei isomeren Produkte nach der IUPAC-Nomenklatur an.

c Deuten Sie die Rotfärbung des Indikatorpapiers.

2 〉 Tetrachlormethan wurde früher als spezielles Reinigungsmittel für Kleidung verwendet. Besonders gut ließen sich damit Fettflecke aus der Kleidung entfernen, wohingegen man mit Wasser wenig Erfolg hatte. Erklären Sie diesen Sachverhalt.

3 〉 Tropft man zu Propen, einem unsymmetrischen Alken, etwas Brom, so findet eine heftige Reaktion statt.

a Formulieren Sie für die Bildung von 1,2-Dibrompropan den Reaktionsmechanismus der elektrophilen Addition.

b Begründen Sie für die Umsetzung in Gegenwart von Lithiumchlorid die Bildung von 1-Brom-2-chlorpropan und erläutern Sie, welches andere Reaktionsprodukt man formal noch hätte erwarten können.

4 〉 2-Iod-2-methylpentan wird mit Natriumhydroxid zur Reaktion gebracht.

a Geben Sie die Reaktionsgleichung an und benennen Sie das Reaktionsprodukt.

b Formulieren Sie den Reaktionsmechanismus.

c Skizzieren Sie das Energiediagramm der Reaktion.

5 〉 Erklären Sie, warum primäre Halogenalkane bevorzugt nach einem S_N2-Mechanismus reagieren.

6 〉 Ethanal wird in saurer Lösung mit Propan-1-ol im Überschuss zur Reaktion gebracht. Es findet eine Addition statt, bei der ein Nucleophil in zwei Reaktionsschritten angreift und Wasser abgespalten wird. Formulieren Sie den Reaktionsmechanismus in Strukturformeln.

7 〉 Butansäure reagiert in saurer Lösung mit Methanol.

a Geben Sie das Reaktionsprodukt an.

b Formulieren Sie den Reaktionsmechanismus in Strukturformeln.

c Das organische Reaktionsprodukt wird anschließend mit Kalilauge umgesetzt. Formulieren Sie die Reaktionsgleichung und nennen Sie die Reaktionsart.

8 〉 **a** Geben Sie die Edukte für die Herstellung der folgenden Ester an: Ethansäureethylester, Propansäureethylester, Ethansäurepropylester, Methansäurehexylester.

b Benennen Sie die Ester nach der IUPAC-Nomenklatur.

9 〉 Die durch Protonen katalysierte Esterbildung ist reversibel. Sie führt zum chemischen Gleichgewicht. Beschreiben Sie die Rückreaktion und benennen Sie die beteiligten Reaktionsmechanismen.

10 〉 Die Addition von Brom an Chlorethen erfolgt etwa 25-mal langsamer als die von Brom an Ethen. 1,2-Dichlorethen reagiert sehr langsam mit Brom und Tetrachlorethen praktisch überhaupt nicht mehr mit Brom. Erklären Sie diesen Sachverhalt.

11 〉 Stellen Sie die Reaktionsgleichungen für die Bildung von Ethanol und tert-Butanol durch säurekatalysierte Addition der entsprechenden Alkene auf.

12 〉 Erläutern Sie, weshalb bei der Reaktion von Ethen mit Bromwasser neben Dibromethan vorwiegend 2-Bromethanol entsteht.

13 〉 Stellen Sie für die Reaktion von 1-Brompropan mit Kalilauge die Reaktionsgleichung auf. Nennen und begründen Sie den bevorzugten S_N-Mechanismus.

14 〉 In alkalischer Lösung erfolgt eine quantitative Esterspaltung durch nucleophile Substitution. Der letzte Reaktionsschritt ist eine nicht reversible Protolyse. Formulieren Sie einen Reaktionsmechanismus.

15 〉 Die gasförmigen Alkene Ethen und Propen haben sich in den letzten Jahren zu sehr wichtigen Ausgangsstoffen der chemischen Industrie entwickelt. So wird aus Ethen eine große Anzahl weiterer Stoffe hergestellt:

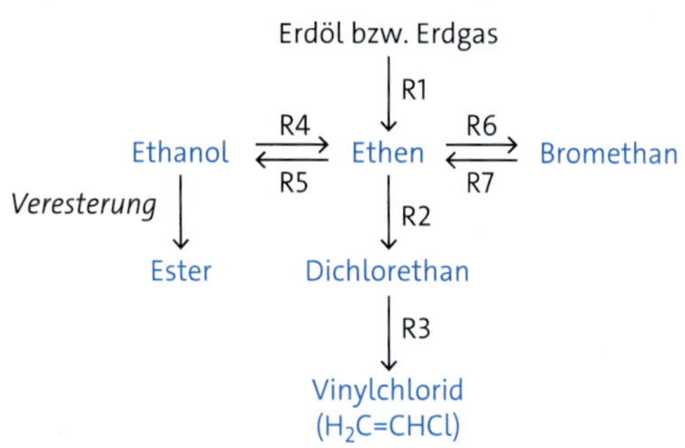

a Benennen Sie den jeweiligen Reaktionstyp der Reaktionen R1 bis R7. Geben Sie dabei alle möglichen Reaktionstypen an.

b Formulieren Sie jeweils den Mechanismus für die Reaktionen R3, R4, R6 und R7 unter Verwendung von Strukturformeln.

c Erläutern Sie für die Reaktion von Propen zu Propan-1-ol und Propan-2-ol den Mechanismus unter Verwendung von Strukturformeln. Begründen Sie, welches der beiden Produkte bevorzugt gebildet wird.

16 〉 Der ungesättigte Charakter der Alkine mit einer C≡C-Dreifachbindung zeigt sich ähnlich wie der der Alkene dadurch, dass Alkine wie die Alkene in elektrophilen Additionsreaktionen reagieren.

a Formulieren Sie den Reaktionsmechanismus der elektrophilen Addition von Brom an Propin unter Verwendung von Strukturformeln. Gehen Sie davon aus, dass Brom im Überschuss hinzugegeben worden ist. Benennen Sie sämtliche Produkte. Erläutern Sie dabei das Auftreten isomerer Moleküle.

b Relevant sind auch die Additionen von Verbindungen zweier unterschiedlicher Halogene miteinander an ungesättigte Kohlenwasserstoffe. Erläutern Sie die Addition von Bromchlorid (BrCl) an But-1-in. Begründen Sie, welches der beiden möglichen Reaktionsprodukte mengenmäßig überwiegt.

c Technisch bedeutsam ist auch die Addition von Halogenwasserstoffen an Alkine in Gegenwart eines die Reaktion beschleunigenden Katalysators wie Eisen(III)-chlorid $FeCl_3$ oder Aluminiumchlorid $AlCl_3$ zu den entsprechenden Alkenen und Alkanen. Der Katalysator wird benötigt, da die Kohlenstoff-Kohlenstoff-Dreifachbindung weniger nucleophil als die Kohlenstoff-Kohlenstoff-Doppelbindung ist. Erklären Sie die Katalysatorwirkung.

17 › Bei einem Experiment wird in einem Reagenzglas ein Stoffgemisch aus 3-Ethylpentan und Brom mit UV-Licht bestrahlt. Nach kurzer Zeit ist eine Entfärbung zu beobachten. Hält man ein angefeuchtetes Stück Universalindikatorpapier in das Reagenzglas, so färbt sich dieses rot. Als Hauptreaktionsprodukt lässt sich 3-Brom-3-ethylpentan identifizieren. Entwickeln Sie eine begründete Hypothese, weshalb gerade dieses Reaktionsprodukt mengenmäßig vorherrscht.

18 › Die Moleküle vier organischer, farbloser, flüssiger Stoffe A, B, C und D besitzen die identische Molekülformel C_4H_8O. Mit diesen Stoffen sind einige Reaktionen durchgeführt worden. Dabei zeigten sich folgende Ergebnisse:
- Die Substanzen A und B reagieren jeweils mit Fehling-Lösung unter Bildung eines rötlichen Niederschlags.
- Die Substanzen C und D reagieren mit elementarem Natrium unter Wasserstoffentwicklung.
- Bromwasser wird durch die Substanzen C und D entfärbt.

a Entscheiden Sie anhand der Reaktionen, um welche chemischen Verbindungen es sich handeln könnte. Geben Sie Namen und Strukturformeln für Ihre vermuteten Stoffe an.

b Formulieren Sie die Reaktionsgleichungen für die beschriebenen Reaktionen der Stoffe.

c Geben Sie Namen und Strukturformeln vier weiterer Isomere mit der Summenformel C_4H_8O an.

Mithilfe dieses Kapitels können Sie:	Aufgabe	Hilfe finden Sie auf Seite
• die Reaktionstypen Substitutionen, Additionen, Eliminierungen und Kondensationen unterscheiden	*1, 3a, 4a-b, 5, 6, 7, 8, 9, 10, 11, 12, 13, 14, 15, 16, 17, 18*	*302-303, 306, 309, 314, 321*
• den Reaktionsmechanismus der elektrophilen Addition von symmetrischen und asymmetrischen Verbindungen beschreiben	*3, 12, 15, 16*	*312-313*
• die Estersynthese und den Mechanismus der reversiblen Esterkondensation beschreiben	*8a, 9, 7a-b*	*314*
• den Reaktionsmechanismus der radikalischen Substitution beschreiben	*1a, 17*	*302-304*
• ausgewählte organische Verbindungen vergleichen und Hypothesen zu deren Reaktionsverhalten aus den Molekülstrukturen entwickeln (I-Effekt, M-Effekt, sterischer Effekt)	*1, 3b, 5, 10, 15, 16, 17*	*304, 306-307, 21*
• die Reaktionsmechanismen der nucleophilen Subtitution beschreiben	*4, 5, 6, 13*	*306-308*
• anhand geeigneter Anschauungsmodelle den Verlauf ausgewählter chemischer Reaktionen in Teilschritten beschreiben und visualisieren	*1a, 3a, 4b-c, 5,*	*302, 307, 308, 309, 312, 314, 320*

Nur selten werden Pflanzen mit aromatischen Kohlenwasserstoffen in Verbindung gebracht – häufiger stehen Petro- und Arzneimittelchemie im Zusammenhang mit Aromaten. Dabei enthalten gerade viele wohlriechende Pflanzen wie die Vanille Verbindungen, die sich vom Benzol, dem wohl bekanntesten aromatischen Kohlenwasserstoff, ableiten lassen. Diese charakteristische Eigenschaft, der aromatische Geruch, war namensgebend für die ganze Stoffklasse der aromatischen Verbindungen.

01 Blüte der Vanille, einer Orchidee, und ihre fermentierten Früchte, die Vanilleschoten

9 Aromatische Kohlenwasserstoffe

Besonderheiten des aromatischen Bindungszustands

Benzol

- Struktur und Eigenschaften
- Delokalisiertes Elektronensystem
- Mesomerie und Grenzformeln
- Mesomerieenergie
- Hückel-Regel

Benzolderivate

- Struktur und Eigenschaften von Derivaten wie Phenol und Anilin
- Mesomere Effekte
- Induktive Effekte

Reaktionsverhalten

- Elektrophile Substitution
- Elektrophile Zweitsubstitution am Aromaten
- Dirigierende Wirkung von Substituenten

9.1 Benzol

01 Einige Produkte des Alltags, die Aromaten enthalten

Duft- und Aromastoffe ↑ S. 292

AROMATEN, EINE BESONDERE STOFFGRUPPE In der Anfangszeit der organischen Chemie, zu Beginn des 19. Jahrhunderts, entdeckte man zahlreiche Stoffe mit wohlriechendem Geruch, die deshalb als aromatische Verbindungen, kurz **Aromaten**, bezeichnet wurden. Heute versteht man darunter Verbindungen, die Molekülstrukturen mit spezifischen, sogenannten aromatischen Bindungsverhältnissen besitzen. Aromatische Verbindungen sind nach den Kohlenhydraten die am häufigsten vorkommende Stoffklasse der belebten Natur. So weisen beispielsweise der Gerüststoff des Holzes, das Lignin, und einige Aminosäuren wie Phenylalanin, Tyrosin und Tryptophan aromatische Molekülstrukturen auf. Folglich sind auch in allen fossilen Brennstoffen Aromaten zu finden. Für die industrielle Produktion werden sie deshalb hauptsächlich aus Kohle und Erdöl durch thermische oder katalytische Prozesse gewonnen.

Benzol (Benzen)

Eigenschaften aromatisch riechende, farblose, stark lichtbrechende, brennbare Flüssigkeit; stark toxisches, unpolares Lösungsmittel für Lacke, Harze, Wachse und Öle

Molekülformel C_6H_6

Schmelztemperatur ϑ_S 5,5 °C

Siedetemperatur ϑ_V 80,1 °C

Vorkommen Steinkohlenteer, Erdöl

Verwendung in Motorkraftstoffen als Beimischung zur Erhöhung der Klopffestigkeit; Ausgangsstoff für viele organische Verbindungen wie Nitrobenzol, Anilin, Phenol, Styrol, Azofarbstoffe, Kunststoffe und Kunstharze

Aromaten gehören auch zu den wichtigsten Grundstoffen der chemischen Industrie, denn sie werden zur Produktion von Kunststoffen, Chemiefasern, Arzneistoffen, Waschmitteln und Farbstoffen verwendet (↑ 01). In der Farben-, Lack- und Klebstoffherstellung werden aromatische Verbindungen wie Toluol, Xylol, Phenol oder Styrol als Lösungsmittel eingesetzt.

Die bekannteste und gleichzeitig strukturell einfachste aromatische Verbindung ist das **Benzol** (Benzen), das 1825 erstmals von dem englischen Chemiker MICHAEL FARADAY aus Steinkohlenteer isoliert wurde (↑ Steckbrief). Die Ermittlung der Struktur des Benzolmoleküls gab den Chemikern des 19. Jahrhunderts Rätsel auf, denn seine Summenformel C_6H_6 lässt mehrere mögliche Strukturformeln zu.

KEKULÉS STRUKTURFORMEL FÜR BENZOL Eine erste Annäherung an die tatsächliche Struktur des Benzolmoleküls veröffentlichte 1865 der deutsche Chemiker AUGUST KEKULÉ. Er vermutete eine sechsgliedrige cyclische (ringförmige) Struktur, bei der die Kohlenstoffatome abwechselnd über Einfach- und Doppelbindungen verknüpft sind. Eine solche Anordnung wird als **konjugierte Doppelbindungen** bezeichnet. Das dazugehörige ungesättigte hypothetische Molekül müsste als Cyclohexa-1,3,5-trien bezeichnet werden. Zusätzlich forderte KEKULÉ, dass die konjugierten Doppelbindungen rasch oszillieren.

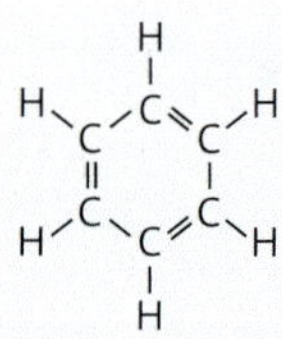

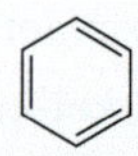

Strukturvorschlag von A. KEKULÉ (1865)

Erstaunlicherweise zeigt Benzol aber nicht die für ungesättigte Verbindungen typische Addition von Halogenen (↑ 04). Stattdessen ähnelt sein Reaktionsverhalten eher dem von gesättigten Verbindungen, die bevorzugt Substitutionen eingehen. Es müssen also besondere Bindungsverhältnisse vorliegen, die dieses Reaktionsverhalten erklären.

BINDUNGSABSTÄNDE IM BENZOLMOLEKÜL Mithilfe der Röntgenstrukturanalyse können Bindungsabstände ermittelt werden. Für alle sechs C–C-Bindungen im Benzolmolekül beträgt die gemessene Bindungslänge 139 pm. Sie liegt damit zwischen den Werten von Einfach- und Doppelbindungen (↑ 03). Alle sechs C–C-Bindungen sind demnach völlig gleichwertig und Doppelbindungen, wie sie in der von KEKULÉ vorgeschlagenen Formel dargestellt sind, existieren im Benzolmolekül nicht.

DELOKALISIERTES ELEKTRONENSYSTEM Die sechs Bindungselektronen der drei von KEKULÉ vorgeschlagenen Bindungen im Benzolmolekül bilden keine lokalisierten Doppelbindungen. Sie können sich vielmehr über den ganzen Sechsring gleichmäßig verteilen. Keines dieser Elektronen ist fest an ein Kohlenstoffatom gebunden, weshalb man von einem **delokalisierten Elektronensystem** spricht.

Die delokalisierten Bindungen im Benzolmolekül können durch eine Lewis-Formel nicht korrekt wiedergegeben werden, sondern müssen durch *mesomere* Grenzformeln beschrieben werden (↑ S.311). Zur Vereinfachung wird in der Strukturformel von Benzol der delokalisierte Zustand meist durch einen Kreis im Sechsring symbolisiert.

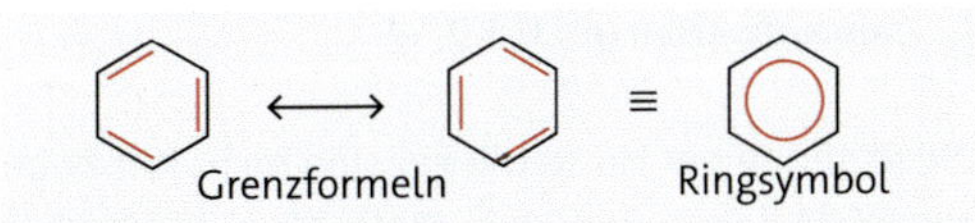

02 Mesomere Grenzformeln des Benzolmoleküls und Ringsymbol

MESOMERIEENERGIE Einen Hinweis auf die Stabilität von ungesättigten Molekülen liefert die Messung der Energie, die bei einer Addition von Wasserstoff an die eine C=C-Doppelbindung, einer *Hydrierung*, verschiedener Kohlenwasserstoffe freigesetzt wird. Untersucht man die Energieänderungen bei der katalytischen Hydrierung von Cyclohexen zu Cyclohexan, so stellt man fest, dass etwa 120 kJ/mol freigesetzt werden. Würde Benzol eine Struktur wie Cyclohexatrien mit drei lokalisierten Doppelbindungen besitzen, müsste bei seiner Hydrierung die dreifache Energie frei werden, also etwa 360 kJ/mol. Stattdessen misst man einen Wert von 209 kJ/mol, also 151 kJ/mol unter dem erwarteten Wert (↑ **05**).

Durch die Mesomerie, das heißt durch das Vorliegen eines delokalisierten Elektronensystems, ist das Benzolmolekül im Vergleich zum hypothetischen Cyclohexatrienmolekül energieärmer und damit stabiler (↑ **06**). Der Energiebetrag, der zum Aufheben dieses **aromatischen Zustands** notwendig ist, ist die **Mesomerieenergie**. Sie beträgt beim Benzolmolekül 151 $kJ \cdot mol^{-1}$.

Das Benzolmolekül ist ein ringförmiges Kohlenwasserstoffmolekül mit der Summenformel C_6H_6. Aufgrund des delokalisierten Elektronensystems ist das Benzolmolekül mesomeriestabilisiert.

Art der Bindung	Bindungslänge
C–C-Einfachbindung	154 pm
C=C-Doppelbindung	134 pm
C⩦C-Bindung Benzolmolekül	139 pm

03 C–C-Bindungen im Vergleich (1 pm = 10^{-12} m)

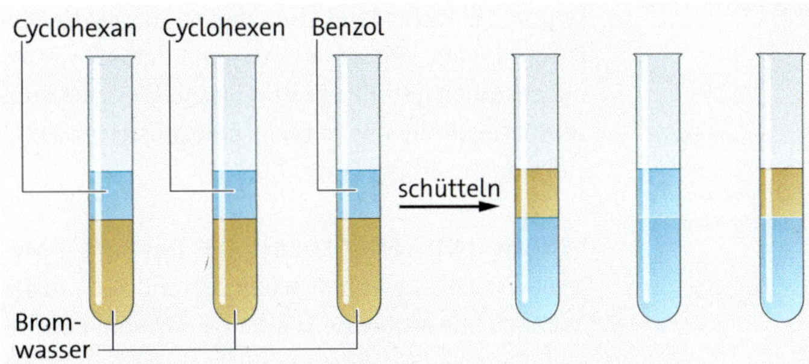

04 Versuchsergebnisse der Addition von Brom an Cyclohexan, Cyclohexen und Benzol. Nur Cyclohexen reagiert mit Brom. Cyclohexan und Benzol lösen das Brom aus dem Wasser und färben sich deshalb braun.

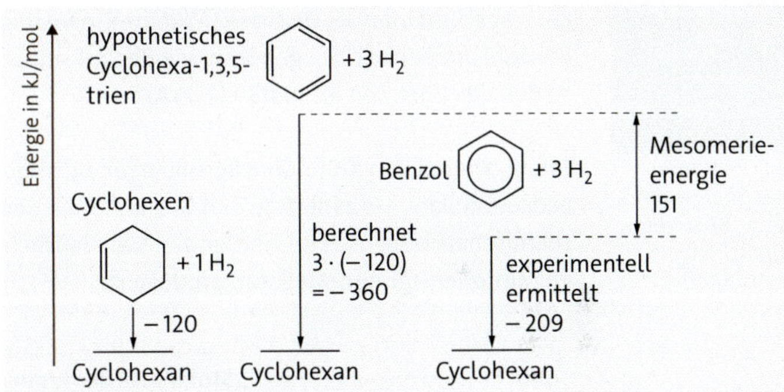

05 Ermittlung der Mesomerieenergie von Benzol

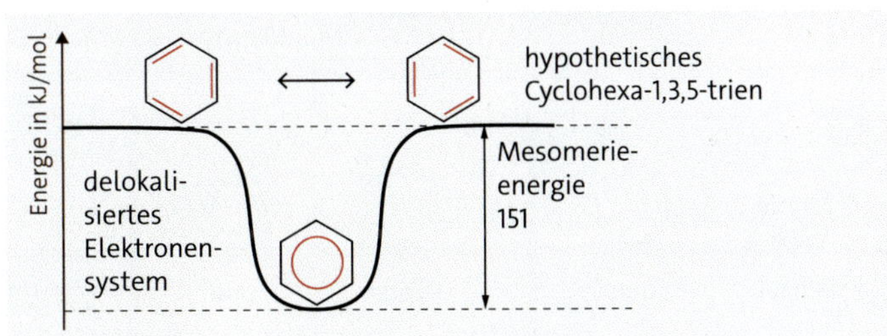

06 Im aromatischen Zustand liegt ein Energieminimum vor.

1 › Erklären Sie den Begriff Mesomerie anhand des Benzolmoleküls.

2 › Entwickeln Sie zwei eigene hypothetische Strukturformeln für ein cyclisches Molekül mit der Summenformel C_6H_6 und vergleichen Sie sie mit der tatsächlichen Struktur von Benzol.

3 › Begründen Sie mithilfe von Bild ↑ **04** und des Energiediagramms in Bild ↑ **05**, warum die Addition von Brom an Benzol nicht gelingt.

9.2 Die Stoffklasse der Aromaten

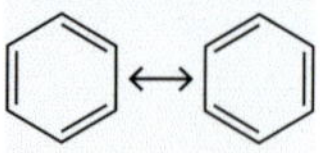

01 Delokalisierung erkennt man daran, dass sich mesomere Grenzformeln angeben lassen.

Zur genauen Beschreibung von π-Orbitalen im Orbitalmodell ↑ S. 35

02 Im Namen des Chemiekonzerns BASF versteckt sich ein Benzolderivat.

AROMATISCHER ZUSTAND Benzol ist der strukturell einfachste Vertreter der Aromaten und zeigt mit seiner hohen energetischen Stabilität und seinem ungewöhnlich trägen Verhalten gegenüber Brom ein chemisches Verhalten, das charakteristisch für die ganze Stoffklasse ist. Dieses Reaktionsverhalten ist auf eine besondere Bindungssituation in den Molekülen aromatischer Verbindungen zurückzuführen. Entscheidend für diesen *aromatischen Zustand* der Moleküle ist ein delokalisiertes π-Elektronensystem, wie es typischerweise im Benzol-Molekül mit seinen sechs delokalisierten Ringelektronen vorliegt (↑ **01**; ↑ S. 332).

BENZOL UND BENZOLDERIVATE Das Benzol-Molekül weist einen aromatischen Zustand auf und damit auch alle Moleküle, die sich direkt vom Benzol-Molekül ableiten, indem ein H-Atom oder mehrere H-Atome gegen andere Atome oder funktionelle Gruppen ausgetauscht werden. Stoffe, deren Moleküle einen Benzolrest als aromatischen Grundkörper tragen, werden als **Derivate** (Abkömmlinge) des Benzols bezeichnet. Sie gehören wie Benzol selbst zu den *eincyclischen Aromaten* (↑ **03A**).

Toluol, Phenol und Anilin sind Beispiele für wichtige Benzolderivate. Sie zählen zu den Grundstoffen der chemischen Industrie und werden weltweit jährlich im Millionen-Tonnen-Maßstab produziert.

Auch die für die Strukturaufklärung des Benzol-Moleküls wichtigen Dibrombenzole sind Benzolderivate. Im Gegensatz zu den erwähnten Industriearomaten haben diese Stoffe aber so gut wie keine praktische Bedeutung.

HÜCKEL-REGEL Dem deutschem Physiker Erich Hückel gelang es 1931 aus quantenmechanischen Überlegungen heraus eine verallgemeinerte Regel für das Vorliegen eines aromatischen Zustands aufzustellen:

> **Hückel-Regel:**
> Ein aromatischer Zustand liegt vor, wenn die Moleküle einer Verbindung eine ebene Ringstruktur mit einem ringförmig geschlossenen π-Elektronensystem mit $(4n + 2)$ delokalisierten π-Elektronen aufweisen ($n = 0, 1, 2, ...$).

Die Kriterien der Hückel-Regel sind nicht nur beim Benzol-Molekül und den Molekülen sämtlicher Benzolderivate mit ihren jeweils $4 \cdot 1 + 2 = 6$ delokalisierten π-Elektronen erfüllt, sondern auch bei vielen anderen eincyclischen Molekülen. Beispiele sind die Moleküle von Pyridin, Furan und Thiophen, die ebenfalls jeweils $4 \cdot 1 + 2 = 6$ delokalisierte π-Elektronen aufweisen (↑ **03B**).
Hier sind am Aufbau des ebenen Ringgerüsts nicht nur Kohlenstoff-Atome beteiligt, sondern auch

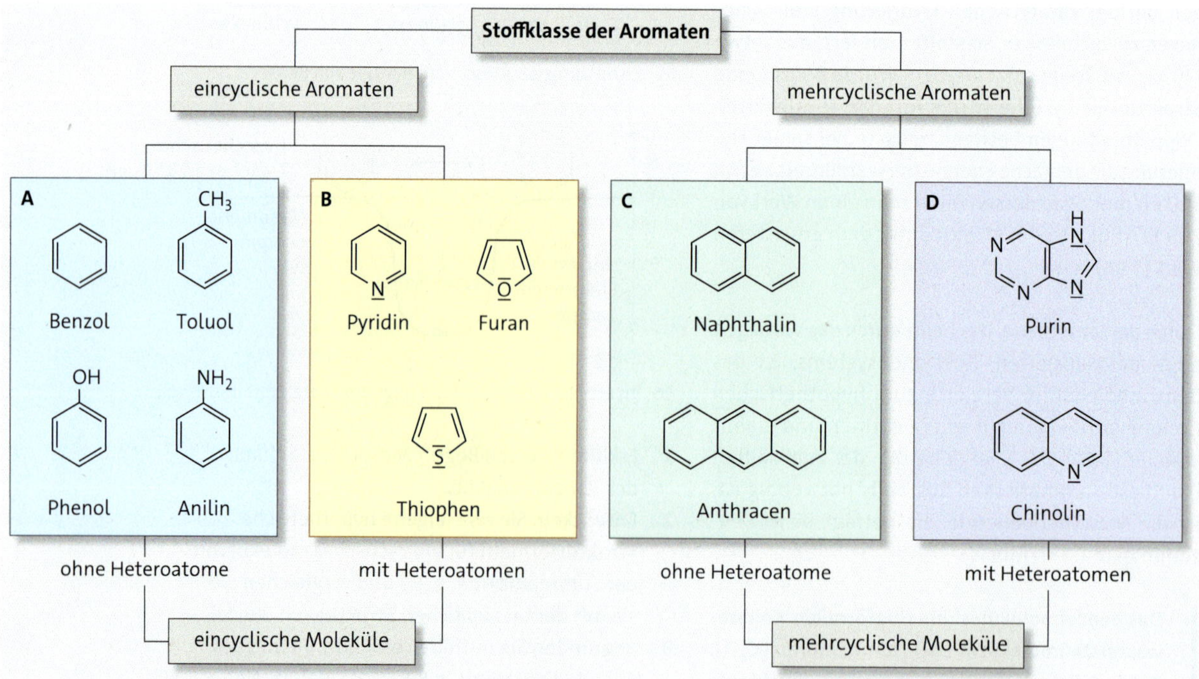

03 Stoffklasse der Aromaten

04 Naphthalinkugeln in einer Plantage, die Schadinsekten abwehren sollen

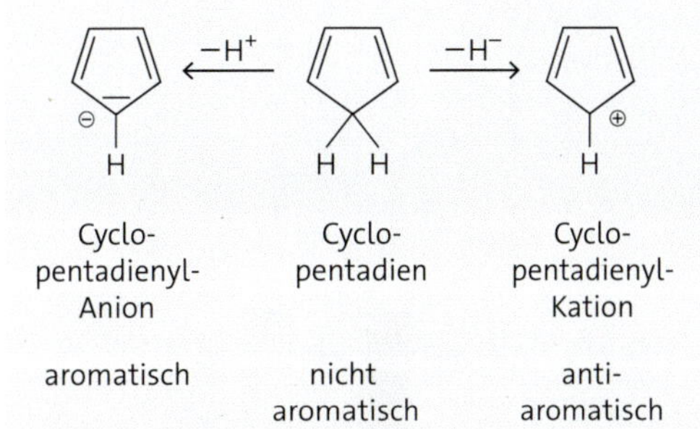

05 Cyclopentadienyl-Anion und -Kation

Heteroatome (griech. *hetero*: das andere), nämlich das Stickstoff-Atom, das Sauerstoff-Atom und das Schwefel-Atom. Die Aromatizität von Pyridin, Furan und Thiophen erkennt man nicht nur durch „Elektronenzählen", sondern auch an ihrem Reaktionsverhalten. So geht beispielsweise Pyridin bei geeigneter Aktivierung eine Substitutionsreaktion mit Brom ein, wie es für eine aromatische Verbindung zu erwarten ist.

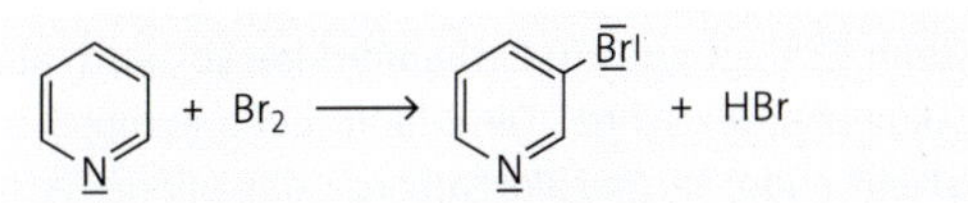

Auch mehrcyclische Moleküle können die Hückel-Regel erfüllen, z. B. die Moleküle von Naphthalin ($n = 2$) und Anthracen ($n = 3$) sowie die Moleküle von Purin und Chinolin ($n = 2$). Hier sind zwei bzw. drei ebene Ringe über je eine gemeinsame C–C-Bindung miteinander verknüpft. Naphthalin, Anthracen, Purin und Chinolin gehören entsprechend zu den *mehrcyclischen Aromaten* (↑ **03C, D**).

Aromatische Moleküle können ein- oder mehrcyclisch sein. Die Ringgerüste können mit oder ohne Heteroatomen aufgebaut sein.

Die letztgenannten Beispiele aromatischer Verbindungen sind industriell weitaus weniger bedeutsam als Benzol und seine Derivate, haben aber dennoch interessante Anwendungsgebiete. Pyridin und Purin beispielsweise sind Ausgangsstoffe für zahlreiche Arzneistoffe. Ausgehend von Naphthalin und Anthracen können etliche Farbstoffe synthetisiert werden.

Mit Naphthalin in Form von „Mottenkugeln" vertrieb man früher Kleidermotten aus Schränken. Heute wird es manchmal noch zur Bekämpfung von Insekten in Plantagen genutzt (↑ **04**).

AROMATISCH ODER NICHT AROMATISCH Nicht bei jedem cyclischen Molekül mit π-Elektronen im Ring liegt Aromatizität vor. Das Cyclopentadien-Molekül z. B. hat zwei lokalisierte C=C-Doppelbindungen, d. h., es können keine mesomeren Grenzformeln angegeben werden. Es liegt also keine Aromatizität vor. Das Cyclopentadienyl-Anion hat sechs delokalisierte π-Elektronen und ist damit nach der Hückel-Regel aromatisch (↑ **05**). Das Cyclopentadienyl-Kation wiederum hat nur vier delokalisierte π-Elektronen und ist daher nicht aromatisch. Im Gegenteil: Die cyclische Delokalisierung von $4\,n$ Elektronen ($n = 1, 2, 3$ ...) führt sogar zu einer Verringerung der energetischen Stabilität und damit zu einer erhöhten Reaktivität. Man sagt: Das instabile Cyclopentadienyl-Kation ist *antiaromatisch*.

1 › Für das Pyridin-Molekül lassen sich fünf verschiedene mesomere Grenzformeln angeben. Drei davon sind hier abgebildet:

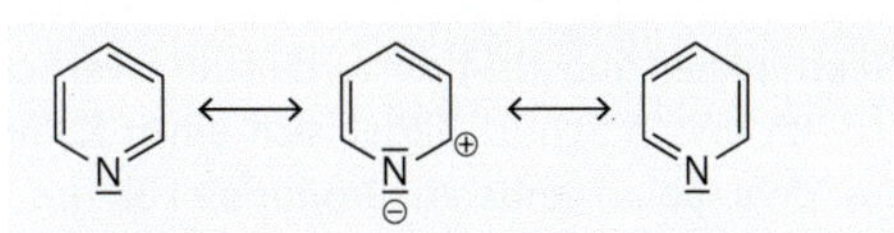

Geben Sie die fehlenden beiden Grenzformeln an.

2 › Geben sie für die folgenden Aromaten möglichst viele mesomere Grenzformeln an.

a Phenol

b Furan

c Naphthalin

3 › Begründen Sie, ob die folgenden beiden Strukturformeln nach der Hückel-Regel einen aromatischen Zustand aufweisen:

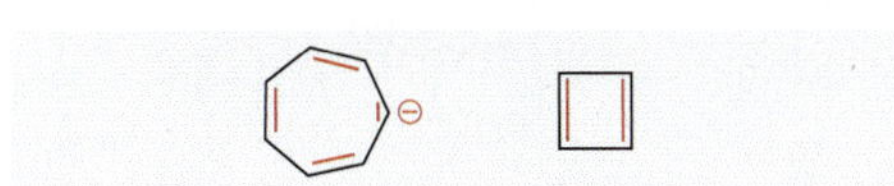

4 › Zeichnen Sie die Strukturformel eines Moleküls, das die Hückel-Regel für $n = 0$ erfüllt.

9.3 Elektrophile Substitution an Aromaten

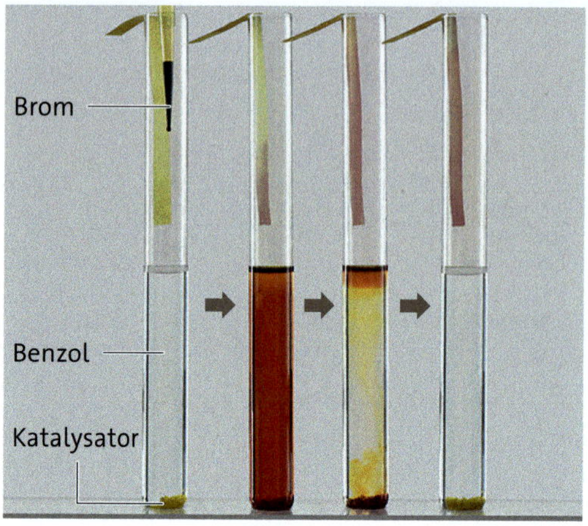

01 Bromierung von Benzol

> **Noch gewusst?** Elektrophil bedeutet „Elektronen liebend" (griech. **philos:** Freund). **Elektrophile** sind Ionen oder Moleküle mit Elektronenmangel oder mit Elektronenlücken (Elektronenakzeptoren).
> *Beispiele:* H^+, Br^+, $AlCl_3$, $FeBr_3$, HSO_3^+
> Elektrophile Teilchen werden in einer chemischen Reaktion durch Teilchen angegriffen, die einen Elektronenüberschuss besitzen. Solche **Nucleophile** (Kern liebend; griech. *nucleus:* Kern) sind Ionen oder Moleküle mit freiem Elektronenpaar (Elektronendonatoren) sowie Moleküle von Aromaten oder Alkenen.
> *Beispiele:* NH_3, OH^-, $CH_2{=}CH_2$, 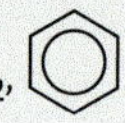

Der aromatische Bindungszustand von Benzol ist die Ursache dafür, dass Benzol bevorzugt **elektrophile Substitutionen** (kurz: $\mathbf{S_E}$) eingeht, beispielsweise indem es mit Halogenen reagiert (*Halogenierung*).

BROMIERUNG VON BENZOL Versetzt man Benzol in Anwesenheit eines Katalysators mit Brom, so setzt eine exotherme Reaktion ein und es kommt zur Entfärbung der Lösung (↑ **01**). Außerdem wird ein farbloses Gas gebildet, das feuchtes Universalindikatorpapier rot färbt. Durch die Substitutionsreaktion entstehen Brombenzol und Bromwasserstoff.

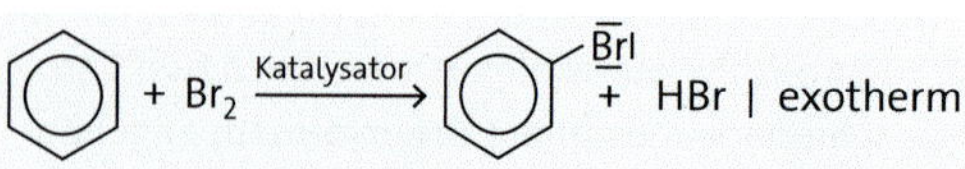

REAKTIONSMECHANISMUS Die Reaktion der elektrophilen Substitution verläuft in zwei Schritten. Im ersten Schritt bildet sich ein **π-Komplex** aus dem polarisierbaren Brommolekül mit den π-Elektronen des Benzolmoleküls.

Animation: Elektrophile Substitution am Aromaten

Erst durch den Einsatz eines Katalysators wie Eisenbromid $FeBr_3$ kann das Brommolekül heterolytisch in ein Bromid-Ion und ein Brom-Kation gespalten werden. Das Bromid-Ion wird vom Katalysator gebunden. Gleichzeitig lagert sich das elektrophile Brom-Kation an ein Kohlenstoffatom des Benzolmoleküls an. Durch die Bindung des Brom-Kations verliert das Benzolmolekül seinen aromatischen Zustand. Es liegt nun ein **Carbenium-Ion** vor, auch als σ-Komplex bezeichnet. Die Bildung des σ-Komplexes ist ein endothermer Vorgang, da das energetisch günstige aromatische System aufgegeben wird. Die positive Ladung ist innerhalb des Benzolrings über die fünf Kohlenstoffatome delokalisiert. Der σ-Komplex wird dadurch stabilisiert.
Im zweiten Schritt wird das am selben Kohlenstoffatom gebundene Wasserstoffatom als Proton abgespalten (Deprotonierung), sodass ein Brombenzolmolekül entsteht und der aromatische Zustand wiederhergestellt wird (Rearomatisierung). Das Proton wird vom $FeBr_4^-$-Ion aufgenommen, das unter Bildung von Bromwasserstoff und Rückbildung des Katalysators ($FeBr_3$) rasch wieder zerfällt.

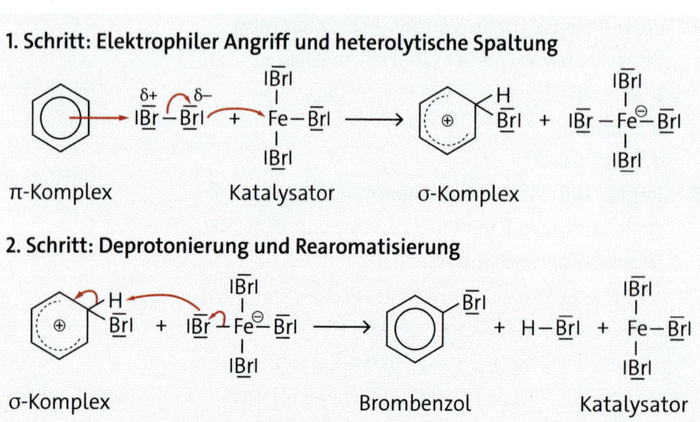

02 Mechanismus der elektrophilen Substitution

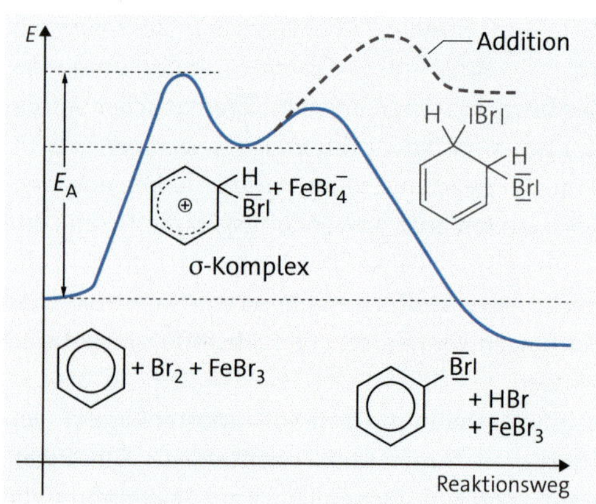

03 Energiediagramm der elektrophilen Substitution

Eine Addition des Bromid-Ions an den σ-Komplex wäre prinzipiell möglich (↑ 03, gestrichelte Kurve). Das dabei entstehende cyclische Dien wäre allerdings durch die fehlende Rearomatisierung energetisch ungünstiger, sodass diese Reaktion ausbleibt.

FRIEDEL-CRAFTS-ALKYLIERUNG Mithilfe von Aluminiumchlorid als Katalysator lässt sich aus Benzol unter Zugabe von Chlormethan **Toluol** (Methylbenzol, $C_6H_5{-}CH_3$) synthetisieren. Bei der nach ihren Entdeckern CHARLES FRIEDEL und JAMES CRAFTS benannten Alkylierung wird die vorliegende polare Kohlenstoff-Chlor-Bindung im Chlormethanmolekül durch das Aluminiumchlorid noch stärker polarisiert. Das partiell positiv geladene Kohlenstoffatom bildet mit dem Benzolmolekül den π-Komplex (↑ 04). Der weitere Verlauf der Reaktion entspricht dem der Bromierung (↑ 02).

NITRIERUNG Aus Benzol und *Nitriersäure*, einem Gemisch aus konzentrierter Schwefelsäure und konzentrierter Salpetersäure, lässt sich **Nitrobenzol** $C_6H_5{-}NO_2$ herstellen, ein wichtiges Zwischenprodukt bei der Synthese von Farbstoffen.
Bei dieser elektrophilen Substitution wird am Benzolmolekül ein Wasserstoffatom durch eine Nitrogruppe ausgetauscht. Bei der Nitrierung wirkt das entstehende **Nitronium-Ion** NO_2^+ als Elektrophil, das durch Abspaltung von Wasser aus der Salpetersäure in Gegenwart der Schwefelsäure gebildet wird. Im ersten Schritt wird ein π-Komplex aus dem Benzolmolekül und dem Nitronium-Ion gebildet, der in einen σ-Komplex übergeht. Der aromatische Zustand wird wiederhergestellt, indem aus dem Carbenium-Ion ein Proton abgespalten wird (↑ 05).

SULFONIERUNG Bei der Sulfonierung von Benzol zu **Benzolsulfonsäure** $C_6H_5{-}SO_3H$ wirken Schwefeltrioxidmoleküle, die in rauchender Schwefelsäure enthalten sind, als Elektrophile. Sie reagieren mit Schwefelsäuremolekülen zu **Sulfonium-Ionen** SO_3H^+. Diese Ionen greifen mit ihrem partiell positiv geladenen Schwefelatom das Benzolmolekül an (↑ 06). Im Gegensatz zu Nitrierung und Bromierung ist die Sulfonierung eine Gleichgewichtsreaktion.

> **Typische Reaktionen der aromatischen Verbindungen sind elektrophile Substitutionen. Dabei wird in einer zweistufigen Reaktion ein Wasserstoffatom gegen einen Substituenten wie –Br, $-NO_2$ oder $-CH_3$ am Ring ausgetauscht. Unter Wiederherstellung des aromatischen Zustands entsteht ein Substitutionsprodukt.**

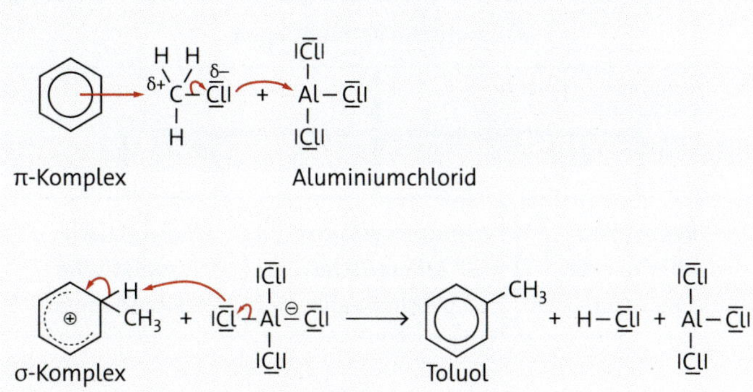

04 Friedel-Crafts-Alkylierung: Synthese von Toluol

Bildung des Elektrophils:

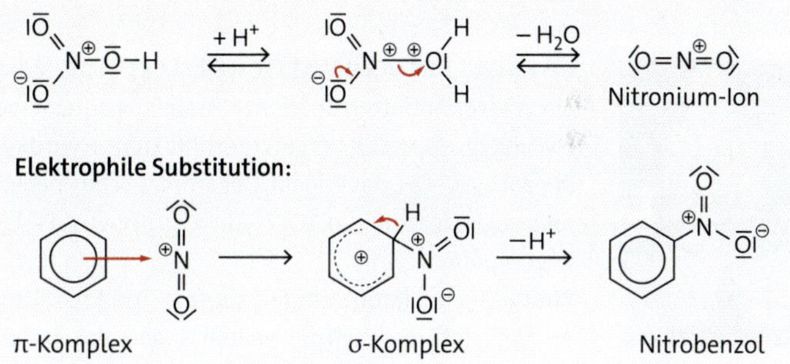

05 Nitrierung: Synthese von Nitrobenzol

Bildung des Elektrophils:

$$3\,H_2SO_4 \rightleftharpoons SO_3H^+ + H_3O^+ + 2\,HSO_4^-$$

Schwefelsäure — Sulfonium-Ion

Elektrophile Substitution:

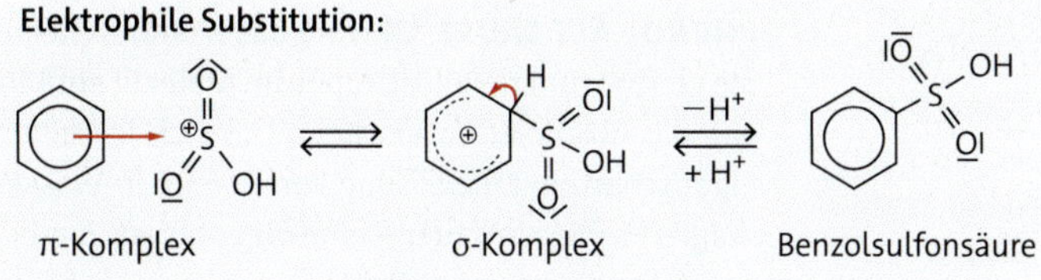

06 Sulfonierung: Synthese von Benzolsulfonsäure

1) Geben Sie für den σ-Komplex bei der Bromierung von Benzol alle mesomeren Grenzformeln an.
2) Vergleichen Sie die Reaktionsmechanismen der Reaktionen von Benzol mit Chlor sowie Cyclohexen mit Chlor.
3) Die dargestellten Substitutionsreaktionen laufen alle nach demselben Reaktionsmechanismus ab. Stellen Sie diesen Mechanismus in einer allgemeinen Form dar und wenden Sie diesen anschließend auf die Friedel-Crafts-Alkylierung zur Bildung von Ethylbenzol an.

9.4 Derivate des Benzols

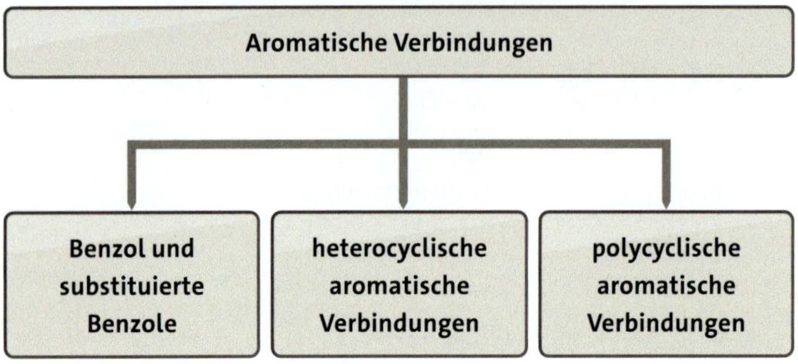

Werden Wasserstoffatome im Benzolmolekül gegen andere Atome oder Atomgruppen ausgetauscht bzw. *substituiert*, so lässt sich eine Vielzahl weiterer aromatischer Verbindungen herstellen, die auch als **Derivate** des Benzols bezeichnet werden.

01 Phenol ist Ausgangsstoff für die Aspirinherstellung.

Acetylsalicylsäure (Aspirin) ↑ S. 286

PHENOL, EIN AROMATISCHER ALKOHOL Wird ein Wasserstoffatom des Benzolmoleküls durch eine Hydroxygruppe –OH ersetzt, erhält man Hydroxybenzol C_6H_5–OH, das **Phenol**. Der aromatische Phenylrest –C_6H_5 ist unpolar, die Hydroxygruppe –OH dagegen polar.
Phenol ist bei Raumtemperatur fest und kristallin. An der Luft färben sich die weißen Nadeln durch Oxidation rötlich. Es ist giftig, hat einen durchdringenden Geruch und wirkt auf die Haut ätzend. Phenol ist sehr reaktionsfreudig (elektrophile Zweitsubstitution, ↑ S. 340).
In der Industrie wird Phenol als wichtige Grundchemikalie genutzt. So ist es beispielsweise Ausgangsstoff für die Aspirinherstellung.

PHENOL ALS SÄURE Obwohl das Phenolmolekül die gleiche funktionelle Gruppe im Molekül enthält wie die Alkanole, unterscheidet es sich in seinen Eigenschaften: Eine Lösung von Phenol in Wasser reagiert schwach sauer – eine Eigenschaft, die bei den Alkanolen nicht auftritt.
Phenolmoleküle können an Wassermoleküle Protonen abgeben, wodurch H_3O^+-Ionen und Phenolat-Ionen gebildet werden.

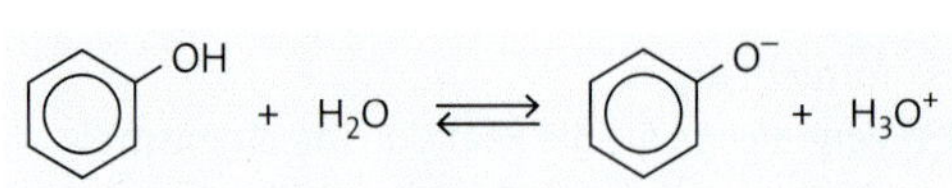

Das Phenolmolekül fungiert also als Protonendonator (Säure), das Wassermolekül als Protonenakzeptor (Base).

Phenolmoleküle reagieren – im Unterschied zu Alkanolmolekülen – als schwache Säuren.

MESOMERIESTABILISIERUNG Ursache für die saure Reaktion des Phenolmoleküls ist die Wechselwirkung der Hydroxygruppe mit dem π-Elektronensystem des aromatischen Rings. Dadurch wird die Bindung in der Hydroxygruppe stärker polarisiert und das Proton kann leichter abgegeben werden:

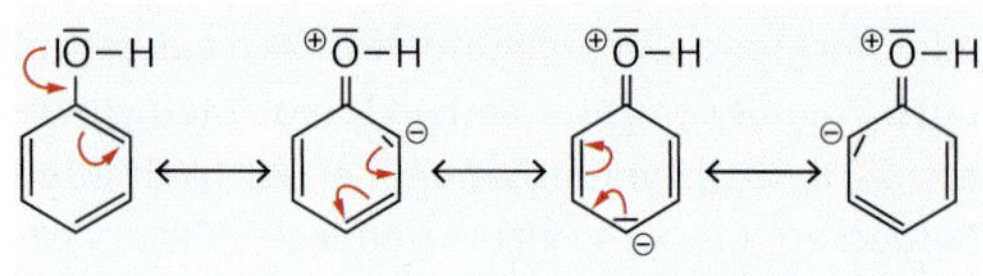

Eine weitere Ursache für die saure Reaktion liegt in der Stabilität des Phenolat-Ions, denn die negative Ladung ist nicht ausschließlich am Sauerstoffatom lokalisiert, sondern über den gesamten aromatischen Ring verteilt:

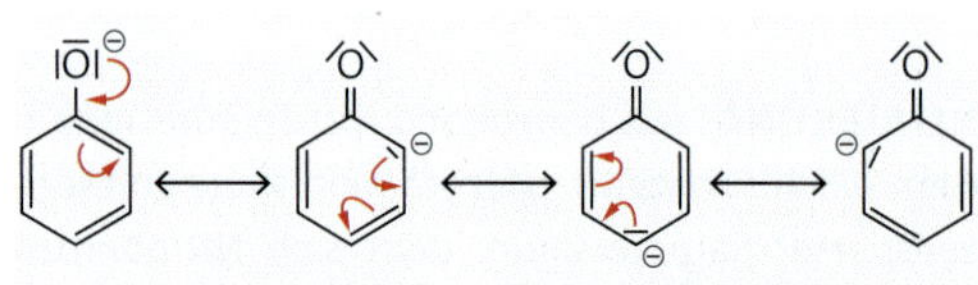

MESOMERER EFFEKT Substituenten, die wie die Hydroxygruppe im Phenolmolekül durch Mesomerie die Elektronendichte im Benzolring erhöhen, üben einen positiven mesomeren Effekt, **+M-Effekt**, aus. Allgemein handelt es sich dabei um Substituenten mit freien Elektronenpaaren, die sie dem aromatischen System zur Verfügung stellen können.
Substituenten mit **–M-Effekt** verringern dagegen die Elektronendichte im Benzolring. Ein Beispiel dafür ist die Nitrogruppe –NO_2. So reagiert das Nitrophenolmolekül stärker sauer als das Phenolmolekül, weil die elektronenziehende Wirkung der NO_2-Gruppe die Polarität der O–H-Gruppe erhöht. Deshalb steigt bei den Nitrophenolen die Acidität mit der Anzahl der Nitrogruppen im Molekül. So ist beispielsweise 2,4,6-Trinitrophenol (Pikrinsäure) eine starke Säure.

Der mesomere Effekt beschreibt die Wirkung von Substituenten mit freiem Elektronenpaar auf die Elektronenverteilung im Rest des Moleküls als Folge mesomerer Wechselwirkungen.

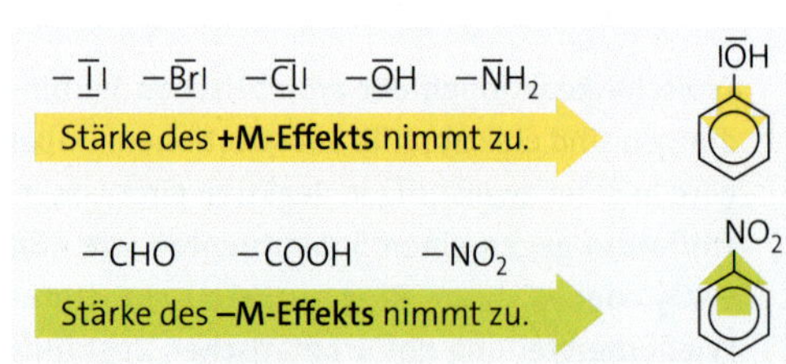

02 Stärke des mesomeren Effekts von Substituenten

Beispiele	Verwendung	Beispiele	Verwendung | Vorkommen
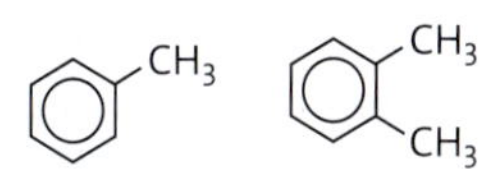 Toluol ortho-Xylol	Lösungsmittel, Farbstoffe, in Lack- und Kunststoffprodukten	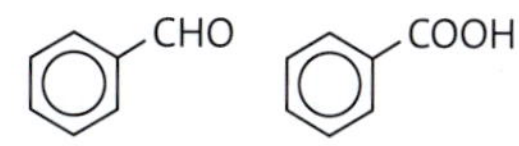 Benzaldehyd Benzoesäure	Weichmacher, Konservierungsstoff | im Aroma von Früchten
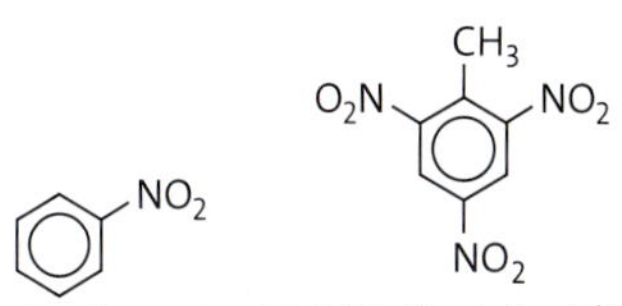 Nitrobenzol 2,4,6-Trinitrotoluol (TNT)	in Medikamenten und Pflanzenschutzmitteln; Sprengstoff (TNT)	**Heterocyclische Aromaten** 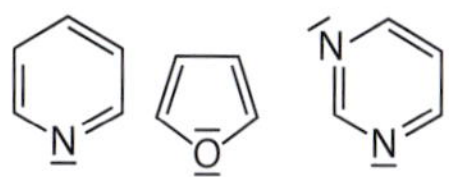 Pyridin Furan Pyrimidin	Bausteine von Pyridinnukleotiden, in Nucleinsäuren (Pyrimidin, Purin)
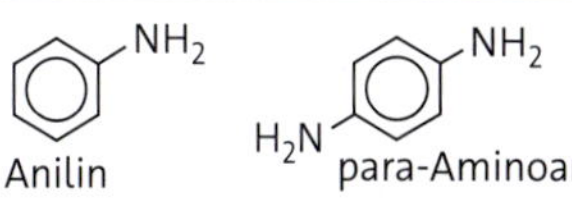 Anilin para-Aminoanilin	Azofarbstoffe), zur Synthese von Medikamenten wie Paracetamol	**Polycyclische Aromaten** 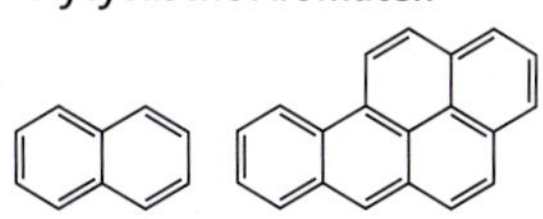 Naphthalin Benzo[a]pyren	als Zwischenprodukte bei der Synthese von Medikamenten, Farbstoffen und Insektiziden | im Steinkohlenteer
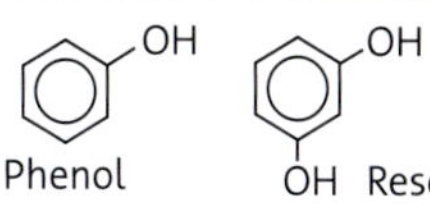 Phenol Resorcin	Farb- und Kunststoffe, Chemiefasern, Medikamente		

03 Übersicht über Derivate des Benzols

ANILIN Wird ein Wasserstoffatom des Benzolmoleküls durch eine Aminogruppe $-NH_2$ ersetzt, erhält man das **Anilin** (Aminobenzol, $C_6H_5-NH_2$), ein wichtiges aromatisches Amin. Anilin ist eine ölige, farblose, unangenehm riechende Flüssigkeit, die sich an der Luft schnell braun verfärbt. Es wirkt stark toxisch und wird leicht über die Haut aufgenommen.
Obwohl die Aminogruppe im Anilinmolekül einen ähnlichen +M-Effekt aufweist wie die Hydroxygruppe im Phenolmolekül, reagiert Anilin in wässriger Lösung alkalisch. Die N–H-Bindungen in der Aminogruppe sind schwächer polarisiert als die Hydroxygruppe im Phenolmolekül, sodass beim Anilinmolekül der basische Charakter überwiegt: Ähnlich wie beim Ammoniakmolekül weist die Aminogruppe ein freies Elektronenpaar auf, das ein Proton binden kann – die Aminogruppe wirkt deshalb als Protonenakzeptor (Base). Weil jedoch das freie Elektronenpaar des Stickstoffatoms in die Mesomerie des Rings miteinbezogen wird, verringert sich die Elektronendichte am Stickstoffatom, sodass Anilin nur eine sehr schwache Base ist.

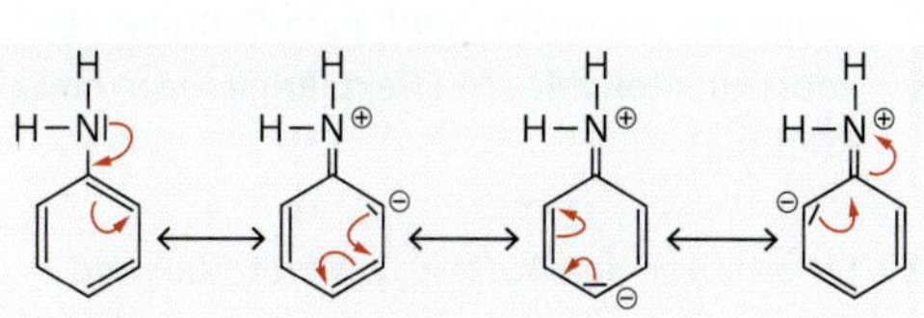

Nach der Protonierung der Aminogruppe sinkt die Anzahl der möglichen Grenzformeln, da deren freies Elektronenpaar nicht mehr delokalisiert ist.

VOM TOLUOL ZUR BENZOESÄURE Toluol (Methylbenzol) lässt sich zu einem Gemisch aus Benzylalkohol, Benzaldehyd und Benzoesäure oxidieren. Diese Oxidationsprodukte sind wasserlöslich und viel weniger toxisch als das Benzol, da sie vom Organismus ausgeschieden werden können. Deshalb sind z. B. Benzoesäure und ihre Salze, die Benzoate, als Konservierungsstoffe in Nahrungsmitteln zugelassen.

HETEROCYCLISCHE UND POLYCYCLISCHE AROMATEN Verbindungen, die im Ringsystem ihrer Moleküle neben Kohlenstoffatomen auch andere Atome wie Stickstoff-, Schwefel- oder Sauerstoffatome (Heteroatome) enthalten, heißen **heterocyclische Verbindungen**. Wenn auf ihre Moleküle die Hückel-Regel anwendbar ist, handelt es sich um heterocyclische aromatische Verbindungen. Sie können nach der Anzahl der Atome im Ring unterschieden werden: Sie bilden Sechsringe, z. B. das Pyridinmolekül, oder Fünfringe, z. B. das Furanmolekül.
Unter der im Alltag häufig anzutreffenden Abkürzung **PAK** versteht man **polycyclische aromatische Kohlenwasserstoffe**. Sie enthalten in ihren Molekülen mehrere Benzolringe mit einem gemeinsamen π-Elektronensystem. Einfachster Vertreter ist das Naphthalin mit zwei Ringen im Molekül.

1〉 Gibt man Anilin in Wasser, so entsteht eine leicht alkalische Lösung. Erklären Sie diesen Sachverhalt auch unter Verwendung einer Reaktionsgleichung.

9.5 Elektrophile Zweitsubstitution

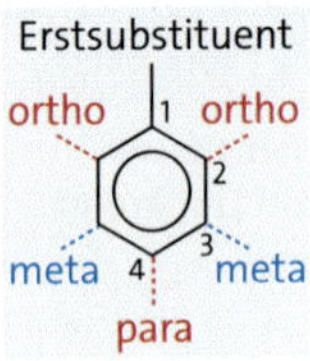

01 Positionen am substituierten Benzolmolekül

Aus Benzolderivaten wie Phenol, Anilin oder Nitrobenzol können durch eine weitere Substitution, die **Zweitsubstitution**, an einem anderen Kohlenstoffatom des Benzolmoleküls weitere Verbindungen hergestellt werden. Dabei hat der Erstsubstituent Einfluss auf die Reaktionsgeschwindigkeit und den Ort der Zweitsubstitution.

GESCHWINDIGKEIT DER ZWEITSUBSTITUTION Phenol reagiert deutlich schneller mit Brom als Benzol. Dies ist zunächst verwunderlich, weil wegen der hohen Elektronegativität des Sauerstoffatoms angenommen werden könnte, dass die OH-Gruppe (Hydroxygruppe) die Elektronendichte im Ring durch einen negativen induktiven Effekt, **–I-Effekt**, vermindert (induktiver Effekt ↑ S. 304). Tatsächlich erhöht die OH-Gruppe jedoch die Elektronendichte im Ring, weil ein freies Elektronenpaar am Sauerstoffatom mit dem delokalisierten π-Elektronensystem des Rings in Wechselwirkung tritt und so den elektrophilen Angriff erleichtert (+M-Effekt ↑ S. 338). Man bezeichnet dies als **aktivierende Wirkung** der OH-Gruppe. Deshalb ist die Reaktionsgeschwindigkeit der Zweitsubstitution von Phenol im Vergleich zur Substitution des Benzols erhöht.

Allgemein gilt: Substituenten mit einem +M- und/oder +I-Effekt sind *aktivierend*. Substituenten mit einem –M-Effekt und/oder einem –I-Effekt wirken *desaktivierend*. Beide Effekte können sich gegenseitig verstärken oder auch kompensieren (↑ 03).

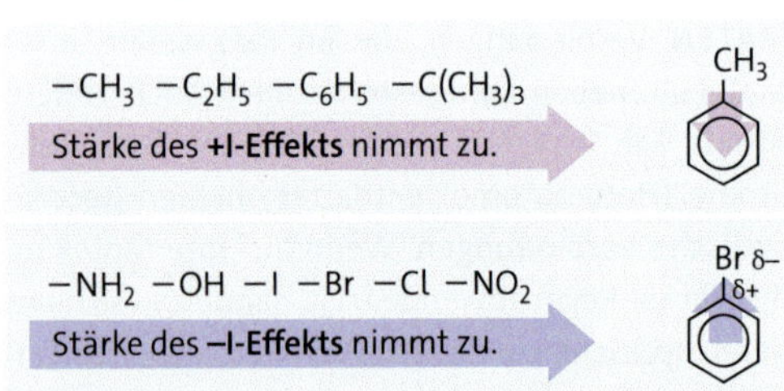

02 Stärke des induktiven Effekts von Substituenten

Erstsubstituent	Induktiver Effekt / Mesomerer Effekt	Reaktivität im Vergleich zu Benzol	dirigiert nach
$-OH, -NH_2$	+M > –I	viel größer	ortho und para
$-CH_3$	+I	größer	ortho und para
$-Cl, -Br$	–I, +M	geringer	ortho und para
$-NO_2, -COOH$	–I, –M	viel geringer	meta

03 Dirigierende Wirkung des Erstsubstituenten und Übersicht über die Effekte

DIRIGIERENDE WIRKUNG Bei einer Zweitsubstitution ist die Bildung von drei isomeren Verbindungen denkbar. Tatsächlich zeigt die Untersuchung der Reaktionsprodukte, dass der Erstsubstituent steuernd, man sagt: dirigierend, auf die Eintrittsstelle des Zweitsubstituenten wirkt: *Aktivierende* Erstsubstituenten dirigieren den Zweitsubstituenten in die ortho- und para-Stellung (2- und 4-Stellung, ↑ 01). Desaktivierende Erstsubstituenten dirigieren den Zweitsubstituenten in meta-Stellung (3-Stellung).
Grund für das unterschiedliche Reaktionsverhalten ist die Stabilität der σ-Komplexe:

Aktivierende Erstsubstituenten mit +M-Effekt wie die OH-Gruppe beim Phenolmolekül können in ortho- und para-Stellung die positive Ladung des Zweitsubstituenten übernehmen. Die π-Elektronen sind über einen größeren Bereich delokalisiert, wodurch der σ-Komplex stabilisiert wird. Bei der Substitution in meta-Stellung können die π-Elektronen nur im Ring delokalisiert werden. Der σ-Komplex ist deshalb weniger stabil.
Für die Verteilung der möglichen Reaktionsprodukte ergibt sich daraus, dass die ortho- und para-Isomere 2-Bromphenol und 4-Bromphenol bevorzugt entstehen, weil sich die entsprechenden stabilen σ-Komplexe leichter bilden, während meta-Isomere kaum oder gar nicht entstehen (↑ 04).
Desaktivierende Erstsubstituenten mit –M-Effekt wie die NO_2-Gruppe beim Nitrobenzolmolekül dirigieren den Zweitsubstituenten bevorzugt in meta-Stellung. Ein Vergleich der Grenzformeln der σ-Komplexe zeigt, dass es für den Zweitsubstituenten in ortho- und para-Stellung Grenzformeln gibt, bei denen positive Ladungen direkt benachbart sind. Eine solche Häufung gleicher Ladung ist energetisch ungünstig. Der σ-Komplex der Substitution in meta-Stellung ist deshalb stabiler und die Bildung des meta-Isomers 3-Bromnitrobenzol begünstigt (↑ 05).

Der mesomere und der induktive Effekt beeinflussen die Reaktionsgeschwindigkeit der Zweitsubstitution. Erstsubstituenten mit +M-Effekt dirigieren in ortho- und para-Stellung. Erstsubstituenten mit –M-Effekt dirigieren in meta-Stellung.

1〉 Sie erhalten den Auftrag, 2-Nitrotoluol und 3-Nitrotoluol herzustellen. Als Ausgangsstoff soll unter anderem Benzol eingesetzt werden.
a Beschreiben Sie, wie Sie vorgehen würden.
b Formulieren Sie die Reaktionsgleichungen.

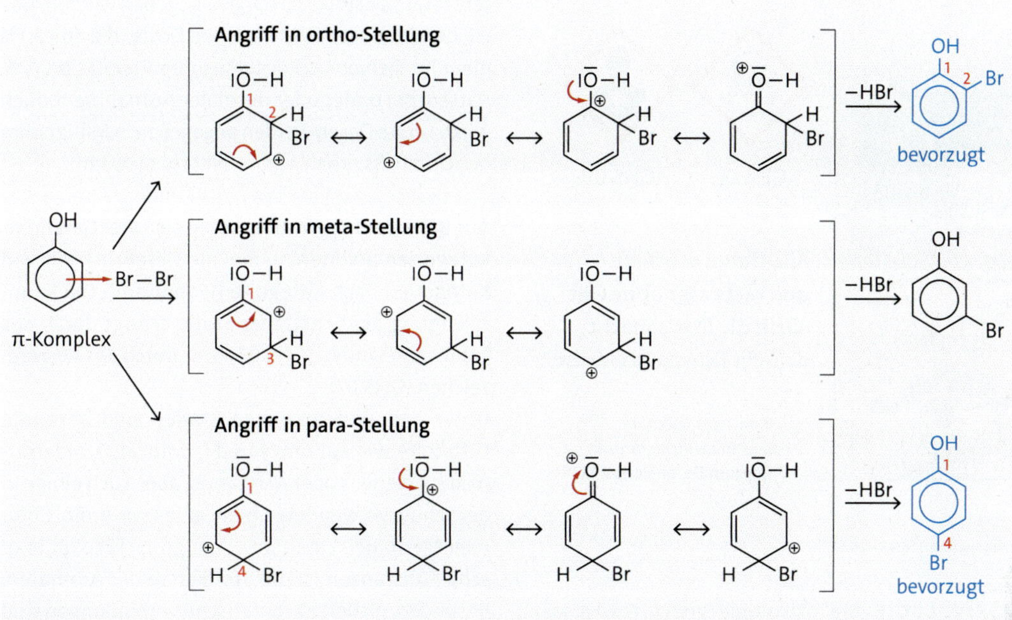

04 Mesomere Grenzformeln der σ-Komplexe bei der Bromierung von Phenol

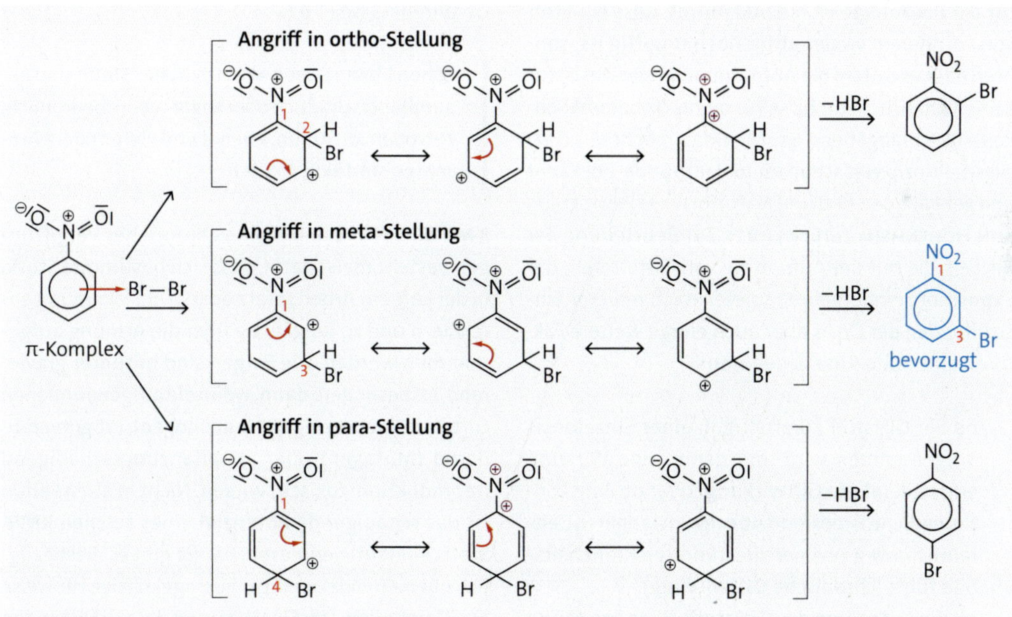

05 Mesomere Grenzformeln der σ-Komplexe bei der Bromierung von Nitrobenzol

SUBSTITUTION AN DER SEITENKETTE ODER AM BENZOLRING Bei Alkylbenzolen wie dem Toluol können am Benzolring oder an der Seitenkette, der Methylgruppe, Substitutionsreaktionen stattfinden. Welche der Reaktionen stattfindet, hängt von den *Reaktionsbedingungen* ab.

Toluol (Methylbenzol) reagiert mit Brom in Anwesenheit eines *Katalysators* wie Eisenbromid bei niedrigen Temperaturen („*Kälte*") zu einem Gemisch aus ortho- und para-Bromtoluol und Bromwasserstoff. Es läuft eine **elektrophile Substitution** am Benzolring (auch „*Kern*" genannt) ab.

Erfolgt die Reaktion ohne Katalysator bei hoher Temperatur („*Siedehitze*") und unter dem Einfluss von Licht („*Sonne*"), wird durch **radikalische Substitution** an der *Seitenkette* ein Wasserstoffatom der Methylgruppe durch ein Bromatom ersetzt. Als Reaktionsprodukt entsteht Benzylbromid C_6H_5–CH_2Br.

KKK-Regel
Kälte und ein Katalysator begünstigen die elektrophile Substitution am Ring („Kern").

SSS-Regel
Sonnenlicht und Siedehitze begünstigen die radikalische Substitution an der Seitenkette.

9.6 Toxizität aromatischer Verbindungen

01 PARACELSUS VON HOHENHEIM (1493–1541)

Informationen zu Gefahrstoffen lassen sich in einer Stoffdatenbank recherchieren

TOXIKOLOGIE Die Toxikologie (griech. *toxikologia*: Giftkunde) ist die Lehre der Giftstoffe und deren schädlicher Wirkung auf Lebewesen. Grundlegend für die Toxikologie ist die Erkenntnis, dass ein Stoff von vornherein weder giftig noch ungiftig ist, sondern dass vor allem die Aufnahmemenge (Dosis) für seine Gefährlichkeit bzw. für seine Unbedenklichkeit ausschlaggebend ist: *Die Dosis macht das Gift!* Dieses Prinzip war schon im 16. Jahrhundert bekannt und geht auf den Arzt und Naturforscher PARACELSUS VON HOHENHEIM zurück (↑ **01**). Zur Beurteilung der Risiken, die mit der Aufnahme von Giftstoffen, der **Exposition**, einhergehen, spielen nach neuerer Einsicht neben der Dosis aber auch einige weitere Faktoren eine Rolle. Hierzu gehören:

- ob der Giftstoff kurzfristig in einer Einzeldosis aufgenommen wird und dann seine Wirkung entfaltet (**akute Giftwirkung**) oder ob eine kontinuierliche Exposition über einen längeren Zeitraum hinweg zu einem bestimmten Krankheitsbild führt (**chronische Giftwirkung**).
- ob die Aufnahme des Giftstoffs über den Mund (oral), über die Atmung (inhalativ) oder über die Haut (dermal) geschieht.
- die individuellen Eigenschaften des Lebewesens, das den Giftstoff aufnimmt, z. B. Spezies, Alter und Geschlecht.

AKUT TOXISCHE STOFFE Substanzen, die beim Menschen schon in kleiner Dosis schwerwiegende Gesundheitsschäden verursachen oder gar tödlich wirken, werden als **akut toxische Stoffe** bezeichnet. Zur Abschätzung der akuten Toxizität kann die **mittlere letale Dosis** (kurz: $\mathbf{LD_{50}}$) angegeben werden. Das ist der Durchschnittswert der Dosis, die für 50 % einer im Tierversuch untersuchten Population, z. B. Ratten, bei oraler oder dermaler Aufnahme tödlich wirkt. Letale Dosen werden angegeben in Milligramm des Giftstoffs pro Kilogramm Körpergewicht.

Auf Basis der LD_{50}-Werte lassen sich vier **Gefahrenkategorien** ableiten, wobei die Gefährlichkeit von Kategorie I nach Kategorie IV abnimmt. Die Kennzeichnung akut toxischer Stoffe erfolgt durch das Totenkopf-Symbol (GHS 06) bzw. durch das Ausrufezeichen (GHS 07).
Unter den akut toxischen Stoffen sind bekannte Giftstoffe wie Kaliumcyanid („Zyankali"), Arsentrioxid („Arsenik") oder Acrylamid, aber auch einige in der Schule verwendete Chemikalien wie Brom, Chlor oder Methanol. Eine echte Fundgrube für akut toxische Substanzen ist die Stoffklasse der Aromaten. Besonders nitrierte aromatische Verbindungen sind problematisch, aber auch Anilin, Phenol, Benzaldehyd, Resorcin, Xylol und Styrol gehören in diese Gefahrenklasse (↑ **02**).

> **Schon kleine Dosen akut toxischer Stoffe sind gesundheitsschädlich oder sogar lebensbedrohlich. Nitrobenzol, Anilin, Phenol und viele andere Aromaten sind akut toxisch.**

KMR-STOFFE Die Ursache chronischer Vergiftungen besteht meist darin, dass sich bestimmte Stoffe in der Luft am Arbeitsplatz oder in der Wohnung anreichern und so langfristig über die Atmung aufgenommen werden. Die Folgen sind mitunter gravierend, insbesondere dann, wenn die aufgenommenen Giftstoffe krebserregend (karzinogen), erbgutverändernd (mutagen) oder fortpflanzungsschädigend (reproduktionstoxisch) wirken. Nicht in allen Fällen ist das schädigende Potenzial eines solchen **KMR-Stoffs** eindeutig erwiesen, häufig gibt es diesbezüglich nur mehr oder weniger aussagekräftige Hinweise aus Tierstudien. Die Einschätzung des schädigenden Potenzials eines KMR-Stoffs erfolgt durch Zuordnung zu jeweils drei Gefahrenkategorien. Alle KMR-Stoffe sind mit dem GHS-Symbol für Gesundheitsgefahren (GHS 08) gekennzeichnet.

Der Umgang mit KMR-Stoffen im Chemieunterricht ist streng geregelt: Für Stoffe der Kategorien 1A und 1B besteht in der Regel sowohl für Schülerinnen und Schüler als auch für Chemielehrkräfte ein *Verwendungsverbot*. Für alle KMR-Stoffe ist außerdem zwingend eine **Ersatzstoffprüfung** durchzuführen, d. h., die Lehrkraft muss entscheiden, ob ein Experiment alternativ auch mit einem weniger problematischen Stoff durchgeführt werden kann. Viele aromatische Verbindungen wie Benzol, Toluol, Anilin oder Phenol sind KMR-Stoffe (↑ 03).

Stoffe mit karzinogener, mutagener oder reproduktionstoxischer Wirkung werden als KMR-Stoffe bezeichnet. Beispiele: Benzol, Toluol, Anilin und Phenol.

EXPOSITION-RISIKO-BEZIEHUNG Die Gefährlichkeit eines krebserregenden Stoffs wird durch die Exposition-Risiko-Beziehung (ERB) ausgedrückt. Sie beschreibt den Zusammenhang zwischen der Konzentration des Stoffs in der Luft und der Wahrscheinlichkeit, dass bei dauerhafter Exposition im Verlauf des Lebens eine Krebserkrankung ausbricht. Bleibt die sogenannte **Akzeptanzkonzentration** unterschritten, so ist das expositionsbedingte Krebsrisiko akzeptabel gering. Wird der Wert überschritten, so erhöht sich das Risiko kontinuierlich. Bei Erreichen der sogenannten **Toleranzkonzentration** ist das Krebsrisiko aus gesetzlicher Sicht gerade noch tolerierbar. Eine weitere Überschreitung der Konzentration führt aber zu einem Erkrankungsrisiko, das z. B. am Arbeitsplatz als nicht mehr zumutbar eingeschätzt wird.

Bislang sind nur für wenige karzinogene Verbindungen Akzeptanz- und Toleranzwerte ermittelt worden, darunter auch Benzol. Der Bereich mittleren Risikos liegt hier bei Konzentrationen zwischen 0,2 mg pro Kubikmeter Luft (Akzeptanzkonzentration) und 1,9 mg pro Kubikmeter Luft (Toleranzkonzentration). Verdampft beispielsweise in einem Klassenzimmer mit einem Volumen von ca. 200 m³ ein Milliliter Benzol (880 mg), so ist die Toleranzkonzentration bereits deutlich überschritten. Allerdings sind nur diejenigen ernsthaft gefährdet, die sich jahrelang mehrere Stunden täglich in einem Raum mit einer solchen Benzolkonzentration aufhalten.

1 › Erklären Sie den Unterschied zwischen akuter und chronischer Giftwirkung.

2 › In einem Schulversuch soll mit Phenol experimentiert werden. Beschreiben Sie die Gesundheitsgefahren, die von diesem Stoff ausgehen, und geben Sie an, wie man sich davor schützen kann. Recherchieren Sie dazu die zugehörigen H-Sätze und P-Sätze (↑ S. 468 ff.).

3 › Benzol ist *aspirationstoxisch*. Recherchieren Sie, was es damit auf sich hat.

Einstufung in Gefahrenkategorie		Beispiele
Kategorie I	**lebensgefährlich** oral: $LD_{50} \leq 5$ mg/kg dermal: ≤ 50 mg/kg	2,4-Dinitroanilin 1,2- / 1,3- / 1,4-Dinitrobenzol 2-Methyl-4,6-dinitrophenol 1,3,5-Trinitrobenzol
Kategorie II	**lebensgefährlich** oral: $LD_{50} \leq 50$ mg/kg dermal: ≤ 200 mg/kg	1-Chlor-2,4-dinitrobenzol
Kategorie III	**giftig** oral: $LD_{50} \leq 300$ mg/kg dermal: ≤ 1000 mg/kg	Anilin Nitrobenzol Phenol 2,4-Dinitrophenol
Kategorie IV	**gesundheitsschädlich** oral: $LD_{50} \leq 2000$ mg/kg dermal: ≤ 2000 mg/kg	Benzaldehyd Resorcin Xylol Styrol

02 Akut toxische Aromaten

Einstufung in Gefahrenkategorie		Beispiele
Kategorie IA	schädliche Wirkung ist nachgewiesen **i. d. R. Verwendungsverbot!** Ersatzstoffprüfung!	Benzol (K)
Kategorie IB	schädliche Wirkung ist wahrscheinlich **i. d. R. Verwendungsverbot!** Ersatzstoffprüfung!	Benzol (M) Nitrobenzol (R)
Kategorie II	schädliche Wirkung wird vermutet **Ersatzstoffprüfung!**	Anilin (K/M) Nitrobenzol (K) Phenol (M) Toluol (R)

03 Aromatische KMR-Stoffe. K: karzinogen, M: erbgutverändernd, R: fortpflanzungsschädigend

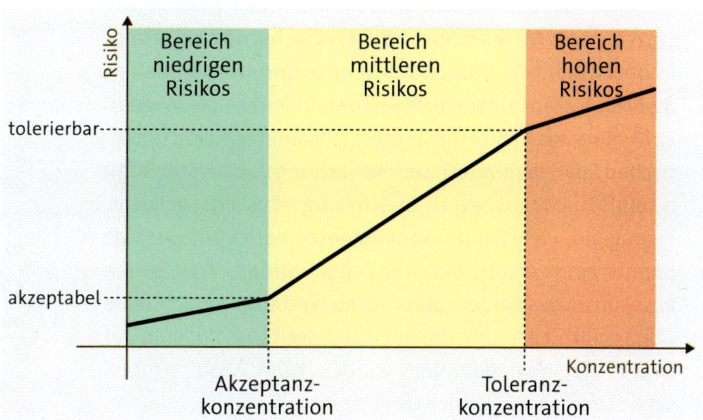

04 Exposition-Risiko-Beziehung

Crystal Meth – eine Droge mit Geschichte

Ob in einer Prüfung oder beim Wettkampf – oft gelingen uns erst in einer Stresssituation Höchstleistungen. Dabei schüttet unser Körper vermehrt das Hormon **Adrenalin** aus. Adrenalin wie auch das in Pflanzen vorkommende **Ephedrin** und die synthetischen Stoffe **Amphetamin** und **Methamphetamin** weisen ähnliche Wirkungen auf die menschliche Herz-Kreislauf-Funktion auf. Bei steigender Herzfrequenz und beschleunigter Erregungsleitung stellt sich ein allgemeines Gefühl der Wachheit und des Aufgeputschtseins ein. Weitere Wirkungen kommen bei den einzelnen Stoffen hinzu. Auffällig ist, dass die Moleküle des Adrenalins, Ephedrins, Amphetamins und Methamphetamins ein ähnliches aromatisches Grundgerüst besitzen.

METHAMPHETAMIN ist ein weißes, bitter schmeckendes Pulver, das in Wasser und Ethanol löslich ist. Es wurde erstmals 1893 von dem japanischen Chemiker NAGAI NAGAYOSHI synthetisiert. 1938 kam es unter dem Handelsnamen Pervitin auf den Markt und wurde im Zweiten Weltkrieg von der deutschen Wehrmacht und auch von der zivilen Bevölkerung als aufputschende, Hunger und Schmerz unterdrückende Wunderpille konsumiert. In Form von „Panzerschokolade" hielt es Soldaten während des Blitzkriegs an der Westfront bis zu 60 Stunden ununterbrochen wach, bei gleichzeitig gesteigertem Selbstbewusstsein, minimierten Angstgefühlen und erhöhter Risikobereitschaft. Schnell wurde aber klar, dass sich durch die Einnahme eine starke Abhängigkeit einstellt. Nach dem Krieg wurde Pervitin als verschreibungspflichtiges Medikament gegen Depressionen und Übergewicht, noch häufiger jedoch als illegales Aufputschmittel in Beruf und Sport eingesetzt. Erst 1988 erfolgte das vollständige Verbot von Pervitin.

CRYSTAL METH Spätestens seit der TV-Serie „Breaking Bad" ist die Droge Crystal Meth in den Blickpunkt der Öffentlichkeit gelangt. Die kristalline Substanz wurde bereits in den 1920er Jahren aus Methamphetamin unter Einwirkung von Salzsäure als **Methamphetamin-Hydrochlorid** hergestellt. Es überwindet die Blut-Hirn-Schranke und stört im Gehirn den Neurotransmitterstoffwechsel, indem es die Wiederaufnahme des Neurotransmitters Dopamin aus dem synaptischen Spalt verhindert. Die Herstellung von Crystal Meth ist einfach und preiswert. Gleichzeitig ist es extrem suchterzeugend. Viele Drogenkonsumenten berichten, dass sie bereits beim ersten Mal abhängig wurden. Weil es die Ressourcen des Körpers aufbraucht, wird eine vernichtende Abhängigkeit erzeugt, die nur durch weiteren Konsum der Droge scheinbar gelindert werden kann. Viele sterben schließlich an den Folgen des Konsums.

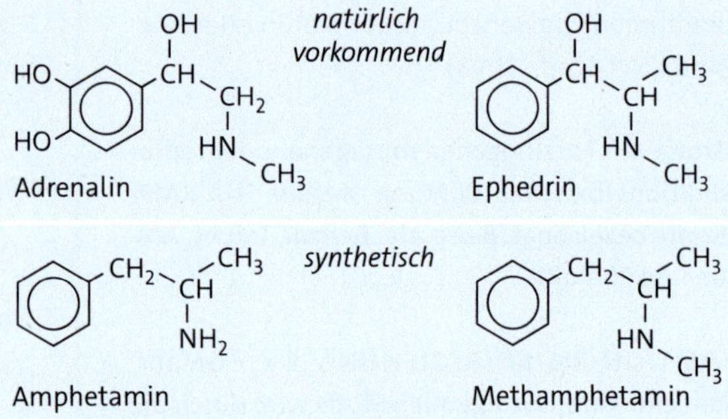

01 Ähnlichkeit der Moleküle der natürlichen Stoffe Adrenalin und Ephedrin mit den Drogen Amphetamin und Methamphetamin

Kurzzeitwirkung	Langzeitwirkung
• schneller Herzschlag, hoher Blutdruck, erhöhte Körpertemperatur • erweiterte Pupillen • Schlafstörungen • Appetitlosigkeit, Übelkeit • bizarres, fahriges, oft aggressives Verhalten • Halluzinationen, Panik • Neigung zu Krämpfen bis hin zum Tod	• irreversible Schädigungen der Blutgefäße • Leber-, Nieren-, Lungenschäden, Zerstörung der Nasenschleimhäute • Abszesse, Unterernährung • schwerer Zahnverfall • Desorientierung, Apathie • starke mentale Abhängigkeit, Psychosen, Depressionen, Demenz

02 Wirkungen des Konsums von Crystal Meth

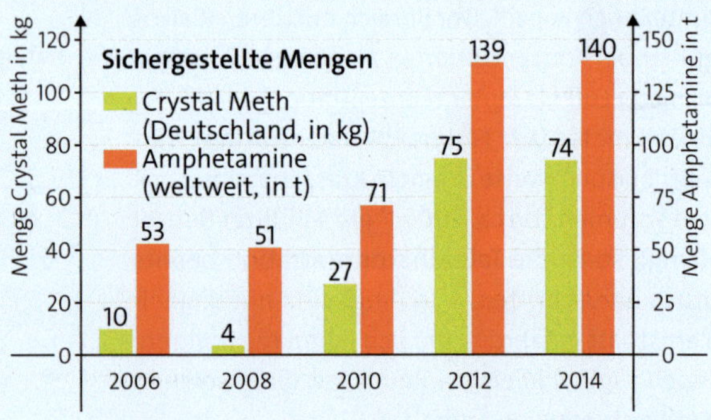

03 Sichergestellte Drogen: Crystal Meth und Amphetamine

1) Beschreiben und vergleichen Sie die Struktur der Moleküle in Bild ↑ **01**.

2) Stellen Sie eine Hypothese auf, wie es zu den ähnlichen Wirkungen von Adrenalin, Ephedrin, Amphetamin und Methamphetamin kommen kann.

3) Bewerten Sie den Einsatz von Methamphetamin im Zweiten Weltkrieg.

4) Beurteilen Sie die gefährdende Wirkung von Crystal Meth und Amphetaminen für die Bevölkerung.

Klausurtraining

Material A Aromatischer Zustand

Aromaten bilden wegen ihrer besonderen Strukturmerkmale eine eigene Stoffklasse.
In der Tabelle sind Strukturformeln von vier Verbindungen angegeben, die gemeinsame Strukturmerkmale mit dem Benzolmolekül haben:

Cyclopentadien

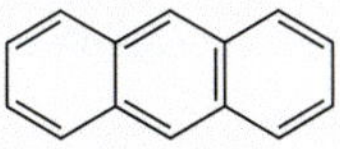
Anthracen

Cyclooctatetraen

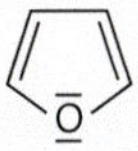
Furan

A1.1 Aromatische Verbindungen – oder nicht?!

AUFGABEN ZU A

1 ⟩ Skizzieren Sie die Kekulé-Strukturformel des Benzols. Erläutern Sie, warum sie nicht im Einklang mit dem Reaktionsverhalten bei der Bromierung von Benzol steht.

2 ⟩ Beschreiben Sie anhand des Benzolmoleküls, was unter dem aromatischen Bindungszustand zu verstehen ist.

3 ⟩ **a** Erläutern Sie mithilfe der in ↑ A1.1 abgebildeten Moleküle die strukturellen Gemeinsamkeiten mit Benzol.
b Begründen Sie, welche dieser Verbindungen zu den Aromaten gerechnet werden.

Material B Welche Substitutionsreaktion?

In einem Experiment wird Toluol (Methylbenzol) bei niedrigen Temperaturen und in Anwesenheit des Katalysators $FeBr_3$ mit Brom vermischt. Das Gemisch entfärbt sich.

AUFGABEN ZU B

1 ⟩ Formulieren Sie die Reaktionsgleichung und geben Sie die Reaktionsart an.

2 ⟩ Stellen Sie den Reaktionsmechanismus unter Verwendung von entsprechenden mesomeren Grenzformeln für diese Reaktion auf.

3 ⟩ Erläutern Sie, unter welchen Bedingungen sich das folgende Reaktionsprodukt bilden würde:

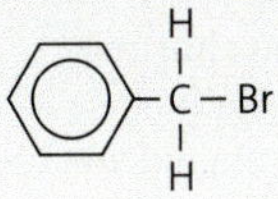
Benzylbromid

4 ⟩ Entwickeln Sie ein allgemeingültiges Schema für die möglichen Reaktionsarten der Bromierung von Toluol.

Material C Sprengstoff TNT

Die Abkürzung TNT steht für den bekannten und viel verwendeten Sprengstoff 2,4,6-Trinitrotoluol. Er wird durch die Nitrierung von Toluol hergestellt, wobei das Produkt in einer stufenweisen Substitution mit steigender Konzentration von Nitriersäure, einem Gemisch aus Salpetersäure und Schwefelsäure, erzeugt wird.
Wird dem Sprengstoff durch Schlag oder Wärme Energie zugeführt, so zerfällt TNT so rasch in verschiedene Gase wie Kohlenstoffdioxid, Kohlenstoffmonooxid, Stickstoff und gasförmiges Wasser, dass man von einer Explosion spricht.
Dabei entstehen aus einem Kilogramm Sprengstoff 690 l Gase, die durch die frei werdende Energie von 4000 kJ bis zu 2820 °C heiß werden. Die Detonationsgeschwindigkeit beträgt $6900\ m \cdot s^{-1}$.

Eine Explosion ist eine plötzliche Oxidations- oder Zerfallsreaktion mit schnellem Temperatur- und Druckanstieg. Dabei kommt es zu einer Volumenausdehnung von Gasen und einer Freisetzung von großen Energiebeträgen.

C1.1 Aus einem Lexikon

AUFGABEN ZU C

1 ⟩ Zeichnen Sie die Strukturformel von 2,4,6-Trinitrotoluol (TNT).

2 ⟩ Entwickeln Sie die Reaktionsgleichung für die stufenweise Synthese von TNT.

3 ⟩ **a** Formulieren Sie den Reaktionsmechanismus für die erste Stufe der Bildung von TNT, bei der Nitrotoluol entsteht.
b Begründen Sie, um welche Reaktionsart es sich handelt.

4 ⟩ Entwickeln und erläutern Sie das Energiediagramm für die Umsetzung von Toluol zu Nitrotoluol.

5 ⟩ **a** Beschreiben Sie, wie eine Explosion abläuft.
b Formulieren Sie die Reaktionsgleichung für die Explosion von TNT.
c Begründen Sie, worauf die explosive Wirkung dieses Sprengstoffs beruht.

Auf einen Blick

Aromatischer Bindungszustand

Merkmal eines Moleküls mit aromatischem Bindungszustand ist ein ringförmiges, ebenes, delokalisiertes π-Elektronensystem mit $(4n + 2)$ π-Elektronen (**Hückel-Regel**, $n = 0, 1, 2, 3,...$).

Mesomeres System

System delokalisierter π-Elektronen, dessen Struktur nicht durch eine einzige Strukturformel, sondern durch Grenzformeln wiedergegeben wird. Keine dieser Grenzformeln beschreibt die Bindungsverhältnisse und damit die Verteilung der Elektronen in ausreichender Weise. Die tatsächliche Elektronenverteilung im Molekül bzw. im Ion liegt zwischen den von den Grenzformeln angegebenen Elektronenverteilungen.
Zwischen solchen Grenzformeln wird der **Mesomeriepfeil** ⟷ gesetzt.
Mesomere Systeme sind energieärmer und stabiler als die entsprechenden hypothetischen Grenzformeln.

Bindungsverhältnisse im Benzolmolekül

Struktur

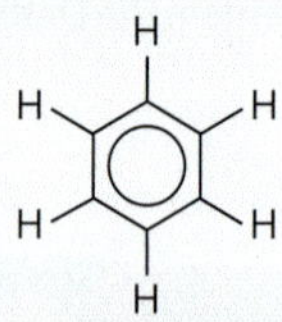

- Molekülformel: C_6H_6
- regelmäßiges, ebenes Sechseck
- alle Bindungswinkel betragen 120°

Mesomerie

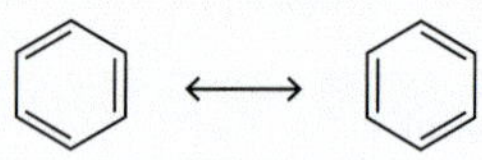

- hypothetische Grenzformeln

Mesomerieenergie

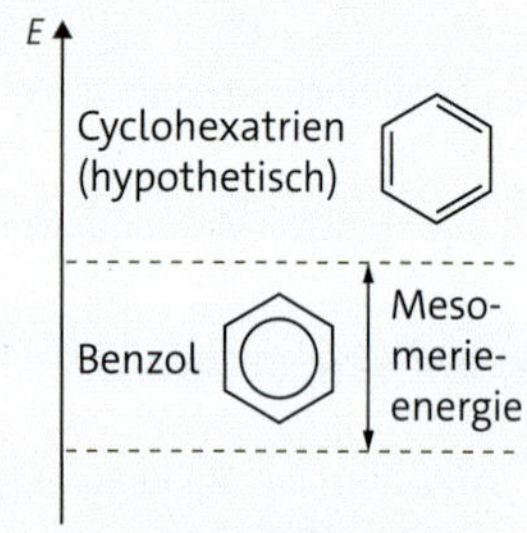

- Energiebetrag, der zum Aufheben des aromatischen Zustands notwendig ist

Verwandte des Benzols

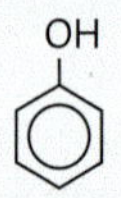

Phenol (Hydroxybenzol)

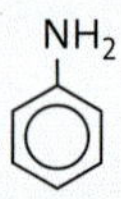

Anilin (Aminobenzol)

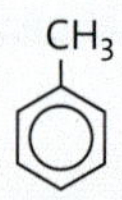

Toluol (Methylbenzol)

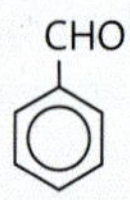

Benzaldehyd

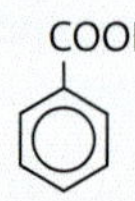

Benzoesäure

Mesomerer Effekt (M-Effekt)

Wirkung eines Substituenten auf die Elektronenverteilung im aromatischen System des Moleküls
- +M-Effekt: erhöht die Elektronendichte in einem aromatischen System; +M-Substituenten besitzen ein oder mehrere freie Elektronenpaare: –I, –Br, –Cl, –OH, $-NH_2$
- –M-Effekt: vermindert die Elektronendichte in einem aromatischen System; –M-Substituenten besitzen Doppel- oder Dreifachbindungen: –CHO, –COOH, $-NO_2$

Elektrophile Substitution (S_E)

Typische Reaktion der Aromaten.
Im Verlauf der Reaktion kommt es durch Wechselwirkungen zwischen dem π-Elektronensystem des Aromaten und dem elektrophilen Reaktionspartner zur Bildung eines π-Komplexes. Dieser reagiert zu einem Carbenium-Ion, dem σ-Komplex, weiter. Schließlich wird der aromatische Bindungszustand wiederhergestellt und es entsteht das Substitutionsprodukt.

Elektrophile Zweitsubstitution

Bei der Zweitsubstitution beeinflusst der Erstsubstituent die Reaktionsgeschwindigkeit und den Ort der Zweitsubstitution.
Aktivierende Substituenten mit +M- und/oder +I-Effekt erhöhen die Elektronendichte im π-Elektronensystem und dirigieren den Zweitsubstituenten in ortho- oder para-Stellung.
Desaktivierende Substituenten mit –M- und/oder –I-Effekt verringern die Elektronendichte und dirigieren den Zweitsubstituenten in meta-Stellung.

Übungsaufgaben

1〉 Im Deutschen ist die Bezeichnung „Benzol" immer noch üblich, obwohl nach der IUPAC-Nomenklatur die Bezeichnung „Benzen" vorgesehen ist. Diskutieren Sie, welcher Name den Stoff genauer beschreibt.

2〉 Begründen Sie, warum Toluol (Methylbenzol) zu den aromatischen Kohlenwasserstoffen gehört.

3〉 Begründen Sie, nach welchem Reaktionstyp Chlor mit Benzol in Anwesenheit des Katalysators Eisen(III)-chlorid $FeCl_3$ reagiert. Formulieren Sie den Mechanismus der Reaktion.

4〉 Stellen Sie in einer Tabelle Edukte, Produkte, Reaktionsbedingungen und Art des angreifenden Teilchens der elektrophilen Addition der Alkene der elektrophilen Substitution der Aromaten gegenüber.

5〉 Elektrophile Substitutionen verlaufen mit Phenol besonders leicht und ohne Katalysatoreinsatz. Erklären Sie dieses Phänomen.

6〉 Erklären Sie, warum elektrophile Substitutionen mit Anilin bevorzugt an Position 2 oder 4 des Rings ablaufen.

7〉 **a** Erklären Sie unter Verwendung mesomerer Grenzformeln die Acidität des Phenols.
b Auch die Derivate 4-Nitrophenol und 4-Methylphenol reagieren sauer. Ordnen Sie Phenol und die gegebenen Derivate nach abnehmender Acidität und begründen Sie Ihre Entscheidung.

8〉 Anilin geht wie Phenol sehr leicht elektrophile Substitutionsreaktionen ein. In saurer Umgebung reagiert Anilin jedoch nur schlecht. Erklären Sie dieses Phänomen.

9〉 Stellen Sie die mesomeren Grenzformeln des Anilinmoleküls vor und nach der Protonierung auf und vergleichen Sie sie mit den mesomeren Grenzformeln des Phenolmoleküls.

10〉 **a** Geben Sie an, welche Reaktionsprodukte bei der Bromierung von Toluol (Methylbenzol) überwiegend entstehen.
b Formulieren Sie die Grenzformeln der σ-Komplexe für die Zweitsubstitution.
c Begründen Sie, warum nicht in gleichem Maße ortho-, meta- und para-Produkte gebildet werden.

11〉 Phenol (Hydroxybenzol) kann mit weiteren Hydroxygruppen substituiert werden. Die dabei gebildeten Verbindungen mit zwei Hydroxygruppen heißen Diphenole:

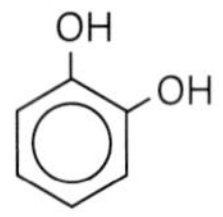

Brenzkatechin

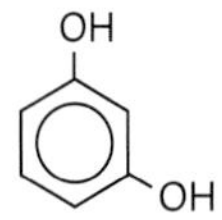

Resorcin

Hydrochinon

a Geben Sie die systematischen Namen der drei isomeren Diphenole an.
b Hydrochinon färbt sich an der Luft braunrot. Dabei entsteht das Oxidationsprodukt 1,4-Benzochinon.

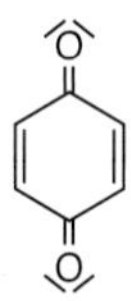
1,4-Benzochinon

Entwickeln Sie die Reaktionsgleichung. Charakterisieren Sie die Stoffgruppe der Chinone.
c Stellen Sie mithilfe von Reaktionsgleichungen eine Hypothese auf, ob Brenzcatechin und Resorcin ebenfalls an der Luft oxidieren. Begründen Sie Ihre Hypothese.

Mithilfe dieses Kapitels können Sie:	Aufgabe	Hilfe finden Sie auf Seite
▸ die Besonderheiten des aromatischen Bindungszustands mithilfe der Hückel-Regel erklären	*1, 2, 11*	*334*
▸ Mesomerie von Molekülen mithilfe von Grenzstrukturen in der Lewis-Schreibweise erklären	*2, 5, 6, 7, 9, 10*	*332,333*
▸ Eigenschaften unterschiedlicher aromatischer Verbindungen aufgrund ihrer Struktur erklären	*2, 7, 8, 11*	*334,335*
▸ die elektrophile Substitution als typische Reaktion aromatischer Verbindungen beschreiben	*3, 4, 5, 10*	*336*
▸ die Wirkung mesomerer und induktiver Effekte beschreiben	*5, 7, 10*	*338,340*
▸ die dirigierende Wirkung von Substituenten bei der Zweitsubstitution deuten	*6, 10*	*340*

Wer Getränkekisten tragen muss, ist froh, wenn die darin befindlichen Flaschen aus Kunststoff sind. Wir nutzen diese leichten, stabilen und in allen Formen sowie Farben herstellbaren Einweg- und Mehrwegverpackungen täglich für viele Lebensmittel. Da die Ausgangssttoffe für die meisten Kunststoffe jedoch nur begrenzt vorhanden sind, müssen entsprechende Recyclingmethoden angewendet werden – vor allem auch, um die Umwelt vor einem rasanten Anstieg von Kunststoffabfällen zu schützen.

Moderne Werkstoffe – Kunststoffe und Nanomaterialien 10

Synthetische makromolekulare Stoffe

Struktur und Eigenschaften der Polymere

- Thermoplaste
- Duroplasten
- Elastomere

Herstellungsarten

- Polykondensation
- Kettenpolymerisation
- Polyaddition

Verwertung von Kunststoffabfällen

- Rohstoffliches Recycling
- Werkstoffliches Recycling
- Thermisches Verwerten

Nanopartikel

- Oberflächen- und Größeneffekte
- Tyndall-Effekt
- Bottom-up- und Top-down-Verfahren
- Quantum Dots, Nanorods
- Stabilisierung von Nanopartikeln

01 Von fast 6 Mio. Tonnen Kunststoffabfällen werden in Deutschland 2,7 Mio. Tonnen werk- und rohstofflich genutzt. Aus Polyethenabfällen werden beispielsweise Getränkekästen hergestellt.

10.1 Ein erster Blick in die Welt der Kunststoffe

01 PET – ein Kunststoff kann unterschiedliche Anforderungen an seine Stoffeigenschaften für unterschiedliche Verwendungen ermöglichen.

EIN KUNSTSTOFF – VERSCHIEDENE EIGENSCHAFTEN Einweggetränkeflaschen werden aus dem Kunststoff **Polyethylenterephthalat**, kurz: **PET**, hergestellt. Sie sind meist sehr dünnwandig und einfach mechanisch zu verformen. Das Verhalten ähnelt einer wenige Zehntelmillimeter dicken Kunststofffolie. Doch auch die dickwandigeren, sehr viel formstabileren Mehrwegflaschen aus Kunststoff werden aus PET gefertigt (↑ 02).
Weniger bekannt ist, dass PET in Form von Fasern als Material für Rucksäcke, Skibekleidung, Fleece-Decken oder als Füllmaterial von Stofftieren eingesetzt wird (↑ 01).

Die vielen unterschiedlichen Anwendungen sprechen für verschiedene Eigenschaften ein und desselben Kunststoffs – PET scheint nicht gleich PET zu sein. Offensichtlich lassen sich die Stoffeigenschaften des Kunststoffs PET nicht ohne Weiteres eindeutig bestimmen.
Dies liegt unter anderem daran, dass die Verarbeitung eines Kunststoffs einen wesentlichen Einfluss auf die späteren Eigenschaften des Werkstoffs hat. So verhält sich ein Kunststoff, der zu einer Faser gezogen wurde, ganz anders als eine Folie oder ein kompakt gegossenes Werkstück aus ein und demselben Material (↑ 02).

Video: Thermoplastischer Kunststoff im 3D-Drucker

Im Gegensatz zu „klassischen Stoffen" lassen sich die Stoffeigenschaften eines Kunststoffs nicht eindeutig angeben. Zur exakten Beschreibung sind weitere Informationen, beispielsweise die Art der Kunststoffverarbeitung, erforderlich.

02 PET-Einwegflasche und -Mehrwegflasche im direkten Vergleich: *ein* Kunststoff – aber vollkommen unterschiedliche mechanische Eigenschaften

ENTSCHEIDENDES WERKSTOFFKRITERIUM: DIE MECHANISCHEN EIGENSCHAFTEN Zur Beschreibung der mechanischen Eigenschaften von Werkstoffen betrachtet man deren Verformbarkeit bei Einwirkung einer Kraft. Lässt sich der Werkstoff verformen und kehrt er nach Wegfall der Krafteinwirkung in seine ursprüngliche Form zurück, spricht man von **elastischem Verhalten**, z. B. bei Gummi. Ist die Elastizität gering bis gar nicht ausgeprägt, spricht man von **sprödem Verhalten**, z. B. bei Glas oder Salzen. Kehrt ein Werkstoff nach Wegfall einer Krafteinwirkung nicht in seine ursprüngliche Form zurück, wird dies als **plastische Verformung** bezeichnet. Beispiele dafür sind Knete oder Metalle.

EINTEILUNG VON KUNSTSTOFFEN AUFGRUND IHRER MECHANISCHEN EIGENSCHAFTEN Für Bastelarbeiten oder zur schnellen Reparatur von Gegenständen eignen sich Schmelzklebstoffe (Heißkleber) aufgrund ihrer einfachen Handhabung sehr gut. Der Schmelzklebstoff ist ein Kunststoff, der in Stangenform vertrieben wird. Der Kunststoff wird in der Heißklebepistole bei ca. 180 °C geschmolzen. Nach dem Abkühlen zeigt der Klebstoff dieselben Eigenschaften wie die ursprünglich eingesetzte Kunststoffstange. Bei Kunststoffen, die sich nur im erhitzten Zustand plastisch verformen lassen, spricht man von **Thermoplasten** (↑ 03).

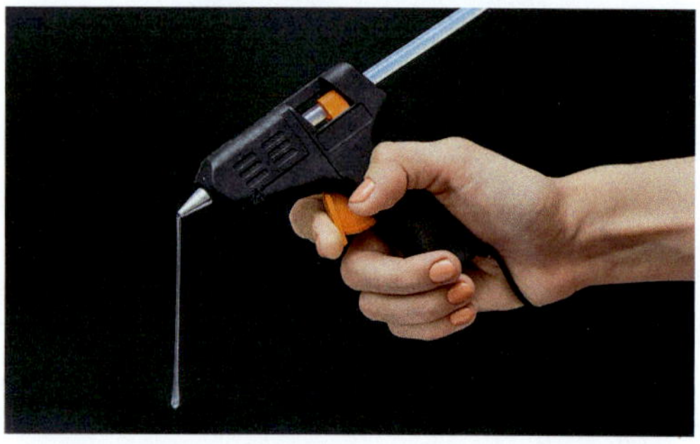

03 Heißkleber – ein thermoplastischer Kunststoff

04 Pfannengriffe bestehen aus Duroplasten, die offensichtlich einer gewissen Hitze widerstehen können.

Lässt man eine Pfanne mit einem Kunststoffgriff fallen, passiert es leicht, dass der Griff zerbricht oder Teile absplittern. Er zeigt sprödes Verhalten. Gegenüber Hitzeeinwirkung zeigen diese Kunststoffe, die zur Herstellung von Griffen von Pfannen und Töpfen eingesetzt, werden keinerlei plastische Verformung (↑ 04). Erst bei sehr hohen Temperaturen beginnt der Kunststoff sich zu zersetzen, er „verkohlt“.

Kunststoffe mit diesen Eigenschaften müssen in ihrer endgültigen Form durch „Aushärten“ synthetisiert werden, weshalb sie als **Duroplaste** (lat. *duro*: härten; griech. *méros*: Teil) bezeichnet werden.

Haushaltsgummis zeigen elastisches Verhalten. Hitzeeinwirkungen gegenüber verhalten sie sich wie Duroplaste: Ein Schmelzen ist nicht zu beobachten, bei sehr hohen Temperaturen beginnt die Zersetzung. Derartige Kunststoffe werden der Klasse der **Elastomere** zugeordnet (↑ 05).

> **Aufgrund ihrer mechanischen Eigenschaften lassen sich Kunststoffe in Thermoplaste, Duroplaste und Elastomere einteilen.**

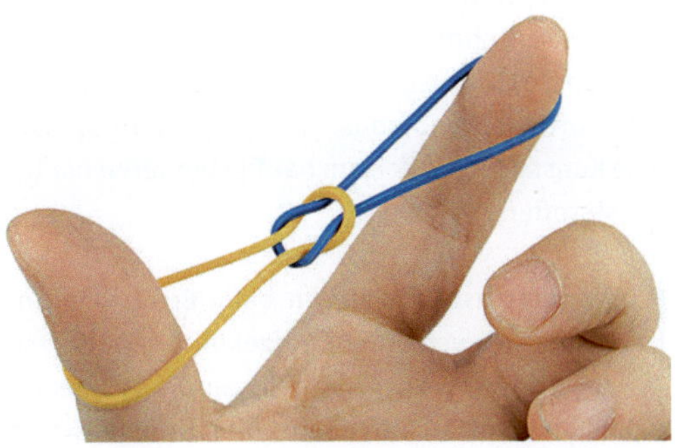

05 Haushaltsgummis werden aus Elastomeren gefertigt.

SYNTHETISCHE MAKROMOLEKÜLE Weshalb werden „Kunststoffe“ als eine Stoffgruppe betrachtet, obwohl sich Duroplaste, Elastomere und Thermoplaste in ihren Stoffeigenschaften grundlegend unterscheiden? Und wie lässt es sich erklären, dass ein und derselbe Kunststoff gänzlich unterschiedliche Stoffeigenschaften zeigen kann (↑ 01, 02)?
Antworten auf diese Grundsatzfragen liefert der molekulare Aufbau von Kunststoffen. Um 1920 postulierte HERMANN STAUDINGER, dass Kunststoffe aus riesigen, mehr als 100 000 Atome umfassenden Molekülen bestehen. Dafür führte er den Begriff **Makromolekül** ein. Weiterhin nahm er einen kettenförmigen (linearen) Aufbau der Makromoleküle aus sich wiederholenden Einheiten an. Für seine Arbeiten auf dem Gebiet der makromolekularen Stoffe wurde er 1953 mit dem Nobelpreis für Chemie ausgezeichnet (↑ 06).

06 HERMANN STAUDINGER beschrieb als Erster Makromoleküle und erhielt dafür 1953 den Nobelpreis für Chemie.

VOM MONOMER ZUM POLYMER Die Grundstruktur der Makromoleküle, aus denen Kunststoffe aufgebaut sind, können als *lineare Ketten* betrachtet werden. Sie entstehen bei der Synthese aus kleinen Molekülen, die in Kettenreaktionen durch Elektronenpaarbindungen verknüpft werden. Man nennt diese „Bausteinmoleküle“ **Monomere**, die sich in chemischen Reaktionen zu **Polymerketten** bzw. **Polymeren** verbinden. Dieses Prinzip findet sich analog bei Naturstoffen, die ebenfalls aus Makromolekülen aufgebaut sind. Sind die Polymerketten frei beweglich, beispielsweise in einer Schmelze, liegen diese in *ungeordneten Knäueln* vor. Dieser Zustand ist energetisch am günstigsten.

Modell einer Polymerkette in linearer Form

bzw. in geknäuelter Form

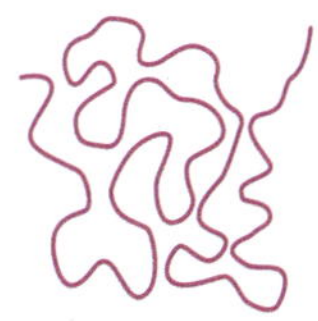

Natürlich vorkommende Polymere: *Polypeptide und Proteine ↑ S. 424 ff.; Kohlenhydrate (Polysaccharide) ↑ S. 412 ff.*

Die sich stark unterscheidenden Stoffeigenschaften von Kunststoffen lassen sich über die Anordnung und die Länge der Polymerketten in den Kunststoffen erklären, was Gegenstand dieses Kapitels ist.

> **Kunststoffe bestehen aus Polymerketten, die in einer chemischen Reaktion aus Monomeren gebildet werden. Die Länge der Ketten und die Anordnung zueinander sind für die Stoffeigenschaften wesentlich.**

1 〉 Beschreiben Sie das mechanische Verhalten von Duroplasten, Elastomeren und Thermoplasten und geben Sie jeweils ein Beispiel eines Kunststoffs aus dem Alltag an.

2 〉 Berechnen Sie die Anzahl an Monomereinheiten (C_2H_4) in den Polymer-Molekülen einer Polyethenprobe mit der molaren Masse $M = 140\,000\ g \cdot mol^{-1}$.

10.2 Molekülstruktur und Eigenschaften von Kunststoffen

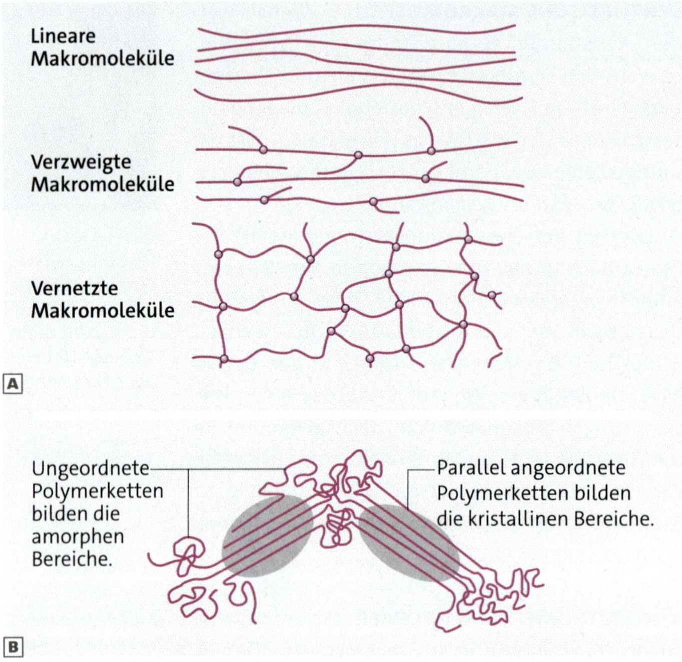

01 A Struktur von Makromolekülen, **B** kristalline und amorphe Bereiche in einem Kunststoff

Chemische Wechselwirkungen ↑ S. 52 ff.

Der Begriff „Polymer" wird synonym für „Polymerkette", aber auch für „Kunststoffe" allgemein verwendet.

RÄUMLICHE ANORDNUNG DER MAKROMOLEKÜLE Die Stoffeigenschaften von Kunststoffen resultieren aus der Anordnung der Polymerketten zueinander. Es lassen sich lineare (kettenförmige, unverzweigte), **verzweigte** sowie **vernetzte** Makromoleküle unterscheiden. Bei vernetzten Makromolekülen liegen im Idealfall keine einzelnen Polymerketten, sondern nur noch ein Gesamtmakromolekül vor. Bei verzweigten Makromolekülen sind es lineare, separate Polymerketten, die im Verhältnis zur Hauptkette einzelne, kurze Seitenzweige aufweisen (↑ **01A**).

AMORPHE UND KRISTALLINE BEREICHE Die linearen Kettenabschnitte von Makromolekülen können unterschiedlich orientiert vorliegen. Treten einheitliche, regelmäßige Strukturen auf, spricht man von **kristallinen** Bereichen. Entspricht die Struktur dagegen der statistischen, d. h. „regellosen" geknäuelten Anordnung, wie sie frei bewegliche Polymerketten einnehmen, wird der Bereich als **amorph** bezeichnet (↑ **01B**). In **teilkristallinen** Polymeren finden sich kristalline und amorphe Bereiche. Weist ein Kunststoff einen hohen Anteil an kristallinen Bereichen auf, zeigt sich dies an seiner Härte (↑ Exp. 10.01, S. 355).

STRUKTUR VON THERMOPLASTEN Thermoplaste liegen in der Regel als teilkristalline Polymere vor. Sie bestehen aus linearen oder nur wenig verzweigten Makromolekülen. Zwischen den Polymerketten können je nach chemischem Aufbau der Kette *Wechselwirkungen* zwischen permanenten Dipolen (Keesom-Wechselwirkungen) oder temporären Dipolen (London-Wechselwirkungen) bzw. Wasserstoffbrücken auftreten.

Beim Erwärmen des Kunststoffs erhöht sich die Bewegungsenergie der Makromoleküle, wodurch die zwischenmolekularen Wechselwirkungen überwunden werden und die Makromoleküle aneinander vorbeigleiten können. Dadurch erweicht der Kunststoff, fängt schließlich an zu schmelzen und wird plastisch. In diesem Zustand lassen sich *thermoplastische Kunststoffe* leicht verformen und behalten nach Abkühlung ihre neue Form bei (↑ Exp. 10.02, S. 355).

Oberhalb des Fließtemperaturbereichs zersetzt sich der Thermoplast, da die Elektronenpaarbindungen innerhalb der Makromoleküle aufbrechen (↑ **02**). Da sich das Aufschmelzen und das In-die-neue-Form-Bringen unterhalb der Zersetzungstemperatur beliebig oft wiederholen lässt, zählen thermoplastische Kunststoffe zu den am häufigsten verwendeten Kunststoffen.

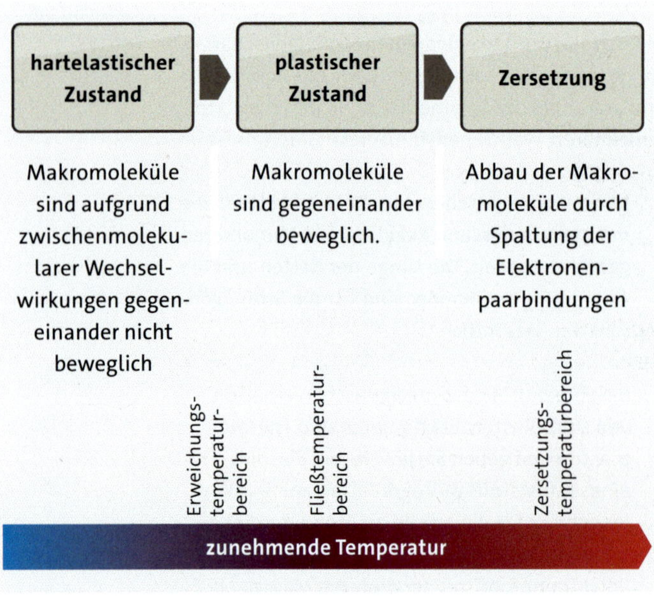

02 Verhalten von Thermoplasten beim Erwärmen

Thermoplaste erweichen beim Erwärmen und lassen sich verformen. Abgekühlt behalten sie die gegebene Form bei. Sie sind aus linearen Polymerketten aufgebaut, die durch zwischenmolekulare Wechselwirkungen zusammengehalten werden.

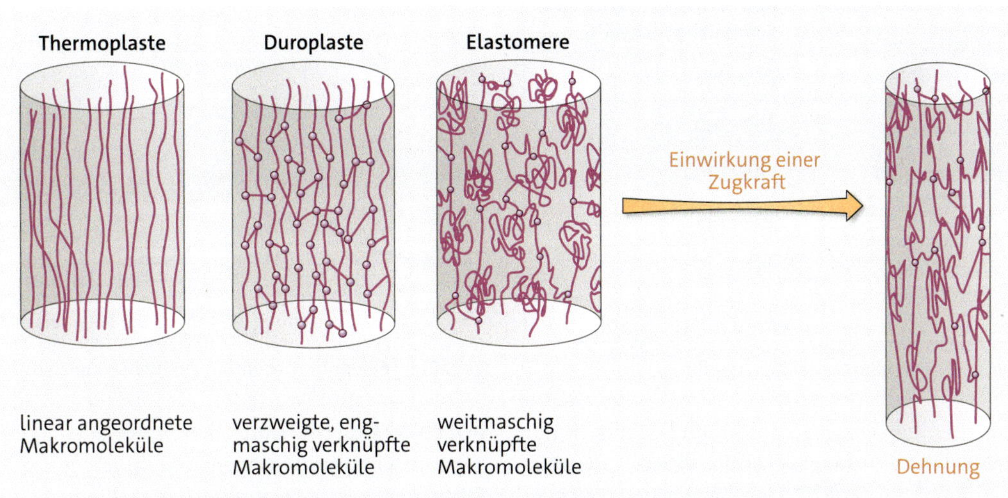

03 Anordnung der Makromoleküle in den Kunststoffarten Thermoplaste, Duroplaste und Elastomere

Übung: Duroplast, Thermoplast oder Elastomer?

STRUKTUR VON DUROPLASTEN Duroplasten sind aus engmaschig vernetzten Makromolekülen aufgebaut. Die dreidimensionale Vernetzung erfolgt durch Elektronenpaarbindungen zwischen den linearen Polymerketten. Beim Erwärmen erhöht sich zunächst nur die Bewegungsenergie der Makromoleküle, wobei die netzartige Struktur beibehalten wird. Bei stärkerer Erhitzung zersetzt sich der Kunststoff, da die Elektronenpaarbindungen innerhalb der Makromoleküle aufbrechen.

Duroplaste lassen sich mechanisch nicht verformen, da die Polymerketten räumlich fixiert sind. Auch ein Aufschmelzen wie bei Thermoplasten ist nicht möglich, da die chemische Vernetzung ein Aneinandervorbeigleiten der Polymerketten verhindert (↑ Exp. 10.02, S. 355). Daher müssen Duroplaste bereits bei der Herstellung ihre endgültige Form erhalten, die anschließend nur noch durch Sägen oder Schleifen bearbeitet werden kann.

Da dieses Verfahren im Vergleich zum Aufschmelzen eines Thermoplasts sehr viel aufwendiger ist, kommen Duroplaste nur noch in wenigen Fällen zum Einsatz. Aufgrund der Tatsache, dass sie bei Erwärmung formstabil bleiben, werden Duroplasten in Gehäusen für elektrische Bauteile verwendet.

Duroplasten sind Kunststoffe, die nicht schmelzbar sind. Sie müssen bei der Herstellung in ihre endgültige Form gebracht werden. Sie sind aus engmaschig vernetzten Makromolekülen aufgebaut.

STRUKTUR VON ELASTOMEREN Ebenso wie bei den Duroplasten sind die weitmaschig vernetzten Makromoleküle der **Elastomere** durch Elektronenpaarbindungen miteinander verbunden. Bei Einwirken einer Zugkraft werden die geknäuelt vorliegenden Polymerketten zwischen den Vernetzungspunkten in einen sortierten Zustand gebracht. Da die ungeordnete Struktur („Knäuel") *energetisch günstiger* ist als die geordnete, wirkt eine Rückstellkraft, die das Elastomer in seine Ausgangsform zurückführt (↑ Exp. 10.04, S. 355).

Entropische Effekte ↑ S. 84 f.

Erst bei stärkerer mechanischer Beanspruchung oder bei starker Erwärmung brechen die Elektronenpaarbindungen auf und der Kunststoff zerreißt oder zersetzt sich (↑ Exp. 10.06, S. 355). Elastomere zeichnen sich durch eine hohe Elastizität aus. Sie werden deshalb in Reifen, Gummiringen oder Sitzpolstern eingesetzt.

Elastomere sind Kunststoffe, die bei mechanischer Belastung ihre Form verändern. Anschließend kehren sie in ihre Ausgangsform zurück. Sie sind aus weitmaschig vernetzten Makromolekülen aufgebaut.

1 Beschreiben Sie die molekulare Struktur der Thermoplasten, Duroplasten und Elastomere.

2 Erstellen Sie eine tabellarische Übersicht, in der Sie das Verhalten von Thermoplasten, Duroplasten und Elastomeren beim Erwärmen vergleichen und den Veränderungen ihrer molekularen Struktur gegenüberstellen.

3 Recherchieren Sie zu Anwendungsbereichen von Kunststoffe in Alltag und Technik. Präsentieren Sie Ihre Ergebnisse in geeigneter Form.

Polymolekularität bei Kunststoffen

Kunststoff	Schmelzbereich in °C
Polyethylenterephthalat (PET) I	235–245
Polyethylenterephthalat (PET) II	250–260
Polyethen mit geringer Dichte (LDPE)	105–120
Polyethen mit hoher Dichte (HDPE)	125–135
Polyamid 6 (PA 6)	215–225
Polystyrol (PS)	235–250

01 Schmelzbereiche einiger thermoplastischer Kunststoffe

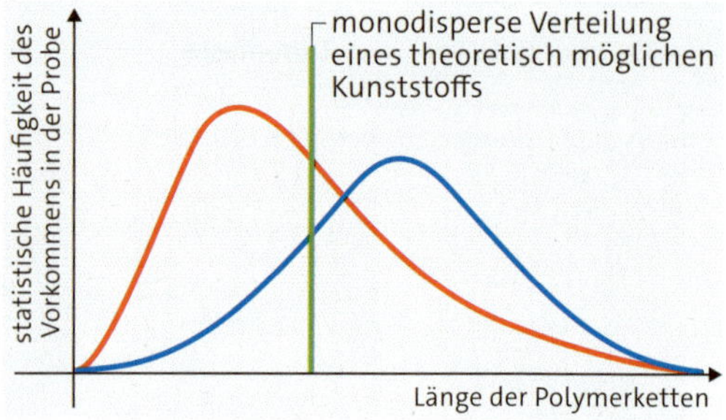

02 Statistische Verteilung der Längen der Polymerketten von zwei Kunststoffproben und eine monodisperse Verteilung eines nur theoretisch möglichen Kunststoffs

Für thermoplastische Kunststoffe lassen sich nur Schmelzbereiche angeben, keine exakten Schmelztemperaturen (↑ 01). Zudem lassen sich für einen Kunststoff „Sorten" mit verschiedenen Eigenschaften finden, wie das Beispiel der harten und der weichen PET-Flaschen zeigt (↑ S. 361). Wie können diese Phänomene erklärt werden?

ZWISCHENMOLEKULARE WECHSELWIRKUNGEN Bei der Charakterisierung *niedermolekularer Stoffe* lassen sich viele Stoffeigenschaften, z. B. Schmelz- und Siedetemperaturen, über den Aufbau der Moleküle und die Wechselwirkungen zwischen den Molekülen erklären. *Beispiele*:

Einige Typische Eigenschaften von:
Wasser *(H_2O)*
$\vartheta_S = 0$ °C
$\vartheta_V = 100$ °C
→ bei Raumtemperatur flüssig
Methan *(CH_4)*
$\vartheta_S = -182$ °C
$\vartheta_S = -161{,}5$ °C
→ bei Raumtemperatur gasförmig

Zwischen *Wasser-Molekülen* können Wasserstoffbrücken ausgebildet werden. Aufgrund dieser sehr starken zwischenmolekularen Wechselwirkungen lassen sich die Wasser-Moleküle nur unter hohem Energieaufwand separieren. Dies erklärt die hohe Siedetemperatur von Wasser. Bei **Methan-Molekülen** treten nur schwächere Wechselwirkungen zwischen temporären Dipolen (London-Wechselwirkungen) auf, weshalb Methan eine sehr niedrige Siedetemperatur besitzt. Diese Überlegungen lassen sich prinzipiell auch auf Kunststoffe übertragen. Auch hier treten *zwischenmolekulare Wechselwirkungen* zwischen den Makromolekülen auf.

Chemische Wechselwirkungen ↑ S. 52 ff.

POLYMOLEKULARITÄT Im Gegensatz zu den Molekülen niedermolekularer Stoffe lassen sich Polymer-Moleküle jedoch nicht eindeutig beschreiben. Die Synthese von Polymerketten aus Monomeren erfolgt in nicht exakt steuerbaren *Kettenreaktionen*. Zwar sind alle entstehenden Polymerketten chemisch identisch aus denselben Wiederholungseinheiten aufgebaut, sie unterscheiden sich jedoch in ihrer Kettenlänge. Es entsteht ein statistisch verteiltes Gemisch unterschiedlich langer Moleküle, man spricht von **Polymolekularität** (↑ 02).

Kettenreaktionen ↑ S. 356 f.

POLYDISPERSITÄT Durch die Synthesebedingungen kann Einfluss darauf genommen werden, ob im Mittel eher kurz- oder langkettige Makromoleküle entstehen. Man spricht bei der Längenverteilung von **Polydispersität** (lat. *dispergere*: zerstreuen). Theoretisch könnte ein Kunststoff mit exakt gleich langen Molekülen erzeugt werden, der dann eine monodisperse Verteilung zeigen würde (↑ 02).

EINFLUSS AUF DIE KRISTALLINITÄT Sowohl die Breite der Verteilung als auch die absoluten Kettenlängen haben Einfluss auf die Möglichkeit zur Ausbildung kristalliner Bereiche. In diesen ist die *Wechselwirkungsdichte*, also der Anteil an Bereichen, bei denen die Makromoleküle miteinander wechselwirken können, sehr viel höher als in amorphen Bereichen (↑ 03). Die Wechselwirkungsdichte ist – analog zu den niedermolekularen Stoffen – entscheidend für die Schmelztemperatur. Neben der Polydispersität hat die **chemische Struktur der Polymerkette** und damit zusammenhängend die Regelmäßigkeit im Aufbau der Polymerkette wesentlichen Einfluss auf die Kristallinität eines Kunststoffs.

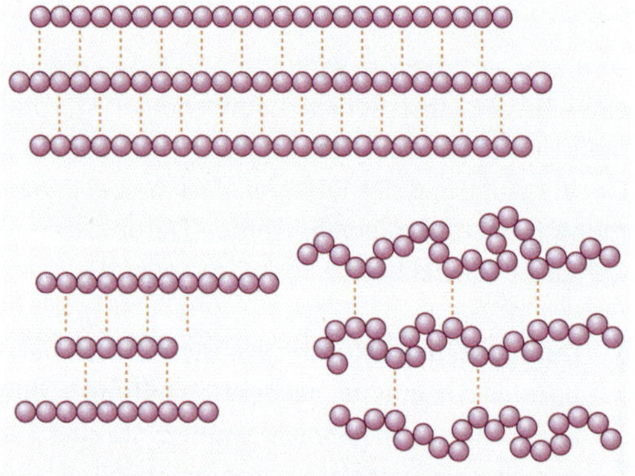

03 Wechselwirkungsdichte innerhalb der kristallinen Bereiche zweier verschieden disperser Kunststoffe sowie innerhalb eines amorphen Bereichs (Schema)

Praktikum

Eigenschaften von Kunststoffen

EXP 10.01 Verformbarkeit und Ritzprobe

Materialien Kunststoffproben, Nagel

Durchführung Versuchen Sie, die verschiedenen Kunststoffproben mit den Fingern erst zu verformen und dann zu zerbrechen.
Führen Sie mit dem Nagel eine Ritzprobe durch.
Entsorgung: Kunststoffproben für weitere Versuche verwenden.

Auswertung Erstellen Sie eine tabellarische Übersicht zur beobachteten Verformbarkeit sowie Bruch- und Ritzfestigkeit der einzelnen Kunststoffproben (halogenfrei).

EXP 10.02 Thermoplastische Verformung

Materialien 2 Tiegelzangen, Brenner, feuchte Papierunterlage, Kunststoffproben

Durchführung Halten Sie die verschiedenen Kunststoffproben jeweils mit zwei Tiegelzangen und erwärmen Sie diese vorsichtig mit dem Brenner. Versuchen Sie während des Erwärmens die Kunststoffproben vorsichtig auseinanderzuziehen. Entfernen Sie nach jedem Erwärmen die Reste der Kunststoffproben von den Tiegelzangen.
Entsorgung: Kunststoffproben für weitere Versuche weiterverwenden oder in den Hausmüll geben.

Auswertung Erstellen Sie eine tabellarische Übersicht zur Verformbarkeit beim Erhitzen der einzelnen Kunststoffproben.

EXP 10.03 Vergleichende Einordnung der Dichte von Kunststoffen

Materialien 2 Bechergläser, Pinzette, Papier zum Abtrocknen, Wasser, gesättigte Kochsalzlösung, Kunststoffproben

Durchführung Füllen Sie je ein Becherglas zur Hälfte mit Wasser bzw. Kochsalzlösung. Geben Sie die Kunststoffproben erst in das Wasser und dann in die Kochsalzlösung. Trocknen Sie die Kunststoffproben zwischendurch ab.
Tauchen Sie die Proben mit der Kante, nicht mit der Fläche in die Flüssigkeiten und drücken Sie sie dabei etwas unter die Oberfläche. Nehmen Sie sie anschließend mit der Pinzette heraus.
Entsorgung: Kunststoffproben für weitere Versuche weiterverwenden oder im Hausmüll entsorgen. Lösungen ins Abwasser geben.

Auswertung Erstellen Sie eine tabellarische Übersicht zum beobachteten Schwimmverhalten der einzelnen Kunststoffproben.

EXP 10.04 Temporäre Bildung kristalliner Bereiche bei der Dehnung von Elastomeren

Materialien Therapieband („Theraband“; $l = 10$ cm)

Durchführung Ziehen Sie das Elastomerband schnell auseinander und halten es kurz gegen Ihre Stirn.
Entspannen Sie das Band nach einigen Sekunden wieder und halten es erneut kurz gegen Ihre Stirn.
Entsorgung: Theraband weiterverwenden oder in den Hausmüll geben.

Auswertung Leiten Sie aus Ihren Beobachtungen ab, ob die kurzzeitige Existenz kristalliner Bereiche nachgewiesen werden kann.
Hilfestellung: Vergleichen Sie den Vorgang mit einem schmelzenden Eiswürfel: Welcher Zustand ist geordneter? Welcher Austausch thermischer Energie findet in welche Richtung statt?

EXP 10.05 Verstreckung einer Kunststofffaser

Materialien unverstreckte thermoplastische Faser

Durchführung Prüfen Sie die Reisfestigkeit der Faser durch ruckartiges Auseinanderziehen an einem Ende der Probe. Verstrecken Sie anschließend die Faser, indem Sie diese an den Enden langsam auseinanderziehen.
Entsorgung: Kunststoffprobe in den Hausmüll geben.

Auswertung Skizzieren Sie den molekularen Aufbau der unverstreckten und der verstreckten Faser und erklären Sie damit die Beobachtungen.

EXP 10.06 Erwärmung eines gedehnten Elastomers

Materialien Stativ, Massestück mit Haken (50 g), Heißluftföhn, Lineal, Haushaltsgummiring

Durchführung Befestigen Sie den Haushaltsgummiring frei hängend an einer Stativstange. Hängen Sie das Massestück mit dem Haken unten in den Haushaltsgummi ein. Halten Sie das Lineal direkt an das Massestück, sodass Sie an der Oberkante des Massestücks den Linealwert sehen können. Erhitzen Sie das Gummiband mit dem Föhn und beobachten Sie das Massestück am Lineal.
Entsorgung: Kunststoffprobe in den Hausmüll geben.

Auswertung Vergleichen Sie das Verhalten des Elastomers beim Erhitzen mit dem Erhitzen eines Metalls. Entwickeln Sie die Fragestellung, die diesem Experiment zugrunde liegt.

10.3 Kettenpolymerisation (Polymerisation)

Monomere, die wie das Ethen-Molekül eine reaktive C–C-Mehrfachbindung enthalten, können durch **Kettenpolymerisation** (kurz: **Polymerisation**) zu Makromolekülen reagieren. Nach Aktivierung der Doppelbindung durch einen geeigneten Reaktionspartner reagieren die Monomere in einer Kettenreaktion zu Polymeren, die als **Polymerisate** bezeichnet werden.

Bei dieser Reaktion entstehen keine Nebenprodukte (↑ **01**).

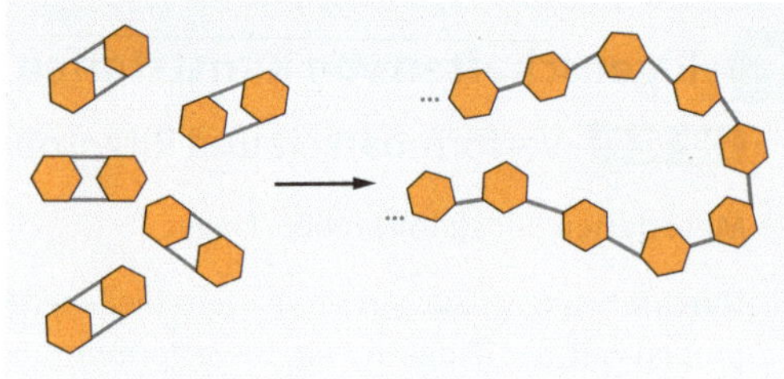

01 Allgemeines Schema der Polymerisation

RADIKALISCHE POLYMERISATION Die Aktivierung der Monomere kann durch Radikale erfolgen. Dies sind Teilchen, die sich durch ein ungepaartes Elektron auszeichnen und deshalb sehr reaktionsfreudig sind. Sie werden aus Initiatoren wie Dibenzoylperoxid (Kurzzeichen: DBPO) gebildet, deren Moleküle durch UV-Strahlung oder energiereiche Stöße in Radikale zerfallen (↑ **02**; ↑ Exp. 10.07).

In der **Startreaktion** addiert sich das Radikal an die Doppelbindung eines Monomers indem es diese aufspaltet und sich mit einem der beiden Kohlenstoff-Atome unter Ausbildung einer Einfachbindung verknüpft. Das andere Kohlenstoff-Atom besitzt nun ein ungepaartes Elektron, wodurch ein neues Monomerradikal gebildet wird – ein Alkylradikal (↑ **02**). Dieses kann nun in der Phase des **Kettenwachstums** mit einem weiteren Monomer reagieren, wobei

Übung: Polymerisation

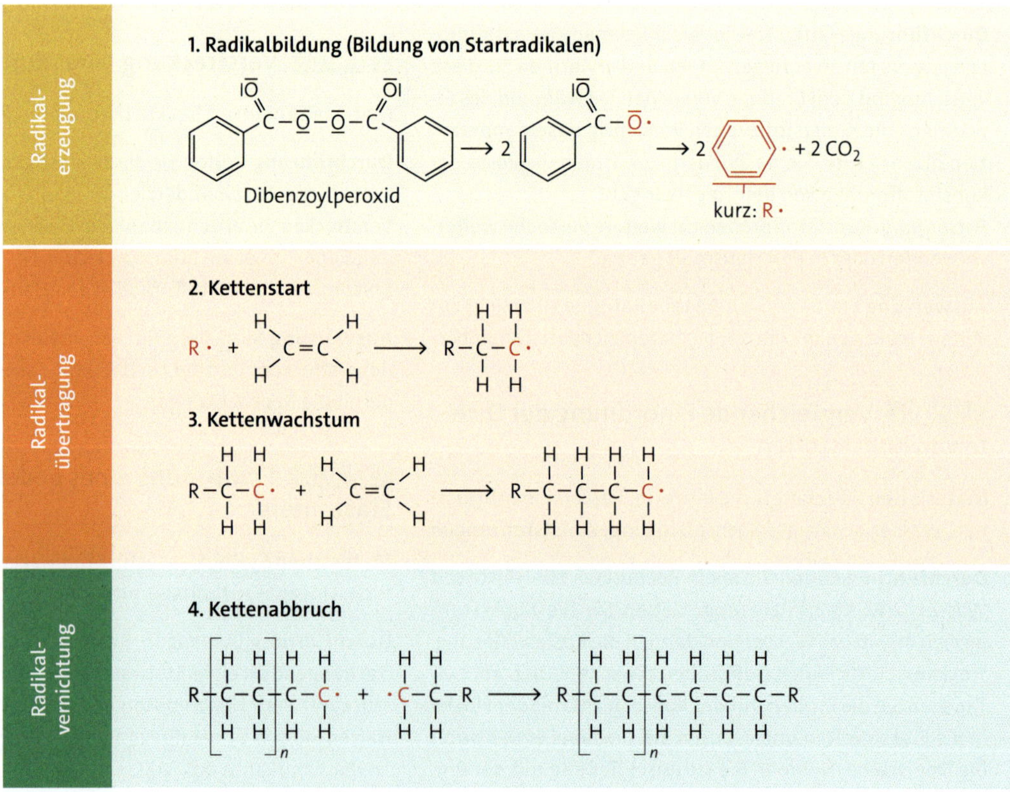

02 Reaktionsschritte einer radikalischen Kettenpolymerisation am Beispiel von Polyethen

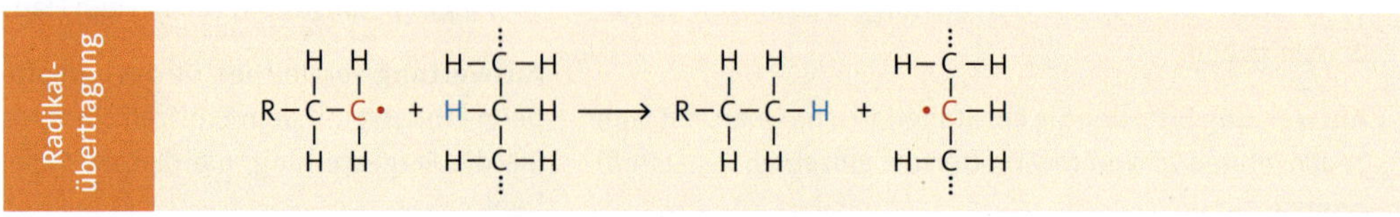

03 Kettenverzweigung als Nebenreaktion am Beispiel von Polyethen

wieder ein Radikal entsteht, das erneut reagieren kann. Es kommt dadurch zu einer Verlängerung der Kohlenstoffkette.
Erst wenn zwei Radikale im Reaktionsgemisch aufeinandertreffen und eine Elektronenpaarbindung eingehen, endet das Kettenwachstum und es kommt zum Abbruch der Reaktion. Da die **Abbruchreaktionen** rein zufällig erfolgen, entstehen bei der radikalischen Polymerisation Makromoleküle mit unterschiedlichen Kettenlängen. Bei der hier gezeigten radikalischen Polymerisation wird aus dem Monomer Ethen das Polymer **Polyethen** gebildet.
Der zugrunde liegende Reaktionsmechanismus ist eine **Additionsreaktion**. Die gebildeten Makromoleküle sind prinzipiell linear gebaut, können jedoch in weiteren Nebenreaktionen Verzweigungen ausbilden (↑ **03**).

Bei einer radikalischen Polymerisation werden Monomere mit mindestens einer C–C-Mehrfachbindung zu Makromolekülen verknüpft. Diese Kettenreaktion verläuft in vier Schritten: Radikalbildung, Kettenstart, Kettenwachstum und Kettenabbruch.

Schon gewusst?
Die Aktivierung der Monomere kann nicht nur durch Radikale erfolgen. Kommen hierfür geeignete Brönsted-Säuren bzw. Brönsted-Basen zum Einsatz, so spricht man von **kationischer** bzw. **anionischer Kettenpolymerisation**. Das Kettenwachstum erfolgt hierbei über positiv bzw. negativ geladene Kettenenden (↑ **04**).

Initiierung (Kettenstart)

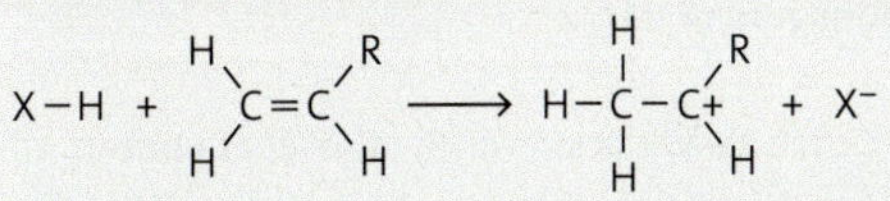

Kettenwachstum

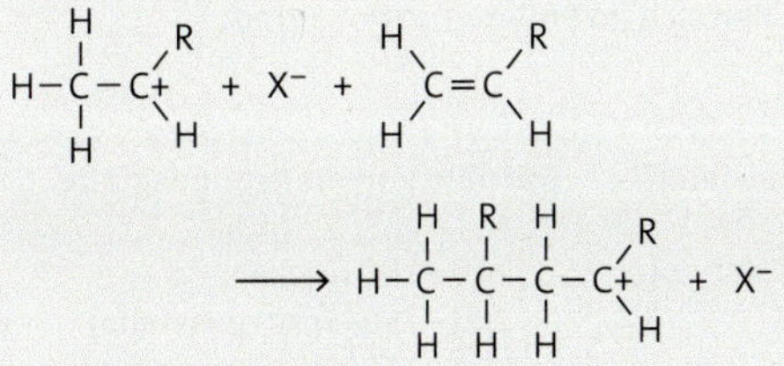

04 Prinzip der kationischen Polymerisation

1 › Stellen Sie weitere Möglichkeiten für Abbruchreaktionen bei der radikalischen Polymerisation dar.

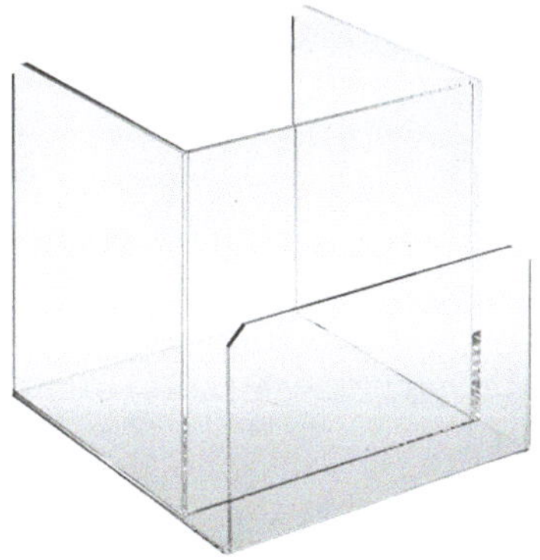

05 Produkt aus Polymethylmethacrylat (PMMA, Plexiglas), einem Polymerisat

Steuerung der Polymerisation ↑ S. 358

Hochdruck-Polyethen und Niederdruck-Polyethen ↑ S. 359

P **EXP 10.07** L

Radikalische Polymerisation

Materialien Heizplatte, Becherglas 200 mL (Wasserbad), 2 Reagenzgläser, Methylmethacrylat (Methacrylsäuremethylester; 2, 7), Styrol (2, 7, 8), Dibenzoylperoxid (1, 2, 7, 9)

Durchführung *Achtung!* Unter dem Abzug arbeiten! Erhitzen Sie im Becherglas ca. 200 mL Wasser auf 80 °C.

Polymerisation von Methylmethacrylat: Geben Sie 5 mL Methylmethacrylat in ein Reagenzglas und versetzen Sie es mit einer Spatelspitze Dibenzoylperoxid.
Erhitzen Sie das Gemisch im Wasserbad bis zur einsetzenden Reaktion. Die Temperatur darf zu keinem Zeitpunkt 80 °C überschreiten.

Polymerisation von Styrol: Geben Sie 5 mL Styrol in ein Reagenzglas und versetzen Sie es mit einer Spatelspitze Dibenzoylperoxid. Erhitzen Sie das Gemisch im Wasserbad bis zur einsetzenden Reaktion. Die Temperatur darf zu keinem Zeitpunkt 80 °C überschreiten.

Entsorgung: Kunststoffreste in den Hausmüll geben.

Auswertung

1 › Erläutern Sie die Funktion des zugegebenen Dibenzoylperoxids und erklären Sie, warum die geringe Menge ausreichend ist.

2 › Erläutern Sie unter Berücksichtigung der Radikalbildung, warum die entstehenden Kunststoffe Gasblasen eingeschlossen haben.

Steuerung der Polymerisation

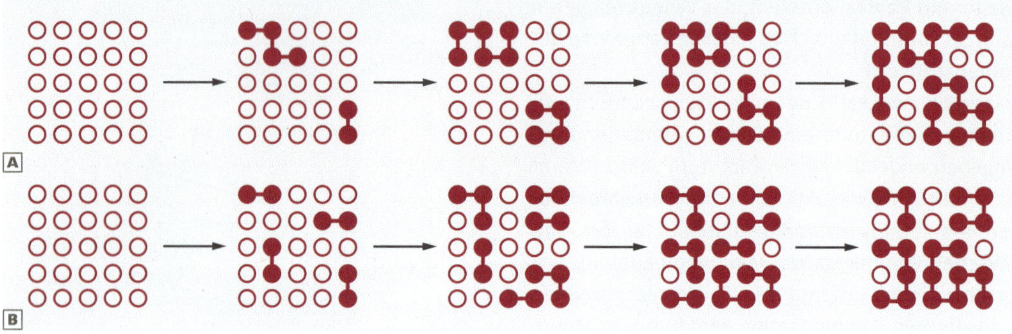

01 Verlauf von Polyreaktionen (Schema): **A** Kettenwachstumsreaktion (z. B. Kettenpolymerisation), **B** Stufenwachstumsreaktion (z. B. Polykondensation)

Polymerisationen verlaufen als **Kettenwachstumsreaktionen** und erzeugen schon zu Beginn der Reaktion Makromoleküle (↑ 01**A**). Jedes durch ein Startradikal aktiviertes Monomer-Molekül stellt den Beginn einer durch Addition weiterer Monomer-Moleküle fortwährend wachsenden Polymerkette dar.

Die Länge der entstehenden Polymerketten kann durch verschiedene Faktoren während der Reaktion beeinflusst werden, z. B. durch Veränderung der Synthesetemperatur: Je höher die Temperatur, desto mehr Startradikale werden gleichzeitig gebildet. Dies führt zu einem parallelen Kettenwachstum an sehr vielen Stellen gleichzeitig, was insgesamt zu kurzkettigeren Produkten führt. Der gleiche Effekt wird erzielt, wenn die Konzentration der Initiatoren entsprechend hoch ist.

Eine weitere Möglichkeit der Reaktionssteuerung besteht in der Zugabe von **Inhibitoren**. Dies sind Stoffe, deren Moleküle eine hohe Elektronendichte besitzen, beispielsweise Phenol C_6H_5–OH oder Thiole R–SH (R = Alkylrest). Sie unterbrechen das Kettenwachstum, da sie reaktionsträge Radikale bilden, die nicht mit weiteren Monomeren unter Kettenverlängerung reagieren. Sie können jedoch mit anderen Radikalen rekombinieren und damit die Reaktion verzögern (↑ 02).

Stufenwachstumsreaktion ↑ S. 363

Bei der Stufenwachstumsreaktion reagieren zunächst nur einzelne Monomere zu Dimeren. Zu Beginn bilden sich also keine langkettigen Makromoleküle. Diese entstehen erst zu einem sehr späten Zeitpunkt des Reaktionsverlaufs durch Reaktion der bereits vorliegenden kürzeren Ketten (↑ 01**B**).

POLYMERISATIONSGRAD Zur eindeutigen Beschreibung der unterschiedlichen Kettenlängen von Polymeren wird der Polymerisationsgrad verwendet. Er gibt die Anzahl der Wiederholungseinheiten an, aus der die Polymerkette aufgebaut ist. Wird das Polymer aus einem Monomer synthetisiert, entspricht die Wiederholungseinheit der Länge des Monomer-Moleküls, werden mehrere Monomere verwendet, bilden diese Moleküle zusammen die Länge der Wiederholungseinheit.

Da es sich bei Kunststoffproben immer um ein Gemisch unterschiedlich langer Polymerketten handelt (↑ S. 354, Polydispersität), kann in der Regel nur ein Mittelwert für die untersuchte Probe angegeben werden. Man spricht dann vom mittleren Polymerisationsgrad (↑ 03).

Durch die Variation von Syntheseparametern können Kunststoffe mit unterschiedlichen Eigenschaften hergestellt werden. Die Moleküle unterscheiden sich im Polymerisationsgrad.

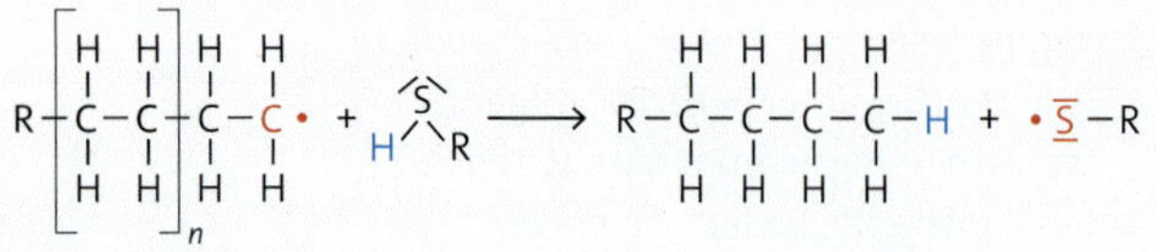

02 Wirkung eines Inhibitors

Kunststoff	Mittlere Polymerisationsgrade
Polystyrol PS	10–200 (Lacke) 200–750 (Spritzgussteile) 750–15000 (Folien und Bänder)
Polymethylmethacrylat PMMA	20 000–30 000 (Kunstglas)

03 Beispiele typischer mittlerer Polymerisationsgrade

Polyethen und Polypropen

POLYETHEN Durch Variation der Reaktionsbedingungen sowie durch Einsatz eines Katalysators lassen sich verschiedene Polyethensorten herstellen: Bei hohen Temperaturen (150 bis 300 °C) und hohen Drücken (1400 bis 3500 bar) treten Nebenreaktionen auf, bei denen ein Radikal einem Makromolekül ein Wasserstoff-Atom entreißen kann. Es bleibt ein Radikal zurück, das Startpunkt für eine neue Seitenkette, eine Verzweigung, ist. Auf diese Weise bildet sich **Hochdruck-Polyethen** mit niederer Dichte (engl. *low-density polyethylene*, LDPE; ↑ **05**).

Bei niedrigen Temperaturen (50 bis 150 °C) und niedrigen Drücken (1 bis 50 bar) bildet sich unter Verwendung eines Katalysators **Niederdruck-Polyethen** mit hoher Dichte (engl. **high-density polyethylene**, HDPE; ↑ **05**). Die Makromoleküle sind unverzweigt und können sich parallel anordnen. Auf diese Weise kann sich eine kristalline Struktur ausbilden, was die größere Dichte des Niederdruck-Polyethens und somit seine höhere Festigkeit erklärt.
Beide Polyethensorten gehören zu den thermoplastischen Kunststoffen.

TAKTIZITÄT BEI POLYPROPEN – AUF DIE ORDNUNG KOMMT ES AN Zusätzlich zu den bisher beschriebenen Unterschieden im molekularen Aufbau von Kunststoffen können bei **Polypropen** noch verschiedene *Konformationen* auftreten – dies sind Anordnungen aufgrund der freien Drehbarkeit der C–C-Bindungen. Auch diese haben Auswirkungen auf die Stoffeigenschaften des Polymers. Da isotaktisches Polypropen kristalline Bereiche bilden kann, weist es mit Abstand die höchste Schmelztemperatur und die höchste Dichte auf (↑ **04**).

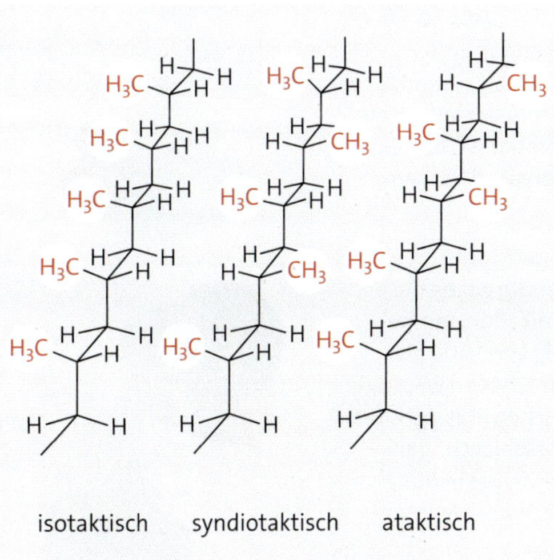

04 Drei mögliche Taktizitäten bei Polypropen

	Hochdruck-Polyethen	Niederdruck-Polyethen
Typische Stoffeigenschaften	• amorpher Kunststoff • geringe Härte, geringe Festigkeit	• kristalliner Kunststoff • große Härte, hohe Festigkeit
Struktur	• unregelmäßige Anordnung • stark verzweigte Polymerketten → geringe Ausbildung kristalliner Bereiche 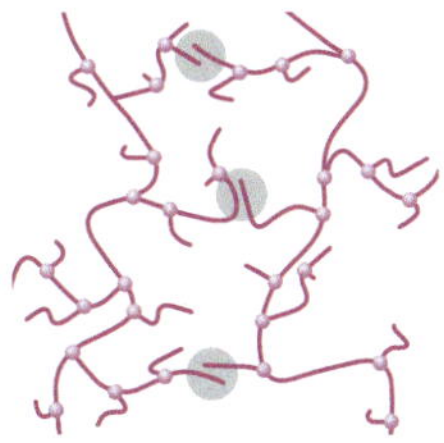	• regelmäßigere Anordnung • gering verzweigte Polymerketten → häufige Ausbildung kristalliner Bereiche 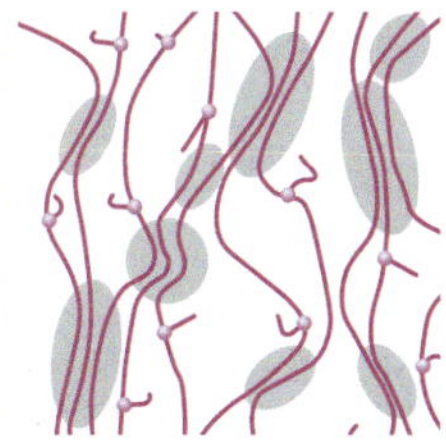
Dichte	niedrig: 0,92–0,94 g/cm³	hoch: 0,94–0,96 g/cm³
Mittlerer Polymerisationsgrad	1800–10 000	1000–5000
Typische Verwendungen	z. B. für dünnwandige Folien wie Tragetaschen und Müllsäcke 	z. B. Hohlkörper wie Kanister und Verpackungen 
Symbol und Kurzzeichen	4 LDPE Polyethen niederer Dichte (engl. *low-density polyethylene*) Merke: synthetisiert im **Hochdruck**verfahren	2 HDPE Polyethen hoher Dichte (engl. *high-density polyethylene*) Merke: synthetisiert im **Niederdruck**verfahren

05 Vergleich: Hochdruck- und Niederdruck-Polyethen

1〉 Erläutern Sie den Unterschied zwischen Initiatoren und Inhibitoren.

2〉 Stellen Sie die Start-, Kettenwachstums- und Abbruchreaktion für die radikalische Polymerisation von Polypropen dar.

Übersicht über die Polymerisate

Name Kurzzeichen	Monomer	Polymer-Molekül (Strukturausschnitt)	Eigenschaften/Verwendungen	Beispiel
Polypropen PP	Propen	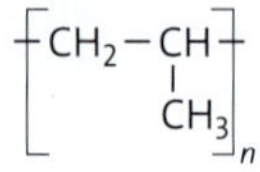	teilkristallines Polymer mit größerer Härte und Festigkeit als PE, gute Beständigkeit gegenüber Lösungsmitteln, Säuren und Laugen; für Schutzhelme, Rohrleitungen, Innenausstattung von Pkws, Möbelrollen	
Polystyrol PS	Phenylethen (Styrol)	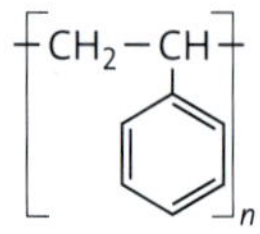	festes PS: hart, glasklar und beständig; für Joghurtbecher, DVD-Hüllen	
			geschäumtes PS (Styropor): geringe Dichte, undurchsichtig; für Dämmmaterial und Verpackungen	
Polyvinychlorid PVC	Chlorethen	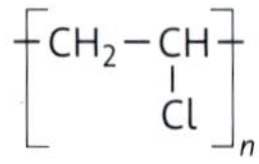	Hart-PVC: hart, spröde, gute Beständigkeit gegenüber Lösungsmitteln, Säuren und Laugen, schwer entflammbar; für Fensterprofile und Rohre, EC-Karten	
Übung: Vielfalt der Polymerisate			Weich-PVC: weich, elastisch; für Kabelummantelungen	
Polymethyl-methacrylat PMMA	Methacrylsäure-methylester	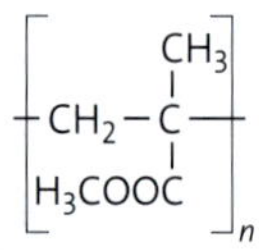	glasartiger, biegsamer, bruchfester Kunststoff mit geringer Dichte; lichtdurchlässig und UV-beständig; im Flugzeugbau, Bauwesen, in der Optik als Plexiglas oder Acrylglas	
Polyacrylnitril PAN	2-Propennitril (Acrylnitril)	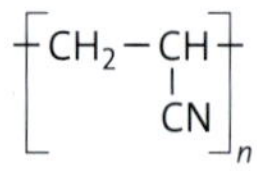	harter Kunststoff, der jedoch zu Fasern verspinnbar ist; für Textilfasern wie „Polyacryl"-Fasern	
Polytetrafluor-ethen PTFE	Tetrafluorethen	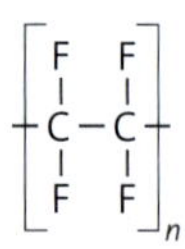	äußerst beständig gegen die meisten Chemikalien, temperaturbeständig von −200 bis +250 °C, wird nicht von wässrigen oder fettähnlichen Flüssigkeiten benetzt: für Beschichtungen von Kochgeschirr, Bekleidung (Goretex)	

Praktikum

P Herstellung von Kunststoffen

EXP 10.08 Synthese eines unvernetzten Polymers

Materialien Reagenzglas, Reagenzglasklammer, Reagenzglasständer, Spatel, Pipette, Aluschale eines Teelichts, Bunsenbrenner, Pinzette, 3 Siedesteinchen, Waage, Glykol (Ethan-1,2-diol; 7, 8), Maleinsäure (cis-But-2-endisäure; 7), konzentrierte Schwefelsäure (5), Watesmopapier

Durchführung Wiegen Sie 2 g Maleinsäure ab und geben Sie diese zu 1 mL Glykol in ein Reagenzglas. Geben Sie anschließend einen Tropfen konzentrierte Schwefelsäure sowie 3 bis 5 Siedesteinchen hinzu. Erwärmen Sie das Gemisch vorsichtig mit dem Brenner, bis es sich orange verfärbt. Halten Sie während des Erhitzens mit der Pinzette das Watesmopapier an die Öffnung des Reagenzglases. Füllen Sie nach dem Erwärmen den Inhalt des Reagenzglases in die Aluschale.
Entsorgung: Kunststoffreste in den Hausmüll geben.

Auswertung
1) Beschreiben Sie Ihre Beobachtungen und erklären Sie die Farbveränderung des Watesmopapiers.
2) Entwickeln Sie einen Strukturformelausschnitt mit jeweils fünf Molekülen Maleinsäure und Glykol.
3) Geben Sie den Reaktionstyp an und nennen Sie die Stoffklasse des gebildeten Polymers.

EXP 10.09 Synthese eines vernetzten Polymers

Materialien Reagenzglas, Reagenzglasklammer, Reagenzglasständer, Spatel, Pipette, Aluschale eines Teelichts, Brenner, Watesmopapier, Pinzette, 3 Siedesteinchen, Waage, Glycerin (Propan-1,2,3-triol), Äpfelsäure (7)

Durchführung Wiegen Sie 2,2 g Äpfelsäure ab und geben Sie diese zu 1 mL Glycerin in ein Reagenzglas. Geben Sie anschließend 3 bis 5 Siedesteinchen hinzu. Erhitzen Sie das Gemisch vorsichtig 2 min in der rauschenden Brennerflamme. Halten Sie während des Erhitzens mit der Pinzette das Watesmopapier an die Öffnung des Reagenzglases. Füllen Sie nach dem Erwärmen den Inhalt des Reagenzglases in die Aluschale.
Entsorgung: Kunststoffreste in den Hausmüll geben.

Auswertung
1) Beschreiben Sie Ihre Beobachtungen und erklären Sie die Farbveränderung des Watesmopapiers.
2) Entwickeln Sie einen Strukturformelausschnitt mit jeweils fünf Molekülen Äpfelsäure und Glycerin.
3) Vergleichen Sie diesen Formelausschnitt mit dem aus Exp. 7.08 und stellen Sie Unterschiede dar.

EXP 10.10 Grenzflächenkondensation von Nylon

Materialien 2 Bechergläser, Spatel, Pinzette, Trichter, Glasstab, Waage, Messzylinder, Handschuhe, Sebacinsäuredichlorid (Decandisäurechlorid; 5, 7), Heptan (2, 7, 8, 9), Hexamethylendiamin (Hexan-1,6-diamin; 5, 7), Thymolphthaleinlösung (2)

Durchführung Lösen Sie in einem ersten Becherglas 1 mL Sebacinsäuredichlorid in 25 mL Heptan und im zweiten Becherglas 1 g Hexamethylendiamin in 25 mL Wasser und einigen Tropfen Thymolphthalein. Schichten Sie anschließend mithilfe eines Trichters vorsichtig die erste Lösung auf die zweite. Ziehen Sie mit der Pinzette die sich an der Grenzfläche der beiden Lösungen bildende Haut aus der Lösung und wickeln Sie sie vollständig auf dem Glasstab auf.

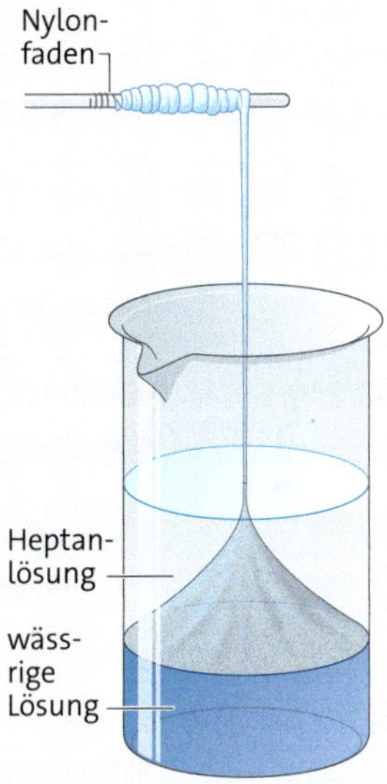

Entsorgung: Reste der Lösungen in den Behälter für halogenhaltige organische Abfälle geben.

Auswertung
1) Beschreiben Sie Ihre Beobachtungen und erklären Sie die Schichtung im Becherglas.
2) Erstellen Sie die Reaktionsgleichung unter Verwendung von jeweils einem Molekül der Ausgangsstoffe.

EXP 10.11 Körper aus geschäumtem Polystyrol

Materialien Heizplatte, Becherglas (500 mL), 2 Metallhalbformen mit Verschlussklammern (alternativ: Teeei), Tiegelzange, expandierfähiges Polystyrol (EPS)

Durchführung Bringen Sie im Becherglas ca. 400 mL Wasser zum Kochen. Wiegen Sie in einer Hälfte der Formen ca. 5 g EPS-Kügelchen ab. Verschließen Sie die Form und geben Sie diese für ca. 15 min in das kochende Wasser. Entnehmen Sie die Form mit der Tiegelzange und kühlen Sie die Form mit kaltem Wasser vor dem Öffnen ab.
Entsorgung: Geben Sie die Reste in den Hausmüll.

Auswertung Erläutern Sie, warum die Kügelchen expandieren und warum sie im endgültigen Körper verschweißt sind.

10.4 Polykondensation

VERVIELFACHUNG DER KONDENSATIONSREAKTION Bei Kondensationsreaktionen werden zwei Monomere in einer chemischen Reaktion unter Abspaltung kleinerer Moleküle verbunden. Ein Beispiel ist die Reaktion einer Carbonsäure mit einem Alkohol zu einem Ester, bei der als Nebenprodukt Wasser entsteht. Zur Bildung von Makromolekülen durch **Polykondensation** müssen die eingesetzten Monomere mindestens zwei funktionelle Gruppen besitzen, die miteinander reagieren können. In einer sich vielfach wiederholenden Reaktion, einer **Polyreaktion**, werden Polymerketten gebildet. Als Nebenprodukte können z. B. Wasser- oder Chlorwasserstoff-Moleküle abgespalten werden (↑ 02, 05). Nicht nur synthetische Makromoleküle können so gebildet werden. Die Polykondensation liegt auch in der Natur u. a. der Bildung von Polysacchariden aus Monosacchariden (glykosidische Bindungen) und der Bildung von Proteinen aus Aminosäuren (Peptidbindungen) zugrunde.

Veresterung ↑ S. 314 f.

Glykosidische Bindung bei Polysacchariden ↑ S. 406 f.

Peptidbindung bei Proteinen ↑ S. 423

Bei der Polykondensation werden Monomere mit mindestens zwei funktionellen Gruppen zu Makromolekülen verknüpft. Dabei werden kleine Moleküle abgespalten.

SYNTHESE AUS ZWEI MONOMEREN Polykondensate können auch aus zwei unterschiedlichen Monomeren gebildet werden. Diese müssen dann jeweils zwei gleiche funktionelle Gruppen aufweisen. Man spricht von Monomeren des Typs AA–BB, bei denen zwei Monomere mit jeweils zwei funktionellen Gruppen A und B eine Kondensationsreaktion eingehen können – im Gegensatz zu Monomeren des Typs AB (↑ 03).

POLYFUNKTIONELLE MONOMERE Zur Herstellung thermoplastischer Polykondensate werden bei der Synthese bifunktionelle Monomere eingesetzt (Typ AB oder Typ AA–BB), wodurch ausschließlich lineare Makromoleküle gebildet werden. Kommen hingegen tri- oder polyfunktionelle Monomere zum Einsatz, bilden sich vernetzte Makromoleküle. Auf diese Weise entstehen Duroplaste.

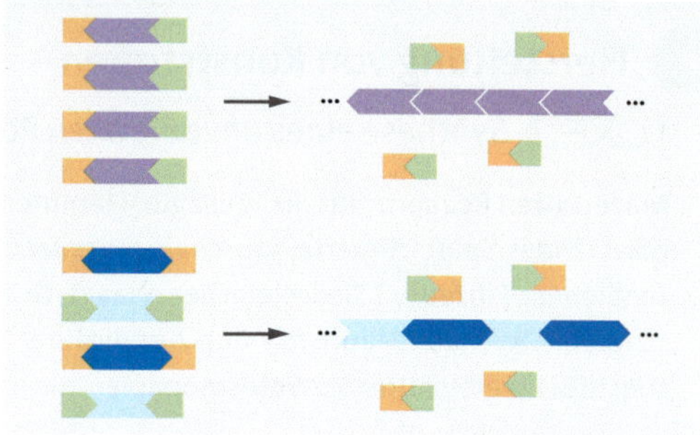

03 Allgemeines Schema der Polykondensation. **A** Ausgehend von Monomeren des Typs AB, **B** ausgehend von Monomeren des Typs AA–BB

POLYAMIDE (PA) sind bedeutende synthetische Polykondensate. Bei der Synthese reagieren **Carboxygruppen –COOH** mit **Aminogruppen $-NH_2$** unter Abspaltung von Wasser-Molekülen. Die dabei gebildeten **Amidbindungen –CO–NH–** sind identisch mit den Peptidbindungen in Proteinen. Bekannte **Polyamide** sind **Nylon** (PA 6,6) und **Perlon** (PA 6), die für Bekleidung und Dübel verwendet werden.
Nylon kann durch **Grenzflächenkondensation** aus Hexan-1,6-diamin und Hexan-1,6-disäure (oder dem reaktionsfreudigeren Hexandisäuredichlorid) hergestellt werden (↑ 02). Da die Lösungen beider Stoffe nicht mischbar sind, erfolgt die Polykondensation an der Kontaktfläche (↑ Exp. 10.09, S. 361). Während Nylon aus zwei Monomeren des Typs AA–BB hergestellt wird, synthetisiert man Perlon aus einem Monomer des Typs AB, das aus einem cyclischen Molekül entsteht (↑ 04). Dies spiegelt sich in den Namen PA 6,6 bzw. PA 6 wider, in denen die Zahlen für die Länge der Wiederholungseinheiten stehen.

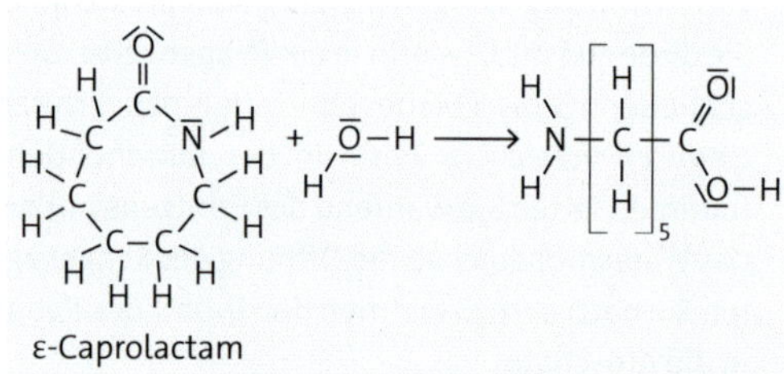

04 Ausgangsstoff der Perlonsynthese: ε-Caprolactam

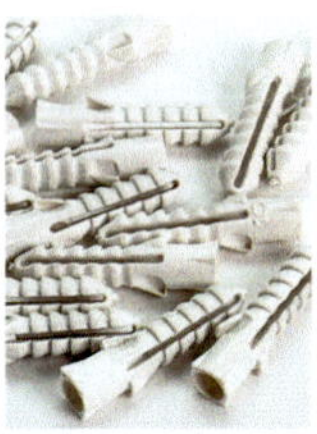

01 Aus Polyamid

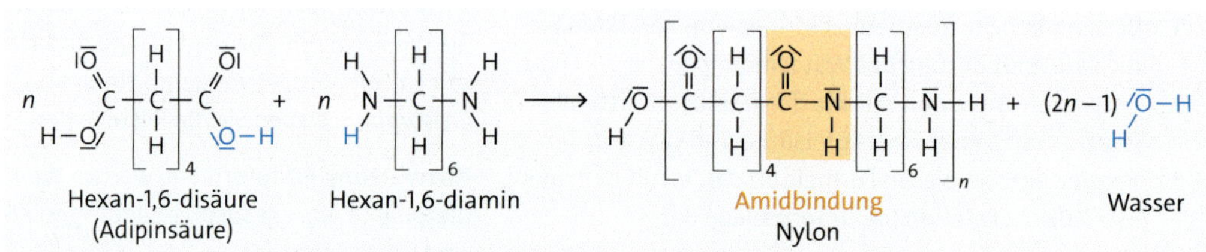

02 Bildung des Polyamids Nylon (PA 6,6)

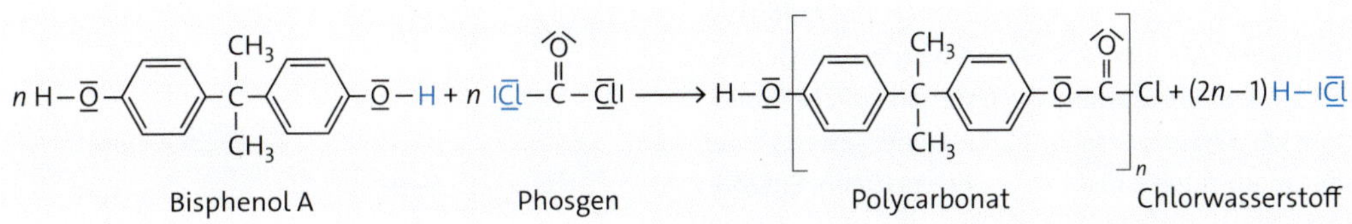

05 Bildung eines Polycarbonats

Aus Polycarbonat

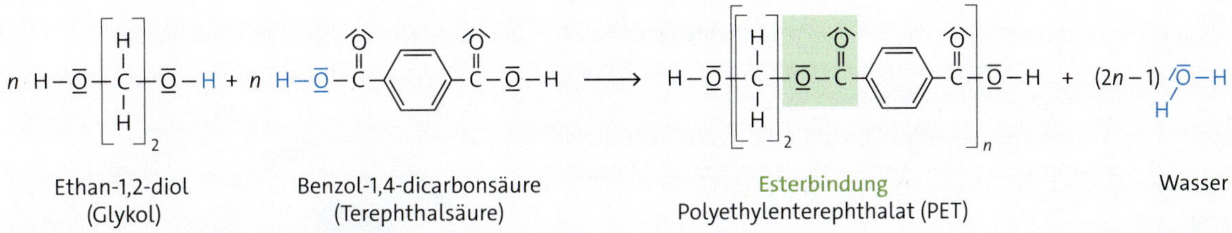

06 Bildung eines Polyesters (PET)

Aus PET

STUFENWACHSTUMSREAKTION Die Bildung linearer Polymerketten verläuft bei Polykondensationen in Stufen. Die in der Anfangsphase aus zwei Monomeren gebildeten Produkte können in wiederholten Kondensationen mit anderen Monomeren, aber auch untereinander reagieren. Dabei entstehen zunächst kurzkettige Polymere, die weiterhin reaktionsfähige funktionelle Gruppen aufweisen. Erst mit fortschreitender Zeit bilden sich auch langkettige Polymere. Wegen des stufenweisen Wachstums wird ein solcher Reaktionsverlauf als *Stufenwachstumsreaktion* bezeichnet.

POLYESTER (PES) Für die Herstellung von Polyestern werden als Ausgangsstoffe Monomere mit mehreren Carboxy- bzw. Hydroxygruppen eingesetzt, beispielsweise Dicarbonsäuren und Diole. Durch Reaktion einer Carboxygruppe mit einer Hydroxygruppe entsteht unter Abspaltung eines Wasser-Moleküls eine Esterbindung.

Der bedeutendste thermoplastische Polyester ist **Polyethylenterephthalat (PET)**. Bei der Herstellung wird Benzol-1,4-dicarbonsäure (Terephthalsäure) mit Ethan-1,2-diol (Glykol) verestert (↑ 06). Dieser Kunststoff ist bruchfest, formbeständig bis 80 °C und undurchlässig für Gase.
Neben der Verwendung als Material für Getränkeflaschen kommen Polyesterfasern bei der Herstellung von Bekleidung zum Einsatz. Werden Dicarbonsäuren mit mehrwertigen Alkoholen (z. B. Glycerin) verestert, entstehen vernetzte Duroplaste. Sie kommen als Polyesterharze in den Handel und werden u. a. zur Herstellung von Faserverbundwerkstoffen eingesetzt.

POLYCARBONATE (PC) Verwendet man anstelle der Dicarbonsäure Derivate der Kohlensäure, so erhält man Polycarbonate. Hierbei wird Phosgen (Kohlensäuredichlorid) mit Bisphenol A zur Reaktion gebracht, wobei als Nebenprodukt Chlorwasserstoff entsteht (↑ 05). Diese thermoplastischen Kunststoffe zeichnen sich durch eine gute Lichtdurchlässigkeit, hohe mechanische Festigkeit und gute Wärmebeständigkeit aus und finden somit Anwendung im Bereich des Fahrzeugbaus, bei Sicherheitsverglasungen und Schutzhelmen. Im Haushalt findet man sie beispielsweise in CDs und DVDs.

Vergleich von Stufenwachstums- und Kettenwachstumsreaktion ↑ S. 358

WEITERE POLYKONDENSATE Bei der Herstellung von **Aminoplasten** reagieren Harnstoff $H_2N–CO–NH_2$ und Formaldehyd (Methanal) H–CHO miteinander. Dabei entstehen oft niedermolekulare Kunstharze. Sie werden in Holzleimen und in elektrischem Isoliermaterial verwendet. **Phenoplaste** sind Duroplaste, die sich in einem mehrschrittigen Verfahren aus Phenol $C_6H_5–OH$ und Methanal H–CHO bilden. Dabei entstehen verzweigte Polymere.

Von historischer Bedeutung ist der Phenoplast **Bakelit**. Als einer der ersten vollsynthetischen Kunststoffe wurde er zur Herstellung von Telefonen und Autokarosserien eingesetzt. Aufgrund seiner Hitzebeständigkeit eignet er sich für Isolatoren.

07 Aus Bakelit

1 › Vergleichen Sie die Monomere und Makromoleküle der Proteine mit denen des Kunststoffs Polyamid.
2 › Formulieren Sie die Reaktionsgleichung für die Synthese eines Polyesters aus Ethandisäure und Propandiol.

10.5 Polyaddition

Kunststoffe lassen sich auch durch **Polyaddition** herstellen. Als Ausgangsstoffe werden im Gegensatz zur Polymerisation *zwei unterschiedliche Monomere* verwendet, deren Moleküle über jeweils zwei oder mehr funktionelle Gruppen verfügen. Ein Monomer besitzt dabei ein positiv polarisiertes Kohlenstoff-Atom, während das andere Monomer reaktionsfähige Wasserstoff-Atome an einem negativ polarisierten Sauerstoff-Atom aufweist. Die Reaktionsprodukte werden als **Polyaddukte** bezeichnet. Wie bei der Polymerisation entstehen auch bei der Polyaddition keine Nebenprodukte (↑ **02**). Wichtige Vertreter der Polyaddukte sind Polyurethane, Polyurethanschaumstoffe, Polyharnstoffe und Epoxidharze.

POLYURETHANE Als Monomere der Ausgangsstoffe für die Herstellung von **Polyurethanen** (Kurzzeichen: **PUR**) werden Diole und Diisocyanate eingesetzt (↑ **01**; ↑ Exp. 10.12). Bei der Reaktion entsteht eine Bindung zwischen dem partiell negativ geladenen Sauerstoff-Atom der Hydroxygruppe und dem partiell positiv geladene Kohlenstoff-Atom der Isocyanatgruppe –N=C=O. Gleichzeitig findet ein Protonenübergang von der Hydroxygruppe des Diol-Moleküls zum Stickstoff-Atom der Isocyanatgruppe statt. Dadurch bildet sich die für diese Kunststoffe typische **Urethanbindung** –O– CO–NH–.

Bei Einsatz von Monomeren mit zwei funktionellen Gruppen werden nur lineare Polyurethane erzeugt. Sie haben thermoplastische Eigenschaften. Enthalten die Monomere jedoch mehrere funktionelle Gruppen, so kann ein verzweigtes Polyurethan mit Duroplasten Eigenschaften entstehen.
Besonders durch Variation der Alkohole lassen sich Polyurethane mit verschiedenen Eigenschaften herstellen, sodass viele Verwendungen für diesen Kunststoff möglich sind. Sie reichen von Dichtungen, Fußböden und Lacken bis hin zu Schuhsohlen, Skiern und Fußbällen.

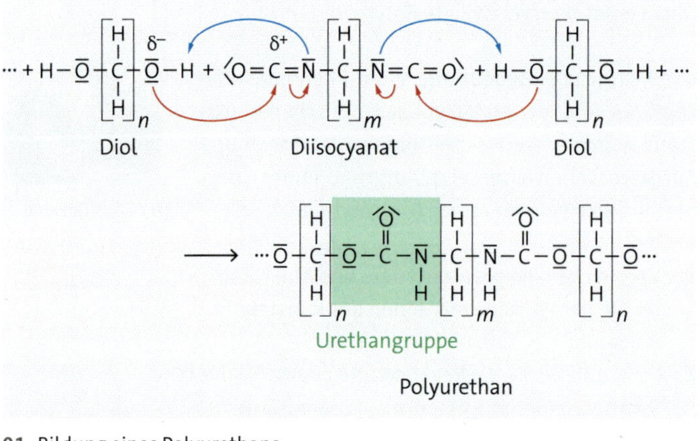

01 Bildung eines Polyurethans

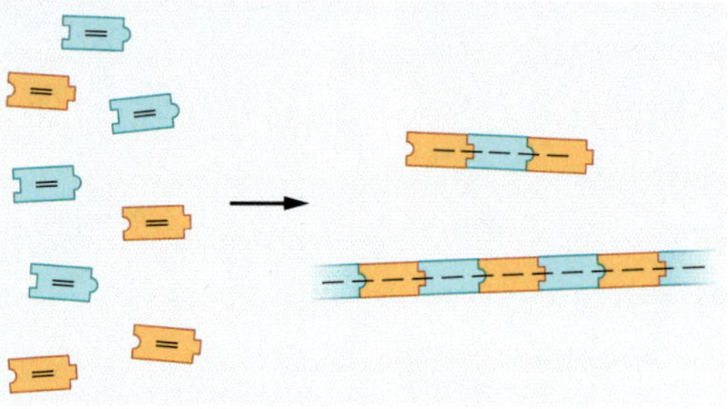

02 Allgemeines Schema der Polyaddition

03 Produkte aus Polyurethan

Durch kontrollierte Wasserzugabe reagieren die Isocyanate zu Aminen und Kohlenstoffdioxid. Die Gasentwicklung führt zum Aufschäumen des Kunststoffs, wodurch **Polyurethan-Schaumstoffe** entstehen:

$$R{-}N{=}C{=}O + H_2O \longrightarrow R{-}NH_2 + CO_2$$

POLYHARNSTOFF Verwendet man Amine anstelle von Alkoholen, so können auch die Aminogruppen an die Isocyanatgruppen addiert werden. Der sich hierbei bildende Kunststoff wird **Polyharnstoff** genannt.

Die Polyaddition ist eine Form der Addition, bei der aus Monomeren mit mehreren funktionellen Gruppen durch molekulare Umlagerung (Protonenwanderung) Makromoleküle gebildet werden.

1) Entwickeln Sie eine allgemeine Reaktionsgleichung für die Bildung eines Polyharnstoffs.
2) Begründen Sie, warum Handwerker für die Fixierung von Fensterzargen mithilfe von Polyurethanschaum die Arbeit an einem schwülen Sommertag der Arbeit an einem trockenen Wintertag vorziehen.

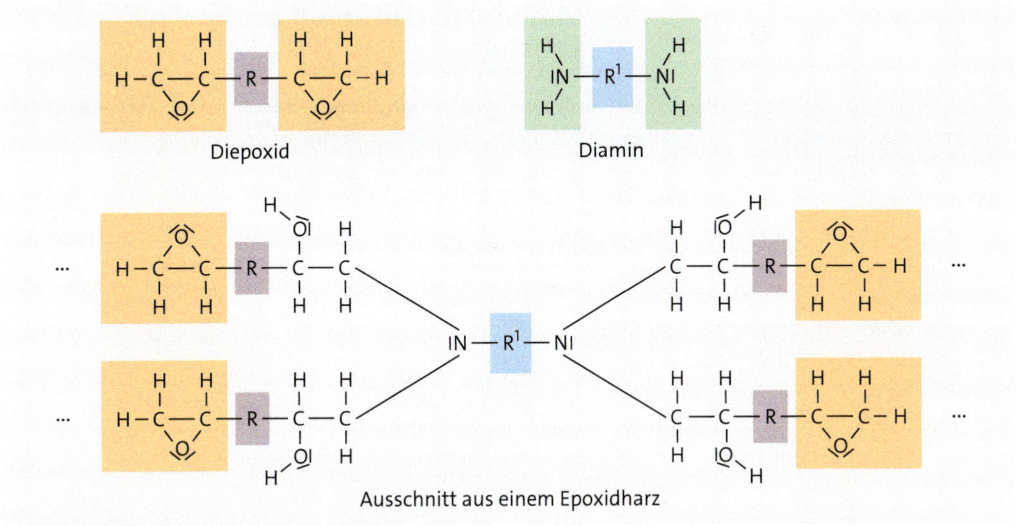

04 Synthese eines Epoxidharzes durch Reaktion einer Harzkomponente (Diepoxid) mit einem Härter (Diamin)

EPOXIDHARZE zeichnen sich durch eine sehr gute Haftfähigkeit auf verschiedensten Werkstoffen wie Glas, Holz, Metall, Keramik aus. Dies macht eine vielfältige Verwendung als Klebstoffe, Lacke oder Beschichtungen möglich. Als Gießharze werden sie für Bodenbeläge genutzt oder sie werden zur Herstellung von Formteilen wie Tennisschlägern, Stabhochsprungstäben oder Fahrradrahmen eingesetzt.

Epoxidharze werden aus zwei Komponenten hergestellt: einer *Harzkomponente*, die die Epoxidverbindung enthält, und einem *Härter*, der aus der Aminoverbindung besteht.
Bei der Harzkomponente handelt es sich um ein lineares Polymer, das am Ende jeweils eine **Epoxidgruppe** –$CHOCH_2$ aufweist. Dies ist ein Dreiring, der ein Sauerstoff-Atom enthält. Stoffe, die diese funktionelle Gruppe enthalten, sind sehr reaktiv. Aus diesem Grund werden z. B. bei Klebstoffen die beiden Komponenten in getrennten Kammern bevorratet (↑ **06**).

Bei der Reaktion mit dem Härter bildet sich durch eine Polyaddition ein vernetztes Polymer (↑ **04**). Je nach Menge des Härters und der Längen der Polymerketten in den Ausgangsstoffen variieren die Stoffeigenschaften.

> Polyepoxide und Polyamine reagieren zu vernetzten **Epoxidharzen. Hierbei werden Aminogruppen an die Epoxidgruppen addiert.**

1 › Erläutern Sie, wie die Ausgangsstoffe für ein sehr hartes, sprödes Epoxidharz aufgebaut sein müssen.

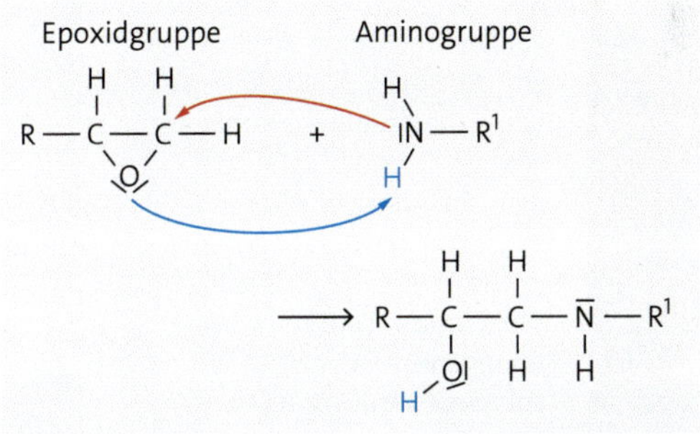

05 Addition einer Aminogruppe an eine Epoxidgruppe

P **EXP 10.12** **L** **Synthese von Polyurethan**

6, 7, 8, 9

Materialien transparenter Einwegplastikbecher (0,25 L), Holzstab, Handschuhe, Diisocyanat-Komponente (z. B. Desmodur; 2, 8, 7), Polyol-Aktivator-Komponente (z. B. Desmophen; 7), Wasser

Durchführung *Achtung! Unter dem Abzug arbeiten!* Geben Sie eine ca. 3 mm hohe Schicht der Polyol-Aktivator-Komponente in den Kunststoffbecher und verrühren Sie dies mit 5 Tropfen Wasser. Geben Sie dann von der Diisocyanat-Komponente eine ca. 5 mm hohe Schicht dazu. Anschließend wird die gesamte Mischung mit einem Holzstab kräftig umgerührt.

Auswertung Erläutern Sie die Temperaturänderung während der Reaktion sowie die Bildung eines Schaums.

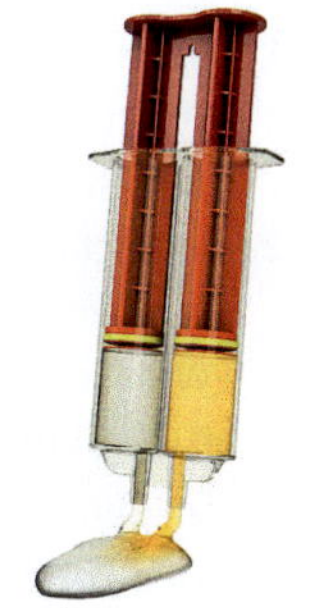

06 Epoxidharz als Zweikomponentenklebstoff

Klausurtraining

Material A Polyvinylchlorid

A1 Auf die Stellung kommt es an

Heutzutage haben sie nur noch Liebhaber, aber früher gab es sie in jeder Musikabteilung – die Schallplatte. Schon wegen ihres Umgangsnamens „Vinyl“ war klar, dass sie aus Polyvinylchlorid (PVC) gefertigt war. Heute findet man diesen Kunststoff eher in Fußbodenbelägen, Kabelisolierungen, Kreditkarten oder Durchdrückfolien von Medikamentenblistern. Die unterschiedlichen Eigenschaften des PVC lassen sich u. a. anhand der Stellung der Chlor-Atome in der Molekülkette, der *Taktizität*, erklären: Die Chlor-Atome können sich auf einer Seite (isotaktisch), abwechselnd gegenüber (syndiotaktisch) oder unregelmäßig verteilt (ataktisch) anordnen.

A2 Brand im World Trade Center

Vergiftete Atmosphäre | Beim Brand des World Trade Centers sind hochtoxische Substanzen frei geworden. Die Langzeitfolgen sind noch unklar.

(...) Die hochtoxische Substanz [Dioxin] entsteht bei der Verbrennung des Kunststoffs PVC, der in Zigtausenden Computern und Kabeln, Papierkörben und Tapeten enthalten sei. (...) Als weiteres Produkt entstand ein unangenehm stechend riechendes Gas, das den Feuerwehrmännern erhebliche Atemprobleme bereitete. Es zeigte sich später, dass dieses Gas eine rötliche Verfärbung von angefeuchtetem Universalindikatorpapier hervorrief.

Die Zeitung vom 19.10.2001

AUFGABEN ZU A

1 › Beschreiben Sie den Reaktionsmechanismus für die Synthese von Polyvinylchlorid. Formulieren Sie für jeden Teilschritt eine entsprechende Reaktionsgleichung.

2 › **a** Zeichnen Sie Formelausschnitte von isotaktischem und syndiotaktischem Polyvinylchlorid, die jeweils vier Wiederholungseinheiten umfassen.

b Begründen Sie, warum isotaktisches PVC eine höhere Dichte, eine höhere Härte und einen höheren Schmelzpunkt aufweist als syndiotaktisches und ataktisches PVC.

3 › Formulieren Sie eine Hypothese, welches stechende Gas auf dem angefeuchteten Universalindikatorpapier für die Rotfärbung verantwortlich war.

Material B Kunststoff aus nachwachsenden Rohstoffen

Glycerin wird aus Fetten und Citronensäure durch Fermentation aus zuckerhaltigen Rohstoffen gewonnen. Beide Stoffe können für die Herstellung eines Kunststoffs verwendet werden.

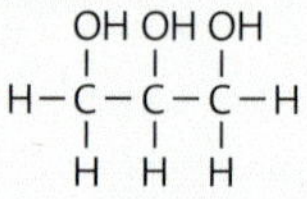

Glycerin
(Propan-1,2,3-triol)

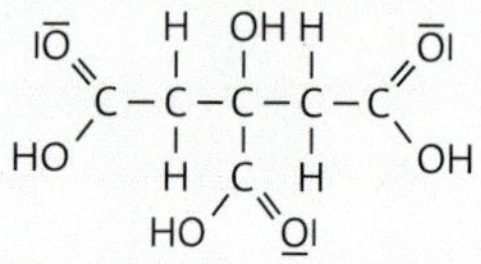

Citronensäure
(2-Hydroxypropan-1,2,3-tricarbonsäure)

B1.1 Strukturformeln der Ausgangsstoffe

B1 Versuchsbeschreibung

Durchführung: 1 mL Glycerin und 2 g Citronensäure werden in einem Reagenzglas gemischt und dann bis zum Sieden erhitzt.
Beobachtung: Das Gemisch ist zunächst flüssig und milchigtrüb. Nach kurzer Zeit wird das Reaktionsprodukt klebrig und zäh, einige Bereiche des Produkts werden dagegen glasklar und hart. Wird nach dem Abkühlen erneut erhitzt, so schmilzt ein Teil des Reaktionsprodukts, ein anderer Teil zersetzt sich und verkohlt sofort.

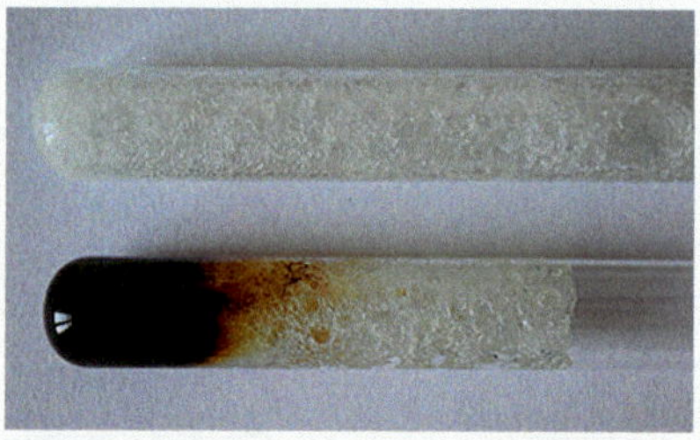

nach kurzem Erhitzen

nach langem Erhitzen

B1.2 Reaktionsprodukte des Versuchs

AUFGABEN ZU B

1 › Erläutern Sie die Eigenschaften des Reaktionsprodukts (↑ **B1, B1.2**).

2 › Formulieren Sie die Reaktionsgleichung mithilfe der gegebenen Strukturformeln (↑ **B1.1**). Begründen Sie, welcher Reaktionstyp vorliegt und zu welcher Stoffklasse das Reaktionsprodukt gehört.

3 › Zeichnen Sie einen Strukturformelausschnitt des entstandenen Makromoleküls und begründen Sie die von Ihnen gewählte Struktur.

4 › Deuten Sie das unterschiedliche Verhalten des Reaktionsprodukts bei erneutem Erhitzen.

5 › Ein Schüler hat bei der Versuchsdurchführung das Glycerin vergessen und trotzdem ein stark viskoses Produkt erhalten. Erläutern Sie diesen Befund.

Klausurtraining

Material C Klebstoffe

Klebstoffe sind aus unserem Alltag nicht wegzudenken. Für unterschiedliche Anwendungen gibt es verschiedene Klebstoffarten. Gemeinsam ist ihre Funktion, Werkstoffe miteinander zu verbinden.

C1 Adhäsion und Kohäsion

Der Begriff **Adhäsion** leitet sich von lat. *adhaerere* für *anhaften* ab und bezeichnet alle Wechselwirkungen zwischen Teilchen an Grenzflächen. **Kohäsion** geht auf lat. *cohaerere* für *zusammenhängen* zurück. Dieser Begriff umfasst alle Wechselwirkungen zwischen Teilchen innerhalb einer homogenen Phase, z. B. innerhalb eines Klebstofftropfens. Kohäsionswechselwirkungen sind rund 20- bis 100-mal stärker als Adhäsionswechselwirkungen und wirken besonders effektiv in festen Phasen, z. B. im fest gewordenen Klebstoff.

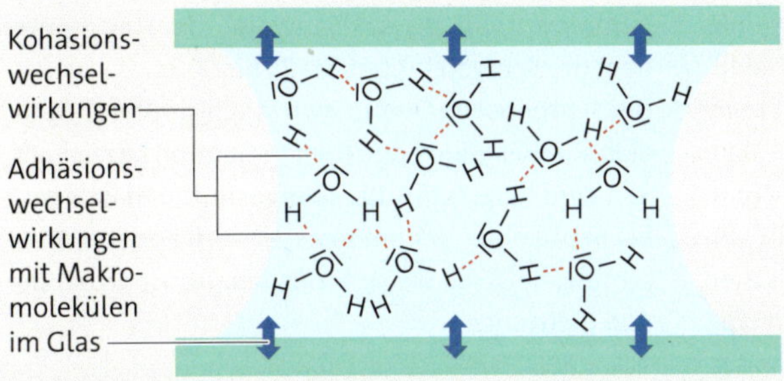

C1.1 Adhäsions- und Kohäsionswechselwirkungen bei einem Wassertropfen zwischen zwei Glasplatten

C2 Sekundenkleber

Cyanacrylat-Klebstoffe sind **Reaktionsklebstoffe** auf der Basis von 2-Cyanoacrylsäureestern-Monomeren. Sie bilden sehr schnell lange, unvernetzte Polymer-Moleküle aus. Bei der Reaktion handelt es sich um eine anionische Kettenpolymerisation. Als Starter reichen Spuren von Feuchtigkeit (↑ C2.1).

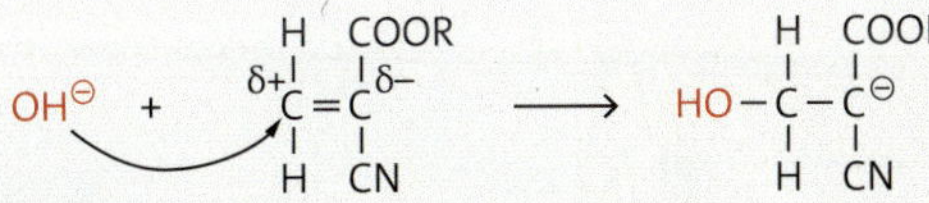

C2.1 Startreaktion einer anionischen Polymerisation eines Cyanoacrylsäureester-Moleküls

C3 Lösungsmittelbasierte Nassklebstoffe

Lösungsmittelhaltige Klebstoffe bestehen aus Polymer- und Lösungsmittel-Molekülen. Beim Auftragen der Klebstoffe sind diese flüssig und verteilen sich auch auf unebenen Oberflächen sehr gut.

Während des Trocknungsvorgangs des Klebstoffs verdampft das Lösungsmittel. Dadurch wird der Abstand zwischen den Polymer-Molekülen verringert, wodurch sich mehr zwischenmolekulare Wechselwirkungen zwischen den Polymer-Molekülen ausbilden können. Der Klebstoff wird fest.

In einem Experiment werden von zwei lösemittelhaltigen Nassklebstoffen jeweils ca. 2 g auf einem Papier aufgetragen und die Masse der beiden Proben während des Trocknungsvorgangs beobachtet (↑ C3.1)

Zeit in min	*m*(Klebstoff 1) in g	*m*(Klebstoff 2) in g	Zeit in min	*m*(Klebstoff 1) in g	*m*(Klebstoff 2) in g
0	2,20	2,00	10	1,67	1,24
1	1,98	1,85	11	1,66	1,20
2	1,87	1,75	12	1,65	1,18
3	1,77	1,65	13	1,65	1,17
4	1,74	1,58	14	1,65	1,16
5	1,71	1,50	15	1,65	1,16
6	1,70	1,43	16	1,66	1,17
7	1,68	1,36	17	1,65	1,16
8	1,67	1,32	18	1,64	1,16
9	1,66	1,28	19	1,65	1,17

C3.1 Vergleich der Massenabnahme zweier lösungsmittelhaltiger Klebstoffe beim Trocknen

AUFGABEN ZU C

1 Formulieren Sie eine Reaktionsgleichung für das Kettenwachstum der in ↑ C2.1 gestarteten anionischen Polymerisation.

2 Nach dem Auftragen des Reaktionsklebstoffs härtet dieser sehr schnell aus. Hierbei bilden sich starke Kohäsionswechselwirkungen aus.
a Beschreiben Sie, warum beim Auftragen des Reaktionsklebstoffs nur geringe Kohäsionswechselwirkungen, kurze Zeit später jedoch sehr starke Kohäsionswechselwirkungen auftreten.
b Skizzieren Sie vereinfachend und schematisch das Auftreten von Adhäsions- und Kohäsionswechselwirkungen vor und nach dem Aushärten eines Sekundenklebers.

3 Beschreiben Sie das Auftreten von Adhäsions- und Kohäsionswechselwirkungen während des Auftragens und während des Trocknens eines lösemittelhaltigen Klebstoffs.

4 **a** Stellen Sie die Daten der Massenabnahme der beiden Klebstoffe ↑ C3.1 in einem geeigneten Schaubild dar.
b Begründen Sie mithilfe des Schaubilds und der Daten, welcher der beiden Klebstoffe als „schnelltrocknend" eingestuft werden kann.
c Berechnen Sie die prozentualen Massenanteile der in den beiden Klebstoffen enthaltenen Lösungsmittel.

5 Beurteilen Sie die folgenden Lösungsmittel hinsichtlich ihrer Eignung in schnelltrocknenden Nassklebstoffen, die aus hydrophoben Polymeren aufgebaut sind: Ethanol, Pentan, Pentanol, Octan.

10.6 Maßgeschneiderte Kunststoffe

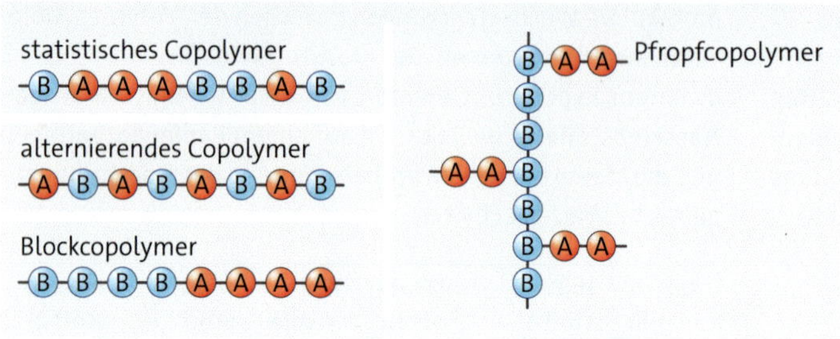

01 Mögliche Anordnungen bei der Bildung von Copolymeren aus den Monomeren A und B

Zusatzstoffe in der Kunststoffverarbeitung ↑ S. 370

Um die Stoffeigenschaften von Kunststoffen gezielt steuern zu können, werden oft verschiedene geeignete Monomere zu einem Kunststoff verarbeitet. Es entstehen sogenannte **Copolymerisate** (kurz: **Copolymere**). Auf diese Weise können typische Eigenschaften der sortenreinen Kunststoffe kombiniert werden.

AUFBAU DER COPOLYMERE Bei der Bildung eines Polymers aus zwei oder mehreren unterschiedlichen Monomeren können auf molekularer Ebene verschiedene Anordnungen auftreten. Sind die Wiederholungseinheiten der ursprünglichen Monomere in den Polymerketten regellos verteilt angeordnet, so spricht man von einem **statistischen Copolymer**. Ist dagegen eine sich zwischen den Wiederholungseinheiten abwechselnde Regelmäßigkeit zu erkennen, wird der Kunststoff als **alternierendes Copolymer** bezeichnet.

Blockcopolymere sind durch sich abwechselnde Segmente gleicher Wiederholungseinheiten gekennzeichnet. Sind an einer aus einem Monomer synthetisierten Polymerkette Verzweigungen (Seitenketten) aus einem zweiten Monomer „aufgepfropft", spricht man von **Pfropfcopolymeren** (↑ 01).

STYROL-BUTADIEN-KAUTSCHUK Für die Herstellung von Synthesekautschuk wird zunächst Buta-1,3-dien (Anteil: 75 %) mit Styrol (Anteil: 25 %) polymerisiert. Dadurch entstehen lineare Makromoleküle als statistische Copolymere (↑ 03).
Um die typischen elastischen Eigenschaften eines Gummis zu erhalten, müssen die linearen Makromoleküle noch vernetzt werden. Hierfür kommt das Verfahren der **Vulkanisation durch Schwefel** zur Anwendung.
Dieses Verfahren gelang erstmals 1838 dem Amerikaner CHARLES GOODYEAR, indem er Naturkautschuk mit Schwefel reagieren ließ. Dabei kommt es zu einer Aufspaltung der Doppelbindungen in den Kautschuk-Molekülen und zu einer Vernetzung der Makromoleküle durch Ketten von bis zu 50 Schwefel-Atomen (↑ 04).
Durch diese Vulkanisation entsteht aus einem Thermoplast ein Elastomer. Dabei entscheidet der Schwefelanteil über die Elastizität des Gummis: Weichgummi enthält bis 5 % Schwefel, bei Hartgummi liegt der Schwefelanteil bei 25 bis 50 %.
Der synthetische Gummi wird auch als **S**tyrol-**B**utadien-**R**ubber (**SBR**; engl. *rubber*: Gummi) bezeichnet. SBR wird bereits seit 1929 hergestellt und ist damit bis heute einer der am meisten verwendeten Elastomere, beispielsweise für Reifen, Transportbänder und Dichtungen.

STYROL-ACRYLNITRIL Ebenso wie beim SBR dient auch beim **S**tyrol-**A**crylnitril (kurz: **SAN**) Styrol als eines der beiden Monomere der Ausgangsstoffe. Styrol liegt in diesem Copolymer zu etwa 70 % vor. Bei den weiteren 30 % handelt es sich um Acrylnitril. Der ebenfalls durch Polymerisation entstehende Kunststoff ist ein Thermoplast, der eine höhere thermische und mechanische Festigkeit im Vergleich zu Polystyrol besitzt. Daher findet SAN sowohl Ver-

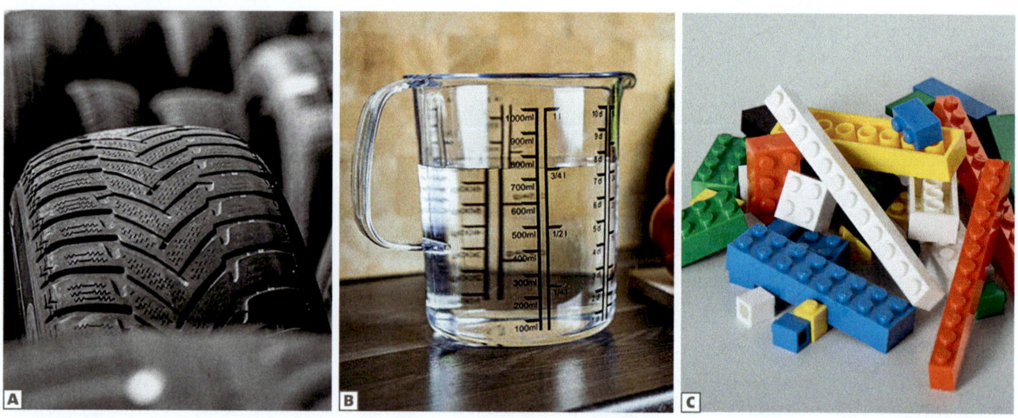

02 Anwendungen für Copolymerisate: **A** Reifen aus SBR, **B** Lebensmittelbehälter aus SAN, **C** Spielsteine aus ABS

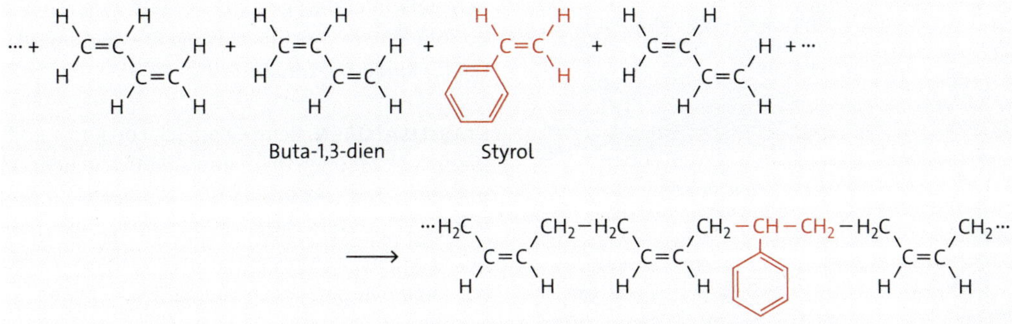

03 Bildung von Styrol-Butadien-Kautschuk aus Styrol und Butadien durch Polymerisation

wendung für Duschkabinen und Reflektoren als auch im Lebensmittelbereich für Salatschüsseln und Geschirr.

ACRYLNITRIL-BUTADIEN-STYROL (ABS) Eines der bekanntesten Copolymere ist **A**crylnitril-**B**utadien-**S**tyrol, kurz: **ABS**, aus dem beispielsweise seit 1963 Legosteine hergestellt werden. Es ist chemikalienbeständig, formstabil, beliebig einfärbbar, fast unzerbrechlich und witterungsbeständig. Deshalb findet es in einem breiten Spektrum, beispielsweise in der Automobil- und Elektroindustrie, Verwendung. ABS ist ein Pfropfcopolymerisat, bei dem die beiden Monomere Acrylnitril und Styrol an das Butadien angelagert werden. Um die vielfältigen Verwendungen zu ermöglichen, müssen die Anteile der einzelnen Monomere unterschiedlich gewichtet werden und schwanken deshalb beträchtlich.

Copolymerisate setzen sich aus zwei oder mehreren verschiedenen Monomeren zusammen. Dadurch wird eine große strukturelle Variationsbreite erzielt, um Eigenschaften des Produkts gezielt zu steuern.

1 Entwickeln Sie – analog zur dargestellten Bildungsreaktion von Styrol-Butadien-Kautschuk – die Reaktionen für die Herstellung von:
a Styrol-Acrylnitril
b Acrylnitril-Butadien-Styrol

2 Formulieren Sie eine Reaktionsgleichung, die die Vernetzung eines SBR-Copolymers durch Vulkanisation zeigt. Nutzen Sie dafür Formelausschnitte von Halbstrukturformeln des SBR.

3 Zeichnen Sie jeweils einen Formelausschnitt für ein statistisches und ein alternierendes Copolymer sowie ein Block- und ein Pfropfcopolymer. Verwenden Sie hierfür jeweils drei Monomere zwei verschiedener frei gewählter Monomere.

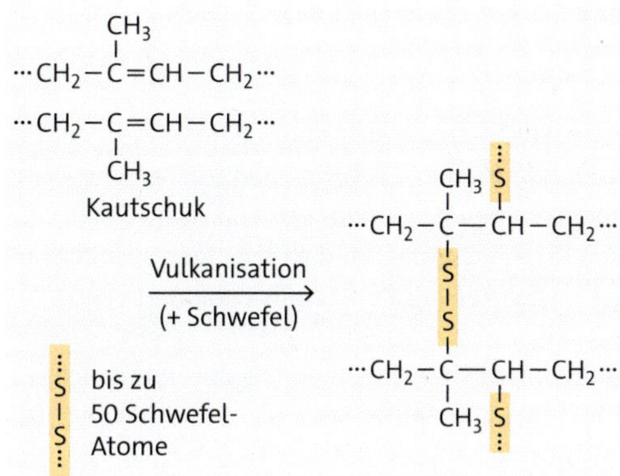

04 Vulkanisation: Vernetzung von Kautschuk-Molekülen durch Schwefel

P **EXP 10.13** Herstellung eines Copolymers

Materialien Reagenzglas, Reagenzglasklammer, Reagenzglasständer, Spatel, Pipette, Brenner, Siedesteinchen, Messzylinder, Styrol (2, 7, 8), Maleinsäureanhydrid (5, 7, 8)

Durchführung *Abzug!* Geben Sie zwei Spatelportionen Maleinsäureanhydrid in ein Reagenzglas und anschließend 1,5 mL Styrol dazu. Erwärmen Sie das Gemisch vorsichtig mit kleiner Brennerflamme, bis eine klare Lösung entsteht. Erhitzen Sie vorsichtig weiter, bis die Flüssigkeit zähflüssig wird. Nach dem Erkalten bleibt eine feste Masse im Reagenzglas zurück.
Entsorgung: Kunststoffreste in den Hausmüll geben.

Auswertung Entwickeln Sie einen Strukturformelausschnitt mit jeweils fünf Monomeren Maleinsäureanhydrid und Styrol.

Modifikation durch Zusatzstoffe

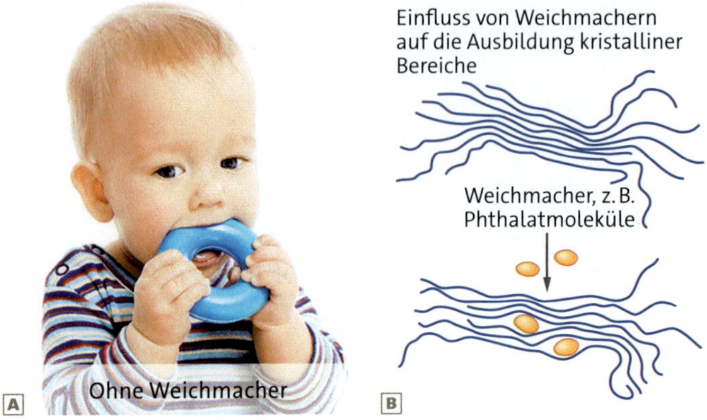

01 Weichmacher: **A** Anwendungsverbot für bestimmte Produkte, **B** Funktion im Kunststoff

Kunststoffe lassen sich durch Beimischen von Zusatzstoffen nahezu beliebig modifizieren und an die gewünschten Verwendungen anpassen. Dabei werden je nach Zusatzstoff die jeweiligen spezifischen Eigenschaften des Kunststoffs verändert (↑ 01).

Übung: Zusatzstoffe – Funktionen

WEICHMACHER Durch die Zugabe von Weichmachern zu ursprünglich spröden und harten Kunststoffen wie Polyvinylchlorid (PVC) entsteht ein weicher Kunststoff, der z. B. zu Folien verarbeitet werden kann. Dies wird möglich, weil die Moleküle des Weichmachers bei der Herstellung des Kunststoffs zwischen die Makromoleküle des Kunststoffs eingelagert werden und so die Ausbildung kristalliner Bereiche gestört wird. Die zwischenmolekularen Wechselwirkungen nehmen ab.
Häufig verwendete Weichmacher sind **Phthalate**, die sich durch Lösungsmittel herauslösen lassen oder ausdampfen. Sie werden teilweise als gesundheitsgefährdend eingestuft. Deshalb wurde in der EU für mehrere Weichmacher ein Anwendungsverbot für Kinderspielzeug erteilt.

Zusatzstoffe	Funktion
Antistatika	verhindern elektrostatische Aufladung, Staub- und Schmutzpartikel werden nicht angezogen
Farbstoffe	intensivieren den Farbeindruck und erhöhen die Festigkeit
Flammschutzmittel	begrenzen die Entflamm- und Entzündbarkeit sowie den Verbrennungsprozess
Füllstoffe	verbessern mechanische Eigenschaften wie Festigkeit, Elastizität, Härte
Gleitmittel	erleichtern die Verarbeitung und Formbarkeit
Stabilisatoren	verlängern die Lebensdauer durch Schutz vor Umwelteinflüssen wie UV-Strahlen, Wärme
Weichmacher	optimieren Elastizität und Härte

02 Einige Zusatzstoffe und ihre Funktionen

STABILISATOREN Beim Gebrauch von Kunststoffprodukten kommen diese unweigerlich in Kontakt mit Sauerstoff und Wasser und werden Licht und Wärme ausgesetzt. Unter diesen Bedingungen können Polymerketten gespalten und abgebaut werden oder neue Vernetzungsreaktionen stattfinden. So können z. B. UV-Strahlen und auch Wärme zur Spaltung chemischer Bindungen innerhalb der Makromoleküle führen und auf diese Art die Eigenschaften des Kunststoffs verändern, der dadurch spröde wird und „altert". Um diese chemischen Reaktionen zu unterbinden, werden den Kunststoffen z. B. aromatische Amine als Stabilisatoren zugesetzt.

ANTISTATIKA Kunststoffe wie Polystyrol ziehen Staub- und Schmutzpartikel durch elektrostatische Aufladung an, weil hohe Oberflächenwiderstände Ladungen nur langsam abfließen lassen. Dagegen wirken beispielsweise leitfähige Antistatika, die als metallhaltiger Lack auf die Oberfläche des Kunststoffs aufgetragen werden.

FLAMMSCHUTZMITTEL Sie dienen dazu, die Entzündung brennbarer Materialien aus Kunststoffen, aber auch Textilien und Holz hinauszuzögern und die Flammausbreitung zu verlangsamen. Hierdurch lassen sich Brände entweder verhindern oder aber es bleibt mehr Zeit für Flucht und Rettung. Die wichtigsten Flammschutzmittel sind *polybromierte Verbindungen* (↑ 03). Bei **Decabromdiphenylether** handelt es sich um ein weltweit sehr häufig eingesetztes Flammschutzmittel, das in fast allen Kunststoffgehäusen von Elektronikgeräten verwendet wird. Obwohl diese Verbindungen helfen, schwerwiegende Unglücke zu verhindern, bergen sie dennoch Gefahren vor allem für die Umwelt in sich: Sie sind in der Umwelt schwer abbaubar und reichern sich in Lebewesen an. Im Brandfall und bei unkontrollierter Entsorgung können sie hochgiftige Dioxine bilden.

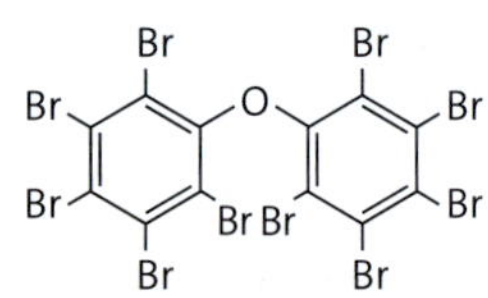

03 Flammschutzmittel Decabromdiphenylether

1 › Beurteilen Sie Nutzen und Risiken der beschriebenen Zusatzstoffe in Kunststoffen.

Von der Cellulose zur Viskose

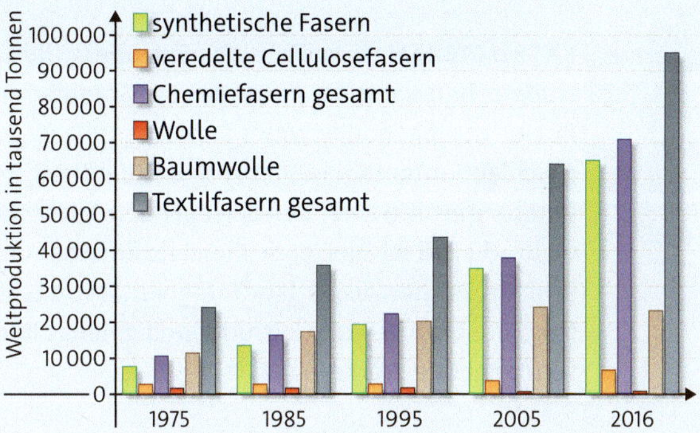

01 Weltproduktion an Textilfasern

NATURFASERN FÜR DIE TEXTILHERSTELLUNG Bis Mitte des 20. Jahrhunderts wurden Textilien hauptsächlich aus Naturfasern, vor allem aus Baumwolle und Wolle, gefertigt. Da aber mit einer wachsenden Weltbevölkerung der Bedarf an Textilfasern zunahm, mussten neue Wege erschlossen werden. Seit den 1970er Jahren hat sich die Produktion an Textilfasern weltweit vervierfacht, wobei besonders der Anteil an synthetischen Fasern und chemisch modifizierten Naturfasern stark zugenommen hat (↑ 01). Ein Grund hierfür sind begrenzt zur Verfügung stehende Anbauflächen – der Bedarf wäre alleine mit natürlichen Fasern nicht zu decken. Viel bedeutender ist jedoch die Tatsache, dass synthetische Faserpolymere für die entsprechenden textilen Anwendungen „maßgeschneidert" werden können, z. B. in Bezug auf die Elastizität, Knitterfestigkeit oder das Wasseraufnahmevermögen. In puncto Tragegefühl jedoch haben synthetische Textilien oft Nachteile. Die Kunststoffchemie bietet Möglichkeiten, um die Vorteile synthetischer und natürlicher Polymerfasern in einer Faser zu erhalten: die chemische Modifikation natürlicher Fasern.

VEREDLUNG VON BAUMWOLLE Baumwolle, die aus Cellulosefasern besteht, kann zu Viskose oder auch zu Celluloseacetat weiterverarbeitet werden.

Viskose erzeugt ein ähnliches Tragegefühl wie Baumwolle. Sie knittert jedoch viel weniger als Baumwolle und Färbungen sind haltbarer als bei der Naturfaser. Stoffe aus Viskose sind weniger steif, da ihre Fasern aus kürzeren Molekülketten im Vergleich zu Cellulosefasern bestehen. Deshalb lässt sich Viskose für fließende, leicht fallende Kleidung nutzen.

Diese Eigenschaften entstehen durch chemische Verarbeitung der Naturfaser: Zuerst wird die Cellulose in Natronlauge getaucht. Dabei entstehen aus Cellulose-Molekülen unter Abspaltung von Protonen Alkalicellulose-Moleküle. Alkalicellulose, das Natriumsalz der Cellulose, wird nun getrocknet und zerkleinert, wobei durch teilweise Hydrolyse der glykosidischen Bindungen kleinere Faserabschnitte entstehen. Durch Zugabe von Kohlenstoffdisulfid (CS_2) bildet sich Cellulosexanthogenat (↑ 02). Salze mit einem $R–O–CS_2^-$-Anion werden als **Xanthogenate** bezeichnet. Diese orangegelbe, zähe Masse ist die Viskose. Aus ihr können nach erneutem Lösen in Natronlauge Viskosefasern gesponnen werden. Mithilfe von Schwefelsäure werden die Xanthogenatreste fast vollständig abgespalten, sodass die Fasern schließlich nahezu aus reiner Cellulose bestehen.

Celluloseacetat wird durch Veresterung der Cellulose mit Essigsäure hergestellt. Es ähnelt in seinem Aussehen Seide, ist dabei knitterarm und nimmt Feuchtigkeit gut auf.

1) **a** Recherchieren Sie die Eigenschaften der eingesetzten und anfallenden Chemikalien bei der Viskoseherstellung.
b Bewerten Sie am Beispiel von Viskose die Umweltverträglichkeit der Veredlung von Naturfasern.

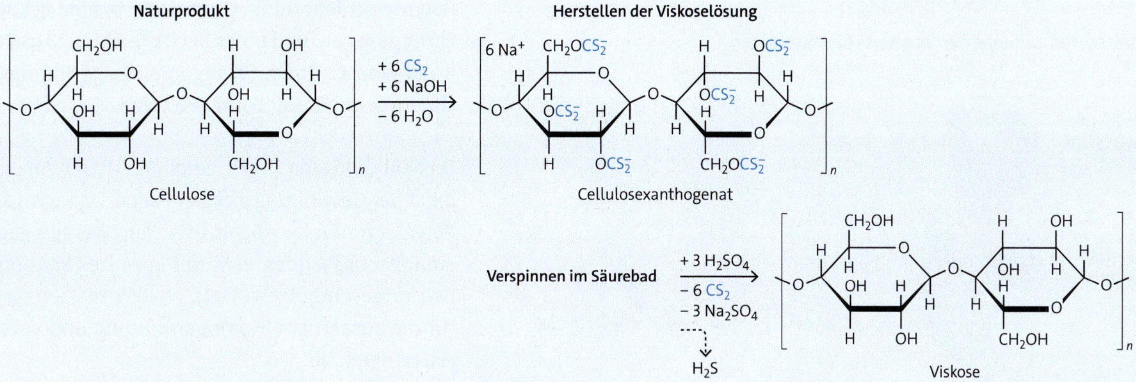

02 Wesentliche Reaktionsschritte bei der Herstellung von Viskose

10.7 Verarbeitung von thermoplastischen Kunststoffen

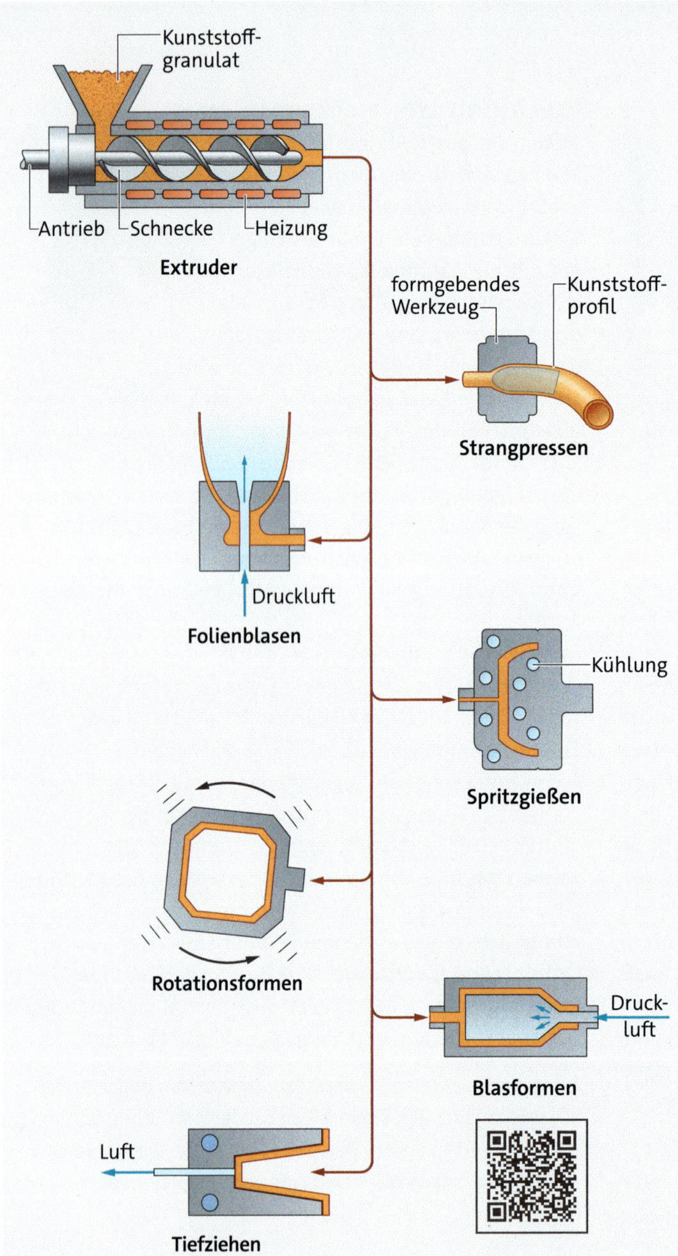

01 Verfahren zur Verarbeitung von Thermoplasten

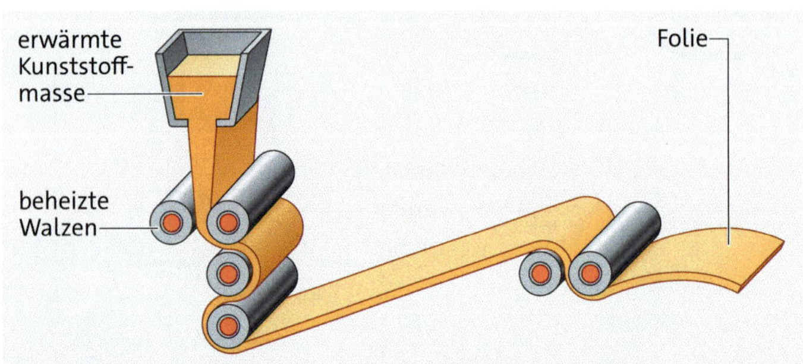

02 Kalandrieren

Thermoplaste sind im erwärmten Zustand verformbar. Sie lassen sich mit unterschiedlichen mechanischen Verfahren in Form bringen.

EXTRUDIEREN Mithilfe eines **Extruders** (lat. *extrudere*: heraustreiben) wird das als Granulat oder Pulver vorliegende Polymer aufgeschmolzen. Dies geschieht unter erhöhtem Druck und erhöhter Temperatur mithilfe einer sich bewegenden Schneckenwelle, die die schmelzende Kunststoffmasse voranschiebt. An der Austrittsöffnung verlässt das verflüssigte Gemisch den Extruder und gelangt in das formgebende Werkzeug (↑ **01**).

Beim **Spritzgießen** wird die flüssige Kunststoffmasse in einen Hohlraum eines gekühlten Werkzeugs gespritzt, in dem sie schnell verdichtet und erkaltet. Beim Öffnen des Werkzeugs fallen die geformten Kunststoffteile heraus. Wird die geschmolzene Kunststoffmasse jedoch beim **Strangpressen** durch eine geformte Düse gedrückt, so wird ein Rohr bzw. ein Schlauch geformt.

Beim **Blasformen** wird die Kunststoffmasse zusammen mit Druckluft in die Blasform eingeblasen. So können Hohlkörper wie Flaschen oder Kanister hergestellt werden. Benutzt man beim Einfüllen eine offene ringförmige Düse, so werden Folien erzeugt. Bei diesem als **Folienblasen** bezeichneten Verfahren entsteht durch die einströmende Druckluft ein dünnwandiger Endlosschlauch.

Um große, hohle Kunststoffprodukte herzustellen, verwendet man das **Rotationsformverfahren**. Hierbei lagert sich die Kunststoffmasse beim Abkühlen an den Innenflächen der rotierenden Form ab.

Zur Herstellung von Kunststoffbechern kommt das **Tiefziehverfahren** zum Einsatz. Hierbei wird eine Polymerschicht durch Unterdruck in eine gekühlte Form gezogen, in der der Becher erstarrt. Anschließend wird er durch Erzeugen eines geringfügigen Überdrucks aus der Form geworfen.

Das **Kalandrieren** (franz. *calandre:* Wäschemangel) dient der Gewinnung dickerer Folien. Dabei wird das Polymergranulat im Spalt zwischen zwei sich gegeneinander drehenden, erwärmten Walzen kontinuierlich aufgeschmolzen (↑ **02**). Weitere Walzen sorgen für die zusätzliche Homogenisierung und Verstreckung der Folie.

CHEMIEFASERN Als Chemiefasern werden alle Fasern bezeichnet, die industriell hergestellt werden. Hierbei lassen sich die *Synthesefasern* von den *Fasern* von *abgewandelten Naturstoffen* unterscheiden. Gemeinsam ist allen Chemiefasern, dass sie aus unverzweigten Makromolekülen mit kristalliner Struktur aufgebaut sind. Den Zusammenhalt zwischen den Makromolekülen bewirken Van-der-Waals-Kräfte und Wasserstoffbrücken (↑ **03**, **04**).

Zu den **Synthesefasern** gehören u.a. *Polyester* wie Trevira, *Polyamide* wie Nylon und Perlon sowie *Polyacrylnitrile* wie Dralon und Elasthan. Zur Herstellung wird das Polymer in flüssige Form gebracht, indem es im **Schmelzspinnverfahren** aufgeschmolzen oder wie beim **Trocken-** und **Nassspinnen** in einem Lösungsmittel gelöst wird. Anschließend wird es durch Spinndüsen gepresst und kann als fester, praktisch endloser Faden abgezogen werden (↑ **04**). Nach Abkühlung im Luftstrom erstarren die Fäden und werden nun beim sogenannten **Verstrecken** gestreckt, damit sich die noch verknäuelt vorliegenden Makromoleküle parallel anordnen. Dabei streckt sich die Faser auf das 100- bis 400-Fache. Durch Zerschneiden in kurze Fasern und anschließendes Verdrillen können die Fasern auf die gewünschte Länge gebracht werden.

Synthesefasern besitzen charakteristische Eigenschaften: Sie sind pflegeleicht, sehr haltbar sowie beständig gegen Mikroorganismen und Insekten. Sie nehmen nur wenig Feuchtigkeit auf, wodurch sie schnell trocknen. Sie laden sich jedoch elektrostatisch auf, weshalb sie leicht verschmutzen.

MIKROFASERN Mithilfe spezieller Spinnverfahren können extrem dünne Fasern hergestellt werden, die 10-mal dünner als ein menschliches Haar sind und als **Mikrofasern** bezeichnet werden. Ein Gramm einer Mikrofaser entspricht ungefähr einer Länge von 10 km. Gewebe aus Mikrofasern sind extrem dicht, sodass Regentropfen wegen der Oberflächenspannung des Wassers nicht in das Gewebe eindringen können. Wasserdampf jedoch kann durch die Poren des Gewebes nach außen gelangen.

VERARBEITUNG VON DUROPLASTEN Duroplaste lassen sich thermisch nicht verformen. Deshalb müssen sie unmittelbar bei der Reaktion in die gewünschte Form gebracht werden. Anschließend lassen sie sich nur noch mechanisch bearbeiten, z.B. durch Sägen. Deshalb werden Duroplast-Formteile häufig als unvernetzte Vorprodukte hergestellt. Nachdem weitere Farb- oder Füllstoffe zugesetzt wurden, wird das Gemisch in Form gebracht und reagiert durch Erwärmen oder Zusatz eines Katalysators zum Duroplast-Werkstück.

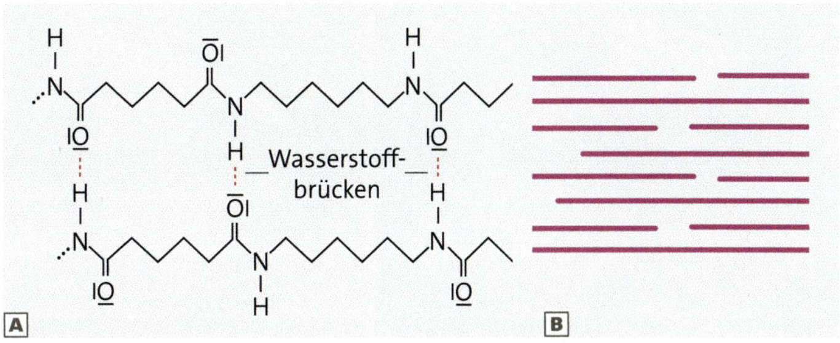

03 **A** Anordnung der Makromoleküle in einer Nylonfaser, **B** Modell

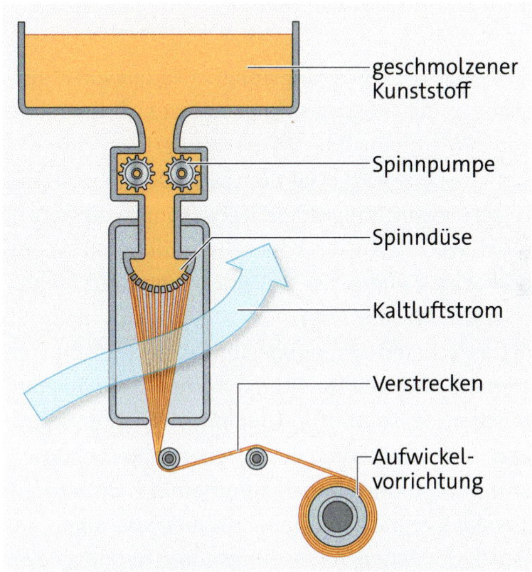

04 Verfahren zum Schmelzspinnen von Polyamiden

Herstellung von / Tätigkeit in der	Studiengang/Fachrichtung
Kunststoffbauteilen	Chemische Technik
Kunststoffformteilen	Chemieingenieurwesen
Faserverbundwerkstoffen	Kunststofftechnologie
Kunststoffbearbeitung/-verarbeitung	Technische Chemie
Kautschuk-/Gummiherstellung	Verfahrenstechnik
Werkstoffprüfung	Wirtschaftsingenieurwesen

05 Studiengänge in der Kunststoffindustrie

1 〉 Stellen Sie begründet dar, mit welchem Verfahren und aus welchem Kunststoff Sie einen Benzinkanister herstellen würden.

2 〉 Nennen Sie Anwendungsgebiete und Alltagsprodukte, in denen die Eigenschaften von Synthese- oder Mikrofasern zum Tragen kommen.

3 〉 Recherchieren Sie ungelernte, gelernte und studierte Berufe in der Kunststoffindustrie.

10.8 Verwertung und Recycling von Kunststoffen

01 **A** 500 Jahre dauert die natürliche Verrottung einer Plastiktüte.
B Upcycling – Treibhaus aus Plastikflaschen

02 Codierung für den recycelbaren Kunststoff Polyethylenterephthalat (PET)

So vielfältig die Nutzungsmöglichkeiten von Kunststoffen sind, so schwierig gestaltet sich ihre sinnvolle Entsorgung oder Wiederverwertung. Allein in Deutschland werden jährlich ca. 50 000 t Kunststoff in die Umwelt freigesetzt. Dabei könnte diese Zahl durch werkstoffliches oder rohstoffliches Recycling oder durch energetische Verwertung deutlich gemindert werden (↑ 03).
In Deutschland werden von den fast sechs Millionen Tonnen gesammelten Kunststoffabfällen aus den privaten Haushalten und der Industrie über 99 % einem der nachfolgend beschriebenen Recyclingverfahren zugeführt. Dabei stammen 25 % der Abfälle aus dem Verpackungsbereich. Einen wichtigen Anteil an der hohen Verwertungsquote hat das in den 1990er Jahren eingeführte Duale System („Grüner Punkt") zum Recycling von Verkaufsverpackungen. Ressourcenschonender ist die Wiederverwendung als gleich- oder höherwertige Gebrauchtwaren, das sogenannte **Upcycling**: Kleine Veränderungen bezüglich der Nutzungsweise oder der äußeren Form ermöglichen neue Funktionen, z. B. den Bau eines Treibhauses aus Plastikflaschen.

DEPONIERUNG Während in Deutschland nur noch weniger als 1 % der Kunststoffabfälle auf Deponien landet, liegt diese Zahl europaweit bei etwa 30 %. Weil sie gegenüber Sauerstoff, Licht, Wasser und Mikroorganismen nahezu beständig sind, verrotten die Kunststoffe dort nicht.

WERKSTOFFLICHES RECYCLING Unter dem Aspekt der Müllvermeidung handelt es sich beim werkstofflichen Recycling um die effizienteste Möglichkeit, Kunststoff wiederzuverwenden. Allerdings erfordert es einen weitgehend sortenreinen und sauberen Altkunststoff, wie er meist nur bei Industrieabfällen vorkommt. Zudem kommt es nur für thermoplastischen Kunststoff infrage. Folgende Schritte müssen vorgeschaltet werden (↑ 04):

- sortenreines Sammeln, Zerkleinern, Waschen
- Abtrennen anhaftender Störstoffe wie Papier, Fremdkunststoffe oder Metalle

Trotzdem treten durch chemische und physikalische Einflüsse Veränderungen in den Polymer-Molekülen auf, z. B. die Spaltung der Makromoleküle, was zu einer Verschlechterung der Qualität des Kunststoffs führt. Man bezeichnet dies als **Downcycling**.

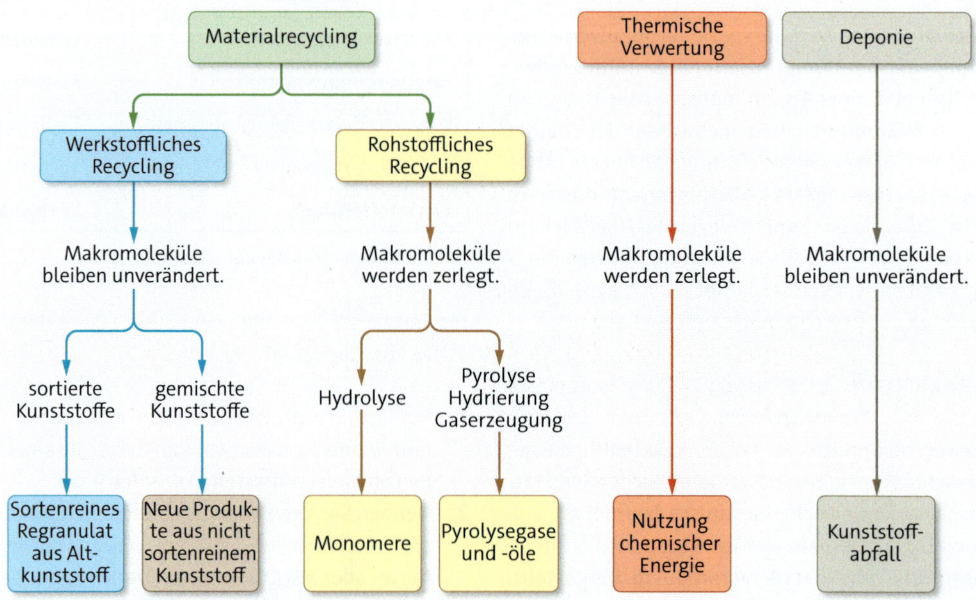

03 Überblick über Verwertungsverfahren für Kunststoffabfälle

Durch wiederholtes Recycling können deshalb Kunststoffe innerhalb der Nutzungskaskade nur eingeschränkten Verwendungsmöglichkeiten zugeführt werden (↑ 05).
Um aus gemischten Abfällen, besonders aus dem Hausmüll, sortenreine Granulate zu erhalten, sind viele Verfahrensschritte wie Trennen und Waschen nötig. Ohne Trennung können diese Altkunststoffe nur zu Formteilen minderer Qualität umgeschmolzen werden. In Deutschland werden Knapp 35% der Kunststoffabfälle werkstofflich verarbeitet.

ROHSTOFFLICHES RECYCLING Auch das rohstoffliche Recycling von vermischten Kunststoffabfällen, die sich nicht werkstofflich trennen lassen, trägt zur Schonung natürlicher Ressourcen bei. Denn dadurch lassen sich die Monomere selbst zurückgewinnen oder niedermolekulare Kohlenwasserstoffe in Form von Ölen oder Gasen erzeugen. Diese können dann als Ausgangsstoffe für die Herstellung von Kunststoffen verwendet werden. Unter 1 % der Kunststoffabfälle in Deutschland werden so verarbeitet.

Zur Überführung der Polymere in ihre Ausgangsstoffe kommen verschiedene Verfahren zur Anwendung: Bei der **Pyrolyse** werden die Kunststoffe unter Sauerstoffabschluss auf etwa 700 °C erhitzt, wobei ihre Makromoleküle in kürzere Ketten zerbrechen. Als Produkte entstehen u. a. Alkane, Alkene und Aromaten.

Werden die Kunststoffe bei einer Temperatur von ca. 470 °C und unter hohem Druck (ca. 200 bar) mit einem Überschuss an Wasserstoff behandelt, kommt es ebenfalls zu einem Aufbrechen der langen Ketten. Als Reaktionsprodukte entstehen aber überwiegend Alkane. Das Verfahren wird als Hydrierung bezeichnet. Als **Solvolyse** wird die Kettenteilung der Makromoleküle mithilfe eines Lösungsmittels bezeichnet. Unter Verwendung von sauren Lösungen werden Polyester und Polyamide durch **Hydrolyse** in ihre ursprünglichen Monomere aufgespalten.

THERMISCHE VERWERTUNG Fast 65% der in Deutschland anfallenden Kunststoffabfälle werden in Müllverbrennungsanlagen verbrannt. Die dabei frei werdende thermische Energie wird in Kraftwerken genutzt. Jedoch muss bei der Verbrennung darauf geachtet werden, dass die Schadstoffemissionswerte nicht überschritten werden. Problematisch sind hierbei Polymere, die wie PVC keine reinen Kohlenwasserstoffe sind, da sich bei der Verbrennung Chlorwasserstoff (HCl) bildet.

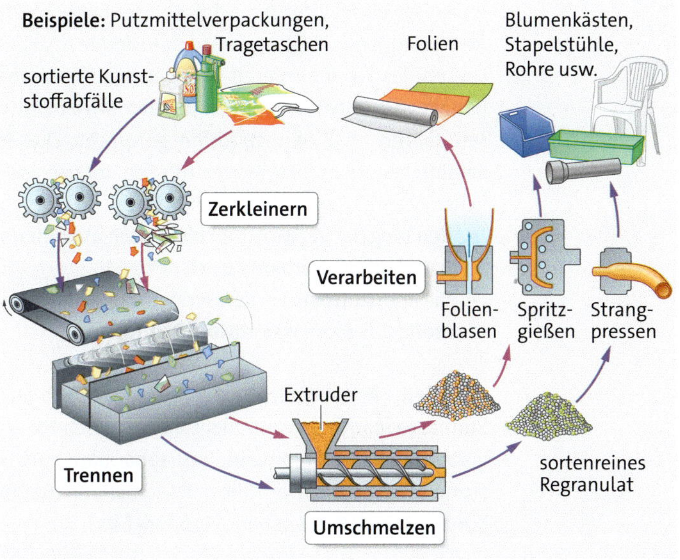

04 Wertstoffkreislauf (Schema)

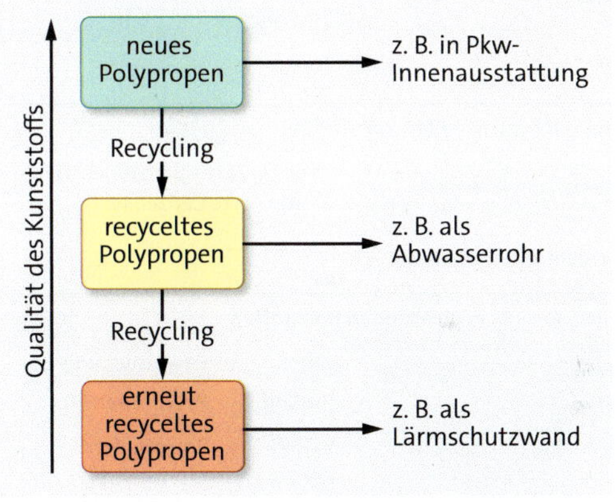

05 Downcycling: Beispiel einer Nutzungskaskade

Betrachtet man Polymere auf Kohlenwasserstoffbasis wie PE oder PP, so entstehen bei der Verbrennung keine anderen Produkte als bei der Verbrennung des ursprünglichen Rohstoffs Erdöl. Unter energetischen Aspekten betrachtet bleibt der ursprüngliche Energiegehalt der eingesetzten Erdölportion vollumfänglich im Kunststoff enthalten. Solange Erdöl zur Energieerzeugung direkt verbrannt wird, ist es also durchaus sinnvoll, Kunststoffe nach dem Durchlaufen einer Nutzungskaskade (↑ 05) anschließend thermisch zu verwerten.

1 › Erstellen Sie jeweils ein Schema, das die verschiedenen Varianten des rohstofflichen Recyclings darstellt.

2 › Begründen Sie, welches Recyclingverfahren für welche Kunststoffkategorie geeignet ist: Duroplaste, Elastomere, Thermoplaste.

Biokunststoffe – biologisch abbaubare und biobasierte Kunststoffe

Jedes Recyclingverfahren erfolgt unter Energieaufwand und/oder birgt umweltgefährdende Risiken. Um beides zu minimieren und gleichzeitig unabhängig vom Rohstoff Erdöl zu werden, wird bereits seit Jahren an **Biokunststoffen** geforscht. Dieser Sammelbegriff umfasst Kunststoffe mit unterschiedlichen Merkmalen in Bezug auf:

- den Weg der Verwertung: biologisch abbaubare bzw. kompostierbare Kunststoffe
- die Rohstoffbasis bei der Herstellung: Ausgangsstoffe aus Biomasse statt aus Erdöl

Dabei gilt: Kunststoffe, deren Ausgangsstoffe aus Biomasse stammen, sind nicht automatisch biologisch abbaubar – und biologisch abbaubare Kunststoffe müssen nicht auf Biomasse basieren. Beide Konzepte existieren nebeneinander (↑ **01**).

Biologisch abbaubar, aus fossilen Rohstoffen			
Erdöl	Polyester	Copolyester (PBAT) Polycaprolacton (PCl)	
	Alkohole	Polyvinylalkohol (PVOH)	
Biologisch abbaubar, aus nachwachsenden Rohstoffen			
zucker- und stärkereiche Pflanzen	pflanzliche Polymere	thermoplastische Stärke (TPS) modifizierte Cellulose	
	fermentative Polymere	Polylactide (PLA) Polyhydroxyalkanoate (PHA)	
Biologisch nicht abbaubar, aus nachwachsenden Rohstoffen			
zucker- und stärkereiche Pflanzen	Ethanol	Ethen	Polyethen (PE)
		Propen	Polypropen (PP)
		Glykol p-Xylol	Polyethylenthe-rephthalat (PET)

01 Beispiele für Biokunststoffe im Überblick

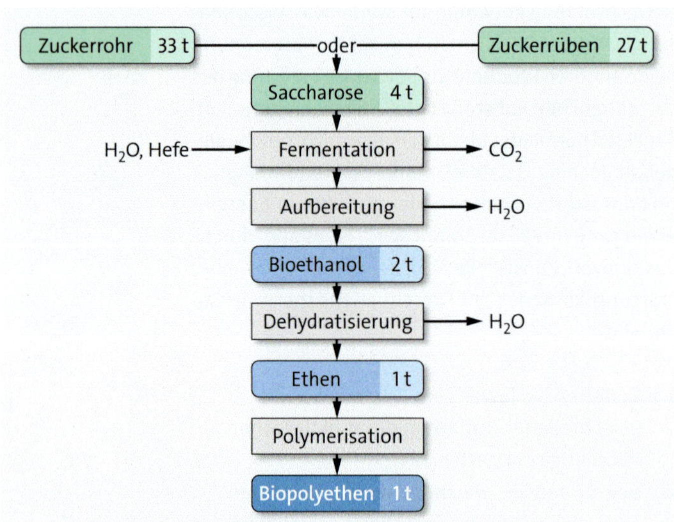

02 Herstellung von Biopolyethen (Bio-PE)

BIOLOGISCH ABBAUBARE KUNSTSTOFFE Der Vorteil biologisch abbaubarer Kunststoffe besteht darin, dass sie in der Umwelt unter geeigneten Bedingungen im Vergleich zu konventionellem Kunststoff schneller zu Kohlenstoffdioxid und Wasser abgebaut werden. Zunächst erfolgt ein Zerfall in kleine Partikel, bei dem Mikroplastik in Böden und Gewässer eingetragen wird. Der vollständige Abbau dieser Partikel kann jedoch je nach Umweltbedingungen viel Zeit in Anspruch nehmen und wird oft nur in industriellen Kompostieranlagen erreicht, die eine konstant hohe Temperatur von 60 °C und eine Luftfeuchtigkeit von 80 % erreichen. Deshalb ist die Kompostierung solcher Kunststoffe über die Bioabfallsammlung ökologisch wenig sinnvoll. Sie stellt auch keine hochwertige Verwertung dar, weil die Stoffeigenschaften des Kunststoffs bei der Bioabfallverwertung nicht genutzt werden und das abgebaute Material keinen positiven Effekt auf den erzeugten Kompost hat.

BIOBASIERTE KUNSTSTOFFE Das Monomer Milchsäure (2-Hydroxypropansäure) kann durch Fermentation aus Maisstärke erzeugt werden. Durch anschließende Polykondensation und Polymerisation entsteht aus den Monomeren die **Polymilchsäure** (Polylactid, kurz: **PLA**), ein thermoplastischer Kunststoff (↑ Exp. 10.15). Verwendung findet PLA im medizinischen Bereich als Nahtmaterial zum Wundverschluss, aber auch als Verpackungsmaterial für Lebensmittel. Der Abbau des Polymers erfolgt über die hydrolytische Spaltung der Esterbindungen (↑ Exp. 10.16). Mikroorganismen zersetzen die Abbauprodukte weiter zu Kohlenstoffdioxid und Wasser. Dieser Biokunststoff vereint also beide Aspekte: Ausgangsstoffe aus Biomasse und biologische Abbaubarkeit.

Neben solchen schon seit einigen Jahren am Markt befindlichen Polymeren auf Stärke- oder Milchsäurebasis kommen auch biobasierte Polyolefine wie Polyethen (PE) auf Basis nachwachsender Rohstoffe hinzu. Dieses Bio-PE weist exakt die gleiche chemische Struktur auf wie das aus Erdöl hergestellte PE. In Brasilien werden derzeit Produktionsanlagen gebaut, die Bio-PE auf der Basis von aus Zuckerrohr gewonnenem Ethanol herstellen (↑ **02**).

1 › **a** Vergleiche Sie Bio-PE und herkömmlich produziertes PE hinsichtlich des chemischen Aufbaus und der daraus ableitbaren Stoffeigenschaften.
b Bewerten Sie, welche dieser beiden Kunststoffarten zu einer stärkeren Schonung der Umwelt beiträgt. Recherchieren Sie dazu auch in weiteren Quellen.

Praktikum

Kunststoffverwertung – Biokunststoffe

EXP 10.14 Pyrolyse von Kunststoffabfällen

Materialien Reagenzglas, Reagenzglas mit Ansatz, Kolbenprober, Becherglas, Stativmaterial, 2 durchbohrte Stopfen, Brenner, Kunststoffabfälle (kein PVC!), Eiswasser, Kaliumpermanganatlösung (3, 5, 9)

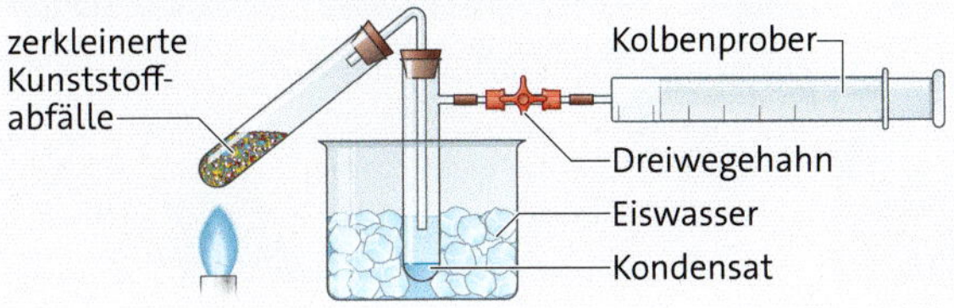

Durchführung Erhitzen Sie die unsortierten, zerkleinerten Kunststoffabfälle kräftig in einem schräg eingespannten Reagenzglas unter Luftabschluss. Fangen Sie die entweichenden Pyrolyseprodukte in einem Kolbenprober auf. Versetzen Sie die gasförmigen Produkte wie auch das Kondensat mit der Kaliumpermanganatlösung.
Entsorgung: Reagenzglas nach dem Abkühlen in den Hausmüll geben. Flüssigkeiten im Scheidetrichter trennen und in den Behälter für giftige anorganische Abfälle bzw. halogenfreie organische Abfälle geben.

Auswertung

1 › Erklären Sie die Farbveränderung der Kaliumpermanganatlösung.

2 › Erläutern Sie die Vorteile der Pyrolyse gegenüber der Verbrennung bzw. dem werkstofflichen Recycling von Kunststoffabfällen.

EXP 10.15 Herstellung von Polymilchsäure

Materialien Reagenzglas, Reagenzglasklammer, Reagenzglasständer, Spatel, Aluschale vom Teelicht, Brenner, Pipette, Siedesteinchen, Gärröhrchen mit Aktivkohle oder Watte, Milchsäure (5), Zinn(II)-chlorid (5, 7)

Durchführung Geben Sie fingerbreit Milchsäure und einige Kristalle Zinn(II)-chlorid in ein Reagenzglas. Fügen Sie anschließend 3 bis 5 Siedesteinchen hinzu und setzen Sie das Gärröhrchen auf das Reagenzglas. Erhitzen Sie das Gemisch vorsichtig unter ständigem Schütteln in der rauschenden Brennerflamme, bis sich die Farbe der Lösung verändert. Füllen Sie dann den Inhalt des Reagenzglases in die Aluschale und stellen Sie diese zum Abkühlen in den Abzug.
Entsorgung: Kunststoffreste in den Hausmüll geben.

Auswertung

1 › Zeichnen Sie einen Strukturformelausschnitt mit fünf Monomeren Milchsäure.

2 › Welche Funktion des Zinn(II)-chlorids vermuten Sie?

EXP 10.16 Hydrolyse von Polymilchsäure

Materialien Erlenmeyerkolben (100 mL), Magnetrührer, Magnetfisch, Schere, Kunststoffprobe aus Polymilchsäure, Universalindikator, Wasser, Natronlauge (c = 0,01 mol/L), Salzsäure (c = 0,01 mol/L)

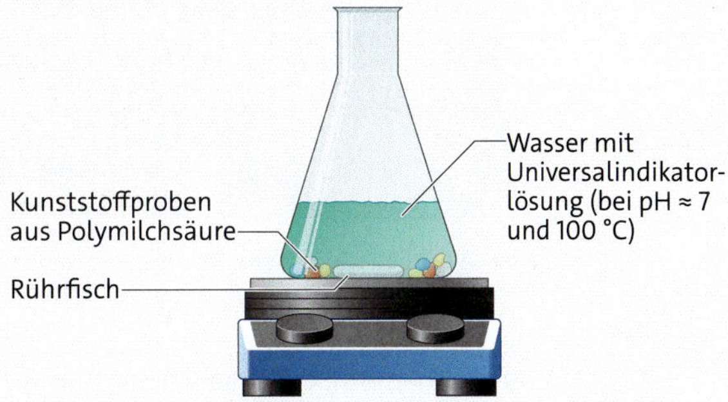

Durchführung Geben Sie in den Erlenmeyerkolben 50 mL Wasser und anschließend ca. 50 Tropfen Universalindikator dazu. Erhitzen Sie auf 100 °C. Sollte dabei ein von pH 7 in das saure Milieu abweichender pH-Wert festgestellt werden, erfolgt die Einstellung auf pH 7 durch die tropfenweise Zugabe von Natronlauge.
Zerkleinern Sie eine Kunststoffprobe von Polymilchsäure (z. B. Becher oder Plastiktüte) und geben Sie unter ständigem Rühren die Schnipsel in den Erlenmeyerkolben.
Entsorgung: Lösung mit Salzsäure neutralisieren und im Abwasser entsorgen. Kunststoffreste in den Hausmüll geben.

Auswertung

1 › Entwickeln Sie eine Reaktionsgleichung für die Hydrolyse von Polymilchsäure.

2 › Erklären Sie den Farbumschlag des Universalindikators.

EXP 10.17 Folie aus Kartoffelstärke

Materialien Waage, Becherglas (250 mL), Messpipette, Uhrglas, Wasserbad (400 mL), Brenner, Dreifuß, Glasstab, Kunststofffolie, Kartoffelstärke, Glycerinlösung (w = 50 %)

Durchführung Mischen Sie im Becherglas 20 mL Wasser mit 2 mL Glycerinlösung und geben Sie 2,5 g Stärke dazu. Bedecken Sie das Becherglas mit dem Uhrglas und kochen Sie es unter gelegentlichem Rühren ca. 15 min im Wasserbad. Anschließend gießen Sie das heiße Gel auf die Kunststofffolie und lassen es trocknen.
Entsorgung: Kunststoffreste in den Hausmüll geben.

Auswertung

1 › Entwickeln Sie einen Strukturformelausschnitt mit fünf Molekülen β-D-Glucose.

2 › Welche Funktion der Glycerinlösung vermuten Sie?

10.9 Spezialkunststoffe

01 **A** Gerüst aus Bambus, **B** Bambusgewebe unter dem Mikroskop (Querschnitt), **C** Frontspoiler eines Rennwagens aus Faserverbundmaterial (schwarz: Carbonfasergewebe, glänzend: Kunststoffmatrix)

VERBUNDWERKSTOFFE Für die Optimierung mechanischer Eigenschaften von Polymeren als Konstruktionswerkstoffen hat man sich die Grundprinzipien von der Natur abgeschaut: Bei den in Asien zum Gerüstbau eingesetzten Bambusrohren sind lange Fasern aus Proteinen in Cellulose eingebettet. Dadurch kann Bambus als extrem stabiler und gleichzeitig sehr zugfester und elastischer Werkstoff für viele Anwendungen genutzt werden. Auch technisch hergestellte **Verbundwerkstoffe** stellen eine Verbindung aus einer füllenden Grundsubstanz, der Matrix, und dem Verstärkungsmaterial, häufig Fasern, dar. Als Matrix werden thermo- oder Duroplaste Kunststoffe eingesetzt, während für das Verstärkungsmaterial Glas, Kohlenstoff („Carbon"), Keramik oder auch aromatische Polyamide, z. B. Aramidfasern, verwendet werden.

Je nach Form und Anordnung der verstärkenden Elemente unterscheidet man die folgenden Verbundwerkstoffe:

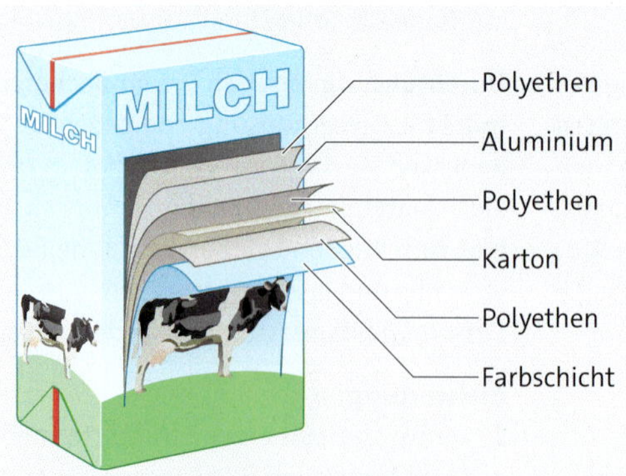

02 Aufbau von Getränkeverpackungen aus Schichtverbundwerkstoffen

Sind die Verstärkungsmaterialien als Fasern, Fäden oder Drähte in die Matrix eingebettet, spricht man von **Faserverbundwerkstoffen**. Dabei hält die Matrix die Fasern in der gewünschten Form, während die Festigkeit weitgehend von der Faser abhängt. Die Fasern können sowohl parallel als auch verschränkt angeordnet sein, z. B. als Gewebe (↑ **01C**). Solche Faserverbundwerkstoffe sind im Vergleich zu Stahl wesentlich zugfester bei gleichzeitig sehr geringer Masse. Sie werden u. a. in der Luft- und Raumfahrttechnik, im Schiffbau und für Sportgeräte eingesetzt. Werden einzelne Partikel in eine Matrix eingebettet, um deren Eigenschaften zu verändern, spricht man von **Teilchenverbundwerkstoffen**. Beispielsweise führt die Zugabe von Kohlenstoffpartikeln (Ruß) zur Erhöhung der elektrischen Leitfähigkeit. Kombiniert man gezielt Ebenen mit unterschiedlichen Eigenschaften, entstehen **Schichtverbundwerkstoffe**, sog. Laminate. Sie werden in der Verpackungsindustrie verwendet.

SUPERABSORBER können ein Vielfaches ihrer Masse an Wasser aufnehmen und einlagern – und im Unterschied zu einem Schwamm, wird es auch auf Druck nicht wieder abgegeben. Solche **superabsorbierenden Polymere** (kurz: **Superabsorber, SAP**) werden beispielsweise in Babywindeln und in Verbandsmaterial eingesetzt.

Superabsorber bestehen aus schwach vernetzten, wasserunlöslichen Polymeren. Die Eigenschaft, Wasser binden zu können, lässt sich durch den chemischen Aufbau der Polymerketten erklären: Durch die große Anzahl an polaren Carboxy- und Carboxylatgruppen können diese mit vielen Wasser-Molekülen Wechselwirkungen ausbilden. Wären die Polymerketten unvernetzt, wäre der Kunststoff wasserlöslich.

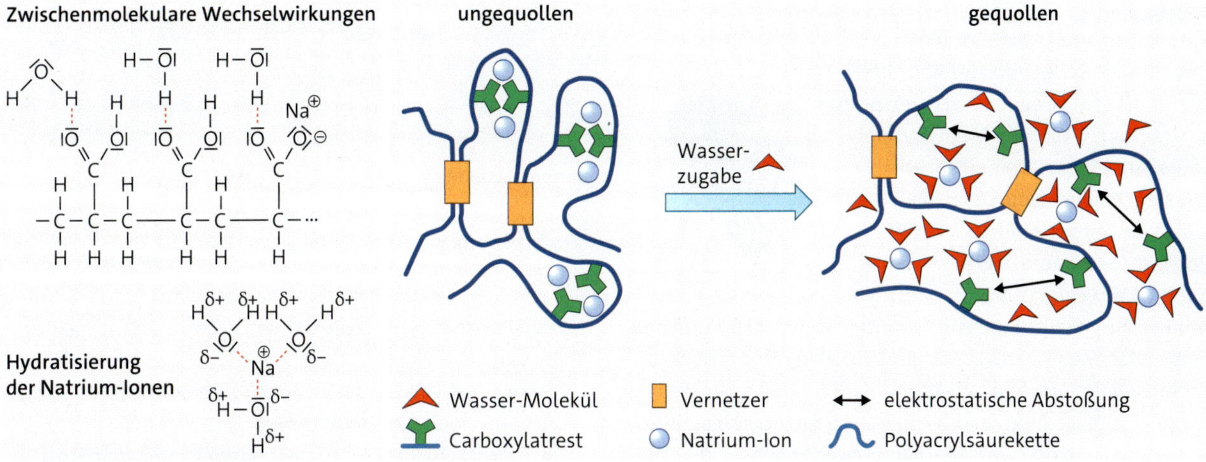

03 Funktion von Superabsorbern in einer Babywindel: Wasser wird in das Polymernetzwerk aus Polyacrylsäure eingeschlossen.

Für die in Windeln enthaltenen Superabsorber wird ein wasserlösliches Copolymerisat aus Acrylsäure (Propensäure) und Natriumacrylat eingesetzt, die Polyacrylsäure. Erst durch den Einbau spezieller Vernetzermoleküle, die die Polymerketten chemisch verbinden, entsteht das weitmaschige Polymernetzwerk. Der dann theoretisch aus einem einzigen Riesenmakromolekül bestehende Kunststoff ist wasserunlöslich.

Diese spezielle Kombination ist für die superabsorbierenden Eigenschaften verantwortlich: Wasser kann in das Netzwerk eindiffundieren, dabei bilden die Wasser-Moleküle Wechselwirkungen zu den Polymerketten und den Natrium-Ionen der Acrylatgruppen aus. Auf diese Weise wird das Wasser „eingeschlossen".

Sobald die Natrium-Ionen von eingedrungenen Wasser-Molekülen hydratisiert werden, bleiben negativ geladenen Carboxylatgruppen an den Ketten zurück, die sich gegenseitig abstoßen. Das zuvor geknäulte Polymer wird gedehnt und der Stoff quillt. Allgemein bezeichnet man einen Verbund eines Polymernetzwerks mit Wasser-Molekülen als **Hydrogel**.

P EXP 10.18 Untersuchung eines Superabsorbers

Materialien Messzylinder, 4 Bechergläser (250 mL), Spatellöffel, Superabsorberpolymer, Wasser, Kochsalz, Citronensäure (7), Natriumcarbonat (7)

Durchführung Geben Sie einen Spatellöffel Superabsorber in jedes der vier Bechergläser. Anschließend fügen Sie in alle Bechergläser 100 mL Wasser dazu. In das zweite Becherglas geben Sie einen halben Spatellöffel Kochsalz, in das dritte einen halben Spatellöffel Citronensäure und in das vierte Becherglas einen halben Spatellöffel Soda hinzu.

Entsorgung: Kunststoffreste in den Hausmüll geben.

Auswertung Notieren und deuten Sie Ihre Beobachtungen hinsichtlich der unterschiedlichen Wasseraufnahme des Superabsorbers in den vier Ansätzen. Gehen Sie auf das osmotische Verhältnis der verschiedenen Lösungen ein.

MEMBRANSYSTEME Besonders in der Bekleidungsindustrie werden für Jacken und Schuhe vielfach sogenannte atmungsaktive Klimamembranen eingesetzt, die auf die Innenseite von Textilgewebe aufgeklebt werden. Als Polymer wird dafür beispielsweise **Polytetrafluorethen** (Teflon, Kurzzeichen: PTFE) eingesetzt, dessen nur 0,02 mm dünne Folie so stark verstreckt wird, dass etwa eine Milliarde winzige Poren pro cm^2 in der Folie entstehen. Durch diese Poren kann Wasserdampf (Schweiß) diffundieren, die Wassertropfen des Regens werden jedoch nicht hindurchgelassen.

Allerdings entstehen bei der Herstellung und Verbrennung von Polytetrafluorethen umweltgefährdende Stoffe.

Ein anderes Membransystem setzt auf porenfrei produzierte Membranen aus **Polyetherester** – einem gesundheitlich unbedenklichen Kunststoff, der schadstoffarm produziert und ähnlich wie PET recycelt werden kann. In diesen nur 0,005 mm dicken Membranen ermöglichen die funktionellen Gruppen des Polymers den Austausch von Wasserdampf.

Video: Superabsorber im Zeitraffer

1 Skizzieren Sie den Aufbau eines Faserverbundwerkstoffs mit parallel ausgerichteten bzw. gegeneinander verschränkt angeordneten Fasern. Erläutern Sie die besonderen Eigenschaften.

Klausurtraining

Material D Mit Polymeren gegen Fressfeinde

Der einheimische Laufkäfer *Abax ater* bekämpft seine Gegner durch Versprühen von Methacrylsäure (2-Methylpropensäure) aus einer Hinterleibsdrüse. Der Gegner wird dadurch binnen kürzester Zeit voneiner Schicht aus Polymethacrylsäure überzogen und dadurch bewegungsunfähig.
Ähnlich aufgebaute Kunststoffe werden in der Medizintechnik eingesetzt. Sie finden als Material zur Herstellung von Kontaktlinsen Verwendung. Als Monomere für diese Kunststoffe dienen Ester, die durch exotherme Gleichgewichtsreaktionen von Methacrylsäure mit Methanol oder Ethan-1,2-diol entstehen und bei Raumtemperatur flüssig sind. In Abhängigkeit vom verwendeten Alkohol bilden sich bei der nachfolgenden Herstellung der polymeren Verbindungen zwei Kunststoffe mit unterschiedlichen Eigenschaften:
Der eine Kunststoff besitzt ausgeprägte hydrophile Eigenschaften und ist damit für weiche Kontaktlinsen bestens geeignet, während sich der andere für harte Kontaktlinsen verwenden lässt.

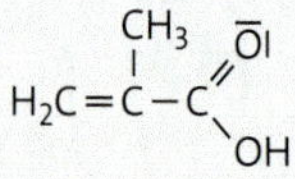

Methacrylsäure

AUFGABEN ZU D

1) a Stellen Sie den Reaktionsmechanismus für die Bildung von Polymethacrylsäure dar und geben Sie den Reaktionstyp an.
Hinweis: Bei dem entstehenden Polymer sind die Carboxygruppen weiterhin vorhanden.
b Entwickeln Sie je eine Reaktionsgleichung (mit Strukturformeln) für die Bildung der beiden erwähnten Methacrylsäureester. Beachten Sie dabei, dass bei der Reaktion mit Ethan-1,2-diol nur eine Hydroxygruppe verestert wird.

2) a Zeichnen Sie für die beiden Polymere, die zur Herstellung von Kontaktlinsen verwendet werden, je einen charakteristischen Strukturformelausschnitt.
b Beurteilen Sie, welcher dieser Kunststoffe zur Herstellung von weichen Kontaktlinsen geeignet ist.

Material E Bakterien erzeugen ein Biopolymer

E1 Eigenschaften des Biopolymers

Bakterien der Art *Alcaligenes eutrophus* produzieren aus 3-Hydroxybutansäure den makromolekularen Speicherstoff Poly-3-hydroxybutansäure (PHB), der sich in den Bakterien anreichert. In großen Bioreaktoren wird PHB säurekatalysiert gewonnen und zu einem biologisch abbaubaren Kunststoff weiterverarbeitet, der unter dem Handelsnamen *Biopol* vertrieben wird. Dieser Kunststoff kann in vielen Anwendungsbereichen das Polypropen (PP) ersetzen, da er ähnliche Eigenschaften besitzt, im Gegensatz zu Polypropen aber biologisch abbaubar ist. Als Problem erwies sich jedoch, dass biotechnologisch hergestelltes *Biopol* sehr teuer ist. Die Zersetzungstemperatur liegt bei 180 °C und ist damit nur knapp oberhalb des Schmelzbereichs, der bei ca. 170 °C liegt.

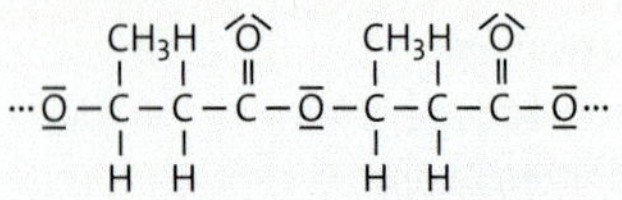

Poly-3-hydroxybutansäure

E2 Nutzung als Speicherstoff

Viele Bakterien nutzen Poly-3-hydroxybutansäure als Speicherstoff. Mehrere Hundert bis mehrere Tausend 3-Hydroxybutansäuremonomere sind über ihre Hydroxy- und Carboxygruppen zu einem Polyestermolekül verknüpft. Aufgrund ihrer unpolaren hydrophoben Eigenschaften lagern sich diese Polymere in tröpfchenförmigen Zelleinschlüssen ein, die sich mit lipophilen Farbstoffen anfärben und sichtbar machen lassen. Der intrazelluläre Abbau der Poly-3-hydroxybutansäure erfolgt über alkalische Hydrolyse zu 3-Hydroxybutansäure und anschließend weiteren Stoffwechselreaktionen.

AUFGABEN ZU E

1) a Formulieren Sie die Reaktionsgleichung für die Herstellung von Poly-3-hydroxybutansäure aus 3-Hydroxybutansäure und geben Sie den Reaktionstyp an.
b Ordnen Sie begründet PHB einer Kunststoffart zu.

2) Erstellen Sie eine ausführliche Durchführungsbeschreibung für einen Schülerversuch zur alkalischen Hydrolyse von Poly-3-hydroxybutansäure. Berücksichtigen Sie dabei auch sicherheitsrelevante Aspekte.

3) Stellen Sie Hypothesen auf, warum Poly-3-hydroxybutansäure im Gegensatz zu Polypropen biologisch abbaubar ist.

Material F Biologisch abbaubare Kunststoffe

F1 Dimerisierung von Milchsäure

Milchsäure hat eine besondere Eigenschaft: Sie bildet mit sich selbst Dimere. Sie werden als Dilactide bezeichnet. Dabei handelt es sich um *cyclische Ester*.

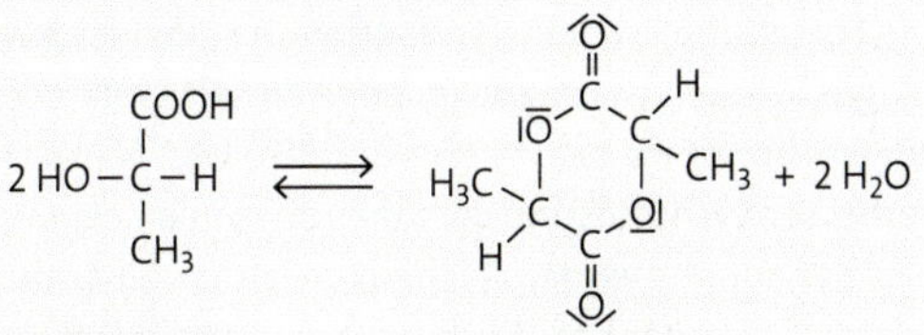

F2 Polymerisierung zum Polylactid

Aus Milchsäure lässt sich der Kunststoff Polylactid (PLA, auch Polymilchsäure) herstellen. Polylactide können bis zu einer molaren Masse von 15 000 g/mol durch Polykondensation direkt aus Milchsäure und bei Raumtemperatur erzeugt werden. Die Entsorgung der dazu verwendeten Lösungsmittel ist allerdings problematisch. Deshalb werden Polylactide bevorzugt durch die ionische Polymerisation von Dilactiden hergestellt. Bei etwa 180 °C und unter der Einwirkung von Zinn(II)-chlorid findet die Ringöffnung des Dilactids sowie die Polymerisation statt. So werden Kunststoffe mit sehr großen molaren Massen von über 20 000 g/mol und hoher Festigkeit erzeugt.

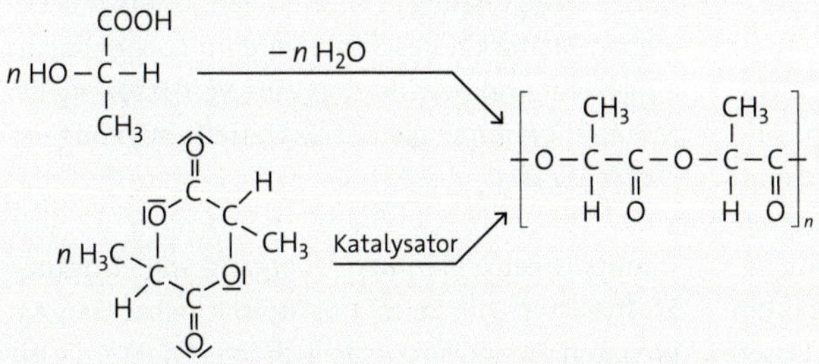

F3 Biologischer Abbau

Über Biotonnen gesammelte Bioabfälle werden in industriellen Kompostieranlagen zu Kompost verarbeitet. Dieser Prozess dauert in der Regel rund vier Wochen. Aus Sicht der Betreiber stellen biologisch abbaubare Kunststoffe wie Polylactid ein großes Problem dar, weil sie zur Verunreinigung des Kompostprodukts führen.

Temperatur in °C	4	25	25	40	60	60
relative Luftfeuchte in %	100	20	80	80	20	80
vollständiger Abbau in Monaten	124	58	37	10	3	2

F3.1 Vollständiger Abbau von Polylactiden

F4 Eigenschaften

Durch gezielte Copolymerisation von D- und L-Milchsäuremonomeren stellt man verschiedene Poly-L-lactide her, die sich in ihrem Kristallisationsgrad, ihren Schmelztemperaturen sowie ihrem Abbauverhalten unterscheiden. So ist beispielsweise das Poly-L-lactid teilkristallin, also aufgrund seiner kristallähnlichen Struktur relativ hart und spröde. Die Schmelztemperatur ist von der jeweiligen Kettenlänge der Makromoleküle abhängig und beträgt beispielsweise bei Poly-L-lactid 80 bis 190 °C. Aus diesem Biokunststoff werden diverse Verpackungen, aber auch Tüten für Bioabfälle hergestellt.

F5 Copolymerisierung von Milchsäure und Glycolsäure

Der Biokunststoff Polylactid-co-Glycolid (PLGA) besteht aus den Monomeren Milchsäure und Glycolsäure und findet vor allem in der Medizintechnik Anwendung, beispielsweise als chirurgisches Nahtmaterial oder bei der Herstellung von sich auflösenden Arzneimitteldepots. Alle PLGA-Typen haben amorphe Strukturen und besitzen eine Schmelztemperatur von etwa 200 °C.

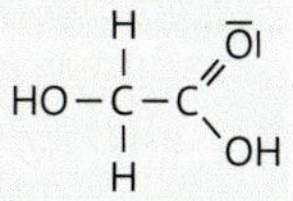

Glycolsäure

AUFGABEN ZU F

1) Definieren Sie die Begriffe Duroplast, Thermoplast und Elastomer und ordnen Sie Poly-L-lactid einer der drei Kunststoffarten begründet zu (↑ F4).

2) Stellen Sie Unterschiede und Gemeinsamkeiten der beiden Polylactidsynthesen (aus einzelnen Milchsäure-Molekülen bzw. aus Dilactiden) tabellarisch gegenüber. Entwickeln Sie daraus Vor- und Nachteile der beiden Polylactidsynthesewege (↑ F2).

3) Beurteilen Sie aus den Daten zum Abbau von Polylactiden die Meinung der Betreiber von Kompostieranlagen. Ziehen Sie hieraus die Schlussfolgerung, wie die optimalen Prozessbedingungen in einer Kompostieranlage aussehen müssten (↑ F3).

4) In der Medizintechnik finden Polylactide als Copolymerisate mit Glycolsäure, die PLGA, vielfach Anwendung (↑ F4, F5).

a Zeichnen Sie einen charakteristischen PLGA-Strukturformelausschnitt und nennen Sie unterschiedliche Eigenschaften von Poly-L-lactid und PLGA, die sich aufgrund der Strukturformel ableiten lassen.

b Begründen Sie anhand der Eigenschaften von Poly-L-lactid und PLGA, für welche Anwendungen sie sich gut bzw. weniger gut eignen.

10.10 Nanopartikel und Nanomaterialien

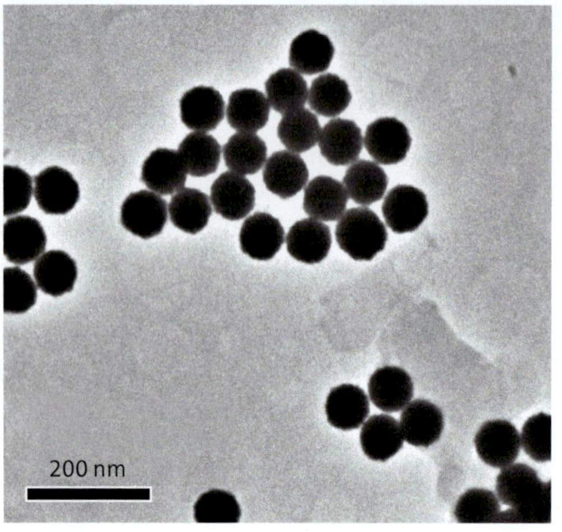

01 Elektronenmikroskopische Aufnahme von Quecksilbertellurid-Nanopartikeln (HgTe)

02 Tyndall-Effekt

Video: Tyndall-Effekt

MILLI, MIKRO, NANO Das Wort „nano" ist griechischen Ursprungs und heißt „Zwerg". Als Vorsilbe vor einer Einheit bedeutet nano, dass es sich um ein Milliardstel davon handelt. Ein Nanometer (1 nm) ist ein milliardstel Meter (10^{-9} m; ↑ 03). Das entspricht etwa der Länge einer Reihe aus vier Gold-Atomen oder einem Millionstel eines Rohrzuckerkristalls. **Nanopartikel** haben in keiner Richtung eine Ausdehnung von mehr als 100 nm (↑ 01). Sie sind winzig und selbst unter einem Lichtmikroskop nicht sichtbar.

NANOPARTIKEL – ZWISCHEN ATOM UND KRISTALL Lösungen, die Nanopartikel enthalten, sind schon seit Langem als **kolloidale Lösungen** bekannt. Es handelt sich um Suspensionen oder Emulsionen. Die dispergierten Tröpfchen oder Mikrokristalle haben Durchmesser von wenigen Nanometern bis hin zu einigen Mikrometern. Die größeren Partikel lassen sich mit einem Lichtmikroskop beobachten, sie zeigen das als Brown'sche Bewegung bekannte „Zittern". Im Gegensatz zu „echten" Lösungen zeigen kolloidale Lösungen den **Tyndall-Effekt**, d. h., sie streuen Licht senkrecht zu dessen Einfallsrichtung (↑ 02). Das bedeutet, dass bei einer kolloidalen Lösung, die für das menschliche Auge nicht sichtbare Partikel im Nanometerbereich enthält (wie Fetttröpfchen in der Milch,) das einstrahlende Licht in verschiedene Richtungen abgelenkt wird. So laufen die Stahlen nicht gebündelt in eine Richtung, sondern werden gestreut. Für das menschliche Auge wird dieser Vorgang als ein gradliniger Strahl durch die kolloidale Lösung sichtbar.

Die Forschung an den Nanopartikeln selbst ist ein junger Wissenschaftszweig, der sich seit Ende des 20. Jahrhunderts rasant entwickelte. Das war der verbesserten Auflösung der Elektronenmikroskopie und der zunehmenden Rechenkapazität von Computern zu verdanken. Mithilfe dieser analytischen Methoden untersuchten Wissenschaftlerinnen und Wissenschaftler der Chemie, Physik und Biologie die besonderen Eigenschaften von Nanopartikeln auf der atomaren Ebene. In der Chemie wurden neue Methoden zu ihrer Synthese etabliert.

Die Motivation für die Forschungsaktivitäten ist der Wunsch, Materialien mit neuen oder verbesserten Eigenschaften herzustellen, die z. B. Schadstoffe schneller abbauen, biologisch aktive Moleküle selektiv erkennen oder einen höheren Wirkungsgrad bei der Umwandlung von Lichtenergie in elektrische Energie haben. Diese Materialien werden als **Nanomaterialien** bezeichnet. Die Nutzung solcher Materialien erfolgt häufig in Membranen, Filtern und Geweben. Nanoskaliges Silber wird im Küchenbedarf eingesetzt und bewirkt dort eine Verbesserung der Materialien durch die antibakterielle Wirkung des Nanosilbers.

Nanopartikel bilden den Übergang von einzelnen Stoffteilchen hin zu mikroskopisch sichtbaren Aggregaten. Es sind hauptsächlich zwei Effekte, die nanostrukturierte Materie zum interessanten Forschungsgegenstand machen: die Oberfläche und die Größe der Aggregate.

Nanopartikel sind Aggregate von Atomen oder Ionen. Sie haben einen Durchmesser kleiner als 100 nm.

Bezeichnung	Millimeter	Mikrometer	Nanometer	Pikometer
Einheit	1 mm	1 µm	1 nm	1 pm
in Meter	10^{-3} m	10^{-6} m	10^{-9} m	10^{-12} m
typisches Objekt, Durchmesser	Rohrzuckerkristall, ca. 1 mm	dünnes Kopfhaar, 40–60 µm	Nanopartikel, bis 100 nm	Wasserstoff-Atom, 60 pm

03 Längeneinheiten

„NANO-EFFEKTE" DURCH OBERFLÄCHE Verkleinert man einen Würfel, indem die Kantenlänge *a* halbiert wird, so vermindert sich das Volumen *V* auf ein Achtel ($V = a^3$), die Oberfläche *O* aber nur auf ein Viertel ($O = 6\,a^2$). Verteilt man also ein bestimmtes Volumen eines gegebenen Stoffs auf immer mehr und kleinere Würfel, dann steigt die Gesamtoberfläche. So verdoppelt sich die gesamte Oberfläche, wenn ein Würfel in acht kleinere Würfel mit halber Kantenlänge zerteilt wird, d. h., $O \sim \frac{1}{a}$ (↑ **04**, **05**). Gleiches gilt auch für die Kugeloberfläche und den Durchmesser von Kugeln. Damit verdoppelt sich die Zahl der Atome bzw. Ionen direkt an der Oberfläche, was auch eine Verdopplung der Kontaktmöglichkeiten zu Teilchen anderer Stoffe bedeutet. Dadurch steigt die Reaktionsgeschwindigkeit, wenn Nanopartikel als Edukte oder als Katalysatoren fungieren da die stark vergrößerte Katalysatoroberfläche die sehr gute Aktivierung der Ausgangsstoffe ermöglicht und somit die Menge des eingesetzten Katalysators verringert werden kann. Von Katalysatoren aus Nanopartikeln wird erwartet, dass sie effizienter sind als solche aus mikro- oder millimetergroßen Kristallen.

Dies wird beispielweise bei der Betrachtung von Eisenpulver deutlich. Lässt man handelsübliches Eisenpulver (50000-100000 nm) in die Brennerflamme eines in einem Stativ eingespannten Brenners fallen, beobachtet man Funken, ansonsten ist entsprechendes Eisenpulver nicht ohne Aktivierung brennbar. Sehr fein verteiltes Eisen (300 nm) entzündet sich jedoch spontan an der Luft.

„NANO-EFFEKTE" DURCH LIMITIERTE GRÖßE
Ein weitere Besonderheit der Nanopartikel wird durch quantenmechanische Effekte begründet. Die kleinen Nanopartikel geben Licht im blauen, größere im roten Bereich ab (↑ **06**), das heißt je kleiner der Partikel ist, umso energiereicher ist die abgegebene Strahlung und umso kürzer ist ihre Wellenlänge. Somit hat ein und derselbe Stoff unterschiedliche Eigenschaften, die von der Partikelgröße abhängen. Diese Entdeckung im Jahr 1984 war für die Chemie eine bahnbrechende Neuigkeit.

06 Fluoreszierende Nanopartikel im UV-Licht

Zusammenhang zwischen Kantenlänge und Oberfläche bzw. Volumen	
Für einen Würfel W_1 mit der Kantenlänge a=2 cm gilt:	
$V(W_1)=(2\text{ cm})^3=8\text{ cm}^3$	$O(W_1)=6\cdot(2\text{ cm})^2=24\text{ cm}^2$
Halbierung der Kantenlänge; Entstehung von 8 Würfeln W_2:	
$V(W_2)=(1\text{ cm})^3=1\text{ cm}^3$	$O(W_2)=6\cdot(1\text{ cm})^2=6\text{ cm}^2$
Verallgemeinerung:	
$V(W_1)=8\cdot V(W_2)$	$O(W_1)=4\cdot V(W_2)$
Beim Halbieren der Kantenlänge und der Entstehung von acht Würfeln bleibt das Volumen (8:8=1) konstant, während sich die Oberfläche (8:4=2) verdoppelt.	

04 Würfelmodell: Kleinere Würfel – größere Oberfläche

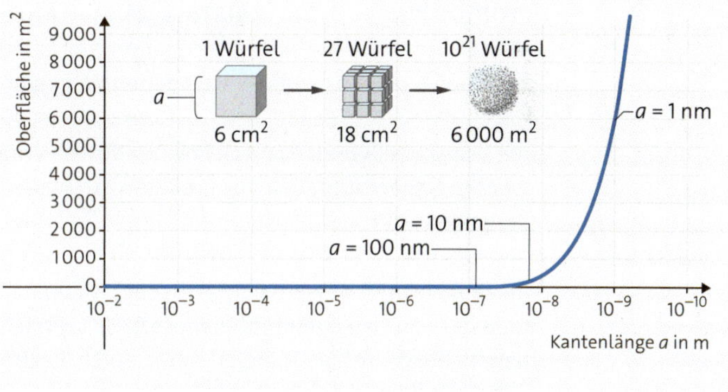

05 Zusammenhang zwische Partikelgröße und Oberfläche der Stoffportion

1〉 Berechnen Sie den Anteil der Atome an der Oberfläche in Würfeln, deren Kanten jeweils aus 5 Atomen, 10 Atomen bzw. 50 Atomen bestehen.

2〉 Handelsübliches Eisen besitzt eine Partikelgröße von 50 000-100 000 nm. Nanoeisen besitzt eine Partikelgröße von 300 nm. Berechnen Sie unter Verwendung eines Würfelmodells die Veränderung der Oberfläche eines Eisenpartikels mit der Kantenlänge *a*=75 000nm, wenn dieser auf *a*=300 nm verkleinert wird.

3〉 Sie sollen feststellen, ob eine Flüssigkeit Mikropartikel, Nanopartikel oder keine von beiden Sorten enthält. Beschreiben Sie Ihr Vorgehen.

4〉 Ein Wissenschaftler untersucht das Wachstum von Halbleiter-Nanopartikeln. Dazu nimmt er, während die Lösung mit UV-Licht bestrahlt wird, drei Bilder auf. Eines zeigt grüne, eines rote und eines blaue Fluoreszenz. Bringen Sie die Bilder begründet in die richtige zeitliche Reihenfolge.

Herstellung

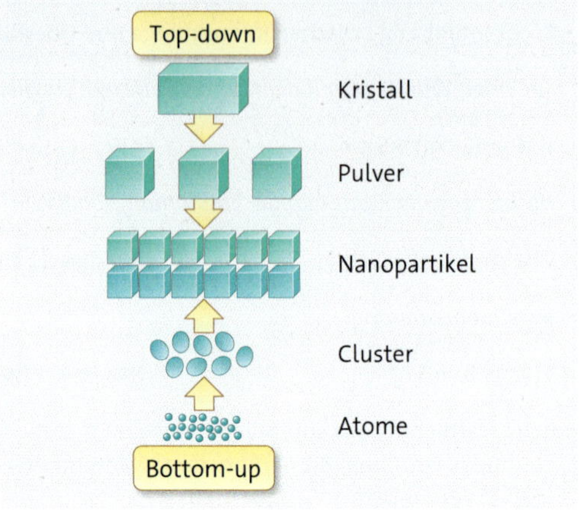

01 „Bottom-up"- und „Top-down"-Verfahren zur Herstellung von Nanomaterialien

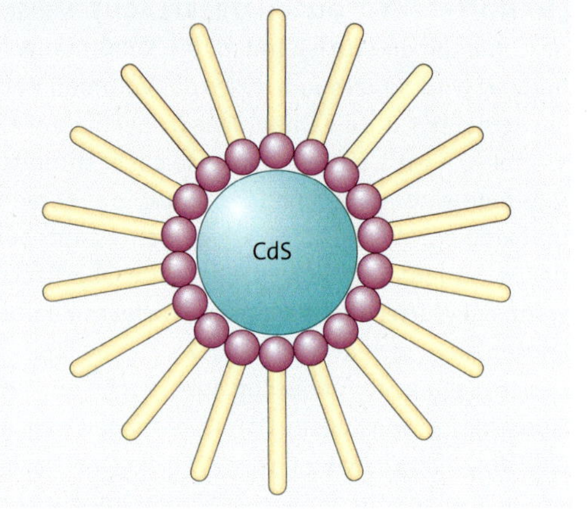

02 Stabilisierung eines CdS-Nanopartikels durch Emulgator-Moleküle (Schema)

„TOP-DOWN" – VOM KRISTALL ZUM NANOMATERIAL Die Herstellung von Nanomaterialien kann auf zwei prinzipiell verschiedenen Wegen erfolgen, die als „Top-down"- bzw. „Bottom-up"-Verfahren bezeichnet werden (↑ **01**). Im „Top-down"-Weg werden Nanomaterialien aus größeren Strukturen hergestellt.

Im einfachsten Fall werden Makro- oder Mikrokristalle dazu z. B. in Kugelmühlen mechanisch zerkleinert. Kohlenstoff-Nanoröhren konnten durch elektrische Entladung zwischen zwei Kohlenstoffelektroden erzeugt werden. Schließlich lassen sich nanoskopische Schaltkreise z. B. mit Laserlicht lithografisch auf Makro- oder Mikrokristallen aufbringen.

„BOTTOM-UP" – VOM MOLEKÜL ZUM NANOMATERIAL Der „Bottom-up"-Ansatz zu Nanomaterialien geht von Atomen oder Molekülen aus. Um wenige Nanometer dicke Schichten herzustellen, werden z. B. Atome aus Metalldämpfen im Hochvakuum auf einer Oberfläche abgeschieden. Hat das Metall dafür einen zu geringen Dampfdruck, lassen sich molekulare Verbindungen des Metalls als Ausgangsstoffe verwenden, die sich auf einer heißen Oberfläche zersetzen. Dabei kondensiert das Metall auf der Oberfläche, flüchtige Nebenprodukte bleiben in der Gasphase und werden abgepumpt.

Durch chemische Reaktionen in Lösung können Nanopartikel einheitlicher Größe synthetisiert werden. Nanohalbleiter wie Cadminumsulfid (CdS) können beispielsweise durch eine Fällungsreaktion gewonnen werden:

$$Cd^{2+}(aq) + S^{2-}(aq) \longrightarrow CdS(s)$$

EIN KERN-HÜLLE-MODELL FÜR NANOPARTIKEL Wenn Nanopartikel in Lösung hergestellt werden sollen, dann ist es wichtig, ihre Aggregation zu größeren Kristallen zu verhindern. Dazu müssen die Nanopartikel von einer Hülle aus *Emulgator-Molekülen* umgeben sein (↑ **02**; ↑ Exp. 9.05). Deren Funktion ist mit der von Tensid-Molekülen vergleichbar. An einem Ende haben sie eine funktionelle Gruppe, die eine starke Wechselwirkung zu den Atomen bzw. Ionen im Nanopartikel hat. Am anderen Ende sind sie so beschaffen, dass sie gut mit Lösungsmittel-Molekülen wechselwirken. Ist dieses Ende zusätzlich elektrisch geladen, verhindert die Abstoßung zwischen den Nanopartikeln ebenfalls die Entstehung größerer Aggregate. Über das Anzahlverhältnis der Teilchen, die den Kern bilden, zu denen sie die Hülle bilden, lässt sich die Größe der Nanopartikel gezielt beeinflussen.

„DOTS AND RODS" Nanopartikel aus halbleitenden Materialien werden als **Quantum Dots** (Quantenpunkte) bezeichnet. Die Beschränkung ihrer Ausdehnung auf den Nanometerbereich führt dazu, dass die Ladungsträger in ihnen Energie nicht kontinuierlich, sondern nur quantisiert aufnehmen können (↑ S. 319). Bei den Quantenpunkten handelt es sich um „nulldimensionale Nanomaterialien". Eindimensionale Nanomaterialien sind die **Nanorods** bzw. **Nanotubes** („Nanoröhren") mit einem Durchmesser kleiner als 100 nm. Ihre prominentesten Vertreter sind die Kohlenstoff-Nanoröhren, d. h. „aufgerollte" Graphitschichten. Das zweidimensionale Nanomaterial aus einzelnen Graphitschichten wird als **Graphen** bezeichnet. Für seine Synthese erhielten die russischen Wissenschaftler KONSTANTIN NOVOSELOV und ANDRE GEIM im Jahr 2010 den Physik-Nobelpreis.

Praktikum

P Herstellung und Nachweis von Nanopartikeln

EXP 10.19 Wachstum von Silbersulfid-Nanopartikeln

Materialien 2 Reagenzgläser, Reagenzglasständer, 2 Messpipetten (10 mL), Tropfpipette, roter Laser, Silbernitratlösung ($c = 0{,}1\ mol \cdot L^{-1}$; 7), Natriumthiosulfat Lösung ($c = 0{,}1\ mol \cdot L^{-1}$), Salpetersäurelösung ($c = 1\ mol \cdot L^{-1}$; 5)

Durchführung Geben Sie 10 mL der Silbernitratlösung in ein Reagenzglas und fügen Sie einen Tropfen der Salpetersäurelösung hinzu. Testen Sie mit dem Laser, ob die Lösung einen Tyndall-Effekt zeigt. Geben Sie dann 5 mL der Natriumthiosulfatlösung in das zweite Reagenzglas und prüfen Sie auch hier, ob ein Tyndall-Effekt auftritt. Vereinigen Sie nun die beiden Lösungen schnell in einem Reagenzglas. Homogenisieren Sie die Lösung durch kurzes Schütteln. Beobachten Sie die Veränderungen im Reagenzglas und testen Sie mit dem Laser auf den Tyndall-Effekt.

Wiederholen Sie den Versuch für eine längere Beobachtungsphase mit verdünnten Lösungen. Nehmen Sie dazu je 2 mL Silbernitratlösung bzw. Natriumthiosulfatlösung und verdünnen Sie mit Wasser auf je 10 mL Gesamtvolumen, ehe Sie beide Lösungen zusammengeben.

Entsorgung: Reaktionsrückstand in den Behälter für Schwermetallabfall geben.

Auswertung

1) Beschreiben Sie Ihre Beobachtungen nach dem Zusammengeben der Lösungen und dem Bestrahlen mit dem Laser.

2) Deuten Sie Ihre Beobachtungen über eine Reaktionsgleichung und das Wachstum von Silbersulfid-Nanopartikeln.

Hinweis: An der Reaktion nehmen Ag^+-Ionen, $S_2O_3^{2-}$-Ionen und H_2O-Moleküle teil. Neben Silbersulfid (Ag_2S) entstehen bei der Reaktion Oxonium-Ionen und Sulfat-Ionen.

EXP 10.20 Synthese und Nachweis von Silber-Nanopartikeln

Materialien Analysenwaage, Erlenmeyerkolben (300 ml), Erlenmeyerkolben (50 ml), Uhrglas, Magnetrührer mit Heizplatte und Magnetrührstäbchen, roter Laser, Tiegelzange, Silbernitrat (3, 5, 9), Trinatriumcitrat-Dihydrat

Durchführung Silbernitrat (34 mg, 0,2 mmol) wird im Erlenmeyerkolben (300 mL) in 200 mL demineralisiertem Wasser gelöst und auf der Heizplatte unter Rühren zum Sieden erhitzt. Trinatriumcitrat-Dihydrat (0,206 g, 0,7 mmol) werden im Erlenmeyerkolben (50 mL) in 20 mL demineralisiertem Wasser gelöst. Die Lösung wird zügig unter starkem Rühren zur siedenden Silbernitratlösung gegeben. Danach wird die heiße Lösung mithilfe einer Tiegelzange von der Heizplatte genommen und mit einem Uhrglas abgedeckt. Nun werden die Veränderungen im Erlenmeyerkolben über mehrere Minuten beobachtet.

Mit dem Licht des roten Lasers wird mehrfach für jeweils kurze Zeit seitlich durch den Kolben gestrahlt und beobachtet. *Vorsicht beim Umgang mit dem Laser!* Nicht ins Licht hineinschauen und niemandem in die Augen strahlen!

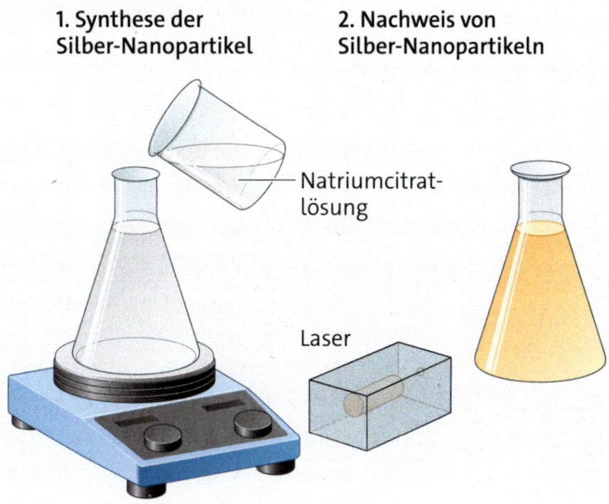

Auswertung

1) **a** Beschreiben Sie die Veränderungen, die sich im Erlenmeyerkolben nach Zugabe der Natriumcitratlösung beobachten lassen.
b Geben Sie an, ob sich beim Durchstrahlen der Flüssigkeit mit dem Laserlicht ein Tyndall-Effekt beobachten lässt.

2) Deuten Sie die Beobachtungen mithilfe chemischer Reaktionsgleichungen.

Hinweis: Das Citrat-Ion (**A**) ist ein dreifach geladenes Anion, das sich von der Citronensäure ableitet. Es wird unter den Reaktionsbedingungen zum 3-Ketopentandisäuredianion (**B**) oxidiert. (**A**) und (**B**) können als Emulgatoren für Silber-Nanopartikel fungieren.

Oxidation des Citrat-Anions:

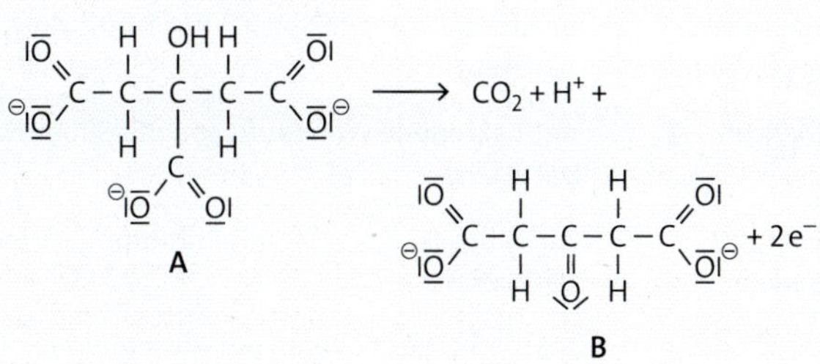

Chancen und Risiken

01 In Sonnencreme sorgen z. B. Zinkoxid-Nanopartikel für den Schutz der Haut vor UV-Strahlung.

ANWENDUNG VON NANOMATERIALIEN Im Rahmen des Forschungsprogramms „Nano-Initiative Aktionsplan 2010" wurden von der Bundesregierung mehr als 300 Millionen Euro für die Forschung an und die Entwicklung von Nanomaterialien zur Verfügung gestellt. Nanoskopisch strukturierte Materie ist nicht nur von wissenschaftlichem Interesse. Im Jahr 2015 wurden Nanotechnologie-basierte Produkte im geschätzten Wert von ca. 2,5 Billionen US-Dollar weltweit umgesetzt. Von Nanomaterialien erhoffen sich Technik und Wirtschaft Verbesserungen bestehender Produkte, z. B. die Vergrößerung der Kapazität magnetischer Informationsspeicher. Auch die Entwicklung neuer Produkte, die z. B. die optischen Eigenschaften von halbleitenden Quantum Dots nutzen, stehen im Fokus (↑ **02**).

NANOMATERIALIEN IN SONNENCREME Neben zahlreichen anderen Komponenten ist in Sonnenschutzmitteln Titandioxid oder Zinkoxid enthalten (↑ **01**). Sie sind die wirksamen Bestandteile und werden verwendet, um UV-Strahlung zu absorbieren (↑ **04**). Die UV-Strahlung regt zunächst Elektronen in den Oxiden an. Bei der Rückkehr in den Grundzustand wird Licht größerer Wellenlänge emittiert.

Bereich	Anwendungsbeispiel
Gebrauchsgegenstände	nichtbeschlagende Spiegel mit Titanoxid-Nanopartikeln
Medizin	antibakterielle Wundauflagen mit Silber-Nanopartikeln
Energie/ Verkehr	Autoabgaskatalysator mit Platinmetall-Nanopartikeln
Elektronik	mechanisches Polieren mit Aluminiumoxid-Nanopartikeln

02 Bereiche und konkrete Anwendungsbeispiele für Nanomaterialien

Die entsprechenden Photonen haben eine kleinere Energie als die aus dem UV-Licht und schädigen biologisch aktive Moleküle nicht. Im Gegensatz zu größeren Titandioxid- bzw. Zinkoxidpartikeln führen die entsprechenden Nanopartikel nicht zur Bildung einer kosmetisch störenden weißen Schicht auf der Haut. Dadurch wurde die Akzeptanz der Sonnenschutzmittel erhöht. In mehreren Studien wurde belegt, dass diese Nanopartikel auf der Hautoberfläche verbleiben und nicht in die Haut eindringen. Die häufig anzutreffende Unterscheidung zwischen physikalischen und chemischen UV-Filtern ist übrigens nicht sinnvoll. Die entsprechenden Stoffe wurden in chemischen Synthesen gewonnen, die UV-Absorption ist ein physikalischer Vorgang.

NANOSILBER IN DER MEDIZIN Die antibakterielle Wirkung von Silber-Ionen wurde schon im 18. Jahrhundert zur Behandlung von Geschwüren genutzt. Das Gewebe wurde dazu mit Silbernitratlösung betupft. In den letzten Jahren hat sich die Verwendung von Nanosilber in vielen medizinischen Produkten etabliert. Die Herstellung von Silber-Nanopartikeln ist vergleichsweise einfach und gelingt z. B. beim Erhitzen einer sehr verdünnten Silbernitratlösung mit einer Natriumcitratlösung (↑ Exp. 10.20, S. 357). Die Citrat-Ionen agieren dabei nicht nur als Reduktionsmittel für die Silber-Ionen. Sie binden auch an die Oberfläche der Silber-Nanopartikel und verhindern so deren Aggregation (↑ **02**; ↑ S. 356). Für die medizinische Anwendung ist es wichtig, dass an der Oberfläche der Silber-Nanopartikel durch Oxidation der Silber-Atome wieder Silber-Ionen entstehen, die in die umgebende Gewebsflüssigkeit diffundieren können. Nanosilber wird deshalb in Wundauflagen u. a. zur Abdeckung von Brandwunden verwendet. In Kleidungsstücken kann es Bakterien abtöten, die für die Geruchsbildung verantwortlich sind. Es wirkt nicht nur gegen Bakterien – auch seine antivirale und fungizide Wirkung wurden nachgewiesen.

NANOMATERIALIEN ZUR WASSERREINIGUNG Verschiedene Nanomaterialien wurden bislang erfolgreich zur Reinigung von Wasser bzw. zur Aufbereitung von Trinkwasser eingesetzt. Dabei werden mehrere Mechanismen genutzt. Kohlenstoff-Nanotubes *adsorbieren* organisch-chemische Verunreinigungen besser als die sonst häufig verwendete Aktivkohle. Ihre dem Graphit ähnliche Oberfläche begünstigt die Wechselwirkung mit unpolaren Molekülen (↑ **03**). Eine gänzlich andere Art der Abwasserreinigung ist mit nanokristallinem Titandioxid durch *Photokatalyse* möglich. Dabei sorgt ein UV-Photon für die Anregung eines Elektrons aus einem besetzten in ein unbesetztes „Band" im Titandioxid-Nanopartikel (↑ **04**). Das angeregte Elektron kann ein H_2O-Molekül zu einem OH^--Ion und einem H-Atom reduzieren (↑ **04** oben). Aus diesem H-Atom bildet sich durch Kombination mit einem anderen H-Atom ein H_2-Molekül. Die „Elektronenlücke" sorgt durch Aufnahme eines Elektrons für die Oxidation eines H_2O-Moleküls (↑ **04** unten). In der Folge bilden sich sehr reaktive Protonen und O-Atome. Organisch-chemische Moleküle, die mit ihnen in Kontakt treten, werden oxidiert und schließlich in CO_2- und H_2O-Moleküle umgewandelt. Da auch Biomoleküle oxidativ abgebaut werden, können Titandioxid-Nanopartikel zur Desinfektion von Trinkwasser durch Sonnenlicht eingesetzt werden.

FREISETZUNG VON NANOMATERIALIEN IN DIE UMWELT In den vergangenen Jahren hat die Anzahl von Produkten, die Nanomaterialien enthalten, stark zugenommen. Produktion und Verwendung von Nanopartikeln führen dazu, dass neben den überwiegend natürlichen Nanopartikeln auch synthetische Nanopartikel in Luft, Gewässern und Böden gefunden werden. Verlässliche Daten über die Konzentration von Nanopartikeln in der Umwelt sind häufig nicht oder nur mit großer Unsicherheit zu erhalten. Bekannt ist, dass Oberflächenreaktionen, Stabilität, Mobilität und Löslichkeit den Verbleib und das Verhalten von Nanopartikeln in wässriger Umgebung bestimmen. Die aus Siliciumdioxid, Titandioxid und Eisenoxid bestehenden Nanopartikel haben die größten Produktionsmengen, ihre geschätzten Konzentrationen im Oberflächenwasser liegen im Bereich von $1\,\mu g \cdot L^{-1}$. Damit sind allerdings noch keine Aussagen über die Wirkung auf lebende Organismen möglich.

Aufgrund ihrer geringen Größe können Nanopartikel Zellmembranen durchdringen und sich so in Organismen verteilen bzw. anreichern. Die im Vergleich zu makrokristallinen Stoffen erhöhte Oberflächenreaktivität von Nanopartikeln kann sie zu unerwünschten Reaktionspartnern für Biomoleküle machen. Über die spezifische Auswirkung der charakteristischen Eigenschaften von Nanopartikeln auf Organismen ist trotz zahlreicher Studien bislang noch wenig bekannt.

Gesichert erscheint der durch Titandioxid-Nanopartikel in Kombination mit UV-Strahlung ausgelöste oxidative Stress für lebende Zellen, d. h. eine relativ hohe Konzentration reaktiver, sauerstoffhaltiger Moleküle im Organismus. Der bei der Abwasserreinigung mit nanokristallinem Titandioxid genutzte Effekt tritt auch dann auf, wenn er unerwünscht ist. Hier sollte der kosmetische Aspekt gegenüber umweltschädigender Wirkung abgewogen werden. Gleiches gilt für Silber-Nanopartikel: Ihre antibakterielle Wirkung entfalten sie nicht nur gegenüber Mikroorganismen im Schweiß. Beim Waschen gelangen sie von der Kleidung ins Abwasser und aus dem kurz dauernden, gewünschten Effekt kann so langfristiger Schaden für Süßwasserbakterien werden.

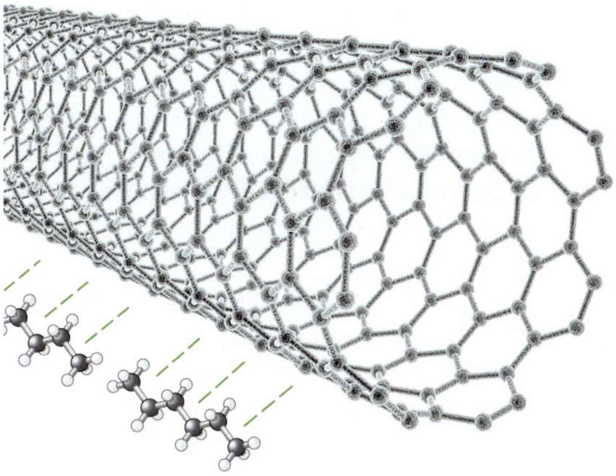

03 Wechselwirkung von Kohlenstoff-Nanotube mit unpolaren Hexan-Molekülen

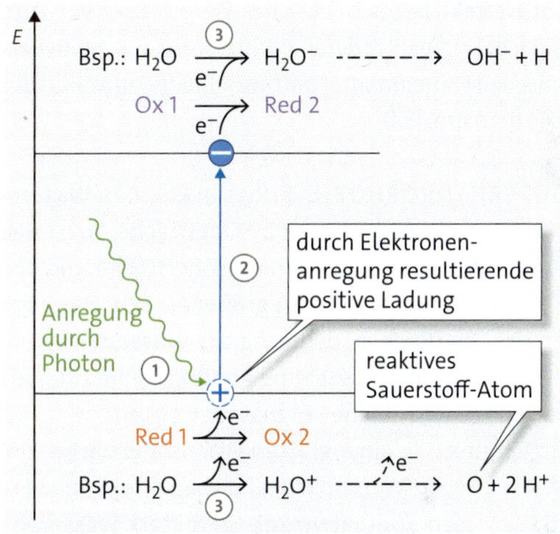

04 Photokatalyse (Schema): UV-Photon ermöglicht „Sprung" von Elektron in höheres Energieniveau (① und ②) und nachfolgende Redoxreaktionen ③.

1) **a** Vergleichen Sie die Wirkungen von Kohlenstoff-Nanotubes und von Titandioxid-Nanopartikeln auf in Wasser gelöste organische Moleküle.
b Stellen Sie anhand von Bild ↑ **04** und den entsprechenden Reaktionsgleichungen dar, wie es gelingt, Wasser mithilfe der Photokatalyse in Wasserstoff und Sauerstoff zu spalten.

10.11 Lotuseffekt in Natur und Technik

Video: Lotuseffekt

REINHEIT DER LOTUSBLÜTE Die Lotusblüte ist in vielen Ländern ein Symbol der Reinheit. Schmutzpartikel auf den wasserabweisenden Blüten und Blättern der Lotuspflanze werden vom Regen heruntergewaschen. Das Wasser benetzt die Oberfläche nicht, sondern bildet auf ihr fast kugelförmige Tropfen (↑ 04). Sie rollen statt zu fließen, wodurch sie Schmutzpartikel vom Untergrund aufnehmen und wegtransportieren. Die Ursachen dieses Effekts wurden erst gegen Ende des 20. Jahrhunderts entdeckt. Elektronenmikroskopische Aufnahmen zeigen, dass die Blüten und Blätter eine „mikroraue" Oberfläche haben. Sie wird von winzigen, etwa 10 µm hohen und breiten Wachspartikeln erzeugt, die auch etwa 10 µm Abstand voneinander haben (↑ 05). Sie sind verantwortlich für die geringe Benetzbarkeit einer Oberfläche, was als **Lotuseffekt** bezeichnet wird. Der Lotuseffekt tritt auch bei einigen anderen Pflanzen auf, z. B. beim heimischen Frauenmantel und verschiedenen Kohlarten wie dem Brokkoli.

04 Lotusblatt mit fast kugelförmigen Wassertropfen

05 Elektronenmikroskopische Aufnahme der Oberfläche eines Lotusblatts mit Mikro-Wachspartikeln

SUPERHYDROPHOBIE Bringt man einen Wassertropfen auf eine hydrophobe Oberfläche, so ist der **Kontaktwinkel** Θ zwischen der Oberfläche und der Kontaktfläche Wasser-Luft größer als 90°. Das liegt an der Oberflächenspannung des Wassers, die versucht, eine möglichst kleine Kontaktfläche zur hydrophoben Oberfläche herzustellen (↑ 06).
Im Vergleich zu einer glatten Wachsoberfläche verstärken Mikro-Wachspartikel diesen Effekt und vergrößern den Kontaktwinkel. Sehr stark wasserabweisende Oberflächen haben Kontaktwinkel größer als 150°, und der Tropfen hat näherungsweise Kugelform. Außerdem ist der **Abrollwinkel** α, ab dem der Tropfen von der Oberfläche rollt, kleiner als 5°. Oberflächen mit solchen Eigenschaften werden als **superhydrophobe Oberflächen** bezeichnet.

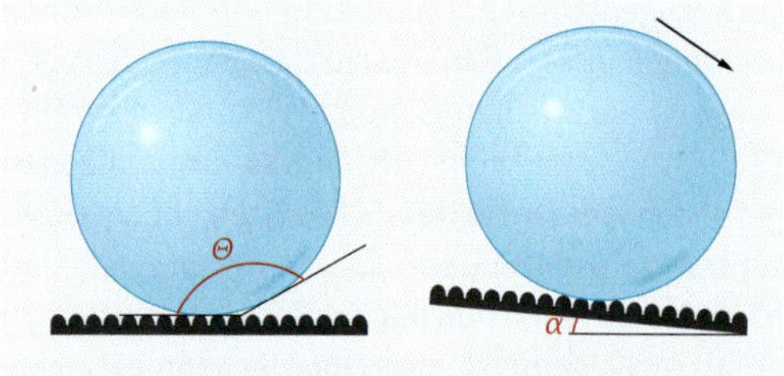

06 Wassertropfen auf superhydrophober Oberfläche (Schema). **A** Kontaktwinkel Θ, **B** Abrollwinkel α

WASSERABWEISENDER ANSTRICH Die Übertragung eines Funktionsprinzips aus der belebten Natur auf eine technische Anwendung wird als **Bionik** bezeichnet. Ein Beispiel dafür ist Fassadenfarbe mit Lotuseffekt. Zu ihrer Herstellung wird Diatomeen-Erde, die aus fossilen Kieselalgen besteht, chemisch modifiziert, damit aus der hydrophilen eine superhydrophobe Oberfläche wird. Ihre Mikrostruktur ähnelt der von Lotusblättern (↑ 07). Schmutzpartikel auf dieser Fassadenfarbe werden von Regenwasser genauso entfernt wie solche auf einem Lotusblatt.

> **Auf einer superhydrophoben Oberfläche bildet Wasser nahezu kugelförmige Tropfen, die auf ihr rollen.**

07 Elektronenmikroskopische Aufnahme der Oberfläche von Fassadenfarbe mit Lotuseffekt

1) Begründen Sie, warum der Lotuseffekt verschwindet, wenn Lotusblätter mit Seifenlauge oder Benzin in Kontakt kommen.
2) Erläutern Sie die zwischenmolekularen Wechselwirkungen, die zwischen Wassermolekülen herrschen. Erläutern Sie, weshalb Wassertropfen auf der superhydrophoben Oberfläche (↑ 06) abgewiesen werden.

Klausurtraining

Material G Nanopartikel

G1 Pyrophores Eisen

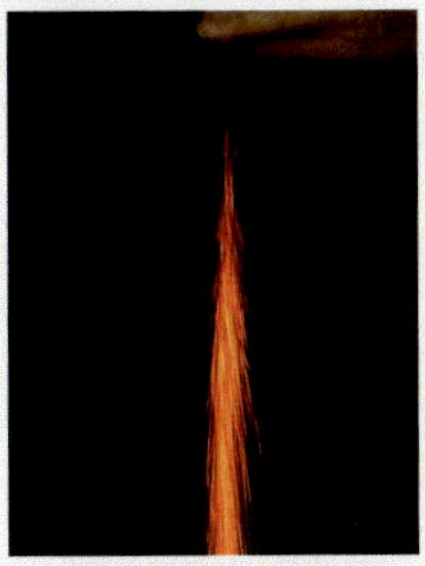
G1.1 Pyrophores Eisen

Ein Reagenzglas enthält *nanoskaliges Eisen*, also Eisenpartikel im Größenbereich von 1 bis 100 Nanometer. Dreht man das Reagenzglas über einer feuerfesten Unterlage um, beobachtet man einen orangefarbenen, grell leuchtenden Funkenregen. Eisenpartikel mit dieser Eigenschaft nennt man pyrophores Eisen (von griech. *pyr* Feuer und *phorein* tragen, also „feuertragend").

Wird gelbes Eisen(II)-oxalat in einem schwer schmelzbaren, mit einem Wattebausch verschlossenen Reagenzglas erhitzt, so wandelt es sich nach einiger Zeit zu einem schwarzen Feststoff um. Er besteht aus einem Gemisch von elementarem nanoskaligem Eisen und Eisen(II)-oxid.	Führt man das Experiment mit Diammoniumeisen(II)-dioxalat $[(NH_4)_2Fe(C_2O_4)_2]$ anstelle des Eisen(II)-oxalats durch, entsteht beim Erhitzen im Reagenzglas reines nanoskaliges Eisen sowie außerdem Kohlenstoffoxide, Ammoniak und Wasser.

G1.2 Zwei Wege zur Herstellung von pyrophorem Eisen

G2 Eisenpulver

Video

Füllt man handelsübliches Eisenpulver in ein Reagenzglas und dreht dieses um, erfolgt keine Selbstentzündung an der Luft. Nur wenn man das Pulver in eine Brennerflamme fallen lässt, können Funken beobachtet werden (↑ QR-Code).

G3 Carbo-Iron zur Schadstoffbeseitigung

Als Carbo-Iron wird ein Verbundwerkstoff bezeichnet, bei dem Eisen-Nanocluster auf feinstkörnige Aktivkohle (Partikeldurchmesser < 1 µm) aufgebracht sind. Carbo-Iron verbindet die Eigenschaft des Trägermaterials Aktivkohle, organische Schadstoffe wie Tetrachlorethen zu binden, mit der hohen chemischen Reaktivität von nanoskaligem Eisen für reduktive Prozesse. So gelingt es, die meist in hoch verdünnter Form im Grundwasser vorliegenden Schadstoffe zunächst am Aktivkohleteil anzureichern und sie dann in der aufkonzentrierten Form effizient abzubauen. Bei Tetrachlorethen geschieht dies auf zwei Wegen:

1. In mehreren Schritten erfolgt eine direkte Reaktion des nanoskaligen Eisens mit dem Tetrachlorethen zu Ethen, Eisen(II)-chlorid und Eisen(II)-oxid.
2. Die Chloratome des Kohlenwasserstoffs werden schrittweise durch Wasserstoff ersetzt, der durch die Reaktion von nanoskaligem Eisen mit Wasser entstanden ist.

Ethen reagiert dann mikrobiell katalysiert zu Ethan weiter.

G4 Magnetische Nanokatalysatoren

Magnetische Nanopartikel aus Eisen, Eisenoxid (Fe_3O_4) oder Cobalt können in Reaktionslösungen feinst verteilt werden, indem man sie zunächst in einem zweiten Gefäß mit einem Magnetrührer in einem Lösungsmittel verwirbelt und diese Dispersion anschließend dem Reaktionsgemisch hinzufügt. Zum Ende der Reaktion lassen sich die Nanopartikel einfach durch einen von außen angehaltenen Magneten fixieren und die Lösung kann durch Dekantieren abgegossen werden.

Um die Lebensdauer der Nanopartikel unter den gegebenen Reaktionsbedingungen – also hohe Temperaturen, saure oder basische Umgebung – zu erhöhen, werden sie häufig mit einer schützenden Hülle überzogen („gecoatet"). Diese Hülle kann zum Beispiel aus mehreren Graphenschichten (↑ **G4.1A**) bestehen. So wird es zudem leicht möglich, Katalysatoren, die beispielsweise an einen polycyclischen aromatischen Kohlenwasserstoff wie Pyren (↑ **G4.1B**) gebunden sind, an die Graphenoberfläche zu binden.

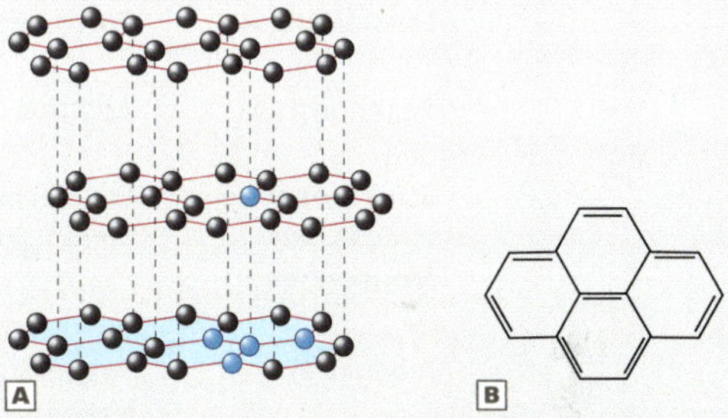

G4.1 **A** Drei Schichten von Graphen, **B** Pyrenmolekül

AUFGABEN ZU G

1. Erläutern Sie was man unter Nanopartikeln versteht.
2. Formulieren Sie jeweils eine Reaktionsgleichung für die Bildung von Eisen in den Experimenten **G1.2** und erklären Sie die beobachtete Selbstentzündung (↑ **G1.1**).
3. In den Experimenten **G1.2** wird das entstehende Eisen nicht oxidiert. Erläutern Sie, warum das so ist.
4. Erläutern Sie die Eigenschaften des Eisenpulvers (↑ **G2**).
5. Formulieren Sie jeweils eine Reaktionsgleichung für die beiden Abbauprozesse von Tetrachlorethen durch Nanoeisen (↑ **G3**).
6. Beschreiben Sie den Aufbau von Graphen.
7. Erklären Sie, warum Pyren sich besonders gut an Graphen bindet.
8. Diskutieren Sie mögliche Auswirkungen der Nutzung von Carbo-Iron sowie magnetischen Nanokatalysatoren.

Auf einen Blick

Kunststoffe

Werkstoffe, die künstlich oder durch Abwandlung von Naturprodukten hergestellt werden. Sie bestehen aus einzelnen gleichartigen Grundbausteinen, den Monomeren. Durch chemische Verknüpfungen von sehr vielen Monomeren entstehen langkettige Makromoleküle, die Polymere.

Einteilung der Kunststoffe nach ihrer Struktur und ihren Eigenschaften

Kunststoffart	**Thermoplaste**	**Duroplaste**	**Elastomere**
Struktur der Makromoleküle	lineare oder wenig verzweigte Makromoleküle 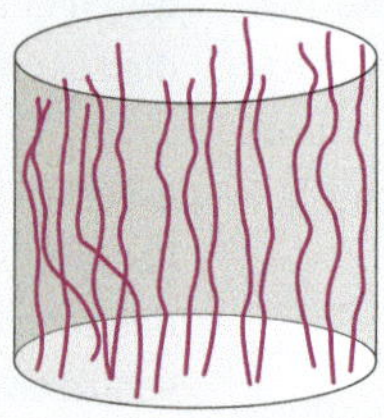	engmaschig vernetzte Makromoleküle 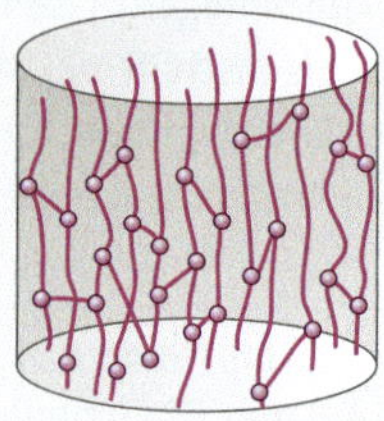	weitmaschig vernetzte Makromoleküle 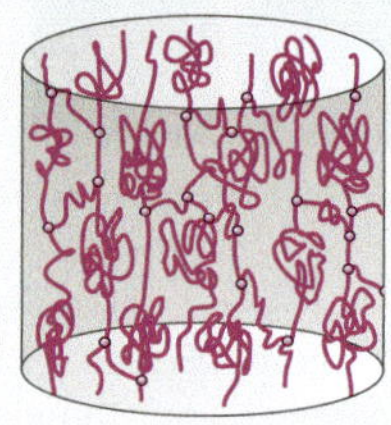
Eigenschaften	erweichen beim Erwärmen, erwärmt plastisch formbar	zersetzen sich beim Erwärmen, mechanisch nicht formbar	nehmen nach Verformung die Ausgangsform ein

Einteilung der Polymere nach der Herstellungsart

Herstellungsart	Polymerisation	Polykondensation	Polyaddition
Reaktionstyp	Addition	Substitution	Addition
Strukturmerkmale in den Monomeren	C–C-Mehrfachbindungen	zwei oder mehr funktionelle Gruppen	Mehrfachbindungen und reaktionsfähige Wasserstoff-Atome
Produkt(e)	Polymerisat ohne Nebenprodukt, *Beispiel:* Polyethen	Polykondensat und Nebenprodukt (z. B. H_2O), *Beispiel:* Polyamid	Polyaddukt ohne Nebenprodukt, *Beispiel:* Polyurethan

Verarbeitung von Kunststoffen

Thermoplaste werden durch Extrusion, Strangpressen, Spritzgießen, Folienblasen, Blasformen, Rotationsformen, Kalandrieren und Schmelzspinnen verarbeitet. Duroplaste und Elastomere sind nicht wärmeverformbar und müssen in ihrer endgültigen Form synthetisiert werden.

Verwertung von Kunststoffabfällen

Werkstoffliche Verwertung: Sortenreine Kunststoffabfälle werden zerkleinert und wieder aufgeschmolzen.
Rohstoffliche Verwertung: Aus gemischten Kunststoffabfällen werden die Monomere zurückgewonnen oder durch Pyrolyse und Hydrierung niedermolekulare Kohlenwasserstoffe in Form von Ölen oder Gasen erzeugt.
Energetische Verwertung: Gemischte Kunststoffabfälle werden zur Energieerzeugung verbrannt.

Nanopartikel

Nanopartikel sind Aggregate von Atomen oder Ionen. Sie haben einen Durchmesser kleiner als 100 nm. Nanomaterialien bestehen aus Nanopartikeln. Partikeldurchmesser und Gesamtoberfläche aller Partikel einer Stoffportion sind antiproportional zueinander.
Nanopartikel in Lösungen lassen sich durch den Tyndall-Effekt nachweisen

Herstellung von Nanopartikeln

Top-down-Synthese von Nanomaterialien geschieht durch Zerkleinerung größerer Kristalle.
Bottom-up-Synthese von Nanomaterialien geschieht durch Aggregation von Atomen oder Ionen.
Emulgatoren stabilisieren Nanopartikel in Lösung gegenüber Aggregation zu größeren Partikeln.

Übungsaufgaben

1) *"Molecule of high relative molecular mass, the structure of which essentially comprises the multiple repetition of* units derived, *[...]*, from molecules of low relative molecular *mass."* Geben Sie an, welcher Begriff hier definiert wird, und formulieren Sie eine sinngemäße deutsche Definition.

2) Erläutern Sie die unterschiedlichen Eigenschaften von Thermoplasten, Duroplasten und Elastomeren anhand ihrer jeweiligen Struktur.

3) Versetzt man Styrol (Vinylbenzol) mit Dibenzoylperoxid, so bildet sich nach kurzer Zeit in einer exothermen Reaktion eine zähe Flüssigkeit, die allmählich zum Feststoff erstarrt.

a Formulieren Sie unter Verwendung von Strukturformeln die Reaktionsgleichung für diesen Vorgang und benennen Sie das Produkt.

b Beschreiben und erklären Sie das thermoplastische Verhalten des Produkts.

c Erläutern Sie die einzelnen Reaktionsschritte unter Verwendung von Reaktionsgleichungen. Verwenden Sie für das Startmolekül das Symbol R–R, für das Styrol-Molekül das Symbol S und kennzeichnen Sie Radikale mit einem Punkt.

4) 4-Hydroxybenzoesäure ist zur Bildung von Makromolekülen geeignet, Benzoesäure (Phenylmethansäure) dagegen nicht.

a Stellen Sie die Strukturformeln der beiden Verbindungen auf.

b Geben Sie die Reaktionsgleichung für die Bildung eines Makromoleküls aus 4-Hydroxybenzoesäure an und nennen Sie die Reaktionsart. Begründen Sie, warum Benzoesäure als Ausgangsstoff nicht dafür geeignet ist.

c Stellen Sie eine Hypothese auf, wie sich der gebildete Kunststoff beim Erwärmen verhalten wird.

5) Um 1846 stellte BERZELIUS den ersten Polyester aus Weinsäure (2,3-Dihydroxybutandisäure) und Glycerin her.

a Erklären Sie an diesem Beispiel die Begriffe Monomer und Polymer.

b Begründen Sie mithilfe von Strukturformeln (Ausschnitt), dass die Bildung eines Polyesters ausschließlich aus Weinsäure ebenfalls möglich ist.

c Erläutern Sie, zu welcher Kunststoffklasse der von BERZELIUS erzeugte Polyester zuzuordnen ist.

6) Beschreiben Sie die Herstellung einer Flasche aus PET und einer Salatschüssel aus HDPE.

7) Begründen Sie, dass für Ummantelungen elektrischer Kabel Thermoplaste nur bedingt geeignet sind. Schlagen Sie eine geeignete Kunststoffart vor.

8) EC-Karten aus PVC können recycelt werden. Skizzieren Sie ein Schema, das den Lebenszyklus von PVC inklusive der Möglichkeiten einer sinnvollen Verwertung darstellt.

9) Stellen Sie allgemein Möglichkeiten dar, bei Einsatz von nur zwei bestimmten Monomeren dennoch zu Polymeren mit unterschiedlichen „maßgeschneiderten" Eigenschaften zu kommen.

10) Bestimmen Sie die Anzahl der Atome an der Oberfläche und im Innern eines Würfels (Kantenlänge 10 nm) bei einem Atomdurchmesser von 0,2 nm und kubisch-flächenzentrierter Anordnung der Atome.

11) Entwickeln Sie begründet mögliche Fragestellungen, die Verbraucherinnen und Verbraucher an ein Produkt mit Nanopartikeln als Inhaltsstoff stellen sollten.

Mithilfe dieses Kapitels können Sie:	Aufgabe	Hilfe finden Sie auf Seite
• den Aufbau von Polymeren aus Monomeren beschreiben	*1, 5a*	*349, 354, 360, 362*
• Kunststoffe nach ihrer charakteristischen Struktur und den daraus resultierenden Eigenschaften in Thermoplaste, Duroplaste und Elastomere klassifizieren	*2, 4c, 5c*	*350-351*
• die Reaktionsschritte bei einer radikalischen Polymerisation erläutern	*3*	*354-355*
• geeignete Kunststoffarten und Verarbeitungsverfahren für die Herstellung von Alltagsprodukten beschreiben	*6, 7*	*348-349, 370-371*
• aufgrund der Eigenschaften von Kunststoffen auf deren Einsatzmöglichkeiten schließen	*7*	*348-349, 366-368*
• Maßnahmen für eine adäquate Wiederverwertung von Kunststoffabfällen erläutern	*8*	*372-383*
• Ein Modell zur Oberflächenvergrößerung nutzen und damit die besonderen Eigenschaften von Nanopartikeln erklären.	*10*	*381*

Für alle Lebensvorgänge benötigt der menschliche Körper Energie und Baustoffe, die er mit Kohlenhydraten, Fetten und Proteinen aus der Nahrung aufnimmt. Kohlenhydrate wie Glucose und Saccharose sowie Fette sind die wichtigsten Energielieferanten. Für das Wachstum und die Bildung von Geweben sind Proteine von Bedeutung. Rund 20 000 Proteine übernehmen im Körper des Menschen die unterschiedlichsten Funktionen, z. B. beim Muskelaufbau oder bei der Regulation des Stoffwechsels.

Kohlenhydrate und Proteine 11

Struktur und Eigenschaften

Kohlenhydrate

- Monosaccharide, z. B. Glucose und Fructose
- Glykosidische Bindung
- Disaccharide, z. B. Saccharose
- Polysaccharide, z. B. Stärke und Cellulose
- Kohlenhydrate als Energielieferanten
- Polysaccharide als Bau- und Speicherstoffe

Proteine

- Aminosäuren als Bausteine der Proteine
- Peptidbindung
- Primär-, Sekundär-, Tertiär- und Quartärstruktur der Proteine
- Denaturierung und Renaturierung
- Proteine in der Küche
- Enzyme als Biokatalysatoren

Isomerie

- Spiegelbildisomerie
- Chiralität
- Optische Aktivität
- Enantiomere und Stereoisomere

01 Die Nahrung sollte die für den Körper notwendigen Nährstoffe in ausreichender Menge, im richtigen Verhältnis und in der richtigen Form enthalten. Die Anordnung der Lebensmittel in der Ernährungspyramide spiegelt die empfohlene Aufnahme der Nährstoffe bei der täglichen Ernährung wider.

11.1 Klassifizierung der Kohlenhydrate

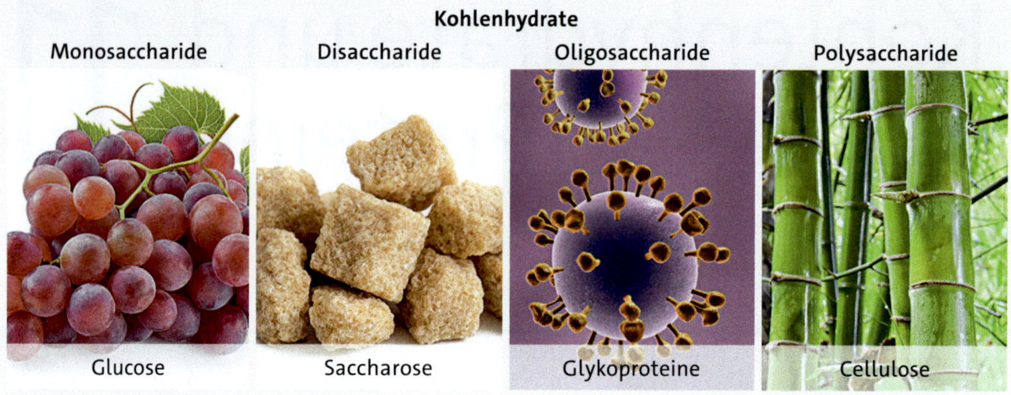

01 Einteilung der Kohlenhydrate

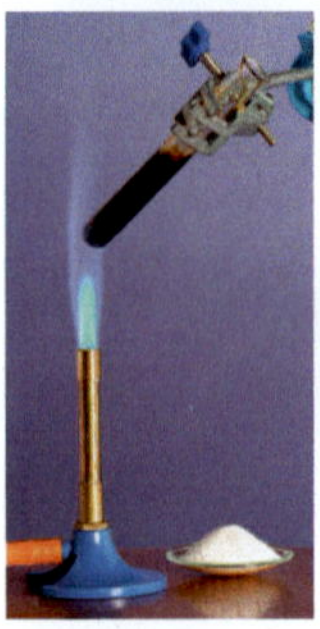

02 Glucose wird durch Erhitzen in Kohlenstoff und Wasser zersetzt.

Video: Erhitzen von Glucose

ZUSAMMENSETZUNG DER KOHLENHYDRATE Traubenzucker, *Glucose*, Haushaltszucker, *Saccharose*, und *Cellulose* sind **Kohlenhydrate** – eine große und weitverbreitete Gruppe von Naturstoffen, die ihren Namen der Zusammensetzung ihrer Moleküle verdanken: Sie enthalten neben Kohlenstoffatomen auch Wasserstoff- und Sauerstoffatome meist im Verhältnis 2:1, sodass für viele Kohlenhydrate die **allgemeine Molekülformel $C_x(H_2O)_y$** lautet.
Zersetzt man Kohlenhydrate durch starkes Erhitzen, so entstehen elementarer Kohlenstoff und Wasser (↑ **02**). Darauf begründete sich historisch die Benennung als Kohlen**hydrate**, wobei chemisch gesehen die Verwendung der Endung -hydrat unzutreffend ist, da in ihnen keine Wassermoleküle gebunden sind.

EINTEILUNG DER KOHLENHYDRATE Zur Gruppe der Kohlenhydrate gehören sehr vielfältige Verbindungen, die anhand ihrer Struktur in verschiedene Gruppen eingeteilt werden (↑ **01**).
Die einfachsten Vertreter sind die **Monosaccharide** oder **Einfachzucker**, deren Moleküle aus einem Kohlenstoffgerüst mit drei bis sieben Kohlenstoffatomen bestehen. Ihre Moleküle enthalten alle eine **Carbonylgruppe** >C=O, die endständig oder am zweiten Kohlenstoffatom (C–2-Atom) liegen kann, sowie jeweils eine **Hydroxygruppe** –OH an jedem weiteren Kohlenstoffatom.

Schon gewusst? Inzwischen kennt man auch Kohlenhydrate, die nicht nach der allgemeinen Molekülformel $C_x(H_2O)_y$ aufgebaut sind, aber aufgrund ihrer chemischen Eigenschaften zu den Kohlenhydraten gehören. Das bekannteste Beispiel ist Desoxyribose $C_5H_{10}O_4$, die als Baustein in DNA-Molekülen vorkommt.

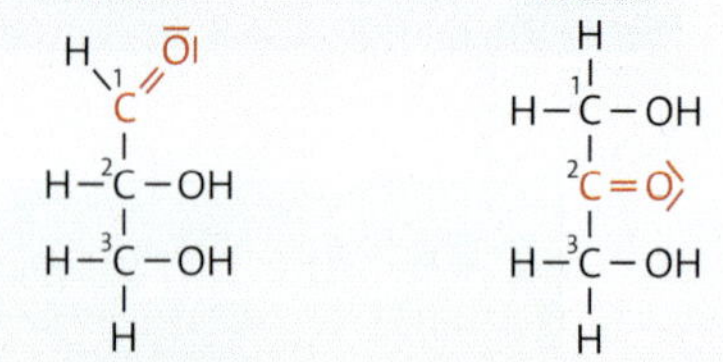

2,3-Dihydroxypropanal (Glycerinaldehyd)

1,3-Dihydroxypropanon (Dihydroxyaceton)

03 Strukturformeln der beiden einfachsten Zucker

Am Beispiel der kleinstmöglichen Kohlenhydratmoleküle, 2,3-Dihydroxypropanal (Glycerinaldehyd) und 1,3-Dihydroxypropanon (Dihydroxyaceton), lassen sich diese Strukturmerkmale erkennen (↑ **03**). Weil ihre Moleküle *drei* Kohlenstoffatome aufweisen, zählt man sie zu den *Triosen*. Allgemein wird abhängig von der Anzahl der Kohlenstoffatome weiterhin zwischen Tetrosen (4 C-Atome), Pentosen (5 C-Atome) und Hexosen (6 C-Atome) usw. unterschieden.
Bei allen Monosacchariden handelt es sich um Polyalkoholderivate, bei denen eine der Hydroxygruppen zur *Aldehydgruppe* oder zur *Ketogruppe* oxidiert ist. Entsprechend zählt man sie zu den **Aldosen**, wenn ihre Moleküle außer den Hydroxygruppen eine Aldehydgruppe besitzen. Wenn dagegen eine Ketogruppe vorhanden ist, gehören sie zu den **Ketosen**.

Die Moleküle der Monosaccharide sind die Grundbausteine aller weiteren Kohlenhydrate. Sie lassen sich unter Wasserabspaltung (Kondensation) zu größeren Einheiten miteinander verknüpfen. Dabei bilden sich **Disaccharide** (Zweifachzucker, ↑ S. 406 f.), **Oligosaccharide** (Mehrfachzucker, ↑ S. 408) und *Polysaccharide* (Vielfachzucker, ↑ S. 412 ff.).

Praktikum

Eigenschaften von Monosacchariden

EXP 11.01 Optische Aktivität von Glucose

Materialien Polarimeter, Messzylinder (100 ml), Wasser, α-D-Glucosemonohydrat

Durchführung Messen Sie genau 90 ml Wasser im Messzylinder ein und lösen Sie darin genau 10 g α-D-Glucosemonohydrat. Geben Sie aus der so hergestellten Glucoselösung eine Probe in die Messzelle des Polarimeters und beginnen Sie mit der Messung des Drehwinkels. Innerhalb der ersten Stunde bestimmen Sie alle 5 min den Drehwinkel, nach mindestens 24 h den Endwert.
Entsorgung: Lösung ins Abwasser geben.

Auswertung

1) Erstellen Sie ein Diagramm aus den Messwerten.
2) Erklären Sie den Kurvenverlauf.

EXP 11.02 Löslichkeit

Materialien 9 Reagenzgläser, Wasser, Heptan (2, 8, 7, 9), Ethanol (2, 7), Glucose, Fructose, Saccharose

Durchführung Füllen Sie von jedem Lösungsmittel 3 ml jeweils in 3 Reagenzgläser. Geben Sie jeweils 1 Spatelspitze von jedem Zucker zu einem der Lösungsmittel und schütteln Sie. Prüfen Sie, ob sich die drei Zucker lösen.
Entsorgung: Heptan in den Behälter für halogenfreie organische Abfälle, übrige Lösungen ins Abwasser geben.

Auswertung Erklären Sie Ihre Beobachtungen mithilfe der Struktur der jeweiligen Zucker- und Lösungsmittelmoleküle.

EXP 11.03 Nachweis reduzierender Zucker

Materialien 4 Reagenzgläser, Reagenzglasständer, Becherglas (250 ml), Tropfpipette, Heizplatte, 10%ige Glucoselösung, 10%ige Fructoselösung, Fehling-Lösung I (5, 9), Fehling-Lösung II (5), Tollens-Reagenz (↑ S. 280; 5, 7, 9)

Durchführung I) *Fehling-Probe:* Geben Sie je 2 ml Fehling-Lösung I und Fehling-Lösung II in ein Reagenzglas und schütteln Sie, bis eine tiefblaue Lösung entsteht. Fügen Sie einige Tropfen Glucoselösung hinzu und erwärmen Sie die Mischung im Wasserbad bei 80 °C. Wiederholen Sie den Versuch mit Fructoselösung.
II) *Tollens-Probe:* Geben Sie 2 ml frisch bereitetes Tollens-Reagenz in ein sauberes (neues) Reagenzglas. Fügen Sie einige Tropfen Glucoselösung hinzu und erwärmen Sie die Mischung im Wasserbad bei 80 °C. Wiederholen Sie den Versuch mit Fructoselösung.
Entsorgung: Fehling-Probe: Reste in giftige anorganische Abfälle, Tollens-Probe: in Behälter für Silberabfälle geben.

Auswertung

1) Deuten Sie Ihre Beobachtungen. Begründen Sie bei den positiv verlaufenden Reaktionen den vorliegenden Reaktionstyp.
2) Formulieren Sie eine verallgemeinernde Schlussfolgerung für die beiden Nachweise.

EXP 11.04 Nachweis der Hydroxygruppen

Materialien 2 Bechergläser (150 ml), 2 Bechergläser (250 ml), Kristallisierschale, Reagenzglas, Heizplatte, Messpipette, Tropfpipette, Glasstab, Waage, Siedesteinchen, Glucose, Essigsäureanhydrid (2, 6, 5), konz. Schwefelsäure (w = 96 %; 5), Eiswürfel

Durchführung Im Abzug arbeiten! Schutzbrille! Handschuhe! Bereiten Sie in 2 Bechergläsern (150 ml) jeweils 100 ml eiskaltes Wasser vor und stellen Sie sie in die Kristallisierschale mit Eiswürfeln.
Geben Sie in das Reagenzglas 1 g Glucose und übergießen Sie sie mit 4 ml Essigsäureanhydrid. Fügen Sie 1 Tropfen Schwefelsäure und ein Siedesteinchen hinzu. Erhitzen Sie das Reaktionsgemisch 5 bis 10 min im siedenden Wasserbad.
Gießen Sie danach das Reaktionsgemisch in 100 ml eisgekühltes Wasser. Rühren Sie mit einem Glasstab um, bis sich das Reaktionsprodukt auf dem Boden des Becherglases konzentriert hat.

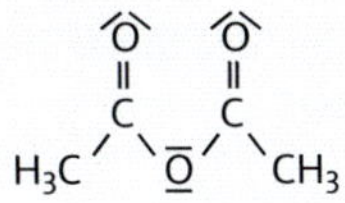

Essigsäureanhydrid

Gießen Sie das Wasser vorsichtig ab, sodass nur das Reaktionsprodukt im Becherglas zurückbleibt. Geben Sie zum Reinigen kaltes Wasser zum Reaktionsprodukt hinzu und dekantieren Sie es wieder ab. Wiederholen Sie diesen Vorgang noch einmal.
Prüfen Sie den Geruch des Reaktionsprodukts.
Fügen Sie einige Tropfen Schwefelsäure hinzu und machen Sie erneut eine Geruchsprobe.
Entsorgung: Lösungen in den Behälter für halogenfreie organische Abfälle geben.

Auswertung

1) Vergleichen Sie die Eigenschaften des Reaktionsprodukts mit denen der Glucose.
2) Erläutern Sie die Reaktion zwischen Glucose und Essigsäureanhydrid und stellen Sie die Strukturformel des Reaktionsprodukts auf.
3) Erläutern Sie, inwiefern diese Reaktion als Nachweis für Hydroxygruppen in den Glucosemolekülen geeignet ist.

11.2 Spiegelbildisomerie

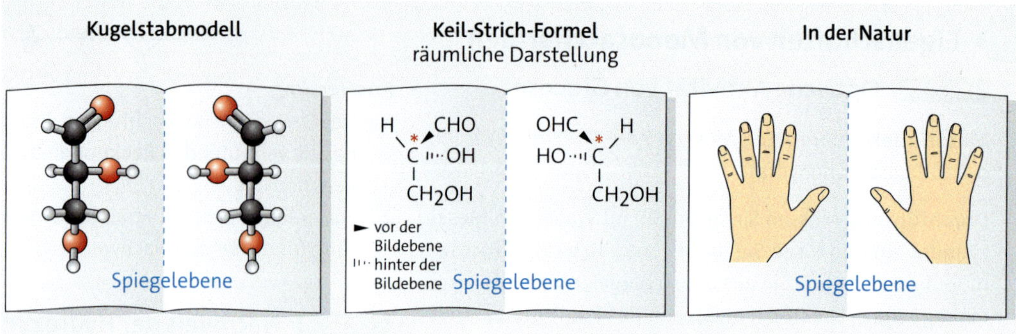

01 Spiegelbildisomere des Glycerinaldehyds

Übung: Chiral – oder nicht chiral?

Einige Körper sind auf den ersten Blick symmetrisch: So erzeugt eine Schnittebene, die durch den Mittelpunkt einer Kugel geht, zwei identische Hälften, die sich zur Deckung bringen lassen. Eine Hand beispielsweise besitzt jedoch keine solche Symmetrieebene. Dieses Phänomen der fehlenden Symmetrieebene tritt auch bei Molekülen auf.

CHIRALITÄT UND SPIEGELBILDISOMERIE An den Molekülen des einfachsten Zuckers Glycerinaldehyd lässt sich erkennen, dass zwei räumlich verschiedene Formen möglich sind, die sich wie **Bild** und **Spiegelbild** verhalten. Weil das Phänomen auch an unserer nicht deckungsgleichen rechten und linken Hand beobachtet werden kann, spricht man von **chiralen Molekülen** (griech. *cheir:* Hand). Sie werden als **Spiegelbildisomere** oder **Enantiomere** bezeichnet und können durch Drehen der Moleküle nicht zur Deckung gebracht werden.

Auch von anderen Zuckern (z. B. ↑ S. 400 und von Aminosäuren existieren Spiegelbildisomere (↑ S. 420).

> **Objekte, die mit ihrem Spiegelbild nicht zur Deckung gebracht werden können, sind chiral. Ein chirales Molekül und sein Spiegelbild heißen Spiegelbildisomere oder Enantiomere.**

Spiegelbildisomere treten dann auf, wenn ein Molekül mindestens ein Kohlenstoffatom enthält, das mit vier unterschiedlichen Substituenten verknüpft ist (↑ **01**). Das C–2-Atom des Glycerinaldehydmoleküls ist ein **asymmetrisch substituiertes** Kohlenstoffatom, das auch **Chiralitätszentrum** genannt und mit einem Stern C* gekennzeichnet wird. Dort ist eine CHO-Gruppe, eine OH-Gruppe, eine CH_2OH-Gruppe und ein H-Atom gebunden.
Mithilfe der **Fischer-Projektionsformel** wird die dreidimensionale Struktur der Spiegelbildisomere vereinfacht und auf die Papierebene übertragen (Methode ↑ S. 333). Spiegelbildisomere haben den gleichen Namen, werden jedoch durch die vorgesetzten Buchstaben D und L unterschieden. Ausschlaggebend beim Glycerinaldehydmolekül ist die Stellung der Hydroxygruppe am C–2-Atom. Steht sie auf der der rechten Seite, wird sie als D-Glycerinaldehyd (lat. *dexter:* rechts) bezeichnet, steht sie links als L-Glycerinaldehyd (lat. *levos:* links).

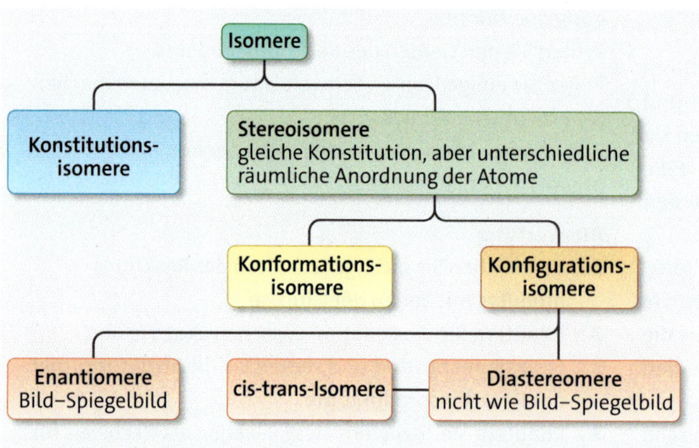

02 Überblick über die Isomeriearten

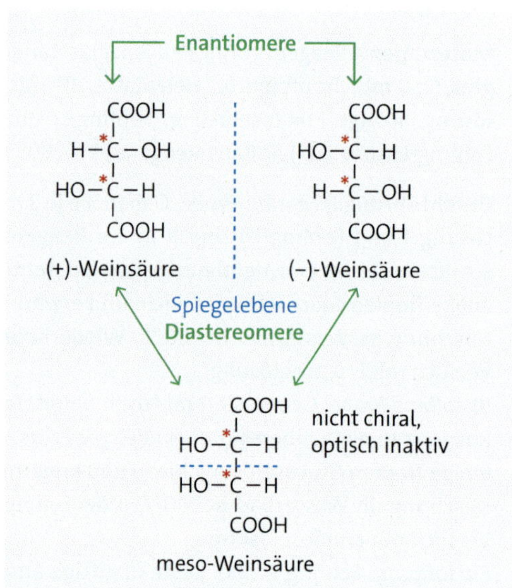

03 Stereoisomere und Diastereomere

Die Moleküle solcher Verbindungen mit der gleichen Konstitution, aber unterschiedlicher räumlicher Anordnung der Atome sind *Stereoisomere*.

Enantiomere zeigen chemisch und physikalisch nahezu identische Eigenschaften, sie unterscheiden sich jedoch in ihrer *optischen Aktivität* (↑ nächste Seite).

DIASTEREOMERE Die Moleküle der Weinsäure haben zwei Chiralitätszentren (↑ **03**). Es existieren drei Stereoisomere. Je zwei Moleküle verhalten sich wie Bild- und Spiegelbild und sind daher Enantiomere. meso-Weinsäure besitzt eine Spiegelebene im Molekül. Stereoisomere, die nicht Bild- und Spiegelbild sind, heißen **Diastereomere**. Sie unterscheiden sich in ihren chemisch-physikalischen Eigenschaften.

M Aufstellen einer Fischer-Projektionsformel

AUFGABE Stellen Sie die Fischer-Projektionsformel des Glycerinaldehydmoleküls auf.

1. Die Kohlenstoffkette mit dem asymmetrisch substituierten Kohlenstoffatom C* wird senkrecht angeordnet. Das Kohlenstoffatom mit der höchsten Oxidationszahl steht oben.
   Die Aldehydruppe –CHO steht oben, die CH_2OH-Gruppe unten.

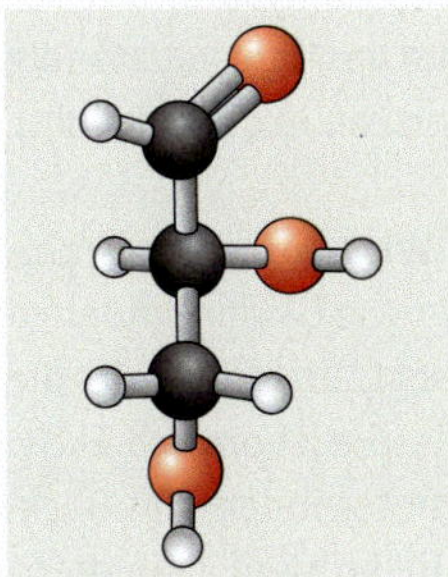
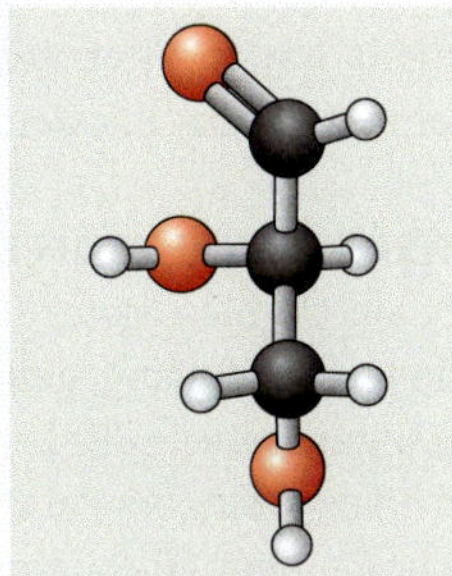

2. Jedes asymmetrisch substituierte Kohlenstoffatom wird so betrachtet, dass die senkrechten C–C-Bindungen vom Betrachter weg weisen. Die waagerechten Substituenten zeigen auf den Betrachter.
   Die CHO-Gruppe und CH_2OH-Gruppe weisen vom Betrachter weg. –H und –OH zeigen auf den Betrachter.

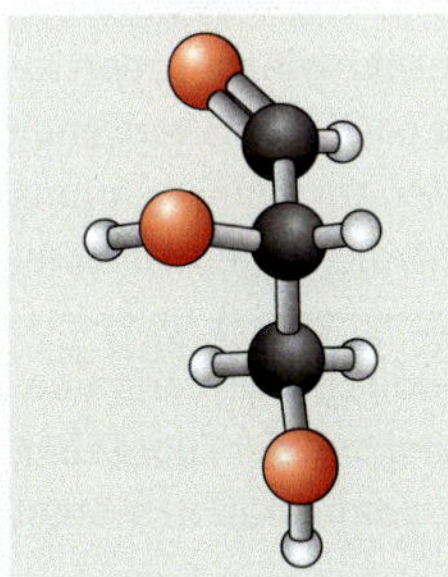
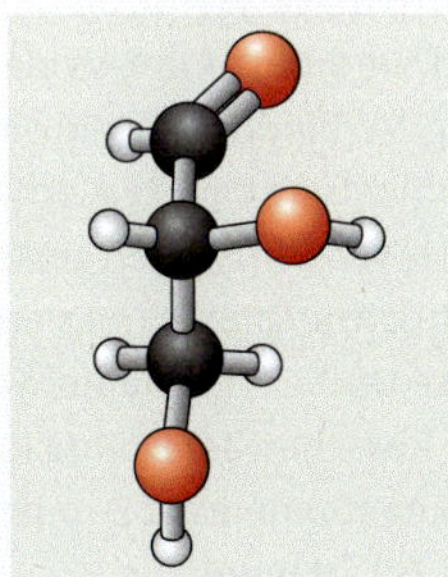

3. Das so orientierte Molekül wird in die Papierebene projiziert.
   Bindungen, die nach hinten weisen, werden als senkrechte Striche gezeichnet, die nach vorne weisen als waagerechte Striche.
   Befindet sich die OH-Gruppe des C* auf der rechten Seite der Kohlenstoffkette, liegt die D-Form der Verbindung vor. Steht sie links, handelt es sich um das L-Enantiomer.

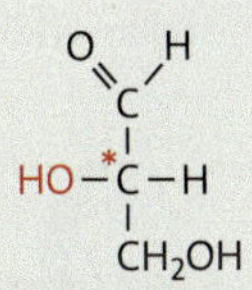
L-Glycerinaldehyd

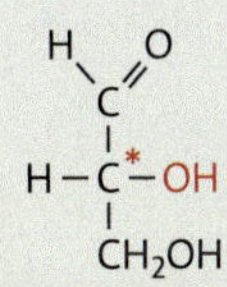
D-Glycerinaldehyd

4. Hat ein Molekül mehr als ein asymmetrisches Kohlenstoffatom, so wird die D- bzw. L-Zuordnung anhand des asymmetrischen Kohlenstoffatoms getroffen, das am weitesten von der Aldehydgruppe entfernt ist.
   Beim Glucosemolekül entscheidet die Stellung der OH-Gruppe am C–5-Atom über die Zuordnung zur L- oder D-Glucose.

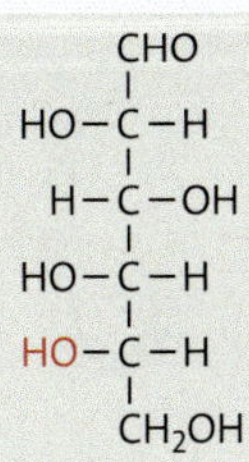
L-Glucose

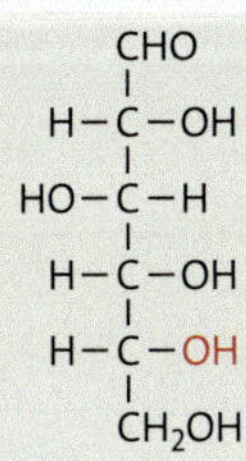
D-Glucose

Optische Aktivität

POLARISIERTES LICHT Bei Licht einer Glühlampe oder Sonnenlicht schwingen die elektromagnetischen Wellen in allen Ebenen senkrecht zur Ausbreitungsrichtung des Lichts. Spezielle Polarisationsfilter lassen nur *eine* Schwingungsebene des Lichts durch. Die Lichtwellen des **linear polarisierten Lichts** breiten sich in der durch den Filter vorgegebenen Schwingungsebene aus. Alle anderen Schwingungsebenen werden nicht durchgelassen (↑ **01**).
Das menschliche Auge kann polarisiertes Licht von unpolarisiertem nicht unterscheiden. Deshalb wird ein zweiter Polarisationsfilter, der Analysator, in den Strahlengang gebracht. Bei gleicher Ausrichtung lassen beide Filter das Licht durch und das Blickfeld ist hell. Dreht man jedoch den Analysator um 90° zum Polarisationsfilter, so wird das Licht vollständig absorbiert und das Blickfeld erscheint dunkel (↑ **02**).

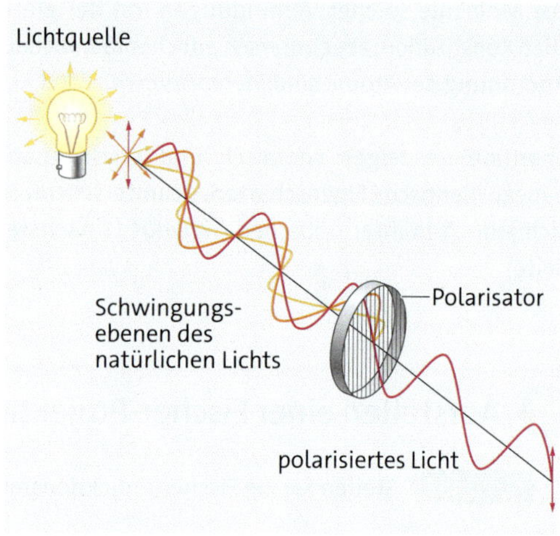

01 Erzeugung von polarisiertem Licht einer Schwingungsebene

OPTISCH AKTIVE STOFFE Wird nun eine Verbindung aus chiralen Molekülen wie Glycerinaldehyd in den Strahlengang gebracht, so dreht sie die Schwingungsebene des Lichts: Sie ist **optisch aktiv**. Man erkennt dies am Polarimeter, indem das Blickfeld hinter dem Analysator heller wird. Nun dreht man den Analysator, bis das Blickfeld wieder dunkel wird, und bestimmt so den Drehwinkel α der Lösung. Verbindungen, die eine nach rechts weisende Drehrichtung besitzen, erhalten zur Kennzeichnung ein (+) vor den Namen gestellt, diejenigen mit einer Drehrichtung nach links erhalten ein (–), beispielsweise D(+)-Glycerinaldehyd und L(–)-Glycerinaldehyd. Zwischen der Drehrichtung und der Zuordnung der Enantiomere zur D- oder L-Konfiguration besteht kein Zusammenhang.

Der Drehwinkel α ist von der Massenkonzentration β der Lösung, der Länge l der Messzelle sowie der Wellenlänge des verwendeten Lichts abhängig.
Enantiomere drehen die Ebene des polarisierten Lichts um den gleichen Betrag in die entgegengesetzte Richtung. Deshalb zeigt ein 1:1-Gemisch zweier Enantiomere keinerlei optische Aktivität, da sich die Drehwinkel gegenseitig aufheben. Ein derartiges Isomerengemisch wird **Racemat** genannt.

1〉 Für D(+)-Glucose wird ein Drehwinkel von +52,7°, und für D(–)-Fructose ein Drehwinkel von –92,4° gemessen. Erläutern Sie, ob es sich bei den Namen der Zucker und den Drehwinkeln um einen Widerspruch handelt.

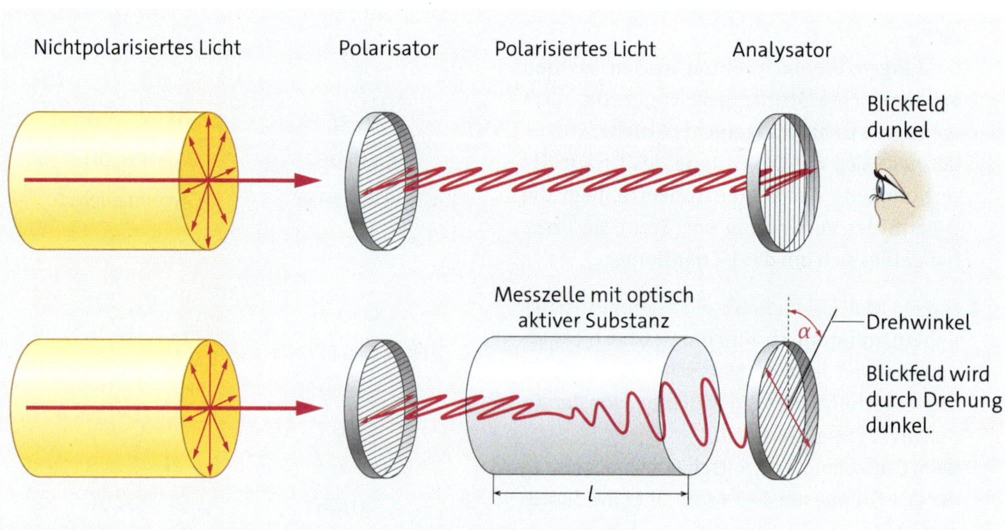

02 Messung einer optisch aktiven Verbindung mit einem Polarimeter

Gleich und doch verschieden – chirale Verbindungen in der Natur

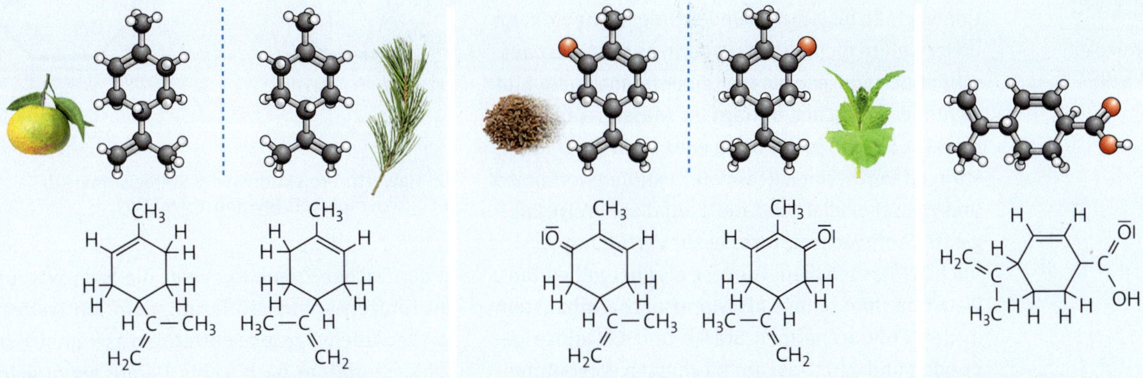

A D(+)-Limonen L(−)-Limonen B D(+)-Carvon L(−)-Carvon C D(+)-Perillasäure

01 **A** Limonen: Orangen- und Fichtennadelölgeruch, **B** Carvon: Kümmel- und Minzgeruch, **C** Struktur von D(+)-Perillasäure

LIMONEN Die Moleküle von D(+)- und L(−)-Limonen sind in jeder Hinsicht identisch – bis auf die Tatsache, dass sie nicht zur Deckung zu bringende Spiegelbilder zueinander haben. Trotzdem ist der Geruchsunterschied sehr deutlich: D(+)-Limonen riecht nach Orangen und L(−)-Limonen nach Fichtennadelöl bzw. Terpentin. Unser Körper ist in der Lage, diesen minimalen Strukturunterschied in bemerkenswerter Weise zu erkennen: Verantwortlich dafür sind die in der Nasenschleimhaut befindlichen chiralen Rezeptoren für chirale Duftmoleküle. Die unterschiedlichen Gerüche entstehen, weil sich Rezeptor und Duftmolekül nach dem Schlüssel-Schloss-Prinzip miteinander verbinden.
Beide Enantiomere findet man in der Natur: D(+)-Limonen ist als Hauptaromastoff in den Schalen von Zitrusfrüchten enthalten. Außerdem findet man es in Kümmel, Dill, Koriander und Rosmarin. L(−)-Limonen kommt in den ätherischen Ölen im Harz und Holz von Nadelbäumen vor.

Rund 90 % des ätherischen Öls aus Orangenschalen besteht aus D(+)-Limonen. Da viele Orangenschalen als Abfall bei der Saftproduktion anfallen, ist es als nachwachsender Rohstoff für die Industrie interessant. Aufgrund der großen produzierten Mengen wird es zur Herstellung von Reinigungsmitteln und als Lösungsmittel in Lacken genutzt, aber auch als preiswerter natürlicher Duftstoff in Kosmetika. Seine Verwendung ist trotz der natürlichen Herkunft problematisch, da es hautreizend und allergieauslösend wirkt und außerdem giftig für Wasserorganismen ist.

Interessant ist ein Oxidationsprodukt des D(+)-Limonens, die **D(+)-Perillasäure**. Sie kann mithilfe von Bakterien aus D(+)-Limonen gewonnen werden. Durch sie lassen sich gesundheitsgefährdende Konservierungsmittel beispielsweise in Kosmetikprodukten ersetzen.

CARVON Minze und Kümmel unterscheiden sich sehr deutlich in Geruch und Geschmack. Bei beiden ist Carvon dafür der bestimmende Bestandteil. Minze enthält L(−)-Carvon und Kümmel D(+)-Carvon.
Minzöl wird beispielsweise in Kaugummi und Zahnpasta eingesetzt. Kümmel gilt als eines der ältesten Gewürze und wird für deftige Speisen gebraucht, weil es deren Verdauung erleichtert.

SPIEGELSYMMETRISCHE SYNTHESE Chirale Verbindungen spielen für den Menschen nicht nur bei Duftstoffen eine entscheidende Rolle. Auch bei der Herstellung von Medikamenten kann das eine Enantiomer wirksam, das andere jedoch unwirksam oder sogar extrem schädlich sein. Im Jahr 2001 erhielten WILLIAM S. KNOWLES, RYOJI NOYORI und BARRY SHARPLESS den Chemie-Nobelpreis für die „Molekulare spiegelsymmetrische Katalyse". Den drei Forschern gelang es, mithilfe von chiralen Katalysatoren chemische Reaktionen so zu steuern, dass als Ergebnis nur eine von zwei möglichen spiegelbildlichen Varianten des Produkts gebildet wird. Damit können beispielsweise die linksdrehende Aminosäure L(−)-Thyroxin als Schilddrüsenhormon, die rechtsdrehende Form D(+)-Thyroxin zur Senkung des Cholesterinspiegels selektiv synthetisiert werden.

1〉 Zeichnen Sie das Enantiomer von D(+)-Perillasäure.

2〉 Sowohl Kümmel als auch Minze enthalten Limonen, allerdings überdeckt das dominante Carvon dessen Geruch und Geschmack.

a Vergleichen Sie die Molekülstruktur von Limonen mit Carvon. Identifizieren Sie funktionelle Gruppen.

b Ordnen Sie Minze und Kümmel jeweils ein Enantiomer des Limonens zu. Begründen Sie Ihre Entscheidung.

11.3 Glucose – ein Monosaccharid

3D-Molekül: α-D-Glucose

VORKOMMEN UND BEDEUTUNG Die zu den Monosacchariden gehörende **Glucose** (Traubenzucker) besitzt durch eine Vielzahl an physiologischen Funktionen große biologische Bedeutung: Ohne sie kann unser Gehirn nicht arbeiten, denn es nutzt fast ausschließlich Glucose als Energielieferanten. Im Blut gesunder Menschen beträgt ihr Massenanteil 0,08 bis 0,1 %. Bei der Zellatmung wird sie in einer mehrstufigen exothermen Reaktion zu Kohlenstoffdioxid und Wasser oxidiert und stellt auf diese Weise Energie für Stoffwechselprozesse zur Verfügung.
Auch in Pflanzen dient Glucose als Energielieferant. Sie ist darüber hinaus als Monosaccharidbaustein in den Polysacchariden Stärke und Cellulose gebunden und damit der am häufigsten vorkommende Zucker überhaupt.

MOLEKÜLSTRUKTUR Die Struktur des kettenförmigen Glucosemoleküls wurde von EMIL FISCHER aufgeklärt, der 1902 dafür den Nobelpreis für Chemie erhielt. Mit der Molekülformel $C_6H_{12}O_6$ gehört Glucose zu den Hexosen. Die Aldehydgruppe weist sie als Aldose aus. Vier der sechs Kohlenstoffatome im Glucosemolekül sind asymmetrisch substituierte C*-Atome.

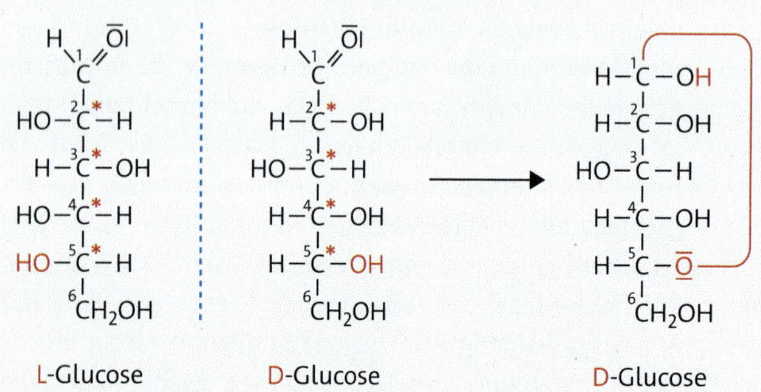

01 **A** Die beiden Enantiomere der Glucose, **B** Ringform

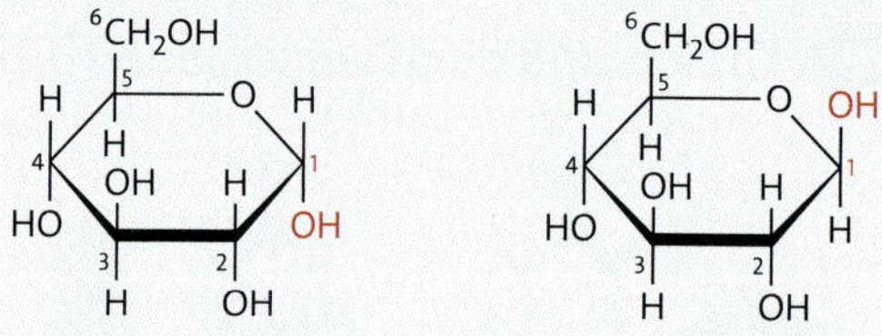

02 Haworth-Projektionen der Stereoisomere des D-Glucosemoleküls (Pyranosestruktur)

In der Fischer-Projektion zeigt die Hydroxygruppe am fünften Kohlenstoffatom, dem am weitesten von der Aldehydgruppe entfernten asymmetrischen Kohlenstoffatom, nach rechts. Daraus ergibt sich der Name D-Glucose (↑ **01A**). In der Natur kommt ausschließlich die D-Glucose vor, die L-Glucose kann nur synthetisch hergestellt werden.
Weitere Strukturuntersuchungen zeigen, dass die Kettenform alleine das Glucosemolekül nicht vollständig beschreibt: Weniger als 0,1 % der Glucosemoleküle liegen in wässrigen Lösungen in Kettenform vor. Dagegen überwiegen Glucosemoleküle in der **Ringform** (↑ **01B**). Sie bildet sich aus der Kettenform durch die intramolekulare Reaktion der Hydroxygruppe am C–5-Atom mit der Aldehydgruppe des C–1-Atoms der Kohlenstoffkette. Der zugrunde liegende Reaktionsmechanismus ist eine *nucleophile Addition*, bei der als Reaktionsprodukt ein **Halbacetal** entsteht (↑ **03**). Auf diese Weise wird ein Sechsring aus fünf Kohlenstoffatomen und einem Sauerstoffatom gebildet. Solche Sechsringzucker heißen **Pyranosen**.
Die Ringstruktur der Glucose wird häufig mithilfe der **Haworth-Projektion** dargestellt (↑ **02**). Atome und Atomgruppen, die in der Fischer-Projektion auf der rechten Seite stehen, zeigen in der Haworth-Projektion nach unten, die nach links weisen, nach oben.

Glucose ist eine Aldose mit sechs Kohlenstoffatomen im Molekül. Glucosemoleküle liegen überwiegend in der Ringform als Halbacetal vor.

P **EXP 11.05** Struktur des Glucosemoleküls

Durchführung Konstruieren Sie mithilfe des Molekülbaukastens die Kettenform und die Ringform eines Glucosemoleküls.

Auswertung Vergleichen Sie Ihre Molekülmodelle innerhalb des Kurses. Leiten Sie aus den Vergleichsergebnissen eine Schlussfolgerung ab.

EIN NEUES CHIRALITÄTSZENTRUM Das C–1-Atom der Aldehydgruppe des kettenförmigen Glucosemoleküls wird durch Ringbildung zu einem weiteren asymmetrisch substituierten Kohlenstoffatom. Es wird als **anomeres Kohlenstoffatom** bezeichnet (↑ **03**).
Die Hydroxygruppe am anomeren Kohlenstoffatom ist besonders reaktiv, sodass Glucosemoleküle dort mit weiteren Zuckermolekülen reagieren können.

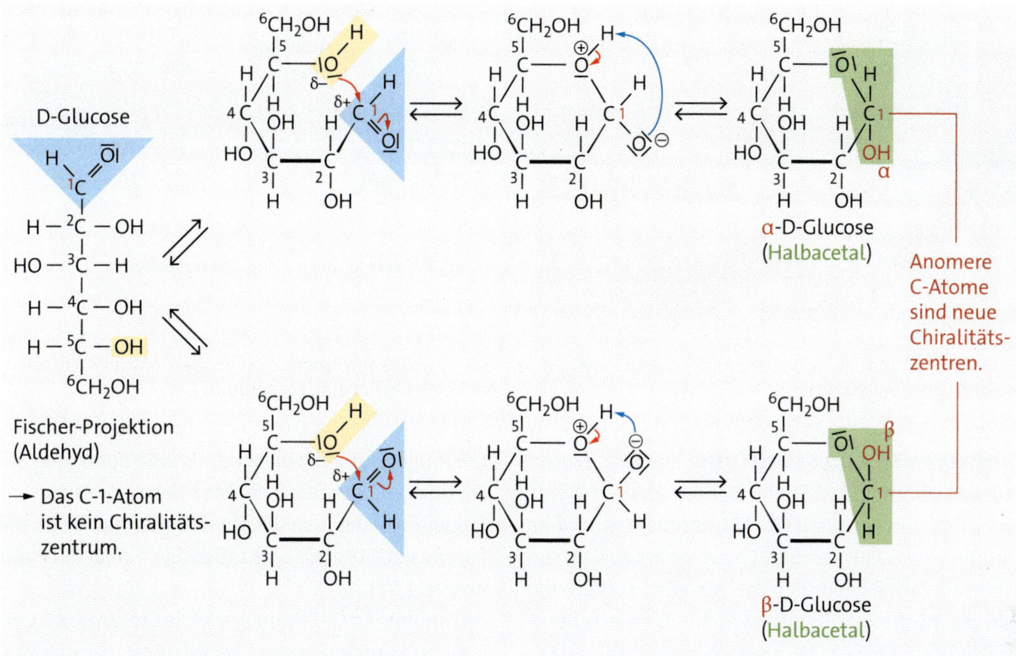

03 Bildung der Ringform von α- und β-D-Glucose aus der Kettenform durch intramolekulare nucleophile Addition

Animation: Bildung der Ringform der D-Glucose aus der Kettenform

Je nach räumlicher Anordnung der Hydroxygruppe am anomeren Kohlenstoffatom unterscheidet man zwei Diastereomere, die als **α-D-Glucose** und **β-D-Glucose** bezeichnet werden (↑ Exp. 11.01, S. 395). Man nennt diese Isomere auch Anomere. Sie zeigen unterschiedliche optische Aktivität.

Zeigt die Hydroxygruppe am anomeren Kohlenstoffatom in der Haworth-Formel nach unten, so spricht man von α-Glucose, steht sie oben, so handelt es sich um β-Glucose.

MUTAROTATION Eine wässrige Lösung von D-Glucose ist aufgrund der Chiralität der Moleküle optisch aktiv. Allerdings verändert sich mit der Zeit der Drehwinkel einer frisch bereiteten Glucoselösung kontinuierlich, bis sich ein konstanter Wert einstellt (↑ Exp. 11.01, S. 395). Diese zeitliche Veränderung des Drehwinkels heißt Mutarotation (lat. *mutare*: ändern).

Das Phänomen beruht darauf, dass sich in wässrigen Lösungen die α-D-Glucose über die Kettenform in die β-D-Glucose umwandelt. Im Verlauf der Isomerisierung bildet sich ein chemisches Gleichgewicht aus, in dem etwa 36 % α-D-Glucose und 64 % β-D-Glucose vorliegen. Der Anteil der Kettenform ist vernachlässigbar gering.

Neben den unterschiedlichen spezifischen Drehungen unterscheiden sich die Anomere auch in ihren Schmelztemperaturen.

Frische Glucoselösung verändert ihren Drehwinkel, bis sich ein konstanter Wert einstellt. Dieser Effekt wird Mutarotation genannt. Er beruht auf dem chemischen Gleichgewicht zwischen α-D-Glucose und β-D-Glucose.

EIGENSCHAFTEN Die chemischen Eigenschaften von Glucose werden durch die Hydroxygruppen und die Aldehydgruppe bestimmt:

Die vielen Hydroxygruppen im Molekül verursachen nicht nur den süßen Geschmack, sondern sorgen auch dafür, dass sich Glucose sehr gut in Wasser löst, was eine wichtige Voraussetzung für seine biologische Funktion bedeutet.

Glucose wirkt reduzierend. Die Reaktion kann mit unterschiedlichen Oxidationsmitteln wie Fehling-Lösung und Tollens-Reagenz durchgeführt werden und ergibt einen positiven Nachweis, der jedoch nicht spezifisch für Glucose ist (↑ Exp. 11.03, S. 395).

1 › Zeichnen Sie drei unterschiedliche Fischer-Projektionen für Kohlenhydratmoleküle mit vier Kohlenstoffatomen.

2 › Zeichnen Sie die Fischer-Projektion der zur D-Glucose isomeren Ketose.

3 › Erklären Sie, warum ein Gemisch aus D- und L-Glucose im Verhältnis 1:1 optisch inaktiv ist.

4 › Erläutern Sie den Unterschied zwischen den Enantiomeren und Anomeren der Glucose.

Fructose

01 Der von den Bienen gesammelt Blütennektar wird in ihrem Honigmagen enzymatisch in Fructose und Glucose gespalten.

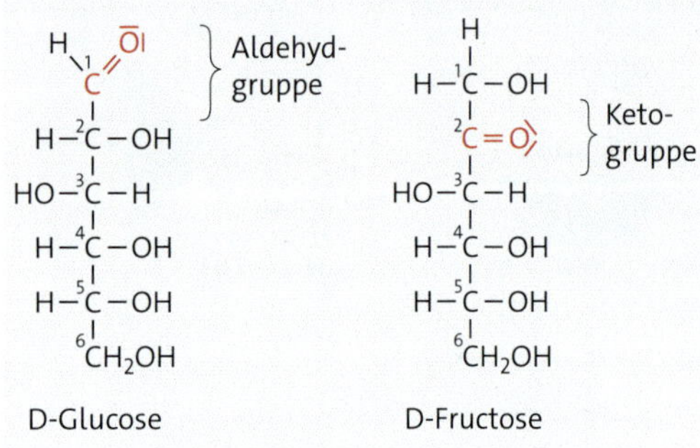

03 Glucose und Fructose im Vergleich: Das Fructosemolekül besitzt eine Ketogruppe.

VORKOMMEN UND BEDEUTUNG Fructose (Fruchtzucker) kommt in fast allen Früchten sowie im Honig vor (↑ 01). Im Haushaltszucker, Saccharose, und im Inulin, einem Polysaccharid, liegt sie als Zuckerbaustein chemisch gebunden vor. Von allen Zuckern hat sie die höchste Süßkraft, was sie für die Lebensmittelindustrie sehr bedeutsam macht (↑ S. 404).

STRUKTUR Fructose hat die Molekülformel $C_6H_{12}O_6$. Ihre Moleküle sind somit Konstitutionsisomere der Glucosemoleküle (↑ 03). Als Hexosen haben sie eine Kohlenstoffkette mit sechs C-Atomen, weisen aber im Unterschied zu Glucosemolekülen am C–2-Atom eine Ketogruppe auf und gehören folglich zu den **Ketosen**.

Wie bei den D-Glucosemolekülen stehen auch bei den D-Fructosemolekülen Ketten- und Ringformen in wässrigen Lösungen im Gleichgewicht, wobei die Kettenform zu etwa 1 % in einer Fructoselösung vorliegt.

3D-Molekül: Fructose

Die Ringbildung (Halbacetalbildung) kann über die Hydroxygruppe des C–5- oder des C–6-Atoms erfolgen. So bilden sich sowohl fünfgliedrige Ringe, die **Furanosen**, als auch sechsgliedrige Ringe, die **Pyranosen** (↑ 02).

Am anomeren C–2-Atom kann die Stellung der OH-Gruppe variieren, wobei jeweils eine α- und eine β-Form bei der Furanose und der Pyranose gebildet werden. Alle vier Anomere liegen in unterschiedlichen Anteilen in einer Fructoselösung vor (↑ 02).

Fructosemoleküle kommen sowohl als Fünfring (Furanosestruktur) als auch als Sechsring (Pyranosestruktur) vor.

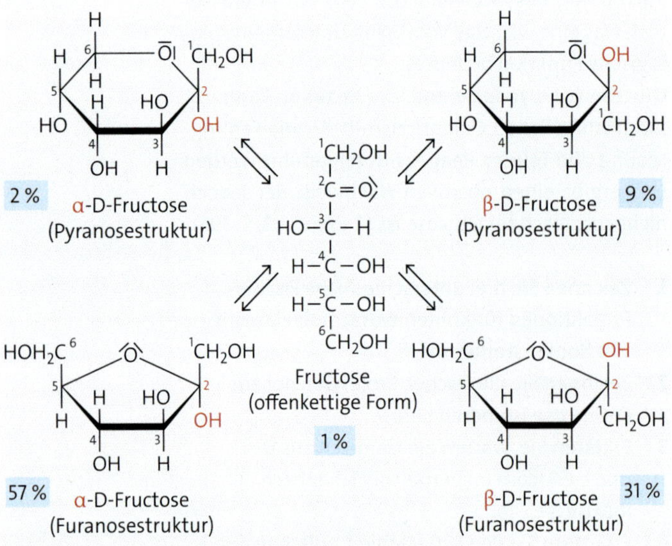

02 Die fünf Formen der Fructose in wässriger Lösung

EIGENSCHAFTEN Neben der D-Fructose existiert auch die spiegelbildliche L-Form. Beide Formen unterscheiden sich in ihrer optischen Aktivität: Die natürlich vorkommende D-Fructose dreht die Schwingungsebene des polarisierten Lichts nach links und die L-Fructose nach rechts.

Der Drehwinkel einer frisch zubereiteten Lösung aus D-Fructose ändert sich allmählich, bis sich das Gleichgewicht zwischen allen fünf Formen und damit ein konstanter Drehwinkel einstellt. Fructose zeigt also wie die Glucose das Phänomen der *Mutarotation* (↑ S. 401).

Fructose wirkt in alkalischer Lösung reduzierend, d. h., sie reagiert wie Glucose mit Fehling-Lösung (Reduktion der Cu^{2+}- zu Cu^{+}-Ionen im Kupfer(I)-oxid) und Tollens-Reagenz (Reduktion der Ag^{+}-Ionen zu Silberatomen). Das ist erstaunlich, da ihre Moleküle keine Aldehydgruppe, sondern eine Ketogruppe aufweisen. Zu erklären ist sowohl die Reaktivität der Glucose als auch der Fructose mit der Bildung einer neuen Struktur, der *Endiolform*. Der Mechanismus der Oxidation beider Zucker ist dabei noch nicht vollständig aufgeklärt (↑ Schon gewusst?).

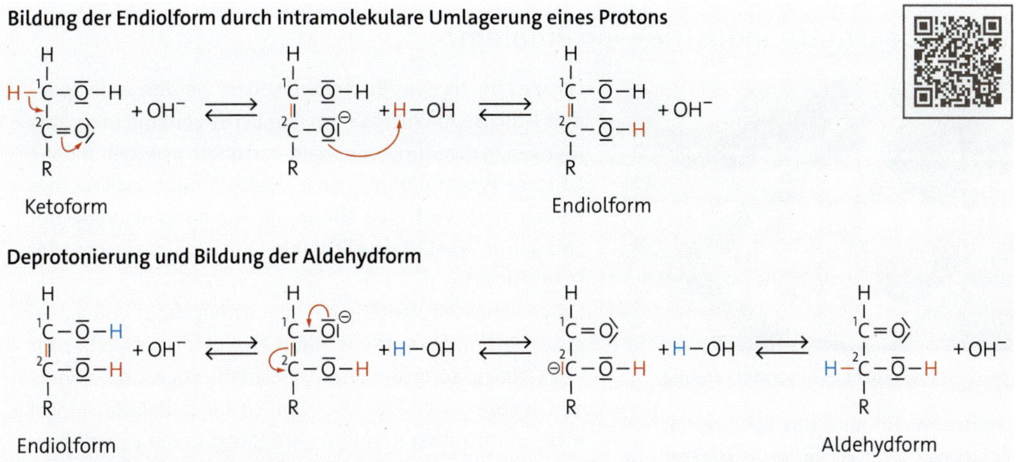

04 Isomerisierung: Die Keto-Enol-Tautomerie

KETO-ENOL-TAUTOMERIE Das Fructosemolekül besitzt am C–1-Atom eine der Ketogruppe benachbarte, besonders reaktionsfähige Hydroxygruppe. Sie ermöglicht, dass über mehrere Reaktionsschritte die Ketogruppe am C–2-Atom verschwindet und eine Aldehydgruppe am C–1-Atom gebildet wird (↑ **04**). Dazu sind katalytisch wirkende OH^--Ionen notwendig, die bewirken, dass am C–1-Atom ein Proton abgespalten und zwischen dem C–1- und C–2-Atom eine Doppelbindung gebildet wird. Das abgespaltene Proton kann nun an das Sauerstoffatom der Ketogruppe binden. Das bei dieser *intramolekularen Umlagerung* entstandene Zwischenprodukt ist ein **Endiol**; **En**- steht dabei für die Doppelbindung, -**diol** für die beiden Hydroxygruppen.

Die Endiolform ist nicht sehr stabil. Jeweils eine der Hydroxygruppen kann wieder deprotoniert und dadurch eine Carbonylgruppe zurückgebildet werden. Wird dabei das Proton der Hydroxygruppe am C–2-Atom abgespalten und an die Doppelbindung addiert, bildet sich wieder die Fructose zurück. Wird aber das Proton der Hydroxygruppe am C–1-Atom abgespalten, bildet sich die Aldehydgruppe am C–1-Atom und es entsteht ein Aldehyd – die Glucose. Durch diese **Isomerisierung** der Fructose wird Glucose gebildet (↑ Exp. 11.07, S. 404).

Da alle beteiligten Reaktionen Gleichgewichtsreaktionen sind, stellt sich mit der Zeit ein Gleichgewicht zwischen der Ketoform (Fructose) und der Aldehydform (Glucose) ein. Das Gleichgewicht zwischen der Aldehyd- und der Ketoform wird als **Keto-Enol-Tautomerie** bezeichnet.

In alkalischen Lösungen wird das Keton Fructose über eine Keto-Enol-Tautomerie in den Aldehyd Glucose umgewandelt.

Schon gewusst? Warum reagiert bei der Fehling-Probe Fructose schneller als Glucose (↑ Exp. 11.03, S. 395)?
Man könnte meinen, dass die bei der Isomerisierung entstehende Glucose mit Fehling-Lösung reagiert. Tatsächlich kann man experimentell nachweisen, dass die reduzierende Wirkung des Glucosemoleküls nicht von der Aldehydgruppe ausgeht, sondern von der Endiolform, dem Zwischenprodukt der Keto-Enol-Tautomerie. Dabei wird am C–2-Atom die Hydroxygruppe oxidiert und es entsteht vermutlich D-Glucoson, das weiter oxidiert wird. Die experimentell feststellbare schnellere Umsetzung von Fructose mit Fehling-Lösung im Vergleich zu Glucose beruht vermutlich darauf, dass die für die Keto-Enol-Tautomerie notwendige Kettenform der Fructose um den Faktor 100 häufiger in Lösung vorkommt als die Kettenform der Glucose.

1 Vergleichen Sie die Struktur von Fructose- und Glucosemolekülen.

2 Erklären Sie die gute Löslichkeit von Fructose in Wasser.

3 Erklären Sie auf Teilchenebene, warum sich der Drehwinkel einer frisch bereiteten Fructoselösung von −133,5° auf −92,4° ändert.

4 Erklären Sie, warum die Ketose Fructose mit Fehling-Lösung positiv reagiert.

5 Die Desoxyribose (Haworth-Projektion ↑ **05**) ist ein zentraler Bestandteil der DNA.
a Zeichnen Sie die Fischer-Projektion der D-Desoxyribose.
b Vergleichen Sie sie mit D-Fructose und diskutieren Sie Ihre Zuordnung zu den Zuckern.

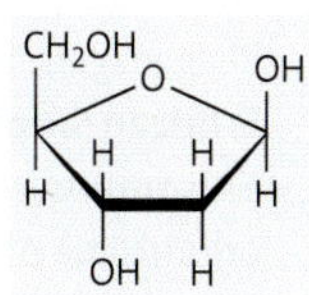

05 D-Desoxyribose

+ Fructose in der Lebensmittelindustrie – ein Problem?

01 Fructose süßt Speiseeis und macht es besonders cremig.

Fructose macht Limonaden süß und das Speiseeis schön cremig. Wegen ihrer Eigenschaften ist sie bei der Herstellung von Lebensmitteln von großer Bedeutung. Sie

- hat eine mehr als doppelt so starke Süßkraft wie Haushaltszucker (Saccharose),
- löst sich sehr gut in Wasser,
- kristallisiert in Lebensmitteln nur wenig aus,
- verstärkt den Geschmack von Früchten und Schokolade,
- überdeckt den bitteren Nachgeschmack von Süßstoffen,
- setzt die Gefriertemperatur von Speiseeis herab.

Weltweit werden etwa zehn Millionen Tonnen Fructosesirup produziert, die hauptsächlich für die industrielle Herstellung von Lebensmitteln verwendet werden. Doch wo kommen diese großen Mengen Fructose her?
Die in Früchten und Honig natürlicherweise enthaltenen Mengen reichen dafür nicht aus. Erst die Entdeckung des Enzyms Glucose-Isomerase machte die industrielle Produktion von Fructose in großen Mengen möglich.

Das Enzym, das aus Bakterien isoliert werden kann, wandelt Glucose in Fructose um. Zunächst wird die in großen Mengen in der Stärke von Mais, Kartoffeln usw. gebundene Glucose gewonnen, die anschließend dann zu Fructose isomerisiert wird. Eine Limonade, die beispielsweise mit „Maissirup" gesüßt ist, enthält bei 100 g Maissirup pro Liter 90 g Fructose.
Lange genoss Fructose in der Lebensmittelindustrie einen guten Ruf und wurde vor allem Produkten für Diabetiker wie Gebäck, Konfitüre oder Schokolade zugesetzt. Anders als Glucose erhöht Fructose nämlich den Blutzuckerspiegel nicht unmittelbar, sondern wird direkt in der Leber abgebaut. Dort entstehen allerdings aus den Fructosemolekülen Vorstufen von Molekülen, die der Speicherung von Fett dienen und damit Übergewicht begünstigen. Außerdem wurde bei gesunden Versuchspersonen ermittelt, dass bei erhöhter Fructosezufuhr die Körperzellen weniger empfindlich auf das Hormon Insulin reagieren. Das bedeutet, dass die Zellen weniger Glucose aufnehmen, was wiederum zu einem Anstieg des Blutzuckerspiegels führt – eine Entwicklung, die langfristig eine Diabeteserkrankung überhaupt erst entstehen lässt. Deshalb wird von Ernährungswissenschaftlern empfohlen, auf Lebensmittel zu verzichten, die zugesetzte Fructose enthalten – jedoch nicht auf Obst, das vergleichsweise wenig Fructose enthält. Diabetiker müssen natürlich die in Früchten enthaltenen Zucker in ihrer Diät berücksichtigen.

1 › Diskutieren Sie die Verwendung von Fructose in der Lebensmittelindustrie aus der Sicht der Verbraucher.

P Fructose

8 5 7 9

EXP 11.06 Unterscheidung von Fructose und Glucose

Materialien 2 Reagenzgläser, Becherglas, Wasserbad, Brenner, Stoppuhr; 10%ige Fructoselösung, 10%ige Glucoselösung, Resorcin (8, 7, 9), konz. Salzsäure (w = 32 %; 5, 7)

Durchführung *Herstellen von Seliwanow-Reagenz für etwa 10 Ansätze:* Lösen Sie 0,2 g Resorcin in 40 ml konzentrierter Salzsäure. Geben Sie die Lösung vorsichtig in 80 ml Wasser. Füllen Sie jeweils 2 ml Fructose- und Glucoselösung in ein Reagenzglas. Versetzen Sie diese mit 5 ml Seliwanow-Reagenz. Erhitzen Sie die Lösungen in einem siedenden Wasserbad.
Entsorgung: Lösungen in den Behälter für halogenfreie organische Abfälle geben.

Auswertung Beschreiben und deuten Sie die Beobachtung.

EXP 11.07 Isomerisierung

Materialien 2 Reagenzgläser, Tropfpipetten, Messpipette, Wasserbad, Brenner, Glucoseteststreifen, Indikatorpapier, Natronlauge (c = 0,1 mol/l; 7), Essigsäure (c = 0,1 mol/l), Fructose

Durchführung Lösen Sie 1 g Fructose in 10 ml Wasser. Prüfen Sie die Lösung mit einem Glucoseteststreifen. Fügen Sie nun 1 ml Natronlauge hinzu und erhitzen Sie die Flüssigkeit 5 min im siedenden Wasserbad. Lassen Sie das Reaktionsgemisch abkühlen und neutralisieren Sie dann durch Zugabe von Essigsäure in kleinen Portionen. Untersuchen Sie die neutralisierte Lösung mit einem Glucoseteststreifen.
Entsorgung: Lösungen ins Abwasser geben.

Auswertung Beschreiben und deuten Sie die Beobachtung.

11.4 Vielfalt der Monosaccharide

HOMOLOGE REIHE DER D-ALDOSEN Die Monosaccharide bilden ähnlich den Alkanen eine homologe Reihe. Die kleinste Aldose ist das Glycerinaldehyd. Durch den Einbau jeweils einer weiteren H–C–OH-Gruppe zwischen dem C–1- und C–2-Atom erfolgt die Verlängerung zu längerkettigen Aldosen. Da die neu eingeschobenen C-Atome asymmetrisch substituiert sind, gibt es für die Stellung der OH-Gruppen in der Fischer-Projektion jeweils zwei Möglichkeiten. Somit verdoppelt sich auf jeder Verlängerungsstufe die Anzahl der Diastereomere. Bei einer Kettenlänge von sechs Kohlenstoffatomen ergeben sich für die Reihe der D-Aldosen bereits acht mögliche Zucker (↑ **01**) – zusammen mit den L-Aldosen entsprechend 16 verschiedene Zucker.

VORKOMMEN UND BEDEUTUNG Nicht nur die bekannte D-Glucose, sondern viele weitere Zucker aus der Reihe der D-Aldosen kommen in der Natur verbreitet vor. *Beispiele (jeweils D-Form):*

- Glycerinaldehyd ist ein Zwischenprodukt des Energiestoffwechsels bei Tieren und Menschen.
- Erythrose kommt ebenfalls beim Energiestoffwechsel vor und in einigen Synthesewegen von Bakterien, Pflanzen und Pilzen.
- Ribose ist ein Baustein der bei der Proteinbiosynthese beteiligten Ribunucleinsäure (RNA) sowie des Energieträgers Adenosintriphosphat (ATP). Sie kommt damit bei allen Stoffwechselvorgängen und bei der Zellteilung vor.
- Arabinose ist Bestandteil von Kautschuksaft (Gummi), Harzen und Schleimen.
- Xylose findet man in Holz, Samen und Früchten chemisch gebunden. Aus ihr wird das Süßungsmittel Xylit hergestellt, das vom menschlichen Stoffwechsel nicht verwertet werden kann.
- Mannose kommt in gebundener Form in den Wurzeln von Korbblütlern wie Löwenzahn vor.
- Galactose ist neben der Glucose ein Zuckerbaustein im Milchzucker (Lactose). Sie ist auch in höheren Kohlenhydraten chemisch gebunden und kommt in der Schleimhaut vor.

HOMOLOGE REIHE DER KETOSEN Auch bei den Ketosen erhält man durch die Verlängerung der Kette weitere Zucker (↑ **01**). Die Kettenverlängerung erfolgt zwischen dem C–2- und C–3-Atom. Von Bedeutung sind die D-Ribulose als Zwischenprodukt des Calvinzyklus der Pflanzen. D-Sorbose kommt in Vogelbeeren der Eberesche vor und ist außerdem ein Zwischenprodukt bei der Vitamin-C-Synthese. Die D-Tagatose liegt in geringen Mengen in der Milch vor. Sie kann aus D-Galactose gewonnen werden.

1) Zeichnen Sie die zur D-Mannose enantiomere Form der L-Mannose sowie die zur D-Galactose enantiomere Form der L-Galactose. Kennzeichnen Sie alle asymmetrischen Kohlenstoffatome C*.

2) Vergleichen Sie D-Galactose und D-Tagatose. Erläutern Sie die Möglichkeit, D-Tagatose aus D-Galactose zu gewinnen.

Die Zuordnung zur D- oder L-Reihe der Monosaccharide erfolgt immer aufgrund der Konfiguration des chiralen Kohlenstoffatoms, das am weitesten von der Aldehyd- oder Ketogruppe entfernt ist (↑ S. 397).

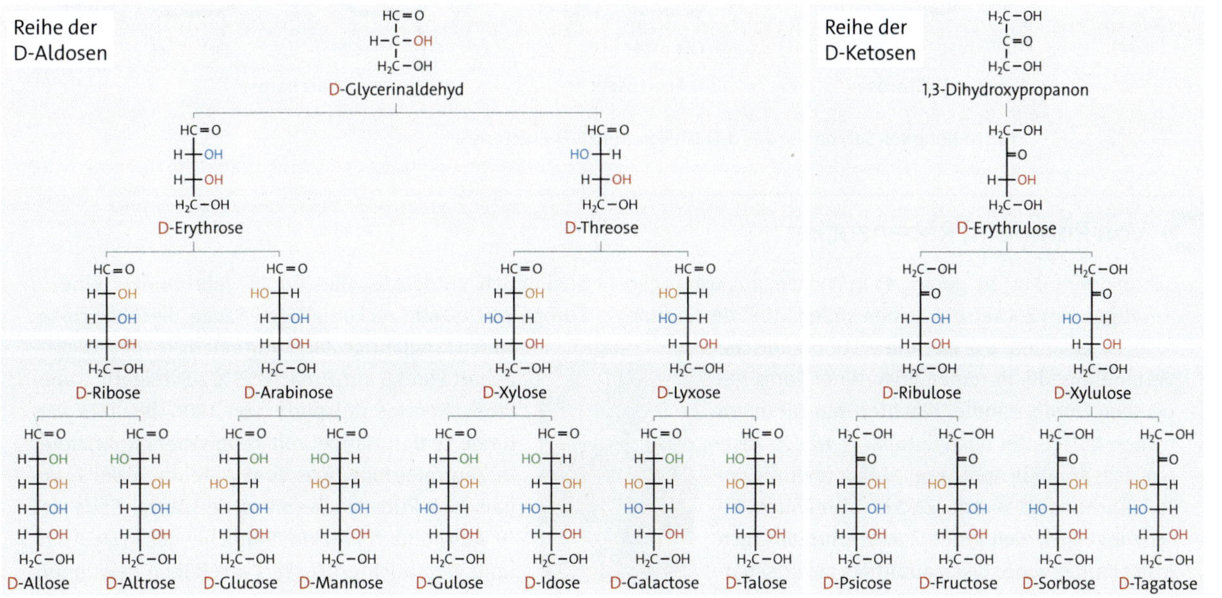

01 Reihe der D-Aldosen und D-Ketosen

11.5 Disaccharide

01 Einige Pflanzen enthalten hohe Anteile an Saccharose.

3D-Molekül: Saccharose

SACCHAROSE – ROHRZUCKER Die in den grünen Pflanzenteilen bei der Fotosynthese erzeugte Glucose wird häufig umgewandelt, wobei als ein möglicher Speicherstoff die **Saccharose** entsteht. In bestimmten Pflanzen ist sie in hohen Anteilen enthalten und kann so für die Gewinnung unseres Haushaltszuckers genutzt werden (↑ **01**).

Saccharose wird durch die Reaktion von α-D-Glucose mit β-D-Fructose gebildet. Dabei wird Wasser in einer Kondensationsreaktion abgespalten (↑ **02**). Saccharose gehört zu den **Disacchariden** (lat. *di:* zwei, *saccharum:* Zucker), den Zweifachzuckern.

Die Moleküle der Disaccharide bestehen aus zwei Monosaccharidbausteinen, die über ein Sauerstoffatom verbunden sind. Diese Bindung wird durch die Reaktion je einer OH-Gruppe der beiden Monosaccharidmoleküle gebildet.

Voraussetzung für diese Reaktion sind *besonders reaktionsfähige OH-Gruppen*. Im Fall des Glucosemoleküls ist dies die OH-Gruppe am C–1-Atom, beim Fructosemoleküls die OH-Gruppe am C–2-Atom. Diese OH-Gruppen sind jeweils durch die Ringbildung aus der Kettenform entstanden und werden **glykosidische OH-Gruppen** genannt. Entsprechend wird die aus ihnen entstandene Bindung als **glykosidische Bindung** bezeichnet.

Im Saccharosemolekül liegt eine *α-1,β-2-glykosidische Bindung* vor. Dies besagt, dass ein α-D-Glucosemolekül über sein C–1-Atom mit dem C–2-Atom des β-D-Fructosemoleküls verbunden ist.

Durch verdünnte saure Lösungen kann Saccharose hydrolytisch zu D-Glucose und D-Fructose im Verhältnis 1:1 gespalten werden (↑ Exp. 11.09, S. 409).

> Saccharose ist ein Disaccharid. Ihre Moleküle bestehen aus einem D-Glucosebaustein und einem D-Fructosebaustein, die α-1, β-2-glykosidisch verbunden sind.

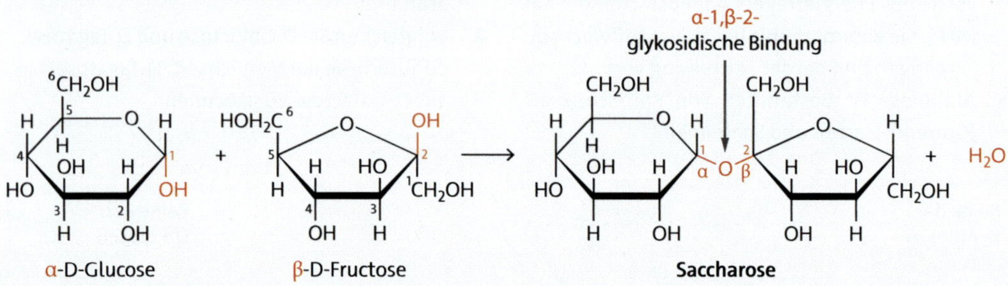

02 Bildung von Saccharose aus α-D-Glucose und β-D-Fructose

Von Rohr- und Rübenzucker

Schon um 600 n. Chr. gelang es in Persien, aus wässrigen Auszügen des Zuckerrohrs einen süßen Stoff, die Saccharose, zu isolieren. Sie war die erste organische Verbindung, die in reiner, kristalliner Form gewonnen wurde. Händler brachten den Zucker im frühen Mittelalter nach Europa. Er war so kostbar, dass er nur in Apotheken verkauft wurde. Im 16. Jahrhundert wurde Zucker allmählich erschwinglicher, weil große Zuckerrohrplantagen in der Karibik von Sklaven aus Afrika bewirtschaftet wurden. Er blieb aber ein Privileg für Wohlhabende.

Schließlich entdeckte man im 18. Jahrhundert eine in Europa wachsende zuckerhaltige Pflanze, die Zuckerrübe. Durch langjährige Züchtung gelang es, den Zuckergehalt von 1,6 auf zunächst 5 % zu steigern. Napoleons Kontinentalsperre von 1806 bis 1813 verhinderte den Handel mit karibischem Rohrzucker in Zentraleuropa, was zum Aufblühen der europäischen Rübenzuckerindustrie führte. Ende des 19. Jahrhunderts wurde sämtlicher des in Deutschland verbrauchten Zuckers aus Rüben gewonnen. Zucker wurde preiswert und für jedermann erschwinglich.

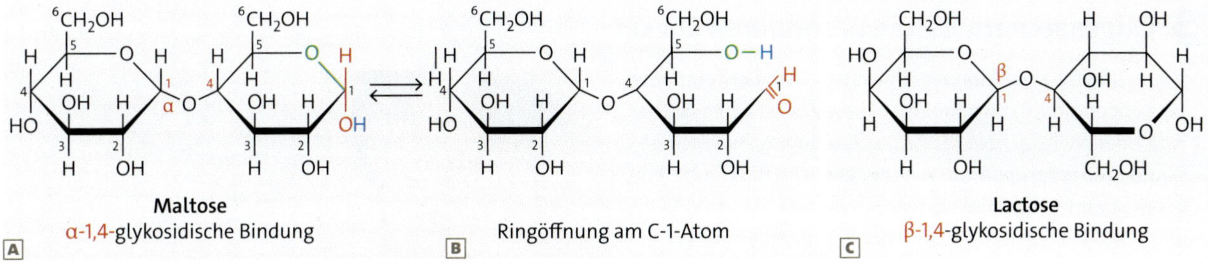

03 A Maltose (Haworth-Projektion), **B** Ringöffnung des Maltosemoleküls, **C** Lactose (Haworth-Projektion)

MALTOSE – MALZZUCKER Bei der Hydrolyse von Maltose, dem Malzzucker, entsteht nur D-Glucose: Die Maltosemoleküle sind aus zwei α-D-Glucosebausteinen aufgebaut, die α-1,4-glykosidisch verbunden sind (↑ **03A**).

Maltose kommt als Hydrolyseprodukt von Stärke in Getreide vor und dient dort als Energielieferant der Pflanze. Für die Bierherstellung wird sie gezielt in keimender Gerste erzeugt und mithilfe von Hefen zu Ethanol vergoren.

REDUZIERENDE WIRKUNG Disaccharide wirken dann reduzierend, wenn durch Ringöffnung der cyclischen Struktur am reaktiven (anomeren) C–1-Atom eines der beiden Monosaccharidbausteine eine offenkettige Form entstehen kann.

Bei *Saccharose* verläuft die Fehling-Probe negativ, weil im Saccharosemolekül keine glykosidischen OH-Gruppen mehr vorhanden und die reaktiven C-Atome beider Monosaccharidbausteine glykosidisch gebunden sind. Somit ist eine Ringöffnung zur Kettenform unter diesen Bedingungen nicht möglich, und Saccharose wirkt nicht reduzierend.

Beim *Maltosemolekül* ist jedoch das C-1-Atom des zweiten Glucosebausteins frei, sodass dort eine Ringöffnung erfolgen kann (↑ **03B**). Maltose wirkt deshalb reduzierend und die Fehling-Probe fällt positiv aus (↑ Exp. 11.08, S. 409).

LACTOSE – MILCHZUCKER Die Milch aller Säugetiere enthält Lactose als Zucker, Kuhmilch beispielsweise 4,8 %. Sie schmeckt deutlich weniger süß als Saccharose. Im Milchzucker ist β-D-Galactose mit D-Glucose β-1,4-glykosidisch verknüpft (↑ **03C**).

Während Babys durch das Enzym Lactase in der Lage sind, die Lactose zu spalten, fehlt bei etwa 15 % der Erwachsenen dieses Enzym. Sie leiden an einer Lactoseintoleranz mit Symptomen wie Bauchschmerzen und Durchfällen, weil die nicht abgebaute Lactose im Darm zu Milchsäure vergoren wird.

Noch gewusst? Der Mechanismus der Bildung eines Disaccharids ist eine nucleophile Addition.

Halbacetale wie die Glucose (A) können in Gegenwart von Säuren mit der OH-Gruppe eines weiteren Monosaccharidmoleküls (B) zu einem Acetal reagieren: Das Sauerstoffatom einer OH-Gruppe des Monosaccharidmoleküls B greift nucleophil das Kohlenstoffatom des Halbacetals (Monosaccharid A) an. Dabei bildet sich ein Disaccharid oder allgemein formuliert: ein Acetal (Acetalbildung ↑ Kap. 10.5, S. 279).

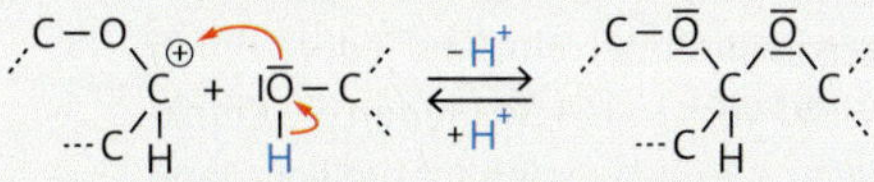

Solche Zuckeracetale werden allgemein als *Glykoside* bezeichnet. Daher rührt auch der Name der reaktiven OH-Gruppe am Halbacetal, der *glykosidischen OH-Gruppe*, sowie der Name der *glykosidischen Bindung*.

1 〉 Entwickeln Sie einen Versuchsansatz, der zeigt, dass Saccharose aus den Monosaccharidbausteinen D-Glucose und D-Fructose besteht.

2 〉 Ordnen Sie die Lactose begründet den nichtreduzierenden bzw. reduzierenden Zuckern zu.

3 〉 Zeichnen Sie die Haworth-Projektionsformeln der Monosaccharidbausteine der Lactose.

4 〉 Ein weiteres Disaccharid ist die Cellobiose. Sie besteht aus zwei β-D-Glucosebausteinen, die β-1,4-glykosidisch verknüpft sind.

a Zeichnen Sie die Haworth-Projektionsformel dieses Zuckers.

b Stellen Sie eine Hypothese auf, ob Cellobiose mit Fehling-Lösung nachgewiesen werden kann.

c Erklären Sie die Begriffe Halbacetal und Acetal am Cellobiosemolekül.

Oligosaccharide – die besonderen Zucker

Wenn drei bis zehn Monosaccharidbausteine miteinander verbunden sind, dann nennt man diese Zucker **Oligosaccharide** oder Mehrfachzucker. Sie sind eine biochemisch bedeutende Stoffgruppe, die auch zunehmend für industrielle Produkte interessant wird.

BEDEUTUNG IN DER BIOCHEMIE Oligosaccharide sind häufig an Proteine und Lipide gebunden und kommen als **Glykoproteine** und **Glykolipide** in den Zellmembranen vor. Als individuelle Markierungen dienen sie dort der Zellerkennung oder bestimmen als **Blutgruppenantigene** die Blutgruppen nach dem AB0-System.
Eine weitere, erst 2012 erforschte biochemische Funktion der Oligosaccharide spielt schon am Beginn unseres Lebens eine wichtige Rolle. So enthält Muttermilch 5 bis 10 g/l der sogenannten **humanen Muttermilch Oligosaccharide (HMO)**. Sie dienen nicht der Ernährung, sondern der Abwehr von Krankheitserregern im Darm von Säuglingen, die mit Muttermilch gestillt werden. HMO weisen eine ähnliche Struktur auf, wie jene glykosidischen Rezeptoren, die sich an der Oberfläche der Darmepithelzellen befinden. Bei einer Infektion binden Krankheitserreger an diese Zellerkennungsstrukturen und dringen in die Zellen ein. Sind jedoch durch das Stillen im Darm HMO vorhanden, so binden die Krankheitserreger bevorzugt an sie und werden schließlich, ohne krank zu machen, mit den unverdaulichen Oligosacchariden wieder ausgeschieden. So kann heute erklärt werden, warum noch vor 100 Jahren gestillte Säuglinge eine 7-mal geringere Sterblichkeit aufwiesen als nicht gestillte.

ANWENDUNG IN DER INDUSTRIE Eine weitere Gruppe von Oligosacchariden sind **Cyclodextrine** – wasserlösliche Abbauprodukte der Stärke, die nicht in der Natur vorkommen. Ihre Moleküle bestehen aus α-1,4-glykosidisch verknüpften Glucosebausteinen. Nach ihrer Anzahl unterscheidet man unterschiedlich große Ringmoleküle: α-Cyclodextrin besitzt sechs, β-Cyclodextrin sieben und γ-Cyclodextrin acht Glucosebausteine. In den Cyclodextrinmolekülen sind die Glucosebausteine so angeordnet, dass sich eine hydrophile Außenseite und in ihrem Innern ein lipophiler Hohlraum ergibt, in dem weitere Moleküle eingelagert werden können. Diese besondere Struktur ermöglicht viele Anwendungen: In der Lebensmittelindustrie dienen sie als Emulgatoren oder Stabilisatoren für Geschmacksstoffe, in Luftauffrischern eliminieren sie unangenehme Gerüche, in der Pharmazeutik verbessern sie die Löslichkeit von Arzneistoffen.

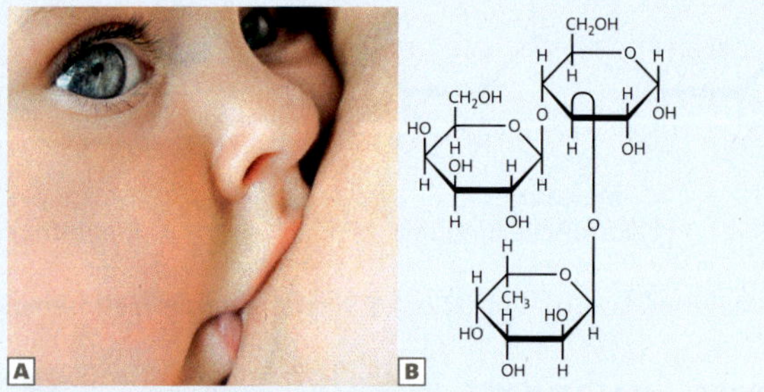

01 **A** Die in der Muttermilch enthaltenen Oligosaccharide schützen den Säugling vor Infektionen. **B** Strukturformel eines HMO-Moleküls aus drei Monosaccharidbausteinen

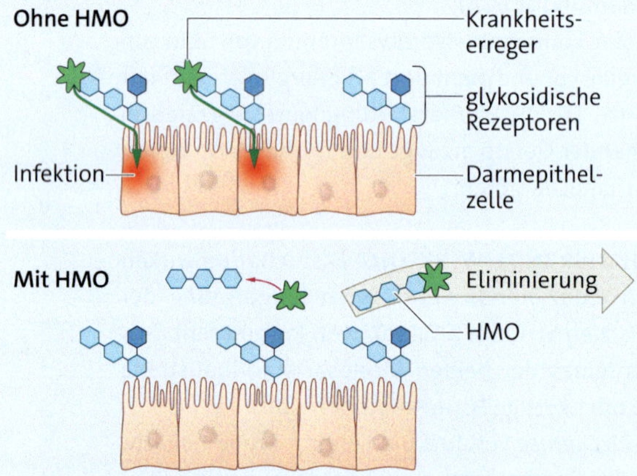

02 Modell der Funktion von HMO zum Schutz vor Infektionen im Darm eines Säuglings

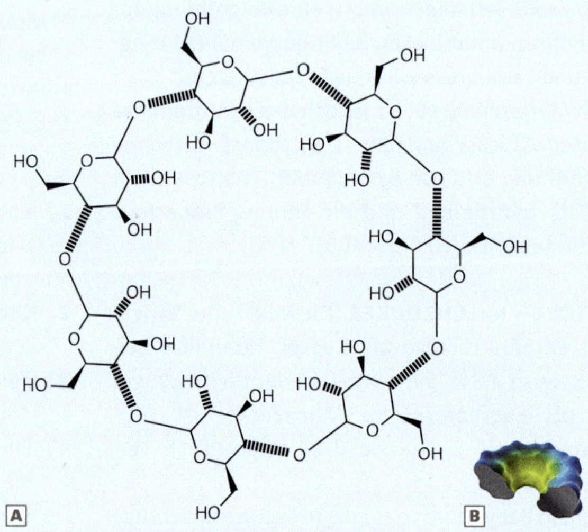

03 A Strukturformel eines Cyclodextrinmoleküls, B Raummodell

1 Beschreiben Sie die am Aufbau des 2'-Fucosyllactosemoleküls (↑ **01B**) beteiligten Monosaccharidbausteine und die glykosidischen Bindungen.

2 Erläutern Sie anhand der Struktur des Cyclodextrinmoleküls, warum diese Stoffgruppe als Emulgatoren, z. B. in veganer Margarine, eingesetzt werden kann.

Praktikum

P Eigenschaften von Disacchariden und Oligosacchariden

EXP 11.08 Reduzierende Eigenschaften von Disacchariden

Materialien 3 Reagenzgläser, Reagenzglasständer, Wasserbad, Saccharose, Maltose, Lactose, Fehling-Lösung I (5, 9) und Fehling-Lösung II (5)

Durchführung Führen Sie mit Saccharose, Maltose und Lactose die Fehling-Probe durch (↑ Exp. 11.03, S. 395).
Entsorgung: Lösungen in den Behälter für giftige anorganische Abfälle geben.

Auswertung
1 ⟩ Beschreiben Sie die Beobachtungen.
2 ⟩ Erklären Sie das unterschiedliche Verhalten der Zucker.

EXP 11.09 Hydrolyse von Saccharose

Materialien Reagenzglas, Reagenzglasständer, Gasbrenner, Wasserbad, Messpipette, Siedesteinchen, Wasser, Glucoseteststreifen, Seliwanow-Reagenz (↑ Exp. 12.06; 8, 5, 7, 9), Saccharose, Salzsäure (c = 1 mol/l; 7), Natronlauge (c = 1 mol/l; 5)

Durchführung 1. Geben Sie zu 5 ml einer 5%igen Saccharoselösung 1 ml Salzsäure. Fügen Sie ein Siedesteinchen hinzu und erhitzen Sie das Reaktionsgemisch 10 min in einem siedenden Wasserbad, dann abkühlen lassen.
2. Geben Sie 1 ml Natronlauge zum Reagenzglasinhalt.
3. Prüfen Sie die neutralisierte Lösung mit einem Glucoseteststreifen.
4. Untersuchen Sie anschließend die Lösung mit Seliwanow-Reagenz (↑ Exp. 11.06, S. 404).

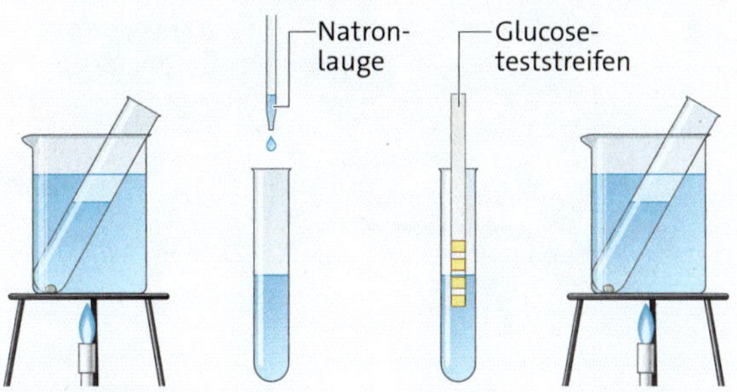

Entsorgung: Lösungen in den Behälter für saure und alkalische Abfälle, Teststreifen in den Hausmüll geben.

Auswertung
1 ⟩ Beschreiben Sie Ihre Beobachtungen.
2 ⟩ Erklären Sie das Versuchsergebnis.
3 ⟩ Bewerten Sie die Nachweise der Reaktionsprodukte kritisch, führen Sie eventuell ein zusätzliches Experiment durch.

EXP 11.10 Glucosenachweis in Cyclodextrin

Materialien Reagenzglas, Becherglas (50 ml), Wasserbad, Brenner, Waage, 2 Messpipetten, Siedesteinchen, Cyclodextrin, Glucoseteststreifen, Salzsäure (c = 1 mol/l; 7), Natronlauge (c = 1 mol/l; 5)

Durchführung Stellen Sie 4 ml einer 10%igen wässrigen Cyclodextrinlösung her. Prüfen Sie diese mit einem Glucoseteststreifen. Versetzen Sie jetzt 1 ml der Cyclodextrinlösung mit 1 ml Salzsäure und geben Sie ein Siedesteinchen hinzu. Erhitzen Sie das Gemisch für 10 min im siedenden Wasserbad. Neutralisieren Sie die Lösung nach dem Abkühlen mit 1 ml Natronlauge und prüfen Sie sie dann mit einem Glucoseteststreifen.
Entsorgung: Lösungen ins Abwasser geben.

Auswertung
1 ⟩ Beschreiben Sie die Beobachtungen.
2 ⟩ Erklären Sie das Versuchsergebnis.
3 ⟩ Diskutieren Sie, ob die Nutzung der Fehling-Probe anstelle der Glucoseteststreifen sinnvoll wäre.

EXP 11.11 Emulgatorwirkung von Cyclodextrin

Materialien 2 Reagenzgläser, Messzylinder, Tropfpipette, Wasser, Cyclodextrin, Speiseöl

Durchführung Geben Sie 3 ml einer 10%igen Cyclodextrinlösung (↑ Exp. 11.10) in ein Reagenzglas. In ein weiteres Reagenzglas füllen Sie 3 ml Wasser. Geben Sie in beide Reagenzgläser wenige Tropfen Speiseöl.
Schütteln Sie beide Reagenzgläser kräftig.
Entsorgung: Lösungen ins Abwasser geben.

Auswertung Beschreiben und deuten Sie das Ergebnis.

EXP 12.12 Cyclodextrin im Lufterfrischungsspray

Materialien Becherglas (250 ml), 3 Reagenzgläser, Wasserbad, Brenner, 2 Messpipetten, Siedesteinchen, Lufterfrischungsspray, Glucoseteststreifen, Salzsäure (c = 1 mol/l; 7), Natronlauge (c = 1 mol/l; 5), Wasser, Speiseöl

Durchführung Erhitzen Sie 50 ml Raumerfrischungsspray mit einigen Siedesteinchen in einem Becherglas so lange, bis das Volumen auf die Hälfte reduziert ist.
Verfahren Sie mit der gewonnenen Lösung wie in ↑ Exp. 11.10 und Exp. 12.11 beschrieben.
Entsorgung: Lösungen ins Abwasser geben.

Auswertung Vergleichen Sie das Ergebnis mit den Beobachtungen aus den Experimenten ↑ 11.10 und 11.11.

Klausurtraining

Material A Glucose – ein Aldehyd?

Der Nachweis von Alkanalen (Aldehyden) gelingt mit *Schiffs Reagenz*: Bereits wenige Tropfen führen zu einer rosa bis violetten Färbung, wenn die Moleküle des untersuchten Stoffs Aldehydgruppen besitzen.
Doch ergibt auch der Test mit Glucose eine positive Reaktion?

Versuchsansätze:

I: Wasser + Schiffs Reagenz
II: Wasser + Schiffs Reagenz + Propanal
III: Wasser + Schiffs Reagenz + Glucose
IV: Wasser + Schiffs Reagenz + Glucose + verd. Natronlauge

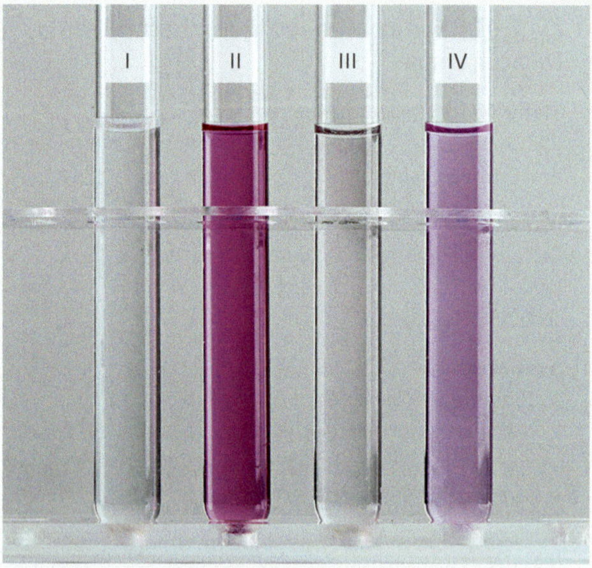

A1.1 Versuchsergebnisse der Reaktion mit Schiffs Reagenz

AUFGABEN ZU A

1) Nennen Sie die typischen Strukturmerkmale von Glucosemolekülen.
2) Beschreiben Sie die abgebildeten Versuchsergebnisse.
3) **a** Interpretieren Sie die Versuchsergebnisse.
b Erklären Sie das Versuchsergebnis von Ansatz IV mithilfe von chemischen Vorgängen.

Material B Cyclodextrine

Vitamin A (Molekülformel: $C_{20}H_{30}O$) wird als Wirkstoff zur Hautpflege u. a. zur Reduzierung von Falten in Hautcremes eingesetzt. Eine Creme ist eine wässrige *Emulsion*, also ein fein verteiltes Gemisch zweier normalerweise nicht mischbarer Stoffe.
Allerdings zerfällt Vitamin A unter Licht- und Lufteinwirkung rasch und wird damit unwirksam. Um dies zu verhindern, werden die Wirkstoffmoleküle durch Moleküle der Cyclodextrine geschützt. Diese gelten deshalb als die „kleinsten Kosmetikkoffer der Welt".

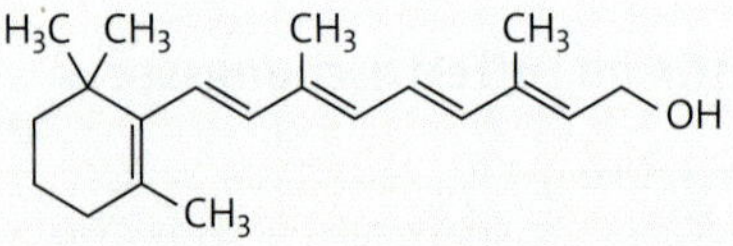

B1.1 Strukturformel von Vitamin A

AUFGABEN ZU B

1) Beschreiben Sie die Struktur der Cyclodextrine (↑ S. 344, Bild **03**; ↑ **B1.2**).
2) Erläutern Sie anhand der Molekülstruktur das Lösungsverhalten von Vitamin A (↑ **B1.1**).
3) Erklären Sie am Beispiel des Wirkstoffs Vitamin A, worin die Funktion von Cyclodextrinen in Hautcremes besteht.
4) Beschreiben und bewerten Sie die beiden gezeigten Modelle (↑ **B1.2**).

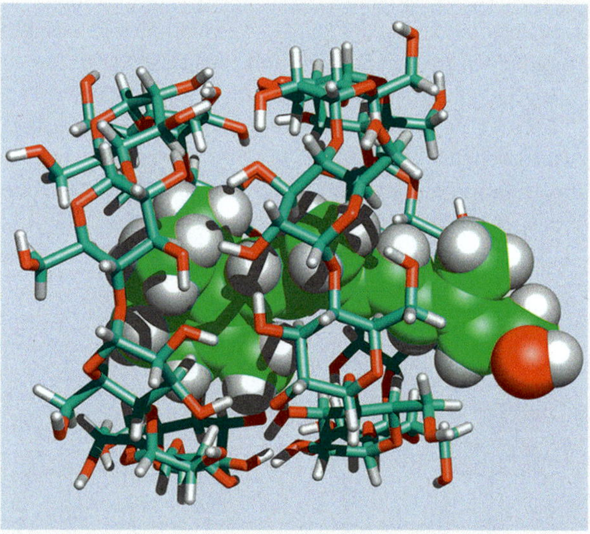

Modell A (grün: Kohlenstoffatom, rot: Sauerstoffatom, grau: Wasserstoffatom)

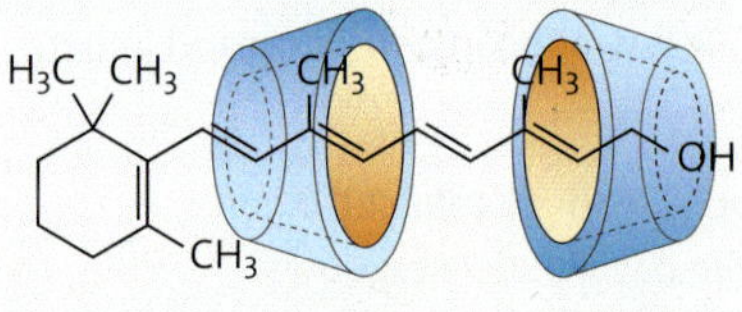

Modell B

B1.2 Modelle zur Funktionsweise von Cyclodextrinen in Kosmetika am Beispiel des Wirkstoffs Vitamin A

Material C Zwei Disaccharide im Vergleich

C1 Maltose

„Hopfen und Malz – Gott erhalt's!" ist der Wahlspruch der Bierbrauer. Malz ist durch Wasser zum Quellen gebrachte Gerste. Bei Temperaturen zwischen 30 und 40 °C wird die in der Gerste enthaltene Stärke durch das Enzym Amylase in Maltose gespalten. Dieser Zucker wird dann von Hefen abgebaut und zu Alkohol vergoren.

C2 Trehalose

Dieses Disaccharid wird nur langsam im Dünndarm abgebaut. Es sorgt für eine gleichmäßige Versorgung des Bluts mit Glucose. Deshalb eignet er sich als Zuckeraustauschstoff besonders in Sportgetränken. In der Natur findet man Trehalose in einigen Pflanzen und in der Lymphflüssigkeit von Insekten.

C3 Experimentelle Untersuchung

Mit beiden Zuckern werden folgende Experimente durchgeführt:
I) 10%ige Lösungen von Maltose und Trehalose werden mit Glucoseteststreifen geprüft. *Ergebnis:*

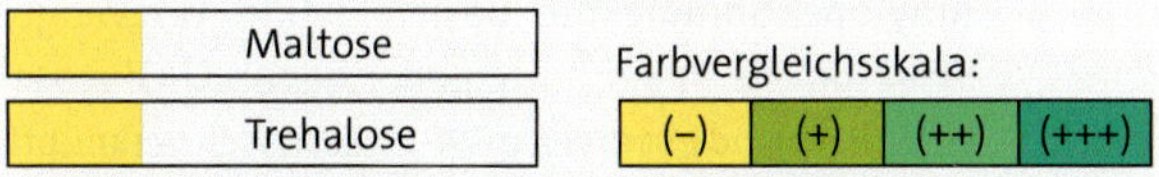

II) 10%ige Lösungen beider Zucker werden jeweils mit Fehling-Lösung versetzt und erhitzt. *Ergebnis:*

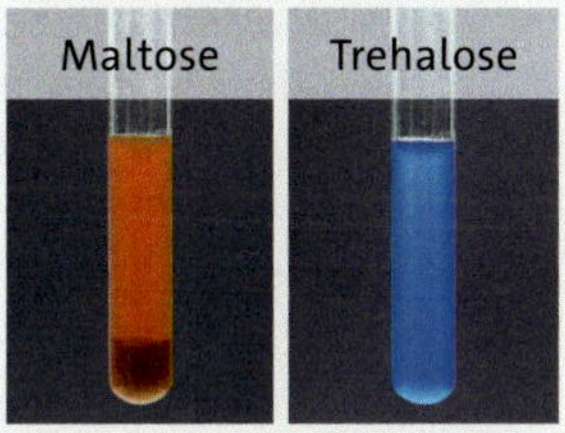

III) Die Lösungen beider Zucker werden mit Salzsäure versetzt und 10 min im Wasserbad erhitzt. Nach dem Abkühlen wird mit Natronlauge neutralisiert und erneut mit Glucoseteststreifen geprüft. *Ergebnis:*

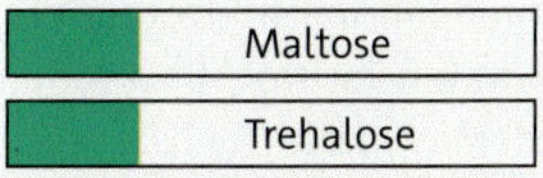

AUFGABEN ZU C

1) Stellen Sie die Haworth-Formel von Maltose auf und beschreiben Sie die glykosidische Bindung.
2) Beschreiben Sie die abgebildeten Versuchsergebnisse (↑ C3).
3) Erklären Sie das Versuchsergebnis mit Fehling-Lösung.
4) Leiten Sie aus den Versuchsergebnissen Merkmale der Molekülstruktur der Trehalose ab. Entwickeln Sie begründet eine mögliche Haworth-Formel der Trehalose.

Material D Reifung von Äpfeln

D1 Äpfel – ein gesunder Snack

„An apple a day keeps the doctor away" heißt es im englischen Volksmund. Äpfel bestehen zu 85 % aus Wasser und sind damit als Durstlöscher geeignet, wenn kein Getränk zur Hand ist. Der Gehalt an Kohlenhydraten im reifen Apfel wird hauptsächlich durch Fructose und Glucose bestimmt und liegt bei rund 11 g je 100 g Fruchtfleisch. Aus diesen Zuckern kann im Stoffwechsel rasch Energie gewonnen werden. Äpfel enthalten aber noch viele weitere Spurenelemente und Vitamine sowie die für den erfrischenden Geschmack verantwortlichen Säuren wie die Äpfelsäure.

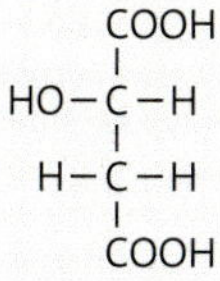

Äpfelsäure

D2 Richtiges experimentelles Vorgehen?

Eine Schülergruppe möchte am Wettbewerb „Jugend forscht" teilnehmen und hat sich als Thema „Reifung von Äpfeln" ausgesucht. Ihre Fragestellung lautet: „Was verändert sich im Apfel während des Reifungsprozesses?" Sie führen mit einem im Juli gepflückten, unreifen und einem im gleichen Monat auf dem Wochenmarkt gekauften, reifen Apfel Experimente durch. Ihre Lehrerin soll nun beurteilen, ob sie sich mit diesem Beitrag beim Wettbewerb anmelden sollten.

A) Bestimmung des pH-Werts. *Ergebnis:*
Apfel unreif: pH = 3
Apfel reif: pH = 4

B) Bestimmung des Gehalts an Äpfelsäure. *Ergebnis:*
Apfel unreif: 100 mg/dl
Apfel reif: 50 mg/dl

C) Bestimmung der enthaltenen Zucker. *Ergebnis:*

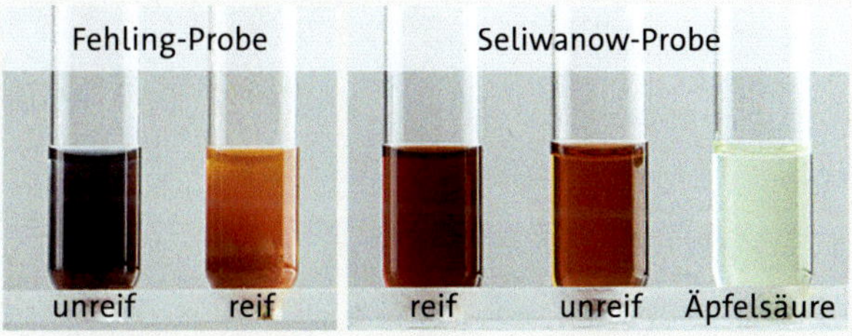

AUFGABEN ZU D

1) Zeichnen Sie die Haworth-Formeln für das Glucose- und Fructosemolekül (Furanoseform).
2) Erläutern Sie, welche Stoffe mit den Versuchen A bis C untersucht werden sollen, und benennen Sie sie.
3) Werten Sie die Versuchsergebnisse aus.
4) Diskutieren Sie die experimentelle Vorgehensweise der Schülergruppe.

11.6 Polysaccharide als Speicherstoffe

01 Einige Pflanzen enthalten hohe Anteile an Stärke.

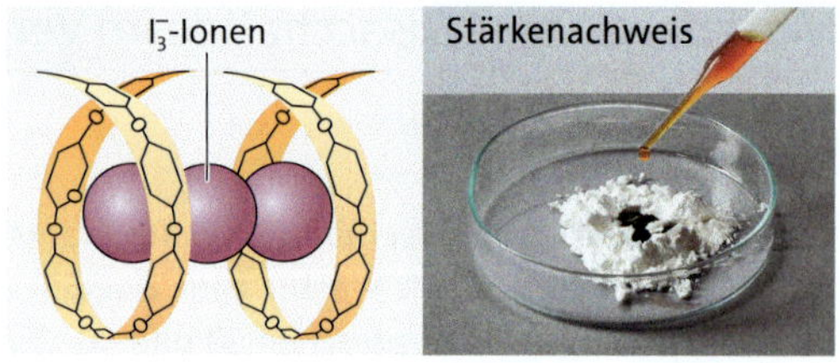

03 Einlagerung von I_3^--Ionen in Amylosemoleküle

Weitere natürliche polymere Stoffe: ↑ Proteine, S. 424f.

Synthetisch hergestellte polymere Stoffe: ↑ Kunststoffe, S. 352ff.

Die sich wiederholenden Grundeinheiten der Polymere werden auch als Monomere (griech. monos: einzig) bezeichnet.

PFLANZLICHER SPEICHERSTOFF Viele Pflanzen speichern großen Mengen an **Stärke**, beispielsweise in Getreidekörnern, Früchten und Knollen (↑ **01**). Dort dient sie als Speicherstoff für Glucose, die die Pflanzen für die Erhaltung des Energiestoffwechsels ständig zur Verfügung haben müssen.

STÄRKE – EIN POLYMER Kohlenhydrate wie Stärke, aber auch Glykogen und Cellulose zählen zu den **natürlichen polymeren Stoffen**. Kennzeichnend für diese Stoffe ist ihr Aufbau aus **Makromolekülen** oder **Polymeren** (griech. *poly:* viel, *meros:* Teil). Sie bestehen aus einer großen Anzahl von sich wiederholenden Grundeinheiten. Bei den Makromolekülen der Stärke sind es sehr viele D-Glucosebausteine, die miteinander verknüpft sind.

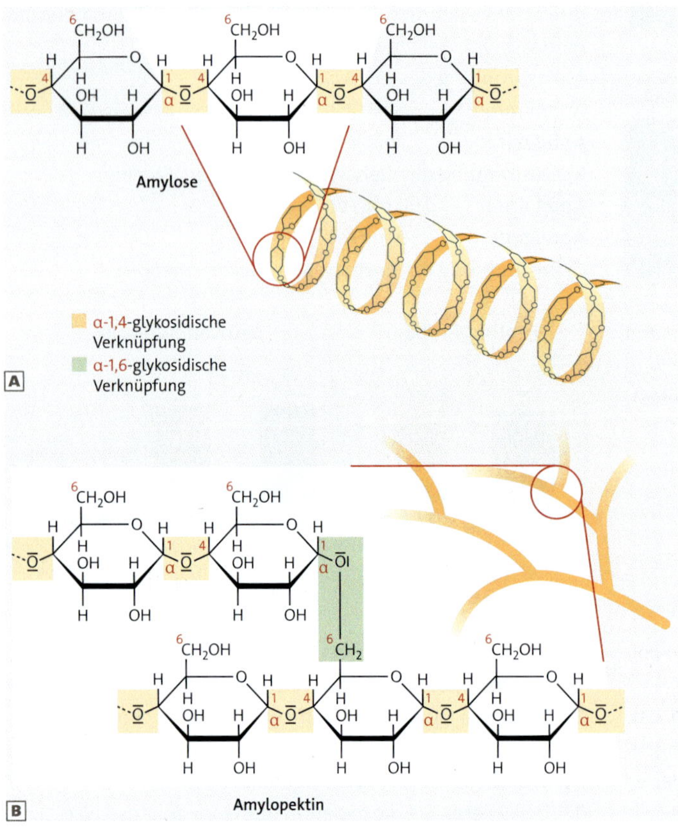

02 Struktur (Ausschnitte) von: **A** Amylose, **B** Amylopektin

STRUKTUR UND EIGENSCHAFTEN Die natürlich vorkommende Stärke ist ein Gemisch aus den **Polysacchariden** *Amylose* (ca. 25 %) und *Amylopektin* (ca. 75 %). **Amylosemoleküle** bestehen aus unverzweigten Makromolekülen von 500 bis 1200 D-Glucosebausteinen, die α-1,4-glykosidisch verknüpft sind (↑ **02A**). Sie bilden eine Spirale, bei der auf jede Windung etwa sechs D-Glucosebausteine entfallen. Die Struktur wird durch Wasserstoffbrücken stabilisiert. In das Innere der Spirale können sich Triiodid-Ionen I_3^- einlagern, die in *Lugol'scher Lösung* enthalten sind. Die Einlagerungsverbindung wird wegen ihrer typischen blauen Farbe als **Nachweis für Stärke** genutzt (↑ **03**). Amylose ist in heißem Wasser löslich und heißt deshalb auch *lösliche Stärke*.

Amylopektinmoleküle besitzen eine verzweigte Struktur. Die in der Kette gebundenen D-Glucosebausteine sind ebenfalls α-1,4-glykosidisch verknüpft. Im Abstand von etwa 25 Glucosebausteinen befindet sich zusätzlich eine Verzeigung. Verzweigungspunkt ist die Hydroxygruppe am C–6-Atom. Hier bildet sich eine α-1,6-glykosidische Bindung (↑ **02B**). Amylopektinmoleküle sind sehr groß, sie bestehen aus bis zu 1 000 000 Glucosebausteinen. Bedingt durch die Größe seiner Moleküle ist Amylopektin nicht wasserlöslich. Es ist jedoch quellfähig und kann deshalb große Mengen Wasser binden. Mit Lugol'scher Lösung färbt es sich braunviolett.

VERWENDUNG DER STÄRKE Die aus Weizen, Roggen und Mais gewonnenen stärkereichen Mehle stellen ein wichtiges Grundnahrungsmittel zur Versorgung mit Kohlenhydraten in Brot, Backwaren und Nudeln dar. Außerdem wird die Quellfähigkeit der Stärke beim Kochen z. B. von Pudding und Soße genutzt. Amylopektin findet z. B. in der Industrie als Zusatzstoff bei der Papierherstellung Verwendung. Dadurch wird der Glanz des Papiers erhöht und Farben können besser aufgenommen werden.

Stärke besteht aus Makromolekülen, in denen sehr viele Glucosebausteine verknüpft sind. Natürliche Stärke ist ein Gemisch aus Amylose und Amylopektin.

GLYKOGEN Auch die Moleküle des Polysaccharids Glykogen bestehen wie bei der Stärke ausschließlich aus α-D-Glucosebausteinen. Sie sind jedoch stärker verzweigt als Amylopektinmoleküle: Alle acht bis zehn Glucosebausteine befindet sich eine Verzweigungsstelle (↑ **04**). Insgesamt können mehrere 100 000 Glucosebausteine enthalten sein.

Glykogen kommt in der Leber und in den Muskeln von Säugetieren vor. Dort dient es als schnell aktivierbarer Energiespeicher.

INULIN Der Name des Inulins leitet sich von dem Korbblütler *Inula helenium* (Echter Alant) ab. Es kommt als Speicherstoff in Korbblütengewächsen wie Löwenzahn, Schwarzwurzeln, Topinambur und Pastinaken vor. Industriell wird es aus der Zichorienwurzel (Wegwarte) gewonnen.

Inulin ist ein Gemisch aus Poylsacchariden, deren Makromoleküle aus bis zu 100 D-Fructosebausteinen bestehen, die β-1,2-glykosidisch verknüpft sind sowie einen endständigen D-Glucosebaustein besitzen (↑ **05**).

In der Lebensmittelindustrie wird es beispielsweise in fettarmen Joghurts eingesetzt, da es einen cremigen, sahnigen Geschmackseindruck vermittelt. Außerdem findet es Verwendung als Verdickungsmittel in Backwaren, Brotaufstrichen und Salatsoßen.

Inulin gelangt unverdaut in den Dickdarm und wird dort von speziellen Bakterien zersetzt.

GALACTOMANNANE Die Samen des indischen Guarstrauchs und des Johannisbrotbaums der Mittelmeerländer enthalten Polysaccharide, die aus D-Mannose- und D-Galactosebausteinen aufgebaut sind. **Galactomannane** besitzen ein Grundgerüst aus β-1,4-glykosidisch gebundenen D-Mannosebausteinen. In unregelmäßigen Abständen finden sich als Seitenketten einzelne D-Galactosebausteine, die α-1,6-glykosidisch an Mannosebausteine gebunden sind (↑ **06**).

Galactomannane gelten in der Lebensmittelindustrie als Alleskönner und sind als Zusatzstoff E 412 in Nahrungsmitteln zugelassen. In Suppen, Soßen, Konfitüren und Gelees bilden sie mit Wasser viskose Lösungen, was sie als Verdickungs-, Geliermittel und Füllstoff geeignet macht. Weitere Einsatzgebiete sind die Abwasseraufbereitung, bei der sie als Fällungsmittel dienen. Die Erdgasförderung aus Tonschiefer durch *Fracking* wird mit einer Sand-Galactomannan-Emulsion weniger umweltschädigend. Außerdem werden flüssige Sprengstoffe mithilfe Galactomannanlösungen hergestellt.

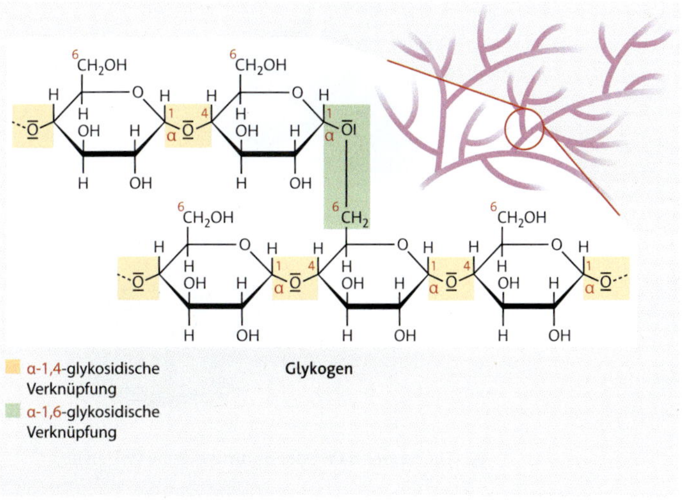

04 Struktur von Glykogen (Ausschnitt)

05 **A** Zichorie, **B** Struktur von Inulin (Ausschnitt)

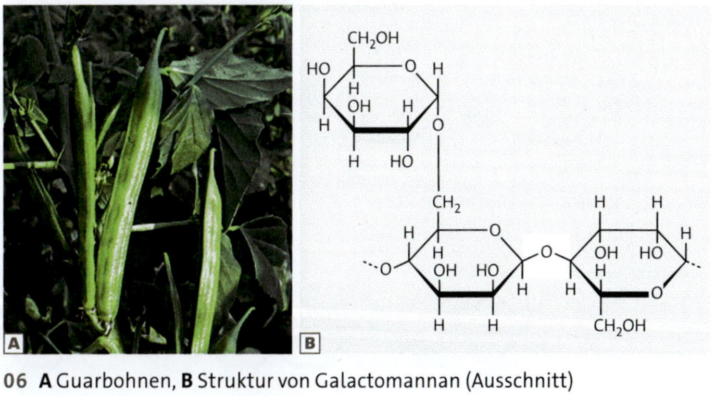

06 **A** Guarbohnen, **B** Struktur von Galactomannan (Ausschnitt)

1› Erklären Sie die Quellfähigkeit der Stärke anhand ihrer molekularen Struktur.

2› Beim enzymatischen Stärkeabbau entstehen zunächst Disaccharide. Vergleichen Sie die Abbauprodukte der Amylose und des Amylopektins.

11.7 Polysaccharide als Baustoffe

01 Die Samenhaare der Baumwolle bestehen aus Cellulose.

CELLULOSE Holz besteht etwa zur Hälfte aus dem Polysaccharid **Cellulose**, die damit die häufigste organische Verbindung auf der Erde ist. Aus nahezu reiner Cellulose bestehen Pflanzenfasern wie Baumwolle (↑ **01**), Hanf und Flachs.

Es wird geschätzt, dass Pflanzen jährlich weltweit etwa 10 000 Milliarden Tonnen (10^{13} t) dieses Polysaccharids produzieren. Der in Form von Cellulose gebundene Kohlenstoff der Pflanzen entspricht damit etwa 50 % des in der gesamten Erdatmosphäre als Kohlenstoffdioxid vorliegenden Kohlenstoffs.

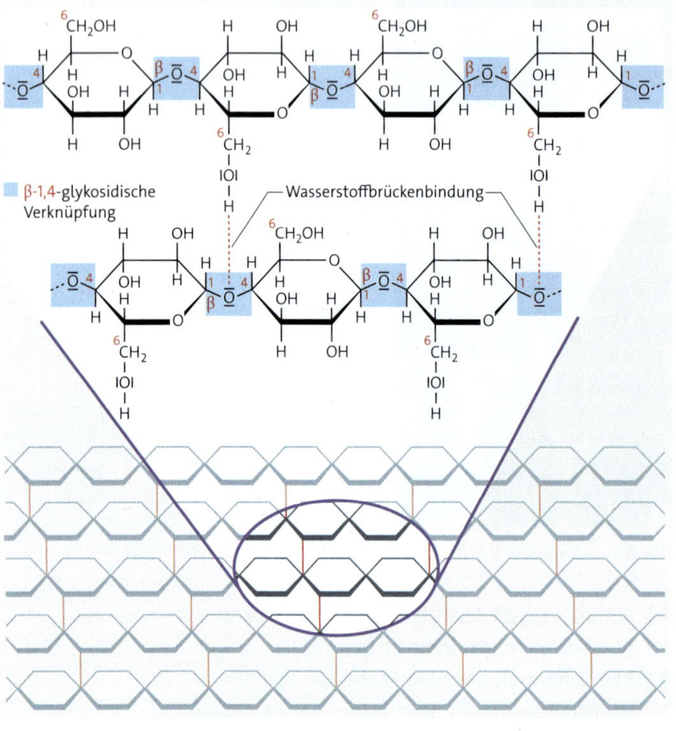

02 Struktur von Cellulosemolekülen (Ausschnitt)

STRUKTUR Die linearen Makromoleküle der Cellulose bestehen aus 1000 bis 15 000 D-Glucosebausteinen, die β-1,4-glykosidisch verknüpft sind. Die einzelnen Makromoleküle lagern sich parallel zu Fasern aneinander, die durch Wasserstoffbrücken zusammengehalten werden. Mehrere dieser Fasern bilden Bündel, die netzartig miteinander verflochten sind. Dadurch entstehen sehr stabile, wasserunlösliche Strukturen.

In den Zellwänden von Pflanzen dient Cellulose als Gerüstsubstanz. Im Verbund mit Lignin, einem makromolekularen Naturstoff, bildet sich daraus Holz.

VERWENDUNG Cellulose ist ein wichtiger nachwachsender Rohstoff und wird in großen Mengen aus Holz gewonnen. Dazu muss das Lignin chemisch abgetrennt werden, beispielsweise durch das **Sulfatverfahren**: Das zerkleinerte Holz wird mit Natronlauge, Natriumsulfat und Natriumsulfid unter Druck gekocht. Das Lignin geht dabei in Lösung und die Cellulose kann abgetrennt werden. Aus einem großen Teil der so gewonnenen Cellulose werden Papier und Kartonagen hergestellt.

CELLULOSEESTER Die Hydroxygruppen der Cellulosemoleküle ermöglichen die Reaktion zu Celluloseestern. So reagiert Cellulose mit Salpetersäure sowie mit Schwefelsäure als Katalysator zu dem Ester **Cellulosenitrat** (*Nitrocellulose*, auch als Schießbaumwolle bekannt). Daraus konnte 1869 der erste Kunststoff, das **Celluloid**, hergestellt werden. Celluloid ist schmelzbar und deshalb leicht formbar. Es diente früher u. a. zur Herstellung von Filmmaterial. Eine nachteilige Eigenschaft ist jedoch seine sehr leichte Entflammbarkeit, sodass heute andere Verwendungen, z. B. in der Pyrotechnik, üblich sind.

Für Textilfasern werden Essigsäureester der Cellulose, die **Celluloseacetate** (Acetylcellulose), verwendet. Aus ihr werden Fasern für leichte, weiche und knitterarme Gewebe, aber auch Filmmaterial und Brillengestelle hergestellt.

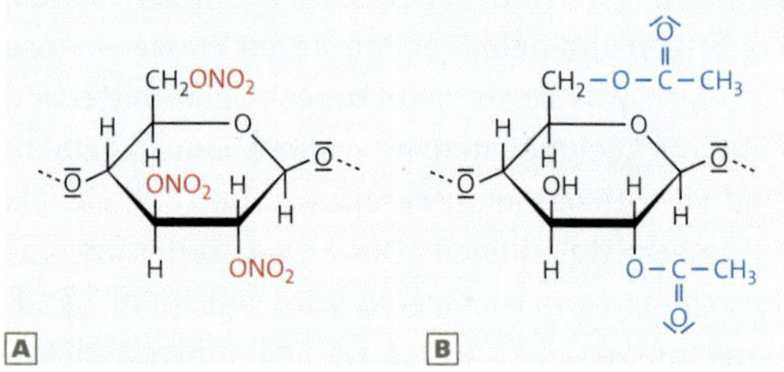

03 Strukturformel von: **A** Cellulosenitrat, **B** Celluloseacetat (Ausschnitt)

Jeans aus Holz

Obwohl jährlich rund 30 Millionen Tonnen Baumwolle geerntet werden, lässt sich damit der Bedarf für die Herstellung von Kleidung mit Naturfasern noch nicht decken. Die Textilindustrie hat deshalb Verfahren zur Gewinnung von Cellulosefasern aus Holz entwickelt – auch, um sich von Baumwollimporten unabhängig zu machen.

Um spinnbare Fasern zu erhalten, muss die aus Holz gewonnene Cellulose gelöst werden. Dazu nutzte man schon seit den 1930er Jahren Natriumhydroxid (NaOH) und Kohlenstoffdisulfid (CS_2). Dadurch entsteht Cellulosexanthogenat, die **Viskose** (↑ S. 315). Allerdings fallen bei diesem Verfahren sehr giftige Abwässer an.

Durch Zufall entdeckte man ein ungiftiges, biologisch abbaubares Lösungsmittel für Cellulose, das N-Methylmorpholin-N-oxid (kurz: NMO). Damit kann die Cellulose direkt aus dem Holzbrei gelöst und zu Fasern versponnen werden, die die Bezeichnung **Lyocell** oder **Tencel** tragen. Allerdings ist NMO in der Herstellung viel teurer als Natriumhydroxid und Kohlenstoffdisulfid. Ein in den 1990er Jahren entwickeltes Verfahren nutzt das Lösungsmittel in einem geschlossenen Kreislaufsystem (↑ **04**). Der umweltschonende Prozess liefert feuchtigkeitsbeständige, hochwertige Fasern, die vielfältig einsetzbar sind.

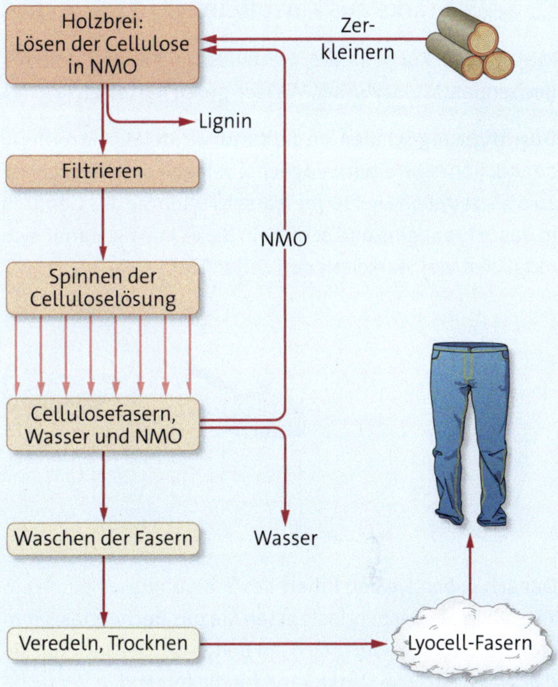

04 Lyocellverfahren (Schema)

CHITIN Bei Krebsen und Insekten besteht ihr Außenskelett aus dem Polysaccharid **Chitin**. Davon entstehen in der Natur geschätzt 10 Millionen Tonnen pro Jahr – nach Cellulose der zweithäufigste organische Stoff auf der Erde. Industriell wird es aus Abfällen der Krabbenfischerei gewonnen und ist somit als nachwachsender Rohstoff interessant.

Bei den Chitinmolekülen ist die Hydroxygruppe am C–2-Atom des Zuckerbausteins durch eine Acetamidogruppe ersetzt (↑ **05**). Die Bindung der Monomere ist β-glykosidisch. Chitin ähnelt also in seiner Struktur der Cellulose.

Chitin ist ein farbloser Feststoff, der biologisch gut abbaubar ist. Im Gegensatz zu Cellulose ist es von Wasser nicht benetzbar und löst sich nicht in gängigen organischen Lösungsmitteln. Es kann für abbaubare Fasern für Wundverbände genutzt werden.

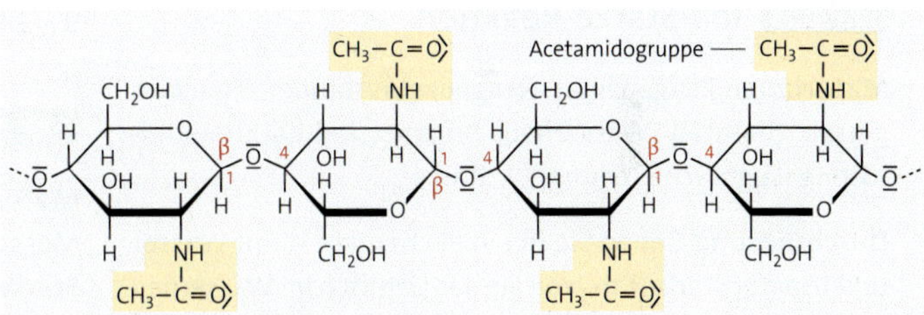

05 Strukturformel von Chitin

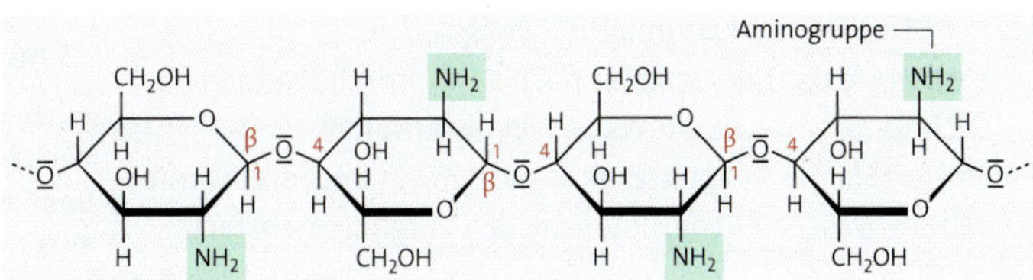

06 Strukturformel von Chitosan

CHITOSAN Ein Großteil des produzierten Chitins wird durch alkalische Hydrolyse zu **Chitosan** weiterverarbeitet (↑ **06**). In verdünnter Essigsäure bildet es viskose Lösungen und kann zur Herstellung von biologisch abbaubaren Folien genutzt werden. Wegen seiner Fähigkeit, Schwermetall-Ionen zu binden, wird es bei der Abwasserreinigung eingesetzt.

1 Aus Cellulose kann Ethanol gewonnen werden. Nennen Sie die notwendigen Reaktionsschritte.

2 Cellulose quillt in Wasser auf, Nitro- und Acetatcellulose hingegen nicht. Erklären Sie diesen Sachverhalt.

3 Chitosan ist in sauren Lösungen löslich, in Laugen nicht. Erklären Sie diesen Sachverhalt.

Praktikum

Polysaccharide

EXP 11.13 Stärke aus Kartoffeln

Materialien Küchenreibe, Schraubglas, Teesieb, Messer, Becherglas, Messzylinder, Wasser, große Kartoffel

Durchführung Schälen Sie die Kartoffel. Stellen Sie mithilfe der Küchenreibe einen möglichst feinen Kartoffelbrei her. Zu diesem geben Sie 100 ml Wasser. Füllen Sie das Gemisch in das Schraubglas und schütteln Sie es kräftig, damit sich möglichst viel Stärke aus den Zellen löst.

Danach geben Sie den Inhalt des Schraubglases durch ein Teesieb in ein Becherglas. Lassen Sie das Becherglas 5 min stehen. Die Stärke setzt sich am Boden ab. Dekantieren Sie das Wasser ab. Die Stärke kann für die folgenden Versuche genutzt werden.
Entsorgung: Reste in den Hausmüll geben.

EXP 11.14 Iod-Stärke-Reaktion

Materialien Reagenzglas, Reagenzglasständer, 3 Bechergläser, Glasstab, Wasserbad, Brenner, Iod-Kaliumiodidlösung (Lugol'sche Lösung; 8), Stärke

Durchführung Geben Sie in ein Becherglas 50 ml Wasser und 1 Spatel Stärke. Erhitzen Sie das Gemisch im Wasserbad auf ca. 90 bis 100 °C und rühren Sie dabei um. Lassen Sie dann die Lösung abkühlen. Geben Sie 5 ml der abgekühlten Stärkelösung in ein Reagenzglas und versetzen Sie diese mit 1 Tropfen Iod-Kaliumiodidlösung.
Stellen Sie das Reagenzglas nach dem Umschütteln in ein Becherglas mit heißem Wasser. Beobachtung?
Stellen Sie das Reagenzglas danach in ein Becherglas mit kaltem Wasser. Wiederholen Sie den Vorgang mehrfach.

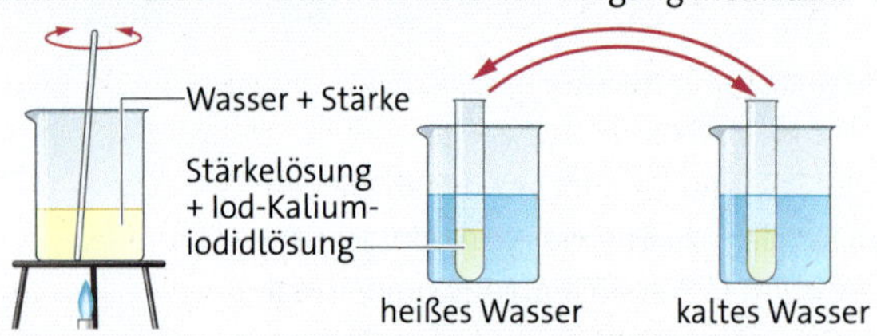

Entsorgung: Reste in den Hausmüll geben.

Auswertung Beschreiben und deuten Sie die Beobachtungen.

EXP 11.15 Hydrolyse von Stärke

Materialien 5 Reagenzgläser, Becherglas (50 ml), Becherglas (250 ml), Tropfpipette, Glasstab, Brenner, Dreifuß, Keramiknetz, Stärke, konz. Salzsäure (w = 32 %; 5, 7), Natriumhydrogencarbonat, Indikatorpapier, Glucoseteststreifen, Iod-Kaliumiodidlösung (Lugol'sche Lösung; 8)

Durchführung Geben Sie 1 Spatelspitze der Stärke aus ↑ Exp. 12.13 in einem Becherglas (50 ml) in etwa 10 ml Wasser. Erhitzen Sie das Gemisch, bis die Stärke gelöst ist. Füllen Sie die Lösung mit Wasser auf etwa 50 ml auf.
Verteilen Sie die Lösung gleichmäßig auf 5 Reagenzgläser und beschriften Sie sie. Geben Sie zu den Lösungen II bis V je 5 Tropfen Salzsäure und stellen Sie die Lösungen in ein siedendes Wasserbad.
Nehmen Sie ein Glas nach 2 min heraus, kühlen Sie sofort mit kaltem Wasser und neutralisieren Sie mit Natriumhydrogencarbonat. Verfahren Sie mit den verbleibenden Gläsern im Abstand von 2 min ebenso. Prüfen Sie die neutralisierten Lösungen mit Glucoseteststreifen. Versetzen Sie alle Reagenzgläser mit Iod-Kaliumiodidlösung.
Entsorgung: Reste ins Abwasser geben.

Auswertung
1) Beschreiben Sie Ihre Beobachtungen.
2) Erklären Sie das Versuchsergebnis.
3) Diskutieren Sie die Bedeutung von Ansatz 1.

EXP 11.16 Herstellung einer Folie aus Stärke

Materialien Becherglas (50 ml), Rundkolben, Kühler, Messzylinder, Heizpilz, Messpipetten, Spatel, Glasplatte, Stärke, Wasser, Glycerinlösung (w = 50 %), verd. Salzsäure (c = 0,1 mol/l), konz. Natronlauge (w = 4 %; 5)

Durchführung Geben Sie in ein Becherglas 4 g Stärke aus ↑ Exp. 12.13, 25 ml Wasser, 3 ml Salzsäure und 2 ml Glycerinlösung. Füllen Sie die Mischung in einen Rundkolben. Lassen Sie die Lösung 15 min unter Rückfluss sieden. Stoppen Sie dann die Reaktion durch Zugabe von 3 ml Natronlauge. Gießen Sie das Reaktionsprodukt noch warm gleichmäßig auf eine Glasplatte. Nach zwei Tagen Trocknungszeit kann man von der Glasplatte eine Folie abziehen.

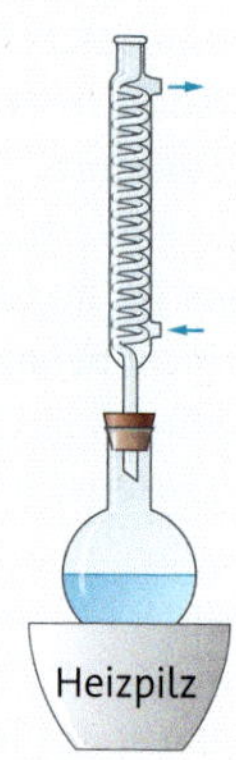

Auswertung Beschreiben und erklären Sie das Versuchsergebnis.

Klausurtraining

Material E Der schlampige Laborant

Ein Chemielaborant hat für eine Forschungsreihe die Aufgabe, jeweils 10 g unterschiedlicher Kohlenhydrate in Probenflaschen abzuwiegen. Er wiegt Glucose, Fructose, Maltose, Stärke, Cellulose und Saccharose ab und füllt sie in Flaschen, die er mit Nummern versieht.

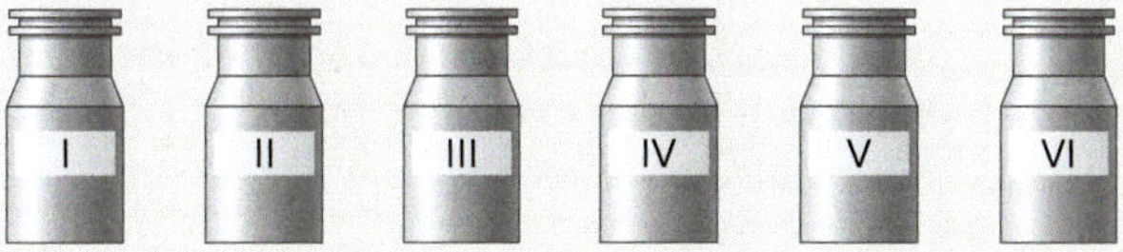

Als er seinem Chef stolz die Flaschen präsentiert, fragt dieser: „Welches Kohlenhydrat steht für welche Zahl?" Beschämt muss der Laborant zugeben, dass er das nicht mehr weiß. Sein Chef verdonnert ihn erbost, den Inhalt der Flaschen experimentell zu bestimmen und ordentlich zu beschriften.
Der Laborant führt unterschiedliche Experimente mit den Kohlenhydraten durch. *Ergebnisse:*

	I	II	III	IV	V	VI
Wasserlöslichkeit	–	+	+	–	+	+
Fehling-Probe	–	+	+	–	+	–
Seliwanow-Probe	–	+	–	–	–	+
Glucoseteststreifen	–	–	–*	–	+	–
Iod-Kaliumiodidlösung	–	–	–	+	–	–

– keine Reaktion, + positive Reaktion; (* ggf. schwach positiv)

E1.1 Nachweisreaktionen für Kohlenhydrate

Nach der Erstellung der Tabelle erzeugt er von den Stoffen I, III, IV und VI Lösungen, versetzt sie mit Salzsäure und erhitzt sie 10 min in einem Wasserbad. Alle Reaktionsprodukte zeigen eine deutliche Reaktion mit Glucoseteststreifen und ebenso einen positiven Nachweis mit Fehling-Lösung.

AUFGABEN ZU E

1) Zeichnen Sie die Haworth-Formeln (ggf. Ausschnitte der Formeln) der sechs untersuchten Kohlenhydrate.
2) Erklären Sie die in der Tabelle durchgeführten Versuche (↑ **E1.1**).
3) Geben Sie die in den Flaschen I bis VI enthaltenen Kohlenhydrate an. Begründen Sie Ihre Entscheidung.
4) Erläutern Sie, welche Reaktion jeweils die Stoffe I, III, IV und VI mit Salzsäure eingegangen sind. Nehmen Sie Bezug zu den Versuchsergebnissen der Tabelle.

Material F Die Panne mit dem Pudding

F1 Puddingrezept

Zutaten: ½ Liter Milch, 40 g Zucker, 45 g Maisstärke, Vanille
Zubereitung: Maisstärke und Zucker miteinander vermischen und mit ca. 6 Esslöffeln von der Milch verrühren. Die übrige Milch mit Vanille zum Kochen bringen, von der Kochstelle nehmen, die angerührte Zucker-Stärke-Mischung hinzugeben und unter Rühren kurz aufkochen.

F2 Notruf im Internetforum, Frage von Xanthippe

„Hilfe, hilfe! Ich habe entsprechend der Anleitung auf der Tüte einen Pudding gekocht. Den lauwarmen Pudding habe ich dann aus dem Kochtopf gegessen. Weil es ein wenig viel war, habe ich den Rest eingepackt und mit zur Arbeit genommen. Dort habe ich ihn in den Kühlschrank gestellt.
Mittags wollte ich den Puddingrest essen. Aber er war total flüssig. Wie kann das sein? Normalerweise stellt man doch Speisen zum Festwerden in den Kühlschrank. Wie kann ein schön cremiger Pudding im Kühlschrank flüssig werden?"

F3 Amylasekonzentration im Speichel

Das Diagramm zeigt die relative Amylasekonzentration im Speichel von sieben unterschiedlichen Probanden.

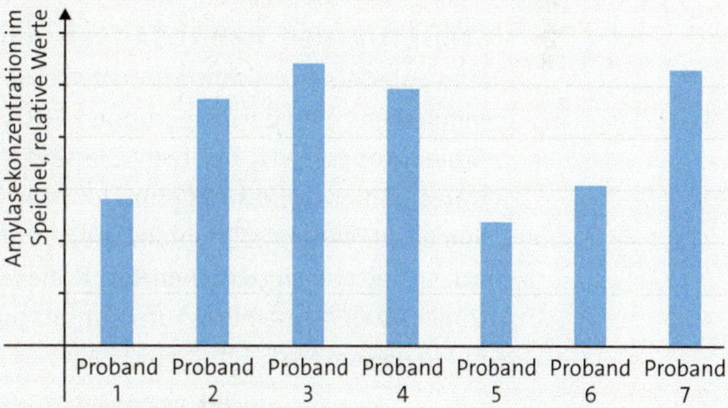

AUFGABEN ZU F

1) Beschreiben Sie den Aufbau von Stärke und Saccharose.
2) Erläutern Sie, wie ein Pudding durch Kochen fest wird (↑ **F1**). Stellen Sie dazu eine Hypothese auf, welche chemischen Vorgänge beim Puddingkochen ablaufen.
3) Beschreiben Sie das Diagramm in ↑ **F3**. Erläutern Sie die Bedeutung von Amylase im Speichel.
4) Formulieren Sie eine Antwort für die im Internetforum gestellte Frage unter Einbeziehung der Materialien ↑ **F1** bis **F3**.

11.8 Struktur und Einteilung der Aminosäuren

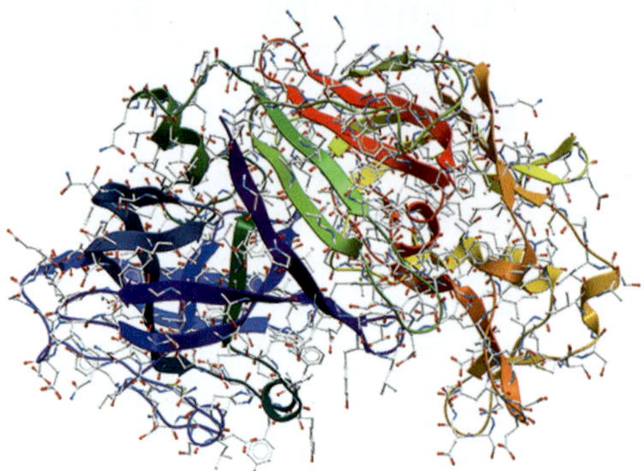

01 3-D-Modell des Proteins Pepsin – ein Enzym, das selbst Proteine zu spalten vermag

BAUSTEINE DES LEBENS Von allen in unserem Körper vorkommenden Stoffen stellen die *Proteine* (Eiweiße) den größten Anteil dar und sind an fast allen Lebensprozessen beteiligt. Sie transportieren Stoffe, katalysieren als Enzyme chemische Reaktionen, erkennen Botenstoffe und funktionieren selbst als Signalstoffe. Sie bauen Muskeln, Sehnen, Haare und Fingernägel auf und sind damit für unseren Körper strukturgebend.
Bausteine der aus Makromolekülen aufgebauten Proteine sind **Aminosäuren**. Dies lässt sich beispielsweise daran erkennen, dass bei der Verdauung von proteinhaltiger Nahrung oder durch Einwirken von Säurelösungen oder Enzymen Proteine hydrolytisch bis zu den Aminosäuren abgebaut werden.

STRUKTUR DER AMINOSÄUREN Aminosäuren sind substituierte Carbonsäuren, deren Moleküle mindestens eine **Carboxygruppe –COOH** und eine **Aminogruppe –NH_2** besitzen. Sie sind an ein zentrales Kohlenstoffatom gebunden, das außerdem immer ein Wasserstoffatom sowie einen unterschiedlich gestalteten **organischen Rest R**, die **Seitenkette**, trägt (↑ 02). Alle Aminosäuren unterscheiden sich nur in diesem Rest.

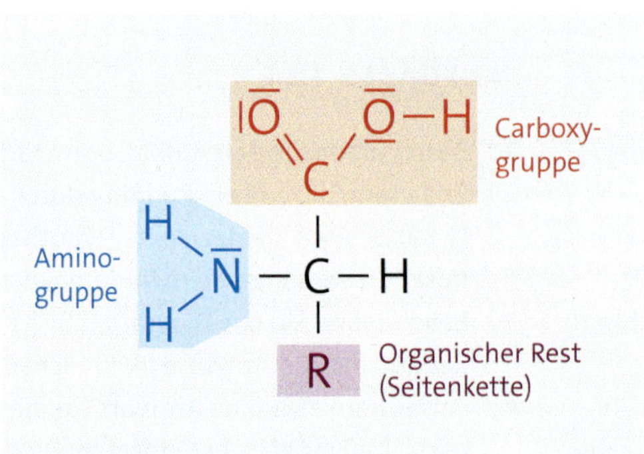

02 Allgemeiner Bau der proteinogenen Aminosäuren

Diese Struktur, bei der sich die COOH-Gruppe und die NH_2-Gruppe am gleichen Kohlenstoffatom, dem C–2-Atom oder auch α-Kohlenstoffatom, befinden, ist für alle biologisch bedeutsamen Aminosäuren gleich. Wegen dieser Bindungsverhältnisse nennt man sie deshalb auch **α-Aminosäuren** oder **2-Aminosäuren.**
Die einfachste Aminosäure ist **Glycin** (2-Aminoethansäure). Sie stellt unter den Aminosäuren einen Sonderfall dar, weil bei ihren Molekülen der Rest nur aus einem Wasserstoffatom besteht (↑ 03).

PROTEINOGENE AMINOSÄUREN Obwohl die beiden funktionellen Gruppen an verschiedenen Kohlenstoffatomen im Molekül gebunden sein könnten, sind in der Natur bisher nur α-Aminosäuren gefunden worden. Als **proteinogene** oder **biogene Aminosäuren** werden sie bezeichnet, wenn sie in Lebewesen als Bausteine der Proteine vorkommen. Derzeit sind 22 proteinogene Aminosäuren bekannt (↑ 03). Allerdings kommen zwei von ihnen, Selenocystein und Pyrrolysin, nur extrem selten vor. Die übrigen 20 Aminosäuren gehören zu den Standardaminosäuren, die im genetischen Code der Lebewesen häufig verschlüsselt sind. Sie werden mit Trivialnamen benannt, die auch von der IUPAC zugelassen sind. Die drei ersten Buchstaben verwendet man als Abkürzung, z. B. Gly für Glycin oder Ala für Alanin.
Acht proteinogene Aminosäuren sind für den Menschen **essenziell**, das bedeutet, dass sie vom Organismus nicht selbst hergestellt werden können. Sie müssen mit der Nahrung aufgenommen werden. Für Kinder und Schwangere sind mit Tyrosin und Cystein noch zwei weitere Aminosäuren essenziell.

EINTEILUNG Die unterschiedliche Struktur der Seitenketten beeinflusst maßgeblich die Eigenschaften der Aminosäuren. Deshalb werden sie in vier Gruppen eingeteilt (↑ 03):
Neutrale Aminosäuren mit unpolarem Rest: Die Seitenkette der Moleküle besteht nur aus Kohlenstoff- und Wasserstoffatomen, z. B. bei Alanin.
Neutrale Aminosäuren mit polarem Rest: Die Seitenkette der Moleküle enthält neben Kohlenstoff- und Wasserstoffatomen weitere Atome (S, N, O, Se), z. B. die polare Hydroxygruppe im Serin.
Saure Aminosäuren: Die Seitenkette der Moleküle enthält eine zusätzliche Carboxygruppe, z. B. bei Glutaminsäure. Dadurch reagiert ihre wässrige Lösung sauer.
Basische Aminosäuren: Die Seitenkette der Moleküle enthält eine zusätzliche Aminogruppe, z. B. bei Lysin. Dadurch reagiert die wässrige Lösung alkalisch.

Die Moleküle der α-Aminosäuren weisen am C–2-Kohlenstoffatom eine Carboxygruppe und eine Aminogruppe auf und haben außerdem noch ein Wasserstoffatom und einen unterschiedlich gestalteten organischen Rest (Seitenkette) gebunden. Die Seitenkette bestimmt die Eigenschaften der Aminosäuren. Nur 22 proteinogene Aminosäuren bauen die Proteine aller Lebewesen auf.

1 〉 Definieren Sie die Begriffe α-Aminosäuren, proteinogene, neutrale und essenzielle Aminosäuren.

2 〉 2-Amino-1,4-butandisäure soll als essenzielle Aminosäure näher bestimmt werden.
a Zeichnen Sie die Strukturformel des Moleküls.
b Ermitteln Sie mithilfe von Bild ↑ 03 den Trivialnamen der Aminosäure.
c Begründen Sie Ihre Gruppenzuordnung.

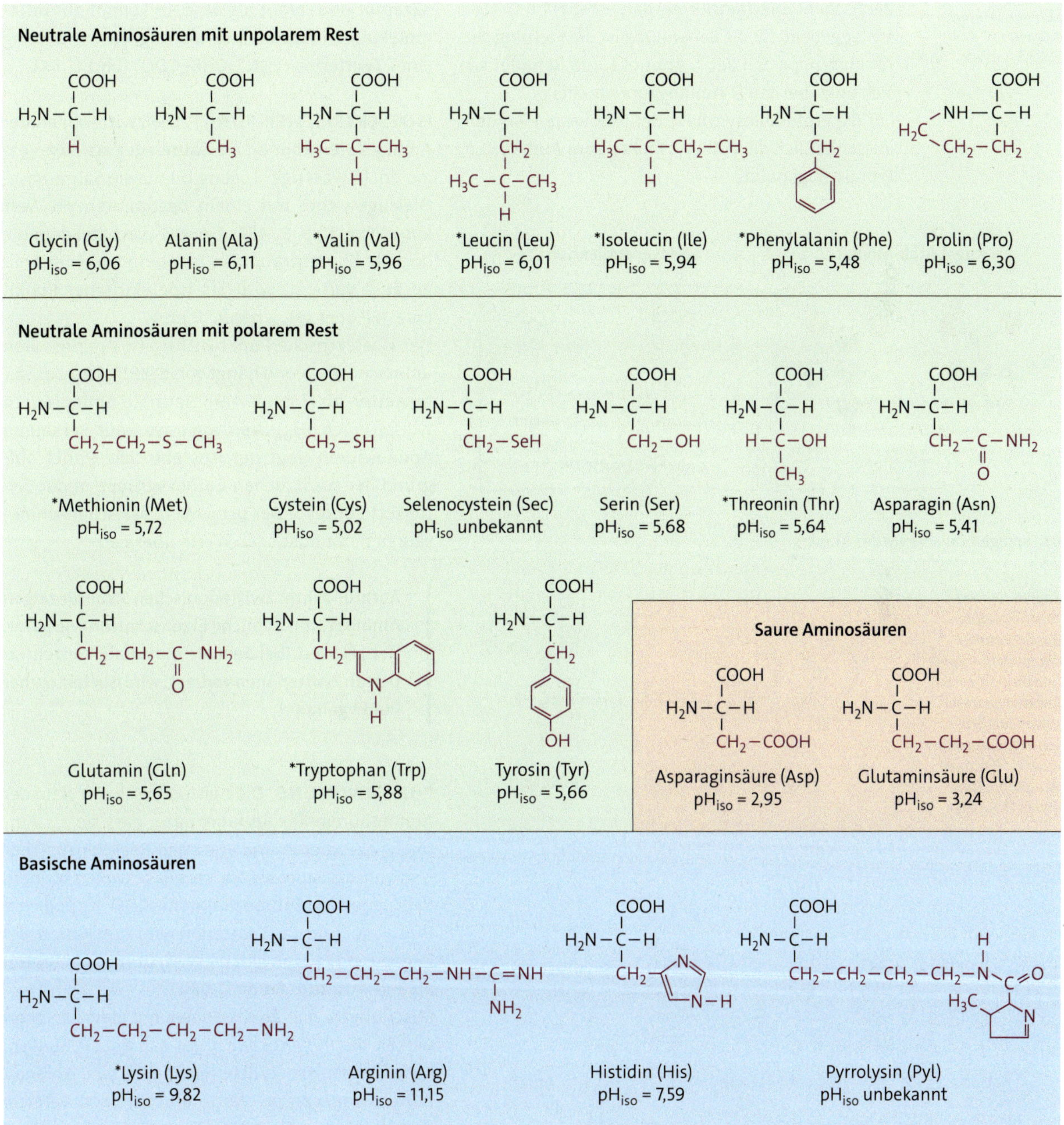

03 Einteilung der 22 proteinogenen Aminosäuren. Unpolarer Rest: nur C- und H-Atome; polarer Rest: zusätzlich S-, O-, N- oder Se-Atome
In Violett: organischer Rest (Seitenkette); pH$_{iso}$ = isoelektrischer Punkt; * essenzielle Aminosäure

11.9 Eigenschaften der Aminosäuren

Spiegelbildisomerie und Fischer-Projektionsformel bei Kohlenhydraten ↑ S. 420 f.

SPIEGELBILDISOMERIE BEI AMINOSÄUREN Die Moleküle der proteinogenen Aminosäuren haben am α-Kohlenstoffatom (mit Ausnahme von Glycin) ein asymmetrisches C*-Atom, weil es vier unterschiedliche Substituenten gebunden hat (↑ **02**, S. 354). Dadurch sind die Aminosäuren *chiral* und *optisch aktiv*. Es existieren also von allen Aminosäuren zwei unterschiedliche *Enantiomere*, die sich wie Bild und Spiegelbild verhalten. Wie bei den Kohlenhydraten werden die Aminosäuren meist in der *Fischer-Projektionsformel* dargestellt (↑ **01**). Ausschlaggebend für die Benennung ist die Stellung der Aminogruppe: Bei den L-Aminosäuren befindet sie sich links, bei den D-Aminosäuren rechts.
Für die Proteinbiosynthese der Lebewesen werden ausschließlich die L-Aminosäuren zum Aufbau von Proteinen genutzt.

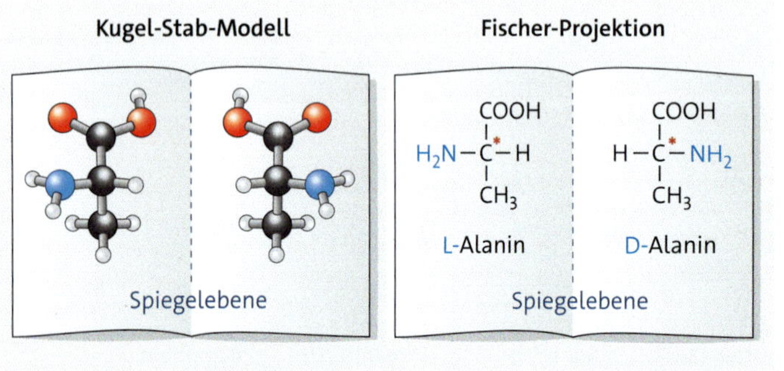

01 Spiegelbildisomere des Alanins

Säuren sind Protonendonatoren, Basen Protonenakzeptoren. Ampholyte können je nach Reaktionspartner sowohl als Protonendonatoren als auch als Protonenakzeptoren fungieren (↑ S. 143).

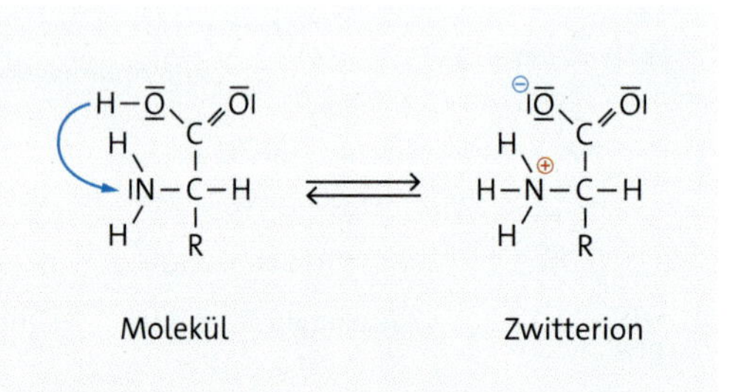

02 Zwitterionische Struktur von Aminosäuren

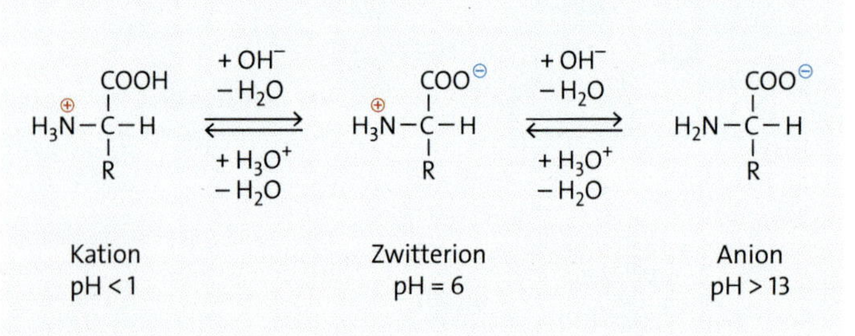

03 Gleichgewichte der Aminosäuren in sauren und basischen Lösungen

ZWITTERIONEN Aminosäuren sind kristalline Verbindungen, die sich gut in Wasser lösen und elektrisch leitfähige Lösungen bilden. Sie haben relativ hohe Schmelz- oder Zersetzungstemperaturen (170 bis 300 °C). Die Ursache für diese den Salzen ähnlichen Eigenschaften liegt an der strukturellen Besonderheit der beiden funktionellen Gruppen der Aminosäuren: Innerhalb der Moleküle wirkt die Carboxygruppe als **Protonendonator** und damit als Säure. Die Aminogruppe fungiert als **Protonenakzeptor** und damit als Base. Es kommt zur **intramolekularen Protonenwanderung**, die zur Bildung eines **Zwitterions** $H_3N^+–CHR–COO^-$ führt (↑ **02**).

ISOELEKTRISCHER PUNKT Die Zwitterionen der Aminosäuren können als Säure oder als Base reagieren. In wässriger Lösung bilden sie Säure-Base-Gleichgewichte mit einem bestimmten pH-Wert aus (↑ Exp. 11.19, S. 422). Der pH-Wert, bei dem die höchste Konzentration an Zwitterionen einer Aminosäure vorliegt, wird als **isoelektrischer Punkt**, kurz: **IEP** oder **pH_{iso}**, bezeichnet.
Der isoelektrische Punkt ist für alle Aminosäuren unterschiedlich und hängt von der Struktur der Seitenketten ab (↑ **03**; S. 419). Neutrale Aminosäuren weisen einen pH_{iso}-Wert von etwa 6 auf. Bei sauren Aminosäuren liegt der isoelektrische Punkt aufgrund der zusätzlichen Carboxygruppe in der Seitenkette unter 5. Der pH_{iso}-Wert basischer Aminosäuren nimmt dagegen Werte über 7 an.

Aufgrund ihrer zwitterionischen Struktur zeigen Aminosäuren ähnliche Eigenschaften wie Salze. Der pH-Wert, bei dem die maximale Konzentration an Zwitterionen vorliegt, wird isoelektrischer Punkt genannt.

PUFFERWIRKUNG Die zwitterionische Struktur der Aminosäuremoleküle führt dazu, dass sie als *Ampholyte* reagieren und – je nach Reaktionspartner – sowohl als Säure als auch als Base wirken können: Bei Zugabe von Säuren nimmt die COO^--Gruppe ein Proton auf und das Zwitterion wird zum Kation. Bei Zugabe von Laugen gibt die NH_3^+-Gruppe ein Proton ab und wird zum Anion (↑ **03**).
Mischungen der Zwitterionen mit den Kationen wirken als *Pufferlösungen* im sauren pH-Bereich. Mischungen der Zwitterionen mit den Anionen puffern dagegen pH-Werte im basischen Bereich. Am stärksten ist die Pufferwirkung, wenn die schwachen Säuren und Basen jeweils im Verhältnis 1:1 vorliegen.

Die Pufferwirkung lässt sich anhand der Titration einer angesäuerten Glycinlösung mit Natronlauge erkennen (↑ **04**). Zu Beginn der Titration liegen in der sauren Lösung vorwiegend Glycin-Kationen vor. Durch Zugabe der Natronlauge reagieren OH^--Ionen mit den Glycin-Kationen und es werden Zwitterionen gebildet. Bei pH = 6,06 ist ihre Konzentration am höchsten. Bei weiterer Zugabe von OH^--Ionen nimmt die Konzentration an Zwitterionen ab und es werden überwiegend Glycin-Anionen gebildet.

ELEKTROPHORESE Gemische von verschiedenen Aminosäuren und auch Proteinen lassen sich durch ein als **Elektophorese** bezeichnetes Verfahren auftrennen. Das Prinzip beruht darauf, dass Ionen in einem elektrischen Feld zur jeweils entgegengesetzt geladenen Elektrode mit unterschiedlicher Geschwindigkeit wandern. Die Geschwindigkeit der Ionenwanderung ist abhängig vom Betrag der Ladung und vom Radius der Ionen. Damit die getrennten Ionen später isoliert werden können, wird nicht in wässriger Lösung, sondern mit Papier oder einem Gel aus Polyacrylnitril als Trägermaterial gearbeitet. Durch das engmaschige, dreidimensionale Netzwerk des Trägermaterials und die Viskosität des Lösungsmittels wird die Wanderung der Ionen unterschiedlich stark beeinflusst.

Das Trägermaterial wird mit einer Pufferlösung getränkt, die auf einen konstanten pH-Wert eingestellt ist. Dann wird ein Gemisch aus verschiedenen Aminosäuren in die Mitte des Trägermaterials gegeben und Gleichspannung angelegt (↑ **05**). Die Auftrennung erfolgt aufgrund der unterschiedlichen pH_{iso}-Werte der Aminosäuren im Gemisch. An ihrem isoelektrischen Punkt liegen alle Aminosäuren fast vollständig als Zwitterionen vor. Diese wandern nicht im elektrischen Feld, da sie sowohl vom Plus- als auch vom Minuspol angezogen werden. Dies ist der Fall, wenn der pH_{iso}-Wert der Aminosäure dem pH-Wert der Pufferlösung entspricht. Aminosäuren, die einen niedrigeren pH_{iso}-Wert besitzen als der pH-Wert der Pufferlösung, bilden an ihren Seitenketten negativ geladene COO^--Gruppen und wandern zum Pluspol. Aminosäuren mit höheren pH_{iso}-Werten bilden positiv geladene NH_3^+-Gruppen und wandern zum Minuspol. Schließlich werden die farblosen Aminosäuren mit *Ninhydrin* angefärbt.

Die Elektrophoerese ist ein analytisches Verfahren, bei dem die unterschiedlichen Wanderungsgeschwindigkeiten und -richtungen von Ionen dazu genutzt werden, um beispielsweise Aminosäuregemische aufzutrennen.

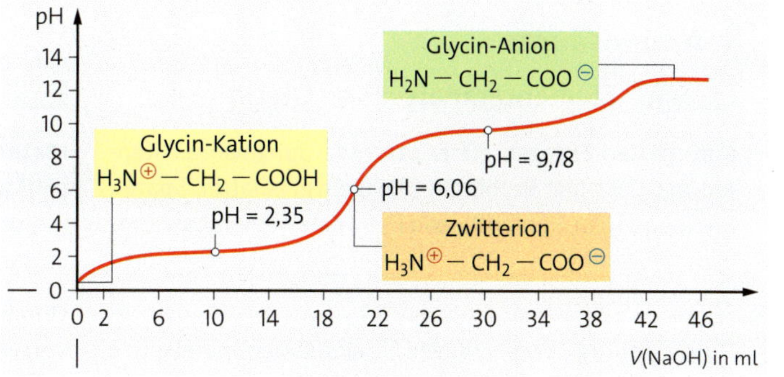

04 Titration einer angesäuerten Glycinlösung mit Natronlauge

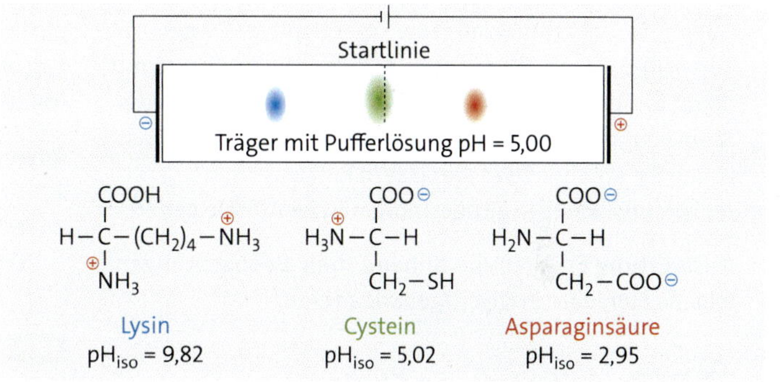

05 Prinzip der Auftrennung von Aminosäuren durch Elektrophorese

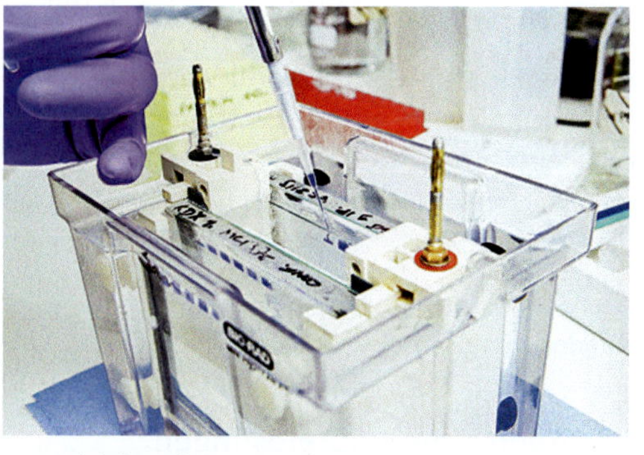
06 Gelelektrophorese-Apparatur

1 Vergleichen Sie D- und L-Aminosäuren.

2 Erklären Sie die schlechte elektrische Leitfähigkeit einer wässrigen Alaninlösung bei pH = 6,0.

3 Begründen Sie, warum Aminosäuremoleküle als Ampholyte fungieren können.

4 Zeichnen Sie die Halbstrukturformeln von Lysin und Asparaginsäure jeweils bei pH = 1 und bei pH = 12.

5 Ein Gemisch aus Serin, Histidin und Asparaginsäure wird bei pH = 5,7 mittels Elektrophorese getrennt. Skizzieren Sie, wohin die einzelnen Aminosäuren wandern. Begründen Sie, in welcher Form die Teilchen vorliegen.

Praktikum

P Aminosäuren

EXP 11.17 Elementaranalyse von Glycin

Materialien 2 Reagenzgläser, passender durchbohrter Stopfen mit Glasrohr, Becherglas, Reagenzglashalter, Spatel, Brenner, Glycin, Kupfer(II)-oxid (7, 9), Kalkwasser (Calciumhydroxidlösung, w = 10 %; 5), Universalindikatorpapier, Watesmopapier

Durchführung *Abzug!* Erhitzen Sie eine kleine Spatelspitze Glycin in einem trockenen Reagenzglas über einer kleinen Flamme. Halten Sie ein angefeuchtetes Universalindikatorpapier an die Öffnung des Reagenzglases (6, 5, 9).
Geben Sie anschließend eine Spatelspitze Glycin mit Kuper(II)-oxid in das Reagenzglas, verschließen Sie es mit dem Stopfen mit Glasrohr und erhitzen Sie kräftig. Leiten Sie die entstehenden Gase auf Watesmopapier.
Leiten Sie anschließend die Gase in Kalkwasser.
Entsorgung: Reste in giftige anorganische Abfälle geben.

Auswertung Erklären Sie anhand Ihrer Beobachtungen, welche Elemente in Glycin gebunden sind.

EXP 11.18 Löslichkeit von Glycin

Materialien 3 Reagenzgläser, Reagenzglasständer, Spatel, Glycin, Wasser, Ethanol (2, 7), Heptan (2, 8, 7, 9)

Durchführung Prüfen Sie die Löslichkeit von Glycin in Wasser, Ethanol und Heptan, indem Sie zu jeweils 1 ml der Lösungsmittel eine kleine Spatelspitze Glycin hinzufügen.
Entsorgung: Lösungen mit Heptan in den Behälter für halogenfreie organische Abfälle geben.

Auswertung Erklären Sie das Lösungsverhalten von Glycin anhand der Struktur der Aminosäure.

EXP 11.19 pH-Werte von Aminosäurelösungen

Materialien 5 Reagenzgläser, Reagenzglasständer, Spatel, Alanin, Arginin (7), Asparaginsäure, Glycin, Lysin, Wasser, Universalindikatorlösung

Durchführung Lösen Sie je eine Spatelspitze der einzelnen Aminosäuren in jeweils 3 ml Wasser und versetzen Sie die Lösungen mit einigen Tropfen Universalindikator.
Entsorgung: Lösungen in den Behälter für saure und alkalische Abfälle geben.

Auswertung
1 › Erstellen Sie eine tabellarische Übersicht für die Aminosäuren und die ermittelten pH-Werte.
2 › Erläutern Sie die pH-Werte anhand der Struktur der Aminosäuren.

2 6 5 7

EXP 11.20 Titration von Alanin

Materialien Becherglas (250 ml), Bürette, Stativmaterial, pH-Meter, Messpipette, Magnetrührer mit Rührstab, Alaninlösung (c = 0,1 mol · l^{-1}), Natronlauge (c = 0,1 mol · l^{-1}), Salzsäure (c = 0,1 mol · l^{-1})

Durchführung Geben Sie die Natronlauge in die Bürette. Versetzen Sie im Becherglas 10 ml der Alaninlösung mit Salzsäure, bis sich der pH-Wert 1,5 einstellt. Fügen Sie nun tropfenweise Natronlauge hinzu und notieren Sie bei Zugabe von jeweils 0,5 ml Natronlauge tabellarisch den pH-Wert.
Entsorgung: Reste in den Behälter für saure und alkalische Abfälle geben.

Auswertung
1 › Zeichnen Sie die Titrationskurve.
2 › Geben Sie an, welche Alaninteilchen an den spezifischen Titrationskurvenpunkten vorliegen.

EXP 11.21 Dünnschichtchromatografie

Materialien 2 Bechergläser, Dünnschichtchromatografie-Fertigplatte Kieselgel 60 (DC-Platte, Plattengröße 5 cm × 5 cm), Tropfpipetten, Alanin, Valin, Leucin, Wasser, Butan-1-ol (2, 5, 7), Eisessig (2, 5), Ninhydrinlösung (2, 7)

Durchführung Mischen Sie Butan-1-ol, Eisessig und Wasser im Volumenverhältnis 4 : 1 : 1 und füllen Sie das Laufmittel etwa 1 cm hoch in ein Becherglas ein. Markieren Sie mit einem Bleistift die Startlinie auf der DC-Platte.
Lösen Sie etwa 5 mg Alanin, Valin und Leucin in jeweils 10 ml Wasser. Je 1 Tropfen der Lösungen wird mit Tropfpipetten auf die DC-Platte aufgetragen. Zusätzlich wird 1 Tropfen eines Gemischs aus jeweils 3 ml der wässrigen Lösungen von Alanin, Valin und Leucin auf die DC-Platte aufgebracht. Stellen Sie die Platte in das Becherglas und decken Sie es ab. Wenn das Laufmittel aufgestiegen ist, entnehmen Sie die Platte, markieren mit einem Bleistift das Ende der Laufmittelfront und besprühen sie unter dem *Abzug* mit Ninhydrinlösung. Trocknen Sie die DC-Platte mit dem Föhn und notieren Sie Ihre Beobachtungen.
Entsorgung: Organische Reste in den Behälter für halogenfreie organische Abfälle, andere Lösungen ins Abwasser geben.

Auswertung
1 › Bestimmen Sie die Retentionswerte der einzelnen Aminosäuren. Nutzen Sie dafür die Informationen im Abschnitt Gaschromatografie (↑ S. 258 ff.).
2 › Beschreiben Sie das Prinzip der Trennung mithilfe der Dünnschichtchromatografie.

11.10 Bildung von Peptiden

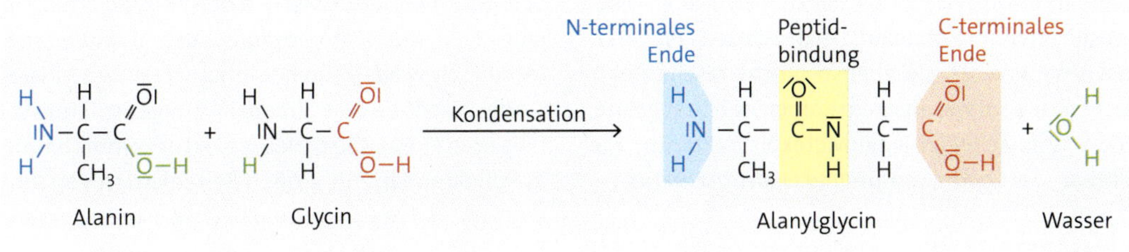

01 Bildung und Benennung eines Dipeptids

PEPTIDBINDUNG Bei der Reaktion zweier Aminosäuremoleküle verbinden sich diese unter Abspaltung eines Wassermoleküls **(Kondensation)** zu einem **Dipeptid** (↑ **01**). Aus der Aminogruppe des einen Moleküls und der Carboxygruppe des anderen Moleküls bildet sich die **Peptidbindung –CO–NH–**, die das charakteristische Strukturmerkmal aller Peptide und Proteine ist.
Innerhalb des Peptidmoleküls unterscheidet man das N-terminale Ende, das C-terminale Ende und die Peptidbindung. Während Letztere sehr stabil ist, können die N- und C-terminalen Enden des Dipeptids mit anderen Aminosäuremolekülen zu langen Molekülketten, den **Polypeptiden**, weiterreagieren. Der *systematische Name* der Peptide beginnt mit der N-terminalen Aminosäure ergänzt um die Endung -yl. Darauf folgen analog alle weiteren Aminosäurebausteine. Die Aminosäure mit der C-terminalen Gruppe wird ans Ende des Peptidnamens gestellt.

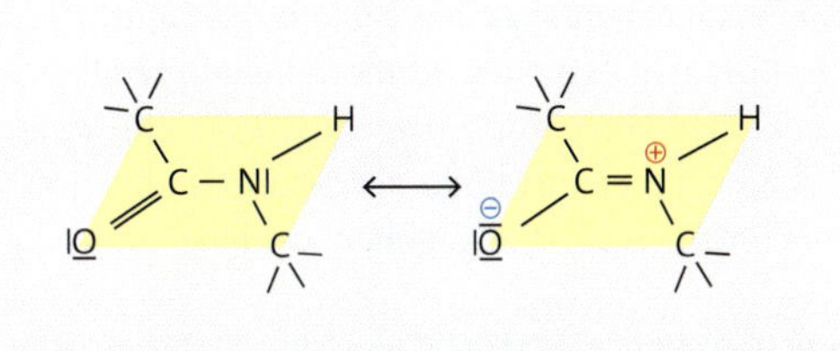

02 Mesomeriestabilisierung der Peptidbindung

Die Peptidbindung der Proteine ist identisch mit der Amidbindung der Polyamide, einer Kunststoffart (↑ S. 362).

P **EXP 11.22** Vielfalt der Peptide

Durchführung Konstruieren Sie mithilfe des Molekülbaukastens ein Tripeptid aus den Aminosäuren Alanin, Glycin und Serin.

Auswertung Vergleichen Sie Ihre Molekülmodelle innerhalb des Kurses. Leiten Sie daraus eine Schlussfolgerung ab.

STRUKTUR DER PEPTIDBINDUNG Die Bindungslänge der C–N-Bindung innerhalb der Peptidbindung beträgt 132 pm und ist damit kleiner als die zwischen dem α-C-Atom und dem N-Atom mit 147 pm. Die geringere Länge der C–N-Bindung in der Peptidbindung im Vergleich zur normalen C–N-Bindung weist darauf hin, dass sie den Charakter einer Doppelbindung besitzt. Sauerstoff-, Wasserstoff- und Kohlenstoffatome sind eben angeordnet (↑ **02**). Die Elektronenverteilung in der Peptidbindung kann durch zwei *mesomere Grenzformeln* dargestellt werden, die den partiellen Doppelbindungscharakter zwischen dem Kohlenstoff- und dem Stickstoffatom zeigen. Dabei wird das Stickstoffatom zum Elektronendonator und das Sauerstoffatom zum Elektronenakzeptor. Diese Veränderung am Stickstoffatom ermöglicht die Ausbildung von Wasserstoffbrücken und trägt zur Strukturbildung der Proteine bei.

VIELFALT DER PEPTIDE Bei der Verknüpfung von bis zu 10 Aminosäuremolekülen entstehen **Oligopeptide**. Verbindungen aus 10 bis 100 Aminosäurebausteinen bezeichnet man als **Polypeptide**. Moleküle, in denen mehr als 100 Aminosäuren miteinander verknüpft sind, bilden **makromolekulare Proteine**.
Wenn ein Tripeptid aus zwei verschiedenen Aminosäuren gebildet wird, sind bereits $2^3 = 8$ Strukturen möglich, weil sich die C- und N-terminalen Enden der Moleküle unterscheiden. Ein Oligopeptid aus fünf Bausteinen der 22 proteinogenen Aminosäuren kann $22^5 = 5\,153\,632$ verschiedene Strukturen aufweisen. Die Vielfalt der Proteine mit mehr als 100 Bausteinen ist damit nahezu unerschöpflich.

Peptide sind Verbindungen, die durch Kondensation von Aminosäuren entstehen. Die Moleküle enthalten mindestens eine Peptidbindung und jeweils eine terminale Amino- bzw. Carboxygruppe.

1) **a** Geben Sie die Aminosäurebausteine des Tetrapeptids Serylleucylglycylcystein an.
b Formulieren Sie seine Bildungsreaktion.

2) Geben Sie alle Tripeptide an, die aus L-Alanin und L-Serin gebildet werden können.

11.11 Struktur von Proteinen

Proteine erfüllen vielfältige Funktionen in allen Lebewesen. Weil ihre Molekülstrukturen äußerst variabel sind, können sie ebenso biochemische Reaktionen steuern wie unserem Körper Stabilität geben. Man unterscheidet vier Molekülstrukturen: die *Primär-, Sekundär-, Tertiär- und Quartärstruktur.*

PRIMÄRSTRUKTUR Sie beschreibt die Art, Anzahl und Reihenfolge der L-Aminosäurebausteine in einem Proteinmolekül. Die Primärstruktur wird auch **Aminosäuresequenz** eines Proteins genannt.
Die Primärstruktur des Hormons Insulin zeigt, dass die beiden Polypeptidketten aus 17 verschiedenen L-Aminosäurebausteinen aufgebaut sind, die mit ihren Abkürzungen angegeben werden (↑ **01**).

SEKUNDÄRSTRUKTUR Sie beschreibt räumlich begrenzte dreidimensionale Strukturabschnitte eines Proteinmoleküls, die durch Ausbildung von *Wasserstoffbrücken* zwischen nahe beieinanderliegenden Peptidbindungen entstehen.
Dabei unterscheidet man zwei Formen der Sekundärstruktur: die α-Helix- und die β-Faltblattstruktur.
Die **α-Helixstruktur** entsteht, wenn sich eine Polypeptidkette schraubenförmig zu einer rechtsgängigen Spirale aufwickelt. Zwischen den Peptidbindungen jedes 3., 6., 9. usw. Aminosäurebausteins bilden sich regelmäßig wiederkehrende intramolekulare Wasserstoffbrücken, die die schraubenförmige Struktur stabilisieren (↑ **03**). Die α-Helixstruktur kommt häufig in Polypeptiden mit großen Seitenketten vor. Proteine mit Helixstruktur sind beispielsweise am Aufbau von tierischen Haaren (Wolle) beteiligt.

Die **β-Faltblattstruktur** entsteht durch Faltung nebeneinanderliegender Polypeptidketten, die am α-Kohlenstoffatom abknicken und durch *inter*molekulare Wasserstoffbrücken zwischen den Atomen unterschiedlicher Peptidbindungen stabilisiert werden (↑ **02**). Die Seitenketten der Aminosäurebausteine stehen abwechselnd oberhalb und unterhalb der Faltblattebene. Die Faltblattstruktur ist bei Polypeptiden mit kleinen Seitenketten begünstigt. Naturseide besteht beispielsweise aus Proteinen, deren Makromoleküle eine Faltblattstruktur haben.

TERTIÄRSTRUKTUR Die räumliche Struktur des gesamten Proteins wird erst durch verschiedene Wechselwirkungen zwischen den Seitenketten der Aminosäurebausteine vollständig beschrieben.

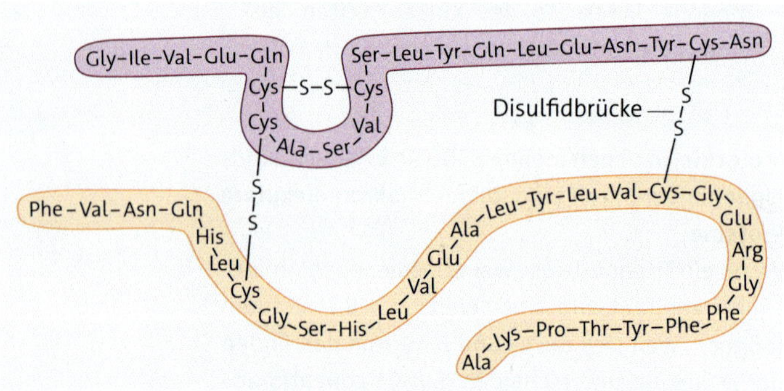

01 Primärstruktur des Insulins

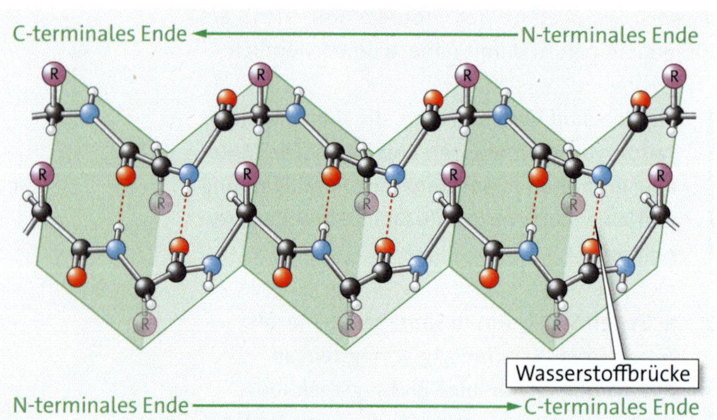

02 Sekundärstruktur: β-Faltblatt

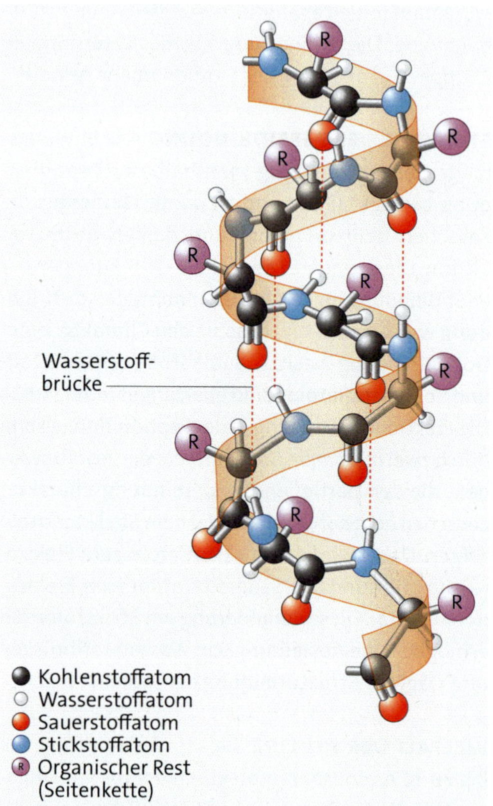

03 Sekundärstruktur: α-Helix

Dadurch kommt es zu einer weiteren Verformung des Makromoleküls. Folgende Arten der chemischen Bindung und zwischenmolekularen Wechselwirkungen treten auf (↑ **04**):

- **Disulfidbrücken:** S–S-Elektronenpaarbindungen, die sich durch Oxidation der SH-Gruppen zweier nahe beieinanderstehenden Cysteinreste bilden
- **Ionenbindungen** zwischen neagtiv geladenen Carboxylat- und positiv geladenen Ammoniumgruppen der Aminosäurebausteine
- **Wasserstoffbrücken** zwischen polaren Seitenketten und **London-Kräfte** zwischen unpolaren Seitenketten der Aminosäurebausteine

QUARTÄRSTRUKTUR Viele Proteine bestehen nicht nur aus einer, sondern aus mehreren Polypeptidketten, die sich zu einer funktionellen Einheit mit komplexer Raumstruktur zusammenlagern können. Ein Beispiel dafür ist das Protein **Hämoglobin**, das aus vier Polypeptidketten aufgebaut ist (↑ **05**). Die einzelnen Polypeptidketten werden von den gleichen Bindungskräften zusammengehalten wie bei der Tertiärstruktur.

> **Die Primärstruktur beschreibt die Abfolge der Aminosäurebausteine. Ihre räumliche Anordnung als α-Helix oder β-Faltblatt wird Sekundärstruktur genannt. Der räumliche Bau eines Proteins wird durch die Tertiärstruktur beschrieben.**

GLOBULÄRE UND FIBRILLÄRE PROTEINE **Globuläre Proteine** haben kugelförmige Gestalt. Zu ihnen gehören Transportproteine wie das Hämoglobin, Enzyme und Hormone. Sie werden zu den *Funktionsproteinen* gezählt.

Längliche faserartige Proteinmoleküle werden **fibrilläre Proteine** genannt und dienen in Zellen und Geweben zur *Strukturbildung*. Zu ihnen gehören die Keratine der Haare und die Kollagene in der Haut und in den Knochen (↑ **06**). Sie besitzen durch zahlreiche Wasserstoffbrücken zwischen den benachbarten Polypeptidketten hohe Festigkeit. Im Bereich der Helixstrukturen sind sie dehnbar und elastisch. So besteht das Kollagenmolekül beispielsweise aus einer verdrillten Dreifachhelix, von denen wiederum mehrere in Kollagenfibrillen nebeneinander liegen und so deren enorme Zugfestigkeit bewirken.

1 〉 Vergleichen Sie anhand von ↑ **06** die Primär- und die Quartärstruktur eines Proteins.

2 〉 Beschreiben Sie die Ausbildung einer α-Helix- und einer β-Faltblattstruktur innerhalb eines Peptidmoleküls.

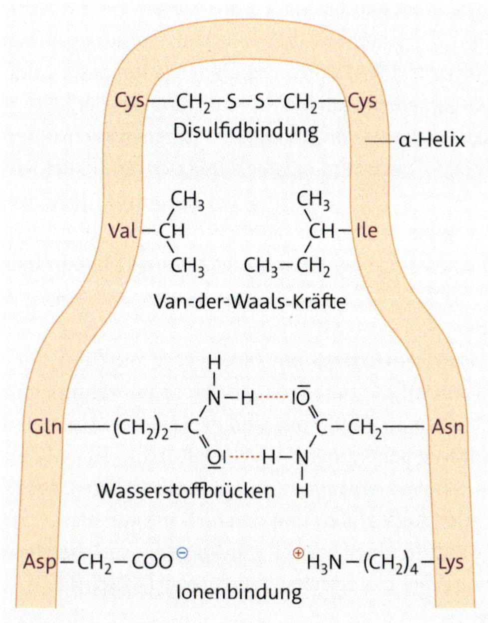

04 Stabilisierung von Tertiärstrukturen

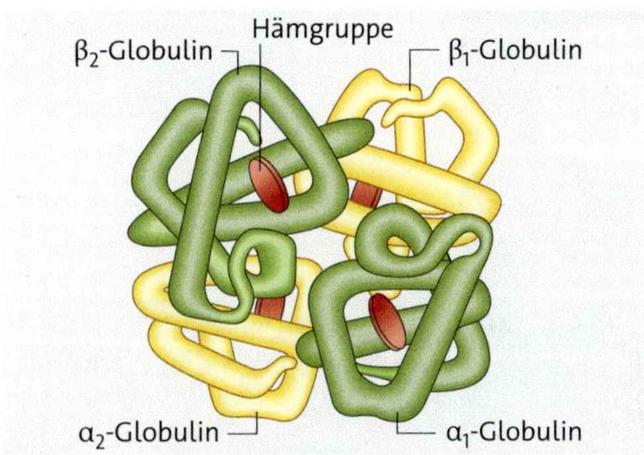

05 Hämoglobin ist ein globuläres Protein.

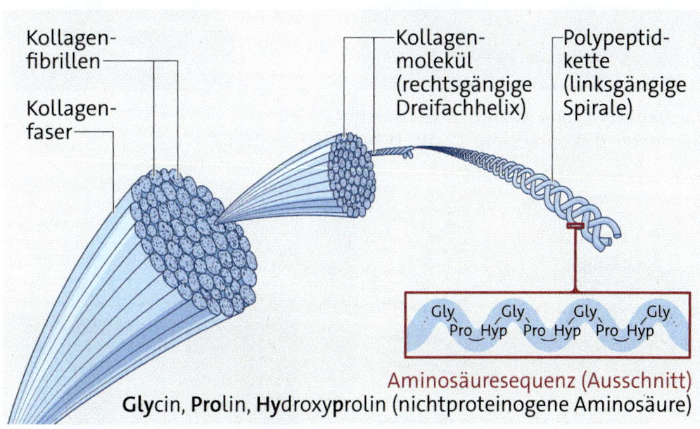

06 Kollagen ist ein fibrilläres Protein.

3 〉 Erläutern Sie die Art der Wechselwirkungen und chemischen Bindungen, die zur Ausbildung der Tertiärstruktur eines Proteins führen.

11.12 Eigenschaften von Proteinen

Kolloidale Lösungen sind Stoffgemische, bei denen die gelösten Teilchen so groß sind, dass sie Lichtstrahlen brechen (Tyndall-Effekt, ↑ S.382)

LÖSLICHKEIT Für die Eigenschaften der Proteine sind die vielen an den α-Kohlenstoffatomen des Polypeptidmoleküls vorhandenen Seitenketten ausschlaggebend. Der hydrophile Charakter der Seitenketten, die bei den globulären Proteinen nach außen weisen, bestimmt beispielsweise deren Löslichkeit in Wasser. Man unterscheidet **Globuline**, die in gesättigter Salzlösung ausflocken, von **Albuminen**, die unter diesen Bedingungen gelöst bleiben und *kolloidale Lösungen*, die **Sole,** bilden.

DENATURIERUNG Die biologische Funktion eines Proteins hängt maßgeblich von seiner räumlichen Struktur ab. Allerdings sind die Molekülstrukturen anfällig gegenüber Umwelteinflüssen. Sie werden durch Wärme, Säuren, Laugen und andere Chemikalien angegriffen und zerstört. Infolge dieses als **Denaturierung** bezeichneten Vorgangs verlieren Proteine ihre biologischen Funktionen (↑ Exp. 11.23).

01 Denaturierung von Proteinen durch
A Erhitzen, **B** saure Lösung, **C** Salz, **D** Reduktionsmittel

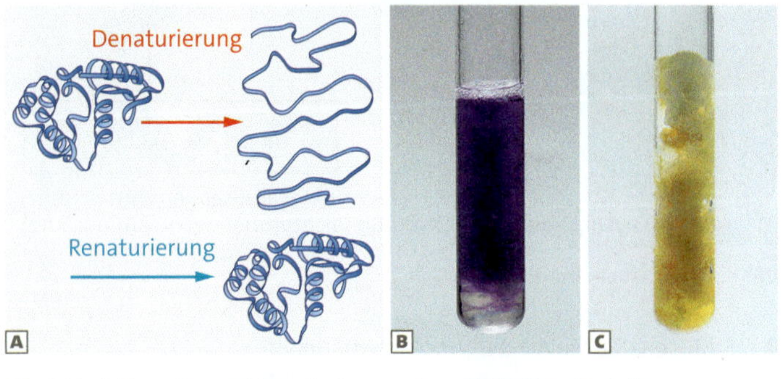

02 **A** Modell zur De- und Renaturierung eines globulären Proteins,
B Biuretreaktion, **C** Xanthoproteinreaktion

Beim **Erwärmen** von Proteinen wie im Eiklar (↑ **01A**) werden Ionenbindungen und Wasserstoffbrücken gelöst sowie London-Kräfte geschwächt. Sie bilden sich an anderen Stellen neu, wobei sich die Sekundär- und Tertiärstruktur irreversibel verändert. Die Primärstruktur bleibt jedoch wie bei den anderen Denaturierungsvorgängen unverändert.

Gibt man zu Milch eine Säure, so werden die Milchproteine denaturiert, was man am Ausflocken erkennen kann (↑ **01B**). Durch Einwirkung von **Säuren** und **Laugen** verändern sich die Ladungsverhältnisse im Proteinmolekül. Infolgedessen werden Ionenbindungen zwischen Carboxylat- und Ammoniumgruppen und Wasserstoffbrücken zerstört. Durch Einwirkung von Säure können Proteine auch *hydrolytisch gespalten* werden, beispielsweise bei der Verdauung von Proteinen im Magen.

Salze entziehen Proteinen das Wasser, sie dehydratisieren. Die Lebensmittelindustrie nutzt diese Form der Denaturierung zur Konservierung, z. B. beim Pökeln von Schinken (↑ **01C**). Dadurch werden vor allem Wasserstoffbrücken aufgebrochen. In ähnlicher Weise denaturierend wirken Lösungsmittel wie **Ethanol**, das ebenfalls die Wasserstoffbrücken in den Proteinmolekülen beeinflusst.

Schwermetall-Ionen treten mit Schwefel- und Stickstoffatomen der Proteinmoleküle in Wechselwirkung. Es kommt zur Quervernetzung zwischen Proteinmolekülen. Darauf beruht die Giftigkeit von Blei- und Quecksilber-Ionen für den Organismus.

Auch starke **Reduktionsmittel** wie Schwefelwasserstoff H_2S verändern die Struktur von Proteinen, indem sie mit den Disulfidbrücken reagieren und sie spalten. Der Prozess ist jedoch reversibel und kann durch geeignete Oxidationsmittel wieder umgekehrt werden. Diese Redoxreaktionen nutzen Friseure bei der „Dauerwelle" (↑ **01D**).

RENATURIERUNG Durch die Zerstörung der Sekundär- und Tertiärstruktur liegen die Proteine als gestreckte Polypeptidketten vor. In bestimmten Fällen kann die Denaturierung jedoch rückgängig gemacht werden (↑ **02A**). Dieser Vorgang heißt **Renaturierung.** Ein Beispiel aus dem Alltag ist das Aufschlagen von Eiklar, denn der entstandene Eischnee wird nach einiger Zeit wieder flüssig. Auch bei der „Dauerwelle" kann die Strukturveränderung durch ein Oxidationsmittel wieder rückgängig gemacht werden. Meist sind Denaturierungen jedoch irreversibel.

NACHWEISREAKTIONEN Nachweisreaktionen für Proteine verlaufen als Denaturierung. Bei der **Biuretreaktion** reagieren Proteine mit alkalischer Kupfer(II)-sulfatlösung (↑ Exp. 11.24). Durch die Wechselwirkung mit den Stickstoffatomen bildet sich ein violetter Kupferbiuretkomplex (↑ **02B**).
Bei der **Xanthoproteinreaktion** werden die Proteine mit konzentrierter Salpetersäure versetzt (↑ Exp. 11.25). Dabei flocken die Proteine aus und verfärben sich charakteristisch gelb, weil die Seitenketten mit aromatischen Resten nitriert werden (↑ **02C**).

1) Begründen Sie, warum längeres hohes Fieber für Säugetiere und Menschen lebensgefährlich sein kann.

2) Erläutern Sie die Funktionen der Magensäure bei der Verdauung von Eiweißen und bei der Abtötung von Krankheitskeimen.

3) Eine Föhnfrisur ist auf eine Hydratisierung der Haare zurückzuführen. Erklären Sie die Veränderung einer Föhnfrisur bei Regenwetter mithilfe Ihrer Kenntnisse über die Struktur von Proteinen.

P Eigenschaften von Proteinen

EXP 11.23 Denaturierung von Proteinen

Materialien 6 Bechergläser (100 ml), 1 Becherglas (500 ml), Glasstäbe, Kochplatte, 1 Eiklar, 300 ml 1 %ige Kochsalzlösung, Salzsäure ($c = 1\,mol \cdot l^{-1}$; 5), Natronlauge ($c = 1\,mol \cdot l^{-1}$; 5), Ethanol (2, 7), Ammoniumsulfat, Kupfer(II)-sulfat-5-Wasser (5, 7, 9)

Durchführung Vermischen Sie das Eiklar mit Kochsalzlösung und verteilen Sie das Gemisch auf die 6 Bechergläser. Das erste Becherglas wird auf der Heizplatte erwärmt. Zu den anderen Lösungen werden kleine Mengen an Salzsäure, Natronlauge, Ethanol, Ammoniumsulfat oder Kupfersulfat hinzugefügt.
Entsorgung: Reste in die Behälter für saure und alkalische Abfälle, halogenfreie organische Abfälle (Ethanol) bzw. giftige anorganische Abfälle (Kupfersulfat) geben.

Auswertung

1) Tragen Sie Ihre Beobachtungen in einer tabellarischen Übersicht zusammen und erklären Sie sie.

2) Diskutieren Sie, warum die Tertiärstruktur gegenüber Umwelteinflüssen besonders empfindlich ist.

EXP 11.24 Biuretreaktion

Materialien 2 Reagenzgläser, Eiklarlösung, Kupfer(II)-sulfatlösung ($w = 5\,\%$; 7), Natronlauge ($c = 1\,mol \cdot l^{-1}$; 5)

Durchführung Füllen Sie 3 ml Eiklarlösung in ein Reagenzglas. Geben Sie einige Tropfen Natronlauge und danach einige Tropfen Kupfer(II)-sulfatlösung dazu.
Entsorgung: Lösung in den Behälter giftige anorganische Abfälle geben.

Auswertung

1) Erklären Sie Ihre Beobachtungen.

2) Informieren Sie sich über die Giftwirkung von Schwermetallverbindungen im menschlichen Organismus. Erarbeiten Sie dazu eine Präsentation.

EXP 11.25 Xanthoproteinreaktion

Materialien Reagenzglas, Brenner, Eiklarlösung, konzentrierte Salpetersäure ($w = 50\,\%$; 5)

Durchführung Füllen Sie die Eiklarlösung in das Reagenzglas und geben Sie 4–5 Tropfen Salpetersäure hinzu. Erwärmen Sie das Gemisch vorsichtig.
Entsorgung: Reste in die Behälter für saure und alkalische Abfälle geben.

Auswertung

1) Erklären Sie Ihre Beobachtungen.

2) Begründen Sie, dass beim Umgang mit Säuren und Laugen besondere Sicherheitsregeln einzuhalten sind.

EXP 11.26 Hydrolyse eines Proteins

Materialien Reagenzglas, Becherglas (200 ml), kristallisiertes Albumin, Pankreatin (8, 7), Natriumdihydrogenphosphat, Natriumhydrogenphosphat-12-Wasser (5)

Durchführung Lösen Sie 1,4 g Natriumdihydrogenphosphat und 3,6 g Natriumhydrogenphosphat-12-Wasser in 100 ml Wasser. Fügen Sie unter Rühren 1 g Pankreatin dazu.
Geben Sie etwa 5 ml der Pufferlösung ins Reagenzglas und versetzen Sie sie mit einer Spatelspitze Albumin. Erwärmen Sie das Gemisch etwa 1 Stunde lang auf ca. 37 °C.
Entwickeln Sie ein Experiment, um das Hydrolysat dünnschichtchromatografisch aufzutrennen und drei Aminosäuren im Produktgemisch zu identifizieren (↑ Exp. 11.21, S. 244).
Entsorgung: Reste ins Abwasser geben.

Auswertung

1) Formulieren Sie eine Reaktionsgleichung für die Hydrolyse eines beliebigen Dipeptids.

2) Erläutern Sie die Funktion von Pankreatin und anderen Enzymen bei der Verdauung von Eiweißen.

3) Vergleichen Sie die Hydrolyse eines Peptids mit der Hydrolyse eines Esters.

11.13 Enzyme – spezialisierte Proteine

Video: Biolumineszenz

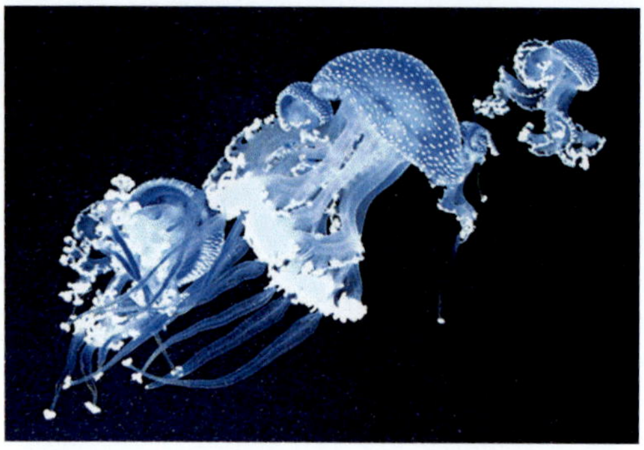

01 Biolumineszenz durch das Enzym Luciferase

Damit die vielen Tausend chemischen Reaktionen des Stoffwechsels in den Zellen der Lebewesen ablaufen können, sind Proteine mit einer spezifischen Funktion, die **Enzyme**, erforderlich. Indem sie die Aktivierungsenergie absenken, können viele Reaktionen schon bei etwa 37 °C ablaufen. Sie bewirken außerdem eine Erhöhung der Reaktionsgeschwindigkeit und gehen als Reaktionsteilnehmer nach der Reaktion unverändert aus ihr hervor. Sie haben eine **katalytische Funktion** bei biochemischen Reaktionen und werden deshalb **Biokatalysatoren** genannt.

Katalyse verstehen ↑ S. 100 f.

BAU DER ENZYME Enzyme sind globuläre Proteine, die gut in Wasser löslich sind. Ihre charakteristische Form wird durch die *Tertiärstruktur* festgelegt. Jedes Enzym besitzt dabei eine einzigartige taschenförmige Struktur, die das **aktive Zentrum** bildet (↑ **03**). Daran können bestimmte geometrisch exakt passende Moleküle, die sogenannten **Substrate**, binden. Der Zusammenhalt von Enzym und Substrat im **Enzym-Substrat-Komplex** erfolgt durch *intermolekulare* Ionenbindungen oder zwischenmolekulare Kräfte wie Wasserstoffbrücken und Van-der-Waals-Kräfte. Bindet ein Substratmolekül an das aktive Zentrum des Enzyms, so wird aus einer Vielzahl möglicher Reaktionen, an dem das Substrat beteiligt sein kann, eine bestimmte chemische Reaktion beschleunigt – häufig um das 10^{14}-Fache.

Enzymart	Katalysierte Reaktion	Beispiel(e)
Oxido-reduktase	Redoxreaktion	Luciferase: Biolumineszenz durch Oxidation von Luceferin
Hydrolase	hydrolytische Spaltung von Peptid-bindungen	Peptidase und Protease im Magen- und Dünndarmsaft: Proteinspaltung (Verdauung)
Isomerase	Umlagerung von isomeren Molekülen	Retinal-Isomerase: Rückbildung des Sehfarbstoffs nach Belichtung

02 Beispiele für Enzymarten und ihre katalysierten Reaktionen

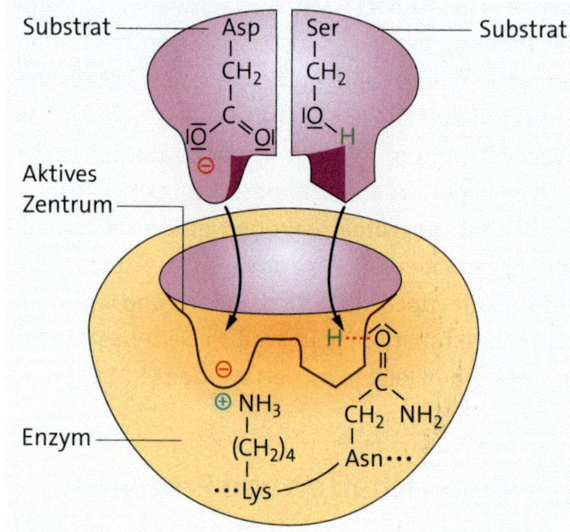

03 Enzym-Substrat-Komplex

EINTEILUNG UND NAMEN VON ENZYMEN Nach der Art der katalysierten Reaktion werden die Enzyme in Gruppen eingeteilt (↑ **02**). Ihr Name wird gebildet, indem die Endung **-ase** an die Reaktionsart oder den Namen des Substrats angehängt wird: Das Enzym Lipase spaltet beispielsweise Lipide (Fette). Einige Enzyme wie das im Magen vorkommende Pepsin tragen Trivialnamen.

ABLAUF EINER ENZYMREAKTION Ein besonderes Merkmal aller Enzymreaktionen ist die exakte räumliche Passform zwischen Enzym und Substrat, was als **Substratspezifität** bezeichnet wird.
Bereits 1894 formulierte Emil Fischer das **Schlüssel-Schloss-Prinzip**, bei dem das aktive Zentrum in Abwesenheit des Substrats bereits vorgeformt vorliegt (↑ **05**). Heute weiß man, dass Enzyme sich dynamisch anpassen können: Das Substrat kann am aktiven Zentrum Konformationsänderungen bewirken, sodass es erst nach der Bindung des Substrats die komplementäre Form einnimmt. Dieses Modell wird **Induced-fit-Modell** genannt.

Jedes Enzym katalysiert aufgrund seines spezifisch geformten aktiven Zentrums nur eine bestimmte chemische Reaktion, was als **Wirkungsspezifität** bezeichnet wird. Dabei benötigt die durch Enzyme katalysierte Reaktion eine geringere Aktivierungsenergie (↑ **04**) und verläuft mit einer höheren Reaktionsgeschwindigkeit als die unkatalysierte Reaktion. Vorübergehend entsteht ein Enzym-Substrat-Komplex, bei dem die Bindungen des Substratmoleküls gelockert werden. Schließlich zerfällt der Komplex in das Produkt und das Enzymmolekül, das wieder frei wird und für weitere Reaktionen zur Verfügung steht.

BEEINFLUSSUNG DER ENZYMAKTIVITÄT Die Funktion von Enzymen hängt entscheidend von der Temperatur und dem pH-Wert der Umgebung ab. Für beide Bedingungen existieren für jedes Enzym optimale Bereiche. Werden jedoch bestimmte Grenzwerte überschritten, so kann die Enzymfunktion ausbleiben oder die Enzyme irreversibel denaturieren, da ihre Tertiär- oder Quartärstruktur zerstört wird.

Im menschlichen Körper wirkende Enzyme benötigen meist Temperaturen zwischen 37 und 41 °C. Das pH-Optimum der Enzyme kann in völlig unterschiedlichen Bereichen liegen. So katalysiert **Amylase**, ein Stärke spaltendes Enzym im Speichel, im neutralen bis schwach sauren Bereich. **Pepsin**, eine Protein spaltende *Peptidase*, hat ihr pH-Optimum dagegen im stark sauren Bereich. Außerhalb des Magens ist sie inaktiv, sodass das Gewebe vor Selbstverdauung geschützt wird.

HEMMUNG EINER ENZYMREAKTION Stoffe, die eine Verringerung der Reaktionsgeschwindigkeit bewirken, werden **Inhibitoren** genannt. Sie setzen die Aktivität der Enzyme herab, indem sie das aktive Zentrum blockieren. Oft ist die Hemmung durch Inhibitoren reversibel wie bei der **kompetitiven Hemmung**. Dabei wird das aktive Zentrum durch den Inhibitor besetzt, dessen Struktur der des Substrats ähnelt, aber nicht umgesetzt werden kann. Substrat und Inhibitor konkurrieren um das aktive Zentrum. Diese Hemmung ist oft reversibel, da das aktive Zentrum wieder freigegeben werden kann.

Bei der **allosterischen Hemmung** wird der Inhibitor an beliebiger Stelle des Enzyms gebunden und verändert dessen räumliche Struktur, sodass das Substrat nicht mehr am aktiven Zentrum binden kann.

Bei der irreversiblen Hemmung durch **Schwermetall-Ionen** kommt es wegen der Größe der Ionen und der Stärke der Ladung zu einer dauerhaften Bindung zwischen den Metall-Ionen und den negativ geladenen Carboxylatgruppen und damit zu einer Änderung der Tertiärstruktur.

> **Enzyme sind Proteine, die unter physiologischen Bedingungen als Biokatalysatoren wirken. Als besonderes Strukturmerkmal besitzen sie ein aktives Zentrum, das die Substrate in Produkte umwandelt.**

1 ⟩ Stellen Sie eine begründete Hypothese auf, welche Stoffe als Enzymgift wirken könnten.

2 ⟩ Skizzieren Sie ein Modell zur kompetitiven und zur allosterischen Enzymhemmung.

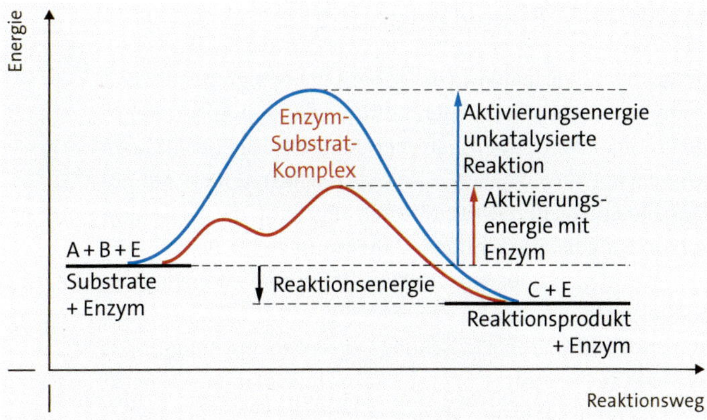

04 Energiediagramm einer chemischen Reaktion mit und ohne Enzym

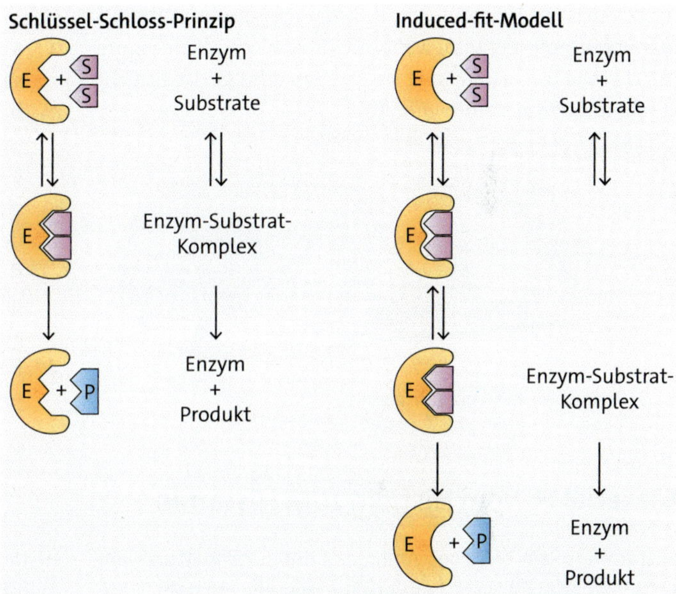

05 Modellvorstellung zur Bildung des Enzym-Substrat-Komplexes

P **EXP 11.27** **Wirkung von Katalase**

Materialien 5 Reagenzgläser, Brenner, rohe geriebene Kartoffel, H_2O_2 (w = 10 %; 3, 5), Kupfersulfatlösung (w = 1 %), Wasser

Durchführung Vermengen Sie geriebene Kartoffel mit etwas Wasser, geben Sie dies auf ein Tuch und pressen Sie Saft aus. Die Hälfte des Safts wird bis zum Sieden erhitzt. Füllen Sie in 3 Reagenzgläser je 5 ml Wasserstoffperoxidlösung und geben Sie a) 1 ml Kartoffelpresssaft roh; b) 1 ml Kartoffelpresssaft erhitzt; c) 1 ml Kartoffelpresssaft roh plus 1 ml Kupfersulfatlösung dazu.
Testen Sie alle 3 Ansätze mit der Glimmspanprobe auf Sauerstoff.
Entsorgung: Rest von Reagenzglas c in den Behälter für giftige anorganische Abfälle, übrige Lösungen ins Abwasser geben.

Auswertung Beschreiben und deuten Sie Ihre Beobachtungen.

Klausurtraining

Material G Phenylketonurie

Einige Menschen leiden an der genetisch bedingten Krankheit *Phenylketonurie* (PKU). Ihnen fehlt ein für den Abbau der in vielen Lebensmitteln enthaltenen Aminosäure Phenylalanin das Enzym Phenyloxydase. Als Folge reichert sich die Aminosäure im Blut an und wird zu Stoffen abgebaut, die die Gehirnentwicklung beeinträchtigen. Daher müssen die Betroffenen Lebensmittel mit der Aufschrift „enthält eine Phenylalaninquelle" meiden.

Manchen Süßspeisen, Erfrischungsgetränken und Kaugummis wird der Zuckerersatzstoff Aspartam zugesetzt. Er schmeckt etwa 200-mal süßer als Saccharose, enthält aber viel weniger Energie, sodass er vor allem in kalorienreduzierten „Light"-Produkten enthalten ist.

Aspartam ist ein Dipeptid, das aus Asparaginsäure und Phenylalanin synthetisiert wird, wobei die C-terminale Aminosäure mit Methanol verestert ist (↑ G1.2). Beim Erhitzen ist es nicht stabil, sondern zerfällt hydrolytisch.

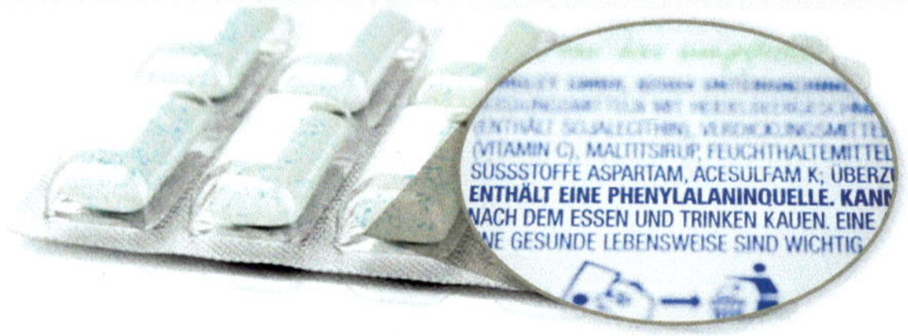

G1.1 Kaugummi, mit Aspartam gesüßt

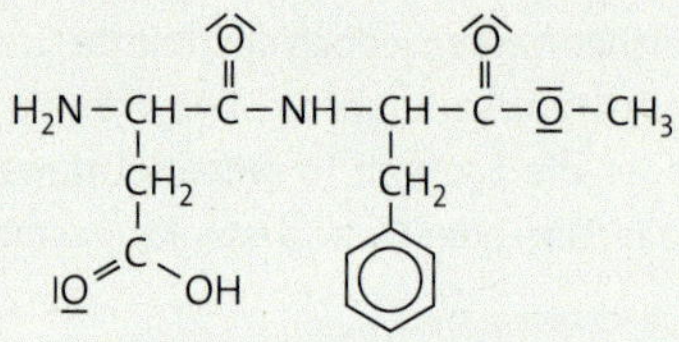

G1.2 Aspartylphenylalaninmethylester (Aspartam)

AUFGABEN ZU G

1) **a** Beschreiben Sie den Bau der proteinogenen Aminosäuren am Beispiel des Phenylalanins.
b Erläutern Sie die Einteilung der proteinogenen Aminosäuren anhand ihrer Struktur.
c Entwickeln Sie eine Reaktionsgleichung für die vollständige Hydrolyse von Aspartam, bei der drei verschiedene Reaktionsprodukte entstehen.
d Zeichnen Sie die Halbstrukturformeln aller Dipeptide, die aus einem Gemisch von Asparaginsäure und Phenylalanin entstehen können.

2) Bewerten Sie die Verwendung von Aspartam in Lebensmitteln als Verbraucher und aus medizinischer Sicht.

Material H Vom Histidin zum Histamin

Histamin ist ein biogenes Amin, das durch Abspaltung von Kohlenstoffdioxid aus der Aminosäure Histidin entsteht. Dazu ist das Enzym Histidindecarboxylase notwendig. Histamin wirkt im Organismus als Botenstoff, der eine wichtige Rolle bei der Abwehr körperfremder Stoffe und bei Entzündungsreaktionen spielt, aber auch im Zentralnervensystem wirkt. Bei allergischen Reaktionen wird es aus Mastzellen freigesetzt. Daraufhin kommt es im umliegenden Gewebe sofort zur Erweiterung der Blutgefäße und zu Schwellungen durch Einlagerung von Flüssigkeit. Allergiker werden daher mit *Antihistaminika* behandelt, die die Wirkung des Botenstoffs hemmen.

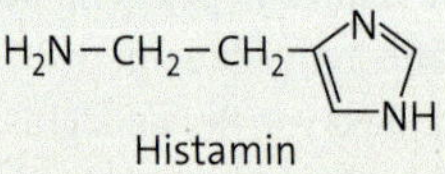

Histamin

H1.1 Wespengift enthält Histamin.

Histamin ist auch im Gift der Wespen enthalten, das zusammen mit anderen Allergien auslösenden Proteinen nach einem Stich die schmerzhaften „Quaddeln" verursacht (↑ H1.1). Sie lassen sich u. a. mit diesen Methoden behandeln:

- Kühlen der betroffenen Stelle
- kurzzeitiges Erwärmen auf 45 bis 60 °C mittels eines thermoelektrischen Stichheilers („Insektenstift")
- Auftragen einer antiallergisch wirkenden Salbe

AUFGABEN ZU H

1) **a** Zeichnen Sie die Halbstrukturformel des Zwitterions von Histidin.
b Begründen Sie, dass der pH_{iso} von Histidin über 7,0 liegt.
c Erklären Sie den amphoteren Charakter von Histidin mithilfe des Donator-Akzeptor-Konzepts.
d Entwickeln Sie eine Reaktionsgleichung für die Umwandlung von Histidin zu Histamin.

2) Erläutern und bewerten Sie die Wirkmechanismen bei der Behandlung von Hautquaddeln durch Wespengift.

Material I Proteine im Blut

Etwa vier bis sechs Liter Blut pulsieren durch den Körper eines erwachsenen Menschen. Es übernimmt u. a. die wichtige Aufgabe, den Stoffaustausch zwischen Umwelt und Zellen im Körper zu gewährleisten. Blut besteht zu 44 % aus zellulären Bestandteilen und zu 55 % aus Blutplasma. Die Funktionen des hauptsächlich aus Wasser und Proteinen bestehenden Blutplasmas sind Stofftransport, Immunabwehr, Blutgerinnung und Regulierung des pH-Werts.

Die Proteine im Blut lassen sich durch Elektrophorese in verschiedene Globuline und Albumin, das häufigste Plasmaprotein, auftrennen. Albumin besteht aus 585 Aminosäurebausteinen, von denen viele polare Seitenketten aufweisen. Zudem hat es 16 Histidinbausteine gebunden.

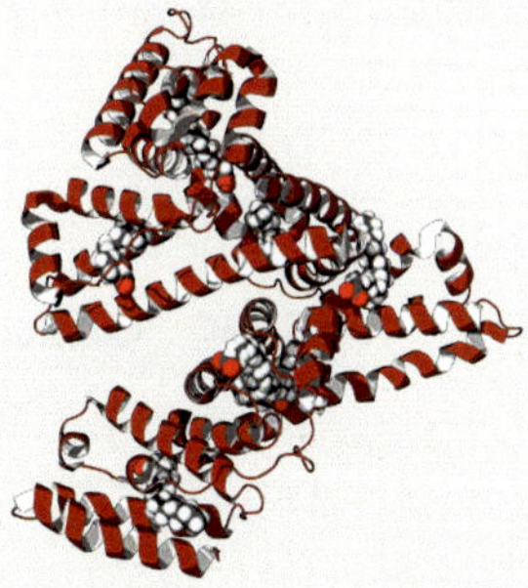

I1.1 Raummodell von Albumin

Indem Albumin in den Blutgefäßen Wasser an sich bindet, verhindert es dessen Austritt in die Zellzwischenräume und somit ins Gewebe.

AUFGABEN ZU I

1) **a** Beschreiben Sie die Struktur des Albumins anhand von ↑ I1.1 und ordnen Sie es begründet einer Proteinart zu.
b Vergleichen Sie die Struktur von Albumin mit der eines selbst gewählten fibrillären Proteins. Leiten Sie daraus die unterschiedlichen Funktionen globulärer und fibrillärer Proteine ab.

2) **a** 1 g Albumin kann bis zu 18 ml Wasser binden. Erklären Sie diesen Sachverhalt.
b Stellen Sie eine Hypothese auf, wie ein Mangel an Albumin im Blutplasma zu Ödemen, Wasseransammlungen im Gewebe, führen kann.

3) Blut hat einen stabilen pH-Wert von etwa 7,4. Erläutern Sie anhand einer Skizze die auf den Histidinbausteinen beruhende Pufferwirkung von Albumin im Blut.

4) Erklären Sie das Prinzip der Elektrophorese exemplarisch anhand der Plasmaproteine des Bluts.

5) Kommt es bei einer Rasur zu einer Verletzung, so dienen Alaunstifte zum Stillen der Blutung. Sie enthalten Kaliumaluminiumalaun ($K_2Al_2(SO_4)_4$). Erläutern Sie, worauf die blutstillende Wirkung beruht.

Material J Chemie im Friseursalon

Haare bestehen aus dem fibrillären Protein α-Keratin, dessen häufigster Aminosäurebaustein Cystein ist. In einem Ausschnitt des Keratinmoleküls kommen beispielsweise Aminosäurebausteine in der Reihenfolge –Ser–Cys–Leu– vor.

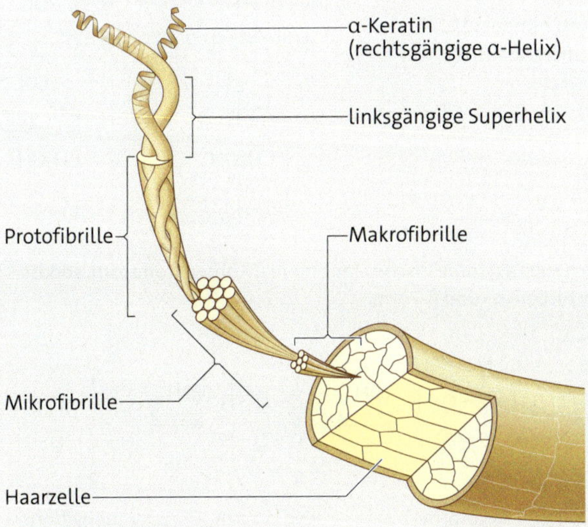

J1.1 Aufbau eines menschlichen Haars

Keratinmoleküle liegen als α-Helices vor, von denen mehrere durch Disulfidbrücken verbunden und zu einer Superhelix verdrillt sind. Sie ist Bestandteil einer Protofibrille. Elf Protofibrillen verbinden sich zu Mikrofibrillen. Ein Bündel davon ergibt eine Makrofibrille, von denen sich wiederum mehrere in einer Zelle des Haars befinden. Bei einer Dauerwelle werden die Disulfidbrücken an den Cysteinbausteinen durch ein Reduktionsmittel, das Protonen H^+ liefert, zu *Thiolen* –SH geöffnet. Nach dem Formen des Haars wird durch das Oxidationsmittel Wasserstoffperoxid (H_2O_2) die neue Struktur fixiert. Sie bleibt bis zum Nachwachsen des Haars bestehen.

AUFGABEN ZU J

1) Zeichnen Sie die Strukturformel für den angegebenen Ausschnitt des Keratinmoleküls. Benennen Sie die vorliegende Bindung.

2) Erläutern Sie am Beispiel des α-Keratins die Begriffe Primär-, Sekundär-,Tertiär- und Quartärstruktur.

3) Formulieren Sie am Beispiel zweier Cysteinbausteine des Keratinmoleküls die chemischen Reaktionen, die zur Formung des Haars führen. Zeigen Sie, dass es sich um eine Redoxreaktion handelt.

Auf einen Blick

Kohlenhydrate

Gruppe von Naturstoffen mit der allgemeinen Summenformel $C_x(H_2O)_y$, die eine Aldehydgruppe (–CHO) oder eine Ketogruppe (–CO–) sowie mehrere Hydroxygruppen (–OH) im Molekül enthalten

Monosaccharide

Einfachzucker. Unterscheidung nach:
- der Art der funktionellen Gruppe: **Aldosen** (eine Aldehydgruppe im Molekül) und **Ketosen** (eine Ketogruppe im Molekül)
- der Länge der Kohlenstoffkette: **Triosen** (3 Kohlenstoffatome), **Tetrosen** (4 Kohlenstoffatome), **Pentosen** (5 Kohlenstoffatome), **Hexosen** (6 Kohlenstoffatome)
- der Stellung der Hydroxygruppe des am weitesten von der funktionellen Gruppe entfernten asymmetrischen Kohlenstoffatoms in der Fischer-Projektion: **D- und L-Zucker**

Hexosen	Fischer-Projektion	Haworth-Projektion	Eigenschaft
Aldosen: eine Aldehydgruppe am C-1-Atom *Beispiel:* D-Glucose	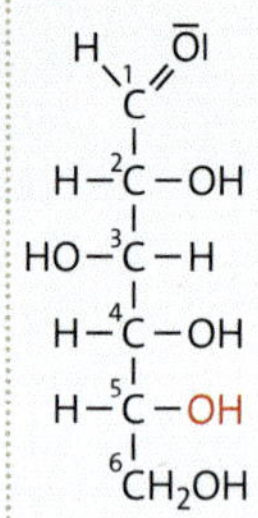 D-Glucose	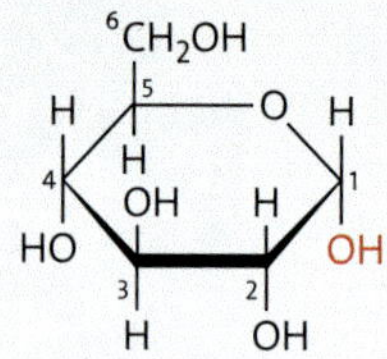 α-D-Glucose (Pyranose)	reduzierend wegen Keto-Enol-Tautomerie
Ketosen: eine Ketogruppe am C-2-Atom *Beispiel:* D-Fructose	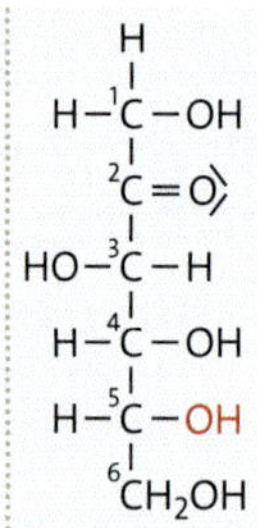 D-Fructose	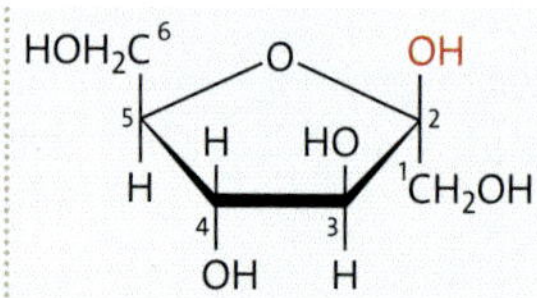 β-D-Fructose (Furanose)	reduzierend wegen Keto-Enol-Tautomerie

Spiegelbildisomere (Enantiomere)

Stereoisomere, die sich wie Bild–Spiegelbild verhalten
Beispiel: D-Glucose und L-Glucose sind Enantiomere.
Enantiomere sind chiral, sie zeigen optische Aktivität.
Notwendiges Kriterium für Chiralität: mindestens ein asymmetrisches Kohlenstoffatom im Molekül, das vier unterschiedliche Substituenten besitzt

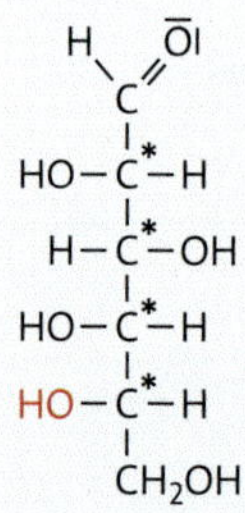
L-Glucose

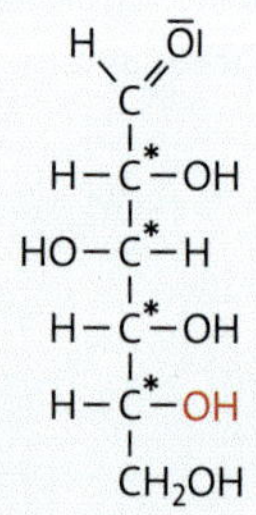
D-Glucose

Anomere

Durch die Ringbildung entsteht ein neues asymmetrisches (anomeres) Kohlenstoffatom, sodass sich zwei Stereoisomere (Anomere) bilden: α- und β-Form.

Keto-Enol-Tautomerie

Gleichgewichtsreaktion, bei der die Ketose Fructose durch katalytisch wirkende OH^--Ionen in den Aldehyd Glucose umgewandelt wird. Dabei kommt es zur intramolekularen Umlagerung von Wasserstoffatomen.

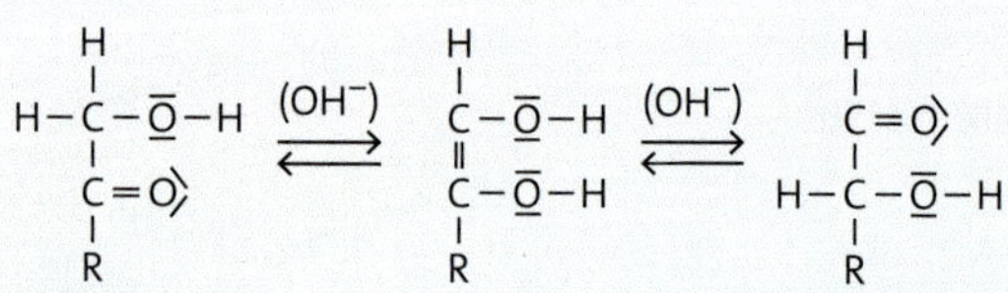
Ketoform Endiolform Aldehydform

Disaccharide

Zweifachzucker, deren Moleküle aus zwei Monosaccharidbausteinen bestehen;
Bildung durch Kondensation von zwei Monosaccharidbausteinen unter Abspaltung eines Wassermoleküls

Disaccharid	Monosaccharidbausteine	Glykosidische Bindung	Strukturformel	Eigenschaft
Saccharose	α-D-Glucose β-D-Fructose	α-1,β-2	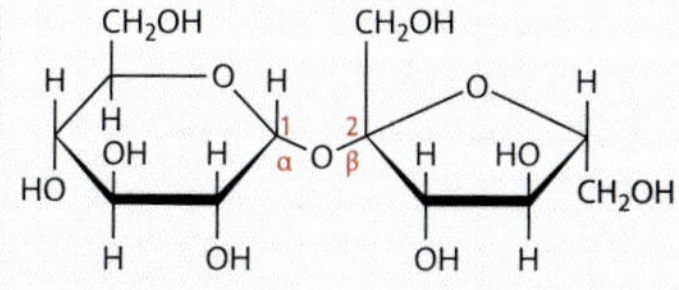	nicht reduzierend
Maltose	α-D-Glucose α-D-Glucose	α-1,4	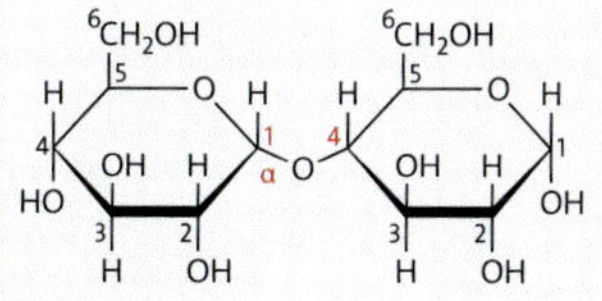	reduzierend

Nachweise

Reduzierende Zucker: **Fehling-Probe** und **Silberspiegelprobe** verlaufen positiv.
Spezifischer Nachweis für Glucose: Glucoseteststreifen
Spezifischer Nachweis für Fructose: Seliwanow-Probe

Polysaccharide

Vielfachzucker, deren Moleküle aus 10 bis zu 1 Million Monosaccharidbausteinen bestehen;
Bildung durch Kondensation von vielen Monosaccharidbausteinen unter Abspaltung von Wassermolekülen

Stärke • Makromolekül aus α-D-Glucosebausteinen • pflanzlicher Speicherstoff	**Amylose** • unverzweigt, spiralförmig • α-1,4-glykosidische Verknüpfung	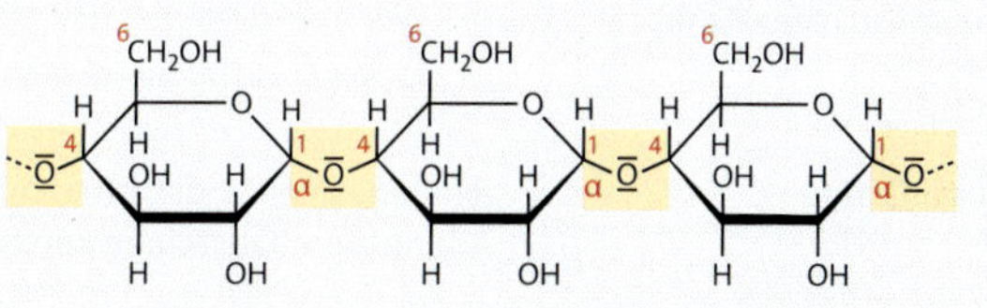
	Amylopektin • verzweigt • α-1,4- und α-1,6-glykosidische Verknüpfung	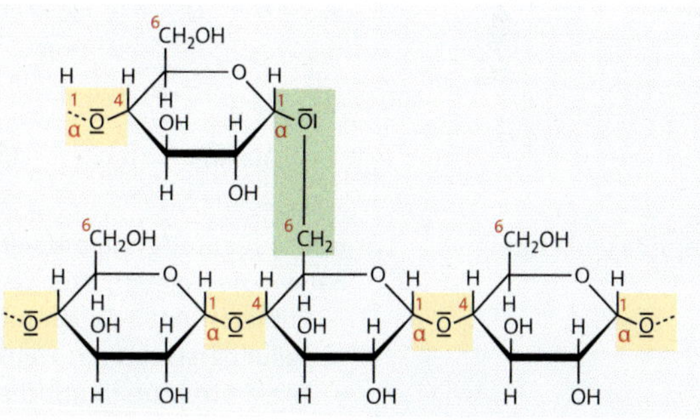
Cellulose • Makromolekül aus β-D-Glucosebausteinen • pflanzlicher Baustoff	• lineare Moleküle • β-1,4-glykosidische Verknüpfung • lagern sich zu größeren Verbänden zusammen, die durch Wasserstoffbrücken stabilisiert werden	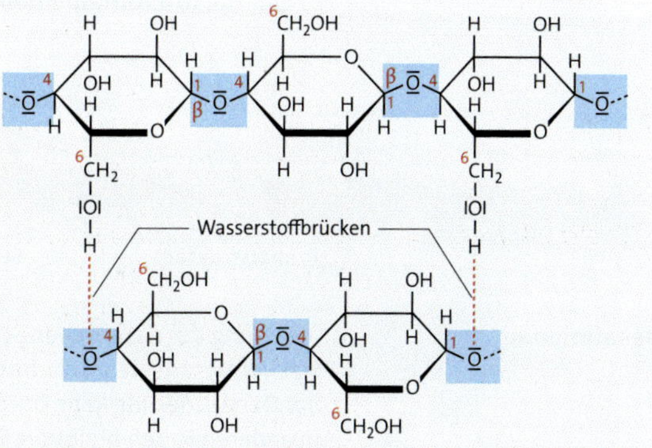

α-Aminosäuren

α-Aminosäuren enthalten in ihren Molekülen als funktionelle Gruppen eine Amino- und eine Carboxygruppe, die am C–2-Atom gebunden sind. Sie unterscheiden sich durch die verschieden gestaltete Seitenkette, die die Eigenschaften der Aminosäuren bestimmt.
α-Aminosäuremoleküle besitzen mit Ausnahme des Glycinmoleküls ein asymmetrisches C*-Atom, sie sind chiral.
Die Enantiomere (Spiegelbildisomere) werden D- und L-Aminosäuren genannt. In der Natur kommen ausschließlich die **L-Aminosäuren** vor.

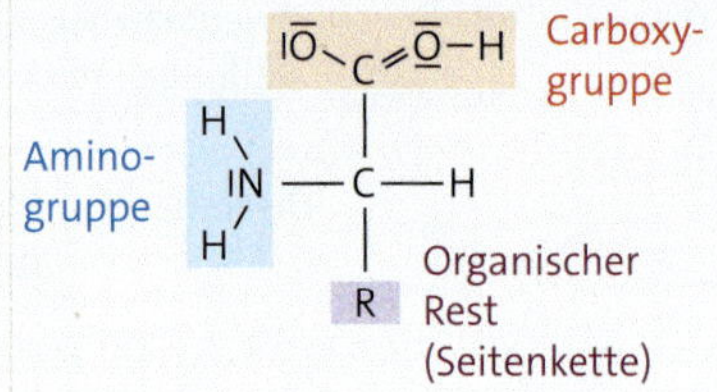

Zwitterion

Die Aminogruppe als Protonenakzeptor und die Carboxygruppe als Protonendonator führen in wässrigen Lösungen zur Bildung von Zwitterionen. Aminosäuren wirken deshalb als **Ampholyte**, die in wässrigen Lösungen pH-abhängige Gleichgewichtsreaktionen bilden:

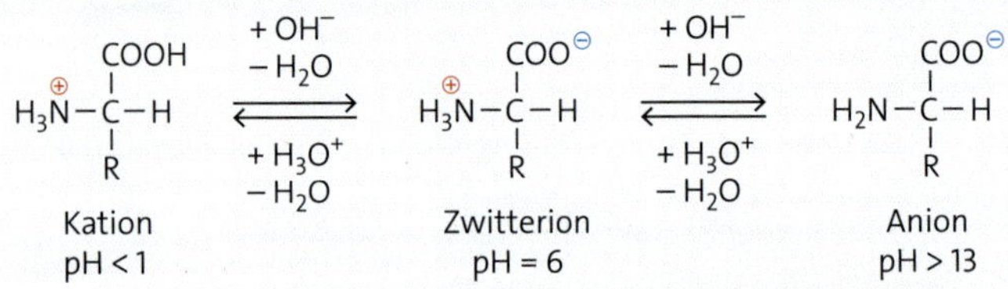

Aufgrund der polaren Struktur ihrer Moleküle zeigen Aminosäuren ähnliche Eigenschaften wie Salze, beispielsweise haben sie hohe Schmelztemperaturen.

Isoelektrischer Punkt (pH_{iso})

pH-Wert, bei dem die maximale Konzentration an Zwitterionen vorliegt.
Der Isoelektrische Punkt (pH_{iso}) ist für jede Aminosäure charakteristisch.

Peptidbindung

gemeinsames Strukturmerkmal von Peptid- und Proteinmolekülen, das durch die Verknüpfung von Aminosäurebausteinen entsteht:

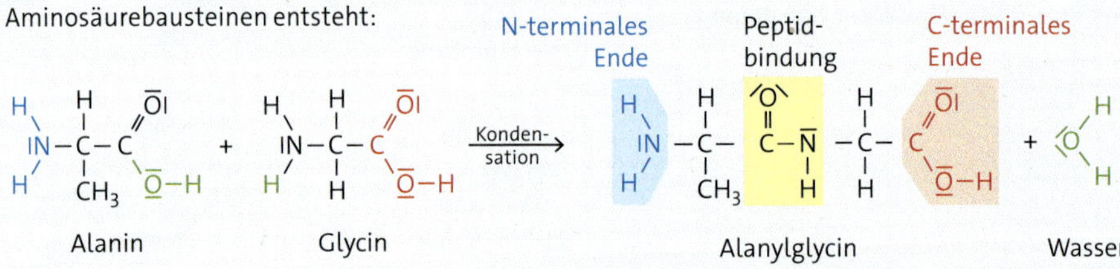

Peptide und Proteine

vielfältige Stoffgruppe, deren Vertreter unterschiedlich viele Aminosäurebausteine gebunden haben. Die Eigenschaften werden durch die Struktur der Moleküle bestimmt:

- **Primärstruktur:** Reihenfolge der Aminosäurebausteine (Aminosäuresequenz)
- **Sekundärstruktur:** α-Helix- und β-Faltblattstruktur
- **Tertiärstruktur:** räumliche Struktur des gesamten Proteins bzw. Faltung der Sekundärstruktur
- **Quartärstruktur:** funktionelle Einheit eines Proteins aus mehreren Polypeptidketten

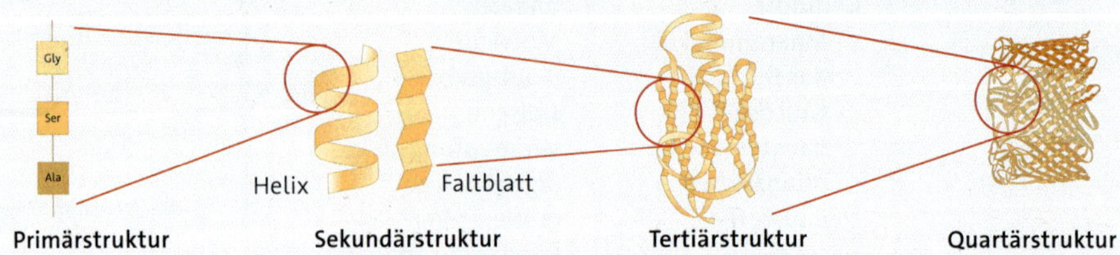

Denaturierung

Änderung der natürlichen Struktur eines Proteins durch das Einwirken von Säuren, Laugen und Schwermetallsalzen, wodurch die biologische Funktion der Proteine verloren geht. Der Vorgang der Denaturierung kann durch die Renaturierung teilweise wieder rückgängig gemacht werden, in anderen Fällen bleibt die Denaturierung jedoch irreversibel.

Übungsaufgaben

1› Die Samen von *Psyllium*, einer Wegerichart, enthalten sehr viele Ballaststoffe und werden deshalb bei Verdauungsproblemen angewendet. Außerdem enthält die Pflanze ein Monosaccharid, die Rhamnose.

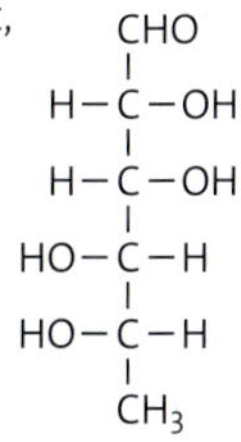

L-Rhamnose

a Vergleichen Sie die Struktur der Rhamnose mit der kettenförmigen Struktur von Glucose und Fructose.

b Zeichnen Sie die Haworth-Projektionsformel der ringfömigen L-Rhamnose.

c Begründen Sie die Zuordnung des Stoffs zu den Kohlenhydraten.

2› Die folgende Abbildung zeigt Modelle und Fischer-Projektionen verschiedener Kohlenhydrate:

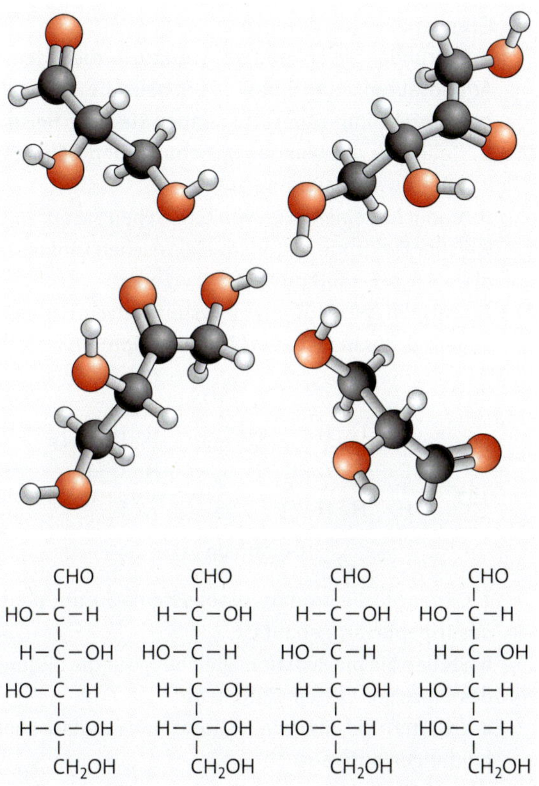

a Zeichnen Sie von den im Kugelstabmodell dargestellten Kohlenhydraten die Fischer-Projektionen und benennen Sie sie.

b Bestimmen Sie die Chiralitätszentren aller Moleküle.

c Ordnen Sie bei den gegebenen Fischer-Projektionen Enantiomere und Diastereomere einander zu.

d Erläutern Sie die Begriffe Enantiomer und Diastereomer.

3› Max behauptet: „α- und β-D-Glucose sind Enantiomere." Nehmen Sie zu dieser Aussage begründet Stellung. Finden Sie mindestens zwei Argumente, die Ihre Meinung stützen.

4› Reine Mannose wird in Wasser gelöst und mit Natronlauge versetzt. Nach einigen Minuten wird neutralisiert. In der Lösung lassen sich jetzt neben Mannose auch Glucose und Fructose nachweisen.

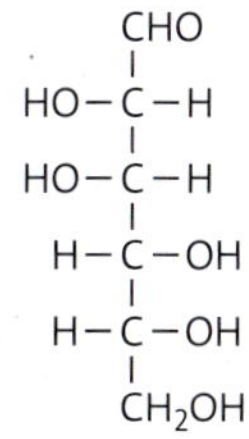

D-Mannose

a Vergleichen Sie die Molekülstruktur von D-Mannose mit der kettenförmigen Struktur von D-Glucose und D-Fructose.

b Zeichnen Sie eine Haworth-Projektion der ringförmigen Mannose (Pyranoseform).

c Erklären Sie das Versuchsergebnis ausführlich.

5› Oligofructose ist eine Kette aus drei bis sieben Fructosebausteinen in β-2,1-glykosidischer Verknüpfung.

a Zeichnen Sie die Strukturformel eines Oligofructosemoleküls aus drei β-D-Fructosebausteinen (Furanoseform).

b Kennzeichnen Sie die anomeren Kohlenstoffatome.

c Formulieren Sie eine Hypothese, ob die Fehling-Probe positiv verläuft.

6› Die folgende Tabelle enthält Angaben zu unterschiedlichen Disacchariden:

Name	Monosaccharidbausteine	Verknüpfung
Gentiobiose	D-Glucose, D-Glucose	β-1,6
Isomaltose	D-Glucose, D-Glucose	α-1,6
Lactulose	D-Galactose, D-Fructose	β-1,4
Sambubiose	D-Xylose, D-Glucose	β-1,2

a Erläutern Sie, was unter einer glykosidischen Bindung zu verstehen ist.

b Stellen Sie die in der Tabelle aufgeführten Disaccharide mit Haworth-Projektionen dar.

c Neben den Disacchariden Gentiobiose und Isomaltose besteht auch Maltose ausschließlich aus dem Monomer Glucose. Erklären Sie diese Vielfalt.

7› Chitin ist im Verbund mit Proteinen der Baustoff der Exoskelette von Insekten.

a Vergleichen Sie Chitin und Cellulose.

b Exoskelette der Insekten sind aus Chitin und nicht aus Cellulose. Erklären Sie, welcher Vorteil für Insekten daraus entsteht.

8› Natürliche Stärke besteht aus zwei Kohlenhydraten.

a Nennen Sie das Monosaccharid, das entsteht, wenn Stärke vollständig hydrolysiert wird.

b Vergleichen Sie Amylose und Amylopektin in Bezug auf ihre Struktur und ihre Eigenschaften.

c Beschreiben Sie, wie Stärke nachgewiesen werden kann.

d Die Makromoleküle beider Stärkearten besitzen an einem Ende freie glykosidische Gruppen. Trotzdem fällt die Fehling-Probe negativ aus. Erklären Sie diesen Sachverhalt.

9 › Eine 10%ige α-D-Glucoselösung wird hergestellt. Der Drehwinkel der Lösung wird über einen Zeitraum von 1,5 Tagen gemessen. Das Ergebnis der Messung ist im Diagramm dargestellt:

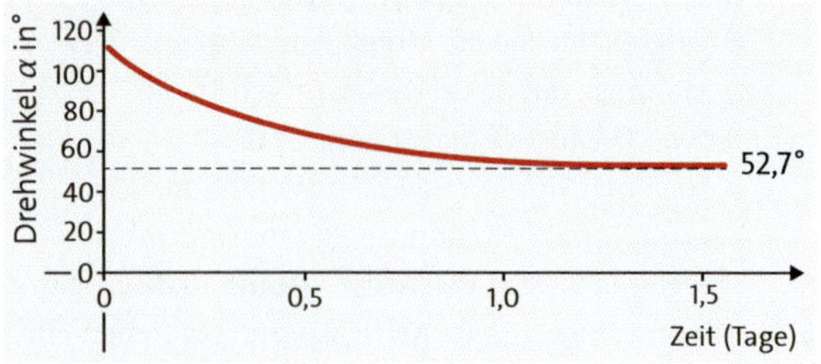

a Beschreiben Sie das Diagramm.

b Erklären Sie das Ergebnis der Messung.

c Der Drehwinkel von β-D-Glucoselösung beträgt +18,7°. Skizzieren Sie den Verlauf für die β-Glucoselösung über 1,5 Tage. Erklären Sie die Skizze.

10 › Ein Labor hat ein Trisaccharid zur Analyse bekommen. Die Laborantin gewinnt folgende Erkenntnisse: Wird das Trisaccharid nur kurze Zeit hydrolysiert, erhält man neben Fructose und Glucose zwei weitere Disaccharide. Eines der Disaccharide reagiert positiv mit Fehling-Lösung, das andere nicht. Nach längerer Zeit enthält das Reaktionsgemisch nur noch Glucose und Fructose im Verhältnis 2 : 1.

a Beschreiben Sie die Vorgänge, die bei der Hydrolyse der Trisaccharide stattfinden.

b Diskutieren Sie die Möglichkeiten für den Aufbau des Trisaccharids.

d Ordnen Sie die Disaccharide begründet den reduzierenden bzw. nichtreduzierenden Zuckern zu.

11 › Bei der Herstellung von Süßigkeiten, wie Bonbons, Pralinen oder auch Gummibären, ist meistens Invertzucker als Zutat unverzichtbar. Invertzucker schmeckt fruchtiger und milder, er kristallisiert nicht so schnell wie Saccharose und wird in cremiger Form („Kunsthonig") daher auch in weichen Lebkuchen verwendet.
Eine Möglichkeit, Invertzucker herzustellen, besteht darin, zu einer 70 bis 80 °C heißen wässrigen Saccharoselösung etwas Säure (z. B. Weinsäure) zu geben und weiter zu erhitzen. Nach Neutralisation z. B. mit Natriumhydrogencarbonat ist der Invertzucker fertig.

a Erläutern Sie die chemischen Vorgänge bei der Herstellung von Invertzucker.

b Entwickeln Sie den Mechanismus der Spaltung des Saccharosemoleküls.

c Stellen Sie eine Hypothese zur chemischen Zusammensetzung des Invertzuckers auf.

d Beschreiben Sie einen experimentellen Weg, um die Hypothese zu überprüfen.

12 › Lässt man gelbe Kaliumiodatlösung mit Glucose reagieren, so entfärbt sich das Reaktionsgemisch nach einiger Zeit. Durch die zugegebene Glucose wird Iodat zu Iodid reduziert. Gibt man zu der Kaliumiodatlösung jedoch Fructose, so dauert die Entfärbung deutlich länger. Erklären Sie die unterschiedliche Reaktionsdauer.

13 › a Begründen Sie die Tatsache, dass von fast allen proteinogenen Aminosäuren zwei Enantiomere möglich sind.

b Geben Sie an, welche Form in der Natur vorkommt.

14 › Erklären Sie die hohen Schmelz- bzw. Zersetzungstemperaturen der Aminosäuren auf molekularer Ebene.

15 › a Kennzeichnen Sie im Zwitterion des Valins die nach BRÖNSTED sauer und basisch reagierenden Gruppen.

b Begründen Sie anhand der Strukturformeln der Aminosäuren deren Einteilung in neutrale, saure und basische Aminosäuren und nennen Sie je ein Beispiel.

16 › a Stellen Sie die Reaktionsgleichung für die Umsetzung von Alanin mit Salzsäure auf.

b Alanin hat einen pH_{iso} von 6,11. Geben Sie an, zu welcher Elektrode Alanin im elektrischen Feld bei pH = 3,5; pH = 6,11 und pH = 9 wandert.

17 › Glutathion (γ-L-Glutamyl-L-cysteinylglycin) ist ein Tripeptid, das in fast allen Zellen vorkommt.

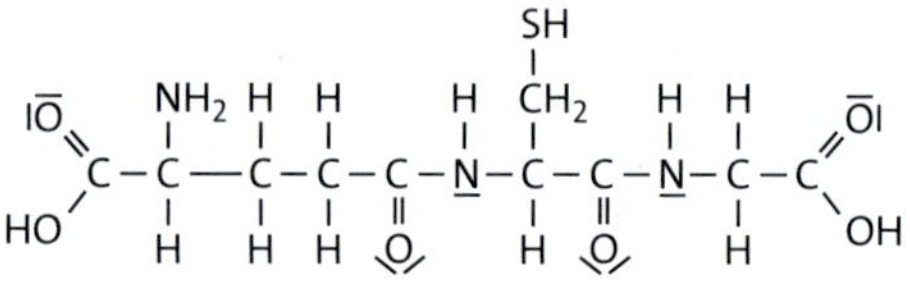

Glutathion

a Geben Sie die Aminosäurebausteine an, aus denen das Tripeptid aufgebaut ist.

b Stellen Sie die Reaktionsgleichung für die Bildung des Dipeptids Cysteinylglycin auf.

c Erläutern Sie, inwieweit Glutathion reguläre Peptidbindungen aufweist.

d Zwei Glutathionmoleküle können zu einem Peptidmolekül aus sechs Aminosäurebausteinen verbunden werden. Erläutern Sie mögliche Verknüpfungen und geben Sie die Aminosäuresequenz der Peptide an.

18 › Definieren Sie die Begriffe Peptid sowie Oligopeptid, Polypeptid und Protein.

19 › Klassifizieren Sie die vier möglichen Molekülstrukturen der Proteine anhand der jeweils wirkenden Bindungsarten und stellen Sie dies übersichtlich in einer Tabelle dar.

20 › Ordnen Sie schematisch die in den Organismen vorkommenden Proteine nach ihrer Struktur und den daraus resultierenden Eigenschaften und Funktionen. Nennen Sie jeweils zwei Beispiele.

21 › Aminosäuren mit voluminösen Seitenketten begünstigen die Helixbildung, solche mit kleinen Seitenketten die Faltblattstrukturbildung. Erläutern Sie, warum in Naturseide Glycin und Alanin häufig vorkommen.

22 › a Beschreiben Sie den Aufbau und die Eigenschaften des Strukturproteins Kollagen.
b Erläutern Sie, durch welche Maßnahmen aus Kollagen ein wasserbindendes Protein erzeugt werden kann, und benennen Sie dieses.

23 › Proteine werden im Magen verdaut. Der Magensaft enthält u. a. Salzsäure und das Enzym Peptidase.
a Definieren Sie den Begriff Enzym.
b Erläutern Sie die Funktion der Salzsäure und des Enzyms im Magensaft.
c Erstellen Sie ein allgemeines Reaktionsschema für die Proteinverdauung.
d Stellen Sie eine Hypothese auf, ob nur aus Salzsäure bestehender Magensaft die Proteinverdauung ermöglichen würde.

Mithilfe dieses Kapitels können Sie:	Aufgabe	Hilfe finden Sie auf Seite
• die Vertreter der Kohlenhydrate nach ihren spezifischen Strukturmerkmalen in Gruppen einteilen (Aldosen – Ketosen; Triosen ... Hexosen; Mono-, Di-, Oligo-, Polysaccharide)	*1, 3, 5, 6, 7, 8, 10*	*394, 405*
• die Molekülstruktur von Kohlenhydraten beschreiben für:		
Monosaccharide	*1, 2, 3, 4, 11*	*400, 402*
Disaccharide, Oligosaccharide, Polysaccharide	*5, 6, 7, 8, 10*	*406-407, 408, 412-413*
• Spiegelbildisomerie definieren; anhand von Strukturmerkmalen Moleküle als Enantiomere oder Diastereomere charakterisieren	*2, 3, 4*	*396-397*
• Fischer-Projektionsformeln und Haworth-Projektionen aufstellen	*1, 2, 4, 5, 6*	*397, 400*
• Stoffeigenschaften und Reaktionsverhalten der Kohlenhydrate mit dem Einfluss der jeweiligen funktionellen Gruppen sowie der zwischenmolekularen Wechselwirkungen erklären:		
Mutarotation	*9*	*401*
Keto-Enol-Tautomerie	*4*	*403*
Löslichkeit	*7, 8*	
reduzierende Wirkung und Nachweisreaktionen	*5, 6, 10, 12*	*407*
Kondensation und Hydrolyse	*10, 11*	*406*
• die Struktur von Aminosäuren unter Berücksichtigung von stereoisomeren Merkmalen beschreiben	*13*	*418-419, 420-421*
• Stoffeigenschaften und Reaktionsverhalten der Aminosäuren anhand der spezifischen Strukturmerkmale erklären	*14, 15, 16*	*420-421*
• die Bildung von Peptiden und Proteinen als Kondensationsreaktion von Aminosäuren beschreiben	*17*	*423*
• die Struktur von Proteinen beschreiben und daraus Rückschlüsse auf ihre Eigenschaften und Funktionen in den Organismen ziehen	*18, 19, 20, 21, 23*	*424-425, 426*
• Vorkommen und Bedeutung von Proteinen anhand von Beispielen belegen	*20, 22*	*425*
• die Funktion von Enzymen als hochspezialisierte Proteine erläutern	*22, 23*	*428-429*

Kapitel 3: Energetik (↑ S. 93)

1) **a** $2\,Na(s) + 2\,H_2O(l) \longrightarrow 2\,NaOH(aq) + H_2(g)$

$\Delta_r H_m = 2 \cdot Q = -368\ kJ \cdot mol^{-1}$

b Aus 1 mol Natrium entstehen 0,5 mol gasförmiger Wasserstoff. Das sind 12,25 l.

$W = -p \cdot \Delta V = -101\,300\ N \cdot m^{-2} \cdot (0{,}012\,25\ m^3 - 0\ m^3)$

$\approx 1241\ N \cdot m^2 = 1{,}241\ kJ$

2) Energie kann grundsätzlich nur von einer Energieform in eine andere umgewandelt werden, sie geht weder "verloren" noch wird sie "verbraucht". Wird "Wärmeenergie" als Synonym für thermische Energie verwendet, steht das mit der Fachsprache im Einklang. Für den umgangssprachlichen Gebrauch von "Energiequelle" ist häufig "Stromquelle" die fachsprachliche Alternative, denn auch hier wird die Energie ja nicht erzeugt, sondern eine Energieform (hier: elektrische) aus einer anderen umgewandelt.

3) **a**

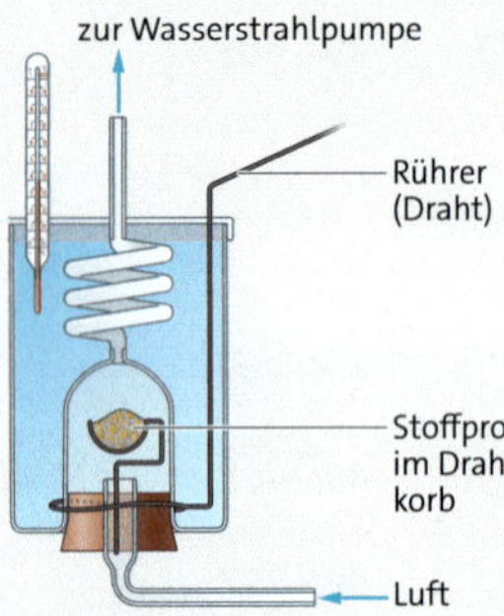

b $C_3H_7O_2N(s) + \frac{15}{4}\,O_2(g) \longrightarrow 3\,CO_2(g) + \frac{7}{2}\,H_2O(g) + \frac{1}{2}\,N_2(g)$

$Q = -(m(H_2O) \cdot c_W + C_K) \cdot \Delta T$

$= -(240\ g \cdot 4{,}18\ J \cdot g^{-1} \cdot K^{-1} + 60{,}8\ J \cdot K^{-1}) \cdot 3{,}5\ K$

$= -3511{,}2\ J$

Molare Reaktionsenthalpie

$$\Delta_r H_m = \frac{Q}{n} = Q \cdot \frac{M(C_3H_7O_2N)}{m(C_3H_7O_2N)}$$

$$= -3511{,}2\ J \cdot \frac{89\ g \cdot mol^{-1}}{1\ g}$$

$= -312{,}5\ kJ \cdot mol^{-1}$

Molare Verbrennungsenthalpie

$\Delta_c H_m = \Delta_r H_m - 3{,}5 \cdot \Delta_v H_m$

$= -312{,}5\ kJ \cdot mol^{-1} - 3{,}5 \cdot 44\ kJ \cdot mol^{-1}$

$= -466{,}5\ kJ \cdot mol^{-1}$

c Heizwert H_i:

$$H_i = \frac{-Q}{m} = \frac{3511{,}2\ J}{1\ g} = 3511{,}2\ J \cdot g^{-1} = 3{,}51\ kJ \cdot g^{-1}$$

Brennwert H_s:

$$H_s = \frac{-\Delta_c H_m}{M} = \frac{466{,}5\ kJ \cdot mol^{-1}}{89\ g \cdot mol^{-1}} = 5{,}2\ kJ \cdot g^{-1}$$

4) **a** $C_2H_4(g) + H_2(g) \longrightarrow C_2H_6(g)$

$C_2H_6(g) + \frac{7}{2}\,O_2(g) \longrightarrow 2\,CO_2(g) + 3\,H_2O(l)$

$C_2H_4(g) + 3\,O_2(g) \longrightarrow 2\,CO_2(g) + 2\,H_2O(l)$

$H_2(g) + \frac{1}{2}\,O_2(g) \longrightarrow H_2O(l)$

b

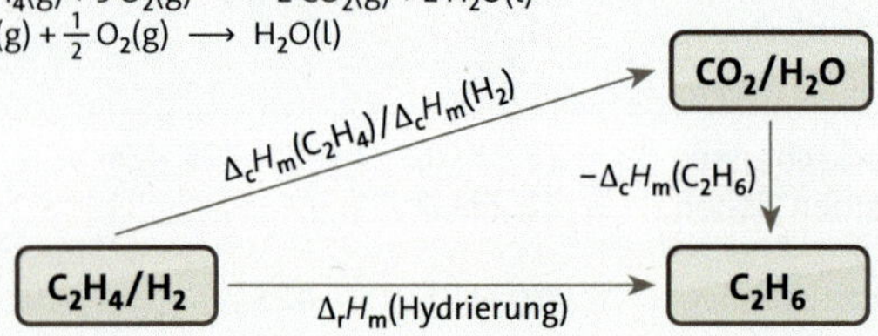

$\Delta_r H_m(\text{Hydrierung}) = \Delta_c H_m(C_2H_4) + \Delta_c H_m(H_2) - \Delta_c H_m(C_2H_6)$

$= -1409\ kJ \cdot mol^{-1} + (-286\ kJ \cdot mol^{-1}) - (-1557\ kJ \cdot mol^{-1})$

$= -138\ kJ \cdot mol^{-1}$

5) **a** $NaCl(s) \longrightarrow Na^+(aq) + Cl^-(aq)$

$\Delta_r H_m = \Delta_f H_m(Na^+) + \Delta_f H_m(Cl^-) - \Delta_f H_m(NaCl)$

$= -240\ kJ \cdot mol^{-1} + (-167\ kJ \cdot mol^{-1}) - (-411\ kJ \cdot mol^{-1})$

$= 4\ kJ \cdot mol^{-1}$

$CaCl_2(s) \longrightarrow Ca^{2+}(aq) + 2\,Cl^-(aq)$

$\Delta_r H_m = \Delta_f H_m(Ca^{2+}) + 2 \cdot \Delta_f H_m(Cl^-) - \Delta_f H_m(CaCl_2)$

$= -543\ kJ \cdot mol^{-1} + 2 \cdot (-167\ kJ \cdot mol^{-1}) - (-796\ kJ \cdot mol^{-1})$

$= -81\ kJ \cdot mol^{-1}$

b Natriumchlorid:

$Q = \Delta_r H = 4\ kJ \cdot mol^{-1} \cdot 0{,}1\ mol = 400\ J$

$$\Delta T = \frac{-Q}{m(H_2O) \cdot c_W} = \frac{-400\ J}{100\ g \cdot 4{,}18\ J \cdot g^{-1} \cdot K^{-1}}$$

$= -0{,}96\ K$

Calciumchlorid:

$Q = \Delta_r H = -81\ kJ \cdot mol^{-1} \cdot 0{,}1\ mol = -8100\ J$

$$\Delta T = \frac{8100\ J}{100\ g \cdot 4{,}18\ J \cdot g^{-1} \cdot K^{-1}} = 19{,}38\ K$$

6) $\Delta_r H_m = \Delta_f H_m(CH_3COOH) + 2 \cdot \Delta_f H_m(Ag) + \Delta_f H_m(H_2O) - \Delta_f H_m(CH_3CHO) - 2 \cdot \Delta_f H_m(Ag^+) - 2 \cdot \Delta_f H_m(OH^-)$

$\Delta_r H_m = -486\ kJ \cdot mol^{-1} + (-286\ kJ \cdot mol^{-1}) - (-192\ kJ \cdot mol^{-1} + 2 \cdot 106\ kJ \cdot mol^{-1} - 2 \cdot 230\ kJ \cdot mol^{-1})$

$= -562\ kJ \cdot mol^{-1}$

7) **a** $NH_3(g) + H_2O(l) \longrightarrow NH_4^+(aq) + OH^-(aq)$

b $\Delta_r H_m = \Delta_f H_m(NH_4^+) + \Delta_f H_m(OH^-) - \Delta_f H_m(NH_3) - \Delta_f H_m(H_2O)$

$= -132\ kJ \cdot mol^{-1} + (-230\ kJ \cdot mol^{-1}) - (-46\ kJ \cdot mol^{-1} + (-286\ kJ \cdot mol^{-1}))$

$= -30\ kJ \cdot mol^{-1}$

c $\Delta_r S_m = S_m(NH_4^+) + S_m(OH^-) - S_m(NH_3) - S_m(H_2O)$

$= 113\ J \cdot K^{-1} \cdot mol^{-1} + (-11\ J \cdot K^{-1} \cdot mol^{-1}) - 193\ J \cdot K^{-1} \cdot mol^{-1} - 70\ J \cdot K^{-1} \cdot mol^{-1}$

$= -161\ J \cdot K^{-1} \cdot mol^{-1}$

$\Delta_r G_m = \Delta_r H_m - T \cdot \Delta_r S_m$

$= -30\ kJ \cdot mol^{-1} - 298\ K \cdot (-0{,}161\ kJ \cdot K^{-1} \cdot mol^{-1})$

$\approx 18\ kJ \cdot mol^{-1} > 0$ ⇨ endergonisch

Hinweis: Obwohl die Reaktion endergonisch ist, läuft sie merklich ab, da es sich um eine Gleichgewichtsreaktion handelt.

8) **a** $\Delta_r H_m = 2 \cdot \Delta_f H_m(NaCl) = -822\ kJ \cdot mol^{-1}$

$\Delta_r S_m = 2 \cdot S_m(NaCl) - 2 \cdot S_m(Na) - S_m(Cl_2)$

$= 2 \cdot 72\ J \cdot K^{-1} \cdot mol^{-1} - 2 \cdot 51\ J \cdot K^{-1} \cdot mol^{-1} - 223\ J \cdot K^{-1} \cdot mol^{-1}$

$= -181\ J \cdot K^{-1} \cdot mol^{-1}$

b $\Delta_r G_m = \Delta_r H_m - T \cdot \Delta_r S_m$

$= -822\ kJ \cdot mol^{-1} - 243\ K \cdot (-0{,}181\ kJ \cdot K^{-1} \cdot mol^{-1})$

$\approx -778\ kJ \cdot mol^{-1} < 0$ ⇨ exergonisch

Kapitel 4: Reaktionsgeschwindigkeit und chemisches Gleichgewicht (↑ S. 138-139)

1) **a** $c(C_2H_5OH) = \frac{n(C_2H_5OH)}{V(\text{Blut})}$ $\quad n(C_2H_5OH) = \frac{m(\text{Ethanol})}{M(C_2H_5OH)}$

$V(\text{Blut}) = \frac{m(\text{Blut})}{\varrho(\text{Blut})}$

$$c(C_2H_5OH) = \frac{m(\text{Ethanol})}{m(\text{Blut})} \cdot \frac{\varrho(\text{Blut})}{M(C_2H_5OH)} = \frac{w(\text{Ethanol}) \cdot \varrho(\text{Blut})}{M(C_2H_5OH)}$$

$$c(C_2H_5OH) = \frac{0{,}001 \cdot 1060\ g \cdot l^{-1}}{46\ g \cdot mol^{-1}} = 0{,}023\ mol \cdot l^{-1}$$

b $1\,‰ \cdot h^{-1} \mathrel{\hat{=}} v = 0{,}023\ mol \cdot l^{-1} \cdot h^{-1}$

$0{,}14\,‰ \cdot h^{-1} \mathrel{\hat{=}} v \approx 0{,}0032\ mol \cdot l^{-1} \cdot h^{-1}$

c Zahl der pro Stunde abgebauten Ethanolmoleküle:

$N(C_2H_5OH) = N_A \cdot c(C_2H_5OH) \cdot V(\text{Blut})$
$= 6 \cdot 10^{23}\ \text{mol}^{-1} \cdot 0{,}0032\ \text{mol} \cdot \text{l}^{-1} \cdot 5\ \text{l}$
$= 9{,}6 \cdot 10^{21}$

$N(C_2H_5OH) = 9{,}6 \cdot 10^{21} \mathrel{\hat=} t = 1\ \text{h}$
$N(C_2H_5OH) = 7 \cdot 10^{9} \mathrel{\hat=} t = x$

$$x = \frac{7{,}3 \cdot 10^9\ \text{h}}{9{,}6 \cdot 10^{21}} \approx 7{,}3 \cdot 10^{-13}\ \text{h} = 2{,}6 \cdot 10^{-9}\ \text{s}$$

2 › **a** Durch Erhöhung der Temperatur und durch Verwendung eines Katalysators.

b $v = -\frac{1}{2} \cdot \frac{\Delta c(H_2O_2)}{\Delta t}$

$= -\frac{1}{2} \cdot \frac{(0{,}01 - 0{,}1)}{600\ \text{mol} \cdot \text{l}^{-1} \cdot \text{s}^{-1}}$

$= 7{,}5 \cdot 10^{-5}\ \text{mol} \cdot \text{l}^{-1} \cdot \text{s}^{-1}$

c Wenn die Geschwindigkeit v bei $\Delta T = 10\ \text{K}$ verdoppelt wird:

$v(+30\ \text{K}) = 2^3 \cdot v$
$= 8 \cdot v = 6 \cdot 10^{-4}\ \text{mol} \cdot \text{l}^{-1} \cdot \text{s}^{-1}$

Wenn die Geschwindigkeit v bei $\Delta T = 10\ \text{K}$ vervierfacht wird:

$v(+30\text{K}) = 4^3 \cdot v$
$= 64 \cdot v = 4{,}8 \cdot 10^{-3}\ \text{mol} \cdot \text{l}^{-1} \cdot \text{s}^{-1}$

3 › **a**

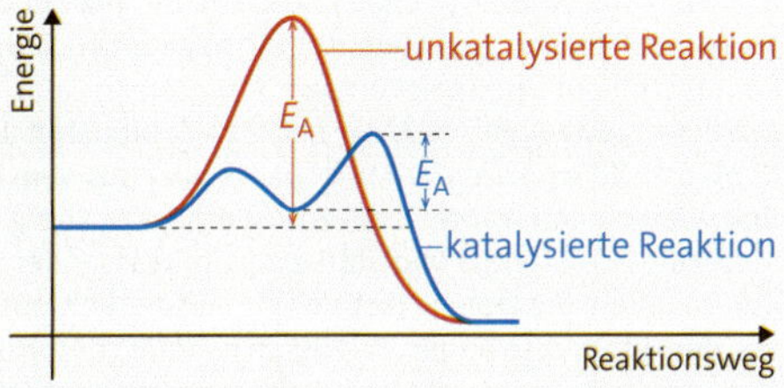

b Ein Katalysator ermöglicht einen alternativen Reaktionsweg mit verringerter Aktivierungsenergie und erhöhter Reaktionsgeschwindigkeit. Da die Katalysatorteilchen wieder zurückgebildet werden, tauchen sie in der Reaktionsgleichung nicht auf. Bei gleicher Temperatur führen mehr Teilchen reaktive Stöße aus, wodurch die Reaktionsgeschwindigkeit steigt. Es kommt zur Wechselwirkung der Katalysatorteilchen mit den Eduktmolekülen. Bei der katalysierten Reaktion kommt es zur Bildung eines neuen Teilchens zwischen Edukt- und Katalysatorteilchen. Bei diesem Zwischenprodukt handelt es sich um ein Teilchen, das sich in einigen Fällen durch analytische Methoden nachweisen lässt. Mithilfe eines Katalysators werden keine Reaktionen ermöglicht, die spontan nicht ablaufen können. Wie bei jeder spontan ablaufenden Reaktion muss die freie Reaktionsenthalpie (ΔG) negativ sein. Die Hin- und Rückreaktion wird gleichermaßen beschleunigt oder verlangsamt, weshalb das Gleichgewicht der Reaktion nicht verändert wird,es stellt sich jedoch deutlich schneller ein.

4 › **a** Chemische Reaktionen in Lösung: Hinreaktion wird langsamer und Rückreaktion schneller, bis beide mit gleicher Geschwindigkeit verlaufen.
Verdunsten von Wasser in einem geschlossenem Gefäß: Wassermoleküle gehen von flüssigem Wasser in Gasphase. Dadurch steigt die Zahl der Wassermoleküle in der Gasphase und auch die Zahl der Übergänge von der Gasphase in die flüssige Phase. Nach einiger Zeit verlaufen beide Vorgänge mit gleicher Geschwindigkeit.
Lösen eines Salzes in Wasser: Aus dem Salzkristall diffundieren Ionen zwischen die Wassermoleküle und es lagern sich Ionen aus der Lösung wieder an den Salzkristall an.

b Gemeinsamkeit: Im Gleichgewicht sind Hin- und Rückprozess gleich schnell.
Unterschied: Chemische Reaktion: Nur eine Phase; Verdunsten und Löslichkeitsgleichgewicht: zwei Phasen.

c Dynamisches Gleichgewicht: Vorgänge, die zum Gleichgewicht geführt haben, verlaufen auch im Gleichgewicht noch. Konzentrationen verändern sich nicht mehr, es finden gleich viele reaktive Stöße für Hin- und Rückprozess statt. Bei Störung eines dynamischen Gleichgewichts reagiert das System so, dass ein neues Gleichgewicht erreicht wird.
Statisches Gleichgewicht: Vorgänge, die zum Gleichgewicht geführt haben, verlaufen nicht mehr. Wenn ein statisches Gleichgewicht (z. B. eine Balkenwaage) gestört wird, erreicht das System keinen neuen Gleichgewichtszustand.

5 › Die Ammoniaksynthese ist eine exotherme Gleichgewichtsreaktion, bei der drei Wasserstoffmoleküle zusammen mit einem Stickstoffmolekül zu zwei Ammoniakmolekülen reagieren. Mit steigender Temperatur wird nach dem Prinzip von Le Chatelier jedoch immer weniger Ammoniak gebildet, da das chemische Gleichgewicht wird mit steigender Temperatur nach links verschoben wird. Das bedeutet, hohe Temperaturen verschieben das Reaktionsgleichgewicht auf die Eduktseite, sodass weniger Ammoniak gebildet wird. Mit höherem Druck steigt dagegen die Ausbeute an Ammoniak. Dies bedeutet, dass das chemische Gleichgewicht nach rechts verschoben wird. Man kann die Reaktionstemperatur jedoch nicht beliebig erniedrigen, da bei Temperaturen unter 450 °C die Reaktionsgeschwindigkeit zu gering ist. Die besonderen Anforderungen an die Materialien und die Bauart der Industrieanlagen ermöglichen zudem nicht beliebig hohe Drücke. Hohe Temperaturen und ein hoher Druck wirken gegenläufig auf das chemische Gleichgewicht. Daher benutzt man beim Haber Bosch Verfahren einen Mittelweg aus Reaktionsgeschwindigkeit und Reaktionsgleichgewicht bei einer Temperatur von 450 bis 500 °C und einem Druck von 20 bis 30 MPa.

6 › **a** $2\ SO_2(g) + O_2(g) \rightleftarrows 2\ SO_3(g)$

$$K_c = \frac{c^2(SO_3)}{c^2(SO_2) \cdot c(O_2)}$$

b $K_c(\text{Bildung}) = \frac{(0{,}9\ \text{mol} \cdot \text{l}^{-1})^2}{(0{,}1\ \text{mol} \cdot \text{l}^{-1})^2 \cdot 0{,}05\ \text{mol} \cdot \text{l}^{-1}}$
$= 1620\ \text{l} \cdot \text{mol}^{-1}.$

$K_c(\text{Zersetzung}) = \frac{1}{K_c(\text{Bildung})} = 6{,}17 \cdot 10^{-4}\ \text{mol} \cdot \text{l}^{-1}$

c Eine Erhöhung von $c(O_2)$ beschleunigt die Bildungsreaktion von Schwefeltrioxid. Bis sich das Gleichgewicht wiedereingestellt hat, nimmt daher $c(SO_2)$ ab und $c(SO_3)$ zu.

$$K_c(\text{Bildung}) = \frac{c^2(SO_3)}{c^2(SO_2) \cdot c(O_2)}$$

$$\frac{c(SO_3)}{c(SO_2)} = \sqrt{K_c \cdot c(O_2)} = \sqrt{1620\ \text{l} \cdot \text{mol}^{-1} \cdot 0{,}80\ \text{mol} \cdot \text{l}^{-1}} = 36$$

7 › **a** Bei Salz I steigt die Löslichkeit mit der Temperatur, d. h., das Gleichgewicht wird dabei auf die Seite des gelösten Salzes verschoben. Nach dem Prinzip von Le Chatelier muss es sich beim Lösevorgang um einen endothermen Vorgang handeln.
Für Salz III folgt mit analoger Argumentation, dass der Lösevorgang exotherm ist. Die Löslichkeit von Salz II hängt nicht von der Temperatur ab, d. h., es löst sich weder exotherm noch endotherm.

b Die Kristallisation ist der Umkehrvorgang zur Lösung mit einer entgegengesetzten Wärmetönung. Da die Kristallisation beim Taschenwärmer exotherm sein muss, eignet sich nur Salz I, das sich endotherm löst.

8 › **a** $N_2(g) + O_2(g) \rightleftarrows 2\ NO(g)\ |\ \Delta H > 0$
Reaktion ist endotherm ($\Delta H > 0$), d. h., eine Temperaturerhöhung führt zu einer Neueinstellung des Gleichgewichts mit einem höheren Produktanteil. Da sich die Zahl der Teilchen in der Gasphase in der Reaktion nicht verändert, hat der Druck keinen Einfluss auf die Lage des Gleichgewichts.

b $N_2(g) + 3\ H_2(g) \rightleftarrows 2\ NH_3(g)\ |\ \Delta H < 0$
Reaktion ist exotherm ($\Delta H < 0$), d. h., eine Temperatursenkung führt zu einer Neueinstellung des Gleichgewichts mit einem höheren Produktanteil. Da die Zahl der Teilchen in der Gasphase mit der Hinreaktion abnimmt, wird das Gleichgewicht durch steigenden Druck auf die rechte Seite verschoben.

9) **a** Volumenanteile im Boudouard-Gleichgewicht:

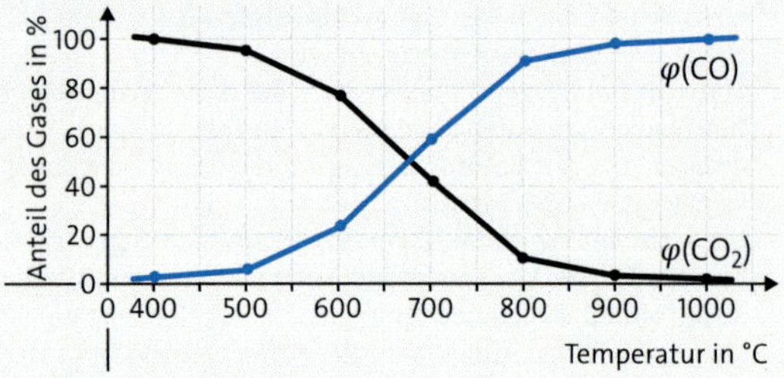

$C(s) + CO_2(g) \rightleftarrows 2\,CO(g)$

Der Verlauf der Graphen kann mithilfe des Prinzips vom kleinsten Zwang interpretiert werden: Wirkt auf ein im chemischen Gleichgewicht befindliches chemisches System ein äußerer Zwang durch Zufuhr bzw. Entzug von Wärme, durch Änderung des Volumens oder durch Änderung der Anteile der Reaktionspartner, verschiebt sich das chemische Gleichgewicht in die Richtung, in der die Folgen des Zwangs (Temperatur-, Druck- oder Konzentrationsänderung) verringert werden. Für das Boudouard-Gleichgewicht heißt das: Die Bildung von Kohlenstoffmonooxid ist eine endotherme Reaktion. Eine Erhöhung der Temperatur begünstigt die Bildung von Kohlenstoffmonooxid, der Volumenanteil des Kohlenstoffmonooxids im chemischen Gleichgewicht steigt bei einer Erhöhung der Temperatur. Die Bildung von Kohlenstoffmonooxid verläuft unter Volumenerhöhung. Die Bildung von Kohlenstoffmonooxid lässt sich demzufolge durch eine Erniedrigung des Drucks begünstigen.

b $C(s) + CO_2(g) \rightleftarrows 2\,CO(g)$

$$K_p = \frac{p^2(CO)}{p(CO_2)}\,; \qquad p(A) = \varphi(A) \cdot p_{ges}$$

$$K_p = \frac{\varphi^2(CO) \cdot p^2_{ges}}{\varphi(CO_2) \cdot p_{ges}} = \frac{\varphi^2(CO)}{\varphi(CO_2)} \cdot p_{ges}$$

$$K_p(500\,°C) = \frac{0{,}05^2}{0{,}95} \cdot 101{,}3\text{ kPa} = 0{,}27\text{ kPa}$$

$$K_p(900\,°C) = \frac{0{,}97^2}{0{,}03} \cdot 101{,}3\text{ kPa} = 3200\text{ kPa}$$

c Lässt sich ein Oxid, z. B. XO, bei verhältnismäßig niedriger Temperatur reduzieren, so ist das Reduktionsmittel wirklich der Kohlenstoff und es bildet sich hauptsächlich Kohlenstoffdioxid:

$2\,XO + C \rightleftarrows 2\,X + CO_2$

Bei hohen Temperaturen bildet sich aufgrund des Boudouard-Gleichgewichts in großen Mengen Kohlenstoffmonooxid, das – da gasförmig – ein sehr mobiles Reduktionsmittel darstellt. Dadurch werden die Eisenoxide im Hochofen hauptsächlich durch Kohlenstoffmonooxid reduziert, auch wenn zusammen mit dem Eisenerz der Hochofen mit Koks bestückt wird.

$Fe_2O_3 + 3\,CO \rightleftarrows 2\,Fe + 3\,CO_2$

10) **a** Sprudelwasser enthält Kohlensäure $H_2CO_3(aq)$:

$CO_2(aq) + H_2O(l) \rightleftarrows H_2CO_3(aq)$

Kommt kohlensäurehaltiges Wasser in Kontakt mit Kalkablagerungen ($CaCO_3$), lösen sich diese entsprechend folgender Gleichgewichtsreaktion auf:

$CaCO_3(s) + H_2CO_3(aq) \rightleftarrows Ca^{2+}(aq) + 2\,HCO_3^-(aq)$

Die Behauptung der Mitschülerin ist richtig.

b Diese beiden Gleichgewichtsreaktionen spielen bei der Verwitterung von Kalkstein, z. B. in Tropfsteinhöhlen, eine Rolle. Sie sind Grundlage für die Bildung von Tropfsteinen, wenn das mit Ca^{2+}-und HCO_3^--Ionen angereicherte Wasser wieder verdunstet und festes Calciumcarbonat erneut ausfällt.

Auf den unter Teilaufgabe **a** genannten Gleichgewichtsreaktionen beruht auch die Verwitterung der Kalkschalen von Lebewesen wie Muscheln, Schnecken und Korallen im Süßwasser und im Meereswasser.

11) **a** Der Grund für das Absinken des pH-Werts von Oberflächengewässern bei steigender $c(CO_2(aq))$ sind die beiden gekoppelten Gleichgewichte:

$CO_2(aq) + H_2O(l) \rightleftarrows H_2CO_3(aq)$

$H_2CO_3(aq) + H_2O(l) \rightleftarrows HCO_3^-(aq) + H_3O^+(aq)$

Ein Anstieg von $c(CO_2(aq))$ verschiebt das erste Gleichgewicht nach rechts. Dadurch steigt $c(H_2CO_3(aq))$, wodurch auch das zweite Gleichgewicht nach rechts verschoben wird. Hierdurch steigt $c(H_3O^+(aq))$. Mit steigender Konzentration an H_3O^+-Ionen sinkt der pH-Wert des Gewässers.

b Das Gleichgewicht zwischen gasförmigen und gelösten Kohlenstoffdioxid ist exotherm:

$CO_2(g) \rightleftarrows CO_2(aq)$ | exotherm

Es wird mit steigender Temperatur auf die linke Seite verschoben. Dadurch sinkt $c(CO_2(aq))$ und damit auch die Löslichkeit von Kohlenstoffdioxid in Wasser.

12) **a** Der Mensch greift durch die Nutzung fossiler Brennstoffe wie Erdgas, Erdöl oder Kohle in den globalen Kohlenstoffkreislauf ein. Bei der Verbrennung dieser Kohlenstoffquellen werden große Mengen Kohlenstoffdioxid freigesetzt, sodass der Stoffkreislauf aus dem Gleichgewicht gerät und der Kohlenstoffdioxidgehalt in der Atmosphäre steigt, was zum anthropogenen Treibhauseffekt führt. Auch tragen Kohlenstoffquellen aus Landnutzungsänderungen, z. B. Rodung des tropischen Regenwalds, dazu bei.

b Böden und Wälder, Ozeane und Gesteine sind bedeutende Kohlenstoffsenken. Das bedeutet, sie nehmen vorübergehend Kohlenstoff auf und speichern ihn. Pflanzen an Land – vor allem Wälder – sowie Algen im Meer nehmen Kohlenstoff in Form von Kohlenstoffdioxid aus der Atmosphäre oder aus dem Wasser auf und wandeln ihn während der Fotosynthese in energiereiche Moleküle wie Glucose und Stärke um. Im Wasser der Seen, Flüsse und vor allem der Ozeane löst sich ein Teil des Kohlenstoffdioxids aus der Luft und es bilden sich durch weitere chemische Reaktionen gelöste Carbonate und Hydrogencarbonate. Weiterhin erfolgt eine Kohlenstoffzufuhr in diese Gewässer aus eingeschwemmter Biomasse. Noch größere Mengen an Kohlenstoff werden in den Gesteinen der Erde (Lithosphäre) gebunden, beispielsweise in Form von Calciumcarbonat. Aus der Lithosphäre gelangen auch nur geringe Mengen des gespeicherten Kohlenstoffs zurück in den Kohlenstoffkreislauf.

13) **a** Der natürliche Treibhauseffekt entsteht dadurch, dass die Atmosphäre weitgehend durchlässig für die von der Sonne ankommende kurzwellige Strahlung ist, jedoch wenig durchlässig für die langwellige Wärmestrahlung, die von der warmen Erdoberfläche und von der erwärmten Luft emittiert wird. Etwa 70 % der Sonnenenergie erwärmt die Erdoberfläche, etwa 30 % werden direkt reflektiert und in den Weltraum zurückgestrahlt. Auch die restliche Energie wird in Form von Wärme wieder abgestrahlt. Treibhausgase wie Wasserdampf, Kohlenstoffdioxid, Methan und Distickstoffoxid vermindern die Abstrahlung von Wärme in den Weltraum. Ohne den natürlichen Treibhauseffekt wäre die globale Jahresdurchschnittstemperatur um etwa 33 Kelvin kälter.

Durch Emissionen beeinflusst der Mensch die Zusammensetzung der Gase in der Atmosphäre, was zu einer Zunahme des Treibhauseffekts führt und als anthropogener Treibhauseffekt bezeichnet wird. Bei der Verbrennung von fossilen Kohlenstoffquellen werden beispielsweise große Mengen Kohlenstoffdioxid freigesetzt, sodass der natürliche Kohlenstoffkreislauf aus dem Gleichgewicht gerät und der Kohlenstoffdioxidgehalt in der Atmosphäre steigt. Intensive Viehhaltung beispielsweise führt zu Emissionen von Methan. Die Konzentration eines Treibhausgases ist jedoch nicht allein von Bedeutung. Jedes Treibhausgas besitzt ein spezifisches Erwärmungspotenzial. Unter den künstlich hergestellten Treibhausgasen leisten die fluorierten Treibhausgase den größten Beitrag. Die zusätzlichen Emissionen aller Treibhausgase verringern die Abstrahlung von Wärme in den Weltraum, verstärken damit den Treibhauseffekt und führen zu einer Erhöhung der globalen durchschnittlichen Jahrestemperatur.

b

Modell Gewächshaus	Wirklichkeit
Glasplatten	Atmosphäre mit Treibhausgasen
Feuchtigkeit der Luft im Gewächshaus	Wolken
Thermometer	Thermometer
Luft im Gewächshaus	Luft der Atmosphäre
Boden des Gewächshauses	Erdoberfläche
Ggf. vorhandene Lampen	Sonne
Ggf. zusätzlich angereichertes CO_2 („CO_2-Düngung")	(zusätzliches) CO_2 in der Atmosphäre

Treibhausgase wie Wasserdampf, Methan und Kohlenstoffdioxid wirken in der Atmosphäre wie das Glasdach eines Treibhauses. Ein Teil der Wärmestrahlung der Sonne wird an der Atmosphäre reflektiert und gelangt wieder zurück zur Erde, wo sie für die Erwärmung sorgt. Im Gewächshaus kommen zwei Effekte zum Tragen: Die Glasplatten reflektieren einen Teil der Strahlung wieder in den Innenraum (entspricht dem Treibhauseffekt der Atmosphäre) und die Glaswände sorgen dafür, dass es keinen Wärmeaustausch durch Konvektion mit der Umgebung gibt (Glashauseffekt).
Das Modell entspricht allerdings nur in einigen Aspekten der Wirklichkeit, es handelt sich um eine starke Vereinfachung der tatsächlichen Bedingungen. Nur ausgewählte Aspekte werden modellhaft betrachtet, beispielsweise nur das Treibhausgas Kohlenstoffdioxid, andere Treibhausgase dagegen nicht. Anstelle der Reflektion der Wärmestrahlung an den Wolken wird das Licht durch die Feuchtigkeit der Luft im Treibhaus reflektiert. Außerdem existieren in der Realität die Glasscheiben nicht, die Atmosphäre hat keine „Wände".

c Die Brandrodung tropischer Regenwälder führt einerseits zu einer erheblichen zusätzlichen Freisetzung von Kohlenstoffdioxid in die Atmosphäre, andererseits fehlen in den verbrannten Wäldern die Bäume und Pflanzen, um Kohlenstoffdioxid aus der Luft zu binden, womit die Kohlenstoffsenke kleiner wird. Daher wirkt sich die Vernichtung von Wäldern durch Brandrodung in zwei Aspekten stark negativ auf den Treibhauseffekt aus.
Hinweis: Wälder besitzen lokal einen zusätzlich abkühlenden Effekt, der bei deren Vernichtung verloren geht.

d Die Aussage ist nur zum Teil zutreffend. Kohlenstoffdioxid und andere Treibhausgase führen bei zunehmender Konzentration in der Atmosphäre zu einer Erwärmung des Erdklimas. Dies liegt daran, dass ein größerer Anteil der Wärmestrahlung der Erde reflektiert wird. Eine zu hohe Konzentration von Treibhausgasen in der Luft kann zu einer dauerhaften globalen Erwärmung führen und viele Ökosysteme damit erheblich ins Ungleichgewicht bringen. Mögliche Folgen der Erderwärmung sind z. B. Klimaveränderungen, Wetterextreme, die Ausbreitung von Wüsten und das Schmelzen der Eismassen an Nord- und Südpol. Andererseits sind Treibhausgase wichtig für das Leben auf der Erde. Die Treibhausgase in der Atmosphäre der Erde lassen Sonnenstrahlen bis zum Boden durch. Sie vermindern jedoch die Abstrahlung von Wärme in den Weltraum. Ohne den Treibhauseffekt wäre die globale Jahresdurchschnittstemperatur um etwa 33 Kelvin kälter, was großen Einfluss auf alle Lebewesen hätte.

e Offene Aufgabenstellung, mögliche Argumente (Auswahl):

- Grundsätzlich ist die Begrenzung des Anstiegs der globalen Durchschnittstemperatur ein wichtiges Ziel, um schädliche Auswirkungen auf die Menschen und alle Lebewesen zu begrenzen. Die dazu notwendigen Maßnahmen werden jedoch bisher auf nationaler Ebene nicht schnell genug umgesetzt.
- Staaten müssen ausreichende finanzielle Mittel besitzen, um Vorgaben zur Reduzierung der Treibhausgasemissionen erfüllen zu können. Ein bislang gutes Abschneiden einiger Länder ist unter anderem einem starken Ausbau der erneuerbaren Energien zu verdanken. Bei manchen Ländern gibt es noch zu geringe Bemühungen, die Kohlenstoffdioxidemissionen und den Energieverbrauch zu verringern.
- Insgesamt muss bei allen Maßnahmen sichergestellt werden, dass beispielsweise geringere Erträge, z. B. wegen ökologischem Anbau oder begrenzten Anbauflächen, die Versorgung der Bevölkerung nicht gefährden und dass auch die wirtschaftliche Überlebensfähigkeit kleiner oder mittelständiger Betriebe bei höheren Kosten, z. B. durch eine CO_2-Abgabe, gesichert wird.

14 › a Die Aufnahme von Kohlenstoffdioxid aus der Atmosphäre in das Oberflächenwasser der Ozeane findet dauerhaft statt, da Ozeane offene Systeme sind. Gelöstes Kohlenstoffdioxid steht dabei in wässriger Lösung im Gleichgewicht mit gelöster Kohlensäure. Zunächst steht gasförmiges Kohlenstoffdioxid $CO_2(g)$ im Gleichgewicht mit in Wasser gelöstem Kohlenstoffdioxid $CO_2(aq)$. Gelöstes Kohlenstoffdioxid reagiert mit Wasser zu gelöster Kohlensäure $H_2CO_3(aq)$:

$CO_2(aq) + H_2O(l) \rightleftarrows H_2CO_3(aq)$

Nur wenige $CO_2(aq)$-Moleküle reagieren mit Wasser zu Kohlensäure. Das Gleichgewicht liegt stark auf der linken Seite.

$H_2CO_3(aq) + H_2O(l) \rightleftarrows HCO_3^-(aq) + H_3O^+(aq)$

$HCO_3^-(aq) + H_2O(l) \rightleftarrows CO_3^{2-}(aq) + H_3O^+(aq)$

Auch bei diesen Reaktionen liegt das Gleichgewicht jeweils stark auf der linken Seite. Oxonium-Ionen, Hydrogencarbonat-Ionen und Carbonat-Ionen liegen nur in sehr geringer Konzentration vor. Damit ist die Lösung nicht so sauer, wie sie es wäre, wenn die gesamte Säure mit Wasser reagiert hätte.

b Calciumcarbonat ist schwer löslich in Wasser. Bei der Schädigung der Kalkgehäuse spielen mehrere Gleichgewichte eine Rolle. Meerwasser enthält durch Kontakt zur Luft gelöstes Kohlenstoffdioxid. Es reagiert mit Wasser zu Kohlensäure (siehe Lösung Aufgabenteil **a**). Das schwerlösliche Calciumcarbonat ist der Hauptbestandteil von Korallenskeletten und Muschelschalen.
Kommen Kalkgehäuse in Kontakt mit der gelösten Kohlensäure, findet eine chemische Reaktion zwischen der gelösten Kohlensäure und dem Calciumcarbonat statt, wobei sich das Calciumcarbonat zersetzt:

$CaCO_3(s) + H_2CO_3(aq) \rightleftarrows Ca^{2+}(aq) + 2\ HCO_3^-(aq)$

c In kaltem Wasser lösen sich größere Gasmengen als in warmem Wasser. Mit Blick auf den globalen Temperaturanstieg bedeutet dies allgemein: Je wärmer das Wasser der Ozeane wird, desto weniger CO_2 nimmt es infolge von Lösungsprozessen auf – dies wirkt einer zunehmenden Versauerung des Ozeanwassers entgegen. Allerdings muss dies differenzierter in Bezug auf die geografische Lage des Ozeans betrachtet werden: Der Nordatlantik und der antarktische Ozean sind die wichtigsten CO_2-Speicher, weil sie kälteres Wasser als die anderen Meere aufweisen. Außerdem besitzt kaltes Wasser eine höhere Dichte als warmes und sinkt deshalb dort ab. Das an der Oberfläche aufgenommene CO_2 wird in diesen Meeresregionen in tiefere Schichten transportiert. Warmes Wasser in Äquatornähe neigt jedoch dazu, CO_2 an die Atmosphäre abzugeben. In Äquatornähe findet daher keine so starke Zunahme der Versauerung statt wie in kälteren Regionen.

Kapitel 5: Säure-Base-Reaktionen (↑ S. 182-183)

1) **a** $HCl + H_2O \longrightarrow H_3O^+ + Cl^-$
HCl: Säure, H_2O: Base
b Die Reaktion von HCl mit H_2O erhöht die Konzentration der Oxonium-Ionen. Das System ist nicht mehr im Gleichgewicht, und die Neutralisationsreaktion läuft schneller ab als die Autoprotolyse, bis das Gleichgewicht wieder eingestellt ist, d. h.:
$c(H_3O^+) \cdot c(OH^-) = K_W$
Dadurch wird $c(OH^-)$ kleiner als $10^{-7}\ mol \cdot l^{-1}$.

$$c(OH^-) = \frac{K_W}{c(H_3O^+)} = \frac{10^{-14}\ mol^2 \cdot l^{-2}}{10^{-3}\ mol \cdot l^{-1}} = 10^{-11}\ mol \cdot l^{-1}$$

c Die Zahl der Oxonium-Ionen aus der Autoprotolyse ist genauso groß wie die Zahl der Hydroxid-Ionen, weil letztere in der sauren Lösung nur durch die Autoprotolyse entstehen, d. h.:
$c(H_3O^+, \text{Autoprot.}) = 10^{-11}\ mol \cdot l^{-1}$

2) **a** Der pH-Wert einer Lösung ist der negative Zehnerlogarithmus der Oxonium-Ionen-Konzentration der Lösung mit der Einheit $mol \cdot l^{-1}$. $pH = -\lg c(H_3O^+)$
b Gegebene Größen sind kursiv gesetzt:

$c(H_3O^+)$	$c(OH^-)$	pH	pOH
$10^{-6}\ mol \cdot l^{-1}$	$10^{-8}\ mol \cdot l^{-1}$	6	*8*
$10^{-9}\ mol \cdot l^{-1}$	*$10^{-5}\ mol \cdot l^{-1}$*	9	5
$5 \cdot 10^{-3}\ mol \cdot l^{-1}$	$2 \cdot 10^{-12}\ mol \cdot l^{-1}$	*2,3*	11,7
$5 \cdot 10^{-9}\ mol \cdot l^{-1}$	$2 \cdot 10^{-6}\ mol \cdot l^{-1}$	8,3	5,7

3) Für das Autoprotolyse-Gleichgewicht gilt: $2\ H_2O \rightleftarrows H_3O^+ + OH^-$.
Gleichgewichtskonstante: $K_C = c(H_3O^+) \cdot c(OH^-) / c(H_2O)^2$ bzw.
$K_C \cdot c(H_2O)^2 = c(H_3O^+) \cdot c(OH^-) = K_W$ (1)
K_C ist bei gegebener Temperatur konstant. K_W ist nur dann eine Konstante, wenn $c(H_2O)$ = konst. Dies gilt für Wasser auf jeden Fall und in guter Näherung auch für verdünnte Lösungen von HA. Wenn man aber immer mehr von einer Säure HA zu dieser Lösung gibt, dann nimmt die auf einen Liter bezogene Zahl der Wassermoleküle und damit auch $c(H_2O)$ ab. Weil K_C eine Konstante ist, sinkt K_W gemäß Gleichung (1), wenn $c(H_2O)$ abnimmt.

4) **a** $2\ NH_3 \rightleftarrows NH_4^+ + NH_2^-$
b Es gilt: $K_W(NH_3) = c(NH_4^+) \cdot c(NH_2^-)$
In Ammoniak ist $c(NH_4^+) = c(NH_2^-)$,
d. h., $c(NH_4^+) = \sqrt{K_W(NH_3)} = 10^{-16}\ mol \cdot l^{-1}$
$\Rightarrow pH(NH_3) = -\lg c(NH_4^+) = 16$
c Bei −33 °C gilt:
sauer: $10^{-16}\ mol \cdot l^{-1} < c(NH_4^+) > c(NH_2^-)$
neutral: $10^{-16}\ mol \cdot l^{-1} = c(NH_4^+) = c(NH_2^-)$
alkalisch: $10^{-16}\ mol \cdot l^{-1} > c(NH_4^+) < c(NH_2^-)$

5) Sechs Schlussfolgerungen sind möglich:
- HA^1 ist eine stärkere Säure als HA^2.
- A^{-1} ist eine schwächere Base als A^{-2}.
- $pK_S(HA^1) < pK_S(HA^2)$
- $pK_B(A^{-1}) > pK_B(A^{-2})$
- Bei gleicher Konzentration c_0 ist der pH-Wert einer Lösung von HA^1 kleiner als der einer Lösung von HA^2, falls es sich nicht bei beiden um sehr starke oder sehr schwache Säuren handelt.
- Für die Gleichgewichtsreaktion
$HA^1 + A^{-2} \rightleftarrows HA^2 + A^{-1}$ ist

$$K_C = \frac{K_S(HA^1)}{K_S(HA^2)} > 1 \Rightarrow \text{Das Gleichgewicht liegt rechts.}$$

6) **a** Die Farbe des Indikators zeigt, dass die entstehende Lösung alkalisch reagiert, d. h., bei der Reaktion müssen Hydroxid-Ionen entstanden sein. Dies ist nur durch eine Reaktion der Säure H_2O mit der Base CH_3^- möglich: $CH_3^- + H_2O \longrightarrow OH^- + CH_4$
Daneben entsteht CH_4 (Methan), wodurch die Gasbildung erklärt wird.
b $\underset{\text{Base 1}}{CH_3^-} + \underset{\text{Säure2}}{H_2O} \longrightarrow \underset{\text{Base2}}{OH^-} + \underset{\text{Säure1}}{CH_4}$

7) **a** Der Schüler verwechselt korrespondierende Säure-Base-Paare und Ampholyte. Nur für korrespondierende Säure-Base-Paare ist die Summe aus pK_S und pK_B gleich 14 (bei 25 °C).
b $NaHCO_3$ bildet in wässriger Lösung Na^+- und HCO_3^--Ionen. Na^+-Ionen protolysieren nicht, haben also keinen Einfluss auf den pH-Wert. Für den Ampholyt HCO_3^- ist $pK_B = 7{,}48$ und $pK_S = 10{,}40$, d. h., die Basenstärke überwiegt die Säurestärke. Die Lösung reagiert somit alkalisch.

8) $$\frac{K_S(HA)}{c_0(HA)} = \frac{\alpha^2}{1-\alpha}$$

$$K_S(HA) = \frac{c(H_3O^+) \cdot c(A^-)}{c(HA)}$$

$$\alpha = \frac{c(A^-)}{c_0(HA)} \Rightarrow c(A^-) = \alpha \cdot c_0(HA)$$

Werden die H_3O^+-Ionen aus der Autoprotolyse des Wassers vernachlässigt, dann ist durch die Protolyse von HA $c(H_3O^+) = c(A^-)$, d. h.:
$c(H_3O^+) = \alpha \cdot c_0(HA)$
Aufgrund der Protolyse von HA gilt außerdem:
$c(HA) = c_0(HA) - c(A^-) = (1 - \alpha) \cdot c_0(HA)$

$$\Rightarrow K_S(HA) = \frac{(\alpha \cdot c_0(HA))^2 \cdot c_0(HA)}{1-\alpha}$$

$$K_S(HA) = \frac{c_0(HA) \cdot \alpha^2}{1-\alpha}$$

$$\frac{K_S(HA)}{c_0(HA)} = \frac{\alpha^2}{1-\alpha}$$

9) **a** $pK_S(CH_3COOH) < pK_S(H_2CO_3)$. CH_3COOH ist die stärkere Säure, Gleichgewicht liegt rechts.
b $pK_S(NH_4^+) > pK_S(H_3O^+)$. H_3O^+ ist die stärkere Säure, Gleichgewicht liegt links.
c $pK_S(NH_4^+) < pK_S(H_2O)$. NH_4^+ ist die stärkere Säure, Gleichgewicht liegt rechts.

10) **a** $pK_S(CH_3COOH) = 4{,}75 \Rightarrow$ schwache Säure
$pH = \frac{1}{2}[pK_S - \lg c_0(HA)] = 2{,}53$
b $pK_B(NH_3) = 4{,}75 \Rightarrow$ schwache Base
$pOH = \frac{1}{2}[pK_B - \lg c_0(B)] = 3{,}03 \Rightarrow pH = 10{,}97$
c $pK_B(Cl^-) = 21 \Rightarrow$ sehr schwache Base $\Rightarrow$ kein Einfluss auf pH
$pK_S(NH_4^+) = 9{,}25 \Rightarrow$ schwache Säure
$pH = \frac{1}{2}[pK_S - \lg c_0(HA)] = 4{,}63$
d $pK_S(HNO_3) = -1{,}32 \Rightarrow$ starke Säure
$\Rightarrow K_S = 20{,}9$ und $K_S/c_0 \approx 100 > 10$
D. h., zur pH-Wert-Berechnung kann die Näherung für sehr starke Säure angewendet werden:
$pH = -\lg c_0(HNO_3) = 0{,}7$

11) **a** Eine Lösung mit pH = 9 ist alkalisch. Das steht im Widerspruch dazu, dass in der Salzsäure HCl gegenüber H_2O als Säure reagiert und dabei H_3O^+-Ionen erzeugt werden. Der pH-Wert der Lösung muss kleiner als 7 sein.
b Er hat das Autoprotolyse-Gleichgewicht des Wassers nicht berücksichtigt. Die Konzentration der Oxonium-Ionen aus der Autoprotolyse des Wassers ist ca. 100-mal größer als die Konzentration der Oxonium-Ionen durch die Protolyse von HCl. Der pH-Wert der Lösung liegt in guter Näherung bei 7.

12) *Hinweis: Essigsäure wird hier mit HAc abgekürzt.*

pH-Wert	pH-Berechnung	τin %
1,00	$pH = -\lg c_0(HCl) = -\lg(0{,}1)$	0
1,05	$pH = -\lg (0{,}9 \cdot c_0(HCl) = -\lg(0{,}09)$	10
1,30	$pH = -\lg (0{,}5 \cdot c_0(HCl) = -\lg(0{,}05)$	50
2,00	$pH = -\lg (0{,}1 \cdot c_0(HCl) = -\lg(0{,}01)$	90

pH-Wert	pH-Berechnung	τ in %
2,90	$pH = \frac{1}{2}[pK_S(HAc) - \lg c_0(HAc)]$ $= \frac{1}{2}[4{,}75 - \lg(0{,}1)]$	100
3,80	$pH = pK_S(HAc) + \lg \frac{0{,}1 \cdot c_0(HAc)}{0{,}9 \cdot c_0(HAc)}$	110
4,75	$pH = pK_S(HAc)$	150
5,70	$pH = pK_S(HAc) + \lg \frac{0{,}9 \cdot c_0(HAc)}{0{,}1 \cdot c_0(HAc)}$	190
6,75	$pH = pK_S(HAc) + \lg \frac{0{,}99 \cdot c_0(HAc)}{0{,}01 \cdot c_0(HAc)}$	199
8,90	$pOH = \frac{1}{2}[pK_B(Ac^-) - \lg c_0(HAc)]$ $pH = pK_W - pOH$	200
11,00	$pOH = -\lg(0{,}01 \cdot c_0(HAc))$ $pH = pK_W - pOH$	201
12,00	$pH = pK_W + \lg(0{,}1 \cdot c_0(HAc)$	210
12,70	$pH = pK_W + \lg(0{,}5 \cdot c_0(HAc)$	250
12,95	$pH = pK_W + \lg(0{,}9 \cdot c_0(HAc)$	290
13,00	$pH = pK_W + \lg(c_0(HAc)$	300

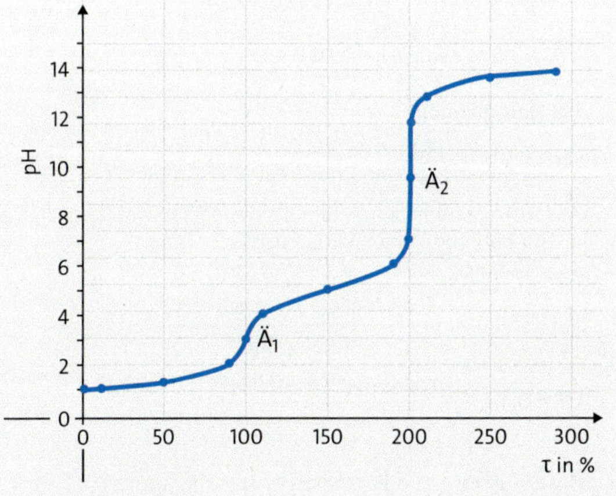

Der erste Äquivalenzpunkt liegt bei pH = 2,9, der zweite Äquivalenzpunkt liegt bei pH = 8,9. Ein zweistufiger Indikator, wie beispielsweise Thymolblau wäre für diese Titration geeignet.

13 **a** pH = 11 ⇨ pOH = 3 ⇨ $c(OH^-) = 10^{-3}\ mol \cdot l^{-1}$
pH = 3 ⇨ $c(H_3O^+) = 10^{-3}\ mol \cdot l^{-1}$
$OH^- + H_3O^+ \longrightarrow 2\,H_2O$

b Die Stoffmenge der Oxonium-Ionen in 1 l Salzsäure ist gleich der Stoffmenge der Hydroxid-Ionen in 1 l Natronlauge bzw. Ammoniaklösung.
Die Natronlauge wurde genau neutralisiert, der pH-Wert beträgt 7. In der Ammoniaklösung mit pH = 11 liegt zusätzlich folgendes Gleichgewicht vor: $NH_3 + H_2O \rightleftarrows OH^- + NH_4^+$
$c(NH_3)$ beträgt dabei ein Mehrfaches von $c(OH^-)$, weil NH_3 nur eine schwache Base ist:

$K_B(NH_3) = 10^{-pK_B} = 1{,}78 \cdot 10^{-5}\ mol \cdot l^{-1}$

$K_B(NH_3) = \frac{c(OH^-) \cdot c(NH_4^+)}{c(NH_3)}$ bzw.

$c(NH_3) = \frac{c(OH^-) \cdot c(NH_4^+)}{K_B(NH_3)}$

Unter der Annahme, dass $c(NH_4^+) = c(OH^-)$ ist, folgt:
$c(NH_3) = 0{,}056\ mol \cdot l^{-1}$
Werden alle Hydroxid-Ionen aus dem Gleichgewicht entfernt, so stellt es sich nach dem Prinzip von Le Chatelier neu ein, indem NH_3 mit H_2O reagiert und wieder OH^--Ionen erzeugt werden. Die Lösung bleibt auch nach Zugabe der Salzsäure alkalisch.

14 **a** Der Essigsäure-Acetat-Puffer ($pK_S = 4{,}75$) ist geeignet, da der pK_S-Wert dicht an pH = 5,0 liegt:
$HA = CH_3COOH$ und $A^- = CH_3COO^-$

b $pH = pK_S + \lg \frac{c(A^-)}{c(HA)}$

$pH - pK_S = 0{,}25 = \lg \frac{c(A^-)}{c(HA)}$

$10^{0{,}25} = \frac{c(A^-)}{c(HA)} \approx 1{,}78$

15 **a** $H_3O^+ + CH_3COO^- \longrightarrow CH_3COOH + H_2O$

b Die Pufferkapazität ist die Stoffmenge an Oxonium-Ionen, die den pH-Wert eines Puffers um eine Einheit senkt. Deshalb werden im Folgenden Stoffmengen betrachtet.
$n_0(HA) = c_0(HA) \cdot V(\text{Puffer}) = 0{,}25\ mol$
$n_0(A^-) = c_0(A^-) \cdot V(\text{Puffer}) = 0{,}25\ mol$
Wegen $n_0(HA) = n_0(A^-)$ gilt:

$pH = pK_S + \lg \frac{n_0(A^-)}{n_0(HA)} = 4{,}75$

Durch die Reaktion (↑ Teilaufgabe a) entstehen aus x Acetat-Ionen mit x Oxonium-Ionen x Essigsäuremoleküle, d. h., es gilt:

$pH = pK_S + \lg \frac{(n_0(A^-) - x)}{(n_0(HA) + x)} = 3{,}75$

$pH - pK_S = -1 = \lg \frac{(n_0(A^-) - x)}{(n_0(HA) + x)}$

⇨ $10^{-1} = 0{,}1 = \frac{(n_0(A^-) - x)}{(n_0(HA) + x)}$

⇨ $x = n(H_3O^+) = \frac{(n_0(A^-) - 0{,}1 \cdot n_0(HA))}{1{,}1} \approx 0{,}205\ mol$

Die Pufferkapazität beträgt 0,205 mol H_3O^+.

c $pH = pK_S + \frac{c(A^-)}{c(HA)} = 4{,}75$

Zur Berechnung des pH-Wertes nach Zugabe der Salzsäure werden Stoffmengen betrachtet:
$n_0(HA) = c_0(HA) \cdot V(\text{Puffer}) = 0{,}25\ mol$
$n_0(A^-) = c_0(A^-) \cdot V(\text{Puffer}) = 0{,}25\ mol$
$n(H_3O^+) = c(H_3O^+) \cdot V(\text{Salzsäure}) = 0{,}1\ mol$
0,1 mol H_3O^+ reagieren mit 0,1 mol CH_3COO^- zu 0,1 mol CH_3COOH.
⇨ $n(HA) = n_0(HA) + 0{,}1\ mol = 0{,}35\ mol$
⇨ $n(A^-) = n_0(A^-) - 0{,}1\ mol = 0{,}15\ mol$

$pH = pK_S + \lg \frac{n(A^-)}{n(HA)} \approx 4{,}38$

d Zur Berechnung des Volumens der Salzsäure werden Stoffmengen betrachtet:
$n_0(HA) = c_0(HA) \cdot V(\text{Puffer}) = 0{,}25\ mol$
$n_0(A^-) = c_0(A^-) \cdot V(\text{Puffer}) = 0{,}25\ mol$

$V(\text{Salzsäure}) = \frac{n(H_3O^+)}{c(H_3O^+)} = \frac{x}{c(H_3O^+)}$

Durch die Reaktion (↑ Teilaufgabe a) entstehen aus *x* Acetat-Ionen mit *x* Oxonium-Ionen *x* Essigsäuremoleküle, d. h., es gilt:

$$pH = pK_S + \lg \frac{(n_0(A^-) - x)}{(n_0(HA) + x)}$$

$$pH - pK_S = -0{,}75 = \lg \frac{(n_0(A^-) - x)}{(n_0(HA) + x)}$$

$$\Rightarrow 10^{-0{,}75} \approx 0{,}178 = \frac{(n_0(A^-) - x)}{(n_0(HA) + x)}$$

$$\Rightarrow x = \frac{(n_0(A^-) - 0{,}178\, n_0(HA))}{1{,}178} \approx 0{,}174 \text{ mol}$$

$$V(\text{Salzsäure}) = \frac{x}{c(H_3O^+)} = 0{,}174 \text{ l}$$

16 › **a** $H_3PO_4 + OH^- \longrightarrow H_2O + H_2PO_4^-$
$H_2PO_4^- + OH^- \longrightarrow H_2O + HPO_4^{2-}$
$HPO_4^{2-} + OH^- \longrightarrow H_2O + PO_4^{3-}$
b Geg.: V(Natronlauge) = 0,01 l, $c(OH^-)$ = 0,1 mol · l^{-1},
$M(H_3PO_4)$ = 100 g · mol^{-1}; ges.: $n(H_3PO_4)$, m(Phosphorsäure)
Der Umschlagbereich von Phenolphthalein fällt in den pH-Sprung beim 2. Äquivalenzpunkt der Titrationskurve von Phosphorsäure, d. h., bis zu diesem Punkt sind die beiden ersten Reaktionen (↑ Teilaufgabe a) abgelaufen. Zusammengefasst:
$H_3PO_4 + 2\,OH^- \longrightarrow 2\,H_2O + HPO_4^{2-}$
D. h., $n(H_3PO_4) = \frac{1}{2} n(OH^-)$
$n(OH^-) = V(\text{Natronlauge}) \cdot c(OH^-) = 0{,}001$ mol
$n(H_3PO_4) = 0{,}0005$ mol
$m(\text{Phosphorsäure}) = n(H_3PO_4) \cdot M(H_3PO_4) = 0{,}1$ g

17 › **a** Reaktionsgleichung: $NH_3 + H_3O^+ \longrightarrow H_2O + NH_4^+$
0 ml Salzsäure: Es liegt eine Ammoniaklösung vor, Berechnung des pH-Werts nach der Gleichung für schwache Basen:
1 ml, 5 ml, 9 ml Salzsäure: Es liegen Ammonium-Ammoniak-Puffer-Lösungen vor, Berechnung des pH-Werts mit der Puffergleichung.
10 ml: 1. Äquivalenzpunkt: Es liegt eine Lösung von Ammoniumchlorid vor, Berechnung des pH-Werts nach der Gleichung für schwache Säuren:
11 ml: Es liegt die Lösung einer sehr starken Säure (H_3O^+) vor.

V in ml	$c(NH_3)$ in mol · l^{-1}	$c(NH_4^+)$ in mol · l^{-1}	pH
0	0,1	0	11,12
1	0,09	0,01	10,21
5	0,05	0,05	9,25
9	0,01	0,09	8,29
10	0	0,1	5,13
11	0	0	2

b

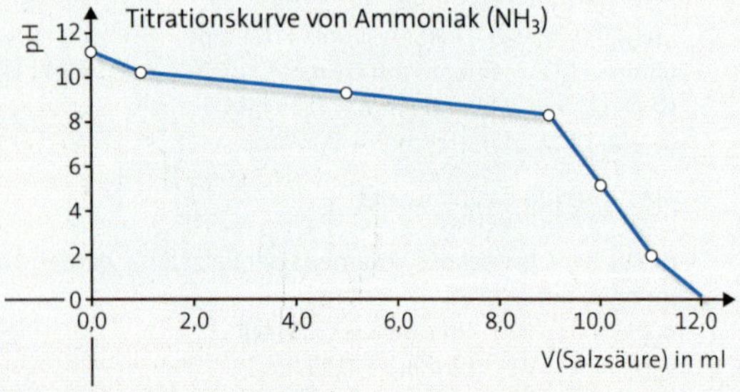

c Der pH-Sprung umfasst die Umschlagbereiche von Methylrot und Bromkresolgrün.

Kapitel 6: Von Redoxreaktionen zu elektrochemischen Anwendungen (↑ S.241-243)

1 › **a**

Oxidation (2 Mg → 2 MgO)

2 Mg	+	CO_2	⟶	2 MgO	+	C
Red 2		Ox 1		Ox 2		Red 1

Reduktion (CO_2 → C)

b $\overset{II\,-II}{MgO} + \overset{IV\,-II}{CO_2} \longrightarrow \overset{II}{Mg}\,\overset{IV}{C}\,\overset{-II}{O_3}$
Keine Redoxreaktion, da sich die Oxidationszahlen nicht ändern.

2 › **a** $2\,\overset{I\,-I}{NaN_3} \longrightarrow 2\,\overset{0}{Na} + 3\,\overset{0}{N_2}$ ⇨ Redoxreaktion

$10\,\overset{0}{Na} + 2\,K\overset{V}{N}O_3 \longrightarrow K_2O + 5\,\overset{I}{Na_2}O + \overset{0}{N_2}$ ⇨ Redoxreaktion

$\overset{I\,-II}{K_2O} + \overset{I\,-II}{Na_2O} + 2\,\overset{IV-II}{SiO_2} \longrightarrow \overset{I\,IV-II}{K_2SiO_3} + \overset{I\,IV-II}{Na_2SiO_3}$
⇨ keine Redoxreaktion

b $3\,CH_4N_4O_2 + 2\,KClO_3 \longrightarrow 6\,N_2 + 6\,H_2O + 3\,CO_2 + 2\,KCl$
c Für Natriumazid:

$$V_1(N_2) = \frac{3 \cdot 24{,}5\ \text{l} \cdot \text{mol}^{-1}}{2 \cdot 65\ \text{g} \cdot \text{mol}^{-1}} \cdot 10\ \text{g} = 5{,}65\ \text{l}$$

$$m(Na) = \frac{2 \cdot 23\ \text{g} \cdot \text{mol}^{-1}}{2 \cdot 65\ \text{g} \cdot \text{mol}^{-1}} \cdot 10\ \text{g} = 3{,}54\ \text{g}$$

$$V_2(N_2) = \frac{1 \cdot 24{,}5\ \text{l} \cdot \text{mol}^{-1}}{10 \cdot 23\ \text{g} \cdot \text{mol}^{-1}} \cdot 3{,}54\ \text{g} = 0{,}38\ \text{l}$$

$V(N_2) = 5{,}65\ \text{l} + 0{,}38\ \text{l} = 6{,}03\ \text{l}$

Für Nitroguanidin:

$$V(\text{Gas}) = \frac{15 \cdot 24{,}5\ \text{l} \cdot \text{mol}^{-1}}{3 \cdot 104\ \text{g} \cdot \text{mol}^{-1}} \cdot 10\ \text{g} = 11{,}78\ \text{l}$$

Aus Nitroguanidin wird mehr als doppelt so viel Gas freigesetzt.

3 › **a** Nur beteiligte Ionen berücksichtigt:
$5\,Fe^{2+} + MnO_4^- + 8\,H^+ \longrightarrow 5\,Fe^{3+} + Mn^{2+} + 4\,H_2O$

b $$c(FeSO_4) = \frac{5 \cdot c(KMnO_4) \cdot V(KMnO_4\text{-Lsg.})}{V(FeSO_4\text{-Lsg.})}$$

$$c(FeSO_4) = \frac{5 \cdot 0{,}01\ \text{mol} \cdot \text{l}^{-1} \cdot 8\ \text{ml}}{50\ \text{ml}} = 0{,}008\ \text{mol} \cdot \text{l}^{-1}$$

4 › **a** $2\,NH_4NO_3 \longrightarrow 2\,N_2 + 4\,H_2O + O_2$
b Benzin reagiert in einer exothermen Reaktion mit dem gebildeten Sauerstoff.
$2\,C_8H_{18} + 25\,O_2 \longrightarrow 16\,CO_2 + 18\,H_2O$

5 › **a** Weil Eisen sehr unedel ist, kommt es nicht elementar, sondern nur in Form von Verbindungen vor. Gold ist dagegen sehr edel und geht in der Regel keine Verbindungen ein.
b Eisensulfid oxidieren („rösten"):
$2\,FeS + 3\,O_2 \longrightarrow 2\,FeO + 2\,SO_2$
Oxide mit Kohlenstoff reduzieren:
$2\,FeO + C \longrightarrow 2\,Fe + CO_2$
$2\,Fe_2O_3 + 3\,C \longrightarrow 4\,Fe + 3\,CO_2$

6 › **a** $\overset{0}{Zn} + 2\,\overset{I}{H_3}O^+ \longrightarrow \overset{II}{Zn^{2+}} + 2\,H_2O + \overset{0}{H_2}$

$\overset{0}{Fe} + 2\,\overset{I}{H_3}O^+ \longrightarrow \overset{II}{Fe^{2+}} + 2\,H_2O + \overset{0}{H_2}$
Redoxreaktionen, da sich die Oxidationszahlen verändern.
b Oxonium-Ionen können gegenüber Atomen von unedlen Metallen wie Zink und Eisen als Oxidationsmittel wirken. Gegenüber edlen Metallen wie Kupfer allerdings nicht.

7) **a** Abgemessenes Volumen Probelösung vorlegen.
Bürette mit Kaliumpermanganatlösung (Maßlösung) auffüllen und ablesen.
Titrieren, bis keine Entfärbung mehr eintritt.
Endstand ablesen und Verbrauch ermitteln.
b Reduktion: $MnO_4^- + 8\,H^+ + 5\,e^- \longrightarrow Mn^{2+} + 4\,H_2O \quad | \cdot 2$
Oxidation: $H_2O_2 \longrightarrow 2\,H^+ + O_2 + 2\,e^- \quad | \cdot 5$

Redoxreaktion: $2\,MnO_4^- + 5\,H_2O_2 + 6\,H^+ \longrightarrow 2\,Mn^{2+} + 8\,H_2O + 5\,O_2$

c $n(H_2O_2) = \frac{5}{2} \cdot c(KMnO_4) \cdot V(KMnO_4)$
$= \frac{5}{2} \cdot 0{,}1\ mol \cdot l^{-1} \cdot 37{,}5\ ml = 9{,}375\ mmol$

$m(H_2O_2) = 9{,}375\ mmol \cdot 34\ g \cdot mol^{-1} = 318{,}75\ mg$

$\beta(H_2O_2) = \frac{318{,}75\ mg}{200\ ml} = 1{,}59\ g \cdot l^{-1}$

8) **a** $\overset{I}{Na_2}\overset{III}{S_2}\overset{-II}{O_4}$ $\quad \overset{IV}{S}\overset{-II}{O_2}$
Die Oxidationszahl der Schwefelatome wird größer, sodass Natriumdithionit oxidiert wird. Es ist ein Reduktionsmittel.
b Als Reduktionsmittel sollte es z. B. mithilfe der Manganometrie quantitativ bestimmbar sein, da bei dieser Titration Permanganat-Ionen zu Mangan(II)-Ionen reduziert werden.

9) **a** In beiden Halbzellen bildet sich jeweils ein elektrochemisches Gleichgewicht aus, das von der Art der Elektroden abhängt.
$Cu \rightleftharpoons Cu^{2+} + 2\,e^-$
$Ag \rightleftharpoons Ag^+ + e^-$

Da Cu^{2+}-Ionen ein größeres Bestreben haben, in Lösung zu gehen, als Ag^+-Ionen, ist das Kupferblech im Vergleich zum Silberblech stärker negativ aufgeladen. Die beiden Halbzellen weisen verschiedene Potenziale auf. Der Unterschied führt zu einer messbaren Spannung von 0,4 V.

b

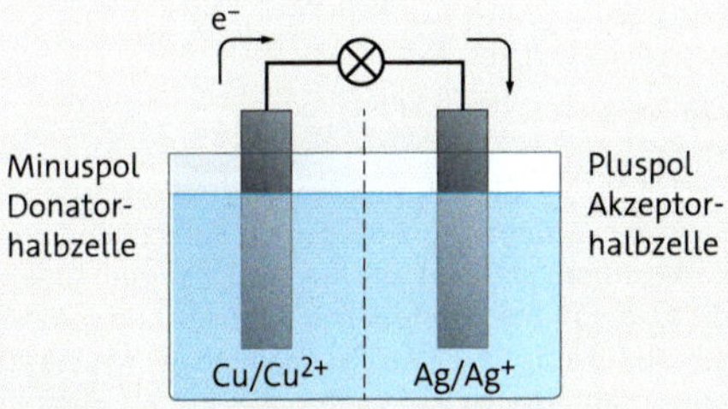

c Minuspol: $Cu(s) \longrightarrow Cu^{2+}(aq) + 2\,e^-$
Pluspol: $2\,Ag^+(aq) + 2\,e^- \longrightarrow 2\,Ag(s)$

10) **a** $E(Cu/Cu^{2+}) = E^0(Cu/Cu^{2+}) + \frac{0{,}059\ V}{z} \cdot \lg c(Cu^{2+})$
$= 0{,}35\ V + \frac{0{,}059\ V}{2} \cdot \lg 0{,}2 = 0{,}329\ V$

b $E(Ag/Ag^{+}) = E^0(Ag/Ag^{+}) + \frac{0{,}059\ V}{z} \cdot \lg c(Ag^{+})$
$= 0{,}80\ V + \frac{0{,}059\ V}{1} \cdot \lg 0{,}1 = 0{,}741\ V$

c $E(Ag/Ag^{+}) = E^0(Ag/Ag^{+}) + \frac{0{,}059\ V}{z} \cdot \lg c(Ag^{+})$
$= 0{,}80\ V + \frac{0{,}059\ V}{1} \cdot \lg 0{,}01 = 0{,}682\ V$

11) $E(Cu/Cu^{2+}) = E^0(Cu/Cu^{2+}) = 0{,}35\ V$
$E(Zn/Zn^{2+}) = E^0(Zn/Zn^{2+}) + \frac{0{,}059\ V}{z} \cdot \lg c(Zn^{2+})$
$= -0{,}76\ V + \frac{0{,}059\ V}{2} \cdot \lg 0{,}1 = -0{,}79\ V$
$U = E(\text{Akzeptorhalbzelle}) - E(\text{Donatorhalbzelle})$
$= 0{,}35\ V - (-0{,}79\ V) = 1{,}14\ V$

12) $E(Cu/Cu^{2+}) = E^0(Cu/Cu^{2+}) + \frac{0{,}059\ V}{z} \cdot \lg c(Cu^{2+})$
$= 0{,}35\ V + \frac{0{,}059\ V}{2} \cdot \lg 0{,}2 = 0{,}329\ V$
$U = E(\text{Akzeptorhalbzelle}) - E(\text{Akzeptorhalbzelle})$
$E(\text{Akzeptorhalbzelle}) = U + E(\text{Akzeptorhalbzelle})$
$= 0{,}35\ V + 0{,}329\ V = 0{,}679\ V$

$E(Ag/Ag^{2+}) = E^0(Ag/Ag^{2+}) + \frac{0{,}059\ V}{z} \cdot \lg x$
$= 0{,}80\ V + \frac{0{,}059\ V}{1} \cdot \lg x = 0{,}679\ V$
$-0{,}121\ V = 0{,}059\ V \cdot \lg x$
$-\frac{0{,}121\ V}{0{,}059\ V} = -2{,}05 = \lg x$
$x = 10^{-2{,}05} = 8{,}91 \cdot 10^{-3}$
Die Konzentration an Silber-Ionen beträgt
$c(Ag^+) = 8{,}91 \cdot 10^{-3}\ mol \cdot l^{-1}$.

13) **a** Reduktionswirkung: Al > Fe > Cu > Au
Auf dem Al-Stab scheiden sich alle drei anderen Metalle ab. Es hat daher die größte Reduktionswirkung. Auf dem Fe-Stab scheiden sich nur Kupfer und Gold ab. Auf dem Cu-Stab scheidet sich nur Gold ab und auf dem Au-Stab scheidet sich kein anderes Metall ab. Es hat die geringste Reduktionswirkung.
b

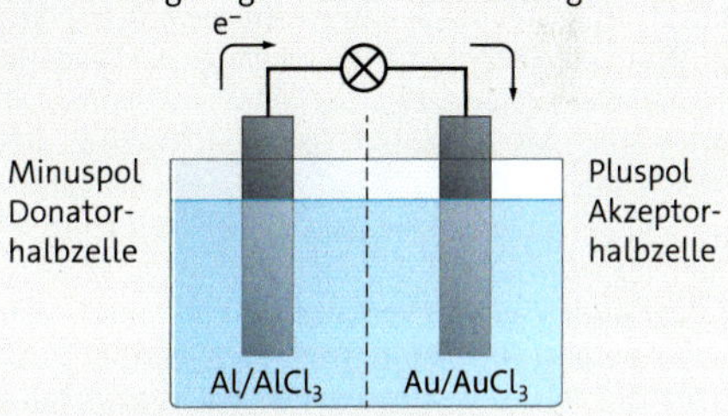

c $U = E(\text{Reduktion}) - E(\text{Oxidation})$
$= E^0(Au/Au^{3+}) - E^0(Al/Al^{3+}) = 1{,}50\ V - (-1{,}66\ V) = 3{,}16\ V$

14) **a** Teilweise offene Aufgabenstellung:
$U(Zn/Zn^{2+} \,//\, Ag^+/Ag) = 1{,}56\ V$
$U(Zn/Zn^{2+} \,//\, Pt^{2+}/Pt) = 1{,}96\ V$
$U(Zn/Zn^{2+} \,//\, Au^{3+}/Au) = 2{,}26\ V$
$U(Li/Li^{+} \,//\, Ag^+/Ag) = 3{,}84\ V$
b Eine Batterie ist eine galvanische Zelle, die zur mobilen Stromerzeugung genutzt werden kann. Die beiden Halbzellen werden in einem Baukörper verbaut (oft Zylinder), der außen geschlossen ist, damit die Batterie in einem Verbraucher genutzt werden kann. Häufig werden nichtflüssige Elektrolyte verwendet. Bei Anschluss eines Verbrauchers laufen die freiwilligen galvanischen Reaktionen ab. Elektronen fließen von der Donator- zur Akzeptorhalbzelle. Chemische Energie wird in elektrische Energie umgewandelt. Beispiele: Zink-Kohle-Batterie; Alkali-Mangan-Batterie.

15) **a** Die Coincell ist eine galvanische Zelle aus einer Lithiumhalbzelle und einer MnO_2/Mn^{3+}-Halbzelle.
Anode (Elektronendonator):
$\overset{0}{Li} \longrightarrow \overset{I}{Li^+} + e^-$
Kathode (Elektronenakzeptor):
$\overset{IV}{Mn}O_2 + \overset{I}{Li^+} + e^- \longrightarrow \overset{I}{Li}\overset{III}{Mn}O_2$
Zellreaktion: $Li + MnO_2 \longrightarrow LiMnO_2$
b hohes Redoxpotenzial von Lithium, geringe Masse (hohe Energiedichte)
c Wasserfreier, trotzdem leitfähiger Elektrolyt, sehr dichte Bauform, da es sonst zur Reaktion von Lithium mit Wasser unter Wasserstoffentwicklung kommt ⇨ Hoher Preis der Knopfzelle.

16 〉 a Bildung eines Lokalelements aus dem unedleren Aluminium und dem Eisen in der Stahlpfanne. Lasagne enthält durch die Tomatensauce H^+-Ionen.

$Al \longrightarrow Al^{3+} + 3\,e^-$ (Oxidation)

$2\,H^+ + 2\,e^- \longrightarrow H_2$ (Reduktion)

$2\,Al + 6\,H^+ \longrightarrow 2\,Al^{3+} + 3\,H_2$ (Redoxreaktion)

b Nein, da dann kein Lokalelement aus zwei Metallen entstehen kann.

c Aluminium als Verpackungsmaterial sollte unbedenklich sein, Al^{3+}-Ionen können z. B. durch Erhitzen nicht entfernt werden; saure Lebensmittel sollten nicht in Aluminium verpackt werden.

17 〉 Synonyme untereinander sind:

Halbzelle	Anode (Ort der Oxidation)	Kathode (Ort der Reduktion)	Redoxpotenzial
Elektrode	Elektronendonator	Elektronenakzeptor	Elektrodenpotenzial
Elektrochemische Zelle	Minuspol	Pluspol	

Die Begriffe *Halbzelle* und *Elektrode* bezeichnen die Kombination aus Metall und Elektrolytlösung. **Elektrode** wird häufig auch nur für das Metall verwendet. Der Begriff Halbzelle weist darauf hin, dass eine zweite Halbzelle erforderlich ist, um eine galvanische Zelle zu erhalten, das leistet der Begriff *elektrochemische Zelle* nicht. Die Begriffe *Anode/Kathode* für die Vorgänge der Oxidation/Reduktion sind ebenso eindeutig wie *Elektronendonator/-akzeptor*. Die Begriffe *Minuspol/Pluspol* sind problematisch, da die Ladung selbst nichts über die Art der Reaktion aussagt. Bei galvanischen Zellen erfolgt am Minuspol die Oxidation, bei Elektrolysen die Reduktion.

Redoxpotenzial zielt auf das Verhalten des Systems in einer Redoxreaktion ab, also auf die Fähigkeit, einen Partner zu oxidieren bzw. zu reduzieren. Das *Elektrodenpotenzial* ist physikalisch als elektrisches Potenzial zu verstehen.

18 〉 a

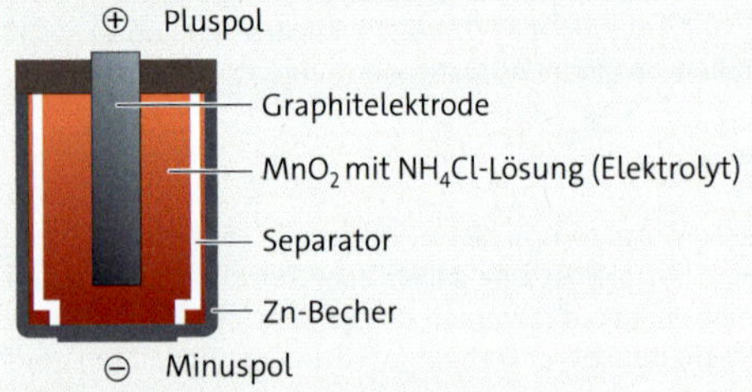

Anode (Minuspol): $Zn \longrightarrow Zn^{2+} + 2\,e^-$

Kathode (Pluspol): $MnO_2 + 2\,H_2O + 2\,e^- \longrightarrow 2\,MnOOH + 2\,OH^-$

b Nach Nernst sinkt mit steigender Konzentration der Zn^{2+}-Ionen das Potenzial der Halbzelle Zn/Zn^{2+}.

c Die Anode ist der Zinkbecher, der sich während der Benutzung der Batterie auflöst.

d Beide Batterien enthalten Zink und Mangandioxid, dürfen nicht im Hausmüll entsorgt werden. Alkaline halten doppelt so lange, sind auslaufsicher und ihre Spannung bleibt länger konstant.

19 〉 a $U(Zn/Zn^{2+}\,//\,Ni^{2+}/Ni) = -0{,}23\,V - (-0{,}76\,V) = 0{,}53\,V$

b $U(Cu/Cu^{2+}\,//\,Ag^+/Ag) = 0{,}8\,V - 0{,}35\,V = 0{,}45\,V$

c Bei der geringeren Elektrolytkonzentration verlagert sich das elektrochemische Gleichgewicht an den Elektroden auf die Seite der Ionenbildung, das Potenzial wird also negativer.

Nach Nernst gilt im ersten Fall für beide Halbzellen:

$$E = E^0(Me/Me^{2+}) + \frac{0{,}059\,V}{2} \cdot \lg 0{,}1$$

Im Ergebnis ändert sich die Zellspannung der galvanischen Zelle nicht, da sich der Effekt gegenseitig aufhebt:

$$U = E^0(Ni/Ni^{2+}) + \frac{0{,}059\,V}{2} \cdot \lg 0{,}1 - \left(E^0(Zn/Zn^{2+}) + \frac{0{,}059\,V}{2} \cdot \lg 0{,}1\right)$$

$$= E^0(Ni/Ni^{2+}) - E^0(Zn/Zn^{2+}) = 0{,}53\,V$$

Im Fall **b** unterscheiden sich die beiden Halbzellen durch die Anzahl *z* der ausgetauschten Elektronen.

Das Redoxpotenzial der Silberhalbzelle ändert sich um $0{,}059\,V \cdot \lg 0{,}1 = -0{,}059\,V$. Das Redoxpotenzial der Kupferhalbzelle um $\frac{1}{2} \cdot 0{,}059\,V \cdot \lg 0{,}1 = -0{,}0295\,V$.

Daher sinkt die Zellspannung um 0,0295 V auf 0,4205 V.

20 〉 a $2\,H_2O(l) \rightleftarrows O_2(g) + 4\,H^+ + 4\,e^-$

Nernst-Gleichung:

$$E(Red/Ox) = E^0(Red/Ox) + \frac{0{,}059\,V}{z} \cdot \lg \frac{c(Ox)}{c(Red)}$$

$$E(H_2O/H^+) = E^0(H_2O/H^+) + \frac{0{,}059\,V}{4} \cdot \lg \frac{c^4(H^+) \cdot c(O_2)}{c^2(H_2O)}$$

Es gilt: $c(O_2) = 1\,mol \cdot l^{-1}$, $c(H_2O) = 1\,mol \cdot l^{-1}$

$$E(H_2O/H^+) = E^0(H_2O/H^+) + \frac{0{,}059\,V}{4} \cdot \lg c^4(H^+)$$

$$E(H_2O/H^+) = E^0(H_2O/H^+) - 0{,}059\,V \cdot pH$$

b

pH-Wert	Halbzellenreaktion	Stoffmengenkonzentration $c(H^+)$ in $mol \cdot l^-$	Redoxpotenzial in V
0	$2\,H_2O \rightleftarrows O_2 + 4\,H^+ + 4\,e^-$	1	1,23
7	$4\,OH^- \rightleftarrows O_2 + 2\,H_2O + 4\,e^-$	10^{-7}	0,82
14	$4\,OH^- \rightleftarrows O_2 + 2\,H_2O + 4\,e^-$	10^{-14}	0,41

In Abhängigkeit vom pH-Wert ist das Redoxpotenzial nach der Nernst-Gleichung für die Oxidationswirkung von Sauerstoffmolekülen in Lösung unterschiedlich.

21 〉 a Chlor, Wasserstoff, Kalilauge (Kaliumhydroxidlösung)

b Pluspol (Anode):

$2\,Cl^- \longrightarrow Cl_2 + 2\,e^-$

Minuspol (Kathode):

$2\,H_2O + 2\,e^- \longrightarrow 2\,OH^- + H_2$

$2\,Cl^- + 2\,H_2O \longrightarrow Cl_2 + H_2 + 2\,OH^-$

Beim Membranverfahren sind die beiden Halbzellen durch eine spezielle Membran getrennt, die nur für die Kalium-Ionen durchlässig ist. An der Anode entstehen aus den Chlorid-Ionen einer Kaliumchloridlösung Chlor. An der Anode reagieren Wassermoleküle in einer Kalilauge zu Hydroxid-Ionen und Wasserstoffmolekülen. Zum Ladungsausgleich wandern Kalium-Ionen durch die Membran. Dadurch entsteht konzentrierte, hochreine Kalilauge.

c $$m(KOH) = \frac{I \cdot t \cdot M(KOH)}{z \cdot F}$$

$$= \frac{2{,}5 \cdot 10^5\,A \cdot s \cdot 86\,400\,s \cdot 56\,g \cdot mol^{-1}}{1 \cdot 96\,485\,A \cdot s \cdot mol^{-1}}$$

$$= 1{,}25 \cdot 10^7\,g = 12{,}5\,t$$

22 〉 a

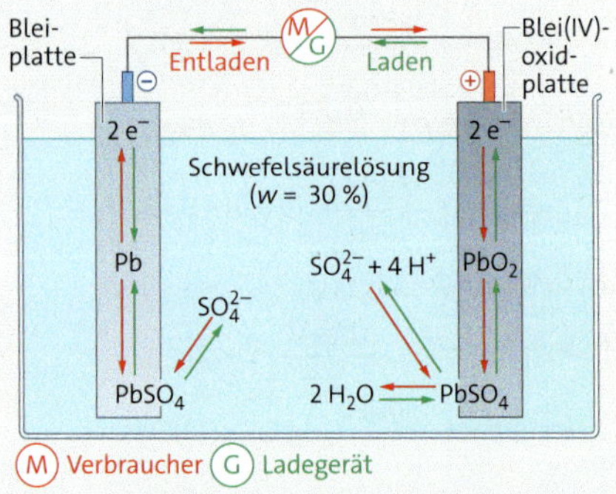

b **Entladen:**
Pluspol:
$PbO_2 + 4\,H^+ + SO_4^{2-} + 2\,e^- \longrightarrow PbSO_4 + 2\,H_2O$
Minuspol:
$Pb + SO_4^{2-} \longrightarrow PbSO_4 + 2\,e^-$

Laden:
Pluspol:
$PbSO_4 + 2\,H_2O \longrightarrow PbO_2 + 4\,H^+ + SO_4^{2-} + 2\,e^-$
Minuspol:
$PbSO_4 + 2\,e^- \longrightarrow Pb + SO_4^{2-}$

c $m(\text{Pb}) = \dfrac{I \cdot t \cdot M(\text{Pb})}{z \cdot F}$

$= \dfrac{52\,\text{A} \cdot 3600\,\text{s} \cdot 207\,\text{g} \cdot \text{mol}^{-1}}{2 \cdot 96\,485\,\text{A} \cdot \text{s} \cdot \text{mol}^{-1}} = 200{,}8\,\text{g}$

Im Bleioxid (PbO_2) ist noch mal die gleiche Masse an Blei enthalten, sodass mindestens 401,6 g Blei benötigt werden.
$Pb + PbO_2 + 2\,H_2SO_4 \rightleftarrows 2\,PbSO_4 + 2\,H_2O$

$m(H_2SO_4) = \dfrac{n(H_2SO_4) \cdot M(H_2SO_4) \cdot m(\text{Pb})}{n(\text{Pb}) \cdot M(\text{Pb})}$

$= \dfrac{2 \cdot 98\,\text{g} \cdot \text{mol}^{-1} \cdot 200{,}8\,\text{g}}{1 \cdot 207\,\text{g} \cdot \text{mol}^{-1}}$

$= 190{,}1\,\text{g}$

23 › **a** $U_Z = E^0(2\,Br^-/Br_2) - E^0(Li/Li^+)$
$= 1{,}07\,V - (-3{,}04\,V) = 4{,}11\,V$

b Aufgrund des hohen negativen Redoxpotenzials von Li/Li^+ reagieren am Pluspol Wassermoleküle zu Hydroxid-Ionen und Wasserstoffmolekülen. Das Redoxpotenzial von OH^-/H_2O ist größer (weniger negativ), sodass eine geringere Zersetzungsspannung resultiert.

24 › **a**

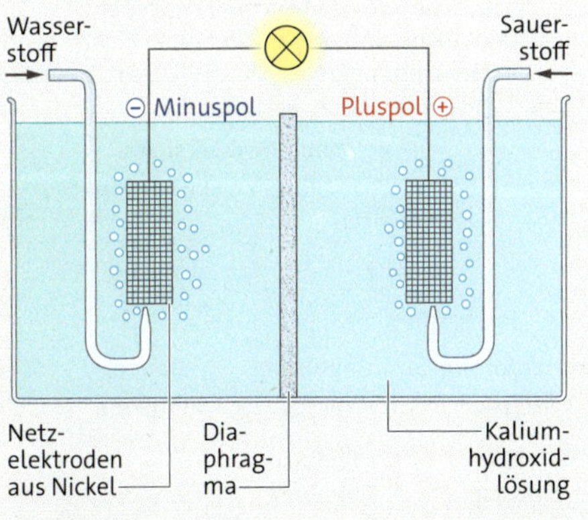

Pluspol (Anode):
$2\,H_2 + 4\,OH^- \longrightarrow 4\,H_2O + 4\,e^-$
$(2\,H_2 \longrightarrow 4\,H^+ + 4\,e^-)$

Minuspol (Kathode):
$O_2 + 2\,H_2O + 4\,e^- \longrightarrow 4\,OH^-$
$(O_2 + 4\,H^+ + 4\,e^- \longrightarrow 2\,H_2O)$

b

	Brennstoffzelle	Alkaline
Pluspol	Platinelektrode von Wasserstoff umspült	Mangandioxidpaste
Minuspol	Platinelektrode von Sauerstoff umspült	Zinkgel
Elektrolyt	KOH-Lösung/PEM	KOH-Lösung
Zellspannung	1,23 V	1,5 V
Eigenschaften	kontinuierlicher Betrieb, Ausgangsstoffe müssen von außen zugeführt werden	nicht wiederaufladbar

c Die Brennstoffzellentechnologie ermöglicht die Speicherung überschüssiger regenerativer Energie, indem diese zur Elektrolyse von Wasser verwendet wird. Die dabei gebildeten Reaktionsprodukte Wasserstoff und Sauerstoff können zur Energiegewinnung in der Brennstoffzelle eingesetzt werden.

25 › **a** Magnesium ist ein unedleres Metall als das Eisen in der Stahlklinge. Es dient als Opferanode für die Stahlklinge.
b Elektronenabgabe/Oxidation:
$2\,Mg \longrightarrow 2\,Mg^{2+} + 4\,e^-$
Elektronenaufnahme/Reduktion:
$2\,H_2O + O_2 + 4\,e^- \longrightarrow 4\,OH^-$

Elektronenübergang/Redoxreaktion:
$2\,Mg + 2\,H_2O + O_2 \longrightarrow 2\,Mg(OH)_2$

26 › **a** Kupfer ist durch Passivierung vor Korrosion geschützt.
b Es bildet sich ein Lokalelement, bei dem die verzinkte Regenrinne die Anode bildet, die sich langsam auflöst. Es reicht aus, wenn die Zinkschicht an einer Stelle beschädigt wurde, z. B. beim Festziehen der Kupferschraube.
Anode: $Fe \longrightarrow Fe^{2+} + 2\,e^-$
Kathode: $2\,H_2O + O_2 + 2\,e^- \longrightarrow 4\,OH^-$

Kapitel 7: Stoffklassen der organischen Chemie (↑ S.298-299)

1 › **a** Methan: Vier Bindungen zwischen zentralem C-Atom und vier H-Atomen ⇒ tetraedrische Struktur. Geringe Elektronegativitätsdifferenz zwischen C- und H-Atom; das Molekül ist kein Dipol, da sich die Dipolmomente aufgrund der tetraedrische Struktur aufheben. Daher wirken nur schwache London-Kräfte zwischen den Molekülen ⇨ niedrige Siedetemperatur.
Methylchlorid: Ein H-Atom des Methanmoleküls ist durch ein Chloratom ersetzt, die C–Cl-Bindung ist polar: $\Delta EN = 0{,}5$. Das deutlich größere Chloratom benötigt mehr Raum als ein Wasserstoffatom. ⇨ Methylchlorid ist ein Dipol. Neben London-Kräften treten auch Dipol-Dipol-Kräfte auf. ⇨ Daher ist die Siedetemperatur im Vergleich zu Methan aufgrund der stärkeren zwischenmolekularen Anziehungskräfte höher.
Hinweis: Chlor-Atome haben eine deutlich größere Masse als Wasserstoffatome ⇨ $M(\text{Methylchlorid}) = 50{,}45\,\text{g} \cdot \text{mol}^{-1}$, $M(\text{Methan}) = 16\,\text{g} \cdot \text{mol}^{-1}$. Die fast dreifach größere Molare Masse erhöht ebenfalls die Siedetemperatur des Methylchlorids im Vergleich zum Methan.
b Wasser: Zwei polare O–H-Bindungen, zwei freie Elektronenpaare am O-Atom, starker Dipol ⇨ zwischen den Wassermolekülen wirken Wasserstoffbrücken. Dies sind sehr starke zwischenmolekulare Kräfte (stärker als die bei Methylchlorid und viel stärker als die bei Methan wirkenden Kräfte). ⇨ Wasser hat die im Vergleich höchste Siedetemperatur.

2 › Wasser: aus Molekülen aufgebaut; bei Raumtemperatur flüssig, weil zwischen den Molekülen starke Wasserstoffbrücken wirken
Schwefelwasserstoff: aus Molekülen aufgebaut, zwischen diesen Molekülen können sich keine Wasserstoffbrücken bilden. Deshalb ist Schwefelwasserstoff bei Raumtemperatur gasförmig.

3 › **a** CH_4, C_2H_6: unpolare Moleküle; es wirken nur schwache London-Kräfte
b HCl, HF: Moleküle mit polaren Elektronenpaarbindungen, $\Delta EN(HCl) = 0{,}9$, $\Delta EN(HF) = 1{,}9$; es wirken starke Wasserstoffbrücken zwischen den Molekülen
c CH_3Cl, C_2H_5Cl: Moleküle mit polarer C–Cl Bindung; es wirken Dipol-Dipol-Kräfte, zudem schwache London-Kräfte im Bereich der unpolaren Alkylgruppen
d London-Kräfte < Dipol-Dipol-Kräfte < Wasserstoffbrücken

4 › **a** 3-Ethyl-2-methylheptan, Molekülformel: $C_{10}H_{22}$

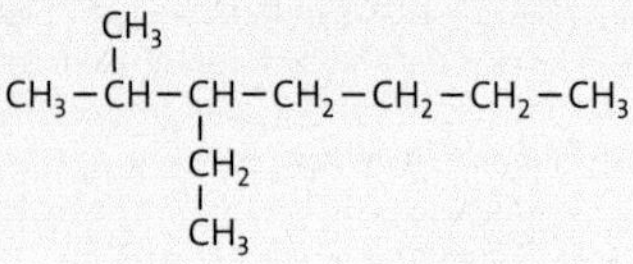

2,2,3-Trimethylpentan, Molekülformel: C_8H_{18}

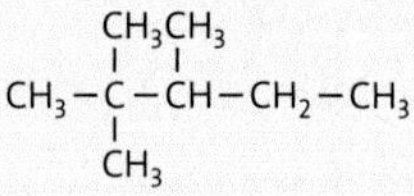

4,6-Diethyl-5-methyldecan, Molekülformel: $C_{15}H_{32}$

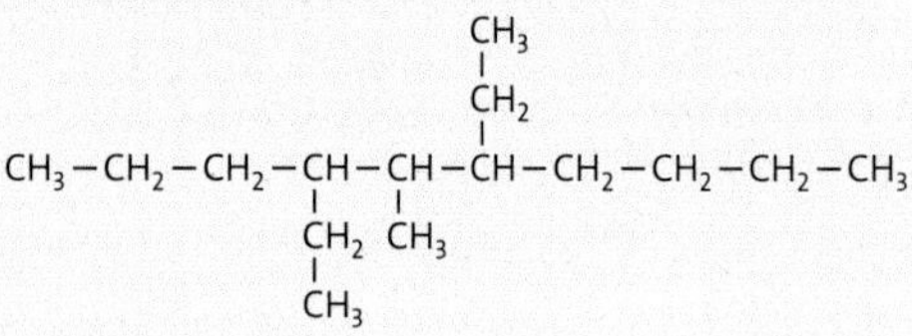

b 4-Ethyl-2,3,8-trimethylnonan; 2,4,4-Trimethylhex-2-en; 2,2-Dibrom-1,3-dichlor-3-methylpentan

c Die IUPAC-Nomenklatur erlaubt Chemikerinnen und Chemikern weltweit effektiv zu kommunizieren. Die Nomenklatur hilft, Verwechslungen zu vermeiden: Verbindungen werden eindeutig benannt, sodass einem Namen genau eine Verbindung zugeordnet werden kann, was insbesondere im Umgang mit Gefahrstoffen auch sicherheitsrelevant ist. Durch die Systematik in der Nomenklatur kann auch ohne Kenntnis eines bestimmten Stoffes aus den Nomenklaturregeln auf die Strukturformel geschlossen werden. Aufgrund der teilweise recht sperrigen Namen ist die IUPAC-Nomenklatur möglicherweise nicht in allen Kontexten notwendig, insbesondere in informellen oder alltäglichen Situationen, kann eine vereinfachte Benennung ausreichend sein.

5 **a** Das Funktionsprinzip der Gaschromatografie beruht auf den unterschiedlichen Wechselwirkungen der einzelnen Bestandteile des Gemisches mit der stationären Phase. Die stationäre Phase ist dabei eine dünne Schicht eines geeigneten Stoffes, die auf der Innenwand einer Säule aufgebracht ist. Die mobile Phase ist ein Gas, das durch die Säule strömt. Die Bestandteile des Gemisches werden unterschiedlich stark an der stationären Phase adsorbiert. Die Adsorption beruht auf intermolekularen Wechselwirkungen, insbesondere London-Kräften. Je größer die London-Kräfte sind, desto stärker werden die Stoffe zurückgehalten und desto langsamer wandern sie durch die Trennsäule. Die Bestandteile des Gemisches werden aufgrund dieser unterschiedlichen Adsorptionsfähigkeit unterschiedlich schnell von der mobilen Phase mitgeführt und dadurch voneinander getrennt. An einem Detektor werden die einzelnen Bestandteile des Gemisches erfasst und in einem Chromatogramm dargestellt. Die Retentionszeit, also die Zeit, die ein Bestandteil benötigt, um die Säule zu durchlaufen, ist bei gleichen Bedingungen immer gleich und kann deshalb zur Identifikation von Stoffen beispielsweise in Gemischen genutzt werden.

b Die Gaschromatografie ist ein wichtiges analytisches Verfahren in der Berufswelt, insbesondere in der chemischen Industrie und der Lebensmittelindustrie. Mit dieser Methode können Substanzen in einer Probe getrennt und identifiziert werden, was für die Qualitätssicherung und Produktentwicklung von großer Bedeutung ist. Auch in der forensischen Analytik und der Umweltanalytik wird die Gaschromatografie eingesetzt. Insgesamt ist die Anwendung analytischer Verfahren in der Berufswelt unverzichtbar, um Produkte und Prozesse zu optimieren und gesetzliche Anforderungen zu erfüllen.

6 ›

	Alkane	Alkene	Alkine
Beispiel	Ethan $CH_3{-}CH_3$	Ethen $CH_2{=}CH_2$	Ethin $CH{\equiv}CH$
C–C-Bindung	Einfachbindung; jedes C-Atom hat genau 4 Bindungspartner: gesättigte KW	Doppelbindung	Dreifachbindung
		die an diesen Bindungen beteiligten C-Atome haben weniger als 4 Bindungspartner: ungesättigte KW	
H–C–C-Bindungswinkel	109,5°	120°	180°

- Geringe Elektronegativitätsdifferenz ($\Delta EN = 0{,}4$) zwischen H- und C-Atomen ⇨ die C–H-Bindung ist nur schwach polar. Aufgrund der Molekülgeometrie fallen die positiven und negativen Teilladungen zusammen ⇨ die Moleküle sind keine Dipole, die Verbindungen damit unpolar.
- Zwischen den unpolaren Molekülen wirken als zwischenmolekulare Kräfte nur London-Kräfte.
- London-Kräfte steigen mit der Größe (Kettenlänge) der Moleküle und deren molarer Masse ⇨ steigende Schmelz- und Siedetemperaturen innerhalb der jeweiligen homologen Reihe der Alkane, Alkene, Alkine.
- Mit steigender Kettenlänge nimmt die Viskosität innerhalb der homologen Reihen der Alkane, Alkene und Alkine zu.
- Alkane, Alkene und Alkine sind untereinander in jedem Mischungsverhältnis löslich, ebenso in lipophilen Stoffen wie Fetten. Die Löslichkeit beruht darauf, dass zwischen den Molekülen ähnliche zwischenmolekulare Kräfte wirken.
- Alkane sind allgemein reaktionsträge; typische Reaktionen: Verbrennungen (Reaktion mit Sauerstoff) und Substitutionen (z. B. radikalische Substitution mit Halogenen).
- Alkene und Alkine sind wegen der hohen Elektronendichte an den Mehrfachbindungen der Moleküle reaktionsfreudiger als Alkane; typische Reaktion: Addition.

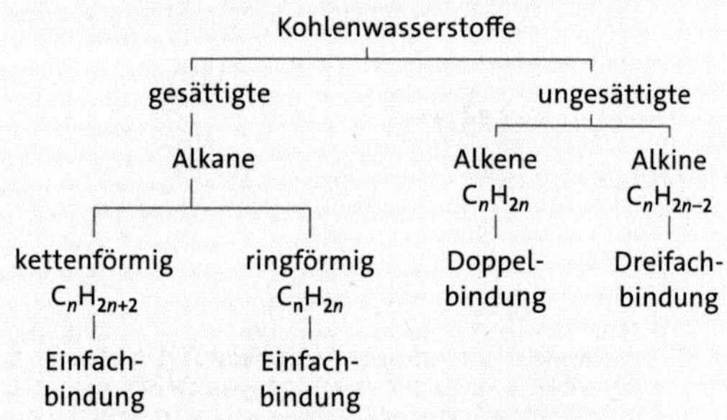

7 › **a** Pent-1-en $CH_2{=}CH{-}CH_2{-}CH_2{-}CH_3$

Pent-2-en $CH_3{-}CH{=}CH{-}CH_2{-}CH_3$

2-Methylbut-1-en 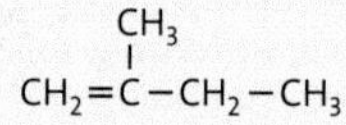

2-Methylbut-2-en 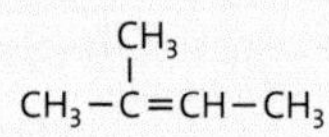

3-Methylbut-1-en 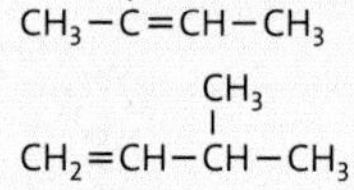

b Pent-2-en kann als cis- oder trans-Isomer vorliegen. Durch die π-Bindung ist die freie Drehbarkeit um die C=C-Bindungsachse bei Alkenen nicht mehr gegeben. Daher existieren zwei verschiedene Isomere: Bei Pent-2-en-Molekülen kann die Methylgruppe und die Ethylgruppe entweder auf der gleichen Seite oder an verschiedenen Seiten der Doppelbindung angeordnet sein.

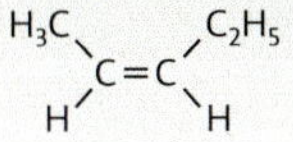
cis-Pent-2-en

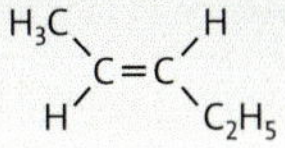
trans-Pent-2-en

8 › Cis-trans-Isomere sind nicht dargestellt.

Hex-1-en

$CH_2{=}CH{-}CH_2{-}CH_2{-}CH_2{-}CH_3$

Hex-2-en

$CH_3{-}CH{=}CH{-}CH_2{-}CH_2{-}CH_3$

Hex-3-en

$CH_3{-}CH_2{-}CH{=}CH{-}CH_2{-}CH_3$

2-Methylpent-1-en

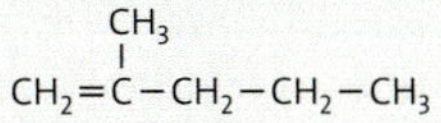

2-Methylpent-2-en

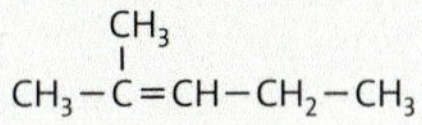

3-Methylpent-1-en

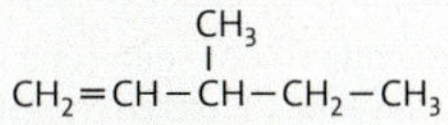

3-Methylpent-2-en

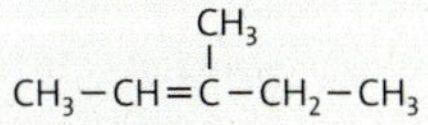

4-Methylpent-1-en

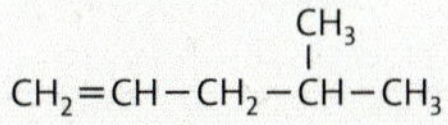

4-Methylpent-2-en

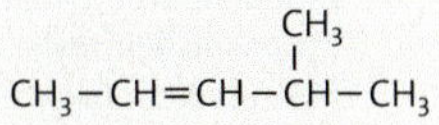

2-Ethylbut-1-en

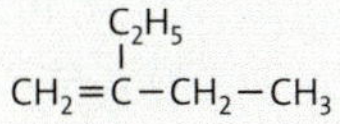

2,3-Dimethylbut-1-en

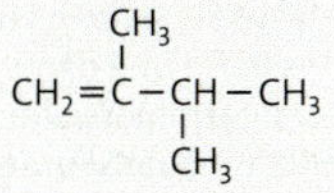

3,3-Dimethylbut-1-en

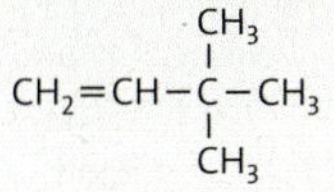

2,3-Dimethylbut-2-en

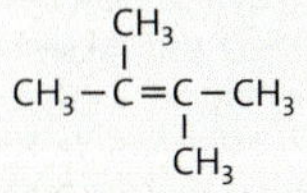

9 › Beim Sprühen bilden die gasförmigen bzw. leicht flüchtigen Alkane Luft-Gas-Gemische. Wenn der Anteil des Alkans in solch einer Mischung eine kritische Grenze überschreitet, sind diese Gemische explosiv. Der Sauerstoff in der Luft fördert die Verbrennung. Dabei entstehen Kohlenstoffdioxid und Wasser:

$2\ C_5H_{12}(g) + 11\ O_2(g) \longrightarrow 10\ CO_2(g) + 12\ H_2O(g)$

Da die Rektion sehr schnell verläuft und sich die Anzahl der Gasteilchen von 13 auf 22 erhöht, vergrößert sich das Volumen. Dadurch kommt es zu einem explosionsartigen Verlauf der Reaktion.

10 › Alkene addieren Brom unter Bildung von Dibromalkanen.
Bromierung von Propen:

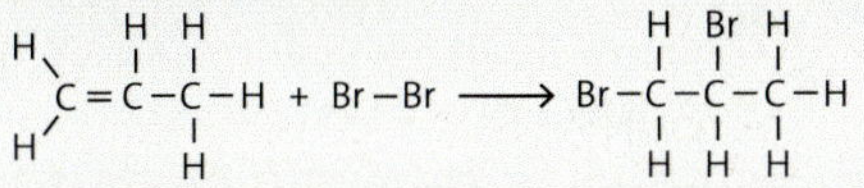

Vom Reaktionsprodukt 1,2-Dibrompropan existieren keine Isomere.
Bromierung von Buta-1-3-dien:

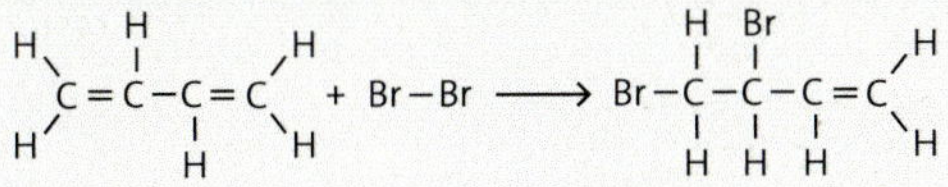

Vom Reaktionsprodukt 1,2-Dibrombut-3-en existieren keine Isomere, die Addition von Brom an der zweiten Doppelbindung führt zum gleichen Produkt. Es kann jedoch durch Addition von zwei Brommolekülen auch 1,2,3,4-Tetrabrombutan entstehen.

11 › a Die Hydroxygruppe (OH-Gruppe) bestimmt als funktionelle Gruppe der Alkohole Eigenschaften wie die Löslichkeit und die Schmelz- und Siedetemperaturen dieser Stoffgruppe. Die Eigenschaften werden zusätzlich durch die unterschiedlich langen Alkylgruppen beeinflusst. Bei kurzkettigen Alkoholen überwiegt der Einfluss der hydrophilen OH-Gruppe, deswegen sind Alkohole bis Butanol recht gut wasserlöslich. Je länger die Alkylgruppe ist, desto mehr überwiegt der hydrophobe Anteil und desto weniger wasserlöslich ist der entsprechende Alkohol. Innerhalb der homologen Reihe der Alkohole nimmt die Löslichkeit in Wasser also ab, und die Löslichkeit in unpolaren Lösungsmitteln wie Benzin steigt an. Die Siedetemperaturen der Alkohole liegen deutlich über denen der Alkane mit vergleichbaren molaren Massen. Grund ist die Ausbildung von Wasserstoffbrücken zwischen den Alkoholmolekülen, was dazu führt, dass mehr Energie aufgewendet werden muss, um sie voneinander zu trennen, damit der Alkohol in einen anderen Aggregatzustand übergeht. Mit zunehmender Länge der Alkylgruppe nimmt auch die Siedetemperatur zu. Dies liegt wie bei den unpolaren Alkanen an den größer werdenden London-Kräften.

b Zweiwertiger Alkohol: Zwei OH-Gruppen im Molekül gebunden; sekundärer Alkohol: das C-Atom, an dem sich die OH-Gruppe befindet, ist mit zwei weiteren C-Atomen verbunden.

c Festes Natriumhydroxid (NaOH) besteht aus Ionenkristallen, die aus Na^+- und OH^--Ionen aufgebaut sind. In Alkoholen ist die Hydroxygruppe über eine Elektronenpaarbindung an den Alkylrest des Moleküls gebunden. NaOH dissoziiert in Wasser in OH^--Ionen und Na^+-Ionen, diese Lösung reagiert alkalisch. Das ist bei der Lösung eines Alkohols in Wasser nicht zu beobachten.

12 ›
- **a** primärer Alkohol: Butan-1-ol
- **b** sekundärer Alkohol: Pentan-3-ol
- **c** tertiärer Alkohol: 2-Methylpentan-2-ol
- **d** zweiwertiger Alkohol: Pentan-2,4-diol
- **e** primärer Alkohol: 3,3-Dimethylbutan-1-ol
- **f** primärer Alkohol: 2-Methylbutan-1-ol

13 › $2\ CH_3{-}CH_2{-}CH_2{-}CH_2{-}OH + 2\ K \longrightarrow 2\ CH_3{-}CH_2{-}CH_2{-}CH_2{-}O^- + 2\ K^+ + H_2$

Reaktionsprodukte: Kaliumbutanolat und Wasserstoff

14 › a und **b**

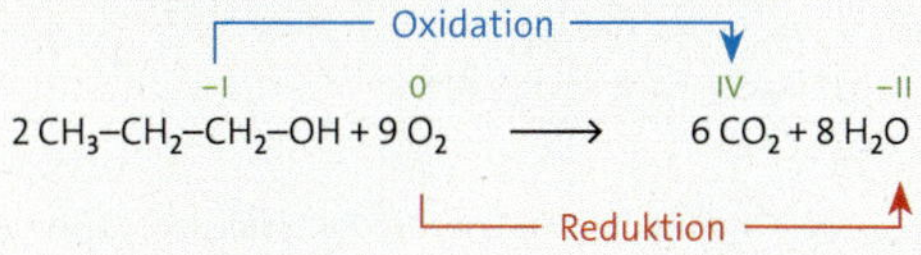

15 › Reaktion mit Butan-1-ol:

$CH_3{-}CH_2{-}CH_2{-}\overset{-I}{CH_2}{-}OH + \overset{II}{Cu}O \longrightarrow CH_3{-}CH_2{-}CH_2{-}\overset{I}{C}HO + \overset{0}{Cu} + H_2O$

Butanal

Reaktion mit Butan-2-ol:

$CH_3{-}CH_2{-}\overset{0}{C}H({-}OH){-}CH_3 + \overset{II}{Cu}O \longrightarrow CH_3{-}CH_2{-}\overset{II}{C}O{-}CH_3 + \overset{0}{Cu} + H_2O$

Butanon

Die Reaktion mit tert-Butanol ist nicht möglich, da am C-Atom, das die OH-Gruppe trägt, kein weiteres H-Atom gebunden ist, das abgespalten werden kann. Eine (partielle) Oxidation eines tertiären Alkohols ist deshalb nicht möglich.

16 › a und b

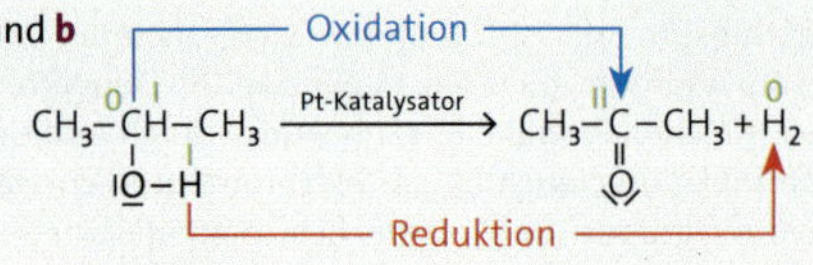

Propan-2-ol Propanon Wasserstoff

17 › a

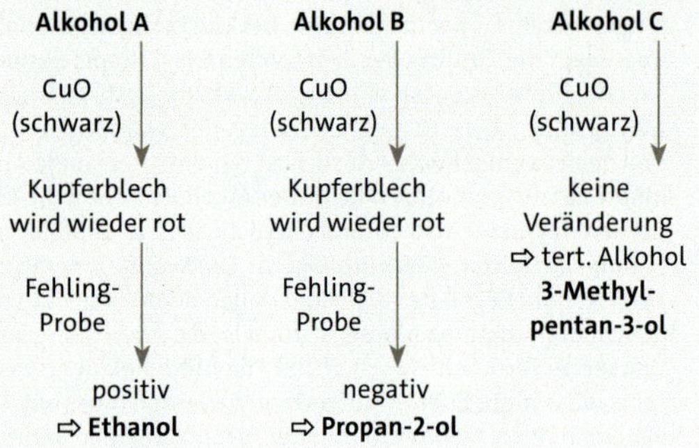

b Nachweis Ethanol

I)

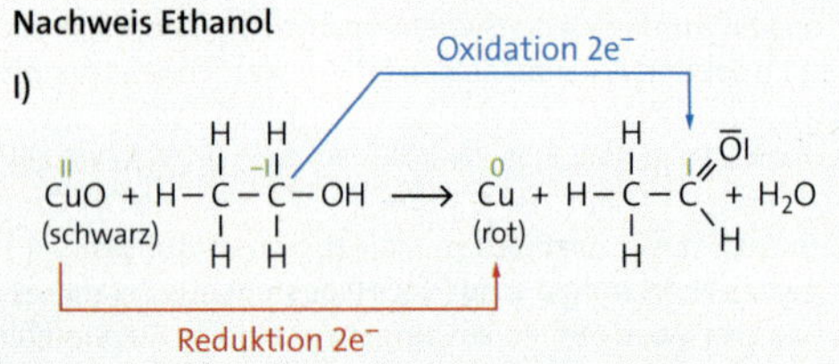

II)

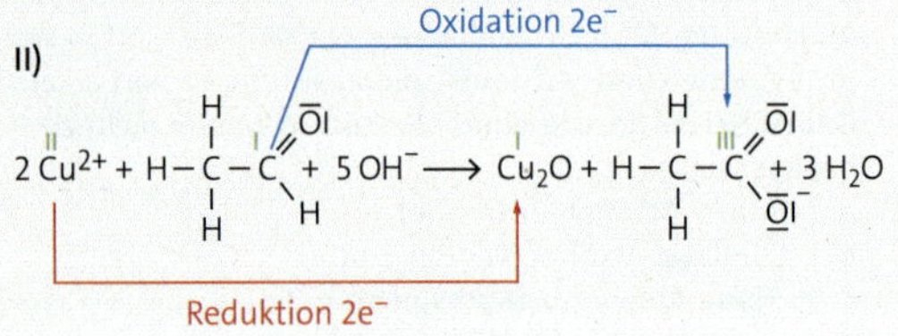

Nachweis Propan-2-ol

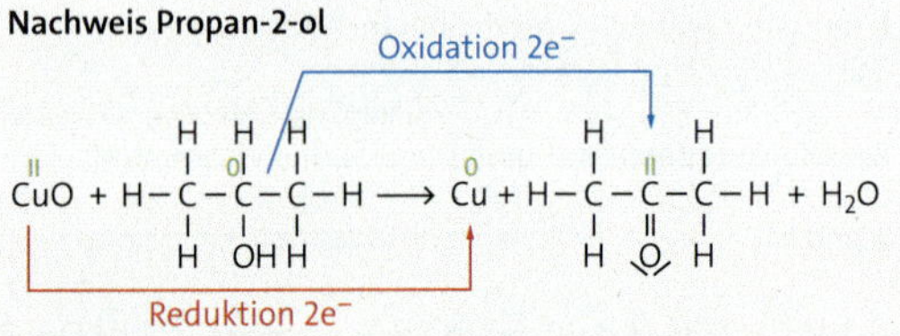

c Organische Reaktionsprodukte bei der schrittweisen Oxidation von Ethanol: I) Ethanal (Acetaldehyd); II) Acetat-Ion
Organisches Reaktionsprodukt bei der Oxidation von Propan-2-ol: Propanon (Aceton)

18 **a** Propanal; **b** Propanon; **c** But-2-enal; **d** 3-Hydroxypropanal; **e** 2,3-Dihydroxypropanal; **f** Pentandisäure (Glutarsäure)

19 **a** I) Butandisäure (Bernsteinsäure); II) Methansäure (Ameisensäure); III) 2-Amino-3-hydroxypropansäure (Serin); IV) Heptadecansäure

b Butandisäure besitzt zwei pK_S-Werte, da im Butandisäuremolekül zwei Säuregruppen enthalten sind. Das erste Proton lässt sich leichter abspalten als das zweite, da durch die negative Ladung an der zurückbleibenden Säuregruppe die Elektronendichte im Molekül erhöht und so die Polarisierung der O–H-Bindung in der gegenüberliegenden Säuregruppe verringert wird. Dadurch wird die Abspaltung des Protons aus der gegenüberliegenden Säuregruppe erschwert:

1. Protolysestufe: $HOOC{-}CH_2{-}CH_2{-}COOH + H_2O$
$\rightleftarrows HOOC{-}CH_2{-}CH_2{-}COO^- + H_3O^+$;
$pK_{S1} = 4{,}16$

2. Protolysestufe: $HOOC{-}CH_2{-}CH_2{-}COO^- + H_2O$
$\rightleftarrows {}^-OOC{-}CH_2{-}H_2{-}COO^- + H_3O^+$;
$pK_{S2} = 5{,}61$

20 › **a** Ethansäureethylester: Ethansäure, Ethanol
Propansäureethylester: Propansäure, Ethanol
Ethansäurepropylester: Ethansäure, Propan-1-ol
Methansäurehexylester: Methansäure, Hexan-1-ol
In allen Fällen wird Schwefelsäure als Katalysator eingesetzt.

b Namen nach IUPAC:
Ethansäureethylester: Ethylethanoat
Propansäureethylester: Ethylpropanoat
Ethansäurepropylester: Propylethanoat
Methansäurehexylester: Hexylmethanoat

21 › Ethansäurebutylester (Butylethanoat):

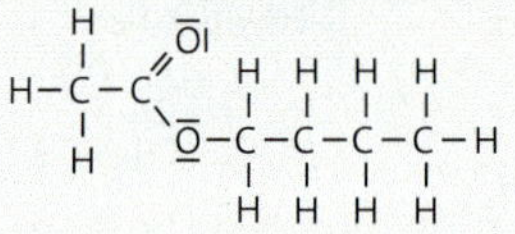

22 › Propansäure ($M = 74\ g \cdot mol^{-1}$) besitzt eine größere molare Masse als Propan-1-ol ($M = 60\ g \cdot mol^{-1}$), wodurch die Dispersionskräfte und damit die benötigte Energie zur Überwindung dieser intermolekularen Anziehungskräfte größer ist. Des Weiteren bildet Propansäure stabile „Dimere", wodurch die Dispersionskräfte weiter deutlich erhöht werden.
$\vartheta(CH_3{-}CH_2{-}COOH) > \vartheta(CH_3{-}CH_2{-}CH_2OH)$
[ϑ(Propansäure) = 141 °C); ϑ(Propan-1-ol) = 97 °C]

b Pentansäure und 2,2-Dimethylpropansäure sind „stellungsisomere" Verbindungen, wodurch der Siedetemperaturunterschied nur durch die unterschiedliche Oberflächenstruktur hervorgerufen wird. Die verzweigte 2,2-Dimethylpropansäure hat eine niedrigere Siedetemperatur, da hier die London-Kräfte aufgrund ihrer geringen Reichweite weniger wirksam sind. Demnach ist weniger Energie zur Überwindung der intermolekularen Anziehungskräfte nötig.
ϑ(Pentansäure) > ϑ(2,2-Dimethylpropansäure)
[ϑ(Pentansäure) = 187 °C);ϑ(2,2-Dimethylpropansäure) = 164 °C]

Kapitel 8: Reaktionswege für organische Produkte (↑ S. 328-329)

1 › **a** Reaktionsmechanismus, der zu einem der drei isomeren Hauptprodukte (hier: 1-Brom-3-ethylpentan) führt:

Start durch Radikalbildung

$|\overline{Br}-\overline{Br}| \xrightarrow{Licht} |\overline{Br}\cdot + \cdot\overline{Br}|$

Kettenfortpflanzung

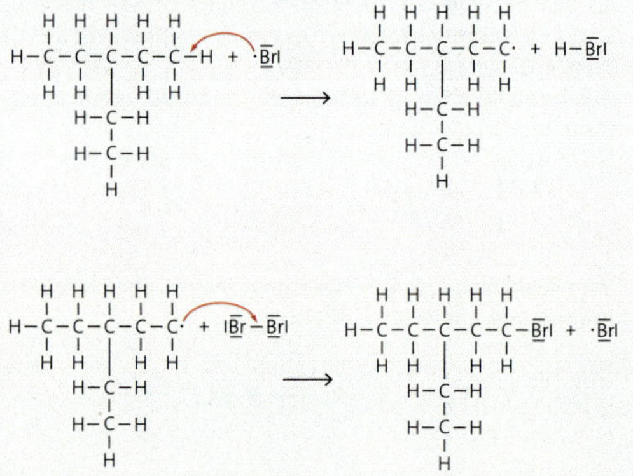

b 1-Brom-3-ethylpentan, 2-Brom-3-ethylpentan, 3-Brom-3-ethylpentan
c Das Wasser im angefeuchteten Indikatorpapier reagiert mit dem in der Reaktion entstandenen gasförmigen Bromwasserstoff:
$HBr(g) + H_2O(l) \longrightarrow H_3O^+(aq) + Br^-(aq)$
Die gebildeten Oxonium-Ionen führen zu einer Rotfärbung des Indikatorpapiers.

2) Die vier C–Cl-Bindungen im Tetrachlormethanmolekül (CCl_4) sind stark polar. Wegen der tetraedrischen Molekülgeometrie fallen die positiven und negativen Teilladungen zusammen, sodass CCl_4-Moleküle insgesamt unpolar sind; zwischen ihnen wirken als zwischenmolekulare Kräfte nur London-Kräfte. Fette bestehen aus unpolaren Molekülen. Es gilt: „Gleiches löst sich in Gleichem" ⇨ gute Löslichkeit von Fett in Tetrachlormethan, aber keine Löslichkeit von Fett in Wasser (polare Moleküle). Zwischen den polaren Wassermolekülen wirken auch Wasserstoffbrücken, also stärkere zwischenmolekulare Kräfte, als zwischen den unpolaren Fettmolekülen. Die Moleküle dringen nicht in den Molekülverband der jeweils anderen Sorte ein, da zwischen jeweils gleichartigen Molekülen insgesamt stärkere Kräfte wirken als zwischen verschiedenen Molekülen.

3) **a**
1. Schritt Polarisierung Heterolytische Spaltung

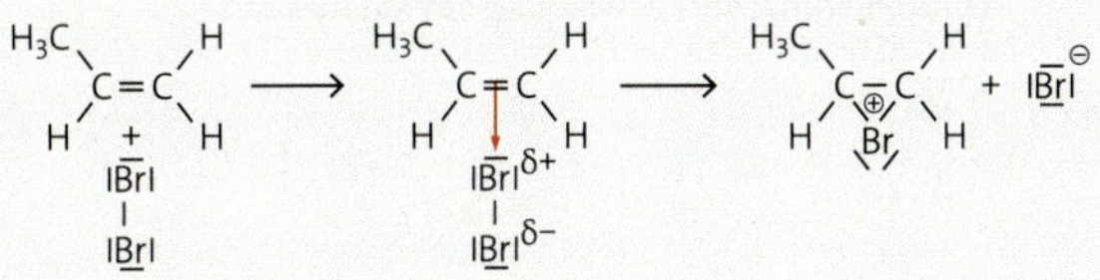

π-Komplex σ-Komplex

zwei mögliche Strukturen:

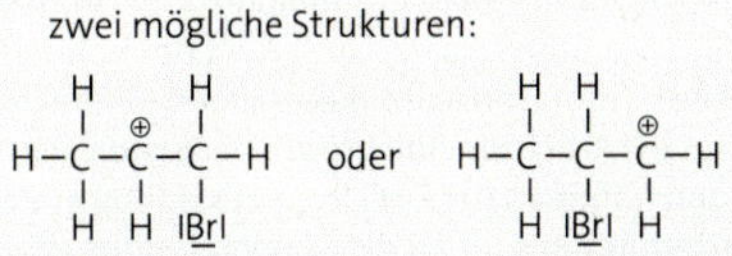

Struktur 1 Struktur 2

2. Schritt: Rückseitenangriff des Bromid-Ions

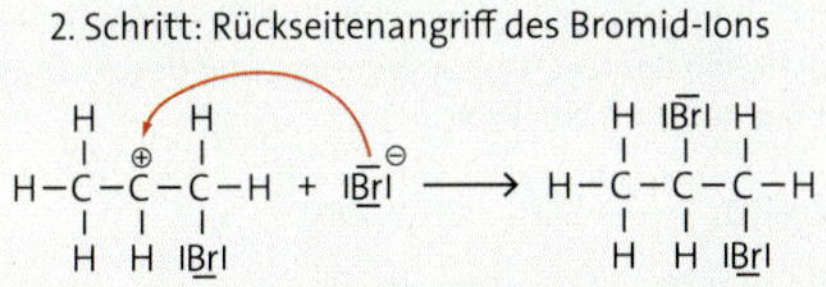

1,2-Dibrompropan

Struktur 1 ist stabiler als Struktur 2, da das sekundäre Carbenium-Ion durch +I-Effekte der Methylgruppen stabilisiert wird.
b Durch die Gegenwart von Lithiumchlorid sind Chlorid-Ionen im Reaktionsansatz vorhanden, die mit den Bromid-Ionen um die Addition an das sekundäre Bromonium-Ion (Struktur 1) konkurrieren. Nach Addition des Chlorid-Ions entsteht 1-Brom-2-chlorpropan. Würde das Chlorid-Ion an das primäre Bromonium-Ion (Struktur 2) addiert werden, würde formal auch 2-Brom-1-chlorpropan entstehen.

4 **a** S_N1-Reaktion:
$C_6H_{13}–I + OH^- \longrightarrow C_6H_{13}–OH + I^-$
Reaktionsprodukt: 2-Methylpentan-2-ol, (Natriumiodid)
b
1. Schritt (geschwindigkeitsbestimmend)

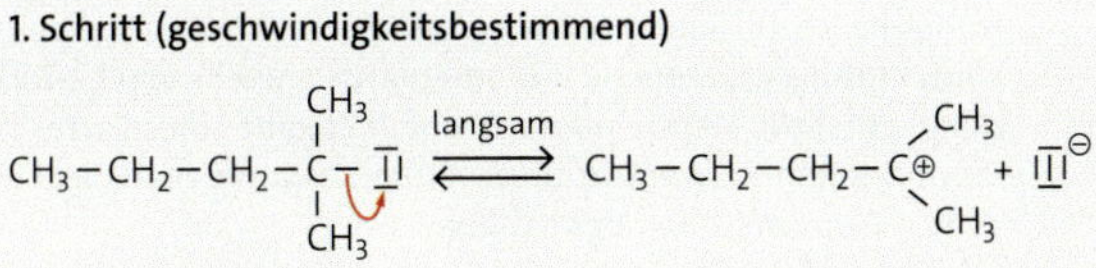

2-Iod-2-methylpentan Carbenium-Ion

2. Schritt

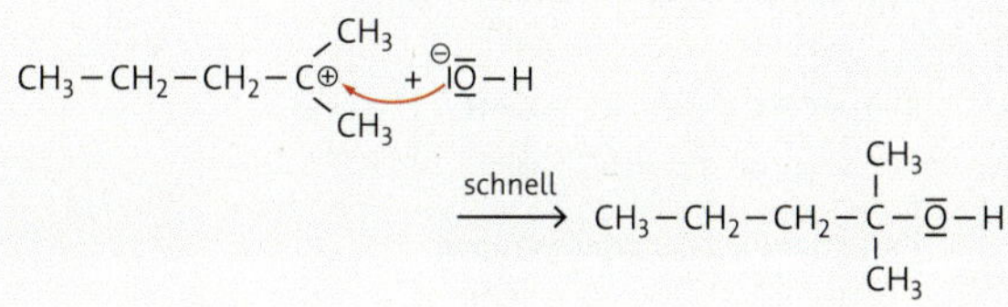

2-Methylpentan-2-ol

c

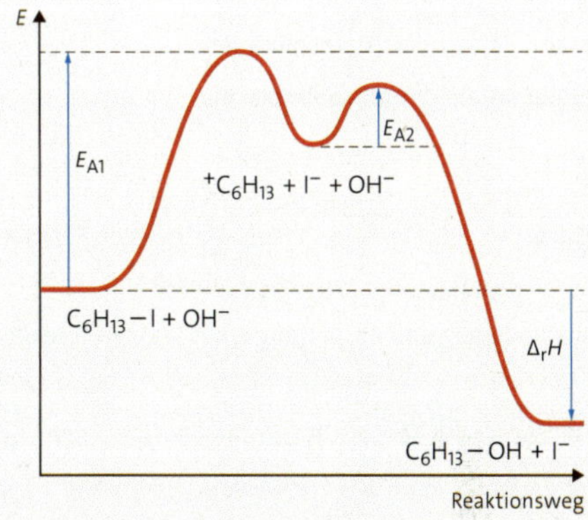

5) Bei primären Halogenalkanen ist der nucleophile Angriff erleichtert, weil keine sterische Hinderung durch die Alkylgruppen vorliegt. Sie reagieren bevorzugt nach dem S_N2-Mechanismus.

6) Reaktionsmechanismus für die Addition von Propan-1-ol an Ethanal (nucleophile Addition):

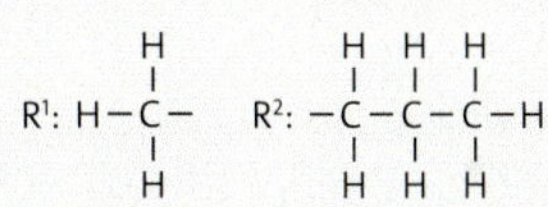

Nucleophiler Angriff

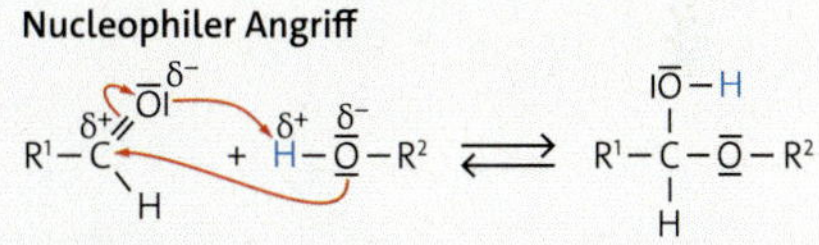

Aldehyd Alkohol

Protonierung **Nucleophiler Angriff**

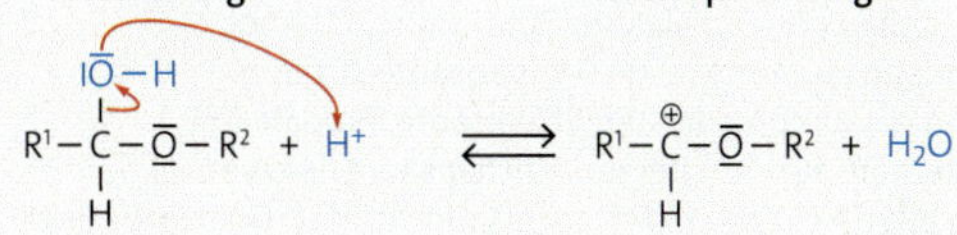

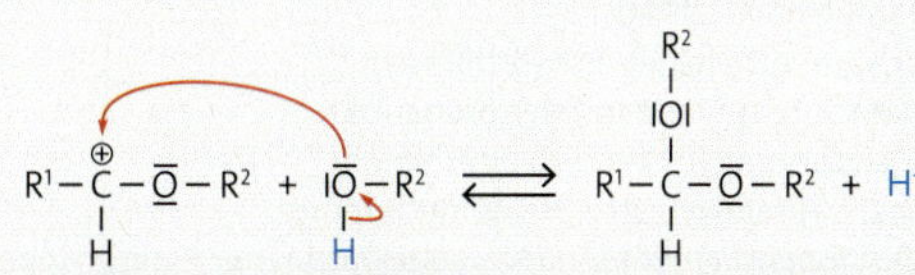

Alkohol

Hinweis: Das Produkt des ersten nucleophilen Angriffs ist ein Halbacetal, das Produkt des zweiten nucleophilen Angriffs ist ein Acetal.

7 › **a** Butansäuremethylester (Methylbutanoat)
b Säurekatalysierte Esterbildung:

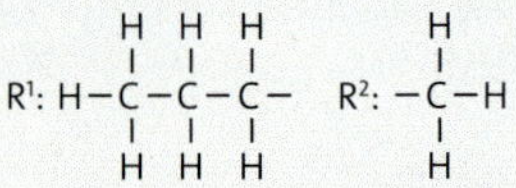

Protonierung der Carboxygruppe

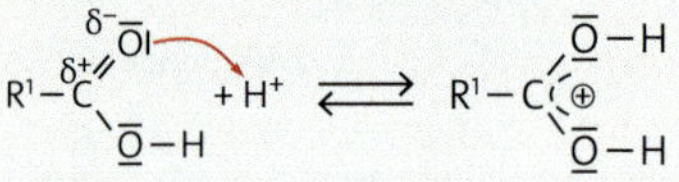

Butansäure   Carbenium-Ion

Nucleophiler Angriff des Alkoholmoleküls

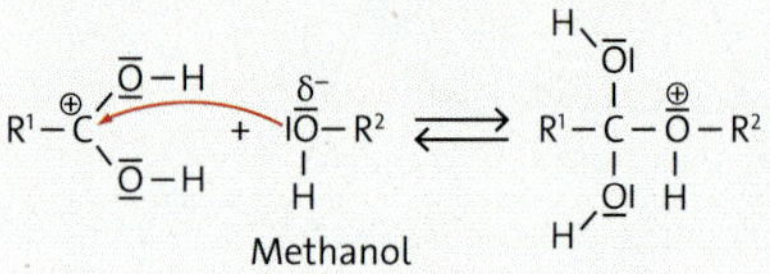

Methanol

Protonenwanderung und Abspaltung eines Wassermoleküls

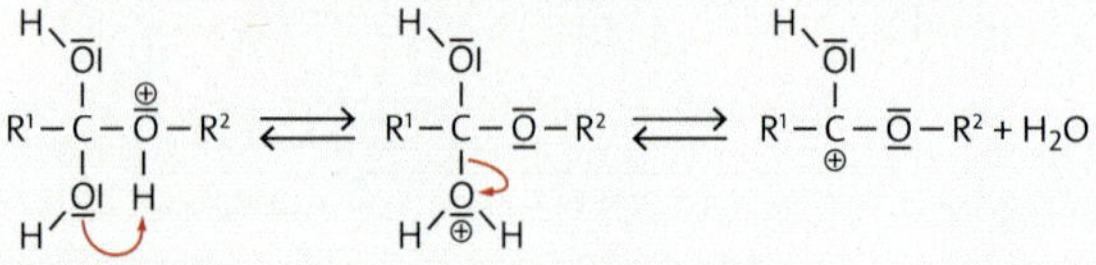

Deprotonierung: Rückgewinnung des Katalysators

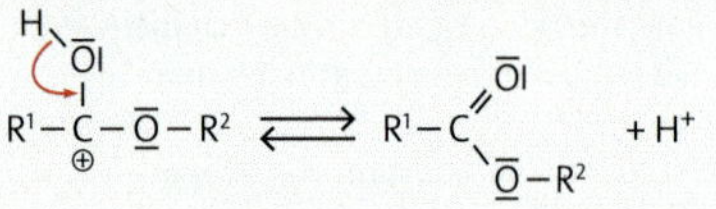

Butansäuremethylester

c Alkalische Hydrolyse (Verseifung):

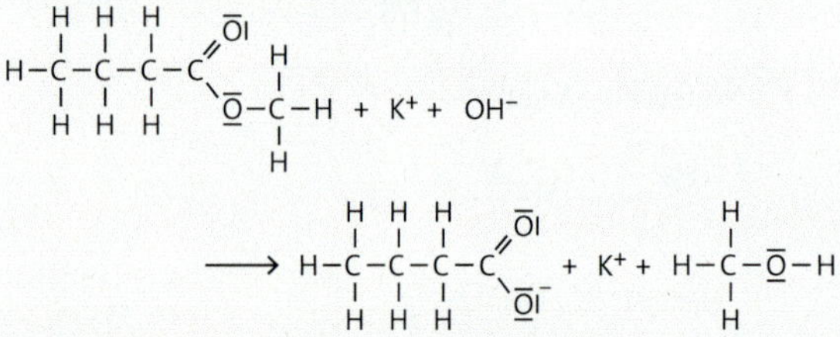

8 › **a** Ethansäureethylester: Ethansäure, Ethanol
Propansäureethylester: Propansäure, Ethanol
Ethansäurepropylester: Ethansäure, Propan-1-ol
Methansäurehexylester: Methansäure, Hexan-1-ol
In allen Fällen wird Schwefelsäure als Katalysator eingesetzt.
b Namen nach IUPAC:
Ethansäureethylester: Ethylethanoat
Propansäureethylester: Ethylpropanoat
Ethansäurepropylester: Propylethanoat
Methansäurehexylester: Hexylmethanoat

9 › An das doppelt gebundene Sauerstoffatom der Estergruppe wird ein Proton angelagert (Protolyse). Das entstandene Kation addiert ein nucleophiles Wassermolekül. Durch intramolekulare Protolyse wird ein Proton auf das Brückensauerstoffatom übertragen. Dann wird ein Alkoholmolekül eliminiert. Zurück bleibt ein protoniertes Säuremolekül, das sich durch Abgabe eines Protons stabilisiert. Der Katalysator ist somit zurückgebildet. Da das Proton an irgendein Teilchen übergeben werden muss (hier vermutlich ein Wassermolekül), kann man hier auch von einer Protolyse sprechen. Insgesamt folgt einer nucleophilen Addition eine Eliminierung. Man kann allerdings die Reaktion auch als nucleophile Substitution einer Alkoholatgruppe durch eine Hydroxidgruppe auffassen.

Protolyse

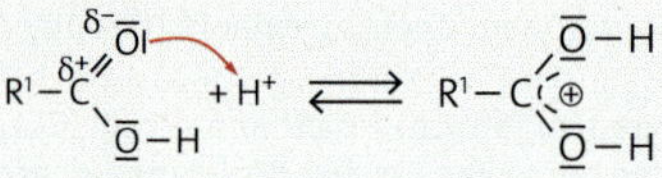

Addition

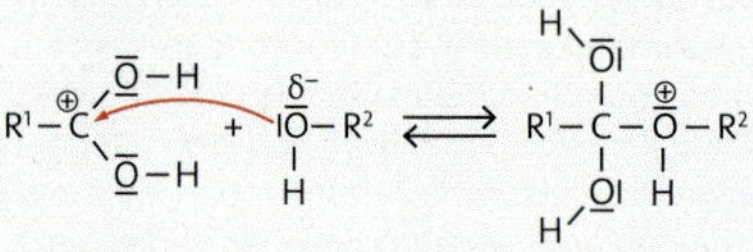

Protolyse und Eliminierung eines Wassermoleküls

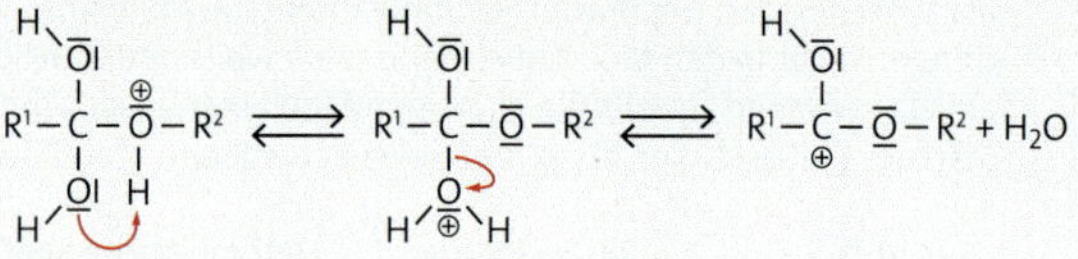

Deprotonierung: Rückgewinnung des Katalysators

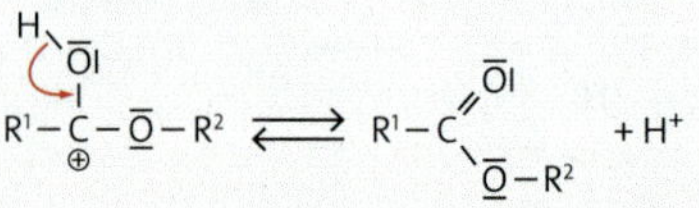

10 › Beim Chlorethen ist gegenüber dem Ethenmolekül ein Wasserstoffatom durch ein Chloratom ersetzt. Aufgrund der höheren Elektronegativität des Chloratoms übt dieses einen –I-Effekt aus, was dazu führt, dass die Elektronendichte am benachbarten Kohlenstoffatom und damit an der C=C-Doppelbindung erniedrigt wird. Ein elektrophiler Angriff an die Doppelbindung ist demnach erschwert, weshalb die Addition von Brom an Chlorethen langsamer verläuft als die an Ethen. Je mehr Wasserstoffatome durch Chloratome ersetzt werden, desto geringer ist die Elektronendichte an der C=C-Doppelbindung und desto langsamer verläuft die Addition von Brom.

11 ›

$$CH_2{=}CH_2 + H_2O \xrightarrow{(H^+)} CH_3-CH_2-OH$$

Ethen   Ethanol

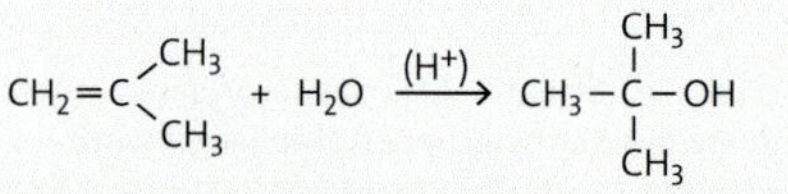

2-Methylpropen   2-Methylpropan-2-ol (tert-Butanol)

12 › Die elektrophile Addition lässt sich in zwei Teilschritte gliedern: die Bildung des positiv elektrisch geladenen Carbenium-Ions und die Entstehung des Endprodukts durch einen nucleophilen Angriff am Carbenium-Ion. Im Bromwasser konkurrieren die entstandenen Bromid-Ionen und die mengenmäßig überwiegenden Wassermoleküle als nucleophile Teilchen miteinander, sodass durch Bindung eines Wassermoleküls über eines der freien Elektronenpaare am Sauerstoffatom und nachfolgender Abspaltung eines Protons vorwiegend 2-Bromethanol anstelle von 1,2-Dibromethan entsteht. Würde man z. B. durch Zugabe eines Salzes die Bromid-Ionen-Konzentration erhöhen, so würde man die Bildung von 1,2-Dibromethan begünstigen.

13 › $CH_3–CH_2–CH_2Br + K^+ + OH^- \rightleftarrows CH_3–CH_2–CH_2Br + K^+ + Br^-$
Diese Reaktion läuft bevorzugt nach dem S_N2-Mechanismus ab, da die Abgangsgruppe (–Br) an ein primäres Kohlenstoffatom gebunden ist. Dadurch kann die Abspaltung dieser Abgangsgruppe und der Angriff des Nucleophils (OH^-) gleichzeitig erfolgen.

14 › Das nucleophile Hydroxid-Ion wird im ersten Reaktionsschritt an das positivierte Kohlenstoffatom der Estergruppe addiert. Anschließend wird ein Alkoholat-Ion eliminiert. Das Alkoholat-Ion, eine starke Brönsted-Base, nimmt von dem zurückbleibenden Säuremolekül ein Proton auf. Diese Protolyse ist irreversibel, weil das Säuremolekül eine sehr viel stärkere Brönsted-Säure als das gebildete Alkoholmolekül ist

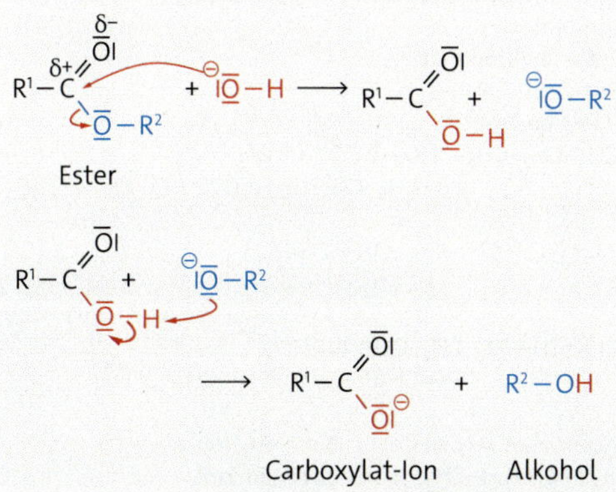

15 ›

a

Reaktion	Reaktionstyp
R1	(Thermisches) Cracken
R2	Elektrophile Addition von Chlor
R3	Eliminierung von Chlorwasserstoff
R4	Elektrophile Addition von Wasser
R5	Eliminierung von Wasser (Dehydratisierung)
R6	Elektrophile Addition von Bromwasserstoff
R7	Eliminierung von Bromwasserstoff

b Im Folgenden werden nur die wesentlichen Schritte der Mechanismen angegeben.

R3 (Eliminierung von Chlorwasserstoff):

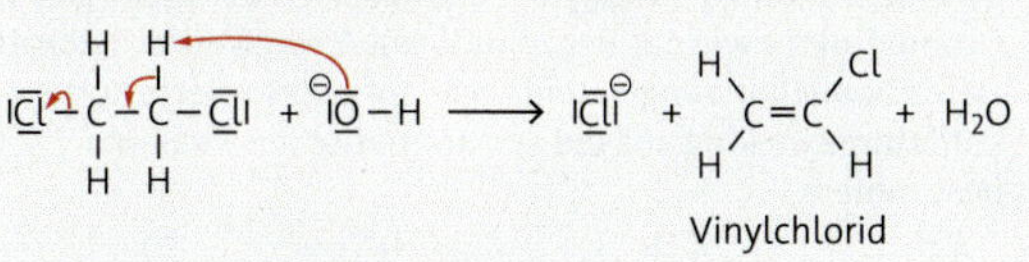

R4 (Elektrophile Addition von Wasser):

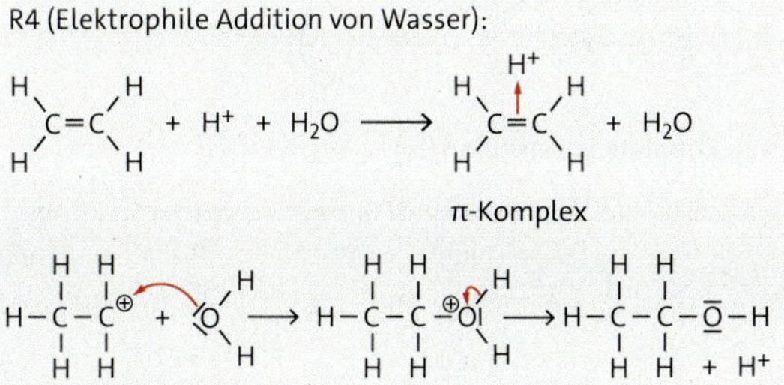

R6 (Elektrophile Addition von Bromwasserstoff):

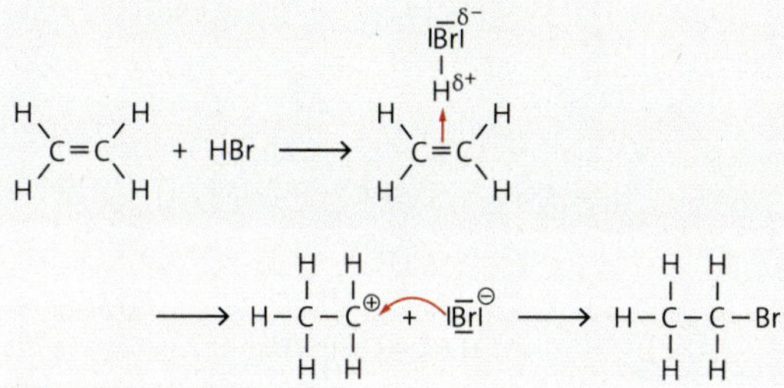

R7 (Eliminierung von Bromwasserstoff):

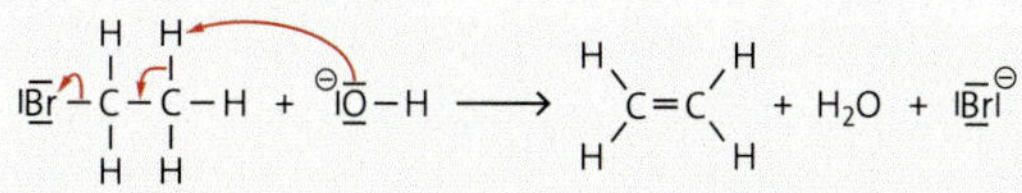

c Die Addition von Wasser an Propen gelingt nur bei Anwesenheit einer Säure, die die für den ersten Schritt notwendigen Protonen liefert. Das Proton lagert sich dabei am wasserstoffreicheren Ende der Doppelbindung an, da das sekundäre Carbenium-Ion stabiler als das primäre ist (Regel von Markownikow). Dies liegt an dem +I-Effekt der jeweils benachbarten Methylgruppen. Daher entsteht bevorzugt 2-Propanol.

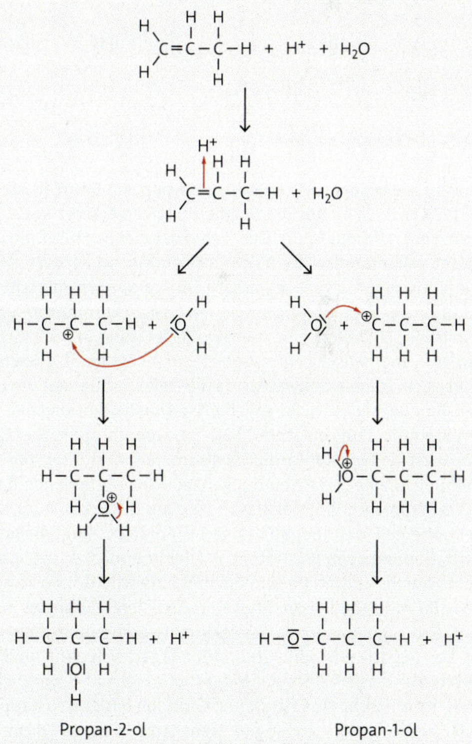

16 ⟩ a

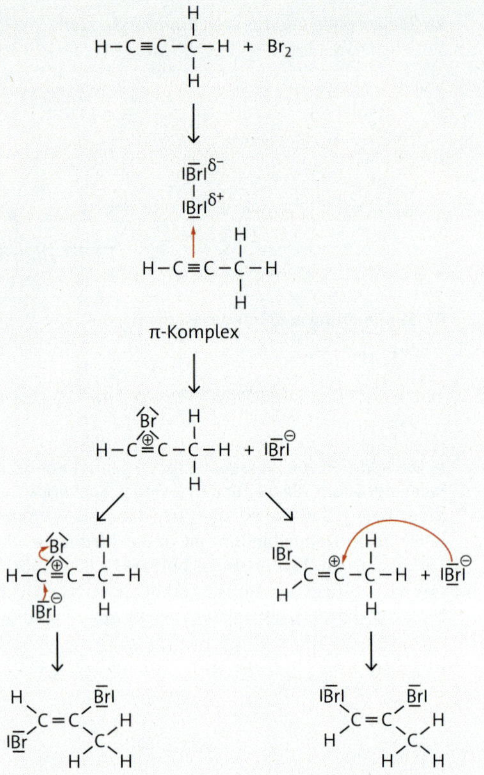

trans-1,2-Dibromprop-1-en   cis-1,2-Dibromprop-1-en

Ebenso wie bei der elektrophilen Addition von Brom an Alkene bildet sich auch an der Dreifachbindung von Alkinen wie dem Propin ein π-Komplex aus. Dabei wird das elektrophile Bromid-Ion an das wasserstoffreichere Kohlenstoffatom addiert, da so das energetisch günstigere sekundäre Carbenium-Ion entsteht. Nach Addition des Bromid-Ions entstehen cis-1,2-Dibromprop-1-en und trans-1,2-Dibromprop-1-en, wobei letzteres aus sterischen Gründen energetisch begünstigt ist und mengenmäßig überwiegt. Es liegt cis-trans-Isomerie vor, da die freie Drehbarkeit um die C=C-Bindungsachse nicht gegeben ist. Durch Addition eines zweiten Brommoleküls entsteht 1,1,2,2-Tetrabrompropan. Hier lassen sich verschiedene Konformationsisomere formulieren, die durch Drehung um die Einfachbindungen ineinander umwandelbar sind.

b Das Bromchloridmolekül ist ein polares Molekül. Aufgrund der höheren Elektronegativität des Chloratoms liegt die positive Partialladung beim Bromatom. Bei der heterolytischen Spaltung nach Annäherung an die Dreifachbindung wird das positiv geladene Brom-Ion zuerst am wasserstoffreicheren Ende des But-1-inmoleküls gebunden, da das sekundäre Carbenium-Ion stabiler ist. Das negativ geladene Chlorid-Ion lagert sich dann an das zweite Kohlenstoffatom an, sodass vorwiegend 1-Brom-2-chlorbut-1-en entsteht. Aus sterischen Gründen bildet sich hauptsächlich das energetisch günstigere trans-Isomer: trans-1-Brom-2-chlorbut-1-en.

c Dadurch, dass eine C≡C-Dreifachbindung weniger nucleophil als eine Doppelbindung ist, wird für diese Reaktion ein Katalysator benötigt. Obgleich die H–X-Bindung je nach Halogenatom unterschiedlich stark polar ist, kann die Gegenwart eines Katalysators wie $FeCl_3$ oder $AlCl_3$ helfen, die H–X-Bindung noch stärker zu polarisieren und so den elektrophilen Angriff auf die Dreifachbindung zu erleichtern. Dies ist insbesondere bei der Addition von Iodwasserstoff bedeutsam, da die H–X-Bindung aufgrund der geringen Elektronegativitätsdifferenz zwischen Wasserstoff und Iod nicht so stark polar ist wie z. B. die H–X-Bindung im Chlorwasserstoffmolekül.

17 ⟩ Prinzipiell wären bei dieser Reaktion drei verschiedene Isomere als Reaktionsprodukt der Reaktion von 3-Ethylpentan mit Brom in einer radikalischen Substitution möglich: 1-Brom-3-ethylpentan, 2-Brom-3-ethylpentan und 3-Brom-3-ethylpentan.
Dass 3-Brom-3-ethylpentan mengenmäßig überwiegt liegt daran, dass das tertiäre Alkylradikal durch den +I-Effekt der drei Ethylgruppen im Vergleich zum primären oder sekundären Alkylradikal besser stabilisiert und daher energetisch begünstigt ist.

18 ⟩ a Die Reaktion von A und B mit Fehling'scher Lösung zeigt das Vorhandensein einer Aldehydgruppe im Molekül an. Die Reaktion von C und D mit Natrium kann durch eine Hydroxygruppe im Molekül ermöglicht werden. Die Entfärbung von Bromwasser zeigt eine Mehrfachbindung in C und D an.

A Butanal
B 2-Methylpropanal
C But-2-en-2-ol
D But-3-en-1-ol

b $CH_3{-}CH_2{-}CH_2{-}CHO + 2\,Cu^{2+} + 5\,OH^-$
$\longrightarrow CH_3{-}CH_2{-}CH_2{-}COO^- + Cu_2O\downarrow + 3\,H_2O$

$2\,CH_2{=}CH{-}CH_2{-}CH_2{-}OH + 2\,Na$
$\longrightarrow 2\,CH_2{=}CH{-}CH_2{-}CH_2{-}O{-} + 2\,Na^+ + H_2\uparrow$

$CH_2{=}CH{-}CH_2{-}CH_2{-}OH + Br_2$
$\longrightarrow CH_2Br{-}CHBr{-}CH_2{-}CH_2{-}OH$

c

$H_3C{-}CH_2{-}CH{=}CH{-}OH$	But-1-en-1-ol
$H_2C{=}CH{-}CH(OH){-}CH_3$	But-3-en-2-ol
$H_2C{=}C(OH){-}CH_2{-}CH_3$	But-1-en-2-ol
$H_2C{=}C(CH_3){-}CH_2{-}OH$	2-Methylprop-2-en-1-ol

Aromatische Kohlenwasserstoffe (↑ S. 347)

1 ⟩ Benzen, der systematische Name nach IUPAC-Nomenklatur, weist auf die im Molekül enthaltenen Doppelbindungen hin. Die Endung -ol des Namens Benzol bezeichnet im Allgemeinen Moleküle, die mindestens eine Hydroxygruppe (OH-Gruppe) besitzen. Der Name Benzol ist deshalb verwirrend, jedoch aus historischen Gründen im Deutschen weiterhin gebräuchlich.

2 ⟩ Das Toluolmolekül (Methylbenzolmolekül) besitzt die gleiche Grundstruktur wie das Benzolmolekül: Es weist drei delokalisierte Doppelbindungen und sechs sp^2-hybridisierte Kohlenstoffatome im Ring auf, die den aromatischen Charakter bestimmen.

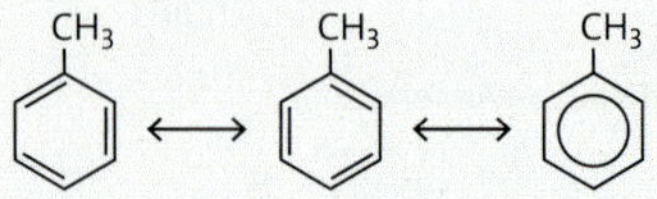

3 ⟩ Elektrophile Substitution (S_E):

1. Schritt: Elektrophiler Angriff und heterolytische Spaltung

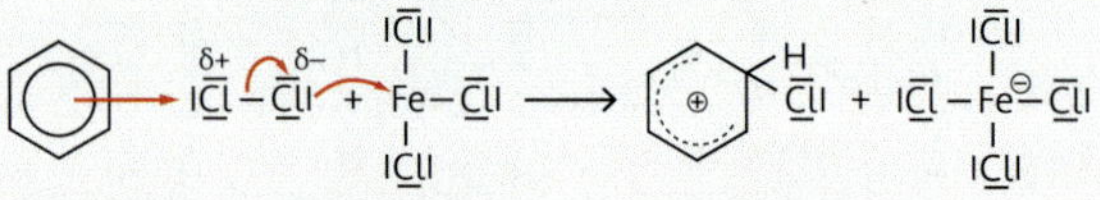

π-Komplex   Katalysator   σ-Komplex

2. Schritt: Deprotonierung und Rearomatisierung

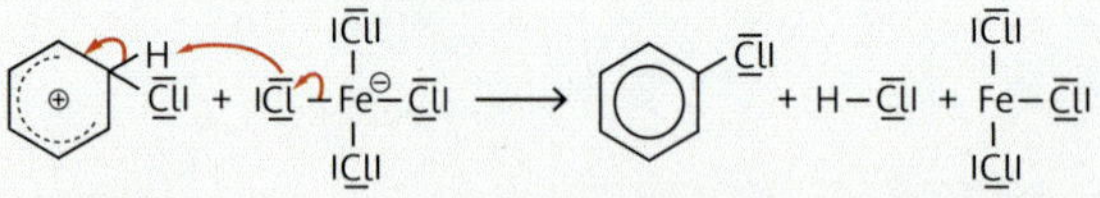

σ-Komplex   Chlorbenzol   Katalysator

4)

	Elektrophile Substitution der Aromaten	Elektrophile Addition der Alkene
Edukte	• Benzol C_6H_6 • Halogen, z. B. Brom Br_2	• Alken, z. B. Ethen C_2H_4 • Halogen, z. B. Brom Br_2
Produkte	• Brombenzol • Bromwasserstoff HBr	• 1,2-Dibromethan
Reaktionsbedingungen	Katalysator erforderlich, z. B. Eisenbromid $FeBr_3$	Keine besonderen Bedingungen
Art des angreifenden Teilchens	Kation	Polarisiertes Brommolekül

5) Aufgrund des +M-Effekts der OH-Gruppe ist die Elektronendichte im Ring des Phenolmoleküls erhöht. Die Bildung des π-Komplexes wird daher erleicht (elektrophiler Angriff). Zudem tritt eine stabilisierende Wirkung auf den σ-Komplex ein, sodass die ortho- und die para-Stellung bevorzugt gebildet werden.

6) Der +M-Effekt der NH_2-Gruppe im Anilinmolekül hat eine stabilisierende Wirkung auf den σ-Komplex, daher werden die ortho- und die para-Stellung bevorzugt gebildet. Daraus folgt, dass elektrophile Substitutionen an Position 2 und 4 des Benzolrings bevorzugt erfolgen (Position 6 entspricht Position 2).

7) **a** Mesomeriestabilisierung: Ursache für die saure Reaktion des Phenolmoleküls ist die Wechselwirkung der Hydroxygruppe mit dem π-Elektronensystem des aromatischen Rings. Dadurch wird die Bindung in der Hydroxygruppe stärker polarisiert und das Proton kann leichter abgegeben werden.

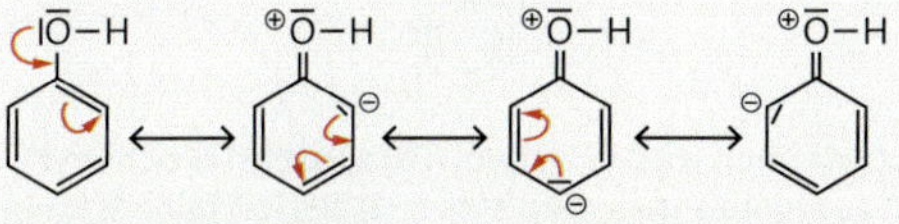

Eine weitere Ursache für die saure Reaktion liegt in der Stabilität des Phenolat-Ions, denn die negative Ladung ist nicht ausschließlich am Sauerstoffatom lokalisiert, sondern über den gesamten aromatischen Ring verteilt.

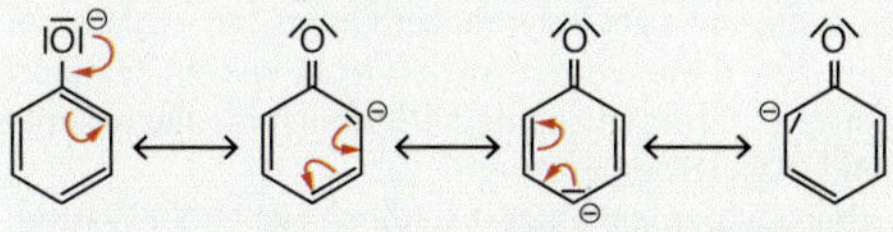

b 4-Nitrophenol ist acider als Phenol, weil die NO_2-Gruppe einen elektronenziehenden −M-Effekt besitzt, da die Polarisierung der OH-Gruppe erhöht und die Abspaltung des Protons damit erleichtert ist. 4-Methylphenol ist weniger acide als Phenol, da die CH_3-Gruppe dagegen einen elektronenschiebenden +I-Effekt aufweist.

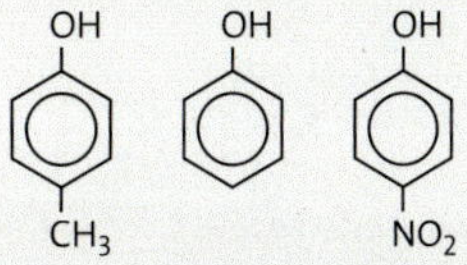

Säurestärke nimmt zu.

8) In Gegenwart von Säuren wird die Aminogruppe (NH_2-Gruppe) protoniert. Es entsteht $C_6H_5–NH_3^+$. Diesem Molekül-Ion fehlt an der Aminogruppe ein freies Elektronenpaar, das zur Mesomeriestabilisierung miteinbezogen werden könnte. Daher reagiert Anilin in saurer Lösung nur schlecht.

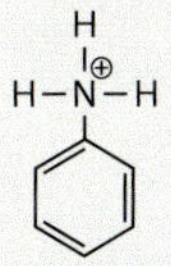

9) Mesomere Grenzformeln des Anilinmoleküls:

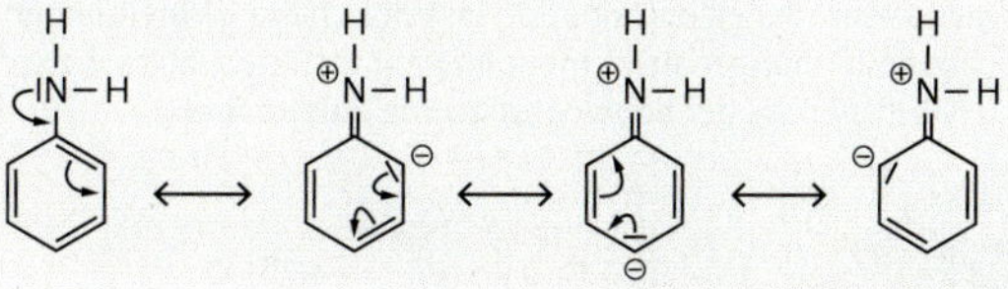

Mesomere Grenzformeln des Anilinmoleküls nach der Protonierung:

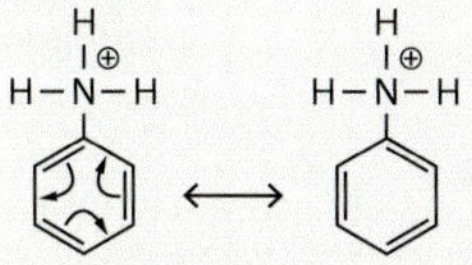

Vergleich der mesomeren Grenzformeln des Anilin- und des Phenolmoleküls:
Phenol reagiert als (schwache) Säure, weil es aufgrund der Mesomeriestabilisierung an Wassermoleküle ein Proton abgeben kann. Anilin reagiert als (schwache) Base, da es ähnlich den Ammoniakmolekülen ein Proton von Wassermolekülen aufnehmen kann. Allerdings steht durch die Delokalisierung das freie Elektronenpaar an der Aminogruppe für eine Protonierung nur eingeschränkt zur Verfügung. Deshalb ist Anilin im Vergleich zu Ammoniak eine relativ schwache Base.

10) **a** Reaktionsprodukte werden entsprechend den Reaktionsbedingungen gebildet:
Entsprechend der KKK-Regel (Katalysator, niedrige Temperaturen, am „Kern") entstehen ortho- und para-Bromtoluol sowie Bromwasserstoff.
Entsprechend der SSS-Regel (hohe Temperatur, Einfluss von Licht, an der Seitenkette) werden Benzylbromid sowie Bromwasserstoff gebildet.

b **ortho:**

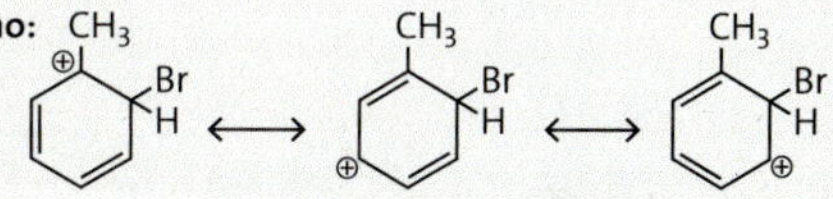

para:

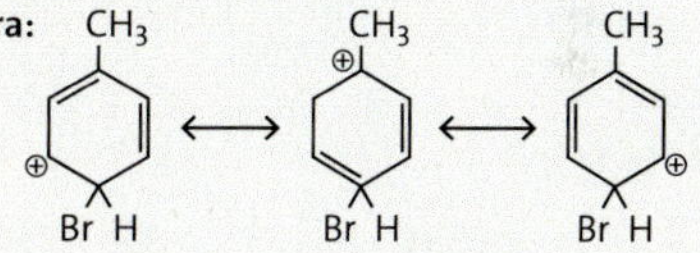

meta:

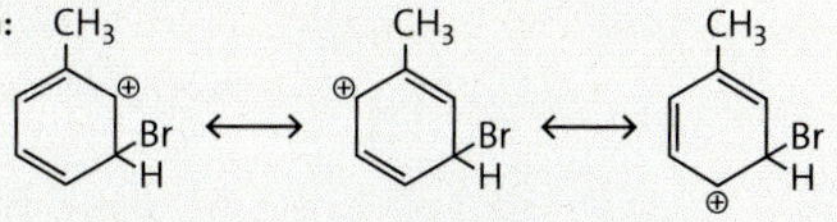

c Die CH_3-Gruppe ist ein aktivierender Substituent mit +I-Effekt und dirigiert den Zweitsubstituenten in ortho- und para-Stellung. Bei einer Substitution in meta-Stellung gibt es keine Grenzstruktur, an der die positive Ladung am C-Atom mit der Methylgruppe auftritt. Der σ-Komplex ist daher weniger stabil.

11) **a** 1,2-Dihydroxybenzol (bzw. 1,2-Dihydroxybenzen)
1,3-Dihydroxybenzol (bzw. 1,3-Dihydroxybenzen)
1,4-Dihydroxybenzol (bzw. 1,4-Dihydroxybenzen)

b

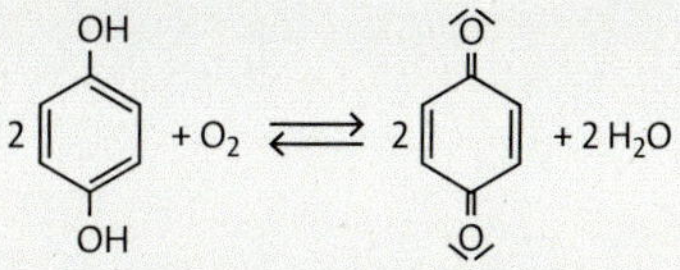

Merkmale der Chinone: Oxidationsprodukte von verschiedenen Phenolen; Derivate des Benzols, bei denen unter Aufhebung der Aromatizität des Rings an zwei Kohlenstoffatomen die Wasserstoffatome durch Sauerstoffatome ersetzt wurden; Oxidationsmittel

c Im Resorcinmolekül sind die OH-Gruppen in meta-Stellung gebunden. Bei einer Oxidation lassen sich die verbleibenden Doppelbindungen nicht mehr im Ring verteilen, ohne die sp^2-Hybridisierung der Kohlenstoffatome aufzuheben.

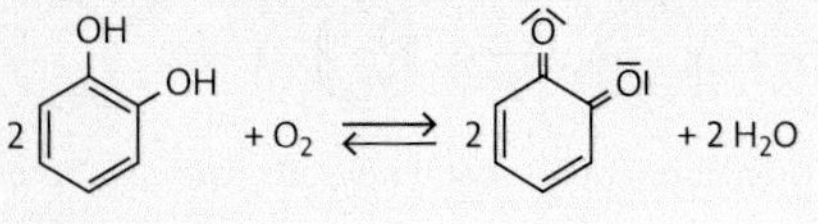

Brenzcatechin

Kapitel 10: Moderne Werkstoffe - Kunststoffe und Nanopartikel (↑ S. 391)

1 › Es wird der Begriff Makromolekül definiert (originale Definition der IUPAC).
Singgemäße Übersetzung: Ein Makromolekül ist ein Molekül großer molarer Masse. Es besitzt eine Struktur, die sich grundsätzlich aus einer vielfachen Wiederholung von Monomeren mit geringer molarer Masse ableiten lässt.

2 › *Thermoplaste:* Je nach Herstellungsart weiche oder feste Kunststoffe, die beim Erwärmen schmelzen und dabei verformbar werden. Makromoleküle linear, ggf. wenig verzweigt, aber nicht vernetzt. Zwischen den Molekülen wirken Van-der-Waals-Kräfte, Dipol-Dipol-Kräfte oder Wasserstoffbrücken, die beim Erwärmen überwunden werden. Dadurch können die Makromoleküle aneinander vorbeigleiten.
Duroplaste: Harte, feste Kunststoffe, die sich beim Erwärmen zersetzen. Makromoleküle sind engmaschig vernetzt. Bei geringer Erwärmung fangen die Makromoleküle zu schwingen an, unter Beibehaltung der netzartigen Struktur. Bei höheren Temperaturen brechen die Elektronenpaarbindungen auf und das Polymer zerfällt in kleinere Moleküle. Deshalb kommt es beim Erwärmen von Duroplasten nicht zum Schmelzen, sondern zur Zersetzung.
Elastomere: Elastische Kunststoffe. Weitmaschig vernetzte Makromoleküle, die dafür sorgen, dass sich bei mechanischem Zug das Elastomer vorübergehend ausdehnen kann.

3 › **a** Es handelt sich um eine radikalische Polymerisation, bei der Polystyrol entsteht.

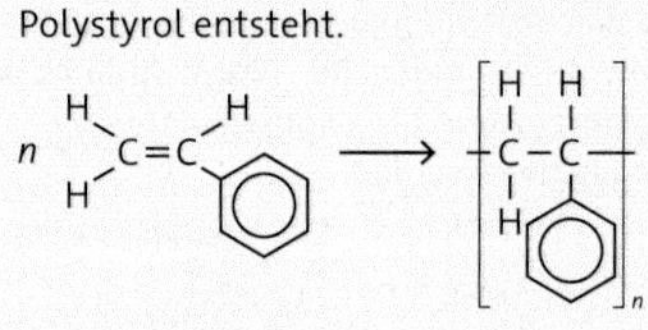

b Beim Erwärmen wird Polystyrol (PS) zunächst weich und schmilzt zu einer zähflüssigen Masse. Es besitzt keine Schmelztemperatur, sondern einen Schmelztemperaturbereich. Da es sich bei Polystyrolmolekülen um sehr große Moleküle handelt, wirken zwischen ihnen ziemlich starke Van-der-Waals-Kräfte. Bei Raumtemperatur ist PS deshalb ein Feststoff. Die Anzahl der Monomere, die sich zum Polymer verbinden, schwankt innerhalb weiter Grenzen. Daher verhält sich PS nicht wie ein Reinstoff, sondern wie ein Gemisch aus vielen Stoffen mit nahe beieinanderliegenden Schmelztemperaturen.

c Aus Dibenzoylperoxid entstehen durch Licht oder Wärme Radikale, die in einem ersten Schritt mit einem Styrolmolekül reagieren, wobei ein neues Radikal entsteht. Dieses wird mit einem weiteren Styrolmolekül umgesetzt usw. Ein Abbruch der Kette erfolgt beispielsweise, wenn zwei Radikale miteinander reagieren (Rekombination).

Startreaktion:	R–R ⟶ 2 R•
Kettenwachstum:	R• + S ⟶ R–S•
	R–S• + S ⟶ R–S–S• usw.
Abbruchreaktion:	R–S• + R–S–S• ⟶ R–S–S–S–R

4 › **a**

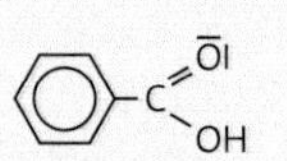

Benzoesäure

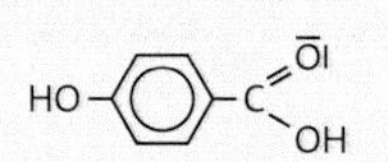

4-Hydroxybenzoesäure

b Polykondensation.

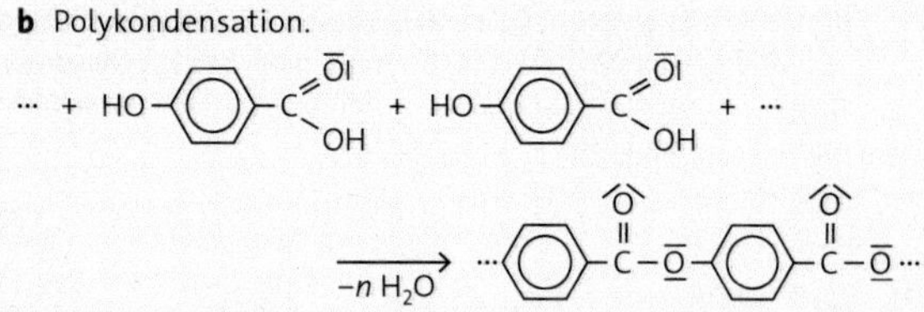

Bei der Polykondensation werden Monomere mit mindestens zwei funktionellen Gruppen zu Makromolekülen verknüpft. Dies trifft auf 4-Hydroxybenzoesäure mit einer COOH-Gruppe und einer OH-Gruppe zu – im Unterschied zu Benzoesäure mit nur einer COOH-Gruppe.

c Das Polykondensat ist ein lineares Makromolekül wie es für Thermoplaste typisch ist. Es sollte also beim Erwärmen schmelzen und verformbar sein.

5 › **a** Monomer: kleinste Baueinheit der Polymere. Hier: zwei Monomere – Glycerinmolekül und Weinsäuremolekül
Polymer: Makromolekül aus vielen chemisch miteinander verbunden Monomeren, wobei sich die Eigenschaften des Polymers bei Hinzufügen oder Wegnehmen einzelner Monomere nicht ändern. Hier: Polyester

b Voraussetzung für die Bildung eines Polyesters (Polykondensation) ist das Vorliegen mehrerer funktioneller Gruppen in den Molekülen des Ausgangsstoffs.

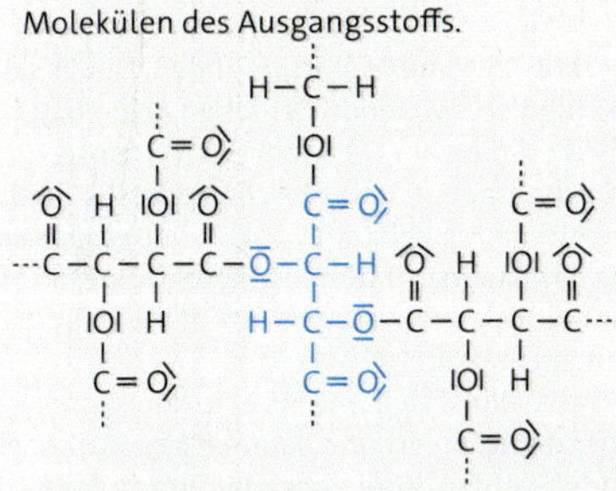

c Der gebildete Polyester ist ein Duroplast, weil die Monomere jeweils mehr als zwei funktionelle Gruppen enthalten (drei im Glycerinmolekül und vier im Weinsäuremolekül), wodurch ein stark vernetztes Makromolekül erzeugt wird.

6 › Eine Schüssel aus HDPE, einem thermoplastischen Kunststoff, kann durch Spritzgießen hergestellt werden. Das Granulat wird in einem Extruder mit beweglicher Schnecke gefördert, durch Erwärmen plastisch gemacht und dann durch Vorwärtsbewegen der Schnecke in die gekühlte Form gespritzt. Später öffnet sich die Form und die fertige Schüssel fällt heraus. Flaschen aus PET, einem thermoplastischen Kunststoff, können durch Hohlkörperblasen hergestellt werden. Dabei drückt ein Extruder einen plastischen Schlauch in ein zweiteiliges Hohlwerkzeug mit der gewünschten Form. Durch Schließen des Werkzeugs wird der Schlauch luftdicht abgequetscht und durch Einblasen von Luft an die Wände der Form gedrückt. Nach kurzer Abkühlung wird die Form geöffnet und der Hohlkörper ausgeworfen.

7 › Bei der Leitung von elektrischem Strom entsteht im metallischen Leiter Wärme. Die Kunststoffummantelung darf aus Sicherheitsgründen nicht schmelzen, deshalb sollte sie aus einem duroplastischen Kunststoff hergestellt werden.

8 › Mehrere Lösungen sind möglich, z. B.:

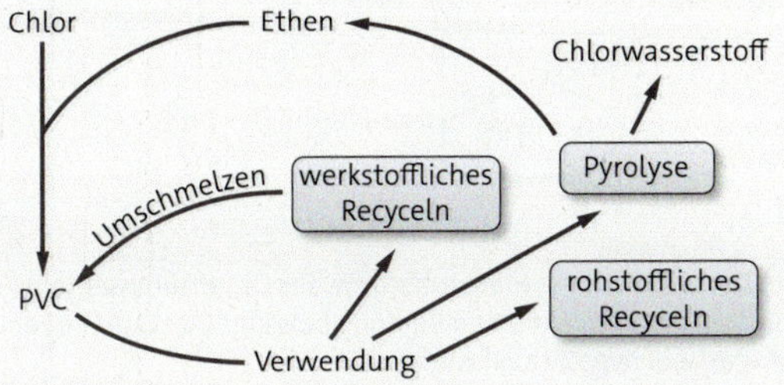

9 › Durch statistische, alternierende Block- oder Pfropf-Copolymere können verschiedene Kunststoffe mit völlig unterschiedlichen Eigenschaften gebildet werden, obwohl die gleichen Monomere verwendet werden.

10 › Kantenlänge a = 10 nm

Anzahl der Atome an einer Kante $N = \frac{0{,}2\,\text{nm}}{10\,\text{nm}} = 50$

Anzahl der Atome im Würfel: N(Würfel)= $N^3 = 50^3$ = 125 000
Anzahl der Atome im Innern des Würfels:
N(innen) = $(N - 2)^3 = 48^3$ = 110 592
N(Oberfläche) = N(Würfel) – N(innen)
N(Oberfläche) = 125 000 – 110 592 = 14 408

$\frac{14\,408}{125\,000} = 0{,}115 = 11{,}5\,\%$

11,5 % der Atome eines solchen Würfels befinden sich an dessen Oberfläche. Dieser Anteil reicht aus, um Nanoeffekte (z. B. Schmelztemperaturerniedrigung) deutlich hervortreten zu lassen.

11 Offene Fragestellung; Auswahl an möglichen Fragestllungen:
- Welchen Zweck haben die Nanopartikel in diesem Produkt?
- Woran erkenne ich, ob dieses Produkt Nanopartikel enthält und welche das sind?
- Wie sind die Nanopartikel in diesem Produkt reguliert? Wie gut ist ihre Wirkung und eventuelle Nebenwirkungen erforscht?
- Wie verhalten sich die in diesem Produkt enthaltenen Nanopartikel in meinem Körper?
- Gibt es Langzeitstudien zu den möglichen Auswirkungen dieser Nanopartikel, wenn dieses Produkt über einen langen Zeitraum eingesetzt wird?
- Wie verändern sich die Nanoapartikel in diesem Produkt, wenn die Haltbarkeit überschritten wird?
- Ist dieses Produkt geeignet/sicher für kleine Kinder/Babys/Schwangere/andere spezifische Personengruppen?
- Wie verhalten sich die in diesem Produkt enthaltenen Nanopartikel in der Umwelt?

Kapitel 11: Kohlenhydrate und Proteine (S.435-437)

1) **a** Rhamnose-, Glucose- und Fructosemolekül: je sechs C-Atome ⇨ Hexosen. Glucose- und Rhamnosemolekül: Aldehydgruppe am C-1-Atom ⇨ Aldosen; Fructosemolekül: Ketogruppe am C-2-Atom ⇨ Ketose. Rhamnosemolekül: die Hydroxygruppe am C-6-Atom ist durch ein H-Atom ersetzt ⇨ Desoxyzucker mit der Molekülformel $C_6H_{12}O_5$ (im Vergleich zur Molekülformel von Glucose und Fructose: $C_6H_{12}O_6$)

b

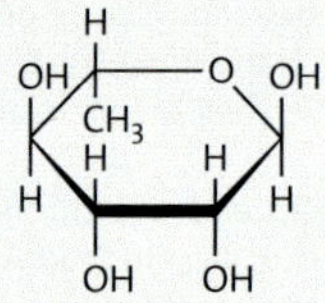

c Der Grundaufbau der Moleküle der Monosaccharide (Einfachzucker) besteht aus einem Kohlenstoffgerüst mit drei bis sieben Kohlenstoffatomen. Alle Moleküle enthalten eine Carbonylgruppe –CO–, die entweder mit dem C-1- oder dem C-2-Atom verknüpft ist, sowie jeweils eine Hydroxygruppe –OH an jedem weiteren Kohlenstoffatom. Aufgrund der fehlenden OH-Gruppe am C-6-Atom weicht das Rhamnosemolekül von dieser Grundstruktur ab. Da es aber am C-1-Atom eine Aldehydgruppe aufweist und darüber hinaus am C-2- bis C-5-Atom jeweils eine Hydroxygruppe trägt, wird Rhamnose zu den Zuckern, genauer den um ein Sauerstoffatom geminderten Zuckern, den Desoxyzuckern, gezählt.

2) **a** und **b**

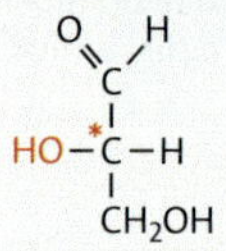

L-Glycerinaldehyd

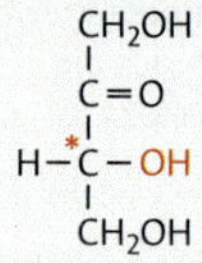

D-Erythrulose

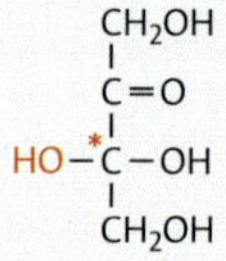

L-Erythrulose

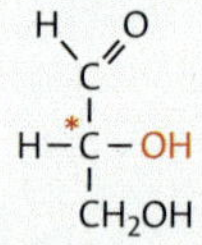

D-Glycerinaldehyd

c Namen der in der Aufgabe abgebildeten Fischer-Projektionsformeln:
D-Idose (links), D-Glucose (2. v. links), L-Idose (2. v. rechts), L-Glucose (rechts).
D-Idose, D-Glucose und L-Glucose sind Diastereomere. D-Idose und L-Idose sowie D-Glucose und L-Glucose sind Enantiomere.
d Moleküle, die sich wie Bild und Spiegelbild verhalten, sind *Enantiomere* (Spiegelbildisomere). Sie lassen sich durch Drehen der Moleküle nicht zur Deckung bringen.
Von Molekülen mit mehreren Chiralitätszentren gibt es auch Stereoisomere, die nicht wie Bild- und Spiegelbild sind und als *Diastereomere* bezeichnet werden. Beispiel: D-Glucose und L-Glucose sind zueinander Enantiomere. Zur Aldohexose D-Glucose gibt es 15 weitere Diastereomere, ebenso zur L-Glucose usw. ⇨ Alle 16 Aldohexosen sind zueinander Diastereomere.

3) Durch den Ringschluss des kettenförmigen Glucosemoleküls wird das C-1-Atom der Aldehydgruppe zu einem weiteren asymmetrisch substituierten Kohlenstoffatom. Dadurch sind zwei Isomere möglich, die *Anomere* α-D-Glucose und β-D-Glucose. Es sind keine spiegelbildlichen Enantiomere, wie es D-Glucose oder L-Glucose sind, sondern *Diastereomere*.
α-D-Glucose und β-D-Glucose unterscheiden sich in ihren physikalischen und chemischen Eigenschaften, z. B. zeigen die beiden Anomere unterschiedliche Schmelztemperaturen. Ihre Lösungen unterscheiden sich in ihrem Drehwinkel, während D- und L-Glucose sich nur im Vorzeichen des Drehwinkels unterscheiden und gleiche Schmelztemperaturen besitzen. α-D-Glucose reagiert zu Stärke, während β-D-Glucose Cellulose bildet.

4) **a** D-Mannose ist ein Diastereomer zu D-Glucose, das sich nur in der Stellung der OH-Gruppe am C-2-Atom unterscheidet. D-Mannose ist eine Aldohexose, D-Fructose ist dagegen eine Ketohexose. Die einzigen Übereinstimmungen zwischen den beiden Molekülen sind die Stellungen der OH-Gruppen am C-3-, C-4-, C-5-Atom.

b

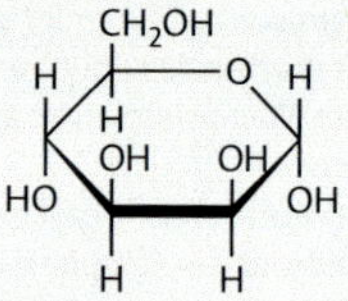

α-D-Mannose

c Es hat eine Keto-Enol-Tautomerie stattgefunden. Durch die Natronlauge sind katalytisch wirkende OH-Ionen in der Lösung vorhanden, die bewirken, dass am C-1-Atom des Mannosemoleküls ein Proton abgespalten und zwischen dem C-1- und C-2-Atom eine Doppelbindung gebildet wird. Das abgespaltene Proton kann nun an das Sauerstoffatom der Ketogruppe binden. Das bei dieser intramolekularen Umlagerung entstandene Zwischenprodukt ist ein Endiol.
Die Endiolform ist nicht sehr stabil. Jeweils eine der Hydroxygruppen kann wieder deprotoniert und dadurch eine Carbonylgruppe zurückgebildet werden. Wird dabei das Proton der Hydroxygruppe am C-2-Atom abgespalten und an die Doppelbindung addiert, bildet sich die Fructose. Wird aber das Proton der Hydroxygruppe am C-1-Atom abgespalten, bildet sich die Aldehydgruppe am C-1-Atom und es entsteht durch Isomerisierung ein Aldehyd – entweder die Glucose oder die Mannose, da am C-2-Atom die Hydroxygruppe auch in umgekehrter Konfiguration entstehen kann. Da alle beteiligten Reaktionen Gleichgewichtsreaktionen sind, stellt sich mit der Zeit ein Gleichgewicht zwischen Mannose, Fructose und Glucose ein.
Beispiele basische Aminosäuren: Lysin, Arginin etc.

5) **a** und **b**

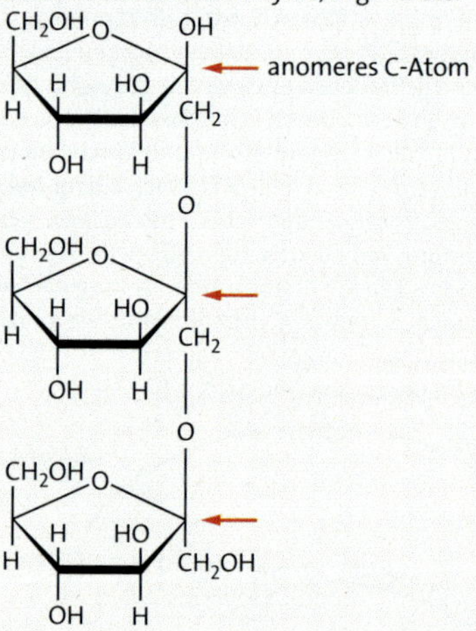

c Die anomeren Kohlenstoffatome des Oligofructosemoleküls sind an der glykosidischen Bindung beteiligt (Acetal). Die Fehling-Probe wird negativ ausfallen.

6) **a** Als glykosidische Bindung bezeichnet man die chemische Bindung zwischen dem anomeren C-Atom eines Monosaccharidbausteins mit einem C-Atom eines zweiten Monosaccharidbausteins. Sie entsteht aus den jeweiligen glykosidischen OH-Gruppen der beiden Monosaccharidbausteine. Im Gentiobiosemolekül liegt z. B. eine β-1,6-glykosidische Bindung vor. Dies besagt, dass ein β-D-Glucosemolekül über sein C-1-Atom mit dem C-6-Atom des β-D-Glucosemoleküls verbunden ist.

b

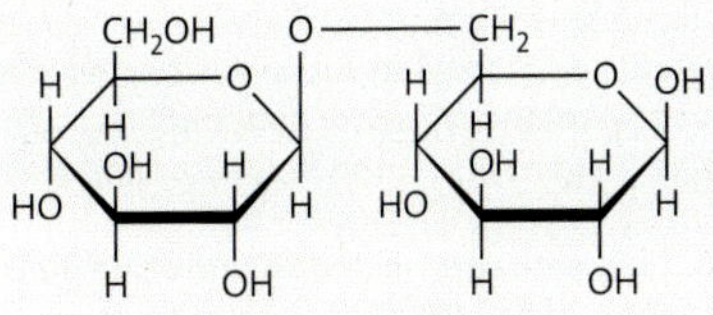

Gentiobiose (β-1,6)

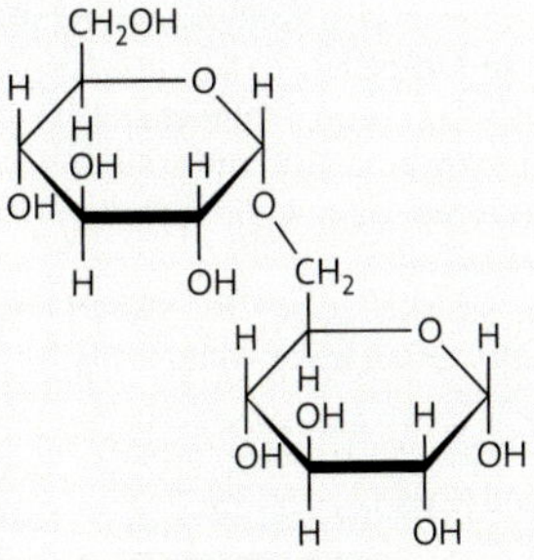

Isomaltose (α-1,6)

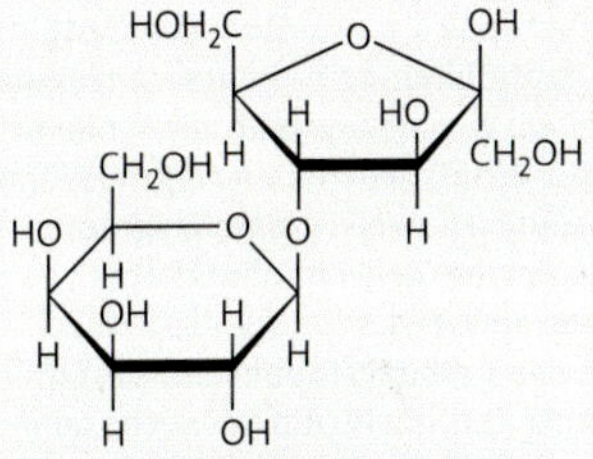

Lactulose (β-1,4)

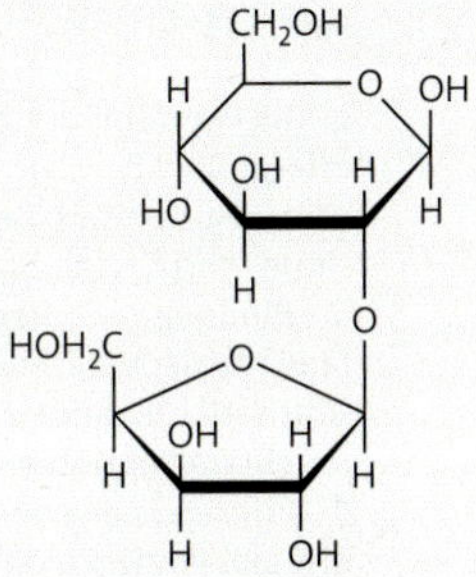

Sambubiose (β-1,2)

c Bei der Verknüpfung von zwei D-Glucosebausteinen ergeben sich viele Verknüpfungsmöglichkeiten, da D-Glucose in zwei anomeren Formen, α- und β-D-Glucose, existiert. Die anomeren C-Atome können außerdem mit unterschiedlichen OH-Gruppen des zweiten Glucosebausteins reagieren. Damit ergeben sich allein für die Verknüpfung von zwei Glucosebausteinen drei nicht reduzierende und 8 reduzierende Disaccharide.

7) **a** In beiden Molekülen liegt zwischen den Monosaccharidbausteinen eine β-1,4-glykosidische Verknüpfung vor. Beide bilden gerade Molekülketten. Die Monosaccharidbausteine im Chitinmolekül weisen am C-2-Atom eine Acetamidogruppe auf, die sich in dieser Hinsicht von der β-Glucose unterscheidet. Die Bindung der Monomere ist wie bei der Cellulose β-glykosidisch. Chitin ist also ähnlich aufgebaut wie Cellulose und kann als Derivat der Cellulose aufgefasst werden.

b Cellulosemoleküle verfügen über viele freie OH-Gruppen. Dadurch können sich Wassermoleküle zwischen die Celluloseketten einlagern. Cellulose kann eine beträchtliche Menge Wasser aufnehmen. Im Chitinmolekül ist das Wasserbindungsvermögen stark eingeschränkt, da die Acetamidogruppe ($NHCOCH_3$-Gruppe) hydrophob ist. Wäre das Exoskelett aus Cellulose, würden Insekten bei Kontakt mit Wasser aufquellen.

8) **a** α-D-Glucose

b Natürlich vorkommende Stärke besteht aus einem Gemisch aus Amylose (ca. 25 %) und Amylopektin (ca. 75 %).
Amylosemoleküle: unverzweigte Makromoleküle von 500 bis 1200 D-Glucosebausteinen, die α-1,4-glykosidisch verknüpft sind. Amylose ist in heißem Wasser löslich (lösliche Stärke).
Amylopektinmoleküle: verzweigte Makromoleküle aus bis zu 1 000 000 Glucosebausteinen, die α-1,4-glykosidisch verknüpft sind und zusätzlich im Abstand von etwa 25 Glucosebausteinen eine Verzweigung in α-1,6-glykosidische Bindung aufweisen.
Bedingt durch die Größe seiner Moleküle ist Amylopektin nicht wasserlöslich. Es ist jedoch quellfähig und kann deshalb große Mengen Wasser binden.

c Versetzt man natürlich vorkommende Stärke mit Lugol'scher Lösung (Iod-Kaliumiodidlösung), so erkennt man eine dunkelblaue Färbung. Dieser Stärkenachweis beruht auf einer Einlagerungsverbindung der Amylose mit Triiodid-Ionen, die in Lugol'scher Lösung enthalten sind. Die Amylosemoleküle bilden eine Spirale, in deren Inneres sich Triiodid-Ionen (I_3^-) einlagern und so die blaue Färbung verursachen.

d Amylosemoleküle bestehen aus vielen Hundert Glucosebausteinen und Amylopektin aus bis zu einer Million Glucosebausteinen, die über die glykosidischen Gruppen verknüpft sind. Diese sind durch die Bindung blockiert und können nicht reduzierend wirken. Jedes Molekül hat an seinem Ende aber eine freie glykosidische Gruppe, die reduzierend wirken kann. Im Verhältnis zu den riesigen Stärkemolekülen kommen sie jedoch in zu geringer Anzahl vor, um eine positive Fehling-Probe zu ermöglichen.

9) **a** Der Drehwinkel der 10%igen α-D-Glucoselösung sinkt stetig innerhalb von anderthalb Tagen von einem Ausgangswert mit etwa 110° auf einen Wert von 52,7°. Ist der Drehwinkel von 52,7° erreicht, ändert er sich nicht mehr.

b In wässrigen Lösungen wird die α-D-Glucose über die Kettenform in die β-D-Glucose umgewandelt. Im Verlauf dieser Iso merisierung bildet sich ein chemisches Gleichgewicht aus. Bei einem Drehwinkel von 52,7° ist der Gleichgewichtszustand erreicht.

c Das Gleichgewicht stellt sich von der anderen Seite her ein, nämlich von der β-D-Glucose (rote Kurve).

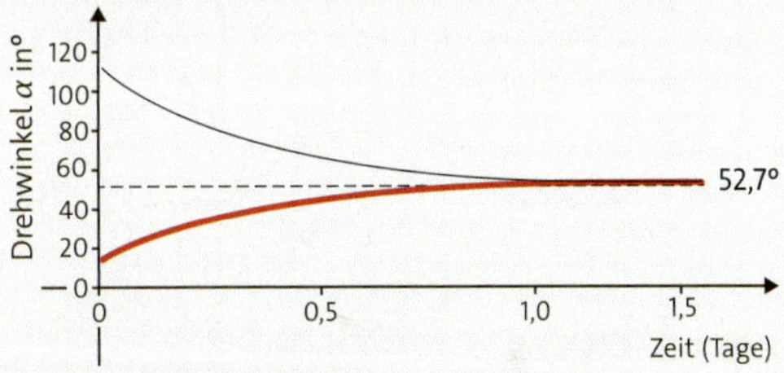

10) **a** Durch verdünnte Säuren kann ein Trisaccharid hydrolytisch an glykosidischen Bindungen gespalten werden. Bei kurzem Einwirken der Säure wird nur eine glykosidische Bindung gespalten und als Reaktionsprodukt wird ein Disaccharid und ein Monosaccharid erhalten. Bei längerem Einwirken der Säure werden beide glykosidischen Bindungen des Trisaccharidmoleküls gespalten und als Reaktionsprodukte werden drei Monosaccharide gebildet.

b Reihenfolge der Monosaccharidbausteine im untersuchten Trisaccharid:
Möglichkeit I: Glucose-Fructose-Glucose
Möglichkeit II: Glucose-Glucose-Fructose

c In der Beschreibung des Versuchs wird ausgeführt, dass eines der Disaccharide eine positive Fehling-Probe ergibt, das andere jedoch nicht. Beim untersuchten Trisaccharid muss es sich um Möglichkeit II handeln, da hier sowohl Maltose (zwei Glucosebausteine) als auch Saccharose (ein Glucose- und ein Fructosebaustein) als Disaccharide entstehen können. Beim Maltosemolekül ist das C-1-Atom des zweiten Glucosebausteins frei, sodass dort eine Ringöffnung erfolgen kann. Maltose wirkt deshalb reduzierend und die Fehling-Probe fällt positiv aus. Beim Saccharosemolekül liegen keine freien glykosidische Gruppen vor und auch die reaktiven C-Atome beider Monosaccharidbausteine sind glykosidisch gebunden. Die Fehling-Probe verläuft daher negativ

11) **a** Durch die katalytisch wirkenden Säuren kann die Saccharose hydrolytisch gespalten werden.
$C_{12}H_{22}O_{11} + H_2O \longrightarrow 2\,C_6H_{12}O_6$
b

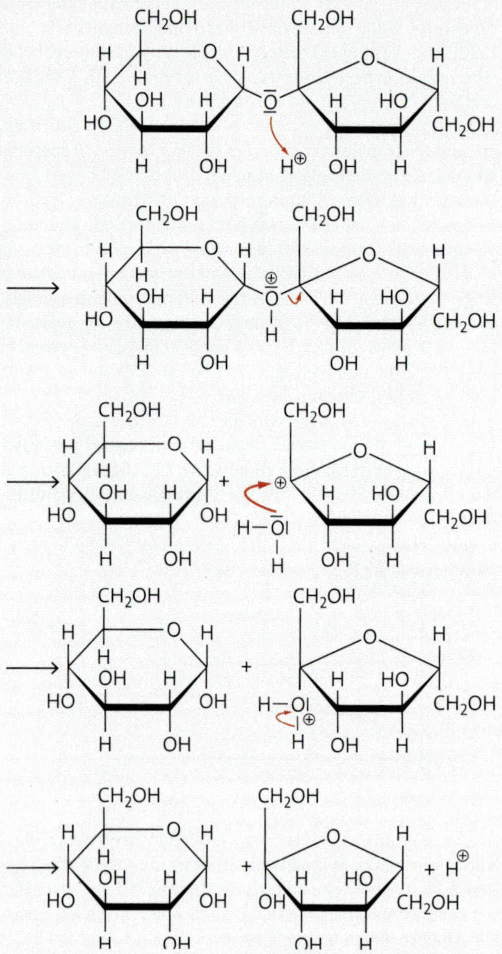

c Es entstehen Glucose und Fructose. Invertzucker ist ein Gemisch aus Glucose und Fructose im Verhältnis 1:1.
d Glucose ist mit den Glucoseteststäbchen nachweisbar. Die Reaktion kann durch Messung des Drehwinkels verfolgt werden.

12) In alkalischer Lösung wandelt sich Fructose, eine Ketose, über die Enol-Form in Glucose, eine Aldose, um. Die zur Entfärbung führende Reduktion erfolgt erst anschließend, insgesamt dauert der Prozess dadurch länger.

13) **a** Die Moleküle der proteinogenen Aminosäuren haben am α-Kohlenstoffatom (mit Ausnahme von Glycin) ein asymmetrisches C*-Atom, an dem vier unterschiedliche Substituenten gebunden sind. Dadurch sind Aminosäuren chiral und es existieren von diesen Aminosäuren zwei unterschiedliche Enantiomere, die sich wie Bild und Spiegelbild verhalten: D- und L-Aminosäuren.
b Für die Proteinbiosynthese der Lebewesen werden ausschließlich die L-Aminosäuren zum Aufbau von Proteinen genutzt.

14) Aufgrund ihrer zwitterionischen Struktur zeigen Aminosäuren ähnliche Eigenschaften wie Salze: Zwischen den Aminosäuremolekülen bestehen Ionenbindungen, die durch die positive Ladung der Ammoniumgruppen und die negative Ladung der Carboxylatgruppen bei der Zwitter-Ionenform resultieren. Dadurch kristallisieren die Aminosäuren im festen Zustand im Ionengitter. Zum Aufbrechen der Ionengitter ist eine große Energiezufuhr notwendig, um die Aminosäuren in den flüssigen Aggregatzustand zu überführen.

15) **a** Die negativ geladene Carboxylatgruppe des Zwitter-Ions von Valin reagiert als Protonenakzeptor und somit basisch. Die Ammoniumgruppe fungiert als Protonendonator und reagiert somit sauer.
b Saure Aminosäuren enthalten in den Seitenketten ihrer Moleküle eine zusätzliche Carboxygruppe, basische hingegen eine weitere Aminogruppe. Neutrale Aminosäuren besitzen Seitenketten mit unpolaren Kohlenwasserstoffresten (ausschließlich C- und H-Atome gebunden) oder polaren Kohlenwasserstoffresten (zusätzlich O-, S-, N- oder Se-Atome.)
Beispiele neutrale Aminosäuren: Serin, Prolin etc.
Saure Aminosäuren: Asparaginsäure, Glutaminsäure
Beispiele basische Aminosäuren: Lysin, Arginin etc.

16) **a** $H_2N{-}CH({-}CH_3){-}COO^- + H_3O^+ + Cl^-$
$\longrightarrow H_3N^+{-}CH({-}CH_3){-}COOH + H_2O + Cl^-$
b pH = 3,5: zur Kathode; pH = 6,11: keine Wanderung;
pH = 9: zur Anode

17) **a** Ein Molekül Glutathion besteht aus den Aminosäurebausteinen Glutaminsäure, Cystein und Glycin.
b Kondensation:
$H_2N{-}CH({-}CH_2{-}SH){-}COOH + H_2N{-}CH_2{-}COOH$
$\longrightarrow H_2N{-}CH({-}CH_2{-}SH){-}CO{-}NH{-}CH_2{-}COOH + H_2O$
c Die Peptidbindung zwischen dem Cystein- und Glycinbaustein erfolgt über die Carboxygruppe am α-C-Atom von Cystein. Dies ist der Normalfall. Die Peptidbindung zwischen dem Glutaminsäure- und Cysteinbaustein weicht davon ab, denn hier erfolgt die Bindung zwischen der zusätzlichen Carboxygruppe in der Seitenkette der Glutaminsäure (Hinweis: γ-Carboxygruppe). Bei Gluthathion handelt es sich um kein reguläres Peptid, da es eine irreguläre Peptidbindung aufweist.
d Aufgrund der zwei freien Carboxygruppen am Glutaminsäurerest gibt es zwei Möglichkeiten, ein Peptid aus sechs Aminosäurebausteinen zu bilden:
Glu-Cys-Gly-Glu-Cys-Gly und
Glu-Cys-Glu-Glu-Cys-Gly

18) Peptid: Verbindung aus mindestens zwei Aminosäuren; bis 10 Aminosäurebausteinen spricht man von Oligopeptiden.
Polypeptid: Verbindung aus 10 bis 100 Aminosäurebausteinen.
Proteine sind makromolekulare Stoffe, deren Molekül aus mehr als 100 Aminosäurebausteinen bestehen.

19)

Struktur	Wirkende Bindung
Primärstruktur	Peptidbindung zwischen der Amino- und der Carboxygruppe der Aminosäuren
Sekundärstruktur	Wasserstoffbrücken zwischen CO- und NH-Gruppen verschiedener Peptidgruppen: • **intramolekular ⇨ α-Helix** • **intermolekular ⇨ β-Faltblatt**
Tertiärstruktur	Wechselwirkungen zwischen den Resten der Aminosäuren durch: Elektronenpaarbindungen Ionenbindungen Wasserstoffbrücken London-Kräfte
Quartärstruktur	wie Tertiärstruktur

20 ›

Proteine

Globuläre Proteine

- kugelförmige Makromoleküle
- wasserlöslich
- Funktionsproteine: Transport, Steuerung, Abwehr: Peptidhormone, Enzyme
- Beispiele: Hämoglobin, Katalase, Albumin

Fibrilläre Proteine

- faserartige, längliche Makromoleküle
- nicht wasserlöslich
- Strukturproteine: Muskel-, Horn-, Gewebeaufbau
- Beispiele: Kollagen, Keratin, Spidroin, Naturseide

21 › Naturseide hat Faltblattstruktur. Glycin (keine Seitenkette) und Alanin (kleine Seitenkette, $-CH_3$) begünstigen in Naturseide die Ausbildung der Faltblattstruktur.

22 › a Kollagen ist ein fibrilläres Strukturprotein, das aus einer verdrillten Dreifachhelix besteht. Die Polypeptidketten sind über Wasserstoffbrücken stabilisiert. Mehrere dieser Kollagenfibrillen liegen nebeneinander und bilden die Kollagenfaser. Kollagen besitzt aufgrund dieser Struktur eine große Zugfestigkeit und ist nicht wasserlöslich.

b Wird Kollagen zusammen mit Wasser erhitzt, so lösen sich die nur durch Wasserstoffbrücken stabilisierten Polypeptidketten der Dreifachhelix partiell auf und entspiralisieren sich. Dabei entsteht eine zufällige Knäuelstruktur. Dieses (denaturierte) Protein wird als Gelatine bezeichnet. Zwischen den polaren Seitenketten der Polypeptidmoleküle und den Wassermolekülen können sich Wasserstoffbrücken bilden. Es kommt zur Bildung eines Hydrogels, einer gelierten Lösung. Durch Erwärmen auf etwa 50 °C wird Gelatine wasserlöslich.

23 › a Enzyme sind Proteine, die unter physiologischen Bedingungen als Biokatalysatoren wirken. Sie ermöglichen spezifische chemische Reaktionen (Wirkungsspezifität).

b Funktion der Salzsäure: Denaturierung der Proteine in der Nahrung, dabei werden die Ionenbindungen zwischen den Carboxylat- und Ammoniumgruppen zerstört; außerdem hydrolytische Spaltung der Proteine.
Funktion des Enzyms Peptidase: Hydrolytische Spaltung der Proteine

c Hydrolyse:

$$\text{Protein–NH–CO–CH(–R)–NH}_2 + H_2O \xrightarrow{\text{Enzym}} \text{Protein–NH}_2 + \text{COOH–CH(–R)–NH}_2$$

d Die Hydrolyse ist eine exotherme Reaktion und läuft vermutlich bereits unter Einwirkung der Salzsäure auch ohne Peptidase ab. Möglicherweise besitzt die Reaktion aber eine hohe Aktivierungsenergie und die Reaktionsgeschwindigkeit ist gering. Durch die Beteiligung der Peptidase, einem Biokatalysator, wird die Reaktionsgeschwindigkeit erhöht, sodass die Hydrolyse mit für den Stoffwechsel geeigneter Geschwindigkeit und bei Körpertemperatur ablaufen kann.

Wichtige Größen und Daten in der Chemie

Größen in der Chemie

Größe	Formelzeichen	Einheit
Masse	m	kg, g
Volumen	V	m^3, ℓ
Stoffmenge	n	mol
molare Masse	M	g/mol
molares Volumen	V_m	ℓ/mol
Teilchenanzahl	N	1
Dichte	ϱ	g/cm^3, g/ℓ
Massenanteil	w	1, %
Massenkonzentration	β	g/ℓ
Stoffmengen-konzentration	c	mol/ℓ
Temperatur	T, ϑ	K, °C

Größengleichungen in der Chemie

Dichte	$\varrho = \frac{m}{V}$ $\varrho = \frac{M}{V_m}$
molare Masse	$M = \frac{m}{n}$
molares Volumen	$V_m = \frac{V}{n}$
Massenanteil	$w(\text{Stoff}) = \frac{m(\text{Stoff})}{m(\text{Stoffgemisch})}$
Volumenanteil	$\varphi(\text{Stoff}) = \frac{V(\text{Stoff})}{V(\text{Stoffgemisch})}$
Massenkonzentration	$\beta(\text{Stoff}) = \frac{m(\text{Stoff})}{V(\text{Stoffgemisch})}$
Stoffmengenkonzentration	$c(\text{Stoff}) = \frac{n(\text{Stoff})}{V(\text{Stoffgemisch})}$

Vorsätze von Einheiten (Auswahl)

Vorsatz	Kurzzeichen	Faktor, mit dem die Einheit multipliziert wird	
Giga	G	1 000 000 000	(10^9)
Mega	M	1 000 000	(10^6)
Kilo	k	1 000	(10^3)
Dezi	d	0,1	(10^{-1})
Zenti	c	0,01	(10^{-2})
Milli	m	0,001	(10^{-3})
Mikro	µ	0,000 001	(10^{-6})
Nano	n	0,000 000 001	(10^{-9})

Konstanten in der Chemie

Normdruck p_n	p_n = 1013 hPa
Normtemperatur T_n	T_n = 273,15 K
Molares Volumen eines idealen Gases im Normzustand $V_{m,n}$	$V_{m,n}$ = 22,4 ℓ/mol
Avogadro-Konstante N_A	$N_A = 6{,}0221367 \cdot 10^{23}\ mol^{-1}$

Thermodynamische Daten ausgewählter Stoffe

Formel	M in $g \cdot mol^{-1}$	$\Delta_f H_m^0$ in $kJ \cdot mol^{-1}$	S_m^0 in $J \cdot K^{-1} \cdot mol^{-1}$	$\Delta_f G_m^0$ in $kJ \cdot mol^{-1}$	Formel	M in $g \cdot mol^{-1}$	$\Delta_f H_m^0$ in $kJ \cdot mol^{-1}$	S_m^0 in $J \cdot K^{-1} \cdot mol^{-1}$	$\Delta_f G_m^0$ in $kJ \cdot mol^{-1}$
$H_2O(l)$	18	−286	70	−237	$Cl_2(g)$	71	0	223	0
$H_2O(g)$	18	−244	189	−229	Ethanal(l)	44	−192	160	−128
$CO_2(g)$	44	−394	214	−394	Ethansäure(l)	60	−486	160	−389
NaCl(s)	58,5	−411	72	−384	$Ag^+(aq)$	108	106	73	77
$CaCl_2(s)$	111	−796	105	−748	$Na^+(aq)$	23	−240	59	−262
$C_4H_{10}(g)$	58	−126	310	−17	$Ca^{2+}(aq)$	40	−543	−53	−554
Na(s)	23	0	51	0	$Cl^-(aq)$	35,5	−167	56	−131
Ag(s)	108	0	43	0	$OH^-(aq)$	17	−230	−11	−157
$NH_3(g)$	17	−46	193	−16	$NH_4^+(aq)$	18	−132	113	−79

Elektrodenpotenziale E^0 verschiedener Verbindungen in wässriger Lösung bei Standardbedingungen (p = 1,013 bar, T = 25 °C)

Donator		Akzeptor + z e^-	Standardpotenzial E^0 in V
Li	⇄	$Li^+ + e^-$	−3,04
K	⇄	$K^+ + e^-$	−2,94
Sr	⇄	$Sr^{2+} + 2\,e^-$	−2,90
Ca	⇄	$Ca^{2+} + 2\,e^-$	−2,87
Na	⇄	$Na^+ + e^-$	−2,71
Mg	⇄	$Mg^{2+} + 2\,e^-$	−2,36
Al	⇄	$Al^{3+} + 3\,e^-$	−1,68
Mn	⇄	$Mn^{2+} + 2\,e^-$	−1,18
$H_2 + 2\,OH^-$	⇄	$2\,H_2O + 2\,e^-$	−0,81
Zn	⇄	$Zn^{2+} + 2\,e^-$	−0,76
Cr	⇄	$Cr^{3+} + 3\,e^-$	−0,74
S^{2-}	⇄	$S(s) + 2\,e^-$	−0,45
Fe	⇄	$Fe^{2+} + 2\,e^-$	−0,44
$H_2 + 2\,OH^-$	⇄	$2\,H_2O + 2\,e^-$	−0,41 (bei pH = 7)
$Pb + SO_4^{2-}$	⇄	$PbSO_4(s) + 2\,e^-$	−0,36
Co	⇄	$Co^{2+} + 2\,e^-$	−0,28
Ni	⇄	$Ni^{2+} + 2\,e^-$	−0,24
Pb	⇄	$Pb^{2+} + 2\,e^-$	−0,13
Fe	⇄	$Fe^{3+} + 3\,e^-$	−0,04
H_2	⇄	$2\,H^+ + 2\,e^-$	0,00
Cu	⇄	$Cu^{2+} + 2\,e^-$	0,34
$4\,OH^-$	⇄	$O_2 + 2\,H_2O + 4\,e^-$	0,40
$2\,I^-$	⇄	$I_2 + 2\,e^-$	0,54
H_2O_2	⇄	$O_2 + 2\,H^+ + 2\,e^-$	0,68
Ag	⇄	$Ag^+ + e^-$	0,80
$4\,OH^-$	⇄	$O_2 + 2\,H_2O + 4\,e^-$	0,82 (bei pH = 7)
$2\,Br^-$	⇄	$Br_2 + 2\,e^-$	1,10
Pt	⇄	$Pt^{2+} + 2\,e^-$	1,18
$2\,H_2O$	⇄	$O_2 + 4\,H^+ + 4\,e^-$	1,23
$2\,Cl^-$	⇄	$Cl_2 + 2\,e^-$	1,36
Au	⇄	$Au^{3+} + 3\,e^-$	1,50
Au	⇄	$Au^+ + e^-$	1,69
$PbSO_4(s) + 2\,H_2O$	⇄	$PbO_2(s) + SO_4^{2-} + 4\,H^+ + 4\,e^-$	1,69
$2\,H_2O$	⇄	$H_2O_2 + 2\,H^+ + 2\,e^-$	1,76
$2\,F^-$	⇄	$F_2 + 2\,e^-$	2,89

↑ zunehmende reduzierende Wirkung

↓ zunehmende oxidierte Wirkung

Einstufung von Gefahrstoffen nach dem GHS-System

Seit 2009 erfolgt die Einstufung von Chemikalien nach dem GHS (*Globally Harmonised System of Classification and Labelling of Chemicals*). Dabei werden Gefahrstoffe mit international einheitlichen Gefahrenpiktogrammen, Gefahrenhinweisen (H-Sätze) und Sicherheitshinweisen (P-Sätze) versehen. Die Übergangsfristen für die bisherigen Verordnungen sind seit dem 1. Juni 2017 ausgelaufen.

Gefahrenpiktogramm und Piktogrammcode		Mit dem Gefahrenpiktogramm gekennzeichnete Stoffe und Gemische	Signalwort	Zugehörige Gefahrenhinweise (H-Sätze)
	GHS01	explosive und sehr gefährliche selbstzersetzliche Stoffe und Gemische sowie sehr gefährliche organische Peroxide	Gefahr	H200, H201, H202, H203, H240, H241 (mit GHS02)
			Achtung	H204
	GHS02	entzündbare, selbsterhitzungsfähige und gefährliche selbstzersetzliche Stoffe und Gemische, pyrophore Stoffe sowie Stoffe und Gemische, die bei Berührung mit Wasser entzündbare Gase entwickeln	Gefahr	H220, H222, H229, H224, H225, H228 (Kat. 1), H250, H251, H260, H261 (Kat. 2)
			Achtung	H221, H223, H229, H226, H228 (Kat. 2), H252, H261 (Kat. 3)
	GHS02	selbstzersetzliche Stoffe und Gemische sowie gefährliche organische Peroxide	Gefahr oder Achtung	H242
	GHS03	Stoffe und Gemische mit oxidierender Wirkung	Gefahr	H270, H271, H272 (Kat. 2)
			Achtung	H272 (Kat. 3)
	GHS04	Gase unter Druck	Achtung	H280, H281
	GHS05	Stoffe und Gemische, die korrosiv auf Metalle wirken	Achtung	H290
	GHS05	Stoffe und Gemische, die schwere Verätzungen der Haut und/oder schwere Augenschäden verursachen	Gefahr	H314, H318
	GHS07	Stoffe und Gemische, die Haut- und/oder schwere Augenreizungen verursachen können	Achtung	H315, H319
	GHS06	lebensgefährliche und giftige Stoffe und Gemische	Gefahr	H300, H310, H330, H301, H311, H331
	GHS07	gesundheitsschädliche Stoffe und Gemische	Achtung	H302, H312, H332
	GHS08	Stoffe und Gemische, die bei Verschlucken und Eindringen in die Atemwege tödlich sein können und/oder eine Gefahr für die Gesundheit darstellen. Diese Stoffe und Gemische schädigen bestimmte Organe und/oder können Krebs erzeugen, die Fruchtbarkeit beeinträchtigen, das Kind im Mutterleib schädigen und/oder genetische Defekte und/oder beim Einatmen Allergien, asthmaartige Symptome oder Atembeschwerden verursachen.	Gefahr	H304, H334, H340, H350, H350i, H360, H360F, H360D, H360FD, H370, H372
			Achtung	H341, H351, H361, H361f, H361d, H361fd, H371, H373
	GHS07	Stoffe oder Gemische, die allergische Hautreaktionen, Reizungen der Atemwege und/oder Schläfrigkeit und Benommenheit verursachen können	Achtung	H317, H335, H336
	GHS09	Stoffe und Gemische, die sehr giftig oder giftig für Wasserorganismen sind	Achtung	H400, H410, H411 (kein Signalwort)

* Die in den Experimenten verwendeten Gase stehen meist nicht unter Druck, daher wird dort in der Regel auf diese Kennzeichnung verzichtet. In der Gefahrstoffliste sind alle Gase auch mit GHS04 gekennzeichnet.

Gefahrenhinweise (H-Sätze)

Gefahrenhinweise für physikalische Gefahren

H200 Instabil, explosiv.
H201 Explosiv, Gefahr der Massenexplosion.
H202 Explosiv; große Gefahr durch Splitter, Spreng- und Wurfstücke.
H203 Explosiv; Gefahr durch Feuer, Luftdruck oder Splitter, Spreng- und Wurfstücke.
H204 Gefahr durch Feuer oder Splitter, Spreng- und Wurfstücke.
H205 Gefahr der Massenexplosion bei Feuer.
H220 Extrem entzündbares Gas.
H221 Entzündbares Gas.
H222 Extrem entzündbares Aerosol.
H223 Entzündbares Aerosol.
H224 Flüssigkeit und Dampf extrem entzündbar.
H225 Flüssigkeit und Dampf leicht entzündbar.
H226 Flüssigkeit und Dampf entzündbar.
H228 Entzündbarer Feststoff.
H229 Behälter steht unter Druck: kann bei Erwärmung bersten.
H230 Kann auch in Abwesenheit von Luft explosionsartig reagieren.
H231 Kann auch in Abwesenheit von Luft bei erhöhtem Druck und/oder erhöhter Temperatur explosionsartig reagieren.
H240 Erwärmung kann Explosion verursachen.
H241 Erwärmung kann Brand oder Explosion verursachen.
H242 Erwärmung kann Brand verursachen.
H250 Entzündet sich in Berührung mit Luft von selbst.
H251 Selbsterhitzungsfähig; kann in Brand geraten.
H252 In großen Mengen selbsterhitzungsfähig; kann in Brand geraten.
H260 In Berührung mit Wasser entstehen entzündbare Gase, die sich spontan entzünden können.
H261 In Berührung mit Wasser entstehen entzündbare Gase.
H270 Kann Brand verursachen oder verstärken; Oxidationsmittel.
H271 Kann Brand oder Explosion verursachen; starkes Oxidationsmittel.
H272 Kann Brand verstärken; Oxidationsmittel.
H280 Enthält Gas unter Druck; kann bei Erwärmung explodieren.
H281 Enthält tiefkaltes Gas; kann Kälteverbrennungen oder -verletzungen verursachen.
H290 Kann gegenüber Metallen korrosiv sein.

Gefahrenhinweise für Gesundheitsgefahren

H300 Lebensgefahr bei Verschlucken.
H301 Giftig bei Verschlucken.
H302 Gesundheitsschädlich bei Verschlucken.
H304 Kann bei Verschlucken und Eindringen in die Atemwege tödlich sein.
H310 Lebensgefahr bei Hautkontakt.
H311 Giftig bei Hautkontakt.
H312 Gesundheitsschädlich bei Hautkontakt.
H314 Verursacht schwere Verätzungen der Haut und schwere Augenschäden.
H315 Verursacht Hautreizungen.
H317 Kann allergische Hautreaktionen verursachen.
H318 Verursacht schwere Augenschäden.
H319 Verursacht schwere Augenreizung.
H330 Lebensgefahr bei Einatmen.
H331 Giftig bei Einatmen.
H332 Gesundheitsschädlich bei Einatmen.
H334 Kann bei Einatmen Allergie, asthmaartige Symptome oder Atembeschwerden verursachen.
H335 Kann die Atemwege reizen.
H336 Kann Schläfrigkeit und Benommenheit verursachen.
H340 Kann genetische Defekte verursachen <*Expositionsweg angeben, sofern schlüssig belegt ist, dass diese Gefahr bei keinem anderen Expositionsweg besteht*>.
H341 Kann vermutlich genetische Defekte verursachen <*Expositionsweg angeben, sofern schlüssig belegt ist, dass diese Gefahr bei keinem anderen Expositionsweg besteht*>.
H350 Kann Krebs erzeugen <*Expositionsweg angeben, sofern schlüssig belegt ist, dass diese Gefahr bei keinem anderen Expositionsweg besteht*>.
H350i Kann beim Einatmen Krebs erzeugen.
H351 Kann vermutlich Krebs erzeugen <*Expositionsweg angeben, sofern schlüssig belegt ist, dass diese Gefahr bei keinem anderen Expositionsweg besteht*>.
H360 Kann die Fruchtbarkeit beeinträchtigen oder das Kind im Mutterleib schädigen <*konkrete Wirkung angeben, sofern bekannt*> <*Expositionsweg angeben, sofern schlüssig belegt ist, dass die Gefahr bei keinem anderen Expositionsweg besteht*>.
H360F Kann die Fruchtbarkeit beeinträchtigen.
H360D Kann das Kind im Mutterleib schädigen.
H360FD Kann die Fruchtbarkeit beeinträchtigen. Kann das Kind im Mutterleib schädigen.
H360Fd Kann die Fruchtbarkeit beeinträchtigen. Kann vermutlich das Kind im Mutterleib schädigen.
H360Df Kann das Kind im Mutterleib schädigen. Kann vermutlich die Fruchtbarkeit beeinträchtigen.
H361 Kann vermutlich die Fruchtbarkeit beeinträchtigen oder das Kind im Mutterleib schädigen <*konkrete Wirkung angeben, sofern bekannt*> <*Expositionsweg angeben, sofern schlüssig belegt ist, dass die Gefahr bei keinem anderen Expositionsweg besteht*>.
H361f Kann vermutlich die Fruchtbarkeit beeinträchtigen.
H361d Kann vermutlich das Kind im Mutterleib schädigen.
H361fd Kann vermutlich die Fruchtbarkeit beeinträchtigen. Kann vermutlich das Kind im Mutterleib schädigen.
H362 Kann Säuglinge über die Muttermilch schädigen.
H370 Schädigt die Organe <*oder alle betroffenen Organe nennen, sofern bekannt*> <*Expositionsweg angeben, sofern schlüssig belegt ist, dass diese Gefahr bei keinem anderen Expositionsweg besteht*>.
H371 Kann die Organe schädigen <*oder alle betroffenen Organe nennen, sofern bekannt*> <*Expositionsweg angeben, sofern schlüssig belegt ist, dass diese Gefahr bei keinem anderen Expositionsweg besteht*>.
H372 Schädigt die Organe <*alle betroffenen Organe nennen*> bei längerer oder wiederholter Exposition <*Expositionsweg angeben, wenn schlüssig belegt ist, dass diese Gefahr bei keinem anderen Expositionsweg besteht*>.
H373 Kann die Organe schädigen <*alle betroffenen Organe nennen, sofern bekannt*> bei längerer oder wiederholter Exposition <*Expositionsweg angeben, wenn schlüssig belegt ist, dass diese Gefahr bei keinem anderen Expositionsweg besteht*>.

Gefahrenhinweise für Umweltgefahren

H400 Sehr giftig für Wasserorganismen.
H410 Sehr giftig für Wasserorganismen, mit langfristiger Wirkung.
H411 Giftig für Wasserorganismen, mit langfristiger Wirkung.
H412 Schädlich für Wasserorganismen, mit langfristiger Wirkung.
H413 Kann für Wasserorganismen schädlich sein, mit langfristiger Wirkung.
H420 Schädigt die öffentliche Gesundheit und die Umwelt durch Ozonabbau in der äußeren Atmosphäre.

Ergänzende Gefahrenmerkmale

Physikalische Eigenschaften

EUH001 In trockenem Zustand explosionsgefährlich.
EUH014 Reagiert heftig mit Wasser.
EUH018 Kann bei Verwendung explosionsfähige/entzündbare Dampf/Luft-Gemische bilden.
EUH019 Kann explosionsfähige Peroxide bilden.
EUH044 Explosionsgefahr bei Erhitzen unter Einschluss.

Gesundheitsgefährliche Eigenschaften

EUH029 Entwickelt bei Berührung mit Wasser giftige Gase.
EUH031 Entwickelt bei Berührung mit Säure giftige Gase.
EUH032 Entwickelt bei Berührung mit Säure sehr giftige Gase.
EUH066 Wiederholter Kontakt kann zu spröder oder rissiger Haut führen.
EUH070 Giftig bei Berührung mit den Augen.
EUH071 Wirkt ätzend auf die Atemwege.

Ergänzende Kennzeichnungselemente/Informationen über bestimmte Stoffe und Gemische

EUH201 Enthält Blei. Nicht für den Anstrich von Gegenständen verwenden, die von Kindern gekaut oder gelutscht werden könnten.
EUH201A Achtung! Enthält Blei.
EUH202 Cyanacrylat. Gefahr. Klebt innerhalb von Sekunden Haut und Augenlider zusammen. Darf nicht in die Hände von Kindern gelangen.
EUH203 Enthält Chrom (VI). Kann allergische Reaktionen hervorrufen.
EUH204 Enthält Isocyanate. Kann allergische Reaktionen hervorrufen.
EUH205 Enthält epoxidhaltige Verbindungen. Kann allergische Reaktionen hervorrufen.
EUH206 Achtung! Nicht zusammen mit anderen Produkten verwenden, da gefährliche Gase (Chlor) freigesetzt werden können.
EUH207 Achtung! Enthält Cadmium. Bei der Verwendung entstehen gefährliche Dämpfe. Hinweise des Herstellers beachten. Sicherheitsanweisungen einhalten.
EUH208 Enthält *<Name des sensibilisierenden Stoffes>*. Kann allergische Reaktionen hervorrufen.
EUH209 Kann bei Verwendung leicht entzündbar werden.
EUH209A Kann bei Verwendung entzündbar werden.
EUH210 Sicherheitsdatenblatt auf Anfrage erhältlich.
EUH401 Zur Vermeidung von Risiken für Mensch und Umwelt die Gebrauchsanleitung einhalten.

Sicherheitshinweise (P-Sätze)

Sicherheitshinweise – Allgemeines

P101 Ist ärztlicher Rat erforderlich, Verpackung oder Kennzeichnungsetikett bereithalten.
P102 Darf nicht in die Hände von Kindern gelangen.
P103 Vor Gebrauch Kennzeichnungsetikett lesen.

Sicherheitshinweise – Prävention

P201 Vor Gebrauch besondere Anweisungen einholen.
P202 Vor Gebrauch alle Sicherheitshinweise lesen und verstehen.
P210 Von Hitze/Funken/offener Flamme/heißen Oberflächen fernhalten. Nicht rauchen.
P211 Nicht gegen offene Flamme oder andere Zündquelle sprühen.
P220 Von Kleidung/.../brennbaren Materialien fernhalten/entfernt aufbewahren.
P221 Mischen mit brennbaren Stoffen/... unbedingt verhindern.
P222 Kontakt mit Luft nicht zulassen.
P223 Kontakt mit Wasser wegen heftiger Reaktion und möglichem Aufflammen unbedingt verhindern.
P230 Feucht halten mit ...
P231 Unter inertem Gas handhaben.
P232 Vor Feuchtigkeit schützen.
P233 Behälter dicht verschlossen halten.
P234 Nur im Originalbehälter aufbewahren.
P235 Kühl halten.
P240 Behälter und zu befüllende Anlage erden.
P241 Explosionsgeschützte elektrische Betriebsmittel/Lüftungsanlagen/Beleuchtung/... verwenden.
P242 Nur funkenfreies Werkzeug verwenden.
P243 Maßnahmen gegen elektrostatische Aufladungen treffen.
P244 Druckminderer frei von Fett und Öl halten.
P250 Nicht schleifen/stoßen/.../reiben.
P251 Behälter steht unter Druck: Nicht durchstechen oder verbrennen, auch nicht nach der Verwendung.
P260 Staub/Rauch/Gas/Nebel/Dampf/Aerosol nicht einatmen.
P261 Einatmen von Staub/Rauch/Gas/Nebel/Dampf/Aerosol vermeiden.
P262 Nicht in die Augen, auf die Haut oder auf die Kleidung gelangen lassen.
P263 Kontakt während der Schwangerschaft und der Stillzeit vermeiden.
P264 Nach Gebrauch ... gründlich waschen.
P270 Bei Gebrauch nicht essen, trinken oder rauchen.
P271 Nur im Freien oder in gut belüfteten Räumen verwenden.
P272 Kontaminierte Arbeitskleidung nicht außerhalb des Arbeitsplatzes tragen.
P273 Freisetzung in die Umwelt vermeiden.
P280 Schutzhandschuhe/Schutzkleidung/Augenschutz/Gesichtsschutz tragen.
P282 Schutzhandschuhe/Gesichtsschild/Augenschutz mit Kälteisolierung tragen.
P283 Schwer entflammbare/flammhemmende Kleidung tragen.
P284 Atemschutz tragen.
P231 + P232 Unter inertem Gas handhaben. Vor Feuchtigkeit schützen.
P235 + P410 Kühl halten. Vor Sonnenbestrahlung schützen.

Sicherheitshinweise – Reaktion

P301 BEI VERSCHLUCKEN:
P302 BEI BERÜHRUNG MIT DER HAUT:
P303 BEI BERÜHRUNG MIT DER HAUT (oder dem Haar):
P304 BEI EINATMEN:
P305 BEI KONTAKT MIT DEN AUGEN:
P306 BEI KONTAMINIERTER KLEIDUNG:
P308 BEI Exposition oder falls betroffen:
P310 Sofort GIFTINFORMATIONSZENTRUM oder Arzt anrufen.
P311 GIFTINFORMATIONSZENTRUM oder Arzt anrufen.
P312 Bei Unwohlsein GIFTINFORMATIONSZENTRUM oder Arzt anrufen.
P313 Ärztlichen Rat einholen/ärztliche Hilfe hinzuziehen.
P314 Bei Unwohlsein ärztlichen Rat einholen/ärztliche Hilfe hinzuziehen.
P315 Sofort ärztlichen Rat einholen/ärztliche Hilfe hinzuziehen.
P320 Besondere Behandlung dringend erforderlich (siehe ... auf diesem Kennzeichnungsetikett).
P321 Besondere Behandlung (siehe ... auf diesem Kennzeichnungsetikett).
P330 Mund ausspülen.
P331 KEIN Erbrechen herbeiführen.
P332 Bei Hautreizung:
P333 Bei Hautreizung oder -ausschlag:
P334 In kaltes Wasser tauchen/nassen Verband anlegen.
P335 Lose Partikel von der Haut abbürsten.
P336 Vereiste Bereiche mit lauwarmem Wasser auftauen. Betroffenen Bereich nicht reiben.
P337 Bei anhaltender Augenreizung:
P338 Eventuell Vorhandene Kontaktlinsen nach Möglichkeit entfernen. Weiter ausspülen.
P340 Die betroffene Person an die frische Luft bringen und in einer Position ruhig stellen, die das Atmen erleichtert.
P342 Bei Symptomen der Atemwege:
P351 Einige Minuten lang behutsam mit Wasser ausspülen.
P352 Mit viel Wasser und Seife waschen.
P353 Haut mit Wasser abwaschen/duschen.
P360 Kontaminierte Kleidung und Haut sofort mit viel Wasser abwaschen und danach Kleidung ausziehen.
P361 Alle kontaminierten Kleidungsstücke sofort ausziehen.
P362 Kontaminierte Kleidung ausziehen und vor erneutem Tragen waschen.
P363 Kontaminierte Kleidung vor erneutem Tragen waschen.
P364 Und vor erneutem Tragen waschen.
P370 Bei Brand:
P371 Bei Großbrand und großen Mengen:
P372 Explosionsgefahr bei Brand.
P373 KEINE Brandbekämpfung, wenn das Feuer explosive Stoffe/Gemische/Erzeugnisse erreicht.
P374 Brandbekämpfung mit üblichen Vorsichtsmaßnahmen aus angemessener Entfernung.
P375 Wegen Explosionsgefahr Brand aus der Entfernung bekämpfen.
P376 Undichtigkeit beseitigen, wenn gefahrlos möglich.
P377 Brand von ausströmendem Gas: Nicht löschen, bis Undichtigkeit gefahrlos beseitigt werden kann.
P378 ... zum Löschen verwenden.
P380 Umgebung räumen.
P381 Alle Zündquellen entfernen, wenn gefahrlos möglich.
P390 Verschüttete Mengen aufnehmen, um Materialschäden zu vermeiden.
P391 Verschüttete Mengen aufnehmen.
P301 + P310 BEI VERSCHLUCKEN: Sofort GIFTINFORMATIONSZENTRUM oder Arzt anrufen.
P301 + P312 BEI VERSCHLUCKEN: Bei Unwohlsein GIFTINFORMATIONSZENTRUM oder Arzt anrufen.
P301 + P330 + P331 BEI VERSCHLUCKEN: Mund ausspülen. KEIN Erbrechen herbeiführen.
P302 + P334 BEI KONTAKT MIT DER HAUT: In kaltes Wasser tauchen/nassen Verband anlegen.
P302 + P352 BEI KONTAKT MIT DER HAUT: Mit viel Wasser und Seife waschen.
P303 + P361 + P353 BEI KONTAKT MIT DER HAUT (oder dem Haar): Alle kontaminierten Kleidungsstücke sofort ausziehen. Haut mit Wasser abwaschen/duschen.

P304 + P340 BEI EINATMEN: An die frische Luft bringen und in einer Position ruhig stellen, die das Atmen erleichtert.
P305 + P351 + P338 BEI KONTAKT MIT DEN AUGEN: Einige Minuten lang behutsam mit Wasser spülen. Vorhandene Kontaktlinsen nach Möglichkeit entfernen. Weiter spülen.
P306 + P360 BEI KONTAKT MIT DER KLEIDUNG: Kontaminierte Kleidung und Haut sofort mit viel Wasser abwaschen und danach Kleidung ausziehen.
P308 + P311 Bei Exposition oder falls betroffen: GIFTINFORMATIONS-ZENTRUM, Arzt oder ... anrufen.
P308 + P313 BEI Exposition oder falls betroffen: Ärztlichen Rat einholen/ärztliche Hilfe hinzuziehen.
P332 + P313 Bei Hautreizung: Ärztlichen Rat einholen/ärztliche Hilfe hinzuziehen.
P333 + P313 Bei Hautreizung oder -ausschlag: Ärztlichen Rat einholen/ärztliche Hilfe hinzuziehen.
P335 + P334 Lose Partikel von der Haut abbürsten. In kaltes Wasser tauchen/nassen Verband anlegen.
P337 + P313 Bei anhaltender Augenreizung: Ärztlichen Rat einholen/ärztliche Hilfe hinzuziehen.
P342 + P311 Bei Symptomen der Atemwege: GIFTINFORMATIONSZENTRUM oder Arzt anrufen.
P361 + P364 Alle kontaminierten Kleidungsstücke sofort ausziehen und vor erneutem Tragen waschen.
P362 + P364 Kontaminierte Kleidung ausziehen und vor erneutem Tragen waschen.
P370 + P376 Bei Brand: Undichtigkeit beseitigen, wenn gefahrlos möglich.
P370 + P378 Bei Brand: ... zum Löschen verwenden.
P370 + P380 Bei Brand: Umgebung räumen.
P370 + P380 + P375 Bei Brand: Umgebung räumen. Wegen Explosionsgefahr Brand aus der Entfernung bekämpfen.
P371 + P380 + P375 Bei Großbrand und großen Mengen: Umgebung räumen. Wegen Explosionsgefahr Brand aus der Entfernung bekämpfen.

Sicherheitshinweise – Aufbewahrung

P401 ... aufbewahren.
P402 An einem trockenen Ort aufbewahren.
P403 An einem gut belüfteten Ort aufbewahren.
P404 In einem geschlossenen Behälter aufbewahren.
P405 Unter Verschluss aufbewahren.
P406 In korrosionsbeständigem/... Behälter mit korrosionsbeständiger Auskleidung aufbewahren.
P407 Luftspalt zwischen Stapeln/Paletten lassen.
P410 Vor Sonnenbestrahlung schützen.
P411 Bei Temperaturen von nicht mehr als ... °C aufbewahren.
P412 Nicht Temperaturen von mehr als 50 °C aussetzen.
P413 Schüttgut in Mengen von mehr als ... kg bei Temperaturen von nicht mehr als ... °C aufbewahren.
P420 Von anderen Materialien entfernt aufbewahren.
P422 Inhalt in/unter ... aufbewahren.
P402 + P404 In einem geschlossenen Behälter an einem trockenen Ort aufbewahren.
P403 + P233 Behälter dicht verschlossen an einem gut belüfteten Ort aufbewahren.
P403 + P235 Kühl an einem gut belüfteten Ort aufbewahren.
P410 + P403 Vor Sonnenbestrahlung geschützt an einem gut belüfteten Ort aufbewahren.
P410 + P412 Vor Sonnenbestrahlung schützen und nicht Temperaturen von mehr als 50 °C aussetzen.
P411 + P235 Kühl und bei Temperaturen von nicht mehr als ... °C aufbewahren.

Sicherheitshinweise – Entsorgung

P501 Inhalt/Behälter ... zuführen.

Entsorgungsratschläge (E-Sätze)

E1 Verdünnen, in den Ausguss geben (WGK 0 bzw. 1)
E2 Neutralisieren, in den Ausguss geben
E3 In den Hausmüll geben, gegebenenfalls im Polyethylenbeutel (Stäube)
E4 Als Sulfid fällen
E5 Mit Calcium-Ionen fällen, dann E 1 oder E 3
E6 Nicht in den Hausmüll geben
E7 Im Abzug entsorgen
E8 Der Sondermüllbeseitigung zuführen (Adresse zu erfragen bei der Kreis- oder Stadtverwaltung), Abfallschlüssel beachten
E9 Unter größter Vorsicht in kleinsten Portionen reagieren lassen (z. B. offen im Freien verbrennen)
E10 In gekennzeichneten Behältern sammeln:
1. „Organische Abfälle – halogenhaltig"
2. „Organische Abfälle – halogenfrei", dann E 8

E11 Als Hydroxid fällen (pH = 8), den Niederschlag zu E 8
E12 Nicht in die Kanalisation gelangen lassen
E13 Aus der Lösung mit unedlem Metall (z. B. Eisen) als Metall abscheiden (E 14, E 3)
E14 Recycling-geeignet (Redestillation oder einem Recyclingunternehmen zuführen)
E15 Mit Wasser **vorsichtig** umsetzen, frei werdende Gase absorbieren oder ins Freie ableiten
E16 Entsprechend den speziellen Ratschlägen für die Beseitigungsgruppen beseitigen

Entsorgung von Chemikalienabfällen

Nach dem Experimentieren werden die Reste in die dafür vorgesehenen Sammelbehälter gegeben:

nicht gefährliche und wasserlösliche Chemikalien	nicht gefährliche und feste Chemikalien	Säuren und Laugen	giftige anorganische Chemikalien	halogenfreie organische Chemikalien	halogenhaltige organische Chemikalien
z. B. Natriumchlorid, Natriumcarbonat, Wasserstoffperoxidlösung	z. B. Eisen, Indikatorpapier	z. B. Salzsäure, Natronlauge	z. B. Kupfersulfat	z. B. Petroleumbenzin, Methanol	z. B. Trichlormethan

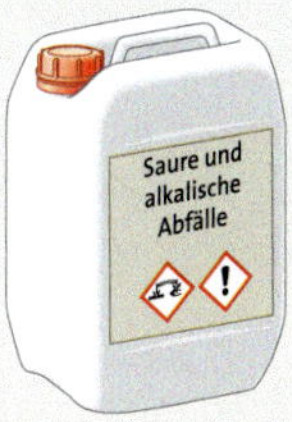

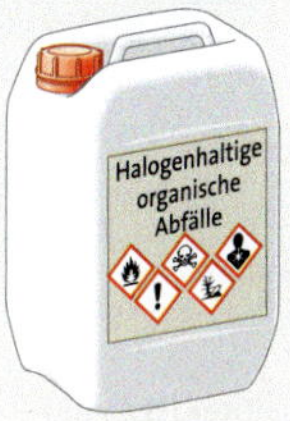

Die weitere Behandlung und Entsorgung bzw. Übergabe der Abfälle zur Sondermüllentsorgung erfolgt durch die Lehrkraft.

Liste der Gefahrstoffe nach der GHS-Verordnung

Gefahrstoff	Signalwort	Piktogrammcode	H-Sätze und EUH-Sätze	E-Sätze
A				
Aceton (Propanon)	Gefahr	GHS02 GHS07	H225 H319 H336 EUH066	1-10-14
Acetaldehyd s. Ethanal				
Acetylsalicylsäure	Achtung	GHS07	H302 H315 H319 H335	10-12
Aluminium, Pulver (stabilisiert)	Gefahr	GHS02	H261 H228	6-9
Aluminiumchlorid, wasserfrei	Gefahr	GHS05	H314	2
Aluminiumchloridlösung $5\,\% \le w < 10\,\%$	Achtung	GHS07	H315 H319	2
Ameisensäure (Methansäure) $w \ge 85\,\%$	Gefahr	GHS02 GHS06 GHS05	H314 H226 H302 H331 EUH071	1-10
$25\,\% \le w < 85\,\%$	Gefahr	GHS06 GHS05	H314 H226 H302 H331 EUH071	1-10
$2\,\% \le w < 25\,\%$	Achtung	GHS07	H315 H319	1-10
Ammoniak, wasserfrei	Gefahr	GHS04 GHS06 GHS05 GHS09	H221 H280 H331 H314 H400 EUH071	2-7
Ammoniaklösung $w \ge 30\,\%$	Gefahr	GHS05 GHS07 GHS09	H314 H290 H335 H400	2
$10\,\% \le w < 30\,\%$	Gefahr	GHS05 GHS07 GHS09	H314 H335 H400	2
$5\,\% \le w < 10\,\%$	Gefahr	GHS05 GHS07	H314 H335	2
Ammoniumcarbonat	Achtung	GHS07	H302	2
Ammoniumchlorid	Achtung	GHS07	H302 H319	2
Ammoniumthiocyanat	Achtung	GHS05 GHS07	H302 + H312 + H332 H412 H318 EUH032	2
B				
Bariumchlorid	Gefahr	GHS06	H301 H332	1-3
Bariumchloridlösung $10\,\% \le w < 18\,\%$	Achtung	GHS07	H302	1
Bariumhydroxid	Gefahr	GHS05 GHS07	H302 H314 H318	1-3
Bariumhydroxid-8-Wasser	Gefahr	GHS05 GHS07	H302 H314 H318	1-3
Benzoesäure	Gefahr	GHS05 GHS08	H315 H318 H372	10-12
Brennspiritus (Ethanol)	Gefahr	GHS02 GHS07	H225 H319	1-10
Brenzcatechin (1,2-Dihydroxybenzol)	Gefahr	GHS06 GHS08 GHS05	H301 + H311 + H332 H315 H317 H318 H341	10-12
Brom	Gefahr	GHS06 GHS05 GHS09	H330 H314 H400	16
Bromwasser $w = 3\,\%$	Gefahr	GHS05 GHS07	H332 H314	16
n-Butan	Gefahr	GHS02 GHS04	H220 H280	2
Butandisäure (Bernsteinsäure)	Gefahr	GHS05	H318	10-12
Butan-1-ol	Gefahr	GHS02 GHS05 GHS07	H226 H302 H335 H315 H318 H336	10
tert-Butanol (2-Methylpropan-2-ol)	Gefahr	GHS02 GHS07	H225 H332 H319 H335	10-12
Butansäure (Buttersäure)	Gefahr	GHS05 GHS07	H314 H302	10
C				
Calciumcarbid	Gefahr	GHS02 GHS05 GHS07	H260 H315 H318 H335	15-16
Calciumchlorid	Achtung	GHS07	H319	1
Calciumchlorid-6-Wasser	Achtung	GHS07	H319	1
Capronsäure s. Hexansäure				
Chlor	Gefahr	GHS06 GHS03 GHS04 GHS09	H270 H280 H330 H315 H319 H335 H400 EUH071	16
Chlorwasserstoff	Gefahr	GHS04 GHS06 GHS05	H331 H314 H280 EUH071	2
Citronensäure	Achtung	GHS07	H319	1-10
Cyclohexan	Gefahr	GHS02 GHS08 GHS07 GHS09	H225 H304 H315 H336 H410	10-12
Cyclohexen	Gefahr	GHS02 GHS08 GHS07 GHS09	H225 H304 H302 H411	10-12
D				
n-Decan	Gefahr	GHS02 GHS08	H226 H304 EUH066	10-12
Decansäuredichlorid s. Sebacinsäuredichlorid				
Dibenzoylperoxid	Gefahr	GHS01 GHS02 GHS07 GHS09	H241 H319 H317 H410	10-12
Dichlormethan s. Methylenchlorid				

Gefahrstoff	Signalwort	Piktogrammcode	H-Sätze und EUH-Sätze	E-Sätze
Diethylether (Ether)	Gefahr	GHS02 GHS07	H224 H302 H336 EUH019 EUH066	9-10-12
1,2-Dihydroxyolbenzol s. Brenzcatechin				
1,3-Dihydroxyolbenzol s. Resorcin				
1,4-Dihydroxyolbenzol s. Hydrochinon				
N,N-Dimethylanilin	Gefahr	GHS06 GHS08 GHS09	H351 H331 H311 H301 H411	10-12
Dimethylglyoximlösung, gesättigt in Ethanol	Gefahr	GHS02 GHS07	H225 H319	1-10
Distickstofftetraoxid	Gefahr	GHS04 GHS03 GHS06 GHS05	H280 H270 H330 H314 EUH071	7
E				
Eisen(III)-chlorid	Gefahr	GHS05 GHS07	H302 H315 H318 H290	2
Eisen(III)-nitrat-9-Wasser	Achtung	GHS03 GHS07	H272 H315 H319	2
Essigessenz	Achtung	GHS05	H319 H315	2-10
Essigsäure (Ethansäure) *w* ≥ 90 %	Gefahr	GHS02 GHS05	H226 H290 H314	2-10
w ≥ 60 %	Gefahr	GHS05	H314 H318	2-10
10 % ≤ *w* < 60 %	Achtung	GHS07	H319 H315	2-10
Essigsäureanhydrid	Gefahr	GHS02 GHS06 GHS05	H226 H302 H331 H314 H335	2-10
Essigsäureethylester (Ethylacetat)	Gefahr	GHS02 GHS07	H225 H319 H336 EUH066	10-12
Ethan	Gefahr	GHS02 GHS04	H220 H280	7
Ethanal (Acetaldehyd)	Gefahr	GHS02 GHS08 GHS07	H224 H351 H319 H335	9-10-12-16
Ethanallösung (Acetaldehydlösung) *w* = 1 %	Gefahr	GHS02 GHS08	H224 H351	9-10-12-16
Ethanol (Brennspiritus)	Gefahr	GHS02 GHS07	H225 H319	1-10
Ethan-1,2-diol s. Glykol				
Ethen (Ethylen)	Gefahr	GHS02 GHS04 GHS07	H220 H280 H336	7
Ethin (Acetylen)	Gefahr	GHS02 GHS04	H220 H230 H280	7
F				
Fehling-Lösung I	Gefahr	GHS05 GHS09	H318 H410	2

Gefahrstoff	Signalwort	Piktogrammcode	H-Sätze und EUH-Sätze	E-Sätze
Fehling-Lösung II	Gefahr	GHS05	H290 H314	2
G				
Glykol (Ethan-1,2-diol)	Achtung	GHS07 GHS08	H302 H373	10-12
H				
n-Heptan	Gefahr	GHS02 GHS08 GHS07 GHS09	H225 H304 H315 H336 H410	10-12
n-Hexan	Gefahr	GHS02 GHS08 GHS07 GHS09	H225 H361f H304 H373 H315 H336 H411	10-12
Hexan-1,6-diamin	Gefahr	GHS05 GHS07	H312 H302 H335 H314	10-12
Hexan-1-ol	Achtung	GHS02 GHS07	H226 H302 +H312 H319	1-10
Hexansäure (Capronsäure)	Gefahr	GHS06 GHS05	H302 H311 H314	2-10
Hex-1-en	Gefahr	GHS02 GHS08	H225 H304 EUH066	10-12
Hydrochinon (1,4-Dihydroxybenzol)	Gefahr	GHS08 GHS05 GHS07 GHS09	H351 H341 H302 H318 H317 H400	10-12
I				
Iod	Achtung	GHS08 GHS07 GHS09	H312 +H332 +H315 H319 H335 H372 H400	1-16
2-Iodbutan (sek-Butyliodid)	Gefahr	GHS02	H225	10-12
K				
Kaliumcyanat	Achtung	GHS07	H302 H319	1
Kaliumhydrogensulfat	Gefahr	GHS05 GHS07	H314 H335	2
Kaliumhydroxid (Ätzkali)	Gefahr	GHS05 GHS07	H290 H302 H314	2
Kaliumhydroxidlösung (Kalilauge) *w* ≥ 47 %	Gefahr	GHS05 GHS07	H290 H302 H314	2
0,5 % ≤ *w* < 47 %	Gefahr	GHS05	H290 H314	2
Kaliumnitrat	Gefahr	GHS03	H272	1
Kaliumpermanganat	Gefahr	GHS03 GHS05 GHS07 GHS09	H272 H302 H314 H410	1-6

Gefahrstoff	Signalwort	Piktogrammcode	H-Sätze und EUH-Sätze	E-Sätze
Kohlenstoffdisulfid	Gefahr	GHS02 GHS08 GHS07	H225 H302 H315 H319 H361 H372 H412	9-10-12
Kupfer(II)-oxid	Achtung	GHS07 GHS09	H302 H410	8-16
Kupfer(II)-sulfat, wasserfrei	Gefahr	GHS07 GHS05 GHS09	H302 H315 H318 H410	11
Kupfer(II)-sulfat-5-Wasser	Achtung	GHS07 GHS05 GHS09	H302 H315 H318 H410	11
L				
Lithiumchlorid	Achtung	GHS07	H302 H319 H315	1
M				
Magnesium, Späne	Gefahr	GHS02	H228 H251 H261	3
Mangan(IV)-oxid (Braunstein)	Gefahr	GHS08 GHS07	H302 +H332 H373	3
Methan	Gefahr	GHS02 GHS04	H220 H280	7
Methanol	Gefahr	GHS02 GHS06 GHS08	H225 H331 H311 H301 H370	1-10
Methansäure s. Ameisensäure				
Methansäuremethylester (Methylformiat)	Gefahr	GHS02 GHS07	H224 H302 +H332 H319 H335	10-12
Methylenchlorid (Dichlormethan)	Achtung	GHS08	H351	10-12
Methylmethacrylat (Methacrylsäuremethylester)	Gefahr	GHS02 GHS07	H225 H335 H315 H317	10-12
Milchsäure (2-Hydroxypropansäure)	Gefahr	GHS05	H318 H315	10-12
N				
Naphthalin	Gefahr	GHS02 GHS08 GHS07 GHS09	H228 H351 H302 H410	10-12
2-Naphthol (2-Hydroxynaphthalin)	Achtung	GHS07 GHS09	H332 H302 H400	10-12
Natrium	Gefahr	GHS02 GHS05	H260 H314 EUH014	6-12-16
Natriumcarbonat	Achtung	GHS07	H319	1
Natriumcarbonat-10-Wasser	Achtung	GHS07	H319	1
Natriumdithionit	Gefahr	GHS02 GHS07	H251 H302 EUH031	1
Natriumfluorid	Gefahr	GHS06	H301 H319 H315 EUH032	5
Natriumhydroxid (Ätznatron)	Gefahr	GHS05	H290 H314	2
Natriumhydroxidlösung (Natronlauge) $w \geq 2\,\%$	Gefahr	GHS05	H290 H314	2
Natriumnitrat	Achtung	GHS03 GHS07	H271 H319	1
Natriumnitrit	Gefahr	GHS03 GHS06 GHS09	H272 H301 H400	1-16
Nicotin	Gefahr	GHS06 GHS09	H301 H310 H315 H400 H411	10-16
Ninhydrin	Achtung	GHS07	H302 H315 H319 H335	10-12
Ninhydrin-Sprühlösung (ethanolisch) $w \geq 25\,\%$	Gefahr	GHS02	H325	1-10
Nonan-1-ol	Achtung	GHS07	H319	3
O				
n-Octan	Gefahr	GHS02 GHS08 GHS07 GHS09	H225 H304 H315 H336 H410	10-12
Oxalsäure	Achtung	GHS05 GHS07	H302 H312 H318	5
P				
n-Pentan	Gefahr	GHS02 GHS08 GHS07 GHS09	H225 H304 H336 H411 EUH066	10-12
Pentan-1-ol	Achtung	GHS02 GHS07	H226 H315 H319 H332 H335	10-14
Pentansäure (Valeriansäure)	Gefahr	GHS05	H314 H412	2-10
Perchlorsäure $w \geq 0{,}7\,\%$	Gefahr	GHS03 GHS08 GHS05 GHS07	H271 H290 H302 H314 H373	2
Petroleumbenzin, Siedebereich 60 °C bis 80 °C	Gefahr	GHS02 GHS08 GHS07 GHS09	H225 H304 H315 H336 H411	10-12
Phenol (Hydroxybenzol)	Gefahr	GHS06 GHS08 GHS05	H301 +H311 +H331 H314 H341 H373 H411	10-12
Phenollösung $1\,\% \leq w < 3\,\%$	Achtung	GHS07	H319 H315	10-12

Gefahrstoff	Signalwort	Piktogrammcode	H-Sätze und EUH-Sätze	E-Sätze
Phenolphthaleinlösung (ethanolisch, w = 1 %)	Gefahr	GHS02 GHS08 GHS07	H225 H319 H341 H350	1-10
Phthalsäureanhydrid	Gefahr	GHS08 GHS05 GHS07	H302 H335 H315 H318 H334 H317	10
Propan	Gefahr	GHS02 GHS04	H220 H280	7
Propanal	Gefahr	GHS02 GHS05 GHS07	H225 H302 + H332 H315 H318 H335	9-10-12-16
Propan-1-ol	Gefahr	GHS02 GHS05 GHS07	H225 H318 H336	10
Propan-2-ol	Gefahr	GHS02 GHS07	H225 H319 H336	10
Propanon s. Aceton				
R				
Resorcin (1,3-Dihydroxybenzol)	Gefahr	GHS08 GHS07 GHS09	H302 H315 H319 H317 H370 H410	10
S				
Salpetersäure $w \geq 65\,\%$	Gefahr	GHS03 GHS05	H272 H290 H314 EUH071	2
$3{,}5\,\% \leq w < 65\,\%$	Gefahr	GHS05	H314 H290	2
Salzsäure $w \geq 10\,\%$	Gefahr	GHS05 GHS07	H314 H335 H290	2
$5\,\% \leq w < 10\,\%$	Achtung	GHS05	H290 H314	2
Schwefel	Achtung	GHS07	H315	3
Schwefeldioxid	Gefahr	GHS04 GHS06 GHS05	H331 H314 H280 EUH071	7
Schwefelsäure $w \geq 5\,\%$	Gefahr	GHS05	H290 H314	2
Schwefelwasserstoff	Gefahr	GHS02 GHS04 GHS06 GHS09	H220 H280 H330 H335 H400	2-7
Sebacinsäuredichlorid (Decansäuredichlorid)	Gefahr	GHS05 GHS07	H302 H314 H335	10-12
Silbernitrat	Gefahr	GHS03 GHS05 GHS09	H272 H290 H314 H410	12-13-14
Silbernitratlösung w = 1 %	Achtung	GHS07	H319 H315 H412	12-13-14
Silbernitratlösung, ammoniakalisch	Achtung	GHS05 GHS07 GHS09	H314 H400 H335	2

Gefahrstoff	Signalwort	Piktogrammcode	H-Sätze und EUH-Sätze	E-Sätze
Stickstoffdioxid	Gefahr	GHS04 GHS03 GHS06 GHS05	H280 H270 H330 H314 EUH071	7
Stickstoffmonooxid	Gefahr	GHS04 GHS03 GHS06 GHS05	H280 H270 H314 H330 EUH071	7
Strontiumchlorid-6-Wasser	Gefahr	GHS05 GHS07	H315 H318 H335	1-3
Styrol	Gefahr	GHS02 GHS08 GHS07	H226 H332 H315 H319 H361d H372	10-12
Sulfanilsäure	Achtung	GHS07	H319 H315 H317	10-16
T				
Toluol	Gefahr	GHS02 GHS08 GHS07	H225 H361d H304 H373 H315 H336	10-12
1,1,1-Trichlor-2-methyl-2-propanol	Achtung	GHS07	H302	10
V				
Valeriansäure s. Pentansäure				
W				
Wasserstoff	Gefahr	GHS02 GHS04	H220 H280	7
Wasserstoffperoxidlösung $w \geq 30\,\%$	Gefahr	GHS03 GHS05 GHS07	H272 H302 H318 H412	1
$10\,\% \leq w < 30\,\%$	Gefahr	GHS03 GHS05	H272 H318	1
$5\,\% \leq w < 10\,\%$	Achtung	GHS07	H319	1
Weinsäure	Gefahr	GHS05	H318	2-10
X				
Xylol (Dimethylbenzol; o-, m-, p-)	Gefahr	GHS02 GHS08 GHS07	H226 H303 H319 H312 H332 H335 H373 H315	10-12
Z				
Zink, Pulver, Staub (stabilisiert)	Achtung	GHS09	H410	3
Zink, Pulver, Staub (pyrophor)	Gefahr	GHS02 GHS09	H260 H250 H410	3
Zinkchlorid	Gefahr	GHS05 GHS07 GHS09	H302 H314 H410	1-11
Zinkchloridlösung $5\,\% \leq w < 10\,\%$	Achtung	GHS07	H315 H319	1-11
Zinkoxid	Achtung	GHS09	H410	3
Zinn(II)-chlorid	Gefahr	GHS05 GHS07	H302 H314 H317	1-11

Bild- und Textquellennachweis

Allgemeiner Hinweis zu den in diesem Lehrwerk abgebildeten Personen: Soweit in diesem Lehrwerk Personen fotografisch abgebildet sind und ihnen von der Redaktion fiktive Namen, Berufe, Dialoge und Ähnliches zugeordnet oder diese Personen in bestimmte Kontexte gesetzt werden, dienen diese Zuordnungen und Darstellungen ausschließlich der Veranschaulichung und dem besseren Verständnis des Inhalts.

Fotos und Screenshots

Cover: Shutterstock.com/Africa Studio

action press: QKD/Rex Features: S. 244

Adobe: stock.adobe.com: Sport Moments: S. 39, pit24: S. 40/ Amethyst, Erwin Wodicka: S. 43/ o.r., arsdigital: S. 55/ o.r., Manutsawee: S. 90/ Diamant, indy1227: S. 94, kosmos111: S. 99/ 3 l., Bernd Kröger: S. 99/ 3 r., jflatman: S. 104/ Eiszapfen, contrastwerkstatt: S. 116/ 1, by paul: S. 118/ 1, checker: S. 131/ 3, wayne_0216: S. 133/ 3, neirfy: S. 140, istetiana: S. 152, rusteax: S. 159/1, gertrudda: S. 162/ C1.1, Kadmy: S. 178/ l., Angela Shirinov: S. 178/ r., sarawuth: S. 185, Sandy1983: S. 190/ 1, sinhyu: S. 196/ 1, Yuli: S. 219/ 1.2, spuno: S. 220/ 1, Weina Li: S. 233/ 3, fergregory: S. 264/ u., Denis: S. 265, Alex Staroseltsev: S. 270/ Marienkäfer, FreedomMan: S. 277/ Methanal, David San Segundo: S. 283/1, deijaen: S. 283/ Essigmutter, Mariusz Blach: S. 284/ Apfelsäure, ksena32: S. 286/ 1, fotogal: S. 286/ 2, Roman Samokhin: S. 286/ 3, atoss: S. 288/ Ananas, gertrudda: S. 289/ Biene, Vidady: S. 292/ 2, gurb101088: S. 293/ 6, nullplus: S. 293/ 7 l., photocrew: S. 293/ 7r., andrisa18: S. 294/ Bittermandelöl, ksena32: S. 294/ Jasmin, Tamara Kulikova: S. 294/ Kiefernöl, pusteflower9024: S. 294/ Zitronenmelisse, Eugeniusz Dudzi?ski: S. 322/ Aminosäure, kosmos111: S. 324/ o.l., OlegDoroshin: S. 325/ B1, doris_bredow: S. 332/ CD, Petair: S. 332/ Farbeimer, Antonioguillem: S. 332/ Sonnencreme, nikesidoroff: S. 332/ Tabletten, burnstuff2003: S. 345/ C1.1, euthymia: S. 349, zaharov43: S. 350/ 3, Birgit Reitz-Hofmann: S. 350/ Decke, charupha: S. o.r. 2, chatchawan: S. 350/ o.r. 1, jollier_: S. 350/ Plüschtier, grafikplusfoto: S. 350/ Skifahrer, sasamihajlovic: S. 351/ 4, Xuejun li: S. 351/ 5, Francesca: S. 357, amirul syaidi: S: 359/ Kanister, aerostato: S. 360/ Decken, amnachphoto: S. 360/ DVD Hüllen, tukda: S. 360/ Helm, PhotoSG: S. 360/ Backform, amnach: S. 360/ Rolle, Taweesak Thiprod: S. 362/ 1, Evgeniy Vorobiev: S. 363/ CD's, Smileus: S. 364/ Fussball, karepa: S. 368/ A, djama: S. 378/ A, Gerhard: S. 378/ B, prakasitlalao: S. 378/ C, TANYA_R/PerfectLazybones: S. 380/ Becher, Tyler Boyes: S. 386/ o.r., emuck: S. 394/ Saccharose, enjoynz: S. 394/ Cellulose, Tim UR: S. 394/ Glucose, Andrey Khritin: S. 3997 Zitrone, romantsubin: S. 399/ Kümmel, Tamara Kulikova: S. 399/ Minze, abet: S. 402/ Honig, mizina: S. 404/ Eis, bdshaheen: S. 406/ Zuckerrohr, ra3rn: S. 406/ Zuckerrübe, ณัฐวุฒิ เงินสันเทียะ: S. 406/ Zuckerhirse, Cherry-Merry: S. 408/ 1A, alexlukin: S. 411/ Apfel, Jeanette Dietl: S. 413/ 5A, mates: S. 414/ 1, kunertus: S. 426/ C, ponlayut: S. 426/ A, Yozhik: S. 428/ 1, Africa Studio: S. 430/ G1.1, kozorog: S. 430/ H1.1, petarg: S. 430/ I1.1

akg-images GmbH: Hervé Champollion: S. 294

Bayer AG: S.338/ 1

Bridgeman Images: Granger, PARACELSUS (1493-1541): S. 342/ 1

ClipDealer GmbH: Andrea Soziaghi: S. 43/m.r., Bastian Kienitz: S. 199/ D1.2

Cornelsen/Inhouse: S. 161/ A1.1, S. 366/ B1.2, S. 426/ B

Cornelsen/Boris Mahler: S. 412/ Stärkenachweis

Cornelsen/Heinz Mahler: S. 104/ Taschenwärmer

Cornelsen/Steffen Wilhelm: S. 176/ 3

Cornelsen/Stephan Röhl: S. 430/ G1.1

Cornelsen/Volker Minkus: S. 55/ 3A + 3B, S. 56/ D, S. 58/ A + B, S. 84/ 1.3, S. 86/ 1, S. 96/ A, S. 112/ 3 + 1 l. + 1 r., S. 113/ 5 l. + 5 r., S. 143/ 5 l. + 5 r., S. 159/ 2, S. 200/ 2, S. 228/ 1, S. 233/ 1, S. 281/F2.2 A-C, S. 336/ 1, S. 410, S. 411

Courtesy BIRA-IASB/Christophe Lerot: S. 256/ o.r.

CV Inhouse/Deutsche Bundesbank/Luc Luycx aus Belgien: S. 96/ B

ddp images: S. 406/ u. ; ddp images/G Fischer: S. 230/ 2

Doriano Thiele: S. 257/ A4.1A + A4.1B

dpa Picture-Alliance/ dpa: S. 299/ 5, Christoph Schmidt: S. 91/ E1.1, Tobias Hase: S. 212/ 1

Dr. Holger Fleischer: S. 100/ 3, S. 105/ 4A + 4B, S. 382

Dr. Thomas Kappel und Falk-Holger Helbing: S. 281/ F2.1

Herman Bergwerf, MolView.org: S. 63/ B + C, S. 263

Imago Stock & People GmbH: blickwinkel: S. 199/ E1.1, photothek: S. 216/ 1, R. Wittek: S. 334/ 2

interfoto e.k.: Sammlung Dieter Meinhardt: S. 351/ 6

Joachim Kühmstedt: S. 389/ G1.1

Laif Photoagentur: Didier Maillac/REA: S. 234/ 1

mauritius images GmbH: Alamy/Pictorial Press Ltd.: S. 272/ 1, alamy/Zoonar: S. 237/ N1.1, Kim Taylor/nature picture library: S. 142/ 1, Phil Boorman/ Cultura: S. 170/ 1, WLADIMIR BULGAR/Science Photo Library: S. 246/ 1

NASA: JSC: S. 96/ 2

Projektträger Jülich/Forschungszentrum Jülich GmbH: S. 134/ E1.1

Q-Brick Service: S. 368/ C

Science Photo Library: GUSTOIMAGES: S. 421/ 6

StockFood GmbH: Science Photo Library/MARTYN F. CHILLMAID: S. 59/ 1.2, S. 257/ A1, S. 261/ 4, S. 280/ 6, S. 297/ A, S. 394/ 2, Chillmaid, Martyn F.: S. 59/ 3.2, EYE OF SCIENCE: S. 388/ 5 + 7, Giphotostock: S. 59/ 2.2, Science Photo Library \\ Andrew Lambert Photography: S.300, Science Source/ Science S/Turtle Rock Scientific: S. 154

Shutterstock GmbH: Africa Studio: S. 1/ m.r, S. 84/ 1.4, MarcelClemens: S. 40/ Natriumchlorid + Quarz, Love Silhouette: S. 43/ u.r., Beautyimage: S. 54/ Diamant + Graphit, Steve Heap: S. 84/ 1.1, Egoreichenkov Evgenii: S. 84/ 1.2, givaga: S. 85/ Eiswürfel, Mariyana M: S. 85/ Wasser, Mona Makela: S. 85/ Kohle, Ethan Daniels: S. 116/ 3, Waraphorn Aphai: S. 124/ 3A, josefkubes: S. 156, Surasak Klinmontha: S. 160/ m.l., oumjeab: S. 160/ o.l., royaltystockphoto.com: S. 167/ 3, Tom Wang: S. 184, Kapuska: S. 186/ 1B, : S. 188/ 1, FotoHelin: S. 193/ A2.1, draganica: S. 198, Standard Studio: S. 213/ 4, Karynav: S. 218/ G1.1, Chaikom: 218/ H1.1, Mikhail Romanov: S. 225/ J1.1 A, Andrey Lobachev: S. 225/ K1.1, Croutchou: S. 230/ 1, 3523studio: S. 235/ 4, Aaron Amat: S. 248/ 1, ronstik: S. 258/ 2, magnetix: S. 266/ o.l., Alex Popov: S. 273, Dusan Jankovic: S. 277/ Propanon, zhangyang13576997233: S. 281/ o.l., Winai Pantho: S. 284/ Ameisensäure, Ekaterina SU: S. 284/ Essigsäure, mama_mia: S. 284/ Milchsäure, Ari N: S. 287, Christopher Meder: S. 290/ 1, Roman Samborskyi: S. 292/ 1, haru: S. 294/ Basilikumöl, ZIGROUP-CREATIONS: S. 294/ Gewürznelkenöl, CKP1001: S. 294/ Orangenöl, Es75: S. 294/ Pfefferminzöl, Anna Sedneva: S. 294/ Veilchen, Anton Starikov: S. 322/ 2, Danijela Maksimovic: S. 322/ Coffein, Alexandr Makarov: S. 322/ Cyanpropensäureethylester, GraphMaster: S. 322/ Folsäure, xpixel: S. 322/ Valporinsäure, Valentyn Volkov: S. 330, kaninw: S. 335/ o.l., Chones: 348, Standard Studio: S. 350/ PET Zeichen, Reel2Reel: S. 350/ Rucksack, Standard Studio: S. 359/ Symbole, daizuoxin: S. 359/ Tüte, Solomin Andrey: S. 360/ Disketten, Zelenskaya: S. 360/ Joghurtverpackung, sydeen: S. 360/ Kabel, Engin Sezer: S. 360/ Schuh, Ronnachai Palas: s. 360/ Schutzbrille, xpixel: S. 360/ Styropor, Irina Silayeva: S. 363/ 7, Scanrail1: S. 363/ Flaschen, Arkadi Bulva: S. 363/ Sprühflasche, Zoltan Major: S. 365/ 6, JDiPierro: S. 366/ m.l., johnfoto18: S. 367/ Kleber, Devenorr: S. 368/ B, Olga Sapegina: S. 370/ A, Kaya: S. 371/ Schal, Rich Carey: S. 374/ 1A, Visharo: S. 374/ 1B, Standard Studio: S. 374/ PET Zeichen, Preeda Soyraya: S. 380/ Käfer, Tayfun Ruzgar: S. 383/ 6, Romolo Tavani: S. 386, siriwat wongchana: S. 388/ 4, ESB Professional: S. 392, Kateryna Kon: S. 394/ Glykoproteine, Lukas Gojda: S. 399/ Kieferzweig, kojihirano: S. 402/ Biene, onair: S. 412/ Kartoffeln, raksina: S. 412/ Mais, Volosina: S. 412/ Weizen, yogesh_more: S. 413/ 6A, jultud: S. 417/ o.r., Leonid Andronov: S. 418/ 1, schankz: S. 426/ 1D

Sodastream GmbH: S. 124/ 1

Thomas Seilnacht: S. 40/ Diamant, S. 104/ 2B, S. 230/ 3A + 3B, S. 252/ A + B + C, S. 274/ 1

Wacker Chemie AG: S. 408/ 3A, S. 410/ Modell A

Cornelsen/Volker Döring: S. 42/ 1, S. 51/ 4.1, S. 52/ Brom + Chlor + Fluor + Iod, S. 56/ A + B + C, S. 104/ 2A + 3, S. 118/ 1, S. 119/ 3A + 3B, S. 124/ 3B, S. 142/ 2, S. 186/ 1A, S. 200/ 1, S. 252/ 4, S. 280/ 7 + 8, S. 297/ B, S. 332/ Benzol, S. 382, S. 411, S. 426

Xpbimages: S. 66

Illustration und Grafik

Cornelsen/ Birgit Janisch: S.30/ 1, S. 135/ F1.2, S. 175/ G1.2, S. 189 Strukturformen, S. 219/ 1.1, S. 255/ Keil Strich Formel, Halbstruktur, S. 270

Cornelsen/Detlef Seidensticker: S. 68/ 1, S. 86/ 2

Cornelsen/Hannes von Goessel: S. 12, S. 13, S. 14, S. 15, S.22/ Cyclohexan, Ethan, Kalottenmodell, Skelettmodell, S. 23/ o.l., S. 24/ Primär, Sekundär, Tertiär, S. 31, S. 34/ 2 + 3, S. 35, S. 44/ Strukturfomel, S. 56/ E, S. 57/ 3, S. 58/ 1, S. 59/ 1.1 + 2.1 + 3.1, S. 63, S. 69, S. 75/ 3, S. 80, S. 81/ 3, S. 84/ 2, S. 85/ 3, S. 90/ 1 + 3, S. 101/ 5, S. 111, S. 119/ 3, S. 120/ 1, S. 122/ B1.1, S. 123/ D1.1, S. 125, S, 126/ o.r., S. 127/ o.r., S. 130/ 1 + 2, S. 134/ E2.1, S. 143/ Strukturformel, S. 146/ Strukturformel, S. 148, S. 149/ u., S. 150/ A + B, S. 151, S. 161/ Strukturformel, S. 162/ Strukturformel, S. 166, S. 167/ 4, 5, S. 170/ 2, S. 171, S. 172, S. 173/ 4, S. 174, S. 175/ G1.1 + G2.1, S. 176/ 1, S. 177/ 4 + 5 + 6, S. 179, S. 180, S. 181, S. 186/ 2 + 3, S. 187/ m.l., S. 188/ Strukturformel, S. 189/ Strukturformel, S. 192/ u., S. 195/ m.l., S. 197/, S. 199/ D1.1 + D1.3, S. 217, S. 222/ 1, S. 228/ 2 + 3, S. 229/ 4, S. 230/ 3C, S. 232, S. 233/ 2 + 4, S. 235/ 3, S. 238, S. 249/ 3 + 4 r., S. 250/ 1 + 3, S. 251/ 4 + Formeln, S. 251/ 2 + 3, S. 254, S. 2557/ A2, S. 258/ 3, S. 259/ 4 + 5, S. 260/ 7, S. 261 / 3 Strukturformel + B, S. 262 – S. 277 Strukturformeln, S. 278/ 1, S. 280 – S. 288 / Strukturformeln, S. 289/ u.l., S. 290/ 2 + 3, S. 291 – S. 299/ Strukturformeln, S. 304, S. 306, S. 307, S. 308/ 1 + 2 + 3, S. 309, S. 310 - S. 312, S. 314, S. 316/ 1, S. 318/ 1 + 2, S. 319/ 4 + 5, S. 320, S. 321, S. 322/ Strukturformel, S. 323, S. 324/ A2.1, S. 325/ B2 + C1.1, S. 326, S. 327, S. 328, S. 334/ 1 + 3, S. 335/ m.l. + m.r., S. 343/ 4, S. 351/ m.l., S. 354, S.356, S. 357/ Strukturformel, S. 358, S. 359/ 4 + o.r., S. 360, S. 362/ 3, S. 364/ 1, S. 366/ B1.1, S. 367/ C1.1, S. 369/ 3 + 4, S. 370/ 3, S. 371/ 2, S. 373/ A, S. 379/ 3, S. 380 – S. 381/ Formeln, S. 384/ 1 + 2, S. 385/ r., S. 386/ 3, S. 387/ 4, S. 388/ 6, S. 390, S. 394/ 4 + Formeln, S. 396/ 1 + 3, S. 397, S. 399, S. 400, S. 401, S. 402/ 2 + 3, S. 403/ 4 + 5, S. 405, S. 406/ 2, S. 407, S. 408/ A + B, S. 410/ B1.1 + B1.2, S. 411/ Skalen, S. 412/ A + 3 l., S. 413/ 4 + 5B + 6B, S. 414/ 2 + 3, S. 415/ 5 + 6, S. 421/ 4, S. 428/ 3, S. 429, S. 432, S: 433, S. 435, S.436, S. 444, S. 445, S. 446/ o.l., S. 448, 449/7b+8, S450 – S. 459

Cornelsen/Inhouse: S. 63/ Strukturformel + Skala, S. 192/ Pfeil, S. 263/ o.r., S. 380, S. 389

Cornelsen/Karin Mall bearbeitet von newVision!GmbH, Bernhard A. Peter: S. 434

Cornelsen/newVision!GmbH, Bernhard A. Peter: S.192/ o.

Cornelsen/Oxana Rödel: S. 18, S. 20/ Lewis Formel, S. 21/ o.r., S. 32, S. 37, S. 38, S. 39, S. 41/ 4 + 5, S. 42/ 2, S. 43/ Elektrische Leitfähigkeit + Elektronengasmodell + Verformbarkeit, S. 44/ 1 + 2, S. 45 – S. 47, S. 48/ Strukturformeln, S. 50, S. 51/ 3, S. 52/ 2 + 3, S. 255/ Skelettformel, S. 256/ 3 + 4, S. 262/ 6, S. 278/ 3 + 4, S. 289/ 3 + 4 + 5, S. 302/ 1, S. 303, S. 308/ 4, S. 313, S. 323/ m.r., S. 333/ 5 + 6, S. 338 – S. 339/ Strukturformeln, S. 341, S. 349

Cornelsen/Tom Menzel: S. 18, S. 19/ Kugelpackungsmodell, S. 20, S. 21/ Teilchenmodell m. + u.r., S. 22/ Halbstrukturformel + Kugel Stab Modell, S. 23, S. 26, S. 28/ 2, S. 29/ 2+3, S.30/ 2+3, S. 33/ Pfeile, S. 34/ 1, S. 48/ 1, S. 49/ Kugel Stab Modelle, S. 51/ 4.2, S. 52/ 4, S. 53/ 6, S. 55/ 4, S. 58/ C, S. 60 – S. 62, S. 64 – S. 65, S. 68/ 2, S. 70 – S. 73, S. 74/ 1A + 1B + 2, S. 96/ u.l., S. 100/ 1 + 2, S. 101/ 4 + 6, S. 102/ Exp. 4.01, S. 105/ 5, S. 106 – S. 108, S. 112/ 4, S. 113/ 4, S. 114/ m.l + o.r., S. 115/ l. + o.r., S. 116/ 2, S. 120/ 2, S. 121, S. 122/ A1.1, S. 123/ C1.1, S. 128, S. 129/ 5, S. 135/ F1.1 + F1.3., S. 136, S. 138, S. 144/ l., S. 145/ r., S. 146/ 1, S. 147, S. 149/ 3, S. 150/ 1, S. 158, S. 164, S. 169/ m.l., S. 194/ m.r., S. 201/ 3 + 4, S. 202/ 2 + u.l., S. 203/ 3, S. 204/ u.r., S. 205, S. 206, S. 207/ m.r., S. 208, S. 209/ l., S. 210, S. 211, S.212/ 2 + 3, S. 213/ 5, S. 214/1, S. 215, S. 216/ 2+ 5, S. 220/ u.l., S. 221/ 2 + 3, S. 222/2, S. 224, S. 226, S. 227, S. 231/ 4 + 5, S. 234/ 2, S. 236, S. 237/ 1.1, S. 239, S. 240, S. 246/2, S. 247, S. 248/ A + B, S. 249/ 4 l., S. 250/ 2, S. 252/ 1, S. 255/ Kalottenmodell + Kugel Stab Modell, S. 258/1, S. 261/ 2 + A, S. 262/5, S. 262/ 2, S. 266/ o.r., S 278/ 2, S. 293/ 5, S. 295/ o.r., S. 317, S. 318/ 3, S. 333/ 4, S. 336/ 3, S. 344/ 3, S. 361/ r., S. 364/ 2, S. 368/ 1, S. 370/ B, S. 371/1, S. 372/2, S. 373/ 3B + 4, S. 374/3, S. 375, S. 376/2, S. 377, S. 378/ 2, S. 383/ 5, S. 389/ G4.1 A, S. 396/ 2, S. 398, S. 408/ ohne HMO, S. 409, S. 415/ 4, S. 416, S. 417, S. 424/ 2 + 3, S. 425/ 6, S. 426/ 2A, S. 431/ J1.1, S. 438/ m.l., S. 439/ m.l., S. 446/ m.r., S. 447/ o.l., S. 464

Cornelsen/Tom Menzel, Daten: Amtsblatt der Europäischen Union: S. 81/ 4

Cornelsen/ Tom Menzel, bearbeitet von Hannes von Goessel: S. 25/ u.r., S. 63/ 1, S. 129/ 6, S. 131/ 4 + 5, S. 137, S. 260/ 6, S. 352, S. 353, S.372/ 1, S. 375, S. 390

Cornelsen/Tom Menzel, bearbeitet durch Oxana Rödel/Absatz-DTP-Service: S. 28/ 1

Cornelsen/VDL: S. 19/ Gittermodell, S. 22/ Strukturformel, S. 23/ u.r., S. 24/ r. + u.l., S. 25/ Strukturformeln, S. 33/ 3, S. 41/ 3, S. 49, S. 53/ 3 + m.l., S. 65, S. 71, S. 78, S. 85/ 4, S. 88, S. 89, S. 90/ o.r., S. 91/ F1.1, S. 92, S. 102, S. 187/ 4, S. 190/ u.l., S. 193/ A2.2, S. 225/ J1.1 B, S. 235, S. 275, S. 279, S. 333/ 2, S. 335/ 5 + u.r., S. 336, S. 337, S. 338, S. 339/ Strukturformel, S. 340, S. 344 + S. 345/ Strukturformel, S. 346, S. 347, S. 356, S. 362/ 2 + 4, S. 363/ 5 + 6, S. 365/ 4 + 5, S. 367/ C2.1, S. 385, S. 418 – S. 425, S. 429, S. 430, S. 434, S. 461

Umsetzung Gefahrstoffsymbole: Cornelsen/Atelier G, Marina Goldberg

Symbol Schutzbrille: Sofarobotnik GbR, Stefan Knab

Fremdtexte

S.134 /E1	Projektträger Jülich/ Forschungszentrum Jülich GmbH
S.342	Paracelsus, Das Buch Paragranum, Septem Defensiones, 1538

Register

D

E

L

M

Periodensystem der Elemente

Periode	1[1] I. Hauptgruppe	2 II. Hauptgruppe	3 III. Nebengruppe	4 IV. Nebengruppe	5 V. Nebengruppe	6 VI. Nebengruppe	7 VII. Nebengruppe	8 VIII. Nebengruppe	9 VIII. Nebengruppe
1	1 1,008 2,1 H Wasserstoff $1s^1$								
2	3 6,94 1,0 Li Lithium $[He]2s^1$	4 9,01 1,5 Be Beryllium $[He]2s^2$							
3	11 22,99 0,9 Na Natrium $[Ne]3s^1$	12 24,31 1,2 Mg Magnesium $[Ne]3s^2$							
4	19 39,10 0,8 K Kalium $[Ar]4s^1$	20 40,08 1,0 Ca Calcium $[Ar]4s^2$	21 44,96 1,3 Sc Scandium $[Ar]3d^14s^2$	22 47,88 1,5 Ti Titan $[Ar]3d^24s^2$	23 50,94 1,6 V Vanadium $[Ar]3d^34s^2$	24 51,996 1,6 Cr Chrom $[Ar]3d^54s^1$	25 54,94 1,5 Mn Mangan $[Ar]3d^54s^2$	26 55,85 1,8 Fe Eisen $[Ar]3d^64s^2$	27 58,93 1,8 Co Cobalt $[Ar]3d^74s^2$
5	37 85,47 0,8 Rb Rubidium $[Kr]5s^1$	38 87,62 1,0 Sr Strontium $[Kr]5s^2$	39 88,91 1,3 Y Yttrium $[Kr]4d^15s^2$	40 91,22 1,6 Zr Zirconium $[Kr]4d^25s^2$	41 92,91 1,6 Nb Niob $[Kr]4d^45s^1$	42 95,94 1,8 Mo Molybdän $[Kr]4d^55s^1$	43 [98] 1,9 Tc* Technetium $[Kr]4d^65s^1$	44 101,07 2,2 Ru Ruthenium $[Kr]4d^75s^1$	45 102,91 2,2 Rh Rhodium $[Kr]4d^85s^1$
6	55 132,91 0,7 Cs Caesium $[Xe]6s^1$	56 137,33 0,9 Ba Barium $[Xe]6s^2$	57 138,91 1,1 La Lanthan ● $[Xe]5d^16s^2$	72 178,49 1,3 Hf Hafnium $[Xe]4f^{14}5d^26s^2$	73 180,95 1,5 Ta Tantal $[Xe]4f^{14}5d^36s^2$	74 183,84 1,7 W Wolfram $[Xe]4f^{14}5d^46s^2$	75 186,21 1,9 Re Rhenium $[Xe]4f^{14}5d^56s^2$	76 190,23 2,2 Os Osmium $[Xe]4f^{14}5d^66s^2$	77 192,22 2,2 Ir Iridium $[Xe]4f^{14}5d^76s^2$
7	87 [223] 0,7 Fr* Francium $[Rn]7s^1$	88 226,03 0,9 Ra* Radium $[Rn]7s^2$	89 227,03 1,1 Ac* Actinium ●● $[Rn]6d^17s^2$	104 [261] Rf* Rutherfordium $[Rn]5f^{14}6d^27s^2$	105 [262] Db* Dubnium $[Rn]5f^{14}6d^37s^2$	106 [266] Sg* Seaborgium $[Rn]5f^{14}6d^47s^2$	107 [264] Bh* Bohrium $[Rn]5f^{14}6d^57s^2$	108 [267] Hs* Hassium $[Rn]5f^{14}6d^67s^2$	109 [268] Mt* Meitnerium $[Rn]5f^{14}6d^77s^2$

Metall

Halbmetall

Nichtmetall

schwarz = Feststoff
weiß = Flüssigkeit
rot = Gas
hellblau = künstliches Element
* = radioaktives Element
[1] = Gruppennummerierung IUPAC (1989): Gruppennummern 1 bis 18

Ordnungszahl — Atommasse in u

Ordnungszahl	7
Atommasse in u	14,007
Elektronegativitätswert	3,0
Symbol	N
Name	Stickstoff
Elektronenkonfiguration	$[He]2s^22p^3$

Die Atommassen in eckigen Klammern beziehen sich auf das längstlebige gegenwärtig bekannte Isotop des betreffenden Elements.

● Elemente der Lanthanreihe (Lanthanoide)

58 140,12 1,1 Ce Cer $[Xe]4f^26s^2$	59 140,91 1,1 Pr Praseodym $[Xe]4f^36s^2$	60 144,24 1,2 Nd Neodym $[Xe]4f^46s^2$	61 [145] 1,2 Pm* Promethium $[Xe]4f^56s^2$	62 150,36 1,2 Sm Samarium $[Xe]4f^66s^2$

●● Elemente der Actiniumreihe (Actinoide)

90 232,04 1,3 Th* Thorium $[Rn]6d^27s^2$	91 231,04 1,5 Pa* Protactinium $[Rn]5f^26d^17s^2$	92 238,03 1,7 U* Uran $[Rn]5f^36d^17s^2$	93 [237] 1,2 Np* Neptunium $[Rn]5f^46d^17s^2$	94 [244] 1,3 Pu* Plutonium $[Rn]5f^67s^2$